"十四五"职业教育国家规划教材

Software 国家职业教育软件技术专业教学资源库配套教材

高等职业教育计算机类课程新形态一体化教材

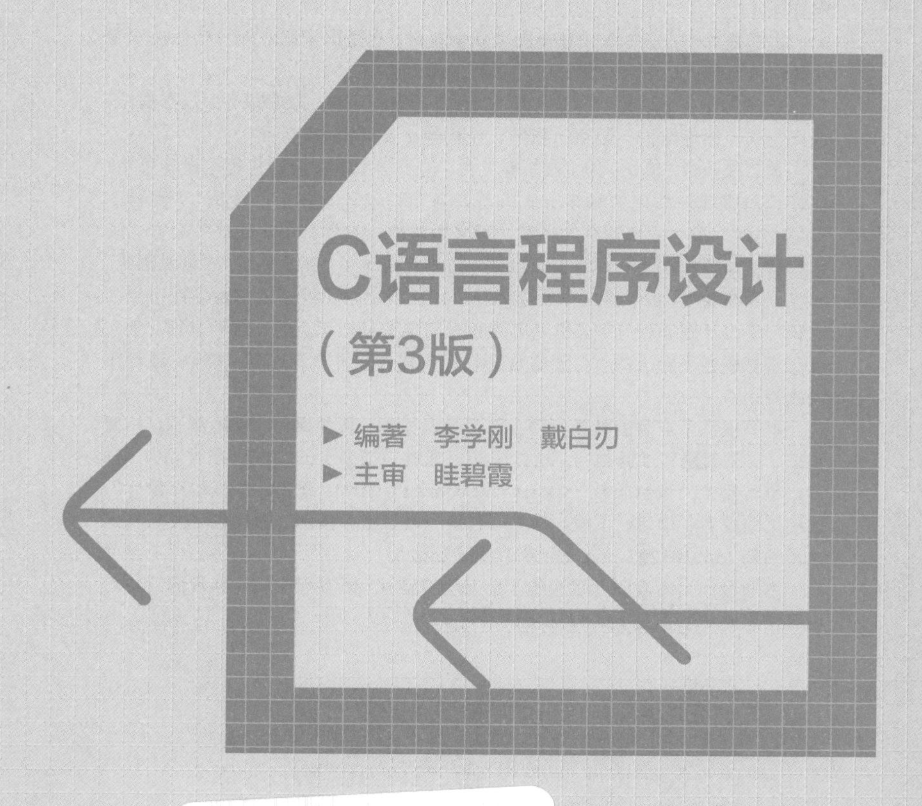

C语言程序设计（第3版）

▶ 编著 李学刚 戴白刃

▶ 主审 眭碧霞

中国教育出版传媒集团

高等教育出版社·北京

内容简介

本书是“十四五”职业教育国家规划教材，也是国家职业教育软件技术专业教学资源库“C 语言程序设计”课程的配套教材。

全书共分 9 个单元，内容包括：C 语言程序与函数、数据描述、数据操作、选择结构、循环结构、数组、指针、结构体、文件操作。

本书以函数（模块）为主线贯穿始终，便于学生掌握模块化程序设计思想；按理论与实践一体化的教学方式编写，各节均设计有多个“示例”“例题”“课堂实践”和“同步训练”环节，可采用边理论教学、边实践训练的方式进行教学。本书按节配备了“同步训练”，按单元配备了“拓展训练”“单元测验”和“课程测验”，其中包括单项选择题、知识填空题、程序填空题、程序阅读题和程序设计题 5 种题型，用以巩固和提高学生对知识点的理解和掌握。学生可在智慧职教平台上的“C 语言程序设计（软件技术资源库）”课程中进行在线测验。

本书提供了丰富的教学资源，包括微课视频、教学课件、动画演示、拓展知识、常见问题和经验技巧。这些资源可通过扫描书上的二维码在线观看、学习，也可登录“智慧职教”（www.icve.com.cn）网站，在“C 语言程序设计”课程页面观看、学习、下载，详见“智慧职教”服务指南。教师也可发邮件至编辑邮箱 1548103297@qq.com 获取相关资源。

本书可作为高等职业院校电子信息类专业 C 语言程序设计课程的教材，也可作为 C 语言程序设计学习者的参考书。

图书在版编目（CIP）数据

C 语言程序设计 / 李学刚，戴白刃编著. --3 版. --北京：高等教育出版社，2021.7（2024.5 重印）
国家职业教育软件技术专业
ISBN 978-7-04-055981-1

Ⅰ. ①C… Ⅱ. ①李… ②戴… Ⅲ. ①C 语言–程序设计–高等职业教育–教材 Ⅳ. ①TP312.8

中国版本图书馆 CIP 数据核字（2021）第 061671 号

策划编辑 傅 波　责任编辑 傅 波　封面设计 王 洋　版式设计 马 云
责任校对 窦丽娜　责任印制 刘思涵

出版发行 高等教育出版社
社　　址 北京市西城区德外大街 4 号
邮政编码 100120
印　　刷 高教社（天津）印务有限公司
开　　本 787mm × 1092mm 1/16
印　　张 17.75
字　　数 370 千字
购书热线 010-58581118
咨询电话 400-810-0598
网　　址 http://www.hep.edu.cn
　　　　 http://www.hep.com.cn
网上订购 http://www.hepmall.com.cn
　　　　 http://www.hepmall.com
　　　　 http://www.hepmall.cn
版　　次 2013 年 4 月第 1 版
　　　　 2021 年 7 月第 3 版
印　　次 2024 年 5 月第 9 次印刷
定　　价 45.00 元

物 料 号 55981-A0

“智慧职教”服务指南

“智慧职教”（www.icve.com.cn）是由高等教育出版社建设和运营的职业教育数字教学资源共建共享平台和在线课程教学服务平台，与教材配套课程相关的部分包括资源库平台、职教云平台和 App 等。用户通过平台注册，登录即可使用该平台。

● 资源库平台：为学习者提供本教材配套课程及资源的浏览服务。

登录“智慧职教”平台，在首页搜索框中搜索“C 语言程序设计”，找到对应作者主持的课程，加入课程参加学习，即可浏览课程资源。

● 职教云平台：帮助任课教师对本教材配套课程进行引用、修改，再发布为个性化课程（SPOC）。

1. 登录职教云平台，在首页单击“新增课程”按钮，根据提示设置要构建的个性化课程的基本信息。

2. 进入课程编辑页面设置教学班级后，在“教学管理”的“教学设计”中“导入”教材配套课程，可根据教学需要进行修改，再发布为个性化课程。

● App：帮助任课教师和学生基于新构建的个性化课程开展线上线下混合式、智能化教与学。

1. 在应用市场搜索“智慧职教 icve”App，下载安装。

2. 登录 App，任课教师指导学生加入个性化课程，并利用 App 提供的各类功能，开展课前、课中、课后的教学互动，构建智慧课堂。

“智慧职教”使用帮助及常见问题解答请访问 help.icve.com.cn。

总　序

国家职业教育专业教学资源库建设项目是教育部、财政部为深化高职院校教育教学改革，加强专业与课程建设，推动优质教学资源共建共享，提高人才培养质量而启动的国家级建设项目。2011 年，软件技术专业被教育部、财政部确定为高等职业教育专业教学资源库立项建设专业，由常州信息职业技术学院主持建设软件技术专业教学资源库。

按照教育部提出的建设要求,建设项目组聘请了中国科学技术大学陈国良院士担任资源库建设总顾问，确定了常州信息职业技术学院、深圳职业技术学院、青岛职业技术学院、湖南铁道职业技术学院、长春职业技术学院、山东商业职业技术学院、重庆电子工程职业学院、南京工业职业技术学院、威海职业学院、淄博职业学院、北京信息职业技术学院、武汉软件工程职业学院、深圳信息职业技术学院、杭州职业技术学院、淮安信息职业技术学院、无锡商业职业技术学院、陕西工业职业技术学院 17 所院校和微软（中国）有限公司、国际商用机器（中国）有限公司（IBM）、思科系统（中国）网络技术有限公司、英特尔（中国）有限公司等 20 余家企业作为联合建设单位，形成了一支学校、企业、行业紧密结合的建设团队。依据软件技术专业“职业情境、项目主导”人才培养规律，按照“学中做、做中学”教学思路，较好地完成了软件技术专业资源库建设任务。

本套教材是“国家职业教育软件技术专业教学资源库”建设项目的重要成果之一，也是资源库课程开发成果和资源整合应用实践的重要载体。教材体例新颖，具有以下鲜明特色。

第一，根据学生就业面向与就业岗位，构建基于软件技术职业岗位任务的课程体系与教材体系。项目组在对软件企业职业岗位调研分析的基础上，对岗位典型工作任务进行归纳与分析，开发了“Java 程序设计”“软件开发与项目管理”等 14 门基于软件企业职业岗位的课程教学资源及配套教材。

第二，立足“教、学、做”一体化特色，设计三位一体的教材。从“教什么，怎么教”“学什么，怎么学”“做什么，怎么做”三个问题出发，每门课程均配套课程标准、学习指南、教学设计、电子课件、微课视频、课程案例、习题试题、经验技巧、常见问题及解答等在内的丰富的教学资源，同时与企业开发了大量的企业真实案例和培训资源包。

第三，有效整合教材内容与教学资源，打造立体化、自主学习式的新形态一体化教材。教材创新采用辅学资源标注，通过图标形象地提示读者本教学内容所配备的资源类型、内容和用途，从而将教材内容和教学资源有机整合，浑然一体。通过对“知识点”提供与之对应的微课视频二维码，让读者以纸质教材为核心，通过互联网尤其是移动互联网，将多媒体的教学资源与纸质教材有机融合，实现“线上线下互动，新旧媒体融合”，称为“互联网+”时代教材功能升级和形式创新的成果。

第四，遵循工作过程系统化课程开发理论，打破“章、节”编写模式，建立了“以项目为导向，用任务进行驱动，融知识学习与技能训练于一体”的教材体系，体现高职教育职业化、实践化特色。

第五，本套教材装帧精美，采用双色印刷，并以新颖的版式设计，突出重点概念与技能，仿真再现软件技术相关资料。通过视觉效果搭建知识技能结构，给人耳目一新的感觉。

本套教材是在第 1 版基础上，几经修改，既具积累之深厚，又具改革之创新，是全国 20 余所院校和 20 多家企业的 110 余名教师、企业工程师的心血与智慧的结晶，也是软件技术专业教学资源库多年建设成果的又一次集中体现。我们相信，随着软件技术专业教学资源库的应用与推广，本套教材将会成为软件技术专业学生、教师、企业员工立体化学习平台中的重要支撑。

国家职业教育软件技术专业教学资源库项目组

第3版前言

一、缘起

本书是“十四五”职业教育国家规划教材，也是国家职业教育软件技术专业教学资源库“C语言程序设计”课程的配套教材。

本次修订加印，为加快推进党的二十大精神进教材、进课堂、进头脑，通过对每单元学习内容的提炼与归纳，在学习目标中增加“素质目标”，强调培养良好的编码规范、树立正确的技能观、争取做到“技道两进”，加强思想意识的引领，将实施科教兴国战略、人才强国战略落到实处。对配套数字资源进行优化升级，完善了“经验技巧”“拓展知识”等模块，通过新增“标识符命名规则的例外”“穷举法”等拓展内容，培养学生科学思维，贯彻“坚持科技是第一生产力、人才是第一资源、创新是第一动力”的精神。

此外，本版教材还在第2版的基础上更新了部分应用案例，新开发了部分拓展微课视频等数字化教学资源。

二、结构

全书共分9个单元，内容包括：C语言程序与函数、数据描述、数据操作、选择结构、循环结构、数组、指针、结构体、文件操作。

全书按节配备了“同步训练”，按单元配备了“拓展训练”“单元测验”和“课程测验”，其中均包括单项选择题、知识填空题、程序填空题、程序阅读题和程序设计题5种题型，用以巩固和提高学生对知识点的理解和掌握，并配有参考答案供教师和学生参考。学生可在智慧职教平台上的“C语言程序设计（软件技术资源库）”课程中进行在线测验。

三、特点

1．以函数（模块）为主线贯穿始终

从单元1开始，每一单元的代码都按函数（模块）编写，这样做的好处是可以使学生潜移默化地理解和掌握函数的概念和思想，而不至于像过去不论问题大小都在主函数中编写代码，不至于只有讲到函数时才用模块化的思想来编写程序，使学生养成良好的编程习惯。

2．按理论与实践一体化的教学方式编写

本书在内容编排上，设计了许多“示例”“例题”“课堂实践”和“同步训练”环节，可采用边理论教学、边实践训练的方式进行教学，使学生能够通过“示例”“例题”加深对知识的理解，通过“课堂实践”及时消化、理解和掌握所学知识。

3．教学资源丰富

本书提供了丰富的教学资源，包括微课视频、教学课件、动画演示、拓展知识、常见问题和经验技巧。这些资源可通过扫描书上的二维码在线观看、学习，也可登录智慧职教

（www.icve.com.cn）平台，在“C 语言程序设计”课程页面观看、学习、下载。教师还可发邮件至编辑邮箱 1548103297@qq.com 获取相关资源。

“微课视频”是按知识点对教材内容进行碎片化处理后录制的微课教学视频，共计 90 讲；

“教学课件”是对应微课视频制作的配套教学课件，共计 90 个；

“动画演示”是为使学生深入了解 C 语言程序执行的全过程、各变量在内存中的变化情况，加深学生对源代码的理解和体会，依据教材中涉及的例题源代码程序制作的 SWF 格式的演示动画，共计 40 个；

“拓展知识”是为使学生深入了解 C 语言的知识，将教材中未涉及的知识作为拓展知识呈现以扩大学生的知识面，作为学生课后学习的资源，共计 30 余个；

“常见问题与解答”是为使学生能够在学习过程中减少或避免出现各类问题，将学生在学习过程中经常遇到的问题作为常见问题列出并进行详细解答，共计 20 余个；

“经验与技巧”是将编著者在长期的教学中积累的经验知识作为经验与技巧呈现，以使学生更好地掌握C语言语法知识和程序设计方法，共计 10 余个。

四、使用

本书在教学实践中建议学时为 96 学时，其中单元 1 C 语言程序与函数建议 6 学时，单元 2 数据描述建议 10 学时，单元 3 数据操作建议 12 学时，单元 4 选择结构建议 10 学时，单元 5 循环结构建议 16 学时，单元 6 数组建议 12 学时，单元 7 指针建议 12 学时，单元 8 结构体建议 10 学时，单元 9 文件操作建议 8 学时。

本书中带“*”部分可根据需要作为选学内容。

本书中涉及的所有语法知识都是在 VC++ 6.0 开发环境下给出的 C 语言基本语法，所有代码都是基于 VC++ 6.0 开发环境开发的。

五、致谢

本书由李学刚、戴白刃编著，眭碧霞担任主审。教材内容由李学刚改编，同步训练、拓展训练等练习题及答案由戴白刃编写，微课视频由丁慧、赵香会、张玮、周凌翱、刘斌、张静、杨丹录制，教学课件由陆焱、丁慧、赵香会、张玮、周凌翱、刘斌、张静、杨丹制作，动画演示由李学刚、周凌翱制作，拓展知识、常见问题与解答、经验与技巧由李学刚编写。

本书在编写过程中，许多老师给予了大力支持和帮助，提出了许多宝贵的意见和建议，在此表示衷心的感谢。

由于水平有限，书中难免存在问题，敬请广大读者批评指正。

编著者

2023 年 6 月

第1版前言

一、缘起

作者团队从2011年开始参加了软件技术专业教学资源库建设项目，负责“C语言程序设计”课程的建设工作。

本书是软件技术专业教学资源库建设项目“C语言程序设计”课程的配套教材。该项目提供了丰富的教学、学习资源，可供教师、学生、企业人员和社会学习者参考、学习和使用，资源包括：课程简介、学习指南、课程标准、整体设计、说课PPT和录像、单元设计、电子教材、授课录像、电子课件、课堂和课外实践报告册、习题试题库、单元案例和课程综合案例、课程考核方案、参考资源和源代码。

二、结构

本书共有两篇，分为6个单元。知识技能篇包括：程序设计基础、顺序结构程序设计、选择结构程序设计、循环结构程序设计和构造类型程序设计5个单元；技术应用篇是一个实践项目“学生成绩管理系统”，包括总体设计和详细设计两部分。

知识技能篇的每个单元都由“学习目标”“引例描述”“知识储备”“引例分析与实现”和“同步训练”5个部分组成。

“学习目标”阐明了本单元学习的知识目标和能力目标。

“引例描述”对本单元要解决的实际问题和要求进行描述。

“知识储备”给出了要解决引例给出的实际问题需要学习和掌握的相关知识，每个知识点都有相应【示例】，对重点知识配有相应的【例题】和【课堂实践】。

“引例分析与实现”完成对引例的分析，并给出实现的代码。

“同步训练”给出了5种题型的练习，包括单项选择题、知识填空题、程序填空题、程序阅读题和程序设计题，以巩固学生对本单元知识点的理解。

技术应用篇按照软件开发的主要过程，完成项目“学生成绩管理系统”的开发，包括系统的总体设计和详细设计。详细设计包括菜单设计、数据输入、数据统计、数据更新和数据输出5个模块的代码实现。

三、特点

1．以函数为主线，函数（模块）贯穿本书的始终

每一单元的代码都以函数（模块）形式编写，其优势是可以使读者潜移默化地逐渐理解和掌握函数的概念和思想，养成良好的编程习惯。

2．每个单元都以一个实际问题为背景

每个单元主要由“引例描述”“知识储备”和“引例分析与实现”3部分组成。通过“引例描述”，使读者了解本单元所能解决的某类实际问题，让其有一个感性的认识，从而激发其学习的积

极性和对知识的渴望；通过“知识储备”，使读者掌握本单元所要学习的主要内容，为解决引例做好知识的准备；通过“引例分析与实现”，指导读者应该如何利用所学习的知识来解决实际问题。

3．按理论实践一体化的教学方式编写

本书在内容编排上，设计了许多【示例】【例题】和【课堂实践】，可采用边讲解、边思考、边训练、边理论教学边实践训练的方式进行教学，使读者能够通过所设计的一些【示例】【例题】加深对知识的理解，通过【课堂实践】，及时消化、理解和掌握所学的知识。

四、使用

对每个单元的教学，建议先进行“引例描述”，然后进行引例演示，再讲解“知识储备”，最后进行“引例分析与实现”；单元 6 主要由教师指导、学生通过实践解决。

本书中涉及的所有语法知识都是在 VC++ 6.0 开发环境下给出的 C 语言基本语法，所有代码都是基于 VC++ 6.0 开发环境中编写的，其源代码的扩展名均为.cpp。

本书是高等职业教育软件技术专业教学资源库“C 语言程序设计”课程的配套教材，“C 语言程序设计”课程作为高等职业教育软件技术专业教学资源库建设课程之一，开发了丰富的数字化教学资源，如下表所示。

序号	资源名称	表现形式与内涵
1	课程简介	Word 电子文档，包含课程内容、课时安排、适用对象、课程的性质和地位等，让学习者对 C 语言有个初步的认识。
2	学习指南	Word 电子文档，包括学前要求、学习目标以及学习路径和考核标准要求，让学习者知道如何使用资源完成学习。
3	课程标准	Word 电子文档，包含课程定位、课程目标要求以及课程内容与要求，可供教师备课时使用。
4	整体设计	Word 电子文档，包含课程设计思路，课程的具体的目标要求以及课程内容设计和能力训练设计，同时给出考核方案设计，让教师理解课程的设计理念，有助于教学实施。
5	说课 PPT 和录像	PPT 电子文档和 AVI 视频文件，可帮助教师理解如何进行 C 语言程序设计课程的教学。
6	单元设计	Word 电子文档，对每个单元的教学内容、重点难点和教学过程等进行了详细设计，可供教学备课时参考。
7	授课录像	AVI 视频文件，提供教材全部内容的教学视频，可供学习者、教师学习、参考。
8	课程 PPT	PPT 电子文件，提供 PowerPoint 教学课件，可供教师备课、授课使用，也可供学习者学习使用。
9	课堂、课外实践报告册	Word 电子文档，提供与教材配套的课堂实践报告册供教师在课堂教学过程中要求学生独立完成；与教材配套的课外实践报告册供学生在课后完成，进一步消化和理解所学习的知识。
10	习题库、试题库	Word 电子文档及网上资源，习题库给出各单元配套的课后习题供学生巩固所学习的知识；试题库为每个注册的用户提供了分单元在线测试，通过在线测试，让学习者了解对所学知识的掌握情况。
11	单元案例、综合案例	RAR 压缩文档，包含用各单元的知识解决实际问题的单元案例和用所学的全部知识解决实际问题的综合案例，每个案例都有设计文档和源代码，可供教师和学习者使用。
12	学生作品	RAR 压缩文档，提供学生使用 C 语言解决的实际问题，可供学习者参考。
13	课程考核方案	Word 电子文档，包括整体考核标准、过程考核标准和综合素质评价标准，可供教师教学时参考。

续表

序号	资源名称	表现形式与内涵
14	参考资源	Word、SWF 电子文档和 RAR 压缩文档：包括常用工具、经验技巧、常见问题、网络资源链接。常用工具提供学习 C 语言所用到的各种工具；经验技巧给出各单元学习的经验和技巧，可供学习者参考；常见问题给出学习 C 语言课程时经常出现的各种问题并给出解决方法，可供学习者学习借鉴；网络资源链接给出 C 语言国家级和省级精品课程网站，可供学习者学习。
15	源代码	Word 电子文档，给出全书所涉及的所有源代码，可供教师教学和学生学习使用。

教师可发邮件至编辑邮箱 1548103297@qq.com 索取教学基本资源。

五、致谢

本书由李学刚、杨丹、张静、刘斌和戴白刃编著。

本书在编写过程中，得到眭碧霞、赵佩华、汤鸣红、朱利华、吴斌等老师的大力支持和帮助，提出了许多宝贵的意见和建议，在此向他们表示衷心的感谢。

由于时间仓促、水平有限，难免出现问题，敬请广大读者批评指正。

编著者

2013 年 4 月于常州

目　录

单元 1　C 语言程序与函数……1
学习目标……1
1.1　C 语言程序开发过程……2
1.1.1　C 语言名称的由来……2
1.1.2　C 语言的特点……2
1.1.3　程序开发过程……3
1.1.4　Visual C++上机步骤……4
同步训练 1-1……7
1.2　函数及其结构……8
1.2.1　语句……8
1.2.2　标识符……10
1.2.3　函数定义……10
1.2.4　函数调用及函数声明……11
1.2.5　主函数的结构……12
1.2.6　注释……13
同步训练 1-2……14
单元 2　数据描述……17
学习目标……17
2.1　常量……18
2.1.1　整型常量及其表示……18
2.1.2　实型常量及其表示……18
2.1.3　字符型常量及其表示……19
2.1.4　字符串常量及其表示……20
2.1.5　符号常量……20
同步训练 2-1……22
2.2　变量……23
2.2.1　变量的定义……23
2.2.2　整型变量……24
2.2.3　实型变量……26
2.2.4　字符型变量……26
2.2.5　动态变量……27
2.2.6　静态变量……29
2.2.7　外部变量……31
同步训练 2-2……32
单元 3　数据操作……35
学习目标……35
3.1　运算符和表达式……36
3.1.1　运算符和表达式的概念……36
3.1.2　算术运算……37
3.1.3　赋值运算……38
3.1.4　自反算术赋值运算……39
3.1.5　自加和自减运算……39
3.1.6　逗号运算……40
3.1.7　强制类型转换……41
3.1.8　求存储长度……41
同步训练 3-1……41
3.2　数据的输入和输出……43
3.2.1　格式化输出函数……43
3.2.2　格式化输入函数……46
3.2.3　字符输出函数……48
3.2.4　字符输入函数……49
同步训练 3-2……49
3.3　应用实例……54
单元 4　选择结构……59
学习目标……59
4.1　算法及其表示……60
4.1.1　算法及其特性……60
4.1.2　算法的表示……61
4.1.3　程序的 3 种基本结构……61
同步训练 4-1……63
4.2　条件判断表达式……64
4.2.1　关系表达式……64
4.2.2　逻辑表达式……65
4.2.3　用 C 语言表达实际问题……67
同步训练 4-2……68
4.3　if 选择结构……69
4.3.1　不平衡 if 语句……69
4.3.2　if…else 语句……70

4.3.3 if…else if 语句……73
同步训练 4-3……75
4.4 switch 选择结构……80
4.4.1 switch 语句……80
4.4.2 break 语句……81
同步训练 4-4……81
4.5 应用实例……85
单元 5 循环结构……89
学习目标……89
5.1 while 与 do…while 循环结构……90
5.1.1 while 语句……90
5.1.2 do…while 语句……93
同步训练 5-1……95
5.2 for 循环结构……104
5.2.1 for 语句……104
5.2.2 continue 语句……107
5.2.3 循环嵌套……108
同步训练 5-2……110
5.3 函数的递归调用……118
5.3.1 递归概述……118
5.3.2 举例……119
同步训练 5-3……121
5.4 应用实例……125
单元 6 数组……135
学习目标……135
6.1 数组及数组作为函数参数……136
6.1.1 数组的定义……136
6.1.2 数组的存储……137
6.1.3 数组的初始化……138
6.1.4 数组元素的引用……139
6.1.5 数组作为函数参数……139
同步训练 6-1……144
6.2 字符串处理……152
6.2.1 字符串的输入输出……152
6.2.2 字符串处理函数……153
同步训练 6-2……155
6.3 应用实例……157
单元 7 指针……161
学习目标……161
7.1 指针变量……162
7.1.1 地址与指针变量……162
7.1.2 指针变量的定义和使用……163
7.1.3 指针作为函数参数……164
同步训练 7-1……166
7.2 指针与数组……170
7.2.1 指针运算……170
7.2.2 数组元素的表示……171
7.2.3 字符串的指针表示……172
同步训练 7-2……173
7.3 指针与函数……185
*7.3.1 函数指针……185
7.3.2 指针型函数……188
同步训练 7-3……190
7.4 应用实例……192
单元 8 结构体……197
学习目标……197
8.1 结构体类型……198
8.1.1 结构体类型定义……198
8.1.2 类型标识符的别名……199
同步训练 8-1……201
8.2 结构体变量……203
8.2.1 结构体变量的定义……203
8.2.2 结构体变量的初始化……204
8.2.3 结构体变量成员的引用……205
8.2.4 结构体类型数据的输入……207
同步训练 8-2……209
8.3 结构体与函数……217
8.3.1 结构体类型数据作为函数参数……217
8.3.2 结构体类型函数……220
同步训练 8-3……221
8.4 应用实例……221
单元 9 文件操作……229
学习目标……229
9.1 文件及其打开与关闭……230
9.1.1 文件的分类……230
9.1.2 缓冲文件系统（标准 I/O）……230
9.1.3 文件（FILE）类型指针……231
9.1.4 文件的打开与关闭……231

同步训练 9-1 …… 233
9.2 文件的顺序读写 …… 235
9.2.1 读写一个字符 …… 235
9.2.2 读写一个字符串 …… 236
9.2.3 格式化读写函数 …… 237
9.2.4 数据块读写函数 …… 238
同步训练 9-2 …… 238
9.3 文件的随机读写 …… 245
9.3.1 改变位置指针的当前位置 …… 246
9.3.2 取得位置指针的当前位置 …… 246
9.3.3 使位置指针返回到文件头 …… 247
同步训练 9-3 …… 247
9.4 应用实例 …… 248
附录 A C 语言关键字 …… 253
附录 B 常用字符与 ASCII 代码对照表 …… 255
附录 C 运算符优先级别和结合方向 …… 259
附录 D C 语言库函数 …… 261
参考文献 …… 267

单元 1 C语言程序与函数

学习目标

【知识目标】

- 初步认识C语言程序的结构和函数的结构，掌握主函数的结构。
- 初步熟悉C语言程序开发过程和VC++上机步骤。
- 理解语句的概念，了解C语言的可执行语句和return语句。
- 掌握标识符的命名规则。
- 理解函数定义、函数调用、函数声明。
- 了解参数传递的方式。

【能力目标】

- 模仿编写简单应用问题的程序。
- 能够使用VC++编辑C语言程序。

【素质目标】

- 学会学习，建立“知行合一”的理念，加强学习的使命感和责任感。
- 认知行业发展，树立良好的职业愿景。

1.1 C语言程序开发过程

1.1.1 C语言名称的由来

C 语言是一种面向过程的程序设计语言。它是由丹尼斯·里奇（Dennis Ritchie）于 1972 年在贝尔实验室开发出来的，开发 C 语言的最初目的是为了更好地描述 UNIX 操作系统。它的开发过程是：马丁·里查德（Matin Richards）于 1967 年在英国剑桥大学开发了 BCPL（Basic Combined Programming Language），1970 年，肯·汤普逊（Ken Thompson）在贝尔实验室对 BCPL 进行了改进和发展，开发出了既简单又接近硬件的 B（取 BCPL 的第 1 个字母）语言。由于 B 语言过于简单，功能有限，1972 年，丹尼斯·里奇对 B 语言做了进一步的充实和完善，在贝尔实验室开发出了一种新型的程序设计语言——C（取 BCPL 的第 2 个字母）语言。C 语言既保持了 B 语言的精练、接近硬件的特点，又克服了 B 语言过于简单、数据无类型的缺点。

C 语言问世后，1973 年，肯·汤普逊和丹尼斯·里奇就把由他们自己用汇编语言编写的 UNIX 操作系统用 C 语言改写了，即 UNIX 第 5 版。由于 C 语言是一种高效、实用、灵活的软件开发工具，所以相继出现了适合于各种不同操作系统和不同机种的 C 语言版本。这些版本基本都是以布莱恩·克尼汉（Brian Kernighan）和丹尼斯·里奇于 1978 年所著的 *The C Programming Language* 一书中提出的 C 语言版本为基础的，所以称此书提出的版本为标准 C。

C 语言是面向过程的高级语言，从 C 语言问世到现在，相继出现了面向对象的程序设计语言 C++、可视化程序设计语言 Visual C++、组件导向的程序设计语言 C#。虽然目前它们已成为程序设计的主流，但都是以 C 语言为基础的，因此 C 语言仍具有较强的生命力，直到现在也倍受用户青睐。

1.1.2 C语言的特点

C 语言与其他面向过程的程序设计语言（如 BASIC、Pascal、Fortran 等）相比具有高效、灵活、功能强、移植性好等特点，概括起来主要有以下几个方面。

1. 使用简洁、灵活、方便

C 语言共有 32 个关键字（见附录 A），其中大部分用于对数据的描述；还有 9 种控制语句，用来对程序流程进行控制。C 语言程序书写形式自由、灵活。

2. 运算符丰富、表达能力强

C 语言共有 45 个运算符（见附录 C），它把许多对数据的操作都作为运算符来处理，如括号、赋值、强制类型转换、求变量的存储长度等。用户可以灵活使用所提供的运算符实现其他语言难以表达的表达式。C 语言还有一些其他高级语言没有的，自己特有的运算，例如：自增、自减运算，可以方便地对变量增值；位运算，可以对字节中的位进行操作（通常都是对字节进行操作）。

3. 数据类型丰富

C 语言的数据类型主要有基本类型、构造类型、指针类型和空类型。利用构造类型可以构造出用户所需要的数据类型，通过这些类型可以表达各种复杂的数据结构，从而实现对客观世界的描述。特别是指针类型，是学习 C 语言的重点和难点，通过指针可以直接对内存进行操作；指针作为函数参数可以实现一次函数调用返回“多个值”的目的。

4. 以函数作为模块单位

C 语言的输入和输出都是通过调用系统提供的库函数实现的，而不像其他程序设计语言是通过语句来实现，从而实现了程序设计的模块化。Visual C++编译系统提供了丰富的具有独立功能的系统函数，需要时可直接调用，不必自己编写。

5. 允许直接访问物理地址

C 语言能实现汇编语言的大部分功能，可以直接对硬件进行操作，更适用于编写系统软件。

6. 生成目标代码质量高

用 C 语言编译系统生成的目标代码仅比用汇编语言生成的目标代码的效率低 10%~20%。

7. 可移植性好

用 C 语言编写的程序基本不用修改就能应用于各种型号的计算机和各种操作系统。

当然，C 语言本身也有自己的弱点：一是运算符较多，运算符的优先级别不易记忆；二是由于 C 语言的语法限制不太严格，这在增强了程序设计灵活性的同时，在一定程度上也降低了某些安全性，同时对程序设计人员提出了更高的要求。

1.1.3 程序开发过程

微课 1-1
C 语言程序开发过程

PPT 1-1
C 语言程序开发过程

用 C 语言编写的程序不能被计算机直接识别、理解和执行，需要一种担任翻译工作的程序（称为编译程序）把 C 语言源程序转换为计算机能直接识别、理解和执行的二进制目标代码。

一个 C 语言程序是由一个或多个具有独立功能的模块组成的，这些模块称为**函数**。在这些函数中，必须有一个函数名为 **main** 的函数，该函数称为**主函数**，函数是组成程序的**基本单位**。不论是主函数还是其他函数，其结构都是一样的。

由编写 C 语言源程序到运行程序需经过以下 4 个步骤：

1. 编辑

C 语言源程序需要先经过编写，然后通过计算机存储到磁盘文件中，这一过程称为**编辑**。编辑可以使用 Visual C++编译系统，也可以使用其他的编辑软件。

编辑包括以下内容。

① 编写 C 语言**源程序**。

② 将源程序逐个字符输入到计算机。

③ 修改源程序。

④ 将修改好的源程序保存在磁盘文件中。

用 Visual C++编辑的源程序存入磁盘后，系统默认文件的扩展名为 **cpp**。

2. 编译

编译就是将已编辑好的源程序翻译成二进制的目标代码。

编译的过程如下。

① 对源程序进行语法检查，若有错误，指出错误所在，此时，应重新进入编辑状态进行修改，再重新编译。

② 若无错，产生扩展名为 **obj** 的目标文件。

3. 连接

一个C语言应用程序，可能包含有C语言标准库函数和许多模块，而各个模块往往是单独编译的，所以，经编译后得到的二进制代码还不能直接执行，还需要把编译好的各个模块的目标代码与系统提供的标准模块（C语言标准函数库）进行连接，得到具有绝对地址的可执行文件，其扩展名为 **exe**。

4. 执行

执行一个经编译和连接后得到的可执行文件。

C语言程序总是从主函数main开始执行，依次执行主函数体内的每一条可执行语句，直到主函数执行完毕。

在执行 main 函数体中的可执行语句时，其他函数可能被调用执行，其中每一个函数被调用结束后都要返回到调用处。这些函数可以是自己编制的函数，也可以是系统提供的标准库函数，详见附录D。

编辑、编译、连接、执行的全过程如图1-1所示。

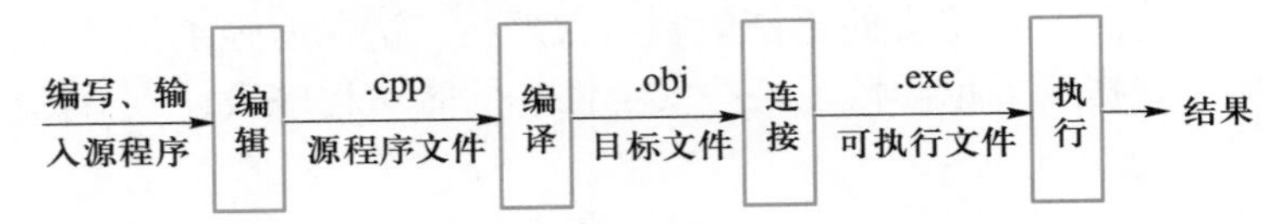

图1-1 程序开发过程

1.1.4 Visual C++上机步骤

微课1-2
C语言程序的上机步骤

PPT 1-2
C语言程序的上机步骤

Visual C++ 6.0，简称VC或VC++ 6.0，是微软公司推出的一款C++编译器，是将“高级语言”翻译为“机器语言（低级语言）”的编译程序。Visual C++是一款功能强大的可视化软件开发工具，是集编辑、编译、连接、执行于一身的集成开发环境。自1993年微软公司推出Visual C++ 1.0后，随着其新版本的不断问世，Visual C++ 6.0已成为专业程序员进行软件开发的首选工具。

第1步：进入Visual C++ 6.0用户界面

单击“开始”按钮，选择“程序”→Microsoft Visual Studio 6.0→Microsoft Visual C++ 6.0菜单命令或双击桌面上的Visual C++ 6.0快捷图标，如图1-2所示，即可进入Visual C++ 6.0用户界面。

图1-2 VC快捷图标

第2步：建立项目文件

选择“文件”→“新建”菜单命令，打开“新建”对话框，如图1-3所示。在“工程”选项卡中选择Win32 Console Application选项，然后在“工程”文本框中输入项目名称，在“位置”文本框中输入或选择项目存放的位置，单击“确定”按钮，弹出询问对话框，如图1-4所示。选择An empty project选项，单击“完成”按钮，出现“新建工程信息”对话框，单击“确定”按钮，项目建立完毕。

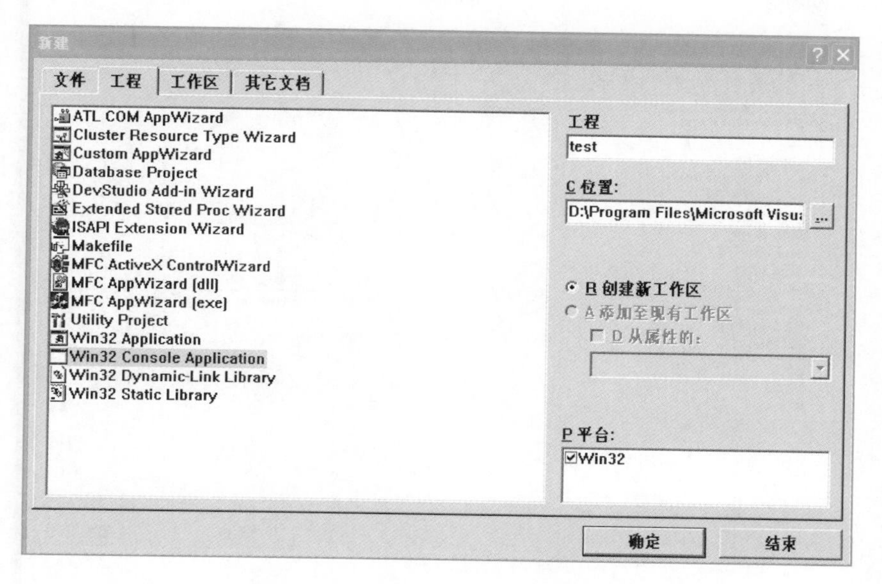

图 1-3 “新建”对话框“工程”选项卡

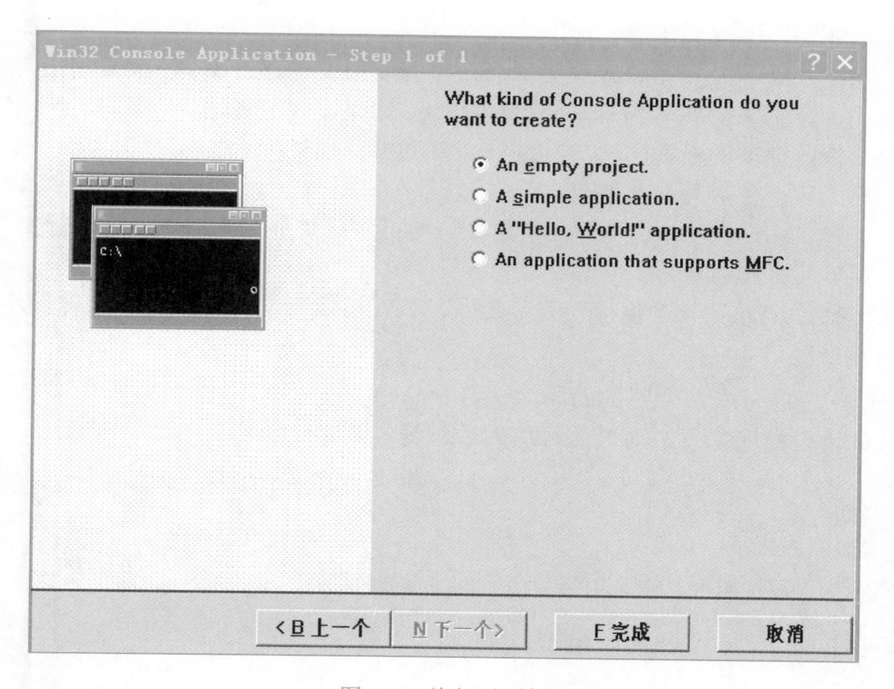

图 1-4 询问对话框

第 3 步：建立源程序文件

选择“文件”→“新建”菜单命令，打开“新建”对话框，在“文件”选项卡中选择 C++ Source File 选项，然后在“文件”文本框中输入文件名称，在“目录”文本框中输入或选择文件存放的目录，如图 1-5 所示。单击“确定”按钮，出现编辑窗口，开始编辑源程序。编辑完毕，选择“文件”→“保存”菜单命令来保存文件。

图 1-5 “新建”对话框“文件”选项卡

第 4 步：编译源程序

选择“编译”→“编译”菜单命令，开始对文件进行编译，如果未出现编译错误，会生成扩展名为 obj 的目标文件；如果出现编译错误，则需继续编辑文件，修改存在的错误，再进行编译，直到编译通过为止。

第 5 步：生成可执行文件

选择“编译”→“构件”菜单命令，即可生成扩展名为 exe 的可执行文件。

第 6 步：执行程序

选择“编译”→“执行”菜单命令，执行可执行文件。此时，出现程序执行的输出窗口。

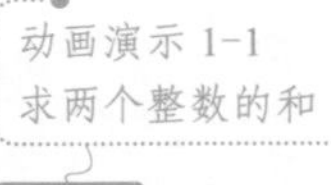

【例 1-1】 求两个整数的和。

C 语言程序如下，对其进行编辑、编译、连接、执行。

```
(1) #include <stdio.h>
(2) int Sum(int x,int y);
(3) int main()
(4) {
(5)         int a,b,s;
(6)         printf("请输入两个整数：");
(7)         scanf("%d%d",&a,&b);
(8)         s=Sum(a,b);
(9)         printf("两个整数和是：%d\n",s);
(10)        return 0;
(11) }
(12) int Sum(int x,int y)
(13) {
```

```
(14)        int z;
(15)        z=x+y;
(16)        return z;
(17) }
```

【课堂实践 1-1】

仿照【例 1-1】编写一个求两个整数乘积的 C 语言程序，体验上机步骤和程序开发的全过程。

同步训练 1-1

同步训练 1-1
参考答案

case

一、单项选择题

1. C 语言是由（　　）于 1972 年在贝尔实验室开发出来的。

A. Matin Richards　　B. Ken Thompson
C. Dennis Ritchie　　D. Brian Kernighan

2. C 语言名称的由来是（　　）。

A. 对 B 语言做进一步的充实和完善因此取名为 C 语言
B. 取 BCPL 的第 2 个字母
C. 第 3 个程序设计语言
D. 取 Combined 的首字母

3. C 语言是一种（　　）的程序设计语言。

A. 面向对象　　B. 面向过程　　C. 可视化　　D. 组件导向

4. 用户可以灵活使用 C 语言所提供的（　　）构成表达式来描述实际问题。

A. 关键字　　B. 运算符　　C. 库函数　　D. 字符

5. C 语言的数据类型丰富，利用（　　）可以构造出用户所需要的数据类型。

A. 基本类型　　B. 构造类型　　C. 指针类型　　D. 空类型

6. C 语言程序的基本单位是（　　）。

A. 程序　　B. 函数　　C. 语句　　D. 字符

7. 用 C 语言编写的源代码程序（　　）。

A. 可立即执行　　B. 是一个源程序
C. 经过编译即可执行　　D. 经过编译、解释才能执行

8. 以下叙述中正确的是（　　）。

A. C 源程序不必通过编译就可以直接运行
B. C 源程序经编译形成的二进制代码可以直接运行
C. C 源程序经编译、连接后生成的可执行文件可以直接运行
D. C 源程序经编译、连接后源程序就可以直接运行

9. 要把高级语言编写的源程序转换为目标程序，需要使用（　　）。

A. 编辑程序　　B. 驱动程序　　C. 诊断程序　　D. 编译程序

10. 一个 C 语言程序的执行是（　　）。

A. 从 main 函数开始，直到 main 函数结束

B．从第一个函数开始，直到最后一个函数结束

C．从第一条语句开始，直到最后一条语句结束

D．从 main 函数开始，直到最后一个函数结束

二、知识填空题

1．C 语言是面向_____的程序设计语言。

2．用 C 语言编写的程序不能被计算机直接识别、理解和执行，需要一种担任翻译工作的程序，称为_____。

3．C 语言源程序文件的扩展名是_____。

4．C 语言源程序经过编译后，生成文件的扩展名是_____。

5．C 语言源程序经过编译、连接后，生成文件的扩展名是_____。

6．C 语言程序的开发过程是编辑、_____、连接、执行。

7．C 语言程序的基本单位是_____。

8．一个 C 语言程序总是从_____开始执行。

9．C 语言的输入和输出都是通过调用系统提供的_____实现的，而不像其他程序设计语言是通过语句来实现，从而实现了程序设计的模块化。

10. 在执行 main 函数体中的可执行语句时，其他函数可能被调用执行，其中每一个函数被调用结束后都要返回到_____。

1.2 函数及其结构

一个 C 语言程序由若干个函数构成，而每一个函数又由若干条语句组成，通过这些语句实现对数据的描述和操作，所以语句是组成函数的**基本单位**。

1.2.1 语句

微课 1-3
函数和语句

PPT 1-3
函数和语句

C 语言规定每个语句必须由分号“;”结束，分号是语句必不可少的组成部分。

C 语言的语句按在程序中所起的作用可分为说明语句和可执行语句两大类。

1. 说明语句

说明语句用来完成对**数据的描述**，程序中用到的每一个变量都要先通过说明语句来定义，定义后才能使用。

2. 可执行语句

可执行语句用来完成对**数据的操作**，是对程序中用到的常量和用说明语句定义的变量进行加工和处理。C 语言的可执行语句包括表达式语句、函数调用语句、空语句、复合语句和流程控制语句 5 种。

（1）表达式语句

一个 C 语言表达式后跟一个分号构成的语句，称为表达式语句。

表达式语句的一般格式：

```
表达式;
```

执行表达式语句就是计算表达式的值、完成表达式的操作。

（2）函数调用语句

函数调用语句是把函数调用作为一条语句。

【示例 1-1】 printf ("%d,%d\n",a,b);和 scanf("%d%d",&a,&b);都是函数调用语句，分别调用库函数 printf 和 scanf。

（3）空语句

只由一个分号构成的语句称为空语句。程序在执行空语句时不产生任何操作。

（4）复合语句

复合语句是用一对花括号括起来的一组语句。

复合语句的一般格式：

```
{ 语句 1  语句 2  …  语句 n }
```

花括号内的语句可以是说明语句，也可以是可执行语句，但说明语句应写在可执行语句的前面；复合语句在语法上被看作是一条语句；另外，由于花括号内的最后一个语句中已经有分号，所以，复合语句最后一个花括号后不应再写分号。

【示例 1-2】

```
int a;
printf ("%d\n",a);
{
    int b;
    printf ("%d\n",b);
}
```

中的

```
{
    int b;
    printf ("%d\n",b);
}
```

就是一条复合语句。

（5）流程控制语句

流程控制语句用于控制程序的流向，它们由系统提供的特定关键字组成。C 语言有 9 种流程控制语句，可分成以下 3 类。

① 条件判断语句：if 语句、switch 语句。

② 循环语句：do while 语句、while 语句、for 语句。

③ 转向语句：break 语句、continue 语句、return 语句、goto 语句（该语句尽量不用，因为使用 goto 语句不利于结构化程序设计，滥用它会使程序流程无

规律、可读性差）。

1.2.2 标识符

微课 1-4
标识符及其命名规则

PPT 1-4
标识符及其命名规则

标识符是用来标识某个实体的符号，如函数的名字、变量的名字等都是标识符。

C 语言的标识符分为系统标识符（关键字）、预定义标识符和用户定义标识符 3 类。

1. 系统标识符

系统标识符是 C 语言的关键字（详见附录 A），包括数据类型标识符（如 int、double、char 等）、存储类别标识符（如 auto、static 等）、流程控制标识符（如 if、for、return、break 等）和 sizeof 求存储长度运算符。

2. 预定义标识符

预定义标识符是 C 语言系统中预先定义使用的标识符，如系统常量名（NULL 等）、库函数名（printf、scanf、sqrt、fabs）等。

3. 用户定义标识符

经验技巧 1-1
标识符命名规则的例外

常见问题 1-1
书写标识符时，忽略了大小写字母的区别

用户定义标识符是用户在程序中所使用的标识符。用户定义标识符必须遵循标识符的命名规则。

标识符的命名规则：以字母或下划线开头，由字母、数字、下画线组成。

【示例 1-3】 Sum、a、temp、p_2 都是合法的用户标识符，而 3b 、c#和 p-1 都是不合法的用户标识符。

在使用用户标识符时应注意：

① 用户标识符**不能**与系统提供的关键字同名，如 int、void 等都不能作为用户标识符。

② 标识符**区分**大小写字母，如 Sum 和 sum 是两个不同的标识符。

③ 标识符命名应做到“见名知意”，例如，长度使用 length，求和使用 sum，圆周率使用 PI 等。

④ 预定义标识符不是 C 语言的关键字，可以作为用户定义标识符使用，但建议最好不使用。

1.2.3 函数定义

微课 1-5
函数定义及函数结构

PPT 1-5
函数定义及函数结构

在用 C 语言解决实际问题时，除要编写一个主函数外，还要编写若干能完成某一特定功能的函数，这些函数的编写就是函数定义。

函数定义的一般格式：

```
返回值类型  函数名(参数类型 1  形式参数名 1,…,参数类型 N  形式参数名 N)
{
    数据定义
    数据操作
}
```

说明：

① 返回值类型是由系统提供的类型标识符（也称为类型说明符），用以说明该函数返回值的类型，如【例 1-1】中函数 Sum 的返回值类型是 int。如果没有定义函数返回值类型，系统默认返回值的类型为 int。

② 函数名、形式参数名必须是 C 语言的合法标识符，由用户对其进行命名，命名时必须遵循标识符的命名规则。

③ 形式参数简称为**形参**，参数类型是系统提供的类型标识符，用以说明相应形参的类型。

④ 函数的形参可有可无，需根据实际问题的需要而定，但函数名后的一对圆括号不能省，如果有多个形式参数，形参之间要用逗号分隔。

⑤ 函数定义中的"返回值类型 函数名（参数类型 1　形式参数名 1,…,参数类型 N　形式参数名 N)"称为**函数头**。

⑥ 一对花括号是函数必不可少的组成部分。其内的部分称为**函数体**，函数体通常由数据定义和数据操作两部分组成。**数据定义**部分用以定义该函数中将要用到的数据；**数据操作**部分由若干条可执行语句组成，由它们给出对数据所作的操作。

⑦ 如果函数有返回值，通常在函数体内必须有 return 语句，用来返回函数执行的结果，如果函数没有返回值，即函数返回值类型被定义为 void，return 语句可省略不写。

return 语句的一般格式：

```
return (表达式);
```

提示：

- 一对圆括号可省略不写，此时表达式与关键字 return 之间要留有空格。
- 当函数没有返回值时，表达式甚至整个 return 语句可省略不写。

return 语句的作用：使程序流程从被调函数返回到主调函数的函数**调用处**，并将被调函数的返回值带回到函数调用处。

常见问题 1-2
函数定义书写错误

⑧ 如果在一个程序中有多个函数需要定义，各函数之间的关系必须是平行的，地位是平等的，即一个函数的定义不能写在另一个函数的函数体内。

⑨ 函数定义用来给出实现该函数所要完成功能的具体算法。

1.2.4 函数调用及函数声明

1. 函数调用

微课 1-6
函数调用

如果在一个程序中除主函数外，还有其他函数，要完成其他函数的功能，必须由主函数或另一个函数来调用，把调用其他函数的函数称为**主调函数**，相应的其他函数称为**被调函数**。

（1）函数调用的一般格式

PPT 1-6
函数调用

```
[变量=]被调函数名（实际参数表）
```

说明：

① 实际参数简称为**实参**，实参可以是常量，也可以是变量，还可以是表达式，但变量和表达式都必须有确定的值。

② 实参表中实参的个数、类型和顺序必须与函数定义中形参的个数、类型和顺序一致，两个实参之间用逗号分隔。

③ 方括号的内容表示是可选的，当被调函数有返回值时，通常应该将函数调用的结果赋给一个变量。

（2）参数传递

在执行函数调用时，**系统将为每个形参变量分配存储空间**，并**把实参的值传递给对应的形参**，即把实参值写到对应形参变量的存储空间，所以，每个实参在函数调用之前都**必须有确定的值**。

（3）函数调用的作用

使程序流程转向被调用的函数，执行被调函数，完成被调函数的功能。

常见问题 1-3
函数调用时实参带了参数类型

2. 函数声明

通常，在一个函数调用另一个函数之前，必须对被调函数进行声明。

（1）函数声明的格式

```
类型标识符　函数名（形参表）;
```

微课 1-7
函数声明和return语句

PPT 1-7
函数声明和return语句

说明：

① 函数声明是一个说明语句，必须在结尾加分号，其他与函数定义中的函数头完全相同。

② 如果被调用函数写在主调函数之前，函数声明可省略不写，但应该养成书写函数声明的良好习惯。

（2）函数声明的作用

向编译系统提供必要的信息，包括函数名、函数类型、形参类型、形参个数及排列顺序，以便编译系统对函数调用进行检查。

1.2.5 主函数的结构

微课 1-8
主函数的结构及程序执行过程

PPT 1-8
主函数的结构及程序执行过程

在C语言程序中，必须有一个主函数。为使C语言程序更加清晰、便于阅读，在书写主函数时建议使用以下格式。

主函数的书写格式：

```
int main()
{
    数据定义
    数据输入
    函数调用
    数据输出
    return 0;
}
```

说明：

① 返回值的类型为 int 是 C99 标准，之前的标准可以是 void，如 VC++ 6.0 执行的就是 C99 之前的标准，建议按 C99 标准来书写主函数。

② 数据定义部分用来定义主函数中将要用到的变量，包括函数声明。

③ 数据输入部分用来为所定义的需要用户输入数据的变量输入数据。有了数据输入，程序才灵活，才具有通用性。建议在数据输入前给出相应的提示，以便在程序运行时用户知道应该输入哪些数据和如何输入数据。

④ 通过函数调用来实现程序的预定功能，应避免把程序的预定功能都写在主函数中实现的不良习惯。

⑤ 数据输出部分用来给出程序的执行结果。

⑥ return 0;用于通知操作系统程序正常结束，如果返回一个非 0 值则表示程序非正常结束。建议读者在今后编写程序时都在 main 函数的最后加上 return 0;，养成一个良好的习惯。

1.2.6 注释

为使程序便于阅读和理解，在程序中可以加注释。在 VC 环境中，注释有两种。

① 以/*开头，以*/结束，中间写待注释的内容。

② 以//开头，在其后写待注释的内容。

注释可出现在程序的任何位置，对程序的编译和执行不产生影响。

第 1 种注释可注释多行，“/*”和“*/”必须成对使用，且“/”和“*”、“*”和“/”之间不能有空格，否则都出错；另外，注释符不能嵌套使用，即在注释内容中不能包含“/*”和“*/”。该注释属于 C 语言的注释风格。

第 2 种注释只能注释一行，属于 C++的注释风格。

注释的作用：增强程序的可读性和用于对程序进行调试。

【例 1-2】 求矩形的周长。

以下 C 语言程序的功能是：利用用户输入的矩形长和宽求矩形的周长。体会函数定义、调用、声明和注释的使用，理解程序执行和参数传递过程。

动画演示 1-2 求矩形的周长

```
(1)  #include <stdio.h>
(2)  int Perimeter(int x , int y);                    //函数 Perimeter 的声明
(3)  int main()
(4)  {
(5)      int length, wide, pmt;                       //定义主函数中用到的变量
(6)      printf("请输入矩形的长和宽：");              //输入提示
(7)      scanf("%d%d",&length ,&wide);                //调用输入函数
(8)      pmt= Perimeter(length, wide);                //函数调用
(9)      printf("矩形的周长是：%d\n",pmt);            //调用输出函数
(10)     return 0;
(11) }
(12) /*以下是函数 Perimeter 的定义*/
(13) int Perimeter(int x , int y)
```

```
(14) {
(15)        int z;              //定义函数 Perimeter 中用到的变量
(16)        z=2*x+2*y;          //数据操作
(17)        return z;           //返回操作结果
(18) }
```

【课堂实践 1-2】

拓展知识 1-1
C 程序的“紧缩对齐”书写格式

仿照【例 1-2】编写求矩形面积的 C 语言程序，求矩形面积函数命名为 Area，长和宽由用户通过键盘输入，体会函数定义、调用、声明和注释的使用。

同步训练 1-2

一、单项选择题

经验技巧 1-2
使程序快速成为“紧缩对齐”格式

同步训练 1-2
参考答案

case

1．以下叙述正确的是（　　）。

A．C 程序中注释部分可以出现在程序中的任意合适的地方

B．花括号“{”和“}”只能作为函数体的定界符

C．构成 C 程序的基本单位是函数，所有函数名都可以由用户命名

D．分号是 C 语句之间的分隔符，不是语句的一部分

2．在一个 C 语言程序中，（　　）。

A．main 函数必须出现在所有函数之前

B．main 函数可以出现在其他函数之外的任何位置

C．main 函数必须出现在所有函数之后

D．main 函数必须出现在固定位置

3．有以下定义：int fun(int n,double x) {…}若以下选项中的变量都已正确定义并赋值，则对函数 fun 的正确调用语句是（　　）。

A．fun(int x,double n);　　B．fun(x,12.5);

C．m=fun(1.1 , n);　　D．int fun(n,x);

4．有以下定义：void fun(int n,double x) {…}若以下选项中的变量都已正确定义并赋值，则对函数 fun 的正确调用语句是（　　）。

A．fun(int x,double n);　　B．m=fun(x,12.5);

C．fun(x,n);　　D．void fun(n,x);

5．定义为 void 类型的函数，其含义是（　　）。

A．调用函数后，被调用的函数没有返回值

B．调用函数后，被调用的函数不返回值

C．调用函数后，被调用的函数的返回值为任意的类型

D．以上 3 种说法都是错误的

6．C 语言中，函数返回值的类型是由（　　）决定的。

A．调用函数时临时　　B．return 语句的表达式类型

C．调用该函数的主调函数类型　　D．定义函数时指定的函数类型

7．函数的实参不能是（　　）。

A．变量　　B．常量　　C．语句　　D．函数调用表达式

8．以下说法中正确的是（　　）。

A．实参可以是常量、变量或表达式

B．形参可以是常量、变量或表达式

C．实参可以为任意类型

D．形参应与其对应的实参类型一致

9．下列 4 组选项中，均不是 C 语言关键字的是（　　）。

A．define、IF、Type　　B．gect、char、printf

C．include、scanf、case　　D．while、go、pow

10．下面 4 个选项中，均是不合法的用户标识符的是（　　）。

A．A、P_0、Do　　B．float、lao、_A

C．b-a、goto、int　　D．_123、temp、INT

11．可用作用户标识符的一组标识符是（　　）。

A．int、define、WORD　　B．a3_b3、_xyz、IF

C．For、-abc、Case　　D．2a、DO、sizeof

12．以下符号中能用作用户标识符的是（　　）。

A．256　　B．int　　C．scanf　　D．struct

13．以下符号中不能用作用户标识符的是（　　）。

A．if　　B．Switch　　C．gets　　D．Case

14．以下选项中不合法的用户标识符是（　　）。

A．abc.c　　B．file　　C．Main　　D．printf

15．下列标识符组中，均是不合法的用户标识符的是（　　）。

A．_0123 与 ssiped　　B．del-word 与 signed

C．list 与*jer　　D．keep%与 wind

二、知识填空题

1．组成函数的基本单位是_____。

2．C 语言的语句按在程序中所起的作用可分为_____和_____两大类。

3．C 语言的可执行语句包括表达式语句、函数调用语句、空语句、_____和流程控制语句 5 种。

4．C 语言中的标识符只能由 3 种字符组成，它们是_____、_____和下画线。

5．C 语言中标识符的首字符必须是_____或下画线。

6．函数调用的作用是使程序_____转向被调用的函数，执行被调函数，完成被调函数的功能。

7．形式参数是指在定义_____时使用的参数。

8．函数声明由函数头和_____组成。

9．return 语句的作用是使程序流程从被调函数返回到主调函数的_____，并将被调函数的返回值带回到函数调用处。

10．C 语言中的多行注释以_____符号开始，以_____符号结束。

单元 1 拓展训练

单元 1 自测试卷

单元 1 课堂实践参考答案

单元 1 拓展训练参考答案

单元 1 自测试卷参考答案

单元 2 数据描述

学习目标

【知识目标】

- 掌握整型常量、实型常量、字符型常量和字符串常量的表示方法。
- 掌握符号常量的定义和使用。
- 理解和掌握数据的操作属性，能正确定义和使用变量。
- 理解和掌握数据的存储属性，各种变量的作用域和生存周期。

【能力目标】

- 模仿编写简单应用问题的程序。

【素质目标】

- 培养脚踏实地坚守岗位、认真用心做好工作的理念。
- 培养良好的编码规范、细致缜密的工作态度、团结协作的良好品质。

由前面的学习可知，一个函数的函数体由数据定义和数据操作两部分组成，数据定义部分用来定义该函数中用到的数据，即对数据进行描述。

2.1 常量

微课 2-1
整型、实型常量及其表示

PPT 2-1
整型、实型常量及其表示

在程序中所使用的数据，既可以以常量的形式出现，也可以以变量的形式出现。在程序运行过程中，其值保持不变的量称为**常量**。在C语言中，常量是有类型的，常量的类型不需要事先说明，而是由书写方法自动默认的。

常量按数据类型来分类有整型常量、实型常量、字符型常量和字符串常量4种；按表现形态来分类主要有直接常量和符号常量2种。

2.1.1 整型常量及其表示

整型常量有十进制整型常量、八进制整型常量和十六进制整型常量3种。在每一种常量后加小写字母l或大写字母L又得到十进制长整型常量、八进制长整型常量和十六进制长整型常量。

① 十进制整型常量：用数码0～9、正负号表示的十进制整数。

【示例2-1】 32、–7等都是十进制整型常量。

② 十进制长整型常量：在十进制整型常量后加小写字母l或大写字母L表示的数。

【示例2-2】 64L、657831等都是十进制长整型常量。

③ 八进制整型常量：以数字0开头，用数码0～7、正负号表示的整数，开头的数字0代表所表示的数为八进制数，用以区别十进制整型常量。

【示例2-3】 027、036、–015等都是合法的八进制整型常量；而049是不合法的八进制整型常量，因为049中有数码9。

④ 八进制长整型常量：在八进制整型常量后加小写字母l或大写字母L表示的数。

【示例2-4】 0321、057L等都是八进制长整型常量。

⑤ 十六进制整型常量：以数字0和小写字母x或大写字母X开头，用数码0～9或小写字母a～f或大写字母A～F、正负号表示的十六进制整数，0x代表所表示的数为十六进制数。

【示例2-5】 0xa8、0X59、–0X39等都是十六进制整型常量；而0xag、2f等都不是合法的十六进制整型常量，因为0xag中有符号g，2f前没有0x。

⑥ 十六进制长整型常量：在十六进制整型常量后加小写字母l或大写字母L表示的数。

【示例2-6】 0XFFl、0x64L等都是十六进制长整型常量。

注意：在VC++ 6.0环境中，整型常量在内存中占4个字节。

2.1.2 实型常量及其表示

实型常量分为**十进制小数形式（定点形式）**和**指数形式（浮点形式）**两种。

① 十进制小数形式（定点形式）：由数码 0～9、正负号和小数点（必须有小数点）组成的十进制小数表示的实数。

【示例 2-7】 3.14、-0.271、0.0、0.、.6 等都是十进制小数形式的实型常量。

② 指数形式（浮点形式）：由尾数、字母 e 或 E、阶码三部分组成，其中尾数为十进制小数或整数，阶码为-308～308 的十进制整数。

【示例 2-8】 3.14159e2 表示十进制数 3.14159×10^{2}，31415.9E-2 表示十进制数 31415.9×10^{-2}，它们都表示十进制小数 314.159；1e03 表示十进制数 1×10^{3}，这里的尾数 1 不能省。E03、-2e314 都是不合法的实型常量，因为 E03 中缺少尾数；-2e314 中阶码的 3 位整数超过了阶码的范围。

注意：在 VC++ 6.0 环境中，实型常量在内存中占 8 个字节。

2.1.3 字符型常量及其表示

微课 2-2
字符型、字符串常量及其表示

C 语言中的字符型常量代表 ASCII 码字符集里的一个字符，在程序中要用单撇号括起来，以便与程序中用到的其他字符相区分。在 ASCII 码字符集（参见附录 B）中，除大多数可在屏幕上显示的字符外，还有 32 个控制字符，C 语言规定这 32 个控制字符可以用转义字符来表示，当然其他字符也可以用转义字符来表示。

用单引号括起来的单一字符（包括**转义字符**）称为**字符型常量**。

【示例 2-9】 'a'、'A'、'2'、'\n'、'\101'等都是字符型常量，其中'\n'、'\101'都是转义字符，而'''、'\'都是不合法的字符型常量，对于单引号和反斜杠必须用转义字符来表示。

PPT 2-2
字符型、字符串常量及其表示

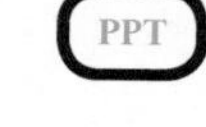

以反斜杠“\”开头，后跟一个规定的字符或数字串，用来表示一个字符，这种表示形式称为**转义字符**。

转义字符有以下 4 种形式：

① 以反斜杠“\”开头后跟一个规定的字母，代表一个控制字符。

② \\代表反斜杠字符“\”，\'代表单引号字符“'”等。

③ 以反斜杠开头后跟 1～3 位八进制数代表 ASCII 码值为该八进制数的字符（此方法可表示 ASCII 字符集中的任一字符）。

④ 以反斜杠和小写字母 x 开头，即以\x 开头，后跟 1～2 位十六进制数代表 ASCII 码值为该十六进制数的字符（也可表示 ASCII 字符集中的任一字符）。

转义字符及含义见表 2-1。

表 2-1 转义字符及含义

字符形式	含义	ASCII 码值（十进制）
\a	警告	7
\b	退格（将光标前移一列）	8
\t	水平制表（横向跳格到下一个制表区）	9
\n	回车换行（将光标移到下一行开头）	10
\v	垂直制表（竖向跳格）	11
\f	换页（将光标移到下页开头）	12

续表

字符形式	含义	ASCII 码值（十进制）
\r	回车（将光标移到本行开头）	13
\"	双引号字符“"”	34
\'	单引号字符“'”	39
\?	问号字符“?”	63
\\	反斜杠字符“\”	92
\0	空字符	0
\ddd	ddd 为 1～3 位八进制数，ddd 所代表的字符	需转换
\xhh	hh 为 1～2 位十六进制数，hh 所代表的字符	需转换

说明：

① 注意\n 和\r 的区别，\n 是回车换行，而\r 只是回车但不换行。

② \t 的作用是横向跳格，屏幕的每一行被分为 10 个制表区，每个制表区占 8 列。

③ \0 代表 ASCII 码值为 0 的控制字符 NUL，即空操作。

④ 字符常量在内存中占 1 个字节，按字符的 ASCII 码值对应的二进制数形式存放。

常见问题 2-1
斜杠“/”与反斜杠“\”混淆

【示例 2-10】 'a'、'\141'、'\x61'都是合法的字符型常量，都代表字符 a；'\n'、'\12'都代表控制字符“回车换行”；而'\29'、'\x3g'都是不合法的字符型常量，因为'\29'中有数码 9，'\x3g'中有字符 g。

2.1.4 字符串常量及其表示

C 语言中字符串常量代表一串字符，即一个字符串。在程序中要用双引号括起来，以便与程序中用到的其他标识符（如变量名、函数名等）相区分。

用双引号括起来的字符序列称为**字符串常量**，简称**字符串**。字符串中含字符的个数称为该**字符串的长度**。

【示例 2-11】 "How do you do"、"A"、"He\154lo.\n"都是字符串常量，它们的长度分别是 13、1、7。应注意：\154 和\n 都是转义字符，都只代表一个字符。

C 语言中，字符串的存储是按字符串中每个字符的存储形式存储，每个字符占一个字节，系统会在字符串的结尾自动加上一个**字符串结束标志“\0”**，用以表明字符串的结束。所以，字符串的存储长度为字符串长度加 1，即如果字符串的长度为 n 个字符，则字符串的存储长度为 n+1 个字节。

注意：**'A'**与**"A"**是有区别的，**'A'**是一个字符，而**"A"**是只有一个字符的字符串；**'A'**存储时在内存中占一个字节，而**"A"**存储时在内存中占两个字节，不仅要存储字符 **A** 本身，还要存储字符串结束标志\0。

微课 2-3
符号常量及其表示

2.1.5 符号常量

C 语言中除上述的直接常量外，还有一种用标识符代表的常量，称为**符号常量**。符号常量是用“宏定义”方式表示某个常量。

符号常量的定义方法是在程序的开头，使用如下的编译预处理命令：

PPT 2-3
符号常量及其表示

PPT

```
#define 符号常量 常量
```

说明：

① 在编写程序时，使用“符号常量”来代替程序中多次出现的“常量”，能减轻编程的工作量；在编译程序时，将把程序中所有出现“符号常量”的位置，一律用“常量”的值来代替。

② 程序中多次使用的常量，通常用符号常量。

③ 符号常量名通常用大写字母来表示，以区别程序中的变量。

动画演示 2-1 符号常量的使用——求圆的面积

【例 2-1】 符号常量的使用——求圆的面积。

```
(1) #include <stdio.h>
(2) #define   PI   3.14159
(3) double Area (double r);
(4) int main()
(5) {
(6)        double Radii, s;
(7)        printf("请输入圆的半径：");
(8)        scanf("%lf", &Radii);
(9)        s = Area (Radii);
(10)       printf("半径为%lf 的圆的面积是%lf\n", Radii, s);
(11)       return 0;
(12) }
(13) double Area (double r)
(14) {
(15)       double s;
(16)       s = PI * r * r;
(17)       return s;
(18) }
```

程序中的第 1 行是一条编译预处理命令，称为**文件包含**，由于程序中用到的函数 printf 和 scanf 的有关信息都在头文件 stdio.h 中，所以，通过该命令使头文件 stdio.h 中的信息包含到程序中来，才能够正确调用这两个函数。

拓展知识 2-1 const 常量

程序中的第 2 行用#define 定义了一个符号常量 PI，它代表常量 3.14159，经编译预处理后，该文件中所有出现 PI 的位置（第 16 行）都用 3.14159 来代替。

由此可以看出，使用符号常量可以减轻程序输入的工作量；另外，如果想把程序中的 PI 用 3.14 来代替，只需把编译预处理命令#define PI 3.14159 修改为#define PI 3.14，而不必对整个程序进行修改。所以，使用符号常量便于对程序的修改，给程序设计带来了很大的方便。

拓展知识 2-2 文件包含

【课堂实践 2-1】

拓展知识 2-3 宏替换

仿照【例 2-1】，编写求圆周长的 C 语言程序，求圆周长的函数命名为 Perimeter，圆的半径由用户通过键盘输入。

同步训练 2-1
参考答案

case

同步训练 2-1

一、单项选择题

1. 下面 4 个选项中，均是合法整型常量的是（　　）。

A. 160、0xffff、011　　B. -0xcdf、01a、0xe

C. -01、986.012、0668　　D. -0x48a、2e5、0x

2. 下面 4 个选项中，均是不合法指数形式的是（　　）。

A. 123、2e4.2、.0e5　　B. 160、0.12、E3

C. -018、123e4、0.0　　D. -e3、.234、1e3

3. 下面 4 个选项中，不是合法八进制数的是（　　）。

A. -04567　　B. 0　　C. 081　　D. 07L

4. 下面 4 个选项中，均是不正确的八进制数或十六进制数的是（　　）。

A. 016、0x8f、018　　B. 0adc、017、0xa

C. 010、-0x11、0x16　　D. 0a12、7ff、-123

5. 下面 4 个选项中，均是正确的数值常量或字符常量的是（　　）。

A. 0.0、0f、8.9e、'&'　　B. "a"、3.9E-2.5、1e1、'\='

C. '3'、011、0xff00、0a　　D. +01、0xabcd、2e2、50

6. 下面 4 个选项中，均是合法转义字符的是（　　）。

A. '\"'、'\\'、'\n'　　B. '\'、'\017'、'\='

C. '\018'、'\f'、'xab'　　D. '\0'、'\101'、'xlf'

7. 下列不正确的转义字符是（　　）。

A. '\\'　　B. '\'　　C. '074'　　D. '\0'

8. 下列正确的字符是（　　）。

A. '\182'　　B. '\xax'　　C. "a"　　D. 'Z'

9. 字符串"\t\\chinese\\girl\n"的长度是（　　）。

A. 14　　B. 15　　C. 16　　D. 17

10. 下面 4 个选项中，存储长度为 2 的是（　　）。

A. "\ab"　　B. "\xb"　　C. "ab"　　D. 'xb'

二、知识填空题

1. 以数字_____开头，用数码 0～7、正负号表示的整数是_____整型常量。

2. 在整型常量后加小写字母 l 或大写字母 L 就称其为_____。

3. 在 VC++ 6.0 环境中，整型常量占_____个字节，长整型常量占_____个字节，而实型常量占_____个字节。

4. 字符型常量是用_____括起来的_____字符。

5. 使用“符号常量”来代替程序中多次出现的_____，其作用为减轻编程的工作量。

6. 转义字符是以_____开始，后跟一个特定的字符或数字串的字符。

7. ASCII 字符集中的任一字符都可以用由反斜杠开始，后跟 1～3 位_____的形式来表示。

8. 字符串"\123\xab\r\t\\123\\xab"的长度是_____。

9. 字符串的存储长度为该字符串的长度加_____。

10. 字符串的结束标志为字符_____，是由系统自动加上的。

2.2 变量

变量是在程序运行过程中，其值可以改变的量。C 语言规定：程序中所使用的每一个变量在使用之前都要进行类型定义，即“先定义，后使用”。原因有以下 3 个方面。

① 不同类型的数据在内存中的存储长度不同。

② 不同类型的数据的取值范围不同。

③ 对不同类型的数据所允许的操作不同。

所以，如果程序中用到的变量不先定义，系统就不知道如何为它分配存储空间、允许它进行哪些操作。因此，变量在使用之前必须先进行类型定义。

C 语言中的变量有**操作属性**和**存储属性**两种属性。

操作属性由数据类型来决定，它规定了变量的存储空间的大小（即**存储长度**）、**取值范围**和所允许的操作。

存储属性由存储类别来决定，它决定了所定义的变量在哪里存放，即变量的存储机构是什么；何时为其分配存储空间，何时释放它的存储空间，即变量的**生存周期**；变量起作用的范围有多大，即变量的**作用域**。

2.2.1 变量的定义

1. 变量的定义

微课 2-4
变量定义

变量定义的一般格式：

```
[类别标识符]  类型标识符  变量名表;
```

其中方括号表示其中的内容是可选的。

PPT 2-4
变量定义

说明：

① **类别标识符**用来说明变量名表中变量的存储类别（存储机构、生存周期、作用域），存储类别标识符包括 auto（自动）、register（寄存器）、static（静态）。

② **类型标识符**用来说明变量名表中变量的数据类型（存储长度、取值范围、允许的操作），类型标识符包括 short（短整型）、int（基本整型）、long（长整型）、float（单精度实型）、double（双精度实型）、char（字符型）等。

③ 变量名表由一个或多个变量组成，两个变量之间用逗号分隔，变量名必须是 C 语言合法标识符。

④ 变量定义后，在编译或在程序运行时系统将为变量分配相应字节的存储空间，分配的存储空间的大小与变量所定义的类型有关。

【示例 2-12】 int i,j,k;

缺省存储类别标识符系统默认是 auto，通过此说明语句定义了 3 个变量 i、j、k，都是基本整型变量、自动变量，在程序运行期间为这 3 个变量分配存储空间。

【示例 2-13】 static double a,b;

通过此说明语句定义了 2 个变量 a、b，都是双精度实型变量、静态变量，在编译时就为这两个变量分配存储空间。

2. 变量的赋值

变量定义后，要想给变量一个确定的值，可以采用数据输入的方法（如前所示，通过调用函数 scanf 给变量输入数据），也可以采用下面介绍的赋值的方法。

变量赋值的一般格式：

```
变量=表达式
```

其中“=”为赋值号，**赋值号左端通常必须是变量**，右端可以是任何表达式。整个表达式称为赋值表达式，赋值表达式读作“把表达式的值赋给变量”。

变量赋值的作用：把赋值号右端表达式的值赋给赋值号左端的变量，即把赋值号右端表达式的值写到赋值号左端变量的存储空间中。

【示例 2-14】 a=b+2; 把 b+2 的值赋给变量 a，此时 b 必须已有确定的值。

3. 变量的初始化

在定义变量时，给变量赋值称为**变量的初始化**。

【示例 2-15】 int a=5,b; 在定义变量 a、b 的同时给变量 a 赋值为 5，是对变量 a 进行初始化。

【示例 2-16】 int a,b;a=5; 先定义两个整型变量 a、b，然后给变量 a 赋值为 5，不是初始化。

虽然上面两例的执行效果相同，但前者是对变量 a 进行初始化，而后者是对变量 a 赋值。

2.2.2 整型变量

微课 2-5
整型变量和实型变量

PPT 2-5
整型变量和实型变量

1. 整型变量的类型标识符

整型变量的类型有**基本整型**（简称整型）、**短整型**和**长整型 3 种**，它们的类型标识符分别是 int、short [int]、long [int]。其中每一种类型还分为有符号和无符号两种，有符号用 signed 来标识，无符号用 unsigned 来标识，在无该标识符的情况下，系统默认为有符号。所以，整型变量的类型细分共有 6 种，具体如下。

（1）**有符号基本整型：**[signed] int

（2）**无符号基本整型：**unsigned [int]

（3）**有符号短整型：**[signed] short [int]

（4）**无符号短整型：**unsigned short [int]

（5）**有符号长整型：**[signed] long [int]

（6）**无符号长整型：**unsigned long [int]

注意：方括号中的内容是可选的。

【示例 2-17】 int a,b;定义变量 a、b，都是整型变量、自动变量。

【示例 2-18】 unsigned long c,d; 定义变量 c、d，都是无符号长整型变量、自动变量。

2. 整型数据在内存中的存储形式

数据在内存中所占的字节数称为数据的**存储长度**。

VC++ 6.0 系统规定：short 型数据在内存中**占 2 个字节**（16 位），int 型和 long 型数据在内存中**占 4 个字节**（32 位）。

short 型数据在内存中是以 16 位二进制数的**补码**形式存放，其中最高位用来表示数的符号，称为**符号位**，当符号位为 0 时，表示该数是正数；当符号位为 1 时，表示该数是负数；其他低 15 位用来表示数值。

int 型和 long 型数据在内存中是以 32 位二进制数的**补码**形式存放，同样，最高位用来表示数的符号，其他低 31 位用来表示数值。

unsigned 型数据以其相应的类型的位数的二进制数**补码**形式存放，没有符号位，所有二进制位都用来表示数值。

3. 整型数据的取值范围

关于整型数据的存储长度和取值范围见表 2-2。

表 2-2 整型数据的存储长度和取值范围

类　型	存储长度	取值范围
[signed] short [int]	2 字节（16 位）	−32768～32767（-2^{15}～$2^{15}-1$）
unsigned short [int]	2 字节（16 位）	0～65535（0～$2^{16}-1$）
[signed] int	4 字节（32 位）	−2147483648～2147483647（-2^{31}～$2^{31}-1$）
unsigned [int]	4 字节（32 位）	0～4294967295 （0～2^{32}-1）
[signed] long [int]	4 字节（32 位）	−2147483648～2147483647（-2^{31}～$2^{31}-1$）
unsigned long [int]	4 字节（32 位）	0～4294967295 （0～$2^{32}-1$）

【课堂实践 2-2】

下列程序中 a 的值是 16 进制整数，b 的值是一个字符。读下列程序，找出程序中存在的错误，并改正，但不得增加和减少语句。

常见问题 2-2
变量未定义就使用

拓展知识 2-4
整型数据之间的转换

```
int main()
{
    Int a,b;
    a=01b;
    b='\37'
    c=a+b;
    print("c=%d\n",c);
    return 0;
}
```

2.2.3 实型变量

拓展知识 2-5
实型数据的存储

1. 实型变量的类型标识符

实型变量的类型主要有**单精度实型**和**双精度实型**两种，它们的类型标识符分别是 float（单精度实型）和 double（双精度实型）。实型变量都是有符号的。

【示例 2-19】 double x , y；定义了两个双精度实型变量 x、y。

2. 实型数据的存储长度、取值范围和精度

关于实型数据的存储长度和取值范围等见表 2-3。

表 2-3 实型数据的存储长度和取值范围

类型	存储长度	取值范围	有效数字
float	4 字节	±（3.4×10^{-38}～3.4×10^{38}）	6～7 位
double	8 字节	±（1.7×10^{-308}～1.7×10^{308}）	15～16 位

2.2.4 字符型变量

1. 字符型变量的类型标识符

（1）**（有符号）字符型：**[signed] char

（2）**无符号字符型：**unsigned char

【示例 2-20】 char a,b; unsigned char c; 定义 a、b 为（有符号）字符型变量；定义 c 为无符号字符型变量。

注意：字符型变量只能存放一个字符，而不能存放字符串，字符串必须存放在字符数组中或用字符指针来指向。

微课 2-6
字符型变量

PPT 2-6
字符型变量

2. 字符型数据的存储形式及取值范围

字符型数据在内存中占 1 个字节，以其相应的 ASCII 码值的 8 位二进制数（补码）形式存储，char 型数据的取值范围是−128～127，unsigned char 型数据的取值范围是 0～255，每一个数值对应一个字符。

【示例 2-21】 'a'的 ASCII 码值为 97，97 对应的 8 位二进制数为 01100001，所以，字符'a'在内存中的存储形式如图 2-1 所示。

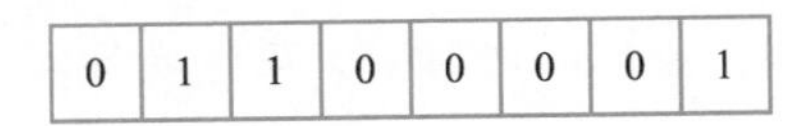

0	1	1	0	0	0	0	1

图 2-1 字符'a'在内存中的存储形式

动画演示 2-2
将大写字母转换为小写字母

另外，字符型数据可以按整型数据处理，可以作为整数参加运算，按整数形式输出；在 ASCII 码值范围内的整数可以按字符型数据来处理，按字符形式输出，即**字符型数据与整型数据具有通用性**。

【例 2-2】 将大写字母转换为小写字母。

常见问题 2-3
将字符串常量赋给字符变量

```
(1)  #include <stdio.h>
(2)  char ToLower (char ch);
(3)  int main()
(4)  {
```

```
（5）      char ch, low;
（6）      printf("请输入一个大写字母：");
（7）      scanf("%c", &ch);
（8）      low = ToLower (ch);
（9）      printf("大写字母%c 转换为小写字母是%c\n", ch, low);
（10）     return 0;
（11）}
（12）char ToLower (char ch)
（13）{
（14）     char tlow;
（15）     tlow = ch + 32;
（16）     return tlow;
（17）}
```

该程序通过第 15 行的操作，能将一个大写字母转换为小写字母，说明整型数据可以按字符型数据来处理，同样字符型数据也可以按整型数据来处理。因此字符型数据与整型数据是通用的，即字符型数据可以看成是整型数据，整型数据可以看成是字符型数据。

【课堂实践 2-3】

仿照【例 2-2】，编写将用户输入的小写字母转换为大写字母的 C 语言程序，小写字母转换为大写字母的函数命名为 ToUpper。

2.2.5 动态变量

动态变量包括自动变量和寄存器变量。

1. 自动变量

用存储类别标识符 auto 定义的变量是**自动变量，自动变量的存储空间是在程序运行时分配的，分配和释放由系统自动完成**。由于自动变量使用方便，需要时建立，不需要时立即撤销，节省存储空间，所以，在程序设计中多使用自动变量。但在使用时，应注意以下几点。

微课 2-7
动态变量

① 在定义变量时，缺省存储类别标识符系统默认是自动变量。

② 自动变量的存储空间在程序运行期间分配和释放，称为**动态存储**。

③ 自动变量只在定义它的那个局部范围内才起作用，称为**局部变量**。

【示例 2-22】 自动变量的动态存储。

PPT 2-7
动态变量

动画演示 2-3
自动变量的动态存储

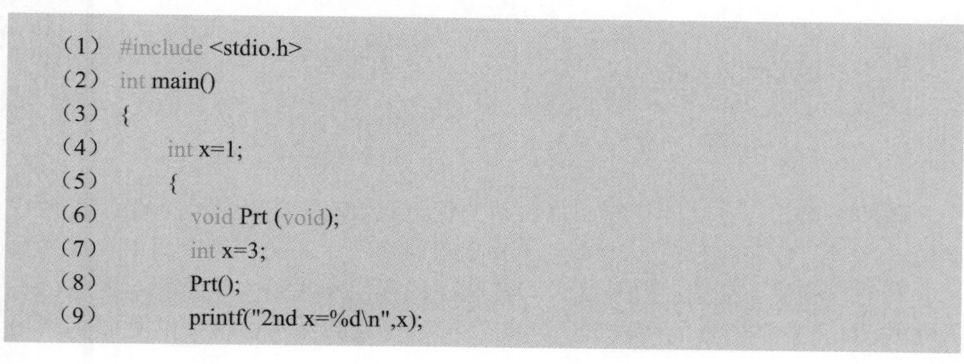

```
（1） #include <stdio.h>
（2） int main()
（3） {
（4）      int x=1;
（5）      {
（6）         void Prt (void);
（7）         int x=3;
（8）         Prt();
（9）         printf("2nd x=%d\n",x);
```

```
（10）    }
（11）    printf("1nd x=%d\n",x);
（12）    return 0;
（13）}
（14）void Prt(void)
（15）{
（16）    int x=5;
（17）    printf("3nd x=%d\n",x);
（18）}
```

程序中有 3 个同名变量 x，2 个在主函数 main 中，1 个在函数 Prt 中，把它们按从上到下的顺序分别称为第 1 个变量 x（第 4 行定义的）、第 2 个变量 x（第 7 行定义的）和第 3 个变量 x（第 16 行定义的）。这 3 个变量都是自动变量，都是在程序的运行过程当中分配存储空间的，它们各占独立的存储空间；它们在程序中的作用域是不同的，程序在执行时先给第 1 个变量 x 分配存储空间，并赋初值为 1，当执行到复合语句时，又给第 2 个变量 x 分配存储空间，并赋初值为 3，此时，只有第 2 个变量 x 在复合语句中起作用，然后调用函数 Prt，为第 3 个变量 x 分配存储空间，并赋初值为 5，第 3 个变量 x 只在函数 Prt 中起作用，输出 3nd x=5 并回车，函数 Prt 调用结束后，释放第 3 个变量 x 的存储空间，并将程序流程返回到调用处（第 8 行），由于在复合语句中只有第 2 个变量 x 起作用，所以在复合语句中的输出结果为 2nd x=3 并回车，复合语句执行完毕，释放第 2 个变量 x 的存储空间，只有第 1 个变量 x 对第 11 行的语句 printf("1nd x=%d\n",x);起作用，输出 1nd x=1 并回车，主函数执行完毕，释放第 1 个变量 x 的存储空间。因此程序的运行结果为：

```
3nd x=5
2nd x=3
1nd x=1
```

④ 自动变量在赋值之前，它的值是不确定的。

【示例 2-23】

```
（1）int main()
（2）{
（3）    int x;
（4）    printf("x=%d\n",x);
（5）    return 0;
（6）}
```

程序中第 3 行定义的变量 x 是自动变量，既没有为它初始化，也没有为它赋值，所以，程序执行时，为变量 x 分配存储空间，原来存储空间中存放的数据是什么，变量 x 的值就是什么，因此程序的输出结果是一个不确定的值。

⑤ 对同一个函数的两次调用之间，自动变量的值不保留。这是因为调用

一次之后存储空间被释放，再调用时，又另分配了存储空间。

【示例 2-24】 自动变量的值不具有继承性。

动画演示 2-4
自动变量的值不具有继承性

```
（1） void Count (int n);
（2） int main()
（3） {
（4）         Count(1);
（5）         Count(2);
（6）         return 0;
（7） }
（8） void Count(int n)
（9） {
（10）        int x=1;
（11）        printf("%d:x=%d,",n,x);
（12）        x=x+2;
（13）        printf("%d\n",x);
（14） }
```

程序连续两次调用了函数 Count，在第 4 行第 1 次调用时，为形参变量 n 分配存储空间，并传值为 1；为变量 x 分配存储空间，并初始化为 1，所以，先输出“1:x=1,”，再执行操作 x=x+2，把 x 的值加 2 赋给 x，这样变量 x 的存储空间的值变为 3，输出“3”，并回车，然后释放变量 x 及形参变量 n 的存储空间，返回到函数调用处；在第 5 行第 2 次调用时，又为形参变量 n 分配新的存储空间，并传值为 2；为变量 x 分配一个新的存储空间，并初始化为 1，所以，变量 x 的值还是 1，而不是 3。因此对同一个函数的两次调用之间，自动变量的值不保留。

2. 寄存器变量

用标识符 register 定义的变量是寄存器变量。

寄存器变量也是动态变量，除存储机构与自动变量不同外，其他与自动变量都相同，这里不再重复。

2.2.6 静态变量

微课 2-8
静态变量和外部变量

用标识符 static 定义的变量是**静态变量**。

① 静态变量是在编译时分配存储空间，程序运行结束存储空间才被释放，称为**永久存储**，即存在于程序执行的全过程，直到程序执行结束。

② 静态变量的初始化是在编译时进行的，如果不显式地为静态变量初始化，系统自动置静态变量的初值为 0（整型）或 0.0（实型）。

PPT 2-8
静态变量和外部变量

【示例 2-25】

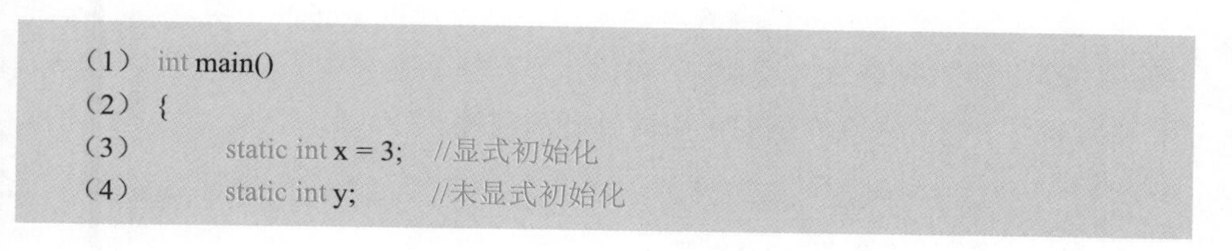

```
（1） int main()
（2） {
（3）         static int x = 3;    //显式初始化
（4）         static int y;        //未显式初始化
```

```
(5)        static double z;   //未显式初始化
(6)        printf("x=%d,y=%d,z=%lf\n",x,y,z);
(7)        return 0;
(8) }
```

程序中，第 3 行将静态变量 x 显式初始化为 3，第 4 行未对静态变量 y 显式初始化，系统自动置初值为 0，第 5 行未对静态变量 z 显式初始化，系统自动置初值为 0.0，所以，输出结果为：x=3，y=0，z=0.000000。

③ 在函数多次被调用的过程中，静态变量的值具有**继承性**，即本次调用的初值是上次调用结束时变量的值。

【示例 2-26】 静态变量的值具有继承性。

动画演示 2-5
静态变量的值具有继承性

```
(1) void Increment(void);
(2) int main()
(3) {
(4)        Increment();
(5)        Increment();
(6)        Increment();
(7)        return 0;
(8) }
(9) void Increment(void)
(10) {
(11)       static int x=1;
(12)       x=x+2;
(13)       printf("%d\n",x);
(14) }
```

在函数 Increment 第 11 行中定义了一个静态变量 x，并初始化为 1，需要注意，语句 static int x=1;是在编译时完成的。所以，在第 4 行第 1 次调用函数 Increment 时，先执行操作 x=x+2，把 x 的值加 2 赋给 x，这样，x 的存储空间存放的值为 3，然后输出 x 的值 3，第 1 次调用结束后，并不释放变量 x 的存储空间；在第 5 行第 2 次调用函数 Increment 时，x 的存储空间的值还为 3，再执行操作 x=x+2，把 x 的值加 2 赋给 x，这样，x 的存储空间存放的值为 5，然后输出 x 的值 5，等等；直到程序执行完毕才释放变量 x 的存储空间。

因此，输出结果为：

3
5
7

④ 静态局部变量的作用域具有局部性，静态局部变量的值只能在本函数中使用，但生存周期是永久存储。

动画演示 2-6
静态变量的作用域具有局部性

【示例 2-27】 静态变量的作用域具有局部性。

```
(1) void Increment(void);
```

```
(2) int main()
(3) {
(4)         int x=5;
(5)         Increment();
(6)         printf("1:x=%d\n",x);
(7)         return 0;
(8) }
(9) void Increment(void)
(10) {
(11)        static int x=1;
(12)        x=x+2;
(13)        printf("2:x=%d\n",x);
(14) }
```

在main函数第4行中定义的变量x是自动变量，只在main()函数中起作用，在Increment函数第11行中定义的变量x是静态局部变量，只在Increment函数中起作用，但静态局部变量x的存储空间直到程序执行结束才被释放。

程序的输出结果为：

2:x=3

1:x=5

2.2.7 外部变量

定义在所有函数体之外的变量称为**外部变量**。

① 外部变量是在编译时为其分配存储空间的，在静态存储区中存储，生存周期是永久存储，作用域是从定义点到本文件结束。

② 外部变量的初始化也是在编译时进行的，如果不显式为外部变量初始化，系统自动置外部变量的初值为0（整型）或0.0（实型）。

【课堂实践 2-4】

阅读给定的程序，检查程序中存在的语法错误，进行修改，直到没有语法错误为止，给出程序的输出结果。从中体会自动变量、静态变量和外部变量的生存周期和作用域。

拓展知识 2-6
扩充和限定外部变量的作用域

```
#include "stdio.h"
int a=2,b=3;
int main()
{
    int b=5;
    c=Plus( int a, int b);
    printf("c(1)=%d\t",c);
    c=Plus( int a, int b);
    printf("c(2)=%d\n",c);
    return 0;
}
```

```
void Plus(int x,int y) ;
{
    static int z;
    a=a-b;
    z=a*x+b*y+z;
    return z;
}
```

同步训练 2-2
参考答案

case

同步训练 2-2

一、单项选择题

1．以下选项中不属于 C 语言变量类别标识符的是（　　）。

A．auto　　B．signed　　C．register　　D．static

2．以下选项中不属于 C 语言变量类型标识符的是（　　）。

A．signed short int　　B．unsigned long int

C．unsigned int　　D．long shot

3．在 C 语言中，char 型数据在内存中的存储形式是（　　）。

A．补码　　B．反码　　C．原码　　D．ASCII 码

4．如果不显式地为自动变量初始化，则它的初值为（　　）。

A．0　　B．1　　C．不确定　　D．−1

5．以下的变量定义中，合法的是（　　）。

A．float 3_four =3.4　　B．int _abc_=2;

C．double a=1+4e2.0;　　D．short do =15;

6. 若有定义和语句 unsigned char a=255,b;b=a+1;，程序其他部分正确，则 printf("%d\n",b); 输出的结果为（　　）。

A．0　　B．256　　C．1　　D．−256

7．若有定义和语句 char a＝127,b;b＝a+1;，程序其他部分正确，则 printf("%d\n",b);输出的结果为（　　）。

A．128　　B．−128　　C．0　　D．−1

8．若有定义 int a=0;，下列可正确给变量赋值的是（　　）。

A．a=a+'a'　　B．a=a+"1";　　C．a=a+"\1";　　D．a+1=a;

9．自动变量所具备的特性有（　　）。

A．局部性和继承性　　B．全局性和继承性

C．局部性和动态性　　D．全局性和动态性

10．静态变量所具备的特性有（　　）。

A．局部性和继承性　　B．全局性和继承性

C．局部性和动态性　　D．全局性和动态性

二、知识填空题

1．变量的数据类型决定了其_____属性，存储类别决定了其_____属性。

2．未对自动变量显式地进行初始化时，其初值是_____的。

3．数据在内存中都是按二进制数的_____形式存放的。

4．可以把字符型数据作为_____型数据，参与各种合适的运算。

5．若有定义 char c='\010';，变量 c 中包含的字符个数为_____。

6．在 VC++系统中，一个 char 型数据在内存中占_____字节，一个 short 型数据在内存中占_____字节，一个 int 型数据在内存中占_____字节。

7．在 VC++系统中，一个 float 型数据在内存中占_____字节，一个 double 型数据在内存中占_____字节。

8．自动变量的存储空间是在_____时分配和释放的。

9．静态变量和外部变量的存储空间是在_____时分配和释放的。

10．如果不显式地为整型静态变量或整型外部变量初始化，则它们的初值是_____。

三、程序设计题

1．设圆半径为 r，圆柱高为 h，求圆球表面积、圆球体积、圆柱体积。要求：圆半径 r 和圆柱高 h 由用户通过键盘输入。

2．将 China 译成密语 Djlrf。方法是：密语的第 i 个字母等于原语第 i 个字母加 i，i=1,2,3,4,5。要求：只能有一个被调函数且输入、输出均在主函数中完成。

单元 2 拓展训练

单元 2 自测试卷

单元 2 课堂实践参考答案

单元 2 拓展训练参考答案

单元 2 自测试卷参考答案

单元 3 数据操作

学习目标

【知识目标】

- 熟练掌握除、模等算术运算的运算规则、优先级别和结合方向。
- 熟练掌握赋值、自反赋值、自加自减等赋值类运算的运算规则、优先级别和结合方向。
- 掌握逗号、强制类型转换、长度等运算的运算规则、优先级别和结合方向。
- 领会各种表达式的值及计算过程。
- 熟练掌握格式化输入/输出函数的调用。
- 掌握字符输入/输出函数的调用。

【能力目标】

- 能够用 C 语言表达式表达实际问题。
- 能够编写简单应用问题的程序。

【素质目标】

- 树立正确的技能观，增强技术自信，加深对专业知识技能学习的认可度与专注度。
- 激发科技报国的家国情怀和使命担当。

要想用 C 语言解决实际问题，仅能对数据进行描述是不够的，还要掌握如何对数据进行操作，以及如何进行数据的输入和输出。

3.1 运算符和表达式

微课 3-1
运算符和表达式

PPT 3-1
运算符和表达式

3.1.1 运算符和表达式的概念

1. 运算量

参加运算的对象称为**运算量**，运算量包括常量、变量、函数等。

2. 运算符

用来表示运算的符号称为**运算符或操作符**。

把要求有 1 个运算量的运算符称为**单目运算符**，要求有 2 个运算量的运算符称为**双目运算符**，要求有 3 个运算量的运算符称为**三目运算符**。

C 语言提供了丰富的运算符，利用它们可以表达各种复杂的实际问题，C 语言的运算符共有 13 类。

① 算术运算符：+、−、*、/、%

② 赋值类运算符：=、+=、−=、*=、/=、%=、++、−−

③ 关系运算符：>、>=、<、<=、==、!=

④ 逻辑运算符：!、&&、||

⑤ 条件运算符：? :

⑥ 逗号运算符：,

⑦ 强制类型转换运算符：(类型)

⑧ 长度运算符：sizeof

⑨ 下标运算符：[ ]

⑩ 指针运算符：*、&

⑪ 成员运算符：. 、−>

⑫ 位运算符：<<、>>、~、|、^、&、<<=、>>=、|=、^=、&=

⑬ 其他运算符：( )

3. 运算符的优先级别和结合方向

在学习运算符时，除了要弄清每个运算符的运算规则和作用外，还要注意以下两个问题。

① 运算符的**优先级别**：如果在一个运算量两侧的运算符的优先级别不同，则应先执行优先级别高的运算符。

C 语言共有 45 个运算符，运算符的优先级别共分为 15 级，按降序排列，即级别数越小的运算符的优先级别越高。

【示例 3-1】 3+2*5，在运算量 2 的两侧的运算符“+”和“*”的优先级别不同，“*”高于“+”。所以，该表达式相当于 3+(2*5)，应先计算 2*5（等于 10），再计算 3+10（等于 13），结果为 13。

② 运算符的**结合方向**：如果在一个运算量两侧的运算符的优先级别相同，则按运算符的结合方向的顺序进行处理。结合方向包括：左结合，即按自左向

右的顺序进行处理；右结合，即按自右向左的顺序进行处理。

【示例 3-2】 对于数学表达式 6÷3×2，在运算量 3 两侧的运算符“÷”和“×”的优先级别是相同的，数学中要求从左向右进行计算，即 6÷3×2 等价于(6÷3)×2，而不等价于 6÷(3×2)，所以，对表达式 6÷3×2，进行计算的结果是 4，而不是 1。过去虽然没有提到过结合方向的问题，但数学中乘、除运算的结合方向实际上是左结合的。C 语言中“*”和“/”的优先级别相同，结合方向也是左结合的，所以，相应 C 语言中的表达式 6/3*2 的运算结果与数学中的运算结果相同，都是 4。

由于 C 语言中有很多运算符的优先级别是相同的，所以要时刻注意运算符的结合方向。

注意：C 语言中同一优先级别的运算符的结合方向都相同。

关于运算符的优先级别和结合方向见附录 C。

4. 表达式

用运算符把运算量连接起来的符合 C 语言语法规则的式子称为**表达式**。

在用 C 语言解决实际问题时，往往都是用 C 语言的表达式来表示实际问题。

C 语言的表达式主要有算术表达式、关系表达式、逻辑表达式、赋值表达式、条件表达式和逗号表达式。

对于一个表达式，根据运算符的优先级别和结合方向，通过加括号的方法，总能把一个表达式最终写成由某一种运算符连接的表达式，如果这个运算符是算术运算符，就称该表达式为算术表达式；如果这个运算符是赋值运算符，就称该表达式为赋值表达式；等等。

【示例 3-3】 a=b+2 等价于 a=(b+2)，所以，该表达式为赋值表达式；a+3<b+1 等价于(a+3)<(b+1)，所以，该表达式为关系表达式。

5. 表达式的值

表达式运算的结果称为**表达式的值**。

C 语言中的每个表达式都有值，在学习表达式时要弄清**表达式的值**的概念，并能把实际问题用正确的表达式来表示。

3.1.2 算术运算

微课 3-2
算术运算

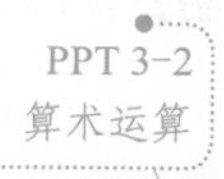

PPT 3-2
算术运算

1. 单目算术运算（正、负号运算）

运算符：+（正，取原值）、-（负，取相反数）。

优先级别：+、-同级别，是第 2 级。

结合方向：右结合。

2. 双目算术运算

运算符及运算规则：+（加）、-（减）、*（乘）、/（除）、%（求余或模）。

+（加）、-（减）、*（乘）、/（除）的运算规则：与数学中的运算规则相同。

%的运算规则：对于 a%b，求 a 被 b 除所得的余数，结果的符号与被除数 a 的符号相同。

优先级别：+、-是同级别的，都是第 4 级；*、/、%是同级别的，都是第 3

级，高于+、-的优先级别。

结合方向：均为左结合。

运算量的类型与结果类型：对于+、-、*、/这 4 种运算，参加运算的两个**运算量可以是整型数据，也可以是实型数据**；如果两个运算量都是整型数据，则结果也是整型数据，如果两个运算量中至少有一个是实型数据，则结果也是实型数据。

【示例 3-4】 int a=5,b=2; 则 a+b 的结果为 7，a/b 的结果为 2，而不是 2.5。

double a=5.0,b=2.0; 则 a+b 的结果为 7.0，a/b 的结果为 2.5。

所以，C 语言中的除法运算“/”，有以下两方面的含义。

① 当运算符两侧的运算量都是整型数据时，结果也是整型数据，此时称为**整除**。

② 当运算符两侧的运算量至少有一个是实型数据时，结果是实型数据，此时称为**除法**。

对于模运算%，要求参加运算的两个运算量必须是**整型（或字符型）数据**，运算所得的**结果是整型数据**。

【示例 3-5】 int a=5,b= -5,c= 3,d= -3;

则 a%c 的结果为 2，b%c 的结果为-2，a%d 的结果为 2，b%d 的结果为-2，a%b 的结果为 0，b%a 的结果为 0，0%a 的结果为 0，0%b 的结果也为 0。

因此，对一个正整数进行求模运算，不论除数是正数还是负数，所得的结果都是非负数；对一个负整数进行求模运算，不论除数是正数还是负数，所得的结果都是非正数；对 0 求模运算的结果还是 0，即结果的符号与被除数的符号相同。

常见问题 3-1
参加求余运算%的运算量数据类型错误

【例 3-1】 设 n 是一个两位整数，用 C 语言的表达式分别表示 n 的个位和十位数码。

解答：n 的个位数码可表示为 n%10，n 的十位数码可表示为 n/10。

【课堂实践 3-1】

设 n 是一个三位整数，用 C 语言的表达式分别表示 n 的个位、十位和百位数码。

微课 3-3
赋值及自反算术赋值运算

PPT 3-3
赋值及自反算术赋值运算

3.1.3 赋值运算

C 语言中赋值运算符是一个等号“=”，但不是等于的含义，C 语言中的等于用两个等号“==”来表示。可以通过赋值运算符给变量赋值。

变量赋值的一般形式：变量=表达式

关于赋值的作用前面已经介绍，这里不再重复。

优先级别：赋值运算的优先级别是第 14 级，仅高于逗号运算符。

结合方向：右结合。

赋值表达式：根据运算符的优先级别和结合方向，通过加括号最终化为用赋值号把变量和表达式连接起来的式子称为**赋值表达式**。**赋值表达式的值为赋值后赋值号左边变量的值**。

【示例 3-6】 int a;a=2;a=a+3;

表达式 a=2 是赋值表达式，它的值为赋值后变量 a 的值 2；表达式 a=a+3 也是赋值表达式，先计算赋值号右边的表达式 a+3 的值，结果为 5，再把 5 赋给变量 a，所以表达式 a=a+3 的值为 5。

【示例 3-7】 int a=3,b;b=a=a+5;

根据运算符的优先级别和结合方向，表达式 b=a=a+5 等价于 b=(a=(a+5))，因此，先计算表达式 a+5，结果为 8，赋值给变量 a，表达式 a=a+5 的值为变量 a 的值 8，再把表达式 a=a+5 的值赋给 b，所以，b 的值为 8，表达式 b=a=a+5 的值也是 8。

3.1.4 自反算术赋值运算

在赋值运算中，常见到如下的式子：a=a+b、a=a−b、a=a*b、a=a/b、a=a%b。

C 语言把以上式子分别缩写成：a+=b、a−=b、a*=b、a/=b、a%=b。

它们的意义与原来相同。这样就产生一些新的运算符：+=、−=、*=、/=、%=。这些算术运算符与赋值运算符合成的运算符称为**自反算术赋值运算符**。

自反算术赋值运算符：+=（自反加赋值）、−=（自反减赋值）、*=（自反乘赋值）、/=（自反除赋值）、%=（自反模赋值）。

优先级别：与赋值运算符同级，都是第 14 级。

结合方向：右结合。

注意：与赋值运算符一样，自反算术赋值运算符的左边通常也必须是变量。

【示例 3-8】 int a=5,b=3,c;c=b*=a+2;

根据运算符的优先级别和结合方向，及自反算术赋值运算的含义，表达式 c=b*=a+2 等价于 c=(b=b*(a+2))，不要误解为 c=(b=b*a+2)，先计算 a+2 的值，结果为 7，再计算 b*(a+2)，结果为 21，并赋给变量 b，表达式 b=b*(a+2)的值为变量 b 的值 21，最后把表达式 b=b*(a+2)的值 21 赋给 c，所以，c 的值为 21。

微课 3-4
自加和自减运算

3.1.5 自加和自减运算

PPT 3-4
自加和自减运算

自反算术赋值运算有 a=a+1、a=a−1 两种特殊情形，即 a+=1、a−=1。

C 语言中把它们缩写成++a、−−a，这样就产生了++、−−两个新的运算符，把++、−−称为**自加、自减运算符**。

自加、自减运算符有两种形式：一种是前缀形式，即把运算符放在变量的前面，前缀形式与原来的含义相同；另一种是后缀形式，即把运算符放在变量的后面，后缀形式与原来的含义有所不同。学习时，要弄清后缀与前缀的区别。

前缀形式：++变量、−−变量

后缀形式：变量++、变量−−

对于前缀形式++i 或−−i，其运算规则是：**把 i+1 或 i−1 赋给变量 i，而表达式（++i 或−−i）取变量 i 被赋值后的值，即++i 与 i=i+1 等价、−−i 与 i=i−1 等价。**

对于后缀形式 i++或 i−−，其运算规则是：**把 i+1 或 i−1 赋给变量 i，而表达式（i++或 i−−）取变量 i 被赋值前的值**。

同样，**在运算符的一侧通常必须是变量，不能是常量或表达式**。

优先级别：自加、自减运算符的优先级别是第 2 级，高于算术运算符。

结合方向：右结合。

【示例 3-9】 int a=2,b=2,c=2,d=2;a++;b−−;++c;−−d;

该程序段执行后各变量及表达式值的情况见表 3-1。

表 3-1 变量及表达式变化情况

表 达 式	表达式执行前变量值	表达式执行后变量值	表达式的值
a++	2	3	2
b−−	2	1	2
++c	2	3	3
−−d	2	1	1

由表 3-1 可以看出：前缀形式，表达式执行后，表达式的值使用的是变量“增值”后的值；后缀形式，表达式执行后，表达式的值使用的是变量“增值”前的值。因此，可以用一句话概括为：**前缀形式先“增值”后引用，后缀形式先引用后“增值”**。

【例 3-2】 设有定义 int a=3,b,c=5;，请将以下两条语句 a−−; b=a+c;写成一条语句。

因为语句 b=a+c;中的 a 使用的是语句 a−−;执行后 a 的值，所以，两条语句可写成一条语句 b= −−a+c;。

经验技巧 3-1
自加自减的混合运算

【课堂实践 3-2】

设有定义 int a=3,b,c=5;，请将以下三条语句++a;b=a+c;++c;写成一条语句。

3.1.6 逗号运算

微课 3-5
其他运算

PPT 3-5
其他运算

逗号运算也是 C 语言所特有的运算，利用逗号运算可一次计算多个表达式的值。

逗号运算符：,（逗号）。

优先级别：第 15 级，优先级别最低，低于一切其他运算符。

结合方向：左结合。

逗号表达式：用逗号运算符把两个表达式连接起来的式子，称为逗号表达式。

逗号表达式的一般形式：表达式 1，表达式 2

逗号表达式运算过程及表达式的值：先求解表达式 1，再计算表达式 2，表达式 2 的值为整个逗号表达式的值。

【示例 3-10】 a=3*5, a*4, a+5

由于逗号运算符的优先级别低于赋值运算符，所以表达式 a=3*5, a*4, a+5 是逗号表达式。逗号运算符的结合方向是左结合的，因此该表达式等价于(a=3*5, a*4), a+5。该表达式执行完毕时 a 的值为 15，逗号表达式的值为 20。

3.1.7 强制类型转换

拓展知识 3-1
左值和右值

C 语言中，可以把一种类型的数据通过强制类型转换，转换为另一种类型的数据。例如，模运算要求参加运算的运算量必须是整型数据，如果至少含有一个实型数据，要想实现模运算，就必须进行强制类型转换，把不符合要求的数据类型强制转换为符合要求的数据类型之后，才能进行模运算。

拓展知识 3-2
系统隐式转换

运算符：(类型标识符)

强制类型转换的一般形式：(类型标识符)(表达式)

作用：把表达式值的类型转化为类型标识符说明的类型。

优先级别：第 2 级，属单目运算，与正、负号运算和自增、自减运算等同级。

结合方向：右结合。

【示例 3-11】 要将 3.2*4.8 转换为整型数据，应写成(int)(3.2*4.8)，而不能写成(int)3.2*4.8，这是因为强制类型转换运算符的优先级别高于算术运算符。

> 注意：在使用强制类型转换时，应注意以下几点。
>
> ① 将实数转换为整数时，系统采用的是截断方式，而不是四舍五入。
>
> 【示例 3-12】 (int)3.8 的结果为 3，而不是 4。
>
> ② 对变量进行强制类型转换后，变量的数据类型不变，而是得到一个所需类型的数据。
>
> 【示例 3-13】 float x=3.6;int i;i=(int)x;
>
> 执行后 i 的值为 3，x 的值还是 3.6，并且变量 x 的数据类型还是 float 型。

3.1.8 求存储长度

利用长度运算可以求出指定数据或指定数据类型在内存中的存储长度。

长度运算的运算符：sizeof

长度运算的一般形式：sizeof(类型标识符或表达式)

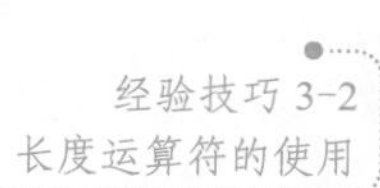

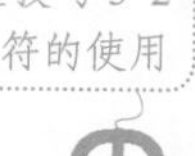

优先级别：第 2 级，属单目运算，与所有单目运算同级。

结合方向：右结合。

【示例 3-14】 int i;sizeof(i)的结果为 4，sizeof(double)的结果为 8，sizeof("hello")的结果为 6。

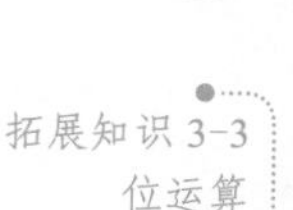

同步训练 3-1

一、单项选择题

1．设有定义 int i;char c;float f;，以下结果为整型的表达式是（　　）。

A．i+f　　B．i+c　　C．c+f　　D．i+c+f

2．在执行了 a+=a=5;之后，a 的值为（　　）。

A．5　　B．10　　C．15　　D．20

同步训练 3-1
参考答案

3．设 int x=8, y,z;，执行 y=z=x++;x=y=z;后，变量 x 的值是（　　）。

A．0　　B．1　　C．8　　D．9

4. 有以下定义和语句 char c1='a',c2='f';printf("%d,%c\n",c2−c1,c2−'a'+'B');，则输出结果是（　　）。

A. 2,M　　B. 5,1　　C. 2,E　　D. 5,G

5. 已知各变量的类型说明如下：int k,a,b;unsigned long w=5;double x=1.42;，则以下不符合 C 语言语法的表达式是（　　）。

A. x%(−3)　　B. w+=−2

C. k=(a=2,b=3,a+b)　　D. a+=a− =(b=4)*(a=3)

6. 以下符合 C 语言语法的赋值表达式是（　　）。

A. d=9+c+f=d+9　　B. d=(9+e,f=d+9)

C. d=9+e,e++,d+9　　D. d=9+e++=d+7

7. 若变量已正确定义并赋值，下面不符合 C 语言语法的表达式是（　　）。

A. a=a+7;　　B. a=7+b+c,a++

C. (int) 12.3%4　　D. a=a+7=a+b

8. 若有 int k=11;，则表达式(k++*1/3)的值是（　　）。

A. 0　　B. 3　　C. 11　　D. 12

9. 设 n=10、i=4，则执行赋值运算 n%=i+1 后，n 的值是（　　）。

A. 0　　B. 3　　C. 2　　D. 1

10. 以下选项中，与 k=n++完全等价的表达式是（　　）。

A. k=n,n=n+1　　B. n=n+1,k=n

C. k=++n　　D. k+=n+1

11. 若有定义 int a=8,b=5 ,c;，执行语句 c=a/b+0.4;后，c 的值为（　　）。

A. 1.4　　B. 1　　C. 2.0　　D. 2

12. 下列关于单目运算符++、−−的叙述中正确的是（　　）。

A. 它们的运算对象可以是任何变量和常量

B. 它们的运算对象可以是 char 型和 int 型变量，但不能是 float 型变量

C. 它们的运算对象可以是 int 型变量，但不能是 double 型和 float 型变量

D. 它们的运算对象可以是 char 型、int 型、float 型和 double 型变量

13. 下列算术运算符中，只能用于整型数据的是（　　）。

A. −　　B. +　　C. /　　D. %

14. 有以下定义语句 double a,b;int w;，若各变量已正确赋值，则下列选项中正确的表达式是（　　）。

A. a=a+b=b++　　B. w%a+b

C. w=a++=b　　D. w=++a=b

15. 若有如下定义和语句 int i=3,j;j= (++i)+(++i) + −−i;执行后 i，j 的值分别是（　　）。

A. 4、12　　B. 4、13　　C. 4、14　　D. 4、15

二、知识填空题

1. 设 char w; int x; float y;，则表达式 w*x+5−y 的值的数据类型为______。

2. 若变量 a 是 int 类型，并执行了语句 a ='A'+3.6;，则 a 的值是______。

3. 经过如下定义和赋值后 int x=2;double y;y=(float)x;，变量 x 的数据类型是______。

4. 已知字母 a 的 ASCII 码值为 97（十进制），且设 ch 为字符型变量，则表达式 ch='a'+'8'−'3' 的值为______。

5．若 k 为 int 整型变量且赋值 7，x 为 double 型变量且赋值 8.4，赋值表达式 x=k 的运算结果是_____。

6．若 k 为 int 整型变量，则表达式 k=10,k++,k++,k+3 执行后，表达式的值是_____，变量 k 的值是_____。

7．若有语句 int i=-19,j=i%4; printf("%d\n",j);，则输出的结果是_____。

8．设有如下定义：int x=10,y=3,z;，则语句 printf("%d\n",z=(x/y,x%y));的输出结果是_____。

9．表达式 5%6 的值是_____。

10．表达式 5/6 的值是_____。

11．表达式 5/6.0 的值是_____。

12．设以下变量均为 int 类型，则表达式(x=y=6,x+y,x+1)的值是_____。

13．若 x 和 n 均为整型变量，且 x 的初值为 12，n 的初值为 5，则执行表达式 x%=(n%=6)后，x 的值为_____。

14．若有以下定义：int x=3,y=2;float a=2.5,b=3.5;，则表达式(x+y)%2+(int) a / (int)b 的值为_____。

15．若 a 是 int 型变量，且 a 的初值为 6，则执行表达式 a+=a-=a*a 后，a 的值为_____。

16．若 a 是 int 型变量，则执行表达式 a=25/3%3 后，a 的值为_____。

17．若 x 和 n 均是 int 型变量，且 x 和 n 的初值为 5，则执行表达式 x+=n++后，x 的值为_____，n 的值为_____。

18．表达式 1/3*3 的计算结果是_____。

19．若 k 和 j 为 int 整型变量，则执行表达式 k=(j=3,j=2,++j,j++)后，表达式的值为_____，变量 k 的值为_____，变量 j 的值为_____。

20．若 a 为 float 类型变量，且 a=4.6785，则表达式 (a*100+0.5)/100.0 的值为_____，(int) (a*100+0.5)/100.0 的值为_____。

3.2　数据的输入和输出

C 语言的输入和输出操作是通过调用函数来实现的，在 C 标准函数库中提供了一些输入/输出函数。

在使用 C 语言的库函数时，由于库函数的有关信息都在相关的头文件中，所以在使用前应在程序的开头使用相应的编译预处理命令，即在使用前必须在程序的前面使用命令：#include <stdio.h>或#include "stdio.h"。

微课 3-6
格式化输出函数

3.2.1　格式化输出函数

1. printf 函数的调用格式

```
printf(格式控制字符串，输出表列)
```

PPT 3-6
格式化输出函数

【示例 3-15】 printf("%d,%c,%f",a,b,c);

2. printf 函数的功能

将输出表列中的各个表达式的值按格式控制字符串中对应的格式输出到标准输入/输出设备上。

3. printf 函数的返回值

该函数的返回值为输出字符的个数。

说明：

（1）**格式控制字符串**是用双撇号括起来的字符串，它包括**格式说明**和**普通字符**两部分。

【示例3-16】 printf("a=%d\n",a);

其中，格式控制字符串为"a=%d\n"，“%d”为格式说明字符，其他为普通字符。

（2）**输出表列**由**输出项**组成，两个输出项之间用逗号分隔，输出项可以是常量、变量、表达式等，注意输出项的个数要与格式说明的个数相同，当输出项的个数少于格式说明的个数时，输出结果将是不确定的；当输出项的个数多于格式说明的个数时，多出的输出项将不被输出。

【示例3-17】

```
int a=1,b=3,c=5;
printf("%d,%d,%d\n",a,b);
printf("%d,%d\n",a,b,c);
```

输出结果为：1,3,1993（不确定）
1,3

（3）普通字符按原样输出。

（4）**格式说明**由%开头，后跟格式字符及修饰符。格式说明与输出表列输出项的个数是一致的，即一个输出项对应一个格式说明，格式说明的作用是使对应的输出项按指定的格式输出。

（5）**格式字符及作用**。

① d 或 i：按有符号十进制整型数据形式输出。

② x 或 X：按无符号十六进制整型数据形式输出。

③ o（小写字母）：按无符号八进制整型数据形式输出。

【示例3-18】

```
int a= -2;
printf("%x,%o\n",a,a);
```

输出结果为：fffffffe,37777777776

④ u（小写字母）：按无符号十进制整型数据形式输出。

⑤ c（小写字母）：按字符形式输出。

【示例3-19】

```
char ch='a';
```

```
int a=-191;
printf("%c,%c\n",ch,a);
```

输出结果为：a,A

⑥ s（小写字母）：按字符串形式输出。

⑦ f（小写字母）：按小数形式输出单精度实数。

【示例 3-20】

```
float a=3.14159;
printf("%f\n",a);
```

输出结果为：3.141590

⑧ e 或 E：按指数形式输出单精度实数。

⑨ g 或 G：自动选择 f 格式或 e 格式中占宽度较小的一种输出单精度实数。

⑩ %：输出%本身。

【示例 3-21】

```
int a=78,b=64;
printf("%d%%*%d\n",a,b);
```

输出结果为：78%*64

（6）**修饰符及作用**：修饰符在使用时应加在格式字符和%之间。

① l 或 L：按长整型或双精度型数据输出。

② h：按短整型数据输出。

③ m（正整数）：指定输出项所占的字符数（域宽）。

【示例 3-22】

```
int a= 123,b=12345;
printf("%4d,%4d\n",a,b);
```

输出结果为：123,12345

④ .n（正整数）：指定输出的实型数据的小数位数，系统默认小数位数为 6。

【示例 3-23】

```
float x=123.44;
printf("%.1f,%.2f\n",x,x);
```

输出结果为：123.4,123.44

⑤ 0（数字）：指定数字前的空格用 0 填补。

⑥ -或+：指定输出项的对齐方式，-表示左对齐，+表示右对齐。

以上列出了 printf 函数的格式符，具体归纳见表 3-2 和表 3-3。

表 3–2 printf 格式字符

格式字符	说明
d、i	以带符号的十进制形式输出整数（正数不输出符号）
u	用来输出无符号的十进制数
o	以八进制无符号形式输出整数（不输出前导符 0）
X、x	以十六进制无符号形式输出整数（不输出前导符 0x），用 x 则输出十六进制的 a～f 时以小写形式输出，用 X 时，则以大写形式输出
c	输出单个字符
s	输出字符串
f	以小数形式输出单、双精度数，隐含 6 位小数。用 e 时指数以 e 表示（如 1.2e+02），用 E 时指数以 E 表示（如 1.2E+02）
g、G	选用%f 和%e 格式中输出宽度较短的一种格式，不输出无意义的 0；用 G 时，若以指数形式输出，则指数以大写表示
E、e	以指数形式输出实数，用 E 则输出时，指数用 E 表示

表 3–3 printf 修饰符

修饰符	说明
l	用于长整型，可加在格式符 d、o、x、u 之前
m（代表一个正整数）	数据最小宽度
.n（代表一个正整数）	对实数，表示输出 n 位小数；对字符串，表示截取的字符个数
-	输出的数字或字符在域内左对齐

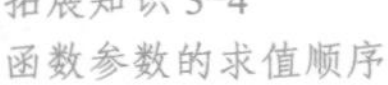
拓展知识 3-4
函数参数的求值顺序

3.2.2 格式化输入函数

1. scanf 函数的调用格式

```
scanf(格式控制字符串,地址表列)
```

2. scanf 函数的功能

通过标准输入/输出设备，按格式控制字符串中对应的格式为地址表列中的变量输入数据，存入变量的地址单元中。

微课 3-7
格式化输入函数

3. scanf 函数的返回值

该函数的返回值为正确输入数据的个数。

说明：

（1）格式控制字符串是用双引号括起来的字符串，它包括格式说明和普通字符两部分。

PPT 3-7
格式化输入函数

（2）地址表列由输入项组成，两个输入项之间用逗号分隔，输入项一般由取地址运算符&和变量名组成，即&变量名。

【示例 3-24】 scanf("%d,%d",&a,&b); 不能写成 scanf("%d,%d",a,b);

（3）格式说明由%开头，后跟格式字符及修饰符，格式说明与地址表列中变量的个数是一致的，即一个变量对应一个格式说明，格式说明的作用是使对应的变量按指定的格式输入。

（4）格式字符及作用：同 printf 函数一致。

（5）修饰符及作用：修饰符的作用同 printf 函数；*（称为抑制字符）的作

用是按格式说明输入的数据不赋给相应的变量，即“虚读”。

【示例 3-25】

```
int a,b;
scanf ("%d%*d%d",&a,&b);
printf ("%d,%d\n",a,b);
```

如果输入数据为 123 45 678↙，则将 123 赋给变量 a，45 不赋给任何变量，678 赋给变量 b，因此，输出结果为 123,678。

（6）普通字符按原样输入，用来分隔所输入的数据。

（7）输入数据流的分割：scanf 函数是从输入流中接收非空的字符，再转换成格式说明指定的格式，送到对应变量的地址单元中。问题是系统如何分割数据流中的数据送给相应的变量呢？有以下 4 种方法。

① 根据格式说明规定的数据类型从数据流中取得数据，即当数据流的数据类型与格式说明的类型不一致时，就认为这一数据项结束。

【示例 3-26】

```
int a;char ch;float x;
scanf ("%d%c%f",&a,&ch,&x);
```

如果输入流为 123%456.78↙，系统将输入流送入缓冲区，然后按格式%d 为变量 a 读入数据，当读到数据%时发现类型不符，于是把 123 存入变量 a 的内存单元，再把字符%存入变量 ch 的内存单元，最后把 456.78 存入变量 x 的内存单元。

② 根据格式说明中指定的域宽从数据流中分割数据。

【示例 3-27】

```
char a; int b;
scanf ("%3c%3d",&a,&b);
printf("%c,%d\n",a,b);
```

如果输入流为 ab12345↙，则输出结果为 a,234。

③ 通过在格式字符串指定分割符来分割数据，分割符可以是一切非格式字符。

【示例 3-28】

```
int a,b;
printf("a=,b=:");
scanf ("a=%d,b=%d",&a,&b);
```

scanf 函数中的 a=，b=都是普通字符，作为数据流的分割符。要把 456 赋值给变量 a，789 赋值给变量 b，则在输入数据时应输入 a=456,b=789↙。

④ 在格式字符串中没有指定分割符时，常使用空格、Tab 键、回车键来分割数据。

【示例 3-29】

```
int k1,k2;
scanf ("%d%d",&k1,&k2);
```

输入流可以是 10 20↙，也可以是 10↙20↙，还可以是 10（按 Tab 键）20↙。

（8）为 scanf 函数输入的数据存入**缓冲区**，并从缓冲区中按指定的格式为变量读入数据，如果输入的数据多于变量的个数时，余下的数据可为下一个 scanf 函数使用。

【示例 3-30】

```
int a,b,c,d;
scanf ("%d%d",&a,&b);
scanf ("%d%d",&c,&d);
```

程序段执行时，先执行第一个 scanf 函数，若输入流为 12 34 56 78 90↙，则把这些数据存入缓冲区，并从缓冲区中读入数据 12、34 分别存入变量 a、b 的存储单元，由于缓冲区中还有数据，所以，在执行第二个 scanf 函数时，直接从缓冲区中读入数据 56、78 分别存入变量 c、d 的存储单元。

以上列出了 scanf 函数的格式符，具体归纳见表 3-4 和表 3-5。

表 3-4 scanf 格式字符

格式字符	说明
d、i	用来输入有符号的十进制数
u	用来输入无符号的十进制数
o	用来输入无符号的八进制数
X、x	用来输入无符号的十六进制数（大小写效果一致）
c	用来输入单个字符
s	用来输入字符串，将字符串送到一个字符数组中，在输入时以非空白字符开始，以第一个空白字符结束。字符串以串结束标志'\0'作为其最后一个字符
f	用来输入实数，可以用小数形式或指数形式输入
E、e、g、G	与 f 的作用相同，e 与 f、g 可以相互替换（大小写作用相同）

表 3-5 scanf 修饰符

修饰符	说明
l	用于输入长整型数据（可用%ld、%lo、%lx）以及 double 型数据（%lf、%le）
m（域宽，正整数）	指定输入数据所占宽度（列数），域宽应该是正整数
*	表示本输入项在读入后不赋给相应的变量

3.2.3 字符输出函数

1. putchar 函数的调用格式

```
putchar(c);
```

2. putchar 函数的功能

向标准输出设备上输出一个字符。

说明：

① 函数参数 c，可以是字符变量或整型变量或字符常量，也可以是一个转义字符。

② 函数的功能是向输出设备输出 c 的值。

【示例 3-31】

```
char a,b,c,d;
a='g';b='o';c=111;d='d';
putchar(a);putchar(b);putchar(c);putchar(d);
```

程序段的运行结果为 good。

注意：**putchar** 函数只能用于单个字符的输出，并且一次只能输出一个字符。

3.2.4 字符输入函数

1. getchar 函数的调用格式

```
ch=getchar();
```

微课 3-8
字符输入/输出函数

2. getchar 函数的功能

从标准输入设备上读入一个字符。

**说明：**

① 该函数没有参数，函数的返回值是从输入设备得到的字符。

② 从键盘输入的数据通过回车键确认结束，送入缓冲区，然后该函数从缓冲区中读入一个字符。

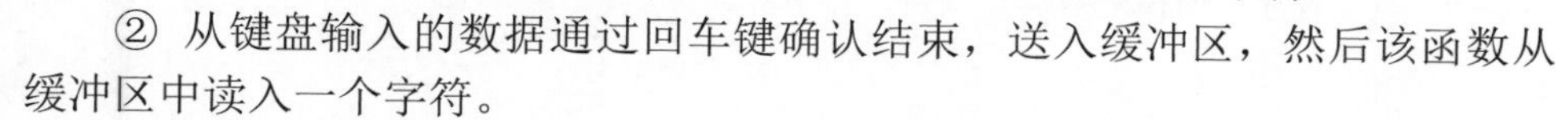

PPT 3-8
字符输入/输出函数

③ 该函数得到的字符可以赋给一个字符变量或整型变量，也可以不赋给任何变量，而作为表达式的一部分。

④ 该函数常与 putchar 配合使用，将读入的字符输出到终端。

【示例 3-32】

```
char c;
c=getchar();
putchar(c);
```

常见问题 3-2
使用库函数忘写文件包含

运行以上程序段，如果从键盘输入 a↙，则输出结果为 a。

【示例 3-33】 **putchar(getchar());**

用 getchar 读入的字符直接用 putchar 输出。

同步训练 3-2

经验技巧 3-3
快速定位语法错误

一、单项选择题

1. 若 k 为 int 型变量，则以下程序段（　　）。

```
k=8567;
printf("|%-06d|\n",k);
```

同步训练 3-2
参考答案

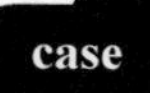

A．输出格式描述不合法　　　　B．输出为|008567|

C．输出为|8567 |　　D．输出为|−08567|

2．已定义 x 为 float 型变量，则以下程序段（　　）。

```
x=213.82631;
printf("%−4.2f\n",x );
```

A．输出格式描述符的域宽不够，不能输出　　B．输出为 213.83

C．输出为 213.82　　D．输出为−213.82

3．用 getchar 函数可以从键盘读入一个（　　）。

A．整型变量表达式值　　B．实型变量值

C．字符串　　D．字符

4．scanf 函数被称为（　　）输入函数。

A．字符　　B．整数　　C．格式　　D．浮点

5．scanf 函数包括在头文件（　　）中。

A．string.h　　B．stdio.h　　C．float.h　　D．scanf.h

6．设 a 为浮点型变量，下列选项中正确的是（　　）。

A．scanf("%f",&a);　　B．scanf("%f",a);

C．scanf(&a);　　D．scanf("%d",&a);

7．以下程序段的输出是（　　）。

```
int k=11;
printf("%d,%o,%x",k,k,k);
```

A．11,12,11　　B．11,13,13　　C．11,013,0xb　　D．11,13,b

8．scanf("%c%c%c",&a,&b,&c)与 scanf("%c %c %c",&a,&b,&c)的输入（　　）。

A．前者以空格作为间隔　　B．都以空格作为间隔

C．前者不以空格作为间隔　　D．自动以空格作为间隔

9．设有定义 int x=10,y=3,z;，则语句 printf("%d\n",z=(x%y,x/y));的输出结果是（　　）。

A．0　　B．1　　C．4　　D．3

10．以下程序段输出的结果是（　　）。

```
int x=10,y=10;
printf("%d %d\n" ,x−−, −−y);
```

A．10 9　　B．9 9　　C．10 10　　D．9 10

二、知识填空题

1．对于长整型变量，在 scanf 语句的“格式控制字符串”中的格式说明用______。

2．设 a 为单精度实型变量，输入宽度为 6，小数占 2 位，正确的 scanf 函数语句是______。

3．在输入 a（整型）、b（双精度型）、c（字符型 ）时，若用逗号分隔各个数据，则正确的 scanf 函数语句是______。

4．C 语言输出一个字符的函数是______。

5．有以下程序段：int n1=10,n2=20;printf("______",n1,n2);

要求按以下格式输出 n1 和 n2 的值，每个输出行从第一列开始，请填空。

n1=10

n2=20

6. scanf 函数的功能是按_____规定的格式，通过输入设备把数据输入到指定的内存中。

7. getchar()函数得到的字符可以赋给一个_____变量或一个_____变量。

8. scanf 函数是一个标准库函数，它的函数原型在头文件_____中。

9. 在输入多个数值数据时，若“格式控制字符串”中没有非格式字符作输入数据之间的间隔，则可用_____、Tab 键、回车作间隔。

10. getchar 函数是_____函数。

11. 使用 getchar 函数前必须包含头文件_____。

12. getchar 函数可以接收_____个字符，输入数字也按字符处理。

13. 使用 getchar 函数接收字符，若输入多于一个字符时，只接收_____个字符。

14. 以下程序段的输出结果是_____。

```
double a=513.789215;printf("a=%8.6f",a);
```

15. printf("%f%%",1.0/3);的输出结果是_____。

三、程序阅读题

1. 以下程序段执行后，输出结果是（　　）。

```
int a,b,c;
a=25;
b=025;
c=0x25;
printf("%d %d %d\n",a,b,c);
```

2. 以下程序段执行后，输出结果是（　　）。

```
int a;
char c=10;
float f=100.0;
double x;
a=f/=c*=(x=6.5);
printf("%d %d %3.1f %3.1f\n",a,c,f,x);
```

3. 以下程序的运行结果是（　　）。

```
#include <stdio.h>
void incx()
{
	int x=0;
	printf("x=%d, ",++x);
}
```

```
void incy()
{
    static int y=0;
    printf("y=%d, ",++y);
}
int main()
{
    incx();incy();incx();incy();incx();incy();incx();incy();
    return 0;
}
```

4．以下程序段执行后，输出结果是（　　）。

```
int i ;
float j;
i=18;
j=29.4361;
printf("i=%4d,j=%2.2f",i,j);
```

5．有以下程序段，运行时输入 12↙，执行后输出结果是（　　）。

```
char ch1,ch2;
int n1,n2;
ch1=getchar();
ch2=getchar();
n1=ch1-'0';
n2=n1*10+(ch2-'0');
printf("%d\n",n2);
```

6．有以下程序段，若运行时从键盘上输入 6,5,65,66↙，则输出结果是（　　）。

```
char a,b,c,d;
scanf("%c,%c,%d,%d",&a,&b,&c,&d);
printf("%c,%c,%c,%c\n",a,b,c,d);
```

7．以下程序段，执行后输出结果是（　　）。

```
int x=102,y=012;
printf("%2d,%2d\n",x,y);
```

8．以下程序段，执行后输出结果是（　　）。

```
int m=0xabc ,n=0xabc;
m-=n;   printf("%x\n",m);
```

9．有以下程序段，若从键盘上输入 10A10↙，则输出结果是（　　）。

```
int m=0 ,n=0;char c;
scanf("%d%c%d",&m,&c,&n);
printf("%d,%c,%d\n",m,c,n);
```

10．以下程序段的输出结果是（　　）。

```
int a=1234;printf("%2d\n",a);
```

11．分析以下程序段，写出运行结果（　　）。

```
double d; float f; long l ;int i;
l=f=i=d=80/7;printf("%d%ld%f%f\n",i,l,f,d);
```

12．以下程序段的输出结果是（　　）（用^代表一个空格符）。

```
float a=3.1415;printf("|%6.0f|",a);
```

13．以下程序段的输出结果是（　　）。

```
printf("|%0.5f|",12345.678);
```

14．以下程序段，运行后的输出结果是（　　）。

```
int a=666,b=888;
printf("%d\n",a,b);
```

15．以下程序段，运行后的输出结果是（　　）。

```
unsigned int a;
int b=-1;
a=b;
printf("%u",a);
```

16．以下程序段，执行后输出结果是（　　）。

```
int m=32767,n=032767;printf("%d,%o\n",m,n);
```

17．如以下程序段所示，如果运行时输入 18,18，那么 b 的值是（　　）。

```
int a,b;
scanf("%d,%o",&a,&b);
b+=a;
```

```
printf("%d",b);
```

18. 以下程序段的输出结果是（　　）。

```
char c='z';
printf("%c",c-25);
```

19. 若有程序段，要求给 i 赋 10，给 j 赋 20，则应该从键盘输入（　　）。

```
int i,j;
scanf("i=%d,j=%d",&i,&j);
printf("i=%d,j=%d\n",i,j);
```

20. 以下程序段的输出结果是（　　）。

```
printf("*%f,%4.3f*",3.14,3.1415);
```

四、程序设计题

1. 输入一个华氏温度 f，将它转换成摄氏温度 c 输出。转换公式为 c=5*(f−32)/9。

2. 编写程序，输入一个字符，输出 ASCII 比它大 5 的字符。

3. 鸡兔同笼。已知鸡兔总头数为 h（设为 30），总脚数为 f（设为 90），求鸡兔各几只。

4. 输入一个 4 位的正整数，表示开始时间，如 1106 表示 11 点零 6 分；同时再输入一个整数，表示将要流逝的分钟数，请计算从开始时间到流逝时间后是几点几分（结果也表示为 4 位数字。假设开始时间和流逝后的时间在同一天内）。

3.3 应用实例

动画演示 3-1
提取 3 位整数的各位数码

微课 3-9
提取 3 位整数的各位数码

PPT 3-9
提取 3 位整数的各位数码

PPT

【例 3-3】 提取 3 位整数的各位数码。

编写程序，对输入的一个 3 位整数，输出各位数码。

分析：对于给定的一个 3 位整数 n，由前面的学习知道，n%10 是这个 3 位数的个位，n/10%10 是这个 3 位数的十位，n/10/10 是这个 3 位数的百位。由于需要得出 3 个结果，暂时还不能由一个函数来实现，所以需要编写 3 个函数分别用来求这个 3 位数的个位、十位、百位，并由主函数来调用即可。

程序代码：

```
（1）  #include <stdio.h>
（2）  int main()
（3）  {
（4）        int ThreeDN,ones,tens,hundreds;
（5）        int Ones(int n),Tens(int n),Hundreds(int n);
（6）        printf("请输入一个 3 位整数：");
```

```
（7）        scanf("%d",&ThreeDN );
（8）        ones=Ones(ThreeDN);
（9）        tens=Tens(ThreeDN);
（10）       hundreds=Hundreds(ThreeDN);
（11）       printf("3 位整数%d 的\n 个位是%d,\n 十位是%d,\n 百位是%d。\n",ThreeDN,
             ones,tens,hundreds);
（12）       return 0;
（13）}
（14）int Ones(int n)
（15）{//求 n 的个位函数
（16）       return n%10;
（17）}
（18）int Tens(int n)
（19）{//求 n 的十位函数
（20）       return n/10%10;
（21）}
（22）int Hundreds(int n)
（23）{//求 n 的百位函数
（24）       return n/10/10;
（25）}
```

程序中通过第 8、9、10 行的操作，分别调用函数 Ones、Tens、Hundreds 得到整数 ThreeDN 的个位、十位和百位数码。

【例 3-4】 借助中间变量交换两个外部变量的值。

分析：在日常生活中，经常遇到类似交换两个杯子（一个称为 1 号杯子，另一个称为 2 号杯子）中的水的问题，其解决方法是：借助一个空杯，先把 1 号杯子中的水倒入空杯中，再把 2 号杯子中的水倒入 1 号杯子中，最后把空杯中的水倒入 2 号杯子中。

对于交换两个变量的值的问题，可以像交换两个杯子中的水的解决方法来解决，这就需要借助一个中间变量来实现。

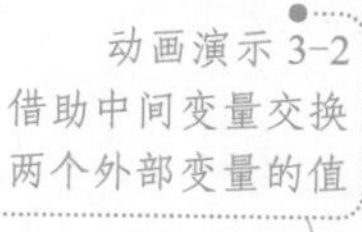

程序代码：

```
（1）#include "stdio.h"
（2）int a,b;
（3）void Swap()
（4）{
（5）       int temp;
（6）       temp=a;
（7）       a=b;
（8）       b=temp;
（9）}
```

```
(10) int main()
(11) {
(12)         printf("请输入两个整数:");
(13)         scanf("%d%d",&a,&b);
(14)         printf("交换前：a=%d，b=%d\n",a,b);
(15)         Swap();
(16)         printf("交换后：a=%d，b=%d\n",a,b);
(17)         return 0;
(18) }
```

程序中通过第 6 行～第 8 行的操作，借助中间变量 temp 实现了交换两个外部变量 a 与 b 的值。

动画演示 3-3
不借助中间变量交换两个外部变量的值

经验技巧 3-4
巧用外部变量

常见问题 3-3
程序书写出现错误

微课 3-10
交换两个外部变量的值

PPT 3-10
交换两个外部变量的值

【例 3-5】 不借助中间变量交换两个外部变量的值。

【例 3-4】给出了借助中间变量交换两个外部变量的值的方法，不借助中间变量能否交换两个变量的值呢？回答是肯定的。

分析：设有两个变量 a 和 b，其解决方法是：先把 a 与 b 的和赋给 a，这时变量 a 中存放的是 a 与 b 的和，b 中的值不变；再把 a 与 b 的差赋给 b，这样，b 中存放的就是 a 中原来存放的值；最后把 a 与 b 的差赋给 a，a 中存放的就是 b 中原来存放的值。这样，就实现了交换两个变量的值的目的。

程序代码：

```
(1)  #include "stdio.h"
(2)  int a,b;
(3)  void Swap()
(4)  {
(5)         a=a+b;
(6)         b=a-b;
(7)         a=a-b;
(8)  }
(9)  int main()
(10) {
(11)        printf("请输入两个整数:");
(12)        scanf("%d%d",&a,&b);
(13)        printf("交换前：a=%d，b=%d\n",a,b);
(14)        Swap();
(15)        printf("交换后：a=%d，b=%d\n",a,b);
(16)        return 0;
(17) }
```

程序中通过第 5 行～第 7 行的操作，不借助中间变量实现了交换两个外部变量 a 与 b 的值。

【课堂实践 3-3】

对用户输入的一个3位整数n，编写函数int sum(int n)求n的各位数码的和，3位整数的输入和求得结果的输出都在主函数中实现。

单元3
拓展训练

单元3
自测试卷

单元3
课堂实践参考答案

单元3
拓展训练参考答案

单元3
自测试卷参考答案

单元 4 选择结构

学习目标

【知识目标】

- 了解算法、算法的特性及能用流程图、N-S 图表示算法。
- 了解程序的 3 种基本结构。
- 掌握关系表达式、逻辑表达式、条件表达式的值及其计算过程。
- 掌握不平衡 if 语句的书写格式及执行过程。
- 掌握 if…else 语句的书写格式及执行过程。
- 掌握 if…else if 语句的书写格式及执行过程。
- 掌握 switch 语句的书写格式及执行过程。

【能力目标】

- 能够用流程图、N-S 图表示算法。
- 能够用 C 语言表达式表达实际问题。
- 能够编写分支结构应用问题的程序。

【素质目标】

- 考虑问题全面，追求尽善尽美的工作态度。
- 争取做到“技道两进”。

4.1 算法及其表示

微课 4-1
算法及其表示

PPT 4-1
算法及其表示

4.1.1 算法及其特性

1. 算法的概念

为解决一个问题而采取的方法和步骤称为**算法**。

对于同一个问题可以有不同的解题方法和步骤，也就是有不同的算法。算法有优劣，一般而言，应当选择运算速度快、内存开销小的算法（算法的时空效率）。

2. 算法的特性

（1）有穷性

一个算法应当包含有限的步骤，而不能是无限的步骤；同时一个算法应当在执行一定数量的步骤后，结束计算，不能无限循环。

事实上“有穷性”往往指“在合理的范围之内”的有限步骤。如果让计算机执行一个历时 1000 年才结束的算法，算法尽管有穷，但超过了合理的限度，人们也不认为此算法是有用的。

（2）确定性

算法中的每一个步骤都应当是确定的，而不是含糊的、模棱两可的，也就是说不应当产生歧义，特别是用自然语言描述算法时应当注意这点。

【示例 4-1】“将成绩优秀的同学名单打印输出”就是表述含糊的。“成绩优秀”是要求每门课程都 90 分以上，还是平均成绩在 90 分以上？不明确，含义模糊，不适合描述算法步骤。

注意：这里是确定性，不是正确性。错误的思想仍可成为可执行的算法，但结果可能是错误的。

（3）可行性

算法的每一步必须是切实可行的，即原则上可以通过已经实现的基本运算执行有限次来实现。

（4）有输入

有 0 个或多个输入，所谓输入是指算法从外界获取必要信息（外界是相对算法本身的，输入可以是人工键盘输入的数据，也可以是程序其他部分传递给算法的数据）。

【示例 4-2】 计算出 5!，不需要输入任何信息（0 个输入）；判断输入的正整数 n 是否为素数，需要 1 个输入；求两个整数的最大公约数，需要 2 个输入。

没有输入的算法只能解决特定的问题，不具有通用性，只有有输入的算法才可能具有通用性。

（5）有输出

有 1 个或多个输出，算法必须有输出，即有结果。没有结果的算法没有意义，是没有用的（结果可以是显示在屏幕上的，也可以是将结果数据传递给程序的其他部分）。

4.1.2 算法的表示

算法的表示有多种方法，常用的算法表示方法包括自然语言表示法、流程图表示法、N-S 图表示法、伪代码表示法、计算机语言表示法等。下面仅介绍流程图表示法和 N-S 图表示法。

1. 用流程图表示算法

流程图表示算法：用一些图框表示各种操作，用箭头表示算法流程。用图形表示算法直观形象，易于理解。

美国标准化协会 ANSI 规定了一些常用的流程图符号，已为世界各国程序工作者普遍采用，具体见表 4-1。

表 4-1 流程图符号

符号	形状	名称	功能
	圆角矩形	起止框	表示算法的起始和结束，是任何流程图不可少的
	平行四边形	输入、输出框	表示算法输入和输出的操作，可用在算法中需要输入、输出的位置
	矩形	处理框	表示算法对数据进行处理的操作，如赋值、计算等，算法中处理数据需要的算式、公式等写在处理框内
	菱形	判断框	判断某一条件是否成立，成立时在出口处标明“是”或“Y”，不成立时标明“否”或“N”
	带箭头的（折）线段	流程线	表示流程进行的方向

起止框：表示算法的开始和结束，一般内部只写“开始”或“结束”。

处理框：表示算法的某个处理步骤，一般内部常常填写赋值等操作。

输入、输出框：表示算法请求输入需要的数据或算法将某些结果输出，一般内部常常填写“输入……”“打印/显示……”。

判断框：主要是对一个给定条件进行判断，根据给定的条件是否成立来决定如何执行其后的操作。它有一个入口、两个出口。

流程图是表示算法较好的工具。流程图一般包括表示相应操作的框，带箭头的流程线，框内、框外必要的文字说明等几个部分。

注意：流程线一定不要忘记箭头，因为它反映流程的先后次序。

2. 用 N-S 图表示算法（盒图）

1973 年，美国学者 I. Nassi 和 B. Shneiderman 对流程图进行了改进，提出了一种新的流程图——N-S 图。在 N-S 图中，完全去掉了带箭头的流程线，输入/输出、数据处理、条件判断等都由矩形框构成，矩形框可根据问题的需要放大和缩小，把这些矩形框嵌套、堆积成一个大的矩形用来表示整个算法，具体详见第 4.1.3 节。

微课 4-2
程序的 3 种基本结构

4.1.3 程序的 3 种基本结构

PPT 4-2
程序的 3 种基本结构

结构化程序设计采用顺序结构、选择结构和循环结构这 3 种基本结构来解决实际问题。任何复杂的程序都可以由这 3 种基本结构构成。

1. 顺序结构

顺序结构是指按照程序中语句书写的顺序从上到下一条一条依次执行，具体见图 4-1（a）所示的流程图和图 4-2（a）所示的 N-S 图。

2. 选择结构

选择结构是根据条件判断的结果，从两种或多种路径中选择其中的一条执行，具体见图 4-1（b）所示的流程图和图 4-2（b）所示的 N-S 图。

3. 循环结构

循环结构是将一组操作重复执行多次，只要条件成立就重复执行这组操作，具体见图 4-1（c）所示的流程图和图 4-2（c）所示的 N-S 图。

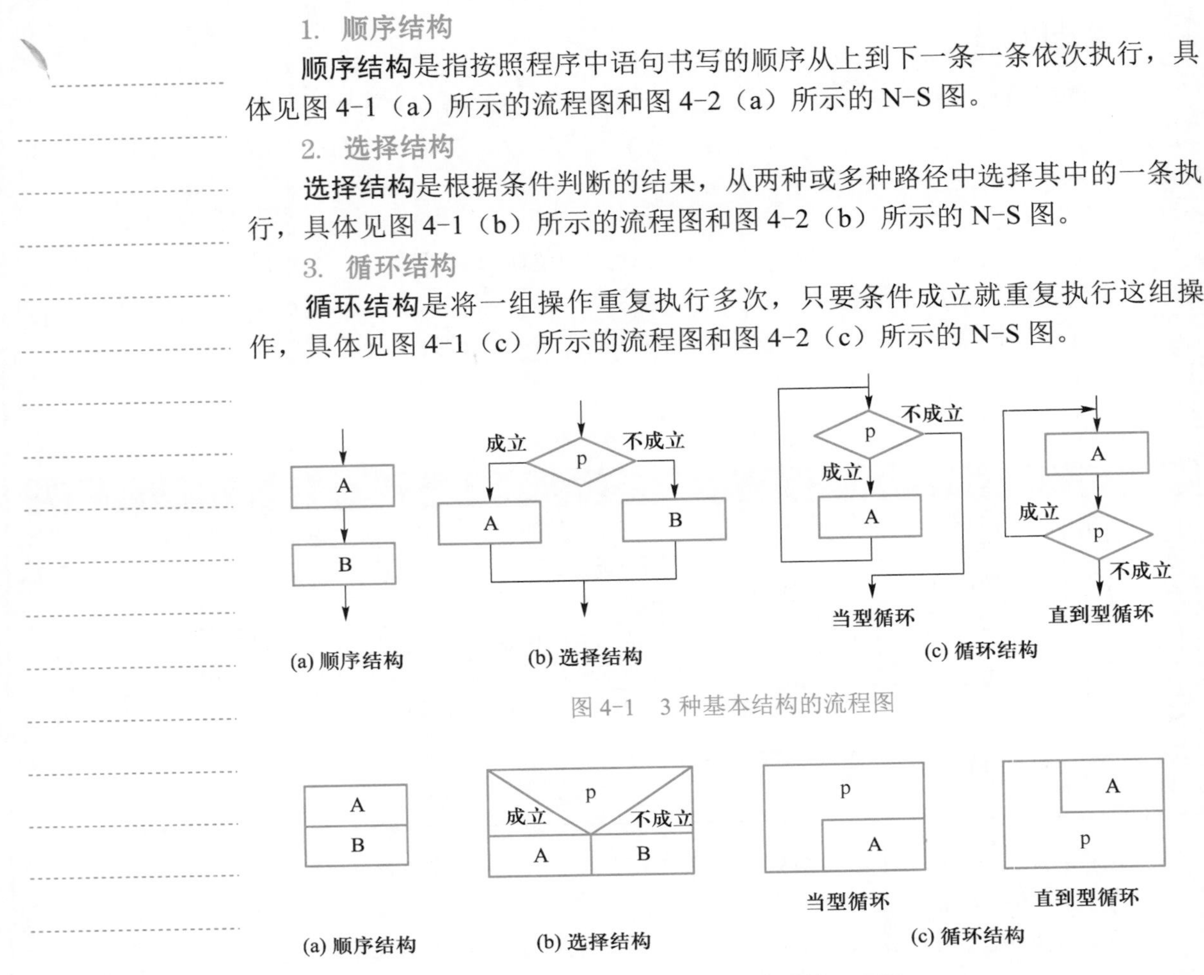

图 4-1　3 种基本结构的流程图

图 4-2　3 种基本结构的 N-S 图

【例 4-1】 给出一个“求两个数中的较大数”的算法，并用流程图和 N-S 图表示。

解答：算法的思路是：输入两个整数 num1 和 num2；先认定第 1 个数 num1 较大，即 max=num1；再用第 2 个数 num2 与当前较大的 max 进行比较，如果 num2>max 则 max=num2，否则什么也不用做；此时 max 中存放的就是两个数中的较大数，输出 max 即可。N-S 图如图 4-3（a）所示，流程图如图 4-4（a）所示。

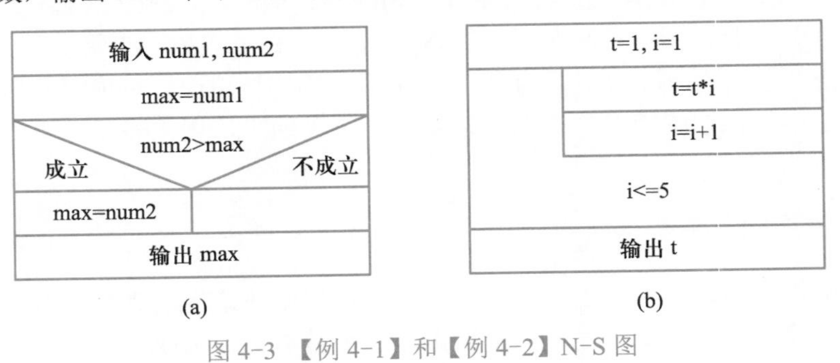

图 4-3 【例 4-1】和【例 4-2】N-S 图

【例 4-2】 给出一个“求 5!”的算法，并用流程图和 N-S 图表示。

解答：算法的思路是：用 t 来存放部分积，i 作为乘数，并用于循环条件判断；先置 t 和 i 的初值均为 1，即 t=1,i=1；再判断条件 i<=5 是否成立，如果成立，把 t*i 赋给 t，做 i=i+1 操作，并重复进行条件判断这一步；如果不成立，此时 t 中存放的就是 5!，输出 t 即可。直到型循环的 N-S 图如图 4-3（b）所示，当型循环的流程图如图 4-4（b）所示。

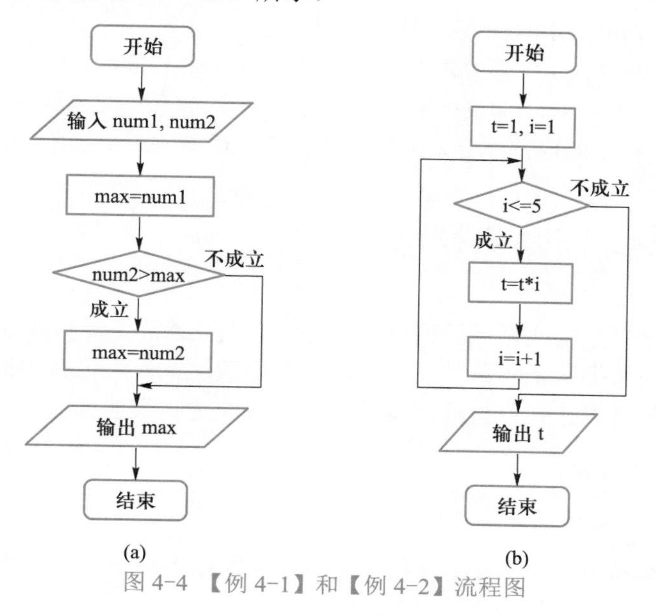

图 4-4 【例 4-1】和【例 4-2】流程图

【课堂实践 4-1】

给出一个“求 3 个数中的最大数”的算法，并用流程图和 N-S 图表示。

同步训练 4-1

同步训练 4-1 参考答案

case

一、单项选择题

1. 下列选项中（　　）不是算法的特性之一。

A. 有穷性　　B. 可行性　　C. 确定性　　D. 正确性

2. 在流程图中，用来表示判断的图形是（　　）。

A. 平行四边形　　B. 菱形　　C. 矩形　　D. 正方形

3. 在流程图中，用来表示输入/输出的图形是（　　）。

A. 平行四边形　　B. 菱形　　C. 矩形　　D. 正方形

4. 在流程图中，用来表示处理的图形是（　　）。

A. 平行四边形　　B. 菱形　　C. 矩形　　D. 正方形

5. 在 N-S 图中，输入/输出、数据处理、条件判断等都由（　　）框来表示。

A. 平行四边形　　B. 菱形　　C. 矩形　　D. 正方形

6. 程序的三种基本结构包括（　　）。

A. 选择结构、循环结构、复合结构

B．顺序结构、选择结构、循环结构

C．顺序结构、循环结构、复合结构

D．顺序结构、选择结构、复合结构

二、知识填空题

1．算法的五大特性是可行性、有穷性、_____、0 个或多个输入和 1 个或多个输出。

2．在流程图中，用来表示判断的图形是_____。

3．在流程图中，用来表示输入/输出的图形是_____。

4．_____是根据条件判断的结果，从两种或多种路径中选择其中的一条执行。

5．_____是将一组操作重复执行多次，只要条件成立就重复执行这组操作。

6．循环结构与选择结构的区别在于，当条件不成立时，去执行循环结构的_____语句。

4.2 条件判断表达式

在使用选择结构或循环结构进行程序设计时，经常需要判断某一个“条件”是否成立，通常把这个“条件”称为**条件判断表达式**。C 语言中的条件判断表达式可以是任意表达式，但通常是关系表达式或逻辑表达式。

4.2.1 关系表达式

微课 4-3
关系表达式

PPT 4-3
关系表达式

1. 关系运算符

关系运算符有<、<=、>、>=、==、!=，分别称为小于、小于或等于、大于、大于或等于、等于、不等于。

优先级别：前 4 种关系运算符的优先级别相同，都是第 6 级；后 2 种相同，都是第 7 级。关系运算符的优先级低于算术运算符，高于赋值运算符。

结合方向：关系运算符的结合方向均为左结合。

【示例 4-3】

c>a+b 等价于 c>(a+b)：关系运算符的优先级低于算术运算符。

a>b==c 等价于(a>b)==c：“>”优先级高于“==”。

a==b<c 等价于 a==(b<c)：“<”优先级高于“==”。

a=b>c 等价于 a=(b>c)：关系运算符的优先级高于赋值运算符。

2. 关系表达式及其值

用关系运算符将两个表达式（算术、关系、逻辑、赋值表达式等）连接起来所构成的表达式，称为**关系表达式**。关系表达式的值有两个，分别是 1 和 0，当关系表达式成立时，其值为 1，当关系表达式不成立时，其值为 0。

【示例 4-4】 假如 a=3，b=2，c=1，则关系表达式 a>b 的值为 1，关系表达式 b+c<a 的值为 0。

另外，当两个字符进行比较时，是将这两个字符型数据按 ASCII 值进行比较。

【示例 4-5】 char ch1='A' ,ch2= 'a' ; 则表达式 ch1>ch2 的值按对应字符的 ASCII 值进行比较，结果为 0。

4.2.2 逻辑表达式

微课 4-4
逻辑表达式

PPT 4-4
逻辑表达式

PPT

1. 逻辑运算符

逻辑运算符有&&、||、!，分别称为逻辑与、逻辑或、逻辑非。

优先级别：逻辑非“!”的优先级别是第 2 级的，高于算术运算；逻辑与“&&”的优先级别是第 11 级的，逻辑或“||”的优先级别是第 12 级的；逻辑与“&&”与逻辑或“||”的优先级别都低于关系运算，高于赋值运算。

结合方向：逻辑运算符!的结合方向为右结合，&&、||的结合方向为左结合。

运算规则：A&&B 的值为 1 当且仅当 A 与 B 均非零；A||B 的值为 0 当且仅当 A 与 B 均为零；!A 的值为 0 当且仅当 A 非零。

以上运算规则见表 4-2 所示的真值表。

表 4-2 逻辑运算真值表

A	B	A&&B	A||B	!A
0	0	0	0	1
0	非 0	0	1	1
非 0	0	0	1	0
非 0	非 0	1	1	0

2. 逻辑表达式

（1）逻辑表达式的定义

用逻辑运算符（逻辑与&&、逻辑或||、逻辑非!）把两个表达式连接起来的式子，称为**逻辑表达式**。逻辑表达式的值也只有 1 和 0。

由于 C 语言对逻辑表达式计算的特殊性，所以有必要把逻辑表达式进一步分为逻辑与表达式、逻辑或表达式和逻辑非表达式。

（2）与表达式

设 A、B 是两个表达式，如果一个表达式通过运算符的优先级别和结合方向最终可归结为 A&&B 的形式，则称这个表达式为**逻辑与表达式**，简称**与表达式**。

逻辑与表达式的计算过程：对于与表达式，先计算与运算符&&左端的表达式，当左端的表达式的值为 0 时，**不再**计算右端的表达式（此时说明与表达式的值一定为 0）；当左端的表达式的值为非 0 时，**再**计算右端的表达式。

【示例 4-6】

```
int a=1,b=2;
--a&&(b=a+3);
printf("a=%d,b=%d\n",a,b);
```

表达式--a&&(b=a+3)是逻辑与表达式，根据与表达式的计算过程，先计算与运算符&&左端的表达式--a，得 a 的值为 0，表达式--a 的值也为 0。由于--a 的值为 0，所以，不再计算与运算符&&右端的表达式(b=a+3)，因此，b 的值仍为 2。所以该程序段的执行结果是 a=0,b=2，而不是 a=0,b=3。

【示例 4-7】

```
int a=1,b=2;
```

```
++a&&(b=a+3);
printf("a=%d,b=%d\n",a,b);
```

表达式++a&&(b=a+3)是逻辑与表达式，先计算与运算符&&左端的表达式++a，得 a 的值为 2，表达式++a 的值也为 2，由于++a 的值非 0，所以还要计算与运算符&&右端的表达式(b=a+3)，得 b 的值为 5。所以该程序段的执行结果是 a=2,b=5。

（3）或表达式

设 A、B 是两个表达式，如果一个表达式通过运算符的优先级别和结合方向最终可归结为 A||B 的形式，则称这个表达式为**逻辑或表达式**，简称**或表达式**。

逻辑或表达式的计算过程：对于或表达式，**先**计算或运算符||左端的表达式，**当**左端的表达式的值为非 0 时，**不再**计算右端的表达式（此时说明或表达式的值一定为 1）；**当**左端的表达式的值为 0 时，**再**计算右端的表达式。

【示例 4-8】

```
int i= -1,j,k;
j=k=2;
++i||j++||++k;
printf("i=%d,j=%d,k=%d\n",i,j,k);
```

根据运算符的优先级别和结合方向，通过加括号，得到表达式++i||j++||++k 的等价表达式（++i||j++）||++k，该表达式是或表达式，根据或表达式的计算过程，先计算或运算符左端的表达式++i||j++，它又是或表达式，先计算++i，得++i 的值为 0（i 的值也为 0），再计算 j++，得 j++的值为 2（j 的值为 3）。于是，表达式++i||j++的值为 1，所以，不再计算++k（k 的值仍为 2）。因此，此程序段的输出结果为 i=0,j=3,k=2。

【示例 4-9】

```
int i= -1,j,k;
j=k=2;
++i&&j++||++k;
printf("i=%d,j=%d,k=%d\n",i,j,k);
```

由于与运算符&&的优先级别高于或运算符||的优先级别，所以，表达式++i&&j++||++k 等价于(++i&&j++)||++k，是或表达式。先计算或运算符||左端的表达式++i&&j++，而++i&&j++又是与表达式，先计算++i，得++i 的值为 0（i 的值也为 0），根据与表达式的计算过程，不再计算与运算符&&右端的表达式 j++（j 的值仍为 2），因此，与表达式++i&&j++的值为 0，再计算或运算符||右端的表达式++k，得 k 的值为 3，++k 的值也为 3。因此，此程序段的输出结果为 i=0,j=2,k=3。

（4）非表达式

设 A 是一个表达式，如果某个表达式通过运算符的优先级别和结合方向最终可归结为!A 的形式，则称这个表达式为逻辑非表达式，简称非表达式。

非表达式!A 的计算：如果 A 的值非 0，!A 的值为 0；如果 A 的值为 0，!A 的值为 1。

4.2.3　用 C 语言表达实际问题

微课 4-5
用 C 语言表达实际问题

PPT 4-5
用 C 语言表达实际问题

掌握了 C 语言的关系运算符和逻辑运算符后，就可以用 C 语言的表达式来表达实际问题了。

【例 4-3】 用 C 语言的表达式表达以下实际问题。

（1）数学表达式 3≤x<5

解答：数学表达式 3≤x<5 的含义是 x 大于等于 3 并且小于 5，所以，用 C 语言的表达式应该表示成(x>=3)&&(x<5)或 x>=3&&x<5。

（2）3 条线段 x、y、z 构成一个三角形

解答：3 条线段 x、y、z 构成一个三角形的条件是任意两边之和大于第三边，所以，用 C 语言的表达式应该表示成(x+y>z)&&(x+z>y)&&(y+z>x)或 x+y>z&&x+z>y&&y+z>x。

（3）p 不等于 0

解答：p 不等于 0，可直接用 C 语言的关系表达式 p!=0 来表示。由于在 C 语言中如果一个表达式的值非 0，就认为该表达式成立，所以，当 p 的值不等于 0 时，表达式 p!=0 成立，此时表达式 p 也成立；当 p 的值等于 0 时，表达式 p!=0 不成立，此时表达式 p 也不成立。因此表达式 p!=0 与 p 等价，于是 p 不等于 0 又可以表示成 p。即 p 不等于 0 可用 C 语言表达式表示成 p!=0 或 p。

（4）p 等于 0

解答：p 等于 0，可直接用 C 语言的关系表达式 p==0 来表示。由于当 p 的值不等于 0 时，表达式 p==0 不成立，此时表达式!p 也不成立；当 p 的值等于 0 时，表达式 p==0 成立，此时表达式!p 也成立，因此表达式 p==0 与!p 等价，于是 p 等于 0 又可以用逻辑表达式表示成!p。即 p 等于 0 可用 C 语言表达式表示成 p==0 或!p。

（5）n 为偶数

解答：n 为偶数，n 被 2 除的余数就一定为 0，所以可用 C 语言的关系表达式 n%2==0 来表示，还可以表示成!(n%2)。n 为偶数除了这两种表示外，还可以有其他的表示。

（6）年份 year 是闰年

解答：闰年要符合下面两个条件之一：能被 4 整除，但不能被 100 整除；能被 400 整除。所以，年份 year 是闰年的 C 语言表达式为(year%4==0&&year%100!=0)||year%400==0 或!(year%4) &&year%100||!(year%400)。

【课堂实践 4-2】

用 C 语言的表达式表达以下实际问题。

（1）n 为奇数。

（2）ch 为英文字母。

同步训练 4-2

同步训练 4-2
参考答案

case

一、单项选择题

1．判断字符型变量 c1 是否为小写字母的正确表达式为（　　）。

A．'a'<=c1<='z'　　B．(c1>='A')&&(c1<='z')

C．('a'>=c1)||('z'<=c1)　　D．(c1>='a')&&(c1<='z')

2．已知 int x=43,y=0; char ch='A';，则表达式(x>y&&ch<'B'&&!y)的值是（　　）。

A．0　　B．语法错　　C．1　　D．假

3．a 为偶数时值为 0 的表达式是（　　）。

A．a%2==0　　B．!a%2!=0　　C．a/2*2-2==0　　D．a%2

4．能正确表示 a 和 b 同时为正或同时为负的逻辑表达式是（　　）。

A．(a>=0||b>=0)&&(a<0||b<0)　　B．(a>=0&&b>=0)&&(a<0&&b<0)

C．(a+b>0)&&(a+b<=0)　　D．a*b>0

5．能正确表示逻辑关系“a>=10 或 a<=0”的 C 语言表达式是（　　）。

A．a>=10 or a<=0　　B．a>=0|a<=0

C．a>=10&&a<=0　　D．a>=10||a<=0

6．下列运算符中优先级最低的是（　　）。

A．?:　　B．&&　　C．+　　D．!=

7．下列运算符中优先级最高的是（　　）。

A．!　　B．&　　C．+　　D．!=

8．设 a=1,b=2,c=3,d=4，则表达式 a<b?b:c<d?a:b 的结果为（　　）。

A．4　　B．3　　C．2　　D．1

9．表达式 5>3||8<=(a=10)的结果是（　　）。

A．0　　B．1　　C．非 0　　D．非 1

10．设 int a=5,b=6,c=7,d=8,m=2,n=2;，则逻辑表达式(m=a>b)&&(n=c>d)运算后，n 的值为（　　）

A．0　　B．1　　C．2　　D．3

11．以下程序段输出的结果是（　　）。

```
int a=4,b=5,c=0,d;d=!a&&!b||!c; printf("%d\n",d);
```

A．1　　B．0　　C．非 0　　D．-1

二、知识填空题

1．已知 a=7.5，b=2，c=3.6，表达式 a>b&&c>a||a<b&&c>b 的值是______。

2．判断一个整型数 a 为奇数的表达式是______。

3．有一个整数 345，取它的个位数的表达式为______，取它的十位数的表达式为______，取它的百位数的表达式为______。

4．能正确表示“当 ch 为小写字母时为真，否则为假”的表达式是______。

5．若 x 为 int 类型，与逻辑表达式!x 等价的最简单的 C 语言关系表达式是______。

6．表示“整数 x 的绝对值大于 5 时值为真” 的 C 语言表达式是______。

7．设 x，y 均为 int 型变量，描述“x,y 符号相同”的表达式是______。

8. 已知 a=3，b=-4，c=5，表达式(a&&b)==(a||c)的值是_____。

9. 若已知 a=2，b=3，则表达式!a+b 的值为_____。

10. 设 x，y 均为 int 型变量，描述“x,y 符号相异”的表达式是_____。

11. 与表达式 p!=0 等价的 C 语言表达式是_____。

12. 表达式 1<=a<=8 且 a≠7 的 C 语言表达式是_____。

微课 4-6
不平衡 if 语句

PPT 4-6
不平衡 if 语句

4.3 if 选择结构

if 选择结构包括不平衡 if 语句、if…else 语句和 if…else if 语句三种。

4.3.1 不平衡 if 语句

1. 格式

```
if(表达式)    语句
```

其中的表达式可以是任意表达式，语句可以是复合语句，整个结构是一条语句。

2. 执行过程

先判断表达式的值是否非 0，如果非 0 执行语句，否则执行 if 语句的后继语句，流程图和 N-S 图如图 4-5 所示。

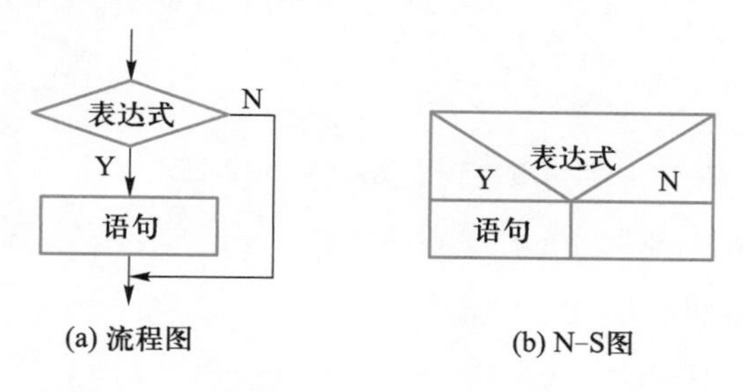

图 4-5 不平衡 if 语句的流程图和 N-S 图

3. 应用场合

不平衡 if 语句用于只有一个分支需要选择执行的实际问题。

【例 4-4】 按升序输出。

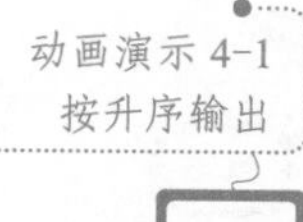

编写函数 void Fun(double a,double b)，将传入的实数 a 和 b 的值按由小到大的顺序输出。

分析：要想将实数 a 和 b 的值按由小到大的顺序输出，只需将小数放在 a 中，大数放在 b 中，先后输出 a 和 b 的值即可。

具体算法：

第①步：判断 a 与 b 的大小，如果 a>b，就把 a 与 b 的值交换，否则，a 和 b 的值不变。

第②步：顺序输出 a 与 b 的值。

函数 Fun 的流程图和 N-S 图如图 4-6 所示。

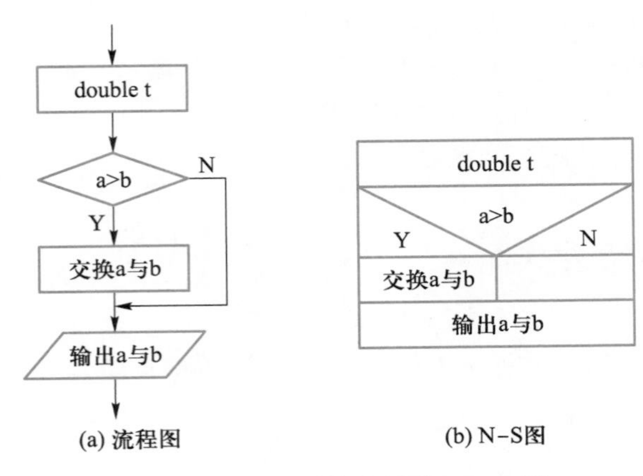

图 4-6 函数 Fun 的流程图和 N-S 图

程序代码：

```
(1)  void Fun(double a,double b)
(2)  {
(3)       double t;
(4)       if(a>b)
(5)       {
(6)            t=a;
(7)            a=b;
(8)            b=t;
(9)       }
(10)      printf("按由小到大顺序输出为：%lf,%lf",a,b);
(11) }
```

4.3.2 if…else 语句

微课 4-7
if…else 语句

PPT 4-7
if…else 语句

1. 格式

```
if(表达式) 语句 1
 else   语句 2
```

说明：

① 表达式通常是关系表达式和逻辑表达式，但也可以是其他表达式。

② 语句 1 和语句 2 都可以是复合语句。

③ 整个 if…else 结构是一个语句，而不是两个语句，**else 必须与 if 配对使用**，不能单独使用。

2. 执行过程

先判断表达式的值是否非 0，如果非 0 执行语句 1，否则执行语句 2。流程图、N-S 图如图 4-7 所示。

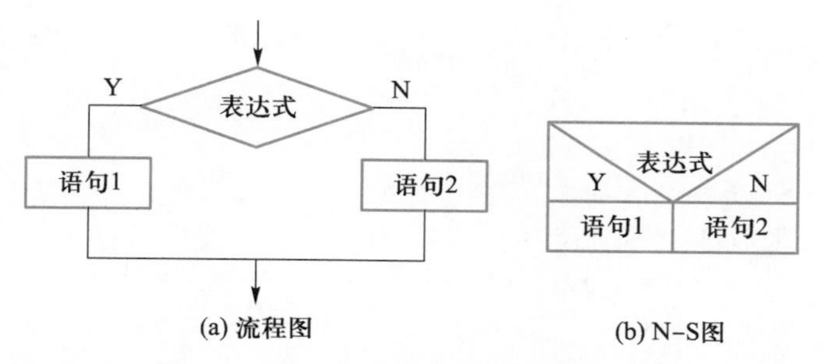

图 4-7 if…else 语句的流程图和 N-S 图

3. 应用场合

if…else 语句用于二分支，选择其中一个分支执行的实际问题。

【例 4-5】 判断闰年。

编写一个判断输入年份是否为闰年的 C 语言程序。

分析：判断输入年份 year 是闰年的表达式为 year%4==0&&year%100!=0||year%400==0，编写一个函数 int IsLeapYear(int year)用来判断输入的年份 year 是否是闰年。

具体算法：

第①步：设置一个变量 flag，置初值为 0，即 flag=0。

第②步：判断传入的 year 是否满足闰年的条件，如果 year 是闰年，将 flag 置为 1，否则，什么也不用做。

第③步：返回 flag 的值。在主函数中根据 flag 的值输出 year 是闰年或 year 不是闰年。

函数 IsLeapYear 的流程图和 N-S 图如图 4-8 所示。

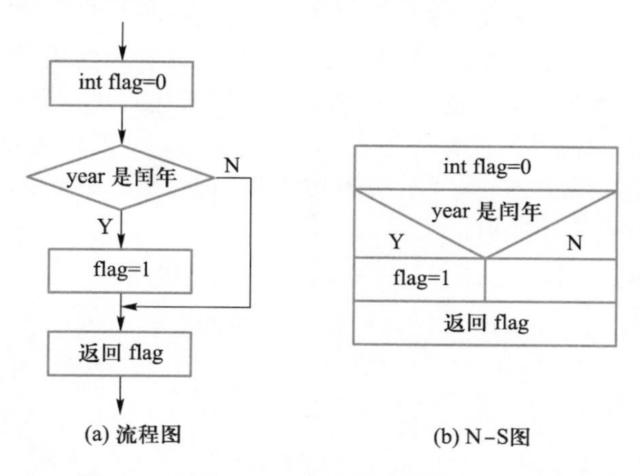

图 4-8 函数 IsLeapYear 的流程图和 N-S 图

算法中的变量 flag 称为**标志变量**，详见经验技巧 4-1“标志变量的使用”。

程序代码：

```
(1) #include "stdio.h"
(2) int main()
(3) {
```

```
（4）        int IsLeapYear(int year); //函数声明
（5）        int year,flag;
（6）        printf("请输入年份：");
（7）        scanf("%d", &year);
（8）        flag=IsLeapYear(year);
（9）        if(flag) //flag 等价于 flag!=0
（10）            printf ("%d 年是闰年。\n",year);
（11）        else
（12）            printf ("%d 年不是闰年。\n",year);
（13）        return 0;
（14）}
（15）int IsLeapYear(int year)
（16）{
（17）        int flag=0; //flag 为标志变量
（18）        if (year%4==0&&year%100!=0||year%400==0)
（19）            flag=1;
（20）        return flag;
（21）}
```

4. 条件表达式

微课 4-8 条件表达式

PPT 4-8 条件表达式

在 C 语言中，if…else 语句可以用条件表达式来表示。

条件运算符：“?:”是 C 语言所特有的运算，且是唯一的三目运算符。

优先级别：条件运算的优先级别是第 13 级，高于赋值运算，低于逻辑运算。

结合方向：条件运算符的结合方向为右结合。

条件表达式的一般形式：表达式 1？ 表达式 2 :表达式 3

其中表达式 1、表达式 2、表达式 3 都可以是任意表达式。

条件表达式运算过程及表达式的值：先计算表达式 1，若表达式 1 的值非 0，则计算表达式 2，不再计算表达式 3，此时表达式 2 的值为整个条件表达式的值；若表达式 1 的值为 0，不计算表达式 2，而计算表达式 3，此时表达式 3 的值为整个条件表达式的值。

【示例 4-10】 语句

```
if(a>b)
    max=a;
else
    max=b;
```

可以写成条件表达式 max=(a>b)?a:b;

【示例 4-11】

```
int a=2,b=5,c;
c=a>b? --a :--b;
printf("a=%d,b=%d,c=%d\n",a,b,c);
```

因为条件运算符的优先级别高于赋值运算符的优先级别，所以表达式 c=a>b? --a :--b 等价于 c=(a>b? --a :--b)，是赋值表达式，但赋值号右端 a>b? --a :--b 是条件表达式，根据条件表达式的计算过程，因为 a 的值为 2，b 的值为 5，所以 a>b 不成立，即 a>b 的值为 0，所以，不计算表达式--a，而计算表达式--b，所以 a 的值仍为 2，表达式--b 和 b 的值均为 4。因此，条件表达式 a>b? --a :--b 的值为 4，并赋给变量 c，所以变量 c 的值为 4。因此，此程序段的输出结果为 a=2,b=4,c=4。

微课 4-9
if…else if 语句

4.3.3 if…else if 语句

1. 格式

PPT 4-9
if…else if 语句

```
if(表达式 1) 语句 1
else if(表达式 2) 语句 2
      …
else if(表达式 n) 语句 n
else 语句 n+1
```

2. 执行过程

若表达式 1 非 0，执行语句 1；若表达式 1 为 0，而表达式 2 非 0，执行语句 2；以此类推，若表达式 1,…,表达式 n−1 均为 0，而表达式 n 非 0，执行语句 n；若表达式 1,…,表达式 n 均为 0，执行语句 n+1。流程图如图 4−9 所示，N−S 图如图 4−10 所示。

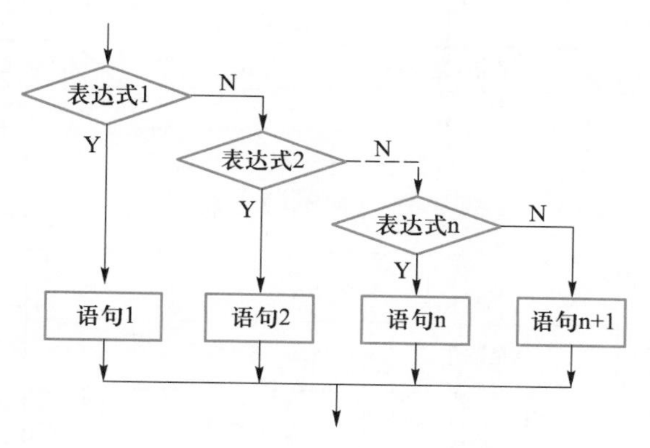

图 4−9 if…else if 语句流程图

3. 应用场合

if…else if 语句用于多分支，选择其中一个分支执行的实际问题。

【例 4−6】 判断输入字符类型。

编写一个函数，判断输入的字符是数字、字母、空格还是其他字符。

分析：由于传入的字符有 4 种可能的情况（数字、字母、空格和其他字符），多于 2 种，所以应该使用 if…else if 结构来解决。

动画演示 4−3
判断输入字符类型

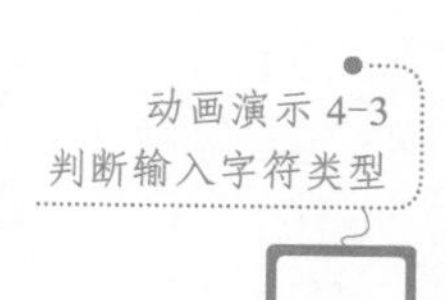

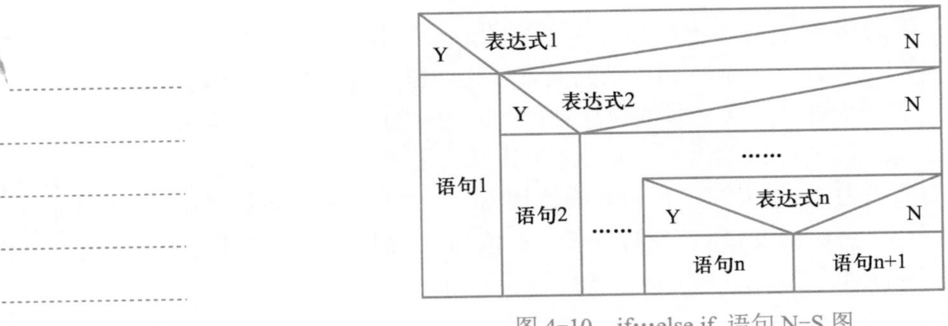

图 4-10 if…else if 语句 N-S 图

判断字符 x 是否是数字字符的表达式为 x>='0'&&x<='9'或 x>=48&&x<=57，是否是字母字符的表达式为 x>='A'&&x<='Z'||x>='a'&&x<='z'或 x>=65&&x<=90|| x>=97&&x<=122，是否是空格的表达式为 x==' '或 x==32。

具体算法：根据各类字符的条件判断传入的字符是哪类字符，直接输出是哪类字符即可。

函数流程图如图 4-11 所示，N-S 图如图 4-12 所示。

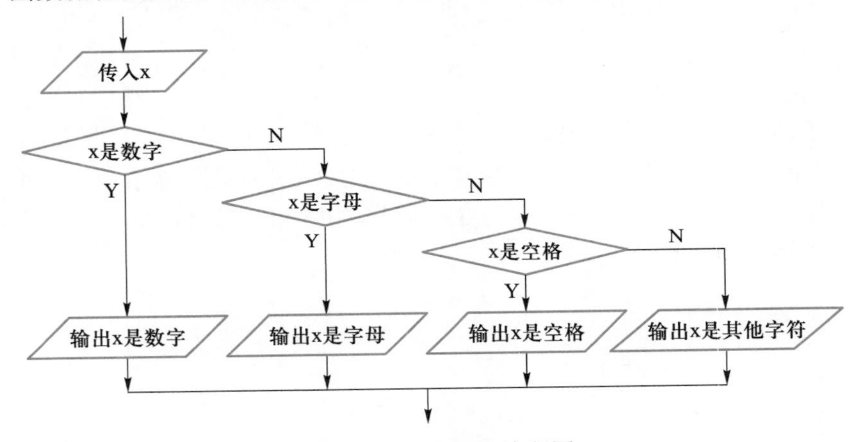

图 4-11 【例 4-6】流程图

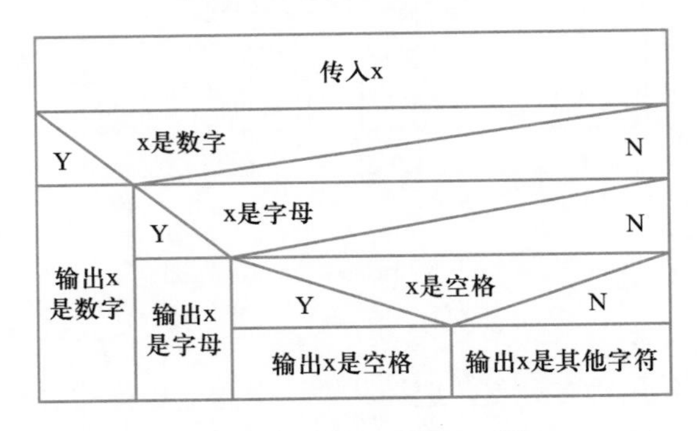

图 4-12 【例 4-6】N-S 图

程序代码：

```
（1） void Check(char x)
（2） {
```

```
(3)        printf("\n 输入的字符是");
(4)        if(x>='0'&&x<='9')     //判断是否是数字
(5)            printf("数字：%c\n",x);
(6)        else if(x>='A'&&x<='Z'||x>='a'&&x<='z')      //判断是否是字母
(7)            printf("字母：%c\n",x);
(8)        else if(x==' ')     //判断是否是空格
(9)            printf("空格：%c\n",x);
(10)       else
(11)           printf("其他符号：%c\n",x);
(12) }
```

【课堂实践 4-3】

求一元二次方程 $ax^2+bx+c=0$ 的根。

提示：需要判别 b^2-4ac 大于 0、小于 0 和等于 0 这 3 种情况，如果大于 0，在主函数中输出两个不相等的实数根；如果小于 0，在主函数中输出两个复数根；如果等于 0，在主函数中输出两个相等的实数根。

同步训练 4-3

一、单项选择题

1. 在 C 语言中，if 语句后的一对圆括号中，用以决定分支流程的表达式（　　）。

   A. 只能用逻辑表达式　　B. 只能用逻辑表达式或关系表达式

   C. 只能用关系表达式　　D. 可用任意表达式

2. 为避免嵌套的条件语句 if…else 的二义性，C 语言规定：else 与（　　）配对。

   A. 编排位置相同的 if　　B. 其之前最近的未配对的 if

   C. 其之后最近的 if　　D. 同一行上的 if

3. 若 i 为整型变量，且有程序段如下，则输出结果是（　　）。

```
i=322;
if(i%2==0) printf("####");
else printf("****");
```

   A. ####　　B. ****

   C. ########　　D. 有语法错误，无输出结果

4. 以下程序段的输出结果是（　　）。

```
int i=0,j=0,k=6;
if((++i>0)||(++j>0)) k++;
  printf("%d,%d,%d\n",i,j,k);
```

   A. 0,0,6　　B. 1,0,7　　C. 1,1,7　　D. 0,1,7

5. 以下程序段的输出结果是（　　）。

```
int a= -1，b=1，k;
```

拓展知识 4-2
if 语句的嵌套

常见问题 4-1
if（表达式）后多加了分号

常见问题 4-2
if 语句条件判断表达式中将等号书写成赋值号

常见问题 4-3
if 语句后需执行的多条语句未构成复合语句

同步训练 4-3
参考答案

case

```
if((++a<0)&& ! (b-- <=0))    printf("%d %d\n", a, b);
else
  printf("%d %d\n", b, a);
```

A. −1 1　　B. 0 1　　C. 1 0　　D. 0 0

6. 以下程序段的输出结果是（　　）。

```
float x=2.0,y;
if(x<0.0) y=0.0;
else if(x<5.0)y=1.0/x;
else y=1.0;
printf("%f\n",y);
```

A. 0.000000　　B. 0.250000　　C. 0.500000　　D. 1.000000

7. 若变量都已正确说明，则以下程序段的输出为（　　）。

```
int a=1,b=2,c,d;
if(a==b) c=d=a;
else c=b;
d=b;
printf("c=%d,d=%d",c,d);
```

A. c=1,d=1　　B. c=1,d=2　　C. c=2,d=1　　D. c=2,d=2

8. 设 int a=9,b=8,c=7,x=1;，则执行语句 if(a>7)if(b>8)if(c>9)x=2;else x=3;后 x 的值是（　　）。

A. 0　　B. 2　　C. 1　　D. 3

9. 以下程序段执行后的输出结果是（　　）。

```
char m='b';
if(m++>'b')    printf("%c\n",m);
else printf("%c\n",m--);
```

A. a　　B. b　　C. c　　D. d

10. 以下程序段执行后的输出结果是（　　）。

```
int a=5,b=4,c=3,d=2;
if(a>b>c)printf("%d\n",d);
else if((c-1>=d)==1) printf("%d\n",d+1);
else printf("%d\n",d+2);
```

A. 2　　B. 3　　C. 4　　D. 编译有错，无结果

二、程序填空题

1. 以下程序段接收输入的一个小写字母，将字母循环后移动 5 个位置后输出。如'a'变为'f'，'w'变成'b'。请在空中填入正确内容。

```
char c;c=_____;
if(c>='a'&&_____)
        _____;
else if(c>='v'&&c<='z')
        _____;
putchar(c);
```

2．以下程序判断输入的年份是否是闰年。

```
void leapyear(int year)
{
        int f;
        if(_____)
                f=1;
        else _____;
        if(f)
                printf("%d is a leap year ",y);
        else
                printf("%d isn't a leap year ",y);
}
```

3．以下程序段实现：输入 3 个整数，按从大到小的顺序进行输出。请在空中填入正确内容。

```
int x,y,z,c;
scanf("%d%d%d",&x,&y,&z);
if(_____)    {c=y;y=z;z=c;}
if(_____)    {c=x;x=y;y=c;}
if(_____)    {c=z;z=y;y=c;}
printf("%d,%d,%d",_____);
```

4．以下程序用于判断 a、b、c 能否构成三角形，若能，输出 YES，否则输出 NO。当给 a、b、c 输入三角形 3 条边长时，确定 a、b、c 能构成三角形的条件是需同时满足 3 个条件：a+b>c,a+c>b,b+c>a。请填空。

```
void fun(float a,float b,float c)
{
        if(_____)printf("YES\n");    //a、b、c 能构成三角形
        else printf("NO\n");         //a、b、c 不能构成三角形
}
```

5．输入一个字符，如果它是一个大写字母，则把它变成小写字母；如果它是一个小写字母，则把它变成大写字母；其他字符不变。请在空中填入正确的内容。

```
#include <stdio.h>
```

```
void fun(char ch)
{
    if(_____) ch=ch+32;
    else if(ch>='a' && ch<='z') _____;
    printf("%c",ch);
}
```

三、程序阅读题

1. 以下程序段输出的结果是（　　）。

```
int x=10,y=20,t=0;
if(x==y)
    t=x;x=y;y=t;
printf("%d,%d",x,y);
```

2. 以下程序段完成的功能是（　　）。

```
int shu;
    printf("请输入一个整数;\n");
    scanf("%d",&shu);
    if(shu<0)
        shu=-shu;
    printf("%d\n",shu);
```

3. 以下程序段运行后的输出结果是（　　）。

```
int a=2,b=1,c=2;
if(a)
    if(b<0) c=0;
    else c++;
printf("%d\n",c);
```

4. 以下程序段运行后的输出结果是（　　）。

```
int a=2,b=1,c=2;
if(a)
{
    if(b<0)
        c=0;
}
else c++;
printf("%d\n",c);
```

5. 假定 w,x,y,z,m 均为 int 型变量，有如下程序段：

```
w=1;x=2;y=3;z=4;
```

```
m=(w<x)?w:x;
m=(m<y)?m:y;
m=(m<z)?m:z;
```

则该程序运行后，m 的值是（　　）。

6. 请阅读以下程序段：

```
char c;
c=getchar();
if((c>='A'&&c<'Z'||c>='a'&&c<'z'))
        printf("input character is letter\n");
else if(c>='0'&&c<='9')
        printf("input character is digit\n");
else
        printf("other character");
```

若运行时输入大写字母 A，则上面程序的输出结果是（　　）。

7. 以下程序段的运行结果是（　　）。

```
int a=2,b=3,c;
c=a;
if(a>b)
        c=1;
else if(a==b)
        c=0;
printf("%d\n",c);
```

8. 以下程序段的运行结果是（　　）。

```
if(2*1==2<2*2==4)
        printf("##");
else
        printf("**");
```

9. 若所有变量都已正确定义为 int 型，则执行下列程序段后 x 的值为（　　）。

```
x=80;a=10;b=16;y=9;z=0;
if(a<b)
        if(b!=15)
                if(!y) x=81;
                else if(!z) x=79;
```

10. 以下程序段执行后的输出结果是（　　）。

```
int n=0,m=1,x=2;
```

```
if(!n)x-=1;
if(m)x-=2;
if(x)x-=3;
printf("%d\n",x);
```

四、程序设计题

1. 输入一个字符，如果是大写字母，转换为小写；如果不是则不转换；最后输出。
2. 根据给定的年份计算该年度二月份的天数。
3. 输入 4 个数，按从小到大的顺序输出。

4.4 switch 选择结构

if 语句只有两个分支可供使用，而实际问题中经常用到多分支的结构。当然可以通过 if…else if 语句来实现多分支选择结构，但书写麻烦、不易阅读。为此，C 语言提供了 switch 语句用于实现多分支选择结构。

微课 4-10
switch 语句

PPT 4-10
switch 语句

4.4.1 switch 语句

1. 格式

```
switch(表达式)
{
  case  常量表达式 1:[语句组 1] [break;]
  case  常量表达式 2:[语句组 2] [break;]
  …
  case  常量表达式 n:[语句组 n] [break;]
  [default:语句组 n+1]
}
```

其中用一对方括号括起来的部分表示是可选的。

说明：

① 该结构是**多分支选择结构**，其中的 switch、case、default、break 都是系统提供的关键字。

② switch 后面的表达式必须是**整型**或**字符型**，每个 case 中的常量表达式必须是相应的整数或字符，且两个常量值不能相同。

③ case 常量表达式起标号的作用，是一个分支入口；default 也起标号的作用，表示除了所有 case 标号之外的那些标号，也是一个分支入口；default 书写时不一定要写在最后，也可以写在其他位置上，也可以没有。

④ 语句执行从某一个 case 进入后，将执行该入口中的语句组及后面所有语句组，如果只需执行一个语句组的操作，应在该语句组中加 break 语句跳出 switch 结构。

2. 执行过程

先计算表达式的值，然后依次与每一个case中的常量表达式的值进行比较，若有相等的，则从该 case 开始依次往下执行；若没有相等的，则从 default 开始往下执行。

经验技巧 4-2
switch 语句中 default 的书写位置

3. 应用场合

switch 语句用于多分支，选择其中多个（含一个）分支执行的实际问题。

常见问题 4-4
switch 后表达式的类型错误

4.4.2 break 语句

1. 格式

```
break;
```

常见问题 4-5
switch 语句中忘记使用 break

2. 功能

使程序流程跳出 switch 选择结构或跳出循环体结束循环。

在 switch 语句的 case 语句组的结尾通常应加 break 语句，跳出 switch 选择结构，否则将进入下一个 case，执行下一个 case 的语句组，可能造成程序执行的结果与预想的不一致。除非问题需要，可不加 break 语句。

同步训练 4-4

同步训练 4-4
参考答案

一、单项选择题

1．以下关于 switch 语句和 break 语句的描述中，只有（　　）是正确的。

A．在 switch 语句中必须使用 break 语句

B．在 switch 语句中，可以根据需要使用或不使用 break 语句

C．break 语句在 switch 语句中没有作用

D．break 语句是 switch 语句的一部分

2．以下程序段的输出结果是（　　）。

```
int n='c';
switch(n++)
{
        default: printf("error");break;
        case 'a': case 'A': case 'b': case 'B': printf("good");break;
        case 'c': case 'C': printf("pass");
        case 'd': case 'D': printf("warn");
}
```

A．pass　　　B．wam　　　C．passwarn　　　D．error

3．以下程序段的输出结果是（　　）。

```
int x=1,a=0,b=0;
switch(x)
{
```

```
        case 0:b++;
        case 1:a++;
        case 2:a++;b++;
}
printf("a=%d,b=%d\n",a,b);
```

A. a=2,b=1　　B. a=1,b=1　　C. a=1,b=0　　D. a=2,b=2

4. 以下程序段的输出结果是（　　）。

```
int a=15,b=21,m=0;
switch(a%3)
{
case 0:m++;break;
case 1:m++;
        switch(b%2)
        {
        default:m++;
        case 0:m++;break;
        }
}
printf("%d",m);
```

A. 1　　B. 2　　C. 3　　D. 4

5. 若有定义 float w;int a,b;，则合法的 switch 语句是（　　）。

A.
```
switch(a)
{
    case 1.0:printf("*\n");
    case 2.0:printf("**\n");
}
```

B.
```
switch(a)
{
    case 1 printf("*\n");
    case 2 printf("**\n");
}
```

C.
```
switch(w)
{
    case 1:printf("*\n");
    default:printf("\n");
    case 1+2:printf("**\n");
}
```

D.
```
switch(a+b)
{
    case 1:printf("*\n");
    case 2:printf("**\n");
    default:printf("\n");
}
```

二、程序填空题

1. 根据以下 if 语句写出与其功能相同的 switch 语句(x 的值在 0~100 之间，x 为整数)。

if 语句：

```
if(x<60)   m=1;
else   if(x<70)   m=2;
          else   if(x<80)   m=3;
                    else   if(x<90)   m=4;
                              else   if(x<100)   m=5;
```

switch 语句：

```
switch (______)
{
    ______      m=1;break;
    case  6:        m=2;break;
    case  7:        m=3;break;
    case  8:        m=4;break;
    ______      m=5;
}
```

2．以下程序完成简单的“+、−、*、/”运算，请完善程序，保证运行正确。

```
int main()
{
    float a,b;
    double r;
    char c;
    scanf("%f%c%f",&a,&c,&b);
    switch( ______ )
    {
        case '+': r=a+b;break;
        case '-': r=a-b;break;
        case '*': r=a*b;break;
        case '/': if(!b) ______ r=a/b;
    }
    if(______)
        printf("error\n");
    else
        printf("%.2f %c %.2f = %.2lf\n",a,c,b,r);
    return 0;
}
```

三、程序阅读题

1．若 i=10;，则执行下列程序后，变量 i 的正确结果为（　　）。

```
switch(i)
{
    case 9:i+=1;
    case 10:i+=1;
    case 11:i+=1;
    default:i+=1;
}
```

2．运行以下程序段，并输入 1，则输出结果是（　　）。

```
int x;
printf("请输入一个 0-2 的整数：");
scanf("%d",&x);
switch(x)
{
    case 0:printf("输入 0。\n");
    case 1:printf("输入 1。\n");
    case 2:printf("输入 2。\n");
    default: printf("输入错误! \n");
}
```

3. 运行以下程序段，并输入 1，则输出结果是（　　）。

```
int x;
printf("请输入一个 0-2 的整数：");
scanf("%d",&x);
switch(x)
{
    case 0:printf("输入 0。\n"); break;
    case 1:printf("输入 1。\n");break;
    case 2:printf("输入 2。\n");break;
    default: printf("输入错误! \n");
}
```

4. 阅读下列程序段，写出运行结果（　　）。

```
int a=12,b=21,m=0;
switch(a%3)
{
    case 0:m++;
    switch(b%2)
    {
        default :m++;
        case 0:m++;break;
    }
}
```

5. 阅读下列程序段，写出运行结果（　　）。

```
int a=2,b=7,c=5;
switch (a>0)
{
    case 1:
    switch (b<0)
    {
        case 1:printf("@");break;
```

```
            case 2:printf("!");break;
        }
        case 0:
        switch (c==5)
        {
            case 0:printf("*");break;
            case 1:printf("#");break;
            case 2:printf("$");break;
        }
        default:printf("&");
    }
```

四、程序设计题

某商场举行购物优惠活动（x 代表购物款，y 代表折扣）：

当 x<1600 时，y=0；

1600≤x<2400，y=5%；

2400≤x<3200，y=10%；

3200≤x<6400，y=15%；

x≥6400，y=20%。

输入一个顾客的购物款后，显示应付的款数。

4.5 应用实例

【例 4-7】 求 3 个整数的最大值。

编写程序，求输入的 3 个整数的最大值。

分析：前面已经学习了“求两个整数的较大值”的算法，可以把它推广到多个数的情况。

微课 4-11
求 3 个整数的最大值

具体算法：

第①步：认定其中的一个数最大，放在变量 max 中。

第②步：将其他每一个数与当前最大数 max 比较一次，如果比 max 还大，就把它赋给 max，否则，什么也不用做。

第③步：返回 max 的值。

求最大值的函数流程图和 N-S 图如图 4-13 所示。

PPT 4-11
求 3 个整数的最大值

程序代码：

动画演示 4-4
求 3 个整数的最大值

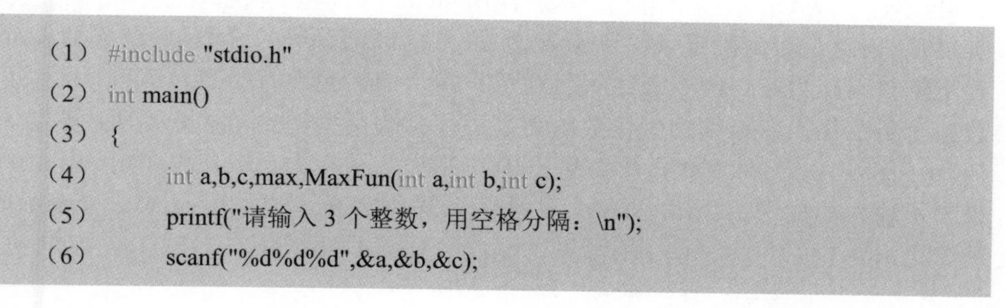

```
(1) #include "stdio.h"
(2) int main()
(3) {
(4)         int a,b,c,max,MaxFun(int a,int b,int c);
(5)         printf("请输入 3 个整数，用空格分隔：\n");
(6)         scanf("%d%d%d",&a,&b,&c);
```

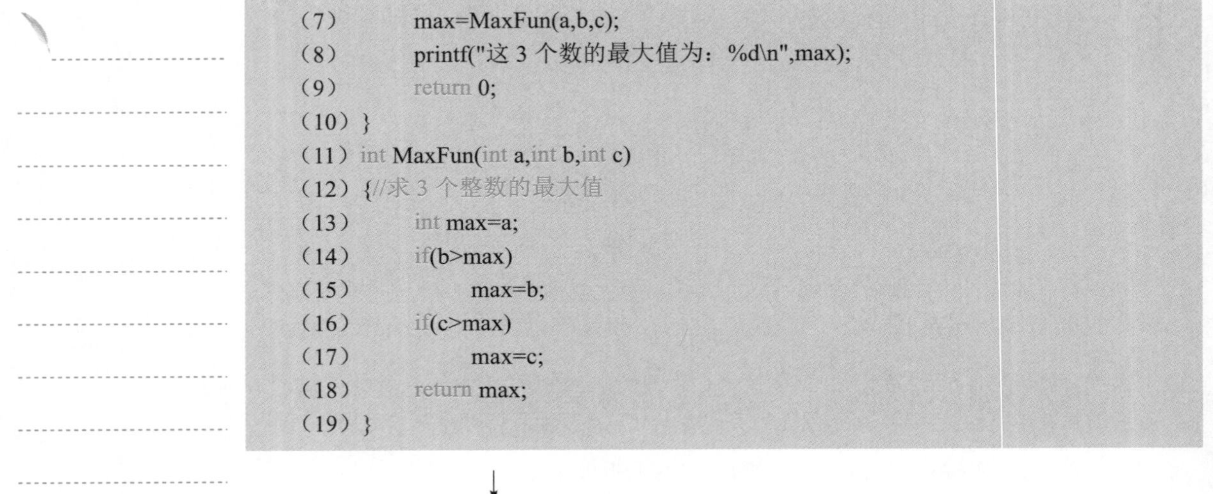

```
（7）       max=MaxFun(a,b,c);
（8）       printf("这 3 个数的最大值为：%d\n",max);
（9）       return 0;
（10）}
（11）int MaxFun(int a,int b,int c)
（12）{//求 3 个整数的最大值
（13）       int max=a;
（14）       if(b>max)
（15）           max=b;
（16）       if(c>max)
（17）           max=c;
（18）       return max;
（19）}
```

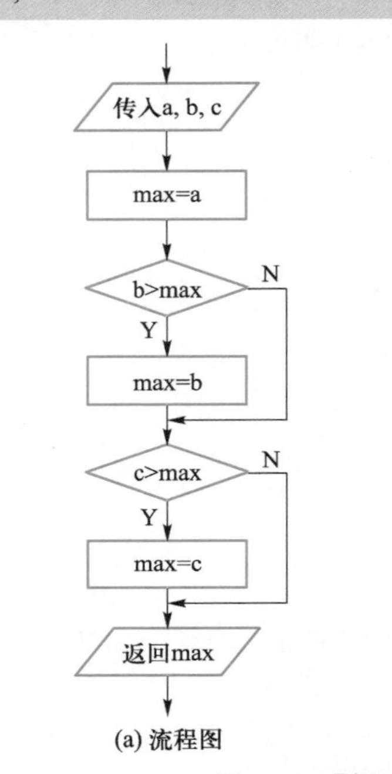

(a) 流程图

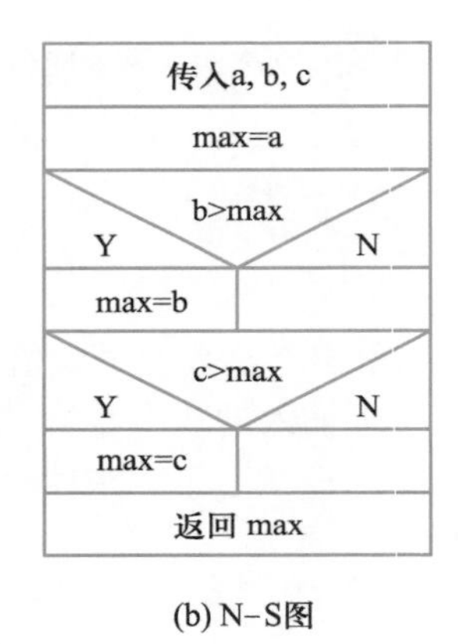

(b) N–S图

图 4-13 【例 4-7】流程图和 N-S 图

动画演示 4-5
输出成绩等级

微课 4-12
输出成绩等级

PPT 4-12
输出成绩等级

【例 4-8】 输出成绩等级。

输入一个百分制成绩，要求输出成绩等级，成绩等级包括'A'、'B'、'C'、'D'。其中 90 分以上为 A，70～89 分为 B，60～69 分为 C，60 分以下为 D。

分析：由于成绩有 4 个等级，所以此问题可以使用 if…else if 结构来解决，也可以使用 switch 结构来解决，本例使用 switch 结构来解决。使用 switch 结构实现时，关键是如何确定条件判断表达式，依据成绩等级的分段，可取成绩 score 的十位数码作为条件判断表达式。注意：由于成绩允许有小数，即可以是实型数据，所以在提取成绩的十位数码前需进行强制类型转换，因此，所用表达式为(int)score/10，另外，如果成绩等于 100，则提取结果为 10。在程序中，用 score 来表示输入的成绩，用(int)score/10 作为条件判断表达式，用 grade 来表示成绩等级。

具体算法：

第①步：定义字符变量 grade。

第②步：使用 switch 语句根据(int)score/10 的值把对应等级字符赋给 grade。

第③步：返回 grade 的值。

程序代码：

```
(1) #include "stdio.h"
(2) int main()
(3) {
(4)         char grade,ScoreGrade(double score);
(5)         double score;
(6)         printf("请输入成绩：");
(7)         scanf("%lf", &score);
(8)         grade=ScoreGrade(score);
(9)         printf("成绩%.1lf 的等级是：%c\n",score,grade);
(10)        return 0;
(11) }
(12) char ScoreGrade(double score)
(13) {
(14)        char grade;
(15)        switch((int)score/10)
(16)        {
(17)                case 10:
(18)                case 9: grade='A';break;
(19)                case 8:
(20)                case 7: grade='B';break;
(21)                case 6: grade='C';break;
(22)                default:grade='D';
(23)        }
(24)        return grade;
(25) }
```

单元 4
拓展训练

单元 4
自测试卷

单元 4
课堂实践参考答案

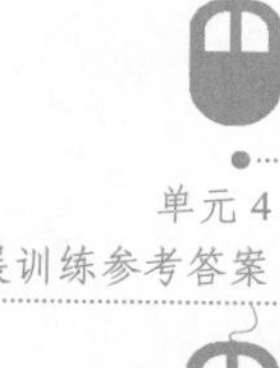

【课堂实践 4-4】

输入 1～7 之间的任意数字，程序按照用户的输入，输出对应的星期几的英文，比如输入 3，程序输出 Wednesday。若输入 1～7 以外的数字，则提示输入错误。

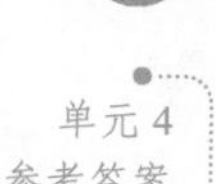

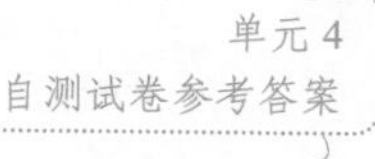

单元 5
循环结构

学习目标

【知识目标】

- 掌握 while 循环语句的书写格式及执行过程。
- 了解 do…while 循环语句的书写格式及执行过程。
- 掌握 for 循环语句的书写格式及执行过程。
- 掌握累加器、计数器的使用方法。
- 了解 continue 语句及与 break 的区别。
- 能够阅读和编写递归函数。

【能力目标】

- 能够用流程图、N-S 图表示复杂问题的算法。
- 能够编写循环结构应用问题的程序。

【素质目标】

- 树立正确的学习观，增强技术自信，建立职业理想。
- 培养自我学习的能力，树立终身学习的意识。

在实际问题中，经常遇到需要重复处理的情况，对这类问题使用循环结构来解决。C 语言提供的循环语句包括 while 语句、do…while 语句和 for 语句。

5.1 while 与 do…while 循环结构

5.1.1 while 语句

微课 5-1
while 语句

PPT5-1
while 语句

1. while 语句的一般格式

```
while(表达式)
{
    循环体
}
```

其中，表达式称为循环条件，循环体由一条或多条语句组成。为便于初学者理解，可以读作“当（循环）条件成立时，执行循环体”。

2. while 语句的执行过程

① 计算 while 后面的表达式，如果其值非零，则转向②，否则转向③。

② 执行循环体，循环体执行完毕，转向①。

③ 退出该循环结构，去执行该结构的后继语句。

while 循环语句的流程图和 N-S 图如图 5-1 所示。

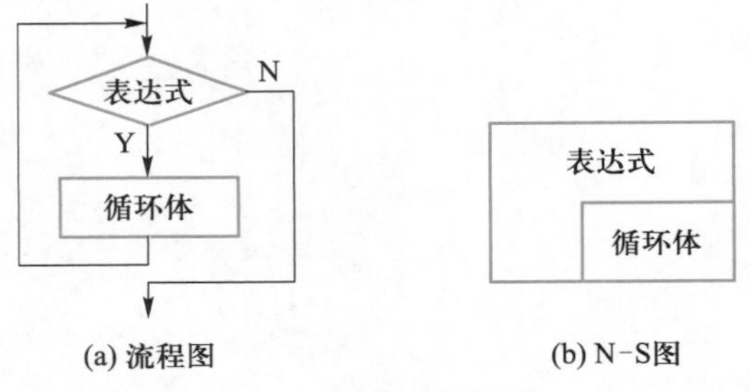

图 5-1 while 语句的流程图和 N-S 图

说明：

① while 语句是先计算表达式的值，然后根据表达式的值决定是否执行循环体中的语句。因此，如果表达式的值一开始就为零，那么循环体一次也不执行。

② 当循环体为一个语句时，花括号可以省略不写（不推荐使用）；当循环体由多个语句组成时，必须用花括号括起来，形成复合语句。

③ 在循环体或表达式中应有修改表达式值的操作，以避免出现“无限循环”。

【示例 5-1】 程序段

```
int i=1,j=0;
while(i<=N)
{
```

```
        j++;
        i++;
    }
```

在循环体中使用 i++修改条件判断表达式 i<=N 的值。

【示例 5-2】 程序段

```
int i=0,j=0;
while(i++<N)
{
      j++;
}
```

在条件判断表达式 i++<N 中使用 i++修改表达式本身的值。

④ 如果条件判断表达式永真，则必须在循环体中使用 break 语句跳出循环结构，否则构成“无限循环”。

【示例 5-3】 程序段

```
int i=0;
while(1)
{
      if(i>=100) break;
      i++;
}
```

while 后的条件判断表达式 1，永远非 0，永远成立。所以，如果在循环体中不使用 break 语句，将成为“无限循环”。本示例中，当条件 i>=100 成立时，使用 break 语句跳出循环，以避免出现“无限循环”。

3. while 语句的应用场合

可用于解决任何涉及需要重复操作的实际问题，特别是无法确定循环次数的实际问题。

【例 5-1】 计算 1～100 的和。

编写程序，计算 1+2+3+…+100。

动画演示 5-1
计算 1～100 的和

分析：为便于修改程序，用符号常量 N 来表示 100。如果需要求 1 到另一个整数的和，只需将 N 的值改为另一个数即可，而不需要修改整个程序。要求 1～N 的和，可设变量 s，初值为 0，分别用 1、2、…、N 依次与 s 求和，而每一个数 i 与 s 求和的操作都是相同的，所以应选择循环结构，即通过逐步求部分和，最后求得 1～N 的和。

具体算法：

第①步：置 s 的初值为 0，i 的初值为 1。

第②步：判断条件 i<=N 是否成立，如果成立，转向第③步，否则转向第④步。

第③步：做 s=s+i，i=i+1 操作，转向第②步。

第④步：退出循环，此时 s 中存放的就是 1～N 的和，返回 s。

算法的流程图和 N-S 图如图 5-2 所示。

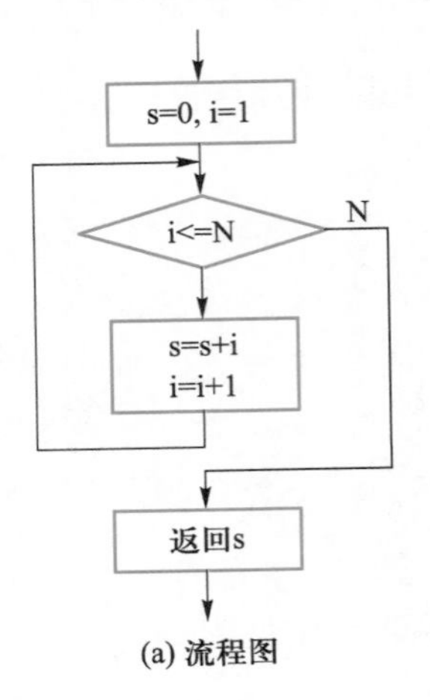

(a) 流程图

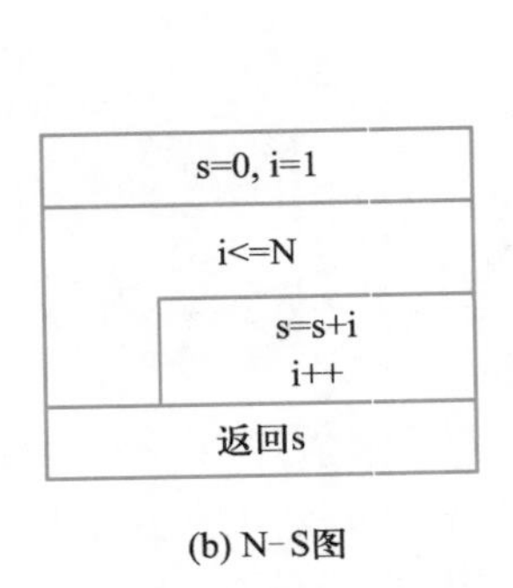

(b) N-S图

图 5-2 【例 5-1】的流程图和 N-S 图

算法中的 s 称为累加器，详见经验与技巧 5-1“累加器（累乘器）的使用”。

程序代码：

```
(1)  #include "stdio.h"
(2)  #define N 100
(3)  int Sum(void)
(4)  {
(5)          int i=1,s=0;//变量 s 为累加器
(6)          while(i<=N)
(7)          {
(8)                  s=s+i;
(9)                  i++;
(10)         }
(11)         return s;
(12) }
(13) int main()
(14) {
(15)         int s=0;
(16)         s= Sum ();
(17)         printf("1+2+…+%d=%d\n",N,s);
(18)         return 0;
(19) }
```

经验技巧 5-1
累加器（累乘器）的使用

常见问题 5-1
while（表达式）后多加了分号

【课堂实践 5-1】

求自然数 n 的阶乘 n!，其中 n 由用户通过键盘输入。对所编写的程序试输入 13 或 17 或 22 及以上，看看是否能得到正确结果。

5.1.2　do…while 语句

微课 5-2
do…while 语句

1. do…while 语句的一般格式

```
do
{
    循环体
} while(表达式);
```

2. do…while 语句的执行过程

① 执行循环体。

② 计算 while 后面的表达式，如果其值非零，则转向①，否则转向③。

③ 退出该循环结构，去执行该结构的后继语句。

do…while 循环语句的流程图和 N-S 图如图 5-3 所示。

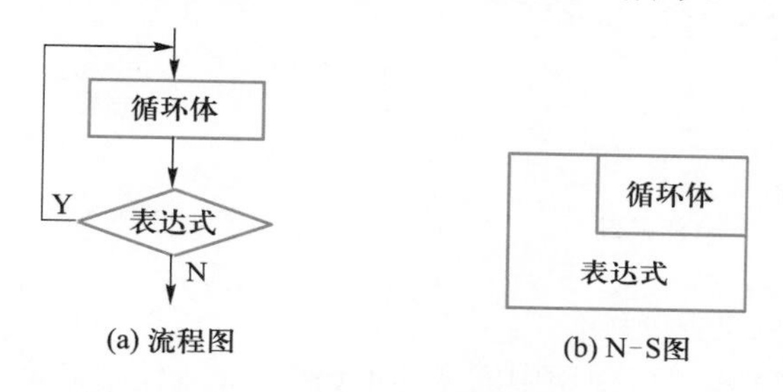

图 5-3　do…while 语句的流程图和 N-S 图

3. do…while 语句的应用场合

可用于解决任何涉及需要重复操作且至少要操作一次的实际问题。

【例 5-2】 计算给定数列的前 n 项和。

动画演示 5-2
计算给定数列的前几项和

计算数列 1/2，2/3，3/5，5/8，8/13，…的前 n 项和，n 由用户通过键盘输入。

分析：定义一个函数 double SeqSum(int n)用来求数列前 n 项的和，与例 5-1 相同，可定义累加器变量 s，初值为 0，将数列中的每一项与 s 求和，即通过逐步求部分和，最后求得前 n 项的和，应选择循环结构，既可以使用 while 语句解决，也可以使用 do…while 语句解决。解决问题的关键是如何表示数列中的每一项。注意到：该数列从第二项起每一项的分子都是前一项的分母，每一项的分母都是前一项的分子与分母的和。用 s 作为累加器，num 用来表示当前项的分子，den 用来表示当前项的分母，把当前项分子与分母的和作为下一项的分母，即 den=den+num；再用下一项的分母减去当前项分子得到下一项的分子，即 num=den-num，i 用于循环条件判断，n 用来表示项数，由主调函数传过来。

具体算法：

第①步：置 s 的初值为 0，num 的初值为 1，den 的初值为 2，i 的初值为 1。

第②步：先求前 i 项的和，即 s=s+num/den；再求得下一项的分母和分子，即 den=den+num 和 num=den-num；最后 i 做加 1 操作，即 i++。

第③步：判断条件 i<=n 是否成立，如果成立，转向第②步，否则，转向第

④步。

第④步：退出循环，此时 s 中存放的就是前 n 项的和，返回 s。

函数 SeqSum 的流程图和 N-S 图如图 5-4 所示。

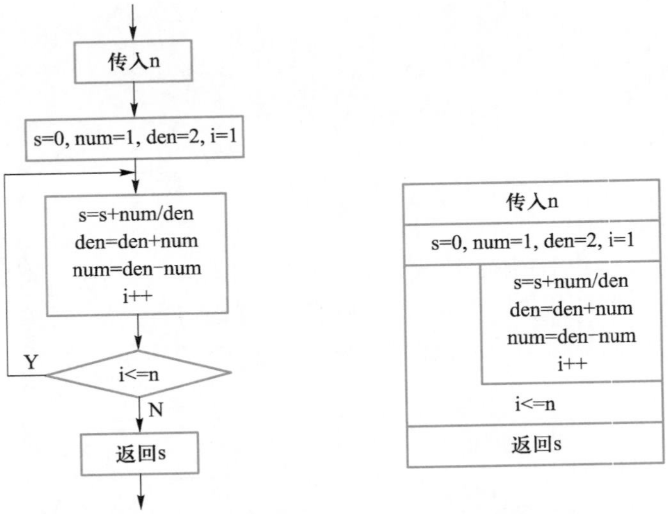

传入n
s=0, num=1, den=2, i=1
s=s+num/den
den=den+num
num=den-num
i++
i<=n
Y
N
返回s

(a) 流程图

传入n
s=0, num=1, den=2, i=1
s=s+num/den
den=den+num
num=den-num
i++
i<=n
返回s

(b) N-S图

图 5-4 【例 5-2】的流程图和 N-S 图

算法中的第②步也可使用中间变量 t（例 5-2 未使用）来实现：

```
s=s+num/den;
t=den;
den=den+num;
num=t;i++;
```

程序代码：

```
(1)  #include "stdio.h"
(2)  double SeqSum(int n)
(3)  {
(4)          double s=0,num=1,den=2,i=1;
(5)          do
(6)          {
(7)                  s=s+num/den;
(8)                  den=den+num;
(9)                  num=den-num;
(10)                 i++;
(11)         }while(i<=n);
(12)         return s;
(13) }
(14) int main()
(15) {
```

```
(16)     double sum;
(17)     int n;
(18)     printf("请输入项数:");
(19)     scanf("%d",&n);
(20)     sum=SeqSum(n);
(21)     printf("数列前%d 的和为：%lf\n",n,sum);
(22)     return 0;
(23) }
```

常见问题 5-2
do while（表达式）后少写了分号

【课堂实践 5-2】

计算斐波那契（Fibonacci）数列 1，1，2，3，5，8，13，21，… 的第 n 项，项数 n 由用户通过键盘输入。

同步训练 5-1
参考答案

case

同步训练 5-1

一、单项选择题

1．C 语言的 do…while 循环中，循环由 do 开始，用 while 结束，而且在 while 表达式后面的（　　）不能丢，它表达 do…while 循环的结束。

A．\n　　B．;　　C．%　　D．,

2．语句 while (!e);中条件!e 等价于（　　）。

A．e==0;　　B．e!=1　　C．e!=0　　D．~e

3．在 C 语言中（　　）。

A．不能使用 do…while 构成循环

B．do…while 构成的循环必须用 break 语句才能退出

C．do…while 构成的循环，当 while 语句中的表达式为非 0 时结束循环

D．do…while 构成的循环，当 while 语句中的表达式为 0 时结束循环

4．以下描述中正确的是（　　）。

A．当 do…while 循环体中只有一条可执行语句时，do 后面的一对花括号也必须写

B．do…while 循环由 do 开始，用 while 结束，因此在 while(表达式)后无须加分号

C．在 do…while 循环结构中，一定要有能使 while 后面表达式的值变为 0 的操作或在循环体中使用 break 语句

D．do…while 循环中，根据情况可以省略 while

5．t 为 int 类型，进入下面的循环之前，t 的值为 0，则以下叙述中正确的是（　　）。

```
while( t=l )
{ ……}
```

A．循环控制表达式的值为 0　　B．循环控制表达式的值为 1

C．循环控制表达式不合法　　D．以上说法都不对

6．以下程序段的执行结果是（　　）。

```
x=-1;
do
{
    x=x*x;
} while(!x);
```

A．无限循环　　B．循环执行 2 次
C．循环执行 1 次　　D．有语法错误

7．设有程序段

```
int k=10;
while (k=0) k=k-1;
```

则下面描述正确的是（　　）。

A．while 循环执行 10　　B．循环是无限循环
C．循环体语句一次也不执行　　D．循环体语句执行一次

8．设有程序段

```
int x=0,s=0;
while(!x!=0) s+=++x;
printf("%d",s);
```

则运行程序段后（　　）。

A．输出 0　　B．输出 1
C．控制表达式是非法的　　D．执行无限次

9．设有程序段

```
x=y=0;
while (x<10) x++;
y++;
printf("%d,%d\n",x,y);
```

则程序的运行结果是（　　）。

A．0,0　　B．10,1　　C．10,10　　D．1,10

10．设有程序段

```
int n=0;
while (n++<3);
printf("%d",n);
```

则程序的运行结果是（　　）。

A．2　　B．3　　C．4　　D．以上都不对

11．以下程序的输出结果是（　　）。

```
#include<stdio.h>
int main()
{
    int num=0;
    while(num<=2)
    {
        num++;printf("%d",num);
    }
    return 0;
}
```

A．2　　B．1　　C．123　　D．12

12．有以下程序，当输入“China?”时，程序的执行结果是（　　）。

```
#include<stdio.h>
int main()
{
    while(putchar(getchar())!='?');
    return 0;
}
```

A．China　　B．China?　　C．Dijob　　D．Dijob?

13．有如下程序段，其输出结果是（　　）。

```
int x=3;
do
{ printf("%d",x-=2);}
while (!(--x));
```

A．1　　B．3 0　　C．1−2　　D．无结果

14．以下程序的输出为（　　）。

```
#include<stdio.h>
int main()
{
    int y=10;
    while(y--);
    printf("y=%d\n",y);
    return 0;
}
```

A．y=0　　B．y=−1　　C．y=1　　D．无结果

15．定义变量

```
int n=25 ;
```

则下列循环的输出结果是（　　）。

```
while(n>22)
{
    n--;
    printf("%d",n);
}
```

A. 222324　　B. 242322　　C. 252423　　D. 25242322

16. 若有程序段

```
int n=0;
while (n++<=2) printf("%d",n);
```

则正确的执行结果是（　　）。

A. 3　　B. 2　　C. 1　　D. 123

17. 设有程序段

```
int x=0,y=0;
while(x<15)y++,x+=++y;
printf("%d,%d",y,x);
```

则运行结果是（　　）。

A. 20,7;　　B. 6,12;　　C. 20,8　　D. 8,20

18. 设有程序段

```
int n=0;
while (n++<=2);
printf("%d",n);
```

则运行结果是（　　）。

A. 2　　B. 3　　C. 4　　D. 有语法错误

19. 设有程序段

```
t=0;
while (printf("*")) {t++;
if (t<3)break;}
```

下面描述正确的是（　　）。

A. 其中循环控件表达式与 0 等价

B. 其中循环控件表达式与 1 等价

C．其中循环控件表达式是不合法的

D．以上说法都不对

20．以下能正确计算 1×2×3×…×10 的程序段是（　　）。

A．do {i=1; s=1;s=s*i;i++;} while(i<=10);

B．do {i=1; s=0;s=s*i;i++;} while(i<=10);

C．i=1;s=1;do { s=s*i;i++} while (i<=10);

D．i=1;s=0;do { s=s*i;i++} while (i<=10);

二、程序填空题

1．下面程序的功能是从键盘输入 10 个整数，求出其中的最大值。

```
#include "stdio.h"
int main()
{
    int n,i=1,max;
    scanf("%d",&n);
    max=n;
    while(_____)
    {
        scanf("%d",&n);
        if(n>max)
            _____ ;
        _____ ;
    }
    printf("max=%d\n",max);
    return 0;
}
```

2．下面程序的功能是从键盘输入一行字符（以回车结束），统计其中的数字、字母、空格和其他字符出现的次数（不统计回车符）。

```
#include "stdio.h"
int main()
{
    char c,
    int _____ ;
    do
    {
        c=_____ ;
        if(c>='a'&&c<='z'||c>='A'&&c<='Z')
            zm++;
        else if(c>='0'&&c<='9')
            sz++;
        else if(c==' ')
            kg++;
        else
```

```
            qt++;
        }while(_____);
        printf("zm=%d ,sz=%d ,kg=%d ,qt=%d\n",_____);
        return 0;
}
```

3．下面程序的功能是用辗转相除法求两个正整数 m 和 n 的最大公约数。

```
int hcf(int m,int n)
{
        int r;
        if(m<n)
        {
                r=m;
                _____;
                n=r;
        }
        r=m%n;
        while(_____)
        {
                m=n;
                n=r;
                r=m%n;
        }
        _____;
}
```

三、程序阅读题

1．下面程序的运行结果是（　　）。

```
#include<stdio.h>
int main()
{
        int a=0, i=0;
        while (a<=6)
        {
                ++i;a+=i;
        }
        printf("%d\n",a);
        return 0;
}
```

2．下面程序的运行结果是（　　）。

```
#include<stdio.h>
```

```
int main()
{
    int a=0, i=0;
    do {++i;a+=i;} while (a<=6);
    printf("%d\n",a);
    return 0;
}
```

3．下面程序的运行结果是（　　）。

```
#include<stdio.h>
int main()
{
    int a=0;
    while (a*a*a<=10) ++a;
    printf("a=%d\n",a);
    return 0;
}
```

4．当运行下面的程序时，从键盘输入 right?↙，则下面程序的运行结果是（　　）。

```
#include<stdio.h>
int main()
{
    char c;
    while ((c=getchar())!='?')
        putchar(++c);
    return 0;
}
```

5．下面程序的运行结果是（　　）。

```
#include<stdio.h>
int main()
{
    int a,s,n,count;a=2;s=0;n=1;count=1;
    while(count<=7
    {
            n=n*a;s=s+n; ++count;
    }
    printf("%d",s);
    return 0;
}
```

6. 执行下面的程序后，k 值是（ ）。

```
#include<stdio.h>
int main()
{
	int k=1,n=263;
	do
	{
		k*=n%10;n/=10;
	} while (n);
	printf("%d\n",k);
	return 0;
}
```

7. 下面程序的运行结果是（ ）。

```
#include<stdio.h>
int main()
{
	int x=2;
	do
	{
		printf("*");x--;
	} while (!x==0);
	return 0;
}
```

8. 下面程序的运行结果是（ ）。

```
#include<stdio.h>
int main()
{
	int i=1,a=0,s=1;
	do
	{
		a=a+s*i;s=-s;i++;
	}while (i<=10);
	printf("a=%d",a);
	return 0;
}
```

9. 当运行以下程序时，从键盘输入 1 2 3 4 5 -1↙，则下面程序的运行结果是（ ）。

```
#include<stdio.h>
```

```
int main()
{
    int k=0,n;
    do
    {
        scanf("%d",&n);k+=n;
    }while (n!=-1);
    printf("k=%d n=%d\n",k,n);
    return 0;
}
```

10．下面程序的运行结果是（　　）。

```
#include<stdio.h>
int main()
{
    int x=-5;
    do
    {
        printf("%d",x+=2);
    }while (!(x++));
    return 0;
}
```

11．当运行以下程序时，从键盘输入 ABCdef↙，则输出为（　　）。

```
#include<stdio.h>
int main()
{
    char ch;
    while ((ch=getchar())!='\n')
    {
        if (ch>='A'&&ch<='Z') ch=ch+32;
        else if (ch>='a'&&ch<='z') ch=ch-32;
        printf("%c",ch);
    }
    printf("\n");
    return 0;
}
```

12．当运行以下程序时，从键盘输入 student#↙，则输出结果为（　　）。

```
#include<stdio.h>
int main()
{
```

```
    int v1=0,v2=0;char ch;
    while ((ch=getchar())!='#')
        switch(ch)
        {
            case    'd':
            case    't':
            default: v1++;
            case    'a':v2++;
        }
    printf("%d,%d\n",v1,v2);
    return 0;
}
```

四、程序设计题

1．输入任意个正数，计算它们的和，当输入数据小于零时结束输入。

2．求 $\sum_{n=1}^{100} n+\sum_{k=1}^{50} k^2+\sum_{k=1}^{10}\frac{1}{k}$ 。

3．输入任意一个正整数，按从高位到低位的次序输出各位上的数字。

微课 5-3
for 语句

5.2 for 循环结构

5.2.1 for 语句

PPT 5-2
for 语句

PPT

1. for 语句的一般格式

```
for(表达式 1;表达式 2;表达式 3)
{
    循环体;
}
```

2. for 语句的执行过程

① 计算表达式 1。

② 计算表达式 2，若其值非零，则转向③，否则转向⑤。

③ 执行循环体。

④ 计算表达式 3，转向②。

⑤ 退出该循环结构，去执行该结构的后继语句。

for 语句的流程图和 N-S 图如图 5-5 所示。

说明：

① 表达式 1 的作用是为变量置初值；表达式 2 的作用是进行条件判断；表达式 3 的作用是修改表达式 2 的值。因此，它们分别被称为初始化表达式、条件表达式和修正表达式。

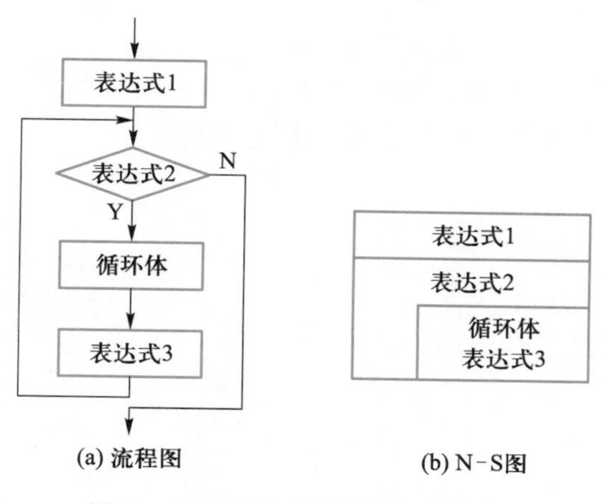

图 5-5 for 语句的流程图和 N-S 图

② for 语句中的 3 个表达式均可省略，但表达式间的分号作为分隔符不能省，for(;;)等价于 while(1)构成无限循环。

③ 与 for 语句等价的 while 语句如下。

```
表达式 1;
while（表达式 2）
{
     循环体
     表达式 3;
}
```

④ 当循环体只有一条语句时，花括号可以省略不写，但建议当循环体只有一条语句时也用花括号起来，以养成一个良好的编程习惯。

3. for 语句的应用场合

可用于解决任何涉及需要重复操作的实际问题，特别是指定范围或能确定循环次数的实际问题。

【例 5-3】 求整数的各位数字及位数。

动画演示 5-3
求整数的各位数字及位数

键盘输入一个正整数，逆序输出各位数字，并输出该整数的位数。

分析：定义函数 int Reverse (int n)，用来逆序输出各位数字，并返回位数。逆序输出整数 n 的各位数字，需要依次求出它的个位、十位等数字。可通过 n%10 求 n 的个位数字，同时得到商 n/10；再用同样的方法求商的个位便得到原整数的十位数字；等等，重复进行下去直到当前的商为零为止。而求整数 n 的位数，只需在上述求解过程中，设置一个变量 sum，初值为 0，每求出一个数字 sum 加 1，求解过程结束，sum 中存放的便是整数的位数。

具体算法：

第①步：定义变量 m、sum，用 m 表示当前商 n 的个位，sum 用来记录位数，置初值为 0。

第②步：判断当前商 n 是否非零，若是，转向第③步，否则，转向第④步。

第③步：确定 n 的个位 m=n%10 并输出，统计位数，即 sum++，做 n=n/10

操作，得到新商 n，转向第②步。

第④步：返回 sum 的值，输出位数。

函数 Reverse 的流程图和 N-S 图如图 5-6 所示。

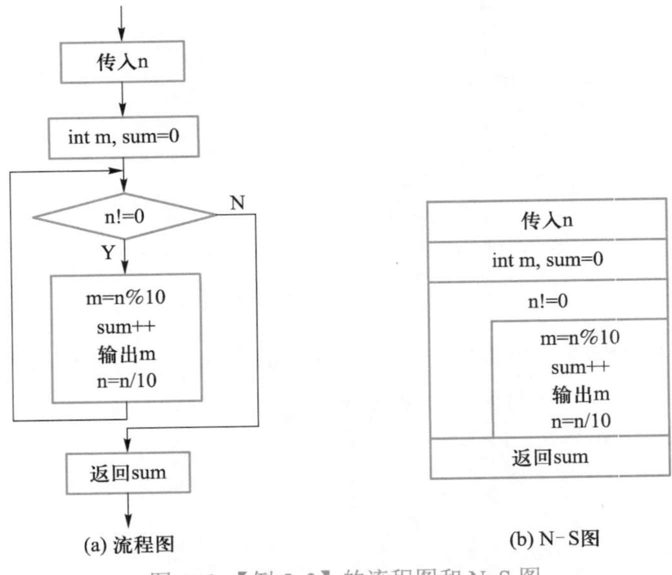

图 5-6 【例 5-3】的流程图和 N-S 图

算法中的 sum 称为**计数器**，详见经验技巧 5-2“计数器的使用”。

经验技巧 5-2
计算器的使用

程序代码：

```
(1) #include "stdio.h"
(2) int Reverse (int n)
(3) {
(4)         int m,sum=0;//m 表示当前商 n 的个位,sum 为计数器
(5)         printf("逆序输出整数%d 的各位数字为：\n",n);
(6)         for(;n!=0;n=n/10)
(7)         {
(8)                 m=n%10;//得到 n 的个位数字
(9)                 sum++;
(10)                printf("%d\t",m);
(11)        }
(12)        return sum;
(13) }
(14) int main()
(15) {
(16)        int n,sum;
(17)        printf("请输入一个正整数：");
(18)        scanf("%d",&n);
(19)        sum= Reverse (n);
(20)        printf("\n 整数%d 是一个%d 位数。\n",n,sum);
(21)        return 0;
(22) }
```

【课堂实践 5-3】

水仙花数是一个 3 位数，它的各位数字的 3 次幂之和等于它本身。例如，$153=1^3+5^3+3^3$ 是一个水仙花数。编写程序求出所有的水仙花数，并统计水仙花数的个数。

常见问题 5-3
for 语句书写错误

5.2.2 continue 语句

1. continue 语句的格式

```
continue;
```

微课 5-4
continue 语句

2. 功能

提前结束本次循环，再根据循环条件的值决定是否进行下次循环。

说明：

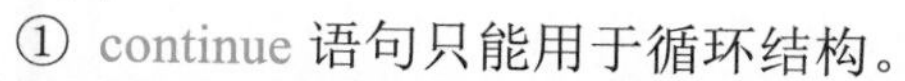

① continue 语句只能用于循环结构。

② 在 while 和 do…while 循环中，continue 语句使流程跳过循环体中余下的语句，直接进行条件判断表达式的计算，根据计算结果决定是否继续执行循环体；在 for 循环中，遇到 continue 后，跳过循环体中余下的语句，直接对 for 语句中的表达式 3 求值，然后进行表达式 2 的计算，根据计算结果决定是否继续执行循环体。

PPT 5-3
continue 语句

③ **continue 语句和 break 语句的区别是：**continue 语句只结束本次循环，即不执行循环体中该语句的后继语句，而不终止整个循环；break 语句是终止整个循环，跳出循环体，去执行该循环结构的后继语句，不再作循环条件的判断；continue 语句只能用于循环结构，而 break 语句不仅能用于循环结构，还能用于 switch 结构。

动画演示 5-4
continue 语句的使用

【示例 5-4】 continue 语句的使用。

阅读程序，给出函数 test 的执行结果。

程序代码：

```
（1） void test()
（2） {
（3）         int a,b;
（4）         for(a=1,b=1;a<=10;a++,b++)
（5）         {
（6）                 if(b%3==1)
（7）                 {
（8）                         b+=3;
（9）                         continue;
（10）                }
（11）                if(b>=10)
```

```
（12）            break;
（13）     }
（14）     printf("%d,%d\n",a,b);
（15）}
```

微课 5-5
循环嵌套

程序中第 9 行，使用 continue 语句结束本次循环，流程转向表达式 a++,b++ 的计算，再进行表达式 a<=10 的计算，确定是否进入下次循环。

5.2.3 循环嵌套

PPT 5-4
循环嵌套

在一个循环结构的循环体内又包含另一个完整的循环结构，称为**循环的嵌套**，而且把包含另一个循环结构的循环称为**外循环**，被包含的循环称为**内循环**。

循环嵌套在执行过程中，外循环执行一次，内循环执行一遍。

3 种循环结构 while、do…while、for 可以互相嵌套，自由组合。外循环体中可以包含一个或多个循环结构，但必须完整包含，不能出现交叉现象，因此每一层循环体都应该用一对花括号括起来。

利用循环嵌套可以解决更复杂的需要重复操作的实际问题，但循环嵌套将大大降低程序执行的效率。所以，能够不使用循环嵌套解决的问题，尽量不使用，以提高程序执行的效率。

动画演示 5-5
百马百担问题

【例 5-4】 百马百担问题。有 100 匹马，驮 100 担货，大马驮 3 担，中马驮 2 担，2 匹小马驮 1 担。问：有大、中、小马各多少匹？共有多少种方案？

分析：

① 确定范围：大马、中马都至少 1 匹，小马至少 2 匹。对于大马来说，100/3 匹可以驮 100 担货，但不符合 100 匹马的条件，所以大马的数量最多不能超过 29 匹；对于中马来说，100/2 匹可以驮 100 担货，同理，中马的数量最多不能超过 46 匹；小马的数量可以由大马和中马的数量确定。

② 确定条件：设大马的数量为 dm，中马的数量为 zm，小马的数量为 xm，有关系 dm+zm+xm=100，dm*3+zm*2+xm/2=100，xm%2==0。由第 1 个关系式确定小马的数量，后两个关系式作为符合要求的条件。

③ 对大马的可能情况 1≤dm≤29 进行一一测试，对每种情况都测试中马的可能情况 1≤zm≤46，对大马、中马的每种情况，确定小马的数量 xm=100-dm-zm，并判断条件 xm%2==0&&dm*3+zm*2+xm/2==100 是否成立，若成立，便得到一种方案，输出 dm，zm，xm 的数量，统计方案数，否则继续测试；测试结束，得到全部方案及方案数。

具体算法：

第①步：定义所需的变量，分别用 dm、zm、xm 表示大马、中马、小马的数量，sum 为计数器，置初值为 0，用来记录方案数，dm 置为 1。

第②步：判断 dm<=N 是否成立，若成立，转向第③步，否则转向第⑧步。

第③步：zm 置为 1。

第④步：判断 zm<=M 是否成立，若成立，转向第⑤步，否则 dm++，转向第②步。

第⑤步：做操作 xm=100-dm-zm 确定小马的数量，判断条件 xm%2==0&&dm*3+zm*2+xm/2==100 是否成立，若成立，转向第⑥步，否则转向第⑦步。

第⑥步：输出 dm，zm，xm 的数量，同时 sum++。
第⑦步：zm++，转向第④步。
第⑧步：返回 sum 的值。
算法的流程图和 N-S 图如图 5-7 所示。

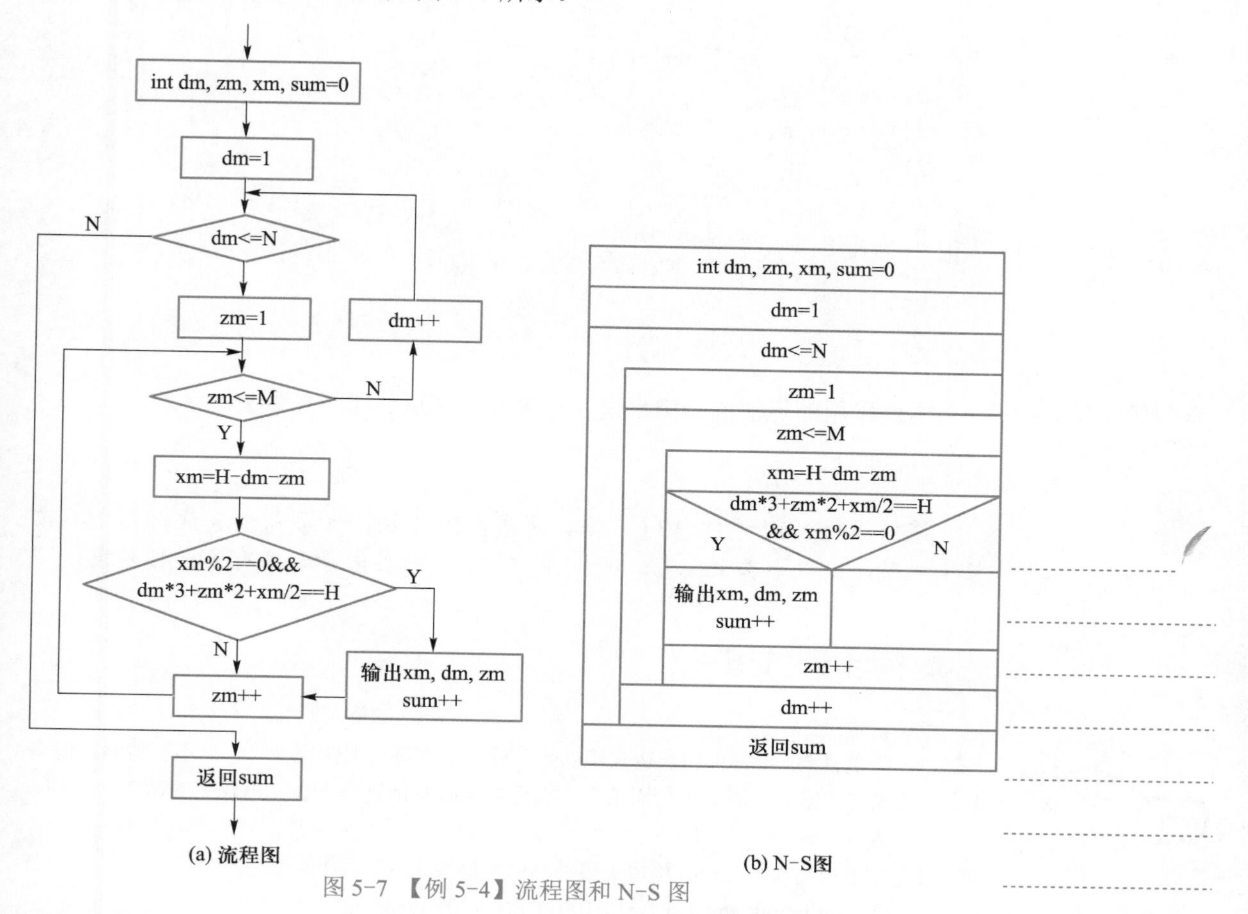

图 5-7 【例 5-4】流程图和 N-S 图

程序代码：

```
（1） #include "stdio.h"
（2） #define H 100
（3） #define N 29
（4） #define M 46
（5） int Horse(void)
（6） {
（7）       int dm,zm,xm,sum=0;
（8）       for(dm=1;dm<=N;dm++)
（9）       {
（10）            for(zm=1;zm<=M;zm++)
（11）            {
（12）                xm=H-dm-zm;   //计算小马的数量
（13）                if(xm%2==0&&dm*3+zm*2+xm/2==H)
（14）                {//xm%2==0 保证小马的数量是偶数
```

```
(15)                            printf("大马: %3d\t 中马: %3d\t 小马: %3d\n", dm,zm,xm);
(16)                            sum++;
(17)                        }
(18)                    }
(19)                }
(20)            return sum;
(21)        }
(22)        int main()
(23)        {
(24)            int sum;
(25)            sum=Horse();
(26)            printf("共有%d 种方案。\n",sum);
(27)            return 0;
(28)        }
```

拓展知识 5-1
穷举法

本例采用的算法称为**穷举法**，详见知识拓展 5-1“穷举法”。

【课堂实践 5-4】

搬砖问题：36 块砖，36 人搬，男每人搬 4 块，女每人搬 3 块，两个小孩抬 1 块砖，要求一次全搬完。问：男、女、小孩各若干？共有多少种方案？

 同步训练 5-2

同步训练 5-2
参考答案

PPT

一、单项选择题

1．C 语言 for 语句中的表达式可以部分或全部省略，但两个（　　）不可省略。但当 3 个表达式均省略后，因缺少判断条件，循环会无限制地进行下去，形成无限循环。

A．<　　B．++　　C．;　　D．,

2．在下列选项中，没有构成无限循环的程序段是（　　）。

A．int i=100;while(1) {i=1%100+1;if(i>100) break;}

B．for(;;);

C．int k=1000;do {--k} while(k);

D．int s=36;while(s>=0) ;++s;

3．下面有关 for 循环的正确描述是（　　）。

A．for 循环只能用于循环次数已经确定的情况

B．for 循环是先执行循环体语句，后判定表达式

C．在 for 循环中，不能用 break 语句跳出循环体

D．for 循环语句中，可以包含多条语句，但要用花括号括起来

4．对于 for(表达式 1;;表达达 3)可以理解为（　　）。

A．for(表达式 1;0;表达式 3)

B．for(表达式 1;1;表达式 3)

C．语法错误

D．执行循环一次

5．以下描述正确的是（　　）。

A．continue 语句的作用是结束整个循环的执行

B．只能在循环体内和 switch 语句内使用 break 语句

C．在循环体内，使用 break 语句和使用 continue 语句的作用是相同的

D．从多层循环嵌套中退出时，只能使用 goto 语句

6．以下程序的输出结果是（　　）。

```
int main()
{
    int x=10,y=10,i;
    for(i=0;x>8;y=++i)
        printf("%d,%d",x--,y);
    return 0;
}
```

A．10，19，2

B．9，87，6

C．10，99，0

D．10，109，1

7．以下程序的执行结果是（　　）。

```
int main( )
{
    int i,sum;
    for(i=1;i<=3;sum++)
        sum+=i;
    printf("%d\n",sum);
    return 0;
}
```

A．6　　B．3　　C．无限循环　　D．0

8．以下程序的输出结果是（　　）。

```
int main()
{
    int i;
    for(i=1;i<6;i++)
    {
        if(i%2)
        {
            printf("#");continue;
        }
        printf("*");
    }
    printf("\n");
    return 0;
```

```
}
```

A．#*#*# B．##### C．***** D．*#*#*

9．以下程序执行后sum的值是（ ）。

```
int main( )
{
    int i,sum;
    for(i=1;i<6;i++)
        sum+=i;
    printf("%d\n",sum);
    return 0;
}
```

A．15 B．14 C．不确定 D．0

10．以下程序的输出结果是（ ）。

```
int main()
{
    int i;
    for(i='A';i<'I';i++,i++)
        printf("%c",i+32);
    printf("\n");
    return 0;
}
```

A．编译不通过，无输出 B．aceg

C．acegi D．abcdefghi

11．以下循环体的执行次数是（ ）。

```
int main()
{
    int i,j;
    for(i=0,j=1;i<=j+1;i+=2,j--)
        printf("%d \n",i);
    return 0;
}
```

A．3 B．2 C．1 D．0

12．以下程序输出的结果是（ ）。

```
int main( )
{
    int a=0,j;
    for(j=0;j<4;j++)
```

```
    {
        switch(j)
        {
        case 0:
        case 3:a+=2;
        case 1:
        case 2:a+=3;
        default:a+=5;
        }
    }
    printf("%d\n",a);
    return 0;
}
```

A．26　　B．36　　C．10　　D．20

二、程序填空题

1．下面程序的功能是计算 1-3+5-7+…-99+101 的值。

```
#include <stdio.h>
int sum()
{
    int i,t=1,s=0;
    for(i=1;i<=101;i+=2)
    {
        _____;
        s=s+t;
        _____;
    }
    return s;
}
int main()
{
    int s=0;
    s=sum();
    printf("%d\n",s);
    return 0;
}
```

2．下面程序的功能是输出 10～99 之间每位数的组成数字的乘积大于每位数的组成数字的和的数。如数字 26，数位上数字的乘积 12 大于数字之和 8。

```
#include <stdio.h>
int main()
{
    int n,k,s,m;
```

```
    for(n=10;n<=99;n++)
    {
        k=1;
        s=0;
        m=n;
        while(______)
        {
            k*=m%10;
            s+=m%10;
            ______;
        }
        if(k>s)
            printf("%d\n",n);
    }
    return 0;
}
```

3．下面程序的功能是计算 S= 0!+1!+2!+…+k!（k≥0）。

```
#include <stdio.h>
long fun(int n)
{
    int i;
    long s=1;
    for(i=1;______;i++)
        s*=i;
    return(______);
}
int   main()
{
    int k,n;
    long s;
    scanf("%d",&n);
    s= ______;
    for(k=0;k<=n;k++)
        s+= ______;
    printf("%ld\n",s);
    return 0;
}
```

4．下面程序的功能是根据近似公式$\pi^2/6 \approx 1/1^2+1/2^2+1/3^2+\cdots+1/n^2$，求 π 值。

```
#include <math.h>
```

```
double pi(long n)
{
        double s=0.0;
        long i;
        for(i=1;i<=n;i++)
                s=s+______ ;
        return(______);
}
```

5．有以下程序段：

```
s=1.0;
for(k=1;k<=n;k++)
        s=s+1.0/(k*(k+1));
printf("%f\n",s);
```

填空完成下述程序，使之与上述程序的功能完全相同。

```
s=0.0;
______ ;
k=0;
do
{
        s=s+d;
        ______;
        d=1.0/(k*(k+1));
}while(______);
printf("%f\n",s);
```

6．下面程序的功能是输出 100 以内的个位数为 6，且能被 3 整除的所有数。

```
int main()
{
        int i,j;
        for(i=0;______ ;i++)
        {
                j=i*10+6;
                if( ______ ) continue;
                printf("%d",j);
        }
        return 0;
}
```

三、程序阅读题

1．下面程序的运行结果是（ ）。

```
#include<stdio.h>
int main()
{
    int i;
    for(i=100;i>=0;i-=10);
    printf("%d\n",i);
    return 0;
}
```

2．下面程序进入循环的条件是 i-3，与其等价的条件是（ ）。

```
#include<stdio.h>
int main()
{
    int i;
    for (i=253;i-3;i-=5)
        printf("%d\n",i);
    return 0;
}
```

3．下面程序的运行结果是（ ）。

```
#include<stdio.h>
int main()
{
    int a=0, i;
    for (i=1;i<=5;i++)
        a+=i*i;
    printf("%d\n",a);
    return 0;
}
```

4．下面程序的运行结果是（ ）。

```
#include<stdio.h>
int main()
{
    int a,i;
    for (a=1,i=-2;-1<=i<1;i++)
    {
```

```
            a++; printf("%d",a);
        }
        printf ("%d\n",i);
        return 0;
}
```

5. 下面程序的运行结果是（ ）。

```
#include<stdio.h>
int main()
{
        int i,j,x=0;
        for (i=0;i<3;i++)
        {
            if(i%3==2) break;
            x++;
            for (j=0;j<4;j++)
            {
                if (j%2) break;
                x++;
            }
            x++;
        }
        printf("x=%d\n",x);
        return 0;
}
```

6. 设 x 和 y 均为 int 型变量，则执行以下的循环后，y 值为（ ）。

```
for (y=1,x=1;y<=50;y++)
{
        if (x>=10) break;
        if (x%2==1) { x+=5;continue;}
        x-=3;
}
```

7. 下面程序的运行结果是（ ）。

```
#include<stdio.h>
int main()
{
        int i,j;
        for (j=10;j<11;j++)
        {
```

```
            for(i=9;i==j-1;i++)
            printf("%d",j);
        }
        return 0;
    }
```

四、程序设计题

1．先输入一个正整数 n，表示后续要输入整数的个数，统计后续输入数中正数、负数和零的个数。

2．输入正整数 m 和 n（m<n）确定一个范围，找出该范围内同时满足用 3 除余 2，用 5 除余 3，用 7 除余 4 的所有整数并统计个数，按每行 10 个数的格式输出。

3．输入任意一个正整数，判断它是否是回文数。回文数即这个数顺序读与逆序读是同一个数，如 23432，333。

4．输入正整数 n，计算 n 位的所有阿姆斯特朗数。阿姆斯特朗数是指一个 n 位数，其每个数位上数字的 n 次幂之和等于它本身，如

$153=1^3+5^3+3^3=1+125+27$，$8208=8^4+2^4+0^4+8^4=4096+16+4096$。

微课 5-6
递归概述

PPT 5-5
递归概述

PPT

5.3 函数的递归调用

5.3.1 递归概述

1. 递归函数

函数的递归调用是指函数直接或间接地调用自己，直接调用自己称为直接递归调用，间接调用自己称为间接递归调用。这样的函数称为**递归函数**。

函数的直接递归调用和间接递归调用如图 5-8 所示。

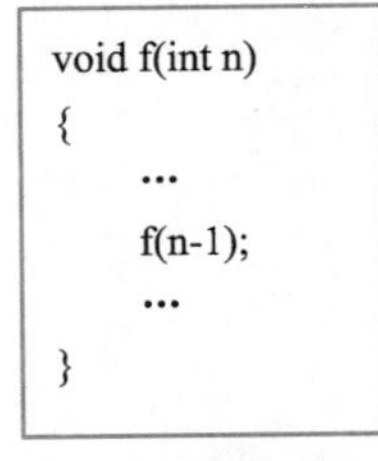

(a) 直接递归调用

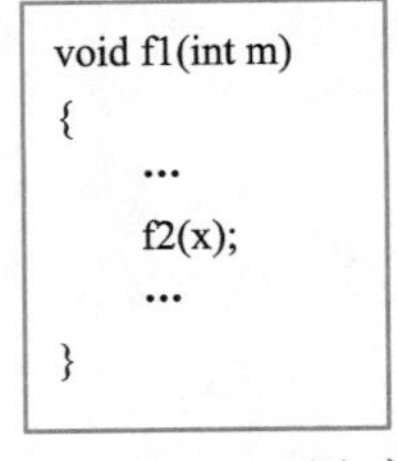

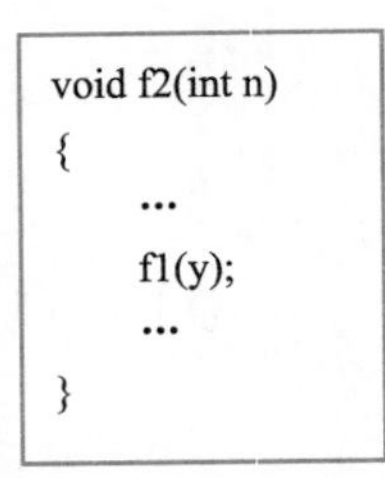

(b) 间接递归调用

图 5-8 递归调用方式

在图 5-8（a）中，函数 f 的函数体中调用了自己，这是直接递归调用。

而在图 5-8（b）中，函数 f1 的函数体中调用了函数 f2，在 f2 的函数体中又调用了函数 f1，f1 间接调用了自己，这是间接递归调用。

2. 使用递归解决问题的方法

如果一个实际问题可以分解为一个（或多个）与原问题性质相同、规模较

小的子问题，那么，这样的问题可以用递归的方法来解决。具体方法步骤如下。

第①步：将原问题分解为一个（或多个）与原问题性质相同、规模较小的子问题。

第②步：对子问题按照同样的原则继续分解，直到得到一个已知有解的、不用再分解的子问题。

第③步：从有解的子问题的解出发，依次求得规模稍大的子问题的解，最终求得原问题的解。

使用递归方法解决实际问题的过程可以分为两个阶段。

① 递归调用阶段：第①步和第②步是第①个阶段，称为递归调用阶段，该阶段将原问题不断地分解为新的子问题，逐渐从未知向已知的方向逼近，最终到达已知子问题的解，这时递归调用阶段结束。

② 递推回代阶段：第③步是第②个阶段，称为递推回代阶段。该阶段从已知子问题的解出发，按照递推的过程，逐一回代求值，最终得到原问题的解。

3. 实现递归调用的关键

使用递归方法解决问题的关键是递归调用阶段，也就是如何建立一个模型用子问题来表示原问题，即递归关系；又如何使递归调用结束，不至于无限期地调用下去，即给出递归调用终止条件。

① **递归关系**：是用子问题来表示子问题与原问题的关系。它决定了递归调用过程和递推回代过程。

② **递归调用终止条件**：是已知有解的、不用再分解的子问题。它决定了递归调用的结束。

由此得到，使用递归方法解决问题的第 1 步就是建立递归关系；第 2 步就是先利用递归关系求解子问题，即递归调用，最后找出递归调用的终止条件。

5.3.2 举例

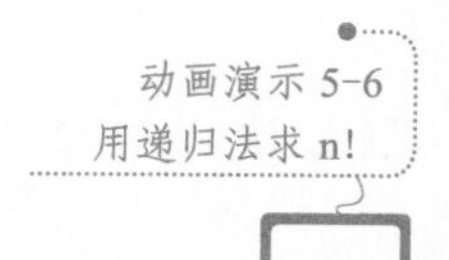

【例 5-5】 用递归法求 n!。

分析：由于 n!=n*(n−1)*(n−2)*…*1=n*(n−1)!，而 1!=1，0!=1，所以递归关系为 n!=n*(n−1)!(n>1)，递归调用的终止条件为：当 n=0 或 1 时，n!=1。即

$$n! = \begin{cases} 1 & n = 0 \text{或} n = 1 \quad \text{（递进调用终止条件）} \\ n*(n-1)! & n > 1 \quad \text{（递归关系）} \end{cases}$$

微课 5-7
用递归法求 n!

为了能够求得较大数的阶乘，将求 n!的函数的原型定义为 double Factorial (double n)。

具体算法：

第①步：判断传入的 n 是否为 1 或 0，若是，转向第②步；否则，转向第③步。

第②步：返回 1。

第③步：返回 n*Factorial (n−1)。

算法的流程图和 N-S 图如图 5-9 所示。

PPT 5-6
用递归法求 n!

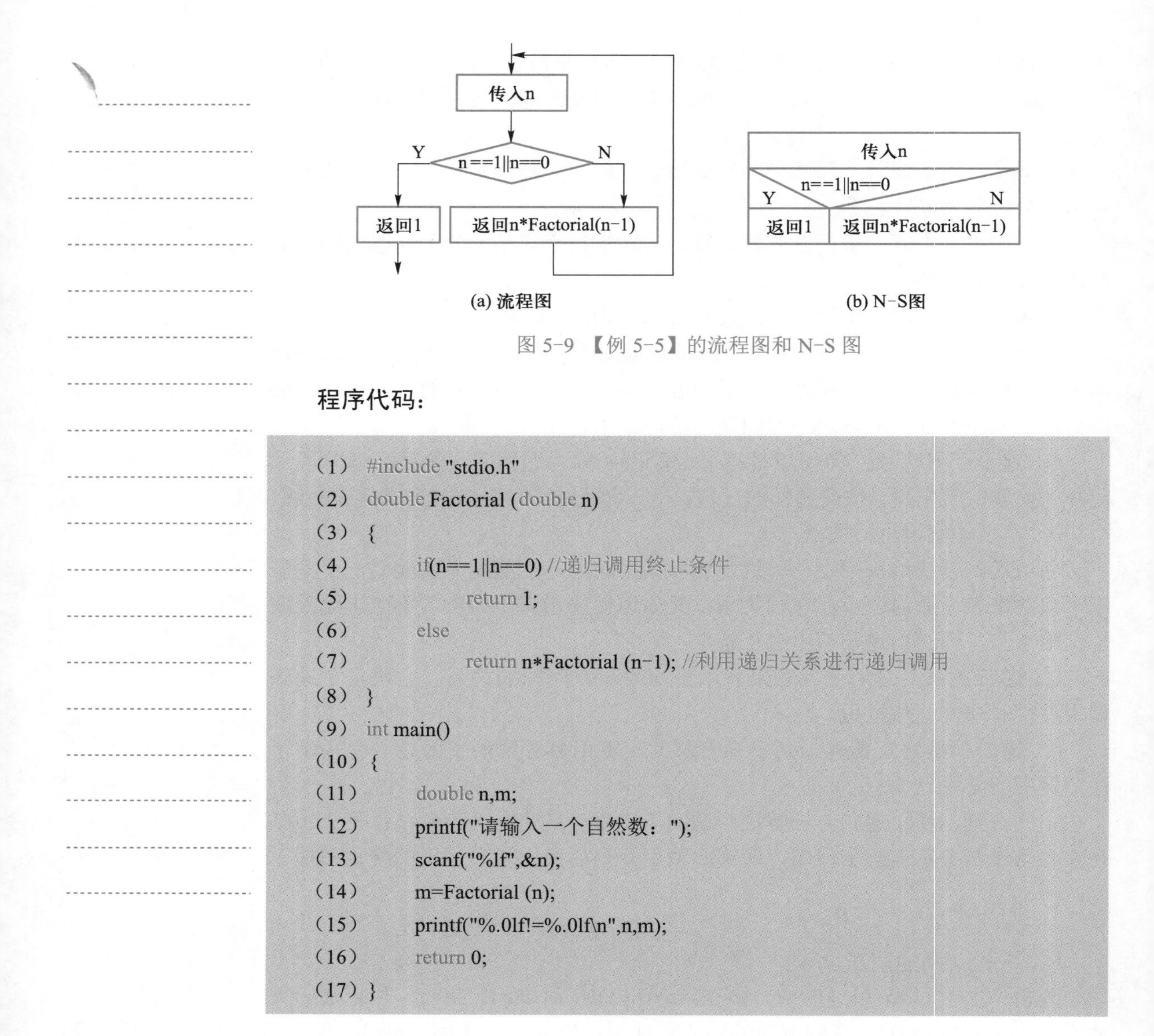

图 5-9 【例 5-5】的流程图和 N-S 图

程序代码：

```
（1） #include "stdio.h"
（2） double Factorial (double n)
（3） {
（4）       if(n==1||n==0) //递归调用终止条件
（5）            return 1;
（6）       else
（7）            return n*Factorial (n-1); //利用递归关系进行递归调用
（8） }
（9） int main()
（10）{
（11）      double n,m;
（12）      printf("请输入一个自然数：");
（13）      scanf("%lf",&n);
（14）      m=Factorial (n);
（15）      printf("%.0lf!=%.0lf\n",n,m);
（16）      return 0;
（17）}
```

下面以 n=4 为例说明递归调用和递推回代过程如图 5-10 所示。

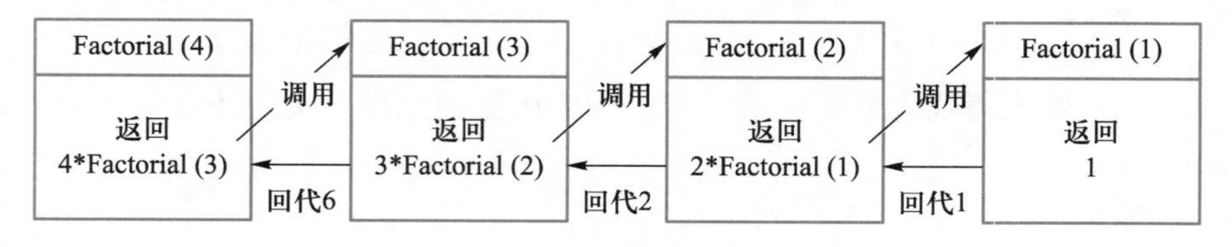

图 5-10 【例 5-5】的调用和回代过程

调用和回代过程： 由于 4≠1 和 0，返回 4*Factorial (3)，以 3 为实参调用 Factorial 函数；由于 3≠1 和 0，返回 3*Factorial (2)，再以 2 为实参调用 Factorial 函数；由于 2≠1 和 0，返回 2*Factorial (1)，最后以 1 为实参调用 Factorial 函数；由于 1=1，返回 1；将 1 回代到 2*Factorial (1)的 Factorial (1)处，计算得结果 2；再将 2 回代到 3*Factorial (2)的 Factorial (2)处，计算得结果 6；最后将 6

回代到 4*Factorial (3)的 Factorial (3)处，计算得结果 24。递归调用和递推回代过程结束返回函数值 24。

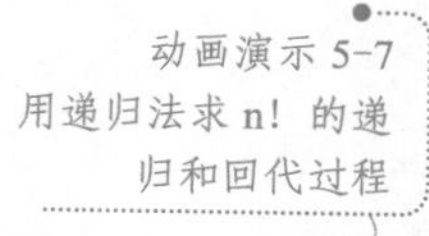

【课堂实践 5-5】

用递归方法计算斐波那契（Fibonacci）数列 1，1，2，3，5，8，13，21，…的第 n 项，项数 n 由用户通过键盘输入。

 同步训练 5-3

同步训练 5-3 参考答案

case

一、程序填空题

1．下面程序的功能是统计用 0～9 之间的不同数字组成的 3 位数的个数。

```
#include <stdio.h>
int main()
{
        int i,j,k,count=0;
        for(i=1;i<=9;i++)
        {
                for(j=0;j<=9;j++)
                {
                        if(_____) continue;
                        else
                        {
                                for(k=0;k<=9;k++)
                                {
                                        if(_____)
                                                count++;
                                }
                        }
                }
        }
        printf("%d",count);
        return 0;
}
```

2．下面的程序输出 3～1000 之间的所有素数，且每 5 个一行。

```
#include<stdio.h>
int main( )
{
        int i,j;
        int b,c=0;
        for(i=3;i<=1000;i++)
        {
```

```
        ____;
        for(j=2;j<=i-1;j++)
            if (____)
                {b=1;break;}
        if (____)
        {
            c++;printf("%4d",i);
            if (____) printf("\n");
        }
    }
    return 0;
}
```

3．下面的程序是用递归算法求 a 的平方根。求平方根的迭代公式为 $x_1=(x_0+a/x_0)/2$，要求迭代精度不超过 0.00001。

```
#include <stdio.h>
#include <math.h>
double mysqrt( double a, double x0 )
{
    double x1, y;
    x1 =____;
    if( fabs(x1-x0)>0.00001 )
        y = mysqrt(____);
    else y = x1;
    return( y );
}
int main()
{
    double x;
    printf("Enter x: ");
    scanf("%lf", &x);
    printf("The sqrt of %lf=%lf\n", x, mysqrt( x, 1.0) );
    return 0;
}
```

4．下面的函数 sum(int n)完成计算 1～n 的累加和。

```
#include <stdio.h>
int sum(int n)
{

    if(n<=0)
```

```
            printf("data error\n");
        if(n==1)
            ______;
        else
            ______;
}
int main()
{
    int n,s=0;
    scanf("%d",&n);
    s=sum(n);
    printf("%d",s);
    return 0;
}
```

二、程序阅读题

1．以下程序的输出结果是（　　）。

```
#include <stdio.h>
int main()
{
    int i,j,x=0;
    for (i=0;i<2;i++)
    {
        x++;
        for(j=0;j<3;j++)
        {
            if (j%2)
                continue;
            x++;
        }
        x++;
    }
    printf("x=%d\n",x);
    return 0;
}
```

2．运行以下程序并输入123，输出的结果是（　　）。

```
#include <stdio.h>
void convert(int n)
{
    if ((n/10)!=0)
```

```
            convert(n/10);
        printf("%c ",n%10+'0');
}
int main()
{
        int num;
        printf("输入整数：");
        scanf("%d",&num);
        printf("输出的是：");
        if (num<0)
        {
            putchar('-');
            num=-num;
        }
        convert(num);
        return 0;
}
```

3．以下程序输出的结果是（　　）。

```
#include <stdio.h>
int main( )
{
        int i=0,a=0;
        while(i<20)
        {
            for(;;)
            {
                if((i%10)==0)   break;
                else   i--;
            }
            i+=11;a+=i;
        }
        printf("%d\n",a) ;
        return 0;
}
```

三、程序设计题

1．输入任意一个正整数，用递归法将该数按从高位到低位的次序输出各位上的数字。

2．用递归法求两个数的最大公约数。

5.4 应用实例

【例 5-6】 统计输出指定范围内的素数。

输出指定范围内的所有素数，并统计输出此范围内素数的个数，要求指定范围由用户输入，每行输出 5 个素数。

动画演示 5-8 统计输出指定范围内的素数

微课 5-8 统计输出指定范围内的素数

PPT 5-7 统计输出指定范围内的素数

分析：定义一个函数 int Count(int a,int b)用来按要求输出指定范围[a,b]内的所有素数，统计素数的个数并返回。由于对[a,b]内的每一个整数都需要确定其是否是素数，所以再定义一个函数 int Prime(int n)用来确定整数 n 是否是素数，将结果返回。

对于函数 Count，对[a,b]内的每个整数 n，判断其是否是素数。若是，按要求输出，并统计；否则，什么也不用做，一一判断结束返回统计结果。

对于函数 Prime，由素数的定义可知，只能被 1 和它本身整除的数是素数。为了判断数 n 是否为素数，可以用 2～n-1（实际上只要到 sqrt(n)）之间的每一个整数去除 n，如果有某个整数整除 n，则说明 n 不是素数；否则，如果所有数都不能整除 n，则 n 是素数。另外，如果 n 的值为 1，n 不是素数。定义两个变量 i 和 flag，i 的初值为 2，使用变量 i 遍历 2～sqrt(n) 之间的每一个整数；flag 作为标志变量，初值设为 1，flag 的值为 1 表示 n 是素数，值为 0 表示 n 不是素数。

函数 Count 的具体算法如下。

第①步：定义变量 n, count。其中，n 用来表示[a,b]内的整数，初值为 a；count 用来统计素数的个数，初值为 0。

第②步：判断 n<=b 是否成立，若成立，转向第③步；否则，转向第⑥步。

第③步：判断 n 是否是素数，若是，转向第④步；否则，转向第⑤步。

第④步：按要求每行输出 5 个素数，输出 n，count++。

第⑤步：n++，转向第②步。

第⑥步：返回 count 的值。

函数 Prime 的具体算法如下。

第①步：定义变量 i, flag，i 的初值为 2，flag 的初值为 1。

第②步：判断 n 的值是否为 1，若是，flag=0，转向第⑥步，否则，转向第③步。

第③步：判断 i<=sqrt(n)是否成立，若成立，转向第④步，否则，转向第⑥步。

第④步：判断 n%i==0 是否成立，若成立，flag=0，转向第⑥步，否则，转向第⑤步。

第⑤步：i++，转向第③步。

第⑥步：返回 flag 的值。

函数 Count 的流程图和 N-S 图如图 5-11 所示；函数 Prime 的流程图和 N-S 图如图 5-12 所示。

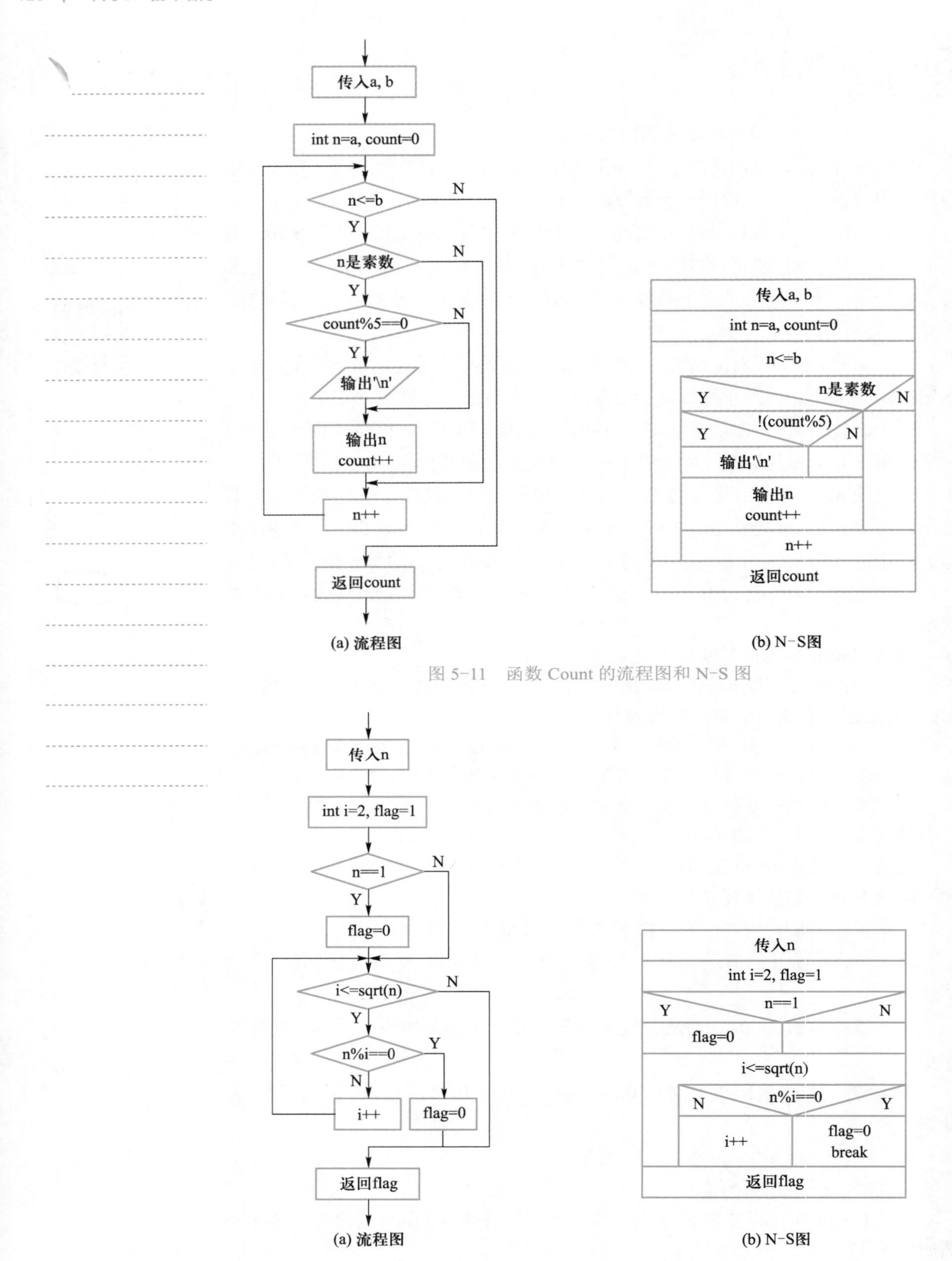

图 5-11 函数 Count 的流程图和 N-S 图

图 5-12 函数 Prime 的流程图和 N-S 图

程序代码：

```
（1） #include "stdio.h"
（2） #include "math.h"
（3） int Prime(int n)
（4） {
（5）         int i,flag=1;
（6）         if(n==1)
（7）                 flag=0;
（8）         for(i=2;i<=sqrt(n);i++)
（9）         {
（10）                if(n%i==0)
（11）                {
（12）                        flag=0;
（13）                        break;
（14）                }
（15）        }
（16）        return flag;
（17）}
（18）int Count(int a,int b)
（19）{
（20）        int n,count=0;
（21）        printf("%d~%d 之间的素数有：",a,b);
（22）        for(n=a;n<=b;n++)
（23）        {
（24）                if(Prime(n))
（25）                {
（26）                        if(count%5==0)
（27）                                printf("\n");
（28）                        printf("%6d\t",n);
（29）                        count++;
（30）                }
（31）        }
（32）        return count;
（33）}
（34）int main()
（35）{
（36）        int a,b,count;
（37）        printf("请输入指定范围[a,b](用空格分隔)：");
（38）        scanf("%d%d",&a,&b);
（39）        count=Count(a,b);
（40）        printf("\n%d~%d 之间共有%d 个素数。\n",a,b,count);
```

```
(41)        return 0;
(42) }
```

动画演示 5-9
输出指定图案

微课 5-9
输出指定图案

【例 5-7】 输出指定图案。

输出以下由星号组成的图案。

分析：图案由空格与星号组成，需要找出空格、星号与行数的关系，其列表见表 5-1。

表 5-1 空格、星号与行数的关系

行数 x	空格数 y	星号数 z
0	3	1
1	2	3
2	1	5
3	0	7
4	1	5
5	2	3
6	3	1

根据关系表可得出如下关系：

空格数 y 与行数 x(x=0,1,2,3,4,5,6)的关系为 $y=\begin{cases}3-x & 0\leqslant x\leqslant 3\\ x-3 & 3<x\leqslant 6\end{cases}$

星号数 z 与行数 x(x=0,1,2,3,4,5,6)的关系为 $z=\begin{cases}2x+1 & 0\leqslant x\leqslant 3\\ 13-2x & 3<x\leqslant 6\end{cases}$

PPT 5-8
输出指定图案

用 N 表示最大行数，根据关系式，对每一个 x，当 x<=N/2 时，先输出 3-x 个空格，再输出 2x+1 个星号，最后输出一个回车换行；否则，先输出 x-3 个空格，再输出 13-2x 个星号，最后输出一个回车换行就可以得到给定的图案。而对每一个 x 的操作是相同的，应使用循环结构。另外，输出空格和星号也都是重复操作，应使用循环结构。

具体算法如下。

第①步：定义变量 x,y,z，置 x 的初值为 0。

第②步：判断 x<=N 是否成立，若成立，转向第③步；否则，转向第⑦步。

第③步：判断 x<=N/2 是否成立，若成立，转向第④步；否则，转向第⑤步。

第④步：使用循环输出 3-x 个空格、2x+1 个星号、一个回车换行，转向第⑥步。

第⑤步：使用循环输出 x-3 个空格、13-2x 个星号、一个回车换行。

第⑥步：x++，转向第②步。

第⑦步：结束。

简略流程图和 N-S 图如图 5-13 所示。

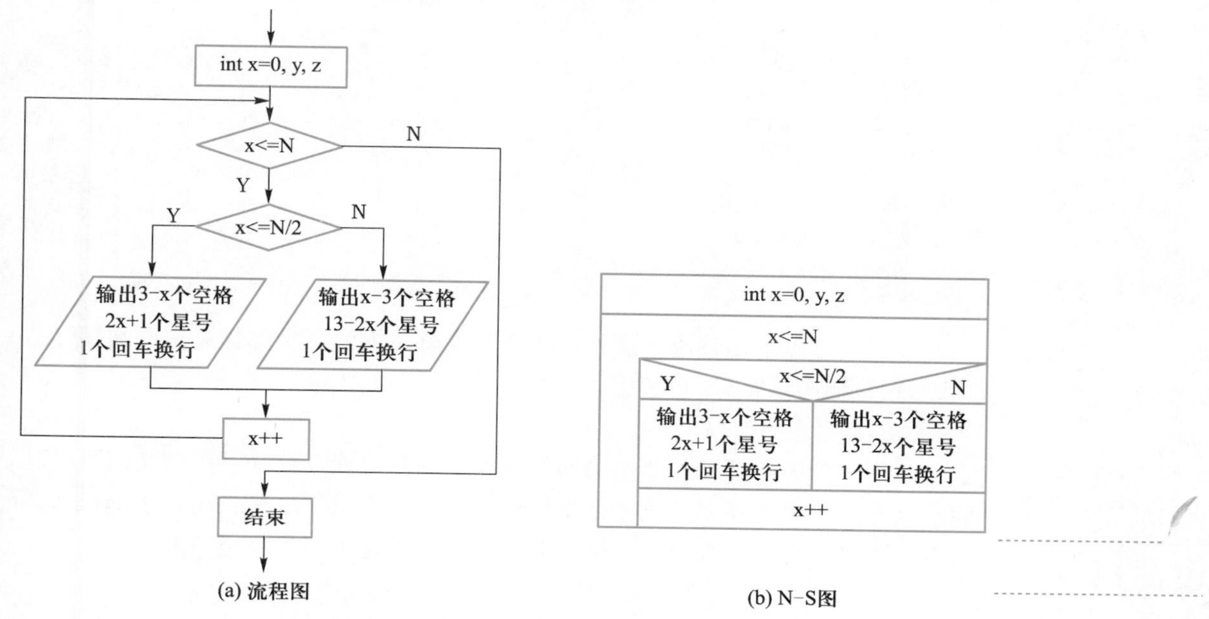

图 5-13　例 5-7 的流程图和 N-S 图

程序代码：

```
(1)  #include "stdio.h"
(2)  #define N 6
(3)  void Pattern(void)
(4)  {
(5)      int x,y,z;
(6)      for(x=0;x<=N;x++)
(7)      {
(8)          if(x<=N/2)
(9)          {
(10)             for(y=1;y<=3-x;y++)
(11)                 printf(" ");
(12)             for(z=1;z<=2*x+1;z++)
(13)                 printf("*");
(14)             printf("\n");
(15)         }
(16)         else
(17)         {
(18)             for(y=1;y<=x-3;y++)
```

```
(19)                    printf(" ");
(20)                for(z=1;z<=13-2*x;z++)
(21)                    printf("*");
(22)                printf("\n");
(23)            }
(24)        }
(25) }
(26) int main()
(27) {
(28)        Pattern();
(29)        return 0;
(30) }
```

拓展知识 5-2
动态设置输出域宽

本例问题除上述解决方法外，还有其他解决方法，具体详见拓展知识 5-2“动态设置输出域宽”。

【例 5-8】 简易菜单。

动画演示 5-10
简易菜单

微课 5-10
简易菜单

PPT 5-9
简易菜单

制作一个如图 5-14 所示的简易菜单。用户可通过选择菜单项完成某一功能，只有当用户选择退出时才结束程序的执行，否则一直可供用户选择操作。要求：程序只有一个入口和一个出口（主函数既是入口也是出口）。

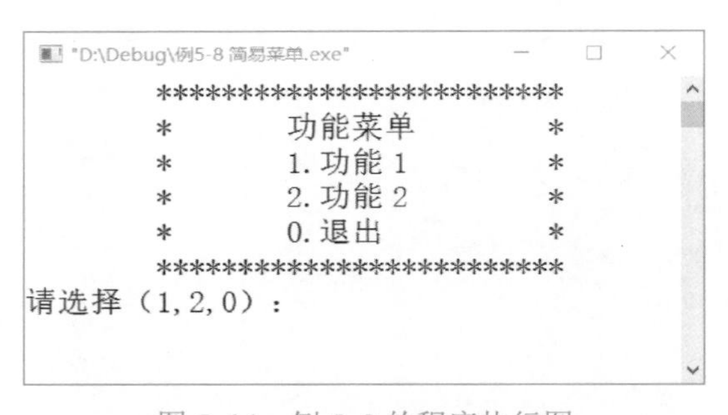

图 5-14 例 5-8 的程序执行图

分析：要解决这一问题需要将菜单显示在屏幕上，供用户进行选择所需要完成的功能，所以应该定义以下函数。

菜单显示函数：原型为 void ShowMenu()，只需输出一个菜单，做到界面美观即可，可使用 printf 函数来完成。

菜单选择函数：原型为 int Select(char ch)，当用户选择功能序号 ch 后，根据 ch 的值决定调用哪一功能函数完成相应功能，功能完成后，给出提示：“按任意键继续……”，等待用户按键，函数返回 0，如果 ch 的值为'0'，函数返回 1。可使用多分支选择语句 switch 来实现，等待用户按键使用 getch 函数（详见拓展知识 5-3“getch 函数”）实现，以免用户按键显示在屏幕上。

主函数：使用无限循环完成，只有当用户选择退出时才结束程序的执行，在循环体中，使用函数 system("cls")（详见拓展知识 5-4“system 函数”），以清除屏幕，调用菜单显示函数显示菜单，使用 getchar 函数接收用户的选择，并将用户输入的回车换行读掉，根据用户的选择确定是否退出循环、退出程序。

使用函数 getch()需将 conio.h 头文件包含到程序中，使用函数 system()需将 stdlib.h 头文件包含到程序中。

以下程序可作为模板，只要对程序稍加修改，添加所需的功能即可。

程序代码：

```
(1) #include "stdio.h"
(2) #include "conio.h"
(3) #include "stdlib.h"
(4) void Function1(void)
(5) {
(6)         printf("功能 1：\n");
(7) }
(8) void Function2(void)
(9) {
(10)        printf("功能 2：\n");
(11) }
(12) int Select(char ch)
(13) {//菜单选择
(14)        switch(ch)
(15)        {
(16)                case '1': Function1();break;
(17)                case '2': Function2();break;
(18)                case '0': return 1;
(19)                default:printf("选择错误!!!\n");
(20)        }
(21)        printf("按任意键继续……");
(22)        getch();
(23)        return 0;
(24) }
(25) void ShowMenu()
(26) {//显示菜单
(27)        printf("\t**************************\n");
(28)        printf("\t*\t 功能菜单\t*\n");
(29)        printf("\t*\t1.功能一\t*\n");
(30)        printf("\t*\t2.功能二\t*\n");
(31)        printf("\t*\t0.退出\t\t*\n");
(32)        printf("\t**************************\n");
(33) }
(34) int main()
```

拓展知识 5-3
getch 函数

拓展知识 5-4
system 函数

常见问题 5-4
使用 getchar 函数读取字符出现错误

```
(35) {
(36)        char ch;
(37)        while(1)
(38)        {
(39)              system("cls");
(40)              ShowMenu();
(41)              printf("请选择（1,2,0）：");
(42)              ch=getchar();getchar();
(43)              if(Select(ch))
(44)              {
(45)                    printf("感谢使用，再见！\n");break;
(46)              }
(47)        }
(48)        return 0;
(49) }
```

【例 5-9】 汉诺塔问题。

动画演示 5-11
汉诺塔问题

古代有一个汉诺塔，塔内有三根柱 A、B、C，A 柱上有 64 个盘子，盘子大小不等，大的在下，小的在上（如图 5-15）。有一个和尚想把这 64 个盘子从 A 柱移到 B 柱，但每次只允许移动一个盘子，并且在移动过程中，3 个柱上的盘子始终保持大盘在下，小盘在上。在移动过程中可以借助 C 柱，要求打印移动的步骤。

微课 5-11
汉诺塔问题

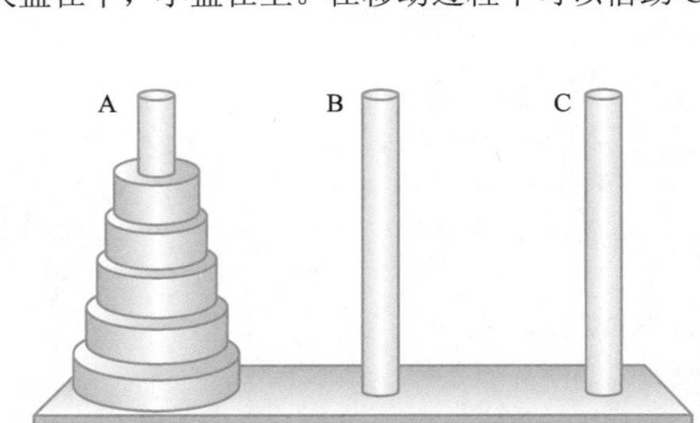

图 5-15 汉诺塔

PPT 5-10
汉诺塔问题

分析：对于 n 个盘子的汉诺塔，设从上到下 n 个盘子的编号分别为 1，2，…，n，三根柱分别叫作起始柱、目标柱和辅助柱。当 n 等于 1 时可以直接由起始柱移动到目标柱。当 n>1 时显然不能直接移动，此时可以把起始柱上最上面的 n-1 个盘子看作是一个逻辑盘，最下面的一个盘子看作是物理盘，这样就把 n 个盘子的问题抽象成了两个盘子的问题。这时，只需要下面三步就可以完成任务了。

① 把逻辑盘从起始柱移动到辅助柱。

② 把物理盘从起始柱移动到目标柱。

③ 把逻辑盘从辅助柱移动到目标柱。

以上三步便给出了递归关系。

此时问题简化成 n-1 个盘子在三根柱子上移动的问题，以此类推问题的规模会逐渐缩小，最终变为 1。当盘子为 1 时是可以直接移动的（递归调用终止条件）。

通过上面的分析，可以看到使用递归的方式来编写汉诺塔的程序是合适的。

设起始柱为 A，目标柱为 B，辅助柱为 C。用 Hanoi(n−1,A,B,C)表示把 A 柱上的 n−1 个盘子（逻辑盘）借助 C 柱移到 B 柱上，用 Printf(n,A,B)表示把第 n 号盘子（物理盘）从 A 柱移到 B 柱。

递归关系（以上移动过程）可表示为：

① 把 A 柱上的前 n−1 个盘子借助 B 柱移到 C 柱，即 Hanoi (n−1,A,C,B)。

② 把第 n 号盘子从 A 柱移到 B 柱，即 Print (n,A,B)。

③ 把 C 柱上的 n−1 个盘子借助 A 柱移到 B 柱，即 Hanoi (n−1,C,B,A)。

递归终止条件可表示为：当 n=1 时，直接将第 n 号盘子从 A 柱移到 B 柱，即 Print (n,A,B)。

程序代码：

```
(1) #include "stdio.h"
(2) void Hanoi(int n,char A,char B,char C)
(3) {
(4)         if(n==1)
(5)         {
(6)                 printf("将 %d 号盘子从 %c 柱移动到 %c 柱\n",n,A,B);
(7)         }
(8)         else
(9)         {
(10)                Hanoi(n-1,A,C,B);
(11)                printf("将 %d 号盘子从 %c 柱移动到 %c 柱\n",n,A,B);
(12)                Hanoi(n-1,C,B,A);
(13)        }
(14) }
(15) int main()
(16) {
(17)        int n;
(18)        printf("请输入汉诺塔盘子个数：\n");
(19)        scanf("%d",&n);
(20)        Hanoi(n,'A','B','C');
(21)        return 0;
(22) }
```

下面以 n=3 为例说明调用回代过程，如图 5-16 所示。图中用 H(n−1,A, B, C)代替 Hanoi (n−1,A, B, C)，用 P (n,A,B)代替 Print (n,A,B)，自左向右的箭头表示函数调用，自右向左的箭头表示回代，序号用来表示调用回代的先后次序。

调用和回代过程：由于 3≠1，调用 H(2,A,C,B)；由于 2≠1，调用 H(1,A,B,C)；由于 1=1，输出 P(1,A,B)，回代到 H(1,A,B,C)调用处；输出 P(2,A,C)，调用

H(1,B,C,A)；由于 1=1，输出 P(1,B,C)，回代到 H(1,B,C,A) 调用处；再回代到 H(2,A,C,B) 调用处；输出 P(3,A,B)，调用 H(2,C,B,A)；由于 2≠1，调用 H(1,C,A,B)；由于 1=1，输出 P(1,C,A)，回代到 H(1,C,A,B) 调用处；输出 P(2,C,B)，调用 H(1,A,B,C)；由于 1=1，输出 P(1,A,B)，回代到 H(1,A,B,C) 调用处；最后回代到 H(2,C,B,A) 调用处。调用和回代过程中的输出给出了 n=3 时的移动步骤，即 P(1,A,B)、P(2,A,C)、P(1,B,C)、P(3,A,B)、P(1,C,A) 、P(2,C,B)、P(1,A,B)。

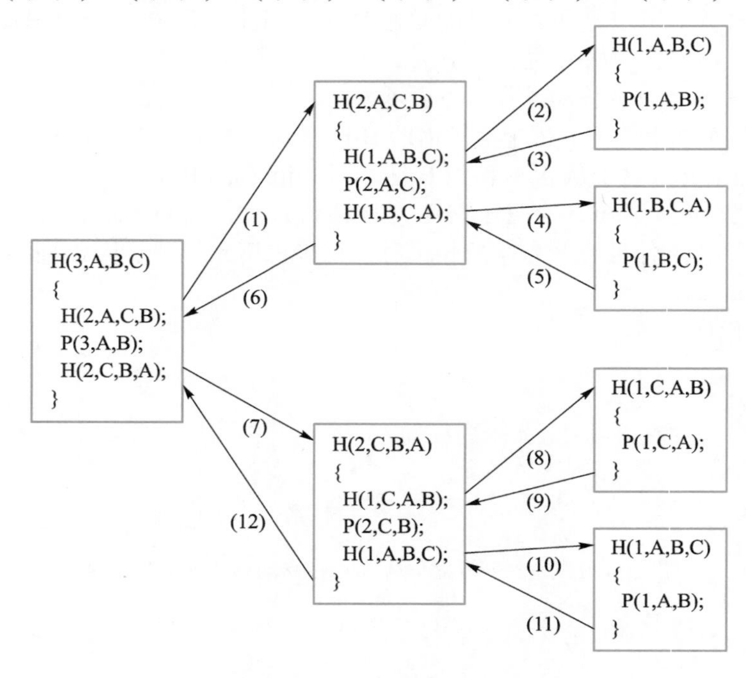

图 5-16 调用回代过程

【课堂实践 5-6】

对给定的函数 void P(int w)，画出当 w=3 时 p(3)的调用和回代图，并给出 P(3)的输出结果。

```
void P(int w)
{
    if(w>0)
    {
        P(w-1);
        printf("%4d",w);
        P(w-1);
    }
}
```

单元 6

数组

学习目标

【知识目标】

- 掌握数组的定义、存储、初始化、元素引用。
- 掌握数组名作为函数参数的传递方式。
- 掌握字符数组及字符串处理函数。
- 掌握查找、排序等算法。

【能力目标】

- 能够使用数组解决实际问题。

【素质目标】

- 培养“尚巧达善”的创新意识。
- 培养耐心细致的工作态度。

程序中用到的数据可以通过定义变量的方法来对数据进行操作。然而，当需要用到类型相同的一组数据时，定义很多变量显然是不现实的。C 语言提供了一个新的数据类型——数组。利用数组可以一次定义一组同类型变量，用来表示一组数据，而且这组变量还可以用统一的方式来表示，为用户对这组数据的操作带来了很大的方便。

6.1 数组及数组作为函数参数

数组按维数来分有一维数组、二维数组和多维数组，按类型来分有数值型数组、字符型数组和其他类型数组。这里仅介绍一维数组和二维数组、数值型数组和字符型数组，其他类型的数组将在后面的单元介绍。不论是什么样的数组，它们的定义和数组元素的引用基本是相同的。

微课 6-1
数组的定义

PPT 6-1
数组的定义

6.1.1 数组的定义

定义数组的格式

[存储类别] 数据类型 数组名[整型常量表达式 1] [整型常量表达式 2]

【示例 6-1】 int a[10],b[5][8];

定义了一个一维数值型数组 a 和一个二维数值型数组 b，数组 a 共有 10 个元素，每个元素都是一个 int 类型的变量，可以用来表示 10 个数据；数组 b 共有 40 个元素，每个元素都是一个 int 类型的变量，可以用来表示一个含有 5 行 8 列的二维表（矩阵）。

【示例 6-2】 char str1[6],str2[3][6];

定义了一个一维字符型数组 str1 和一个二维字符型数组 str2。str1 共有 6 个元素，str2 共有 18 个元素，它们的每一个元素都是一个字符型变量，由于每一个字符型变量可以存放一个字符，所以一维字符数组 str1 可以存放 6 个字符，也可以存放一个不超过 5 个字符的字符串（因为还有一个字符串结束标志'\0'需要存储）；二维字符数组 str2 可以存放 18 个字符，也可以存放 3 个不超过 5 个字符的字符串。

说明：

① 存储类别用来定义数组中每个元素的存储类别，可以是 auto（自动）、register（寄存器）和 static（静态），缺省存储类别标识符系统默认为 auto。

② 数据类型用来定义数组中每个元素的数据类型，可以是基本数据类型 short（短整型）、int（基本整型）、long（长整型）、float（单精度实型）、double（双精度实型）和 char（字符型），也可以是构造类型，用基本数据类型的前 5 种标识符定义的是数值型数组，用 char 定义的是字符型数组。

③ 数组名是所定义数组的名字，必须是合法的用户定义标识符，尽量做到见名知意。

④ 只有一对方括号括起来的一个整型常量表达式定义的是一维数组，有

两对定义的是二维数组。

⑤ 整型常量表达式用来定义数组元素的个数，也称为数组的长度。一维数组的长度为常量表达式的值；二维数组的长度为两个常量表达式值的乘积。

⑥ 整型常量表达式可以是整型常量，也可以是符号常量，还可以是只含常量的表达式。

【示例 6-3】 #define N 5

```
int a[3],b[N],c[3+N];
```

⑦ 一维数组元素有一个下标；二维数组元素有两个下标，第 1 个下标称为行下标，第 2 个下标称为列下标；数组元素由数组名和下标唯一确定，下标的下限值为 0，上限值为常量表达式的值减 1。

【示例 6-4】 int a[5],b[2][3];

数组 a 含有 5 个元素，分别是 a[0]、a[1]、a[2]、a[3]、a[4]，数组 b 含有 6 个元素，分别是 b[0][0]、b[0][1]、b[0][2]、b[1][0]、b[1][1]、b[1][2]。

常见问题 6-1
使用变量定义数组

⑧ 可以把二维数组看成是一维数组，它的每一个元素又都是一个一维数组。

【示例 6-5】 int b[2][3];

可以把数组 b 看成是由 2 个元素 b[0]和 b[1]组成的一维数组，而 b[0]是由 3 个元素 b[0][0]、b[0][1]、b[0][2] 组成的一维数组，b[1]也是由 3 个元素 b[1][0]、b[1][1]、b[1][2] 组成的一维数组，此时的 b[0]和 b[1]可以被看作数组名。

微课 6-2
数组的存储

6.1.2 数组的存储

数组定义后，系统将在编译或程序运行时为所定义的数组分配一片连续的存储空间，用来存放数组的每一个元素。

PPT 6-2
数组的存储

① 系统为数组分配的存储空间的字节数为：每个元素的存储长度×数组长度。

【示例 6-6】 int a[8];

由于数组的类型为 int 类型，所以每个元素分配 4 字节，因此系统将为数组 a 分配连续 32 字节的存储空间。

【示例 6-7】 char str[3][6];

由于数组的类型为 char 类型，所以每个元素分配 1 字节，因此系统将为数组 str 分配连续 18 字节的存储空间。

② 内存中的每字节都有一个编号称为地址；数组元素的首字节的地址称为该元素的地址；数组的首元素（即下标均为 0 的元素）的地址称为该数组的地址。C 语言规定数组名代表数组的地址，是一个地址常量。

【示例 6-8】

```
int a[5];
printf("%x,%x,%x\n",&a,a,&a[0]);
```

由于程序段输出的 3 个值均相同，所以可以验证&a、a、&a[0]都是数组 a

的地址。

③ 一维数组元素的存储按下标由小到大依次存储；二维数组元素“按行存储”，即先存储行下标为 0 的各个元素，每个元素按列下标由小到大依次存储，再存储行下标为 1 的各个元素，最后存储行下标值最大的各个元素。

微课 6-3
数组的初始化

6.1.3 数组的初始化

PPT 6-3
数组的初始化

数组中每一个元素的值可以通过赋值语句或输入函数得到，还可以在定义数组时给数组元素赋初值，即对数组元素进行初始化。

1. 一维数组初始化

在定义一维数组时，把要赋给各数组元素的初值用花括号括起来，数据之间用逗号分隔，进行初始化。

【示例 6-9】 int a[3]={1,2,3};即 a[0]的值为 1，a[1]的值为 2，a[2]的值为 3。

说明：

① 如果对数组中的全部元素初始化，常量表达式可以省略不写，系统会根据花括号中初值的个数来确定数组的长度。

【示例 6-10】 int a[]={1,2,3};即数组 a 有 3 个元素，a[0]的值为 1，a[1]的值为 2，a[2]的值为 3。

② 可以只对数组中一部分元素进行初始化，未被初始化的元素的值为 0 或 0.0 等。

【示例 6-11】 int a[3]={1,2};即 a[0]的值为 1，a[1]的值为 2，a[2]的值为 0。

【示例 6-12】 int a[3]={0};即数组 a 的所有元素的值均为 0。

③ 如果不对静态或外部数组初始化，则对数值型数组系统隐含初值为 0 或 0.0。

2. 二维数组的初始化

二维数组的初始化有以下几种常见形式。

（1）按行给二维数组所有行初始化

将每行用于初始化的数值用一对花括号括起来，每行中各元素的数值及各行之间都用逗号分隔，所有数据再用花括号括起来，此时用于定义行的常量表达式可省略不写。

【示例 6-13】 int a[][4]={{1,2,3,4},{5,6}};

这样，二维数组 a 共有 2 行 8 个元素，a[0][0]～a[0][3]的值分别为 1～4，a[1][0]、a[1][1]的值分别为 5 和 6，a [1][2]、a [1][3]的值为 0。

（2）按存储顺序给二维数组所有元素初始化

像一维数组初始化一样，把要赋给各数组元素的初值用花括号括起来，数据之间用逗号分隔，此时用于定义行的常量表达式可省略不写。

【示例 6-14】 int a[][4]={1,2,3,4,5,6,7,8};

这样，二维数组 a 共有 2 行 8 个元素，a[0][0]～a[0][3]的值分别为 1～4、a[1][0]～a[1][3]的值分别为 5～8。

（3）按存储顺序给二维数组部分元素初始化

把要赋给部分数组元素的初值用花括号括起来，数据之间用逗号分隔。

【示例 6-15】 int a[2][4]={1,2,3};

这样，a[0][0]的值为 1，a[0][1]的值为 2，a[0][2]的值为 3，其他元素的值均为 0。

3. 字符数组的初始化

一维数组、二维数组的初始化适用于字符数组，字符数组初始化可以使用字符常量或相应的 ASCII 码值或字符串。

常见问题 6-2
将字符串赋给字符数组

使用字符常量给部分元素初始化，未被初始化的值为'\0'。

【示例 6-16】 char str[5]={ 'r', 'e', 'd'};

使用 ASCII 码值给部分元素初始化，未被初始化的值为'\0'。

【示例 6-17】 char str[5]={114,101, 100};

使用字符串给数组初始化，将字符串存放到字符数组中。

【示例 6-18】 char str [6]="hello";

使用字符串给二维数组初始化，将多个字符串存放到二维字符数组中。

【示例 6-19】 char str[3] [6]={"hello","red"};

微课 6-4
数组元素的引用及数组作为函数参数

6.1.4 数组元素的引用

程序中要对数组元素进行操作就要引用数组元素，引用数组元素的方法有下标法、地址法和指针法 3 种。本节仅介绍下标法。

PPT 6-4
数组元素的引用及数组作为函数参数

下标法引用数组元素的一般格式

```
数组名[下标] [下标]
```

说明：

① 下标可以是常量、变量、表达式等，但变量或表达式必须有确定的值。

【示例 6-20】

```
int a=3,b=2,c[5];
c[0]=a;                    //下标为常量 0
c[b]=a+b;                  //下标为有确定值的变量 b
c[a+b-1]=2*a+b;            //下标为有确定值的表达式 a+b-1
```

经验技巧 6-1
VC++6.0 动态存储分配机制

② 下标的值不能超过数组的范围，C 编译系统在编译时，不检查下标是否越界。因此，下标值应由程序设计人员控制在允许的范围之内，如果引用越界的数组元素（特别是给越界的数组元素赋值）可能会导致严重后果。

【示例 6-21】 int a[3]={1,2,3};引用 a[3]是错误的，因为数组 a 只有 a[0]、a[1]、a[2]3 个元素，a[3]已经越界。

6.1.5 数组作为函数参数

数组作为函数参数包括数组元素作为函数参数和数组名作为函数参数两种，数组元素作为函数参数与普通变量作为函数参数完全相同。数组名作为函数参数时，在主调函数和被调函数中需分别定义实参数组和形参数组，参数传递时，是将实参数组的起始地址传给形参数组，所以，形参数组与实参数组共用相同的存储空间。这样的传递方式称为“地址传递”，这时应注意，如果在被调函数中改变了形参数组元素的值，则同时也改变了实参数组元素的值。

【例 6-1】 求数组元素的最小值及下标。

在含有 N 个整数的一维数组中找出其中的最小值及下标，结果在主函数中输出，数组元素的值从键盘输入。

分析：定义一个数组 a 用来存放 N 个整数，先编写一个输入函数 void Input(int b[N])，使用循环给数组 b 各元素输入数据，调用该函数时以数组名 a 作为实参，使形参数组 b 与实参数组 a 共用存储空间，从而达到给数组 a 各元素输入数据的目的。

求数组元素的最小值及下标，要得到两个结果，利用函数的返回值已不能达到要求，可以将两个结果存放在数组中，利用数组将求得的多个结果返回来，因此，需要定义一个含有两个以数组名作为参数的函数 int Min(int b [N],int min[2])用来实现求数组元素的最小值及下标，数组 min 用来存放最小值及下标。

求最小值及下标的方法：用 min[0]存放最小值，用 min[1]存放最小值的下标。先认定第 1 个元素 b[0]最小，即 min[0]=b[0]，并把下标记录下来，即 min[1]=0；然后其他元素 b[i]依次与当前最小值 min[0]进行比较，如果比当前最小值还小，就将此元素作为当前最小值，即 min[0]=b[i]，并记录其下标 min[1]=i，比较完毕，min[0]中存放的就是最小值，min[1]中存放的就是最小值的下标。

程序代码：

```
（1） #include "stdio.h"
（2） #define N 5
（3） void Input(int b[N])
（4） {//输入 N 个整数
（5）         int i;
（6）         printf("请输入%d 个整数：\n",N);
（7）         for(i=0;i<N;i++)
（8）         {
（9）                 scanf("%d",&b[i]);
（10）        }
（11）}
（12）void Min(int b[N],int min[2])
（13）{//求最小值及下标
（14）        int i;
（15）        min[0]=b[0];min[1]=0;
（16）        for(i=1;i<N;i++)
（17）        {
（18）                if(b[i]<min[0])
（19）                {
（20）                        min[0]=b[i];min[1]=i;
（21）                }
（22）        }
（23）}
```

```
(24) int main()
(25) {
(26)       int a[N],min[2];
(27)       Input(a);
(28)       Min(a,min);
(29)       printf("数组元素的最小值为：%d，下标为：%d\n",min[0],min[1]);
(30)       return 0;
(31) }
```

【课堂实践 6-1】

编写程序求含有 N 个元素一维数组的最大值、最小值及它们的下标。要求：数组元素的输入、求最大值最小值及它们的下标通过函数实现，结果在主函数中输出。

【例 6-2】 冒泡排序。

从键盘输入 N 个整数存放到一维数组中，按升序重新存放后输出。

分析：升序是指按由小到大的顺序排列。对 N 个整数进行排序的方法很多，本例介绍冒泡排序方法。

动画演示 6-1 冒泡排序

冒泡排序思路：通过对相邻两个数之间的比较和交换，使较大的数逐渐从顶部移向底部（大数下沉），较小的数逐渐从底部移向顶部（小数上浮）。就像水底的气泡一样逐渐向上冒，故而得名。

排序过程：将 N 个数放在数组 a[N]中。

微课 6-5 冒泡排序

先对 a[0]、a[1]进行比较，若 a[0]比 a[1]大，就把 a[0]与 a[1]交换，即将大数放在 a[1]中；再对 a[1]、a[2]进行比较，并将大数放在 a[2]中；如此进行下去，这样比较一轮，便将最大数放入了 a[N−1]中。

再对 a[0]、a[1]、…、a[N−2]用同样的方法进行比较，将它们中的最大数放入 a[N−2]中。

PPT 6-5 冒泡排序

如此进行下去，便可将 N 个数由小到大进行排序。

① 整个排序过程共进行了 N−1 遍。

② 第 i 遍共比较 N−i 次。

③ 每次比较后，需根据比较结果，决定是否交换两数的位置。

④ 需使用两重循环控制整个排序过程，外层循环控制排序的遍数，内层循环控制每一遍的比较次数。

程序代码：

```
(1) #include "stdio.h"
(2) #define N 10
(3) void Input(int b[N])
(4) {//输入函数
(5)       int i;
(6)       printf("请输入%d 个整数：\n",N);
```

```
（7）        for(i=0;i<N;i++)
（8）        {
（9）              canf("%d",&b[i]);
（10）       }
（11）}
（12）void BubbleSort(int b[N])
（13）{//冒泡排序函数
（14）       int i,j,t;
（15）       for(i=0;i<N-1;i++)
（16）       {//外层循环控制趟数
（17）             for(j=0;j<N-1-i;j++)
（18）             {//内层循环控制每趟的比较次数
（19）                   if(b[j]>b[j+1])
（20）                   {
（21）                         t=b[j];
（22）                         b[j]=b[j+1];
（23）                         b[j+1]=t;
（24）                   }
（25）             }
（26）       }
（27）}
（28）void Print(int b[N])
（29）{//输出函数
（30）       int i;
（31）       for(i=0;i<N;i++)
（32）       {
（33）             if(i%10==0)
（34）                   printf("\n");
（35）             printf("%6d",b[i]);
（36）       }
（37）       printf("\n");
（38）}
（39）int main()
（40）{
（41）       int a[N];
（42）       Input(a);
（43）       printf("排序前：");
（44）       Print(a);
（45）       BubbleSort (a);
（46）       printf("排序后：");
（47）       Print(a);
（48）       return 0;
（49）}
```

拓展知识 6-1
选择排序

【课堂实践 6-2】

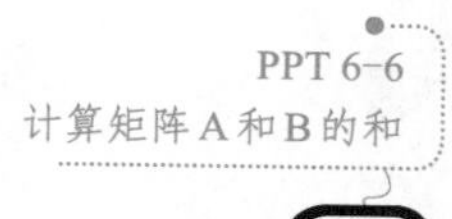

微课 6-6
计算矩阵A和B的和

将冒泡排序函数中控制遍数和每遍比较次数的初值均从 0 改为 1，修改函数并实现降序排序。

【例 6-3】 计算矩阵 A 与 B 的和。

计算两个 m×n 矩阵 A 与 B 的和 C，求得结果在主函数中按矩阵形式输出。

分析：m×n 矩阵 A 与 B 的和就是 A 与 B 对应元素相加，得到的还是一个 m×n 矩阵。m×n 矩阵 A 和 B 分别用二维数组 A[M][N]和 B[M][N]来表示，A[i][j]和 B[i][j]分别表示矩阵 A 和矩阵 B 的第 i 行第 j 列的元素。使用循环嵌套实现矩阵元素相加。

PPT 6-6
计算矩阵A和B的和

PPT

程序代码：

```
（1） #include "stdio.h"
（2） #define M 3
（3） #define N 4
（4） void Sum(int a[M][N],int b[M][N],int c[M][N])
（5） {
（6）       int i,j;
（7）       for(i=0;i<M;i++)
（8）            for(j=0;j<N;j++)
（9）                 c[i][j]=a[i][j]+b[i][j];
（10）}
（11）void Input(int b[M][N])
（12）{
（13）      int i,j;
（14）      printf("请输入%d 个整数:\n",M*N);
（15）      for(i=0;i<M;i++)
（16）           for(j=0;j<N;j++)
（17）                scanf("%d",&b[i][j]);
（18）}
（19）void Print(int b[M][N])
（20）{
（21）      int i,j;
（22）      for(i=0;i<M;i++)
（23）      {
（24）           for(j=0;j<N;j++)
（25）                printf("%4d\t",b[i][j]);
（26）           printf("\n");
（27）      }
（28）}
（29）int main()
（30）{
（31）      int A[M][N],B[M][N],C[M][N];
（32）      Input(A);
（33）      Input(B);
```

```
（34）      Sum(A,B,C);
（35）      printf("矩阵 A 与 B 的和为：\n");
（36）      Print(C);
（37）      return 0;
（38）}
```

【课堂实践 6-3】

把 m×n 矩阵 A 的第 i 行变成第 i 列（i=1,2,…,m）得到的 n×m 矩阵称为矩阵 A 的转置矩阵，记为 AT。编写程序求一个矩阵的转置矩阵，求得结果在主函数中输出。

同步训练 6-1
参考答案

同步训练 6-1

一、单项选择题

1．已定义：float a[5];，则数组 a 可引用的元素有（　　）。

A．a[1]~a[5]　　B．a[0]~a[5]　　C．a[1]~a[4]　　D．a[0]~a[4]

2．已定义：int a[15];，则数组 a 占用的内存单元数是（　　）。

A．15　　B．30　　C．60　　D．120

3．若有定义：double w[10];，则数组 w 的元素下标范围是（　　）。

A．[0,10]　　B．[0,9]　　C．[1,10]　　D．[1,9]

4．设有程序，则在程序中的两个括号中应填入（　　）。

```
#include<stdio.h>
int main()
{
    int i,a[5]; printf{"Please input number:\n"};
    for (i=0;i<=4;i++) scanf("%d",(      ));
        … …
    printf("输出数组：\n");
    for (i=0;i<4;i++) printf("%d",(      ));
    return 0;
}
```

A．a[i]和&a[i]　　B．&a[i]和&a[i]

C．&a[i]和 a[i]　　D．a[i]和 a[i]

5．阅读程序，以下程序的输出结果是（　　）。

```
f(int b[],int n)
{
    int i,r=1;
    for (i=0;i<=n;i++) r=r*b[i];
    return r;
```

```
}
int main()
{
        int x,a[]={2,3,4,5,6,7,8,9};
        x=f(a,3);
        printf("%d\n",x);
        return 0;
}
```

A．720　　B．6　　C．24　　D．120

6．已知 int 类型变量在内存中占用 4 个字节，定义数组 int b[8]={2,3,4};则数组 b 在内存中所占字节数为（　　）。

A．5　　B．12　　C．16　　D．32

7．以下程序段给数组所有元素输入数据，应在圆括号中填入的是（　　）。

```
#include<stdio.h>
int main()
{
        int a[10],i=0;
        while (i<10)
                scanf("%d",(        ));
        … …
}
```

A．&a[++i]　　B．&a[i+1]　　C．&a[i]　　D．&a[i++]

8．若有以下说明：int a[10]={1,2,3,4,5,6,7,8,9,10};char c='a';，则数值为 4 的表达式是（　　）。

A．a['f'-c]　　B．a[4]　　C．a['d'-'c']　　D．a['d'-c]

9．以下定义语句中，错误的是（　　）。

A．int a[]={6,7,8};　　B．int n=5,a[n];

C．char a[]="string";　　D．char a[5]={ '0','1' ,'2' ,'3' ,'4'};

10．以下描述中正确的是（　　）。

A．数组名后面的常量表达式用一对圆括弧括起来

B．数组下标从 1 开始

C．数组下标的数据类型可以是整型或实型

D．数组名的规定与变量名相同

11．用数组名作为函数调用时的实参，实际上传送给形参的是（　　）。

A．数组首地址　　B．数组的第一个元素值

C．数组中全部元素的值　　D．数组元素的个数

12．若定义数组并初始化 char a[10]= { '0','1' ,'2' ,'3' ,'4' ,'5' ,'6' ,'7' ,'8','9'};，以下正确语句是（　　）。

A．scanf("%c",a[0]);　　B．scanf("%s",&a);

C．printf("%c",a[3]);　　D．printf("%s",a);

13. 若定义数组 int a[10]，其数组元素的下标下限为（　　）。

A. 1　　B. 0　　C. 9　　D. 10

14. 若定义数组 int a[10]，其最后一个数组元素为（　　）。

A. a[0]　　B. a[1]　　C. a[9]　　D. a[10]

15. 若定义数组并初始化 int a[10]={1,2,3,4}，以下语句不成立的是（　　）。

A. a[8]的值为 0　　B. a[1]的值为 1

C. a[3]的值为 4　　D. a[9]的值为 0

16. 若定义数组并初始化 int a[10]={1,2,3,4}，以下叙述成立的是（　　）。

A. 若引用 a[10]，编译时警告

B. 若引用 a[10]，连接时报错

C. 若引用 a[10]，运行时值不确定

D. 若引用 a[10]，系统报错

17. 指出以下错误语句（　　）。

A. int n=10,a[n];　　B. int n,a[10];

C. int a[10]={1,2,3};　　D. int a[10]={1,2,3,4,5,6,7,8,9,10};

18. 若定义数组并初始化 int a [10]={1,2,3,4}，以下叙述不成立的是（　　）。

A. a[10]是 a 数组的最后一个元素的引用

B. a 数组中有 10 个元素

C. a 数组中每个元素都为整数

D. a 数组是整型数组

19. 执行下面的程序段后，变量 k 中的值为（　　）。

```
int k=3,s[2];s[0]=k;k=s[1]*10;
```

A. 不定值　　B. 33　　C. 30　　D. 10

20. 若有以下的定义和语句：int str[12]= {1,2,3,4,5,6,7,8,9,10,11,12}; char c= 'e';，则数值为 2 的表达式是（　　）。

A. str['g'-c]　　B. str[2]　　C. str['d'-'c']　　D. str['d'-c]

21. 设已定义：int x[2][4]={1,2,3,4,5,6,7,8};，则元素 x[1][1]的正确初值是（　　）。

A. 6　　B. 5　　C. 7　　D. 1

22. 设有 int x[2][4]={1,2,3,4,5,6,7,8};printf("%d",x[2][4]);，则输出结果是（　　）。

A. 8　　B. 1　　C. 随机数　　D. 语法检查出错

23. 设有：int a[4][5];，则数组 a 占用的内存字节数是（　　）。

A. 9　　B. 20　　C. 40　　D. 80

24. 以下程序的输出结果是（　　）。

```
#include<stdio.h>
int main()
{
    int i,a[3][3]={1,2,3,4,5,6,7,8,9};
    for (i=0;i<3;i++)
```

```
            printf("%d,",a[i][2-i]);
    return 0;
}
```

A．1,5,9　　B．1,4,7　　C．3,5,7　　D．3,6,9

25．指出以下错误语句（　　）。

A．int a[2][3]={{1,2,3},{4,5,6}};　　B．int b[2][3]={1,2,3,4,5,6};

C．int a[][]={{1,2,3},{4,5,6}};　　D．int a[][3]={{1,2,3},{4,5,6}};

二、程序填空题

1．若有定义语句：char s[100],d[100];int j=0, i=0;，且 s 中已赋字符串，请填空将字符串 s 拷贝到 d 中。(注：不得使用逗号表达式)

```
while(s[i])
{
    d[j]= _____;
    j++;
}
d[j]=0;
```

2．下列程序中，将 k 的值插入到有序数组 a 中，使数组依然保持升序，请填空。

```
#include<stdio.h>
void insert(int a[],int x)
{
    int i=0,j;
    while( _____ )  i++;
    for( _____ )
        a[j+1]=a[j];
    a[i]=x;
}
int main()
{
    int a[5] ={1,4,5},i;
    int x;
    scanf("%d",&x);
    insert(a,x);
    for (i=0;i<4;i++)
        printf("%3d",a[i]);
    printf("\n");
    return 0;
}
```

3．程序定义了 N×N 的二维数组，并在主函数中自动赋值。请在函数 fun( ) 填空，该

函数的功能是：使数组左下半三角元素中的值全部置成0。例如a数组中的值为

```
a= 1  9  7
   2  3  8
   4  5  6
```

则返回主程序后a数组中的值应为

```
    0  9  7
    0  0  8
    0  0  0
#include <stdio.h>
#include <stdlib.h>
#define N 9
_____ fun ( _____ )
{
    int i,j;
    for(i=0;i<N;i++)
        for(j=0; _____ ;j++)
            a[i][j]=0;
    return 0;
}
int main()
{
    int a[N][N],i,j;
    printf("*****The array*****\n");
    for(i=0;i<N;i++)
    {
        for(j=0;j<N;j++)
        {
            a[i][j]=rand()%10; /*产生一个随机的 N*N 矩阵*/
            printf("%4d", a[i][j]);
        }
        printf("\n");
    }
    fun(a);
    printf("THE RESULT\n");
    for(i=0;i<N;i++)
    {
        for(j=0;j<N;j++)
            printf("%4d",a[i][j]);
        printf("\n");
    }
```

```
    return 0;
    }
```

4．计算两个矩阵的乘积。程序如下，请填空。

说明：

① 当矩阵 A 的列数等于矩阵 B 的行数时，A 与 B 可以相乘。

② 矩阵 C 的行数等于矩阵 A 的行数，C 的列数等于 B 的列数。

③ 乘积 C 的第 m 行第 n 列的元素等于矩阵 A 的第 m 行的元素与矩阵 B 的第 n 列对应元素乘积之和。

```
#include< stdio.h>
#define M 2
#define P 3
#define N 4
void fun(int a[M] [P], int b[P] [N],int c[M] [N])
{
    int i,j,k,s;
    for( _____ )
    {
        for( _____ )
        {
            s= _____ ;
            for (k=0;k<P; k++)
                s+= _____ ;
            c[i][j]=s;
        }
    }
}
int main()
{
    int a[M] [P], b[P] [N],c[M] [N];
    int i,j,k;
    printf("Input array a[2][3];\n");     //输入数组 A 的值
    for( _____ )
    {
        for( _____ )
            scanf("%d",&a[i][k]);
    }
    printf("Input array b[3][4];\n");     //输入数组 B 的值
    for( _____ )
    {
        for( _____ )
            scanf("%d",&b[i][k]);
    }
    fun(a,b,c);
```

```
    printf("Output array c[2][4]:\n");  //输出数组 C 的值
    for(i=0;i<M;i++)
    {
        for(j=0;j<N;j++)
        {
            printf("%5d",c[i][j]);
        }
        printf("\n");
    }
    return 0;
}
```

三、程序阅读题

1．以下程序运行后的输出结果是（　　）。

```
#include <stdio.h>
int main()
{
    char s[]="abcdef";
    s[3]= '\0';
    printf("%s\n",s);
    return 0;
}
```

2．以下程序运行后的输出结果是（　　）。

```
#include <stdio.h>
int main()
{
    char b[]="Hello,you";
    b[5]=0;
    printf("%s \n", b );
    return 0;
}
```

3．以下程序运行后的输出结果是（　　）。

```
#include <stdio.h>
int main()
{
    int i,n[ ]={0,0,0,0,0};
    for(i=1;i<=4;i++)
    {
```

```
            n[i] =n[i−1]*2+1;
            printf("%d,", n[i]);
        }
        return 0;
}
```

4．以下程序运行后的输出结果是（　　）。

```
#include <stdio.h>
int main ( )
{
        int i,j,a[][3] ={1,2,3,4,5,6,7,8,9};
        for (i= 0;i<3;i++)
        {
                for (j=i+1; j<3;j++)
                {
                        a[j][i]=0;
                }
        }
        for (i=0;i<3;i++)
        {
                for (j=0;j<3;j++)
                {
                        printf("%d ",a[i][j]);
                }
                printf("\n");
        }
        return 0;
}
```

5．以下程序运行后的输出结果是（　　）。

```
#include<stdio.h>
int main()
{
        int a[4][4]={{1,3,5},{2,4,6},{3,5,7}};
        printf("%d%d%d%d\n",a[0][4],a[1][2],a[2][1],a[3][0]);
        return 0;
}
```

四、程序设计题

1．求一个 N×N 矩阵对角线元素之和。

2．将一个数组首尾互换后输出。

3．输入 N 个整数，分析每个整数的每一位数字，求出现次数最多的数字。

4．输入一个整数，输出每个数字对应的拼音。当整数为负数时，先输出“fu”字。

5．一个数如果恰好等于它的因子之和，这个数就称为“完全数”，例如 6＝1+2+3。找出 100 以内的所有完全数。

6.2 字符串处理

一维字符数组可以存放一个字符串，二维字符数组可以存放多个字符串，这样，可以通过字符数组对字符串进行操作。

6.2.1 字符串的输入输出

微课 6-7
字符串的输入和输出

PPT 6-7
字符串的输入和输出

1. 用 scanf 输入一个或多个不带空格的字符串

用 scanf 输入字符串时，因为数组名代表数组的起始地址，所以，地址项用字符数组名，格式字符使用 s；在输入数据时，以空格或回车作为字符串间的分隔符；系统读入字符串后，自动将空格或回车转换为字符串结束标志加在字符串的结尾，所以，不能用 scanf 输入带空格的字符串。

【示例 6-22】

```
char str1[8],str[2];
scanf("%s%s",str1,str2);
```

如果输入为：VC++␣C↙ //“␣”代表空格

则将字符串"VC++"和字符'\0'存入字符数组 str1 中，"C"和字符'\0'存入字符数组 str2 中。

2. 用 printf 输出一个或多个字符串

用 printf 输出数组中存放的字符串时，格式说明用%s，输出项用数组名或数组元素的地址，直到遇到字符串结束标志'\0'才结束输出，但'\0'并不输出。

【示例 6-23】

```
char str[13]="C␣&␣Computer";
printf("%s\n%s\n",str,&str[4]);
```

输出结果为：C␣&␣Computer
　　　　　　Computer

3. 用 gets 函数输入字符串

调用格式：gets(str);

其中 str 为字符数组名。

功能：将从键盘输入的一个字符串（可包含空格）存放到 str 指定的字符数组中。

【示例 6-24】

```
char str[13];
gets(str);
```

如果输入为：C␣&␣Computer↙

则将字符串"C␣&␣Computer"和'\0'存入 str 中，自动将回车符转换为'\0'。

4. 用 puts 函数输出字符串

调用格式：puts(str);

功能：将 str 中存放的字符串输出到显示器，自动将字符串结束标志'\0'转换为回车换行符。

【示例 6-25】

```
char str[13]="China\nBeijing";
puts(str);
```

输出结果为：China
Beijing

微课 6-8
字符串处理函数

PPT 6-8
字符串处理函数

PPT

6.2.2 字符串处理函数

在 C 语言的函数库中提供了一些用来处理字符串的函数，不用用户自己编写，只要调用这些函数就可以完成相应的功能，给用户带来了很大的方便。

1. 字符串拷贝函数 strcpy

调用格式：strcpy(字符数组 1,字符串或字符数组 2);

功能：将字符串或字符数组 2 中的字符串复制到字符数组 1 中。

其中字符数组 1 的长度必须大于待复制字符串的长度。

【示例 6-26】

```
char str[10];
strcpy(str,"China");
```

则将字符串"China"复制到了字符数组 str 中。

【示例 6-27】

```
char str1[9]="Computer",str2[6]="China";
strcpy(str1,str2);
printf("%s",str1);
```

则将字符数组 str2 中的字符串"China"复制到了字符数组 str1 中。

2. 字符串连接函数 strcat

调用格式：strcat(字符数组 1,字符串或字符数组 2);

功能：将字符串或字符数组 2 中的字符串连接到字符数组 1 中字符串的后面，并自动去掉字符数组 1 中字符串的结束标志。

其中字符数组 1 的长度必须足够大。

【示例 6-28】

```
char str1[14]="Computer",str2[6]="China";
strcat(str1,str2);
puts(str1);
```

输出结果为：ComputerChina。

3. 字符串比较函数 strcmp

调用格式：strcmp(字符数组 1 或字符串 1,字符数组 2 或字符串 2);

功能：比较两个字符串是否相同。

比较过程：从两个字符串的第 1 个字符开始按字符的 ASCII 码值进行比较，直到出现不同字符或字符串结束标志'\0'为止。

如果两个字符串完全相同，函数的返回值为 0。

如果字符串 1>字符串 2，函数的返回值为正整数，其值为 1。

如果字符串 1<字符串 2，函数的返回值为负整数，其值为-1。

【示例 6-29】

```
char str1[9]="Canada",str2[6]="China";
int k;
k=strcmp(str1,str2);
```

比较时先比较 str1 与 str2 中字符串的第一个字符，由于第 1 个字符相同都是大写字母 C（ASCII 码值相同），所以，再比较第 2 个字符，由于 str1 中的字符串的第 2 个字符为 a，ASCII 码值为 97，str2 中的字符串的第 2 个字符为 h，ASCII 码值为 104，因此，k 的值为-1。

4. 求字符串长度函数 strlen

调用格式：strlen(字符串或字符数组);

功能：求字符串的长度，不包括字符串结束标志。

其中函数返回值为字符串的长度值。

【示例 6-30】

```
char str[9]="Computer";
int i,j;
i=strlen("China");
j=strlen(str);
```

则 i 的值为 5，j 的值为 8。

注意：在程序中使用字符串处理函数时，要在程序的开头使用编译预处理命令：#include <string.h>或#include "string.h"。

微课 6-9
交换两个字符串

PPT 6-9
交换两个字符串

【例 6-4】 交换两个字符串。

从键盘上输入两个字符串，将它们交换后输出。

分析：借助于一个临时字符数组，使用字符串复制函数 strcpy 来完成交换。

程序代码：

```
(1) #include <stdio.h>
(2) #include <string.h>
(3) #define N 81
(4) void SwapStr(char str1[],char str2[])
(5) {
```

```
（6）      char ch[N];
（7）      strcpy(ch,str1);
（8）      strcpy(str1,str2);
（9）      strcpy(str2,ch);
（10）}
（11）int main()
（12）{
（13）      char ch1[N],ch2[N];
（14）      printf("请输入一个字符串：");
（15）      scanf("%s",ch1);
（16）      printf("请输入另一个字符串：");
（17）      scanf("%s",ch2);
（18）      SwapStr(ch1,ch2);
（19）      printf("交换后的两个字符串分别为：");
（20）      printf("\n%s\n%s\n",ch1,ch2);
（21）      return 0;
（22）}
```

【课堂实践 6-4】

由键盘任意输入 N 个国家的英文名称，按英语词典规律（升序）排序后输出。

同步训练 6-2

同步训练 6-2 参考答案

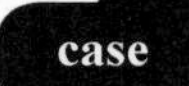

一、单项选择题

1．设有 static char str[ ]="Beijing";，则执行 printf("%d\n",strlen(strcpy(str, "China")));后的输出结果为（　　）。

A．5　　B．6　　C．7　　D．8

2．下列不能把字符串"Hello！"赋给数组 b 的语句是（　　）。

A．char b[10]={'H','e','l','l','o','!'};

B．char b[10];b="Hello！";

C．char b[10];strcpy(b,"Hello!");

D．char b[10]="Hello!"

3．下列程序运行时输入 abcd↙，输出结果是（　　）。

```
#include<stdio.h>
#include <string.h>
int main()
{
    char ss[10]="12345";
```

```
        gets(ss);
        strcat(ss,"6789");
        printf("%s\n",ss);
        return 0;
}
```

A. 123456789　　　　B. 12345abcd

C. abcd12345　　　　D. abcd6789

4. 以下程序运行后输出的结果是（　　）。

```
#include  <string.h>
#include  <stdio.h>
void f(char p[][10],int n)
{
        char t[20];
        int   i,j;
        for(i=0;i<n-1;i++)
            for(j=0;j<n-1-i;j++)
                if(strcmp(p[j],p[j+1])>0)
                {
                        strcpy(t,p[j]);
                        strcpy(p[j],p[j+1]);
                        strcpy(p[j+1],t);
                }
}
int main()
{
        char p[][10]={"abc","aabdf","abbd","dcdbe","cd"};
        f(p,5);
        printf("%d\n",strlen(p[0]));
        return 0;
}
```

A. 6　　B. 5　　C. 4　　D. 3

5. 下列程序运行时输入数据如下，输出结果是（　　）。

```
aaaa bbbb<CR>
cccc dddd<CR>
#include<stdio.h>
int main()
{
        char s1[10], s2[10], s3[10], s4[10];
        scanf("%s%s",s1,s2); gets(s3); gets(s4);
```

```
    puts(s1); puts(s2); puts(s3); puts(s4);
    return 0;
}
```

A．aaaa
bbbb
cccc
dddd

B．aaaa
bbbb
cccc
dddd

C．aaaa
bbbb

ccccdddd

D．aaaa
bbbb
cccc

二、程序设计题

1．读入一个自然数 n，计算其各位数字之和，用汉语拼音写出和的每一位数字。

2．编写程序，输入一句英语，将句中所有单词的顺序颠倒输出。如输入 Hello World Here I Come，则输出为 Come I Here World Hello。

3．输入 N 个字符串，再按降序排列输出。

6.3 应用实例

微课 6-10
顺序查找

PPT 6-10
顺序查找

【例 6-5】 顺序查找。

查找用户输入的数据是否在整型数组中，如果找到，返回所在元素的下标，并在主函数中输出是否找到的相关信息。

分析：在整型数组 a 中查找给定的值 x，可以从头至尾依次查找，也可以从后向前依次查找，本例采用后一种方法。查找时使用循环结构将待查找的数据 x 从后向前依次与每一个元素 a[i]进行比较，比较的条件是 i>=0&&a[i]!=x。

为简化比较条件和避免下标越界，将数组 a 中的数据从 a[1]开始存放，把 a[0]空出来，专门用来存放待查找数据 x，这时的 a[0]称为“**哨兵**”，这样比较条件可简化为 a[i]!=x，使得程序的效率更高。

程序代码：

```
（1） #include "stdio.h"
（2） #define N 5
（3） int Search(int a[],int x)
（4） {
（5）       int i;
（6）       a[0]=x;
（7）       for(i=N; a[i]!=x;i--);
（8）       return i;
（9） }
（10） int main()
（11） {
（12）      int k,x,a[N+1]={0,12,18,22,9,5};
（13）      printf("请输入待查找的整数：");
（14）      scanf("%d",&x);
```

```
(15)        k=Search(a,x);
(16)        if(k)
(17)            printf("\n%d 找到，是第%d 个元素。\n",x,k);
(18)        else
(19)            printf("\n%d 未找到。\n",x);
(20)        return 0;
(21) }
```

拓展知识 6-2
二分查找法

【课堂实践 6-5】

将用户输入的整数插入到按升序排好序的整数数组中，插入后仍然保持升序。

【例 6-6】 大数阶乘。

动画演示 6-2
大数阶乘

微课 6-11
大数阶乘

PPT 6-11
大数阶乘

计算用户输入的自然数 n 的阶乘，并统计位数。要求能精确计算较大数的阶乘，如 10000！。

分析：通过单元 5 的学习知道，求自然数的阶乘即使用 double 类型也只能计算到 21！，再大数的阶乘就计算不了了。现在有了数组的知识就可以计算大数的阶乘了。将大数阶乘的结果存放在一个数组中，每一个元素存放一个数码。以 1!为基础，依次求 2!、3!，直到 n!。

假设已求得(i−1)!，结果共有 N−k 位已存放在数组 bit[N]中，具体个位放在 bit[N−1]中，十位放在 bit[N−2]中，最高位放在 bit[k]中，求 i!思路如下：

从个位开始用 i 去乘(i−1)!的每一位，假设已处理到第 j 位，将 bit[j]*i 加上前一位的进位 carry（如果是个位即 j=N−1，carry=0）先放到 bit[j]中，再将商 bit[j]/10 作为下一位的进位，余数 bit[j]%10 就是本位应放的值。如果最高位（下标为 k 的那位）已处理完，看本位是否有进位，如果有，即 carry!=0，就将 k−−，继续重复以上操作，直到 carry==0，此时，i!以求完毕，k 的值为 i!最高位的下标。

为能求更大数的阶乘，将数组 bit 定义为静态数组并且足够大。

程序代码：

```
(1)  #include "stdio.h"
(2)  #define N 500000 //n!的位数，要足够大
(3)  int Fact(int bit[N],int n)
(4)  {
(5)        int i,j,k=N-1,carry;//k 表示最高位的下标
(6)        bit[k]=1;//0 或 1 的阶乘
(7)        for(i=2;i<=n;i++)
(8)        {//以 1!为基础，依次求 2!，3!，直到 n!
(9)             carry=0;//carry 表示进位数，开始进位数为 0
(10)            for(j=N-1;j>=k;j--)
(11)            {
(12)                 bit[j]=bit[j]*i+carry;
```

```
（13）                    carry=bit[j]/10;//处理进位
（14）                    bit[j]=bit[j]%10;//处理当前位
（15）                    if(j==k&&carry) //当处理到(i-1)!的最高位元素时(即 j==k)，只要
                                         //有进位(即 carry!=0),最高位元素下标前移
（16）                          k--;
（17）              }
（18）        }
（19）        return k;
（20）}
（21）int main()
（22）{
（23）        static int bit[N]={0};//存放 n!的结果
（24）        int i,k,n;
（25）        printf("请输入一个不超过十万的自然数，计算它的阶乘：");
（26）        scanf("%d",&n);
（27）        k=Fact(bit,n);
（28）        printf("%d!=",n);
（29）        for(i=k;i<N;i++)
（30）              printf("%d",bit[i]);
（31）        printf("\n");
（32）        printf("%d!是一个%d 位数。\n",n,N-k);
（33）        return 0;
（34）}
```

经验技巧 6-2
大数阶乘优化算法

【课堂实践 6-6】

编写求整数 a 的 b 次方函数 int Power(int t[],int a,int b)。要求对足够大的 b 能精确计算 a 的 b 次方，如 a 的 10000 次方，结果存放在数组 t 中。

【例 6-7】 统计单词个数。

动画演示 6-3
统计单词个数

输入一行字符，统计其中有多少个单词，单词之间用空格分隔。

分析：用字符数组 str 存放输入的一行字符，变量 num 统计单词的个数，标志变量 word 标志是否出现新单词。

单词的数目由空格出现的次数决定，连续多个空格作为一个空格处理，一行开头的空格不统计在内。

微课 6-12
统计单词个数

从第 1 个字符开始，逐一判断当前字符是否是空格，直到字符串结束标志，显然需要使用循环结构。如果当前字符是空格，表明未出现新单词，使 word=0；如果当前字符不是空格，有以下两种情况。

① 若它前一个字符是空格，即若 word==0，表明新单词出现，使 word=1，num++。

② 若它前一个字符不是空格，即若 word==1，表明未出现新单词出现，word 的值不变，num 不累加。

PPT 6-12
统计单词个数

程序代码：

```
（1） #include "stdio.h"
（2） #define N 81
（3） int CountWord(char str[])
（4） {
（5）        int i,num=0,word=0;
（6）        for(i=0;str[i]!='\0';i++)
（7）        {
（8）              if(str[i]==32)
（9）                     word=0;
（10）             else if(word==0)
（11）             {
（12）                    word=1;
（13）                    num++;
（14）             }
（15）       }
（16）       return num;
（17）}
（18）int main()
（19）{
（20）       char str[N];
（21）       int num;
（22）       printf("请输入一行字符：\n");
（23）       gets(str);
（24）       num=CountWord(str);
（25）       printf("在这行字符中共有%d 个单词。\n",num);
（26）       return 0;
（27）}
```

单元 6
拓展训练

单元 6
自测试卷

单元 6
课堂实践参考答案

单元 6
拓展训练参考答案

单元 6
自测试卷参考答案

【课堂实践 6-7】

编写删除字符串中指定位置字符的函数 void DeleteChar(char str[],int i)，能删除字符串 str 中第 i 个字符。

单元7 指针

学习目标

【知识目标】

- 掌握指针变量的定义、确定指针变量的指向。
- 掌握指针作为函数参数。
- 掌握指针的运算、数组元素的表示。
- 掌握字符串的指针表示。
- 掌握函数指针、函数指针作为函数参数和指针型函数。

【能力目标】

- 能够使用指针解决实际问题。

【素质目标】

- 挖掘程序设计中蕴含的计算思维、辩证思维等，学会辩证看待问题、理性思考问题、高效解决问题。
- 培养自我学习的能力，树立终身学习的意识。

指针是 C 语言的一个重要概念和特色，也是 C 语言的精华。C 语言的高度灵活性及极强的表达能力，在很大程度上表现在巧妙而灵活地运用指针上。通过指针可以有效地表示复杂的数据结构；能够方便地处理数组和字符串；能够直接对内存地址进行操作；利用指针作为函数参数，能够实现“一次函数调用，返回多个值”的目的。

7.1 指针变量

微课 7-1
地址与指针变量

PPT 7-1
地址与指针变量

7.1.1 地址与指针变量

在 C 语言中，所有的数据都是存放在存储器中的。一般把存储器中的一个字节称为一个存储单元，不同的数据类型所占用的存储单元数不等，如在 VC++ 系统中，int 整型数据占 4 个字节，字符型数据占 1 个字节。

1. 地址及取地址运算符

C 语言对程序中使用的每一个实体，包括常量、变量、数组、函数等，都要在编译或程序运行时为其分配相应长度的存储空间，用于存放数据，存放的数据称为内存单元的内容；而内存中每一个字节存储单元都有一个编号，这个编号称为内存单元的地址，系统为变量所分配存储空间的起始单元的地址称为这个变量的地址。

怎样才能获得变量的地址呢？在 scanf()函数中，曾经使用过取地址运算符“&”，可以按以下方式获取变量的地址：

```
&变量名
```

“&”是单目运算，优先级别是第 2 级，结合方向为右结合。

利用存储空间的地址，可以访问存储空间，从而获得存储空间的内容。所以，地址就好像是一个路标，指向了存储空间。因此，也就把地址形象地称为**指针**。

假设有定义：int a=3;，则系统将为变量 a 分配 4 个字节的存储空间，并假设该空间的地址是 0012FF78H。则变量 a 的地址和变量 a 的存储空间的内容如图 7-1 所示。

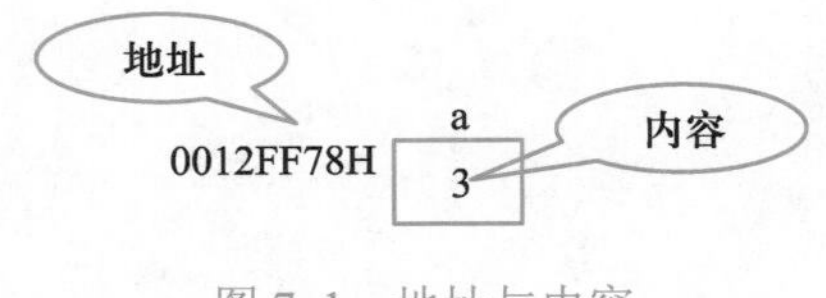

图 7-1 地址与内容

2. 指针变量

在 C 语言中，除了前面所学习的用于存放用户数据的变量（不妨将这样的变量称为普通变量）外，还有一种特殊的变量，专门用来存放地址。

把存放地址的变量称为**指针变量**，指针变量的值为地址。

3. 指针变量的指向

如果指针变量 p 中存放的是变量 a 的地址，则称**指针变量 p 指向变量 a**。这样，对变量 a 的访问就有两种方式，一种是直接通过变量 a 来访问；另一种是通过指向变量 a 的指针变量 p 来访问。

指针变量 p 指向变量 a 常用图 7-2 或用图 7-3 简图来表示。

图 7-2 p 指向 a　　图 7-3 p 指向 a（简图）

7.1.2 指针变量的定义和使用

微课 7-2
指针变量的定义和使用

PPT 7-2
指针变量的定义和使用

1. 指针变量的定义

定义指针变量的一般格式：类型标识符 *变量名;

说明：

① *表示这是一个指针变量，不可省略。

② 变量名即为定义的指针变量名。

③ 类型标识符表示指针变量所能指向的变量的数据类型，称为**基类型**，定义指针时必须指明基类型。

【示例 7-1】 int *pa;定义 pa 是一个指针变量，它只能指向 int 型变量。

【示例 7-2】

```
double *pb;        //pb 是基类型为 double 的指针变量
char *pc;          //pc 是基类型为 char 的指针变量
```

注意：一个指针变量定义后，只能指向其基类型的变量，如【示例 7-2】中定义的 pb 只能指向 double 型变量，不能时而指向这种类型的变量，时而又指向另一种类型的变量。

2. 确定指针变量的指向

指针变量定义后，必须确定指针变量的指向，才能使用指针变量，确定指针变量的指向有以下两种方法。

（1）给指针变量赋值

【示例 7-3】

```
int a,b[3],*p,*q;
p=&a;      //确定指针变量 p 指向变量 a
q=b;       //确定指针变量 q 指向变量数组元素 b[0]
```

拓展知识 7-1
void 指针

（2）给指针变量初始化

【示例 7-4】 int a,*p=&a;，先定义变量 a，再定义指针变量 p，并用变量 a 的地址初始化 p，使 p 指向变量 a。

3. 指针变量的引用

（1）指向运算符

使用格式： *指针变量

其中*为指向运算符，优先级别和结合方向与&相同。

作用：求运算符后面的指针变量所指向变量的值，即指针变量所指向存储空间的内容。

说明：运算符“*”后面必须是指针变量，而不能是普通变量。

拓展知识 7-2
二级指针变量

（2）引用指针变量指向的变量

【示例 7-5】

```
int a=3,b=2,*p;
p=&a;
a=a+b;
printf("%d,%d\n",a,*p);      //*p 是 p 指向的变量
```

常见问题 7-1
指针变量未确定指向就使用

输出结果为：5,5

（3）直接引用指针变量

【示例 7-6】

```
char a[]="ABC",*p=a;
printf("%s",p);
```

微课 7-3
指针作为函数参数

输出结果为：ABC

7.1.3 指针作为函数参数

PPT 7-3
指针作为函数参数

函数的参数不仅可以是整型、实型、字符型等数据，还可以是指针类型。指针作为函数参数同数组名作为函数参数基本相同，数组名作为函数参数使形参数组与实参数组共用相同的存储空间；而指针作为函数参数使形参指针变量指向实参的存储单元，可通过形参指针变量对实参变量进行操作、改变实参变量的值，从而实现一次函数调用返回“多个值”目的。

【例 7-1】 交换实参变量的值。

动画演示 7-1
交换实参变量的值

在单元 3 中给出交换两个外部变量的值的实例，有了指针的概念就可以实现交换两个实参变量的值了，通过对形参指针变量的操作完成实参变量的交换。

程序代码：

```
(1)  #include "stdio.h"
(2)  void swap(int *p1,int *p2)
(3)  {
(4)         int temp;
(5)         temp=*p1;
(6)         *p1=*p2;
(7)         *p2=temp;
(8)  }
(9)  int main()
(10) {
(11)        int a,b;
(12)        printf("请输入两个整数：");
(13)        scanf("%d%d",&a,&b);
```

```
(14)        printf("交换前 a=%d,b=%d\n",a,b);
(15)        swap(&a,&b);
(16)        printf("交换后 a=%d,b=%d\n",a,b);
(17)        return 0;
(18) }
```

程序中通过函数 swap 借助中间变量交换形参指针变量指向变量的值（第 5 行～第 7 行），通过第 15 行的函数调用 swap(&a,&b)，分别以变量 a 和 b 的地址作为实参传给形参指针变量 p1 和 p2，确定形参指针变量 p1 和 p2 的指向，使 p1 指向 a，p2 指向 b。

动画演示 7-2 交换形参指针变量的指向

【例 7-2】 交换形参指针变量的指向。

```
(1) #include "stdio.h"
(2) void swap1(int *p1,int *p2)
(3) {
(4)        int *temp;
(5)        printf("交换前%d,%d\n",*p1,*p2);//交换前 p1 指向 a，p2 指向 b
(6)        temp=p1;
(7)        p1=p2;
(8)        p2=temp;
(9)        printf("交换后%d,%d\n",*p1,*p2);//交换后 p1 指向 b，p2 指向 a
(10) }
(11) int main()
(12) {
(13)        int a,b,*p=&a,*q=&b;
(14)        printf("请输入两个整数：");
(15)        scanf("%d%d",p,q);
(16)        printf("a=%d,b=%d\n",*p,*q);
(17)        swap1(p,q);
(18)        printf("a=%d,b=%d\n",*p,*q);
(19)        return 0;
(20) }
```

程序中通过第 13 行定义并确定指针变量 p、q 的指向，通过第 17 行函数调用 swap1(p,q)，分别以 p、q 作为实参传递给形参指针变量 p1、p2，确定形参指针变量 p1 和 p2 的指向，使 p1 指向 p 指向的变量 a，p2 指向 q 指向的变量 b。函数 swap1 借助中间变量交换了形参指针变量 p1 和 p2 的指向，使 p1 指向 b，p2 指向 a，并未对实参变量 a、b 进行操作。

经验技巧 7-1 通用交换函数

【课堂实践 7-1】

求一组整数的最大值和最小值。要求：编写函数 void Input(int a[])实现一组整数的输入，编写函数 int Maxmin(int a[],int *pmax,int *pmin)实现求一组整数的最大值和最小值。

同步训练 7-1
参考答案

case

 同步训练 7-1

一、单项选择题

1．变量的指针含意是指变量的（　　）。

A．值　　B．地址　　C．存储内容　　D．名字

2．设 int a,*p;，则语句 p=&a;中的运算符“&”的含义是（　　）。

A．按位与运算　　B．逻辑与运算

C．取指针内容　　D．取变量地址

3．若 x 为整型变量，以下定义指针的正确语句是（　　）。

A．int p=&x;　　B．int　p=x;

C．int *p=&x　　D．p=x;

4．以下程序段中调用 scanf 函数给变量 a 输入数值的方法是错误的，原因是（　　）。

```
int *p,a;
p=&a;
printf("input a: ");
scanf("%d",*p);
...
```

A．*p 表示的是指针变量 p 的地址

B．*p 表示的是变量 a 的值，而不是变量 a 的地址

C．*p 表示的是指针变量 p 的值

D．*p 只能用来说明 p 是一个指针变量

5．若有语句：int a =4,*p=&a; ，下面均代表地址的一组选项是（　　）。

A．a，p，&*a　　B．*&a，&a，*p

C．&a，p，&*p　　D．*&p，*p，&a

6．设 q1 和 q2 是已指向 int 类型变量的指针变量，k 为 float 型变量，下列不能正确执行的语句是（　　）。

A．k=*q1*(*q2);　　B．q1=k;

C．q1=q2;　　D．k=*q1+*q2;

7．设有如下程序段，执行后 ab 的值为（　　）。

```
int *var,ab;
ab=100
var=&ab;
ab=*var+10;
```

A．120　　B．110　　C．100　　D．90

8．以下程序段运行后的输出结果是（　　）。

```
int *p,*p1,*p2,a=3,b=7;
```

```
p1=&a;p2=&b;
if(a<b) {p=p1;p1=p2;p2=p;}
printf("%d,%d",*p1,*p2);
printf("%d,%d",a,b);
```

A．3,7 7,3　　B．7,3 3,7　　C．7,3 7,3　　D．3,7 3,7

9．以下函数（　　）。

```
fun(int *p1,int *p2)
{
    int *p;
    *p=*p1;
    *p1=*p2;
    *p2=*p;
}
```

A．能实现交换*p1 和*p2 的值

B．指针变量 p 没有确定指向就使用，运行时出错

C．能实现交换 p1 和 p2 的值

D．能实现交换 p1 和 p2 的指向

10．以下选项中，正确运用指针变量的程序段是（　　）。

A．int　*i=NULL;
　　scanf("%d",&i);

B．float　*f=NULL;
　　*f=10.5;

C．char　t="m", *c=&t;
　　*c=&t;

D．long　*L;
　　L='\0';

二、程序填空题

1．设有定义：int n,*k=&n;，以下语句将利用指针变量 k 读写变量 n 中的内容，请将语句补充完整。

```
scanf("%d", ______ );
printf( "%d\n", ______ );
```

2．以下函数的功能是，把两个整数指针所指的存储单元中的内容进行交换。请填空。

```
exchange(int *x, int *y)
{
int t;
t=*y; *y= ______ ; *x= ______ ;
}
```

3．下列函数 fun 的功能是：计算 x 所指数组中 N 个数的平均值（规定所有数均为正数），平均值通过形参返回主函数，将小于平均值且最接近平均值的数作为函数值返回，在主函数

中输出。请填空。

```
#include<stdlib.h>
#include<stdio.h>
#define N 10
double fun(double x[],double *av)
{
    int i,j;
    double d,s;
    s=0;
    for(i=0;i<N;i++)
        s=s+x[i];
    _____ =s/N;
    d=32767;
    for(i=0;i<N;i++)
    {
        if(x[i]<*av && *av-x[i]<=d)
        {
            d=*av-x[i]; j= _____ ;
        }
    }
    return _____ ;
}
int main()
{
    int i;
    double x[N],av,m;
    for(i=0;i<N;i++)
    {
        x[i]=rand()%50;
        printf("%4.0f",x[i]);
    }
    printf("\n");
    m=fun(x,&av);
    printf("\nThe average is :%f\n");
    printf("\n");
    return 0;
}
```

三、程序阅读题

1．写出以下程序的运行结果（　　）。

```
#include <stdio.h>
void sub(int *x,int y,int z)
{
```

```
        *x=y-z;
}
int main()
{
        int a,b,c;
        sub(&a,10,5);
        sub(&b,a,7);
        sub(&c,a,b);
        printf("%d,%d,%d\n",a,b,c);
        return 0;
}
```

2．写出以下程序的输出结果（　　）。

```
#include<stdio.h>
int i;
int fun(int a,int *b);
int main()
{
        int i=1,j=2;
        fun (fun(i,&j),&j);
        return 0;
}
int fun (int a,int *b)
{
        static int m=2;
        i+=m+a;
        m =++(*b);
        printf ("%d,%d\n",i,m);
        return (m);
}
```

3．写出以下程序的运行结果（　　）。

```
#include <stdio.h>
void f(int y,int *x)
{
        y=y+*x;
        *x=*x+y;
}
int main( )
{
        int x=2,y=4;
        f(y,&x);
        printf("%d     %d\n",x,y);
```

```
    return 0;
}
```

四、程序设计题

1．输入两个整数，按大小顺序输出。要求：在主函数中完成整数的输入输出，在函数 void cmp(int *pmax,int *pmin)中实现两个整数的比较和交换。

2．分别统计字符串中大写字母、小写字母、空格及数字字符的个数。要求：在主函数中完成字符串的输入及输出统计结果，在函数 void count(char a[],int *upper,int *lower,int *space,int *digit)中实现统计。

3．求输入任意 N 个整数中的正数之和及个数。要求：编写一个函数完成计算和统计，在主函数中完成所有的输入输出。

7.2 指针与数组

7.2.1 指针运算

微课 7-4
指针运算

PPT 7-4
指针运算

PPT

设 a 是一个一维数组，p、q 是基类型与数组 a 的每个元素类型相同的指针变量，p 指向数组 a 的某个元素 a[i]，q 指向数组 a 的某个元素 a[j]。

1. 算术运算

一般形式：p±m，其中 m 为非负整数。

作用：p±m 指向元素 a[i±m]，指针 p 不移动。

【示例 7-7】

```
int a[5]={1,3,5,7,9},*p;
p=&a[2];
printf("%d,%d\n",*(p+2),*(p-1));
```

输出结果为：9,3

2. 赋值运算

一般形式：p=p±m，其中 m 为非负整数。

作用：p=p+m 表示将 p 向后移动 m 个元素的位置，使 p 指向元素 a[i+m]；p=p−m 表示将 p 向前移动 m 个元素，使 p 指向元素 a[i−m]。

【示例 7-8】

```
int a[5]={1,3,5,7,9},*p;
p=&a[2];
p=p+2;
printf("%d \n",*p);
```

输出结果为：9

3. 自增运算

前缀形式：++p 或−−p

作用：将 p 向后（或向前）移动 1 个元素的位置，使 p 指向元素 a[i+1]或 a[i-1]。

【示例 7-9】

```
int a[5]={1,3,5,7,9},*p;
p=&a[2];
printf("%d \n",*(++p));
```

输出结果为：7

后缀形式： p++或 p--

作用：先引用 p 指向的元素，再将 p 向后（或向前）移动 1 个元素的位置，使 p 指向元素 a[i+1]或 a[i−1]。

【示例 7-10】

```
int a[5]={1,3,5,7,9},*p;
p=&a[2];
printf("%d \n",*(p++));
```

输出结果为：5

自增运算可以用一句话概括，后缀形式为“先引用，后移动”；前缀形式为“先移动，后引用”；自加向后移，自减向前移。

4. 相减运算

一般形式：p−q 或 q−p

作用：求指针 p 与 q（或 q 与 p）之间相差数据元素个数，结果为 i−j（或 j−i）。

【示例 7-11】

```
int a[5]={1,3,5,7,9},*p,*q;
p=&a[2];
q=&a[0];
printf("%d \n",p−q);
```

输出结果为：2

微课 7-5
数组元素的表示

7.2.2 数组元素的表示

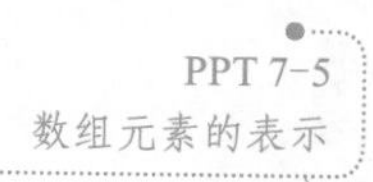

引用数组元素可以使用下标法，还可以用地址法和指针法。地址法是通过数组元素的地址来引用数组元素；指针法是通过定义一个指针指向数组元素来引用数组元素。

1. 地址法

对于一维数组 a，数组名 a 代表数组在内存中的起始地址，即 a<=>&a[0]（用<=>表示等价）；a+i 代表元素 a[i]的地址，即 a+i<=>&a[i]，地址 a+i 中存放的内容就是 a[i]，即*(a+i)<=>a[i]。

因此，一维数组 a 中的元素 a[i]用地址法可表示为：

```
a[i]<=>*(a+i)
```

由于 a+i 代表 a[i]在内存中的地址，所以，在对数组元素 a[i]进行操作时，系统内部实际上是按数组的首地址（a 的值）加上位移量 i 找到 a[i]在内存中的地址，然后找出该存储单元的内容，即 a[i]的值。

【示例 7-12】

```
int a[5]={1,3,5,7,9};
printf("%d,%d",a[3],*(a+3));
```

输出结果为：7,7

2. 指针法

设 a 是一维数组，p 是基类型与 a 的元素类型相同的指针变量，且 p 指向数组元素 a[0]。

则，p+i 指向数组元素 a[i]，因此，*(p+i)<=>a[i]，所以，数组元素 a[i]可用指针 p 表示为：

```
a[i]<=>*(p+i)
```

拓展知识 7-3
指向一维数组的指针变量

数组元素 a[i]又可用 p 表示为带下标的形式：

```
a[i]<=>p[i]
```

【示例 7-13】

```
int a[5]={1,3,5,7,9},*p=a;
printf("%d,%d,%d ",a[3],*(p+3),p[3]);
```

经验技巧 7-2
数组名作作为函数形参

输出结果为：7,7,7

3. 下标运算符

应当指出的是，下标法引用数组元素用到的一对方括号[]，是一种运算符，称为下标运算符。

运算符：[]

运算规则：设 a 是一维数组，p 是基类型与 a 的元素类型相同的指针变量，且 p 指向数组元素 a[0]，则 a[i]<=>*(a+i)或 a[i]<=>*(p+i)。

优先级别：优先级别最高，是第 1 级的。

结合方向：左结合。

微课 7-6
字符串的指针表示

PPT 7-6
字符串的指针表示

7.2.3 字符串的指针表示

一个字符串可以存放在一维字符数组中，多个字符串可以存放在二维字符数组中，可以通过对字符数组的操作实现对字符串的操作；如果不对字符串做修改操作，也可以直接用字符指针指向一个字符串。

1. **用字符指针指向一个字符串**

通过赋值操作将字符串的地址赋给字符指针变量，使字符指针变量指向字符串。

【示例 7-14】

```
char *s;
s="I love China!";
printf("%s\n",s); //输出字符串 I love China!
printf("%s\n",s+7); //输出字符串 China!
```

通过初始化将字符串的地址赋给字符指针变量，使字符指针变量指向字符串。

【示例 7-15】

```
char *s="I love China!";
printf("%s\n",s);
```

2. **用字符指针数组指向多个字符串**

可以用字符指针变量指向一个字符串，而对多个字符串可以定义多个字符指针变量分别指向一个字符串，这多个指针变量如果分别来定义，显得太麻烦了，因此，可以把它们定义成一个数组，数组中的每一个元素都是指针变量，这样的数组称为指针数组。

指针数组定义的一般格式：

类型标识符　*指针数组名[常量表达式]；

【示例 7-16】 char *a[3];

定义了一个指针数组 a，含有 3 个元素 a[0]、a[1]、a[2]，它们都是基类型为字符型的指针变量。

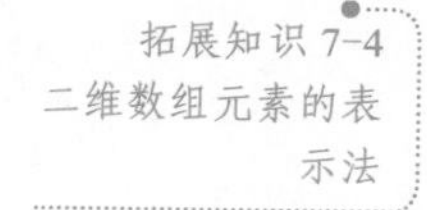

【示例 7-17】

```
#define N 7
int i;
char   *week[N]={"Monday","Tuesday","Wednesday", "Thursday","Friday", "Saturday",
"Sunday"};
for(i=0;i<N;i++)
     puts(week[i]);
```

常见问题 7-2
修改指针指向的字符串常量

定义了一个指针数组 week，通过初始化使每一个数组元素指向一个字符串，并输出。

同步训练 7-2

同步训练 7-2
参考答案

一、单项选择题

1. 若有说明：int *p,a;则不能通过 scanf 语句正确给输入项读入数据的程序段是（　　）。

A. *p=&a; scanf("%d",p);

B．p=&a; scanf("%d",p);

C．scanf("%d",p=&a);

D．scanf("%d",&a);

2．若已定义：int a[9],*p=a;，并在以后的语句中未改变 p 的值，不能表示 a[1] 地址的表达式是（　　）。

A．p+1　　B．a+1　　C．a++　　D．++p

3．以下程序的输出结果是（　　）。

```
void main( )
{
    int i,x[3][3]={9,8,7,6,5,4,3,2,1},*p=&x[1][1];
    for(i=0;i<4;i+=2)   printf( " %d " ,p[i]);
}
```

A．52　　B．51　　C．53　　D．97

4．以下程序的输出结果是（　　）。

```
void main( )
{
    char a[10]={'1','2','3','4','5','6','7','8','9',0},*p;
    int i;
    i=8;
    p=a+i;
    printf("%s\n",p-3);
}
```

A．6　　B．6789　　C．'6'　　D．789

5．以下程序的输出结果是（　　）。

```
void main( )
{
    int a[ ]={1,2,3,4,5,6,7,8,9,10,11,12};
    int *p=a+5, *q=NULL;
    * q=*(p+5);
    printf("%d %d \n",*p,*q);
}
```

A．运行后报错　　B．6 6　　C．6 12　　D．5 5

6．以下程序段的输出结果是（　　）。

```
char b1[8]="abcdefg",b2[8],*pb=b1+3;
while (--pb>=b1) strcpy(b2,pb);
printf("%d\n",strlen(b2));
```

A．8　　B．3　　C．1　　D．7

7．以下程序段的输出结果是（　　）。

```
int a[ ]={1,2,3,4,5,6},*p;
p=a;
*(p+3)+=2;
printf("%d,%d\n",*p,*(p+3));
```

A．0,5　　B．1,5　　C．0,6　　D．1,6

8．有以下程序段，执行后输出结果是（　　）。

```
char *s[ ]={ "one","two","three"},*p;
p=s[1];
printf("%c,%s\n",*(p+1),s[0]);
```

A．n,two　　B．t,one　　C．w,one　　D．o,two

9．如下程序中 isspace(char ch)函数是用于判断字符 ch 是否是空格的库函数，程序的输出结果是（　　）。

```
#include <stdio.h>
#include <ctype.h>
#include <string.h>
void fun(char *p)
{
    int i,k;
    char s[30];
    for(i=0,k=0;p[i]!='\0';i++)
        if(!isspace(*(p+i))&&(*(p+i)!='a'))
            s[k++]=p[i];
    s[k]='\0';
    strcpy(p,s);
}
int main()
{
    char s[30]="p r o g r a m e";
    fun(s);
    puts(s);
    return 0;
}
```

A．programe　　B．progrme　　C．ame　　D．emargorp

10．执行以下程序段后，b 的值为（　　）。

```
static int a[ ]={6,2,8,4,3};
int i,b=1,*p;
p=&a[1];
for(i=0;i<4;i++)
    b*=*(p+i);
```

```
printf("%d\n",b);
```

A. 192　　B. 384　　C. 64　　D. 1152

11. 以下程序段的输出结果为（　　）。

```
char s[ ]= "123",*p;
p=s;
printf("%c%c%c\n",*p,*++p,*++p);
```

A. 122　　B. 123　　C. 322　　D. 332

12. 设 int x[ ]={4,2,3,1},q,*p=&x[1];则执行语句 q=(*--p)++后，变量 q 的值为（　　）。

A. 4　　B. 3　　C. 2　　D. 1

13. 下列程序段编译、执行结果为（　　）。

```
char s1[5],s2[ ]="enjoy";
s1=s2;
printf("%s",s1);
```

A. enjoy　　B. joy　　C. en　　D. 编译出错

14. 下列程序段运行后输出（　　）。

```
void main( )
{
    int a[3][3],*p,i;
    p=&a[0][0];
    for(i=0;i<9;i++)
        p[i]=i+1;
    printf("%d \n",a[1][2]);
}
```

A. 3　　B. 6　　C. 9　　D. 随机数

15. 以下程序的运行结果是（　　）。

```
char *s="xcb3abcd";
int a,b,c,d;
a=b=c=d=0;
for(;*s;s++)
    switch(*s)
    {
        case 'c':c++;
        case 'b':b++;
        default:d++;
```

```
            break;
            case 'a':a++;
        }
    printf("a=%d,b=%d,c=%d,d=%d\n",a,b,c,d);
```

A．a=1,b=4,c=2,d=7　　B．a=1,b=2,c=3,d=3

C．a=9,b=5,c=3,d=8　　D．a=0,b=2,c=3,d=3

二、知识填空题

1．在 C 程序中，只能给指针变量赋 _____ 值。

2．若有定义：int a[]={2,4,6,8,10},*p=a;，则*(p+1)的值是 _____ 。

3．已知有以下的说明：int a[]={8,1,2,5,0,4,7,6,3,9};，那么 a[*(a+a[3])]的值为 _____。

4．定义 int a[]={1,2,3,4,5},*p=a;，表达式*++p 的值是 _____ 。

5．若有定义：int a[3][2]={2,4,6,8,10,12};，则*(a[1]+1)的值是 _____ 。

6．以下程序段的执行结果是 _____ 。

```
char a[]="abcdefg",*p;
p=a;
*(p+3)+=2;
printf("ch=%c\n",*(p+5));
```

7．以下程序段的输出结果是 _____ 。

```
char *a[4]={"Tokoy","Osaka","Sapporo","Nagoya"};
printf("%s",*(a+2));
```

8．以下程序段的执行结果是 _____ 。

```
char a[]="abcdefg",*p;
p=a;
*(p+3)+=2;
printf("ch=%s\n",p);
```

三、程序填空题

1．以下程序调用 findmax 函数返回数组中的最大值，试在下画线处填空。

```
#include <stdio.h>
findmax(int *a,int n)
{
        int *p,*s;
        for(p=a,s=a;n>0;n--,p++)
            if( ______ ) s=p;
        return (*s);
}
int main()
```

```
{
    int x[5]={12,21,13,6,18};
    printf("%d\n",findmax(x,5));
    return 0;
}
```

2．下面程序段是判断输入的字符是否是回文（如"xyzzyx"和"xyzyx"都是回文），请填空。

```
char s[100],*p1,*p2;
int n;
gets (s);
n=strlen(s);
p1=s;
p2=s+n-1;
while(p1<p2)
    if( _____ !=*p2)
        break;
    else
    {
        p1++; _____ ;
    }
if(p1<p2)
    printf("No\n");
else
    printf("YES\n");
```

3．mystrlen 函数的功能是计算 str 所指字符串的长度，并作为函数值返回。请填空。

```
int mystrlen(char *str)
{
    int i;
    for (i=0; _____ !='\0';i++);
    return i;
}
```

4．下列函数 fun 的功能是：将形参 s 所指字符串中所有 ASCII 码值小于 97 的字符存入形参 t 所指字符数组中，形成一个新串，并统计出符合条件的字符个数作为函数值返回。请填空。

```
#include <stdio.h>
int fun(char *s,char *t)
{
    int n=0;
    while(*s)
```

```
        {
            if(*s<97) { *(t+n)= ______ ;n++; }
            ______ ;
        }
        *(t+n)=0;
        return ______ ;
}
```

5. 以下程序中，fun 函数的功能是求 3 行 4 列二维数组每行元素中的最大值。请填空。

```
#include "stdio.h"
void fun(int m,int n,int ar[][4],int *br)
{
    int i,j,x;
    for(i=0;i<m;i++)
    {
        x=ar[i][0];
        for(j=0;i<n;j++)
        {
            if( ______ )
                x=ar[i][j];
            br[i]=x;
        }
    }
}
int main()
{
    int a[3][4]={{12,41,36,28},{19,33,15,27},{3,27,19,1}},b[3],i;
    fun(3,4,a,b);
    for(i=0;i<3;i++)
        printf("%4d",b[i]);
    printf("\n");
    return 0;
}
```

四、程序阅读题

1. 写出以下程序段的输出结果（　　）。

```
float a[8]={1,2,3,4,5,6,7,8};
float *p1,*p2;
int b;
p1=&a[3];
p2=&a[7];
```

```
b=p2−p1;
printf("%d\n",b);
```

2．当程序输入 89,34,25,−1,22，程序依次输出哪 5 个数？（   ）

```
#include <stdio.h>
#define  SIZE 5
void swap(int *a, int *b);
int main()
{
    int data[SIZE];
    int i,j;
    for(i=0;i<SIZE;i++)
        scanf("%d",&data[i]);
    for(i=0;i<SIZE−1;i++)
        for( j=i+1;j<SIZE;j++)
            if(data[i]<data[j] )
                swap(&data[i],&data[j]);
    for(i=0;i<SIZE;i++)
        printf("%4d",data[i]);
    return 0;
}
void swap(int *a,int *b)
{
    int temp;
    temp=*a;
    *a=*b;
    *b=temp;
}
```

3．以下程序的输出结果是（   ）。

```
#include <stdio.h>
char cchar (char ch)
{
    if(ch>='A'&&ch<='Z')
        ch=ch−'A'+'a';
    return ch;
}
int main()
{
    char s[ ]="ABC+abc=defDEF",*p=s;
    while(*p)
    {
```

```
        *p=cchar(*p);
        p++;
    }
    printf("%s\n",s);
    return 0;
}
```

4. 以下程序，若从键盘输入 BIG BIG WORLD，则输出结果是（　　）。

```
#include <stdio.h>
char fun(char *p)
{
    if(*p>='A'&&*p<='Z')
        *p-='A'-'a';
    return *p;
}
int main()
{
    char s[80],*p=s;
    gets(s);
    while(*p)
    {
        *p=fun(p);
        putchar(*p);
        p++;
    }
    return 0;
}
```

5. 写出以下程序段的输出结果（　　）。

```
static char s1[ ]= "programe",s2[ ]= "language";
char *p1,*p2;
int i;
p1=s1;p2=s2;
for(i=0;i<8;i++)
    if(*(p1+i)==*(p2+i))
        printf("%c",*(p1+i));
```

6. 下列程序段的输出结果是（　　）。

```
char *p1,*p2,s[10]="12345";
p1="abcde";
p2="ABCDE";
strcpy(s+2,p1+3);
```

```
strcat(s,p2+2);
printf("%s",s);
```

7. 如下程序段的执行结果是（　　）。

```
char a[ ]= "you are a boy",b[20];
int i;
for(i=0;*(a+i)!='\0';i++)
        *(b+i)=*(a+i);
*(b+i)='\0';
for(i=0;b[i]!='\0';i++)
        printf("%c",b[i]);
```

8. 写出以下程序段的执行结果（　　）。

```
int p1,m1,n1,dv,df;
char *p= "a+b-c+d/e",c;
p1=m1=n1=dv=df=0;
while (( c=*p++)!= '\0')
{
        switch (c)
        {
        case '+':p1++;break;
        case '-':m1++;break;
        case '*':n1++;break;
        case '/':dv++;break;
        default:df++;
        }
}
printf("%d,%d,%d,%d\n",p1,m1,dv,df);
```

9. 以下程序的运行结果是（　　）。

```
#include<stdio.h>
void fun(char *s);
int main()
{
        static char str[]="123";
        fun(str);
        return 0;
}
void fun(char *s)
{
```

```
        if(*s)
        {
                fun(++s);
                printf("%s\n",--s);
        }
}
```

10．以下程序的运行结果为（　　）。

```
#include <stdio.h>
#include<string.h>
void fun(char *p,int n)
{
        char k,*p1,*p2;
        p1=p;
        p2=p+n-1;
        while(p1<p2)
        {
                k=*p1++;
                *p1=*p2--;
                *p2=k;
        }
}
int main()
{
        static char s[]="1234567";
        fun(s,strlen(s));
        puts(s);
        return 0;
}
```

11．以下程序段的运行结果是（　　）。

```
static int a[10],i;
for (i=0;i<10;i++)
        a[i]=i+1;
for (i=0;i<10;i=i+2)
        printf("%d",*(a+i));
```

12．以下程序段的执行结果是（　　）。

```
int a[5]={1,2,3,4,5};
int i ;
for(i=0;i<5;i++)
```

```
    printf("%d, ",*(a+i));
```

13．写出以下程序段的执行结果（　　）。

```
int a[2],*p=a;
*p=2;
p++;*p=5;
printf("%d, ",*p);
p--;
printf("%d\n",*p);
```

14．以下程序段的执行结果是（　　）。

```
int a[ ]={2,4,6},*p=&a[0],x=8,y,z;
for (y=0;y<3;y++)
    z=(*(p+y)<x)?*(p+y):x;
printf("%d\n",z);
```

15．以下程序运行后输入：3,abcde↙，则输出结果是（　　）。

```
#include <stdio.h>
#include <string.h>
void move (char *str,int n)
{
    char temp; int i;
    temp=str[n-1];
    for(i=n-1;i>0;i--)
        str[i]=str[i-1];
    str[0]=temp;
}
int main()
{
    char s[50];int n,i,z;
    scanf("%d,%s",&n,s);
    z=strlen(s);
    for(i=1;i<=n;i++)
        move(s,z);
    printf("%s\n",s);
    return 0;
}
```

16．写出以下程序段的输出结果（　　）。

```
char *p="abcdefgh",*r;
long *q;
q=(long *)p;
q++;
r=(char *) q;
printf("%s\n",r);
```

17. 写出以下程序段的运行结果（　　）。

```
char *p,s[ ]="abcdefg";
for(p=s;*p!='\0';)
{
        printf("%s, ",p);
        p++;
        if(*p!='\0') p++;
        else break;
}
```

五、程序设计题

1. 有一个数组，内放 N 个整数，要求编写函数 int processor(int *p)找出最小的数和它的下标，然后把它和数组中最前面的元素调换，下标返回给主函数输出，原始数组和改变后的数组由 void output(int *p) 输出。

2. 有 n 个人围成一个圆圈，分别编号 1~n，从第 1 个人到 m 循环报数，凡是报到 m 者离开圆圈，求这 n 个人离开圆圈的次序。

3. 设计一个函数 int fun(char *p1)，功能是：判别字符串 str 是否为“回文”，如果是返回 1，如果不是返回 0。例如，“12321”“abcdcba”是回文，而“123”“hello”不是。

4. 有 N 个整数，使前面各数顺序向后移动 m 个位置，最后 m 个数变成最前面 m 个数。写一函数实现上述功能，在主函数中输入 N 个整数和输出调整后的 N 个数。

输入样例：　5　　//n 的值
　　　　　　2　　//m 的值
　　　　　　1 2 3 4 5
输出样例：4 5 1 2 3

微课 7-7
函数指针

PPT 7-7
函数指针

7.3 指针与函数

*7.3.1 函数指针

一个函数包括一系列的指令，在内存中占据一片存储空间，它有一个起始地址，即函数的入口地址，这个地址称为函数的指针。可以定义一个指针变量，将函数的入口地址赋给指针变量，使它指向函数，这样的指针变量称为指向函数的指针变量，可以通过指向函数的指针变量来调用函数。

---

* 部分可根据需要作为选学内容。

1. 指向函数的指针变量定义的一般形式

```
数据类型 (*函数指针变量名)(形参表);
```

说明：

① 数据类型是指函数指针变量所能指向的函数的返回值类型。

② 函数指针变量名是 C 语言合法的用户定义标识符，在函数指针变量名前必须加星号“*”，并用一对圆括号括起来。

③ 形参表是指所定义的函数指针所能指向的函数含参数的个数及类型，形参名可以省略不写。

④ 指针变量名外面的一对圆括号表示所定义的指针变量是指向函数的指针变量，不能省略。

【示例 7-18】

```
int (*p)(int ,double );
```

定义了一个指向函数的指针变量 p，p 所能指向的是返回值为 int 类型、第 1 个参数为 int 类型、第 2 个参数为 double 类型的函数。

2. 确定函数指针的指向

像数组名一样，函数名代表函数在内存中的起始地址，所以确定函数指针变量的指向可由赋值语句（或初始化）实现：

```
函数指针变量名=函数名;
```

其中，函数名可以是自定义函数名，也可以是系统提供的标准库函数名。

【示例 7-19】

```
int Sum(int a,int b)
{
    return a+b;
}
int (*p)(int,int);
p=Sum;//确定函数指针 p 指向函数 Sum
```

3. 用函数指针调用函数

用函数指针调用函数的一般形式为：

```
(*函数指针变量名)(实参表)
```

其中，实参表中的实参个数及类型必须与函数指针指向函数的形参个数及类型一致，调用时将实参值传递给相应的形参。

【示例 7-20】

```
int Sum(int a,int b)
{
    return a+b;
```

```
}
int s,(*p)(int,int) =Sum;
s=(*p)(3,5);//调用 p 指向函数 Sum，求 3 与 5 的和
```

微课 7-8
函数指针作为函数参数

PPT 7-8
函数指针作为函数参数

PPT

4. 函数指针作为函数参数

函数指针作为函数的形参，函数名作为函数的实参，是把实参函数的入口地址传给形参指针变量，使形参指针变量指向实参函数。这样，可以利用形参函数指针调用实参函数，使程序具有较强的灵活性。

【示例 7-21】

```
int Max(int a,int b), Min(int a,int b);
int Process(int a,int b,int (*fun)(int,int))
{
      return (*fun)(a,b);
}
int main()
{
      int a=5,b=8,max,min;
      max=Process(a,b,Max);
      printf("最大值:%d\n",max);
      min=Process(a,b,Min);
      printf("最小值:%d\n",min);
      return 0;
}
```

程序中，通过第一次调用函数 Process，把实参 a、b 的值传给形参 a、b，把函数 Max 的地址传给形参指针变量 fun，使指针变量 fun 指向函数 Max，在函数 Process 中，通过形参指针变量 fun 调用函数 Max；通过第二次调用函数 Process，把实参 a、b 的值传给形参 a、b，把函数 Min 的地址传给形参指针变量 fun，使指针变量 fun 指向函数 Min，在函数 Process 中，通过形参指针变量 fun 调用函数 Min。这样，通过不同的函数名作为实参，调用同一个函数 Process，使形参指针变量 fun 先后指向不同的函数，来实现对不同函数进行调用。

【例 7-3】 求两个整数的最大值和最小值

动画演示 7-3
求两个整数的最大值和最小值

编写函数 int Max(int a,int b)、int Min(int a,int b)和 int Process(int a,int b,int (*fun)(int,int))，分别求两个整数 a 与 b 的最大值、最小值，通过调用函数 Process 实现调用函数 Max 和 Min。

程序代码：

```
（1） #include "stdio.h"
（2） int Max(int a,int b)
（3） {
（4）       return a>b?a:b;
（5） }
```

```
（6） int Min(int a,int b)
（7） {
（8）         return a<b?a:b;
（9） }
（10） int Process(int a,int b,int (*fun)(int,int))
（11） {
（12）         return (*fun)(a,b);
（13） }
（14） int main()
（15） {
（16）         int a,b,max,min;
（17）         printf("请输入两个整数:\n");
（18）         scanf("%d%d",&a,&b);
（19）         max=Process(a,b,Max);
（20）         printf("最大值:%d\n",max);
（21）         min=Process(a,b,Min);
（22）         printf("最小值:%d\n",min);
（23）         return 0;
（24） }
```

拓展知识 7-5
main 函数的参数

程序中，通过第 19 行调用函数 Process，把实参 a、b 的值传给形参 a、b，把函数 Max 的地址传给形参指针变量 fun，使指针变量 fun 指向函数 Max，在函数 Process 中，通过形参指针变量 fun 调用函数 Max；通过第 21 行调用函数 Process，把实参 a、b 的值传给形参 a、b，把函数 Min 的地址传给形参指针变量 fun，使指针变量 fun 指向函数 Min，在函数 Process 中，通过形参指针变量 fun 调用函数 Min。这样，通过不同的函数名作为实参，调用同一个函数 Process，使形参指针变量 fun 先后指向不同的函数，来实现对不同函数进行调用。

【课堂实践 7-2】

编写函数 int Sum(int a[])、int Max(int a[])、int Min(int a[])和 int Process(int a[],int (*fun)(int[]))，分别求数组 a 所有元素之和、最大值、最小值，通过调用函数 Process 实现调用函数 Sum、Max 和 Min。

微课 7-9
指针型函数

7.3.2 指针型函数

PPT 7-9
指针型函数

在 C 语言中函数返回值的类型可以是整型、实型、字符型，还可以是指针类型，即函数的返回值是一个指针（地址），这种返回指针值的函数称为指针型函数。

定义指针型函数的一般格式：

```
类型标识符 *函数名(形参表)
{
    函数体
```

```
}
```

其中，函数名前的“*”号表明这是一个指针型函数，即返回值是一个指针。类型标识符表示返回的指针值的基类型。

【示例 7-22】

```
#include "stdio.h"
#define N 6
int *Min(int *b)
{
        int i,min,k;
        min=b[0];k=0;
        for(i=1;i<N;i++)
                if(b[i]<min)
                {
                        min=b[i];k=i;
                }
        return b+k;
}
int main()
{
        int a[N]={8,3,5,9,2,6},*p;
        p=Min(a);
        printf("最小值:%d\n",*p);
        return 0;
}
```

程序中，函数 Min 是基类型为 int 的指针型函数，它返回数组 a 中最小值元素的地址，赋给指针变量 p。

【例 7-4】 输入 1～7 之间的整数，输出对应的星期名。

程序代码：

```
（1） #include "stdio.h"
（2） char *day_name(int n)
（3） {
（4）         char *name[]={"Illegal day","Monday","Tuesday","Wednesday", "Thursday",
              "Friday","Saturday","Sunday"};
（5）         return((n<1||n>7) ? name[0] : name[n]);
（6） }
（7） int main()
（8） {
（9）         int i;
（10）        printf("请输入一个整数(1-7)：");
（11）        scanf("%d",&i);
（12）        printf("%2d-->%s\n",i,day_name(i));
（13）        return 0;
（14）}
```

程序中定义了一个指针型函数 day_name，该函数中定义了一个指针数组 name，每个元素指向一个英文星期名称字符串（name[0]指向"Illegal day"），返回对应英文名称字符串的地址。在主函数中，将返回值按 s 格式输出，就输出了该地址中存放的字符串，即对应英文星期名称。

拓展知识 7-6
指针值 NULL

【课堂实践 7-3】

编写函数 char *MaxChar(char *str)，求字符串 str 中最大字符的地址并返回该地址。

同步训练 7-3
参考答案

case

同步训练 7-3

一、单项选择题

1．在说明语句：int (*p)(char c ,double d);中，下列说法正确的是（　　）。

A．*p 表示的是指针变量 p 的值

B．*p 表示的是函数地址

C．p 表示的是函数入口地址

D．p 表示的是函数名

2．以下程序段中在下画线处，正确的调用语句是（　　）。

```
int  fun(int *x,int *y)
{………. return 0;}
int main( )
{
    int a=10,b=20;
    int (*p)(int *,int *); //定义变量 p
    p=fun;
    __________;
    return 0;
}
```

A．p(&a,&b);　　　　B．(*p)(*a,*b);

C．(*p)(a,b);　　　　D．*p(&a,&b);

3．在说明语句：int (*p)(char c ,double d);中，int 表示的是（　　）。

A．函数指针变量 p 的类型

B．函数的类型

C．函数指针变量 p 所指向的地址中值的类型

D．函数指针变量 p 所指向的函数的返回值类型

4．以下程序段中在下画线处，不正确的调用语句是（　　）。

```
int  fun(int *x,int *y)
{……….return 0;}
void pro(int *p1,int *p2,int (*p)(int *,int *))
```

```
{    fun(p1,p2);}
int main( )
{
     int a=10,b=20;
     int (*p)(int *,int *); //定义变量 p
     p=fun;
     __________;
     return 0;
}
```

A．(*p)(&a,&b);　　　B．p(&a,&b);

C．pro(&a,&b,fun());　　　D．pro(&a,&b,fun);

5．在说明语句：int *p( );中，标识符 p 代表是（　　）。

A．一个返回值为指针型的函数名

B．一个用于指向整型数据的指针变量

C．一个用于指向一维数组的指针

D．一个用于指向函数的指针变量

二、程序填空题

1．以下程序通过函数指针 p 调用函数 fun，请写出定义变量 p 的语句。

```
void fun(int *x,int *y)
{ ...... }
int main( )
{
     int a=1,b=2;
     _____ ;
     p=fun; p(&a,&b);
     ......
}
```

2．有函数 int fun(int *)和 int Pro (int *,int (*p)(int *))，main ()通过调用函数 Pro 实现调用函数 fun，请把 Pro()填写完整。

```
int Pro (int *p, _____ )
{
     _____ ;
}
int main()
{
     int a[10]={0};
     Pro( a, fun );
     .......
}
```

3．若有以下定义和语句，则*p[0]引用的数组元素 ______ ;*(p[1]+1)引用的是数组元素 _____ 。

```
int *p[3],a[9],i;
for (i=0;i<3;i++) p[i]=&a[3*i];
```

4．以下程序完成查找某个数字在数组 a 中的位置的功能，请填空。

```
#include <stdio.h>
int *find(int a[ ],int n,int x)
{
    int i=0;
    while(i<n&&*a!=x)
    ______ ,i++;
    if(i<n)  return a;
    else return NULL;
}
int main()
{
    int a[10]={1,2,3,4,5,6,7,8,9,10};
    int *p,x;
    printf("寻找哪个数?\n");
    scanf("%d",&x);
    p=find(a,10,x);
    if(p!=NULL) printf("%d 在 a[%d]",x,p-a);
    return 0;
}
```

三、程序设计题

1．设计一个函数，找出 N 行 M 列的二维数组中的最大值和其地址，通过形参传回最大值，而最大值的地址由该函数 return 语句返回。在主函数中输出数组首址、最大值和其地址。

2．求 M 行 N 列二维数组中的最大值、最小值及所在的下标。所有输入输出在主函数中完成，使用函数指针作为函数参数调用求最大值、最小值的功能函数。

7.4 应用实例

动画演示 7-4
有序数组的插入

【例 7-5】 有序数组的插入。

在按升序排序的数组中插入一个数据 x，使插入后的数组仍然有序。

分析：在按升序排序的数组中插入一个数据 x，需要先确定数据 x 的插入位置 i，然后将下标大于等于 i 的元素依次后移，最后将数据 x 插入到第 i 个元素的位置。

程序代码：

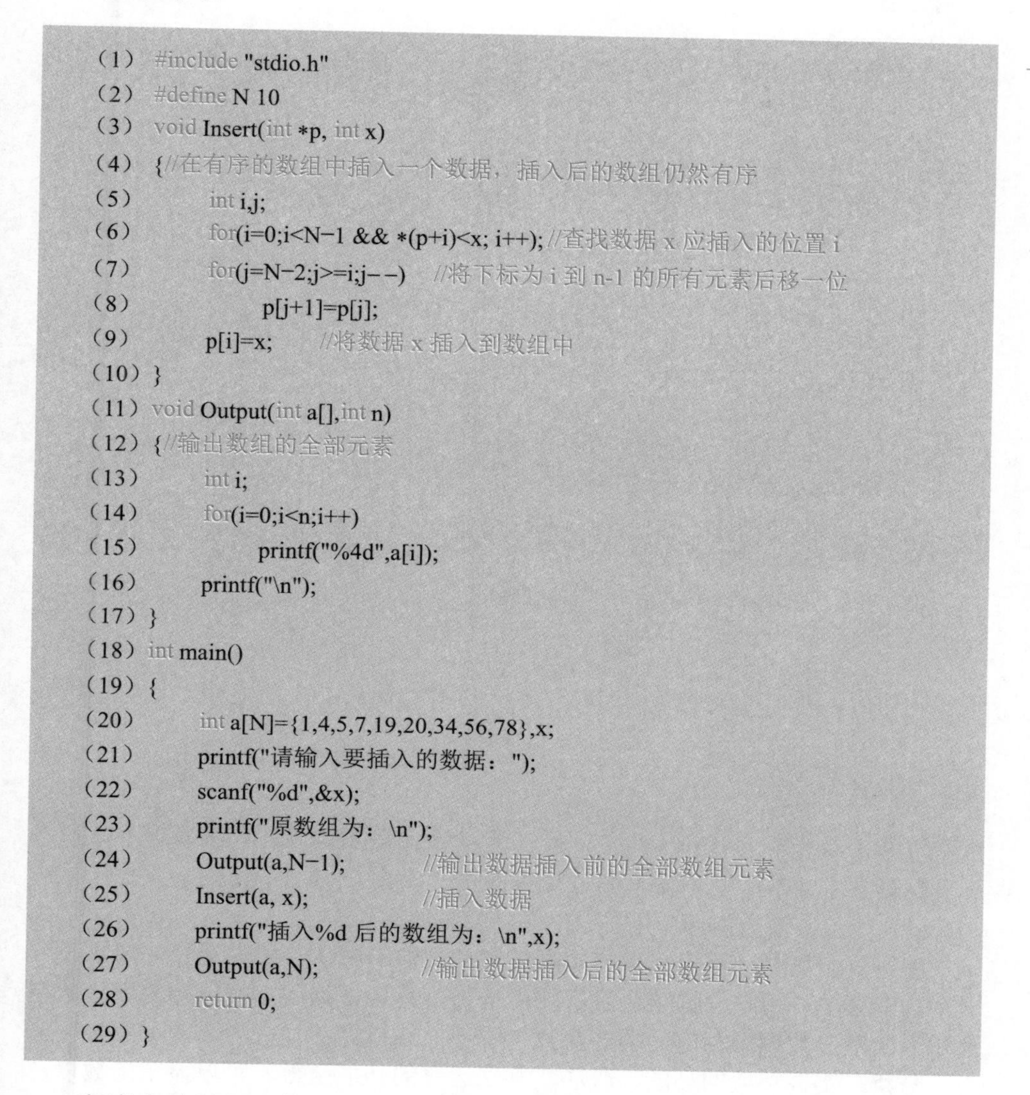

```
(1)  #include "stdio.h"
(2)  #define N 10
(3)  void Insert(int *p, int x)
(4)  {//在有序的数组中插入一个数据，插入后的数组仍然有序
(5)       int i,j;
(6)       for(i=0;i<N-1 && *(p+i)<x; i++); //查找数据 x 应插入的位置 i
(7)       for(j=N-2;j>=i;j--)   //将下标为 i 到 n-1 的所有元素后移一位
(8)            p[j+1]=p[j];
(9)       p[i]=x;      //将数据 x 插入到数组中
(10) }
(11) void Output(int a[],int n)
(12) {//输出数组的全部元素
(13)      int i;
(14)      for(i=0;i<n;i++)
(15)           printf("%4d",a[i]);
(16)      printf("\n");
(17) }
(18) int main()
(19) {
(20)      int a[N]={1,4,5,7,19,20,34,56,78},x;
(21)      printf("请输入要插入的数据：");
(22)      scanf("%d",&x);
(23)      printf("原数组为：\n");
(24)      Output(a,N-1);          //输出数据插入前的全部数组元素
(25)      Insert(a, x);           //插入数据
(26)      printf("插入%d 后的数组为：\n",x);
(27)      Output(a,N);            //输出数据插入后的全部数组元素
(28)      return 0;
(29) }
```

PPT 7-10
有序数组的插入

程序中的插入函数 Insert，使用指针作为函数形参，使形参指针指向数组元素 a[0]，通过形参指针对实参数组进行操作，也可以改用形参数组，效果相同。

【课堂实践 7-4】

编写一个函数 void DeleteStr(char *a,int i)，用于实现删除字符串 a 中第 i 个字符。

【例 7-6】 字符串连接。

编写函数 void StrCat(char *ps1, char *ps2)将字符串 ps2 连接到字符串 ps1 的后面。

动画演示 7-5
字符串连接

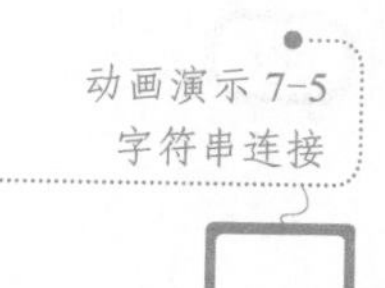

分析：先找到字符串 ps1 的尾部，再将字符串 ps2 中的每个字符逐个字符

写到字符串 ps1 的后面，最后加上字符串结束标志。

微课 7-11
字符串连接

PPT 7-11
字符串连接

程序代码：

```
(1) #include "stdio.h"
(2) #define N 30
(3) void StrCat(char *ps1,char *ps2)
(4) {
(5)         for(;*ps1;ps1++);
(6)         for(;*ps2;ps1++,ps2++)
(7)                 *ps1=*ps2;
(8)         *ps1='\0';
(9) }
(10) int main()
(11) {
(12)        char str1[N],str2[N];
(13)        printf("请输入两个字符串：\n");
(14)        scanf("%s%s",str1,str2);
(15)        StrCat(str1,str2);
(16)        printf("连接后的字符串为：\n");
(17)        puts(str1);
(18)        return 0;
(19) }
```

【课堂实践 7-5】

编写函数 void StrCopy (char *ps1, char *ps2)，其功能：把字符串 ps2 的内容复制到字符串 ps1 中，要求不能使用 strcpy 函数。

【例 7-7】 函数指针应用——简易计算器。

编写一个简易计算器程序，实现整数的加法、减法、乘法运算。要求设计一个功能菜单，用户根据菜单进行功能选择，程序根据用户的选择使用函数指针作为函数参数调用相应的功能函数。

微课 7-12
函数指针应用——简易计算器

PPT 7-12
函数指针应用——简易计算器

分析：实现整数的加法、减法、乘法运算的功能函数、菜单显示函数以及调用各功能函数的函数 int Pro(int a,int b,int (*fun)(int,int))都很容易编写出来。

解决问题的关键是设计一个菜单选择函数 int Select(int i)，能够根据用户的选择 i，用统一的调用格式调用 Pro 函数。为使函数指针 fun 能够指向相应的函数，在函数 Select 中定义一个指向函数的指针数组 str(int (*str[3])(int,int))，通过初始化（int (*str[3])(int,int)={Sum,Sub,Mul};）使其元素分别指向相应的功能函数，这样便可根据用户的选择 i，统一使用 Pro(x,y,str[i−1])来调用相应的功能函数。

另外，为使输出格式能统一、正确输出相应运算符，在函数 Select 中定义一个一维字符数组 Op，用于存放三个运算符字符。

程序代码：

```
(1) #include "stdio.h"
(2) #include "conio.h"
(3) #include "stdlib.h"
(4) int Sum(int a,int b)
(5) {//加法
(6)         return a+b;
(7) }
(8) int Sub(int a,int b)
(9) {//减法
(10)        returna-b;
(11) }
(12) int Mul(int a,int b)
(13) {//乘法
(14)        return a*b;
(15) }
(16) int Pro(int a,int b,int (*fun)(int,int))
(17) {//调用各功能函数
(18)        return (*fun)(a,b);
(19) }
(20) void ShowMenu()
(21) {//显示菜单
(22)        printf("\t**********************************\n");
(23)        printf("\t*        简易计算器        *\n");
(24)        printf("\t*  1.加法          2.减法      *\n");
(25)        printf("\t*  3.乘法          0.退出      *\n");
(26)        printf("\t**********************************\n");
(27) }
(28) int Select(int i)
(29) {//菜单选择
(30)        int x,y,(*str[3])(int,int)={Sum,Sub,Mul};
(31)        char Op[3]={'+','-','*'};
(32)        if(i)
(33)        {
(34)               printf("请输入两个整数，以空格分开：");
(35)               scanf("%d%d",&x,&y);flushall();
(36)               printf("\t%d %c %d = %d\n",x,Op[i-1],y,Pro(x,y,str[i-1]));
(37)        }
(38)        else
(39)        {
(40)               printf("感谢使用本计算器，再见！\n");
(41)               return 1;
(42)        }
(43)        printf("按任意键继续……");getch();
(44)        return 0;
(45) }
(46) int main()
```

```
(47) {
(48)     int i;
(49)     while(1)
(50)     {
(51)         system("cls");
(52)         ShowMenu();
(53)         printf("请输入你的选择（1,2,3,0）：");
(54)         scanf("%d",&i);flushall();
(55)         if(i>=0&&i<=3)
(56)             if(Select(i))
(57)                 break;
(58)     }
(59)     return 0;
(60) }
```

程序中，分别在第 35 行和第 54 行使用了库函数 flushall（头文件为 stdio.h）用于清除缓冲区；在第 43 行使用了库函数 getch（头文件为 conio.h）用于等待用户按键，用户按键不显示在屏幕上；在第 51 行使用了库函数 system（头文件为 stdlib.h）用于调用 DOS 命令，其中 cls 为清屏命令。

另外，程序只有一个入口和一个出口，均是主函数。

【课堂实践 7-6】

仿照【例 7-7】编写程序，实现求 N 阶方阵所有元素之和、主对角线元素之和、次对角线元素之和。要求设计一个功能菜单，用户根据菜单进行功能选择，程序根据用户的选择使用函数指针作为函数参数调用相应的功能函数。

单元 8

结构体

学习目标

【知识目标】

- 掌握结构体类型的定义、使用 typedef 定义类型标识符的别名。
- 掌握结构体变量、数组和指针变量的定义、初始化和确定指针变量的指向。
- 掌握结构体变量、结构体指针变量引用成员的方法。
- 掌握结构体数据的输入方法。
- 掌握结构体变量作为函数参数和结构体型函数。

【能力目标】

- 能够使用结构体解决实际问题。

【素质目标】

- 培养遵守软件行业公约、标准和规范的意识，严格遵守流程进行程序开发。
- 激发科技报国的家国情怀和使命担当。

8.1 结构体类型

整型（short、int、long）、实型（float、double）、字符型（char）等都是 C 语言的基本数据类型，可以将一组类型相同的数据定义成数组类型，还可以使用指针类型对变量的内存进行操作。在实际应用中，经常需要将不同类型的数据作为一个整体来处理，例如，学生成绩表中的一个学生信息包括学号、姓名、性别、年龄、成绩等，它们是一个整体，却又具有不同的数据类型，显然，不能用数组来处理这一组不同类型的数据。为了解决这个问题，C 语言提供了另一种构造数据类型——“结构体”，它将类型相同或类型不同的数据封装在一起，作为一个整体来处理。

8.1.1 结构体类型定义

微课 8-1
结构体类型定义

PPT 8-1
结构体类型定义

结构体类型是一种构造类型，它由若干成员组成，每一个成员可以是基本数据类型、指针类型或者是构造类型。

结构体类型定义一般格式

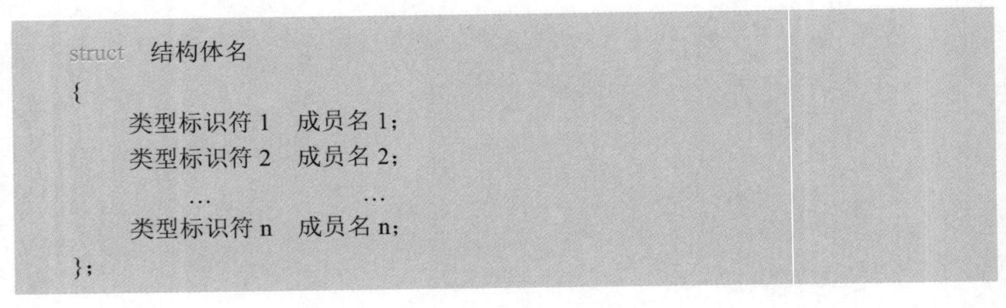

```
struct  结构体名
{
      类型标识符 1   成员名 1;
      类型标识符 2   成员名 2;
           …              …
      类型标识符 n   成员名 n;
};
```

说明：

① struct 是关键字，它与结构体名一起构成一个结构体类型标识符。

② 结构体中的每个成员均须作类型说明，成员的类型可以是基本类型、数组、指针或已定义的结构体（结构体的嵌套定义），结构体类型名和成员名的命名应符合标识符的命名规则。

【示例 8-1】 定义一个学生结构体类型。

```
struct student
{
      char num[11];          //成员 num（学号）的类型为字符数组
      char name[21];         //成员 name（姓名）的类型为字符数组
      char sex;              //成员 sex（性别）的类型为字符型
      int age;               //成员 age（年龄）的类型为 int 类型
      double score;          //成员 score（分数）的类型为 double 类型
};
```

定义了含有 5 个成员的结构体，成员 num 是字符数组，用来存放学生学号；成员 name 也是字符数组，用来存放学生姓名；成员 sex 是 char 型变量，用来存放学生性别；成员 age 是 int 型变量，用来存放学生年龄；成员 score 是 double 型变量，用来存放学生成绩。student 是结构体名，它与 struct 一起构成结构体类型标识符 struct student，以后可以用 struct student 来定义结构体变量。

【示例 8-2】 结构体的嵌套定义。

```
struct date
{
    int year;
    int month;
    int day;
};
struct student1
{
    char num[11];
    char name[21];
    char sex;
    struct date birthday; //成员 birthday 为 struct date 结构体类型
    double score;
};
```

先定义了一个结构体 date，由 year（年）、month（月）、day（日）3 个成员组成，再定义结构体 student1，其中的成员 birthday 为 struct date 结构体类型，构成了结构体的嵌套定义。

③ 成员名可以与程序中的变量名同名，二者不代表同一对象，互不干扰。

④ 注意末尾的“;”必不可少。

8.1.2 类型标识符的别名

微课 8-2
类型标识符的别名

结构体类型定义以后，struct 加结构体名一起构成结构体类型标识符，以后就可以用“struct 结构体名”来定义该结构体的结构体变量，而用“struct 结构体名”定义结构体变量显得代码比较复杂；另外，用同一个类型标识符（如 int）定义的变量在不同的编译系统中（VC++和 Turbo C）分配的字节数不同，使得同一程序代码在不同的编译系统中运行，可能会得到不同的执行结果，即该程序代码不具备可移植性等。为解决这些问题，可以使用 typedef 来给类型标识符定义别名。

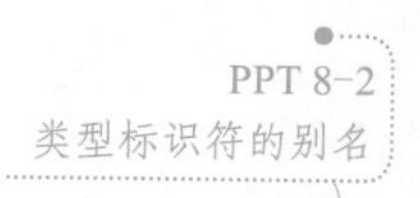

PPT 8-2
类型标识符的别名

1. 定义别名的一般格式

```
typedef 原类型名 别名;
```

其中，typedef 是 C 语言关键字，专门用来定义别名；原类型名可以是整型、实型、结构体类型等数据类型标识符；别名是给原类型名起的新名字，必须符合标识符的命名规则。

作用：别名定义以后，可以使用别名来定义变量，用别名定义变量与用原类型名定义变量效果相同。

优点：使用别名有以下几方面的优点。

① 简化程序的书写。

② 使用有明确意义的别名，能增强程序的可读性。

③ 便于修改程序代码，使程序代码具有可移植性。

【示例 8-3】

```
typedef int INTEGER;
typedef double REAL;
INTEGER a,b;   //用别名定义 int 型变量，与 int a,b;等效
REAL x,y;      //用别名定义 double 型变量，与 double a,b;等效
```

分别给已有类型标识符 int 和 double 定义了别名 INTEGER 和 REAL，后面两条语句是使用别名定义变量。

【示例 8-4】

```
typedef struct student STU;
```

给结构体类型标识符 struct student 定义了别名 STU，有了别名定义后就可以使用别名 STU 来定义结构体变量了。

使用 typedef 定义别名，除了可使用一般格式定义外，还有几种典型用法。

2. 典型用法

（1）定义数组别名

```
typedef   类型标识符   别名[常量表达式];
别名   数组名;
```

使用别名定义的是一个数组，该数组中共有“常量表达式”个元素，每个元素都是“类型标识符”的类型。

【示例 8-5】

```
typedef int ARRAY[20];
ARRAY a,b;// 用别名定义数组，与 int a[20],b[20]; 等效
```

（2）定义指针别名

```
typedef   类型标识符   *别名;
别名   指针变量名;
```

使用别名定义的是一个指针变量，该变量的基类型为 “类型标识符”的类型。

【示例 8-6】

```
typedef char *STR;
STR p,s[10];      //定义字符指针变量 p，字符指针数组 s[10]
```

（3）定义结构体别名

```
typedef  struct  结构体名
{
      类型标识符 1   成员名 1;
      类型标识符 2   成员名 2;
         …             …
      类型标识符 n   成员名 n;
}别名;
```

在定义结构体类型时，使用 typedef 定义结构体类型的别名，该定义与

```
typedef  struct  结构体名 别名;
```

等效。

使用该方法定义结构体类型的别名时，结构体名可省略不写。

3. 定义别名步骤

除以上典型用法外，可以使用以下步骤定义某种类型的别名。

第①步：写出某种类型变量的定义。

第②步：将定义中的变量名换成别名。

第③步：在定义的前面加 typedef。

【示例 8-7】 给字符型指针数组定义别名。

第①步：char *a[N];　　//字符型指针数组定义

第②步：char *POINTARRAY[N];　　//将数组名换成别名

第③步：typedef char *POINTARRAY[N]; //在定义前面加 typedef

这样，POINTARRAY 就是字符型指针数组的别名，以后用 POINTARRAY 定义的变量就是含有 N 个元素的字符指针数组。

同步训练 8-1

同步训练 8-1 参考答案

case

一、单项选择题

1．在定义 struct str{int a1;int a2;int a3;};中，结构体类型标识符为（　　）。

A．int　　B．struct　　C．str　　D．struct str

2．设有以下说明语句

```
struct ex
{ int x;float y;char z;};
```

则下面的叙述中不正确的是（　　）

A．struct 是结构体类型的关键字　　B．ex 是结构体类型名

C．x，y，z 都是结构体成员名　　D．struct ex 是结构体类型名

3．下面给出的是使用 typedef 定义一个数据类型别名的 3 项工作，如果要正确定义一个数据类型的别名。进行这 3 项工作的顺序应当是（　　）。

（1）将定义中的变量名换成别名

（2）写出某种类型变量的定义

（3）在定义的前面加关键字 typedef

A．（1）（2）（3）　　B．（2）（1）（3）

C．（2）（3）（1）　　D．（3）（2）（1）

4．下面有关 typedef 的叙述中，正确的是（　　）。

A．typedef 用于定义新类型

B．typedef 用于定义新变量

C．typedef 用于给已定义类型取别名

D．typedef 用于给已定义变量取别名

5．设有以下定义

```
typedef struct ex
{ int x;float y;char z;} str;
```

则可以作为结构体类型名的是（　　）。

A．struct　　B．str　　C．ex　　D．int

6．下面有关 typedef 的叙述中，不正确的是（　　）。

A．只能给结构体类型取别名　　B．可以给基本类型取别名

C．可以给指针类型取别名　　D．可以给数组类型取别名

7．以下各选项用于给某种类型取别名，其中正确的是（　　）。

A．typedef　v1　int;　　B．typedef　v2=int;

C．typedef　int　v3;　　D．typedef　v4:　int;

8．若有以下说明和定义 typedef int *INTEGER;INTEGER p,*q;，叙述正确的是（　　）。

A．p 是 int 型变量　　B．p 是基类型为 int 的指针变量

C．q 是基类型为 int 的指针变量　　D．可用 INTEGER 代替 int

9．设有以下语句 typedef struct S{ int g; char h;}T;，则下面叙述中正确的是（　　）。

A．可用 S 定义结构体变量　　B．S 是 struct 类型的变量

C．可以用 T 定义结构体变量　　D．T 是 struct S 类型的变量

10．对结构体类型变量定义不正确的是（　　）。

A．
```
#define STUDENT struct student
STUDENT
{
    char name;
    int num;
}std;
```

B．
```
struct student
{
    char name;
    int num;
}stu;
```

C．
```
#define struct student
{
    char name;
    int num;
}STD;
STD stu;
```

D．
```
struct
{
    char name;
    int num;
}student;
struct student stu;
```

8.2 结构体变量

微课 8-3
结构体变量的定义和初始化

PPT 8-3
结构体变量的定义和初始化

结构体类型定义后，系统并不为它分配存储空间，而只是告诉系统该结构由哪些类型的成员组成，各占多少字节，并把它们当作一个整体来处理。只有定义了结构体变量，系统才为所定义的结构体变量分配相应的存储空间，才能存放结构体类型的数据。

8.2.1 结构体变量的定义

1. 先定义结构体类型，再定义结构体变量

定义格式：struct 结构体名 变量名表；或 结构体别名 变量名表；

变量名表中可以是结构体变量、结构体数组、结构体指针变量等，结构体变量定义后，系统将为其分配存储空间。

【示例 8-8】 若已有【示例 8-1】定义的结构体类型，则语句

```
struct student stu ,st[50],*p;
```

定义了类型为 struct student 的结构体变量 stu、结构体数组 st 和指针变量 p。

【示例 8-9】 若已有【示例 8-4】定义的结构体类型 struct student 的别名 STU，则语句

```
STU stu ,st[50] ,*p;
```

同样定义了类型为 struct student 的结构体变量 stu、结构体数组 st 和指针变量 p。

【示例 8-10】 若已有【示例 8-2】定义的结构体类型，则语句

```
struct student1 stu1 ,st1[50],*p1;
```

定义了类型为 struct student1 的结构体变量 stu1、结构体数组 st1 和指针变量 p1。

2. 定义结构类型的同时定义结构体变量

定义格式：struct　结构体名

```
{
    类型标识符 1   成员名 1;
    类型标识符 2   成员名 2;
        …            …
    类型标识符 n   成员名 n;
}变量名表;
```

在定义结构体类型时，将需要定义的结构体变量（数组、指针）写在右花括号的后面，变量之间用逗号分隔。

【示例 8-11】

```
struct student
{
    char num[11];           //学号
    char name[21];          //姓名
    char sex;               //性别
    int age;                //年龄
    double score;           //分数
}stu,st[50],*p;
```

这种形式既定义了类型，同时又定义了变量。如有需要，程序中还可再用 struct student 定义同类型变量。

8.2.2 结构体变量的初始化

和其他类型变量一样，在定义结构体变量的同时进行赋值，即为变量初始化。初始化的各成员数据需用花括号括起来，各数据之间用逗号隔开，顺序应与结构体成员顺序一致。下面仅以使用结构体类型标识符定义结构体变量的形式说明初始化方法。

1. 结构体变量的初始化

初始化格式：struct 结构体名 结构体变量={成员数据表}；

成员数据表中数据的类型要与对应成员的类型一致，如果只给部分成员初始化，未被初始化成员的值为 0 或 0.0 等。

【示例 8-12】

```
struct student stu={"102","Zhang ping",'M',18,78.5};
```

2. 结构体数组的初始化

初始化格式：struct 结构体名 数组名[常量表达式]={成员数据表}；

（1）按存储顺序初始化

将成员数据表中的数据按照数组元素及各成员的存储顺序书写，数据的类型要与对应成员的类型一致，进行初始化。

【示例 8-13】

```
typedef struct student
{
    char num[11];
    char name[21];
    char sex;
    int age;
    double score;
}STU;
STU st[3]={"11201","Wang Lin",'F',20,89,"11202","Li Gang", 'M',19,70,   "11203","Liu
Yan",'F',19,90 };
```

(2)按元素初始化

将成员数据表中每个数组元素的数据用花括号括起来。

【示例 8-14】

```
typedef struct student
{
        char num[11];
        char name[21];
        char sex;
        int age;
        double score;
}STU;
STU st[3]={{"11201","Wang Lin",'F',20,89},{"11202","Li Gang",'M', 19,70}, {"11203",
"Liu Yan",'F',19,90}};
```

此方法可以只给部分元素初始化，甚至可以只给部分成员初始化；如果给全部元素初始化，数组长度可省略不写。

【示例 8-15】

```
typedef struct student
{
        char num[11];
        char name[21];
        char sex;
        int age;
        double score;
}STU;
STU st[]={{"11201","Wang Lin",'F',20},{"11201","Li Gang",'M'}, {"11202", "Liu Yan",'F',
19,90}};
```

该定义将每个元素各成员的数据均用花括号括起来，按元素给数组初始化，其中 st[0]的 score 成员、st[1]的 age 和 score 成员未被初始化，省略数组 st 的长度表示是为数组的所有元素初始化，系统将根据成员数据表中花括号的对数确定数组的长度，因此此数组含有 3 个元素。

经验技巧 8-1
结构体变量的存储长度

微课 8-4
结构体变量成员的引用

PPT 8-4
结构体变量成员的引用

8.2.3 结构体变量成员的引用

在 ANSI C 中除了允许具有相同类型的结构体变量相互赋值以外，在程序中使用结构体变量，包括赋值、输入、输出、运算等操作都是通过引用结构体变量的成员来实现的。

1. 引用结构体变量的成员

引用结构体变量的成员，需要使用成员运算符“.”。

引用格式：结构体变量名. 成员名

其中符号“.”称为**成员运算符**，优先级别为第 1 级，结合方向为左结合。

【示例 8-16】

```
strcpy(stu.num, "11203");//将"11203"拷贝给 stu 的 num 成员
```

```
stu.score=95;             //将 95 赋给 stu 的 score 成员
scanf("%s",stu.name);  //给 stu 的 name 成员输入数据
printf("%d",stu.age);   //输出 stu 的 age 成员值
```

说明：

（1）结构体嵌套定义须逐级引用

如果成员本身又是一个结构体变量，即结构体是嵌套定义的，引用成员的成员须逐级引用。

【示例 8-17】

```
stu1.birthday.month; //引用 stu1 的 birthday 成员的 month 成员
stu1.birthday.day; //引用 stu1 的 birthday 成员的 day 成员
stu1.birthday.year; //引用 stu1 的 birthday 成员的 year 成员
```

（2）同一类型的结构体变量间可直接赋值

可以将一个结构体变量的各成员的值作为一个整体赋给另一个具有相同类型的结构体变量，也可以把一个结构体变量的内嵌结构体类型成员赋给同种类型的成员变量。

【示例 8-18】

```
struct student1 stu1,stu2;
stu1=stu2; //将 stu2 各成员的值赋给 stu1 的相应成员
stu1.birthday=stu2.birthday;
//将 stu2 的 birthday 各成员的值赋给 stu1 的 birthday 相应成员
```

都是合法的。

2. 引用结构体指针变量指向变量的成员

指向结构体变量的指针变量定义后，需要先确定指针变量的指向。

（1）确定指针变量的指向

通过初始化或赋值将结构体变量的地址赋给结构体指针变量，使指针变量指向结构体变量来确定指针变量的指向。

【示例 8-19】

```
struct student stu,st[50],*p,*s=&stu;//通过初始化确定 s 指向 stu
p =st; //通过赋值确定 p 指向 st[0]
```

（2）引用指针变量指向变量的成员

结构体指针变量确定指向后，就可以使用指针变量操作所指向的变量了，引用指针变量指向变量的成员有以下两种方式。

方式 1：（*结构体指针变量）.成员名

方式 2：结构体指针变量->成员名

说明：

① 对于方式 1，由于“.”运算的优先级别高于“*”运算，所以，一对圆

括号必须写。

② 对于方式 2，符号“->”称为指向运算符，由减号“-”和大于号“>”组合而成，优先级别是第 1 级的，及合法性为右结合，其左端只能是指向结构体变量的指针变量。

拓展知识 8-1
共用体

【示例 8-20】

```
struct student st[50],*p =st;
scanf("%s",(*p).name);        //使用成员运算符引用成员
p->score =90;                 //使用指向运算符引用成员
```

8.2.4 结构体类型数据的输入

微课 8-5
结构体类型数据的输入

PPT 8-5
结构体类型数据的输入

为结构体变量的成员输入数据可以使用 scanf 函数或 gets 函数。

1. 使用 scanf 函数输入数据

使用 scanf 函数为结构体变量的成员输入数据，对于整型、实型、字符型数据，格式说明分别使用%d、%lf（或%f）、%c，地址项使用成员变量的地址，对于字符串数据，格式说明使用%s，地址项使用成员字符数组名。使用时需要注意以下两个问题。

① 如果结构体变量含有字符型成员，由于 scanf 函数将接收的数据先送入数据缓冲区，再从缓冲区中读取数据，将空格、Tab、回车换行作为数据之间的分隔符，并不从缓冲区中读出，所以可能导致字符型成员数据读取错误，因此，应在字符型成员读取数据前使用 getchar 函数将缓冲区中的空格、Tab、回车换行删掉。

【示例 8-21】

```
struct student stu;
scanf("%s%s",stu.num,stu.name);
getchar();//将分隔符删掉
scanf("%c%d%lf",&stu.sex,&stu.age,&stu.score);
printf("%s,%s,%c,%d,%lf\n",stu.num,stu.name,stu.sex,stu.age, stu.score);
```

如果输入流为：11201 WangLin F 20 90↙（或 11201 WangLin F20 90↙）

则能将各数据正确读入变量 stu 的各个成员并输出。

但如果将语句 getchar();去掉，输入同样的数据流，从输出结果可以看出，变量 stu 的 sex、age、score 成员均没有正确读入数据，可见语句 getchar();的必要性。

② 如果字符数组中存放的字符串需要有空格，就不能使用 scanf 函数接收数据了，因为函数 scanf 把空格作为数据之间的分隔符。

【示例 8-22】

```
struct student stu;
scanf("%s%s",stu.num,stu.name);
getchar();                          //将分隔符删掉
```

```
scanf("%c%d%lf",&stu.sex,&stu.age,&stu.score);
printf("%s,%s,%c,%d,%lf\n",stu.num,stu.name,stu.sex, stu.age,stu.score);
```

常见问题 8-1
将结构体变量作为整体进行引用

如果输入流为：11201 Wang Lin F 20 90↙//字符 g 与 L 之间有空格

不能将字符串" Wang Lin"正确读入 stu 的 name 成员，且造成其他成员的数据读入错误。

2. 使用 gets 函数输入数据

gets 函数接收的数据为字符串，以回车换行作为输入数据流的结束，并将回车换行转换为字符串结束标志。

使用 gets 函数为结构体变量的成员输入数据，对于字符串型数据，函数参数使用成员数组名，将输入的字符串直接存放到成员字符数组中，使用 gets 函数可以接收含有空格的字符串。

对于字符型数据要使用 getchar 函数将接收的一个字符赋给相应成员，再使用 getchar 函数将回车换行从缓冲区中删掉。

对于整型、实型数据，需要先使用一个临时字符数组作为函数参数，存放由整数或实数组成的字符串，再用类型转换函数把接收的数据转换为所需的类型后赋给相应的成员。

类型转换函数及含义如下：

```
atoi(str)          //将 str 中的字符串转换为 int 型数据
atol(str)          //将 str 中的字符串转换为 long 型数据
atof(str)          //将 str 中的字符串转换为 double 型数据
```

其中 str 为字符数组或字符指针或字符串。使用上述 3 个函数，在程序中应使用文件包含命令#include "stdlib.h"或#include <stdlib.h>。

【示例 8-23】

```
struct student stu;
char str[81];
gets(stu.num);
gets(stu.name);
stu.sex =getchar();getchar();
gets(str);stu.age=atoi(str);
gets(str); stu.score= atof(str);
printf("%s,%s,%c,%d,%lf\n",stu.num,stu.name,stu.sex, stu.age, stu.score);
```

如输入流为：11201↙

Wang Lin↙//字符 g 与 L 之间有空格

F↙

21↙

90.5↙

需要注意，数据之间用回车换行分隔。

则能将各数据正确读入变量 stu 的各个成员并输出。

建议大家掌握好使用 gets 函数输入数据的方法。

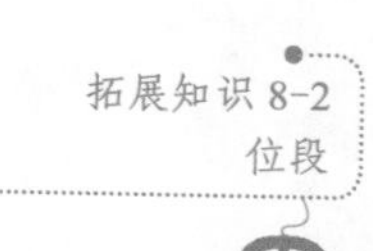

同步训练 8-2
参考答案

case

同步训练 8-2

一、单项选择题

1. 设有如下说明 typedef struct{ int n; char c; double x;}STD;，则以下选项中，能正确定义结构体数组并赋初值的语句是（ ）。

A. STD tt[2]={{1,'A',62},{2, 'B',75}}; B. STD tt[2]={1,"A",62},2, "B",75};

C. struct tt[2]={{1,'A'},{2, 'B'}}; D. struct tt[2]={{1,"A",62.5},{2, "B",75.0}};

2. C 语言中结构体类型变量在程序执行期间（ ）。

A. 所有成员一直驻留在内存中 B. 只有一个成员驻留在内存中

C. 部分成员驻留在内存中 D. 没有成员驻留在内存中

3. 以下程序的运行结果是（ ）。

```
#include<stdio.h>
int main()
{
    struct date
    {
        int year,month,day;
    };
    printf("%d\n",sizeof(struct date));
    return 0;
}
```

A. 6 B. 8 C. 10 D. 12

4. 已知如下定义的结构体，若有 p=&data，则对 data 中的成员 a 的正确引用是（ ）。

```
struct sk
{ int a; float b;}data,*p;
```

A. (*p).data.a B. (*p).a C. p->→data.a D. p.data.a

5. 若有以下定义语句，则以下错误的引用是（ ）。

```
struct student
{ int num,age;};
struct student stu[3]={{101,20},{102,19},{103,18}},*p=stu;
```

A. (p++)->num B. p++ C. (*p).num D. p=&stu.age

6. 设有一结构体类型变量定义如下，若对结构体变量 w1 的出生年份 year 进行赋值，下面正确的赋值语句是（ ）。

```
struct date
{
    int year;
    int month;
    int day;
};
struct worker
{
    char name[20];
    char sex;
    struct date birthday;
}w1;
```

A．year=1976　　B．birthday.year=1976

C．w1.birthday.year=1976　　D．w1.year=1976

7．若有以下程序段，则值为 2 的表达式是（　　）。

```
struct note
{
    int n;
    int *pn;
};
int a=1,b=2,c=3;
struct note s[3]={{1001,&a},{1002,&b},{1003,&c}};
struct note *p=s;
```

A．(p++)->pn　　B．*(p++)->pn　　C．(*p).pn　　D．*(++p)->pn

8．已知有如下定义，值不是 72 的表达式为（　　）。

```
struct person
{
    char name[10];
    int age;
}Class[10]={"LiMing",29,"ZhangHong",21,"WangFang",22};
```

A．Class[0].age + Class[1].age+ Class[2].age

B．Class[0].name[5]-31

C．Class[1].name[5]

D．Class[2].name[5]

9．已知：

```
struct st
{
    int n;
```

```
    struct st *next;
};
static struct st a[3]={1,&a[1],3,&a[2],5,&a[0]},*p;
```

用（　　）对 p 进行赋值，能使语句 printf("%d",++(p->next->n));的输出结果是 2。

A．p=&a[0];　　B．p=&a[1];　　C．p=&a[2];　　D．p=&a[3];

10．若有如下定义，则能输出字母 M 的语句是（　　）。

```
struct person { char name[9]; int age;};
struct person Class[10]={ "John",17, "Paul",19, "Mary",18, "Jack",19};
```

A．printf("%c\n",Class[3].name);　　B．printf("%c\n",Class[3].name[1]);

C．printf("%c\n",Class[2].name[1]);　　D．printf("%c\n",Class[2].name[0]);

二、知识填空题

1．设有以下定义：

```
struct student
{
    int a;
    float b;
}stu;
```

则结构体名是_____，结构体类型标识符是_____，结构体变量是_____。

2．在程序的横线上填入适当的内容使程序能输出结构体变量 stu 所占内存字节数。

```
struct student
{
    double num;
    char name[20];
};
int main()
{
    struct student stu;
    printf("stu size:%d\n", _____ );
    return 0;
}
```

3．以下定义的结构体类型拟包含两个成员，其中成员变量 info 用来存入整型数据；成员变量 link 是指向自身结构体的指针，请填空使定义完整。

```
struct node
{
    int info;
    _____ link;
```

```
}
```

4．设有说明 struct DATE { int year; int month; int day;};

请写出一条定义语句_____，该语句定义 d 为上述结构体类型的变量，并同时为其成员 year、month、day 依次赋初值 2016、10、2。

5．若有定义：

```
struct num
{
        int a;
        int b;
        float f;
}n={1,3,5.0};
struct num *pn=&n;
```

则表达式 pn–>b/n.a*++pn–>b 的值是_____，表达式(*pn).a+pn–>f 的值是_____。

三、程序填空题

1. 结构体数组中存有 3 人的姓名和年龄，以下程序输出 3 人中最年长者的姓名和年龄。请填空。

```
#include<stdio.h>
struct man
{
        char name[20];
        int age;
}person[]={ "LiLing",18, "YangHua",19, "ZhangPing",20 };
int main()
{
        struct man *p,*q;
        int old=0;
        p=person;
        for( ;p <_____;p++)
        if(old<p–>age)    {q=p;_____;}
        printf("%s %d",q–>name,q–>age );
        return 0;
}
```

2．下面程序的功能是输入学生的姓名和成绩，然后输出。请使用含指针变量 p 的表达式填空，完成上述功能。

```
#include <stdio.h>
struct stuinf
{
   char name[20];              //学生姓名
   int score;                  //学生成绩
```

```
} stu, *p;
int main ( )
{
    p=&stu;
    printf("Enter name:");
    gets(______);
    printf("Enter score: ");
    scanf("%d",______);
    printf("Output: %s, %d\n", _____ , _____ );
    return 0;
}
```

3．下面程序的功能是按学生的姓名查询其成绩排名和平均成绩。查询时可连续进行，直到输入 0 时才结束。请填空。

```
#include <stdio.h>
#include <string.h>
#define NUM 4
struct student
{
  int rank;
  char *name;
  float score;
};
______stu[ ]={ 3,"liming",89.3,4, "zhanghua",78.2,1, "anli",95.1,2, "wangqi",90.6 };
int main()
{
    char str[10];
    int i;
    do
    {
        printf("Enter a name");
        scanf("%s",str);
        for( i=0;i<NUM;i++ )
            if(_____)
            {
                printf("Name :%8s\n",stu[i].name);
                printf("Rank :%3d\n",stu[i].rank);
                printf("Average :%5.1f\n",stu[i].score);
                _____;
            }
        if( i>=NUM )
            printf("Not found\n");
    }while( strcmp(str,"0")!=0 );
    return 0;
}
```

4．下面程序的功能是从终端上输入 5 个人的年龄、性别和姓名，然后输出。请填空。

```
#include "stdio.h"
struct man
{
        char name[20];
        unsigned age;
        char sex[7];
};
void data_in(struct man *p, int n )
{
        struct man *q =_____;
        for( ;p<q;p++ )
        {
                printf( "age:sex:name" );
                scanf("%u%s", &p->age, p->sex);
                _____;
        }
}
void data_out( struct man *p, int n )
{
        struct man *q = _____;
        for( ;p<q;p++ )
                printf("%s;%u;%s\n", p->name, p->age, p->sex);
}
int main ( )
{
        struct man person[5];
        data_in(person,5);
        data_out(person,5);
        return 0;
}
```

四、程序阅读题

1．写出以下程序段的输出结果（　　）。

```
struct str1
{
        char c[5];
        char *s;
};
struct str1 s1[2]={ {"ABCD","EFGH"},{"IJK","LMN"} };
struct str2
{
        struct str1 sr;
        int d;
```

```
}s2={"OPQ","RST",32767};
struct str1 *p[2];
p[0]=&s1[0];
p[1]=&s1[1];
printf("%s",++p[1]->s);
printf("%c",s2.sr.c[2]);
```

2. 写出以下程序的运行结果（　　）。

```
struct test
{
    int x;char c;
};
void func(struct test b)
{
    b.x=20;
    b.c='y';
}
int main()
{
    struct test a={10,'x'};
    func(a);
    printf("%d,%c",a.x,a.c);
    return 0;
}
```

3. 写出下面程序段的输出结果（　　）。

```
struct stu
{
    int x,*y;
}*p;
int d[4]={10,20,30,40};
struct stu a[4]={50,&d[0],60,&d[1],70,&d[2],80,&d[3]};
p=a;
printf("%d,",++p->x);
printf("%d,",(++p)->x);
printf("%d\n",++(*p->y));
```

4. 阅读下列程序，并写出运行结果（　　）。

```
#include<stdio.h>
struct data
{
    int a, b, c;
```

```
};
void func(struct data parm)
{
        parm.a=18;
        parm.b=5;
        parm.c=parm.a*parm.b;
        printf("parm.a=%d parm.b=%d parm.c=%d\n",parm.a,parm.b,parm.c);
}
int main()
{
        struct data arg;
        arg.a=27;
        arg.b=3;
        arg.c=arg.a+arg.b;
        func(arg);
        printf("arg.a=%d arg.b=%d arg.c=%d\n",arg.a,arg.b,arg.c);
        return 0;
}
```

5. 阅读下列程序，和上题分析比较，写出运行结果（　　）。

```
arg.a=18 arg.b=5 arg.c=90
#include<stdio.h>
struct data
{
        int a, b, c;
};
void func(struct data   *parm)
{
        parm->a=18;
        parm->b=5;
        parm->c=parm->a*parm->b;
        printf("parm->a=%d parm->b=%d parm->c=%d\n",parm->a,parm->b, parm->c);
}
int main()
{
        struct data arg;
        arg.a=27;
        arg.b=3;
        arg.c=arg.a+arg.b;
        func(&arg);
        printf("arg.a=%d arg.b=%d arg.c=%d\n",arg.a,arg.b,arg.c);
        return 0;
}
```

6. 阅读下列程序段，写出运行结果（ ）。

```
struct Itsme
{
	char name[10];
	int  height;
	unsigned long ID;
};
struct Itsme Me={"yangkaich",0,0};
struct Itsme *p;
strcpy(Me.name,"yangkc");
Me.height=170;
p=&Me;
p->ID=1389205;
printf("me:%s(%lu),%dcm\n",Me.name,Me.ID,p->height);
```

7. 阅读下列程序，写出运行结果（ ）。

```
#include<stdio.h>
#include<string.h>
typedef struct { char name[9];char sex;float score[2];}STU;
STU f(STU a)
{
	STU b={"Zhao",'m',85.0,90.0};
	int i;
	strcpy(a.name,b.name);
	a.sex =b.sex ;
	for(i=0;i<2;i++)
		a.score[i]=b.score[i];
	return a;
}
int main()
{
	STU c={"Qian",'f',95.0,92.0},d;
	d=f(c);
	printf("%s,%c,%2.0f,%2.0f\n",d.name ,d.sex ,d.score[0],d.score[1]);
	return 0;
}
```

微课 8-6
结构体类型数据作为函数参数

8.3 结构体与函数

8.3.1 结构体类型数据作为函数参数

PPT 8-6
结构体类型数据作为函数参数

结构体类型数据作为函数参数主要有以下两种情况。

（1）结构体变量作为函数参数

结构体变量作为函数参数时，形参和实参必须为同一类型的结构体变量。当主调函数调用被调函数时，系统为形参变量分配存储空间，把实参变量各成员的值分别传给形参变量相应的成员，数据传递方式也是“值传递”，而不是“地址传递”。

结构体变量作为函数参数程序运行的时间和空间的开销都比较大，不建议采用。

（2）结构体数组（名）或指向结构体变量的指针变量作为函数参数

结构体数组（名）或指向结构体变量的指针变量作为函数参数有以下 3 种情况。

① 实参和形参都是同一结构体类型的结构体数组，此时是把实参结构体数组的地址传给形参结构体数组，使形参结构体数组与实参结构体数组共用相同的存储空间。

② 实参为结构体变量的地址或结构体数组（名），形参为指向该结构体的指针，此时的数据传递方式也是地址传递，把结构体变量的地址传给指针变量，使形参指针变量指向结构体变量或指向结构体数组的首元素，这样便可通过指针变量引用结构体变量或结构体数组元素的成员，对结构体变量的成员进行操作。

③ 实参和形参都是指向结构体变量的指针，此时实参指针必须有确定的指向，数据传递方式也是地址传递，即把实参指针指向单元的地址传给形参，使形参指针变量与实参指针指向相同的结构体变量。

【例 8-1】 输入输出学生信息。

学生信息包括学号、姓名、性别、年龄、成绩，定义为如下结构体：

```
#define XH 11
#define XM 21
struct  student
{
        char num[XH];
        char name[XM];
        char sex;
        int age;
        double score;
};
```

编写函数 void Input(struct student *stu)实现学生信息的输入，函数 void Print(struct student *st)实现学生信息的输出。

分析：学生信息的输入使用 gets 函数进行，学生信息的输出使用 printf 函数进行。

程序代码：

```
(1)  #include "stdio.h"
```

```
(2) #include "stdlib.h"
(3) #define N 3
(4) #define XH 11
(5) #define XM 21
(6) struct  student
(7) {
(8)         char num[XH];
(9)         char name[XM];
(10)        char sex;
(11)        int age;
(12)        double score;
(13) };
(14) void Input(struct student *stu)
(15) {
(16)        int i;
(17)        char str[XM];
(18)        for(i=0;i<N;i++)
(19)        {
(20)              printf("请输入第%d 个学生信息(学号、姓名、性别、年龄、成绩):\n",
                  i+1);
(21)              gets(stu[i].num);
(22)              gets(stu[i].name);
(23)              stu[i].sex=getchar();getchar();
(24)              gets(str);
(25)              stu[i].age=atoi(str);
(26)              gets(str);
(27)              stu[i].score=atof(str);
(28)        }
(29) }
(30) void Print(struct student *st)
(31) {
(32)        int i;
(33)        printf("学号\t 姓名\t 性别\t 年龄\t 成绩\n");
(34)        for(i=0;i<N;i++,st++)
(35)              printf("%s\t%s\t%c\t%d\t%4.1f\n",st->num,st->name,st->sex, st->age,
     st->score);
(36) }
(37) int main()
(38) {
(39)        struct student stud[N];
(40)        Input(stud);
(41)        Print(stud);
(42)        return 0;
(43) }
```

拓展知识 8-3
动态存储分配函数

【课堂实践 8-1】

在【例 8-1】的基础上，编写一个函数求 N 个学生的平均成绩和不及格人数。

微课 8-7
结构体类型函数

PPT 8-7
结构体类型函数

PPT

8.3.2 结构体类型函数

一个函数的返回值的类型可以是基本类型（如 int、char、float、double）、空类型（void）、指针类型，还可以是结构体类型或指向结构体的指针。

返回结构体类型的函数的定义形式如下：

```
结构体类型标识符 函数名(参数表)
{
    函数体
}
```

返回指向结构体类型指针的函数的定义形式如下：

```
结构体类型标识符 *函数名(参数表)
{
    函数体
}
```

注意两者的差别，返回指向结构体类型指针的函数的定义要在函数名前加星号“*”。

【例 8-2】 复数加法运算。

编写程序实现两个复数的加法运算。

分析：复数包括实部、虚部和虚数单位，可用结构体类型表示如下。

```
struct comp { double x,y; };
```

设有两个复数是 a+bi 及 c+di，则复数的加法运算如下。

```
(a+bi)+(c+di)=(a+c)+(b+d)i;
```

可以编写一个函数用来求两个复数的加法运算，由于两个复数的和还是一个复数，所以函数的返回值类型为结构体类型。

程序代码：

```
(1) #include "stdio.h"
(2) typedef struct comp
(3) {
(4)         double x;//实部
(5)         double y;//虚部
(6) }CP;
(7) CP Add(CP *a,CP *b)
(8) {//复数加法运算
```

```
(9)          CP c;
(10)         c.x=a->x+b->x;
(11)         c.y=a->y+b->y;
(12)         return c;
(13) }
(14) void Show(CP c)
(15) {//输出一个复数
(16)         if(c.y>0)
(17)                 printf("(%.2lf+%.2lfi)",c.x,c.y);
(18)         else if(c.y<0)
(19)                 printf("(%.2lf-%.2lfi)",c.x,-c.y);
(20)         else
(21)                 printf("(%.2lf)",c.x);
(22) }
(23) int main()
(24) {
(25)         CP a,b,c;
(26)         printf("输入复数 1 的实部和虚部：");
(27)         scanf("%lf%lf",&a.x,&a.y);
(28)         printf("输入复数 2 的实部和虚部：");
(29)         scanf("%lf%lf",&b.x,&b.y);
(30)         c=Add(&a,&b);
(31)         Show(a);putchar('+');Show(b);putchar('=');Show(c);putchar('\n');
(32)         return 0;
(33) }
```

【课堂实践 8-2】

编写程序求两个复数的乘积。

拓展知识 8-4
枚举类型

同步训练 8-3

同步训练 8-3
参考答案

程序设计题

1．学生的记录由学号和成绩组成，N 名学生的数据已在主函数中放入结构体数组 s 中，请编写函数 fun，它的功能是把分数最高的学生数据放在 h 所指的数组中，注意：分数最高的学生可能不止一个，函数返回分数最高的学生的人数。

2．编写程序，实现求输入的两个 24 小时制时间的和。求得结果仍是 24 小时制的时间，显示格式为 HH:MM:SS。

3．简单的图书借阅程序。假定图书信息包括编号、书名、价格、借阅人姓名、是否已借出标记。程序功能包括根据输入的图书编号，查找库中是否有此图书，若无此图书，输出相应信息表示没有此书；若有，再查看是否已被借出；若没有被借出，则输入借阅人姓名并将此书标记为借出；若已被借出，输出相应信息表示已被借出。

微课 8-8
输入和统计候选人
得票程序

8.4 应用实例

PPT 8-8
输入和统计候选人
得票程序

【例 8-3】 输入和统计候选人得票程序。

某单位要评选一名先进工作者，假设有 N 个候选人，XP 个人投票。每个人的信息包括姓名、性别、年龄和得票数；每张选票写且只写一个人的姓名，通过输入选票上的姓名，统计每位候选人的得票数，最后输出每位候选人的信息和得票结果。

思路：将每个人的信息含姓名、性别、年龄和得票数封装在一个结构体中，定义一个结构体数组用来存放 N 个候选人的信息。定义一个数据输入函数 Input 用来输入每位候选人的姓名、性别和年龄信息，通过初始化函数 Init 将每位候选人的得票数置为 0，通过函数 Output 输出每位候选人的信息和得票结果。定义一个函数 Candidate 用来完成选票的输入和统计每位候选人的得票数。

程序代码：

```
(1) #include "stdio.h"
(2) #include "stdlib.h"
(3) #include "string.h"
(4) #define N 3              //候选人数
(5) #define M 10             //姓名长度
(6) #define XP 5             //投票人数
(7) typedef struct person
(8) {
(9)       char name[M];   //姓名
(10)      char sex;          //性别
(11)      int age;           //年龄
(12)      int count;         //得票数
(13) }PERSON;
(14) void Init(PERSON *lead)
(15) {//得票数初始化
(16)      int i;
(17)      for(i=0;i<N;i++,lead++)
(18)           lead->count=0;
(19) }
(20) void Input(PERSON *lead)
(21) {//输入候选人信息
(22)      int i;
(23)      char str[3];
(24)      for(i=0;i<N;i++,lead++)
(25)      {
(26)           printf("请输入第%d 个候选人姓名：",i+1);
(27)           gets(lead->name);
(28)           printf("请输入第%d 个候选人性别：",i+1);
(29)           lead->sex=getchar(); getchar();
(30)           printf("请输入第%d 个候选人年龄：",i+1);
(31)           gets(str); lead->age=atoi(str);
(32)      }
(33) }
```

```
（34） void Output(PERSON *lead)
（35） {//输出候选人信息和得票数
（36）       int i;
（37）       system("cls");
（38）       printf("\t 候选人信息及得票结果\n");
（39）       printf("姓名\t 性别\t 年龄\t 得票\n");
（40）       for(i=0;i<N;i++,lead++)
（41）           printf("%s\t%c\t%d\t%d\n",lead->name,lead->sex,lead->age,lead->count);
（42）       }
（43） void Candidate(PERSON lead[])
（44） {//统计候选人得票
（45）       int i,j;
（46）       char lname[M];
（47）       for(i=1;i<=XP;i++)
（48）       {
（49）           printf("请输入第%d 张选票姓名:",i);
（50）           gets(lname);
（51）           for(j=0;j<N;j++)
（52）               if(strcmp(lname,lead[j].name)==0)
（53）                   lead[j].count++;
（54）       }
（55） }
（56） int main()
（57） {
（58）       PERSON leader[N];
（59）       Init(leader);
（60）       Input(leader);
（61）       Candidate(leader);
（62）       Output(leader);
（63）       return 0;
（64） }
```

【课堂实践 8-3】

工资管理系统，某企业共有 N 名职工，职工信息包括工号、姓名、基本工资、奖金、保险和实发工资。编写程序输入所有职工信息，求每名职工的实发工资，输出所有职工的全部信息及实发工资最高职工的姓名与实发工资。职工结构体定义如下：

```
typedef struct worker
{
    char num[10];        //工号
    char name[20];       //姓名
    double jbgz;         //基本工资
```

```
        double jj;              //奖金
        double bx;              //保险
        double sfgz;            //实发工资
    }WOK;
```

动画演示 8-1
扑克牌模拟程序—
初始化一副牌

动画演示 8-2
扑克牌模拟程序—
洗牌

动画演示 8-3
扑克牌模拟程序—
发牌

动画演示 8-4
扑克牌模拟程序—
理牌

微课 8-9
扑克牌模拟程序

PPT8-9
扑克牌模拟程序

【例 8-4】 扑克牌模拟程序。

模拟一副扑克牌洗牌、发牌和理牌。要求：将一副牌分发给北家、东家、南家和西家；对每家牌先按花色顺序（黑桃、红桃、方块、梅花）、再按面值顺序（A、K、Q、J、10、9、8、7、6、5、4、3、2）进行整理；显示整理好的每家牌。

思路：每张牌由花色和面值构成，将其定义为结构体，为方便对牌进行整理，将花色和面值均定义为int 类型。具体如下：

```
typedef struct card
{
    int suit; //花色
    int face; //面值
}Card;
```

使用结构体类型数组 Poker[52]存放一副牌，结构体类型数组 nesw[4][13]存放 4 家牌。

初始化一副牌：即构造一副牌 Poker，函数原型为 void InitPoker(Card *Poker)。对 0～51 的每个整数 i，取 i/13 为该张牌 Poker[i]的花色 Poker[i].suit（对应输出 0 表示“黑桃”，1 表示“红桃”，2 表示“方块”，3 表示“梅花”），取 i%13 为该张牌 Poker[i]的面值 Poker[i].face（对应输出 0 表示“A”，1 表示“K”，2 表示“Q”，…，11 表示“3”，12 表示“2”）。

洗牌：将已初始化的一副牌 Poker 打乱重分，函数原型为 void Shuffle(Card *Poker)。对 0～51 的每个整数 i，通过操作 j=rand()%52 随机生成一张牌的下标 j，将下标为 i 的牌 Poker[i]与下标为 j 的牌 Poker[j]交换，达到洗牌的目的。

发牌：将已洗好的牌 Poker 按北家、东家、南家和西家的顺序分发给 4 家 nesw，函数原型为 void Deal(Card *Poker,Card nesw[4][13])。对 0～51 的每个整数 i，将第 i 张牌 Poker[i]发给 nesw[i%4]家，写到下标为 j[i%4]的元素 nesw[i%4][j[i%4]]里，然后下标 j[i%4]加 1。

理牌：将每家已发好的牌，按先花色顺序（黑桃、红桃、方块、梅花），再面值顺序（A、K、Q、J、10、9、8、7、6、5、4、3、2）进行整理，函数原型为 void Arrange(Card nesw[4][13])。分别整理第 i 家牌，对第 i 家第 j 张牌（j=0,1,2,...,12）的面值 nesw[i][j].face 分花色临时存放在数组 shdc 中，shdc[s]存放 nesw[i][j].suit 值为 s 的花色（s=0,1,2,3），shdc[s][f]存放 s 花色的第 f 张牌（f=0,1,2,...），其中 s 为 nesw[i][j].suit，f 为 k[nesw[i][j].suit]，然后 f 加 1；一手牌按花色分成 4 门花色后，对每门花色按面值理牌（排序），这里使用选择排序，调用函数 void Sort(int a[13],int n)完成；将每门排好序的花色（共 k[m]张牌）依次写回 nesw[i]。

显示每家牌：将已整理好的每家牌按整理好的顺序输出，函数原型为 void Print(Card nesw[4][13])。定义指针数组 char *Suit[]={"黑桃","红桃","方块","梅花"} 和 char *Face[]={"A","K","Q","J","10","9","8","7","6","5","4","3", "2"}，将第 i 家第 j 张牌的花色值 nesw[i][j].suit 对应 Suit[nesw[i][j].suit]指向的字符串，面值 nesw[i][j].face 对应 Face[nesw[i][j].face] 指向的字符串输出。

程序代码：

```
（1）  #include "stdio.h"
（2）  #include "stdlib.h"
（3）  #include "time.h"
（4）  typedef struct card
（5）  {
（6）          int suit; //花色
（7）          int face; //面值
（8）  }Card;
（9）  void InitPoker(Card *Poker)
（10）{//初始化一副牌
（11）         int i;
（12）         for(i=0;i<52;i++)
（13）         {
（14）                 Poker[i].suit=i/13;
（15）                 Poker[i].face=i%13;
（16）         }
（17）}
（18）void Shuffle(Card *Poker)
（19）{//洗牌
（20）         int i,j;
（21）         Card temp;
（22）         for(i=0;i<52;i++)
（23）         {//每张牌都与随机抽取的另外一张牌交换一次
（24）                 j=rand()%52;
（25）                 temp=Poker[i];
（26）                 Poker[i]=Poker[j];
（27）                 Poker[j]=temp;
（28）         }
（29）}
（30）void Deal(Card *Poker,Card nesw[4][13])
（31）{//发牌
（32）         int i,j[4]={0};
（33）         for(i=0;i<52;i++)
（34）                 nesw[i%4][j[i%4]++]=Poker[i];//将整副牌分发给 4 家
（35）}
（36）void Sort(int a[13],int n)
（37）{//对某门花色的 n 张牌排序
```

```
(38)        int i,j,p,temp;
(39)        for(i=0;i<n−1;i++)
(40)        {
(41)            p=i;
(42)            for(j=i+1;j<=n−1;j++)
(43)                if(a[j]<a[p])
(44)                    p=j;
(45)            if(p!=i)
(46)            {
(47)                temp=a[p];a[p]=a[i];a[i]=temp;
(48)            }
(49)        }
(50) }
(51) void Arrange(Card nesw[4][13])
(52) {//按花色整理四家牌
(53)        int i,j,k[4]={0},m,n,shdc[4][13];//shdc 用于存放一手牌 4 门花色的面值
(54)        for(i=0;i<4;i++)
(55)        {//处理每家牌
(56)            for(j=0;j<13;j++)
(57)                shdc[nesw[i][j].suit][k[nesw[i][j].suit]++]= nesw[i][j].face;
                                                                      //分花色临时存放
(58)            for(m=0;m<4;m++)//按花色理牌（排序）
(59)                Sort(shdc[m],k[m]);
(60)            for(m=0,n=0;m<4;m++)
(61)            {//处理每门花色
(62)                for(j=0;j<k[m];j++,n++)
(63)                {//将第 m 门花色的 k[m]张牌写回
(64)                    nesw[i][n].suit=m;
(65)                    nesw[i][n].face=shdc[m][j];
(66)                }
(67)                k[m]=0;//将第 m 门花色的张数 k[m]归 0
(68)            }
(69)        }
(70) }
(71) void Print(Card nesw[4][13])
(72) {//显示 4 家牌
(73)        int i,j;
(74)        char *Suit[]={"黑桃","红桃","方块","梅花"};
(75)        char *Face[]={"A","K","Q","J","10","9","8","7","6","5","4","3", "2"};
(76)        for(i=0;i<4;i++)
(77)        {
(78)            switch(i)
(79)            {
(80)                case 0:printf("北家的牌：\n");break;
(81)                case 1:printf("东家的牌：\n");break;
```

```
（82）                case 2:printf("南家的牌：\n");break;
（83）                case 3:printf("西家的牌：\n");
（84）            }
（85）            for(j=0;j<13;j++)
（86）                printf("%s%-3s",Suit[nesw[i][j].suit], Face[nesw[i][j].face]);
（87）            printf("\n");
（88）        }
（89）}
（90）int main()
（91）{
（92）        Card Poker[52],nesw[4][13]; //Poker 存放一副牌，nesw 存放 4 家牌
（93）        srand(time(NULL));
（94）        InitPoker(Poker);//初始化一副牌
（95）        Shuffle(Poker);//洗牌
（96）        Deal(Poker,nesw);//发牌
（97）        Arrange(nesw);//理牌
（98）        Print(nesw);//显示牌
（99）        return 0;
（100）}
```

【课堂实践 8-4】

在【例 8-4】的基础上，编写函数 void ArrangeFS(Card nesw[4][13])，将每家已发好的牌，按先面值顺序再花色顺序进行整理。

单元 8
拓展训练

单元 8
自测试卷

单元 8
课堂实践参考答案

单元 8
拓展训练参考答案

单元 8
自测试卷参考答案

单元 9 文件操作

学习目标

【知识目标】

- 掌握文件类型指针的定义、文件打开方式、文件的打开及关闭。
- 掌握字符读写函数、字符串读写函数。
- 掌握格式化读写函数、数据块读写函数。
- 掌握文件位置指针的有关函数。

【能力目标】

- 能够对文件进行顺序、随机读写操作，使用文件解决实际问题。

【素质目标】

- 锻造精益求精、团结协作、开拓进取的工匠品质。
- 加强对职业道德的理解，树立“德艺兼修”的职业信念。

C 语言程序中用到的数据可以通过键盘进行输入，而对于大量的数据通过键盘输入不但非常麻烦，而且非常容易出错，如果能从文件中读取数据不但可以提高数据输入效率，而且可以大大减少人机交互操作所造成的数据错误；另外，程序的输出结果除了可以输出到显示器外，还可以把数据输出到文件中保存起来，供程序使用。

9.1 文件及其打开与关闭

微课 9-1
文件及文件类型指针

PPT 9-1
文件及文件类型指针

9.1.1 文件的分类

文件是存储在外部介质上数据的集合，文件可以按内容和组织形式进行分类。

1. **按文件内容分类**

文件按其内容可分为源程序文件、目标文件、数据文件等。

用 Visual C++ 6.0 系统编辑的文件存储到磁盘上，扩展名为 cpp，就是一个 C 语言的源程序文件；C 语言的源程序文件经过编译，产生一个扩展名为 obj 的文件，就是一个目标文件；用 C 语言对文件操作的函数，把 C 程序运行的中间结果或最终结果存储到文件中，就得到一个数据文件。

2. **按组织形式分类**

文件按其数据的组织形式可分为文本（字符）文件、二进制文件。

文本文件是指文件的内容是由一个个 ASCII 码字符组成，一个字符占用一个字节。

二进制文件是指以数据在内存中的存储形式原样输出到磁盘上所产生的文件，因此二进制文件不仅节省存储空间而且输入输出速度快，但不便于阅读。

9.1.2 缓冲文件系统（标准 I/O）

C 语言使用的磁盘文件系统有缓冲文件系统和非缓冲文件系统两大类。

1. **缓冲文件系统的特点**

对程序中用到的每一个数据文件，系统在内存中自动开辟一个“缓冲区”。在从磁盘文件输入数据时，先把数据送入缓冲区中，然后再把数据从缓冲区中依次送给接收的变量；在向磁盘文件输出数据时，也是先把数据送入缓冲区中，待缓冲区装满后再把数据一起从缓冲区中写入磁盘文件。

这样做的目的是为了减少对磁盘文件的读写次数，以节省多次对磁盘文件的访问所花费的时间。

缓冲文件系统自动为文件设置所需的缓冲区，缓冲区的大小随机器而定。

2. **非缓冲文件系统的特点**

非缓冲文件系统不是由系统自动为文件设置所需的缓冲区，而是由用户根据问题的需要来设置。

系统为这两种文件系统所提供的输入输出函数是不同的，但对应函数的功能基本是相同的。

由于缓冲文件系统代替用户做了很多工作，提供了很多方便，所以缓冲文件系统功能强，使用方便。

本节只介绍缓冲文件系统。

9.1.3 文件（FILE）类型指针

一般情况下，要使用一个文件，系统将在内存中为这一文件开辟一个“文件信息区”，用来存放文件的有关信息，如文件当前的读写位置、缓冲区中未被处理的字符数、文件操作的方式、下一个字符的位置、文件缓冲区的位置等。这些信息保存在一个结构体中，该结构体是由系统定义的，定义在 stdio.h 的头文件中。VC++系统中具体定义形式为：

```
struct _iobuf
{
    char   *_ptr;              //文件输入的下一个位置
    int    _cnt;               //当前缓冲区的相对位置
    char   *_base;             //数据缓冲区的位置
    int    _flag;              //文件状态标志
    int    _file;              //用于有效性检验
    int    _charbuf;           //如无缓冲区，不读取字符
    int    _bufsiz;            //缓冲区的大小
    char   *_tmpfname;         //临时文件名
};
typedef struct _iobuf   FILE;
```

有了结构体类型标识符 FILE，就可以用 FILE 来定义指向该结构体的指针变量，定义形式为：

FILE *指针变量名;

这样，就可以通过用 FILE 定义的指针变量来访问文件，对文件进行读写操作。在对文件进行操作之前，必须要用 FILE 定义指向文件的指针变量。

拓展知识 9-1
标准输入输出设备文件和流

9.1.4 文件的打开与关闭

对文件的操作需要经过打开、读/写、关闭 3 步，并且这 3 步是紧密相关，先后有序的。在对文件进行读写操作之前首先要打开文件，然后对文件进行读/写操作，读/写操作结束后，需关闭该文件，以避免数据丢失。

微课 9-2
文件的打开与关闭

在 C 语言中，对文件的打开、读/写、关闭等都是通过函数来实现的。

1. 文件的打开

打开文件使用函数 fopen，通过该函数，在文件存在时可打开文件，在文件不存在时，系统将根据不同的打开方式自动建立该文件并打开该文件或提示打开文件出错。

PPT 9-2
文件的打开与关闭

调用格式：

```
FILE *p;                                  //定义 FILE 类型的指针 p
p=fopen(文件名，文件使用方式);             //使 p 指向打开的文件
```

说明：

① 函数 fopen 用来打开一个指定文件，文件名中包含文件路径，由用户指定。

② 待打开文件的名字可以是用双括号括起来的字符串、字符数组名或指向字符串的指针。

【示例 9-1】

```
FILE   *p;
p=fopen("file1","r");
```

打开由字符串"file1"指定的文件 file1，并使指针变量 p 指向该文件，其中"r"是文件使用方式，表示为读打开指定文件。

【示例 9-2】

```
char *q="file3";
FILE   *p;
p=fopen(q,"r");
```

打开由指针变量 q 指向的字符串指定的文件 file3，并使 p 指向该文件。

③ 函数 fopen 的返回值是一个地址值，如果正常打开了指定文件，则返回该文件的信息区的起始地址，如果打开操作失败，则返回值为 NULL。

④ 使用方式及含义见表 9-1。

表 9-1 函数 fopen 使用方式及含义

使用方式	处理方式	含义	指定文件不存在	指定文件存在
"r"	只读	为输入打开一个文本文件	出错	正常打开
"w"	只写	为输出打开一个文本文件	建立新文件	覆盖
"a"	追加	为输出打开一个文本文件	建立新文件	打开，追加
"rb"	只读	为输入打开二进制文件	出错	正常打开
"wb"	只写	为输出打开二进制文件	建立新文件	覆盖
"ab"	追加	为输出打开二进制文件	建立新文件	追加，打开
"r+"	读写	为读/写打开文本文件	出错	正常打开
"w+"	读写	为写/读打开文本文件	建立新文件	覆盖
"a+"	追加，读	为追加/读打开文本文件	建立新文件	追加，打开
"rb+"	读写	为读/写打开二进制文件	出错	正常打开
"wb+"	读写	为写/读打开二进制文件	建立新文件	覆盖
"ab+"	追加，读	为追加/读打开二进制文件	建立新文件	追加，打开

使用"r"方式打开的文本文件只能用于从该文件中读取数据，而不能用于向该文件输出（写入）数据，而且打开的必须是一个已经存在的文件，如果该文件不存在将出错。

使用"w"方式打开的文本文件只能用于向该文件输出（写入）数据，而不能用于从该文件中读取数据。如果打开的文件已经存在，则在向该文件输出（写入）数据时，将覆盖原有文件的内容；如果该文件不存在将建立一个指定名字的文本文件，并打开该文件。

使用"a"方式打开的文本文件与使用"w"方式打开的文件文本文件的含义基本相同，区别在于如果打开的文件已经存在，则在向该文件输出（写入）数据时，"a"方式将数据写在原有文件的尾部，而不覆盖原有文件的内容，因此，此时的处理方式称为追加。

以上 3 种方式是 3 种基本方式，在 3 种基本方式的基础上加一个"b"字符，即"rb"、"wb"、"ab"，其含义与 3 种基本方式对应相同，只是 3 种基本方式处理的是文本文件，而这 3 种方式处理的是二进制文件。表中的后 6 种方式是在前 6 种方式的基础上加一个“+”号，“+”号的含义是由单一的读或写的方式扩展为既能读又能写的方式，其他与原含义相同，如使用"r+"方式，可以对该文件执行读操作，在读完数据后又可以向该文件写数据；又如使用"w+"方式，可以对该文件执行写操作，在写完数据后又可以从该文件读入数据。

⑤ 使用函数 fopen 打开一个文件时，将通知系统 3 件事：要打开文件的名字；指定对文件的使用方式；使文件指针指向该文件。

⑥ 打开文件常用以下方法。

```
if((fp=fopen("file","r"))==NULL)
{
    puts("不能打开该文件。\n");          //或使用 printf 函数
    exit(0);
}
```

其中，函数 exit 的功能是关闭所有文件，终止正在执行的程序，有关信息在头文件 stdlib.h 中，exit(0)表示正常退出，exit(x)（x 不为 0）表示非正常退出，该语句中的条件(fp=fopen("file","r"))==NULL 表示如果没有正常打开指定文件就退出程序。

2. 文件的关闭

当对打开的文件读/写操作结束后，就应关闭打开的文件，以避免数据的丢失。关闭文件使用函数 fclose。

调用格式：fclose(文件指针变量);

说明：

① 文件指针变量是用 FILE 定义的指向打开文件的指针变量。

② 使用函数 fclose 将通知系统关闭文件指针指向的文件，释放文件数据区。

③ 关闭文件后，如果再想对文件进行操作，需重新打开。

④ 未关闭文件，直接退出程序，缓冲区中未写入文件的数据将丢失。

> 注意：使用函数 **fopen** 和函数 **fclose** 应在程序的开头使用命令#include "stdio.h"把头文件 stdio.h 的信息包含到程序中。

同步训练 9-1

同步训练 9-1
参考答案

case

一、单项选择题

1．缓冲文件系统对程序中用到的每一个数据文件，系统在内存中自动开辟一个“缓冲

区”，以下说法不正确的是（　　）。

A．在从磁盘文件输入数据时，先把数据送入缓冲区中，然后再把数据从缓冲区中依次送给接收的变量

B．在向磁盘文件输出数据时，先把数据送入缓冲区中，待缓冲区装满后再把数据一起从缓冲区中写入磁盘文件

C．缓冲区的大小由系统自动设置

D．缓冲区的大小由用户根据问题的需要来设置

2．通过用 FILE 定义的指针变量来访问文件，对文件进行读写操作，其中的 FILE 是（　　）。

A．指针变量　　B．指向文件的指针变量

C．结构体类型标识符　　D．结构体变量

3．在 C 语言中对文件操作的一般步骤是（　　）。

A．读写文件 → 打开文件 → 关闭文件

B．打开文件 → 读写文件 → 关闭文件

C．打开文件 → 关闭文件 → 读写文件

D．关闭文件 → 读写文件 → 打开文件

4．在对文件进行操作时，使用 fopen 函数打开一个文件，其中文件使用方式共有（　　）种。

A．2　　B．3　　C．6　　D．12

5．使用"r"方式打开一个文件的含义是（　　）。

A．为输入打开一个文本文件　　B．为输出打开一个文本文件

C．为输入打开一个二进制文件　　D．为输出打开一个二进制文件

6．使用"wb"方式打开一个二进制文件，如果指定文件不存在（　　）。

A．出错　　B．正常打开　　C．建立新文件　　D．打开并追加

7．使用"a+"方式打开一个文本文件，如果指定文件存在（　　）。

A．出错　　B．正常打开　　C．建立新文件　　D．打开并追加

8．以下可作为函数 fopen 文件名及路径参数的正确格式是（　　）。

A．"c:/usr/abc.txt"　B．"c://usr//abc.txt"　C．"c:\usr\sbc.txt"　D．"c:\\usr\\abc.txt"

9．若执行 fopen 函数时成功，则函数的返回值是（　　）。

A．地址值　　B．NULL　　C．1　　D．EOF

10．若执行 fopen 函数时不成功，则函数的返回值是（　　）。

A．地址值　　B．NULL　　C．1　　D．EOF

二、知识填空题

1．文件按其数据的组织形式可分为_________、_________。

2．C 语言使用的磁盘文件系统有两大类：一类称为__________系统，另一类称为_________系统。

3．用 FILE 定义指向文件的指针变量，其定义形式为_________

4．对文件的操作需要经过_________、_________、_________3 步。

5．使用_________方式打开的文本文件只能用于从该文件中读取数据，而不能用于向该文件输出（写入）数据。

6．使用_________方式打开的文本文件只能用于向该文件输出（写入）数据，而不能用于从该文件中读取数据。

7．使用_________方式打开的文本文件只能用于向该文件尾部追加输出（写入）数据，

原有文件的内容不被覆盖。

8．使用________或________方式打开的文本文件既可以用于向该文件输出（写入）数据，又可以用于从该文件中读取数据。

微课 9-3
读写一个字符

9.2 文件的顺序读写

当用函数 fopen 打开一个文件后，就可以对文件进行读写操作了。C 语言的读写操作是通过函数来实现的，包括顺序读写和随机读写。

PPT 9-3
读写一个字符

PPT

9.2.1 读写一个字符

1. 将一个字符输出到文件函数 fputc

调用格式：fputc(ch,fp);

功能：把字符变量 ch 的值输出到指针变量 fp 指向的文件。

说明：函数执行成功，其返回值为被输出的字符 ch，否则返回值为文件结束标志 EOF，EOF 是一个符号常量，在 stdio.h 头文件中被定义为−1。

2. 从文件读入一个字符函数 fgetc

调用格式：ch=fgetc(fp);

功能：从指针变量 fp 指向的文件中读取一个字符赋给字符变量 ch。

说明：函数返回值为读入的字符 ch，如果读入的字符是文件结束标志 EOF，则返回值为 EOF。

注意：由于字符的 ASCII 码值不可能出现−1，因此 EOF 被定义为−1 是合适的，这是针对读文本文件的情况。但如果是从二进制文件中读取一个字节（非文件结束标志 EOF），读取的字节的值可能是−1，与 EOF 的值相同，将要把非文件结束标志作为文件结束标志 EOF，而出错。为解决这一问题，ANSI C 提供了一个 feof 函数用来判断文件是否真的结束。

【例 9-1】 把从键盘输入的字符输出到文件。

程序代码：

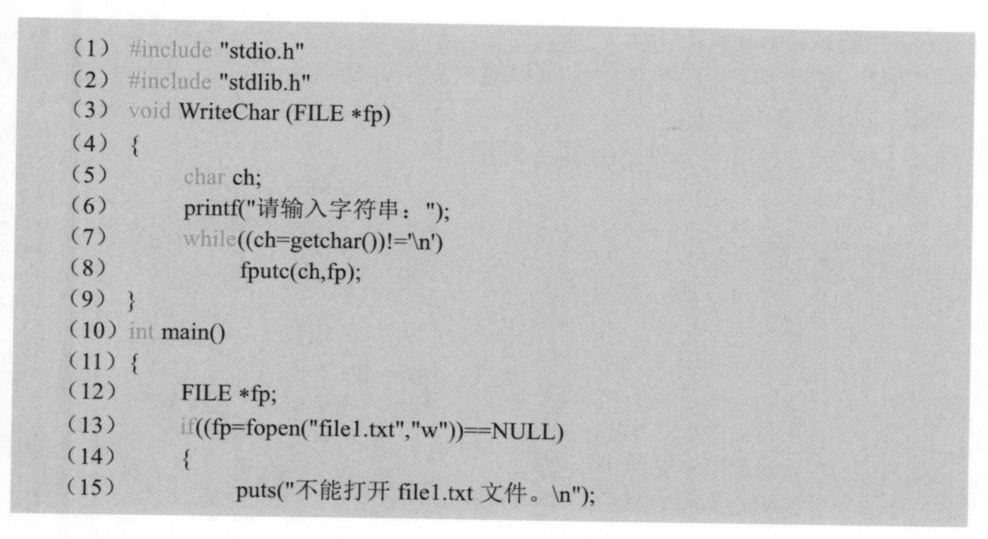

```
（1） #include "stdio.h"
（2） #include "stdlib.h"
（3） void WriteChar (FILE *fp)
（4） {
（5）       char ch;
（6）       printf("请输入字符串：");
（7）       while((ch=getchar())!='\n')
（8）             fputc(ch,fp);
（9） }
（10）int main()
（11）{
（12）      FILE *fp;
（13）      if((fp=fopen("file1.txt","w"))==NULL)
（14）      {
（15）            puts("不能打开 file1.txt 文件。\n");
```

```
(16)            exit(0);
(17)        }
(18)        WriteChar(fp);
(19)        fclose(fp);
(20)        return 0;
(21) }
```

程序中第 12 行的语句 FILE *fp;定义了一个 FILE 类型的指针变量 fp；第 13 行 if 语句按"w"方式打开指定文件 file1.txt，并使 fp 指向该文件，如果该文件没有被正常打开则退出程序，如果被正常打开调用 WriteChar 函数；第 7 行重复使用函数 getchar 从键盘接收数据，并赋给字符变量 ch，如果接收的字符不是回车换行符，则用函数 fputc 将字符 ch 写入 fp 指向的文件 file1.txt，否则结束循环；最后关闭 fp 指向的文件。

【课堂实践 9-1】

把从键盘输入的任意一组字符输出到文件 d:\f1.txt，并从该文件中读出字符输出到显示器。

微课 9-4
读写一个字符串

PPT 9-4
读写一个字符串

9.2.2 读写一个字符串

1. 从文件读入一个字符串函数 fgets

调用格式：fgets(str,n,fp);

功能：从指针变量 fp 指向的文件中读入 n–1 个字符，送到字符数组 str 中。

说明：

① 在读入 n–1 个字符之前遇到回车换行符'\n'或文件结束标志 EOF，结束读入，但'\n'也作为一个字符送入 str 数组中，并自动加上字符串结束标志'\0'。

② fgets()函数的返回值为字符数组 str 的首地址，读到文件结束标志 EOF 或出错返回值为 NULL。

2. 向文件输出一个字符串函数 fputs

调用格式：fputs(str,fp);

功能：把字符数组 str 中的字符串输出到指针变量 fp 指向的文件中，但字符串结束标志'\0'不输出。

【例 9-2】 将文本文件内容输出到显示器。

程序代码：

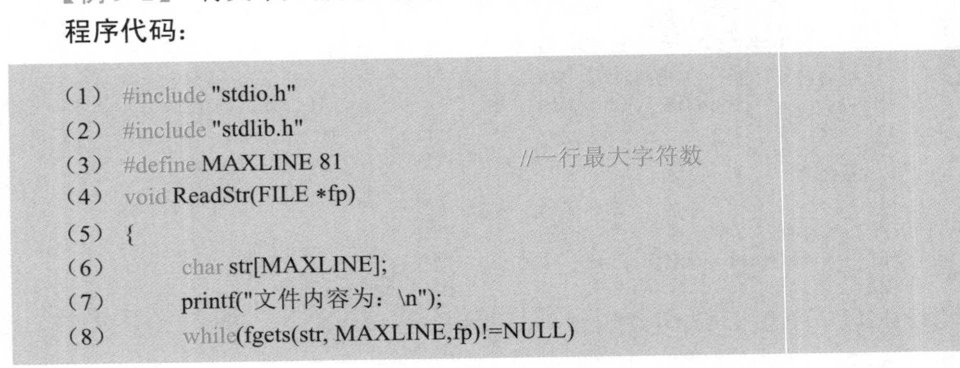

```
(1) #include "stdio.h"
(2) #include "stdlib.h"
(3) #define MAXLINE 81                    //一行最大字符数
(4) void ReadStr(FILE *fp)
(5) {
(6)         char str[MAXLINE];
(7)         printf("文件内容为：\n");
(8)         while(fgets(str, MAXLINE,fp)!=NULL)
```

```
(9)              printf("%s",str);
(10)         printf("\n");
(11) }
(12) int main()
(13) {
(14)         FILE *fp;
(15)         char string[MAXLINE];
(16)         printf("请输入待打开的文件：\n");
(17)         gets(string);
(18)         if((fp=fopen(string,"r"))==NULL)
(19)         {
(20)              printf("不能打开%s 文件。\n", string);
(21)              exit(0);
(22)         }
(23)         ReadStr(fp);
(24)         fclose(fp);
(25)         return 0;
(26) }
```

fgets 函数如果返回 NULL 表示已读到文件尾或读取文件出错。只要未读到文件结束标志 EOF 或并未出错，则把每次读入的一行字符用 printf 函数向终端输出。

【课堂实践 9-2】

把文本文件 d:\f1.txt 的内容复制到文本文件 d:\f2.txt 中。

9.2.3 格式化读写函数

微课 9-5
格式化和数据块读写函数

PPT 9-5
格式化和数据块读写函数

1. 按指定格式从文件读入数据函数 fscanf

调用格式：fscanf(文件指针，格式控制字符串，地址项表)；

功能：从文件指针指向的文件中按格式控制字符串指定的格式读取数据，存入地址项表中变量的存储单元。

说明：fscanf 函数除了是从指定文件读取数据外，其他与 scanf 函数完全相同。

【示例 9-3】 fscanf(fp,"%d,%lf",&a,&f);

如果文件指针 fp 指向的文件中有如下数据：

```
5,6.8
```

则从 fp 指向的文件中分别读取数据 5 和 6.8 送入变量 a、f 的存储单元。

2. 按指定格式向文件输出数据函数 fprintf

调用格式：fprintf(文件指针，格式控制字符串，输出表列)；

功能：把输出表列中变量的值按指定格式输出到文件指针指向的文件中。

【示例 9-4】 fprintf(fp,"%d,%lf",a,f);

把变量 a 和 f 的值分别按 d 格式和 f 格式输出到文件指针 fp 指向的文件中。

9.2.4　数据块读写函数

在读取数据时，如果要求一次读取一组数据，可以使用系统提供的两个函数 fread 和 fwrite 来读取和写一个数据块。

1. 读数据块函数 fread

调用格式：fread(buffer,size,count,fp);

其中，buffer 是一个指针，是从文件指针 fp 指向的数据文件中读取的数据存入内存（变量）中的起始地址；size 是读取的每个数据块的总字节数；count 是要读取的数据块的个数。

功能：从文件指针 fp 指向的数据文件中读取 count 个含有 size 个字节的数据块，存到起始地址为 buffer 的内存（变量）中。

【示例 9-5】　fread(&f,4,1,fp);

从 fp 指向的数据文件中，读取一个实数（4 字节）送入变量 f 中。

【示例 9-6】　fread(stud,sizeof(struct student),1,fp);

其中 student 为结构体名，stud 为该结构体数组，从 fp 指向的数据文件中，读取一个结构体数据（包括各成员）送入结构体数组元素 stud[0]中。

说明：当函数执行成功时，函数的返回值为 count，否则为 0。

2. 写数据块函数 fwrite

调用格式：fwrite(buffer,size,count,fp);

其中，buffer 是一个指针，是待输出的数据（变量）在内存中的起始地址；size 是要输出的每个数据块的总字节数；count 是要输出的数据块的个数。

功能：从起始地址为 buffer 的内存（变量）中，把 count 个含有 size 个字节的数据块，输出到文件指针 fp 指向的数据文件中。

【示例 9-7】　fwrite(&f,4,1,fp);

把 float 型变量 f 中的数据输出到 fp 指向的数据文件中。

【示例 9-8】　fwrite(&stud[0],sizeof(struct student),1,fp);

把结构体数组元素 stud[0]中的数据，写入 fp 指向的数据文件中。

说明：当函数执行成功时，函数的返回值为 count，否则为 0。

同步训练 9-2

同步训练 9-2
参考答案

一、单项选择题

1. 已知函数的调用形式 fread(buf,size,count,fp);，其中 buf 代表的是（　　）。

   A. 一个整形变量，代表要读入的数据项总数

   B. 一个文件指针，指向要读的文件

   C. 一个指针，指向要读入数据的存放地址

   D. 一个存储区，存放要读的数据项

2. 若有以下定义和说明：

```
#include <stdio.h>
struct std
{
    char num[6];
    char name[8];
    float mark[4];
} a[30];
FILE *fp;
```

设文件中以二进制形式存有10个班的学生数据，且已正确打开，文件位置指针定位于文件开头。若要从文件中读出30个学生的数据放入a数组中，以下不能实现此功能的语句是（　　）。

A．for (i=0;i<30;i++)
    fread(&a[i],sizeof(struct std),1L,fp);

B．for (i=0;i<30;i++)
    fread(a+i,sizeof(struct std),1L,fp);

C．fread(a,sizeof(struct std),30L,fp);

D．for (i=0;i<30;i++)
    fread(a[i],sizeof(struct std),1L,fp);

3．fscanf函数的正确调用形式是（　　）。

A．fscanf（格式字符串，输出表列）

B．fscanf（格式字符串，输出表列，fp）

C．fscanf（格式字符串，文件指针，输出表列）

D．fscanf（文件指针，格式字符串，输出表列）

4．fwrite函数的一般调用形式是（　　）。

A．fwrite(buffer,count,size,fp)　　B．fwrite(fp ,size , count, buffer)

C．fwrite(fp , count, size , buffer)　　D．fwrite(buffer, size,count, fp)

5．若调用fputc函数成功输出字符，则其返回值是（　　）。

A．EOF　　B．1　　C．0　　D．输出的字符

6．设有以下结构体类型：

```
struct st
{
    char name [8];
    int num;
    float s[4];
} student[50];
```

并且结构体数组student中的元素都已有值，若要将这些元素写到硬盘文件中，以下不正确的形式是（　　）。

A．fwrite(student ,sizeof(struct st),50,fp);

B．fwrite(student ,50*sizeof(struct st),1,fp);

C．fwrite(student ,25*sizeof(struct st),25,fp);

D．for (i=0;i<50 ;i++)
    fwrite(student+i,sizeof(struct st),1,fp);

7．阅读以下程序及对程序功能的描述，其中正确的描述是（　　）。

```
#include<stdio.h>
int main()
{
    FILE *in, *out;
    char infile[10],outfile[10];
    int c;
    printf("Enter the infile name:\n");
    scanf("%s",infile);
    printf("Enter the outfile name:\n");
    scanf("%s",outfile);
    if (( in =fopen( infile, "r"))==NULL)
     { printf("cannot open infile\n");exit(0);}
    if ((out=fopen(outfile,"w"))==NULL
     {printf("cannot open outfile\n");exit(0);}
    while ((ch=fgetc(in))!=EOF)
     fputc(ch,out);
     fclose(in);
     fclose(out);
     }
```

A．程序完成将磁盘文件的信息在屏幕上显示的功能

B．程序完成将两个磁盘文件合二为一的功能

C．程序完成将一个磁盘文件复制到另一个磁盘文件中的功能

D．程序完成将两个磁盘文件合并且在屏幕上输出的功能

二、知识填空题

1．函数调用语句：fgets(buf,n,fp)；从 fp 指向的文件中读入_____个字符放到 buf 字符数组中，函数返回值为_____。

2．设有以下结构体类型：

```
struct st
{
    char name[8];
    int num;
    float s[4];
}student[50];
```

并且结构数组 student 中的元素都已有值，若要将这些元素写到硬盘 fp 文件中，请将以下 fwrite 语句补充完整：

fwrite(student,_____,1,fp);

3．feof(fp)函数用来判断文件是否结束，如果遇到文件结束，函数值为_____，否则为_____。

4．用 fopen(文件名，使用方式)打开文件，当使用方式为"r"时，只能_____数据，不能进行_____操作；当使用方式为"w"时，只能_____数据，不能进行_____数据操作。

5．当调用函数 fread 从磁盘文件中读数据时，若函数返回值为 10，则表明_____；若

函数的返回值为 0，则是_____；若函数返回值为–1，则意味着_____。

三、程序填空题

1．以下程序由终端输入一个文件名，然后把从终端键盘输入的字符依次存放到该文件中，用#作为结束输入的标志。请填空。

```
#include <stdio.h>
int main()
{
    FILE * fp;
    char ch,fname[10];
    printf("Input the name of file\n");
    gets(fname);
    if((fp= _____)==NULL)
    { printf("Cannot open\n"); exit(0);}
    printf("Enter data\n");
    while((ch=getchar())!='#') fputc(_____,fp);
    fclose(fp);
    return 0;
}
```

2．下面程序用变量 count 统计文件中字符的个数，请填入适当内容。

```
#include <stdio.h>
int main()
{
    FILE *fp; long count=0;
    if((fp=fopen("letter.dat",_____))==NULL)
    {printf("cannot open file \n");exit(0);}
    while(fgetc(fp)!=EOF) _____;
    frintf("count=%ld\n",count);
    fclose(fp);
    return 0;
}
```

3．下面程序由终端键盘输入字符，存放到文件中，用！结束输入，请填入适当的内容。

```
#include <stdlib.h>
#include<stdio.h>
int main()
{
    FILE *fp;
    char ch,fname[10];
    printf("input name of file\n");
    gets(fname);
    if((fp=fopen(fname,"w"))==NULL)
```

```
        {
            printf("cannot open\n");
            exit(0);
        }
        printf("enter data:\n");
        while( ____!='!')
            fputc(_____);
        fclose(fp);
        return 0;
}
```

4. 下面程序从一个二进制文件中读入结构体数据，并把结构体数据显示在终端屏幕上。请填入适当内容。

```
#include<stdio.h>
struct rec
{
        int num;
        float total;
};
int main()
{
        FILE *f;
        if((f=fopen("bin.dat","rb"))==NULL);
            {printf("cannot open\n");exit(0);}
        reout(f);
        fclose(f);
        return 0;
}
void reout(_____)
{
        struct rec, r;
        fread(&r,_____,1,f);
        while(!feof(f))
        {
            printf("%df,%f\n", _____);
            fread(_____,1,f);
        }
}
```

5. 下面程序把从终端读入的 10 个整数以二进制方式写到一个名为 bi.dat 的新文件中，请填空。

```
#include<stdio,h>
FILE *fp;
int main()
```

```
{
    int i,j;
    if((fp=fopen("bi.dat" , "wb"))==NULL)
        exit(0);
    for(i=0; i<10; i++)
    {
        scanf("%d",&j);
        fwrite(&j,sizeof(int),1,_____ );
    }
    fclose(fp);
    return 0;
}
```

6．以下程序的功能是将 C 语言源程序文件 exam.c 中用反斜杠与星号括起来的非嵌套注释删除，然后存入文件 exam.out 中。请填入适当内容。

```
#include<stdio.h>
void delcomm(FILE *fp1,FILE *fp2)
{
    int c,i=0;
    while((_____)!=EOF)
    if(c=='\n')
        fprintf(fp2,"\n");
    else
        switch(i)
        {
            case 0:if(c=='/') i=1;
                else fprintf(fp2,"%c",c);
            break;
            case 1:if(c=='*') i=2;
                else
                {fprintf(fp2,"%c",c); i=0;}
            break;
            case 2:if(c=='*')i=3;
            break;
            case 3:i=(c=='/')?_____;
            break;
        }
}
int main()
{
    FILE *fp1,*fp2;
    fp1=fopen("exam.c","r");
    fp2=fopen("exam.out","w");
    delcomm(_____);
    fcloseall();
```

```
    return 0;
}
```

7. 以下程序的功能是将文件 file1.c 的内容输出到屏幕上并复制到文件 file2.c 中，请填入适当内容。

```
#include<stdio.h>
int main()
{
    FILE _____;
    char ch;
    fp1=fopen("file1.c","r");
    fp2=fopen("file2.c","w");
    while((ch=fgetc(fp1))!=EOF)
        {putchar(_____); fputc(_____)}
    fclose(fp1);
    fclose(fp2);
    return 0;
}
```

8. 以下程序的功能是用“追加”的形式打开 gg.txt 察看文件指针的位置。其中 ftell(*FILE) 返回 long 型的文件指针位置。程序执行前 gg.txt 内容为 sample.请填入适当内容。

```
#include <stdio.h>
int main()
{
    _____;
    long position;
    fp=fopen(_____);
    position=ftell(_____);
    printf("position=%ld\n",position);
    fprintf(fp,"sample data\n");
    position=ftell(fp);
    printf("position=%ld\n",position);
    fclose(fp);
    return 0;
}
```

四、程序设计题

1. 编程实现以下功能：从键盘输入一个字符串，将文件中的大写字母全部转换成小写字母，输出到磁盘文件 letter.txt 中保存，以字符#表示输入结束。

2. 有一文件 num.txt 中存有形如 –1,0,1,2,5,3,0,–1,2,4,5,5,6,7,0,的数据，编程统计出文件中正整数的个数。

3. 在文件 worker.dat 中存放着工人的基本信息，用以下结构体来描述：

```
struct worker
{
    int num;            //工号
    char name[10];      //姓名
    int age;            //年龄
    char sex;           //性别
    char dept[20];      //部门
};
```

请编程查找工号为 1001 的工人信息并输出在屏幕上。

存放工人的信息文件 worker.dat 需自己编写程序形成，也可以参考下列程序实现：

```
void write()
{
    struct worker w;
    FILE *fp;
    int i;
    if((fp=fopen("worker.dat","wb"))==NULL)
    {
        printf("cannot open stu.csv file\n");
        exit(0);
    }
    for(i=0;i<5;i++)
    {
        printf("\n 输入第%d 个工人\n 工号:",i+1);
        scanf("%d",&w.num);
        getchar();
        printf("姓名:");
        gets(w.name);
        printf("年龄:");
        scanf("%d",&w.age);
        getchar();
        printf("性别:");
        scanf("%c",&w.sex);
        getchar();
        printf("部门:");
        gets(w.dept);
        fwrite(&w,sizeof(struct worker),1,fp);
    }
    fclose(fp);
}
```

微课 9-6
文件的随机读写

9.3 文件的随机读写

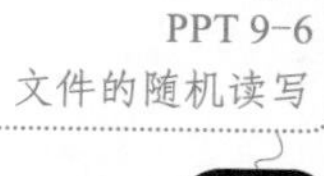

PPT 9-6
文件的随机读写

文件的顺序读写是指从文件的开头逐个字符（数据项）进行读写。文件有一个**位置指针**，指向当前的读写位置，每次读写一个字符（数据项）后，位置

指针自动移到下一个字符（数据项）的位置。在对文件进行操作时，可以改变这种按物理顺序读写的方式，根据需要按随机方式进行读写，这时，只要改变位置指针指向的位置。

确定**位置指针**指向的位置称为**文件的定位**，文件的定位需要通过系统提供的函数来实现。

文件的定位包括改变位置指针的当前位置、取得位置指针的当前位置和使位置指针返回到文件头。

9.3.1 改变位置指针的当前位置

调用格式：fseek(文件指针，位移量，起始点);

其中，起始点为 0 表示从文件头开始，为 1 表示从当前位置开始，为 2 表示从文件尾开始。

位移量为从起始点位置开始向文件尾或文件头的方向移动的字节数，当位移量为正整数时，向文件尾方向移动；当位移量为负整数时，向文件头方向移动；位移量通常是 long 型数据。

功能：把位置指针从起始点指定的位置向文件尾或文件头的方向移动位移量这么多个字节数。

说明：当函数执行成功时，函数的返回值为 0，否则为非零。

【示例 9-9】 fseek(fp,10L,0);

将位置指针移到离文件头 10 个字节处。

【示例 9-10】 fseek(fp,10L,1);

将位置指针向文件尾方向移到离当前位置 10 个字节处。

【示例 9-11】 fseek(fp,–10L,2);

将位置指针移到离文件尾 10 个字节处。

9.3.2 取得位置指针的当前位置

调用格式：ftell(文件指针);

功能：取得文件指针所指向的文件的位置指针的当前位置，用相对于文件头的位移量来表示。

说明：当函数执行成功时，该函数的返回值为相对于文件头的位移量，否则为–1L。

【示例 9-12】

```
i=ftell(fp);
if(i==-1L)
    printf("文件位置出错。\n");
```

用变量 i 存放 fp 所指向的文件的位置指针的当前位置，如果调用函数 ftell 时出错，则输出“文件位置出错”。

9.3.3 使位置指针返回到文件头

调用格式：rewind(文件指针);

功能：使文件指针指向的文件的位置指针返回到文件头。

说明：该函数没有返回值。

拓展知识 9-3 文件操作的出错检测

同步训练 9-3 参考答案

case

同步训练 9-3

一、程序分析题

1．下列程序要完成：从键盘输入任意一组字符输出到文件 d:\f1.txt，并从该文件中读出字符输出到显示器。请分析程序是否正确？为什么？并改正。

```
void ReadChar(FILE *fp);
int main()
{
    FILE *fp;
    if((fp=fopen("d:\\f1.txt","w+"))==NULL)
    {
        printf("不能打开 d:\f1.txt 文件\n");
        exit(0);
    }
    printf("请输入一字符串:");
    WriteChar(fp);
    printf("从文件中读取的字符为:");
    ReadChar(fp);
    fclose(fp);
    return 0;
}
void WriteChar(FILE *fp)
{
    char ch;
    while((ch=getchar())!='\n')
        fputc(ch,fp);
}
void ReadChar(FILE *fp)
{
    char ch;
    while((ch=fgetc(fp))!=EOF)
        putchar(ch);
    printf("\n");
}
```

2．下列程序要完成：较小的二进制文件的复制。请分析程序是否正确？为什么？并改正。

```
#include "stdio.h"
```

```
#include "stdlib.h"
void CopyBinFile(FILE *in,FILE *out);
int main()
{
	FILE *in,*out;
	char infile[10],outfile[10];
	printf("请输入源文件名：\n");
	scanf("%s",infile);
	printf("请输入目标文件名：\n");
	scanf("%s",outfile);
	if((in=fopen(infile,"rb"))==NULL)
	{
		printf("不能打开源文件。\n");
		exit(0);
	}
	if((out=fopen(outfile,"wb"))==NULL)
	{
		printf("不能打开目标文件。\n");
		exit(0);
	}
	CopyBinFile(in,out);
	fclose(in);
	fclose(out);
	return 0;
}
void CopyBinFile(FILE *in,FILE *out)
{
	char c;
	while(!feof(in))
	{
		c= fgetc(in);
		fputc(c,out);

	}
}
```

微课 9-7
统计文本文件中各类字符的个数

二、程序设计题

编写程序，向文件 num.txt 中写入形如 1,0,1,2,5,3,0,1,2,4,5,5,6,7,9 的个位非负数据，先用一个函数写入数据，再用另一个函数输出倒数第 3 个数据。

PPT 9-7
统计文本文件中各类字符的个数

9.4 应用实例

【例 9-3】 统计文本文件中各类字符的个数。

统计文本文件中英文字母、数字、空格、回车换行及其他字符的个数，并将统计结果输出到指定文件。

分析：编写函数 void CountChar(FILE *fp,int a[])用来统计 fp 指向的文件中各类字符的个数。使用 fgetc 函数从 fp 指向的文本文件中逐个读取字符，只要不是文件结束标志 EOF，判断该字符是哪一类字符，使用数组 a 的元素作为计数器统计各类字符的个数。再编写函数 void WriteFile(FILE *fp,int a[])将统计结果输出到 fp 指向的文件。使用 fprintf 函数实现输出。

程序代码：

```
（1）#include "stdio.h"
（2）#include "stdlib.h"
（3）#define MAXPATH 41//文件及路径最大长度
（4）void CountChar(FILE *fp,int a[])
（5）{
（6）      char ch;
（7）      while((ch=fgetc(fp))!=EOF)
（8）      {
（9）            if ('A'<=ch && ch<='Z'||'a'<=ch && ch<='z')
（10）                 a[0]++;           //统计英文字母的个数
（11）           else if ('0'<=ch && ch<='9')
（12）                 a[1]++;           //统计数字的个数
（13）           else if (ch==' ')
（14）                 a[2]++;           //统计空格的个数
（15）           else if (ch=='\n')
（16）                 a[3]++;           //统计回车换行的个数
（17）           else
（18）                 a[4]++;           //统计其他字符的个数
（19）      }
（20）}
（21）void WriteFile(FILE *fp,int a[])
（22）{
（23）     fprintf(fp,"文本文件中：\n");
（24）     fprintf(fp,"英文字母的个数为%d\n",a[0]);
（25）     fprintf(fp,"数字的个数为%d\n",a[1]);
（26）     fprintf(fp,"空格的个数为%d\n",a[2]);
（27）     fprintf(fp,"回车换行的个数为%d\n",a[3]);
（28）     fprintf(fp,"其他字符的个数为%d\n",a[4]);
（29）}
（30）int main()
（31）{
（32）     FILE *fp;
（33）     char filename[MAXPATH];
（34）     int a[5]={0};
（35）     printf("请输入待统计文本文件名及路径：\n");
（36）     gets(filename);
```

```
(37)        if((fp=fopen(filename,"r"))==NULL)
(38)        {
(39)              printf("不能打开%s 文件。\n",filename);
(40)              exit(0);
(41)        }
(42)        CountChar(fp,a);
(43)        fclose(fp);
(44)        printf("请输入保存统计结果文件名及路径：\n");
(45)        gets(filename);
(46)        if((fp=fopen(filename,"w"))==NULL)
(47)        {
(48)              printf("不能打开%s 文件。\n",filename);
(49)              exit(0);
(50)        }
(51)        WriteFile(fp,a);
(52)        fclose(fp);
(53)        return 0;
(54) }
```

微课 9-8
复制二进制文件

PPT 9-8
复制二进制文件

【课堂实践 9-3】

编写函数 int CountWord(FILE *fp)，统计文本文件 fp 中单词的个数。

【例 9-4】 复制二进制文件。

将一个二进制文件复制到另一个二进制文件，源文件名和目标文件名由用户输入。

分析：编写函数 void CopyBinFile(FILE *in,FILE *out)用来将 in 指向的二进制文件复制到 out 指向的文件。复制二进制文件采用一次读取一个数据块，复制一个数据块的方法来实现。

变量 bfsz 用来指定一次读入和输出的字节数，变量 i 用来确定位置指针的当前位置。如果从 in 指向的源文件中成功读取 bfsz 个字节的字符放入数组 buff 中，就把这些字符写入目标文件中，并确定位置指针的当前位置；如果最后读入的字符不足 bfsz 个字节，则 fread(buff,bfsz,1,in)的值为 0，这时位置指针已指向文件尾，通过语句 fseek(in,i,0);使位置指针指向从文件头起的第 i 个字节处（前一次成功读取到的位置），并将 bfsz 缩小一半。重复进行上述操作，直到 bfsz 的值为 0，即最后一个字符复制完毕，退出循环。

程序代码：

```
(1) #include "stdio.h"
(2) #include "stdlib.h"
(3) #define BLOCKSIZE 32768                    //数据块最大字符数
(4) void CopyBinFile(FILE *in,FILE *out)
(5) {
(6)       char buff[BLOCKSIZE];
```

```
（7）        unsigned int bfsz=BLOCKSIZE,i=0;
（8）        while(bfsz)
（9）        {
（10）            if(fread(buff,bfsz,1,in))
（11）            {
（12）                fwrite(buff,bfsz,1,out);
（13）                i=i+bfsz;
（14）            }
（15）            else
（16）            {
（17）                fseek(in,i,0);
（18）                bfsz=bfsz/2;
（19）            }
（20）        }
（21）}
（22）int main()
（23）{
（24）        FILE *in,*out;
（25）        char infile[10],outfile[10];
（26）        printf("请输入源文件名：\n");
（27）        scanf("%s",infile);
（28）        printf("请输入目标文件名：\n");
（29）        scanf("%s",outfile);
（30）        if((in=fopen(infile,"rb"))==NULL)
（31）        {
（32）            puts("不能打开源文件。\n");
（33）            exit(0);
（34）        }
（35）        if((out=fopen(outfile,"wb"))==NULL)
（36）        {
（37）            puts("不能打开目标文件。\n");
（38）            exit(0);
（39）        }
（40）        CopyBinFile(in,out);
（41）        fclose(in);
（42）        fclose(out);
（43）        return 0;
（44）}
```

【课堂实践 9-4】

编写函数 void CopyBinFile(FILE *in,FILE *out)用来将 in 指向的二进制文件复制到 out 指向的文件中，当读入的字符不足 bfsz 个字节时，对剩余的字符进行逐一复制，其他与【例 9-4】相同。

单元 9 拓展训练

单元 9 自测试卷

单元 9 课堂实践参考答案

单元 9 拓展训练参考答案

单元 9 自测试卷参考答案

附录 A

C 语言关键字

关键字	用途	说明
char	定义数据类型	字符类型定义标识符
const		普通常量定义标识符
double		双精度实型定义标识符
enum		枚举类型定义标识符
float		单精度实型定义标识符
int		基本整型定义标识符
long		长整型定义标识符
short		短整型定义标识符
signed		有符号说明标识符
struct		结构体类型定义关键字
typedef		用户定义类型标识符关键字
union		共用体类型定义关键字
unsigned		无符号说明标识符
void		空类型定义关键字
volatile		提醒编译器所定义变量的值随时可能改变
auto	定义存储类别	自动变量定义标识符
extern		外部变量扩展标识符
register		寄存器变量定义标识符
static		静态变量定义标识符
break	用于流程控制	跳出内循环或 switch 结构
case		switch 结构中的入口选择
continue		结束本次循环
default		switch 结构中的其他情况入口
do		do while 循环的起始标记
else		if 语句中的另一种选择
for		for 循环结构关键字
goto		无条件转移语句关键字
if		if 选择结构关键字
return		返回语句
switch		多分支选择结构关键字
while		while 循环结构关键字
sizeof	运算符	求变量或类型的存储长度

附录 B
常用字符与 ASCII 代码对照表

ASCII值（十六进制）	字符	控制字符	ASCII值（十六进制）	字符	ASCII值（十六进制）	字符	ASCII值（十六进制）	字符
000（00）	（NULL）	NUL	032（20）	（space）	064（40）	@	096（60）	`
001（01）	☺	SOH	033（21）	!	065（41）	A	097（61）	a
002（02）	☻	STX	034（22）	"	066（42）	B	098（62）	b
003（03）	♥	ETX	035（23）	#	067（43）	C	099（63）	c
004（04）	♦	EOT	036（24）	$	068（44）	D	100（64）	d
005（05）	♣	END	037（25）	%	069（45）	E	101（65）	e
006（06）	♠	ACK	038（26）	&	070（46）	F	102（66）	f
007（07）	（beep）	BEL	039（27）	'	071（47）	G	103（67）	g
008（08）	◘	BS	040（28）	（	072（48）	H	104（68）	h
009（09）	（tab）	HT	041（29）	）	073（49）	I	105（69）	i
010（0a）	（line feed）	LF	042（2a）	*	074（4a）	J	106（6a）	j
011（0b）	（home）	VT	043（2b）	+	075（4b）	K	107（6b）	k
012（0c）	（form feed）	FF	044（2c）	,	076（4c）	L	108（6c）	l
013（0d）	（carriage return）	CR	045（2d）	—	077（4d）	M	109（6d）	m
014（0e）	♫	SO	046（2e）	.	078（4e）	N	110（6e）	n
015（0f）	☼	SI	047（2f）	/	079（4f）	O	111（6f）	o
016（10）	►	DLE	048（30）	0	080（50）	P	112（70）	p
017（11）	◄	DC1	049（31）	1	081（51）	Q	113（71）	q
018（12）	↕	DC2	050（32）	2	082（52）	R	114（72）	r
019（13）	!!	DC3	051（33）	3	083（53）	S	115（73）	s
020（14）	¶	DC4	052（34）	4	084（54）	T	116（74）	t
021（15）	§	NAK	053（35）	5	085（55）	U	117（75）	u
022（16）	▬	SYN	054（36）	6	086（56）	V	118（76）	v
023（17）	↨	ETB	055（37）	7	087（57）	W	119（77）	w
024（18）	↑	CAN	056（38）	8	088（58）	X	120（78）	x
025（19）	↓	EM	057（39）	9	089（59）	Y	121（79）	y
026（1a）	→	SUB	058（3a）	:	090（5a）	Z	122（7a）	z
027（1b）	←	ESC	059（3b）	;	091（5b）	[	123（7b）	{
028（1c）	∟	FS	060（3c）	<	092（5c）	\	124（7c）	¦
029（1d）	↔	GS	061（3d）	=	093（5d）	]	125（7d）	}
030（1e）	▲	RS	062（3e）	>	094（5e）	^	126（7e）	~
031（1f）	▼	US	063（3f）	?	095（5f）	_	127（7f）	⌂

续表

ASCII 值（十六进制）	字符	ASCII 值（十六进制）	字符	ASCII 值（十六进制）	字符	ASCII 值（十六进制）	字符
128（80）	Ç	160（a0）	á	192（c0）	└	224（e0）	α
129（81）	ü	161（a1）	í	193（c1）	┴	225（e1）	β
130（82）	é	162（a2）	ó	194（c2）	┬	226（e2）	Γ
131（83）	â	163（a3）	ú	195（c3）	├	227（e3）	π
132（84）	ä	164（a4）	ñ	196（c4）	─	228（e4）	Σ
133（85）	à	165（a5）	Ñ	197（c5）	┼	229（e5）	σ
134（86）	å	166（a6）	ª	198（c6）	╞	230（e6）	μ
135（87）	ç	167（a7）	º	199（c7）	╟	231（e7）	τ
136（88）	ê	168（a8）	¿	200（c8）	╚	232（e8）	Φ
137（89）	ë	169（a9）	⌐	201（c9）	╔	233（e9）	Θ
138（8a）	è	170（aa）	¬	202（ca）	╩	234（ea）	Ω
139（8b）	ï	171（ab）	½	203（cb）	╦	235（eb）	δ
140（8c）	î	172（ac）	¼	204（cc）	╠	236（ec）	∞
141（8d）	ì	173（ad）	¡	205（cd）	═	237（ed）	∮
142（8e）	Ä	174（ae）	«	206（ce）	╬	238（ee）	∈
143（8f）	Å	175（af）	»	207（cf）	╧	239（ef）	∩
144（90）	É	176（b0）	░	208（d0）	╨	240（f0）	≡
145（91）	æ	177（b1）	▒	209（d1）	╤	241（f1）	±
146（92）	Æ	178（b2）	▓	210（d2）	╥	242（f2）	⩾
147（93）	ô	179（b3）	│	211（d3）	╙	243（f3）	⩽
148（94）	ö	180（b4）	┤	212（d4）	╘	244（f4）	⌠
149（95）	ò	181（b5）	╡	213（d5）	╒	245（f5）	⌡
150（96）	û	182（b6）	╢	214（d6）	╓	246（f6）	÷
151（97）	ù	183（b7）	╖	215（d7）	╫	247（f7）	≈
152（98）	ÿ	184（b8）	╕	216（d8）	╪	248（f8）	°
153（99）	Ö	185（b9）	╣	217（d9）	┘	249（f9）	∙
154（9a）	Ü	186（ba）	║	218（da）	┌	250（fa）	·
155（9b）	¢	187（bb）	╗	219（db）	█	251（fb）	√
156（9c）	£	188（bc）	╝	220（dc）	▄	252（fc）	ⁿ
157（9d）	¥	189（bd）	╜	221（dd）	▌	253（fd）	²
158（9e）	₧	190（be）	╛	222（de）	▐	254（fe）	■
159（9f）	ƒ	191（bf）	┐	223（df）	▀	255（ff）	（blank'FF'）

附录 C

运算符优先级别和结合方向

优先级别	目数	运算符	名称	结合方向
1	单目	()	圆括号	左结合
		[]	下标	
	双目	->	指向	
		.	成员	
2	单目	!	逻辑非	右结合
		~	按位取反	
		++	自增	
		--	自减	
		-	负号	
		+	正号	
		(类型)	强制类型转换	
		*	指向	
		&	取地址	
		sizeof	长度运算符	
3	双目	*	乘法	左结合
		/	除法	
		%	求余	
4	双目	+	加法	左结合
		-	减法	
5	双目	<<	左移	左结合
		>>	右移	
6	双目	<	关系运算符	左结合
		<=		
		>		
		>=		
7	双目	==	等于	左结合
		!=	不等于	
8	双目	&	按位与	左结合
9	双目	^	按位异或	左结合
10	双目	|	按位或	左结合
11	双目	&&	逻辑与	左结合
12	双目	||	逻辑或	左结合
13	三目	? :	条件	右结合
14	双目	=	赋值类	右结合
		+=		
		-=		
		*=		
		/=		
		%=		
		>>=		
		<<=		
		&=		
		^=		
		|=		
15	双目	,	逗号	左结合

附录 D

C 语言库函数

1. 数学函数

函数名	函数原型	功能	头文件
abs	int abs(int i)	求整数 i 的绝对值	math.h
acos	double acos(double x)	求 x 的反余弦函数值	math.h
asin	double asin(double x)	求 x 的反正弦函数值	math.h
atan	double atan(double x)	求 x 的反正切函数值	math.h
atan2	double atan2(double y, double x)	计算 y/x 的反正切函数值	math.h
ceil	double ceil(double x)	返回大于或者等于 x 的最小整数	math.h
cos	double cos(double x)	求 x 的余弦函数值	math.h
cosh	double cosh(double x)	求 x 的双曲余弦函数值	math.h
div	div_t div (int number, int denom)	将两个整数 number 和 denom 相除，返回结构体 div_t 类型（包括成员商 quot 和余数 rem）	stdlib.h
exp	double exp(double x)	求 e^x 的值	math.h
fabs	double fabs(double x)	返回浮点数 x 的绝对值	math.h
floor	double floor(double x)	返回不大于 x 的最大整数	math.h
fmod	double fmod(double x, double y)	计算 x 对 y 的模，即 x/y 的余数	math.h
frexp	double frexp(double value, int *eptr)	将参数 value 分成两部分： 0.5 和 1 之间的尾数（由函数返回）并返回指数 n，value=返回值*2^n，n 存放在 eptr 指向的变量中	math.h
hypot	double hypot(double x, double y)	计算直角三角形的斜边长	math.h
labs	long labs(long n)	取长整型绝对值	math.h
ldexp	double ldexp(double value, int exp)	计算 value*2^{exp} 的值	math.h
ldiv	ldiv_t ldiv(long lnumer, long ldenom)	两个长整型数相除， 返回商和余数	stdlib.h
log	double log(double x)	对数函数 ln(x)	math.h
log10	double log10(double x)	对数函数 log	math.h
modf	double modf(double value, double *iptr)	函数将参数 value 分割为整数和小数，返回小数部分并将整数部分赋给 iptr	math.h
pow	double pow(double x, double y)	指数函数(x 的 y 次方)	math.h
pow10	double pow10(int p)	指数函数(10 的 p 次方)	math.h
rand	int rand(void)	随机产生 0~32767 之间的整数	stdlib.h
sin	double sin(double x)	求 x 的正弦函数值	math.h
sinh	double sinh(double x)	求 x 的双曲正弦函数值	math.h
sqrt	double sqrt(double x)	计算 x 的平方根	math.h
srand	void srand(unsigned seed)	用来设置 rand()函数产生随机数时的随机种子	stdlib.h
tan	double tan(double x)	正切函数	math.h
tanh	double tanh(double x)	双曲正切函数	math.h

2. 字符（串）处理函数

函数名	函数原型	功能	头文件
isalnum	int isalnum(int ch)	检查 ch 是否是字母或数字	ctype.h
isalpha	int isalpha(int ch)	检查 ch 是否是字母	ctype.h
iscntrl	int iscntrl(int ch)	检查 ch 是否是控制字符（其 ASCII 码在 0～0x1F 之间）	ctype.h
isdigit	int isdigit(int ch)	检查 ch 是否是数字（0～9）	ctype.h
isgraph	int isgraph(int ch)	检查 ch 是否是可打印字符（其 ASCII 码在 0x21～0x7E 之间），不包括空格	ctype.h
islower	int islower(int ch)	检查 ch 是否是小写字母（a～z）	ctype.h
isprint	int isprint(int ch)	检查 ch 是否是可打印字符（包括空格），其 ASCII 码在 0x20～0x7E 之间	ctype.h
ispunct	int ispunct(int ch)	检查 ch 是否是标点字符（不包括空格），即除字母、数字和空格以外的所有可打印字符	ctype.h
isspace	int isspace(int ch)	检查 ch 是否是空格、跳格符（制表符）或换行符	ctype.h
isupper	int isupper(int ch)	检查 ch 是否是大写字母（A～Z）	ctype.h
isxdigit	int isxdigit(int ch)	检查 ch 是否是一个 16 进制数字字符（即 0～9，或 A～F，或 a～f）	ctype.h
memccpy	void *memccpy(void *destin, const void *source, int ch, unsigned int n)	由 source 所指内存区域复制不多于 n 个字节到 dest 所指内存区域，如果遇到字符 ch 则停止复制	string.h
memchr	void *memchr(void *s, char ch, unsigned n)	在数组 s 的前 n 个字节中搜索字符 ch	string.h
memcpy	void *memcpy(void *destin, const void *source, unsigned int n)	由 source 所指内存区域复制 n 个字节到 dest 所指内存区域	string.h
memicmp	int memicmp(void *s1, void *s2, unsigned n)	比较两个串 s1 和 s2 的前 n 个字节，忽略大小写	string.h
memmove	void *memmove(void *destin, const void *source, unsigned int n)	将 source 所指内存区域移动 n 个字节到 dest 所指内存区域	string.h
memset	void *memset(void *s, int ch, unsigned int n)	设置 s 中的所有字节为字符 ch，s 数组的大小由 n 给定	string.h
strcat	char *strcat(char *destin, char *source)	将 source 指向的字符串连接到 destin 指向字符串的后面	string.h
strchr	char *strchr(char *str, char c)	在串 str 中查找给定字符 c 的第 1 个匹配之处	string.h
strcmp	int strcmp(char *str1, char *str2)	比较串 str1 与 str2 对应字符是否相同	string.h
strcpy	char *strcpy(char *str1, char *str2)	将串 str2 拷贝到 str1 中	string.h
stricmp	int stricmp(char *str1, char *str2)	以大小写不敏感方式比较两个串	string.h
strncmp	int strncmp(char *str1, char *str2, int maxlen)	将串 str1 中的 maxlen 个字符与另一个串 str2 比较	string.h
strncpy	char *strncpy(char *destin, char *source, int maxlen)	将串 source 中的 maxlen 个字符与复制到串 destin	string.h
strnicmp	int strnicmp(char *str1, char *str2, unsigned int maxlen)	将串 str1 中的 maxlen 个字符与另一个串 str2 比较，忽略大小写	string.h
strrchr	char *strrchr(char *str, char c)	在串 str 中查找指定字符 c 最后一个出现的位置	string.h
strstr	char *strstr(char *str1, char * str2)	找出 str2 字符串在 str1 字符串中第 1 次出现的位置（不包括 str2 的串结束符）	string.h
swab	void swab (char *from, char *to, int nbytes)	交换串 from 的相邻两个字符，共交换 nbytes/2 次，只将交换结果复制到 to 中	stdlib.h

3. 转换函数

函 数 名	函 数 原 型	功 能	头 文 件
asctime	char *asctime(const struct tm *tblock)	转换 tblock 结构的日期和时间为固定格式的 ASCII 码字符串，格式为：星期 月份 日 时:分:秒 年	time.h
atof	double atof(const char *nptr)	把字符串 nptr 转换成浮点数	stdlib.h
atoi	int atoi(const char *nptr)	把字符串 nptr 转换成整型数	stdlib.h
atol	long atol(const char *nptr)	把字符串 nptr 转换成长整型数	stdlib.h
ctime	char *ctime(const time_t *time)	把日期和时间转换为字符串	time.h
ecvt	char *ecvt(double value, int ndigit, int *decpt, int *sign)	将双精度浮点型数转换为字符串，转换结果中不包括十进制小数点	stdlib.h
fcvt	char *fcvt(double value, int ndigit, int *decpt, int *sign)	把浮点数转换为字符串	stdlib.h
gcvt	char *gcvt(double value, int ndigit, char *buf)	把浮点数转换成字符串	stdlib.h
gmtime	struct tm *gmtime(long *clock)	把日期和时间转换为格林尼治标准时间（GMT）	time.h
itoa	char *itoa(int value, char *string, int radix)	把一整数转换为字符串	stdlib.h
localtime	struct tm *localtime(long *clock)	把日期和时间转变为结构	time.h
strtod	double strtod(char *str, char **endptr)	将字符串转换为 double 型值	string.h
strtol	long strtol(char *str, char **endptr, int base)	将串转换为长整数	string.h
tolower	int tolower(int c)	把字符转换成小写字母	ctype.h
toupper	int toupper(int c)	把字符转换成大写字母	ctype.h
ultoa	char *ultoa(unsigned long value, char *string, int radix)	将一个无符号长整型数 value 转换为 radix 进制字符串存放到 string 中	stdlib.h

4. 输入输出函数

函 数 名	函 数 原 型	功 能	头 文 件
cgets	char *cgets(char *str)	从控制台（键盘）读字符串	conio.h
fgetc	int fgetc(FILE *stream)	从指定的文件 stream 中读一个字符	stdio.h
fgetchar	int fgetchar(void)	从流中读取字符	stdio.h
fgets	char *fgets(char *string, int n, FILE *stream)	从流中读取一字符串	stdio.h
fprintf	int fprintf(FILE *stream, char *format[, argument,...])	按格式化向指定文件 stream 写数据	stdio.h
fputc	int fputc(int ch, FILE *stream)	向指定文件 stream 写一个字符 ch	stdio.h
fputchar	int fputchar(char ch)	送一个字符到标准输出流中	stdio.h
fputs	int fputs(char *string, FILE *stream)	向指定文件 stream 写一个字符串	stdio.h
fread	int fread(void *ptr, int size, int nitems, FILE *stream)	从指定文件 stream 读数据	stdio.h
fscanf	int fscanf(FILE *stream, char *format[,argument...])	从指定文件 stream 中按格式化读入数据	stdio.h
fwrite	int fwrite(void *ptr, int size, int nitems, FILE *stream)	写内容到流中	stdio.h
getc	int getc(FILE *stream)	从流中取字符	stdio.h

续表

函数名	函数原型	功能	头文件
getch	int getch(void)	从控制台无回显地取一个字符	conio.h
getchar	int getchar(void)	从 stdin 流中读字符	stdio.h
getche	int getche(void)	从控制台取字符(带回显)	conio.h
gets	char *gets(char *string)	从流中取一字符串	stdio.h
getw	int getw(FILE *strem)	从流中取一整数	stdio.h
printf	int printf(char *format...)	格式化输出函数	stdio.h
putc	int putc(int ch, FILE *stream)	输出一字符到指定流中	stdio.h
putch	int putch(int ch)	输出字符到控制台	conio.h
putchar	int putchar(int ch)	在标准输出设备上输出字符	stdio.h
puts	int puts(char *string)	送一字符串到流中	stdio.h
putw	int putw(int w, FILE *stream)	把一字符或字送到流中	stdio.h
scanf	int scanf(char *format...)	按格式化方式输入数据	stdio.h
ungetc	int ungetc(char c, FILE *stream)	把一个字符退回到输入流中	stdio.h
ungetch	int ungetch(int c)	把一个字符退回到键盘缓冲区中	conio.h
write	int write(int handel, void *buf, int nbyte)	从 buf 所指向的缓冲区中提取 nbyte 个字节写入到参数 handle 所指的文件中	io.h

5. 其他函数

函数名	函数原型	功能	头文件
calloc	void *calloc(unsegnde n, unsegnde size)	分配 n 个数据项的内存连续空间，每个数据项的大小为 size，返回分配内存单元的起始地址	stdlib.h malloc.h
clock	clock_t clock(void)	返回处理器调用某个进程或函数所花费的时间	time.h
difftime	double difftime(time_t time2, time_t time1)	计算两个时刻 time2 与 time1 的时间差	time.h
eof	int eof(int *handle)	检测文件是否结束	io.h
exit	void exit(int status)	终止程序的执行	stdlib.h
fclose	int fclose(FILE *stream)	关闭一个流（文件）	stdio.h
fcloseall	int fcloseall(void)	关闭打开的所有流（文件）	stdio.h
feof	int feof(FILE *stream)	检测流上的文件结束符	stdio.h
ferror	int ferror(FILE *stream)	检测流上的错误	stdio.h
fflush	int fflush(FILE *stream)	清除一个流	stdio.h
filelength	long filelength(int handle)	取文件长度字节数	io.h
floor	double floor(double x)	返回不大于 x 的最大整数	math.h
flushall	int flushall(void)	清除所有缓冲区	stdio.h
fopen	FILE *fopen(char *filename, char *type)	打开一个流（文件）	stdio.h
free	void free(void *ptr)	释放 ptr 指向的存储空间	malloc.h
freopen	FILE *freopen(char *filename, char *type, FILE *stream)	替换一个流	stdio.h
fseek	int fseek(FILE *stream, long offset, int fromwhere)	重定位流上的文件指针	stdio.h
fsetpos	int fsetpos(FILE *stream, const fpos_t *pos)	定位流上的文件指针	stdio.h

续表

函数名	函数原型	功能	头文件
fstat	int fstat(char *handle, struct stat *buff)	获取打开文件信息	sys/stat.h
ftell	long ftell(FILE *stream)	返回当前文件指针	stdio.h
lseek	long lseek(int handle, long offset, int fromwhere)	移动文件读/写指针	io.h
malloc	void *malloc(unsigned size)	内存分配函数	malloc.h
raise	int raise(int signal)	函数对程序发送指定的信号 signal。其中，SIGABRT 表示终止错误；SIGFPE 表示浮点错误；SIGILL 表示无效指令；SIGINT 表示用户输入；SIGSEGV 表示非法内存存取；SIGTERM 表示终止程序	signal.h
realloc	void *realloc(void *ptr, unsigned newsize)	重新分配主存	malloc.h
rewind	int rewind(FILE *stream)	将文件指针重新指向一个流的开头	stdio.h
Sleep	unsigned Sleep(unsigned seconds)	执行挂起 seconds（毫秒）	windows.h
system	int system(char *command)	发出一个 DOS 命令，如 system("time")显示并设置系统时间，system("cls")清屏	stdlib.h
tell	long tell(int handle)	取文件指针的当前位置	io.h

参考文献

[1] 谭浩强. C 语言程序设计. [M]. 4 版. 北京：清华大学出版社，2014.

[2] 李学刚，等. C 语言程序设计. [M]. 4 版. 北京：高等教育出版社，2013.

读者意见反馈

为收集对教材的意见建议，进一步完善教材编写并做好服务工作，读者可将对本教材的意见建议通过如下渠道反馈至我社。

咨询电话 400-810-0598

反馈邮箱 gjdzfwb@pub.hep.cn

通信地址 北京市朝阳区惠新东街 4 号富盛大厦 1 座

高等教育出版社总编辑办公室

邮政编码 100029

普通高等教育农业农村部“十三五”规划教材
全国高等农林院校“十三五”规划教材

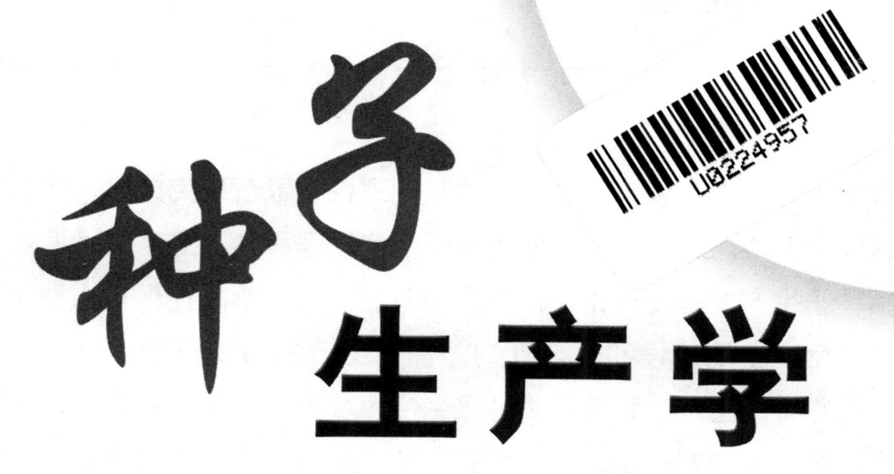

种子生产学

ZHONGZI SHENGCHANXUE

第二版

胡 晋 主编

中国农业出版社
北 京

内容提要

NEIRONG TIYAO

本教材吸收了国内外种子生产学的基础理论和最新研究成果，结合我国种子生产实践编写而成。在编排上，分为种子生产原理和种子生产技术两篇，其主要内容包括种子生产的基本理论、植物品种审定登记和新品种保护、种子生产基本方法、种子生产基地建设和生产计划、种子生产的质量控制、粮食作物种子生产、经济作物种子生产、蔬菜作物种子生产、牧草和草坪草种子生产、其他植物种子生产，是一本内容系统、理论完整、资料新颖、技术先进的新教材。本教材可作为涉农高等院校种子科学与工程以及其他植物生产类有关专业的教材，也可作为种子科技工作者及农业技术人员的参考书。

第二版编写人员

主　编　胡　晋

副主编　胡伟民　关亚静

洪德林　张海清

编　者（按姓氏笔画排序）

王　洋（浙江农林大学）

王曙光（山西农业大学）

关亚静（浙江大学）

杨存义（华南农业大学）

吴承来（山东农业大学）

佘跃辉（四川农业大学）

张海清（湖南农业大学）

陈军营（河南农业大学）

郑华斌（湖南农业大学）

胡　晋（浙江大学）

胡伟民（浙江大学）

洪德林（南京农业大学）

祝水金（浙江大学）

第一版编写人员

主　编　胡　晋

副主编　洪德林　唐启源　王　慧

编　者（按姓氏笔画排序）

王　慧（华南农业大学）
闫吉治（河西学院）
宋文坚（浙江大学）
张光星（山西农业大学）
胡　晋（浙江大学）
胡伟民（浙江大学）
洪德林（南京农业大学）
祝水金（浙江大学）
唐启源（湖南农业大学）
康志钰（云南农业大学）

PREFACE 2 第二版前言

种子是特殊、不可替代、最基本的农业生产资料，是农业科技的重要载体，是决定农产品产量和品质的根本内因。没有种子就不可能从事农业生产。种子生产是种子产业和粮食生产的最重要环节之一，只有生产出高质量的种子，才能让承载各种高技术的种子发挥出重要作用。种子生产学正是研究种子生产原理和技术以及生产过程中种子质量控制的一门应用科学。种子生产学为植物生产和种子繁殖提供了科学理论基础和技术，是种子科学与工程及其他植物生产类专业的一门重要课程。

本教材第一版于2009年出版，系全国高等农林院校“十一五”规划教材。经历10余年的教学应用，受到了涉农高等院校广大师生的普遍欢迎。近年来，科学技术尤其是生物技术、种子科技以及种子生产理论与技术有了较大的发展，因此很有必要对该书进行补充修订，以跟上科学技术的发展和满足教学的需要。本次修订，保留了第一版的主体框架，除了绪论外，仍分成种子生产原理和种子生产技术两篇，在个别章节编排上做了改动，对全书内容做了修订并补充了新近的进展。上篇是种子生产原理，共含5章，分别是种子生产的基本理论、植物品种审定登记和新品种保护、种子生产基本方法、种子生产基地和生产计划、种子生产的质量控制。下篇是种子生产技术，也包含5章，分别是粮食作物种子生产、经济作物种子生产、蔬菜作物种子生产、牧草和草坪草种子生产、其他植物种子生产。

参加本书编写的人员及分工为：绪论由胡晋编写，第一章由郑华斌编写，第二章和第三章由洪德林编写，第四章由吴承来编写；第五章由关亚静编写；第六章由张海清、胡伟民、陈军营、王曙光、洪德林和王洋编写，由张海清统稿；第七章由祝水金、张海清、佘跃辉、杨存义、郑华斌、王曙光、胡伟民和胡晋编写，由佘跃辉统稿；第八章由关亚静、王洋、杨存义、佘跃辉和胡晋编写，由王洋统稿；第九章由郑华斌和杨存义编写，由郑华斌统稿；第十章由关亚静、佘跃辉、王洋和杨存义编写，由关亚静统稿。全书由胡晋统稿、定稿。

本教材编写过程参考了较多的文献，限于篇幅，书后仅列出了主要参考文献，在此对本教材所引用的参考文献作者表示谢意。中国农业出版社编辑对本书的出版给予了大力支持和帮助，在此深表谢意。由于编写时间仓促，书中难免存在不足之处，敬请指正。

胡　晋

2021年5月1日

于杭州紫金港

PREFACE 1

第一版前言

种子生产学是研究种子生产原理和技术以及生产过程中种子质量控制的一门应用科学。种子是最基本的农业生产资料，没有种子就不可能从事农业生产。农业现代化的发展，离不开种子科学技术。种子生产学为植物生产和种子繁殖生产提供了科学理论基础和技术，是植物生产类专业的一门重要课程。

随着我国农业生产的快速发展、种子工程的实施，种子生产理论和技术在农业可持续发展中的作用日趋重要。随着生物技术的日新月异，种子产业的快速发展，对种子生产都提出了新的要求。希望本教材的出版能为我国农业生产尤其是种子产业的发展，提高我国种子科学的教学、科研水平尽一份力。

本教材除绪论外，将全书分为种子生产原理和种子生产技术两篇，种子生产原理部分包括第一至第五章，分别为种子生产的基本理论、植物品种审定和新品种保护、种子生产基本方法、种子生产基地建设、种子生产的质量控制等；种子生产技术部分包括第六至第十章，分别为粮食作物种子生产、经济作物种子生产、蔬菜作物种子生产、牧草和草坪草种子生产、其他植物种子生产等。全书除了阐述种子生产的基本理论和技术外，对种子生产学的新进展也做了介绍，例如种子认证、植物品种审定和新品种保护等。本教材最后附有中英（拉）专业词汇对照，便于对照学习。

参加本书编写的人员为：绪论由胡晋编写，第一章由唐启源编写；第二章由胡晋编写，第三章由洪德林编写，第四章由唐启源编写，第五章由胡伟民编写；第六章由王慧、胡伟民、康志钰和闫吉治编写，王慧统稿；第七章由祝水金、洪德林、唐启源、王慧、闫吉治和胡伟民编写，祝水金统稿；第八章由洪德林、张光星和宋文坚编写，洪德林统稿；第九章由唐启源编写；第十章由康志钰、胡伟民和洪德林编写，康志钰统稿。全书由胡晋进行统稿、定稿。本书为高等农林院校植物生产类及其他与种子科学有关专业的教材，也可作为种子科技工作者及农业技术人员的参考书。

本书的出版，得到了中国农业出版社有关编辑的大力支持和帮助，在此深表谢意。对本书所引用的资料尽可能列出了参考文献作者，但难免会挂一漏万，在此对各文献的作者致以谢意。

由于编写时间仓促，书中难免存在不足之处，敬请指正。

编　者

2009年2月1日

于杭州华家池

第二版前言
第一版前言

绪论 ········ 1

一、种子生产的概念和意义 ········ 1
二、种子生产学的研究内容和任务 ········ 1
三、种子生产的特点和应具备的条件 ········ 2
四、我国种子生产的发展历程 ········ 3
五、种子生产学与其他学科的关系 ········ 5
思考题 ········ 6

上篇　种子生产原理

第一章　种子生产的基本理论 ········ 8

第一节　植物的繁殖方式 ········ 8
一、繁殖方式的概念 ········ 8
二、有性繁殖 ········ 8
三、无性繁殖 ········ 11
第二节　纯系学说及其与种子生产的关系 ········ 12
一、纯系学说 ········ 12
二、纯系学说在种子生产中的指导意义 ········ 12
第三节　遗传平衡定律及其与种子生产的关系 ········ 13
一、基因频率与基因型频率 ········ 13
二、遗传平衡定律 ········ 13
三、遗传平衡定律对种子生产的指导意义 ········ 14
第四节　杂种优势利用及其与种子生产的关系 ········ 14
一、杂种优势的概念 ········ 14
二、杂种优势的遗传理论 ········ 14
三、杂种优势在种子生产中的应用 ········ 15
思考题 ········ 15

第二章 植物品种审定登记和新品种保护 16

第一节 植物品种审定和登记 16
一、主要农作物品种审定 16
二、非主要农作物品种登记 22
第二节 植物新品种保护 25
一、植物新品种保护概述 25
二、植物新品种权及其归属 26
三、授予植物新品种权的条件 26
四、植物新品种权的申请和受理 28
五、植物新品种权的审查批准 30
六、植物新品种权的期限、终止和无效 31
七、植物新品种权的实施、限制和侵权保护 32
八、植物新品种权的费用管理 34
九、植物新品种权侵权案件处理规定 35
第三节 国外农作物品种登记和管理 37
一、美国的农作物品种登记和管理 37
二、德国和欧洲联盟其他国家的新品种登记和管理 38
三、澳大利亚的品种登记和保护体系 40
四、日本的新品种登记保护和管理 40
五、泰国新品种的发放 41
思考题 41

第三章 种子生产基本方法 43

第一节 种子级别的划分 43
一、我国现行的种子级别 43
二、其他国家的种子级别 43
三、国际上有关机构的种子级别 44
第二节 常规品种种子生产 45
一、常规品种原种种子生产 45
二、常规品种大田用种种子生产 49
第三节 杂交种种子生产 51
一、杂交种亲本原种生产 51
二、杂交种一代杂种种子生产 55
第四节 无性系品种种子生产 59
一、无性系品种原种种子生产 60
二、无性系品种大田用种种子生产 62
第五节 加速种子生产 62
一、稀播单株插和多次剥蘖移栽 62

二、异地异季一年繁殖多代 …… 62
三、切割无性繁殖器官 …… 62
四、组织培养无性繁殖 …… 63
思考题 …… 63

第四章　种子生产基地和生产计划 …… 64

第一节　种子生产基地建设的原则和条件 …… 64
一、种子生产基地的形式 …… 64
二、种子生产基地布局和建设的原则 …… 65
三、种子生产基地的必备条件 …… 67
第二节　种子生产基地建设的程序和内容 …… 68
一、建立种子生产基地的程序 …… 68
二、种子生产基地建设的内容 …… 69
第三节　种子生产基地的管理 …… 70
一、种子生产基地的计划管理 …… 70
二、种子生产基地的技术管理 …… 71
三、种子生产基地的质量管理 …… 72
第四节　种子生产计划的制订 …… 73
一、种子生产计划的内容 …… 73
二、种子生产计划的编制 …… 75
思考题 …… 75

第五章　种子生产的质量控制 …… 76

第一节　种子质量和标准 …… 76
一、种子标准化 …… 76
二、种子质量分级标准 …… 77
第二节　种子质量检验 …… 83
一、种子质量检验指标 …… 83
二、种子检验的作用 …… 84
三、种子检验的程序 …… 84
第三节　种子认证 …… 86
一、种子认证概述 …… 86
二、种子认证方案 …… 89
三、种子认证程序 …… 91
第四节　品种混杂退化及其控制 …… 93
一、品种混杂退化的原因 …… 93
二、品种防杂保纯的措施 …… 94
第五节　提高种子质量的措施 …… 95
一、提高种子净度的措施 …… 95

二、降低种子水分的措施 …… 96
三、保持种子健康度的措施 …… 96
四、提高种子发芽率和活力的措施 …… 97
思考题 …… 98

下篇　种子生产技术

第六章　粮食作物种子生产 …… 100
第一节　水稻种子生产技术 …… 100
一、水稻的生物学特性 …… 100
二、水稻常规品种种子生产 …… 102
三、水稻杂交种种子生产 …… 104
第二节　玉米种子生产技术 …… 130
一、玉米的生物学特性 …… 130
二、玉米自交系种子生产 …… 140
三、玉米杂交种种子生产 …… 141
第三节　小麦种子生产技术 …… 150
一、小麦的生物学特性 …… 151
二、小麦常规品种种子生产 …… 152
三、小麦杂交种种子生产 …… 157
第四节　大麦种子生产技术 …… 161
一、大麦的生物学特性 …… 161
二、大麦种子生产 …… 165
第五节　杂粮种子生产技术 …… 169
一、高粱种子生产 …… 169
二、谷子种子生产 …… 172
三、荞麦种子生产 …… 175
四、燕麦种子生产 …… 178
五、绿豆种子生产 …… 181
六、蚕豆种子生产 …… 184
第六节　马铃薯种薯生产技术 …… 186
一、马铃薯的生物学特性 …… 186
二、马铃薯脱毒微型薯（原原种）生产 …… 188
三、马铃薯种薯原种生产 …… 192
四、马铃薯种薯大田用种生产 …… 193
第七节　甘薯种薯种苗生产技术 …… 194
一、甘薯的生物学特性 …… 195
二、甘薯原种生产 …… 197

三、甘薯大田用种生产 …… 199
思考题 …… 200
第七章　经济作物种子生产 …… 201
第一节　棉花种子生产技术 …… 201
一、棉花的生物学特性 …… 201
二、棉花常规品种种子生产 …… 209
三、棉花杂交种种子生产 …… 216
第二节　油菜种子生产技术 …… 221
一、油菜的生物学特性 …… 221
二、油菜常规品种种子生产 …… 225
三、油菜杂交种种子生产 …… 227
第三节　大豆种子生产技术 …… 236
一、大豆的生物学特性 …… 236
二、大豆常规品种种子生产 …… 240
三、大豆杂交种种子生产 …… 242
第四节　花生种子生产技术 …… 245
一、花生的生物学特性 …… 245
二、花生原种种子生产 …… 248
三、花生大田用种种子生产 …… 249
第五节　麻类作物种子生产技术 …… 250
一、苎麻种子种苗生产 …… 250
二、纤维用亚麻种子生产 …… 252
三、黄麻种子生产 …… 255
四、红麻种子生产 …… 257
第六节　甘蔗种苗生产技术 …… 259
一、甘蔗的生物学特性 …… 259
二、甘蔗脱毒种苗生产 …… 261
三、甘蔗种苗加速繁殖技术 …… 262
四、甘蔗大田用种种苗生产 …… 263
第七节　甜菜种子生产技术 …… 265
一、甜菜的生物学特性 …… 265
二、甜菜常规品种种子生产 …… 266
三、甜菜杂交种种子生产 …… 267
第八节　烟草种子生产技术 …… 270
一、烟草的生物学特性 …… 270
二、烟草常规品种种子生产 …… 271
三、烟草杂交种种子生产 …… 273
第九节　其他经济作物种子生产技术 …… 276

一、向日葵种子生产 …… 276
二、芝麻种子生产 …… 280
思考题 …… 283

第八章　蔬菜作物种子生产 …… 284

第一节　根菜类种子生产技术 …… 284
一、萝卜种子生产 …… 284
二、胡萝卜种子生产 …… 288
第二节　叶菜类种子生产技术 …… 291
一、大白菜种子生产 …… 292
二、普通白菜种子生产 …… 296
第三节　茄果类种子生产技术 …… 297
一、番茄种子生产 …… 297
二、茄子种子生产 …… 301
三、辣（甜）椒种子生产 …… 304
第四节　豆类种子生产技术 …… 307
一、菜豆种子生产 …… 307
二、豇豆种子生产 …… 310
三、豌豆种子生产 …… 312
第五节　瓜类种子生产技术 …… 314
一、黄瓜种子生产 …… 315
二、西瓜种子生产 …… 317
三、丝瓜种子生产 …… 320
四、南瓜种子生产 …… 321
五、冬瓜种子生产 …… 322
六、甜瓜种子生产 …… 323
第六节　葱蒜类种子生产技术 …… 324
一、韭菜种子生产 …… 324
二、大葱种子生产 …… 327
三、洋葱种子生产 …… 329
思考题 …… 333

第九章　牧草和草坪草种子生产 …… 334

第一节　牧草种子生产技术 …… 334
一、牧草种子及其类型 …… 334
二、主要豆科牧草种子生产 …… 339
三、主要禾本科牧草种子生产 …… 353
四、其他牧草种子生产 …… 362
第二节　草坪草种子生产技术 …… 364

一、草坪草类型…… 364
二、禾本科草坪草种子生产…… 365
思考题…… 369

第十章 其他植物种子生产 …… 370

第一节 绿肥种子生产技术…… 370
一、绿肥种子类型…… 370
二、绿肥种子生产…… 371
第二节 药用植物种子生产技术…… 377
一、药用植物种子种苗类型…… 377
二、药用植物种子生产…… 377
三、药用植物营养体繁殖和种苗生产…… 380
第三节 林木种子生产技术…… 383
一、林木种子类型…… 383
二、林木种子生产…… 384
三、林木种苗生产…… 389
第四节 花卉种子种苗生产…… 394
一、花卉种子种苗类型…… 394
二、花卉种子生产…… 395
三、花卉种苗生产…… 397
思考题…… 400

专业词汇中英（拉）对照…… 401
主要参考文献…… 411

绪 论

种子为人类和动物提供了不可缺少的食物。同时，种子是最基本的农业生产资料，没有种子就不可能从事农业生产。因此种子生产显得非常重要。植物育种选育出的优良品种，必须通过种子的繁殖生产才能够在生产上大面积推广应用。种子是现代高新技术的载体，种子生产是整个种子科学的核心之一。

一、种子生产的概念和意义

种子生产（seed production）是按照种子生产原理和技术操作规程繁殖常规品种种子和杂交种种子的过程。生产出来的种子作为大田生产的播种材料或进一步作为繁殖下一代种子的材料。种子生产与一般的粮食生产不同，它要求所生产的种子保持原有的遗传特性，产量潜力不降低，种子活力（seed vigour）得以保证。因此种子生产过程的质量控制显得特别重要，它是种子质量（seed quality）控制的重要环节。种子生产的意义在于为农业生产提供优良品种的优质种子，满足市场的需求。通过对新品种的加速繁殖，代替生产上的老品种，实行品种的更新。对生产上大量推广种植的品种，用原种繁殖出高纯度的种子加以代替，实行品种换代。发挥种子在农业生产中的增产增效作用，为农业的可持续发展服务。

二、种子生产学的研究内容和任务

（一）种子生产学的概念

种子生产学是研究种子生产原理和技术以及生产过程中种子质量控制的一门应用科学。

种子生产学是种子科学中一门十分重要的应用科学，直接涉及种子的繁殖和优良种性的保持。同时，它是指导种子生产工作的理论基础，与农业生产有密切的联系。因此种子生产学在理论上和生产实践上都有十分重要的作用。

（二）种子生产学的研究内容

种子生产学的研究内容包括种子生产的基本理论、新品种审定和品种保护、种子生产的基本方法、种子生产基地建设、种子生产质量控制以及不同作物种子的生产技术等。

（三）种子生产学的任务

种子生产学的主要任务是阐明种子生产原理，针对常规品种种子生产、杂交种种子生产以及无性系种子种苗生产，探索不同种类种子的最佳生产方法和技术，通过种子质量控制，提高种子的产量和质量，使生产出的种子生活力和活力保持在尽可能高的水平，为农业生产提供高质量的种子，为种子经营提供物质基础。

种子生产是种子产业化体系的重要环节，种子生产学是种子科学的一个分支，直接为农业生产服务。

三、种子生产的特点和应具备的条件

种子是有生命的商品，种子生产从某种意义上讲是生命的繁衍过程。因此商品种子生产与一般商品的生产有着明显的区别，具有鲜明的特点。

（一）种子生产的特点

1. 繁殖方式多样性 农作物的繁殖方式分为有性繁殖和无性繁殖两大类。有性繁殖根据植物的花器结构、开花习性、传粉情况以及开花与环境条件之间的关系又可分为自花授粉、异花授粉和常异花授粉 3 类。而异花授粉又可分为雌雄异株、雌雄同株异花、自交不亲和、雌雄不同期成熟或花柱异型 4 种类型。植物繁殖方式的多样性，决定了种子生产方式的多样性。

2. 自然因素制约性

（1）季节性强 农作物种子生产因作物种类不同而对光照、温度、水分等要求不同，具有明显的季节性，例如小麦需低温春化才能开花结实，只能在冬季种植，而玉米喜温，只能在春季和夏季栽培。因此大多数农作物种子生产只能根据不同作物、不同品种的生理特性安排在其适宜的生长季节组织生产。虽然采用组织培养等生物技术手段，并利用设施进行种苗生产可不受自然条件制约，部分作物少量的原种生产可以利用异地繁殖等方式进行加代繁殖，但都因成本过高而不能应用于商品种子生产。因此绝大多数种子生产，每年只能进行 1 次，它不可能像工业产品一样实行周年生产。

（2）产量受自然因素影响很大 我国是一个自然灾害发生非常频繁的国家，各地常发生旱灾或洪涝灾害。因此不同年份之间，种子生产的产量往往波动很大，如遇灾年极易导致减产，从而给下一年的种子供应带来困难。

3. 种子生产的时效性 种子生产具有非常明显的时效性特点。这里所说的时效性，具有 3 方面的含义：①种子是有生命的，随着储藏时间的延长，其活力会逐步下降，直到完全丧失活力。②农作物种子生产供应方面具有时效性，一般而言，当年（或当季）的种子生产都是为下一年种子销售、使用做准备。不同作物、不同用途、不同地区对种子的时效性要求是有差别的，例如我国玉米制种主要集中在北方，这些种子生产基地一般在 10 月收获种子，而南方春玉米播种则在 3 月下旬就已开始，收获的种子还需完成脱粒、干燥、精选加工、包装等一系列过程，才能进行销售，时间非常紧。③种子生产计划的制订具有较长的时效性，这是因为制订种子生产计划的同时，必须同时考虑原种或亲本种子的生产计划。

4. 种子质量鉴定的困难性 种子质量从外观上很难进行判定，特别是种子纯度，在现有技术条件下，难以在很短时间内做出准确的鉴定，即使采用 DNA 分子标记技术常也不能做出十分准确的鉴别，真正可靠的方法还是进行田间种植鉴定。但是田间种植鉴定必须服从季节要求，即使像杂交水稻可采用到海南省进行异地种植鉴定，也需要足够的生产时间才能完成。如前所述，很多农作物的种子生产从收获到应用于生产，只有短短数月时间，而此时又不是该作物适宜的生产季节，要进行田间种植鉴定显然有难度。种子质量鉴定的困难性，对种子生产过程严把质量关提出了更高的要求。

（二）种子生产应具备的条件

种子是有生命的，是特殊的商品，种子生产、经营要遵守专门法律法规。因此种子生产应具备一定的条件。

①种子生产应具有良好的种子生产基地。种子生产基地应当满足该作物品种种子生产对气候、隔离、土壤肥力、农田基本设施、干燥、收购、生产人员等自然条件和社会经济条件的要求。

②种子生产应具有与种子生产相适应的专业技术人员和检验人员。

③种子生产应具有与种子生产相适应的资金和生产、检验设施。

④种子生产应获得种子生产经营许可证。《中华人民共和国种子法》规定，禁止任何单位和个人无种子生产经营许可证或者违反种子生产经营许可证的规定生产、经营种子。

⑤种子生产应取得该作物的品种权或该品种的生产授权。商品种子生产不同于农民自繁自用的一般种子生产，它是以营利为目的的，因此应遵循市场经济规律，遵守有关法律法规。未经品种权人同意而生产该品种种子是一种侵权行为。尽管我国目前还存在未经授权擅自生产别人育成的作物新品种的现象，但随着人们法制意识的提高和法律法规的不断完善，这种现象必将逐步得到改变。

四、我国种子生产的发展历程

我国是一个农业古国，我们的祖先通过长期的辛勤劳动，在选种、播种、收获和保藏、处理种子方面，积累了丰富的经验。劳动人民在长期生产实践过程中探索到种子作为繁殖器官的奥秘，并掌握其特性，加以利用，建立和发展了农作物生产的科学——作物栽培学。随着生产经验的积累，逐渐掌握了作物种子的选留技术，并且创造了许多新品种，为进一步发展农业生产奠定了基础。但是，一般的栽培并未考虑种子的质量（例如种子的纯度）等问题，同时新品种种子的繁殖有别于普通的作物生产。随着种子科学的发展，以及农业生产实践的需求，种子生产学应运而生。这是一门新兴的学科。

早在西汉的《氾胜之书》中即记载了对种子的处理方法。成书于北魏末年（533—544）的《齐民要术》也有关于种子的叙述“取禾种，择高大者，斩一节下，把悬高燥处，苗则不败。”“凡五谷种子，浥郁则不生，生者亦寻死。”“种杂者，禾则早晚不匀，舂复减而难熟。”《齐民要术》提出了选育良种的重要性以及生物和环境的相互关系问题，认为种子的优劣对作物的产量和品质有举足轻重的作用。同时说明了如何保持种子纯正、不相混杂，以及种子播种前应做哪些工作，以期播下去的种子能够发育完好，长出的幼芽茁壮健康。罗振玉（1900）著《农事私议》中对种子的重要性进行了介绍：“郡、县设售种所议”，建议从欧美引进玉米良种，并设立种子田“俾得繁殖，免求远之劳，而收倍获之利”。中华人民共和国成立前，中央有中央农业推广委员会、中央农业实验所，省有农业改进所，地方上有农事试验场，形成种子生产体系的雏形。但是由于科技水平的局限性，只有少数单位从事主要农作物引进示范推广工作，农业生产中使用的种子多为当地农家品种，类型繁多产量较低。中华人民共和国成立后，尤其是改革开放以来，随着我国农村经济体制改革和商品经济的发展以及农业科学水平的快速提高，我国的种子生产取得了很大的进步，种子生产大致经历了以下4个不同的发展阶段。

1.“家家种田，户户留种”阶段（1949—1957 年）　中华人民共和国成立初期，广大农村地区使用的品种多、乱、杂，常常是粮种不分，以粮代种。同时，由于技术和生产设施的简陋以及自然灾害的影响，许多农户在春季播种时没有足量的种子。为加快恢复和发展农业生产，解决农民对良种种子的需求，1950 年 2 月农业部制定《五年良种普及计划（草案）》，根据当时的农业生产情况，要求各地广泛开展群众性选种活动，选出的品种就地繁殖，就地推广，在农村实行家家种田，户户留种，以保证农户的基本用种需求。这种方式有力地促进了当时的农业发展。但是这种方式只适用于较低生产水平的农业生产，由于户户留种，邻里串换，易造成品种混杂，很难大幅度提高单位面积产量。

2. “四自一辅”阶段（1958—1977 年） 随着生产的发展，农业合作化后，集体经济得到发展，农业部于 1958 年 4 月提出我国的种子生产推行“四自一辅”的方针，即农业生产合作社自繁、自选、自留、自用，辅之以国家调剂。1962 年，中共中央和国务院联合发布《关于加强种子工作的决定》，强调“种子第一，不可侵犯”，将种子工作提到新的高度。遵照国务院批示，种子经营由粮食和商业部门划归种子管理部门，各级种子管理站实施行政、技术、经营“三位一体”，接管和新建了一批种子库，种子机构得到充实。全国各地逐步建立起以县良种场为骨干、公社良种场为桥梁、生产队种子田为基础的三级良种繁育推广体系。在“四自一辅”的方针指导下，种子生产有了很大的发展。但是由于强调种子生产的自选、自繁、自留、自用，农业生产中品种多、乱、杂的情况虽然有所改变，仍未能彻底解决农村地区种子生产依然处于多单位、多层次、低水平状态。

3. “四化一供”阶段（1978—1994 年） 1978 年 5 月，国务院批转了农林部《关于加强种子工作的报告》，批准成立中国种子公司，与农林部种子局两块牌子、一套人马合署办公，并批准在全国建立省、市、县三级种子公司，加强种子生产基地的经营基础设施建设，继续实行行政、技术、经营“三位一体”的种子工作体制。并且提出我国的种子工作要实行“四化一供”，“四化”即品种布局区域化、种子生产专业化、种子加工机械化和种子质量标准化，“一供”即以县为单位组织统一供种。种子工作由“四自一辅”向“四化一供”转变是当时农村实行家庭联产承包责任制及商品经济发展的必然结果，适应国家以经济建设为中心和实施改革开放政策的形势，改变了品种多、乱、杂的局面，提高了制种产量，改善了种子的质量，对我国种子事业发展起到了巨大推动作用。以生产队为基础的三级良种繁育推广体系自然而然地解体。种子生产的专业化和社会化以及商品化的体系应运而生。以大规模建设各类原（良）种场和种子繁育生产基地为核心，逐步完善了良种繁育推广体系，通过加强研究开发和消化吸收国外先进技术，初步形成了具有中国特色的种子加工、科研、生产体系。通过改革，取消了对非主要种子的计划管制，实行市场调节，先由蔬菜种子放开开始，进而明确“两杂”种子实行许可经营，打破以县为单位的地区封锁，发展全国市场。在这个时期，有关部门制定了一系列的种子工作法规，国务院于 1989 年 3 月发布了《中华人民共和国种子管理条例》，该条例包括总则、种质资源管理、种子选育与审定、种子生产、种子经营、种子检验和检疫、种子储备、罚则及附则共 9 章。1989 年 12 月农业部颁布了《全国农作物品种审定委员会章程（试行）》和《全国农作物品种审定办法（试行）》。这些法规条例的发布，为各级种子部门强化种子管理提供了法律依据和技术标准，强化了种子市场管理和种子质量检测，极大地促进了我国种子工作的快速发展。

4. 实施“种子工程”阶段（1995—1999 年） 随着我国经济体制由计划经济向市场经济转变，在提高种子质量、规范品种推广、促进农业生产方面发挥了巨大作用的“四化一供”“三位一体”的种子生产体系已经不能够适应新的经济体制下的农业生产对种子的需要，急需一个适应现代农业要求的种子生产新体系。1995 年 9 月农业部召开全国种子工作会议，主题是“创建种子工程，推动农业上新台阶”，种子工程开始在全国组织实施。种子工程按照其功能分为农作物改良（新品种引种育种）、种子生产、种子加工、种子销售和种子管理5大系统，旨在实现种子生产体系4大根本转变，即由传统的粗放生产向集约化大生产转变，由行政区域的自给性生产经营向社会化、国际化市场竞争转变，由分散的小规模生产经营向专业化的大中型企业或企业集团转变，由科研、生产、经营相互脱节向育繁推一体化转变。种子工程实质是种子产业化工程，明确了种子发展方向是市场化、产业化、育繁推一体化。在种子工程的推动下，我国的种子生产体系发生了深刻的变化，主要农作物生产用种基本更换了一次，良种覆盖率达到95%。此阶段种子企业得到快速发展，是我国种子产业的快速发展阶段。

5. 种子产业化、集约化阶段（2000年起至今）　2000年12月1日《中华人民共和国种子法》（以下简称《种子法》）开始实施，取消了国家对主要种子的管制，放开了种子育、繁、销环节，各类种子企业纷纷成立，打破了原国有种子公司一统天下的局面，拉开了我国种子产业激烈竞争的序幕。《种子法》对种子公司的经营范围、注册资金、种子品种审定、品种注册登记、品种保护、种子生产等都做了详细规定。2006年根据国务院办公厅《关于推进种子管理体制改革加强市场监管的意见》（国发办〔2006〕40号），全面实现了政企分开，种子管理与经营分开，种子经营由市场主体企业承担，种子公司与农业行政管理部门脱钩。种子市场加快整合，种子企业不断整合发展壮大，种子产业化进程得以加快。

2011年全国有种子企业8 700家，2013年1月为6 296家，2014年5月减至5 300家，2016年减至3 200多家。随着种子企业数量的减少，企业的规模增大。到2014年5月，注册资本1亿元以上企业有106家，前50强种子企业销售额已占全国的30%以上。每年推广使用农作物主要品种约5 000个，自育品种占主导地位，做到了中国粮主要用中国种。随着种业领域的企业重组，到2020年，前50强种子企业集中度估计在60%以上。种子生产方面，农业部开展了认定国家级杂交水稻和杂交玉米种子生产基地工作，先后有58个县区得到认可，并投入大量资金进行建设。我国每年种子总用量达1.25×10^{10} kg左右，其中商品化种子约5.0×10^{8} kg。我国种子市场目前估值600多亿，是世界第二大种子市场。

同时，世界种业巨头中的杜邦（Dugout）、孟山都（Monsanto）、先正达（Syngenta）、利马格兰（Limagrain）、圣尼斯（Seminis）等公司也以各种形式进入我国市场。国有、民营、外资、混合制等多方投资者进入种业，种业基础建设大幅加强，资产快速庞大。2017年，中国化工集团完成对全球第一大农药公司、第三大种子农化高科技公司瑞士先正达的收购。种业巨头隆平高科进入世界种业前10，位于第9名，并于2017年10月与中信农业基金等共同投资收购陶氏在巴西的特定玉米种子业务。中国化工和隆平高科的海外并购，代表着中国种业航母已经形成，并开始登上国际舞台，全球种业格局将发生重要变化，中国种业是重要力量。企业间的兼并重组是目前和今后的趋势，拜耳和孟山都、陶氏和杜邦、中国化工和先正达的并购，使世界种子市场前5名的种业种子市场份额集中度达到了惊人的70%以上。

五、种子生产学与其他学科的关系

种子生产学的建立和发展与其他学科有着密切的联系。种子生产学的理论是建立在其他自然科学基础上的独立科学体系，例如以种子生物学、栽培学、植物学、植物生理学、育种学、遗传学、生物化学、生物统计学、种子病理学、农业昆虫学、微生物学、物理学、分子生物学等作为基础。因此要很好地理解和掌握种子生产学知识，充分发挥它在农业生产上的指导作用，就必须首先掌握各门基础课知识。另一方面，种子生产学的理论知识和技术又为其他许多学科或领域（例如蔬菜生产、营养学、作物生产、植物新品种保护、品种审定、种子质量控制、牧草和草坪草生产等）提供理论和技术，因此它可以在广阔的范围内为农业生产服务。种子生产学与其他学科的关系可以图 0-1 表示。

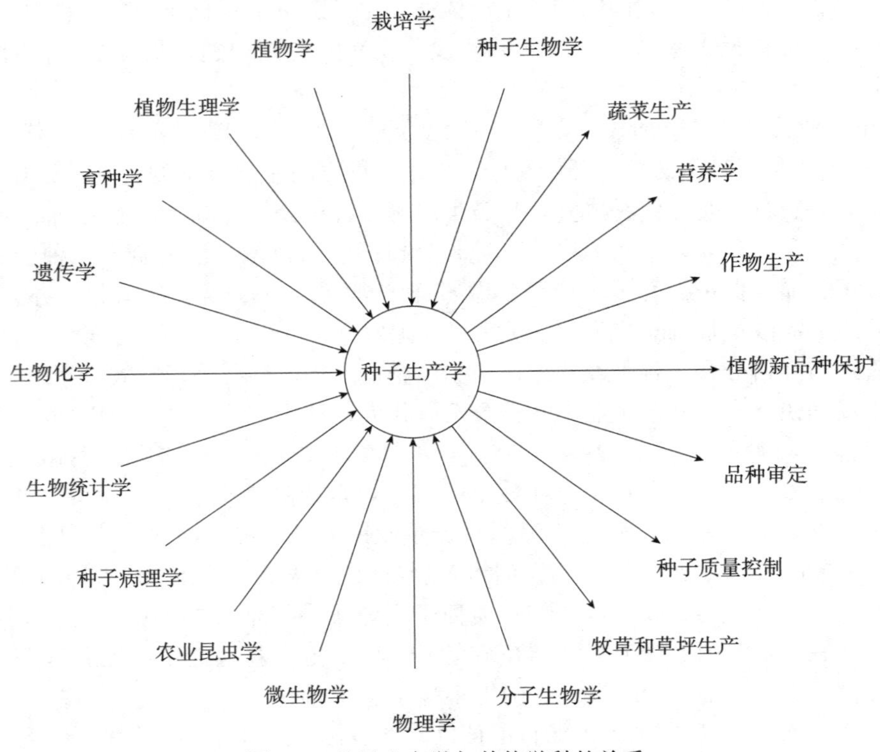

图 0-1　种子生产学与其他学科的关系

思考题

1. 种子生产学的研究内容包括哪些？
2. 种子生产有何特点？
3. 种子生产应具备哪些条件？
4. 种子生产学与其他学科的关系如何？

SECTION 1 上 篇

种子生产原理

第一章

种子生产的基本理论

第一节 植物的繁殖方式

一、繁殖方式的概念

植物的繁殖方式和授粉方式决定了后代群体的遗传结构，决定了原种和大田用种（良种）的生产程序和保纯防杂的生产技术。种子生产中的杂交制种，就是人为控制授粉的种子生产过程。

植物的繁殖方式可分为有性繁殖（sexual reproduction）和无性繁殖（asexual reproduction）两类。凡由雌雄配子结合，经过受精过程，最后形成种子繁殖后代的，统称为有性繁殖。在有性繁殖中，根据雌配子和雄配子的来源，又分为自花授粉（self-pollination）、异花授粉（cross-pollination）和常异花授粉（often cross-pollination）3种授粉方式，以及自交不亲和性及雄性不育性这两种特殊的有性繁殖方式。凡不经过两性细胞受精过程的方式繁殖后代的统称为无性繁殖，其中又分植株营养体无性繁殖和无融合生殖无性繁殖。

二、有性繁殖

（一）花器结构和开花习性对授粉的影响

花器的形态结构、雌花和雄花在植株上的位置、开花习性等都会影响授粉方式。具有完全花的作物，例如水稻、小麦等，雌性器官和雄性器官生长在同一朵花内，称为两性花。在一般情况下，这种花器结构有利于自花授粉。

只着生雄性器官的花称为雄花，只着生雌性器官的花称为雌花，二者均为单性花。雌花和雄花分别着生在同一植株的不同部位的，称为雌雄同株异花，例如玉米、蓖麻、瓜类等。如果雌花和雄花分别生长在不同的植株上，则称为雌雄异株，例如大麻、菠菜等。雌雄同株异花和雌雄异株都有利于异花授粉，但二者在程度上有区别。

开花习性、雌蕊和雄蕊的生长发育特点与授粉方式有关。有些作物（例如大麦、豌豆以及花生）植株下部的花，在花冠未开张时就已散粉受精，称为闭花受精，是典型的自花授粉。有些作物虽然是两性完全花，但要么雌蕊与雄蕊异熟（例如雌蕊先熟的油菜及雄蕊先熟的玉米和向日葵等），要么雌蕊与雄蕊异长，要么生有蜜腺或有香气引诱昆虫传粉，要么花粉轻小容易借风力传播，这些特征、特性都有利于异花传粉。

雄性不育性及自交不亲和性是两种受遗传控制的、特殊的开花授粉习性。具有雄性不育的植株花粉败育，不能产生正常的雄性配子，但能形成正常的雌性配子。自交不亲和性的植株，能形成正常的雌配子和雄配子，但自花花粉落在柱头上不能参加受精，其原因是具有特殊的遗传生理机制，阻碍自身的雌配子和雄配子的结合，因此在自然条件下，只能通过异花授粉繁殖后代。

（二）作物自然异交率的测定

作物授粉方式的分类根据自然异交率的高低确定。典型的自花授粉作物自然异交率在4%以下；典型的异花授粉作物自然异交率在50%～100%；常异花授粉作物的自然异交率介于二者之间，为4%～50%。

自然异交是与人工杂交相对而言的，是指同种作物不同品种间的天然杂交。为了确定作物的授粉方式，首先可根据作物的花器结构、开花习性、传粉方式、强迫自交的结实性等进行判断。但对作物授粉方式的准确分类，则还必须测定其自然异交率，通常可通过后代的遗传试验测定，即选择受一对基因控制的相对性状作为遗传基因的标记性状，例如小麦芽鞘色的红色对绿色、棉花的绿苗对芽黄绿苗、玉米的黄色胚乳对白色胚乳等相对性状，这些性状都具有显性和隐性的区别。测定时，用具有隐性性状的品种作为母本，具有显性相对性状的基因型品种作为父本，将父本和母本等距、等量地隔行相间种植，任其自由传粉、结实，然后将母本植株上收获的种子播种，进行后代苗期性状测定。如果具有当代显性的性状，可直接用从母本植株上收获的种子性状进行测定。计算 F_1 代种子或当代种子中显性个体出现的比率，就是该作物品种的自然异交率。其计算公式为

$$自然异交率=\frac{F_1\ 代显性性状个体数}{F_1\ 代个体总数}\times 100\%$$

也有人把上述结果予以加倍（即乘以 2），作为实际的自然异交率。这是因为同品种的植株间，也有同样的天然杂交机会，只是由于性状相同而不能测定出来而已。

测定自然异交率时，株行距大小、种植方式、风向、温度、降水量、传粉昆虫的多少等，都会影响测定结果的准确性；作物本身品种间的差异（例如开花期、开花习性、杂交亲和性等）对授粉也发生影响。因此要在不同年份和不同地区，用多个品种进行重复测定，才能得到准确的结果。

（三）有性繁殖的主要授粉方式

1. 自花授粉　同一朵花的花粉传播到同一朵花的雌蕊柱头上，或同株的花粉传播到同株的雌蕊柱头上都称为自花授粉。由同株或同花的雌配子和雄配子相结合的受精过程称为自花受精。通过自花授粉方式繁殖后代的作物是自花授粉作物，又称为自交作物。

自花授粉作物有水稻、小麦、燕麦、豌豆、绿豆、花生、芝麻、马铃薯、亚麻、烟草等。自花授粉作物的自然异交率一般低于1%，例如大麦常为闭花授粉，自然异交率仅为0.04%～0.15%；大豆的自然异交率为0.5%～1.0%；小麦、水稻的自然异交率通常也低于1%。但因品种的差异和开花时环境条件的影响，自然异交率也有高达1%～4%的。

2. 异花授粉　雌蕊的柱头接受异株花粉授粉的授粉方式称为异花授粉，异株的雌配子和雄配子相结合的受精过程称为异花受精。通过异花授粉方式繁殖后代的作物是异花授粉作物，又称为异交作物。

异花授粉作物有玉米、黑麦、甘薯、向日葵、白菜型油菜、甘蔗、甜菜、蓖麻、大麻、木薯、紫花苜蓿、三叶草、草木樨、啤酒花等。异花授粉作物的自然异交率因作物种类、品种和开花时环境条件的不同而不同，它们主要是由风力或昆虫传播异花花粉而结实，有些作

物的异交率可达到95%以上，甚至100%。

3. 常异花授粉　一种作物同时依靠自花授粉和异花授粉两种方式繁殖后代的称为常异花授粉作物，又称为常异交作物。常异花授粉作物通常以自花授粉为主要繁殖方式，又存在一定比例的自然异交率，是自花授粉作物和异花授粉作物之间的过渡类型。常异花授粉作物有棉花、甘蓝型油菜、芥菜型油菜、蚕豆、粟等。常异花授粉作物的自然异交率，常因作物种类、品种、生长地的环境条件的不同而有较大的变化。据测定，陆地棉在美国不同地点种植，其自然异交率的变幅为1%～18%；法国和德国测定的蚕豆自然异交率在17%～49%；甘蓝型油菜的自然异交率一般在10%左右，最高可达30%以上。

（四）自交不亲和性

自交不亲和性（self-incompatibility）是指具有完全花并可形成正常雌配子和雄配子的某些植物，但缺乏自花授粉结实能力的一种自交不育性。具有自交不亲和性的作物有甘蓝、黑麦、白菜型油菜、向日葵、甜菜、白菜等。具有自交不亲和性的植株通常表现出雌雄排斥，自花花粉在雌蕊柱头上不能萌发；或自花花粉管进入花柱中后生长受阻，不能到达子房，或不能进入珠心；或进入胚囊的雄配子不能与卵细胞结合完成受精过程。

自交不亲和性是一种受遗传控制的、提高植物自然异交率的特殊适应性。在杂种优势利用中，可以利用自交不亲和性的自交不亲和系作母本，或者两个自交不亲和性品种互为父母本，通过异花授粉，获得大量的F_1代杂交种子，因而是一种很有利用价值的繁殖特征。

（五）雄性不育性

植株的花粉败育、不能产生有功能雄配子的特征称为雄性不育性。雄性不育性（male-sterility）广泛存在于植物中。例如水稻、玉米、高粱、大麦、小麦、棉花、油菜、向日葵等都有各种雄性不育性类型，有的已用于配制杂交种。利用雄性不育性有利于避免自交，提高自然异交率，增强植物种的生活力和适应性。以雄性不育的植株作母本通过异花授粉，可以得到大量杂种种子，是杂种优势利用中极其宝贵的性状和亲本资源，现已广泛在作物种子生产中采用。植物受遗传控制的雄性不育性分为细胞核雄性不育和细胞质雄性不育两大类。

1. 细胞核雄性不育　细胞核雄性不育（nucleic male sterility）的雄性不育性受核基因控制，多为隐性，但在少数作物（例如小麦、粟等）中也发现了显性核基因控制的雄性不育性，在水稻、油菜、小麦、高粱等许多作物中还发现了光温敏核雄性不育性。

受隐性核基因（msms）控制的雄性不育材料，用正常雄性可育材料（MsMs）授粉产生的F_1代，全部雄性可育，F_2代个体的雄性育性按孟德尔方式分离，雄性不育特性不能很好地保持，因此用这类材料作为杂种优势利用较为困难。受显性核基因控制的雄性不育性，例如小麦的太谷显性核不育（Tal），用正常雄性可育的小麦品种（系）授粉产生的F_1代全部为雄性不育，所以不能直接用于作物的杂种优势利用，但可作为特殊的育种材料使用。

生态雄性不育是杂种优势利用中广为关注的一种雄性不育类型。石明松发现的湖北光敏感核不育水稻（photoperiod sensitive genic male sterile rice），其雄性不育性受1对隐性基因控制，其光敏感性则受1～2对基因控制，因而湖北光敏感核不育水稻材料具有在长日照条件下诱导雄性不育，在短日照条件下诱导雄性可育，而杂交F_1代又全部雄性可育的特性。后来陆续发现的温度敏感核雄性不育材料，具有在临界高温下雄性不育，临界低温下雄性可育，杂交F_1代雄性可育的特性。同一品系既可作母本配制杂交种，又可自己繁殖后代，做到一系两用，是一种宝贵的雄性不育资源。但由于自然光照和温度条件的复杂性，不同年度和地区间光照和温度条件的变化以及不同遗传背景的影响等，都可能造成雄性育性的波动，所以光温敏核雄性不育性在育种和种子生产上应用具有一定的难度。

2. 细胞质雄性不育　细胞质雄性不育（cytoplasmic male sterility）的育性是由细胞质的育性基因与细胞核中相对应的育性基因互作决定的，实际上是质核互作控制的雄性不育性。质核互作雄性不育性的遗传有下列 3 种基本模式。

①当某种作物的一个品系具有细胞质雄性不育基因（S）和相对应的细胞核隐性雄性不育基因（rfrf）时，其基因型为 S（rfrf），表现型为雄性不育，就是细胞质雄性不育系(male sterile line)。

②当一个品系具有正常的细胞质基因（N）和雄性不育系相同的隐性核基因（rfrf）时，其基因型为 N（rfrf），表现型为雄性可育。用它的花粉对雄性不育系的雌花授粉，结果为：S（rfrf）×N（rfrf）→S（rfrf），所产生的后代仍保持雄性不育性，被称为保持系。

③当一个品系的细胞具有与细胞质不育基因相对应的雄性育性显性恢复基因（RfRf），不论它是正常细胞质还是雄性不育细胞质，其基因型为 N（RfRf）或 S（RfRf），表现型均为雄性可育。用它的花粉对雄性不育系授粉，结果是：S（rfrf）×N（RfRf）或 S（RfRf）→S（Rfrf），所产生的后代恢复雄性可育，被称为恢复系。

细胞质雄性不育性在上述 3 种基因模式的质核互作控制下，因作物种类、细胞质类型和遗传背景的不同以及环境条件的差异，会使其受修饰因子的影响而发生不同程度的育性偏离现象，必须经过连续的定向选择，方能获得育性稳定的雄性不育系、保持系和恢复系，使三系配套，用于繁殖制种，以生产杂交种子和利用 F_1 代杂交优势。

利用细胞质雄性不育系配制杂交种，由于母本不育性较稳定，可以免除人工、化学药物或机械的去雄程序，既节省了劳力和种子生产成本，又能提高种子质量，是当前杂种优势利用的主要形式之一。

三、无性繁殖

（一）无性繁殖的类型

1. 营养体繁殖　许多植物的植株营养体具有再生能力，例如根、茎、芽、叶等营养器官及其变态部分块根、球茎、鳞茎、匍匐茎、地下茎等，可利用其再生能力，采取分根、扦插、压条、嫁接等方式繁殖后代。利用营养体繁殖后代的作物主要有甘薯、马铃薯、木薯、甘蔗、苎麻等。大部分果树和花卉也采用营养体繁殖后代。

由营养体繁殖的后代称为无性系（clone），它来自母体的营养体，即由母体的体细胞分裂繁衍而来，没有经过两性受精过程，所以无性系的各个体都能保持其母体的性状而不发生(或极少发生）性状分离。因此一些不容易进行有性繁殖而又需要保持品种优良性状的作物，可以利用营养体繁殖无性系来保持其种性。

2. 无融合生殖　植物性细胞的雌雄配子，不经过正常受精、两性配子的融合过程而形成种子以繁衍后代的方式，称为无融合生殖（apomixis）。无融合生殖有多种类型：①因大孢子母细胞或幼胚囊败育，由胚珠体细胞进行有丝分裂直接形成二倍体胚囊，称为无孢子生殖；②由大孢子母细胞不经减数分裂而进行有丝分裂，直接产生二倍体的胚囊形成种子，称为二倍体孢子生殖；③由胚珠或子房壁的二倍体细胞经过有丝分裂而形成胚，由正常胚囊中的极核发育成胚乳，二者形成种子，称为不定胚生殖；④在胚囊中的卵细胞未和精核结合，直接形成单倍体胚，称为孤雌生殖；⑤进入胚囊的精核未与卵细胞融合，直接形成单倍体胚，称为孤雄生殖；⑥具单倍体胚的种子后代经染色体加倍可获得基因型纯合的二倍体。上述各类无融合生殖所获得的后代，无论是来自母体的体细胞还是性细胞还是来自父本的性细胞，共同的特点是都没有经过受精过程，即未经过雌雄配子的融合过程。因此这些后代只具有母本或父本一方的遗传物质，表现母本或父本一方的性状，所以仍属于无性繁殖的范畴。

（二）无性系及其遗传特点

无性繁殖作物通常以营养器官进行繁殖。从一个单株通过无性繁殖产生的后代群体，称为无性系。由于品种群体来源于母体的体细胞，使遗传物质只是来自母本一方，所以无论母本遗传基础的纯与杂，其后代的基因型均与母本完全相同，后代通常不发生分离现象，即同一无性系内植株的遗传基础相同，都与原始亲本（母本）的特性一致。一般来说，无性繁殖作物品种的遗传基础都是杂合性的，但由于利用无性繁殖使无性系内的群体在表现型上是一致的，因而保持着品种的稳定性。

作物的繁殖方式决定了它的遗传特点和遗传效应，也因此决定了在种子生产过程中提纯防杂的技术和现代组织培养的技术。

第二节　纯系学说及其与种子生产的关系

一、纯系学说

纯系学说（pure line theory）是丹麦植物学家约翰生（W. L. Johannsen，1857—1927）根据菜豆选种试验研究结果于 1903 年提出的。所谓纯系，是指从一个基因型个体自交产生的后代，其后代群体的基因型也是纯合的，即由纯合的个体自花受精所产生的子代群体是一个纯系。约翰生的纯系学说认为，在自花授粉植株的天然杂合群体中，可分离出许多基因型纯合的纯系。因此在一个由若干个纯系组成的混杂群体内进行选择是有效的，但是在纯系内个体间的表现型的差异，只是环境的影响，因其基因型相同，是不能遗传的。所以在纯系内继续选择是无效的。约翰生根据他的试验结果，首次提出了基因型和表现型这两个不同的概念，区分了遗传的变异和不遗传的变异，指出了选择遗传的变异的重要性，为育种和种子生产提供了理论基础。

二、纯系学说在种子生产中的指导意义

种子生产的中心任务之一是保纯防杂。在种子生产中，在保持品种真实性的前提下，品种纯度的高低是种子质量的首要指标。保持所生产种子的纯度，需要在相应的理论指导下，制定各种保纯防杂的措施。

自花授粉作物品种的种子生产，从理论上讲是纯系种子的生产。但是在实际生产中，绝对的完全的自花授粉几乎是没有的。由于种种原因的影响，总会存在一定程度的天然杂交，从而引起基因的重组，或者可能发生各种自发的突变，产生变异个体，使所生产种子的纯度不能达到 100%，这些都是自花授粉作物产生变异的主要原因。因此种子生产必须注意充分隔离，防止混杂退化。同时，植物性状是个复合体，而且大多数作物的经济性状是数量性状，是受微效多基因控制的。所以完全的纯系是没有的。所谓“纯”只能是局部的、暂时的

和相对的，随着繁殖的扩大，后代的纯度必然会降低。因此现代种子生产中要求尽可能减少种子的生产代数。对生产应用时间较长的品种，必须注意防杂保纯或提纯复壮。

纯系学说对于种子生产的另一个重要影响是，在理论和实践上提出了自花授粉作物单株选择的重要意义。在自交作物三年三圃制原种生产体系中，可以按照原品种的典型性，采取单株选择、单株脱粒，对株系进行比较，一步步进行提纯复壮。

第三节　遗传平衡定律及其与种子生产的关系

一、基因频率与基因型频率

基因频率（gene frequency）是指在某个群体中，某个等位基因占该位点等位基因总数的比率，也称为等位基因频率。基因型频率（genotype frequency）是指在某个群体中，某个特定基因型占该群体所有基因型总数的比率。基因型是在受精过程中由父母所携带的基因组成的，它是描述群体遗传结构的重要参数。

自花授粉作物长期靠自交繁殖，以 1 对杂合基因型 Aa 的个体为例，经过连续的自交，后代中纯合基因型 AA 和 aa 个体出现的频率将会有规律地逐代增加，而杂合基因型 Aa 个体出现的频率将会有规律地逐代递减。理论上，若以 n 代表自交代数，则自交各代纯合基因型频率为 $1-(1/2)^n$，杂合基因型频率为 $(1/2)^n$。

二、遗传平衡定律

在群体遗传学中，表现型、基因型和等位基因频率之间关系有一个重要规律：基因型的比例在世代传递中不会改变。因此群体中个体的等位基因频率的分布比例和基因型的分布比例（频率）世代维持恒定。这是群体遗传学的一个基本规律，是由英国数学家哈迪（Hardy G. H.）和德国医生魏伯格（Weinberg W.）于 1908 年分别发现的，即遗传平衡定律（law of genetic equilibrium），又称为哈迪-魏伯格定律（Hardy-Weinberg law）。遗传平衡定律认为，在一个大的随机交配的群体内，如果没有突变、选择和迁移因素的干扰，则基因频率和基因型频率在世代间保持不变。或者说，一个群体在符合一定条件的情况下，群体中各类个体的比例可从一代到另一代维持不变。

以上述群体为例，设等位基因 A 和 a 的基因频率分别为 p 和 q，则 3 种基因型的频率分别为

基因型	AA	Aa	aa
频　率	$P=p^2$	$H=2pq$	$Q=q^2$

如果个体间的交配是随机的，则配子之间的结合也是随机的，于是可得到表 1-1 所示结果。

表 1-1　随机交配群体的基因型及其频率

雌配子及其频率	雄配子及其频率	
	A_1：p	a_1：q
A_1：p	A_1A_1：$p\times p=p^2$	A_1a_1：$p\times q=pq$
a_1：q	A_1a_1：$p\times q=pq$	a_1a_1：$q\times q=q^2$

下代3种基因型的频率分别为

基因型	A_1A_1	A_1a_1	a_1a_1
频　率	$P_1=p^2$	$H_1=2pq$	$Q_1=q^2$

这与上代3种基因型的频率完全一致，因此就这对基因而言，群体已达到平衡。

要维持群体的遗传平衡需要一定的条件，或者说这种遗传平衡受一些因素的影响。这些条件和因素是：①群体要很大，不会由于任何基因型传递而产生频率的随意或太大的波动；②必须是随机交配而不带选择交配；③没有自然选择，所有的基因型（在一个座位上）都同等存在，并有恒定的突变率，即由新突变来替代因死亡而丢失的突变等位基因；④不会因迁移而产生群体结构的变化。如果缺乏这些条件则不能保持群体的遗传平衡。遗传平衡所指的群体是理想的群体，在自然条件下，这样的群体是不存在的，这也从反面说明了在自然界，群体的基因频率迟早要发生变化。也就是说，种群的进化是必然的。

三、遗传平衡定律对种子生产的指导意义

在长期自由授粉的条件下，异花授粉作物品种群体的基因型是高度杂合的。品种群体内各个体的基因型是异质的，没有基因型完全相同的个体。因此它们的表现型多种多样，没有完全一样的个体，缺乏整齐一致性，构成一个遗传基础复杂又保持遗传平衡的异质群体。它们的遗传结构符合遗传平衡定律。异花授粉群体内个体间随机交配繁殖后代，假如没有选择、突变、遗传漂移等影响，其群体内的基因频率和基因型频率在各世代间保持不变，即保持遗传平衡。但实际上由于对群体施加人工选择，再加上自然突变、异品种的杂交和小样本的引种等因素，这些都不可避免地对异花传粉作物品种的纯度产生影响，从而影响种子质量。

第四节　杂种优势利用及其与种子生产的关系

一、杂种优势的概念

杂种优势（heterosis）是生物界的普遍现象。它是指两个遗传组成不同的亲本杂交产生的杂种第一代，在生长势、生活力、繁殖力、抗逆性、产量和质量上比其双亲优越的现象。

F_2代存在衰退现象。衰退现象是指杂种F_2代与F_1代相比较，其生长势、生活力、抗逆性和产量等方面都显著表现下降的现象。并且，两个亲本的纯合程度越高，性状差异越大，F_1代表现的优势越大，则F_2代表现衰退现象越明显。

二、杂种优势的遗传理论

（一）显性假说

显性假说（dominance hypothesis）认为，杂种优势是由于双亲的显性基因全部聚集在杂种中所引起的互补作用。以玉米的两个自交系为例，假定它们有5对基因互为显隐性的关系，且位于同一染色体上。同时假定各隐性纯合基因（如aa）对性状发育的作用为1，而各显性纯合和杂合基因（如AA和Aa）的作用为2，如果双亲的基因型为AAbbCCDDee和aaBBccddEE，则杂种一代（F_1代）的基因型为AaBbCcDdEe，其亲本的作用分别为8和7，杂种一代的作用应该是10。由此可见，由于显性基因的作用，杂种一代比双亲表现了显著

的优势。

（二）超显性假说

超显性假说（superdominance hypothesis）也称为等位基因异质结合假说。超显性假说认为，杂种优势来源于双亲的异质结合所引起的基因间的互作。根据这个假说，等位基因间没有显隐性的关系，并认为杂合等位基因间的互作显然大于纯合等位基因间的作用。假定1对纯合等位基因 a_1a_1 能支配1种代谢功能，杂种为杂合等位基因 a_1a_2 时，将能同时支配 a_1 和 a_2 所支配的2种代谢功能，于是，可使生长量超过亲本的1而达到2。例如玉米的两个自交系各有5对基因和生长量有关，以 $a_1a_1b_1b_1c_1c_1d_1d_1e_1e_1$ 与 $a_2a_2b_2b_2c_2c_2d_2d_2e_2e_2$ 杂交，单交种的基因型为 $a_1a_2b_1b_2c_1c_2d_1d_2e_1e_2$，由上述假定可知，亲本的生长量各是5，而单交种的生长量应当是10，F_1 代具有明显的超亲优势。

三、杂种优势在种子生产中的应用

一方面，在杂交制种的过程中，要保持并提高亲本种子的纯度，以达到所生产杂交种子的杂种优势；另一方面，在种子生产过程中，不能坚持“优中选优”的思想，因为出现的“优株”往往就是混杂的杂种植株，对所有不符合典型特征的异株都必须毫不留情地拔除，以保证所生产种子的纯度。

思考题

1. 作物的繁殖方式有哪几种？各具有怎样的种子生产方式？
2. 纯系学说对种子生产有何指导意义？
3. 遗传平衡定律对种子生产有何指导意义？
4. 杂种优势利用与种子生产有什么关系？

第二章

植物品种审定登记和新品种保护

第一节　植物品种审定和登记

根据 2016 年 1 月 1 日生效的修订后《中华人民共和国种子法》，水稻、小麦、玉米、棉花和大豆这 5 种主要农作物的品种需要通过品种审定才能上市销售。主要农作物品种的审定办法和审定标准分别是 2016 年 8 月 15 日生效的《主要农作物品种审定办法》（中华人民共和国农业部令，2016 年第 4 号）和《主要农作物品种审定标准》（国品审〔2014〕2 号）。5 种主要农作物以外的其他作物都属于非主要农作物，其中列入《非主要农作物品种登记目录》的品种，需要通过品种登记以后才能上市销售。非主要农作物品种的登记办法是 2017 年 5 月 1 日生效的《非主要农作物品种登记办法》（中华人民共和国农业部令，2017 年第 1 号）。非主要农作物品种的登记目录和登记指南由农业部制定和调整。《第一批非主要农作物登记目录》包括 29 种作物（中华人民共和国农业部公告，第 2510 号）。转基因农作物（不含转基因棉花）品种审定办法另行制定。

一、主要农作物品种审定

（一）主要农作物品种审定机构

我国主要农作物品种审定实行国家和省（自治区、直辖市）两级审定制度。品种审定机构分别由国家级和省级农业主管部门设立。农业农村部设立国家农作物品种审定委员会，负责国家级农作物品种审定。省级农业主管部门设立省级农作物品种审定委员会，负责省级农作物品种审定。

农作物品种审定委员会由科研、教学、生产、推广、管理、使用等方面的专业人员组成。农作物品种审定委员会设立办公室，负责农作物品种审定委员会的日常工作。农作物品种审定委员会按作物种类设立专业委员会，各专业委员会由 9～23 人的奇数组成。省级农作物品种审定委员会对本辖区种植面积小的主要农作物，可以合并设立专业委员会。

农作物品种审定委员会设立主任委员会，由农作物品种审定委员会主任和副主任、各专业委员会主任、办公室主任组成。

（二）主要农作物品种审定的申请和受理

1. 主要农作物品种审定的申请　申请主要农作物品种审定的单位、个人（以下简称申请者），可以直接向国家农作物品种审定委员会或省级农作物品种审定委员会提出申请。在中国境内没有经常居所或者营业场所的境外机构和个人在境内申请农作物品种审定的，应当委托具有法人资格的境内种子企业代理。

申请者可以单独申请国家级审定或省级审定，也可以同时申请国家级审定和省级审定，还可以同时向几个省、自治区、直辖市申请审定。

从境外引进的农作物品种和转基因农作物品种的审定权限按国务院有关规定执行。

（1）申请审定的品种应具备的条件　申请审定的主要农作物品种应当具备下列条件：①人工选育或发现并经过改良；②与现有品种（已审定通过或本级农作物品种审定委员会已受理的其他品种）有明显区别；③形态特征和生物学特性一致；④遗传性状稳定；⑤具有符合《农业植物品种命名规定》的品种名称；⑥已完成同一生态类型区2个生产周期以上、多点的品种比较试验。其中，申请国家级农作物品种审定的，水稻、小麦和玉米的品种比较试验每年不少于20个点，棉花和大豆的品种比较试验每年不少于10个点，或具备省级农作物品种审定试验结果报告；申请省级农作物品种审定的，品种比较试验每年不少于5个点。

（2）申请主要农作物品种审定应提交的材料　申请主要农作物品种审定的，应当向农作物品种审定委员会办公室提交以下材料：①申请表，包括作物种类和品种名称，申请者名称、地址、邮政编码、联系人、电话号码、传真、国籍，品种选育的单位或者个人（以下简称育种者）等内容；②品种选育报告，包括亲本组合以及杂交种的亲本血缘关系、选育方法、世代和特性描述，品种（含杂交种亲本）特征特性描述和标准图片、建议的试验区域和栽培要点，品种主要缺陷及应当注意的问题；③品种比较试验报告，包括试验品种、承担单位、抗性表现、品质、产量结果及各试验点数据、汇总结果等；④转基因检测报告；⑤转基因棉花品种还应当提供农业转基因生物安全证书；⑥农作物品种和申请材料真实性承诺书。

2. 主要农作物品种审定的受理　农作物品种审定委员会办公室在收到申请书45 d内作出受理或不予受理的决定，并通知申请者。对于符合上述规定的，应当受理，并通知申请者在30 d内提供试验种子。对于提供试验种子的，由农作物品种审定委员会办公室安排品种试验。逾期不提供试验种子的，视为撤回申请。

对于不符合规定要求的，不予受理。申请者可以在接到通知后30 d内陈述意见或者对申请材料予以修正，逾期未陈述意见或者修正的，视为撤回申请；修正后仍然不符合规定的，驳回申请。

（三）主要农作物品种试验

根据2016年8月15日生效的《主要农作物品种审定办法》（中华人民共和国农业部令，2016年第4号），主要农作物品种试验的内容包括3个部分，一是区域试验，二是生产试验，三是品种特异性、一致性和稳定性测试（简称DUS测试）。

国家级主要农作物品种区域试验、生产试验由全国农业技术推广服务中心组织实施，省级主要农作物品种区域试验、生产试验由省级种子管理机构组织实施。特异性、一致性和稳定性测试由农业农村部植物新品种测试中心组织实施。

1. 主要农作物品种试验的要求和实施　区域试验是依法将新育成或引进的农作物品种，有计划地在不同农业生态区域及栽培条件下，进行连续2年或2年以上多点同播种期的品种比较试验，以鉴定其适应性、丰产性、抗逆性、品质等农艺性状以及其他特征特性，确定适宜的种植区域。每个品种的区域试验，试验时间不少于2个生产周期，田间试验设计采用随机区组或间比法排列。同一生态类型区试验点，国家级农作物品种审定不少于10个，省级农作物品种审定不少于5个。

生产试验是在区域试验完成后，在同一生态类型区，按照当地主要生产方式，在接近大田生产条件下对品种的丰产性、稳产性、适应性、抗逆性等进一步验证。每个品种的生产试验点数量不少于区域试验点，每个品种在 1 个试验点的种植面积不少于 300 m^2，不大于 3 000 m^2，试验时间不少于 1 个生产周期。第一个生产周期综合性状突出的品种，生产试验可与第二个生产周期的区域试验同步进行。

区域试验、生产试验的对照品种应当是同一生态类型区同期生产上推广应用的、具备良好代表性的已审定品种。对照品种由品种试验组织实施单位提出，农作物品种审定委员会相关专业委员会确认，并根据农业生产发展的需要适时更换。省级农作物品种审定委员会应当将省级区域试验、生产试验对照品种报国家农作物品种审定委员会备案。

区域试验、生产试验、DUS 测试（特异性、一致性和稳定性测试）承担单位要有独立法人资格，具有稳定的试验用地、仪器设备、技术人员。主要农作物品种试验技术人员要有相关专业大专以上学历或中级以上专业技术职称、品种试验相关工作经历，并要定期接受相关技术培训。

抗逆性鉴定由农作物品种审定委员会指定的鉴定机构承担，品质检测、DNA 指纹检测、转基因检测由具有资质的检测机构承担。主要农作物品种试验、测试、鉴定承担单位与个人要对数据的真实性负责。

主要农作物品种试验组织实施单位要会同农作物品种审定委员会办公室，定期组织开展品种试验考察，检查试验质量、鉴评试验品种表现，并形成考察报告，对田间表现出严重缺陷的品种保留现场图片资料。主要农作物品种试验组织实施单位要组织申请者代表参与区域试验、生产试验收获测产，测产数据由试验技术人员、试验承担单位负责人和申请者代表签字确认。主要农作物品种试验组织实施单位要在每个生产周期结束后 45 d 内召开品种试验总结会议。农作物品种审定委员会专业委员会根据试验汇总结果、试验考察情况，确定品种是否终止试验、继续试验、提交审定，由农作物品种审定委员会办公室将品种处理结果及时通知申请者。

2. 主要农作物品种试验的“绿色通道” 申请者具备试验能力并且试验主要农作物品种是自有品种的，可以按照下列要求自行开展品种试验：①在国家级或省级主要农作物品种区域试验的基础上，自行开展生产试验。②自有品种属于特殊用途品种的，自行开展区域试验、生产试验，生产试验可与第二个生产周期区域试验合并进行。特殊用途品种的范围、试验要求由同级农作物品种审定委员会确定。③申请者属于企业联合体、科企联合体和科研单位联合体的，自行组织开展相应区组的品种试验。联合体成员数量应当不少于 5 家，并且签订相关合作协议，按照同权同责原则，明确责任义务。1 个法人单位在同一试验区组内只能参加 1 个试验联合体。自行开展主要农作物品种试验的实施方案要在播种前 30 d 内报国家级或省级主要农作物品种试验组织实施单位，符合条件的纳入国家级或省级主要农作物品种试验统一管理。

特异性、一致性和稳定性测试（DUS 测试）由申请者自主或委托农业农村部授权的测试机构开展，接受农业农村部科技发展中心指导。申请者自主测试的，要在播种前 30 d 内，按照审定级别将测试方案报农业农村部科技发展中心或省级种子管理机构。农业农村部科技发展中心和省级种子管理机构分别对国家级主要农作物品种审定和省级主要农作物品种审定特异性、一致性和稳定性测试过程进行监督检查，对样品和测试报告的真实性进行抽查验证。特异性、一致性和稳定性测试所选择近似品种应当为特征特性最为相似的品种，特异性、一致性和稳定性测试依据相应主要农作物特异性、一致性和稳定性测试指南进行。测试报告要由法人代表或法人代表授权签字。

符合农业农村部规定条件、获得选育生产经营相结合许可证的种子企业（以下简称育繁推一体化种子企业），对其自主研发的主要农作物品种可以在相应生态区自行开展品种试验，完成试验程序后提交申请材料。试验实施方案要在播种前 30 d 内报国家级或省级主要农作物品种试验组织实施单位备案。育繁推一体化种子企业要建立包括品种选育过程、试验实施方案、试验原始数据等相关信息的档案，并对试验数据的真实性负责，保证可追溯，接受省级以上人民政府农业主管部门和社会的监督。

3. 主要农作物品种试验的方案制定和结果总结　现阶段，我国生产试验和区域试验的试验布点基本一致，只是参试品种数目少（1～2 个），每个品种种植的面积较大（300～3 000 m^2，因作物种类而异），试验时间短（1 个生长周期），试验要求接近大田生产条件。特异性、一致性和稳定性测试按照相应作物测试指南进行。这里主要介绍区域试验的方案制定和结果总结的要求。

（1）播种前试验方案的制定　每年在作物播种前 1 个月以前，各类作物的区域试验主持人要制定出详细的试验方案并连同已分样的试验用种下发到各承担试验单位（试验点）。各试验点试验负责人要严格按照试验方案实施。试验方案的具体内容主要包括以下几项。

①试验名称：注明试验的时间（年）、试验区域、作物（组别）等。

②试验目的：说明通过试验要解决的问题及要达到的效果。

③参试品种及来源：根据不同情况，有的试验可以不具体列出参试品种的名称及来源（育种者或供种者），而采用品种统一编号方法，以免出现承担试验人员在试验中对某个品种有倾向性的问题，以体现试验的公正性。

④试验方法：主要包括试验小区排列方式、重复次数、小区面积、播种（育苗）时间和方式（如保护地）、密度、田间种植图等内容。

⑤田间管理：要求进行中耕、除草、水肥管理等农事操作时，各重复区内应在 1 d 内完成。需要测定品种田间抗病性的，还应注明试验期间不能用农药防治病害等内容。

⑥田间调查及室内考种等记载内容：设计适当的记载档案，最好列表详细注明试验中田间调查及室内考种的所有项目内容，承试者只需填表就可以了。档案后应附有各记载项目的标准、测量记载方法、注意事项或说明等，以便于承试者进行操作。

⑦试验结果资料的整理和报送：要求各试验点试验负责人在试验结束后一定时限内，及时将试验调查结果（记载档案）或总结整理好，报送到试验主持单位。试验方案最后须注明联系方式、联系人等，例如通信地址、电话、E-mail 地址等。

（2）收获后试验结果的总结　每年各类作物试验结束后，各试验点试验负责人及时将试验调查结果进行整理，试验主持人则负责将各试验点的试验结果材料进行汇总存档，撰写书面总结报告，以备品种审定参考。总结报告的内容应包括以下几项。

①基本信息：包括试验名称、试验目的、参试品种及来源等基本信息。

②试验基本管理情况：包括各试验点的土质、前茬、播种（时间、方法）、小区面积、密度、田间管理（施肥、浇水、中耕、除草、病虫害防治等）、收获等方面情况、承试单位及负责人等。

③当年气象条件资料概述：包括与常年气候相比，作物生长发育各阶段天气特征、特殊天气（暴雨、冰雹、干热风等自然灾害性天气，越冬作物如冬小麦试验，还要说明冬季寒冷情况）等。

④试验结果与分析：这是总结报告重点内容，包括生长发育特征特性，室内考种、田间抗病性、产量结果等。试验中对各重复分别测量的各数量指标要进行统计分析，其中产量结果要求做一年一点的方差分析和一年多点的联合方差分析，进行品种多重比较。一年多点的联合方差分析，除了进行品种间、重复间差异显著性测定外，还应分析品种与地点的互作效应（适应性）。如果连续 2 年区域试验不是滚动试验（每年参试品种数不增减），试验点数不变，除了每年做一年多点结果统计分析以外，还应该综合两年试验数据，做多年多点统计分析，并进行地点与年份间的互作效应分析。对于试验点分布区域范围较大的国家级试验，还应做品种在不同试验点特殊适应性分析，以确定各品种适应区域。生产试验结果总结内容主要包括生育期、抗病性、测产结果、生产效益等方面。由于各试验点试验小区通常不设重复，因此对试验结果一般不做方差分析，各品种与对照品种的测定值（例如产量）差异可采用百分数比较。

⑤试验结论：综合上述一年或两年的小区试验和生产试验结果和气象等因素分析，对各参试品种的适应性、抗病性、农艺性状及农产品商品性进行评价，提出品种的处理意见，例如建议哪些品种提交审定，哪些品种继续参加后续试验，哪些品种淘汰。

（四）主要农作物品种审定和公告

1. 初审和公示　对于完成试验程序的品种，申请者、品种试验组织实施单位、育繁推一体化种子企业应当在 2 月底和 9 月底前将水稻、玉米、棉花、大豆和小麦品种各试验点数据、汇总结果、DUS 测试（特异性、一致性和稳定性测试）报告提交农作物品种审定委员会办公室。农作物品种审定委员会办公室在 30 d 内提交农作物品种审定委员会相关专业委员会初审，专业委员会应当在 30 d 内完成初审。

初审品种时，各专业委员会应当召开全体会议，到会委员达到该专业委员会委员总数的 2/3 以上的，会议有效。对品种的初审，根据审定标准（主要农作物均已颁布审定标准），采用无记名投票表决，赞成票数达到该专业委员会委员总数 1/2 以上的品种，通过初审。专业委员会对育繁推一体化种子企业提交的品种试验数据等材料进行审核，达到审定标准的，通过初审。

初审实行回避制度。专业委员会主任的回避，由农作物品种审定委员会办公室决定；其他委员的回避，由专业委员会主任决定。

初审通过的品种，由农作物品种审定委员会办公室在 30 d 内将初审意见及各试点试验数据、汇总结果，在同级农业主管部门官方网站公示，公示期不少于 30 d。

2. 审定和公告　公示期满后，农作物品种审定委员会办公室要将初审意见、公示结果，提交农作物品种审定委员会主任委员会审核。主任委员会应当在 30 d 内完成审核。审核同意的，通过审定。育繁推一体化种子企业自行开展自主研发品种试验，品种通过审定后，将品种标准样品提交至农业农村部植物品种标准样品库保存。

审定通过的品种，由农作物品种审定委员会编号、颁发证书，同级农业主管部门公告。省级审定的农作物品种在公告前，应当由省级人民政府农业主管部门将品种名称等信息报农业农村部公示，公示期为 15 个工作日。

审定编号为农作物品种审定委员会简称、作物种类简称、年号、序号，其中序号为4位数。

农作物品种审定公告内容包括审定编号、品种名称、申请者、育种者、品种来源、形态特征、生育期、产量、品质、抗逆性、栽培技术要点、适宜种植区域、注意事项等。省级农作物品种审定公告，应当在发布后30 d内报国家农作物品种审定委员会备案。

农作物品种审定公告公布的品种名称为该品种的通用名称。禁止在生产、经营、推广过程中擅自更改该品种的通用名称。农作物品种审定证书内容包括审定编号、品种名称、申请者、育种者、品种来源、审定意见、公告号和证书编号。

审定未通过的品种，由农作物品种审定委员会办公室在30 d内书面通知申请者。申请者对审定结果有异议的，可以自接到通知之日起30 d内，向原农作物品种审定委员会申请复审。农作物品种审定委员会应当在下一次审定会议期间对复审理由、原审定文件和原审定程序进行复审。对病虫害鉴定结果提出异议的，农作物品种审定委员会认为有必要的，安排其他单位再次鉴定。农作物品种审定委员会办公室应当在复审后30 d内将复审结果书面通知申请者。

审定通过的品种，有下列情形之一的，要撤销审定：①在使用过程中出现不可克服的严重缺陷的；②种性严重退化或失去生产利用价值的；③未按要求提供品种标准样品或者标准样品不真实的；④以欺骗、伪造试验数据等不正当方式通过审定的。

拟撤销审定的品种，由农作物品种审定委员会办公室在书面征求品种审定申请者意见后提出建议，经专业委员会初审后，在同级农业主管部门官方网站公示，公示期不少于30 d。公示期满后，农作物品种审定委员会办公室应当将初审意见、公示结果，提交农作物品种审定委员会主任委员会审核，主任委员会应当在30 d内完成审核。审核同意撤销审定的，由同级农业主管部门予以公告。

公告撤销审定的品种，自撤销审定公告发布之日起停止生产，自撤销审定公告发布1个生产周期后停止推广、销售。农作物品种审定委员会认为有必要的，可以决定自撤销审定公告发布之日起停止推广、销售。省级品种撤销审定公告，应当在发布后30 d内报国家农作物品种审定委员会备案。

（五）引种备案

省级人民政府农业主管部门应当建立同一适宜生态区省际品种试验数据共享互认机制，开展引种备案。通过省级审定的品种，其他省、自治区、直辖市属于同一适宜生态区的地域引种的，引种者应当报所在省、自治区、直辖市人民政府农业主管部门备案。备案时，引种者应当填写引种备案表，包括作物种类、品种名称、引种者名称、联系方式、审定品种适宜种植区域、拟引种区域等信息。

引种者应当在拟引种区域开展不少于1年的适应性、抗病性试验，对品种的真实性、安全性和适应性负责。具有植物新品种权的品种，还应当经过品种权人的同意。

省、自治区、直辖市人民政府农业主管部门及时发布引种备案公告，公告内容包括品种名称、引种者、育种者、审定编号、引种适宜种植区域等内容。公告号格式为：（×）引种〔×〕第×号，其中，第一个“×”为省、自治区、直辖市简称，第二个“×”为年号，第三个“×”为序号。

国家审定品种同一适宜生态区，由国家农作物品种审定委员会确定。省级审定品种同一适宜生态区，由省级农作物品种审定委员会依据国家农作物品种审定委员会确定的同一适宜生态区具体确定。

（六）监督管理

农业农村部建立全国农作物品种审定数据信息系统，实现国家和省两级品种审定网上申请、受理，品种试验数据、审定通过品种、撤销审定品种、引种备案品种、标准样品等信息互联共享，审定证书网上统一打印。审定证书格式由国家农作物品种审定委员会统一制定。

省级以上人民政府农业主管部门应当在统一的政府信息发布平台上发布品种审定、撤销审定、引种备案、监督管理等信息，接受监督。

品种试验、审定单位及工作人员，对在试验、审定过程中获知的申请者的商业秘密负有保密义务，不得对外提供申请品种审定的种子或者谋取非法利益。

农作物品种审定委员会委员和工作人员应当忠于职守，公正廉洁。农作物品种审定委员会委员、工作人员不依法履行职责，弄虚作假、徇私舞弊的，依法给予处分；自处分决定作出之日起5年内不得从事品种审定工作。

申请者在申请品种审定过程中有欺骗、贿赂等不正当行为的，3年内不受理其申请。

联合体成员单位弄虚作假的，终止联合体品种试验审定程序；弄虚作假成员单位3年内不得申请品种审定，不得再参加联合体试验；其他成员单位应当承担连带责任，3年内不得参加其他联合体试验。

品种测试、试验、鉴定机构伪造试验数据或者出具虚假证明的，按照《种子法》第七十二条及其他有关法律行政法规的规定进行处罚。

育繁推一体化种子企业自行开展品种试验和申请审定有造假行为的，由省级以上人民政府农业主管部门处100万元以上500万元以下罚款；不得再自行开展品种试验；给种子使用者和其他种子生产经营者造成损失的，依法承担赔偿责任。

农业农村部对省级人民政府农业主管部门的品种审定工作进行监督检查，未依法开展品种审定、引种备案、撤销审定的，责令限期改正，依法给予处分。

违反上述规定，构成犯罪的，依法追究刑事责任。

二、非主要农作物品种登记

非主要农作物是指水稻、小麦、玉米、棉花和大豆5种主要农作物以外的其他农作物。列入非主要农作物登记目录的品种，在推广前需要登记。需要登记的农作物品种未经登记的，不得发布广告、推广，不得以登记品种的名义销售。

农业农村部主管全国非主要农作物品种登记工作，制定、调整非主要农作物登记目录和品种登记指南，建立全国非主要农作物品种登记信息平台（以下简称品种登记平台），具体工作由全国农业技术推广服务中心承担。

省级人民政府农业主管部门负责非主要农作物品种登记的具体实施和监督管理，受理品种登记申请，对申请者提交的申请文件进行书面审查。省级以上人民政府农业主管部门需要采取有效措施，加强对已登记品种的监督检查，履行好对申请者和品种测试、试验机构的监管责任，保证消费安全和用种安全。

申请者申请非主要农作物品种登记，应当对申请文件和种子样品的合法性、真实性负责，保证可追溯，接受监督检查。给种子使用者和其他种子生产经营者造成损失的，依法承担赔偿责任。

（一）非主要农作物品种登记的申请、受理和审查

非主要农作物品种登记申请实行属地管理。1个品种只需要在1个省份申请登记。

两个以上申请者分别就同一个非主要农作物品种申请品种登记的，优先受理最先提出的申请；同时申请的，优先受理该品种育种者的申请。申请者要在非主要农作物品种登记平台上实名注册，可以通过非主要农作物品种登记平台提出登记申请，也可以向住所地的省级人民政府农业主管部门提出书面登记申请。在中国境内没有经常居所或者营业场所的境外机构、个人在境内申请品种登记的，应当委托具有法人资格的境内种子企业代理。

申请登记的非主要农作物品种应当具备下列条件：①人工选育或发现并经过改良；②具备特异性、一致性和稳定性；③具有符合《农业植物品种命名规定》的品种名称。申请登记具有植物新品种权的品种，还应当经过品种权人的书面同意。

对新培育的品种，申请者应当按照品种登记指南的要求提交以下材料：①申请表；②品种特性、育种过程等的说明材料；③特异性、一致性和稳定性测试报告；④种子、植株、果实等实物彩色照片；⑤品种权人的书面同意材料；⑥品种和申请材料合法性、真实性承诺书。品种适应性、抗性鉴定以及特异性、一致性、稳定性测试，申请者可以自行开展，也可以委托其他机构开展。

2017年5月1日之前已审定或者已销售的品种，申请者可以按照非主要农作物品种登记指南的要求，提交申请表、品种生产销售应用情况或者品种特异性、一致性和稳定性说明材料，申请品种登记。

省级人民政府农业主管部门对申请者提交的材料，应当根据下列情况分别作出处理：①申请品种不需要品种登记的，即时告知申请者不予受理；②申请材料存在错误的，允许申请者当场更正；③申请材料不齐全或者不符合法定形式的，应当当场或者在5个工作日内一次告知申请者需要补正的全部内容，逾期不告知的，自收到申请材料之日起即为受理；④申请材料齐全、符合法定形式，或者申请者按照要求提交全部补正材料的，予以受理。

省级人民政府农业主管部门自受理品种登记申请之日起20个工作日内，对申请者提交的申请材料进行书面审查，符合要求的，将审查意见报农业农村部，并通知申请者提交种子样品。经审查不符合要求的，书面通知申请者并说明理由。申请者应当在接到通知后按照非主要农作物品种登记指南要求提交种子样品；未按要求提供的，视为撤回申请。省级人民政府农业主管部门在20个工作日内不能作出审查决定的，经本部门负责人批准，可以延长10个工作日，并将延长期限理由告知申请者。

（二）非主要农作物品种登记和公告

农业农村部自收到省级人民政府农业主管部门的审查意见之日起20个工作日内进行复核。对符合规定并按规定提交种子样品的，予以登记，颁发登记证书；不予登记的，书面通知申请者并说明理由。登记证书内容包括登记编号、作物种类、品种名称、申请者、育种者、品种来源、适宜种植区域及季节等。

农业农村部将品种登记信息进行公告，公告内容包括登记编号、作物种类、品种名称、

申请者、育种者、品种来源、特征特性、品质、抗性、产量、栽培技术要点、适宜种植区域及季节等。登记编号格式为：GPD＋作物种类＋（年号）＋2位数字的省份代号＋4位数字顺序号。登记证书载明的品种名称为该品种的通用名称，禁止在生产、销售、推广过程中擅自更改。

已登记品种，申请者要求变更登记内容的，应当向原受理的省级人民政府农业主管部门提出变更申请，并提交相关证明材料。原受理的省级人民政府农业主管部门对申请者提交的材料进行书面审查，符合要求的，报农业农村部予以变更并公告，不再提交种子样品。

（三）监督管理

农业农村部推进非主要农作物品种登记平台建设，逐步实行网上办理登记申请与受理，在统一的政府信息发布平台上发布非主要农作物品种登记、变更、撤销、监督管理等信息。农业农村部对省级人民政府农业主管部门开展非主要农作物品种登记工作情况进行监督检查，及时纠正违法行为，责令限期改正，对有关责任人员依法给予处分。

省级人民政府农业主管部门发现已登记品种存在申请文件、种子样品不实，或者已登记非主要农作物品种出现不可克服的严重缺陷等情形的，应当向农业农村部提出撤销该品种登记的意见。

农业农村部撤销非主要农作物品种登记的，应当公告，停止推广；对于登记非主要农作物品种申请文件、种子样品不实的，按照规定将申请者的违法信息记入社会诚信档案，向社会公布。

申请者在申请非主要农作物品种登记过程中有欺骗、贿赂等不正当行为的，3年内不受理其申请。

品种测试、试验机构伪造测试、试验数据或者出具虚假证明的，省级人民政府农业主管部门应当依照《种子法》第七十二条规定，责令改正，对单位处5万元以上10万元以下罚款，对直接负责的主管人员和其他直接责任人员处1万元以上5万元以下罚款；有违法所得的，并处没收违法所得；给种子使用者和其他种子生产经营者造成损失的，与种子生产经营者承担连带责任。情节严重的，依法取消农作物品种测试、试验资格。

有下列行为之一的，由县级以上人民政府农业主管部门依照《种子法》第七十八条规定，责令停止违法行为，没收违法所得和种子，并处2万元以上20万元以下罚款：①对应当登记未经登记的农作物品种进行推广，或者以登记品种的名义进行销售的；②对已撤销登记的农作物品种进行推广，或者以登记品种的名义进行销售的。

非主要农作物品种登记工作人员要忠于职守，公正廉洁，对在登记过程中获知的申请者的商业秘密负有保密义务，不得擅自对外提供登记非主要农作物品种的种子样品或者谋取非法利益。不依法履行职责，弄虚作假、徇私舞弊的，依法给予处分；自处分决定作出之日起5年内不得从事品种登记工作。

2017年3月28日《中华人民共和国农业部公告》（第2510号），《第一批非主要农作物登记目录》包括29种作物，其中粮食作物7种［马铃薯、甘薯、谷子、高粱、大麦（青稞）、蚕豆和豌豆］、油料作物4种［油菜（甘蓝型油菜、白菜型油菜和芥菜型油菜）、花生、亚麻（胡麻）和向日葵］、糖料作物2种（甘蔗和甜菜）、蔬菜作物8种（大白菜、结球甘蓝、黄瓜、番茄、辣椒、茎瘤芥、西瓜和甜瓜）、果树作物6种（苹果、柑橘、香蕉、梨、葡萄和桃）、茶树1种（茶树）、热带作物1种（橡胶树）。

第二节　植物新品种保护

一、植物新品种保护概述

植物新品种权和著作权、专利权等一样，属于知识产权保护的范畴，是知识产权的重要组成部分，也是植物新品种保护的核心。有的国家也将植物新品种权称为植物专利或植物育种者权利。

最早有关对植物新品种给予保护的文献是1833年罗马教皇发布的宣言，该宣言提到："自1826年9月23日起，对科学、文学工作的成果，对涉及农业进步及其更加可靠的技术和更加高效的方法成果，授予专有权。"根据此宣言，发现天然产品或引入农业新植物的人，可被授予排他的权利。虽然这个法令没有真正付诸实施，但仍被普遍认为是国际植物新品种保护制度的起源。美国是世界上在知识产权方面给予植物新品种实际保护的第一个国家。1930年5月23日，美国的植物专利法出台，将无性繁殖的植物品种（块茎植物除外）纳入了专利保护范畴，并于1931年8月18日授予了第一个植物专利。欧洲的一些国家如法国、德国、荷兰、英国、比利时等也相继在探索用工业专利和其他方式来保护育种者的权利，并取得了不同程度的成功。

为了在国际市场上扩大本国植物品种的保护机会，法国、联邦德国、比利时、意大利和荷兰经过多次专家会议磋商辩论和外交大会，于1961年在法国巴黎签署了保护植物新品种日内瓦公约，并组成了国际植物新品种保护联盟（UPOV）。英国、丹麦和瑞士也于1962年11月签署了该公约。按外交大会决议，该公约的生效需由3个国家批准。第一个批准该公约的国家是英国（1965），荷兰和联邦德国分别于1967年和1968年批准该公约，1968年8月10日该公约正式生效。这标志着国际植物新品种保护联盟（UPOV）正式成立，国际植物新品种保护进入一个崭新的时期，同时促进了世界范围的知识产权保护和合法贸易的开展。国际植物新品种保护联盟作为政府间国际组织，其主要职能是协调和促进成员国之间在行政和技术领域的合作，特别在制定基本的法律和技术准则、交流信息、促进国际合作等方面发挥着重大作用。

我国于1985年开始实施《中华人民共和国专利法》（以下简称《专利法》），但该法规定对动植物品种不授予专利权，仅对其培育方法授予专利，从而将植物新品种保护排除在专利法之外。《专利法》经过几次修订，上述规定没有发生改变，植物新品种仍得不到专利保护。我国植物新品种保护的法规体系是1997年10月1日起实施的《中华人民共和国植物新品种保护条例》（以下简称《植物新品种保护条例》），与之配套的条例实施细则的农业部分和林业部分也分别于1999年6月和8月予以发布施行。2013年和2014年分别对《植物新品种保护条例》进行了修订。我国于1999年4月加入国际植物新品种保护联盟，成为该联盟的第39个成员国，这标志着农业植物新品种保护制度在我国开始建立和实施，从而开始对植物新品种授予品种权并依法予以保护。农业部、国家林业局按照职责分工，从1999年4月23日起受理国内外植物新品种权申请，对符合条件的申请授予植物新品种权。2000年4月26日"矮培648""龙单16"等38个水稻、玉米新品种被农业部授予植物新品种权，成为我国开始实施植物新品种保护制度后首次向社会公布的农业植物新品种。

对植物新品种权的司法保护，在农业上是一个崭新的领域，做好这项工作将不仅有利于建立我国自己的植物新品种优势，也将为农业、林业的快速发展提供有力的法律保障。

二、植物新品种权及其归属

（一）植物新品种权的概念

植物新品种，是指经过人工培育的或者对发现的野生植物加以开发，具备新颖性、特异性、一致性和稳定性并有适当命名的植物品种。植物新品种权是指完成育种的单位或个人对其授权品种享有排他的独占权。未经品种权人的许可任何人不得以商业为目的生产和销售授权品种，不得为商业目的将授权品种的繁殖材料重复使用于生产另一品种的繁殖材料。

申请植物新品种权的单位或者个人统称品种权申请人，获得品种权的单位和个人统称品种权人。

（二）植物新品种权的归属

1. 职务育种植物新品种权的归属　执行本单位的任务或者主要是利用本单位的物质条件所完成的职务育种，植物新品种的申请权属于该单位。执行本单位的任务所完成的职务育种是指：在本职工作中完成的育种；履行本单位交付的本职工作之外的任务所完成的育种；退职、退休或者调动工作后，3 年内完成的与其在原单位承担的工作或者原单位分配的任务有关的育种。本单位的物质条件是指本单位的资金、仪器设备、试验场地以及单位所有或者持有的尚未允许公开的育种材料和技术资料等。

2. 非职务育种植物新品种权的归属　我国《植物新品种保护条例》明确规定“非职务育种，植物新品种的申请权属于完成育种的个人。申请被批准后，品种权属于申请人。”非职务育种是指单位的职工完成的育种不属于本职工作范围，不是单位交付的任务，也不是利用单位的物质条件完成的。

3. 委托育种或者合作育种植物新品种权的归属　委托育种或者合作育种，植物新品种权的归属由当事人在合同中约定；没有合同约定的，植物新品种权属于受委托完成或者共同完成育种的单位或者个人。

4. 植物新品种的申请权和品种权的转让　1 个植物新品种只能授予 1 项植物新品种权。2 个以上的申请人分别就同一个植物新品种申请品种权的，植物新品种权授予最先申请的人；同时申请的，植物新品种权授予最先完成该植物新品种育种的人。

植物新品种的申请权和植物新品种权可以依法转让。我国的单位或者个人就其在国内培育的农业植物新品种向外国人转让申请权或者品种权的，应当经审批机关批准。属于职务育种的，需经省级人民政府农业主管部门审核同意（中央单位需经主管部门审核同意）后报农业农村部审批；属于非职务育种的，直接报农业农村部审批。国有单位在国内转让植物新品种申请权或者品种权的，应当按照国家有关规定报经有关行政主管部门批准。转让植物新品种申请权或者品种权的，当事人应当订立书面合同，并向审批机关农业农村部登记，由审批机关农业农村部予以公告，并自公告之日起生效。

三、授予植物新品种权的条件

授予植物新品种权必须具备以下条件。

①申请植物新品种权的植物新品种应当属于国家植物新品种保护名录中列举的植物属或者种。植物新品种保护名录由审批机关确定和公布。农业农村部公布的农业植物新品种保护

名录见表 2-1。

②授予植物新品种权的植物新品种应当具备新颖性。新颖性是指申请植物新品种权的植物新品种在申请日前该品种繁殖材料未被销售，或者经育种者许可，在中国境内销售该品种繁殖材料未超过 1 年；在我国境外销售藤本植物、林木、果树和观赏树木品种繁殖材料未超过 6 年，销售其他植物品种繁殖材料未超过 4 年。

③授予植物新品种权的植物新品种应当具备特异性。特异性是指申请植物新品种权的植物新品种应当明显区别于在递交申请以前已知的植物品种。

④授予植物新品种权的植物新品种应当具备一致性。一致性是指申请植物新品种权的植物新品种经过繁殖，除可以预见的变异外，其相关的特征或者特性一致。

⑤授予植物新品种权的植物新品种应当具备稳定性。稳定性是指申请植物新品种权的植物新品种经过反复繁殖后或者在特定繁殖周期结束时，其相关的特征或者特性保持不变。

表 2-1　中华人民共和国农业植物新品种保护名录

批次	农业植物新品种保护名录	发布日期
第一批	水稻、玉米、大白菜、马铃薯、春兰、菊属、石竹属、紫花苜蓿、唐菖蒲属、草地早熟禾	1999 年 6 月 16 日
第二批	普通小麦、大豆、甘蓝型油菜、花生、普通番茄、黄瓜、辣椒属、梨属、酸模属	2000 年 3 月 7 日
第三批	兰属、百合属、鹤望兰属、补血草属	2001 年 2 月 26 日
第四批	甘薯、谷子、桃、荔枝、普通西瓜、普通结球甘蓝、食用萝卜	2002 年 1 月 4 日
第五批	高粱、大麦属、苎麻属、苹果属、柑橘属、香蕉、猕猴桃属、葡萄属、李、茄子、非洲菊	2003 年 8 月 5 日
第六批	棉属、亚麻、桑属、芥菜型油菜、蚕豆、绿豆、豌豆、菜豆、豇豆、大葱、西葫芦、花椰菜、芹菜、胡萝卜、白灵侧耳、甜瓜、草莓、柱花草属、花毛茛、华北八宝、雁来红	2005 年 5 月 20 日
第七批	橡胶树、茶组、芝麻、木薯、甘蔗属、小豆、大蒜、不结球白菜、花烛属、果子蔓属、龙眼、人参	2008 年 4 月 21 日
第八批	莲、蝴蝶兰属、秋海棠属、凤仙花、非洲凤仙花、新几内亚凤仙花	2010 年 1 月 18 日
第九批	芥菜、芥蓝、枇杷、樱桃、莴苣、三七、苦瓜、冬瓜、燕麦、杧果、万寿菊属、郁金香属、烟草	2013 年 4 月 11 日
第十批	向日葵、荞麦属、白菜型油菜、薏苡属、蓖麻、菠菜、南瓜、丝瓜属、青花菜、洋葱、姜、茭白（菰）、芦笋（石刁柏）、山药（薯蓣）、菊芋、咖啡黄葵、杨梅属、椰子、凤梨属、番木瓜、木波罗（波罗蜜）、无花果、仙客来、一串红、三色堇、矮牵牛（碧冬茄）、马蹄莲属、铁线莲属、石斛属、萱草属、薰衣草属、欧报春、水仙属、羊肚菌属、香菇、黑木耳、灵芝属、双孢蘑菇、枸杞属、天麻、灯盏花（短莛飞蓬）、何首乌、菘蓝、甜菊（甜叶菊）、结缕草	2016 年 4 月 16 日
第十一批	甜菜、稷（糜子）、大麻槿（红麻）、可可、苋属、狗牙根属、鸭茅、红车轴草（红三叶）、黑麦草属、羊茅属、狼尾草属、白车轴草（白三叶）、魔芋属、芋、荠、蕹菜（空心菜）、芫荽（香菜）、韭菜、紫苏、芭蕉属、量天尺属、西番莲属、梅、石蒜属、睡莲属、天竺葵属、鸢尾属、芍药组、六出花属、香雪兰属、蟹爪兰属、朱顶红属、满天星、金针菇、蛹虫草、长根菇、猴头菌、毛木耳、蝉花、真姬菇、平菇（糙皮侧耳、佛罗里达侧耳）、秀珍菇（肺形侧耳）、红花、淫羊藿属、松果菊属、金银花、柴胡属、黄芪属、美丽鸡血藤（牛大力）、穿心莲、丹参、黄花蒿、砂仁	2019 年 2 月 22 日

⑥授予植物新品种权的植物新品种应当具备适当的名称，并与相同或者相近的植物属或者种中已知品种的名称相区别。该名称经注册登记后即为该植物新品种的通用名称。下列名称不得用于品种命名：A. 仅以数字组成的；B. 违反国家法律或者社会公德或者带有民族歧视性的；C. 以国家名称命名的；D. 以县级以上行政区划的地名或者公众知晓的外国地名命名的；E. 同政府间国际组织或者其他国际国内知名组织及标识名称相同或者近似的；F. 对植物新品种的特征、特性或者育种者身份等容易引起误解的；G. 属于相同或者相近植物属或者种的已知名称的；H. 夸大宣传的。

四、植物新品种权的申请和受理

（一）植物新品种权的申请

1. 植物新品种权审批机关 农业植物新品种权的审批机关是农业农村部，林业植物新品种权的审批机关是国家林业和草原局。

我国单位或者个人申请品种权的，可以直接或者委托代理机构向农业农村部或国家林业和草原局提出申请。如果新品种涉及国家安全或者重大利益需要保密，则应当按照国家有关规定办理。

在我国没有经常居所或者营业场所的外国人、外国企业或者其他外国组织向农业农村部植物新品种保护办公室提出植物新品种权申请的，应当按其所属国和中华人民共和国签订的协议或共同参加的国际条约，或根据互惠原则委托农业农村部植物新品种保护办公室指定的涉外代理机构办理。

申请人委托代理机构向农业农村部植物新品种保护办公室申请植物新品种权或者办理其他品种权事务的，应当同时提交委托书，明确委托权限。审批机关在有关程序中直接与代理机构发生联系。有多个申请人又未委托代理机构的，应当指定其中一个为申请人代表。

2. 需提交的材料 申请植物新品种权应当向审批机关提交请求书、说明书（包括说明书摘要、技术问卷）、该品种的照片各一式二份。申请文件应当使用中文书写。

（1）请求书 请求书应当包括以下内容：①新品种的暂定名称；②新品种所属的属或者种的中文名称和拉丁文名称；③培育人的姓名；④申请人的姓名或者名称、地址、邮政编码、联系人、电话、传真；⑤申请人的国籍；⑥申请人是外国企业或者其他组织的，其总部所在的国家；⑦新品种的培育起止日期和主要培育地。

（2）说明书 说明书应当包括以下内容：①新品种的暂定名称，该名称应当与请求书的名称一致；②新品种所属的属或者种的中文名称和拉丁文名称；③有关该新品种与国内外同类品种对比的背景资料的说明；④育种过程和育种方法，包括系谱、培育过程和所使用的亲本或者繁殖材料的说明；⑤有关销售情况的说明；⑥对该新品种特异性、一致性和稳定性的详细说明；⑦适于生长的区域或者环境以及栽培技术的说明。

说明书中不得含有贬低其他植物品种或者夸大其使用价值的词语。其技术问卷可以在缴纳审查费时提交。

（3）品种照片 待申请植物新品种照片的要求：①照片有利于说明申请品种的特异性；②一种性状的对比应在同一张照片上；③照片应为彩色，必要时，农业农村部植物新品种保护办公室可以要求申请人提供黑白照片；④照片规格为 8.5 cm×12.5 cm 或者 10 cm×15 cm；⑤照片的简要文字说明。

3. 植物新品种繁殖材料的要求　农业农村部植物新品种保护办公室认为有必要的，申请人应当送交申请品种和对照品种的繁殖材料，用于申请品种的审查和检测。申请人送交的繁殖材料应当与申请文件中所描述的该植物新品种的繁殖材料相一致，并应当符合下列要求：①不得遭受意外的损害和药物的处理；②无检疫性有害生物；③送交的繁殖材料为种子的，种子应当是最近收获的。

送交繁殖材料的时间、数量和其他质量要求有以下规定。

①申请人应当自收到农业农村部植物新品种保护办公室通知之日起 3 个月内送交繁殖材料。送交种子的，植物新品种权申请人应当送至农业农村部植物新品种保护办公室公布的保藏中心；送交种苗、种球、块茎、块根等无性繁殖材料的，申请人应当送至农业农村部植物新品种保护办公室指定的测试机构。

②繁殖材料应当按照有关规定实施植物检疫。检疫不合格或者未检疫的，保藏中心或者测试中心不予受理。

③申请人送交的繁殖材料数量少于农业农村部植物新品种保护办公室规定的，保藏中心或者测试机构应当通知申请人，自收到通知之日起 1 个月内补足。特殊情况下，申请人送交了规定数量的繁殖材料后仍不能满足测试或者检测需要的，农业农村部植物新品种保护办公室有权要求申请人补交不足部分。保藏中心或者测试机构收到申请人送交的繁殖材料时应当出具书面证明，并自收到繁殖材料之日起 20 d 内（有休眠期的植物除外）完成生活力等的检测。检测合格的，保藏中心或者测试机构应当向申请人出具检测合格证明并同时通知农业农村部植物新品种保护办公室；检测不合格的，保藏中心或测试机构应当通知申请人自收到通知之日起 1 个月内重新送交该品种的繁殖材料。逾期不提交或者提交不符合规定的，视为撤回申请。保藏中心和测试机构对申请人送交的繁殖材料负有保密的责任，在植物新品种权申请的审查期间和授权后植物新品种权的有效期限内应当防止丢失、被盗等事故的发生。

4. 不予受理的植物新品种权申请文件　植物新品种权申请文件有下列情形之一的，农业农村部植物新品种保护办公室不予受理：①缺少请求书、说明书或者照片之一的；②未使用中文的；③不符合规定格式的；④文件未打印的；⑤字迹不清或者有涂改的；⑥缺少申请人姓名或者名称、地址、邮政编码的。

5. 优先权的申请　申请人依照《植物新品种保护条例》规定要求优先权的，应当在申请中写明第一次提出的植物新品种权申请的申请日、申请号和受理该申请的国家，并在 3 个月内提交经原受理机关确认的第一次提出的植物新品种权申请文件的副本；未依照规定提出书面说明或者提交申请文件副本的，视为未要求优先权。

在我国没有经常居所或者营业场所的申请人，申请植物新品种权或者要求外国优先权的，农业农村部植物新品种保护办公室认为必要时，可以要求其提供下列材料：①国籍证明；②申请人是企业或者其他组织的，其营业场所或总部所在地证明等文件；③外国人、外国企业、外国其他组织的所属国，承认中国单位和个人可以按照该国国民的同等条件，在该国享有植物新品种申请权、优先权和其他与植物新品种权有关的权利的证明文件。

申请人在向农业农村部植物新品种保护办公室提出植物新品种权申请后，又向外国申请植物新品种权的，可以请求农业农村部植物新品种保护办公室出具优先权证明文件。

我国单位和个人申请植物新品种权的植物新品种涉及国家安全或重大利益需要保密的，申请人应当在申请文件中说明，农业农村部植物新品种保护办公室经过审查后作出是否需要按保密申请处理的决定，并通知申请人；农业农村部植物新品种保护办公室认为需要保密而申请人未注明的，仍按保密申请处理，并通知申请人。

植物新品种权审批机关收到植物新品种权申请文件之日为申请日；申请文件是邮寄的，以寄出的邮戳日为申请日。

申请人自在外国第一次提出植物新品种权申请之日起 12 个月内，又在我国就该植物新品种提出植物新品种权申请的，依照该外国同中华人民共和国签订的协议或者共同参加的国际条约，或者根据相互承认优先权的原则，可以享有优先权。

（二）植物新品种权的受理

对符合《植物新品种保护条例》规定的植物新品种权申请，植物新品种权审批机关应当予以受理，明确申请日、给予申请号，并自收到申请之日起 1 个月内通知申请人缴纳申请费。

对不符合或者经修改仍不符合《植物新品种保护条例》规定的植物新品种权申请，植物新品种权审批权关不予受理，并通知申请人。

申请人可以在植物新品种权授予前修改或者撤回植物新品种权申请。

我国的单位或个人将国内培育的植物新品种向外国申请植物新品种权的，应向植物新品种权审批机关登记。

五、植物新品种权的审查批准

（一）植物新品种权的初审

植物新品种权申请人缴纳申请费后，植物新品种权审批机关对植物新品种权申请的下列内容进行初步审查：①是否属于植物品种保护名录列举的植物属或者种的范围；②是否符合新颖性的规定；③植物新品种的命名是否适当。

植物新品种权审批机关应当自受理植物新品种权申请之日起 6 个月内完成初步审查。对经初步审查合格的植物新品种权申请，植物新品种权审批机关予以公告，并通知申请人在 3 个月内缴纳审查费。对经初步审查不合格的植物新品种权申请，植物新品种权审批机关应当通知申请人在 3 个月内陈述意见或者予以修正；逾期未答复或者修正后仍然不合格的，驳回申请。

（二）植物新品种权的实质审查

植物新品种权申请人按照规定缴纳审查费后，植物新品种权审批机关对植物新品种权申请的特异性、一致性和稳定性进行实质审查。申请人未按照规定缴纳审查费的，植物新品种权申请视为撤回。

植物新品种权审批机关主要依据申请文件和其他有关书面材料进行实质审查。植物新品种权审批机关认为必要时，可以委托指定的测试机构进行测试或考察业已完成的种植或者其他试验的结果。因审查需要，植物新品种权申请人应根据植物新品种权审批机关的要求提供必要的资料和该植物新品种的繁殖材料。

对经实质审查符合《植物新品种保护条例》规定的植物新品种权申请，植物新品种权审批机关应当作出授予植物新品种权的决定，颁发植物新品种权证书，并予以登记和公告。对经实质审查不符合本条例规定的植物新品种权申请，植物新品种权审批机关予以驳回，并通知申请人。

（三）植物新品种权的复审

1. 驳回植物新品种权申请的复审　植物新品种权审批机关设立植物新品种复审委员会。对植物新品种权审批机关驳回植物新品种权申请决定不服的，申请人可以自收到通知之日起3个月内，向植物新品种复审委员会请求复审。植物新品种复审委员会秘书处对复审请求书进行形式审查。不合格的，通知请求人在指定期限内补正，逾期不补正的，视为撤回复审请求。经形式审查合格的，视情况可交由植物新品种复审委员会审查，也可交由农业农村部植物新品种保护办公室进行前置审查。前置审查不能决定的，交由植物新品种复审委员会审查。植物新品种复审委员会主要依据书面材料进行审理，对复审请求有疑问的，可以通知请求人在指定期限内陈述意见，期满未答复的，视为撤回复审请求。对重大或者复杂的案件，植物新品种复审委员会可以举行听证会。植物新品种复审委员会应当自收到复审请求书之日起6个月内作出决定，并通知申请人。申请人对植物新品种复审委员会的决定不服的，可以自接到通知之日起15 d内向人民法院提起诉讼。复审请求人在植物新品种复审委员会作出决定以前，可以撤回复审请求。

2. 宣告植物新品种权无效和新品种更名的复审　自植物新品种权审批机关公告授予植物新品种权之日起，对不符合《植物新品种保护条例》有关规定的，任何单位或个人可以向植物新品种复审委员会提出宣告该植物新品种权无效或提出更名的书面请求。植物新品种复审委员会也可依据职权对有符合有关规定的植物新品种权宣告无效或者更名。

植物新品种复审委员会对无效宣告请求或者品种更名请求进行审查。不合格的，不予受理；合格的，将请求书副本及有关文件副本送交品种权人，并限期陈述意见。收到品种权人的意见陈述书后，再将其副本转送给请求人。信件往来次数由秘书处根据案件实际情况决定。

植物新品种复审委员会主要依据书面材料进行审理，但对重大或者复杂的案件，可以举行听证会。请求人对复审委员会的决定不服的，可以自收到审理决定之日起3个月内向人民法院提起诉讼。

在初步审查、实质审查、复审和无效宣告程序中进行审查和复审人员有下列情形之一的，应当自行回避，当事人或者其他利害关系人可以要求其回避：①是当事人或者其代理人近亲属的；②与植物新品种权申请或者植物新品种权有直接利害关系的；③与当事人或者其代理人有其他关系，可能影响公正审查和审理的。审查人员的回避，由农业农村部植物新品种保护办公室决定，复审人员的回避，由植物新品种权审批机关决定。

植物新品种权审批机关发出授予植物新品种权的通知后，申请人应当自收到通知之日起3个月内办理领取植物新品种权证书和缴纳第一年的年费手续。对按期办理的，授予植物新品种权，颁发植物新品种权证书，并予以公告。植物新品种权自颁发植物新品种权证书之日起生效。

六、植物新品种权的期限、终止和无效

1. 植物新品种权期限　植物新品种权期限（亦称为植物新品种权保护期限）是指法律规定的植物新品种权由生效到失效之间的这一段有效时间。在植物新品种权期限内，除法律另有规定外，任何人未经植物新品种权人许可，不得使用授权的品种。植物新品种权期限，自授权之日起，藤本植物、林木、果树和观赏树木为20年，其他植物为15年。

2. 植物新品种权的终止 植物新品种权的终止是指植物新品种权保护期届满或其他原因而自动失去法律效力。植物新品种权宣布终止后，任何人均可自由使用该品种。植物新品种权人应当自被授予植物新品种权的当年开始缴纳年费，并且按照植物新品种权审批机关的要求提供用于检测的该授权植物新品种的繁殖材料。

有下列情形之一的，植物新品种权在其保护期限届满前终止：①植物新品种权人以书面形式声明放弃植物新品种权的；②植物新品种权人未按照规定缴纳年费的；③植物新品种权人未按照植物新品种权审批机关的要求提供检测所需的该授权植物新品种的繁殖材料的；④经检测该授权植物新品种不再符合被授予植物新品种权时的特征和特性的。

植物新品种权的终止，由植物新品种权审批机关登记和公告。

3. 植物新品种权的无效宣告 自植物新品种权审批机关公告授予植物新品种权之日起，植物新品种复审委员会可依据职权或依据任何单位或者个人的书面请求，对不符合有关规定的，宣告植物新品种权无效或予以更名。宣告植物新品种权无效或者更名的决定，由植物新品种权审批机关登记和公告，并通知当事人。被宣告无效的植物新品种权视为自始不存在。

宣告植物新品种权无效的决定，对在宣告前人民法院作出并已执行的植物新品种侵权的判决、裁定，省级以上人民政府农业、林业主管部门作出并已执行的植物新品种侵权处理决定，以及已经履行的植物新品种实施许可合同和植物新品种权转让合同，不具有追溯力；但是因植物新品种权人的恶意给他人造成损失的，应当给予合理赔偿。

植物新品种权人或者植物新品种权转让人不向被许可实施人或受让人返还使用费或转让费，明显违反公平原则的，植物新品种权人或植物新品种权转让人应当向被许可实施人或者受让人返还全部或者部分使用费或者转让费。

植物新品种复审委员会应当将植物新品种权无效宣告请求书的副本和有关文件的副本送交植物新品种权人，要求其在指定的期限内陈述意见。期满未答复的，不影响植物新品种权复审委员会审理。

植物新品种复审委员会对一项授权植物新品种作出更名决定后，植物新品种权审批机关予以登记和公告；同时，应当及时通知植物新品种权人，并更换植物新品种权证书。授权植物新品种更名后，植物新品种权人不得再使用原品种名称。

植物新品种复审委员会对无效宣告请求作出决定前，无效宣告请求人可以撤回其请求。

七、植物新品种权的实施、限制和侵权保护

（一）植物新品种权的实施

1. 植物新品种权实施的含义 广义的植物新品种权实施是指通过各种形式对授权植物新品种进行利用。狭义的植物新品种权实施是指将获得植物新品种权的植物新品种应用于农业生产中，这种应用，既可以是植物新品种权人自己应用，也可以是他人合法应用。植物新品种权人的利益与授权植物新品种的实施紧密相连。一般说来，植物新品种权人期望已获得植物新品种权的植物新品种被广泛应用于农业生产，得到经济上的回报。如果一个已获得植物新品种权的植物新品种，不能应用于农业生产，或者应用不充分，植物新品种权人就不能获得相应的经济利益或者利益受损。植物新品种权不实施，植物新品种权人只能消极地防止他人侵害其植物新品种权，不仅不能增加社会财富，而且还可能阻碍科技进步和社会发展。因此植物新品种权人实施植物新品种权，不仅关系到自身利益，也关系到社会资源的合理配置。

许可他人实施植物新品种权，是植物新品种权人的一项重要的权利。植物新品种权人通过签订实施许可合同等方法，允许他人有条件地为商业目的生产、销售和使用其授权植物新品种的繁殖材料。许可他人实施植物新品种权，只是使用权的有偿转让，植物新品种所有权仍归品种权人所有。

2. 植物新品种权实施许可的种类　植物新品种权的实施许可作为植物新品种权实施的一个重要形式，大致有 3 种类型：独占许可、独家许可和普通许可。

（1）独占许可　独占许可是指被许可人在一定的地域范围和时间期限内对许可方的授权植物新品种拥有独占使用权的一种许可。即被许可人是该授权植物新品种唯一合法的许可使用者，许可人和任何第三方均不得在该地域范围和时间期限内使用该授权植物新品种。当然植物新品种权人对该授权植物新品种仍拥有所有权。合同期满后，植物新品种权人仍可使用或再许可他人使用该授权植物新品种。这种形式的许可，被许可方往往得按合同向植物新品种权人支付较高的报酬。

（2）独家许可　独家许可是指植物新品种权人授予他人在一定条件下的独家实施授权植物新品种的权利，同时保证不再向第三方授予在该条件下的实施该授权植物新品种的权利。但植物新品种权人自己仍可保留实施该授权植物新品种的权利。

（3）普通许可　普通许可是指植物新品种权人在规定地域范围和时间期限内，允许多方同时生产、销售或使用同一授权植物新品种，并且植物新品种权人自己仍保留实施该授权植物新品种的权利。

（二）植物新品种权的限制

在下列情况下使用授权植物新品种的，可以不经植物新品种权人许可，不向其支付使用费，但是不得侵犯植物新品种权人依照《植物新品种保护条例》享有的其他权利：①利用授权植物新品种进行育种及其他科研活动；②农民自繁自用授权植物新品种的繁殖材料。

为了国家利益或者公共利益，植物新品种权审批机关可以作出实施植物新品种强制许可的决定，并予以登记和公告。有下列情况之一的，农业农村部可以作出生产、销售等实施植物新品种强制许可的决定：①为了国家利益和公共利益的需要；②植物新品种权人无正当理由自己不实施，又不许可他人以合理条件实施的；③对重要农作物品种，植物新品种权人虽已实施，但明显不能满足国内市场需求，又不许可他人以合理条件实施的。上述①属于特殊情况的强制许可，主要是指为了捍卫国家主权与安全的需要，为了抗御国家出现大规模严重的自然灾害或者是较大范围的生物灾害流行等紧迫需要的情况。上述②和③属于防止植物新品种权滥用的强制许可，适用这种强制许可应具备下列条件：①要有提出强制许可请求的申请人，申请人可以是单位，也可以是个人；②提出强制许可的申请人必须具备实施该植物新品种权的条件；③提出强制许可的申请人应负证明责任，证明自己已经以合理的条件请求植物新品种权人许可实施其植物新品种权，或者证明某个重要农作物品种明显不能满足国内市场需求。

申请人在提出强制许可的请求时，必须向植物新品种权审批机关农业农村部提交强制许可请求书，说明理由并附有关证明文件各一式二份。农业农村部自收到请求书之日起 3 个月内作出裁决并通知当事人。

取得实施强制许可的单位或者个人应当付给植物新品种权人合理的使用费，其数额由双方商定；双方不能达成协议的，由植物新品种权审批机关裁决。申请由农业农村部裁决使用费数额的，当事人应当提出裁决申请书，并附未能达成协议的证明文件。农业农村部自收到请求书之日起3个月内作出裁决并通知当事人。

植物新品种权人对强制许可决定或者强制许可使用费的裁决不服的，可以自收到通知之日起3个月内向人民法院提起诉讼。

（三）植物新品种权的侵权保护

植物新品种权作为一种无形的财产权，易被侵犯却不易发现，侵犯植物新品种权的常见行为有3类：①未经植物新品种权人许可，以商业目的生产或者销售授权植物新品种；②假冒授权植物新品种；③销售授权植物新品种未使用其注册登记的名称。

未经植物新品种权人许可，以商业目的生产或者销售授权植物新品种的繁殖材料的，植物新品种权人或者利害关系人可以请求省级以上人民政府农业、林业主管部门依据各自的职权进行处理，也可以直接向人民法院提起诉讼。省级以上人民政府农业、林业主管部门依据各自的职权，根据当事人自愿的原则，可以对侵权所造成的损害赔偿进行调解。调解达成协议的，当事人应当履行；调解未达成协议的，植物新品种权人或者利害关系人可以依照民事诉讼程序向人民法院提起诉讼。省级以上人民政府农业、林业主管部门依据各自的职权处理植物新品种权侵权案件时，为维护社会公共利益，可以责令侵权人停止侵权行为，没收违法所得，可以并处违法所得5倍以下的罚款。

假冒授权植物新品种的，由县级以上人民政府农业、林业主管部门依据各自的职权责令停止假冒行为，没收违法所得和植物新品种繁殖材料，并处违法所得1倍以上5倍以下的罚款；情节严重，构成犯罪的，依法追究刑事责任。假冒授权植物新品种行为是指下列情况之一：①印制或者使用伪造的植物新品种权证书、植物新品种权申请号、植物新品种权号或者其他植物新品种权申请标志、植物新品种权标志；②印制或者使用已经被驳回、被视为撤回或者撤回的植物新品种权申请的申请号或者其他植物新品种权申请标志；③印制或者使用已经被终止或者被宣告无效的植物新品种权的植物新品种权证书、植物新品种权号或者其他授权品种标志；④生产或者销售冒充植物新品种权申请或者授权植物新品种名称的品种；⑤销售授权植物新品种未使用其注册登记的名称的；⑥其他足以使他人将非植物新品种权品种误认为植物新品种权品种的行为。

省级以上人民政府农业、林业主管部门依据各自的职权在查处植物新品种权侵权案件和县级以上人民政府农业、林业主管部门依据各自的职权在查处假冒授权植物新品种案件时，根据需要，可以封存或者扣押与案件有关的植物新品种的繁殖材料，查阅、复制或者封存与案件有关的合同、账册及有关文件。对封存或者扣押的植物新品种繁殖材料，应当在1个月内做出处理。

销售授权植物新品种未使用其注册登记的名称的，由县级以上人民政府农业、林业主管部门依据各自的职权责令限期改正，并处以一定的罚款。

当事人就植物新品种的申请权和植物新品种权的权属发生争议的，可以向人民法院提起诉讼。县级以上人民政府农业、林业主管部门及有关部门的工作人员滥用职权、玩忽职守、徇私舞弊、索贿受贿，构成犯罪的，依法追究刑事责任；尚不构成犯罪的，依法给予行政处分。

八、植物新品种权的费用管理

申请植物新品种权和办理其他手续时，应当按照国家有关规定向农业农村部缴纳申请费、审查费、年费和测试费。规定的各种费用，可以直接缴纳，也可以通过邮局或者银行汇付。通过邮局或者银行汇付的，应当注明植物新品种名称，同时将汇款凭证的复印件传真或邮寄至植物新品种保护办公室，并说明该费用的申请号或者植物新品种权号、申请人或者品种权人的姓名或名称、费用名称。通过邮局或者银行汇付的，以汇出日为缴费日。申请人可以在递交植物新品种权申请的同时缴纳申请费，但最迟自申请之日起 1 个月内缴纳申请费，期满未缴纳或者未缴足的，其申请被视为撤回。

经初步审查合格的植物新品种权申请，申请人应当按照农业农村部植物新品种保护办公室的通知，在规定期限内缴纳审查费，需要测试的还需要缴纳测试费。期满未缴纳或者未缴足的，视为撤回申请。

申请人在领取植物新品种权证书前，应当缴纳授予植物新品种权第 1 年的年费。以后的年费应当在前 1 年度期满前 1 个月内预缴。

品种权人未按时缴纳授予植物新品种权第 1 年以后的年费，或者缴纳的数额不足的，植物新品种保护办公室应当通知申请人自应当缴纳年费期满之日起 6 个月内补缴；期满未缴纳的，自应当缴纳年费期满之日起，植物新品种权终止。

九、植物新品种权侵权案件处理规定

为有效处理农业植物新品种权侵权案件，根据《植物新品种保护条例》，农业部于 2003 年 2 月 1 日制定并施行《农业植物新品种权侵权案件处理规定》。

（一）植物新品种权侵权案件处理部门

植物新品种权侵权案件是指未经植物新品种权人许可，以商业目的生产或销售授权植物新品种的繁殖材料以及将该授权植物新品种的繁殖材料重复使用于生产另一品种的繁殖材料的行为。省级以上人民政府农业主管部门负责处理本行政辖区内植物新品种权侵权案件。

（二）申请处理的植物新品种权侵权案件应具备的条件

请求省级以上人民政府农业主管部门处理植物新品种权侵权案件的，应当符合下列条件：①请求人是植物新品种权人或者利害关系人；②有明确的被请求人；③有明确的请求事项和具体事实、理由；④属于受案农业主管部门的受案范围和管辖；⑤在诉讼时效范围内；⑥当事人没有就该植物新品种权侵权案件向人民法院起诉。利害关系人包括植物新品种权实施许可合同的被许可人、植物新品种权的合法继承人。植物新品种权实施许可合同的被许可人中，独占实施许可合同的被许可人可以单独提出请求；排他实施许可合同的被许可人在植物新品种权人不请求的情况下，可以单独提出请求；除合同另有约定外，普通实施许可合同的被许可人不能单独提出请求。

请求处理植物新品种权侵权案件的诉讼时效为 2 年，自植物新品种权人或利害关系人得知或应当得知侵权行为之日起计算。

（三）申请处理的植物新品种权侵权案件应提交的材料

请求省级以上人民政府农业主管部门处理植物新品种权侵权案件的，应当提交请求书以及所涉及植物新品种权的植物新品种权证书，并且按照被请求人的数量提供请求书副本。

请求书应当记载以下内容：①请求人的姓名或者名称、地址，法定代表人姓名、职务；委托代理的，代理人的姓名和代理机构的名称、地址；②被请求人的姓名或者名称、地址；

③请求处理的事项、事实和理由。请求书应当由请求人签名或盖章。

(四) 植物新品种权侵权案件的受理和审理

1. 植物新品种权侵权案件的受理 请求符合规定条件的，省级以上人民政府农业主管部门应当在收到请求书之日起 7 d 内立案并书面通知请求人，同时指定 3 名以上奇数承办人员处理该植物新品种权侵权案件；请求不符合规定条件的，省级以上人民政府农业主管部门应当在收到请求书之日起 7 d 内书面通知请求人不予受理，并说明理由。

省级以上人民政府农业主管部门应当在立案之日起 7 d 内将请求书及其附件的副本通过邮寄、直接送交或者其他方式送被请求人，要求其在收到之日起 15 d 内提交答辩书，并且按照请求人的数量提供答辩书副本。被请求人逾期不提交答辩书的，不影响省级以上人民政府农业主管部门进行处理。被请求人提交答辩书的，省级以上人民政府农业主管部门应当在收到之日起 7 d 内将答辩书副本通过邮寄、直接送交或者其他方式送请求人。

2. 植物新品种权侵权案件的审理 省级以上人民政府农业主管部门处理植物新品种权侵权案件一般以书面审理为主。必要时，可以举行口头审理，并在口头审理 7 d 前通知当事人口头审理的时间和地点。当事人无正当理由拒不参加的，或者未经允许中途退出的，对请求人按撤回请求处理，对被请求人按缺席处理。省级以上人民政府农业主管部门举行口头审理的，应当记录参加人和审理情况，经核对无误后，由案件承办人员和参加人签名或盖章。

除当事人达成调解、和解协议，请求人撤回请求之外，省级以上人民政府农业主管部门对植物新品种权侵权案件应作出处理决定，并制作处理决定书，写明以下内容：①请求人、被请求人的姓名或者名称、地址，法定代表人或者主要负责人的姓名、职务，代理人的姓名和代理机构的名称；②当事人陈述的事实和理由；③认定侵权行为是否成立的理由和依据；④处理决定，认定侵权行为成立的，应当责令被请求人立即停止侵权行为，写明处罚内容；认定侵权行为不成立的，应当驳回请求人的请求；⑤不服处理决定申请行政复议或者提起行政诉讼的途径和期限，处理决定书应当由案件承办人员署名，并加盖省级以上人民政府农业主管部门的公章。

省级以上人民政府农业主管部门认定植物新品种权侵权行为成立并作出处理决定的，可以采取下列措施，制止植物新品种权侵权行为：①植物新品种权侵权人生产授权植物新品种繁殖材料或者直接使用授权植物新品种的繁殖材料生产另一品种繁殖材料的，责令其立即停止生产，并销毁生产中的植物材料；已获得繁殖材料的，责令其不得销售；②植物新品种权侵权人销售授权植物新品种繁殖材料或者销售直接使用授权植物新品种繁殖材料生产另一品种繁殖材料的，责令其立即停止销售行为，并且不得销售尚未售出的侵权植物新品种繁殖材料；③没收违法所得；④处以违法所得 5 倍以下的罚款；⑤停止植物新品种权侵权行为的其他必要措施。

当事人对省级以上人民政府农业主管部门作出的处理决定不服的，可以依法申请行政复议或者向人民法院提起行政诉讼。期满不申请行政复议或者不起诉又不停止植物新品种权侵权行为的，省级以上人民政府农业主管部门可以申请人民法院强制执行。

省级以上人民政府农业主管部门认定植物新品种权侵权行为成立的，可以根据当事人自愿的原则，对植物新品种权侵权所造成的损害赔偿进行调解。必要时，可以邀请有关单位和个人协助调解。调解达成协议的，省级以上人民政府农业主管部门应当制作调解协议书，写明如下内容：①请求人、被请求人的姓名或者名称、地址，法定代表人的姓名、职务；委托代理人的，代理人的姓名和代理机构的名称、地址；②案件的主要事实和各方应承担的责任；③协议内容以及有关费用的分担。调解协议书由各方当事人签名或盖章、案件承办人员签名并加盖省级以上人民政府农业主管部门的公章。调解书送达后，当事人应当履行协议。调解未达成协议的，当事人可以依法向人民法院起诉。

侵犯植物新品种权的赔偿数额，按照权利人因被侵权所受到的损失或者侵权人因侵权所获得的利益确定。权利人的损失或者侵权人获得的利益难以确定的，按照植物新品种权许可使用费的1倍以上5倍以下酌情确定。

省级以上人民政府农业主管部门或者人民法院做出认定植物新品种权侵权行为成立的处理决定或者判决之后，被请求人就同一植物新品种权再次作出相同类型的植物新品种权侵权行为，植物新品种权人或者利害关系人请求处理的，省级以上人民政府农业主管部门可以直接作出责令立即停止侵权行为的处理决定并采取相应处罚措施。

农业主管部门可以按照以下方式确定植物新品种权侵权案件行为人的违法所得：①销售侵权或者假冒他人植物新品种权的繁殖材料的，以该植物新品种繁殖材料销售价格乘以销售数量作为其违法所得；②订立植物新品种权侵权或者假冒他人植物新品种权合同的，以收取的费用作为其违法所得。

省级以上人民政府农业主管部门查处植物新品种权侵权案件和县级以上人民政府农业主管部门查处假冒授权植物新品种案件的程序，适用《农业行政处罚程序规定》。

在2007年2月1日起施行的《最高人民法院关于审理侵犯植物新品种权纠纷案件具体应用法律问题的若干规定》中，对向人民法院提起诉讼的主体、被控侵权物的判断标准、专门性问题鉴定的资质要求、侵权证据的保全措施、赔偿数额的确定、侵权物的处理、免责情形等都作出了具体规定。

第三节　国外农作物品种登记和管理

一、美国的农作物品种登记和管理

（一）新品种的发放

美国联邦种子法对品种的登记注册没有要求，但全国有一半以上的州立种子法规定新品种必须经登记或注册才可在生产上推广应用。一般来说，大学等公立机构和大型种子公司的品种发放程序十分严格，并有具体而详细的条文规定。因为他们不仅要对自己的品种负责任，而且关系到公司的信誉。而小型种子公司的品种发放则较简单。

在美国尽管品种发放程序全国没有统一要求，但无论品种的来源如何，均必须具备特异性（distinctness）（必须能够被测定出与其他品种不同的特异性）、一致性（uniformity）（表现在抗性、农艺性状等方面的一致）、稳定性（stability）（遗传后代表现一致）（简称品种DUS），才能确定其为新品种。而所有的新品种并非都能发放，还必须在农艺性状和生产力方面与现有品种进行比较，至少在某个方面有独特的优点才能获准发放（即注册或审定）。以密歇根州立大学的品种发放程序为例，育成的品种要经过至少3年的特异性、一致性和稳定性测试和区域试验（两项试验可同时进行），在特异性、一致性和稳定性达到要求的同时，考察其生育期和熟性、抗病性、抗虫性、抗寒性、抗倒性、加工（品质）特性、产量等农艺性状，将试验数据依次通过 6 个环节进行审核批准，即作物品种委员会→品种政策和检查委员会→作物与土壤系主任→密歇根州农业试验站站长→负责研究和研究生教育的副校长→负责财务和运行管理的副校长。只要品种与现有的当家品种有显著的改进并达到美国品种保护条例或申请专利保护的要求，就获准发放。

获准发放的品种投放市场有两种形式：①传统的无偿发放的公共种子，由育种者将育种家种子交给州作物改良协会繁殖基础种子，再将基础种子交给具有生产认证种子资格的农场主生产认证种子；②有偿转让新品种，目前这种形式正在逐年扩大比例。

（二）品种保护

美国的植物品种保护有 3 种形式。第一种是 1930 年开始实施的《植物专利法》，该法适用于无性繁殖的植物品种，例如果树、观赏植物等。第二种是 1970 年美国国会通过的《植物品种保护法》，主要适用于有性繁殖的农作物品种，保护年限为 20～25 年。第三种是《一般专利法》，主要针对一些无法一眼辨认的新技术新品种，例如转基因品种可申请此项保护，保护年限为 20 年。申请保护的植物新品种必须经过试验，具备特异性、一致性和稳定性的，才能被受理。

1970 年以来，美国有成千上万的农作物品种申请了保护，受到保护的品种权人具有品种的所有权、繁殖权和经营权，并可以将其生产权和经营权有偿转让。这为育种者带来了很大的利润，使培育的新品种产生了很大的效益。因此《植物品种保护法》受到广大种子公司和大学、公共科研机构的普遍欢迎。

二、德国和欧洲联盟其他国家的新品种登记和管理

（一）德国的新品种登记和管理

德国的农作物品种登记和管理由联邦植物品种局（Federal Plant Variety Office）负责。联邦植物品种局是在联邦消费者保护、食品和农业部监督下的一个独立的高级联邦机构，其主要工作是：①授予植物新品种育种者权利（plant breeders' right，PBR）（相当于我国的植物新品种保护）；②品种的国家目录登记（相当于我国的国家级品种审定），这是种子生产销售的先决条件；③受保护和登记品种的控制维护；④出版官方公报，刊登联邦植物品种局的公告，刊登品种目录的介绍；⑤与联邦种子认证机构、种子贸易控制机构合作。

联邦植物品种局在整个德国有 7 个品种测试试验站，大约 700 hm^2，分布于不同栽培和气候地区的农业土地，约有 15 000 m^2温室。进一步的测试试验在联邦德国的 450 个试验点，或者根据双边协议在其他国际植物新品种保护联盟（UPOV）成员国试验点进行。

1. 植物育种者权利授予 植物育种者权利是私有的保护权利，类似于专利权，是保护品种的知识产权。因此植物育种者权利可以促进植物的育种和育种进程。根据德国品种保护法，每个育种者或新品种发现者可以向联邦植物品种局要求来自整个植物界的新品种的植物育种者权利。如果品种具有特异性、一致性和稳定性并且是新的，而且有一个名称，就可以授予植物育种者权利。植物育种者权利规定，只有拥有者或法定继承人，才有权利生产、交易或进口被保护品种的繁殖材料。一个育种者，利用一个被保护的品种的繁殖材料选育新品种，不需要从植物育种者权利拥有者得到许可。

植物育种者权利被授予 25 年，马铃薯、蔓生植物（vine）和树木为 30 年。

授予植物育种者权利的必要条件是经过田间或温室试验，实验室测定作为补充。根据德国国家和国际测定的指导方针，在田间或实验室试验的基础上，评价测定性状的特异性、一致性和稳定性。

2. 国家目录登记　列入国家（品种）目录，是农业和蔬菜作物种子商品化的必需条件。

德国的种子法提供了国家目录的法律框架。它起到保护消费者和确保提供高质量抗逆的种子和播种材料及高性能的品种给农民的作用。要列入国家目录，需要成功通过特异性、一致性和稳定性测定（DUS test）以及有指定的品种名称。特异性、一致性和稳定性测定在田间或在温室进行，某些情况下，实验室测定作为补充。农业种类的品种还要加上栽培和利用价值（value for cultivation and use，VCU）测定。法律上定义如下：与已有国家目录上品种相比，如果在作物栽培上，收获的作物或任何从这个作物上得到的产品的利用上有显而易见的改良，这个品种就满足栽培和利用价值的条件。在栽培和利用价值测定过程中，要测定一个品种的栽培、抗性、产量、内在质量和加工特性。国家品种目录登记的有效期是 10 年，蔓生植物是 20 年，并可以延长。

要列入国家目录，对大部分种类品种的栽培和利用价值测定进行 2 年，对谷类、饲料植物和冬油菜进行 3 年。根据植物种类不同，栽培和利用价值测定在属于联邦植物品种局的 10～30 个试验点进行，某些情况下与育种者合作。

每年有 1 000 个农业品种申请加入国家目录，但是最后只有约 15%通过测定，列入国家（品种）目录。

自 1998 年起，欧洲联盟认证指导方针使果树品种和一些其他木本植物种（例如观赏苹果、樱桃和梨及黑松）也可以登记，德国已经将其结合进国内的有关植物材料的法令。这种登记是可选择的，然而，梨果和核果植物必须被保护或登记。

3. 品种的控制　一个登记的或受保护的品种性状必须保持与登记时一样，或与授予植物育种者权利时一样。这就需要系统地进行品种的提纯，这个工作由联邦植物品种局控制。

以种子繁殖的品种，联邦植物品种局储藏每个登记的和（或）保护的品种的种子样品。在一个品种的使用期间，这是官方的参考种子样品，市场上抽取的样品必须以这个参考样品为依据。

无性繁殖的品种，如果必要的话，与存在的类似的参考品种比较，或可能的话通过电泳比较。如果一个品种不再保持原有特性，并被证明不再稳定，联邦植物品种局将从国家目录中将其删除或终止植物育种者权利。

4. 品种目录说明　品种目录说明介绍登记品种的特性。品种目录说明被农场主、其他种植者、顾问、合作和加工企业所利用。品种目录说明包含农业植物、蔓生植物、草坪草、蔬菜、观赏植物、药用和芳香植物、果树、观赏灌木和其他树木等品种的有关信息。观赏灌木和都市范围利用的树木的试验结果也可以从德国苗圃协会获得。

（二）欧洲联盟其他国家的新品种登记和管理

欧洲联盟其他国家与德国的做法基本相同。在欧洲联盟各国，品种只有国家一级登记（相当于我国的国家级品种审定），获得登记的品种方可进行种子生产、经营、推广，否则将处以 10 倍的罚款。根据欧洲联盟原则，在一个国家获准登记，即可在欧洲联盟各国合法销售，但农民都愿意选择被当地推荐的品种。因此为了获得当地最佳品种的信息，除国家级品种试验外，各州的官方机构还组织做地方性试验。德国的种子企业还自发组织了德国玉米委员会，专门对已获欧洲联盟其他国家登记的品种进行引种试验，以决定是否推荐这些品种。

在欧洲联盟各国，国家级的新品种试验有特异性、一致性和稳定性测定（DUS测定）与栽培和利用价值（VCU）测定两种。特异性、一致性和稳定性测定是根据经济合作与发展组织（Organization for Economic Cooperation and Development，OECD）规定的标准对品种特征特性上的特异性、生物形态上的相对一致性、遗传上的稳定性进行测定。它不需测定品种的产量、抗性和适应性，只是给品种以识别功能。因此每个品种只须在两个试点连续进行2年的试验即可。如果上述3项中有1项不合格，则测定不通过。通过特异性、一致性和稳定性测定的品种可申请授予植物育种者权利即国家品种保护，一般保护期为25～30年。栽培和利用价值测定，相当于区域试验。其试验点根据不同作物种类及其生物学特性按生态区划来安排，点次的多少因作物不同而异，有的作物每组试验设10～15个点，而有的作物达40～50个点。栽培和利用价值测定一般进行2～3年，其测定的最重要指标是产量，其次是抗性（抗倒、抗病虫、抗逆等）。此外，还要进行专门的品质测定。在法国和德国，玉米收获时的籽粒含水量和脱水速率也是衡量品种优劣的重要指标。国家品种登记委员会根据品种试验的各项结果进行综合评价来决定其是否准予登记。同一品种的特异性、一致性和稳定性测定及栽培和利用价值两项试验可同时进行。

凡申请品种保护的品种都必须通过特异性、一致性和稳定性测定，除园艺作物（果树、蔬菜、花卉）之外的其他作物申请国家登记品种，不仅要通过特异性、一致性和稳定性测定，还要通过栽培和利用价值测定，才能获准登记。登记后的品种使用年限一般为10年，如果品种表现优秀，品种权人可申请延长使用期，如果超过使用期又不申请延长，则该品种则不能再销售使用。

三、澳大利亚的品种登记和保护体系

澳大利亚的品种评价、登记和植物新品种保护是完全独立的3个体系。品种评价分大田作物品种评价、园艺作物品种评价和饲料作物品种评价，各自均有一定的试验方法。品种登记办公室分作物设在4个不同的地区，粮食作物设在Tanworth，油料作物设在Orange，豆类作物设在Horsham，饲料作物设在堪培拉（Canberra）。植物新品种保护办公室设在堪培拉。植物新品种登记和保护都采取自愿的形式而不是强制的，国家和各州都有登记机构。育种家协会和州级登记办公室首先对新品种的评价结果进行审核，通过审核后报国家品种登记或保护办公室，国家品种登记或保护办公室根据审核意见决定是否对该品种进行登记或保护。品种保护主要评价品种的特异性、一致性和稳定性，其中稳定性可用不同世代的材料进行对比试验，品种保护往往仅做1年的观察、鉴定和试验工作。而品种登记试验是在品种特异性、一致性和稳定性测定的基础上，进行2年（含2年）以上的品种产量比较试验，这些试验可由官方机构、育种家和农户去做，其中农户不是公司，必须是独立的农户。虽然品种评价、保护或登记各是完全独立的体系，但关系比较协调，从品种评价中得到的一组试验结果供两个独立部门应用，各种作物的上报材料简洁、明确、规范。

四、日本的新品种登记保护和管理

日本于1947年首次颁布实施《种苗法》，保护范围仅限于非主要农作物，1998年对该法做了些修订。《种苗法》的主要内容是新品种登记（保护）制度和指定种苗制度（质量保证制度）。

新品种保护实行自愿申请，批准登记的基本依据是特异性、一致性和稳定性测试结果，其基本程序是：①申请人向农林水产省递交申请文件，包括申请品种的种子（种苗）等繁殖材料、说明书及照片；②由农林水产省进行初审，合格者进入临时保护期并进行试验认定，不合格者驳回，同时缴纳 4.72 万日元申请费和一定数额的登录费（视试验期而定，1～3 年的，每个品种 6 000 日元/年；4～6 年的，9 000 日元/年，7～9 年的，1.2 万日元/年；10～25 年的，3.6 万日元/年；这种收费标准只相当于西欧国家的 1/5）；③由国家种子种苗中心（National Center of Seed and Seedlings，NCSS）对初审合格者进行特异性、一致性和稳定性测试认定；④由国家种子种苗中心提出特异性、一致性和稳定性测试报告，农林水产省公布新品种登记名录，驳回不合格申请。品种保护期，草本植物为 20 年，木本植物为 25 年。

指定种苗制度（质量保证体系）相当于种子真实标签制。指定种苗就是规定实行真实包装标签的品种，由农林水产大臣指定，标签上必须标明名称、生产者、产地、发芽率等。种子种苗的质量标准由农林水产大臣颁布，其标准较低（相当于基本标准），企业实际销售的种子一般高于这个标准。合格种子才能销售。农林水产省每年都进行种子质量抽查并有计划地进行统一纯度鉴定，对质量不合格者将严厉处罚。日本虽未实行种子质量认证制度，但通过实施指定种苗制度，确保了种子质量。

日本政府考虑到主要农作物（尤其是水稻）直接关系到国家粮食安全，且经济效益低，因而采取国家扶持保护为主的政策。1952 年颁布实施了日本《主要农作物种子法》，并于 1999 年进行了修订。该法共有 8 条，主要内容是 3 个方面：①普通商品种子生产圃场（基地）的指定与审查，由种子生产者（一般为农业协会）提出申请，农林水产省委托都道府县就面积、生产条件、生产的种子质量等进行审查认定，即种子生产者必须具备一定的资格，以保持基地的相对稳定；②原原种、原种的生产基地的指定与审查，原原种场、原种场一般为国家农业研究机构所属的专门试验农场，并以财政扶持为主，所生产的原种以优惠价转让，普通商品种子生产场所用的原种必须来自政府指定的原种场；③奖励品种的调查与认定，对表现突出的优良品种，通过试验和调查认定，由农林水产大臣颁布证书，并通过农业协会宣传，从而有助于对品种的推广。奖励品种的认定不是强制性的，但它实际是品种的最高荣誉，因而育种单位非常看重。

五、泰国新品种的发放

泰国《种子法》规定，选育和引进的农作物新品种都要经过试验和审定后才能推广，试验由相应的作物研究所组织，在研究所下属的试验站进行，新品种经过 5 年的试验后提交国家农作物品种推荐委员会审定，审定通过后方可在适宜的区域内推广种植。水稻作为泰国的重点作物，政府严禁引进国外品种。其他作物可以引进国外品种，经试验、审定后推广。

思考题

1. 主要农作物申请品种审定应具备哪些条件？应提交哪些材料？

2. 品种试验的内容和要求有哪些？
3. 品种试验“绿色通道”有哪些？
4. 简述非主要农作物品种登记应当具备的条件和登记程序。
5. 授予植物新品种权需要具备哪些条件？
6. 申请植物新品种权需要提交哪些材料？

第三章

种子生产基本方法

第一节　种子级别的划分

一、我国现行的种子级别

根据2008年中华人民共和国国家标准（以下简称国家标准）《农作物种子质量标准》（GB 4404.1—2008）和《农作物种子标签通则》（GB 20464—2006），我国现行的种子级别分为育种家种子、原种和大田用种（曾称为良种）。育种家种子（breeder seed）是指育种家育成的遗传性状稳定的品种或亲本的最初一批种子，可用于进一步繁殖原种。原种（basic seed）是指用育种家种子繁殖的第一代至第三代种子或按原种生产技术规程生产的达到原种质量标准的种子，可用于进一步繁殖大田用种。大田用种（qualified seed）是指用原种繁殖的第一代至第三代或杂交种，经确认达到规定质量要求的种子。大田用种是供大面积生产使用的种子。

根据国家标准《农作物种子标签通则》（GB 20464—2006），不同类别的种子使用不同颜色的种子标签。育种家种子使用白色并有紫色单对角条纹的种子标签，原种种子使用蓝色的种子标签，亲本种子使用红色的种子标签，大田用种使用白色的种子标签或者蓝红以外的单一颜色的种子标签。

二、其他国家的种子级别

日本现行的种子级别分类是育种家种子、原原种（foundation seed）、原种和认证种子或市售一般种子即生产用种。育种家种子是指育种家在品种登录时提供给繁种组织的原始种子，它是在育种家管理下生产出来的、具有最高的遗传纯度的种子。育种家种子种植在都道府县农业试验场管理的原原种圃进行繁殖，从原原种圃收获的种子为原原种。原原种种植在都道府县设置的原种圃进行繁殖，从原种圃收获的种子为原种。原种发放前，要在包装袋里放入表示都道府县审查合格的标签。原种供应给种子生产农户，种植在种子生产田生产市售一般种子。市售一般种子通常由镇村等的种子生产协会经营；水稻、麦类等作物，也有由农林水产省指定经营者（称为指定种子生产者）接受镇村等的委托进行经营的。对于后者，国家补助一部分必要经费。通过国家补助经营的种子生产田也称为指定种子生产田，根据主要作物种子法，都道府县要进行田间检验和生产物的审查，审查合格发给审查证明书，作为证明种子。

美国的种子级别分类是育种家种子、基础种子（foundation seed）、登记种子

(registered seed) 和认证种子 (certified seed)。基础种子使用白色标签，登记种子使用紫色标签，认证种子使用蓝色标签。

加拿大的种子级别分类是育种家种子、精选种子 (selected seed)、基础种子、登记种子和认证种子。同美国的种子级别分类相比，在育种家种子与基础种子之间多了 1 级精选种子。这级精选种子主要是针对品种纯度进行的，而且只应用于 11 种作物（小麦、大麦、燕麦、黑麦、黑小麦、珍珠麦、亚麻、豌豆、扁豆、蚕豆和大豆）的种子生产中。这 11 种作物的育种家种子被分发给加拿大育种者协会的会员种植，每个品种的种植面积不大于 1 hm^2，或所有品种种植面积不超过 2 hm^2。在小地块中，每 20 000 株作物中杂株不得多于 1 株。加拿大农业部控制着每块地的品种纯度。精选种子最多可繁殖 5 次，然后必须引入新的育种家种子。精选种子用于生产基础种子，基础种子也要接受品种纯度监控。只有当加拿大育种者协会颁发了育种家种子证书后，育种家种子才能进行扩繁，此后的一系列增殖都始于此，各级种子都要接受加拿大农业部门的品种纯度田间检验。

在欧洲，英国的种子级别分类是育种家种子、预基础种子 (pre-basic seed)、基础种子、认证一代种子 (certified seed of the first generation) 和认证二代种子 (certified seed of the second generation)。蔬菜种子有一个类别称为标准种子 (standard seed)，花卉只有商业种子 (commercial seed) 一个类别。德国和波兰的种子级别分类与英国基本相同。瑞典的种子级别分为 A、B、C_1、C_2和 H 共 5 级，分别表示预基础种子、基础种子、认证一代种子、认证二代种子和商业种子。其中预基础种子使用白色带蓝色斑点的标签，基础种子使用白色标签，认证一代种子使用蓝色标签，认证二代种子使用红色标签，商品种子使用棕色标签。

新西兰的种子级别分类是育种家种子、基础种子、认证一代种子和认证二代种子。认证一代种子使用蓝色标签，认证二代种子使用红色标签。

三、国际上有关机构的种子级别

（一）官方种子认证机构协会的种子级别

在美洲和大洋洲，官方种子认证机构协会 (Association of Official Seed Certifying Agencies，AOSCA) 的种子级别分类是育种家种子、基础种子、登记种子和认证种子。官方种子认证机构协会的前身是国际作物改良协会 (International Crop Improvement Association，ICIA)。国际作物改良协会成立于 1919 年 12 月，由美国的 13 个州和加拿大育种者协会的会员们组成。美国是世界上种子生产量最大的国家，1939 年其《联邦种子法》(The Federal Seed Act) 出台的时候就确立了种子制度。各州之间种子贸易时，提供的种子必须附有记载必要信息的标签。各州有独立的种子认证机构 (agency for seed certification)。这些种子认证机构几乎都是国际作物改良协会的成员。1968 年国际作物改良协会正式更名为官方种子认证机构协会。目前，官方种子认证机构协会的会员有 55 个，包括美国 45 个州的种子认证机构、加拿大的 3 个机构（种子生产者协会、种子研究所和食品检测机构）、智利种子部、阿根廷（进出口）控制与认证管理局、澳大利亚的 4 个机构、新西兰种子质量管理局。官方种子认证机构协会的宗旨是：制定品种纯度的最低标准，推荐认证种子不同等级的最低标准；对种子认证条例、程序和不同机构间种子认证的操作程序进行标准化；定期审查不同机构及遗传标准和程序，保证与《联邦种子法》一致；为了搞好种子管理，与农业部门合作提出新的研究领域，改良种子扦样和检验技术；与种子管理部门合作，决定与不同州之间贸易或国际贸易的种子标签，推广有关政策、条例、定义和程序；与经济合作与发展组织（OECD）及其他国际组织合作，制定与国际改良品种有关的标准、条例、程序和政策；协助成员做好认证种子和其他作物繁殖材料的营销、生产、鉴定和推广；鼓励个人、机构、团体、组织合作，共同完成这个宗旨。

（二）欧洲联盟的种子级别

在欧洲，欧洲联盟的种子级别分类是预基础种子、基础种子、认证一代种子、认证二代种子和商业种子。

（三）经济合作与发展组织的种子级别

经济合作与发展组织的种子级别分类是预基础种子、基础种子、认证一代种子和认证二代种子。预基础种子使用白色带紫色斜条的标签，基础种子使用白色标签，认证一代种子使用蓝色标签，认证二代种子使用红色标签。经济合作与发展组织的前身是 1948 年 4 月成立的欧洲经济合作组织（Organization for European Economic Cooperation，OEEC）。1960 年 12 月 14 日，加拿大、美国及欧洲经济合作组织的成员国共 20 个国家签署公约，决定成立经济合作与发展组织（Organization for Economic Cooperation and Development，OECD）。目前，经济合作与发展组织是一个由 30 余个市场经济国家组成的政府间国际经济组织，与另外 70 多个国家或经济体有着积极的关系。经济合作与发展组织的宗旨是：达到最高的持续的经济增长与就业，提高成员国生活水平，同时保持财政稳定，并以此为世界经济发展作贡献；为成员国与非成员国在经济发展过程中良好的经济增长作贡献；按照国际义务，在多边、无歧视的基础上为发展世界贸易作贡献。

第二节　常规品种种子生产

常规品种（conventional cultivar）种子生产包括常规品种原种生产和常规品种大田用种生产。这里所述的常规品种是指除了一代杂交品种及其亲本和无性系品种以外的品种，包括纯系品种（pure line cultivar）和群体品种（population cultivar）。

一、常规品种原种种子生产

（一）纯系品种原种种子生产

纯系品种原种生产，在发达国家常用低温储藏繁殖法，在我国常用循环选择繁殖法。20 世纪 80 年代以后，我国科学家为提高纯系品种原种生产效率，发展了应用于自花授粉作物的株系循环繁殖法和应用于常异花授粉作物的自交混繁法。

1. 低温储藏繁殖法　低温储藏繁殖法是指在育种家的监控下，一次性繁殖够用 5～6 年的育种家种子，并储藏于低温条件下，以后每年从中取出一部分育种家种子进行繁殖，繁殖 1 代得到原原种，繁殖 2 代得到原种，繁殖 3 代得到生产用种（日本的分类），年年重复上述繁殖过程的方法（图 3-1）。当低温储藏的育种家种子的数量只剩下够 1 年用时，如果该品种还没有被淘汰，则在该品种的选育者（或其指定的代表）直接监控下再生产少量育种家种子用于补充冷藏。

采用这种方法，原原种由专门的繁育单位生产。美国有专门的原原种公司，原种和生产用种由各家种子公司隶属的种子农场生产。日本原原种和原种生产是都道府县的责任。品种育成后到多少代为止可以生产原原种和原种，目前还没有确定。由于繁殖世代增加时品种退化的危险性增大，所以要尽量减少世代数。从 1984 年以后，所有都道府县的试验场或农场都采用低温储藏繁殖法生产原种，也就是一次性繁殖够用 5～6 年的原原种进行低温储藏，以避免反复栽培所带来的自然异交等混杂。低温储藏繁殖法由于繁殖世代少，突变难以在群体中存留，自然选择的影响微乎其微，不进行人工选择，也不进行小样本留种。所以品种的优良特性可以长期保持，种子的纯度也有充分保证。但它要求良好的设备条件和充分的储运能力。

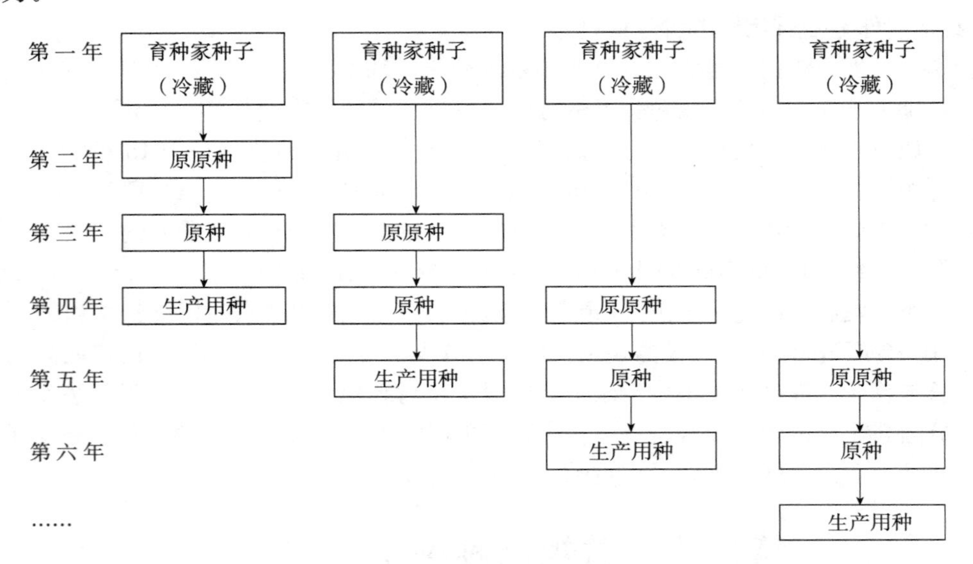

图 3-1　低温储藏繁殖法生产原种的程序

2. 循环选择繁殖法　循环选择繁殖法是指从某个品种的原种群体中或其他繁殖田中选择单株，通过单株选择、分系比较、混系繁殖来生产原种种子的方法。这种方法实际上是一种改良混合选择法。根据比较过程的长短，又有二年二圃制和三年三圃制的区别。三年三圃制生产原种的程序如图 3-2 所示。二年二圃制就是在三年三圃制生产程序中省掉一个株系圃。

这种方法的指导思想是，遗传的稳定性是相对的，变异是绝对的。品种在繁殖过程中，由于各种因素的影响，总会发生变异，造成品种的混杂、退化。进行严格的选优汰劣，才能保持和提高种性。为了使群体内的个体间具有一定的遗传差异，可在大田、原种圃、株系圃内进行个体选择。分系比较在于鉴别后代，淘汰发生了变异的不良株系，选留具有品种典型特征的优良株系。混系繁殖在于扩大群体，防止遗传基础贫乏。

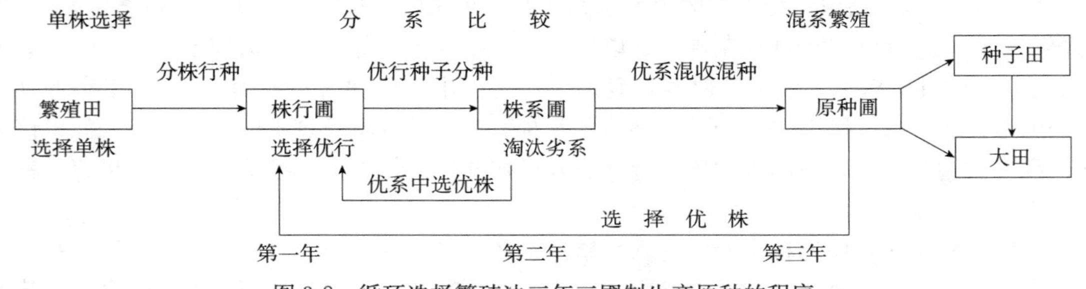

图 3-2　循环选择繁殖法三年三圃制生产原种的程序

采用这种方法生产原种时，都要经过单株、株行、株系的多次循环选择，汰劣留优，这对防止和克服品种的混杂退化，保持生产用种的某些优良性状有一定的作用。但由于某些单位在用这种方法生产原种时，没有严格掌握原品种的典型性状，选株的数量少，株系群体小，或者在选择过程中，只注意了单一性状而忽视了原品种的综合性状，使原种生产的效率不高。因此 20 世纪 80 年代以后，我国科学家对水稻、小麦等自花授粉作物的纯系品种发展了株系循环繁殖法生产原种。

3. 株系循环繁殖法　把引进或最初选择的符合品种典型性状的单株或株行种子分系种于株系循环圃，收获时分为两部分，一部分是先分系收获若干单株，系内单株混合留种，称为株系种；另一部分是将各系剩余单株除杂后全部混收留种，称为核心种。株系种次季仍分系种于株系循环圃，收获方法同上一季，以后照此循环。核心种次季种于基础种子田，从基础种子田混收的种子称为基础种子。基础种子次季种于原种田，收获的种子为原种（图 3-3）。

株系循环繁殖法生产纯系品种原种的指导思想是，自花授粉作物群体中，个体基因型是纯合的，群体内个体间基因型是同质的。表现型上的些许差异主要是由环境引起的，反复选择和比较是无效的。从理论上讲，自花授粉作物也会发生极少数的天然杂交和频率极低的基因位点自然突变，但在株系循环过程中完全能够将它们排除掉。从核心种到原种，只繁殖两代，上述变异也难以在群体中存留。因此进入稳定循环之后，每季只需在株系循环圃中维持一定数量的株系，就能源源不断地提供遗传纯度高的原种供生产应用。

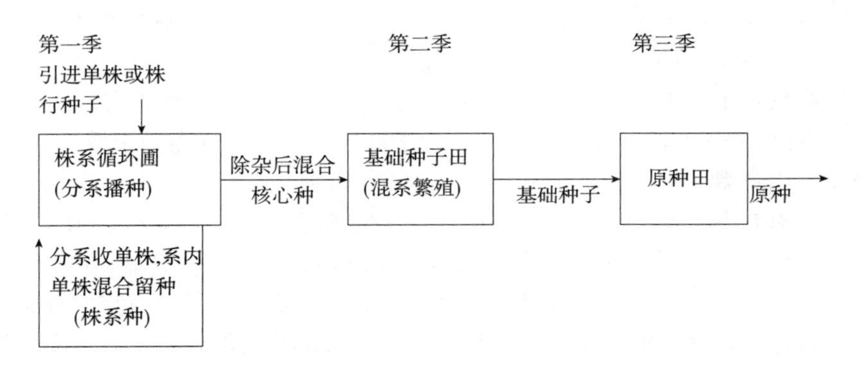

图 3-3　株系循环繁殖法生产原种的程序

这种方法实行“大群体、小循环”，产种量大。对于繁殖系数大的作物（例如水稻），只要每季株系循环圃、基础种子田和原种田同时存在，甚至能够做到季季以原种供应农民大田生产。一般常规水稻的用种量为每公顷 60 kg，产种量以每公顷 6 000 kg 计算，株系循环圃、基础种子田、原种田、大田的面积之比则为 1∶100∶10 000∶1 000 000。在总的需种量一定时，株系循环圃中株系数目与每个株系种植株数成反比，可根据实际情况进行调整。当总的需种量增加时，可按上述比例增加株系循环圃中株系数目或每个株系的种植株数。

4. 自交混繁法　常异花授粉作物（例如棉花、甘蓝型油菜），其品种群体中至少包含 3 种基因型，一种是自交产生的品种基本群体的纯合基因型，另一种是天然异交产生的杂合基因型，第三种是天然异交产生的杂合基因型分离出来的非基本群体的纯合基因型。后两种基因型是随机产生、不能预知的。为保持这类品种的遗传一致性，近年发展了“分系自交留种，隔离混系繁殖”的方法，即自交混繁法生产原种（图 3-4）。

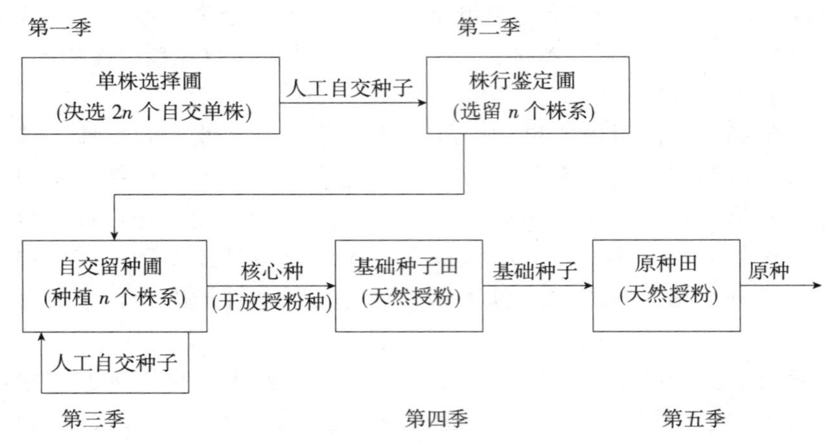

图 3-4　自交混繁法生产原种的程序

自交混繁法的第一步是建立自交留种圃。其做法是将由育种单位提供的原种种植于单株选择圃，在群体中根据典型性状选择一定数量的单株人工自交（油菜套袋自交，棉花束冠自交）。次季将单株自交种子种植于株行鉴定圃，种成株行，初花期在形态整齐、长势正常的株行中继续选株人工自交，经田间选择和室内考种，当选株行的人工自交种子次季分系种植。种植人工自交株系的地块称为自交留种圃，以后每季就在该圃中按株系分别进行人工自交，提供下一季的自交留种圃用种。

第二步是混系繁殖。把自交留种圃中各系开放授粉的种子混合组成核心种（相当于育种家种子）。核心种种植于基础种子田，收获的种子称为基础种子（相当于原原种）。基础种子在原种田繁殖一代获得原种。

图 3-4 中 n 的大小根据实际用种量来确定。假定建立 667 m^2 自交留种圃，每个株系种植 30 株，则 n 可以等于 100。对某个品种来说，从选单株人工自交开始到生产出原种需要 5 季时间，但从第四季开始自交留种圃已进入循环状态，以后每季只要自交留种圃、基础种子田和原种田同时存在，就能够每季都有原种产出。在育苗移栽的情况下，自交留种圃、基础种子田和原种田的面积之比为 1∶20∶500。自交留种圃要利用空间隔离；基础种子田可用原种生产田隔离。

自交混繁法的指导思想是，通过多代连续人工自交和选择，获得一个较为纯合一致的多系群体（自交株系）；再利用常异交的繁殖特点，开放授粉建立一个优良的遗传平衡群体。由于自交株系的遗传稳定性，遗传平衡群体有较可靠的重复性。

（二）群体品种原种生产

群体品种包括自花授粉作物的人工合成群体品种（artificial composite population cultivar）和多系品种（multi-line cultivar）、异花授粉作物的开放授粉群体品种（open pollinated population cultivar）和综合品种（synthetic cultivar）。人工合成群体品种和多系品种都属于异质纯合群体（homozygous heterogeneity population），但前者的基因型是随机固定的，一般不进行原种生产，后者的基因型是育种家选定的，能进行原种生产。

1. 多系品种的原种生产采用单系繁殖多系混合法 采用上述纯系品种原种生产的任一种方法，对多系品种的每个组分系进行原种生产，然后按照各组分系预定比例进行混合，所得混合种子即为多系品种原种。

2. 开放授粉群体品种的原种生产采用表现型选择混合脱粒隔离繁殖法和母株自交半分鉴定隔离繁殖法

（1）表现型选择混合脱粒隔离繁殖法 其具体做法是：选择成百上千表现型优良的个体（单株或单穗），将其种子混合起来在隔离区内种植，让这些单株随机交配，从隔离区收获的种子为基础种子（原原种）。然后再在隔离条件下种植原原种，任其自由授粉，收获的种子为原种。

（2）母株自交半分鉴定隔离繁殖法 母株自交半分鉴定隔离繁殖法适用于原品种是通过自交后代鉴定后由母株种子混合繁殖而来的异花授粉作物（例如萝卜）群体品种原种生产。其具体做法是：选择典型母株自交，自交种子的一半用于后代鉴定。当选母株的另一半自交种子在隔离区内自由授粉，收获的种子为原原种。原原种种植在隔离区内自由授粉繁殖，收获的种子为原种。

3. 综合品种的原种生产采用隔离区内分系繁殖自由授粉法 其具体做法是：在隔离条件下分别繁殖各个系，再在隔离区内混合种植各个系任其自由授粉，收获的自由授粉第一代种子为原原种。原原种种植在隔离区内自由授粉，收获的自由授粉第二代种子为原种。

二、常规品种大田用种种子生产

（一）纯系品种大田用种种子生产

在我国，纯系品种在获得原种后，用原种种子繁殖 1～3 代即为大田用种种子。大田用种种子数量很大，需要由种子公司建立的种子繁殖基地来生产。大田用种种子的生产程序要比原种种子的生产程序简单，就是直接繁殖、防杂保纯，提供大田生产用种（图 3-5）。

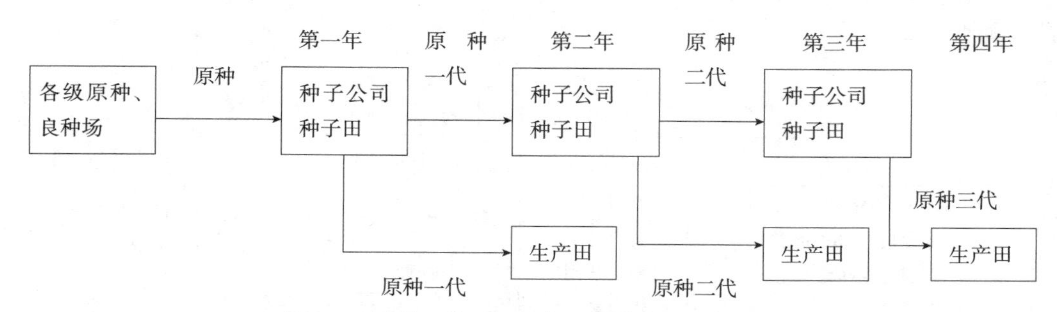

图 3-5 原种 3 代更新的大田用种种子生产程序

棉花为常异花授粉作物，田间收获的籽棉要经过轧花过程才能得到种子，因此在棉花的大田用种种子生产过程中防杂保纯要比水稻、小麦等自花授粉作物复杂，需要轧花厂、原种场、种子生产基地相互配合。

（二）群体品种大田用种种子生产

1. 多系品种大田用种种子生产的先混后繁法和先繁后混法 生产上使用多系品种大多数是为了解决不同生理小种年度间流行程度不确定性和延长垂直抗性基因使用年限的问题。

（1）先混后繁法　先混后繁法就是根据往年病害流行小种的情况，把单独繁殖的各纯系按比例混合组成多系品种，种植繁殖获得基础种子，分发基础种子给种子生产者繁殖后，再分发给农民。这种方法的缺点是，由于不同组分基因型间竞争及自然选择，繁殖几代后，当农民种植时组分比例发生了改变。Murphy 等（1982）研究发现，冠锈病抗性不同的 5 个等基因系燕麦多系品种，在无锈病的环境下经过 4 个世代的繁殖，观察到 1 个组分的比例从 20％增加到 38％，而另 1 个从 22％降低到 10％。

（2）先繁后混法　先繁后混法就是分别大量繁殖组分纯系，然后随时混合随时卖给农民。这种方法的缺点是，分别繁殖数目很多的品系在经营管理和混合上有较高的设施装备要求。在美国目前销售多系品种的大多数种子公司采用随时混合随时销售的方法。若为达到丰产、稳产、适应性广的目的，用几个无亲缘关系的自交系按预定比例混合组成多系品种，则要求参加混合的品系均应高产、生育期相近，发芽率及种粒大小不能有太大差别。

2. 开放授粉群体品种大田用种种子生产的择区隔离繁殖法　以籽粒为收获对象的异花授粉作物（例如玉米等），现今生产上大多使用杂交品种，极小范围使用的开放授粉群体品种生产用种种子直接来自原种后代。以茎叶为收获对象的异花授粉作物（例如牧草等），大多使用开放授粉群体品种。牧草的收获对象虽然是茎叶，但大多数是以种子繁殖的。种子生产时，需要有与茎叶生产不同的环境条件和技术，采种地不必在栽培利用区域内。为防止天然异交，采种地最好与一般栽培地区隔开。因此大田用种种子生产一般在与茎叶生产地区不同的、采种必需条件齐备的地区进行。在日本，由于牧草开花、结实期与梅雨期重叠，稳定生产优质种子很困难。于是就与国外专门从事牧草采种的种子生产者签约繁殖育成品种的大田用种，再输入国内供应栽培农户。日本农林登录品种的种子生产和供应流程如图 3-6 所示。原原种、原种的生产，在国家家畜改良中心的牧场进行；日本饲料作物种子协会与海外签订契约进行大田用种种子的生产。繁殖过程的种子管理，由家畜改良中心长野牧场（OECD 指定检测机构），以及采种国的检测机构进行品种证明所必需的检测。

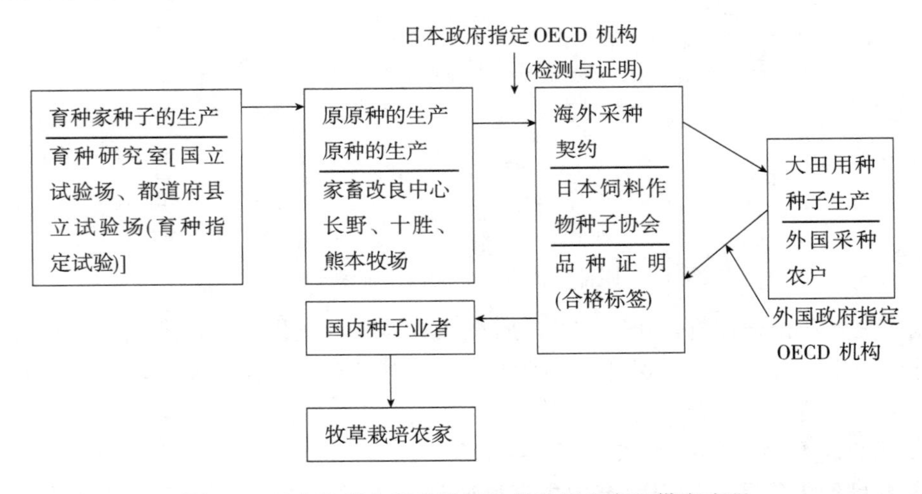

图 3-6　日本牧草农林登录品种的种子生产和供应流程

3. 综合品种大田用种种子生产的隔离区内自由授粉法　将综合品种的原种（即自由授粉的第二代种子）种植在隔离区内，自由授粉 1～3 代，达到遗传平衡的群体即为综合品种大田用种。

第三节　杂交种种子生产

杂交种（hybrid cultivar）是指在严格选择亲本和控制授粉的条件下生产的各类杂交组合的 F_1代植株群体。杂交种种子生产包括两个部分，一部分是杂交种亲本的种子生产，另一部分是杂交种 F_1代的种子生产即杂交制种。杂交种亲本的种子生产包括原种种子生产和大田用种种子生产，为确保杂交种 F_1代的种子纯度，生产上尽可能使用亲本原种进行制种。一代杂种的种子生产只有大田用种种子生产。

一、杂交种亲本原种生产

（一）自花授粉作物杂交种亲本原种生产

自花授粉作物杂交种有利用三系亲本配套生产的，有利用两系亲本配套生产的。三系是指质核互作雄性不育系、保持系和恢复系。两系是指光温敏核不育两用系和父本系。根据杂交种亲本原种生产过程中有无配合力测定的步骤，三系亲本原种生产方法可分为两类，一类有配合力测定步骤，以成对回交测交法为代表；另一类无配合力测定步骤，以三系七圃法为代表。两系亲本原种生产以控温鉴定再生留种法为代表。这些方法在我国推广面积大的杂种水稻亲本原种生产中都有应用。

1. 三系亲本原种生产

（1）成对回交测交法

①不育系和保持系成对回交生产原种：其程序是：单株选择，成对授粉；株行鉴定，测交制种；株系比较，杂种评定；优系繁殖，生产原种（图 3-7）。

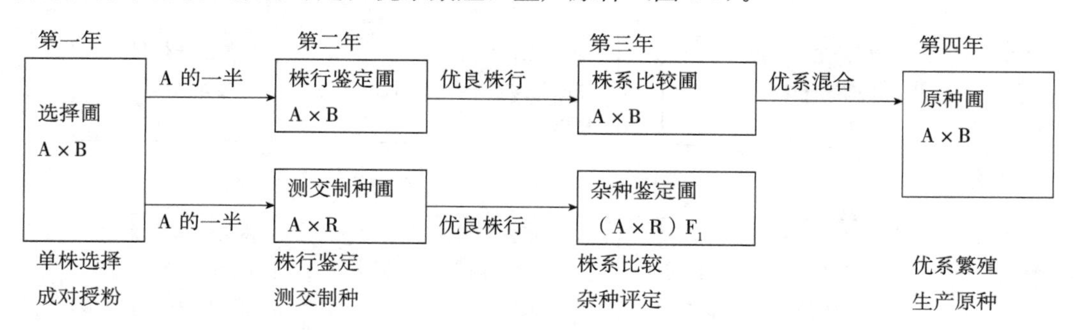

图 3-7　不育系和保持系成对回交生产原种的程序
A. 不育系　B. 保持系　R. 恢复系

②恢复系一选二圃制生产原种：其程序是：单株选择，测交制种；株行鉴定，杂种鉴定；混合繁殖，生产原种（图 3-8）。

恢复系用种量比不育系少，繁殖系数大，二圃制生产原种能够满足需求。以我国年种植面积曾达 6.0×10^6 hm² 的杂种水稻“汕优 63”为例，制种田与生产大田面积按 1∶100 计算，每年需制种 6×10^4 hm²，需要恢复系种子 4.5×10^5 kg。全部使用原种，需要 75 hm²原

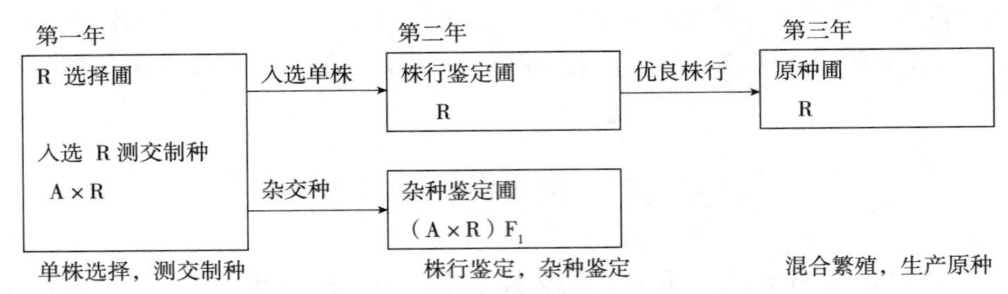

图 3-8　恢复系一选二圃制生产原种的程序
A. 不育系　R. 恢复系

种圃（恢复系繁殖产量按 6 000 kg/hm^2 计）。按株行鉴定圃与原种圃面积比为 1∶50 计算，则需要株行鉴定圃 1.5 hm^2。以每公顷种植 24 万株，每株行种植 500 株计，需要 720 个株行。

（2）三系七圃法　此法三系各成体系分别建立株行圃和株系圃，三系共建 6 个圃，不育系增设原种圃合成 7 个圃（图 3-9）。7 个圃建成后，只要每年 7 个圃同时存在，就能每年生产出三系原种。该法以保持三系的典型性和纯度为中心，对不育系的单株、株行和株系都进行育性检验，但对三系都不进行配合力测验。此法的理论依据是，经过严格的育种程序育成并通过品种审定投放于生产的杂种水稻，其三系各自的株间配合力没有差异。

另外，对于不育系与恢复系或与杂交种生育期差异小的组合，不育系群体中有可能形成同质恢。同质恢是指与质核互作雄性不育系具有相同细胞质的恢复株。它是恢复源（恢复系、杂交种 F_1 代）中的恢复基因进入不育系的后代，再与不育系连续回交产生的。同质恢植株外形与不育系植株基本一致，开花散粉前很难辨认。同质恢一旦出现在不育系群体中，在不育系繁殖田内凭表现型除杂难以根除。可采用控制授粉株系循环的方法来生产三系原种（图 3-10）。

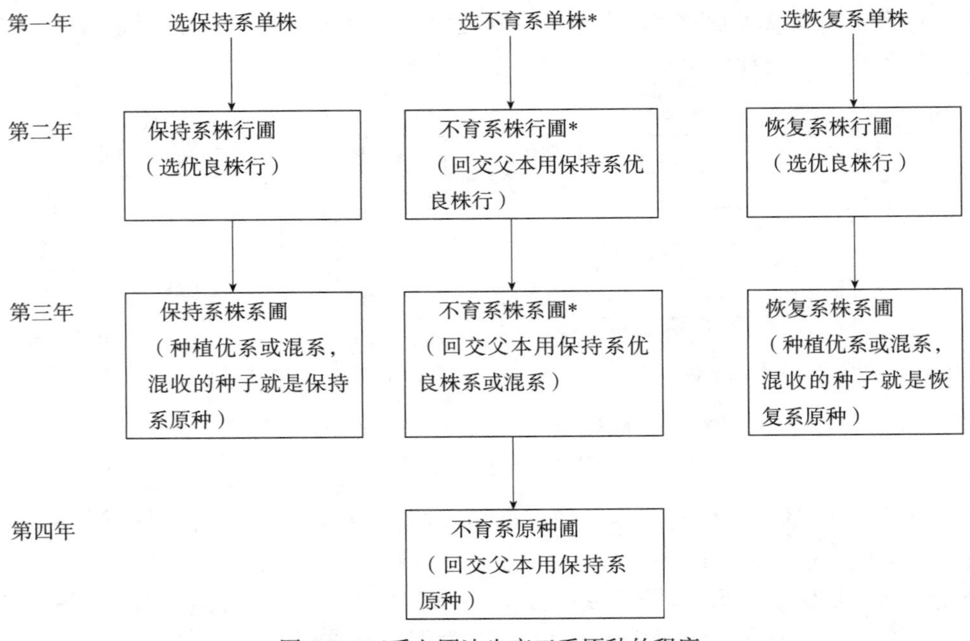

图 3-9　三系七圃法生产三系原种的程序
（* 表示要进行育性检验）

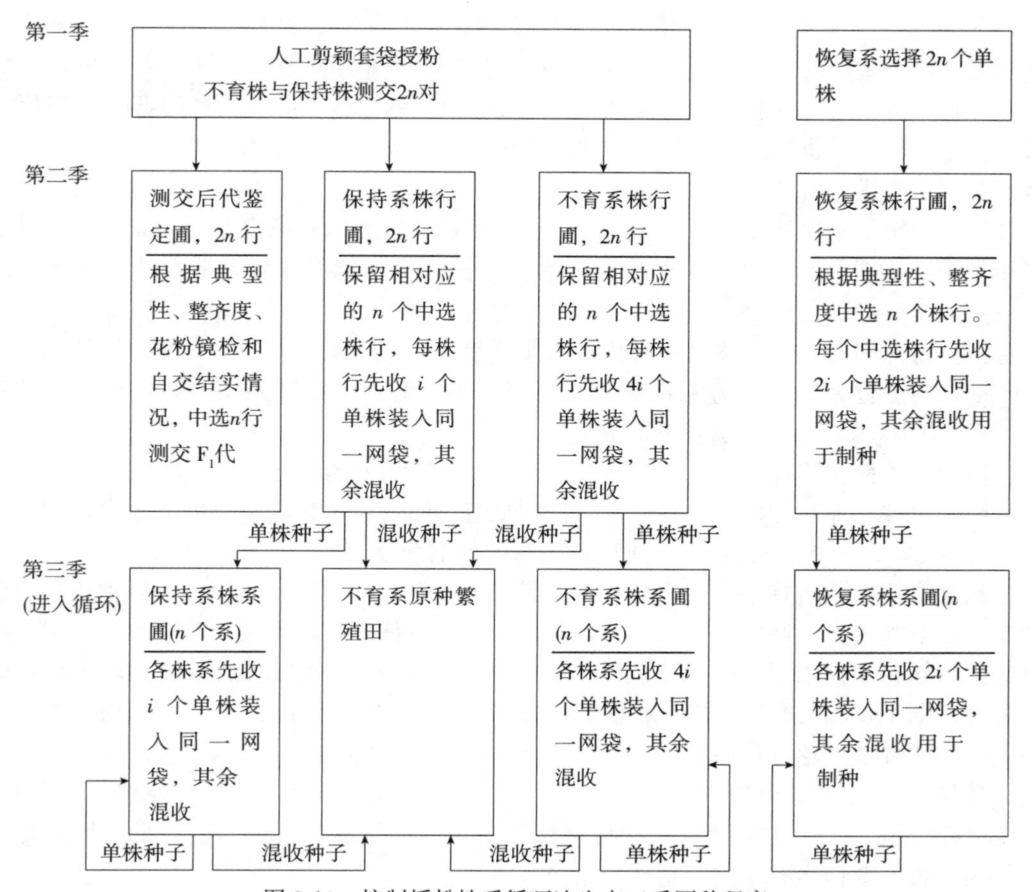

图 3-10　控制授粉株系循环法生产三系原种程序

2. 光温敏核不育两用系和父本系的原种生产

（1）光温敏核不育两用系原种生产的必要性和特殊性

①必要性：其必要性源自自然条件下光温敏核不育两用系的不育起点温度会逐代升高，使得制种田中不育系容易自交结实，导致 F_1 代植株群体中出现大量不育株而造成减产。光温敏核不育两用系的育性（可育或不育）是由幼穗发育阶段日长和温度决定的。由于两用系群体中个体间存在的微效基因差异，不同个体间对光照和温度的敏感程度也存在着差异。水稻是高温短日性作物，若按常规品种繁育程序进行两用系种子繁殖，自然选择将使两用系的不育起点温度逐代升高，最终导致该两用系因不育起点温度过高而失去实用价值。这是因为在两用系繁殖过程中，不育起点温度高的个体，其可育的温度范围增大，在温度变幅有时很大的自然条件下的结实率一般较高，因而它们在群体中的比例必然逐代加大，繁殖 2～3 代后，就会变成不合格的两用系了。

②特殊性：其特殊性表现在以下两个方面。

a. 原种生产必须在可控的光温条件下进行。由于光温敏核不育两用系的混杂退化主要表现为不育起点温度上升，肉眼很难观察，所以其核心种子生产必须在专门设置的有人工控制光温条件的场所进行，即在人工气候室或气候箱内设置低于不育起点的温度和适宜的日长环境，对两用系群体进行鉴定筛选。

b. 原种生产必须年年进行。由于光温敏核不育两用系种子依靠自交繁殖，一般从人工控制光温条件下生产的核心种子到大田繁殖的原原种再到制种用的原种，繁殖系数比约为1∶100∶10 000，比三系不育系速度快；同时又因为光温敏核不育两用系的育性受遗传与环境共同作用，其变异也比三系不育系的快。为保障生产安全，一般用原种进行制种，所以原种生产必须年年进行。

（2）光温敏核不育两用系原种生产的方法与程序　光温敏核不育两用系原种生产目前主要采用控温鉴定再生留种法。其基本程序为：单株选择→低温或长日低温处理→再生留种（核心种子）→原原种→原种→制种。具体操作为：

①根据植株的形态特征选择一定数量的典型单株在育性敏感期（一般为幼穗分化第4期至第6期）内进行为期10 d左右的低温（略高于不育起点温度的温度，假如不育起点温度是24 ℃，使用24.1 ℃）或长日低温处理。

②抽穗时镜检花粉育性，凡花粉不育度在99.5%以下的单株全部淘汰。

③中选单株立即割茬再生，并使再生株在低温（略低于不育起点温度的温度，假如不育起点温度是24 ℃，使用23.9 ℃）或短日低温条件下恢复育性，所结种子即核心种子。

④在严格隔离的适宜条件下用核心种子繁殖原原种，然后繁殖出原种供制种用。由于核心种子生产要在人工气候室中进行，费用高，筛选的群体不可能很大，种子数量有限，必须尽可能扩大繁殖系数来生产原原种。措施之一是保证种子有90%以上的发芽率，这就要求适时收种、晒干，浸种时用1%稀硝酸浸泡12 h或置55 ℃恒温箱放置72 h打破休眠，再浸种催芽。待扶针期再移入秧田，每粒种子占地27.5 cm^2（5 cm×5.5 cm），力争全部成活。育出分蘖秧后，在秧田剥蘖一次，这样1万粒种子可插2万株苗，株行距为16.5 cm×20 cm时可插667 m^2。措施之二是选择最佳繁殖条件，尽量延长营养生长期，增加分蘖成穗，并为生长发育提供充足的肥料促其增产。

（3）父本系原种生产的方法　用作父本的常规品种或恢复系，也须同步进行原种生产。方法是：建立选种圃进行单株选择，并与不育系原种测交；第二年分别进入株行圃和优势鉴定圃，根据鉴定结果决选父本株系；第三年父本混系繁殖生产原种。

（二）常异花授粉作物杂交种亲本原种生产

常异花授粉作物杂交种，有利用质核互作雄性不育系、保持系和恢复系配制的三系杂交种（例如油菜、高粱等），有利用细胞核雄性不育两用系和父本系配制的两系杂交种（例如棉花、油菜等），有利用自交不亲和系和父本系配制的两系杂交种（例如油菜等），有利用人工去雄配制的两系杂交种（例如棉花等）。三系杂交种亲本中不育系和保持系的原种生产，采用上述成对回交测交法；恢复系的原种生产，采用上述一选二圃制法，只是为了防止虫媒或风媒异花传粉，用作回交和测交的父本和母本单株（花序或花蕾）都要套袋隔离，繁殖田周围要设置隔离区。细胞核雄性不育两用系的原种生产，采用分行种植个别拔除法，即人为确定母本行，拔除其中的可育株；人为确定父本行，拔除其中的不育株。分别选择典型可育株与典型不育株授粉，入选不育株分单株收获，下一年种成株行，入选株行内的可育株和不育株兄妹交，按株行收获不育株，考种后全部入选株行不育株的种子混合，为两用系原原种，繁殖一代即为两用系原种。自交不亲和系的原种生产，是在选择农艺性状和育性性状皆符合要求的典型单株的基础上，采用人工剥蕾授粉方法获得原原种种子；在原原种种子长成的植株群体中，花期采用5%食盐水喷施法消除自交不亲和性，株内株间相互传粉，收获的种子即为自交不亲和系原种。上述两系杂交种的父本和人工去雄杂交种的母本都可采用本章第二节介绍的自交混繁法进行原种生产。

（三）异花授粉作物杂交种亲本原种生产

自交和选择是异花授粉作物杂交种亲本原种生产的基本措施。玉米是异花授粉作物杂交种种植面积最大的作物。全球90%以上的玉米杂交种是用自交系配制的。亲本自交系的原种生产，主要有穗行半分法和测交鉴定法两种方法。前者在原种生产过程中没有配合力测定步骤，后者有配合力测定步骤。这两种方法的原理也适用于其他异花授粉作物杂交种的亲本原种生产。

1. 穗行半分法 第一年种植选择圃选株自交。每个系可自交100～1 000穗，视选择圃自交系纯度和所需原种数量而定。第二年半分穗行比较，即每个自交穗的种子均分为2份，1份保存，另1份种成穗行。在苗期、拔节期、抽雄开花期根据自交系的典型性、一致性和丰产性进行穗行间的鉴定比较。本年比较只提供穗行优劣的资料，并不留种。第三年混合繁殖，取出与当选株行相对应的第一年自交果穗预留的那份种子混合隔离繁殖，收获的种子即为原种。

2. 测交鉴定法 第一年种植选择圃选株自交并测交。测交种用该自交系在某特定杂交组合中的另一亲本自交系。测交种子的数量要够下年产量比较用，一般要测交3穗以上。自交果穗单穗脱粒保存。第二年种植测交种鉴定圃，进行产量比较，鉴定单株配合力。第三年混合繁殖，根据配合力鉴定结果，确定优良配合力单株的编号，取出与这些编号对应的第一年自交果穗的种子混合，隔离繁殖，收获的种子即为原种。

二、杂交种一代杂种种子生产

（一）杂交种一代杂种种子生产途径

大多数农作物是通过种子繁殖，利用杂种优势只能种植一代杂种（F_1代），因此必须年年制种。生产实践表明，有了强优势组合之后，一代杂种种子生产效率就成了该组合能否大面积普及的关键。根据母本不育群体获得的途径，杂交种一代杂种种子生产途径有以下4种。

1. 人工去雄制种途径 对于雌雄异花、去雄比较容易的作物（例如玉米），或者一朵花结多粒种子而播种量又不大的作物（例如烟草、棉花等），可用人工方法直接除掉母本的雄花序或除去两性花中的雄蕊，再授以父本花粉的方法生产一代杂种种子。人工去雄是很繁重的劳动，而且由于花费大量人工增加了一代杂种种子生产的成本。但是人工去雄制种法能把优势最高的组合立即投入生产应用，不必增加额外的育种措施而延长育种年限。这也是我国近年来玉米杂交种选育颇有成效的一个原因。两性花作物一代杂种种子生产可把人工去雄与标记性状结合起来使用，以便在种植F_1代的生产田里拔除因去雄不彻底而自交形成的母本株。使用标记性状的具体做法是使母本苗期具有某个隐性的质量性状，父本苗期具有相应的显性性状。在种植杂种的生产田里具有此显性性状者为真杂种苗，不具有此显性性状者为母本自交苗。据此便可在苗期将杂种生产田中的母本苗拔除，保证杂种田里都是真杂种植株。

2. 化学杀雄制种途径 对于每花只结1粒种子或少数种子的作物（例如小麦、水稻等），可选择对雌雄配子有选择性杀伤作用的化学药剂，在雄配子对药剂反应最敏感时期喷施，杀死、杀伤雄配子，再授以父本花粉生产一代杂种种子。

目前使用的杀雄剂（gametocide）有30种以上，常用且效果较好的，在小麦上有青鲜素（又称 MH，顺丁烯二酸联胺）、FW450（又称二三二，2,3-二氯异丁酸钠盐）、DPX3778（一种胺盐）、乙烯利（二氯乙基膦酸），在棉花上有二氯丙酸，在水稻上有稻脚青（20%甲基砷酸锌），在玉米上有 DPX3778。化学去雄法不增加不育系育种的负担，可使杂交优势组合随时杂交制种投产。目前实际应用上的问题是杀雄剂对雌蕊也有伤害作用，彻底化学杀雄处理会导致制种产量的降低；制种的产量与纯度间有较大的矛盾；药剂喷施时间比较严格，有时因风雨天气不能及时喷施，影响杀雄效果，喷施后遇雨还要补喷，故受天气的影响较大；喷施药剂一般需喷施 2 次，增加制种成本和劳动力消耗；不同组合对药剂施用效果有差异，更换杂交组合前必须做好试验。针对上述缺点，目前杀雄剂的研究往浸种、土壤施用内吸方向发展。我国一度推广的化学杀雄水稻杂交组合“赣化 2 号”（“献党 1 号”×“IR24”）一般制种只有 450～525 kg/hm²，纯度 50%左右，但也出现过产量过 750 kg/hm²，纯度超过 80%的高产高纯典型。稻作界认为，化学杀雄制种产量要达到 1 125 kg/hm² 以上，纯度达到 90%才有实用价值。

3. 利用雄性不育性制种途径

（1）利用细胞核雄性不育性制种　一对隐性核基因控制的雄性不育材料，不能得到 100%的雄性不育群体。核雄性不育性的传递要依靠不育基因位点杂合的同型可育株传粉来实现。不育基因位点杂合的同型可育株群体可称为遗传分离型两用系。它与核不育株杂交产生的后代，表现出可育与不育 1∶1 分离。从不育株上收获的种子播种后，群体内可育株和不育株仍为 1∶1 分离，以后每代只从不育株上留种，就能保持稳定的 1∶1 分离的可育株与不育株。利用遗传分离型两用系，在繁殖田里要坚持在不育株上留种，在制种田里，要拔除母本行的可育株，这是非常麻烦的。如果有与雄性不育基因紧密连锁或一因多效的苗期标记性状，则在苗期就可以淘汰可育株，这样的遗传分离型两用系才便于利用。

1973 年以后，我国在水稻上发现并培育了环境敏感型两用系，其中又分为两类，一类是光敏型，另一类是温敏型，它们的雄性不育性是由隐性核基因控制的，与细胞质无关。光敏型核雄性不育是对光照长度敏感，在长日照下（13.75 h 以上）表现完全雄性不育，在短日照下表现雄性可育。温敏型核雄性不育是对温度敏感，在较高温度下表现完全雄性不育，在较低温度下表现雄性可育。诱导不育的临界温度为 25 ℃或 27 ℃（因材料而异），诱导可育的临界温度为 23 ℃。这种光敏型和温敏型核雄性不育，虽说使用起来比较方便，可以免除上述核不育拔除可育株的麻烦。但是在自然条件下，光温变幅大而又无法控制，制种和生产都受到影响。因此要选择好环境敏感型两用系的繁殖地区和制种地区以及大田生产地区，以免给生产带来损失。

在核雄性不育的基础上，再利用特殊的细胞遗传机制（例如大麦的三级三体、玉米的重复缺失体和小麦的 XYZ 体系）来生产一代杂种种子，由于存在许多技术问题，实际上未能大面积应用。

（2）利用质核互作雄性不育性种　利用质核互作雄性不育性可以通过三系（不育系、保持系、恢复系）两田（繁殖田、制种田）配套进行杂交制种，是目前应用最广的制种途径，在高粱、水稻、油菜、向日葵、甜菜等作物的大规模杂交制种中都被采用。

在雄性不育系繁殖田里按一定行比间隔种植雄性不育系和保持系，从不育系上收的种子除供下年繁殖田用种外，其余供应制种田不育系用种。保持系自交种子继续供下年繁殖田保持系用种。在杂交制种田里按一定行比间隔种植雄性不育系和恢复系。从不育系上收的种子即为一代杂种种子，供下年生产田用种；恢复系自交种子继续供下年制种田恢复系用种。由此可见，如此三系两田配套，便可源源不断地生产一代杂种种子。

这种方法的应用必须使杂交种组合的亲本限制在雄性不育系和恢复系之间。有些杂种优势很强的组合，如果三系未配套就不能进行制种。生产上如果要利用这种组合就必须经过额外的育种加工，将其中一个亲本转育成雄性不育系，另一个亲本转育成恢复系。

4. 利用自交不亲和性制种途径　自交不亲和性是指植株的雌雄配子本身都是正常的，不同基因型植株间授粉能正常结实，但在正常开花期自交不结实或结实率极低的特性。自交不亲和性是在开花期形成的，提早在蕾期采取人工剥蕾授粉或其他措施，可以获得自交种子。

具有自交不亲和性的品系称为自交不亲和系。利用自交不亲和系作为制种田的母本，不经去雄便可接受父本系的花粉受精结实，达到产生一代杂种种子的目的。如果父本和母本都是自交不亲和系，则从父本行和母本行收获的种子都是一代杂种种子。通过人工剥蕾授粉可以繁殖自交不亲和系。

（二）杂交种一代杂种种子生产共性技术

生产上利用杂种优势必须年年生产 F_1 代种子，同时也必须年年繁殖杂种的亲本种子，因此配套的杂种种子生产包括亲本繁殖和 F_1 代制种。对于需要人工去雄或化学去雄的作物，亲本繁殖方法同纯系品种种子生产，只是防杂保纯要更加严格；对于利用质核互作雄性不育性的作物，母本繁殖方法同杂种种子生产，只是所用父本为保持系。

一代杂种种子生产远较纯系品种繁殖程序复杂，成本也高。为确保杂种种子质量和降低杂种种子生产成本，各种作物有具体的技术要求，但以下 8 项技术是每种作物一代杂种种子生产都要涉及的共性技术。

1. 确定种子生产田和亲本繁殖田面积比例　按比例安排亲本繁殖田和杂种种子生产田面积，可以避免因比例失调而影响配套繁殖和造成浪费。确定比例的依据是当地生产上该作物的种植面积、单位面积的用种量、单位面积的种子产量和亲本繁殖产量。以杂种籼稻为例，可按下列公式计算。

$$种子生产田面积=\frac{生产田计划播种面积\times每公顷生产田用种量}{每公顷制种田杂种种子预期产量}$$

$$不育系繁殖田面积=\frac{制种田面积\times每公顷制种田不育系用种量}{每公顷繁殖田不育系种子预期产量}$$

假定某县计划种植 4×10^4 hm^2 杂种籼稻，每公顷制种田播种量为 15 kg，则共需杂种种子 6.0×10^5 kg。设每公顷制种田杂种种子预期产量为 2 250 kg，每公顷制种田不育系用种量为 30 kg，每公顷繁殖田不育系种子预期产量为 2 250 kg，按上式可算出制种田面积为 266.7 hm^2，不育系繁殖田面积为 3.6 hm^2。由此可见，杂种籼稻生产田面积∶制种田面积∶不育系繁殖田面积大致为 11 000∶70∶1。另外，每公顷制种田需要 7.5 kg 父本恢复系，每公顷不育系繁殖田需要 7.5 kg 父本保持系，恢复系和保持系繁殖产量分别按每公顷 6 000 kg 和 4 500 kg 计算，该县还需要 0.33 hm^2 恢复系繁殖田和 0.006 hm^2 保持系繁殖田。

2. 隔离区的设置　无论是亲本繁殖区还是杂交制种区，都要种在隔离区内，以防本作物的其他品种或品系的花粉参与受精，造成生物学混杂。常用的隔离方法有空间隔离、屏障隔离和开花期隔离。空间隔离是指种子田周围有足够的空间不种植同一作物。隔离的距离大小因作物种类而异。异花授粉作物和常异花授粉作物一般花粉量大且传播的距离较远；自花授粉作物的花粉量小，传播的距离较近。因此异花授粉作物和常异花授粉作物的隔离距离要大，自花授粉作物的隔离距离较小。研究表明，玉米、高粱繁殖制种田的隔离距离应在400 m以上，水稻应隔离 200 m 以上。当按照空间隔离的距离标准安排繁殖制种田遇到困难时，可考虑屏障隔离和开花期隔离，以便缩短隔离距离。屏障隔离是利用种子田附近的山岗、树林、村庄、高秆作物等进行隔离。开花期隔离是指隔离距离以内的本作物其他品种的开花期，要么在繁殖制种田母本开花前就已结束，要么在繁殖制种田母本终花后才开始。例如在江苏省“珍汕 97”不育系繁殖田 7 月下旬扬花已结束，而“汕优 63”制种田要到 8 月中旬才抽穗，可以互为隔离区。

3. 父本与母本间种行比　父本与母本间种行比是指繁殖制种田父本与母本相间种植的行数比例。确定行比的原则是，在确保母本开花时有足够父本花粉供应的前提下，尽可能增加母本行数。一般在父本植株高，花粉量大，传播距离也较远的情况下，母本行数可适当增加。

4. 调节播种期，确保花期相遇　雄性不育系发育常比保持系落后，优势杂种的父本与母本生育期常有一定的差异。因此对雄性不育系繁殖田和杂交制种田的父本与母本经常要采取不同的播种期，以便达到父本与母本花期相遇。调节亲本播种期的原则，对于异花授粉作物和常异花授粉作物，一是“宁可母本等父本，不可父本等母本”；二是将母本安排在最适宜的播种期，然后调节父本的播种期。前者是因为雌蕊寿命长且固定着生于一处，花粉寿命短且随开花后飘散；后者是因为种子产量是由母本产量决定的。对于自花授粉作物（例如水稻），父本一般分 2～3 期播种，按照上述两条原则调节亲本播种期。之所以“宁可父本等母本，不可母本等父本”，是因为父本略早几天开花能对母本实行花粉“两头包”，母本当天开花当天闭颖，如果比第一期父本早开花几天，就失去几天受精的机会。同时，要将开花期安排在最适宜季节，因为高温、低温或阴雨天气对异交结实不利。通过调节播种期，雄性不育系繁殖田一般都能花期相遇，但杂交制种田在气候比较异常的年份，例如干旱或低温年份，因亲本生物学特性差异较大，对变化条件反应不一，仍可能出现父本与母本花期不遇问题。在这种情况下，就要进行花期预测，发现花期相遇有问题时，及早采取花期调节措施。花期预测一般采用观察幼穗法。花期调节一般采用偏水偏肥、剪苞叶或剪花丝的方法。玉米制种花期不遇已成定局时，可采取人工辅助授粉方法，这要事先在制种区近旁分期加播一定数量的父本作为采粉区。

5. 除去杂株　除去杂株简称除杂，就是以亲本的性状标准去鉴别、拔除杂株。其目的在于保证亲本纯度和杂种种子质量。原则上去杂应贯穿于从出苗开始一直到收获脱粒的整个过程，但开花散粉前拔除杂株的效果显然比开花后拔除好，因为亲本繁殖田和杂交制种田都是处于异交状态，杂株花粉所造成的生物学混杂是格外严重的。制种田不育系行中的保持系植株，只有在开花前很短的一段时间内，根据退化花药和败育花粉才能区分，必须抓住这个时机加以去除。其他杂株可以根据不同生育时期容易鉴别的性状除去。例如玉米、高粱、水稻苗期常根据叶鞘颜色、叶片宽窄等除去杂株，抽穗时根据植株高矮、出穗早晚、穗形等除去杂株。成熟时玉米根据穗形、粒色及轴色除去杂株，高粱根据粒色、壳型和壳色除去杂株。野败型籼稻不育系植株有包穗现象，在喷赤霉素之前，可与保持系植株区分开来，因此野败型不育系繁殖田和杂交制种田始穗期是除去不育系行中保持系植株的关键时期。

6. 及时去雄和辅助授粉　未采用雄性不育系和自交不亲和系配制杂交种时，母本的去雄是制种过程中繁重而又关键的工作，必须按不同作物特点及去雄方法，及时、彻底、干净地对母本进行去雄。为保证授粉良好，一些风媒传粉作物可进行若干次人工辅助授粉，提高异交结实率；还可采用一些特殊措施（例如玉米的剪苞叶、剪苞丝，水稻的割叶、喷施赤霉素等）来改善异花传粉条件。

7. 父本和母本分收分藏　成熟后要及时收获。父本和母本必须分收、分运、分脱、分晒、分藏，做好标记，严防混杂。水稻雄性不育系繁殖田和杂交制种田一般先人工收割父本，然后彻底检查确认伸进母本行的父本稻穗已收干净。最后用收割机或人工收母本。为防晒场混杂，母本先脱、先晒、先入库；父本后脱、后晒，当作粮食处理。

在北方尤其东北，大田作物收获以后气温迅速下降，常常不等种子含水量下降到安全水分，气温就下降到 0 ℃以下。因此在这里的种子田应该强调适时早收，绝不能霜冻以后收。一般种子田要比生产田早收 7～10 d，以便利用秋天尚未寒冷的天气，将种子晾晒干燥，降至安全含水量，保证安全过冬，免遭冻害。

8. 质量检查　为保证生产上能播种高质量的杂种种子，必须在亲本繁殖和制种过程中，定期地进行质量检查。播种前主要检查亲本种子的数量、纯度、种子含水量、发芽率是否符合标准；隔离区是否安全；安排的父本与母本播种期是否适当；繁殖、制种的计划是否配套等。去雄前后主要检查田间除杂是否彻底，父母本花期是否相遇良好，去雄是否干净、彻底等。收获后主要检查种子的质量，尤其是纯度以及储藏条件等。纯度检查通常利用冬季在海南岛进行种植鉴定，近年来也发展了利用蛋白质标记和 DNA 分子标记进行鉴定的方法。

第四节　无性系品种种子生产

从一个单株通过无性繁殖产生的后代群体称为无性系（clone）。由一个无性系或几个遗传上近似的无性系经过无性繁殖产生的群体称为无性系品种（clonal cultivar）。按照《中华人民共和国种子法》第二条第二款的定义，农作物和林木的种植材料或者繁殖材料，包括籽粒、果实、根、茎、苗、芽、叶等，都称为种子。

无性系品种种子，根据种用器官的部位可分为 10 个类别：块根、块茎、球茎、鳞茎、假鳞茎、地下茎、地上茎、匍匐枝、珠芽和分株（表 3-1）。无性系品种的种子生产有 3 个显著特点：①无性系品种种子一般体积较大，含水量高，繁殖系数低（例如甘蔗的繁殖系数通常只有 3～5 倍至 10～20 倍），用种量大，成本高。因此无性系品种的种子生产以提高产量和增加繁殖系数为主要目标。②无性系品种种子的根、茎、芽等分生能力强，常可用切段、分茎等来扦插繁殖，可用工厂化方式周年生产。③无性系品种种子生产时，不必经过开花、授粉、受精、种子发育等过程，具有较好的抗逆性和适应性；后代基因型与母体的基因型完全相同。但在繁殖过程中容易感病，特别是病毒病，一旦感染病毒后，就会世代传播，逐年加重。如不采取措施，最终将丧失种用价值。

表 3-1　无性系品种繁殖材料的类别及其部分植物

繁殖材料类别	植物举例
1. 块茎	马铃薯、芋头、山药、草石蚕、菊芋、半夏、花叶芋
2. 球茎	慈姑、荸荠、魔芋、唐菖蒲、小苍兰、藏红花

（续）

繁殖材料类别	植物举例
3. 鳞茎	百合、葱、大蒜、野薤、郁金香
4. 假鳞茎	兰花
5. 地下茎	生姜、莲藕、竹子、芦苇、根茎鸢尾、美人蕉、阳藿、蜂斗菜
6. 地上茎	水芹、甘蔗（种茎埋土育苗）、土当归（插软化茎）、花椒（接枝，一般采用实生苗）
7. 块根	甘薯、大丽花
8. 匍匐枝	草莓
9. 珠芽	卷丹、山药（零余子）
10. 分株	石刁柏、土当归、山蓊菜、韭菜（也可种子繁殖）、鸭儿芹（一般是种子繁殖）

一、无性系品种原种种子生产

如前所述，无性系品种在繁殖过程中容易感病，特别是病毒病，导致品种退化，甚至丧失种用价值。在马铃薯作物上已发现25种病毒（virus）、类病毒（viroid）以及植原体（phytoplasma），主要危害马铃薯的病毒有7种：马铃薯卷叶病毒（*Potato leafroll virus*，PLRV）、马铃薯A病毒（*Potato virus A*，PVA）、马铃薯Y病毒（*Potato virus Y*，PVY）、马铃薯M病毒（*Potato virus M*，PVM）、马铃薯X病毒（*Potato virus X*，PVX）、马铃薯S病毒（*Potato virus S*，PVS）和苜蓿花叶病毒（*Alfalfa mosaic virus*，AMV），类病毒有1种，即马铃薯纺锤形块茎类病毒（*Potato spindle tuber viroid*，PSTVd）。世界范围内可侵染甘薯的病毒有20多种，在我国危害大的有3种：甘薯羽状斑驳病毒（*Sweet potato feathery mottle virus*，SPFMV）、甘薯潜隐病毒（*Sweet potato latent virus*，SPLV）和甘薯黄矮病毒（*Sweet potato yellow dwarf virus*，SPYDV）。因此无性系品种原种生产必须在脱毒的基础上进行。

脱毒的方法有多种，例如热处理脱毒、茎尖培养脱毒、热处理结合茎尖培养脱毒、茎尖微体嫁接脱毒、化学治疗脱毒等。茎尖微体嫁接脱毒法主要用于园艺植物。使用最广的是茎尖培养脱毒法。茎尖培养脱毒包括茎尖切取、茎尖培养、病毒检测、脱毒试管苗快速繁殖或脱毒试管薯快速繁殖等步骤，得到的脱毒微型薯为原原种。无性系品种原种生产从无性系品种原原种开始，在种子生产体系中起着承上启下的作用。无性系品种原种生产的方法主要有两种，一种是原原种重复繁殖法，另一种是循环选择法。

（一）原原种重复繁殖法

原原种重复繁殖法的具体方法是：将育种单位或原原种生产单位提供的原原种，在隔离的条件下，繁殖1～3代（均为原种）。在繁殖过程中，严格除杂去劣，保持原品种的典型性和纯度。对于脱毒原原种种子，在繁殖过程中，要始终防止病毒再侵染。

原原种重复繁殖法特别适合马铃薯的原种生产。这是因为经过茎尖组织培养脱毒生产的微型薯个体很小，包装和运输都较方便。同时，用原原种重复繁殖，可以大大减少病毒再侵染的机会，减少病毒在植株体内的积累量。生产出的原种薯，不要求薯块大（5 g左右即可）、产量高，只要求种薯个数多。因此可以加大播种密度，适当提前收获，以提高土地利用率和减少病害传播机会。

对于甘薯，脱毒原原种种薯是用脱毒试管苗在防虫温室或网室内无病原土壤上生产的，个体比马铃薯微型薯大，数量比较少，价格比较贵。原种生产时一般尽早育苗，以苗繁苗，以扩大繁殖面积，降低生产成本。原原种苗（即原原种种薯育出的薯苗）快速繁殖常用方法有：加温多级育苗法、采苗圃育苗法、单双叶节栽培法。用原原种苗在 500 m 以上空间隔离条件下生产的薯块即为原种。

（二）循环选择法

1. 一般程序 循环选择法一般采用单株选择、分行比较、混行繁殖的二年二圃制，其基本程序见图 3-11。

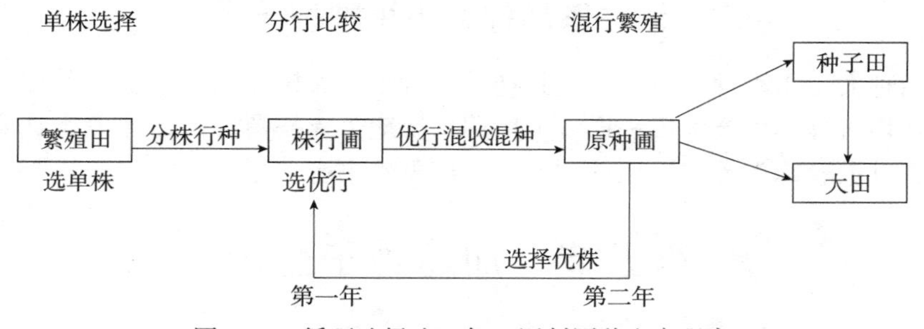

图 3-11 循环选择法二年二圃制原种生产程序

（1）单株选择 优良单株主要在原种圃中选择，也可从无病留种田或纯度高的大田内选择。根据原品种地上部的特征，在田间目测比较，进行初选。入选单株应做好标记。选择数量可根据下一年株行圃的需要确定。收获时再根据原品种的特征特性，选留 50%左右。选留的单株给予编号，分株储藏。出窖时再严格选择一遍，剔除带病的或储藏后不良的单株。

（2）分行比较 将上年入选的单株在育苗前进行复选，剔除带病的或储藏后不良的单株。各单株要隔开育苗。根据各无性系品种在苗期的特征，将杂苗或病毒苗连同母体立即全部拔除。育成的苗移栽到株行圃后，要在适当的生长时期，对株行圃植株地上部特征、长势长相和整齐度进行鉴定，收获时再对产品的特征进行鉴定。凡发现有病株、杂株、生长不整齐或不具备原品种特征特性的株行立即淘汰。并对其余株行进行产量和品质调查，凡是产量不低于对照的，品质不差于原品种的，即可入选。最后将入选的株行材料混合集中在一起，单独储藏，下年进入原种圃。

（3）混行繁殖 将上年入选的材料混合育苗（设置采苗圃繁苗）或播种，在最佳季节繁殖原种。在育苗、栽插、收获、储藏过程中，要根据原品种地上部、地下部特征特性，除杂去劣，拔除病株，严格防杂保纯，保证繁育原种的质量。除此之外，还要在品种特征表现最明显的生长时期和收获期在原种圃进行单株选择（循环选择），获得下一轮原种生产的优良单株。

2. 甘薯原种生产 无性系品种种子（繁殖材料）类别较多，不同的繁殖材料运用循环选择法生产原种的具体操作有一定差异。循环选择法用于甘薯原种生产的具体做法如下。

（1）单株选择 收获前在纯度较高、生长良好的地块选择具有本品种典型性状的健株，淘汰退化株。顶部 3 叶齐平、茎粗节短者为健株。顶芽伸长呈鼠尾状、茎细节长、薯形细长者为退化株。选择单株的数量要根据次年种子田面积大小确定。每栽 1 hm^2 原种田要选 2 250 个单株。当选的单株每株留 150 g 以上的薯块 1 个作种，其余淘汰。育苗时每窝播 1

个种薯。齐苗期、剪苗栽插前选择2次，按照“三去一选”标准进行，即去杂株、去退化株、去病株，选健株。

（2）分行比较　将苗期当选的单株每株剪30个插条，要求尖节苗、中节苗、基节苗各占1/3，栽入株行圃中。每个单株栽1行成为1个株行。按每公顷栽45 000株的密度设计小区，每个株行6.67 m^2。每隔9个株行设1个对照，对照最好是该品种的原种。

（3）混行繁殖　株行圃收挖前，要在田间根据地上部的生长状况进行1次“三去一选”，将淘汰的株行提前收挖。留下的株行分行收挖计产，单产比相邻对照增产10%以上的株行才能入选。将所有入选株行的小薯淘汰，100 g以上的大中薯混合留种，即为原种。

二、无性系品种大田用种种子生产

无性系品种大田用种种子生产，就是把原种种子在大田里加以繁殖。大田用种种子繁殖田的种植、栽培管理同生产大田一样，但所用田块应为无病留种田，管理上要求更高些。马铃薯、甘薯、甘蔗、麻类等大田用种种苗的生产见本书有关章节。

第五节　加速种子生产

加速种子生产就是在一定的时间内提高非杂种品种的种子或杂种亲本种子的繁殖倍数。其目的在于使新品种的种子尽快地在生产上发挥作用。提高种子繁殖系数的主要途径，一是节约单位面积的播种量，同时提高单位面积的产量；二是利用异地或异季生长环境，一年繁殖多代。具体可采用下列方法。

一、稀播单株插和多次剥蘖移栽

可利用作物分蘖特性稀播单株插，必要时多次剥蘖移栽。水稻常规品种单本插秧，可使1 hm^2 用种量由150 kg减少至15 kg，繁殖系数由40倍提高到400倍。如果提早播种，多次剥蘖移栽，繁殖系数可提高至1 500倍。例如广东省梅县（1970）引进“秋长矮39”与“秋谷矮2号”优良品种48.5 kg，用多次剥蘖移栽16.15 hm^2（242.2亩），共收种子75 t。

二、异地异季一年繁殖多代

可利用异地或异季生长环境一年繁殖多代。选择光热条件可以满足作物生长发育需要的某些地区进行冬繁或夏繁，可以达到一年多代繁殖的目的。例如我国常将玉米、高粱、水稻、棉花等春播作物，收获后到海南省等地冬繁加代；油菜等秋播作物，收获后到青海省等高寒地区夏繁加代；北方春小麦7月收获后在云贵高原进行夏秋繁，10月末收获后再在海南岛冬繁，一年繁殖3代。长江流域的早稻晚熟品种，早稻收割后即赴福建同安、广西南宁、广东湛江、云南元江等地秋繁。其播种适期界限，同安、南宁为8月初，湛江为8月中旬初，元江为9月上旬。秋繁后再赴海南的三亚、陵水、乐东，实行冬繁。如此1年3代，繁殖系数可达10万倍以上。也可利用本地的气候条件或温室设施，在本地繁殖两代。例如我国南方稻区利用早稻的翻秋和再生稻，可一年繁殖两代。

三、切割无性繁殖器官

马铃薯和甘薯可以采用切块、分芽、切蔓、打尖等方法，加速种子生产。马铃薯用种量大，繁殖系数低，优良品种普及速度慢。可采用以下 3 种方法加速繁殖。

1. 育芽掰苗繁殖　马铃薯正常播种前 1 个月左右，将开始萌动的健康种薯放在大棚、温室、苗床或沙箱内，保持适宜温度和湿度催芽。当沙箱内幼芽萌发长出后，把沙箱置于阳光充足的场所育苗。待苗长到 6.6 cm 时，即可连根取下栽在繁殖田内。掰苗后的种薯仍留在原沙箱内继续多次进行催芽、掰苗和移栽。

2. 分株繁殖　马铃薯整薯播种情况下，每穴会生长出多个植株，待植株长到 6～7 个叶片时，每穴只保留 2 株，将多余植株连根从种薯上掰下，直接栽到种薯田里。

3. 小苗茎条切段繁殖　利用脱毒薯和原种田的幼龄植株，在无菌条件下，按节切段，放在装有简化培养基的三角瓶内，也可采用消毒过的肥沃土壤代替培养基，置于适宜温度和湿度条件下扩大繁殖。切段可重复进行，直到栽苗期。为提高小苗在大田里的成活率，移栽前应将无毒薯切段繁殖的小苗，放在温室内或苗床上进行一段时间假植炼苗。待假植苗长到 10 cm 左右时，即可定植到大田。

四、组织培养无性繁殖

利用植物细胞遗传信息全能性，把原本不能进行无性繁殖的作物通过细胞培养或组织培养进行无性繁殖，获得胚状体，制作人工种子，可使繁殖系数大幅度提高。

思考题

1. 试述我国、日本、美国和欧洲各国种子级别分类的异同。
2. 在我国，自花授粉作物原种生产方法中，循环选择繁殖法与株系循环繁殖法在技术上的主要区别是什么？
3. 自交系原种生产有哪两种方法？它们的区别有哪些？
4. 亲本繁殖和杂种种子生产中，如何选择隔离区？如何确定父本与母本间种行比？
5. 杂种种子生产中，调节播种期、确保花期相遇的要点是什么？
6. 加速种子生产的方法有哪些？

第四章

种子生产基地和生产计划

作物良种的生产离不开种子生产基地。建设好种子生产基地，对于完成种子生产计划、保证种子的质量具有重要意义。因此种子生产基地的建设不仅是种子企业进行良种生产的基础，也是国家确保种子供给安全和质量安全的关键。

种子生产基地是在适宜的环境和安全的隔离条件下，保质保量地生产农作物种子的场所。由于种子生产基地是集自然、经济、科技、人力等优势条件于一体的宝贵资源，优势种子生产基地建设已上升到国家战略层面予以加强，而且现代种业发展对基地建设的要求越来越高。近年来，主要农作物种子生产基地在不断优化，并逐步向最适宜制种区域集中，种子生产集中度不断增强。种子生产基地建设要以保障供种数量和质量安全为根本任务，以提高种子生产基地规模化、机械化、标准化、集约化水平为主要目标，大力改善种子生产基地设施条件，努力提升种子生产科技水平，不断提高制种组织化程度，切实提高种子生产基地经营、管理和领导水平，保证种业健康可持续发展。

第一节　种子生产基地建设的原则和条件

种子生产基地建设需要投入大量的人力、物力，建成后往往连续多年使用。无论是对于种子生产企业的基地建设，还是国家实施的优势种子生产基地建设工程，都需要按照一定原则，满足一定的条件，进行建设前的考察筛选。

一、种子生产基地的形式

（一）种子企业自有或国有种子生产基地

国有种子生产基地包括国有原种场、国有农场、农业高等院校及科研单位的试验农场。企业自有种子生产基地主要是通过企业购买土地使用经营权或通过长期租赁等形式获得土地使用权建立起来的生产基地。一般这类种子生产基地经营管理体制完善，设备设施齐全，技术力量雄厚，适合生产原种和亲本种子。值得注意的是，随着种业主体的改革和调整，农业高等院校及科研单位的试验农场进行种子生产的业务已经迅速缩减。

（二）特约种子生产基地

特约种子生产基地是在种子公司与种子生产者共同协商的基础上，通过签订合同来确定种子繁殖的面积、品种、数量和质量等。特约种子生产基地具有受生产合同约束的特点，是我国目前良种生产基地的主要形式。由于农村具有劳动力优势和自然条件优势，承担良种生产任务潜力巨大，在今后一段时间内仍将是良种生产的主要形式。特约种子生产基地的种子生产者按种子公司计划进行专业化生产，并接受种子公司的技术指导和质量检查。按照特约种子生产基地的管理形式、生产规模又可分为以下 3 种类型。

1. 区域特约种子生产基地　区域特约种子生产基地通常把一个自然区域内的若干县、若干乡、若干村联合起来建立专业化种子生产基地。基地规模较大，基地内以种子生产为主，领导组织能力强，群众积极性高，技术力量雄厚，种子生产的效益直接影响该地区经济的发展。这类基地适合生产种子量大、技术环节较复杂的作物种子，例如杂交玉米种子、杂交水稻种子等。

2. 联户特约种子生产基地　联户特约种子生产基地是由承担种子生产任务的若干农户联合起来建立的中小型种子繁殖基地。一般由各农户推荐一名负责人，负责协调和管理种子生产工作，代表农户与种子公司签订繁种、制种合同，按合同规定内容进行种子生产。联户负责人要精通种子生产技术和防杂保纯措施，联户成员要责任心强，保质保量按时完成种子生产任务。这类基地生产规模较小，适合承担种子生产量不大的特殊杂交组合的种子、杂交亲本种子以及需要迅速繁殖的农作物新品种种子的生产任务。

3. 专业户特约种子生产基地　专业户特约种子生产基地是由某农户直接与种子公司签订合同，生产某作物品种的种子。制种农户要熟悉种子生产技术，具备必要的劳力资源。种子公司应选派技术人员对生产过程进行指导和监督。这类小型特约种子生产基地要求栽培技术水平高，隔离条件好，适于承担一些繁殖系数高、种子量不大的品种或特殊亲本的生产任务。

（三）自主租赁种子生产基地

1. 农民出租土地　农民将土地租赁给种子企业，种子企业在使用土地期间向农民支付租金的基地建设形式将会稳步快速发展。按租赁期限的长短可分为长期租赁和短期租赁。长期租赁形式既保证了农民的稳定收益，又有利于种子企业对生产基地的长期统一规划和统一管理，种子公司可参照自有基地进行高标准建设。短期租赁形式可以作为临时扩大种子生产规模时的选择，有利于种子企业生产规模的调整灵活。

2. 农民土地入股　土地入股是指土地权利人将土地使用权和投资者的投资共同组成一个公司或经济实体。农民以土地入股的形式成为种子企业的股东，而种子企业可以节约大量土地流转资金。这种种子生产基地建设形式让农民成了种子企业的股东，使种子生产基地农户与企业结成利益共同体，有利于种子生产基地的稳定持续发展，又确保了当地农民的长远利益。随着相应政策落实到位，该类种子生产基地有利于土地规模流转，将成为发展规模化种子生产基地的必然趋势。

二、种子生产基地布局和建设的原则

无论国家还是企业，在进行种子生产基地规划建设时，都要进行合理的布局和遵循一定的原则。

（一）选择适宜的生态条件建立种子生产基地的原则

农作物品种是在一定生态条件下选育出来的，其种子繁殖同样需要适宜的生态条件。为了提高种子的商品质量和提高繁殖系数，降低生产成本，必须根据品种的生态类型在适宜的生态条件区域建立种子生产基地。例如小麦种子生产基地一般选择品种选育的相同生态区。而玉米杂交种生产基地可选择西北，特别是河西走廊地区，充分利用其充足的光热条件，获得高质量种子。

选择适宜的地区制种，亦是多年来广泛采取的人为控制自然条件的措施之一。黄河流域、长江流域大量种植马铃薯，但其种薯不适合在当地繁殖，因为结薯期的高气温易使品种迅速退化。为了避免退化，可选择黑龙江、内蒙古等冷凉地域繁种，以保证种性。也可在当地的高山上进行繁种，或在海岛上繁殖脱毒种薯。高山上的冷凉气候、海岛上风大蚜虫少的条件，有利于防止品种退化。北方地区在海南岛建立良种繁育基地，就是利用海南的气候条件来繁育新品种、自交系以及配制杂交种，从而实现一年两季，缩短种子生产周期。

（二）统筹安排，分级分类建设的原则

种子生产基地，特别是优质种子生产基地已成为种子企业继品种、市场竞争之后的另一个竞争焦点。近年来，我国一系列种业发展规划也对现代化种子生产基地建设提供了指导和建设要求。我国政府按照“优势区域、企业主体、规模建设、提升能力”的原则，科学规划建设了主要粮食作物和重要经济作物国家级、区域级和县级种子生产基地。在种子生产优势区域建设了一批相对集中、长期稳定的种子生产基地，分别建成了玉米、水稻、蔬菜等国家级种子生产基地。例如 2013 年我国已正式建立了甘肃（张掖等）、新疆（昌吉州、建设兵团等）、四川（西昌）、宁夏（青铜峡）、黑龙江（林口等县）、吉林（洮南市）、内蒙古（松山区）等 26 个市县及兵团的国家级杂交玉米种子生产基地。种子企业应根据总体经营规模及所经营种子的种类统筹安排，结合国家总体规划分类建设符合各种不同用种目的的种子生产基地。

种子生产企业不仅要生产良种，还要进行原种或亲本种子的生产。因此要根据种子生产的过程建设不同类型的种子生产基地。原种及亲本种子繁育基地规模小，但隔离条件要求高，生产技术水平要求高。相比而言，大田用种种子生产需要大规模种子生产基地来完成，还要有配套的加工设备。

一个种子企业一般不仅生产一种作物种子，而不同作物种子生产对生产基地的气候等自然条件的要求也明显不同。例如玉米杂交种种子生产基地对隔离要求很高，而常规水稻繁种对隔离要求低但对水资源供应要求高。因此企业要按照作物、品种的特点，分类建立种子生产基地。

（三）质量优先，兼顾效益的原则

种子生产基地的自然条件和社会经济条件直接关系到所生产种子的质量，条件优越的种子生产基地是生产优质种子的基础。气候条件、隔离条件、土地条件等自然因素以及生产者技术水平、思想素质、组织管理等社会经济因素都会影响种子生产基地的质量，从而影响所生产种子的质量。例如对质量不重视的基地往往会出现除杂不及时，或去雄不及时等情况，所生产的种子质量就难以保障。因此建立种子生产基地时，应将满足种子生产对质量的要求作为首要条件。

种子生产基地应在确保质量的前提下，兼顾效益，尽量降低生产成本。不同的种子生产基地由于自然条件、社会经济条件等不同，其种子生产成本存在差异。一般来讲，经济相对发达的地区因其劳动力价格较高，种子生产成本就会较高。对生产量大的某些作物（例如杂交玉米）在西北地区建立生产基地，其生产成本比较低，容易获得好的效益。对一些生产量小的作物的种子生产，则以就近安排比较好，否则其运输、技术服务等方面的支出反而会增加种子生产成本。

目前我国已形成了种子生产优势区域明显、集中度高的种子生产基地布局。玉米种子生产基地主要分布在东北、华北及西北的河西走廊、新疆地区，其中西北地区杂交玉米种子生产面积约占全国玉米种子生产面积的70%。水稻种子生产基地主要分布在南方地区，其杂交水稻种子生产面积约占全国杂交水稻种子生产面积的50%。小麦种子生产基地主要分布在东北、华北、华中及西北的河西走廊、新疆地区。蔬菜、花卉种子生产基地主要分布在西北的河西走廊等地。其他类别的植物种子，除草种外，其生产基地主要分布在内地。

三、种子生产基地的必备条件

种子生产基地建立之前，应对预选基地细致地进行调查研究，经过详细比较后择优建立。种子生产基地一般应具备以下条件。

（一）气候条件

影响种子生产的气候条件，主要包括无霜期、温度、降雨、湿度以及风。无霜期和有效积温是植物正常完成生长发育的基本条件。生产种子作物的生育期必须短于制种地的无霜期，而其制种地的有效积温必须大于所生产作物要求的有效积温，否则生产种子的作物将不能正常生长或受到极大伤害。不适宜的温度条件会造成植物产量和品质的降低、生育期的改变及病毒感染引起种性退化等。

光照对作物的影响大致包括光照时间、光照度及昼夜交替的光周期。一般光照充足有利于作物生长，但从发育角度看，不同作物、不同品种对光照的反应是不同的。长日照作物（例如小麦、大麦、洋葱、甜菜、胡萝卜等），日照达不到一定长度就不能正常开花结实；而短日照作物（例如水稻、谷子、高粱、棉花、大豆、烟草等），则要在日照短的时期才能进行花芽分化并开花结实。

降水包括年降水量和降水量在四季的分布，主要影响无灌溉条件地区的作物生长及耐湿性不同的作物生长。在南方和沿海地区要注意强降雨带来的自然灾害风险。湿度过低的干热气候会使麦类迅速衰老甚至死亡，而阴雨连绵会影响幼穗分化、传粉和受精，对杂交制种影响更大。

另外，无风天气不利于风媒花作物的传粉，而风过大则容易导致制种隔离失败，使种子纯度降低。还要注意制种田花期的季节性风向和风力状况，考虑上风口、下风口的花粉飘散规律差异。

（二）其他自然生产条件

种子生产基地首先要满足隔离要求，具有空间隔离或天然屏障隔离的条件。例如《玉米种子生产技术操作规程》（GBT 17315—2011）明确规定，玉米自交系的原种生产应当采用空间隔离，与其他玉米花粉来源地相距不得短于500 m。

种子生产基地的土壤肥沃程度、土壤的理化性质、pH、含盐量等符合所生产作物的要求。一般来讲，我国长江以南大部分地区生长的植物，长期适应于酸性土壤条件，移往非酸性土壤地区会导致产量的降低和品质的下降。而在盐碱地区制种，会导致不耐盐碱作物或品种种子生产的失败。另外，种子生产基地要集中连片，便于规模化、标准化管理和机械化作业。

地块要排灌方便，没有灌溉条件的，降雨要充足。另外，要注意特殊的生产要求，例如两系杂交水稻生产体系中，水稻温敏不育系的繁殖田不仅对水源供应有要求，对水温的高低也有严格的要求。

所生产种子的作物，其各种病虫害发生要轻，不能在重病地块或病虫害常发区以及有检疫性病虫害的地区建立种子生产基地。尤其注意避免在种传病害发生的地区进行相应作物的种子生产。进行蔬菜、花卉等作物种子生产的基地要注意传粉昆虫的种类、数量，避免因传粉昆虫的活动造成生物学混杂。

种子生产基地要交通方便，便于种子和生产物资的运输，降低交通成本。种子生产基地的农业生产水平要高，种植者有科学的种田经验，又有较好的生产条件（例如农机具和晒场等）。

（三）社会经济条件

种子生产基地的建设要选择政府重视，群众积极性和主动性高的地区。政府重视有利于组织协调不同种子生产基地或种子生产基地内不同村（户）间的矛盾，便于解决种子生产基地的水、电和交通等基础设施问题，能有力推进种子生产基地的建设和保障各项制种措施的顺利实施。群众积极性和主动性主要来自种子生产基地对当地经济、交通、就业等方面带来贡献。企业要避免因争抢基地、抬高租金等带来的短暂积极性高涨，应从长远建设的角度实现长期的双赢局面，使基地稳定持久发展。经济基础差的地区因种子生产企业带来的经济发展而主动性高，但必须具备及时购买地膜、化肥、农药等生产资料和一定的机械作业条件。

种子生产不仅需要一般性的栽培管理，还要求种植者有较高的技术能力。因此不仅要有充足的劳动力，而且劳动者要通过培训，能熟练掌握种子生产技术，而且愿意接受种子公司的技术指导和监督，按生产技术规程操作。

第二节　种子生产基地建设的程序和内容

一、建立种子生产基地的程序

建立种子生产基地，通常要做好以下几个方面的工作。

（一）调查论证

种子生产基地建立之前要搞好调查研究，对备选基地的历史气象资料（例如无霜期、温度、降水量、自然灾害等）、自然条件（例如隔离条件、土地面积、土壤肥力、灌溉条件等）、社会经济条件（例如土地生产水平、劳动力情况、经济状况、干部群众的积极性、交通条件等）进行详细调查研究。在此基础上，编写种子生产基地建设项目的可行性研究报告，主要内容包括种子生产基地建设的规划要求、种子生产基地建设的内容、种子生产基地建设的投资和运行成本、种子生产基地建设后的经济效益和社会效益分析等，并组织有关专家进行可行性论证。

（二）设计规划

对通过可行性论证的种子生产基地建设项目，接下来要做好详细的建设规划。首先根据企业发展计划和市场预期来确定种子生产基地规模和生产作物品种的类型、面积、产量以及依据的种子生产技术规程。然后编写种子生产基地的基础设施和配套加工设备等建设任务书。为了保证企业长远发展，在计划种子生产基地规模时，要留有余地。也可进行核心制种区与非核心制种区的同步建设。

对于种子企业非自有土地的种子生产基地建设项目，还要在项目实施前完成土地流转等相关程序。对于政府的种子生产基地建设项目，要在考虑企业主体原则的同时，坚持农户自愿原则。

（三）组织实施

制定出种子生产基地建设实施方案，并组织相关部门实施。各部门要分工协作，具体负责种子生产基地建设的各项工作，使种子生产基地保质保量、按期完成并交付使用。需要进行建设项目招标、投标程序的，依法依规进行招标。

二、种子生产基地建设的内容

（一）种子生产基地基础设施建设

1. 田间排灌设施建设 对于种子生产来说，水源供应是种子生产基地建设的根本条件，同时排灌条件直接影响所产种子的产量和质量。所以水利条件建设是种子生产基地建设的基础性建设项目。要做好水渠网络规划和建设，保障水资源高效利用和精准调度。对于我国南方有涝害风险的种子生产基地，要注意排水沟渠建设，做到旱能浇、涝能排。

2. 田块和道路的改造建设 种子企业结合国家优先推进制种优势区的标准农田建设要求，利用多渠道项目资金，重点开展种子生产基地土地平整、机耕道路、农田水利设施、耕地质量等建设。

由于受自然条件以及制度因素的影响，我国耕地多呈现零星分割、细碎化。通过土地平整，可去除农户地块间的田坎和闲置边角，减小田块破碎程度。即合理规划田块，提高田块归并程度，耕作田块相对集中，实现小田并大田，田地集中连片且单片规模较大。土地平整为零散分散管理转向标准化统一管理奠定基础。根据集中连片的格网条田设计，实施机耕道路、农田水利设施建设，促进规模化、机械化作业和管理的实现。耕地质量建设需要通过多年的耕作方式调整，提高土壤保水保肥和协调能力，改良耕作性能，达到提高田块肥力的目的。

3. 耕作机械和生产机械设备建设 机械化是现代化种子生产基地建设的重要内容，是提高制种效率、降低种子生产成本的有效方式。从国家层面，种子生产农机具购置补贴标准在不断提高，补贴种类和对象在不断拓展。种子生产企业应根据种子生产基地建设规模和生产需要购置生产机械，或签约专业化农机服务组织，实现机械化生产。玉米杂交种种子生产去雄机械、水稻制种赶粉机械和父母本插秧机械、棉花种子收获机械的应用和发展，对种子生产基地摆脱劳动力资源短缺和人力成本不断提高的困境具有重要意义。

4. 种子加工、储藏设施建设 种子精选加工是提高种子质量，实现种子质量标准化的重要措施之一。一般包括种子干燥、脱粒、初选、精选分级、包衣和包装。由于种子收获后不能及时烘干，经常会发生种子霉变或冻害，造成活力下降甚至丧失发芽力。种子生产基地收后加工、储藏设施建设是种子生产基地建设的重要内容。例如西北地区玉米种子生产，收获后气温逐渐降低，一般晾晒已不能满足高活力种子的需求。多数企业都建成了果穗烘干、加工、包装流水线，实现了种子“不落地”生产，促进了种子质量的稳步提高。

（二）种子生产基地组织管理体系和服务体系建设

1. 建立健全种子生产基地组织管理体系 我国有国家、省、市、县四级种子管理体系，负责种子管理的机构有明确的种子管理职能。种子生产基地所在地的管理机构负有对种子生产基地的管理职责，应认真做好生产企业资质审查和相关资料登记备案工作；严格种子生产基地申报认定制度，做好种子生产基地申报认定工作，加强种子生产基地准入管理。种子管理部门要严格按照法律、法规考察基地，对不符合规定的种子生产基地实行退出制度；对管理不善，制种条件恶化、不达标的种子生产基地，撤销其种子生产基地证书，并及时向社会公布。管理机构要不断加大种子生产基地整治力度，依法严厉查处无证生产、套牌侵权、撬抢基地以及抢购套购等违法行为。

种子生产企业一般要建立种子生产管理小组，主管种子生产的负责人负责大区制种的计划指导、管理协调、种子生产基地宏观调控和重大问题处理等工作。通过岗位责任制明确各项工作的责任人、目标要求、考核办法以及奖惩措施。调动管理人员、技术人员的工作积极性，增强责任感，确保种子生产计划的完成。还要建立必要的内部协作体制，协调种子生产基地与财务部门、质量部门的业务协作。

对于较大面积的种子生产基地，特别是大型区域特约种子生产基地，需要建立完善的组织管理体系。尤其是两系杂交种种子生产，在种子生产基地确定、隔离区的划定与处理、除杂去雄等质量控制和收购、收获等环节都离不开当地种子管理部门的支持，有些技术措施的落实也需要行政或合作社等组织的协调。

2. 种子生产配套服务体系建设 种子生产是一项系统工程，需要多方面配套的服务体系，包括种子企业内部的配套体系和外部服务体系。

近年，大型种子企业都利用物联网和互联网技术，建立了种子可追溯管理信息系统，逐步实现种子的可追溯管理。物联网技术在种子生产基地的应用还体现在信息监测、智能灌水、苗情控制以及智能驱虫等系统的构建，这样既可以保障种子生产的效率，还可大大提升所生产种子的质量。

作为种子生产基地的辖区，特别是种子生产优势区域应建立一系列配套服务体系，服务于企业的种子生产工作。这是区域经济发展的需要，也是企业选择种子生产基地的重要因素。便捷的生产物资物流体系和种子物流快捷通道，有利于保障种子优先运输。将种子生产纳入农业保险范围，并落实种子生产保险、林木良种补贴政策，可以降低企业所面临的自然灾害等风险。

种子生产基地的当地农业农村部门或经济组织可以建立多种专业技术服务体系，为种子企业提供优质有偿服务。这样在减轻种子生产企业投资压力同时，增加了当地的就业和收益。例如专业化植物保护队伍、农机服务队伍不仅可以提供及时的植物保护服务，还可以提供全年的植物保护和生产方案。这些专业队伍通过服务于多家种子生产企业，实现机械投资的快速回收，也能不断提高专业服务水平。

第三节 种子生产基地的管理

种子生产不仅是一个生产过程，而且是一个管理过程，生产技术是种子生产的前提，管理是种子生产的保障。当前种子生产基地正朝着集团化、规模化、专业化、社会化等方向发展，搞好种子生产基地管理，有利于整个种子产业的发展。

一、种子生产基地的计划管理

种子生产能否取得预期的经济效益，取决于市场的需求、种子本身的质量和数量等。因此必须以市场为导向，以质量求生存，搞好种子生产基地的计划管理，不断提高种子生产基地的经济效益和社会效益。

（一）按市场需求确定生产数量

种子生产的主要任务是满足市场需求，所以要根据市场变化趋势来确定生产计划。而农作物种子是有生命的商品，且季节性明显，种子生活力一旦丧失或低于一定标准就失去了使用价值。如果种子生产过多，造成大量积压，势必造成种子质量下降，利用价值降低；对生产者造成资金积压，效益下降，甚至破产。如果种子生产过少，不能满足市场需求，企业的市场份额可能会缩减，给企业的经济效益带来直接和潜在的危险。没有充足的优质种子，农民将不得已用劣质种子甚至以粮代种，势必会造成农民经济效益的损失。因此政府和种子企业都要重视市场调查，切实做好种子生产计划，做到以销定产。

（二）推行合同制，预约生产、收购、供种

为了保证种子生产基地生产种子的数量和质量，种子企业可以与生产者签订以经济业务为主要内容的预约生产合同。合同规定生产品种的数量和质量、种子价格，当事人双方的权利和义务等内容。种子生产计划实施过程中，常受某些因素的影响。例如遇到不可抗拒的或毁灭性的自然灾害，一般双方约定均不承担任何责任。企业要根据实际情况对后续生产程序、种子收购计划做出相应调整，预约收购。

种子企业和用种者之间也要推行供种合同制，合同中注明品种的名称、质量、价格、包装、交货期限及方式等，这样可以指导种子生产基地的计划生产，避免盲目生产。对蔬菜及果树种苗生产企业来说，这种供销合同显得尤为重要。

二、种子生产基地的技术管理

种子生产基地的技术管理是指针对基地种子生产总体技术要求，制定各环节的技术措施，并落实相关的技术人员，以及明确技术人员的工作职责。种子生产不同于一般的大田生产，技术要求高，工作环节多，涉及面广。任何一个环节的疏忽都可能造成种子质量下降乃至制繁种的失败。因此种子企业应健全技术管理体系，确保种子生产按质按量完成。

（一）制定统一的技术规程

种子生产技术规程是对种子生产过程中播种、管理、收获和加工等一系列生产环节的技术要求所做的描述。目前，农业农村部、各省（直辖市、自治区）对主要农作物的种子生产各环节都制定了相应的技术标准。但这些标准是针对某种作物种子生产的关键技术要点和保障种子质量达到国家最低质量标准而制定的。种子企业要根据生产品种的具体特点、种子生产基地条件和质量要求，制定出更加详细的技术文件，供种子生产基地技术员作为技术培训和实施的依据。在种子生产基地生产管理中，要严格按生产技术规程进行操作，实现种子生产技术标准化。

（二）落实技术岗位责任制

种子生产技术比较复杂，尤其杂交种的种子生产技术环节多，每个环节都需要专人负责。建立健全技术岗位责任制，实行奖惩制度，有利于调动生产人员的积极性、主动性，增强其责任感，保证种子生产目标的顺利完成。通过岗位责任制，把种子生产基地人员的责、权、利结合起来，促使其坚守岗位职责，钻研业务，认真落实各项种子生产技术措施，对提高种子产量和质量起到促进作用。

（三）加强培训，提高种子生产者的技术水平

种子生产需要众多生产者的参与，只有所有生产者的技术水平提高了，才能保证种子产量和质量的提高。所以需要一支相对稳定的专业技术队伍，通过专业培训不断提高专业技术人员的技术水平和业务素质，使种子生产者掌握相应的种子生产技术。种子生产技术培训包括技术员的培训和种子生产者（农民）的技术培训。技术员的培训一般由从事种子生产的专家来完成，通过系统学习种子生产知识或者召开种子生产技术培训班、研讨会等形式来提高其业务素质。种子生产者的技术培训一般是指种子生产技术员在种子生产基地对农民进行的培训，采用技术讲座和田间地头的现场指导来提高培训对象的质量观念和生产管理水平。培训的重点是关系到种子质量各主要环节的关键技术和高产栽培技术。通过培训，使每个种子生产者都能掌握种子生产的关键技术。

对于杂交种种子生产，应抓好几个关键时期的技术培训。①播种前的全面技术培训，其内容包括种子生产的全过程技术流程、隔离区区划、播种准备和播种技术要求。②定苗期培训，讲解留苗密度和定苗技术，突出除杂去劣的重要性和识别要点。③开花前培训，讲解父本和母本各自的特征特性及除杂技术和要求；需要进行花期调整的讲明花期预测的方法和调整技术措施。④花期除杂和母本去雄培训，强调花期除杂和母本去雄的重要性，讲解除杂和母本去雄技术要点，需要花后割除父本的交代清楚割除时间。⑤收获和交售种子培训，其内容包括必要的收获、晾晒和脱粒的技术要求，突出防杂保纯措施；公司统一收获的种子生产基地要做好交售程序和标准的讲解。

三、种子生产基地的质量管理

种子作为特殊商品，必须达到国家质量标准才能投放市场。只有高质量种子才能更好地保障种子生产者、经营者和使用者的利益。因此作为企业质量管理体系关键一环的种子生产基地质量管理，显得尤为重要。

（一）实行种子专业化、规模化生产

种子专业化、规模化生产有利于保证种子的产量和质量。因为大规模种子生产基地的地块相对集中，具有明显的地理优势，有利于减少生物学混杂和机械混杂。专业化种子生产队伍和专业化配套服务队伍具备较高的生产技术水平和工作能力，能准确地将各项技术措施实施到位。而且对种子生产过程中发生的各种问题专业性地进行妥善解决，最大限度保障种子生产任务的顺利完成。也只有在规模化种子生产基地才能充分发挥专业技术队伍的人才优势，为种子生产的质量目标提供保障。

（二）实现标准化、机械化生产过程

种子质量不仅是种子生产技术人员的素质的反映，而且也是生产管理水平和技术装备共同作用的结果。在种子生产过程中，要严格执行种子生产技术操作规程，做好防杂保纯和除杂去劣工作。种子生产基地技术员，要树立质量第一的观念，加强技术指导，搞好田间检验工作，对不符合质量要求的田块要加强技术管理或取消种子生产田资格。对于特约种子生产基地的生产农户或单位，不仅要求严格执行种子生产的各项技术操作规程，而且要及时给予技术指导，做到技术责任落实到人。

机械化生产能提高作业效率，保障各项技术措施的及时完成。机械化生产方式能有效减少手工操作造成的人为差异，实现标准化生产。随着机械化的发展，生产技术标准也会不断

调整和提升，实现高质量种子的生产。

（三）建立种子生产认证体系，健全种子质量检验制度

种子检验包括田间检验和室内检验。田间检验要求在品种典型特征特性表现最明显的时期进行，例如苗期、抽穗（薹）期或开花期、成熟期对品种的真实性、纯度、病虫危害情况等进行逐项田间调查和记载。种子室内检验主要是在种子收购、运输、储藏和经营过程中对种子的纯度、净度、发芽率、水分等进行检验。最后根据检验结果确定其质量等级，并由检验部门和检验人员签发检验证书。调运供种时，应在种子袋上加挂质量检验标签，标明检验结果及级别。

种子生产质量管理应从单纯的室内检验、田间检验转化为全面质量监控，实现产前、产中、产后的全过程质量监控，即开展种子认证工作，包括亲本种子来源、生产田的布置、田间花期检查、种子收购把关、种子加工、计量、包装等各个环节的控制。建立种子生产质量管理体系，需要从种子生产基地的建设抓起，健全种子质量检验制度。

种子质量检验制度要求种子检验员要按照种子检验规程操作，认真把好质量关，任何人都不得干扰检验员的工作。种子生产各环节的种子质量都要与管理人员、技术人员、检验员岗位职责直接挂钩，并制定直接的奖惩措施。也可以实行种子质量保证金制度和售后质量跟踪服务制度。

在种子收购时，根据田间纯度检验的结果，采取优质优价的政策。对于计划完成好、种子质量高的农户，除加价收购外，种子公司还可以给予精神鼓励和物质奖励；对于种子质量低劣，不达标的，则不予收购。这样，种子产量的高低与质量的优劣直接关系到种子生产者的切身利益。

第四节　种子生产计划的制订

种子生产计划是指为了满足种子生产数量和质量的要求，制订的工作计划和所采取措施的大纲。种子生产计划根据其周期长短可分为短期计划、中期计划和长期计划，这些都是企业规划的重要内容，也是种子生产基地建设的依据。

一、种子生产计划的内容

（一）经营品种、数量的选择

制订种子生产计划，首先要确定经营的作物及品种，选择适销对路的品种是实现企业效益的前提。每年国家和各省、自治区、直辖市都会审定大量主要农作物品种，品种审定绿色通道等途径也会推出许多优良品种投放市场。审定或投放市场的品种尽管经过了多年严格的试验筛选，但品种特性和适应性仍需通过品种栽培试验或品种示范试验进行评价筛选，划分说明性品种、推荐性品种和限制性品种。说明性品种是指无重大缺陷的品种，这类品种需向种子使用者说明该品种在本区域内的优缺点，便于使用者决定是否使用。推荐性品种是指表现优良的品种，这类品种可推荐给种子使用者。限制性品种则是表现较差，不适宜在本地区销售的品种。

确定经营品种后，就要根据市场调查和市场预测的结果，结合企业自身条件明确各品种的生产数量。在一定市场区域范围内每年种子需求量可以按以下公式计算。

总需求量＝（作物面积×平均用种量×1.2）÷补充系数

总需求量按现有栽培品种的预期市场份额分解，就是各个品种的需求量。补充系数指的是种植者更新其种子库存的周期。它取决于留种的方便程度、作物的授粉方式、粮种子价格比价等因素。虽然同一品种的补充系数存在地区间差异，但以下因素可供参考。

①杂交种品种因后代严重分离原因，需要种1次更换1次种子，其补充系数就是1。这类品种主要包括杂交玉米、杂交水稻、杂交棉花、杂交油菜、杂交向日葵，是种子市场交易份额最大的一类。

②纯系品种由于留种技术简单，种植者可连续种植3～5年更新1次用种。其中，花生、豆类、大葱、水稻等由于种植者存储条件限制，一般需要年年购买新种子。

③群体品种，包括混系品种、农家种，一般种3年更换1次种子。

（二）种子生产基地的选择

种子企业一般会根据不同作物、品种或生产目的建有不同的种子生产基地。在确定各品种的生产数量后，就要统筹安排每个品种的生产基地及面积。用地面积可以用计划生产量和种子生产量计算得到。

（三）文件制定

种子生产要严格按照生产技术规程，制定出每个品种的生产技术文件，供生产技术人员和各参与者使用。文件要细化各环节，例如播种时期、除杀时期、播种所需的最低温度条件以及栽培管理技术细节。技术文件往往根据不同人员的岗位职责分发不同的版本，但技术内容要保持统一。用于培训或分发给生产者的技术指导文件要简明扼要，语言通俗易懂，可配有必要的图片资料。

在种子生产基地建设和运行中一般都形成了一定的管理制度。这些管理制度，特别是涉及员工切身利益的管理制度都需要以正式文件形式让所有人员熟知。管理制度文件的行文要明确具体，避免误解和歧义。

（四）组织实施条件的准备

为保证种子生产任务的完成，在计划实施过程中，必须做好周密的安排。

1. 人员组织 种子生产部门都有一批专业知识扎实且具备丰富经验的技术骨干。他们负责播种方案的编制、隔离区的设置、生产技术的培训和种子生产过程中的技术监督。要做好新入职技术人员的岗位职责培训和技能培训。做好技术、管理和种子生产基地保障人员的合理搭配，做到人员分工明确，组织协调有序。

2. 物资准备 基础种子的准备是各项物资准备的首要任务，计划好所需基础种子的数量和质量。代理种子生产或签约种子生产的生产基地生产者需要对基础种子取样封存，以备需要对其质量进行核查时使用。种子生产过程中需要的机械、化肥、农药、地膜等物资要做好计划，需要农户自己购置的要明确物资数量和质量指标。

3. 合同准备 由代理商代理种子生产的需要种子企业与代理商签订相应的代理合同，约定从基础种子交接到成品商品种子交付的关键环节。签约种子生产的生产基地需要与生产者签订规范的生产合同，明确双方责、权、利，细化各生产环节的技术指标。与技术服务组织签约的机械使用或技术服务要明确服务时间和质量要求。

（五）检查总结的安排

对计划实施的各个步骤，定期组织专家进行检查，明确各环节的检查时期、检查的主要内容和方式。在各期检查后，搞好总结，必要时对计划做出调整。

二、种子生产计划的编制

编制种子生产计划一般分为准备、编拟和审核 3 个步骤。

（一）准备

首先应了解国家的方针政策和各级主管部门的指导文件。制订的生产计划要与国家的法规政策保持一致，符合主管部门的文件要求。

其次，应搜集种子市场信息，主要包括种子市场需求、种子市场供给、市场竞争对手、品种寿命及新品种和市场历史资料。通过分析调查所获得市场信息来预测未来种子市场的变化趋势，确定预期的企业市场和市场份额。

最后，结合企业自身条件和发展规划，确定种子生产的目标，包括品种名目及各自数量。

（二）编拟

根据种子生产目标，编制不同的计划方案。计划方案主要包括生产目标、作物及品种搭配、生产面积、生产地点、人员需求、所需技术条件等，每项计划内容都有多种可能的安排方案。

确定采用哪一种方案就需要一个决策过程。不同的决策方法，可能会决定不同的计划方案，但采用何种决策方法取决于决策者的经验、知识、胆略和价值取向。

（三）审核

将选定的计划方案提交相关领导和员工讨论，或请专家评议。结合各方反馈意见进行修订完善，最终确定正式的种子生产计划方案。

思考题

1. 谈谈种子生产基地建设对种子企业的重要性。
2. 我国种子生产基地主要有哪几种形式？
3. 选择种子生产基地要考虑哪些条件？
4. 如何做好种子生产基地的质量管理？
5. 种子生产计划的主要内容有哪些？

第五章

种子生产的质量控制

第一节　种子质量和标准

一、种子标准化

（一）种子标准化的概念

种子标准化（seed standardization）是通过总结种子生产实践和科学研究的成果，对农作物优良品种和种子的特征、种子生产加工、种子质量、种子检验方法及种子包装、运输、储存等方面，做出科学、合理、明确的技术规定，制定出一系列先进、可行的技术标准，并在生产、使用、管理过程中贯彻执行。简单地说，种子标准化就是实行品种标准化和种子质量标准化。品种标准化是指大田推广的优良品种符合品种标准（即保持本品种的优良遗传特征特性）。种子质量标准化是指大田所用农作物优良品种的种子质量基本达到国家规定的质量标准。

（二）种子标准化的内容

种子标准化可包括5方面内容：优良品种标准（特征、特性）、种子（原种、大田用种）生产技术规程、种子质量分级标准、种子检验规程以及种子的包装、运输和储藏标准。

1. 优良品种标准　每个优良品种都具有一定的特征特性。品种标准就是将某个品种的形态特征和生物学特性及栽培技术要点做出明确叙述和技术规定，为引种、选种、品种鉴定、种子生产、品种合理布局及田间管理提供依据。

2. 种子生产技术规程　各种农作物对外界环境条件要求不同，繁殖方式、繁殖系数等也各不相同，因此其保纯的难度也有差异。应根据以上特点，制定各种农作物的原种、大田用种生产技术规程，使繁种单位遵照执行。这是克服农作物优良品种混杂退化，防杂保纯，提高种子质量的有效措施。并且制定种子清选、分级、干燥和包衣等技术标准，确保加工过程不仅不会伤害种子，而且能提高种子质量。

3. 种子质量分级标准　种子质量（seed quality）优劣直接影响作物产量和品质。衡量种子质量优劣的标准就是种子质量分级标准。目前我国对种子分为育种家种子、原种和大田用种3个等级。不同等级的种子对品种纯度、净度、发芽率、水分等有不同的要求。种子质量分级标准是种子标准化最重要和最基本的内容，也是种子管理部门用来衡量和考核原种及大田用种种子生产、种子经营和储藏保管等工作的标准，又是贯彻种子按质论价、优质优价政策的依据。有了这个标准，种子标准化工作就有了明确的目标。

4. 种子检验规程　种子质量是否符合规定的标准，必须通过种子检验才能得出结论，因此种子检验和种子质量分级标准是种子标准化的两个最基本内容。种子检验的结果和所采用的检验方法关系极为密切，不同方法往往得到不同的结果。为了使种子检验获得普遍一致和正确的结果，就要制定一个统一的、科学的种子检验方法，即种子检验规程。

5. 种子的包装、运输和储藏标准　种子收获后至播种前常有一个储藏阶段。种子出售、交换或保存时，必然有包装和运输过程。因此必须制定种子包装、运输和储藏的技术标准，并在包装、运输、储藏过程中执行，以保证种子质量，防止机械混杂，方便销售。

二、种子质量分级标准

我国于 1984 年曾颁布过粮食、蔬菜、林木和牧草的种子质量标准。随着我国农业的发展和种子检验规程的重新修订，我国于 1996 年重新修订和颁布了粮食作物（禾谷类和豆类）、经济作物（纤维类和油料类）、瓜菜作物（瓜类）等主要农作物种子质量标准。1996 年和 1999 年修订和颁布的种子质量标准，根据品种纯度（varietal purity）、净度（purity）、发芽率（germination percentage）和水分（moisture content）4 项指标进行分级。其中又将品种纯度指标作为划分种子质量级别的依据。种子级别原则上采用常规种不分级，杂交种分一级和二级。纯度达不到原种标准的降为一级良种，达不到一级良种的降为二级良种，达不到二级良种的为不合格种子。净度、发芽率和水分指标中，只要有 1 项达不到标准即为不合种格子。2008 年又重新修订和颁布了禾谷类种子、纤维类种子和油料种子质量标准，种子级别只分原种（basic seed）和大田用种（qualified seed）两类。2010 年又更新了荞麦、燕麦、豆类、瓜类、叶菜类、茄果类等种子质量标准（表 5-1 至表 5-16）。

表 5-1　禾谷类作物种子质量国家标准（%）（GB 4404. 1—2008）

作物种类	种子类别		纯度不低于	净度不低于	发芽率不低于	水分不高于
水稻	常规种	原种 大田用种	99.9 99.0	98.0	85	13.0（籼） 14.5（粳）
	不育系、恢复系、保持系	原种 大田用种	99.9 99.5	98.0	80	13.0
	杂交种	大田用种	96.0	98.0	80	13.0（籼） 14.5（粳）
玉米	常规种	原种 大田用种	99.9 97.0	99.0	85	13.0
	自交系	原种 大田用种	99.9 99.0	99.0	80	13.0
	单交种	大田用种（非单粒播种） 大田用种（单粒播种）	96.0 97.0	99.0	85 93	13.0
	双交种 三交种	大田用种 大田用种	95.0 95.0		85	
小麦	常规种	原种 大田用种	99.9 99.0	99.0	85	13.0
大麦	常规种	原种 大田用种	99.9 99.0	99.0	85	13.0

（续）

作物种类	种子类别		纯度不低于	净度不低于	发芽率不低于	水分不高于
高粱	常规种	原种	99.9	98.0	75	13.0
		大田用种	98.0			
	不育系、保持系、恢复系	原种	99.9	98.0	75	13.0
		大田用种	99.0			
	杂交种	大田用种	93.0	98.0	80	13.0
粟、黍	常规种	原种	99.8	98.0	85	13.0
		大田用种	98.0	98.0	85	13.0

注：长城以北和高寒地区的水稻、玉米（单粒播种种子除外）、高粱种子水分允许高于13.0%，但不能高于16.0%；若在长城以南（高寒地区除外）销售，水分不能高于13.0%。水稻杂交种质量指标适用于三系和两系稻杂交种子。

表5-2　纤维类作物种子质量国家标准（%）（GB 4407.1—2008）

作物种类	种子类型	种子类别	纯度不低于	净度（净种子）不低于	发芽率不低于	水分不高于
棉花常规种	棉花毛籽	原种	99.0	97.0	70	12.0
		大田用种	95.0			
	棉花光籽	原种	99.0	99.0	80	12.0
		大田用种	95.0			
	棉花薄膜包衣籽	原种	99.0	99.0	80	12.0
		大田用种	95.0			
棉花杂交种亲本	棉花毛籽		99.0	97.0	70	12.0
	棉花光籽		99.0	99.0	80	12.0
	棉花薄膜包衣籽		99.0	99.0	80	12.0
棉花杂交一代种	棉花毛籽		95.0	97.0	70	12.0
	棉花光籽		95.0	99.0	80	12.0
	棉花薄膜包衣籽		95.0	99.0	80	12.0
圆果黄麻	原种		99.0	98.0	80	12.0
	大田用种		96.0			
长果黄麻	原种		99.0	98.0	85	12.0
	大田用种		96.0			
红麻	原种		99.0	98.0	75	12.0
	大田用种		97.0			
亚麻	原种		99.0	98.0	85	9.0
	大田用种		97.0			

表5-3　油料类作物种子质量国家标准（%）（GB 4407.2—2008）

作物名称	种子类别	纯度不低于	净度不低于	发芽率不低于	水分不高于
油菜常规种	原种	99.0	98.0	85	9.0
	大田用种	95.0			

（续）

作物名称	种子类别	纯度不低于	净度不低于	发芽率不低于	水分不高于
油菜亲本	原种 大田用种	99.0 98.0	98.0	80	9.0
油菜杂交种	大田用种	85.0	98.0	80	9.0
向日葵常规种	原种 大田用种	99.0 96.0	98. 0	85	9. 0
向日葵亲本	原种 大田用种	99.0 98.0	98.0	90	9.0
向日葵杂交种	大田用种	96.0	98.0	90	9.0
花生	原种 大田用种	99.0 96.0	99.0	80	10.0
芝麻	原种 大田用种	99.0 97.0	97.0	85	9.0

表 5-4　豆类作物种子质量国家标准（%）（GB 4404. 2—2010）

作物名称	级别	纯度不低于	净度不低于	发芽率不低于	水分不高于
大豆	原种 大田用种	99.9 98.0	99.0	85	12.0
蚕豆	原种 大田用种	99.9 97.0	99.0	90	12.0
赤豆（红小豆）	原种 大田用种	99.0 96.0	99.0	85	13.0
绿豆	原种 大田用种	99.0 96.0	99.0	85	13.0

注：长城以北和高寒地区的大豆种子水分允许高于 12.0%，但不能高于 13.5%；长城以南的大豆种子（高寒地区除外）水分不得高于 12.0%。

表 5-5　荞麦种子质量国家标准（%）（GB 4404. 3—2010）

作物名称	级别	纯度不低于	净度不低于	发芽率不低于	水分不高于
苦荞麦	原种 大田用种	99.0 96.0	98.0	85	13.5
甜荞麦	原种 大田用种	95.0 90.0	98.0	85	13.5

表 5-6　燕麦种子质量国家标准（%）（GB 4404. 4—2010）

作物名称	级别	纯度不低于	净度不低于	发芽率不低于	水分不高于
燕麦	原种 大田用种	99.0 96.0	98.0	85	13.0

表 5-7　瓜类作物种子质量国家标准（%）（GB 16715.1—2010）

作物名称	种子类别		纯度不低于	净度不低于	发芽率不低于	水分不高于
西瓜	亲本	原种 大田用种	99.7 99.0	99.0	90	8.0
	二倍体杂交种	大田用种	95.0	99.0	90	8.0
	三倍体杂交种	大田用种	95.0	99.0	75	8.0
甜瓜	常规种	原种	98.0	99.0	90	8.0
		大田用种	95.0	99.0	85	8.0
	亲本	原种	99.7	99.0	90	8.0
		大田用种	99.0	99.0	90	8.0
	杂交种	大田用种	95.0	99.0	85	8.0
哈密瓜	常规种	原种	98.0	99.0	90	7.0
		大田用种	90.0	99.0	85	7.0
	亲本	大田用种	99.0	99.0	90	7.0
	杂交种	大田用种	95.0	99.0	90	7.0
冬瓜	原种		98.0	99.0	70	9.0
	大田用种		96.0	99.0	60	9.0
黄瓜	常规种	原种 大田用种	98.0 95.0	99.0	90	8.0
	亲本	原种	99.9	99.0	90	8.0
		大田用种	99.0	99.0	85	8.0
	杂交种	大田用种	95.0	99.0	90	8.0

注：三倍体西瓜杂交种发芽试验通常需要进行预先处理；二倍体西瓜杂交种销售可以不具体标注二倍体，三倍种西瓜杂交种销售则需具体标注。

表 5-8　白菜类作物种子质量国家标准（%）（GB 16715.2—2010）

作物名称	种子类别		纯度不低于	净度不低于	发芽率不低于	水分不高于
结球白菜	亲本	原种 大田用种	99.9 99.0	98.0	85	7.0
	杂交种	大田用种	96.0	98.0	85	7.0
	常规种	原种 大田用种	99.0 96.0	98.0	85	7.0
不结球白菜	常规种	原种 大田用种	99.0 96.0	98.0	85	7.0

表 5-9　茄果类作物种子质量国家标准（%）(GB 16715.3—2010)

作物名称	种子类别		纯度不低于	净度不低于	发芽率不低于	水分不高于
茄子	亲本	原种	99.9	98.0	75	8.0
		大田用种	99.0			
	杂交种	大田用种	96.0	98.0	85	8.0
	常规种	原种	99.0	98.0	75	8.0
		大田用种	96.0			
辣椒（甜椒）	亲本	原种	99.9	98.0	75	7.0
		大田用种	99.0			
	杂交种	大田用种	95.0	98.0	85	7.0
	常规种	原种	99.0	98.0	80	7.0
		大田用种	95.0			
番茄	亲本	原种	99.9	98.0	85	7.0
		大田用种	99.0			
	杂交种	大田用种	96.0	98.0	85	7.0
	常规种	原种	99.0	98.0	85	7.0
		大田用种	95.0			

表 5-10　甘蓝类作物种子质量国家标准（%）(GB 16715.4—2010)

作物名称	种子类别		纯度不低于	净度不低于	发芽率不低于	水分不高于
结球甘蓝	亲本	原种	99.9	99.0	80	7.0
		大田用种	99.0			
	杂交种	大田用种	96.0	99.0	80	7.0
	常规种	原种	99.0	99.0	85	7.0
		大田用种	96.0			
球茎甘蓝		原种	98.0	99.0	85	7.0
		大田用种	96.0			
花椰菜		原种	99.0	98.0	85	7.0
		大田用种	96.0			

表 5-11　叶菜类作物种子质量国家标准（%）(GB 16715.5—1999)

作物名称	种子类别	纯度不低于	净度不低于	发芽率不低于	水分不高于
芹菜	原种	99.0	95.0	70	8.0
	大田用种	93.0			
菠菜	原种	99.0	97.0	70	10.0
	大田用种	95.0			
莴苣	原种	99.0	98.0	80	7.0
	大田用种	95.0			

表 5-12　绿肥类作物种子质量国家标准（%）（GB 8080—2010）

作物名称	种子类别		纯度不低于	净度不低于	发芽率不低于	水分不高于
紫云英		原种	99.0	98.0	80	12.0
		大田用种	96.0			
苕子	毛叶苕子	原种	99.0	99.0	80	7.0
		大田用种	96.0			
	光叶苕子	原种	99.0	98.0	80	12.0
		大田用种	96.0			
	蓝花苕子	原种	99.0	98.0	80	12.0
		大田用种	96.0			
草木樨	白香草木樨	原种	99.0	96.0	80	11.0
		大田用种	94.0			
	黄香草木樨	原种	99.0	96.0	80	11.0
		大田用种	94.0			

表 5-13　糖用甜菜多胚种子质量国家标准（%）（GB 19176—2010）

种子类别			发芽率不低于	净度不低于	三倍体率不低于	水分不高于	粒径（mm）
二倍体	原种		80	98.0	—	14.0	≥2.5
	大田用种	磨光种	80	98.0	—	14.0	≥2.0
		包衣种	90	98.0	—	12.0	2.0～4.5
多倍体	原种		70	98.0	—	14.0	≥3.0
	大田用种	磨光种	75	98.0	45（普通多倍体）	14.0	≥2.5
		包衣种	85	98.0	90（雄性不育多倍体）	12.0	2.5～4.5

表 5-14　糖用甜菜单胚种子质量国家标准（%）（GB 19176—2010）

种子类别		单粒率不低于	发芽率不低于	净度不低于	三倍体率不低于	水分不高于	粒径（mm）
原种		95	80	98.0	—	12.0	≥2.0
大田用种	磨光种	95	80	98.0	95	12.0	≥2.0
	包衣种	95	90	99.0	95	12.0	≥2.0
	丸化种	95	95	99.0	98	12.0	3.5～4.75

注：二倍体单胚种子不检三倍体率项目；本表中三倍体率指标系指雄性不育多倍体品种。

表 5-15　种薯类种子质量国家标准（%）（GB 4406—84）

作物名称	种子类别	质量指标		
		纯度不低于	薯块整齐度不低于	不完善薯块不高于
马铃薯	（常规种）原种	99.5	85.0	1.0
	（常规种）大田用种　一级	98.0	85.0	3.0
	（常规种）大田用种　二级	96.0	80.0	5.0
	（常规种）大田用种　三级	95.0	75.0	7.0

（续）

作物名称	种子类别	质量指标		
		纯度不低于	薯块整齐度不低于	不完善薯块不高于
甘薯	（常规种）原种	99.5	85.0	1.0
	（常规种）大田用种　一级	98.0	85.0	3.0
	（常规种）大田用种　二级	96.0	80.0	5.0
	（常规种）大田用种　三级	95.0	75.0	7.0

表 5-16　马铃薯脱毒种薯的块茎质量国家标准（GB 18133—2000）

块茎病害和缺陷	允许率（%）
环腐病	0
湿腐病和腐烂	0.1
干腐病	1.0
疮痂病、黑痣病和晚疫病	
轻微症状（1%～5%表面有病斑）	10.0
中等症状（5%～10%表面有病斑）	5.0
有缺陷病（冻伤除外）	0.1
冻伤	4.0

第二节　种子质量检验

一、种子质量检验指标

良种是增产增效的保证。良种应包括两个方面的含义，其一是优良的品种，其二是优质的种子。真正的良种应当是优良品种的优质种子，二者缺一不可。优良的品种是指具备优良的生物学特性和农艺性状，具有丰产、稳产、优质的特性，即具有优良的遗传基础。品种优良的遗传基础由品种选育和品种区域试验等环节进行试验和筛选。

优质种子应具备优良的品种质量和优良的播种质量。品种质量是指与品种遗传基础有关的种子品质，包括品种的真实性和纯度。品种真实性（cultivar genuineness）是指收购、调运、贸易过程中，品种的特征特性与所需品种的典型性状相符，或者说品种的特征特性与所附文件一致。品种纯度是指品种的特征特性的一致程度。品种纯度在品种具备真实性的前提下才有意义，品种失去真实性，品种纯度也就失去意义。

播种质量是指影响播种后田间出苗的种子品质指标。这些指标有净、饱、壮、健、干和强 6 个方面。净是指种子清洁干净的程度，可用净度表示。种子净度高，表明种子中杂质（无生命杂质及其他作物和杂草种子）含量少，可利用的种子数量多。净度是计算种子用价的指标之一。饱是指种子充实饱满的程度，可用千粒重（和容重）表示。种子充实饱满，表明种子中储藏物质丰富，有利于种子发芽和幼苗生长。种子千粒重也是种子活力指标之一。壮是指种子发芽出苗齐壮的程度，可用发芽力、生活力表示。发芽力、生活力高的种子发芽出苗整齐，幼苗健壮，同时可以适当减少单位面积的播种量。发芽率也是种子用价的指标之一。健是指种子健全完善的程度，通常用病虫感染率表示。

种子病虫害直接影响种子发芽率和田间出苗率，并影响作物的生长发育和产量。干是指种子干燥耐藏的程度，可用种子水分表示。种子水分低，有利于种子安全储藏和保持种子的发芽力和活力。因此种子水分与种子播种质量密切有关。强是指种子强健，抗逆性强，增产潜力大，通常用种子活力表示。活力强的种子，可早播，出苗迅速整齐，成苗率高，增产潜力大，产品质量优，经济效益高。

由上可以看出，种子质量的构成指标较多，我国在评价种子质量时，选出了对种子质量影响最大的 4 项指标进行评价，这 4 项指标是：纯度、净度、发芽率和水分。

二、种子检验的作用

种子检验（seed testing）的最终目的是保证农业生产使用符合质量标准的种子，为农业丰收奠定基础。种子检验的作用具体表现在种子的生产加工过程、种子经营贸易过程和种子使用过程之中，它是种子质量管理的重要手段，是实现种子质量标准化的重要措施。

在种子生产以前，通过检验保证繁殖材料的质量，这是种子生产过程的重要一环。如果生产种子的繁殖材料本身质量不高，就很难生产出合格的种子。同时，在种子生产过程中，通过检验，提出除杂去劣的措施与标准，提高繁殖材料的纯度；通过对病虫杂草进行检查，防止检疫性病虫杂草的传播蔓延。

在种子加工过程中，通过检验，防止发芽率降低、机械损伤和机械混杂，并确定适宜的加工程序和加工机械参数等。在种子经营贸易中，通过检验，首先防止假劣种子的流通；其次，正确评定种子质量，以质论价，促进种子质量的不断提高；此外，检验还为种子经营贸易中储藏和运输的安全提供依据。

在种子使用过程中，首先，通过检验，防止假劣种子下地，选择使用符合质量标准的种子，避免质量低劣的种子对农业生产的危害；其次，通过检验，测定种子的发芽率，确定播种量，保证一播全苗。

总之，种子检验的作用，体现在种子工作全过程，概括起来有以下几点：①保证实现种子质量标准化；②保证种子加工、储藏和运输的安全；③检测经营贸易中种子的质量，贯彻优种优价，促进种子质量不断提高；④防止病虫杂草的传播蔓延，特别是检疫性病虫杂草，一旦发现，禁止调运，就地销毁。

三、种子检验的程序

（一）内部检验、监督检验和仲裁检验

种子检验从职能上分为内部检验、监督检验和仲裁检验。内部检验又称为自检，是种子生产单位、经营单位或使用单位，对自身的种子进行检验，以了解种子质量的高低。监督检验是种子质量管理部门或管理部门委托种子检测机构对辖区内的种子质量进行检验，以便对种子质量进行监督管理。仲裁检验是仲裁机构、权威机构或贸易双方采用仲裁程序和方法，对种子质量进行检验，提出仲裁结果。以上三者虽然检验的目的不同，但都发挥着一个共同的作用，即控制和保证种子的质量。

（二）田间检验和室内检验

种子检验从检验时期上分为田间检验和室内检验。田间检验是在作物生长期间，根

据植株的特征特性，对田间的纯度进行检验，同时对异作物、杂草、病虫感染、生长发育情况、倒伏程度等项目进行调查。室内检验是种子收获以后，到收购现场或仓库扦取种子样品进行检验。室内检验的内容包括种子真实性、品种纯度、净度、发芽力、生活力、活力、千粒重、水分、病虫害等。小区种植鉴定属于室内检验中纯度检验的一种方法，是将种子样品播种到田间小区中，以标准样品为对照，根据生长期间的特征特性，对种子真实性和品种纯度进行鉴定。不论是田间检验，还是室内检验，都必须按照规定的检验程序进行。在国内贸易中，按照国家标准检验；在国际贸易中，应按照国际标准检验。从检验顺序上讲，一般先进行田间检验，田间检验合格的种子才能收购，否则应予报废；然后，对收购的种子进行室内检验。检验程序见图 5-1 和图 5-2。根据检验结果填写种子检验结果单（表 5-17）。

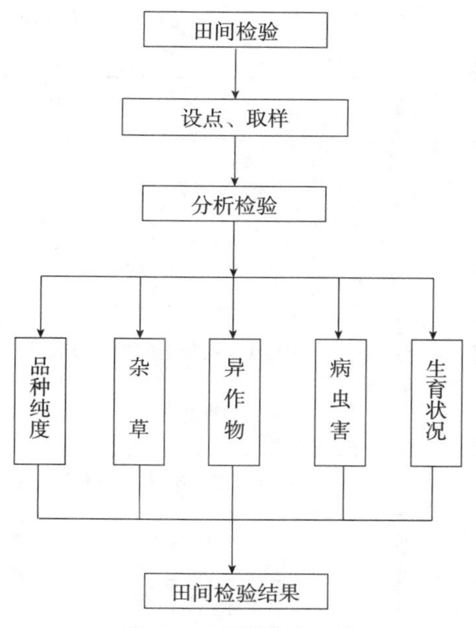

图 5-1　田间检验程序

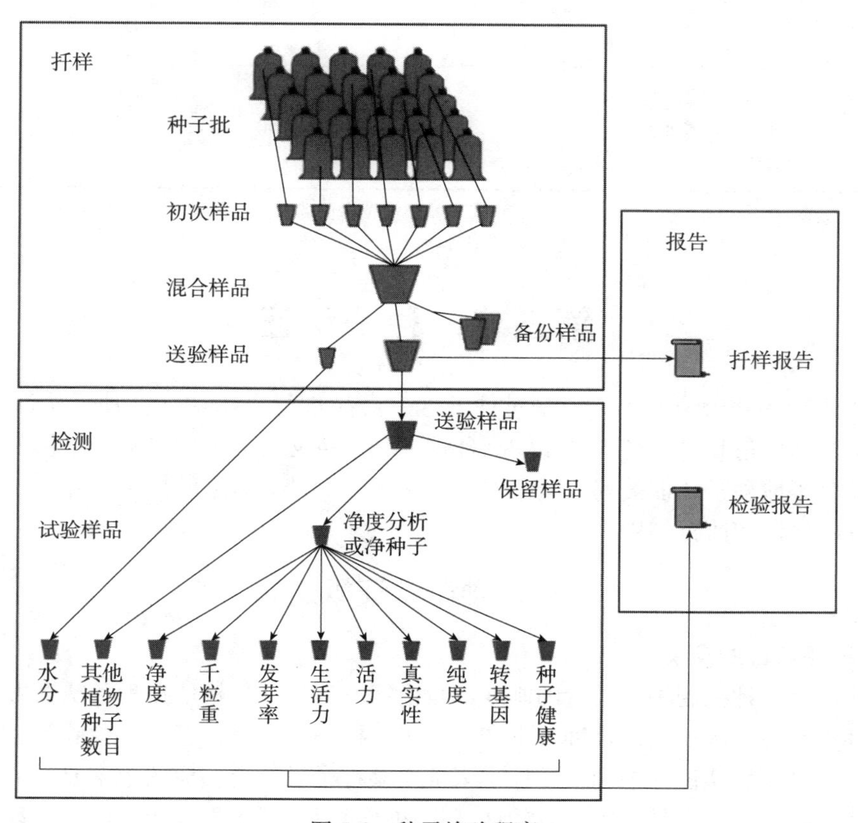

图 5-2　种子检验程序

表 5-17　种子检验结果报告单

字第　　号

<table>
<tr><td>送验单位</td><td colspan="2"></td><td>产　地</td><td colspan="2"></td></tr>
<tr><td>作物名称</td><td colspan="2"></td><td>代表数量</td><td colspan="2"></td></tr>
<tr><td>品种名称</td><td colspan="2"></td><td></td><td colspan="2"></td></tr>
<tr><td rowspan="3">净度分析</td><td colspan="2">净种子含量（%）</td><td>其他植物种子含量（%）</td><td colspan="2">杂质含量（%）</td></tr>
<tr><td colspan="2"></td><td></td><td colspan="2"></td></tr>
<tr><td colspan="5">其他植物种子的种类及数目：
完全/有限/简化检验
杂质的种类：</td></tr>
<tr><td rowspan="3">发芽试验</td><td>正常幼苗比例（%）</td><td>硬实比例（%）</td><td>新鲜不发芽种子比例（%）</td><td>不正常幼苗比例（%）</td><td>死种子比例（%）</td></tr>
<tr><td></td><td></td><td></td><td></td><td></td></tr>
<tr><td colspan="5">发芽床：________；温度：________；试验持续时间：________；
发芽前处理和方法：________________。</td></tr>
<tr><td>纯度</td><td colspan="5">实验室方法：________；品种纯度：________%；
田间小区鉴定：________；本品种比例：________%；异品种比例：________%。</td></tr>
<tr><td>水分</td><td colspan="5">水　分；________%。</td></tr>
<tr><td>其他测定项目</td><td colspan="5">生活力：________%
质量（千粒重）：________。
健康状况：</td></tr>
</table>

检验单位（盖章）：　　　　　　　　检验员（技术负责人）：　　　　复核员：

填报日期：　　　　年　　月　　日

第三节　种子认证

种子认证（seed certification）是对种子这一产品进行质量认证。种子认证可以理解为是保持和生产高质量和遗传稳定的作物品种种子和繁殖材料的一种方案，是种子质量的保证体系。在欧美等地种子认证被列入国家的种子法规，对种子质量的控制、种子的生产和贸易起到了很好的保证和监督作用。

一、种子认证概述

（一）种子认证的含义

种子认证是一种控制种子质量的制度，是由第三方认证机构依据种子认证方案通过对品种、亲本种子来源、种子田以及种子生产、加工、标识、封缄、扦样、检验等过程的质量监控，确认并通过颁发认证证书和认证标识来证明某种子批符合相应的规定要求的活动。

通俗地说，种子认证是由第三方的认证机构通过以下两个方面予以确认质量：一是通过对品种合格确认、系谱繁殖、过程控制、验证等方式来控制种子的遗传质量（品种真实性和品种纯度）尽量保持至育种家原先育出的状况和水平（这方面国际上也称为品种认证）；二是通过认可种子检验室确认种子的物理质量（净度、发芽率等）达到符合国家标准或合同的要求。

（二）种子认证的作用

英国的种子法规中明确规定，种子认证的目的是防止销售带有有害杂草种子的种子和未经纯度、发芽测定和田间特性试验的种子，并且给予购买者关于该种子足够和可靠的信息。种子认证制度经过种子行业 100 多年的实践和推广，所发挥的巨大作用是举世公认的，已成为种子质量控制和营销管理的主要手段之一。种子认证连同种子立法、种子检验、品种保护构筑了种子宏观管理的核心，是为种子产业健康发展保驾护航的有效途径，也是种子产业中所推行的最成功的控制制度之一。

随着市场经济的发展，质量已成为占有和保持市场份额的首要因素。通过种子认证，在世界范围内消除种子贸易中的技术壁垒，促进种子贸易的发展。通过种子认证，克服第一方评价和第二方评价的缺陷，真正实现公正的、客观的科学评价，保护种子生产者和农民的权益。通过种子认证，能持续地提供优质高产的高质量种子，确保粮食安全，保证农业生产持续、健康地发展。

（三）种子认证发展简史

种子认证制度起源于 19 世纪下半叶至 20 世纪初的欧美发达国家，最初目的是解决新育成的品种在推广以后不久就出现了品种混杂或退化问题，实施后取得了很大成功。19 世纪随着育种工作的迅速开展，新品种不断产生，为了解决这些新育成的品种在推广以后不久就出现了品种混杂或退化现象，在种子学创始人诺培（Nobbe）的“种子控制必须采取预防和保护行为”理念的启发下，创建了种子认证制度。在 19 世纪下半叶至 20 世纪初，种子（品种）认证制度像雨后春笋一样在欧美国家迅速建立。在 20 世纪 20—60 年代，种子认证制度已发展成为各国控制种子质量的主要途径。20 世纪 60 年代后，逐渐演变为双边、多边互认、区域和国际种子认证制度。时至今日，种子认证仍然是国际种子贸易自由流通和实行“最低标准制”国家中种子投放市场的唯一被认可的方式，也是实行“标签真实性”国家的种子质量管理方式之一。

（四）国内外种子认证现状

1. 国外种子认证现状 国际上开展种子认证的国际组织主要是经济合作与发展组织（OECD）。国际上通常将种子认证的规则和程序称为种子方案（seed scheme）。经济合作与发展组织制定种子认证方案的目的是促进参加成员持续使用高质量的种子，为国际贸易生产和加工的种子授权使用标签和证书。经济合作与发展组织种子认证方案只涉及遗传质量（品种纯度），不涉及净度、发芽率、水分、杂草种子、种子健康等检验室检验的质量，所以经济合作与发展组织认证种子必须附有已填报净度等结果的检验报告，通常采用国际种子检验协会（ISTA）的橙色国际种子检验证书。全球实施种子认证制度的国家很多，已有 60 多个国家开展了种子认证活动，而且几乎包含了所有种子生产的进出口大国。各国实施的种子认证，按法律性质可分为强制性种子认证和自愿性种子认证两类。强制性种子认证国家（例如欧洲联盟国家），认证种子占 70%～80%（其他为农民自留种）；自愿性认证国家（例如美国），认证种子占 20%～30%。

2005 年版《国际贸易流通中经济合作与发展组织品种认证方案》包括以下 3 部分的内

容：①理事会决定（关于版本修订情况及发布的说明）；②适用于所有种子方案的有关法律和通用的文本，包括基本原则、实施办法、经济合作与发展组织种子认证方案扩展至非经济合作与发展组织成员国的程序、参加一项或多项经济合作与发展组织种子认证方案的国家目录清单、偏离规则试验等5个文件；③种子方案的规则，包括禾本科牧草和豆科种子、十字花科种子和其他油料或纤维种类种子、禾谷类种子、糖用和饲用甜菜种子、匍匐三叶草和类似种的种子、玉米和高粱种子、蔬菜种子等7个种子方案。种子认证方案详细内容可以从经济合作与发展组织网站（www.oecd.org）免费下载。

在欧洲和加拿大，只有经过认证的种子才能进入市场。美国联邦种子法虽然对销售的种子不做上述要求，但各州对进口的种子都要求经过认证。美国在全国设有种子协会，每个州都有种子质量认证机构，根据州种子法及管理条例负责种子认证。州级种子认证机构有的设在农业厅，有的设在大学，也有的设在政府授权的非营利机构，例如州作物改良协会等。认证合格的种子由认证机构统一发放蓝色认证标签，粘贴在每袋种子的封口处。20世纪70年代前，美国几乎所有的种子都要经过认证后再出售；70年代后，认证的种子比例越来越小，但出口的种子都必须认证。目前美国认证的种子比例为25%，其中小麦为80%。

德国、法国及其他欧洲联盟国家的种子质量均实行强制认证制度，未经认证的种子不准出售。这项工作多数国家是由官方机构农业部执行的，法国则由种子苗木跨行业联合会（GNIS）执行。德国的种子认证工作由各州的种子认证办公室（SAS）负责。执行的是经济合作与发展组织规定的标准，实行真实标签制。各国既有自己独立的种子检验机构，又有与科研单位合作的种子检验机构，例如法国共有7个独立机构和6个合作机构。除进行室内种子检验外，还十分注重种子生产期间的田间质量控制。官方种子检验机构对每块种子生产田均建立质量档案，每次检验结果均记录在案。每季种子生产除公司或代理公司派人检验外，每块种子田官方至少检验3次，多则5～6次；每次检验由2人组成，同时不能固定人员、固定田块，以免每次检验时犯类似的错误。收获后的种子抽检也是由官方或种子苗木跨行业联合会进行的，所有的种子田都要经田间检验和种子抽检，合格后由官方或种子苗木跨行业联合会发放质量认证书，认证后的种子可在欧洲联盟各国流通。

2. 我国种子认证现状 为了加强种子质量管理，提高种子质量水平，农业部于1996年颁发了《关于开展种子质量认证试点工作的通知》，决定开展农作物种子质量认证试点工作，旨在通过几年的努力，在我国建立既与国际接轨又切合国情的种子质量认证制度，从而为农民持续地提供优质的种子，保证农业生产的可持续发展。全国农业技术推广服务中心（农业部全国农作物种子质量监督检验测试中心）受农业部的委托，负责组织实施全国农作物种子质量认证试点工作。试点工作主要包括：选择部分种子企业开展种子认证试点工作；起草种子认证规范和标准；筹建成立种子认证机构。经5年多试点，依据我国质量认证的6项原则，结合“种子工程”的实施，确定了“边试点、边筹建、边运转、边借鉴吸收、边总结完善”的种子质量认证试点的工作步骤，积极探索适合我国国情的路子，推进种子质量认证试点工作向健康、有序、有效的方向发展；积极规范种子认证的行为，创造开展种子质量认证的必备条件，为推行种子质量认证制度奠定基础。

在我国推行种子认证制度，必须建立起一套既适合我国国情、又与国际规则接轨的种子质量认证的标准和规范，使种子认证工作有章可循。为了加强和完善种子认证试点工作，从2000年以来，农业部加快了对种子认证标准和规范的制定步伐，经过努力，已基本形成种子认证标准的框架，2002 年 1 月出版了《农作物种子认证手册》。2003 年 9 月国务院发布了《中华人民共和国认证认可条例》，并于 2003 年 11 月 1 日起施行，根据 2016 年 2 月 6 日的《国务院关于修改部分行政法规的决定》做了第一次修正。

二、种子认证方案

为了推行种子认证制度，必须制定公认的认证规则（在种子认证中，一般将此称为种子认证方案），其中侧重的是第三方认证机构对种子生产、种子加工、种子扦样与检验、标识与封缄等过程所要把关和监控的内容，这里将这个部分内容称为质量要求。

（一）种子遗传质量的监控

1. 品种合格认可　在种子认证实践中，关于品种合格认可，一般审查繁殖品种是否已列入品种目录。为此，种子认证方案一般规定品种合格的认可条件和列入目录的要求。品种合格的认可条件就是品种必须经过检验，确认符合国家颁布的品种特异性（distinctness）、一致性（uniformity）和稳定性（stability）测试（品种 DUS 测试）和农业栽培和利用价值（value for cultivation and use）检验（品种 VCU 检验）的要求。将检验合格的品种汇集在一起，形成品种目录。认证的种子必须是公布目录中的品种。品种检验包括两种，一种是品种特异性、一致性和稳定性测试，这是决定能否构成一个品种的先决条件；二是农业栽培和利用价值检验，即通过不同生态的布点检验品种的产量、品质、抗病性等特性，俗称区域试验，以确定品种的使用价值。

2. 种子来源认可　认证种子生产时，对何种类别种子才能生产下一类别的种子有严格规定。因此认证种子生产需要对生产种子的来源进行认可，例如生产认证种子一代，其来源必须是基础种子。如何确认其来源是基础种子，认可的主要手段是检查标签。为此，一般要求认证企业至少保留两个标签，一个悬挂在田间，让田间检验员知道其种子来源；另一个由认证企业保存，以供检查时使用。为此，种子认证方案规定了认证种子的类别，国际上统一划分为预基础种子（类似于我国的育种家种子）、基础种子（类似于我国的原种）和认证种子（类似于我国的大田用种）3 类。

预基础种子（pre-basic seed）是亲本材料和基础种子间任何世代的种子，也就是生产基础种子以前的各代种子。基础种子（basic seed）是品种持有者依据普遍接受的保持品种的特征特性，生产出以供生产认证种子之用的种子。基础种子必须遵守种子认证方案规定的生产要求，并需经官方检验证实满足了这些要求。认证种子（certified seed）有两种情况：①对于常规品种的认证种子，直接来源于一个品种的基础种子，或认证种子的后一代种子，该种子准备用于生产认证种子或大田作物的生产。该认证种子必须遵守种子认证方案规定的生产要求，需经官方检验证实满足了这些要求。来自基础种子的第一代称为认证种子一代，下一世代称为认证种子二代，再一代为认证种子三代，直至规定的适宜代数。②对于杂交种的认证种子，是指两个品种（或以上）基础种子杂交的一代种子，用于大田作物的生产，而不用于种子生产。该认证种子必须遵守种子认证方案规定的生产要求，并需经官方检验证实满足了这些要求。对于杂交种的认证种子，只称为认证种子，不可能再有认证种子一代或认证种子二代等。由于认证种子的繁殖是系谱繁殖，对于基础种子等亲本种子繁殖体系一直是各国非常重视的问题。

3. 种子生产基地认可　基础种子至认证种子，不管繁殖或生产哪个类别的种子，种子生产基地都要达到适宜的安全生产要求：前作不存在污染源（包括同种的其他品种污染、其他类似植物种的污染、杂草种子的严重污染）和隔离条件安全（包括与同种或相近种的其他品种的花粉的隔离、与同种或相近种的其他品种的防止机械收获混杂的隔离）。

由于种子质量的好坏与种子田、种子田内的植株生长以及周围环境有很大关系，所以种子认证方案统一规定了种子田的唯一识别模式，以实现信息可追溯性。

4. 种子田间检验 种子田间检验（field inspection）是监控种子繁殖或生产过程中的品种真实性和品种纯度的最重要过程。田间检验是种子认证体系中的重要环节。其检验的主要内容是：①检查田间前作和同种或相近种的自生植株；②检查田间隔离情况是否符合要求，是否有外来花粉串粉污染；③检查有无种传病害感染；④检查有无有害杂草和异作物混入；⑤检查品种的真实性和检验品种纯度；⑥检查田间生长情况、种子成熟和质量是否正常；⑦计算判定是否符合种子质量标准，能否作为种用种子。

因此田间检验是确保生产种子质量的最重要环节。认证机构派出合格的田间检验员进行检验，并出具检验报告。种子田在生长季节要被多次检查，通常为苗期、花期、成熟期，但至少应在品种特征特性表现最充分、最明显的时期检验 1 次，常规作物通常在成熟期，杂交作物在花期或花药开裂前不久，蔬菜作物则在食用器官成熟期。

田间检验是否达到要求，要与种子田标准进行比较。以玉米种子田的国际标准为例，生产玉米的基础种子和认证种子至少空间隔离 200 m，其亲本种子、田间除杂、去雄符合规定要求。

5. 清洁不混杂管理 种子生产、收获、加工和运输等所有过程都应保持品种的真实性，并最大限度地保证品种纯度维持较高的水平，其中对于不混杂的管理很重要。种子认证机构与种子认证企业通常采取双管齐下的措施：①通过种子认证方案制定的内容，由种子认证机构在生产期间的一系列检查和检验来达到目的。例如认证种子的品种纯度在很大程度上取决于亲本种子的品种纯度，一般来说，种子认证方案规定对预基础种子（育种家种子）、基础种子（原种）采取一系列更为严格的检查。再如规定种子加工厂建立质量体系，通过审核来维持水平等。②采取教育和培训等方式，促使种子认证企业增强意识，自觉在种子生产和加工期间采取严格的清洁卫生管理措施。例如在播种前、在播种时、在生长期间、在收获期间、在运输至加工厂期间，甚至在种子封缄前，种子认证企业必须采取切实可行的措施防止种子田与其他种子相混杂，要求在播种、收获和加工设备，以及储藏器具、容器等在使用前必须经过清洁处理。收获种子时，要核查种子总重量（质量），与田间检验时估算的种子重量（质量）相比较，如果差距较大，就有理由怀疑种子生产者是否掺入了不合格种子，并采取措施进行适宜的种子物理质量检验或小区种植鉴定。

6. 扦样、标识和封缄 收获后至种子加工厂未清选种子要有标识（标签），标注内容包括：作物名称、品种名称、种子类别、种子田编号和生产年份。种子加工后，要分批，每批的重量（质量）不能超过种子检验规程所规定的最大限量。

认证种子的扦样一般在种子加工的最后一步即罐装前（自动扦样器）或罐装时或罐装后不久（使用扦样器），由合格的扦样员（注意，扦样员有扦样、标牌监督和封缄监督 3 方面职能）进行扦样。扦样方法采用《农作物种子检验规程　扦样》（GB/T 3543.2—1995），扦样的种子批应符合种子检验规程规定的最大重量（质量）、标识、均匀度的要求。扦取样品除保留样品外主要包括两部分，第一部分送交认可的种子检验站进行净度分析、发芽试验和水分测定，第二部分送交种子认证机构进行品种真实性和品种纯度的小区种植鉴定。认证种子需要标识，这种标识是一种知识产权。认证种子标签标注内容包括：作物名称、品种名称、类别、批号、质量指标（即净度、其他植物种子比例、杂质比例、发芽率）、认证机构名称、认证标志、标签的唯一性编号。根据《农作物种子标签通则》（GB 20464—2006）的规定，种子认证企业还应制作除认证标签标注内容外的其他内容的标签。种子认证企业在种子加工罐装时就贴到或缝到每个种子容器上。这种方式称为认证种子标签的预发放方式。先由种子认证机构统一印制认证种子标签，然后发放给种子认证企业，并登记持有认证种子标签的号码。这种方式的优点是在加工种子时，把种子标签缝到种子袋上，可以减少种子加工厂的费用，同时不耽误种子销售最佳时期。其缺点是由于种子检验结果未出来，对于达不到质量标准的可能会误粘标签或不得不重新撤换标签、再缝标签。种子批封口和标识要在扦样员或其监督下进行操作。种子容器符合这样的要求才认可已被封好：该容器封缄部分如果不被破坏或不遗留改变和变化种子容器标识的迹象，就不可能启封。在德国，用于出口的种子，由国际种子检验协会（ISTA）认可的扦样员扦样，扦样后，监督被扦样单位对容器的封缄，例如对编织袋包装，在用手持封口机封口时将种子检验站的标签和种子认证办公室的标签（符合经济合作与发展组织标准）缝到种子袋上，封口线长出袋宽约 5 cm，然后扦样员在紧挨袋口的封口线上拴上铁皮制的封缄夹，上印检验单位名称的德文和英文。

7. 品种纯度的检验　采用小区种植鉴定方法检验种子批的一致性，判断在繁殖期间品种特征特性是否发生变化，同时也表明限制繁殖代数的有效性。小区种植鉴定从广义来说可分为前控和后控两种。当种子批用于繁殖生产下一代种子时，该批种子的小区种植鉴定对下一代种子来说就是前控。比如生产认证种子一代，如果对生产认证种子一代的亲本即基础种子进行小区种植鉴定，那么基础种子的小区种植鉴定对生产认证种子一代来说就是前控。前控在认证种子一代生产的田间检验之前或同时，据此，可以作为淘汰不符合要求的种子田的依据之一。小区种植鉴定的后控是检验生产种子的质量，例如对收获后的认证种子一代进行鉴定就是后控。关于小区种植鉴定样品的数量，对于作为前控的基础种子和认证种子要求每份样品（100%）都要进行小区种植鉴定，这就是说，种子认证非常重视亲本种子质量，把预防工作贯彻于其中，同时也是种子来源认可的依据，实现了闭环控制。

作为后控的认证种子鉴定样品数量，由认证机构确定，一般为 5%～10%，但是每年可根据上一年的控制结果进行改变。

（二）种子物理质量的监控

种子的物理质量易受不可抗力（不良气候）的影响，因此在无法控制的自然条件下组织生产出来的种子，不采用一般产品质量认证所采用的抽检方法，而采用 100%的检验。种子物理质量检验方法由认证机构确认的已经过国家实验室认可的种子检验站按照《农作物种子检验规程》（GB/T 3543.1～3543.7—1995）进行检验。检验内容一般包括：净度、其他作物种子、发芽率、水分。检验完成后，要与种子质量国家标准进行比较、判别。

三、种子认证程序

下面按照《中国农作物种子认证试点方案（试行）》和《种子认证文件化管理指南（试行）》的规定，简述种子认证程序。

（一）企业申请认证

种子认证企业填报《种子认证申请表》，在种子播种前 1 个月报送种子认证机构。认证机构主要审查《种子认证申请表》中的播种品种是否合格、种子批是否达到规定的质量要求以及种子认证企业所做的承诺。

（二）质量体系评定

种子认证企业向种子认证机构提交质量手册及有关支持性文件，填写《质量手册的简明说明》。认证机构认可后，向体系审核部门发出《质量体系检查委托书》，体系审核部门组织审核小组，通过文件审查、现场审核等方式，出具《质量体系审核报告》，连同认证机构原转交的全部申请材料一起报认证机构。

（三）种子遗传质量确认

种子认证企业填写《认证种子来源与种子田记录》一式两份，于播种前后半个月内分别报认证机构。认证机构对《认证种子来源与种子田记录》中的播种品种是否合格、种子批是否达到规定的质量要求、种子田是否符合要求进行审查，并将审查结果及时通知企业。如果其中存在不符合规定的要求，需要求企业降低繁殖种子类别（亲本种子）或取消该品种或种子批的质量认证。对于首次申请质量认证种子的种子生产基地和要求较高的种子类别，认证机构除文件审查外，还要实地检查种子田状况，确认种子生产基地的前作不存在污染源且隔离条件安全，并且通过检查种子批的标签确认种子来源。

种子认证企业确定种子田的适宜田间检验时期，并提前通知认证机构。认证机构安排合格的田间检验员，依据田间检验规程所规定的方法对种子田进行田间检验。田间检验员对种子田块进行检验，并与种子田生产要求相比较，签署田间检验结论，填写《田间检验报告》报认证机构。

种子认证企业在收获种子时，若将同一品种不同田块的种子混在一起，需填报《种子田混合许可记录》，通知认证机构。混合后的种子批以混合前的最低等级水平作为种子批的等级。

种子认证企业在种子（及其包装容器）在种子收获后未清选前要有标识，以便种子加工厂识别，加工后要以种子批为单位进行检验，种子销售时种子批要有明确的标识。若对种子批进行混合和分装，要符合规定的要求。

种子认证企业向认证机构填报《标签领取记录》，领取种子认证标签，并先挂在种子容器上，等待检验结果出来后再决定是否发放。

确认种子批符合规定条件后，种子认证企业填写《种子批认证申请单》报认证机构。由扦样员从封缄的种子批中扦取有代表性的样品。扦样时由认可扦样员填写《扦样与检验申请单》，连同种子样品送认证机构指定的认可种子检验室进行检验。其中一部分样品送种子认证机构，种子认证机构通过组织小区鉴定的前控和后控来验证品种保持和繁殖过程中的品种真实性和纯度，一般来说，基础种子和认证种子作为前控要求每份样品（100%）都要进行小区种植鉴定；而认证种子作为后控要按照上年的结果确定比例，进行鉴定，填报《小区种植鉴定结果报告》。

（四）种子物理质量确认

认可种子检验室对净度、发芽率和水分进行检验，完成后填写《种子检验报告》送交种子认证机构。

(五) 认证证书发放

种子认证机构主要根据《田间检验报告》和《种子检验报告》，对质量符合要求的合格种子批签发《种子认证证书》。对于任何种子批，签发证书意味着种子认证的“结束”。签发证书只有等到种子检验站对种子的物理质量检验并确认达到质量标准后才能开始执行。种子认证证书通过邮寄或电传送达种子认证企业，作为种子认证企业对某种子批认证的持有凭证。世界上实施种子认证制度的国家，都是获得认证证书（或消息）后才可以交易或出售认证种子。

第四节　品种混杂退化及其控制

品种混杂退化是指新品种在推广过程中，纯度下降、种性变劣的现象。品种混杂与退化是两个既有区别又有密切联系的概念。品种混杂（cultivar complexity）是指一个品种中混进了其他品种甚至是不同作物的植株或种子，或上一代发生了天然杂交，导致后代群体出现变异类型的现象。品种退化（cultivar degeneration）是指品种某些经济性状变劣的现象，即品种的生活力降低、抗逆性减退、产量和品质下降。然而品种混杂与品种退化也有着密切联系，品种混杂容易引起品种退化并加速品种退化，品种退化又必然表现品种混杂。

品种混杂退化后，品种的典型性降低，田间群体表现出株高参差不齐，成熟期早晚不一，抗逆性减退，经济性状或品质性状变劣，杂交种亲本的配合力下降。其中典型性下降是品品种混杂退化的最主要表现，产量和品质下降是品种混杂退化的最主要危害。

一、品种混杂退化的原因

引起品种混杂退化的原因是多方面的，而且比较复杂。不同作物、不同品种发生混杂退化的原因不尽相同，归纳起来，主要有以下几个方面。

(一) 机械混杂

在种子生产、加工及流通等环节中，由于条件限制或人为疏忽、导致异品种或异种种子混入的现象称为机械混杂。机械混杂是种子生产中普遍存在的现象，在种子处理（seed treatment）、播种、补种、移栽、收获、脱粒、加工、包装、储藏及运输等环节中都可能发生，连作或施入未充分腐熟的有机肥都会造成机械混杂。机械混杂不仅直接影响种子的纯度，而且增加了生物学混杂的机会。因此机械混杂是品种混杂的主要原因之一。

(二) 生物学混杂

种子生产过程中，由于隔离条件差或除杂去劣不及时、不严格，导致因天然杂交后代产生性状分离而造成的混杂称为生物学混杂。虽然各种作物都可能发生生物学混杂，但在异花授粉作物和常异花授粉作物上比较普遍而严重。因此它是这类作物品种混杂退化的最主要原因。尽管自花授粉作物自然异交率一般很低，但由于自然异交率受不同品种、不同环境等因素的影响较大，所以在现代种子生产上，对自花授粉作物的种子田同样应进行隔离。

(三) 不正确的选择

在亲本种子或原种的生产和提纯复壮过程中，由于不熟悉被生产材料的特征特性，进行不正确的选择，从而加速了亲本的退化，进而造成不同公司不同年份生产的同一组合杂交种的产量潜力、长相等都会有明显差异。除对特征特性不熟悉，造成不正确选择外，不科学的原种生产和提纯复壮程序也会造成品种退化。例如在玉米自交系提纯复壮过程中，采用三圃法或二圃法提纯时，只注重自交系的特征特性，而忽视配合力的测定，常会造成形态相似但配合力降低的现象。

（四）剩余分离和基因突变

常规品种或亲本自交系是性状基本稳定一致的群体，个体之间的一致性是一个相对的概念，个体之间或多或少都存在一定程度的杂合，特别是通过杂交选育的亲本材料，遗传基础复杂，经过5～6代的选育虽然特征特性相对一致，但微效多基因上仍存在着杂合性（剩余杂合），在自交繁殖过程中，杂合基因会逐渐分离造成个体间的差异，从而引起部分优良种性的丧失。在开放授粉过程中，会引起基因分离纯合变慢，部分个体性状变差。还有些育种单位急于求成，往往把一些表现优异但遗传性状尚未稳定的常规品种材料和亲本自交系提前出圃，在繁育过程中如不进行严格选择，很快出现混杂退化现象。

一个新品种推广后，在各种自然条件的影响下，可能发生各种各样的基因突变。虽然基因突变频率很低，但广泛存在，而且大部分突变对作物是不利的。如果这些变异株通过自然选择留存下来，在种子生产中又没有被及时发现和去除，就会通过自身繁殖与生物学混杂的方式使品种混杂退化。

（五）不良的生态条件和栽培技术

任何一个品种，离开其适宜的生态条件和栽培技术，品种的优良种性就难以发挥，长此以往，品种就会退化。例如棉花在不良的环境条件下，出现铃小、籽小、绒短的变异类型；马铃薯在高温生态环境下形成小薯块，病毒病的加剧也会导致种薯严重退化。

总之，品种混杂退化有多种原因，但各自的作用效果不同。一般以机械混杂和生物学混杂比较普遍，起主要作用；各种因素间也是相互联系的。因此种子生产中应在分清主次的基础上，采取合理而有效的综合措施才能解决防杂保纯的难题。

二、品种防杂保纯的措施

（一）严格管理，防止机械混杂

防止机械混杂是保持品种纯度和典型性的一个重要环节。

1. 合理轮作 繁殖田不可重茬连作，以防上季残留的种子在下季出苗，造成混杂。

2. 把好种子接收发放关，防止人为错误 在种子接收或发放过程中，一定要注意，切勿弄错品种和种子，要严格检查其纯度。若有疑问，必须彻底解决后才能播种。种子袋和运送车辆要注意清洁，种子袋要缝制和捆扎牢固，并采取防止任何混杂的必要措施。

3. 把好播种关 播种前的选种、浸种、拌种等措施，必须做到不同品种分别处理，用具洗净，固定专人负责。播种时，同种作物的不同品种或不同作物但株穗、籽粒不易分离的地块应相隔远一些（例如大麦和小麦）。机械播种时，应预先清理机械中以前所播品种的种子。播种同一品种的各级种子，应先播等级高的种子。繁殖田中应隔一定距离留一走道，以便进行除杂去劣。

4. 严把收获脱粒关 在种子收获脱粒过程中，最容易发生机械混杂，要特别注意防杂保纯。种子田要单收、单运、单打、单晒，不同品种、不同世代应专场脱粒。若场地不够，可将不同品种分别放置于场地的一角。用脱粒机脱粒，每脱完一个品种，都要彻底清理后再脱粒另一个品种。晒种时，不同品种间应注意隔离。不同作物或品种必须分别储藏，分别挂上标签，防止出现差错或造成混杂。

（二）严格隔离，防止生物学混杂

1. 合理隔离　异花授粉作物和常异花授粉作物种子田要合理设置隔离区，隔离区内严禁种植本作物其他品种，防止天然异交，这是防杂保纯的关键措施。自花授粉作物即使自然异交率很低，种子生产也应采取适当的隔离措施，对那些珍贵的材料可用网室、套袋等方法防止外来花粉污染。具体操作应严格执行国家标准《农作物种子生产技术操作规程》。

2. 严格除杂　在各类种子生产过程中，都应坚持除杂去劣。异花授粉作物和常异花授粉作物必须在开花散粉前严格进行除杂去劣。除杂主要指除去异品种和异作物的植株，去劣指去掉感染病虫害、生长不良的植株。除杂去劣一般从出苗以后结合田间定苗开始，以后在各个生育时期，只要能鉴别出来的杂株都必须拔除。除杂人员必须先熟悉繁殖品种的形态特征，然后才能下田操作。品种混杂比较严重的种子田，尤其是生物学混杂的种子田，应当舍弃。

（三）定期更新和采用四级种子生产程序

每隔一定年限（3～4 年）用原种更新繁殖区用种是防止品种混杂退化的最有效措施。通常采用原种“一年生产，多年储藏，分年使用”的方法，减少繁殖世代，防止混杂退化，从而较好地保持品种的种性和纯度，延长品种利用年限。

四级种子生产程序是指从育种家种子开始，进行连续 3 级逐级繁殖，最后生产大田用种的过程，即育种家种子→原原种→原种→大田用种。育种单位采用种植田间保种圃和低世代低温低湿储藏两种方法，生产出育种家种子。将育种家种子精量稀播，快速扩大繁殖系数，生产出原原种（此过程主要由育种家负责）。生产单位再对原原种进行稀播繁殖，生产出原种。利用原种在特约种子生产基地生产大田用种。此方法克服了三圃制（株行圃、株系圃和原种圃）的弊端，使原种生产时间大大缩短。加上它始终把育种家的作用放在主导地位，有效地保持了原有品种的优良种性和纯度，品种使用年限也相应得到延长。

（四）严格执行种子生产技术规程

作物种子生产应严格执行国家标准《农作物种子生产技术操作规程》。

（五）改善环境条件与栽培技术

改善作物生长发育条件，采用科学的管理措施可以提高种子质量，延缓品种退化。例如在高纬度、高海拔地区生产马铃薯种薯可以有效地防止病毒侵染，减轻种薯退化。

第五节　提高种子质量的措施

一、提高种子净度的措施

种子收购后，先要清选一次，然后进行精选。种子清选根据物料物理特性的差异，使种子与混杂物及废种子分离。清选过程包括初清选、基本清选和精选，按清选原理可分风选、筛选、窝眼选、相对密度选、表面选、光选、电选。种子通过清选，可清除病粒、虫食粒、空秕粒，可防止仓储期发生霉变，提高种子等级和利用率，降低田间病虫发生率。清选后的种子幼苗生长旺盛，根系发达，苗色浓绿，单株鲜物质量高，可为作物后期生长打下良好基础。

二、降低种子水分的措施

降低种子水分通常有自然干燥和人工机械干燥两类方法。

(一)自然干燥

自然干燥是利用日光曝晒、通风、摊晾等方法降低种子水分，方法简便，经济而又安全，适于小批量种子。使用此法干燥种子必须做到清场预晒，薄摊勤翻，适时入仓，防止结露回潮。

(二)人工机械干燥

自然干燥有时受气候条件影响，又不适于大批量种子生产，这时就需要建立种子烘干加工厂，用热空气干燥种子。其工作原理是在一定条件下，提高空气的温度以改变种子水分与空气相对湿度的平衡关系。不同类型的种子，不同地域，所采用的加热机械和烘房布局也各不相同。用此法干燥种子，绝不可将种子直接放在加热器上焙干；应严格控制种温；种子在干燥时，一次失水不宜太多；如果种子含水量过高，可采用多次间隙干燥法。经烘干后的种子，需冷却到常温才能入仓。

三、保持种子健康度的措施

种子健康度检验的目的是防止种传病虫害，全面提高种子质量。而种传病害是通过种子进行传播的，同时种子也是病害的受害者。种传病害对农业生产的危害可以迅速地表现为种子发芽率降低、产生低活力幼苗和不正常幼苗，或在从发芽到收获的某阶段表现出损害；可以表现在由染病种子批生产的当代植株上，也可以因病原物在土壤、作物残体、野生寄主中长期存活而表现为常年发病。此外，由种子携带的病原物被传播到从未有过这种病害的地区，由于缺乏天然的制约因素，造成的损失往往会超过在病原物原产地所表现出的水平。病原物的二次侵染可以通过风、雨、灌溉水、机械、昆虫、其他动物和人来进行，常常可以将病原物传播到远离原产地的地方。近些年来，种子一方面作为种质在全世界进行交流与流通；另一方面，新的作物改良方法对世界种子生产贡献极大，种子常常会在多个不同国家分别进行生产、转运、包装、销售与种植，种子作为一种重要的贸易商品，其流通范围也在日益扩大。与此同时，不健康种子也成为病害在不同生产地流行与跨地区传播的重要载体。这一切都极大地增大了种传病害传播流行的危险性。生产、运输、交换健康的种子已成为一个国际化的问题，对种子进行健康度检验是解决此问题的根本出路。保持种子健康度的措施有以下几条。

①制定种子生产中各级种子的田间健康标准和室内检验健康标准。

②加强种子健康检验，满足种子贸易及农业生产的需要，保证农产品的品质。

③加强植物检疫。植物检疫与种子健康度检验之间有其共同的内涵，但是检验的范畴不同。植物检疫规则只对种子进行必需的目标性病原物检验，同时这些检验又没有规定具体的检验方法和数量。因此这样的检疫规则对种子健康度的控制，可能会因方法不适合而达不到预期效果。

④加强种子检验人员健康检验知识的培训。检验人员需要具备一定的病理学、昆虫学知识和鉴别的经验，还应配备一定的仪器设备，通过培训掌握正确的检验方法。

四、提高种子发芽率和活力的措施

种子活力（seed vigour）是种子重要的质量指标，高活力种子具有明显的生长优势和生产潜力。种子活力指的是种子的健壮度，健壮的种子发芽、出苗整齐迅速，对不良环境抵抗能力强。种子活力的高低主要受遗传和环境等因素的影响。遗传因素的影响主要与种被的保护性、籽粒的化学成分、幼苗的出土性状和耐低温能力等有关。

种子发育成熟期间或收获之前的环境因素对种子活力影响很大，必须有针对性地采取一些措施减少或降低不利因素的负面效应，才能提高种子的产量和活力。

（一）合理调节养分

作物生长期间，除了氮、磷、钾 3 种元素之外，还需钙、镁、硫、硼、锰、铜、锌、钼等常量元素和微量元素，各种元素在植株生长发育过程中的生理作用是不同的，缺少任何一种均会引起生理代谢的失调，导致种子发育不良、千粒重下降、生活力和活力降低。

（二）选择适宜的地理环境和生产季节

种子成熟期间的温度、水分、光照是影响种子活力的重要因素。植株在成熟灌浆期间要求逐渐降低温度，以利养分的积累，晴朗的天气和适宜的气温能促进籽粒灌浆。高温下，营养物质转移较快，但细胞组织老化也快，酶活性丧失早，物质消耗多，种子过早停止养分的积累，对种子质量和产量是不利的；温度过低，会引起种子冻害。

种子成熟期间雨水过多时，植株光合作用大大降低，养分积累减少，而且容易造成倒伏。若黄熟后期多雨，有些作物种子甚至会穗上发芽，造成种子活力下降。因此种子成熟期应避开高温多雨的天气，以保证种子的产量和质量。

（三）及时防治穗部病害

感病的和生长瘦弱的母株产生的种子比健壮母株产生的种子活力低，感病母株还将病原菌传给种子，带病种子在储藏过程中更容易变质。为了获得高质量的种子，首先要使母株生长健壮，在栽培上保证充足氮、磷、钾以及微量元素供应。此外，当发生病害尤其是穗部病害时，应及时加以防治，以免影响产量和质量。

（四）及时收获，快速脱水，分收分藏

种子成熟后要及时收获快速干燥脱水。过早收获，由于种子尚未发育成熟，不仅影响产量，还造成种子发芽率和活力的降低；过晚收获，有可能因自然衰退而使种子活力下降。杂交种种子生产时，须提前割除父本，而父本与母本同时成熟的种子生产田，应先收父本，要特别注意不要错行收获。运回的穗和种子要严格分堆、分晒，做好标记，除杂穗劣穗后脱粒。不同品种种子在收获后要严防机械混杂，单独收储，包装物内外各加标签。

（五）种子活力的保持

种子即使在其活力高峰收获、加工清选，假如不能将高的质量维持到播种季节，亦难免前功尽弃。通常种子需有运输储藏保管过程，在这些过程中，必须采用适当的方法来储藏保管和包装运输，使种子活力保持在较高的水平。

（六）种子活力的恢复与提高

种子衰老及活力下降后，往往可以利用不同处理方法使其幼苗有更佳的表现，包括迅速及均匀出苗等性状。大量的研究与实践证明，种子活力在一定程度上是可以通过若干处理来恢复或提高的。

1. 渗调引发 引发技术能够提高种子的活力。例如聚乙二醇引发能提高玉米、小麦、香瓜等种子的活力。锌铁螯合物引发显著提高杂交水稻“隆香优130”陈种子活力和生活力，发芽率从79.5%提高至89.5%，发芽指数从13.21提高至15.92（Lin等，2021）。生物引发和固体引发以及吸湿-回干处理等均能起到渗控引发、提高种子活力的效果。

2. 有机溶剂渗入法 有些生长调节物质、杀虫剂、杀菌剂等不能直接溶于水，可通过有机溶剂浸种把上述物质带到种子内来引发、恢复和促进种子活力。

3. 物理因素处理 例如磁场、电场、超声波、微波等，可能会提高种子的活力及幼苗性能的表现，这些方法仍在试验中，尚未能在生产上应用。

思考题

1. 现行国家种子质量分级标准划分种子等级以哪几项指标为依据？
2. 种子检验主要包括哪些内容？
3. 简述种子认证的程序。
4. 引起品种混杂退化的原因有哪些？如何防止品种发生混杂退化？
5. 简述提高种子质量的措施和方法。

SECTION 2 | 下　篇

种子生产技术

第六章

粮食作物种子生产

第一节 水稻种子生产技术

一、水稻的生物学特性

（一）水稻栽培品种的分类

栽培稻种属禾本科（Gramineae）稻属（*Oryza*），染色体数为 24（二倍体）。栽培稻有 2 种：亚洲栽培稻（*Oryza sativa* L.）和非洲栽培稻（*Oryza glaberrima* Steud.）。亚洲栽培稻分布于世界各地，占栽培稻面积的 99%以上。

水稻属于短日照作物，喜高温。我国栽培稻种由于分布区域辽阔，环境条件复杂，栽培历史悠久，在长期自然选择和人工培育下，形成了适应不同纬度、不同海拔、不同季节以及不同耕作制度的各种生态类型和品种特性。据统计，我国栽培稻品种超过 4 万种。根据它们的生态地理分化特征，可将水稻分为籼稻和粳稻，其中籼稻适于在高温、强光和多湿的热带及亚热带地区生长，在我国主要分布于南方的平原低地；粳稻则比较适于在气候温和、光照较弱、雨水较少的环境中生长，在我国主要分布于秦岭、淮河以北纬度较高的地区和浙江北部、江苏及南方海拔较高的山区。根据水稻品种对日照长短反应特性的不同，可分为早稻、中稻和晚稻，其中晚稻对日照长短反应敏感，即在短日照条件下才能进入幼穗分化阶段和抽穗；早稻对日照长短反应钝感，只要温度等条件适宜，即使在长日照条件下，也可以进入幼穗分化阶段和抽穗；中稻对日照长短的反应处于早稻和晚稻之间。根据栽培稻对土壤水分适应性不同，可分为水稻和陆稻（又称旱稻）。根据籽粒的淀粉特性，可分为粘稻和糯稻，粘米含支链淀粉 70%～80%，直链淀粉 20%～30%；糯米几乎全部为支链淀粉，不含或很少含直链淀粉。根据水稻特征、特性和利用方向等，可将栽培稻品种进一步分类，按熟期可将早稻、中稻和晚稻分别划分为早熟品种、中熟品种和晚熟品种，按茎秆长短可分为高秆品种、中秆品种和矮秆品种，按穗型可分为大穗型品种和多穗型品种，按种子生产方式可分为常规稻品种和杂交稻品种，按稻米用途可分为食用稻品种、饲用稻品种和加工用稻品种，按食用稻品质可分为优质稻和普通稻。

（二）水稻的花器结构和开花结实特性

1. 水稻花器结构 水稻是自花授粉作物，稻穗为圆锥花序，由穗轴、一次枝梗、二次枝梗、小穗梗和小穗（颖花）组成。每个小穗有 3 朵颖花，仅 1 朵颖花能正常发育，另 2 朵退化为 1 对披针状的护颖。一朵正常的颖花由 1 枚内稃、1 枚外稃、2 枚浆片、1 枚雌蕊和 6 枚雄蕊所组成（图 6-1）。外稃较大，顶端有个小突起，称为稃尖。有的外稃稃尖伸长为芒，芒的长短因品种而异。浆片着生在子房和外颖之间，是 1 对卵形肉质物。水稻为雌雄同花。雄蕊 6 枚，着生在子房基部，每枚雄蕊由花丝和花药组成。雌蕊位于颖花的中央，分为子房、花柱和柱头 3 部分。柱头二裂成羽毛状，呈无色或紫色。

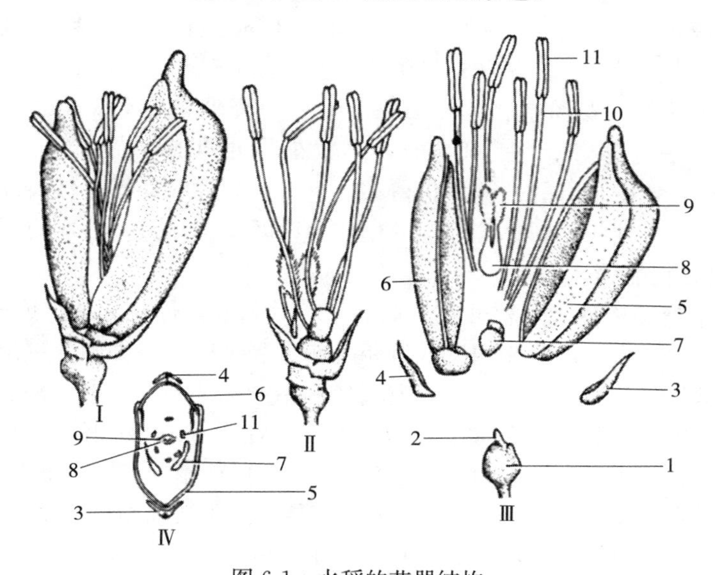

图 6-1 水稻的花器结构

Ⅰ. 开花时稻花外形 Ⅱ. 开花时除去内外稃稻花 Ⅲ. 稻花的各部分 Ⅳ. 花式

1、2. 护颖 3、4. 退化花外稃 5. 外稃 6. 内稃 7. 浆片 8. 子房

9. 柱头 10. 花丝 11. 花药

2. 水稻抽穗和开花 稻穗顶端露出剑叶鞘，即为抽穗。群体始穗期、盛穗期和齐穗期的划分标准分别为抽穗率达到 10%、50%和 80%。抽穗的当天或抽穗后 1～2 d 开始开花，每穗的开花顺序是上部枝梗的颖花先开，下部枝梗的颖花后开。每个枝梗上总是最上 1 朵花先开，再从枝梗基部向上开花，倒数第二朵花最后开放。每个稻穗自顶端颖花露出剑叶叶鞘到全部抽出需 3～4 d，稻穗始花后 2～3 d 进入盛花期，1 个稻穗的花期为 5～7 d。

一天内水稻开花时间因品种和地区而异。水稻一天中开花时间在 8:00—16:00，盛花时间集中在 10:00—12:00。水稻从开颖至闭颖为开花时间，历时 60～90 min，在适宜条件下历时较长。雄性不育系开花时间可达 180 min。籼稻开花早于粳稻，早稻早于晚稻。温带、亚热带和热带平原丘陵地区比高寒和高海拔地区开花要早。同日开花的籼稻比粳稻会早开 1～2 h。早稻在上午 8:00 以后开花，10:00—11:00 盛花，午后终花。晚稻在上午 9:00 以后开花，11:00—12:00 盛花，13:00 终花。

水稻开花受环境条件的影响很大。开花最适温度为 25～30 ℃，最适空气相对湿度为 70%～80%；温度低于 23 ℃或高于 35 ℃时，花药开裂就要受到影响。水稻开花的最低气温为 15 ℃，最高气温为 40 ℃。温度过低或过高均会降低结实率。天气晴朗、气温适宜的条件，有利于开花；而在阴雨连绵、气温偏低的条件下则开花延迟，甚至不开花而闭颖授粉。

3. 水稻授粉和受精 水稻开花时，浆片迅速吸水膨胀，体积约达原体积的 3 倍，撑开外颖，促使颖花张开。内稃与外稃张开后，花丝伸长，可达开花前的 5 倍，将花药升向稃壳顶端而裂药散粉。每枚花药含有 500～1 000 粒花粉。花粉一旦散落在雌蕊柱头上，1.5～3.0 min后花粉管开始萌发。花粉粒从柱头湿润表面吸收液体而膨胀，经 2～3 min，其内壁通过萌发孔向外突出形成花粉管，3～5 min后，2个生殖核和1个营养核以及花粉细胞质等内含物进入伸长中的花粉管，花粉管在柱头的乳头状突起之间拓开通道进入花柱组织，大约授粉后30 min通过珠孔进入胚囊。花粉管先端破裂后释放出2个生殖核。大约授粉2 h后，1个精子核与极核融合，继而又与另1个极核融合，形成胚乳原核。另1个精子核与卵核融合，形成受精卵。授粉后8～12 h完成双受精过程，合子经3～4 h的休眠就开始胚胎发育。

在田间自然条件下，花粉散出后3 min，生活力降低一半，5 min后绝大多数死亡，10～15 min后完全丧失受精能力。开花时，多数花药可伸出稃壳，羽毛状柱头略微展开，部分柱头可伸到稃壳外面，有的开花后仍留在外边，称为柱头外露。柱头外露的颖花占颖花总数的比例（%）称为柱头外露率。柱头受精能力以开花当日最高，次日明显减退，开花后3 d几乎完全丧失受精能力。

4. 水稻种子发育和成熟　水稻开花后3.0～3.5 h，胚乳原核分裂形成两个胚乳游离核。开花后1～3 d，胚乳游离核沿胚囊内壁成等距分布，受精卵进行细胞分裂形成的两个细胞的原胚增大很多，呈梨形。布满胚囊内壁的游离核开始产生细胞壁，形成一层胚乳细胞，随后不断地分裂，增加细胞层数，向胚囊中部填充。开花后4～6 d，原胚发生形态变化，其外侧出现1个唇状突起，下方分化茎的生长点原基，形成胚芽鞘原基、胚根鞘原基和初生维管束，并在胚芽生长点下部分化出不完全叶原基。同时，胚乳细胞已填满整个胚囊。开花后7～8 d，胚的主要部分均已分化，形成了胚的雏形。开花后9～10 d，叶原基与吸收层开始分化，盾片与幼芽连通的维管束已初步形成，细胞分裂接近停止，各个胚乳细胞的体积增大而使整个胚乳的体积扩大。胚的发育大约在受精后10 d完成，具备了完全的发芽能力。

水稻开花受精后，受精卵和初生胚乳不断分裂分化。次日起子房纵向生长，授粉后2 d，可确定颖花是否受精，授粉后3 d子房达全长的1/2以上，授粉后5～7 d子房不断变长而达到成熟籽粒同等长度。开花后10 d左右，胚包括胚芽发育完成，籽粒充满胚乳细胞。开花后11～12 d籽粒向两侧加宽。开花后15～16 d籽粒达到最大宽度。受精后约25 d，籽粒的厚度达最大值。籽粒灌浆速度因品种和季节而异，直接影响着品质，早籼品种一般6月中下旬抽穗开花，温度上升快，代谢活动急剧加强，正好与籽粒内部灌浆生理梯度吻合。同时，由于光抑制、光氧化现象使稻株本身光合产量下降，胚乳细胞分裂和灌浆速度过快，不易充实，易形成垩白，导致品质下降。

水稻种子成熟按形态特征的变化可以分为以下4个时期。

（1）乳熟期　早稻在开花后3～8 d（晚稻为5～14 d），其籽粒中充满白色浆乳，随着时间的推移，浆乳由稀变稠，颖壳外表为绿色。此时籽粒体积已达到最大值，胚已基本发育完成。

（2）黄熟期　受精后10～20 d，胚乳内的白色浆乳渐渐失水固化成为较硬的蜡状，但手压仍可变形，颖壳绿色消退，逐步转为黄色。此期历时9～11 d。

（3）完熟期　受精后25～35 d，籽粒颜色由绿转黄，当90%～100%的籽粒变成硬质，呈现黄色时，即完全成熟。此时是人工收获适期。

（4）枯熟期　此期颖壳及枝梗大部分枯死，谷粒易脱落，易穗萌、折秆，色泽灰暗。

二、水稻常规品种种子生产

我国常规水稻品种常年的种植面积占水稻播种总面积的40%～45%。生产高质量的常规品种水稻种子是提高水稻生产水平和持续发展的重要保证。

（一）建立原种、大田用种种子繁育田

建立原种、大田用种种子专门繁育田可最大限度地避免机械混杂和天然杂交，保持原种种性，提高种子纯度和繁殖系数。

1. 确定种子田繁殖程序　育种单位提供的育种家种子，一般数量较少，需经种子专繁田1～2代扩大繁殖才能应用于大田生产。种子繁殖承担单位应根据需种量，确定采用一级种子田或二级种子田进行繁种。

（1）一级种子田制　一级种子田用于繁殖由育种单位提供的育种家种子。收获前在种子田选择优良单株，混合脱粒，作为第二年种子田用种。余下的除杂去劣后进行片选，混合收获种子，供第二年大田生产用。

（2）二级种子田制　在一级种子田中株选，混合脱粒，供下年度一级种子田用种；其余除杂去劣后进行片选，混收的种子供二级种子田用。二级种子田经除杂去劣后片选，混收种子供应大田生产用。在需种数量较大，一级种子田不能满足需要时，才采用二级种子田。

水稻的繁殖系数在单本栽插的条件下为250～300倍。二级种子田面积占大田面积的2%～3%，一级种子田面积约占二级种子田的0.4%。

2. 种子繁殖田的栽培和选种技术

（1）选择良好种子繁育田　种子繁育田应选阳光充足，土壤肥沃，土质均匀，排灌条件良好，耕作管理方便的田块。同品种的种子繁殖田应成片集中，相邻田块种植与繁殖种子相同的品种。一级种子田设在二级种子田中间，以防止品种间天然杂交。水稻种子田的空间隔离要求，常规品种为20～50 m。

（2）采用优良栽培技术　种子繁殖田应采用适宜品种的生产条件和优良的栽培技术措施。播种前进行晒种、筛选、消毒等，提高播种质量。稀播（180～225 kg/hm^2）、匀播，培育多蘖壮秧，单株稀植。种子繁殖田的管理措施要一致，特别是施肥的数量和质量要均匀一致，以提高比较鉴定的效果。加强田间管理，合理施用氮肥，增施磷钾肥，及时防治病虫害等，使单株充分表现其原有的种性和典型性，提高种子质量，扩大繁殖系数。

（3）采取正确选留种技术　在品种种性表现最明显的抽穗期，根据原品种的主要特征特性（例如生育期、株高、株型、穗粒性状）选出生长整齐、植株健壮、具有该品种典型性状、丰产性和抗病性均优良的单株，挂上纸牌或其他标记。成熟期再根据其转色、空壳率、抗性等进行复选，淘汰不良单株。将入选单株拔回晒场或室内，最后评审决选，混合脱粒，作下年度种子繁育田或一级种子田用种。选择株数视所需种子量而定，一般供1 hm^{2}种子繁育田或一级种子田繁殖，需900株左右。为了保持原品种遗传基础，防止基因的流失，提高品种对不良环境的适应性，实际入选株数应成倍地超出上述株数。

（二）保纯提纯种子生产技术

目前，水稻原种保纯提纯多采用循环选择繁殖法（参见图3-2），即指从某品种的原种群体中或其他繁殖田中选择单株，通过单株选择、分系比较、混系繁殖，生产原种种子。原种种子再繁殖1～2代，产生大田用种，供大田播种用。

1. 选择单株　一般是从生产上选用混杂退化较轻的品种，培育壮秧，单株稀植于选择圃（繁殖田），面积在667 m^{2}以上，采用优良的栽培条件和管理技术种植，使单株充分生长发育，尽量将优良性状表现出来，以提高选择效果。选择优良单株的方法和标准与种子田选

留单株基本相同。一个品种初选不少于 300 株，复选淘汰 50%～60%，最后根据室内考种，决选 80～100 株。

2. 分系比较 将上年入选单株，统一编号，分别播种，分系插植。每株系种植 6～10 行，60～120 个单株，每隔 5～6 个株系，种植纯度较高的原品种作对照。在整个生长发育过程中做好田间调查，收获前，根据田间表现，淘汰不良株系。入选株系分别收获测产，经室内考种，选出具有原品种典型性状、丰产和抗病的优良株系。为了防止基因漂移，入选株系宜保留 40 个以上。在评选过程中，如发现优异的变异类型，可选作培育新品种的材料。

株系圃也应选用地力较好、土质均匀的田块，采用优良的栽培条件，注意栽培管理措施的一致性，防止因栽培条件的差异而造成选择上的误差。

3. 混系繁殖 将上年入选株系混合种植于原种圃。单株稀植，加强栽培管理，扩大繁殖系数，以获得大量的优质种子，尽快地应用于大田生产。

株行提纯生产的原种，除供应种子田用种外，还可分出部分种子储存于中长期种子库，每隔 2～3 年取出少量种子进行繁殖生产用种，以减少繁殖世代。注意防止混杂，保持种性。株行提纯时也可以选穗，经穗行比较试验而生产原种。

三、水稻杂交种种子生产

我国杂交水稻的研究始于 1964 年，从 1964 年在常规水稻品种中发现了自然雄性不育植株，到 20 世纪 70 年代前期完成了籼型和粳型水稻三系配套，70 年代中期开始推广种植三系杂交水稻。1973 年我国湖北发现水稻粳型光敏核雄性不育材料，开始了两系法杂交水稻的研究，相继育成了一批起点温度低、异交率高、配合力好、可供生产应用的光温敏核不育系，并陆续组配出一批两系法杂交水稻强优组合，逐步完善了两系杂交水稻的种子生产体系。目前，我国杂交水稻种子生产主要有三系法和两系法两种途径。我国杂交水稻的年播种面积约占水稻播种总面积的 50%，在我国粮食生产中有着举足轻重的地位和作用。我国杂交水稻的大面积推广，开自花授粉作物杂种优势利用之先河，处于国际领先地位。

（一）三系法杂交水稻种子生产

1. 杂交水稻的三系

（1）杂交水稻的三系及其相互关系

①杂交水稻的三系：杂交水稻的三系是细胞质雄性不育系（male sterile line）、雄性不育保持系（maintenance line）和雄性不育恢复系（restoring line）的总称。

A. 雄性不育系：雌蕊正常而雄蕊花粉败育（或无花粉），不能自交结实，育性受遗传基因控制的品系称为雄性不育系（简称不育系，常用 A 表示）。雄性不育系的雄性器官发育异常，花粉败育或无花粉；雌性器官发育正常，可以接受外来花粉而受精结实。

目前生产上应用的野败型、冈型和 D 型雄性不育系，其花药细小，乳白色或浅绿色，不开裂；花粉细小不规则，或仅有少量圆粒花粉，无内含物，对 I_2-KI 溶液不着色。

B. 雄性不育保持系：能够保持雄性不育系不育性的品种（系）称为雄性不育保持系（简称保持系，常用 B 表示）。雄性不育保持系的雌性器官和雄性器官发育均正常，能自交结实。以其花粉给雄性不育系授粉，所结的种子能继续保持其不育性。雄性不育保持系与相应的雄性不育系在遗传上是同型系。在细胞组成上，细胞质各不相同，而细胞核基本相同，因而在主要农艺性状上具有相似性。

C. 雄性不育恢复系：能使不育系恢复正常结实的品种（系）称为雄性不育恢复系（简称恢复系，常用R表示）。雄性不育恢复系雌雄器官发育均正常，自交结实，用其花粉给雄性不育系授粉，所结种子长成的植株育性恢复正常。

②杂交水稻三系的相互关系：不育系和其保持系杂交获得不育系种子，保持系自交仍是保持系。不育系和恢复系杂交获得杂交种种子，恢复系自交仍是恢复系。利用水稻杂种优势每年需要繁殖不育系。利用不育系和恢复系配制杂交种，才能应用于生产。三系的相互关系见图6-2。

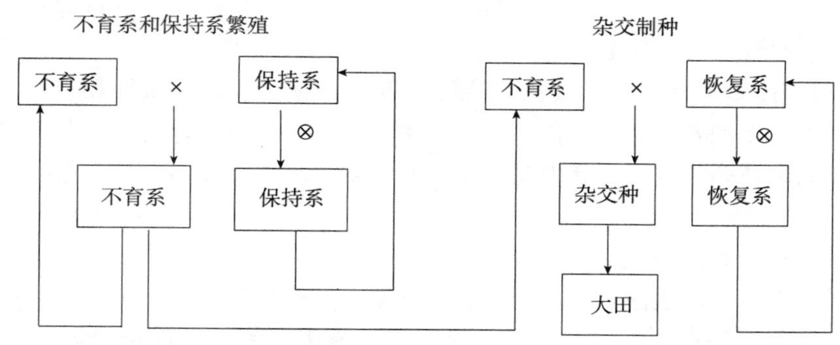

图6-2　三系法杂交水稻亲本繁殖和制种的关系
⊗. 自交　×. 杂交

杂交稻遗传组成是杂合的。杂交种F_1代优势强，性状整齐，产量高。从F_2代开始，出现育性和其他农艺性状的分离，优势减退。因此杂种F_1代的籽粒不能继续留种。

（2）水稻雄性不育系的分类　根据国内外的报道，水稻雄性不育系有30多种类型，分类方法也较多。在此，从生产利用和良种繁育角度介绍已用于生产的不育系的分类。

①根据核置换型分类：

A. 野生稻和栽培稻之间的核置换：这类雄性不育系是以野生稻作母本，栽培稻作父本进行核置换获得的，为野生稻细胞质与栽培稻细胞核相结合的野质栽核型不育系，例如野败型不育系、红莲型不育系等。

B. 籼粳亚种间核置换：这类雄性不育系是以籼稻细胞质（母本）与粳稻细胞核（父本）进行置换获得的，为籼质粳核型不育系，例如BT型不育系、滇Ⅰ型不育系等。

C. 籼亚种内品种间核置换：这类雄性不育系细胞质和细胞核均来自籼型品种。例如以西非晚籼品种“冈比亚卡”（Gambiaka）或圭亚拉晚籼品种“Dissi D52/37”为母本，国内矮秆籼稻品种作父本进行核置换，育成籼质籼核型不育系，例如冈型不育系、D型不育系等。

②根据不育性的发生阶段分类：

A. 孢子体雄性不育：此类雄性不育系的雄性不育发生受孢子体的支配。一般花粉母细胞发育较正常，减数分裂正常或基本正常地进行。在花粉发育到单核期前后开始败育，表现为花粉粒皱缩，无内含物，成非典型的花粉形态，这个类型统称为典败型，如野败型不育系、冈型不育系和D型不育系等籼型不育系。

B. 配子体雄性不育：此类雄性不育系的雄性不育受配子体支配。花粉败育有二核期和三核期两种形式。例如红莲不育系、华矮15不育系属于二核期败育，BT型不育系、黎明不育系等不育系属于三核期败育。

③根据花粉败育的形态特征分类：

A. 无花粉型：此类雄性不育系的花药内无花粉，或仅有残缺不全的花粉壁碎片。目前，尚未育成可供生产上应用的不育系。

B. 典败型：这类不育系的多数花粉细小，形状不规则，或有少量体积正常而无内含物的花粉粒。目前生产上应用的籼型不育系均属于这种类型，如野败型不育系、冈型不育系和D型不育系等。

C. 圆败型：这类不育系的多数花粉体积正常，无内含物或仅有少量淀粉，对 I_2-KI 溶液不染色或染色呈浅蓝色，例如红莲不育系、华矮 15 不育系等。

D. 染败型：这类不育系的多数花粉的形态发育正常，内含大量淀粉，对 I_2-KI 溶液呈蓝色反应，与保持系的花粉基本相似。由于这类不育系在花粉发育的三核期走向败育，因而在生育期、株高和花药形成等性状上与保持系并无明显区别，如 BT 型不育系、滇Ⅰ型不育系等。

（3）杂交水稻三系混杂退化的表现

①不育系混杂退化的表现：混杂退化的不育系，其不育性降低，出现少数花粉正常，自交结实株；可恢复性变劣，配合力降低；异交习性变劣，例如出现花时迟、柱头外露率降低、包颈度加重、闭颖率增加等；农艺性状分离，整齐度降低，经济性状变劣，抗性减退等。

②保持系和恢复系混杂退化的表现：混杂退化的保持系，其保持能力下降，混杂退化的恢复系，其恢复能力减弱；出现配合力降低、综合抗性和经济性状发生分离变劣、抗性减退等。

混杂退化三系导致的后果是杂种优势下降，杂交种中的杂株率升高，从而导致不育系繁殖和杂交制种的纯度下降，产量降低。

（4）三系亲本及 F_1 代混杂退化的原因

①机械混杂：杂交水稻亲本杂株中以机械混杂为主。由于三系生产的特殊性，在繁殖和制种过程中，两个亲本同栽一田，分期分系播插、分别收获等环节，容易造成机械混杂。三系不育系杂株中以保持系为主，保持系杂株中以不育系为主，恢复系杂株中以不育系、F_1 代为主。

②生物学混杂：F_1 代中的杂株以生物学混杂为主，出现生物学混杂，一是由亲本本身机械混杂的杂株串粉造成；二是因隔离不严，水稻异品种串粉造成，制种田中保持系串粉，F_1 代中出现不育系；异品种串粉，F_1 代中出现半不育株等；三是制种田前作稻蔸和落田谷成苗造成。

③性状变异：保持系、恢复系是自交的纯合体，性状相对稳定，但变异始终存在，只是变异概率很小。不育系易发生变异，育性"返祖"，出现染色花粉株，甚至自交结实。

2. 三系杂交水稻亲本原种生产技术　三系亲本提纯的方法归纳起来可分为两种，一是经回交、测交鉴定，定选三系原种；二是不经回交、测交，混合选择三系。前一种方法的程序比较复杂，技术性也强，生产原种数量较少，但纯度较高，而且比较可靠。后一种方法的程序简单，产生原种数量多，但纯度和可靠性稍低。一般在三系混杂退化不很严重的情况下，宜用后一种简单提纯法。如果三系混杂退化较严重，则宜采用前一种方法。

（1）经回交、测交鉴定提纯法　此法又称为三系配套提纯法。这种方法既注重根据三系亲本的典型性选择，又进行亲本配合力的测定，因此可靠而有效。基本程序包括单株选择、成对回交和测交、分系鉴定、混系繁殖（图 6-3）。

①单株选择：在纯度高的繁殖田和种子生产田，依据不育系、保持系和恢复系的典型性状，分别选优良单株（选择株数视需要而定），单独收获、育秧。在秧田选择性状整齐、表现良好的秧苗分别编号，单株移栽于原种生产田。在分蘖抽穗期间，进行严格除杂去劣，对不育系要逐株镜检花粉，淘汰不育度低的单株。

②成对回交和测交：中选的不育系（A）单株与保持系（B）单株成对回交，同时与恢复系（R）单株成对测交。回交和测交采用人工杂交方法，注意分别收获编号。

③分系鉴定：将成对回交和测交的种子及亲本（保持系和恢复系）育秧，移栽于后代鉴定圃。

注意将保持系亲本与回交后代相邻种植，恢复系亲本与测交后代相邻种植，便于比较。凡同时具备下述 3 个条件的组合的对应亲本，可作为原种：a. 回交后代表现该不育系的典型性状，不育度和不育株率高（100%）；b. 测交后代结实率高，优势明显，性状整齐，具备原杂交种的典型性；c. 回交、测交组合相对应的保持系和恢复系均保持原有的典型性。

④混系繁殖：将同时具备上述 3 个条件的不育系及对应的保持系、恢复系，分别混合选留、混系繁殖，即为三系的原种。

（2）不经回交、测交鉴定提纯法

①三系七圃法：此法的程序是选择单株、分系比较、混系繁殖。不育系设株行圃、株系圃和原种圃 3 圃，保持系、恢复系各设株行圃和株系圃 2 圃，共 7 个圃（参见图 3-9）。

第一季，单株选择，保持系、恢复系各选 100～120 株，不育系选 150～200 株。

第二季，株行圃，按常规稻提纯法建立保持系和恢复系株行圃各 100～120 个株行。保持系每个株行种植 200 株，恢复系每个株行种植 500 株。不育系的株行圃共种植 150～200 个株行，每个株行种植 250 株。选择优良的 1 株保持系作父本行。通过育性、典型性鉴定，初选株行。

第三季，株系圃，初选的保持系、恢复系株行升入株系圃。根据鉴定结果，确定典型的株系为原原种。初选的不育株行进入株系圃，用保持系株系圃中的 1 个优良株系，或当选株系的混合种子作为回交亲本。通过育性和典型性鉴定，确定株系。

第四季，不育系原种圃，当选的不育系株系混系繁殖，用保持系原种作为回交亲本。

三系七圃法省去了用恢复系原种与不育系测交，未测定恢复系原种的恢复能力与配合力。为了防止恢复系原种丢失恢复能力和降低配合力，可用恢复系株行与不育系测交，测定恢复力和配合力。

②改良提纯法：改良提纯法是提纯、繁殖、制种三位一体的简易提纯法（图 6-4）。对于遗传特性稳定性好、混杂退化现象轻微的三系亲本，可采用这种方法生产原种。此法只有 4 圃，即不育系和恢复系各自的株系圃和原种圃。保持系靠单株混合选择进行提纯，并作为不育系的回交亲本圃繁殖，省去了不育系和恢复系的株行圃，而都从单株选择直接进入株系圃。该方法关键是单株选择和株系比较鉴定应始终严格把握亲本的典型性标准，排除肥水条件、激素、农药、除草剂对性状的影响及田间、室内各项操作中的人为误差。

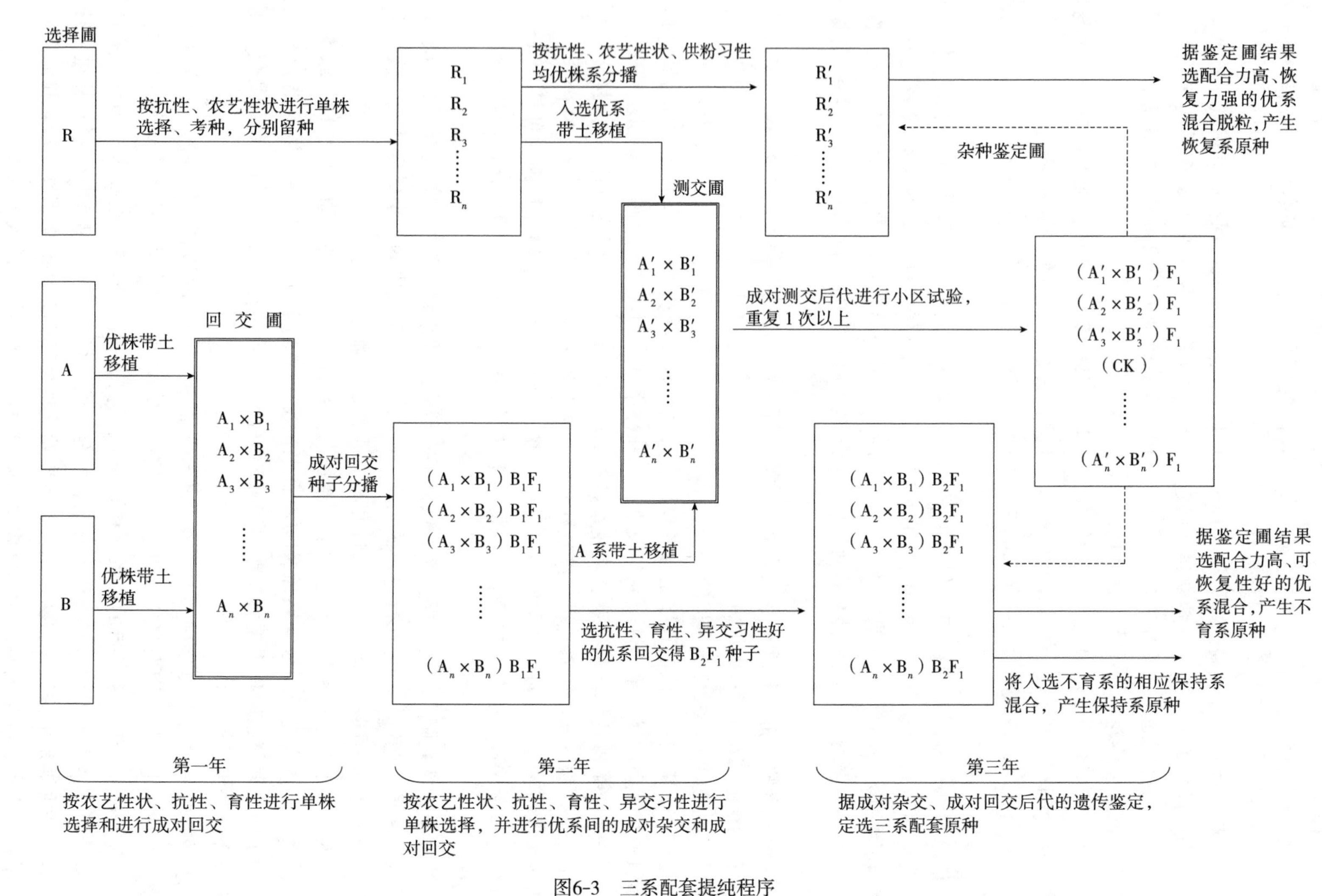

图6-3　三系配套提纯程序

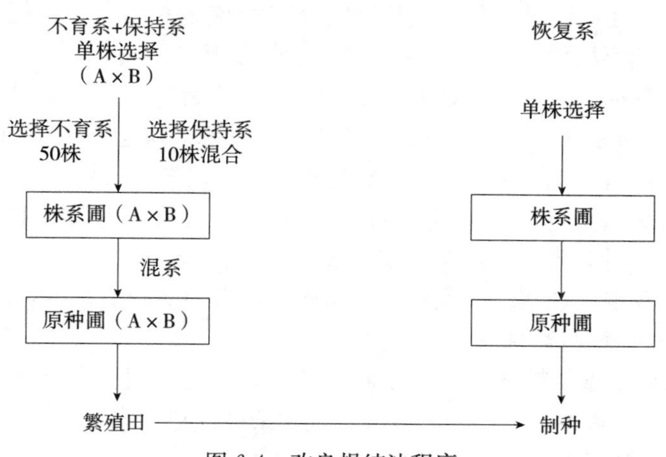

图 6-4　改良提纯法程序

（3）原种生产的主要技术要点　参照国家标准《籼型杂交水稻三系原种生产技术操作规程》（GB/T 17314—2011）对杂交稻三系原种生产主要技术要点做简要介绍。

①选好种子生产基地，严格做好隔离工作：根据国家标准，三系原种生产基地要选择隔离条件优越、无检疫性病虫害、土壤肥沃、旱涝保收、集中连片的田块。如果为时间隔离，花期应错开 25 d 以上。如果为空间隔离，其隔离距离，保持系、恢复系为 20～50 m，不育系为 500～700 m，种子生产田籼稻为 200 m、粳稻为 500 m。对于柱头外露率较高的保持系，从单株选择到原种圃，都要严格隔离。

②保持系原种生产应注意的问题：

A. 单株选择标准：当选单株的性状必须符合原品种的特征特性，包括株型、叶型、穗型、粒型、生育期和叶片数、分蘖性、长势、长相、抗逆性、结实率、花药大小、花丝长短、花粉量多少、开花散粉习性。

B. 选择时期和数量：分 4 次进行选择。分蘖期以株型、叶鞘颜色、分蘖多少为标准，初选 500 株。抽穗期以主穗、分蘖穗抽穗快慢和一致性为标准，选留 300 株。成熟期以穗长、结实率、粒型、成熟度、整齐一致性和抗病性为标准，定选 200 株。然后，室内考种，综合评选 100 株，将当选的单株单收，编号登记，装袋，保存。

③恢复系原种生产应注意的问题：

A. 选择标准：单株选择标准与上述保持系的基本一致，主要看株型、叶型、穗型、粒型、茎叶色泽、主茎叶片数，选择具有典型性、一致性，经镜检无败育花粉的单株。

B. 测优鉴定：每 1 株行选取 2 个单株，用该组合不育系原种单株测交，收种做测优鉴定。综合评选典型性好、恢复度 80%以上、恢复株率 99.9%、抗逆性好及产量高于对照的恢复系，株行当选率为 30%～50%，株系当选率为 50%～70%。

C. 定原种：株系的混收种子结合优势鉴定，取配合力优势强的株系混合收储，根据需要设置原种圃，生产原种。达到原种标准（纯度为 99.9%）的种子定为原种。原种种子除用于大田用种生产外，多余的种子可干储冷藏，以备后用。

④不育系原种生产应注意的问题：

A. 选择标准：当选不育系单株选择标准在与相应保持系单株选择标准相同的前提下，以原不育系的不育性、开花习性和包颈为选择的重点依据。

B. 育性检验：育性检验采取花粉镜检和套袋自交鉴定相结合，一般每个株行圃要抽样检 20 株，每个株系圃要抽样检 30 株，原种圃每公顷要检 450 株以上。

C. 选择时期和数量：选择步骤同上述保持系，注意始穗期观察全区每株花药，拔除有粉型植株，再根据镜检复选。田间选择数量不少于 200 株，决选不少于 50 株。

D. 株行圃观察记载及选择标准：每株行定点观察 10 株，记载标准同上。同时，每株行播插 10 株不育系于另一个自然隔离区或屏障隔离区，不套袋，记载结实率。当选的各株行，取样 10 株进行室内考种，重点是异交结实率等经济性状。

E. 株行决选：在定点观察、育性鉴定、镜检等项目的基础上，重点选典型性好、一致、异交结实率高的株行。株行当选率为 30%。

3. 三系杂交水稻亲本繁殖技术 亲本种子繁殖，简称繁种，其质量和产量的高低，影响杂交水稻制种的规模和种子生产的质量、产量和杂种优势表现。因此杂交水稻亲本种子繁殖既要产量高，又要保证质量。

(1) 三系不育系繁殖技术 以不育系（A）作母本，保持系（B）作父本，按照一定的行比相间种植，使父本和母本同期开花，不育系接受保持系的花粉结实，生产下一代不育系种子的过程，称为三系不育系繁殖。

三系不育系繁殖的基本技术原理及其田间操作方式与三系法制种基本相同，即都是以雄性不育系作母本与雄性可育父本的异花授粉生产过程。但是不育系繁殖在原理、要求与具体操作技术等方面有其特点。

①不育系繁殖种子的纯度标准高：不育系种子是杂交制种的亲本，国家标准《粮食作物种子 第 1 部分：禾谷类》（GB 4404.1—2008）规定，不育系原种纯度标准为 99.9%，大田用种（制种田用种）纯度标准为 99.5%。为了保证纯度，不育系繁殖田应尽量避免前作安排同作物，防止前作落粒和再生苗混杂。在隔离方法上，应尽可能选择自然条件隔离，采用时间隔离（开花期错开）时不少于 25 d，或在隔离区 300～500 m 内种植保持系。在始花期前应根据父本和母本原种典型性标准除尽杂株。授粉期结束后，将保持系植株齐泥割掉，清除干净，收割前进行田间纯度验收。分户收购，分户取样种植鉴定。

②不育系与保持系生育期差异小：不育系和保持系同核异质，除育性表现不同外，农艺性状基本相同。父本和母本播种差期安排较简单，父本和母本花期易相遇。由于不育系的生长势比保持系强，母本开花速度慢，历期较长，为了使父本和母本群体花期相遇程度高，安排保持系比不育系迟播 5～7 d，并可将保持系分两期播种，两期间隔约 5 d。不育系繁殖要特别重视对父本的培养，在技术措施上可采用宽行窄株种植，适当加大父本和母本间距，父本起垄栽培，偏施肥料。

(2) 保持系和恢复系繁殖技术 保持系和恢复系是正常结实的品种，因此采用自交繁殖的方法，其繁殖系数高，繁殖栽培管理技术较简单，技术要点如下。

①繁殖种源：采用经过原种生产程序和方法，农艺性状一致，并经过保持、恢复基因及配合力鉴定的保持系、恢复系原种为繁殖种源。

②繁殖季节与地点：根据保持系、恢复系的生育期类型尽可能安排正季繁殖，以便性状的典型性正常表现。为了使保持系、恢复系性状表现与其在繁殖、制种季节相符，保持系可安排在其不育系繁殖季节繁殖，恢复系可安排在制种季节繁殖。繁殖地点可在三系原种生产基地，也可选择在相应的繁殖、种子生产基地。繁殖田块要求肥力水平中上，且均匀一致，

排灌方便。

③栽培技术：为使群体正常均衡生长发育，结实成熟正常，在整个繁殖过程中均采用平衡培养技术。及时翻耕、平整土地，合理搭配施用基肥。及时播种，稀播匀播，培养壮苗。合理密植，每穴单本移栽。搞好肥水管理，培养平衡、稳健群体的长势长相，切忌因施肥、喷农药、使用除草剂、喷施激素等造成伤苗死苗、植株畸形、生长发育异常等现象。

④防杂保纯：国家标准《粮食作物种子　第1部分：禾谷类》（GB 4404.1—2008）对保持系、恢复系原种种子纯度要求≥99.9%，以原种繁殖的大田用种，纯度要求≥99.5%。随着种子行业的发展，杂交种种子生产必然实行基地规模化、操作机械化、管理程序化，繁殖田应选择前作未种水稻的田块，防止前作水稻异品种的掉粒苗及再生苗种子混杂。适当进行隔离，距离隔离为20～30 m，时间隔离应在15 d以上。整个繁殖过程按原种标准除杂，并严格防止机械混杂。

4. 三系杂交水稻种子生产技术　杂交水稻种子生产是以雄性不育系为母本，雄性恢复系为父本，父本和母本按照一定比例相间种植，母本接受父本花粉而受精结实，生产杂交种子（F_1代）的过程，是一个异交授粉结实的过程。目前，三系法杂交水稻种子生产，按照种子生产的季节，有春制（即早稻生产季节制种）、夏制（中稻生产季节种子生产）、秋制（晚稻生产季节种子生产）和冬制（海南冬季种子生产）等类型。杂交水稻种子生产要产量高、质量好，必须采取综合配套的栽培技术措施，以达到父本和母本花期相遇良好，群体结构合理，同时，还要改善授粉条件，及时防治病虫害和严格防杂保纯。

（1）杂交种种子生产生态条件的选择　水稻的花器小，开花时间短，柱头和花粉生活力较弱，在父本和母本开花授粉过程中需要适宜的温度、湿度和光照条件，才能顺利完成异花授粉过程，使母本结实。因此能够种植水稻的区域虽然都可以进行杂交水稻种子生产，但不一定都能获得高产与优质种子。杂交水稻种子生产基地的选择和季节的安排，可归纳为杂交水稻种子生产生态条件的选择。

①抽穗开花授粉期的安全气候条件：抽穗开花授粉期（始穗至终花期）的气候条件影响父本和母本抽穗、开花、授粉、受精、结实，决定制种产量的高低甚至制种的成败。该时期安全气候条件的基本要求是：a. 不出现连续3 d以上整天下雨天气；b. 日平均气温以26～28 ℃为宜，不出现连续3 d以上日平均气温高于30 ℃或低于24 ℃，无连续3 d以上日最高气温高于35 ℃或日最低气温低于22 ℃的天气；c. 相对湿度以80%～90%为宜，无连续3 d以上高于95%或低于75%的天气；d. 每天上午开花授粉时段不出现连续3 d以上自然风力大于3级的天气。

②种子成熟收割期的安全气候条件：杂交水稻种子生产授粉期结束后，种子进入结实灌浆期。天气晴朗，昼夜温差大（10 ℃以上）时，种子灌浆成熟速度快，籽粒饱满。在授粉期结束后的10 d左右种子进入成熟阶段，此时杂交种子具有发芽能力，较易在穗上萌动发芽。因此从杂交水稻种子生产的种子进入成熟阶段至收割干燥阶段，种子生产基地应具备晴朗少雨，不出现连续下雨的天气，空气相对湿度较低的气候条件。

③其他生产条件：种子生产基地除了气候条件适宜杂交水稻种子生产外，还应具备其他相应的种子生产条件。种子生产基地内稻田集中连片，地势开阔，光照充足；方便种子生产隔离；土壤结构性能良好，肥力水平较高；水利条件好，排灌方便；常年病虫害（尤其是稻瘟病、白叶枯病、稻粒黑粉病、稻曲病、螟虫、飞虱等）发生较轻，且无水稻检疫性对象

(细菌性条斑病、稻象虫等);常年不发生强风暴、山洪、冰雹、持久性干旱等恶性气象灾害。

(2) 父本和母本花期相遇技术　杂交水稻种子生产父本和母本同期抽穗开花,称为花期相遇。父本和母本花期相遇是保证制种产量的前提。水稻开花期较短,群体开花期一般为10 d左右。根据父本和母本花期相遇的程度,可分为5种类型:a. 花期相遇理想,指父本和母本"始花不空,盛花相逢,尾花不丢",在父本和母本整个花期中,其盛花期完全相遇;b. 花期相遇良好,即父母本始穗期只相差2～3 d,父本和母本的盛花期能达到70%以上相遇;c. 花期基本相遇,即父本和母本始穗期相差3～4 d,父本和母本的盛花期只有60%左右相遇;d. 花期相遇较差,即父本和母本始穗期相差5～7 d,父本和母本的盛花期基本不遇,只有父本和母本尾花与始花相遇;e. 花期不遇,即父本和母本始穗期相差7 d以上,种子产量很低甚至失收。

杂交水稻制种父本和母本花期相遇技术,主要包括3个技术环节:a. 根据父本和母本生育期差异及其特性,安排父本和母本播种差期(简称播差期);b. 在父本和母本生长发育过程中及时进行父本和母本花期预测和调节;c. 从父本和母本播种至抽穗期实施正常培育管理措施,使父本和母本正常生长发育。

①父本和母本播种期及播差期的安排:

A. 根据安全授粉期确定父本和母本播种期:安全授粉期是指抽穗时无连续3 d以上的整日雨水,日平均气温为26～28 ℃,无35 ℃以上的干热风天气,日最低气温不低于22 ℃;秋制授粉期要在9月的寒露风之前。一般早熟与中熟组合的春制在3月底4月初播种,晚熟组合的夏制在4月中下旬播种,秋制在6月上中旬播种。

B. 父本播种期数的安排:为延长父本抽穗开花历期,达到对母本开花期全覆盖的目的,生产上常采用一期父本、二期父本、三期父本种子生产。采用二期父本种子生产,即父本分2次播种,2次播种间隔时间为6～8 d,或前后父本叶龄差为1.1～1.3叶。两期父本相间移栽,各占50%。采用三期父本种子生产,即父本分3次播种,相邻两次播种间隔为5～7 d,或叶龄差为1.1叶。3次播种量和移栽量各占1/3,或者第一和第三次各占1/4,第二次占1/2。

在种子生产中对父本播种期数的安排,主要考虑以下两个方面的因素:a. 考虑父本的分蘖成穗能力和抽穗开花历期的长短。若父本生育期长(父本和母本播差期长),分蘖成穗率高,有效穗多,穗大粒多,花粉量大,且抽穗开花历期较长(比母本长4 d以上),可采用一期父本制种。否则,应采用二期父本制种。b. 考虑父本和母本生育期温光特性和对肥水敏感性。若对父本和母本生育期变化影响因素和影响程度已了解,特别是多年在同一制种基地相同季节同一组合的制种,可采用一期父本制种;否则,宜采用二期父本甚至三期父本种子生产。采用一期父本种子生产,父本抽穗开花历期比二期父本、三期父本短,但田间总花粉量增加,单位时间和空间的花粉密度大,提高了对母本授粉的概率,而且节省成本。

C. 父本和母本播差期的安排:由于父本和母本生育期(指播始历期)的差异,父本和母本一般不能同期播种,两个亲本播种期相差的天数为播差期。播差期根据两个亲本的生育期特性(感光性、感温性、营养生长性)和种子生产父本和母本理想花期相遇的始穗期标准确定。现有杂交水稻组合父本的生育期多数比母本长,在种子生产时先播父本,后播母本,这种方式称为父本和母本播差期顺挂。母本生育期比父本长的组合种子生产,则母本先播种，父本后播种，这种方式称为父本和母本播差期倒挂。安排父本和母本的播差期，首先必须对该组合的亲本进行多年分期播种试验，了解亲本生育期特性的变化规律。父本和母本播差期确定方法有叶龄差法（叶差法）、播始历期差法（时差法）、积温差法（温差法）等。

a. 叶差法：生育期长的亲本播种后，生长至一定叶龄时播生育期短的亲本，以达到两个亲本同期抽穗开花的目的，这种方法称为叶龄差播种期安排法，简称叶（龄）差法。值得指出的是，两个亲本因出叶速度不同，不能以两个亲本主茎总叶片数的差值作为双亲的播种叶差。例如“丰源优 299”在湖南绥宁制种基地夏制，母本主茎总叶片数为 12 叶，父本总叶片数为 16 叶，播种叶龄差不是 4 叶，而是父本播种后主茎 6.5～7.0 叶龄时播种母本，即母本生长发育 12 叶的时间与父本余下 9.0～9.5 叶生长发育所需时间基本相同，“丰源优 299”制种父本和母本播种叶龄差为 6.5～7.0 叶。

采用叶差法的基本依据是：不同品种的主茎总叶片数、出叶速度不同，同一品种在相同（似）环境条件下，总叶片数及出叶速度相对稳定。

b. 时差法：以生育期长的亲本的播始历期减去生育期短的亲本的播始历期所得天数，确定两个亲本的播差期，这种方法称为播始历期推算法，简称时差法。其依据是：父本和母本在稻作生态条件相似地区、同一季节和相同栽培管理条件下，从播种到始穗的天数（播始历期）相对稳定。根据这个原理，利用父本和母本的播始历期的差值安排父本和母本的播差期。

例如“丰源优 299”制种，其父本“湘恢 299”在湖南绥宁 4 月 10 日左右播种，7 月 20 日左右始穗，播始历期约为 100 d。母本“丰源 A”，5 月中旬播种，7 月 20 日左右始穗，播始历期约为 66 d，父本和母本播始历期差值为 34 d。由于“丰源优 299”制种父本和母本理想花期相遇标准为：母本比父本早始穗 2～3 d，因此“丰源优 299”在湖南绥宁制种基地夏制的时差为 31～32 d。

采用播始历期差安排父本和母本播差期，只适宜年度之间气温变化小的地区和季节，同一组合在不同年份的夏播秋制常用此法。在气温变化大的季节和地域进行种子生产，例如在长江中下游春播夏制，因年度间春季某时段气温变化较大，亲本播始历期稳定性常受气温的影响，应用时差法易出现父本和母本花期不遇或相遇较差。

c. 温差法：籼型水稻的生物学下限温度为 12 ℃，上限温度为 27 ℃，从播种到始穗处于 12 ～27 ℃之间温度的累加值为播始历期的有效积温。用父本和母本从播种到始穗的有效积温差确定父本和母本播差期的方法称为温差法。感温性水稻品种在同一地区即使播种期不同，播种至始穗期的有效积温也相对稳定，可用父本和母本的有效积温差安排父本和母本播种差期。例如某杂交组合在湖南夏制，父本和母本播始历期有效积温差为 300 ℃，从父本播种后的第二天起记载每天的有效积温，待有效积温累加到 300 ℃之日播母本。采用温差法虽然可以避免由于年度间温度变化所引起的误差，但是避免不了因栽培管理对苗期生长影响的误差。

在确定父本和母本播差期时，应结合父本和母本特性和种子生产季节的气候条件，应用上述 3 种方法综合分析，以叶差法为基础，温差法作参考，时差法只在温度较稳定的种子生产季节采用。春制和夏制期间，由于气温不稳定，大多用叶差法，温差法和时差法作参考。秋制期间气温较稳定，大多采用时差法，叶差法和温差法作参考。

②父本和母本花期预测和调节：父本和母本的生育期除受父本和母本遗传特性影响外，

同时还受气候、土壤、栽插密度、秧苗素质、移栽秧龄、肥水管理等因素影响，导致父本和母本播始历期的变化可能出现比预期提早或推迟，造成父本和母本花期相遇偏差。尤其是杂交新组合、新基地的制种，在播差期的安排和栽培管理技术上对花期相遇的把握较小，更有可能出现父本和母本花期不遇。因此花期预测是杂交水稻制种非常重要的技术环节，其目的是尽可能及早准确推断父本和母本的始穗期，预测父本和母本花期是否相遇，一旦发现父本和母本花期相遇有偏差，就及早采取相应的措施，调节父本和母本的生长发育进程，确保父本和母本花期相遇。

A. 花期预测方法：花期预测方法有较多，在不同的生长发育阶段可采用相应的预测方法。常用的方法有幼穗剥检法、叶龄余数法、对应叶龄法、积温推算法、播始历期推算法等。叶龄余数法和积温推算法在各生长发育阶段均可使用。幼穗剥检法只适宜在幼穗分化开始后进行，具有简单直观的特点。最常用的方法是幼穗剥检法和叶龄余数法。

a. 幼穗剥检法：根据水稻幼穗发育 8 个时期的外部形态，直接观察父本和母本的幼穗发育进度，预测父本和母本花期能否相遇。具体做法是：在有代表性的种子生产田随机定点连续取父本和母本各 10～20 穴的主茎苗，剥出生长点，根据生长点的形态特征，判断幼穗发育进度，推算父本和母本的始穗时期，及时准确预测花期。幼穗分化初期每隔 1～2 d 剥检 1 次，幼穗分化中后期每隔 3～5 d 剥检 1 次，观察幼穗的发育进度。

幼穗发育各个时期的形态特征可形象地归纳为：“Ⅰ期看不见，Ⅱ期苞毛现，Ⅲ期毛丛丛，Ⅳ期颖花现，Ⅴ期颖壳分，Ⅵ期叶枕平，Ⅶ期穗转绿，Ⅷ期穗即见”。生育期不同的亲本幼穗分化历期有所差异（表 6-1）。

表 6-1　水稻幼穗分化各时期的形态、历期及其与叶龄和距抽穗时间的关系

时期	发育阶段	形态	历期（d）	叶龄指数	叶龄余数	距抽穗时间（d）
Ⅰ期	第一苞分化期	看不见	2　2　2	78	3.5～3.1	28～32
Ⅱ期	一次枝梗分化期	苞毛现	3　3　4	81	3.0～2.6	26～30
Ⅲ期	二次枝梗分化期	毛丛丛	4　5　5	85	2.5～2.1	23～26
Ⅳ期	雌雄蕊形成期	颖花现	5　6　6	90	1.5～0.9	19～21
Ⅴ期	花粉母细胞形成期	颖壳分	3　3　3	95	0.7～0.5	14～15
Ⅵ期	减数分裂期	叶枕平	2　2　2	97	0.27～0	11～12
Ⅶ期	花粉充实期	穗转绿	7　7　8	100		9～10
Ⅷ期	花粉成熟期	穗即见	2　2　2			2～3

注：“历期”中的 3 列数字分别表示早熟、中熟和晚熟类型品种幼穗分化各时期所经历的时间。为方便记忆，可分别将其作为一组“电话号码”记住，早熟品种为 23453272（28 d），中熟品种为 23563272（30 d），晚熟品种为 24563282（32 d），即可随时推导出任一时期距抽穗的天数。

杂交组合的父本的主茎总叶片数比母本若多 4 叶以上，父本幼穗分化历期长于母本。根据父本和母本理想花期相遇的要求，在幼穗分化Ⅲ期前，父本应比母本早 1～2 期；幼穗分化在Ⅳ～Ⅵ期时，父本应比母本早 0.5～1 期；幼穗分化在Ⅶ期和Ⅷ期时，父本和母本的幼穗发育相同或相近。父本主茎叶片数比母本多 2～3 叶的组合，父本的幼穗分化历期比母本略长，根据父本和母本理想花期相遇的要求，父本和母本幼穗发育进度可保持基本一致或母本略迟于父本。父本和母本主茎总叶片数相同的组合制种，父本的幼穗分化速度和群体抽穗开花速度均比母本快，因此母本的幼穗发育进度应快于父本1.0～1.5期。

b. 叶龄余数法：叶龄余数是指主茎总叶片数减去主茎已出的叶片数，即未抽出的叶片数。例如已知某亲本在某种子生产基地往年同季的主茎总叶片数为14，当主茎叶龄11片叶时，其叶龄余数为3叶。水稻进入幼穗分化后期，出叶速度比营养生长期明显减慢，但出叶速度较稳定。在天气条件正常的情况下，幼穗分化期每出1片叶的天数比营养生长期要多2～3 d。生育期长的晚熟亲本在营养生长期的出叶速度为4～6 d/叶，进入幼穗分化期出叶速度为7～9 d/叶。早熟类型和中熟类型的亲本在营养生长期为3～5 d/叶，进入幼穗分化期后为5～7 d/叶。因此可以利用叶龄余数推算其始穗期。其方法是：首先根据定点观察的叶龄数，求出叶龄余数，再根据叶龄余数判断幼穗分化时期，判断父本和母本对应的发育进程和估计始穗期。表6-1列举了水稻叶龄余数与幼穗发育和始穗的时间关系，可以查出不同主茎叶片数与父本和母本的幼穗分化期及二者的对应关系。

B. 花期调节技术：根据父本和母本的生长发育特性的差异和对水肥等敏感程度的差异，对花期相遇有偏差的父本和母本，采取各种相应的栽培管理措施，促进或延缓父本或母本的生长发育进程，延长或缩短父本或母本的抽穗开花始期及历期，达到父本和母本花期相遇目的。

父本和母本发育进度表现为两种情况，一是父本比母本早，二是父本比母本迟。经预测发现父本和母本花期（以始穗期为标准）相差3 d以上时，应进行花期调节。花期调节的目的有两方面，一是对生长发育慢的亲本采取促进措施，促进植株生长发育，加快发育进度；二是对生长发育快的亲本采取延缓措施，延缓植株生长发育，推迟抽穗或延长开花历期。花期调节宜早不宜迟，以促为主，促控结合，以调节父本为主，调节母本为辅。在实际操作中，应根据父本和母本花期不遇的程度、父本和母本的生长发育特性（分蘖成穗、耐肥性、抗倒伏力等）、田间肥力状况、父本和母本生长发育状况等，分别对父本和母本采取一项或多项调节措施进行调节。

a. 农艺措施调节法：农艺调节措施有中耕调节和肥水管理调节。

中耕调节：中耕结合施用一定量的氮素肥料，可以明显延迟始穗期和延长开花历期。对苗数较少、单位面积未能达到预期苗数，生长势较弱的亲本，采用此法效果明显。对生长势旺的亲本仅中耕、不施肥，但中耕可结合割叶同时进行，效果较好。使用此法须因苗而定。

肥水管理调节：对发育较快且生长势不旺盛的亲本，施用一定数量尿素（例如5～150 kg/hm^2），施肥后结合中耕，能延缓生长发育期3 d左右。对发育慢的亲本可用磷酸二氢钾兑水喷施，连续喷施2～3 d，每天喷施1次，能调节花期2～3 d。在幼穗发育后期发现花期不遇时，利用某些恢复系对水反应敏感、不育系对水反应较迟钝的特点，通过田间水分控制调节花期。如果父本早、母本迟，可以排水晒田，控父促母；若母本早、父本迟，则可灌深水，促父控母，可调节花期3～4 d。

b. 化学调节法：常见用于花期调节的化学药剂为赤霉素和多效唑。

赤霉素（九二〇）调节：在群体见穗期，用九二〇15～30 g/hm^2，加磷酸二氢钾1.50～2.25 kg/hm^2，兑水450 kg/hm^2，对发育迟的亲本叶面喷施。值得一提的是，使用九二〇调节花期宜迟不能早，用量宜少不能多，应在幼穗分化进入Ⅷ期才能使用。若九二〇喷施过早，用量过多，只能使中下部节间和叶鞘伸长，造成稻穗不能顺利抽出。

九二〇养花：利用不育系柱头外露率高，且生活力强的特点，可喷施九二〇，增强柱头生活力，延长柱头寿命，在母本花期早于父本的情况下用此法效果明显。在母本盛花期每天下午用九二〇15～30 g/hm^2，兑水600 kg/hm^{2}喷施，连续喷施3～4 d，并保持田间较深的水层，可使柱头保持4～5 d生活力，能接受父本花粉结实。

多效唑调节：在父本和母本始穗期相差5 d以上时，可对生长发育快的亲本喷施多效唑。对母本使用多效唑时，原则是宜早不宜迟，应在幼穗分化Ⅳ期以前使用，按1 500～2 250 g/hm^2，兑水450～600 kg/hm^{2}喷施。在幼穗分化的中后期使用多效唑，将造成抽穗卡颈严重。对生长发育过早的父本，也可喷施多效唑，按1 200～1 500 g/hm^{2}兑水喷施。喷施多效唑时，视禾苗长势长相追施适量速效肥，促使后发分蘖的生长，可起到延长群体抽穗开花期的作用。对使用多效唑的亲本，在喷九二〇时应适当增加用量。

（3）高产种子生产父本和母本群体构建技术　杂交水稻种子生产的产量是母本群体种子的产量，而母本群体必须靠父本群体提供充足的花粉才能提高结实率。因此杂交水稻制种父本和母本的群体构成，母本群体为主导地位，同时要保证父本一定的数量，只有建立协调的父本和母本的群体结构才能获得种子高产。父本和母本群体结构协调的目标，应落实到父本和母本群体的颖花比例，在母本群体较大的前提下，保证有充足的父本花粉量保证母本授粉结实，才能提高母本异交结实率而获得较高种子产量。

①田间种植方式的设计：

A. 父本与母本行比的确定：杂交水稻种子生产时父本种植行数与母本种植行数之比，即为行比。母本种植行数越多，占比越大。行比的大小是单位面积父本和母本群体构成的基础，不同的行比，种植方式不同。确定父本与母本的行比大小主要考虑3个方面因素。一是父本的特性，若父本生育期长，分蘖力强且成穗率高，花粉量大且开花授粉期较长，父本与母本行比大，反之则行比小。二是父本的种植方式，父本采用大双行种植时，父本与母本行比大，例如2∶16～20；若父本采用小双行、假双行（即一行父本，采用之字形移栽）种植，父本与母本行比较小，例如2∶12～14；若父本采用单行种植，父本与母本行比选择范围为1∶8～12；父本机插生产条件下，采用大行比种植，例如6∶40～60。三是母本的异交能力，母本开花习性好，柱头外露率高，且柱头生活力强，对父本花粉亲和力高时，可采用大行比种子生产，反之则行比小。若母本采用直播方式，父本与母本行比则从父本与母本所占厢宽进行设计。

B. 行向的确定：父本和母本种植行向的确定应考虑两条原则，其一，种植的行向要有利于行间的光照条件，使植株易接受光照，生长发育良好；其二，开花授粉季节的风向有利于父本花粉的传播。因此父本和母本最佳种植行向应与光照方向平行，与种子生产基地开花授粉期的季风风向垂直。例如在湖南等中部地区，夏季多为南风，秋季多为北风，行向以东西向为宜，既有利于作物接受光照，也有利于借助风力授粉。

C. 父本的种植方式：父本种植方式主要有单行、双行和多行。单行父本是每厢中只种1行父本，行比为1∶n（n为母本行数），父本与母本行间距为25～30 cm，父本行幅宽为50～60 cm，父本株距为20 cm左右。双行种植包括假双行、小双行、大双行，行比为2∶n。假双行的两行父本间距较窄，一般为10 cm，两行父本各穴交叉种植，父本与母本行间距一般为24～28 cm，父本行幅宽为54～60 cm。小双行的父本间距一般为17～20 cm，父本与母本行间距为23～27 cm，幅宽与假双行相同。大双行父本间距一般为33～40 cm，父本与母本行间距为17～20 cm，父本行幅宽为66～76 cm。多行父本采用6～10行插秧机栽插，行距为 18～30 cm，父本厢宽为 160～180 cm。不论何种种植方式，父本的株距一般为 14～20 cm。

②父本和母本群体结构目标：

A. 高产父本群体结构目标：单位面积父本的种植穴数随父本和母本行比及父本种植规格变化，在制种实践中父本穴数为 2.7 万～4.5 万/hm^2，基本苗数为 45 万～75 万/hm^2，最高苗数为 180 万～225 万/hm^2，有效穗为 90 万～120 万/hm^2，每穗颖花数为 100～150 朵，总颖花数为 12 000 万～15 000 万/hm^2。父本要求植株生长旺盛健壮，群体抽穗开花历期长(10 d 以上)，花粉量大，花粉活力强。

B. 高产母本群体结构目标：母本穴数为 37.5 万～45.0 万/hm^2，基本苗数为 225 万/hm^2左右，最高苗数约为 450 万/hm^2，有效穗数为 300 万～375 万/hm^2，每穗颖花数为90～110 朵，总颖花数为 30 000 万～37 500 万/hm^2。父本与母本群体颖花比为 1∶2.5～3.0。母本要求植株生长稳健，穗多穗齐，群体抽穗开花历期为 8～10 d。

③父母本群体结构定向培养技术：

A. 父本育秧技术：父本生育期较短、父本和母本播差期较小的杂交组合种子生产，即父本和母本播种叶龄差在 5 叶以内，或时间差在 20 d 以内的组合制种，父本可采用水田育秧法。父本大田用种量为 7.5～15.0 kg/hm^2，浸种催芽后均匀撒播于水秧田。秧田播种量依父本移栽叶龄而定，移栽叶龄 5 叶以上的，秧田播种量为 120 kg/hm^2以内；移栽叶龄 4.5 叶以内的，秧田播种量为 150～180 kg/hm^2。水肥管理及病虫防治技术同一般水稻生产的水田育秧。

父本生育期较长、父本和母本播差期较大的杂交组合制种，即父本和母本播种叶龄差在 5 叶以上，或时间差在 20 d 以上的组合进行种子生产，父本可采用两段育秧法。第一阶段为旱地育小苗。苗床宜选在背风向阳的旱作地或干稻田，按 1.5 m 厢宽平整育苗床基，压实厢面，先铺上一层细土灰或沙，再铺一层 3 cm 左右的泥浆或经消毒的细肥土。浸种催芽，均匀密播于育苗床，播种后用细土盖种，并搭架盖膜保温，及时洒水保湿。在晴天高温时，白天揭膜通风，夜间盖膜。小苗 2.5 叶龄左右开始寄栽至水田，按照种子生产面积需要的父本数量和寄栽密度备足寄栽田面积。寄栽田应选择较肥沃的水田，并施足基肥。寄栽密度可为 10 cm×10 cm 或 10 cm×13～14 cm，每穴寄栽 2～3 苗。寄栽秧苗应控制在 7～8 叶（父本主茎总叶片数的 50%左右）时带泥移栽至种子生产田，减少损伤，缩短返青期。

B. 母本播种育秧技术：母本播种育秧技术有水田湿润育秧法、软盘育秧法和机插硬盘育秧法。

a. 水田湿润育秧法：培育母本多蘖壮秧是种子生产高产群体构建的基础。壮秧的标准是：秧苗 3 叶 1 心开始分蘖，5 叶期带 2 个分蘖，秧苗矮壮，茎基扁平，叶色青秀，根白根壮。水田湿润育秧培育壮秧的关键技术：选好肥力均匀一致、排灌方便、土壤质地结构好、光照充足的水田作秧田，按秧田与大田面积 1∶10 备足秧田；高标准平整秧田，施足基肥，开好厢沟和排水沟；用强氯精浸种消毒，采用少浸多露、保温保湿保气催芽，播种前使用拌种剂拌种，按父本与母本播差期安排的时间及时播种；播种时将芽谷按畦过秤，均匀播种；播种后至秧苗 2.5 叶前保持畦面湿润，不见水层，2.5 叶至移栽前采用浅水管理；及时施肥，分别在 2.5 叶期和移栽前 5～7 d 灌浅水施肥；秧苗期及时施药防治稻蓟马、稻飞虱、稻秆潜叶蝇、稻叶瘟等病虫害。

b. 软盘育秧法：育秧的软盘及泥土可按水稻大田生产的软盘育秧方法准备。母本种子的浸种催芽方式可参照水田湿润育秧法。种子破胸后均匀撒播在塑料软盘孔内，尽量保证每孔有 2～3 粒正常破胸的种子。秧苗期管理方法参照湿润育秧或旱育秧。在秧苗 3.0～3.5 叶时抛栽。

c. 机插硬盘育秧法：秧盘规格与插秧机配套，盘土选用育秧基质或秧田泥浆，场地育秧或大田秧厢铺盘育秧，种子发芽率要求在 85%以上，均匀播种，保持床土无水湿润，以培育盘根好的毯状秧苗，秧苗 2.5～3.5 叶时移栽。

C. 母本直播与苗期管理技术：将母本种子直接播入种子生产田的母本厢内，省去育秧移栽环节。母本直播制种的技术要点如下。

a. 父本和母本播差期的调整：母本直播没有因植伤导致的返青阶段，因此直播母本的播始历期比育秧移栽母本缩短 2～3 d，父本和母本的播差期应在水田湿润育秧移栽母本的基础上延 2～3 d，或扩大父母本叶龄差 0.5 叶左右。父本要求在母本播种前 4～5 d 移栽，移栽后灌水使父本及时返青。

b. 制种田的平整与播种：由于母本种子直播于种子生产田，因此种子生产田的整地质量应与秧田相同。平田时将所用基肥一次性施入种子生产田。要求全田平整，四周开沟，田中按种子生产的父本与母本分厢，厢间有小浅沟（深 10 cm 左右），每两厢间有深沟（深 15～20 cm），能保证灌水时全田水深一致，排水时全田与厢内能及时排干，以利于母本出苗均匀，提高成苗率。父本返青后排水露田，再次平整母本厢面后直播母本种子。母本种子催芽后用化学拌种剂、烯效唑等拌种。播种时将芽谷分厢过秤，均匀播种。播种后将种子拍压入泥浆内，提高出苗率与成秧率。

c. 直播母本的苗期管理：母本播种后至幼苗 1 叶 1 心前，畦面只能保持湿润状态，不能使厢面有水层，若遇大雨可短时灌水护种，避免雨水冲刷，影响出苗和出苗不匀。幼苗至 2.5 叶期，可进行间密补稀，尽可能使厢面禾苗均匀分布。在 2.5～3.0 叶期灌浅水，追施尿素和钾肥，并施用秧田除草剂，及时防治病虫害。3 叶以后的田间管理与一般种子生产田相同。

D. 制种大田父本和母本培养技术：

a. 父本和母本基本苗数的确定：杂交水稻种子生产母本的异交结实率的高低依赖于父本和母本抽穗开花的协调与配合。由于父本和母本抽穗、开花的特性存在差异，因此对父本和母本的定向培养目标不同，要求父本既有较长的抽穗开花历期，又能保证在单位时间与空间内有充足的花粉量；对母本既要求在单位面积内有较多的穗数与颖花数，又要求群体抽穗开花历期较短，保证父本和母本全花期基本相遇，且盛花期集中相逢。因此对父本和母本的培养技术措施不同。20 世纪 80 年代末期在研究对父本和母本定向培养时提出了“父本靠发，母本靠插”的技术措施，对提高杂交水稻制种产量起到了很好作用。随着杂交水稻亲本组合的增多，在制种时对亲本的培养技术更具有多样化。大穗型亲本往往分蘖能力不强，单株有效穗较少，穗型较紧凑，着粒密度大，单穗花期较长，因此对大穗型亲本则应增加每穴株数。生育期较长、分蘖力较强、成穗率较高的父本，每穴移栽 2～3 株；无论生育期长短，分蘖能力较差的父本，每穴可增至 4 株或以上；某些早熟组合，父本与母本播差期倒挂种子生产时，不仅要增加父本每穴移栽株数，还应缩小父本移栽的株（穴）距至 14～17 cm。母本要求均匀密植，如移栽株（穴）行距为 14 cm×17 cm 等，每穴 2～3 株，每穴基本苗 6～

9 苗，所以一般要求母本每公顷插足 150 万左右基本苗。

b. 母本定向培养技术：在保证母本基本苗的前提下，母本成为穗型大小适宜、穗多、穗齐、冠层叶片短、后期不早衰的群体，是母本的培育目标。高产种子生产实践表明，在保证母本单位面积穗数与穗粒数达到定向培养目标时，稳健的母本群体结构，具有良好的异交性能，往往易获得较高的种子产量。相反，母本群体长势长相过于繁茂，尤其是后期长势太繁茂的群体，田间通风透光性差，异交态势不良，异交结实率低，种子产量较低。所以重视前期的早生快发，稳住中期正常生长，防止后期生长过旺是杂交水稻种子生产对母本培养的原则。

在定向培养的肥料施用上，要求“重基、轻追、后补、适氮高磷钾”，核心技术就是重施基肥，少施甚至不施追肥，即所谓一次性施肥法。例如早熟杂交组合种子生产，由于亲本生育期短，分蘖时间短，保肥保水性能好的种子生产田，可将 80%～100%的氮肥和钾肥以及 100%的磷肥作基肥，在移栽前一次性施入，或留 20%左右的氮肥和钾肥在移栽后 1 周内追施。若制种田保水保肥性能较差，且母本生育期较长，则应以 60%～70%的氮肥和钾肥以及 100%的磷肥作基肥，留 30%～40%的氮肥和钾肥在移栽返青后追施。在幼穗分化Ⅴ～Ⅵ期，应看苗看田适量补施氮肥和钾肥或含有多种养分的叶面肥。

在水分的管理上，要求前期（移栽后至分蘖盛期）浅水湿润促分蘖，中期晒田促进根系纵深生长，并控制苗数和叶片长度，后期深水孕穗养花。其中关键在中期的重晒田，在前期促早生快发，群体苗数接近目标时，要及时重晒田。具体而言，晒田要达到 4 个目的，一是缩短冠层叶的叶片长度，尤其缩短剑叶长度，一般以 20～25 cm 为宜；二是促进根群扩大与根系深扎，以利于对所施肥料的吸收与利用；三是壮秆防倒伏，杂交水稻种子生产喷施九二〇后，由于植株升高，容易倒伏，通过晒田使植株基部节间缩短增粗，从而增强抗倒力；四是减少无效分蘖，促使群体穗齐，提高田间的通风透光性，减少病虫危害。晒田的适宜时期以母本群体目标苗数为依据，一般在幼穗分化前开始，晒 7～10 d。晒田标准为：田中泥硬不陷脚，白根跑面，叶片挺直。晒田的程度与时间可依据母本生长发育状况和灌溉条件确定，深泥田、冷浸田要重晒，分蘖迟发田、苗数不足的田应推迟晒，水源困难的田块应轻晒，甚至不晒，不能造成晒后干旱，影响母本生长发育，导致父本和母本花期不遇而减产。

c. 父本定向培养技术：父本成为穗多、穗型大小适中、冠层叶片较短、抽穗开花历期较母本稍长，且单位时间与空间的花粉密度大的群体结构，是父本定向培养的目标。必须针对父本生育期和株、叶、穗、粒特征特性采取相应的定向培养技术。在保证父本和母本施用相同的基肥种类与数量的基础上，对父本偏施肥料是定向培养强势父本群体的重要技术措施。在母本移栽后的 3～5 d 内要单独对父本偏施 1 次肥料，肥料的用量应依父本的生育期长短与分蘖成穗数量而定，生育期较长、每穴移栽株数较少，要求单株分蘖成穗数较多的父本，追肥量较大，反之追肥量适当减少。每公顷可施尿素 45～60 kg、钾肥 45 kg。为保证施肥效果，可采取两种办法，一是撒施，施肥时母本正处于移栽返青后的浅水或露田状态，将肥料撒施在父本行间，并进行中耕，生育期较短的父本宜采用此法；二是球肥深施，将尿素和钾肥与细土混合拌匀，做成球肥深施入父本行间，也可以施用杂交水稻制种专用复合球肥。

由于不同的不育系和恢复系在生育期特性、分蘖成穗特性等方面的差异，因而对制种高产群体的培养，应根据不育系、恢复系的特性调整具体的技术措施。生育期较短的父本，其有效分蘖期、营养生长期短，移栽叶龄不能过大，并应尽量带泥移栽，其至可以采用起垄移栽，使返青期不明显，及早追施速效肥料，促进低位分蘖成穗。生育期较长的父本，移栽叶龄较大，或用两段育秧方法培养好秧苗，也应尽量带泥移栽，移栽后深水护苗，缩短返青期；增加追施速效肥料用量，并适当推迟晒田的时间。另外，对水分、肥料种类（例如氮肥）反应较敏感的父本，应严格掌握追肥种类和数量，以免造成生育期变化，导致父本和母本的花期不遇。

(4) 九二〇喷施技术与父本和母本异交态势的改良　水稻不育系抽穗时穗颈节不能正常伸长，使得抽穗包颈严重，开花时内颖与外颖不能正常打开，使得开花时间推迟，且在一天内开花时间不集中。目前生产应用的籼型雄性不育系抽穗包颈穗率几乎100%，包颈粒率达30%～50%，每天开花时间比育性正常的水稻推迟1 h以上。此外，父本和母本的株叶形态、母本的柱头外露特性及柱头生活力、父本的花药开裂散粉习性及花粉生活力等，也是影响母本异交结实的因素。父本和母本的异交态势包括父本和母本的株、叶、穗、颖花、柱头、花药的形态姿势及习性，改良父母本的异交态势是杂交水稻制种的关键技术环节。

①九二〇喷施技术：九二〇即赤霉素（GA_3），从20世纪70年代我国杂交水稻育成时开始在繁殖、制种上试用，对改良杂交水稻父本和母本异交态势发挥了极为重要的作用，至今仍是杂交水稻种子生产中的关键技术。其主要作用机制是促进幼嫩细胞伸长，使节间伸长。通过喷施九二〇能促进穗颈节伸长，解除不育系抽穗包颈，使上层叶片（主要是剑叶）与茎秆的夹角增大，从而使穗层高于叶层，穗粒外露，达到改良母本异交态势的目的。其次，九二〇还能提高母本柱头外露率，增强柱头生活力，延长柱头寿命。九二〇有粉剂和乳剂两种剂型，乳剂可以直接兑水稀释喷施；粉剂不能直接溶于水，使用前须先溶于酒精，100 mL酒精能溶解5～6 g粉剂。

A. 九二〇喷施时期：只有当细胞处于幼嫩时期，九二〇才能促使细胞伸长，因此把握其喷施时期十分重要。第一次喷施九二〇的时期称为始喷期，此时田间母本的抽穗率称为始喷抽穗指标。就单穗的喷施期而言，当穗节间处于伸长始期，即幼穗分化Ⅷ期末（见穗前1～2 d）是九二〇的喷施适期。但就母本群体而言，由于株穗间幼穗发育的差异，群体内株穗间的见穗期一般存在4～6 d的差异，因而确定一个群体的最佳喷施期应以群体中大多数稻穗为准，故以群体见穗指标作为九二〇始喷施期。另外，由于不育系对九二〇反应的敏感性差，不育系间喷施九二〇的适宜时期也有差异。具体确定喷施时期应考虑以下因素。

a. 根据不育系对九二〇的敏感性确定始喷期：对九二〇反应敏感的不育系，始喷时期宜推迟，例如"T98A""株1S""陆18S""中九A""金23A"等对九二〇反应敏感，适宜的始喷抽穗指标为30%左右。对九二〇反应敏感性差的不育系，则适当提早喷，例如"丰源A""Ⅱ-32A""培矮64S""P88S"等对九二〇反应敏感性较差，适宜的始喷抽穗指标为5%左右。"Y58S""C815S""准S"等对九二〇反应敏感性中等，适宜的始喷抽穗指标为15%～20%。

b. 根据父本和母本花期相遇程度确定始喷期：父本和母本花期相遇好时，九二〇均在父本和母本最适宜喷施期喷施。父本和母本花期相遇不好时，对抽穗迟而且对九二〇反应较迟钝的亲本，始喷期可提前2～3 d，或降低抽穗指标10%～15%作为始喷期；对九二〇反应较敏感的亲本可提前1～2 d喷施。值得一提的是，凡是提前喷施九二〇的，其用量均应从严控制，对母本只能30 g/hm^2左右，对父本只能在7.5 g/hm^2以内，否则将导致下部节间伸长过度，上部叶的叶鞘伸长，导致抽穗困难。相反，对抽穗早且对九二〇反应迟钝的亲本，只能将始喷的抽穗指标提高10%左右，否则植株伸长节间细胞老化，难以解除包颈；对抽穗早且对九二〇反应敏感的亲本，可将始喷时期的抽穗指标提高至50%以上。凡是推迟始喷九二〇的，喷施次数均可减少，分2次甚至一次性喷完总用量。

c. 根据母本群体生长发育整齐度确定始喷期：母本群体生长发育整齐度高的田块，九二〇的始喷时期可以提前1 d，喷施次数和总用量均可适当减少。母本群体生长发育不整齐的田块，例如前期分蘖生长慢、中后期迟发分蘖成穗的田块，或因移栽时秧龄期过长、移栽后出现早穗的田块，则应推迟喷施九二〇，而且应分多次喷施。

B. 九二〇用量：

a. 根据不育系对九二〇的敏感性确定用量：不育系之间对九二〇反应的敏感性存在较大的差异，对九二〇反应敏感的不育系，例如"T98A""株1S""安农810S"等，九二〇用量只需120～150 g/hm^2，超过用量导致植株过高，易发生倒伏。对九二〇反应敏感性一般的不育系，例如"Y58S""P88S""准S""C815S""Ⅱ-32A""丰源A"等，九二〇用量在300～375 g/hm^2；对九二〇反应迟钝的不育系，例如"培矮64S"，九二〇用量需450～750 g/hm^2。

b. 根据其他因素确定用量：当母本单位面积苗穗数量过大，上部叶片较长时，应增加九二〇用量；相反，若不育系群体结构合理，植株生长正常，可适当减少九二〇用量。若遇连续阴雨低温天气，对九二〇吸收不利，应抢停雨间隙或下细雨时喷施，并增加用量50%～100%；遇上高温干热风天气时，溶液易蒸发，也需增加九二〇用量。若母本采用直播方式，一方面群体较育秧移栽方式生长发育整齐，另一方面由于直播方式的植株根群深度较浅，喷施九二〇后有可能导致倒伏，可适当减少九二〇的用量。

C. 喷施次数和时间：九二〇一般分2～3次喷施。在确定对制种田喷施的次数时，应考虑以下情况：a. 群体生长发育整齐度，群体生长发育整齐度高的制种田喷施次数少，分2次或一次性喷施；群体生长发育整齐度低的田块喷施次数多，分3～4次喷施；b. 喷施时期，提早喷施时应增加次数，相反，推迟喷施时则减少次数，在抽穗指标较大（超过50 %）时喷施应一次性喷施。对母本生长发育进度差异较大的群体，宜根据母本群体的抽穗动态多次喷施，一般原则是"前轻、中重、后少"。若分2次喷施，用量比为2∶8或3∶7；分3次喷施时，用量比为2∶6∶2或2∶5∶3；分4次喷施时，用量比为1∶4∶3∶2或1∶3∶4∶2。分次喷施的间隔为24 h。可在7:30—9:30或露水快干时喷施，也可在16:00—18:00或以后喷施，中午高温光照强烈时不宜喷施。

D. 喷施加水量：在保证单位面积内九二〇溶液能均匀喷施到植株上的前提下，喷施药液量宜少不宜多。单位面积喷药液量多时易流失，不仅造成浪费，还影响喷施效果。在停雨后或在上午露水未干时喷施，因植株表面水分多，喷施兑水量宜适当减少；在晴天下午或高温干燥天气条件下喷施，兑水量应适当加大。使用背负式压缩喷雾器喷施时，喷头用小孔径喷片，兑水量为225～300 kg/hm^2；使用手持式轻型电动喷雾器或农用无人机喷施时，喷出的雾滴更细，能提高九二〇的利用率，兑水量只需15～30 kg/hm^2。

E. 对父本九二〇的喷施：由于父本和母本对九二〇的敏感性存在较大差异，不同父本对九二〇的敏感性也不同，在杂交水稻种子生产时，为了使父本对母本具有良好的授粉态势，要求父本的穗层比母本高10～15 cm，因此在对父本和母本喷施九二〇后，有必要单独增加父本的九二〇喷施剂量。增加量根据父本对九二〇的敏感性确定，一般为

30～120 g/hm²。

F. 用九二〇对母本养花：用于制种的不育系均具有柱头外露的特点，柱头外露率在50%～90%。研究发现，不育系柱头在开花当天活力最强，异交结实率可达70%以上，第2天和第3天仍维持较高活力，异交结实率可达40%～50%，第4天起柱头活力下降速度加快，少数柱头活力可维持到第7天。因此在制种母本的始花期较父本早3～5 d的情况下，可在母本盛花期连续3～5 d的16:00—18:00，每天用15～30 g/hm²九二〇兑水300 kg/hm²，对母本群体均匀喷洒，能延长外露柱头的活力。此外，在父本和母本花期相遇良好，但授粉期遇上高温低湿的天气时，可在母本盛花期连续3～5 d用九二〇养花，喷液量为450 kg/hm²。

②割叶技术：杂交水稻发明初期，种子生产母本见穗期前割叶是改良母本异交态势的唯一手段，但用工多、劳动强度大，而且种子产量低。随着对父本和母本定向培育技术与九二〇喷施技术的应用，割叶技术不再大面积使用。然而，某些不育系的上部叶片过长（超过25 cm），或由于肥力水平过高导致禾苗生长过旺，为改良母本受粉态势，仍需采用割叶措施。喷完九二〇后次日割叶效果较好。割叶的目的是使喷施九二〇后穗层能伸出叶层。因此割叶的程度应根据植株上部叶片长度确定，以保留剑叶长度在10 cm左右为宜。在割叶前如田间已发生稻瘟病、白叶枯等病害，应在割叶前先用药剂控制病害后再割叶。割去的叶片应及时运出田外，以保持田间良好的通风透光状态，并防止病害的发生与蔓延。

（5）人工辅助授粉

①人工辅助授粉的必要性：杂交水稻种子生产完全依赖父本和母本异花授粉方式获得产量，母本异交结实率的高低，取决于父本花粉能否散落到母本柱头上。而父本花粉能否散落到母本柱头上，取决于两个基本条件，一是在单位时间内空间内父本花粉密度的大小，花粉密度大时，散落到母本柱头上的概率大；二是风力大小，在父本开花期，单位面积内父本花粉总量已是定值，虽然父本群体每天开花时段较母本短，但在该时段如果自然风力较大，势必造成父本在开花时段随开随散，散粉时段不集中，单位时间内空间的花粉密度小。要使定量的花粉集中在某个时段均匀散落到母本柱头上，则需要在父本开花散粉高峰时段采用人工辅助措施，使父本花粉集中散出，均匀散落到母本群体的柱头上，以提高异交结实率。

②人工辅助授粉的时间和次数：正常的水稻群体花期为7～10 d，父本和母本开花习性存在较大差异，母本（不育系）有柱头外露特性，柱头活力可保持3～7 d，但父本每天开花时间较短，只有1.5～2 h，在天气晴朗、温度和湿度适宜的条件下开花时段在12:00前。因此人工辅助授粉必须把握时期、时间及授粉次数。在父本和母本花期基本相遇的基础上，从父本群体开始开花之日起，至终花之日止都是辅助授粉期。一般在开花期内，每天12:00前，父本散粉高峰期第一次赶粉，每隔20～30 min赶粉1次，连续赶粉5～7 d。

③人工辅助授粉的工具和方法：

A. 绳索授粉法：将长绳（绳索直径约为0.5 cm）按与父本行向平行的方向，两人各持绳的一端，沿与行向垂直的田埂拉绳快速行走（速度在1 m/s以上），让绳索在父本和母本的穗层上迅速地滑过，振动穗层，使父本花粉向母本厢中飞散。此法的优点是速度快，效率高，能在父本散粉高峰期及时赶粉。其缺点，一是对父本的振动力较小，不能使父本的花粉充分地散出，花粉的利用率较低；二是绳索在母本穗层滑过时对母本花器有一定伤害。因此应选用较光滑的绳索，并控制绳索长度（以20～30 m为宜），并加快行走速度，以提高赶粉效果。此法适合父本单行和双行栽插方式的制种田授粉。

B. 单竿振动授粉法：由一人手持3～4 m长的竹竿或木杆，在父本行间，或在父本行与母本行间，或在母本厢中行走，将长竿放置父本穗层的基部，向左右成扇形扫动，振动父本稻穗，使父本花粉向母本厢中散落。此授粉法比绳索授粉法速度慢、费工多，但对父本的振动力较大，能使父本的花粉从花药中充分散出，传播的距离较远。由于此授粉法仍是使花粉单向传播，且传播不均匀，故适合父本单行、假双行、小双行栽插方式的制种田授粉。

C. 单竿推压授粉法：由一人手握长竿中部，在父本行与母本行间设置的工作道中行走，将竿置于父本植株的中上部，在父本开花时逐父本行用力推振父本，使父本花粉飘散到母本厢。此法的优点是赶粉效果好，速度较快，不赶动母本；缺点是花粉单向传播，花粉传播不均匀。故此法适合单行和假双行、小双行父本栽插方式的制种田采用。

D. 双竿推压授粉法：一人双手各握一根1.8～2.0 m长的竹竿或木杆，从两行父本中间行走，两竿分别置两行父本植株的中上部，用力向两边振动父本2～3次，使父本花粉充分地散出，向两边的母本厢中传播。此法的动作要点是“轻推、重摇、慢回手”。其优点是父本花粉能充分散出，花粉残留较少，且传播的距离较远，花粉分布均匀；缺点是赶粉速度慢，费工费时，难以保证在父本开花高峰期全田及时赶粉。此法只适宜在大双行或小双行父本栽插方式的制种田采用。

E. 农用无人机授粉法：选用适宜型号的农用无人机在父本行上平行飞行，利用无人机旋翼产生的风场将父本花粉扬起，再通过无人机向前飞行时产生的风力将花粉吹向两边的母本行。此法的要点是要根据无人机的型号设置好飞行高度和速度。其优点是作业效率高，父本花粉能充分散出，且传播距离远，花粉分布均匀，适合父本和母本大行比种植的规模化制种区采用。

（6）种子质量保障技术

①使用高纯度的亲本种子：亲本种子的质量高，特别是种子的纯度高，是生产高纯度杂交水稻种子的基础。杂交水稻种子生产应使用纯度高于99.5%的亲本种子。要使杂交水稻种子生产使用的亲本种子纯度高，必须按原种生产程序生产原种，繁殖亲本种子，并严格进行纯度鉴定后才供制种使用。

②种子生产田的前作处理：在广东、广西、福建、海南等地的各季制种，在长江流域的秋季制种，如果制种田的前作是水稻，前作的落田谷和稻蔸都将成为制种田杂株的来源。首先应对前作的落田谷和稻蔸进行处理，播种前翻耕淹水7 d以上，使落田谷失去发芽力，稻桩失去再生能力。

③制种区域的隔离：水稻的花粉离体后在自然条件下有5～10 min的存活时间，经自然风力可传播距离在100 m以上。因此在制种的开花授粉期，应及时采取隔离措施，防止非父本水稻的花粉对制种母本串粉结实。可采用自然屏障隔离、空间隔离（200～500 m）、同父本隔离和时间隔离（异品种开花期相差20 d以上）。

④种子生产的田间除杂：杂株来源主要是前作水稻落田谷植株和稻茬再生株、三系法母本中的保持系植株、变异株、其他杂株等。除杂保纯工作应贯穿于整个种子生产过程，从秧苗期至始穗前及时发现与清除，始穗至盛花期是重点除杂时期，将杂株整株（穴）拔除或齐地面割除，带出制种田处理。除杂后逐户逐田验收、登记。

⑤防治稻粒黑粉病和稻曲病：雄性不育系的花器和开花习性有利于这两种病害的发生，

因此除防治稻瘟病、纹枯病、白叶枯病、稻纵卷叶螟、飞虱等一般病虫害外，还要注重防治稻粒黑粉病和稻曲病，可用三唑酮、克黑净、富力库、爱苗等，分别于孕穗末期和盛花期喷施。

⑥及时收割：杂交水稻种子生产由于不育系开花后颖花闭合程度较差和赤霉素的使用，导致杂交种种子成熟期间遇高温高湿天气易发生穗萌现象，应及时收割。研究表明，杂交种种子的适宜收割期是授粉期结束后 12～16 d，此时已经籽粒饱满，成熟完全，物质积累充分，种子活力高。在授粉期结束后第 17 天起，种子胚乳透明度减弱，胚乳内淀粉逐步趋于崩解，使种子外观品质、耐储性、发芽特性变差。因此在授粉期结束后 10 d 左右，应根据天气预报，尤其密切关注台风的预报，做好及时抢收干燥的准备。

⑦及时干燥：杂交水稻种子收割后如不及时干燥，极易产生劣变，降低活力，其原因与种子裂颖特性、种子水分、内部胚乳品质、赤霉素残留、休眠特性、环境温度和湿度有关。因此种子收割脱粒后，应在当天白天干燥至 15%～17%含水量，晚上不能成堆存放，次日应干燥至 13%安全储藏含水量以内，企业收购种子含水量为 12%。如有烘干设备，在阴天或小雨天气，可根据烘干设备的烘干能力定量收割。为提高干燥效率，种子收割脱粒后，应及时运到晒场或干燥厂房进行种子初选后再进行干燥。杂交水稻种子不宜在水泥晒场曝晒，如果在水泥晒场晒种，就不能堆晒过厚，并应勤翻。未干燥至安全储藏含水量的种子严禁堆放，以免引起种堆发热而降低种子质量。经过高温曝晒或加温干燥的种子，待种子冷却后才能装袋入仓。

（二）两系法杂交水稻种子生产

1. 杂交水稻的两系

（1）两系的概念及相互关系

①两系的概念：两系即光温敏核雄性不育系和恢复系。光温敏核雄性不育系（简称为光温敏核不育系）（用 S 表示），其雄性不育性由隐性光温敏核不育基因控制，当植株生长发育至一定阶段（育性敏感期，即幼穗发育至雌雄蕊形成期至花粉母细胞减数分裂期，即幼穗发育的Ⅳ～Ⅵ期），受不同的光照、温度条件的诱导，表现不同育性。生产上应用的水稻光温敏核不育系，育性敏感期在长日照、高温条件诱导下表现为雄性不育，在短日照、低温条件诱导下表现为雄性可育。

表现不育与可育之间的光温条件为育性转换临界光照、温度，也称育性转换起点光照长度、温度。目前生产上应用的籼型核不育系，其育性基本只受温度条件诱导，故称为温敏核不育系，例如“株 1S”“Y58S”“广占 63S”“C815S”等；生产上应用的粳型核不育系，其育性主要受光照长度诱导，故称为光敏核不育系，例如“7001S”“N5088S”等；由粳型核不育系转育成籼型核不育系后，其育性主要受温度条件诱导，成为温敏核不育系，例如“培矮 64S”等。以光照或者以温度为主要诱导条件，以温度或者以光照为次要诱导的核不育类型，称为光温互作型或称为温光互作型核不育，该两类核不育系在应用时，必须同时考虑种子生产基地与季节的光照和温度条件。

②光温敏核不育系与恢复系的关系：利用不同生态区域的自然条件，将光温敏核不育系育性敏感期处于育性转换临界光照或临界温度条件以下，诱导其转向雄性可育，自交结实种子，繁殖光温敏核不育系；将光温敏核不育系育性敏感期处于育性转换临界光照或临界温度条件以上，诱导其转向雄性不育，抽穗开花期利用恢复系花粉授粉结实种子，获得两系杂交

水稻大田生产用种。两系法杂种优势利用途径与三系法比较，减少了雄性不育保持系，即利用光温条件代替了三系法保持系的作用（图 6-5）。

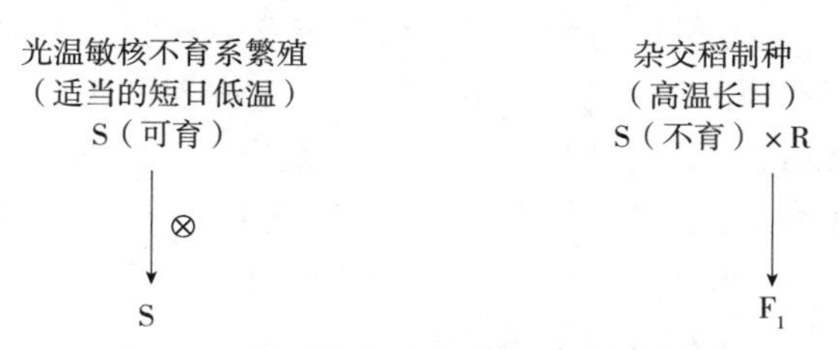

图 6-5　两系配套法杂种优势利用途径
S. 光温敏核不育系　R. 恢复系　F_1. 杂交种子

（2）光温敏核不育系性状变异的表现　光温敏核不育系的不育特性是受多基因控制的数量性状，其育性基因表达受光照长度、温度高低等环境条件制约，同一个不育系不同个体之间的育性转换临界温度存在着差异。因此在不育系的繁殖过程中，若按一般的常规良种繁育程序和方法选种、留种，不育系的不育起点温度不可避免地会逐代升高，最终将导致该不育系因起点温度过高而失去种用价值。这是因为在繁殖过程中，不育起点温度较高的个体，其可育的温度范围较广，群体育性敏感期在温度变化幅度较大的自然条件下，不育起点温度较高的个体结实率较高，这种个体在群体中的比例必然逐代增加，导致该不育系群体的育性转换起点温度升高，即出现遗传漂移现象。当起点温度上升到一定程度时，该不育系就丧失使用价值。

例如水稻光温敏核不育系“衡农 S-1”在 1989 年技术鉴定时，育性转换起点温度约为 24℃，1993 年湖南用该不育系大面积制种时，育性敏感期遇上 7 月上旬日均温低于 24 ℃天气，在抽穗期调查，群体中散粉株率为 15%左右，少数单株自交结实率高达 70 %以上。湖南杂交水稻研究中心 1990 年从湖北、福建、广东、江西等地征集水稻“W6154S”种子进行种植观察表明，不同来源的种子在同一生态条件下种植，其育性转换起点温度有明显差异，花粉败育类型和自交结实率也有较大差异。水稻“培矮 64S”在 1991 年技术鉴定时，育性转换起点温度为 23.3℃，经过连续几代繁殖，1993 年育性转换起点温度上升至 24℃以上。

另外，育种家们还发现并选育出了育性转换与上述温度反应完全相反的温敏不育系，表现为高温可育，低温不育，称为反温敏不育系，但尚未应用于生产。

2. 光温敏核不育系原种生产技术　育性稳定性是生产上应用的先决条件，光温敏核不育系育性转换起点温度的遗传漂移，加大了两系杂交水稻种子生产的风险，缩短了优良不育系的使用年限。为防止光温敏核不育系在繁殖过程中产生高温敏个体的比例逐代增加的遗传漂移现象，袁隆平（1994）设计了水稻光温敏核不育系提纯方法和原种生产程序，即单株选择→低温或长日低温处理→再生留种（核心种子）→原原种→原种→用于制种。利用该技术路线与方法对光温敏核不育系进行繁殖、选择、留种，有效地控制了当时用于生产的不育系的种子纯度。2006 年湖南省颁布了地方标准《水稻两系不育系原种生产技术规范》（DB 43/283.2—2006），并于 2012 年颁布成为国家标准《两系杂交水稻种子生产体系技术规范　第 2 部分：不育系原种生产技术规范》（GB/T 29371.2—2012）。具体的操作技术要点如下。

（1）标准单株选择　用原种或高纯度种子按常规方法浸种育秧，5 叶 1 心时移栽至大田，行株距为 20 cm×20 cm，单本栽插 1 000 株以上（可按生产需要确定），按一般大田生产管理，保证植株正常生长发育。当植株主茎幼穗分化进入Ⅲ期时，选择具有该不育系典型农艺性状的标准单株（选择数量视需要而定）移栽至盆内（每盆 2～3 株）培养。

（2）低温处理选择核心单株　当植株主茎幼穗分化进入Ⅳ期至Ⅴ期时，将盆栽植株移入人工气候室或冷水处理池进行低温处理。人工气候室光照和温度设置为日照长度每天 13.5 h，日平均温度比材料不育起点温度低 0.5 ℃，相对湿度为 70%～90%；如果用冷水处理池处理，控制水温比材料不育起点温度低 0.5 ℃；处理时间均为 6 d。处理后移至自然条件下培养，标记剑叶的叶枕距为 0 左右的单茎。

在待处理植株标记单茎的开花期，连续 3～5 d 每天上午选取当天开花的颖花 10 朵进行花粉镜检，计数 3 个视野各类花粉的数量，统计各类花粉的比例（%）。根据花粉镜检结果，选留每天镜检染色花粉率均低（按材料的技术鉴定或审定标准确定，其原则是自交结实率为 0）的单株，定为核心单株。

（3）再生繁殖核心种子　将核心单株割蔸，留茬高度为 10～15 cm，移入田间稀植或在盆内培养，加强肥水管理，培养再生苗。当核心单株再生苗的幼穗分化进入Ⅳ期时，再次进入人工气候室或冷水池处理，处理温度为 20～21 ℃，处理时间为 12～15 d，使其恢复育性。处理结束后，如果自然条件适宜，移至室（池）外，在自然条件下隔离抽穗结实；如果自然温度低于 23 ℃，则应转入人工气候室，在光照 13 h、日平均温度 25 ℃、相对湿度 75%～85%条件下隔离抽穗结实。分单株收种、装袋、编号，获得核心种子。

（4）核心种子繁殖原种　核心种子的数量有限，必须在严格的条件下及时扩大繁殖出原原种，然后再繁殖出原种一代供制种用（图 6-6）。

该程序保持光温敏核不育系育性转换点温度不产生漂移的关键在于严格控制原种的使用代数，即坚持用原种一代制种。如果用原种超代繁殖，则可能产生遗传漂移。这种提纯方法和原种生产程序不仅能保证光温敏核不育系的不育起点始终保持在同一水平上，而且简便易行，生产核心种子的工作量较小。

3. 光温敏核不育系种子繁殖技术　在光温敏核不育系的育性转换敏感期给予低于育性转换临界温度的低温、短于临界光照长度的短日照条件，不育系的育性转向可育，表现自交结实，实现光温敏核不育系的自身繁殖。所以光温敏核不育系繁殖技术的关键在于不育系育性转换敏感期提供能转向正常可育所需低温和短日照条件。低温条件有地下低温水、水库低层低温水、低纬度高海拔低温、低纬度冬春季低温；短日照条件来自低纬度地区的自然短日照季节。因此光温敏核不育系的繁殖途径有海南冬季繁殖、冷水灌溉繁殖、低纬度高海拔（例如云南保山等）繁殖、秋季短日照繁殖和再生繁殖。

（1）海南冬季繁殖　海南冬季繁殖是利用海南冬春季气温由低到高逐步回升的自然规律，选择适当的低温时段安排不育系的敏感期，使温敏核不育系的育性恢复。在后期气温升高条件下抽穗扬花，达到繁殖目的。海南南部的三亚、乐东、陵水等地，低温季节在 12 月至翌年 2 月，日平均温度在 20～22 ℃，日照长度在 12 h 左右，具有光温敏核不育系繁殖的短日低温自然条件。从育性敏感期的转换条件和抽穗开花结实条件结合考虑，海南冬季繁殖的育性转换温度敏感期应安排在 2 月中下旬，抽穗开花期安排在 3 月中下旬。海南冬季繁殖的优点是生产简单易行。其难度在于可育温度范围较窄，自然气候多变，预期的低温时段有可能出现较高温天气，影响繁殖产量和种子质量。

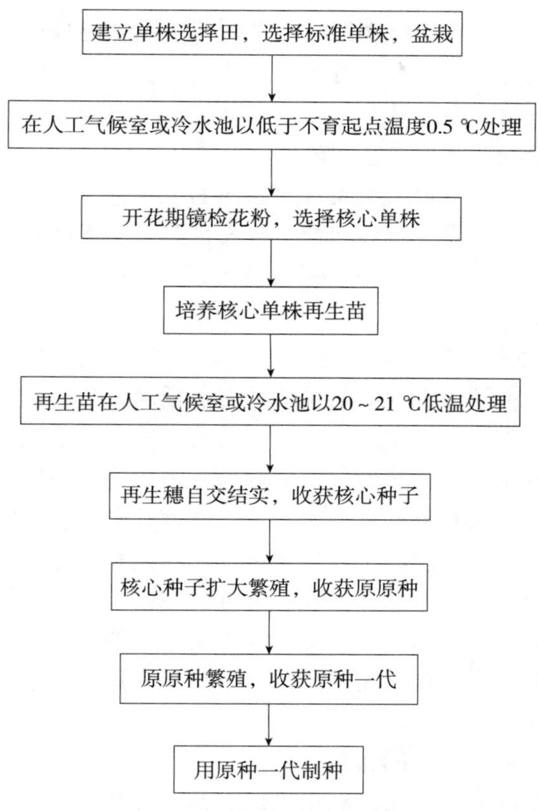

图 6-6　水稻光温敏核不育系原种生产程序

（2）冷水灌溉繁殖　繁殖基地的首要条件是冷水源充足。我国南方山区水库较多，利用水库低层出水口排出的冷水灌溉，出水口水温以 16～18 ℃较好。繁殖基地要建设标准的排灌设施，以能满足繁殖田进水水温 18～19 ℃、出水口温度控制在低于不育系不育起点温度 1 ℃为准。光温敏核不育系育性转换敏感期是幼穗分化的Ⅳ～Ⅵ期，因此冷水灌溉从群体幼穗分化Ⅳ期初开始，至Ⅵ期末结束，延续 15～20 d 时间。采用多口进水，多口排水，以保证全田水温均匀。光温敏核不育系育性转换对温度的敏感部位是幼穗，因此灌水深度必须完全淹没幼穗，从开始至结束逐步加深。冷灌结束后排水露田 2～3 d 后灌常温度浅水，追施速效氮肥和钾肥使其恢复正常生长。冷水灌溉繁殖存在基地建设投入成本大、适宜冷灌水资源难以保证、肥水浪费严重、繁种产量较低等问题。

（3）低纬度高海拔繁殖　在一定纬度范围内，海拔每升高 100 m，气温约低 0.6 ℃。因此低纬度高海拔地区（例如云南保山）容易找到温敏核不育系繁殖的适宜条件。适于温敏核不育系繁殖的海拔高度为 1 000～1 650 m。选择的基地要求水源和阳光充足，肥力水平较高。一般于 4 月播种，育性敏感期在 6 月，此期日平均气温在 21 ℃左右，可使温敏核不育系的育性恢复。在抽穗开花期气温有所升高，适宜抽穗开花和灌浆结实。低纬度高海拔地区繁殖具有产量高、稳产性好、种子质量优、可供繁种的面积大等优点。

（4）秋季短日照繁殖　光温敏核不育系按育性转换对温度、光照所起的作用，可分为温敏型不育系、光敏型不育系、光温互作型或温光互作型不育系。温敏型不育系的育性转换几乎不受日照长短的影响，短日照条件不增加繁殖产量。光敏型不育系和光温互作型不育系的育性转换受光照长度限制，只有在秋季短日照条件下繁殖才能获得成功。温光互作型不育系繁殖，低温和短日照共同促进不育系向可育方向转换，在我国华南低纬度稻区秋季短日照条件下繁殖能够提高繁殖产量。由于秋季气温逐渐下降，在安排不育系秋季繁殖时，应合理安排播种期，确保安全抽穗扬花和种子正常成熟。

（5）再生繁殖　光温敏核不育系在长日照高温的夏季进行鉴定选择后，可割后利用秋季短日低温条件再生繁殖，或者光温敏核不育系在长日照高温条件下制种，收割后利用秋季短日低温条件再生繁殖。为保证纯度，制种要用不育系的原种，制种后要严格清除父本的稻蔸，防止父本再生苗发生。

4. 两系法杂交水稻种子生产技术　两系法杂交水稻种子生产成功的关键是有效地控制母本育性波动，保证所产种子的纯度。两系法杂交水稻制种与三系法比，有共同点也有特异性。二者所采用的技术原理与基本技术环节是一致的。但是三系法的母本不育系不育性的表达由细胞质核基因互作控制，不受环境条件的制约，表现稳定的雄性不育。而两系法的母本不育系不育性的表达由细胞核基因和环境温光生态条件共同控制，环境温光的变化会导致育性变化，育性表现不稳定。两系法制种要确保母本处在完全不育状态下开花受粉结实，保证制种纯度。保证纯度是前提，只有在保证种子纯度的基础上的产量才有实际意义。两系法稳产高产种子生产技术，与三系法的原理与基本技术是一致的，具体的技术措施应根据制种所用亲本的特征特性，按照三系法制种技术的确定方法来制定。两系法制种技术的重点及与三系法制种的不同点就在保纯技术上。

（1）两系法杂交水稻种子生产的特点

①由于两用核不育系的育性转换起点温度属多基因性状，随着繁殖世代的递增，群体内产生育性转换起点温度较高的个体，并在群体内的比例逐代扩大，导致群体育性转换起点温度向上漂移，导致群体育性转换起点温度不整齐。在不育系育性敏感期的气温与水温均高于育性转换起点温度条件下，在群体中产生正常可育植株，其农艺性状与不育系相同，但花粉发育正常，这类植株称为同形可育株。同形可育株不仅本身结实率高，而且传粉给不育株而异交结实，导致制种的种子纯度下降。因此未经提纯而多代繁殖的不育系种子不宜用于制种。

②由于两系法种子生产母本不育性受生态条件影响，因此种子生产基地的选择和季节的安排比三系法种子生产更严格。除了基地土壤肥力、灌溉条件外，更重要的是气候条件，不仅要有安全抽穗扬花的气候条件保障制种产量，更要有安全可靠的温度条件保障不育系育性敏感期的安全。两系杂交水稻种子生产实践证明，育性敏感期不宜安排在气温波动较大的季节；在海拔 450 m 以上的山区制种，不仅日平均温度较低，昼夜温差大，而且一旦遇上阴雨天气，温度下降快，容易造成不育系育性的波动。此外，山区和丘陵区常有山沟冷浸水、水库底层水灌入稻田，水温一般低于 24 ℃，易造成制种田局部的不育系育性波动，这种育性的波动不易被发现，给两系法生产的杂交种子纯度带来隐患。

③为保证光温敏核不育系群体育性敏感期的安全通过，群体生长发育的整齐度比三系法不育系要求更高。田面不平整、肥水不均匀、过度稀植、施肥过量或偏迟，均可能导致迟发高位分蘖成穗产生自交结实。

（2）两系法杂交水稻种子生产的风险控制

①用不育系原种一代种子制种：用原种一代制种，控制了不育系群体育性转换起点温度的遗传漂移，大幅度减少了田间除杂的工作量，杂交种子纯度符合国家标准。核心种子繁殖时采用单本稀植，加强肥水管理，提高繁殖系数，以保证大面积制种能用上通过核心种子生产程序的原种一代种子。例如生产核心种子→繁殖原种（纯度≥99.9%）→繁殖良种（纯度≥99.5%）→杂交制种（纯度≥98%）。从核心单株的选择到原种一代种子供应量的比例估算，核心单株（200 粒）→160 株（1 600 g）→534 m^2（200 kg）→6.67 hm^2（100 亩）。若一次选留 300 个核心单株，生产的原种一代种子可供 2 000 hm^2（30 000 亩）制种。

②种子生产基地选择和季节安排：两系法杂交水稻种子生产，基地的选择和季节的安排应以不育系育性敏感期安全为前提，从气候条件、耕作制度以及水稻生产、种子生产的经济效益综合考虑，提出基地选择和季节安排的模式。在长江中下游海拔 400 m 左右的一季稻区或单双季稻混栽区夏制，温敏不育系育性敏感期安排在 7 月下旬至 8 月初，抽穗扬花期在 8 月上中旬；在双季稻区可安排早秋制种，不育系育性敏感期在 8 月上旬，抽穗扬花期在 8 月中下旬。无论何地何季制种，育性敏感期都要避免温度低于 24 ℃的冷水灌溉。长江以北区域光敏核不育系组配的杂交组合制种，不育系育性敏感期应安排在日照长度大于不育系育性转换临界光照长度的时期。利用具有光温互作特性不育系制种，不能安排秋制。

③培养整齐母本群体：两系法杂交水稻种子生产，培养生长发育整齐的多穗型母本群体，缩短群体育性敏感期，是保证制种纯度的重要技术措施。对两系法杂交组合的高产保纯种子生产，应田面平整，肥水均匀，适当加大母本用种量，稀播育壮秧，保证足够的基本苗数。母本采用直播或高密度插秧机机插，有利于提高母本群体生长发育整齐度。种子生产田施肥应以基肥为主，少施或不施追肥，及早晒田，培养中等长势长相群体，抑制迟发高位分蘖的生长成穗自交结实，保证母本每公顷有效穗 375 万左右，穗型中等，颖花数 20 000 万以上。

④灌深水保温：由于水的热传导性差，当大气中冷气流来临时，空气的温度会立即降低，而水的温度不会马上降低，仍能保持一段较长时间的高于气温的温度。利用水的这个特性，在两系法杂交水稻种子生产中母本育性敏感安全期遇到短期的低温（一般以低于该不育系临界温度值 0.5 ℃为标准）时，则可以采取在低温来临时深灌（平田埂的水，至幼穗部位）25 ℃以上的水来保温，保证不育系温度敏感部位的温度在临界温度以上，等低温过后再将水排出。这项措施可以减轻育性敏感期遇低温后育性波动的程度，甚至可以保证不发生育性波动，使种子生产的母本仍处于不育状态，所产种子仍有种用价值。因此在选择两系种子生产基地时，应考虑在母本育性敏感安全期有充足的高温水灌溉制种田。

⑤制种纯度监测：

A. 花粉育性镜检：从母本始花期起，在整个种子生产基地根据母本生育期的迟早、田块的肥力水平、灌溉水源、田块地形等因素选择样本田，采用五点取样法取样进行花粉镜检。由于母本同一穗内不同部位颖花的花粉发育不同步，花粉育性在发育敏感期因温度而变化，因而不宜在某天镜检同一穗的各部位颖花，而应取当天能开花的颖花进行镜检。每天每点取当天能开花的颖花 10 朵，取出全部花药，镜检花粉育性。

B. 取样绝对隔离自交：在花粉育性镜检取样田内，喷施九二〇前一天，采用三点取样法或五点取样法，每点取一厢内的一横行所有植株或随机取 10 穴植株，带泥移至绝对隔离区，并同取样田一样喷施九二〇，齐穗后 20 d 调查自交结实率。种子成熟期，在同一取样田内五点取样，每点取一横行或取 10 穴植株，调查母本结实率。

C. 杂交种纯度测算：根据同一取样田取样的母本隔离自交结实率和制种田母本结实率，估算所得种子的纯度。例如隔离自交结实率为 2%，取样田母本结实率为 40%，则所得种子纯度约为 95%（未排除杂株对纯度的影响）。抽穗前取样隔离调查自交结实率是较可靠的了解两系法杂交水稻种子生产纯度的方法。采用套袋法调查自交结实率，由于袋内结实条件不适宜，导致结果不准确。

⑥种子纯度种植鉴定：杂交种子纯度的种植鉴定法，至今仍是最可靠的方法。无论是两系法生产的杂交种种子，还是三系法生产的杂交种种子，其杂株中均有可能出现不育株。但是两系杂交种种子中的不育株是制种时不育系的自交种子，在纯度鉴定时其育性同样受温度或日照长度条件影响，若育性敏感期温度低于育性转换起点温度或日照长度短于临界光照长度仍表现自交结实，给纯度鉴别带来困难。因此两系法种子纯度鉴定时，应尽量将育性敏感期（即幼穗分化Ⅲ期至Ⅵ期）避开低温或短日照条件的影响，使自交种子的不育性得到表现，以便识别。否则只能依靠自交种和杂交种的生育期、株叶穗粒等特征特性来判断。

第二节　玉米种子生产技术

玉米原产于中南美洲，至今已有 4 000 多年的栽培历史，我国的玉米栽培历史有 400 多年，现为 3 大粮食作物之一。自从 20 世纪 30 年代初第一批玉米杂交种在美国问世以来，在世界范围内，杂交种种子已基本上替代了原有的常规品种，并实现了商品化生产，为主要农作物种子产业化的发展作出了巨大的贡献。

一、玉米的生物学特性

（一）玉米的品种类型与分类

1. 玉米的植物学分类　根据植物学分类，玉米（*Zea mays*）属于禾本科玉蜀黍族（Maydeae）。玉蜀黍族中包含 7 属，起源于亚洲的有 5 属：薏苡属（*Coix*）、硬颖草属（*Schlerachne*）、三裂果属（*Trilobachne*）、葫芦草属（*Chionachne*）和多裔黍属（*Polytoca*）；起源于美洲的有 2 属：玉蜀黍属（*Zea*）和摩擦禾属（*Tripsacum*）。在玉蜀黍属中包括 2 亚属：繁茂大刍草亚属（*Luxuriantes*）和玉蜀黍亚属（*Zea*）。繁茂大刍草亚属中有 3 种：繁茂大刍草种（*Zea luxurians*，$2n=20$）、四倍体多年生大刍草种（*Zea perennis*，$2n=40$）和二倍体多年生大刍草种（*Zea diploperennis*，$2n=20$）；玉蜀黍亚属内只有 1 种：玉米种（*Zea mays*）。玉米种内有 4 亚种：栽培玉米亚种（*Zea mays* subsp. *mays*，$2n=20$；即通常意义上的玉米）、一年生大刍草亚种（*Zea mays* subsp. *mexicana*，$2n=20$；又称为墨西哥玉米亚种）、小颖大刍草亚种（*Zea mays* subsp. *parviglumis*，$2n=20$）和韦韦特南大刍草亚种（*Zea mays* subsp. *huehuetenangensis*，$2n=20$）。玉蜀黍属中除栽培玉米亚种外，其余均可统称为大刍草（teosinte）。

依据玉米籽粒形态、胚乳淀粉的含量与品质、籽粒有无稃壳等性状，可将栽培玉米种分为 9 个亚种或类型。据此划分的玉米类型，并不完全在亲缘关系上有很大差异，有些类型例如甜质型、糯质型和有稃型玉米形成，是单基因突变的结果。

（1）硬粒型　硬粒玉米籽粒一般呈圆形，质地坚硬平滑，顶部和四周由致密、半透明的角度淀粉所包围，中间则充满着疏松、不透明的粉质淀粉。硬粒玉米对光周期反应较为敏感。果穗多呈长锥形和圆锥形，籽粒偏圆而短小。硬粒玉米于16世纪前半期由欧洲传入我国，现在全国各地都有种植。

（2）马齿型　马齿玉米籽粒顶部凹陷成坑，棱角较为分明，近于长方形，呈马齿状。四周为一薄层角质淀粉，中间和顶部由粉质淀粉所充满，成熟时由于粉质淀粉收缩，造成粒顶下陷。一般马齿玉米生长比较旺盛，植株粗壮，果穗粗大，多呈筒形，出籽率高，丰产性较好，适应性广，是世界上种植面积最大的一种玉米类型。

（3）粉质型　粉质玉米籽粒胚乳全部由粉质淀粉组成，质地松软，表面暗淡无光泽。目前，粉质玉米主要在南美洲等地有零星种植。

（4）爆裂型　爆裂玉米籽粒小，坚硬光亮，胚乳全部由角质淀粉组成，遇热爆裂膨胀，有的可达原来体积的20倍以上。爆裂玉米有圆形和尖形两种，分别称为珍珠型和米粒型；果穗小，产量较低，主要用于爆米花食用。

（5）甜质型　甜质玉米简称甜玉米，籽粒含糖分较多，淀粉较少，成熟后呈皱缩或凹陷状。甜玉米可分为普通甜玉米和超甜玉米两种。

①普通甜玉米：普通甜玉米籽粒的胚乳由角质淀粉构成，一般种皮较薄，成熟后籽粒呈半透明状。乳熟期含糖分可达8%左右，其甜性由4号染色体上的隐性 *su* 基因控制，它能够阻止糖分向淀粉转化。但这种阻止作用是不完全的，采摘后一部分糖分会逐渐转化为淀粉，甜味就会降低。20世纪80年代以后，在普通甜玉米 *su* 基因的基础上连锁了一个隐性加强基因 *se*，育成了加强或半加强甜玉米，其甜度与超甜玉米相当。普通甜玉米和加强型甜玉米种子发芽率接近普通玉米，出苗比较容易。

②超甜玉米：超甜玉米的完熟干籽粒外表皱瘪凹陷，不透明。在乳熟期采收时，籽粒含糖分高达18%～20%，为普通玉米的7～8倍，比普通甜玉米含糖量高出1倍以上。超甜玉米的基因种源有隐性基因 *sh*2（皱缩2）、*bt*（脆弱）、*bt*2 等数种。它们彼此间和各自与 *su* 之间均为非等位基因的遗传关系，因此不能把这些隐性基因所决定的任何甜玉米互相杂交，否则由于基因的互补作用，杂交当代的全部籽粒将变成普通玉米。无论何种类型的甜玉米都必须隔离种植，以防止与其他类型玉米发生杂交。超甜玉米的果穗为长筒型，籽粒稍长，皮较厚干瘪易碎，胚乳中淀粉含量极少，种子发芽率低，出苗较为困难。

（6）糯质型　糯质玉米籽粒不透明，无光泽，外观呈蜡状，故又称为蜡质玉米。糯质玉米煮熟后黏软，糯性强，故俗称黏玉米或糯玉米。其胚乳淀粉97%以上为支链淀粉，用稀碘液染色呈褐红色反应；而普通玉米是由大约75%支链淀粉和约25%直链淀粉组成，对稀碘液呈蓝色反应。这种染色反应上的区别，即使作用于花粉粒中的淀粉，也能反映出来，可以作为区分糯质玉米和非糯质玉米的简易方法。

糯质玉米起源于我国的广西、云南等地区，是由当地硬粒玉米发生了基因突变，经过人工选择保存下来的。这个突变隐性基因命名为 *wx*，位于9号染色体短臂上。

（7）甜粉型　甜粉玉米籽粒上部为富含糖分的皱缩状角质，下部为粉质，在生产中没有利用价值。

（8）有稃型　有稃玉米的果穗上每个籽粒都分别包在几片长稃壳中，它的整个果穗仍像其他玉米一样包在大苞叶之中，在生产中没有利用价值。

（9）中间型　中间型玉米呈半硬粒型和半马齿型。

2. 玉米的栽培类型

(1) 按熟期分类　这是在玉米育种、引种、栽培以至玉米生产上最为实用和普遍的类型划分。依据联合国粮食及农业组织(FAO)的国际通用标准，把玉米分为以下 7 个类型。

①超早熟类型：植株叶数为 8～11 片，生育期为 70～80 d。

②早熟类型：植株叶数为 12～14 片，生育期为 81～90 d。

③中早熟类型：植株叶数为 15～16 片，生育期为 91～100 d。

④中熟类型：植株叶数为 17～18 片，生育期为 101～110 d。

⑤中晚熟类型：植株叶数为 19～20 片，生育期为 111～120 d。

⑥晚熟类型：植株叶数为 21～22 片，生育期为 121～130 d。

⑦超晚熟类型：植株叶数多于 23 片，生育期为 131～140 d。

上述生育期指出苗至成熟的时间。以上各类型中的指标只是在适宜条件下的一般归纳，也因环境和生态条件而改变，例如地点、播种期、气候条件等都有影响。

(2) 按用途分类　按用途划分类型，一般可分为普通玉米、特用玉米(例如高油玉米、青贮玉米、优质蛋白玉米、笋玉米、糯玉米、甜玉米、爆裂玉米等)。

目前全球玉米产量的 2/3 以上用作饲料。

(3) 按杂交种组成分类

①单交种：由两个亲缘关系不同的玉米自交系经一次杂交形成的杂交种称为单交种。单交种制种较简单，是目前生产上的主要应用类型。

②双交种：由 4 个亲缘关系不同的玉米自交系先组成两个单交组合，再把它们进行杂交而成的杂交种称为双交种。双交种制种程序较复杂，但制种产量较高，稳产性好。此类型品种在整齐度和产量等方面一般不如单交种和三交种，但适应性强。

③三交种：用 3 个亲缘关系不同的玉米自交系经先后两次杂交所组成的杂交种称为三交种。三交种制种也较复杂，生长整齐度和产量一般不如单交种，但优于其他杂交种。

④综合品种：由多个符合育种目标的玉米自交系组配杂交，经选择而成的综合群体称为综合品种，也称为综合种。一般选用 8～12 个配合力高、其他性状优良的自交系，按双列杂交方式配成各种可能的单交组合，从中取出等量种子，混合后种到隔离区内，由此产生的后代群体经选择就是一个综合品种。综合品种的整齐度和产量不如其他杂交种，但遗传基础广泛，各种性状相对稳定，能连续种植，不必每年制种。综合品种目前生产上较少应用。

(4) 按生态区域分类　以普通玉米生产进行区域划分，我国的玉米产区根据其所处地理位置及其形成和发展历史，结合农业区划和各地的温度、降水量、光照、土壤等农业自然资源的状况，地貌上的差异，各地玉米间、套、复种等种植制度的特点，以及玉米在粮食作物中所占的地位、比重等情况，大致可把我国玉米产区划分为以下 7 大区。

①东北春玉米区：本区包括黑龙江和吉林全部，辽宁的中部和北部，内蒙古、河北和山西的长城以北地区，是我国最主要的玉米产区之一。本玉米种植地区气候属寒温带湿润或半湿润气候，特别是冬季长、春季短，春秋两季风大、干旱、温度低，常有寒潮入侵，夏季温暖。7 月平均气温从北往南由 18 ℃增到 24 ℃以上，全年无霜期为 2～6 个月，适于玉米生长的有效温度(≥10 ℃)为 2 000～3 400 ℃，适于玉米生长的时间为 100～170 d。本区为春播一年一熟制。玉米播种自 4 月下旬到 5 月上中旬，南部较早，北部较晚。

②北方春夏玉米区：本区包括北京、天津、河北中部、辽宁南部和中南部、山西中部和

南部。本区除辽东半岛的气候属温带湿润气候外，其余地区的气候均属温带大陆性气候，冬季寒冷干燥，夏季高温多雨，全年无霜期为5～7个月。适于玉米生长的有效积温为4 000～4 500 ℃，适于玉米生长的时间为200 d左右。一年二熟制，即冬小麦—夏玉米为本区主要的栽培制度之一。

③黄淮海平原夏玉米区：本区包括河南和山东全部，河北的中部和南部，陕西的关中和陕南，山西和甘肃南部，安徽和江苏的北部，是我国玉米播种面积最大的地区，占全国玉米种植面积的40%左右。本区气候属温带半温润气候，其特点是温度较高，无霜期较长，日照、降水量比较充足。适于玉米生长的时间在210～220 d，有效积温为4 000～5 000 ℃，种植制度主要是一年二熟制，即冬小麦—夏玉米。

④西南山地玉米区：本区包括四川、重庆和贵州的全部及云南中北部，湖南和湖北两省的西部，甘肃白龙江以东地区，属春夏秋玉米区。本区气候属亚热带和温带温润气候。各地因受地形的影响，气候变化比较复杂。气温受海拔高度影响很大，垂直变化明显，适于玉米生长的有效温度日数在250 d以上，大部分地区≥10 ℃积温为5 000～7 000 ℃。与北方玉米区相比，西南山地玉米区雨水分布比较均匀，有利于多季玉米栽培，一般以春玉米、夏玉米为主，秋玉米较少。本区丘陵地区以二年五熟制的春玉米或一年二熟制的夏玉米为主；平原地区一年二熟或一年三熟主要种植秋玉米，也有种植春玉米或夏玉米的。在云南的少数地区，还有以春玉米—秋玉米的形式，种植双季玉米。

⑤南方丘陵玉米区：本区包括南方春夏秋玉米亚区和南方冬玉米亚区。玉米所占比重不大，以水稻为主，但本区玉米的发展前景广阔。

A. 南方春夏秋玉米亚区：本亚区包括上海、浙江、福建和江西的全部，广东和台湾的大部分地区，江苏和安徽的南部，湖南和湖北的东部。本亚区气候属温带、亚热带、热带湿润气候。其特点是气温高、降水多、霜雪少、生长期长。适于玉米生长的有效温度日数为225～350 d，大部分地区在250 d以上。

本亚区种植制度有一年二熟制、一年三熟制、二年五熟制、二年三熟制等几种，在山区也有一年一熟制的。江苏和安徽的南部，上海、浙江和福建的全部，玉米多为夏播和秋播，而以秋播为主。

B. 南方冬玉米亚区：本亚区包括广州至南宁一线以南地区，包括雷州半岛、海南岛和南海诸岛，以及广西、云南和台湾的南部。本亚区气候属热带温润气候，高温多雨，终年无霜；但夏季和秋季多台风天气，种植玉米应特别注意要防止倒伏。本亚区是典型的一年三熟制地区，以早稻—晚稻—冬甘薯为主；目前，早稻—晚稻—冬玉米一年三熟种植方式发展很快。山区、丘陵地区也有春、夏、秋玉米的种植。

⑥西北灌溉玉米区：本区包括甘肃、宁夏和新疆的全部以及陕西的北部。本区气候干燥，日照充足，玉米生长期间昼夜温差较大，在有灌溉条件的情况下，对栽培玉米有利。适宜栽培玉米的地区，全年有效温度日数在125～180 d，≥10 ℃积温为2 000～4 000 ℃，本区大部分地区为一年一熟制，以春玉米为主。新疆阿克苏地区以南为二年三熟制，有春玉米和夏玉米之分。

⑦青藏高原玉米区：本区包括青海和西藏。海拔高，地形复杂，其气候特点是高地寒冷，低谷温和。低谷地区5—9月的平均气温超过10 ℃，适于玉米生长的有效积温在2 000～6 000 ℃，无霜期为90～150 d，适合栽培玉米。

（二）玉米的生物学特性

了解玉米的生物学特性和生理功能有助于掌握玉米制种的高产栽培技术，调节制种过程中父本和母本花期以及准确识别具体亲本的性状特点。

1. 玉米的一生和生育时期 玉米的一生是指从播种到种子成熟、收获，是一个包括生长、分化、发育在内的完整的过程。

玉米一生的完整生活周期所经历的天数称为生育期，同时根据生育进程中植株的外在形态变化，又可人为地划分为不同的生育时期。玉米生育期的长短与品种、温度等因素有关，早熟品种生育期短，晚熟品种生育期长；同一品种生长期间温度高时生育期缩短，温度低时生育期延长。玉米的一生大致可分为以下 5 个时期。

（1）发芽出苗期　从播种到出苗阶段为发芽出苗期。种子发芽出土高约 3 cm 时，称为出苗。试验小区或大田生产有 60％出现此现象时的日期可记载为出苗期。

（2）苗期　苗期指出苗到拔节阶段。苗期主要生长根、茎、叶等营养器官，对养分需要不多，占总需肥量的 10％左右，但对培育壮苗十分重要，氮肥不足时苗瘦弱矮小，缺磷时生长缓慢。

（3）穗期　穗期指拔节到抽雄这个阶段，当展开叶达到总叶数的 30％左右时，生长锥不再分化新叶，叶数和节数已固定，基部节间开始伸长，进入拔节期。与此同时，雄穗开始分化，不久雌穗也相继分化。这个阶段是营养生长和生殖生长并进时期，植株生长加快，干物质迅速积累，是玉米搭丰产架子的时期，对肥、水要求迫切。

（4）花期　这个时期雄穗抽出、开花、散粉，雌穗花丝伸长，进行授粉、受精，营养体不再增长，完全进入生殖生长期。这个阶段是决定粒数的关键时期。

试验小区或大田生产有 60％以上植株的雄穗顶端从顶叶抽出的日期，可记载为抽雄期；60％以上植株的雄穗主轴开始散粉的日期，可记载为散粉期；60％以上植株的花丝抽出苞叶的日期，可记载为吐丝期。

（5）籽粒成熟期　籽粒成熟期指受精后籽粒形成到成熟的时期，这个时期是决定粒重的时期，约 50％的干物质是在这个时期形成的。籽粒成熟期要求不缺水，不脱肥，不受病虫侵害，不早衰。

试验小区或大田生产 90％以上植株的籽粒硬化，籽粒基部出现褐色层，乳线消失，并呈现该品种成熟时固有色泽的日期，即为成熟收获期。

2. 玉米的器官结构

玉米的器官是指根、叶、茎、雌雄穗（花序）、种子等。

（1）根　玉米的根属须根系，没有主根。按生长次序可分为初生根、次生根和气生根 3 种。

①初生根：种子萌发时首先从种胚的下端伸出 1 条根（初生胚根），随后又在胚的中部盾片节处长出 3～7 条较初生胚根略细的根，均为初生根。初生根入土较深，能吸收土壤深层水分，所以玉米苗期抗旱能力较强。

②次生根：次生根又称为不定根或节根，是玉米的主要根系。当幼苗长出 3 片真叶时，在胚芽鞘着生的茎节处开始长出第一层根，一般 4～5 条，第二层根出生在第一片真叶着生的茎节处，第三层根出生在第二片真叶着生的茎节处，其余类推。次生根一般 5～8 层，因品种而异。

次生根出生后，先水平伸展，然后弯曲向下，这种分布状态有利于固定植株，防止倒伏。玉米的次生根较发达，分布范围较广，但大部分根分布在距离植株水平方向 20 cm、向下 40 cm 左右的范围内。根对养分的吸收区是根尖部分，追肥不必离植株太近，以距植株 10 cm 左右为宜，太近容易伤根。

③气生根：气生根又称为支持根，是植株下部靠近地面伸长茎节上长出的根，出生后斜长入土，具有支持植株抗倒的作用。气生根入土后产生大量侧根，有较强的吸水吸肥能力。

玉米根系发育的好坏与品种及土壤的水、肥、气、热等条件有关，一般杂交种比自交系根系发达。适宜根系生长的土壤持水量为 60%～70%，水分过多过少均不利于根系发育。凡土壤疏松，通气良好，并含有适量的氮和充足的磷，温度为 20～24 ℃左右，以及根际微生物活动旺盛，则根系发育良好。

（2）叶　玉米叶着生在茎的节上，呈互生排列。全叶可分叶鞘、叶片和叶舌 3 部分。叶鞘紧包着节间，肥厚坚硬，有保护茎秆和储藏养分的作用。叶片是进行光合作用的重要器官。叶片中央有一条主脉，主脉两侧平行分布着许多侧脉，起支持叶片和输送水分、养分的作用。叶舌着生于叶鞘与叶片交接处，紧贴茎秆，有防止雨水、病菌、害虫侵入叶鞘内侧的作用。

玉米主茎出现的叶片数目因品种而不同，早熟品种叶片少，晚熟品种叶片多，一般在 12～25 片。每个品种的叶片数是相对稳定的，但春播时的叶片数一般比夏播时多。玉米的根、茎、叶和花在生长发育过程中存在着明显的相关性。以主茎展开叶片数为外部形态标准，可以了解玉米全株的生长发育进程，预测花期相遇情况，进而对父本或母本采取相应的促控措施，从而达到高产稳产的目的。

玉米不同叶位的叶片大小，有一定的变化规律，一般从基部到果穗着生处，各叶片的长宽逐渐增加，再向顶端又逐渐减小，以穗位叶及其附近节上的叶片最大。一般棒三叶（穗位叶及其上下叶）占单株叶面积的 30%左右，是其最大的功能叶。

（3）茎　茎是植株的骨架，也是养分和水分的输导组织和储存器官之一。

玉米茎的高低，因品种、土壤、气候和栽培条件不同而有很大差别。矮生类型株高仅 50～80 cm，高大类型株高可达 300～400 cm。一般来说，矮秆的生育期短，单株产量低；高秆的生育期长，单株产量高。当前生产上通常将株高在 2 m 以下者称为矮秆型，2.0～2.5 m 的为中秆型，2.5 m 以上的为高秆型。一般自交系的株高明显低于杂交种。

茎由节和节间组成，玉米的节数与叶片数相对应。一般来说，玉米的节间长短和粗细及根系的发达程度与抗倒性密切相关，若靠近地面的节间粗短，根系发育良好，则抗倒性强；反之，节间细长，根系发育差，植株容易倒伏。

由茎基部节上的腋芽长成的侧枝称为分蘖（分枝），分蘖多少与品种类型、土壤肥力及种植密度有关。甜质玉米与硬粒玉米比马齿玉米分蘖多；土壤肥沃、水肥充足、种植密度小时分蘖多，反之则少。杂交制种区内的母本一般应在中耕除草时去蘖，以免影响通风和透光，而父本为增加散粉时间和花粉的数量，可以不必进行去蘖。

（4）穗（花序）　玉米是雌雄同株异花作物，雄穗位于植株的顶端，植物学上称为雄花序。雌穗长在茎中部的叶腋内，植物学上称为雌花序（图 6-7）。雄穗比雌穗分化早，抽雄散粉一般也比雌穗早。玉米异花授粉率在 95%以上，是典型的异花授粉作物。

①雄穗：雄穗又称为天花。它有一根较粗的主轴和若干较细的分枝，主轴和分枝上有成

对排列的小穗，主轴小穗行数多，分枝小穗行数少。成对小穗中1个有柄、在上，1个无柄、在下。每个小穗最外层有两个颖片，内有2朵小花，每朵小花有内稃和外稃2个稃片，里面包着3个雄蕊和1个退化的雌蕊。雄蕊由花药和花丝组成，花药两室，内有大量花粉粒，花粉成熟后，外稃张开，花丝伸出颖片，花药开裂散出花粉。

②雌穗：雌穗由茎秆中部节上的腋芽发育分化而成，受精结实后称为果穗。雌穗基部是穗柄，穗柄上有较密集的节和节间，每节上着生1片叶鞘变态形成的苞叶，质地坚韧，紧裹着雌穗。雌穗为肉穗状花序，中部为穗轴，穗轴上排列着4～10行成对排列的小穗，小穗行数大多为12～20行。每小穗基部有2片革质的短护颖，内有2朵小花，上花正常，为可孕花，下花退化。正常小花外部有内稃和外稃，内部为子房、丝状花柱和柱头，柱头二裂，密布茸毛。

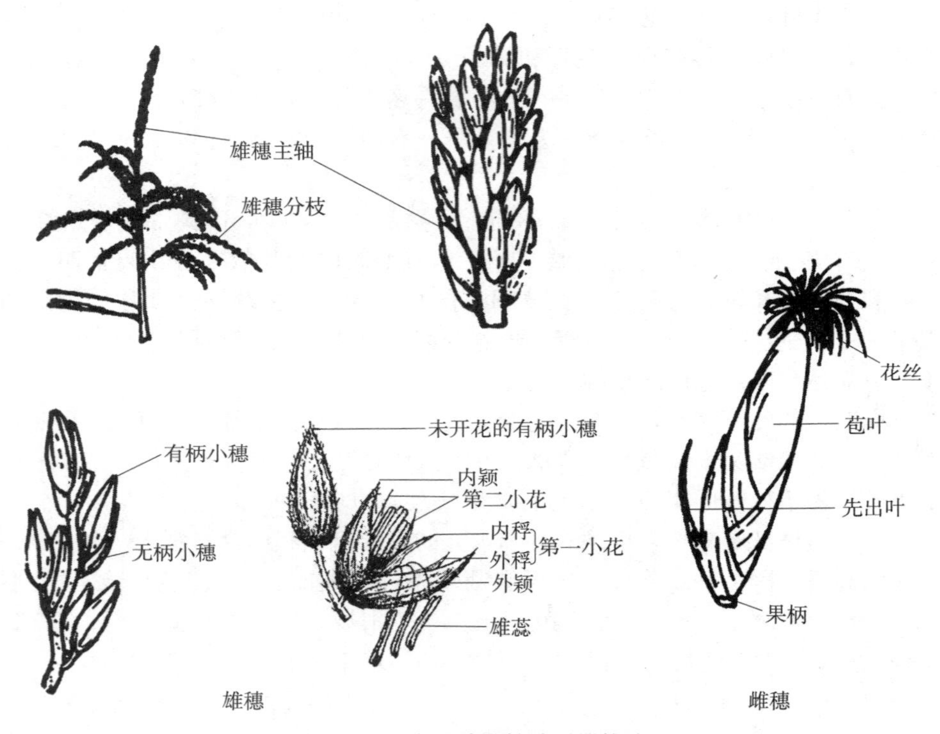

图6-7　玉米雌穗和雄穗花器构造

③雌花序和雄花序分化的对应关系：雄穗和雌穗分化的时间不同，但分化过程基本相似，二者在各个主要穗分化期之间存在着一定的对应关系，这种关系是：雄穗生长锥伸长期，节间开始伸长，腋芽逐渐形成；雄穗小穗分化期，腋芽生长锥还没有伸长；雄穗小花分化期，雌穗生长锥开始伸长；雄穗雄蕊生长和雌蕊退化期，雌穗进入小穗分化期；雄穗四分体期，雌穗进入小花分化期；雄穗进入抽雄期，雌穗花丝开始伸长；雄穗开花期，雌穗吐丝。以上对应关系比较稳定，知道了雄穗分化期也就知道了雌穗分化到什么时期。

④玉米穗分化与叶龄指数的关系：一般来说，从玉米外部形态同样可以判断内部穗分化的时期，而且方法简便。与穗分化对应关系比较稳定的外部形态是叶龄指数，叶龄指数是指玉米展开叶与总叶数的比值乘以100，即

叶龄指数＝展开叶数/总叶片数×100

计算叶龄指数首先要了解该品种在当地正常播种期一生能长几片叶，其次要准确数出当时展开叶是第几片，总叶片数应以大多数植株为准。

玉米叶龄指数与穗分化的对应关系见表 6-2。

表 6-2　玉米穗分化时期与叶龄指数的对应关系

穗分化时期		叶龄指数
雄穗	雌穗	
伸长	—	30 左右
小穗分化	—	35～36
小花分化	伸长	45 左右
雄蕊生长，雌蕊退化	小穗分化	50 左右
四分体	小花分化	60～62
花粉粒成熟	花丝始伸	75 左右
抽雄	花丝伸长	85 左右
开花	吐丝	100

（5）玉米的种子　玉米的种子在植物学上又称为果实（颖果），生产上习惯称之为种子或籽粒，它的形态、大小、色泽各异，是识别品种（或自交系）的重要标志。一般千粒重为 200～350 g，最小的仅 50 g 左右，而最大的可达 400 g 以上。种子的颜色有黄色、白色、紫色、红色、花斑等多种。每个干果穗的种子重量（质量）占果穗重量（质量）的比例（籽粒出产率）因品种而不同，一般是 75％～85％。

玉米的种子由果种皮、胚乳和胚 3 部分组成。果种皮主要由纤维素组成，具有保护籽粒内部的作用。胚乳的主要成分是淀粉，它位于果种皮内，占种子总重量（质量）的 80％～85％。胚乳有粉质和角质的区别，粉质胚乳结构疏松，不透明；角质胚乳组织紧密，呈半透明状，并且蛋白质含量较多。胚位于种子一侧的基部，比较大，它的重量（质量）占种子总重量（质量）的 10％～15％，由胚芽、胚轴和子叶（盾片）所组成。胚的上端为胚芽，胚芽的外面有 1 个胚芽鞘，下端为胚根，胚根外包着胚根鞘，胚芽与胚根之间由胚轴相连。在胚轴上，向胚乳的一面生有 1 片大子叶（盾片），在种子萌发时有吸收胚乳养分的作用。

3. 玉米的生长发育特性

（1）玉米生长发育对温度的要求　玉米是喜温作物，在整个生长发育期间都要求较高的温度，但在不同的生育时期，所要求的温度是不同的。

玉米种子一般在 6～7 ℃时可以发芽，但非常缓慢，发芽适宜温度是 25～35 ℃，最高温度是 44～50 ℃。在适宜的温度范围内，温度越高发芽出苗越快，在高温下发芽明显受阻。一般生产上以土壤表层 5 cm 左右的地温稳定在 10 ℃以上时即可播春玉米。

玉米苗期耐低温能力较强。日平均温度 18 ℃时开始拔节，温度愈高，生长愈快，日平均温度 22～24 ℃是幼穗发育的有利温度。

玉米在抽雄开花期要求日平均温度在 26～27 ℃，此时是玉米一生中要求温度较高的时期。但在温度为 32～35 ℃或以上、空气相对湿度接近 30％的高温干燥气候条件下，花粉（含 60％的水分）常因失水而失去活力，同时花丝也容易枯萎，因而造成受精不完全，易产生缺粒现象。

玉米籽粒形成和灌浆期间，仍然要求有较高的温度，以促进同化作用。在种子乳熟以后，要求温度逐渐降低，以利于营养物质向种子转运和积累。在种子灌浆、成熟这段时期，要求日平均温度保持在 20～24 ℃，如果温度低于 16 ℃或高于 25 ℃，养分的转运和积累会受到影响，造成结实不饱满。

(2) 玉米生长发育与光照的关系　玉米属短日照作物，但不典型。各品种对光照的敏感程度也不一致，有些品种（组合、自交系）在长日照（18 h）的情况下，仍能开花结实，但大多数品种在 8～10 h 的短日照条件下开花最快。我国北方高纬度地区的品种引种到南方栽培时，因日照时间缩短可提早成熟；反之，南方品种引到北方种植，往往茎叶生长茂盛，延迟成熟，甚至造成空秆率大幅上升。

玉米是一种高光效的高产作物，要获得高产必须有较高的光合强度、较大的光合面积和较长的光合时间。在制种时应注意通风透光，合理密植，保证制种产量。

(3) 玉米生长发育对土壤养分的要求　由于玉米的根层密，数量多，要求土层深厚，熟化的耕作层要达到 30 cm 左右，整个土层厚度则应保持在 80 cm 以上。如果土层过薄，将会限制根系的垂直生长，容易造成肥水供应失调，产量不高，易倒伏。

玉米栽培要求土壤通气良好才有利于根系下扎，并且可以提高肥效。所以在玉米播种前，应深耕整地，生长期间中耕 2～3 次，雨季要注意排涝。

玉米耐酸碱能力较强，对 pH 的适应范围为 5～8，但适宜的 pH 为 6.5～7.0，接近中性。玉米所需的养分主要从土壤中吸收，一般高产田的有机质含量都在 1%以上，速效氮、速效磷、速效钾的含量，分别在 70 mg/kg、20 mg/kg 和 150 mg/kg 左右。

氮是组成蛋白质（包括酶）和叶绿素的重要成分。它对玉米植株的生长发育起着重要的作用。玉米缺氮时，表现株型细瘦，叶色黄绿，并先从下部老叶的叶尖开始变黄，然后沿中脉伸展呈楔（V）形，叶边缘仍为绿色，最后整个叶片变黄干枯。缺氮还会引起雌穗形成延迟或雌穗不能发育，或造成穗小粒少，产量低。所以在栽培上要注意施足基肥，及时追施速效性氮肥，满足玉米生长发育对氮的需求。

磷可以使玉米植株体内的氮素和糖分转化良好，并能促使根系的发育和雌穗的受精良好，结实饱满。玉米缺磷，会造成幼苗根系减弱，生长缓慢，叶色紫红；开花期缺磷，会造成雌穗的吐丝延迟，受精不完全；籽粒成熟期缺磷，则果穗延迟成熟。所以在缺磷的土壤上应增施磷肥作基肥或种肥，使植株正常发育。

钾可以促进糖类的合成和转运，使机械组织发育良好，厚角组织发达，从而提高抗倒伏的能力。玉米缺钾，会造成生长缓慢，叶片呈黄绿色或黄色，叶的边缘及叶尖呈灼烧状。严重缺钾会造成生长停滞，节间缩短，植株矮小，果穗发育不良或出现秃顶，籽粒中淀粉含量降低，千粒重减轻，容易倒伏。

(4) 玉米生长发育与水分的关系　玉米播种后，需要吸取本身干物质量的 48%～50%的水分才能吸胀发芽。如果土壤水分过多，又会因土壤通气不良而造成种子霉烂导致缺苗。播种时，土壤含水量以保持在田间土壤持水量的 60%～70%为宜。

玉米生长发育过程中，适宜的土壤相对含水量为 60%～80%。幼苗期水分不宜过高，以相对含水量 60%左右最适宜，可促进根系发育，茎秆粗壮，避免倒伏；拔节后，需水量增加，土壤相对含水量应保持在 70%～80%；抽穗开花期前后各 15 d 的 1 个月时间，是玉米一生中对环境条件反应最敏感的时期，对水分要求较高，土壤相对含水量应保持在75%～80%。

玉米是一种不耐涝的作物，当土壤相对含水量超过80%时，会造成生长不良，特别是苗期，影响尤为严重。因此应选择灌溉、排水条件良好的田块作为玉米的亲本繁殖和制种地。

4. 玉米的开花习性和种子形成

(1) 玉米的开花习性　玉米抽雄后2～5 d开始开花散粉，也有边抽雄边散粉的。开花顺序是先主轴后分枝，主轴和分枝的中上部小花先开，然后再向上向下开花。一个雄穗从开花到结束持续5～9 d，开花后3～4 d花粉量最多。开花最适宜的温度是25～28 ℃，最适宜的相对湿度是65%～90%，温度超过30 ℃、相对湿度低于60%时开花减少，相对湿度低于30%或散粉后1～2 h花粉便失去了萌发能力，温度高于38 ℃或低于18 ℃时雄穗不开花。在正常气候条件下，以上午开花最多，8:00—10:00最盛，11:00以后逐渐减少。阴雨天开花时间推迟。

玉米花粉细小而轻，借风力传播授粉。花粉粒在28～30 ℃的温度和65%～80%的相对湿度条件下生活力最强，8 h后生活力明显下降，24 h后完全丧失生活力。花粉遇水会吸胀破裂，失去受精能力。人工辅助授粉时必须当天收集花粉当天授粉，并应避免在有露水时进行。

雌穗吐丝一般比雄穗开花晚2～5 d，也有雌雄穗同时开花的。一般穗中部吐丝最早，然后向上下两端。中部花丝最先伸长抽出，授粉机会多，所以果穗中部的籽粒多而且排列整齐。顶部吐丝最迟，往往会造成秃尖现象。若遇干旱缺水，会导致雄穗开花和雌穗吐丝间隔时间延长，造成花期不遇。

花丝上密布茸毛，能分泌黏液，黏着花粉粒，花丝的任何一部分都可授粉，所以剪去一部分花丝并不影响授粉。

花粉粒落到花丝上后，如条件适宜，一般授粉后24～36 h就可以完成受精，受精后花丝停止伸长，颜色由浅变深，2～3 d后枯萎。

花丝寿命可以维持10～13 d，刚抽出时受精能力最强，7 d后受精能力下降，13 d后丧失受精能力。当气温高于35 ℃、相对湿度低于30%时花丝容易枯萎，不能授粉受精，因此父本和母本开花授粉期应避开夏季高温天气，以免影响产量。

(2) 玉米种子的发育和成熟

①玉米种子的发育：胚囊中的卵细胞受精后经过细胞分裂、分化，逐渐形成具有胚根、胚轴、胚芽和盾片的胚。与此同时，胚囊中的受精胚乳核经过分裂增殖形成胚乳细胞。子房壁则发育成果皮，珠被发育成种皮。

一般受精后20 d以上，种子已具有发芽能力，但此时发芽力较弱。随着成熟度的提高，发芽力增强。玉米从受精到籽粒成熟，春玉米为35～45 d，夏玉米和秋玉米为45 d左右。

②玉米种子的成熟阶段：玉米从幼胚形成开始到完全成熟可以分以下4个时期。

A. 乳熟期：这个时期，胚乳细胞中大量积累淀粉，用指甲掐破种皮会流出乳白色浆液（黄粒品种浆液呈淡黄色），浆液由稀变浓，最后呈面糊状。乳熟期是籽粒增重最快的时期，籽粒干物质积累达到70%～80%，本期末籽粒接近或达到成熟时的正常大小。

B. 蜡熟期：蜡熟期亦称为黄熟期。这个时期，籽粒干物质量（粒重）继续增加，水分逐渐减少，胚乳由面糊状变为蜡状。籽粒含水量由45%下降到35%左右。蜡熟末期干物质积累缓慢，主要是脱水过程。

C. 完熟期：这个时期，籽粒继续脱水，当含水量下降到20%～24%，籽粒完全变硬，具有本品种的光泽时便达到完熟期。

D. 枯熟期：枯熟期又称为过熟期。这个时期，茎秆脆易折断，籽粒硬而脆，色泽变暗，遇阴雨天气时易穗上发芽。

二、玉米自交系种子生产

玉米自交系种子生产包括自交系原种生产和保纯、亲本自交系大田用种和亲本单交种的繁殖过程。

（一）原种生产和保纯

1. 原种生产 自交系原种是由育种家直接繁殖出来的或按照原种生产程序生产，并且经过检验达到国家规定标准的自交系种子，其质量要求见表6-3。

原种生产一般有两种方法，一种是由育种家种子直接繁殖；另一种是采用二圃法，以“选株自交，穗行比较，淘汰劣行，混收优行”的穗行筛选法或三圃制的株行、株系、原种三圃进行。原种的生产必须严格执行生产规程，原种生产田与其他玉米花粉来源地相距500 m以上；除杂要彻底，应在苗期、散粉前和脱粒前至少进行3次除杂，凡不符合原自交系典型性状的植株（穗）均为杂株（穗）；从植株抽出花丝起，不允许有杂株散粉，可疑株率以及收获后杂穗率均不得超过0.01%。

山东农业大学提出的定系循环保持技术在保持群体的遗传稳定性的基础上，又保留了株系间的部分差异，具有稳定自交系的特征特性和生产力等优点，具体方法为：首先，在育种家种子或原种田选择200～250个典型单株自交；将上年单株按株行种植，株行鉴定，淘汰不典型株行，在典型株行内选择3～5株自交，穗选后混系作下一年株系种子，其余单株开放授粉混收，作为基础种子生产一代原种；以后每年重复上一年的工作。

2. 原种保纯 玉米是异花授粉作物，容易串粉混杂，原种使用代数不可太长，需定期更新。更新原种也可采用二圃法或三圃制进行，具体方法为：在自交系原种圃内选择符合典型性状的单株套袋自交，收获后严格穗选，选择优良的典型穗，整穗单存；将上年决选单穗在隔离区内种成穗行圃，在生长发育期间严格除杂去劣，去雄时按自交系典型性状，逐行鉴定比较，每行有1株杂株或非典型株即在散粉前全行淘汰，决选优行再进行严格穗选，当选穗混合脱粒，作为原种圃用种。此方法没有考虑配合力的表现，较为简便，但淘汰率较高，原种产量较低。另外，也可结合测交进行配合力的测定，但比较费时费工，生产的原种具有纯度高、质量好、典型性和配合力均能保持较高水平等优点。

目前，采用四级种子生产程序，即每隔一定年限（3～4年）用原种更新繁殖区用种，这是防止品种混杂退化的最有效的措施。通常采用原种“一年生产，多年储藏，分年使用”的方法，减少繁殖世代，防止混杂退化，从而较好地保持品种的种性和纯度，延长品种利用年限。

四级种子生产程序是指从育种家种子开始，进行连续3级逐级繁殖，最后生产大田用种的过程，即育种家种子→原原种→原种→大田用种。育种单位采用种植田间保种圃和低世代低温低湿储藏两种方法，生产出育种家种子。将育种家种子精量播种，快速扩大繁殖系数，生产出原原种（此过程主要由育种家负责）。生产单位再对原原种进行精量播种繁殖，生产出原种。利用原种在特约种子生产基地生产大田用种。此方法克服了二圃法和三圃制的弊端，使原种生产时间大大缩短。加上它始终把育种家的作用放在主导地位，有效地保持了原有品种的优良种性和纯度，品种使用年限也相应得到延长。当然，也可以将四级种子生产程序和二圃法或三圃制相结合，以利于更好地保持品种的优良种性和纯度。

（二）制种亲本的生产和繁殖

制种亲本包括自交系大田用种和亲本单交种。

自交系大田用种是指直接用于配制生产用杂交种的自交系种子，由原种繁殖得到。其生产过程与原种直接生产过程基本一致，但对杂株率和杂穗率的要求比原种生产宽一些，只要不超过0.1%即可，其种子质量标准参见表5-1。

亲本单交种（包括亲本姊妹种）的生产与杂交种大田用种的配制过程一致，但隔离和去雄除杂的要求比较严格，隔离一般采用空间隔离，距离在500 m以上，其他要求详见表6-3。

表6-3　玉米自交系、杂交种田间纯度要求（GB/T 17315—1998）

		母本散粉株数累计占母本总数的比例不大于（%）	父本杂株散粉株数累计占父本总数的比例不大于（%）	累计杂株率不大于（%）	杂穗率不大于（%）
自交系	原　种	—	—	0.01	0.01
	大田用种	—	—	0.10	0.10
亲本单交种	一级	0.2	0.1	—	0.2
	二级	0.3	0.2	—	0.3
生产用杂交种	一级	0.5	0.3	—	1.0
	二级	1.0	0.5	—	1.5

注：1. 自交系的杂株是指当代田间已散粉的杂株，散粉前已拔除的不计算在内。2. 自交系的杂穗率指剔除杂穗前的杂穗占总穗数的比例（%）；杂交种的杂穗率指剔除杂穗后的杂穗占总穗数的比例（%）。3. 植株上的花药外露的花在10个以上时即为散粉株。

三、玉米杂交种种子生产

（一）玉米杂交种种子产量的构成因素

玉米杂交种种子产量由单位面积母本有效穗数、平均穗粒数和平均粒质量组成，即

单位面积产量＝单位面积母本有效穗数×平均穗粒数×平均单粒质量

1. 穗数　单位面积的母本穗数是主要产量构成因素，也是栽培上最容易调控的因子。增加穗数一般通过两条途径实现，一是增加母本种植密度和行比，二是增加单株穗数。单株穗数越多，平均每穗粒数、单粒质量越低；单株穗数越少，平均单粒质量越高。

目前生产上主要依靠增加种植密度，即增加母本株穗数来获取单位面积穗数。但也不是越密越好，每个品种都有其最适密度，超过最适密度同样会造成减产。母本株数增加，意味着父本株数的减少，父本过少时，易造成花粉不足而导致减产。

穗数与种植密度关系密切，在一定范围内，随着种植密度的增加，穗数增加，但由于品种的耐密性不同，表现形式也不一样。一般空秆率随着密度的增加而增加，而双穗率却随密度的增加而减少，因此穗数并不随密度成比例增加。

2. 平均穗粒数 玉米穗粒数与雌穗小花数、受精率及成粒率有关。在孕穗阶段，雌穗小花分化最快，小花总数在一定范围内变化不大，有相对的稳定性，受群体密度影响也较小，但小花退化率随群体密度增加而升高。小花败育主要发生在雌穗吐丝和籽粒形成前后，与营养条件有密切关系。在较高密度下，紧凑型品种成粒率高于平展型。因此紧凑大穗型母本的株数和穗粒数调节余地比其他类型大，稳产性好。

3. 单粒质量 玉米单粒质量的高低取决于籽粒库容量（籽粒体积）的大小、灌浆速度的快慢和灌浆时间的长短。库容量大，灌浆速率快，灌浆期长时，单粒质量高。

总之，单位面积母本有效穗数、穗粒数和单粒质量是制种产量构成的3个因素，籽粒产量是三者的函数，增加其中任何因素，或同时增加2个甚至3个因素，都可以增加制种产量。但在生产实践中，三者又是矛盾的，增大某个因素值，另外两个因素值往往会降低。要获取高产，就必须很好地协调三者之间的关系，使之处于最佳组合状态，其中，母本有效穗数和穗粒数是决定高产的主导因素。

（二）玉米杂交种种子生产技术

玉米杂交种种子产量高低，主要受3方面因素的制约：①不同类型的杂交种，种子产量差异很大，例如双交种、三交种的种子产量比单交种的种子产量高，同一类型杂交种的不同亲本组合，种子产量同样存在较大差异；②影响母本结实率高低的因素（例如花期是否相遇良好、父本散粉状况和花粉量的多少、花粉生活力强弱、散粉和授粉期天气状况、辅助授粉水平的高低等）都会影响种子的产量；③栽培方法、土壤特性以及生长期天气状况等方面的差异，也会导致种子产量悬殊。因此为了提高种子产量，必须了解亲本的特性，合理调节父本和母本花期及种植方式，提高田间管理水平。

1. 父本和母本的选用 选用父母本时，在保证双亲配合力为F_1代创造杂种优势的前提条件下，尽可能选用能确保种子高产的母本和相应的父本。

种子生产的母本要求配合力强，性状适于密植，例如株型紧凑，叶片上冲，或者是虽然叶片平展，但植株较矮，株型清秀，叶片分布均匀合适，结穗率高，空秆率低，穗长；果穗吐丝顺畅，吐丝快而集中，花丝生活力强，接受花粉能力强，结实性好；穗粒行数多，穗粒数多，籽粒灌浆快，单粒质量高，粒数和单粒质量达到合理的平衡；穗轴细，脱水快，出籽率高。此外，还要求抗病性、抗虫性、抗倒伏性、抗旱性、抗寒性强，以保证在高产基础上种子生产的安全稳定性。

父本的植株应高于母本植株，以便于散粉。顶部3～5片叶不宜过长，以短小为好，没有包穗现象。花粉量充足，散粉期适当较长，花粉生活力强。

2. 选地、整地和施用基肥

（1）选地　首先，种子生产地应选择适宜该组合种子生产的生态类型地域。其次，在安全隔离的前提下，社会因素例如种植结构、产业结构、交通条件等同样不容忽视。最后，生产条件是决定种子产量高低的关键因素之一。土壤质地以砂壤土较好，肥力水平中等以上，有较好的灌溉和排水设施，做到旱涝保收。

（2）整地　翻耕的深度应根据玉米根系生长特点、土壤性质及肥料、劳动力等条件因地制宜合理确定。春播区以秋季早期深翻为好，并在早春进行耙地、镇压和耢地。整地务必达到土壤细碎、地面平整，不留残茬。夏播种子生产受前作收获期、制种组合生育期和当地自然条件的制约，耕深以20 cm左右为宜，土层深厚、肥料充足及壤土可适当深些，土层浅、肥料不足及砂土宜浅些。

（3）施用基肥　玉米对肥料三要素的吸收量因品种、地区和栽培条件而不同。综合各地肥效的试验，玉米以氮的需要量较大，钾次之，磷较少。每生产 100 kg 籽粒需吸收氮 2.66 kg，氮、磷、钾比例大约为 2.37∶1∶2.09。

施用基肥最好在深耕的基础上进行，可以增加土壤养分，改善土壤结构，促进微生物活动，提高土壤肥力，促进根系发育。但夏玉米和秋玉米生长发育前期处于高温条件下，肥料分解快，基肥施用过多时常易流失，并造成苗期徒长，后期脱肥，应注意用量适当。基肥应迟效肥料与速效肥料配合，氮肥与磷肥、钾肥配合。

3. 播种规格

（1）父本和母本行比　种子生产时，父本和母本要按一定的行比相间种植，在保证父本有足够花粉的前提下，适当增加母本行数，可以提高种子产量。目前，以父本和母本行比 1∶4～6的形式居多。为了从调整亲本比例上挖掘制种产量的潜力，也可采用 3∶0 或 4∶0 高密度制种方法。具体做法是：母本和父本仍按一定行比播种，例如 4∶0 制种法，母本∶父本的行比为 4∶1（又称为 4 套 1），等父本行植株全部散粉后，立即将父本割除，父本行成为通风透光通道，改善母本光照条件，促进种子早熟，增加单粒质量，同时又可避免机械混杂，保证种子纯度和质量。

此外，连片同组合种子生产田面积大，种子生产田内父本花粉绝对量大，互补性强，可适当减小父本比例。种子生产组合是错期播种时，如果父本晚播，且时间较长，容易受母本的抑制，则应减少母本行数。总之，要在保证父本花粉满足供应的条件下，尽可能加大母本的行数，以增加种子产量。

（2）确定合理的密度　确定密度的原则是增加株数对穗数、穗粒数、单粒质量的负面影响较小，处于相对平衡状态，才能获得高产。目前，我国单交制种每公顷一般不少于 6 万株，但因使用的亲本材料不同及各地土壤肥力、气候条件和灌溉水平的差异，适宜的种植密度差别很大。矮秆、抗倒、紧凑型亲本，则可适当加大密度；同一个亲本，夏播和秋播则比春播密度大；肥料充足，供应平衡，有良好灌溉条件，地膜覆盖，以及采用 3∶0 或 4∶0 高密度宽窄行种子生产方法可以提高密度。

（3）调节播种期　种子生产区父本和母本花期能否相遇，是制种成败的关键。如果父本和母本的开花期相同，或母本吐丝期比父本散粉期早 1～2 d，父本和母本可同期播种。若母本开花期过早或比父本晚，就必须调节播种期，一般要求母本吐丝盛期和父本散粉初期相遇，这样才能保证授粉结实良好。实行错期播种，应充分考虑亲本生育期长短、生长季节、气候、土壤、墒情等条件的影响。父本可以分 2 期播种，在同一行内间隔种植，有助于延长授粉时间。

（4）提高播种质量　播种必须分清父本行和母本行，播行要端直，严防错行、并行和漏播，各行都要种到田头，并做相应标志。行距多为 35～60 cm，采用宽窄行种植，宽行可根据行宽确定株数。播种深度一般为 4～6 cm，甜玉米和糯玉米种子出苗能力差，应适当浅播，播种深度以 2～4 cm 为宜。每穴播 2～3 粒种子；播种后用潮细土盖种。如果有缺苗，父本行可移栽或补种原父本的种子，母本行不可移栽或补种。为了提高成苗率和出苗整齐度，培育壮苗，春播种子生产田可采用地膜覆盖栽培或育苗移栽技术，充分利用生长季节，提高种子产量和质量。采用机械化播种时，应正确校准播种器大小和行距；若种子质量符合精量播种要求，可结合机械化精量播种，减少用种成本及人工间苗、定苗支出。

4. 花期预测和调节

(1) 花期预测　虽然根据各方面条件合理地确定和调节了父本和母本的播种期，但播种后还可能因某些意外因素的干扰，例如干旱、高温、低温、病虫害、追肥不当以及施用农药、除草剂和生长调节剂等，使父本或母本的生长发育进程发生异常变化，造成父本和母本花期错开，甚至不能相遇。为此，应在生长发育期间采取不同措施进行观察，以预测花期是否相遇，为确定调节措施提供依据。以下 2 种方法简单实用。

①叶片检查法：在种子生产田中选有代表性的 3～5 点，父本和母本植株各 10 或 20 株，从 5 叶起，每长出 5 片叶用红漆标记 1 次，定点、定株检查父本和母本分别出现的叶片数。父本和母本总叶片数相同的组合，可以观察出现的叶片数，父本已出现的叶片数比母本少 1～2 叶为花期相遇良好的标志。对于父本和母本总叶片数不同的组合，在父本和母本拔节后，选有代表性的植株，剥出未长出的叶片，根据未出叶片数来预测父本和母本是否花期相遇，若母本未抽出叶片数比父本少 1～2 片叶，表明花期相遇良好。

②镜检雄幼穗法：在父本和母本拔节后（幼穗生长锥开始伸长）的不同时期，选择有代表性的父本和母本植株，分别剥去未长出的全部叶片，然后用放大镜观察雄穗原始体的分化时期。母本的雄穗发育早于父本 1 个时期，或与父本发育时期相同，则花期相遇良好。如果父本雄穗发育早于母本，则花期相遇差。也可按父本和母本雄穗幼穗大小的比例关系来衡量，花期相遇的特征是：在小穗分化期以前，母本幼穗大于父本幼穗 1/3～1/2；小花分化期以后，母本幼穗大于父本 1 倍左右；雌雄蕊分化期（雄蕊生长，雌蕊退化）以后，母本幼穗大于父本 2 倍左右。如果相差过大，则需进行调节。这种方法可与叶片检查法结合起来进行，先观察未长出叶片数，再观察雄穗分化进程，二者对照，结果会更准确。

(2) 花期不遇的调节措施　经过花期预测，如果发现父本与母本花期不协调，应及时采取措施调节。最好是了解清楚造成花期出现偏差的原因，以便从根本上扭转。再根据发现时期的早晚，分清是父本早还是母本早，按具体对象采取相应措施。

①苗期花期调节措施：苗期比较容易出现问题。高温、低温、干旱、雨水过多等因素均能导致两亲本生长发育进程发生偏差。如果父本偏早，可留大、中、小苗，同时对母本采取偏追肥、勤管理等措施；如果母本偏早，可对父本偏施肥进行调控，平衡其生长发育进程。

②中期花期调节措施：中期指拔节期至大喇叭口期。此阶段主要采取水、肥和生长调节剂来促偏晚的亲本，或用断根法控制偏早的亲本。在促偏晚亲本时，可用速效性氮肥进行土壤追肥，然后浇水，同时结合叶面喷施磷酸二氢钾，浓度为 0.3%，也可以加等量尿素，按比例加水，每公顷使用 1 500 kg 溶液，最好连续喷 2～3 次，每次间隔 3～5 d，约能使散粉或吐丝期提前 2～3 d。也可以喷施生长调节剂，或生长调节剂与磷酸二氢钾配合使用。应用生长调节剂时应注意严格按照说明书的浓度配制溶液，例如赤霉素（九二〇）每公顷用量一般为 15～20 g，加水 300～400 kg 叶面喷施。

对发育偏早需要控制的亲本，可以采取切断部分根系的办法抑制其生长。具体方法是：在大喇叭口期，用铁锹在距离主茎 7～10 cm 周围垂直向下切约 15 cm 深，切断部分根，撤锹时要垂直向上拔起，以防伤根过多。断根的多少依父本和母本生长发育进程的差距而定，差距大的多断根，差距小的少断根。一般断根后可使发育快的亲本延迟 4～6 d 吐丝或抽雄。断根时间不宜过早或过晚，尤其是抽雄时再断根，因穗分化已经完成，已起不到控制的效果。断根控制发育是比较极端的栽培措施，在母本上采用该技术应谨慎对待，以免影响种子产量。

对发育早的父本，可在抽雄前的各个时期采取割叶措施。割除中下部已展开的叶片，留心叶，可使父本推迟 2～4 d 抽雄。

③后期花期调节措施：后期指抽雄前后至散粉、吐丝期。这个阶段比较复杂，而且时间短，大多要采取断然措施，或采取多种措施相配合，以加强促控效果。如果在抽雄前发现某亲本发育滞后，仍可用磷酸二氢钾或生长调节剂进行叶面喷施，还可起到提前 1～2 d 的作用。

在将要抽雄时，如发现母本花期晚于父本，可采取母本超前带叶去雄，一般能使母本雌穗早吐丝 1～3 d，同时结合母本雌穗剪苞叶，也能促使母本雌穗早吐丝 1～2 d。何时剪苞叶，以及剪苞叶的长短，应根据父本散粉与母本吐丝相差天数决定。

如果发现母本早于父本，在抽雄前仍可采取对父本叶面施肥的办法。在父本将要散粉时，将母本花丝剪短，留 3 cm 左右。如散粉晚，花丝又伸长，还可再剪 1 次。剪花丝的时间以 16:00 以后进行为好。

在经过调节后，仍然花期不遇或相遇不好，则需借外源同父本的花粉进行人工辅助授粉。

5. 人工辅助授粉　玉米自交系花粉量小而且散粉较为集中，加上目前生产上母本行比例加大，花粉往往不足，为了提高花粉利用率，必须进行人工辅助授粉，以提高母本结实率。

在父本花粉量非常充足，母本比例不大，父本和母本花期相遇良好，母本吐丝非常整齐，持续时间不长的条件下，一般采取用细杆拨动父本茎秆果穗上部或用手摇动植株，使花粉散落下来。这种方法省工，效率高，但花粉利用率很低，而且易受自然条件制约，无风或空气湿度过大均会缩短散粉距离，一般以微风最好。每天在露水干后，上午 8:00—11:00 进行。

在父本花粉量不足、父母本花期相遇不好、母本比例大时，则需采取人工采集花粉集中给母本花丝授粉的方法。采集花粉应以晴天、露水干后，上午 8:00—10:00 进行。盛粉器不能用金属器皿，以厚纸盒较好。花粉采集后避光保存，随采随用，筛去花药和黏结块后，放入授粉器内。

授粉器一般采用内径 2.5 cm 左右、长 20 cm 左右的竹筒、纸筒或塑料管，一端用 2 层尼龙网或纱布封口，再用一根长约 8 cm，内径等于授粉管外径的筒管套于内筒之外，网纱口一端留出 3.5 cm 左右的短筒管，形成授粉器罩。然后将花粉装入内管中，将封口一端对准花丝摇动，使花粉散落在花丝上。也可以用较软的塑料瓶，将瓶盖用针刺成几圈小孔，将已装入花粉的瓶盖拧紧，瓶倒置，盖孔对准母本花丝，用手挤压瓶身，花粉即可喷出。授粉应逐株逐行进行，不要遗漏。一般花丝颜色鲜艳，似有水反光状，为未授粉的花丝，应该授粉；如颜色发暗，或呈萎蔫状，发黄变褐，则已受精，不必再授粉。如果母本吐丝早，花丝过长，应剪短后再授粉。同一雌穗一般每隔 2～3 d 授粉 1 次，共 2 次以上，以保证全部花丝均能接受花粉。

6. 田间管理　根据玉米各生育阶段特点，加强田间管理，是夺取玉米种子生产高产的重要环节。田间管理总的要求是“促苗、控秆、攻穗”。施肥应掌握“基肥足、苗肥早、穗肥重、粒肥补”的原则，做到“前轻、中重、后补”，并通过其他管理措施，使玉米前期青秀矮壮不落黄，中期叶色浓绿，茎秆粗壮有力，后期穗大粒饱满，青秆黄熟不早衰，才能夺取制种高产。

（1）播种后管理　播种后至发芽前，将除草剂均匀喷洒到土壤表面，在土壤表层形成药层，以杀死出土的杂草幼苗，例如每公顷可用38%莠去津乳油 1.35 kg 兑水 450～675 kg 进行喷雾，以防除杂草。自交系萌发和出苗时对一些种类的除草剂比较敏感，应慎重选择并严格控制使用剂量。播种后至出苗前，应保持土壤田间持水量的 70%～80%。播种后若土壤干燥，可沟灌 1 次 1/3 沟深的水层，自然浸润畦面后及时排干积水，以确保种子发芽所需的水分，同时避免积水烂种烂根。

（2）苗期管理

①间苗、定苗、补苗：间苗一般在 3～4 叶时进行，并同时定苗。在苗期病虫害较多的地区，定苗时间可在 5～6 叶时进行，但不能过迟。间苗和定苗时应注意选留典型株，母本应选留生长势和整齐度一致的壮苗，父本则可留大、中、小苗，以延长散粉期，但中苗和小苗比例应小些。父本如有缺苗，可以带土移苗补栽。

②施苗肥：在基肥用量不足或用速效氮肥时，应尽早追施苗肥。如果基肥充足或土壤条件好，幼苗生长健壮，则可不追施苗肥。苗肥一般在幼苗 4～5 叶期施用，或结合第一次深中耕，追施苗肥 1 次。第一次追肥后 7～10 d，还应看苗追肥 1 次，用量可少些。苗肥占总施肥量的 25%左右。

③中耕除草：玉米是中耕作物，一般须中耕 2～3 次，做到“头遍深，促发根；二遍浅，不伤根”。头遍在出苗或移栽 7 d 后进行，最后一次在施穗肥时进行，并结合施肥培土。

④虫害的防治：苗期的害虫主要为地老虎、蛴螬、蝼蛄、黏虫、蚜虫、蓟马等，播种时使用毒土或种衣剂拌种，例如每公顷用 3%毒死蜱颗粒剂 45 kg 撒施；出苗后可用 2.5%的敌杀死 800～1 000 倍液，于傍晚时喷洒苗行地面，或配成 0.05%的毒沙撒于苗行两侧，防治地老虎；用 10%吡虫啉 1 000 ～1 500 倍液或 40%乐果乳剂 1 000～1 500 倍液喷洒苗心防治蚜虫、蓟马、稻飞虱；用 20%速灭杀丁乳油或 50%辛硫磷 1 500 倍液防治黏虫。

（3）穗期管理

①重施穗肥：穗肥施用量占总追肥量的 50%～55%，可结合速效性氮肥和氮磷钾复合肥混合施用，一般在母本大喇叭口期进行。追肥时应结合培土以提高肥效，促进生根，防止倒伏，减轻草害。

②灌溉和排水：玉米在苗期应进行抗旱锻炼，促进根系发育。从拔节到籽粒灌浆期需水量较大，切不可脱水。种子生产期间遇伏旱时，应根据旱情和玉米需水规律进行合理灌溉。如果拔节孕穗期雨水较多，应注意排水，天晴后进行浅中耕。

③病虫害防治：防治的重点是玉米螟、高粱条螟、棉铃虫等鳞翅目害虫，大喇叭口期用 BT 乳剂每公顷 7.5 kg 兑水 22.5 kg 配成悬浮液，喷洒在细沙上，施于心叶；或用 50%辛硫磷 1 000 倍液、90%晶体敌百虫 1 500～2 000 倍液灌心防治。抽雄后，可用辛硫磷、敌百虫等药剂防治，每隔 5～7 d 喷 1 次，共喷 2～3 次。另外，要注意茎腐病、褐斑病、纹枯病、锈病、青枯病等的检查和防治。

（4）花粒期管理　花粒期管理的重点是延长根、叶功能期，防止早衰，延长灌浆时间，促进干物质积累，增加籽粒质量；同时注意防治病虫害和意外天气的干扰，采取相应措施以尽量减少产量损失。

①巧施粒肥：粒肥要根据具体情况掌握早施、轻施、以速效性氮肥为主，施用量不可过多、过迟，以免造成贪青晚熟。

②病虫害防治：玉米大叶斑病、小叶斑病是生长后期的主要病害，全国各地发生较为普遍。在发病初期，必须立即进行防治，每隔 7 d 连续 2～3 次用 50%多菌灵可湿性粉剂 500 倍液或 90%代森锰锌 500～1 000 倍液，进行叶面喷雾。此外，还要加强纹枯病、黑粉病、黑穗病、锈病等的防治。虫害以玉米螟、棉铃虫、蚜虫等为主，应及时加以防治，以免影响种子产量。

7. 西北部地区玉米杂交种种子生产技术及注意事项　我国西北部地区属温带大陆干旱性气候，土质肥沃，昼夜温差大，光照充足，雨水较少，大多有灌溉条件，不利于病虫害发生，种子产量较高，有良好的晾晒条件。

西北部地区玉米种子生产基地主要分布在新疆、甘肃、内蒙古、山西、陕北等地，是我国主要的玉米种子生产基地。这些地区地理位置不同，气候类型各异，年降水量相差悬殊，灌溉条件不同，生产管理、技术水平、交通运输、农民素质和种子生产成本也差别很大。

（1）选地　选择土壤肥沃、地势平坦、排灌方便和集中连片的中上等地；忌下湿地、沙板地、低产田。由于玉米生长期内需水量大，加上西北部地区夏季气温高湿度低、蒸发量大，因此必须选择有充足水源、排灌方便的地块。对于利用河水浇灌的河套地区，则应注意排水问题，避免造成苗期涝害，影响产量。

（2）播种期和隔离条件　播种时间应综合考虑玉米亲本的生育期及当地的有效积温范围，合理确定。隔离一般采用空间隔离，水平距离在 300 m 以上；也可充分利用自然屏障隔离，例如树林、连片种植的向日葵、蓖麻、麻类等高秆作物。

8. 南方地区玉米杂交种种子生产技术及注意事项　西南山地丘陵玉米区和南方丘陵玉米区光温资源较好，在合理安排茬口的基础上，同一田块可实现春秋两季种子生产。

（1）春季种子生产技术及注意事项　春季种子生产最大的优点是亲本营养生长期长，植株生长发育健壮，在气候条件好的年份可获得较高的种子产量；特别是有些总叶片数少的玉米自交系在秋季进行种子生产时，由于生长前期温度高、营养生长期短，植株生长发育差、矮小，往往导致种子产量极低，种子成本高；在春季进行种子生产，可以获得较高的制种产量。

但大多数年份，在南方进行春季种子生产时，尤其是开花授粉期和种子成熟期往往存在雨水多、温度和湿度高等状况，导致开花授粉结实差；灌浆期短，种子发育不良、胚乳结构疏松、种子耐储藏性差；病虫害发生严重，防治成本高，导致种子生产产量严重下降；种子成熟后期水分含量高，特别是甜玉米种子高温烘晒易导致种子发芽率下降；种子收获后在高温高湿条件下储存，种子质量下降较快，储存成本高。

春季种子生产注意事项有：春季雨水多、土壤黏湿，应注意排水问题，避免造成苗期涝害；开花授粉期及时防治各类病虫害，做到早防早治；遇梅雨季节和台风时，要及时开沟排水，倒伏植株要及时扶正；开花授粉结束后，及时割除父本，改善母本行通风透光条件；种子成熟后，要及时收获、及时晒干，并避免在高温下烘晒，晒干后应存放于室内阴凉干燥处或低温低湿库保存。

（2）秋季种子生产技术及注意事项　秋季种子生产不宜太迟播种，以避免成熟后期灌浆迟缓和秋霜危害。播种出苗期易受高温干旱的影响，必须选择有充足水源、排灌方便的地块。秋季日照逐渐变短，加上生长前期气温高，从播种到开花散粉吐丝的时间一般比春季种子生产缩短 20～30 d，要注意花期预测和调控。由于植株营养生长期短，施肥宜早不宜迟，应重施基肥和拔节肥；高纬度和海拔较高地区，在种子成熟后，要及时收获、及时晒干，避免秋霜危害。华南等地区易受台风影响，要及时开沟排水，倒伏植株要及时扶正。

9. 南繁加代繁育杂交种种子生产技术及注意事项

海南的陵水、三亚到乐东黄流一带冬季雨水少、温度适宜、光照充足，是适宜冬季玉米加代种子生产的黄金地段，可进行杂交种种子生产和自交系加代繁育。

（1）选地隔离　由于每年冬季在海南南繁的单位多、地点相对集中，需特别注意种子生产地块的隔离条件，一般可采用时间隔离、空间隔离等方法。

（2）播种期　在海南等地种植加代时，以 10 月中旬到 11 月中旬播种为宜。如果因故不能在此期播种，则可推迟到 12 月下旬至 1 月上旬播种，收获的种子仍可赶上北方夏播。尽可能不在 11 月下旬至 12 月上旬播种，以避免苗期或开花授粉期遇到低温。

（3）田间管理　南繁进行种子生产时，由于前期气温高，玉米发育较快，如不及时管理，易形成“小老苗”，导致种子生产工作失败。因此出苗后应抓紧早管、勤管，一促到底，促苗早发、快长。

（4）防治虫害和鼠害　海南冬季气候温暖，虫害和鼠害比较严重，如不注意防治，常造成严重缺苗。此外，玉米螟、黏虫、斜纹夜蛾等也常常危害，应及时防治，减少损失。

（三）玉米种子质量控制技术

玉米杂种优势的表现与种子质量密切相关，在重视种子产量的同时，更应把保证种子质量放在首位。种子生产时应严格遵循种子亲本繁育和杂交种种子生产操作规程，建立种子生产档案，保证种子安全生产，提高种子质量，降低生产成本。

1. 安全隔离

（1）隔离方式　隔离方式有空间隔离、时间隔离、屏障隔离和高秆作物隔离 4 种。为确保隔离区安全，一般采用空间隔离和时间隔离。

采用空间隔离时，与其他玉米花粉来源地相距不应短于 300 m，甜玉米、糯玉米和白玉米的空间隔离应在 400 m 以上。另外，还应根据风向、地势等因素，适当调整隔离距离，如果种子生产田处于下风向或地势比其他玉米花粉源低，则须加大距离，以免串粉。

采用时间隔离时，错期应在 40 d 以上，先播早熟的组合，后播生育期长的品种或组合。此外，必须考虑气候和管理水平的差异，做到隔离区内外的玉米，其群体的散粉终期与吐丝始期相距 10～15 d 或以上，确保安全隔离。

（2）隔离区的面积　确定隔离区面积，主要根据下一年杂交种子的需求数量、杂交种种子生产的单产水平和种子合格率来计算，即

$$\text{杂交种种子生产区面积}=\frac{\text{下一年需要种子量}}{\text{常年该合母本平均产量}\times\text{种子合格率}}$$

2. 除杂去劣　在播种前，根据种子形状、颜色、粒型剔除杂粒、异型粒，并检出霉粒、病粒、虫蛀粒和过小的种子。田间生长发育期间是除杂的关键时期，应分别在苗期、拔节期和散粉前至少进行 3 次除杂。

苗期检查主要以幼苗叶鞘颜色、叶形、叶色和长势的典型性为依据。拔节期可根据株

高、株型、长势、叶色、叶形及宽窄、叶长短等性状，将不符合典型性状的植株全部拔除。抽雄开花前是除杂最关键的时期，务必做到除杂彻底，尤其是对父本行更要严格检查，主要以株型、叶形、叶色、雄穗形状和分枝多少、护颖色、花药色、花丝色等典型性为依据。一旦后期发现父本有散粉杂株，并超过父本植株总数的0.5%，所生产种子不应再作种用。

脱粒前，以穗型、粒形、籽粒大小、颜色、穗轴色等性状为检查依据对母本果穗进行筛选，剔除杂劣果穗。

3. 及时彻底去雄

（1）人工去雄　母本去雄是玉米杂交种种子生产工作的中心环节，去雄的要求是及时、彻底、干净，在母本株的雄穗刚露出顶叶而尚未散粉前就及时拔除，并且不能留下雄穗基部的小枝梗。拔除的雄穗，应立即埋入地下或带出种子生产田妥善处理。去雄工作必须做到定田到人，建立责任制。

坚持每天至少去雄1遍，风雨无阻，对紧凑型母本可采取带1～2叶去雄的办法。过早去雄容易折断雄穗，拔除不干净；过晚去雄有散粉危险。抽雄期若遇到干旱，雄穗伸出困难，或常有雄穗刚出顶叶就开始散粉，也有的自交系有顶叶包住雄穗散粉的特性，必须剥开顶叶或带顶叶及时去雄。

在整个去雄过程中检查母本累计散粉株率超过1%时，所产种子不能作种子。

（2）机械去雄　去雄机械目前有两种类型，一是利用旋转刀片在玉米植株顶部削去雄穗；二是利用高度可调、旋转方向相反的2个滚轮，把握雄穗和上部叶片，向上拉除（也称为轮拔），此法对叶片损伤较小，优于切割式。去雄机械的效率与母本的叶片和雄穗生长方向、株高、发育的一致性及机械操作技能等密切相关。通常情况下，在母本吐丝和散粉前，尽可能推迟机械去雄时间，以便植株上部节间伸长和雄穗抽出，减少叶片损伤和拔除数量。每次机械去雄后，应及时清理挂留在田间植株上的已拔雄穗，同时进行人工检查，去除遗漏的剩余雄穗。

（3）雄性不育系的利用　玉米雄性不育系有核不育和质核互作不育两种。核不育受1对隐性基因控制，不育性难以保持，目前很少利用。生产上主要利用质核互作类型，它有3个基本的组群：T、S和C组。1970年以前，T型不育系是生产上利用的主要类型，但由于玉米小斑病T小种的危害，目前C型和S型已经取代了T型不育系的地位，在美国占杂交种子的1/3左右。利用雄性不育系生产杂交种，不仅能免除人工去雄的繁重劳动，节省耗工，降低生产成本，还可确保种子纯度。不育系制种同样需设置隔离区，并要注意母本是否有花药外露的散粉株，如有应及时拔除。除杂及其他技术措施与常规种子生产相同。

利用雄性不育系进行杂交种种子生产有较好的发展前景，但现阶段我国玉米雄性不育杂种优势的研究和推广利用，存在着许多问题，例如三系的纯度不高、带有不良基因导致杂种优势不强等，加上玉米雌雄同株异花，常规种子生产去雄较为方便。所以目前我国生产上主要以常规种子生产为主，不育系制种应用较少。

4. 提高种子活力，确保种子质量　种子活力是种子重要的品质，高活力种子具有明显的生长优势和生产潜力。种子发育成熟期间或收获之前的环境因素对种子质量影响很大，必须有针对性地采取一些措施减少或降低不利因素的负面效应，才能提高种子的产量和质量。

（1）合理调节养分　玉米是需肥较多的作物，除了氮、磷、钾3种之外，还需钙、镁、硫、硼、铁、锰、铜、锌、钼等常量元素和微量元素，各种元素在玉米的生长发育过程中的生理作用是不同的，缺少任何一种均会引起生理代谢的失调，导致种子发育不良，千粒重下降，生活力和活力降低。

（2）选择适宜的地理环境和生产季节　种子成熟期间的温度、水分、光照是影响种子活力的重要因素。玉米成熟灌浆期间要求逐渐降低温度，以利养分的积累，晴朗的天气和20 ℃左右的气温能促进籽粒灌浆。高温下，营养物质转移较快，但细胞组织老化也快，酶活性丧失早，物质消耗多，种子过早停止养分的积累，对成熟质量和产量是不利的。温度过低，会引起种子冻害。例如浙江省秋播玉米种子生产播种时间不宜太迟，一般在立秋前应播种完毕。

成熟期间雨水过多时，植株光合作用大大降低，养分积累减少，而且容易造成倒伏。蜡熟后期多雨时，有些玉米组合甚至会穗上发芽，造成种子活力下降。因此玉米种子生产的成熟期应避开高温多雨的天气，以保证种子的产量和质量。

（3）及时防治穗部病害　危害玉米果穗的病害有纹枯病、丝黑穗病、黑粉病、穗腐病、粒腐病、干腐病等。一般高温多雨的天气，穗部病害发生较重，应及时加以防治，以免影响产量和质量。例如防治玉米穗腐病、枯腐病和干腐病等，可用70%甲基托布津可湿性粉剂800倍液喷施果穗及下部茎叶。

（4）加速脱水，分收分藏　夏制、秋制和北方春播区在生长发育后期和收获后容易受低温霜冻危害，或因水分过高造成收获后脱水困难，可在收获前充分利用前期温度比较高的有利条件，加速种子脱水，确保种子具有较高的生活力和活力。母本果穗进入蜡熟期后，将果穗苞叶剥开，一剥到底，使籽粒均匀受光、通风。但须防止遇雨存水，否则会增加水分。也可结合剥苞叶，将穗位上部茎秆弯折至果穗下面，使剥开苞叶的果穗位于植株的最上端，完全暴露在阳光下，通风无阻，促使果穗更快脱水，但要严防低温霜冻。

种子成熟后要及时收获，过早收获，由于种子尚未发育发熟，不仅影响产量，还造成种子生活力和活力的降低；过晚收获，有可能因自然衰退而使种子活力下降。正常年份可在蜡熟末期至完熟期收获，平展型母本以田间95%以上的植株茎节变黄、果穗苞叶枯白且松散、籽粒的含水量降到20%以下时收获较为适宜。紧凑型母本适当推迟收获，最好在果穗白皮后7～9 d收获。成熟收获期如遇低温早霜，可在蜡熟初期后适时早收。未实行提前割除父本，而父母本同时成熟的种子生产田，应先收父本，要特别注意不要错行收获。落在地上的果穗，如不能分清是父本还是母本，应单独收作粮食处理。运回的果穗要严格分堆、分晒，做好标记，去除杂穗劣穗后脱粒。不同杂交组合在收获后要严防机械混杂，单独收储，包装物内外各加标签。

第三节　小麦种子生产技术

小麦是世界性的重要粮食作物，其种植面积和总产量均居世界第一。小麦在世界范围内分布极广，自南纬45°（阿根廷）到北纬67°（挪威、芬兰）都有栽培，可适应不同的生态条件，但主要分布在北纬20°～60°及南纬20°～40°。我国是世界小麦生产大国，在粮食作物生产中，小麦种子的需求量最大，种子质量对小麦产量和品质均有重要影响，因此做好小麦种子生产工作具有十分重要的意义。

一、小麦的生物学特性

（一）小麦的分类

在植物分类学上，小麦（*Triticum aestivum* L.）属于禾本科禾亚科小麦属小麦族小麦亚族。小麦属中有 20 多种，世界上种植的小麦品种大多数属于普通小麦（*Triticum aestivum* L.，AABBDD），其栽培面积占小麦栽培总面积的 90% 以上；硬粒小麦（*Triticum durum* Desf.，AABB）的栽培面积占小麦栽培总面积的 8%左右；圆锥小麦（*Triticum turgidum* L.，AABB）、密穗小麦（*Triticum compaecum* Host.，AABBDD）、斯卑尔脱小麦（*Triticum spelta* L.，AABBDD）等则零星种植。在我国，普通小麦的栽培面积占小麦栽培总面积的 98%以上，硬粒小麦、圆锥小麦、密穗小麦等有零星种植。因此国内外小麦育种和栽培上所说的小麦一般均指普通小麦，其染色体数为 $2n=42$，为六倍体（AABBDD）。

小麦属于低温长日照作物，需经过一定条件的低温春化阶段和长日照条件的光照阶段才能开花结实。由于长期栽培，小麦对温光反应的类型较多，按照小麦品种通过春化作用所要求的温度和时间的不同，可分为冬性品种、半冬性品种和春性品种 3 类。根据小麦品种对日照长短的反应可分为反应迟钝、反应敏感和反应中等 3 种类型。根据小麦品质和加工用途可分为强筋（硬质）小麦、中筋小麦和弱筋（软质）小麦。

（二）小麦的花器结构

小麦是分蘖性较强的作物，每个单株由主茎穗和各级分蘖穗组成。小麦穗长一般为 7～10 cm，花序为复穗状花序，由穗轴和着生在穗轴两侧的小穗组成。穗轴由节片组成，每节片上着生 1 个小穗。小穗由 2 片护颖和 3～9 朵小花组成，无柄，一般基部 2～6 朵小花发育良好，正常结实，上部小花退化。

小麦的花为两性花，每朵小花由 1 片内颖、1 片外颖、3 枚雄蕊和 1 枚雌蕊组成。外颖内侧基部有 2 片浆片，顶端有芒或无芒。雄蕊由花丝和花药 2 部分组成。雌蕊由柱头、花柱和子房 3 部分构成，柱头成熟时呈羽毛状分叉。

（三）小麦的开花和授粉

小麦通常在抽穗后 2～5 d 开始开花，也有抽穗当天开花或抽穗 5～10 d 才开花的品种，少数品种甚至闭颖开花。小麦为多分蘖作物，其开花顺序一般为先主茎后分蘖；一般位于麦穗中部的小穗先开花，然后上部、下部小穗依次开花；同一小穗上，基部的小花先开，上部小花相继开放。小麦开花的最适温度为 18～25 ℃，最适空气相对湿度为 70%～80%。晴朗天气条件下，小麦上午开花最多，下午开花较少，清晨和傍晚很少开花，开花高峰期分别在 9:00—11:00 和 15:00—17:00。一朵花的开花时间一般为 15～20 min。整个麦穗从开花到结束，需 2～3 d，少数为 3～8 d。

小麦开花时，外颖内侧基部的浆片迅速膨大，使颖壳张开，张开角一般为 10°～40°。同时，花丝迅速伸长，把花药推出颖外，此时花药开裂，部分花粉落在柱头上完成自花授粉。授粉后 1～2 h 花粉开始萌发，24～36 h 完成受精过程。开花后，浆片失水，颖壳闭合，花药留在颖外而柱头保持在颖内。

在正常情况下，柱头保持授粉能力可达 8 d，但以开花后 2～3 d 受精能力最强。花粉寿命较短，一般在散粉后 3～4 h 就失去发芽能力。

二、小麦常规品种种子生产

小麦是典型的自花授粉作物，其天然异交率在4%以下，繁育技术难度较小。小麦种子生产中最主要的问题是如何保持品种纯度，防止品种混杂退化、产量降低、质量下降。

根据国家标准《粮食作物种子　第1部分：禾谷类》（GB 4404.1—2008）将小麦种子分为原种和大田用种。原种是指用育种家种子直接繁育的第一代至第三代或按原种生产技术规程生产的达到原种质量标准的种子。大田用种是指用原种繁殖的第一代至第三代达到大田用种质量要求的种子。原种纯度不低于99.9%，大田用种纯度不低于99%；原种和大田用种的净度不低于99%，发芽率不低于85%，水分不高于13%。

（一）小麦原种生产技术

我国于1998年颁布了《小麦原种生产技术操作规程》（GB/T 17317—1998）。该规程规定可利用育种家种子直接生产原种，也可采用三圃制或二圃制生产原种。近年来，又提出了株系循环法生产小麦原种和四级种子生产程序等方法。在实际种子生产工作中可根据原始种子的来源、种子纯度和具体生产条件灵活运用。

1. 利用育种家种子直接生产原种　由育种者提供种子，将育种家种子通过精量点播的方法播于原种圃，进行扩大繁殖。育种者可一次扩繁供多年利用的种子，储存于低温库中，每年提供相当数量的种子，或由育种者按照育种家种子标准每年进行扩繁，提供种子。这种方法适用于刚开始推广的品种，由育成单位在保存育种家种子的同时，直接生产原种。这种方法简单可靠，可以有效地保证种子纯度，使育成单位获得一定的效益。其缺点在于生产的种子数量较少，生产面积增加时，育种者很难提供足够多的种子。另外，在生产的过程中材料也容易流失。

2. 三圃制生产原种　三圃制是我国小麦原种生产的传统方法，目前仍有应用。采用三圃制生产原种主要经过单株（穗）选择、株（穗）行鉴定、株（穗）系比较和混系繁殖4个环节，经过株（穗）行圃、株（穗）系圃、原种圃3年时间完成，所以又称为三年三圃制。

如果一个品种在生产上利用时间较长，品种发生性状变异、退化或机械混杂，可采用较严格的三年三圃制原种生产方法（图6-8）。

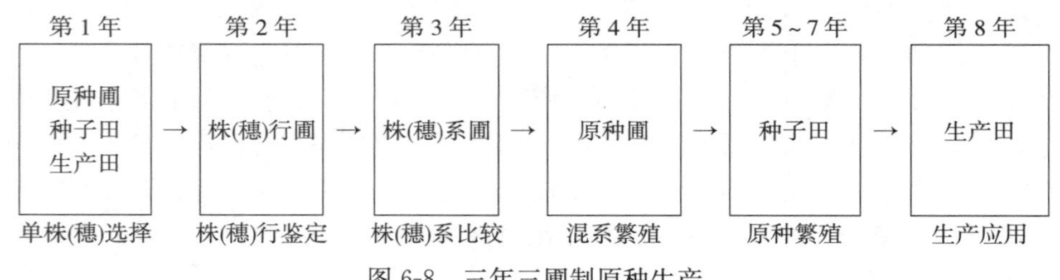

图6-8　三年三圃制原种生产
（引自陈哲，1986）

（1）选择单株（穗）　单株（穗）选择可以根据原有的种子生产基础，在原种圃、种子田或大田设置的选择圃中进行，一般应以原种圃为主，种子田或选择圃应当纯度较高、生长发育好。选择时，根据品种的特征特性，在典型性状表现最为明显的时期进行单株（穗）选择。田间选择一般分4个时期进行。苗期根据幼苗生长习性、叶型、叶色、分蘖力强弱、抗寒性等进行初选，做好标记。在返青至拔节期，根据叶型、叶色、越冬性、返青快慢等进行选择和淘汰，保留典型株。在抽穗至灌浆期，继续对株型、叶型、抗病性、抽雄期等进行复选，做出标记。黄熟期再根据穗部性状、抗病性、抗逆性、成熟期等性状做进一步选择。田间当选的单株（穗）收获后，分别脱粒，室内根据粒形、粒色等进行复选，保留各性状均与原品种相符的典型单株（穗），分别编号、装袋保存。选择单株（穗）的数量应根据下年株（穗）行圃的面积而定。一般每公顷需种植 4 500 个决选的单株或者 15 000 个以上的单穗。因此单株（穗）选择时应适当加大选株（穗）数量，以便室内复选。

（2）株（穗）行圃　将上年当选的单株（穗）按统一编号，在同一条件下按单株（穗）分行种植，一般采用顺序排列、开沟点播或稀条播的方法，种成株（穗）行圃。单株播 4 行区，单穗播 1 行区，行长为 2 m，行距为 20～25 cm，株距为 3～5 cm 或 5～10 cm，每 2 小区间空 1 行，每隔 9 个或 19 个小区设 1 个对照。一排播种不完的可在第二排按相反方向播种。排间及株（穗）行圃四周留 40～50 cm 的田间走道。四周设保护行和 25 m 以上的隔离区，以防天然杂交。对照和保护区均采用原品种群体或原种的种子。

播种前绘制好田间种植图，按图种植，编号插牌，严防错乱。分别在苗期、抽穗期和成熟期与对照进行性状比较鉴定，严格除杂去劣，对入选的株行做好标记。在整个生长发育期间要派专人按规定的标准统一做好田间观察和记载工作。株（穗）行鉴定可分 3 次进行。第一次在苗期，根据叶鞘颜色、幼苗习性、叶色、叶形、分蘖特点、耐寒性等选择符合本品种典型性状的株（穗）行，对不符合要求的株（穗）行做出记载，以便淘汰。第二次株（穗）行鉴定在抽穗扬花阶段进行，主要根据株型、叶形、抽穗期、开花习性、穗型、整齐度等进行淘汰，并比较各株行的典型性和一致性。第三次株（穗）行鉴定在黄熟期进行，根据穗部性状、株型、株高、抗病性、抗倒性、成熟期、丰产性、落黄情况等，与对照进行比较，确定当选株（穗）行。收获前进行决选，综合比较，严格淘汰杂劣株行，选择符合原品种典型性的株（穗）行，分别收获，风干后，按株（穗）行分别进行考种，分别脱粒。在室内考种时再进行一次选择，确定取舍，并标明株（穗）行号，分袋储存。

（3）株（穗）系圃　将上年当选的株（穗）行种子，按株（穗）行分别种植，建立株（穗）系圃。每个株（穗）系圃小区面积视收获种子量而定，宽长比例以 1∶3～5 为宜，行距为 20～25 cm。采用等播种量、等行距稀条播，每隔 9 个小区设 1 个对照。田间管理、观察记载、收获与株（穗）行圃相同。

典型性状完全符合要求的株（穗）系，杂株率不超过 0.1%时，拔除杂株后可以入选。对田间入选的株（穗）系材料和对照，分别脱粒、称量，再取样进行室内考种，重点考察粒型、粒色、籽粒饱满度和粒质 4 个项目，须从严掌握，并进行千粒重和容重的测定，最后进行综合评价，决定取舍。

（4）原种圃　将上年当选株（穗）系的种子混合稀播，即为原种圃。一般行距为 20～25 cm，播种量为 60～75 kg/hm^2，扩大繁殖系数。在抽穗至成熟期间，进行 2～3 次田间除杂去劣工作。同时，严防生物学混杂和机械混杂。原种圃当年收获的种子即为原种。

3. 二圃制生产原种　由于三圃制生产原种周期长、生产成本高、技术要求严格等原因，目前大多数种子生产单位不再采取典型的三圃制原种生产程序，而将三圃制简化为二圃制，它比三年三圃制少 1 个株（系）圃，故又称其为二年二圃制，简称二圃制。一般程序是在良种生产田选择典型优良单株，下年种成株行圃进行株行比较试验，将入选的株行混合收获，下年进入原种圃生产原种。该方法简单易行，节省时间，但提纯效果不及三圃制。对于种源纯度较高的品种，可以采取这种方法生产原种（图 6-9）。

二圃制由于少繁殖 1 代，因此要生产同样数量的原种，必须要增加单株选择的数量和株行圃的面积。

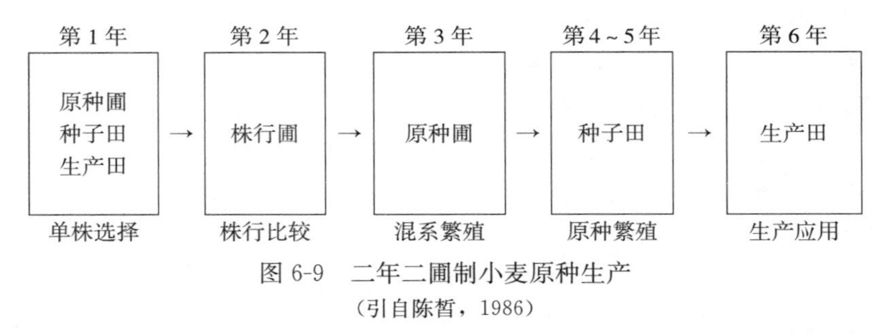

图 6-9　二年二圃制小麦原种生产

（引自陈哲，1986）

长期以来，三年三圃制和二年二圃制对促进小麦增产起到了很好的作用。但是这两种方法不能很好地保护育种者的知识产权，且种子生产周期长，满足不了品种更新换代的需要。再者由于对品种的典型性状不够熟悉，在田间进行选择时，容易把性状选偏，丧失品种本身的优良特征特性。为了克服这些缺点，在三年三圃制或二年二圃制的原种生产方法上又衍生出多种新的小麦良种繁育方法，如株系循环法等。

4. 株系循环法生产小麦原种　株系循环法以育种单位的原种为材料，最好与该品种区域试验同步进行，以株系（行）的连续鉴定为核心，以品种的典型性和整齐度为主要选择标准，在保持优良品种特征特性的同时，稳定和提高品种的丰产性、抗病性和适应性。具体程序见图 6-10。

（1）建立株系圃　按育种单位提供的品种标准，从选种田选择典型一致的单株 300～500 株。将当选单株分别种成株行，在出苗、分蘖、抽穗、成熟等不同生育时期进行田间观察，淘汰分离、变异、病虫害严重及有其他明显缺陷的株行。成熟期进行田间决选，保留 200～300 个株行，分收分藏。将上年当选株行分系播种，从苗期开始按照上年程序进行选择，对不符合要求的株系整系淘汰，成熟期进行田间决选，保留具有该品种典型特性、整齐度好、株高和生育期等相一致的纯系 100～110 个，淘汰其余株系。

（2）株系循环生产原种　将中选的 100～110 个纯系按品种典型性要求，每系保留 100 株左右，单独收获脱粒，作为下年保种圃用种，其余部分去除个别变异株后，混收生产混系种子。以后每年从保种圃中每系选留 100 株左右，作为下年保种圃种子，同时由混系种子扩繁 1 年，生产原种。

在良种繁育管理上，应选择田间基础好、生产水平高、地力均匀平整的田块建立保种圃，并要求适当稀植，以使品种特性能充分展示，便于观察和选留。同时，从引进繁育开始就必须做好防杂保纯工作，保种圃、基础种子田和原种圃呈同心环布置，严格按“一场一种、一村一种”的隔离要求，严防各类机械混杂和生物学混杂，并要及时进行田间除杂去劣，使株系循环始终建立在高质量的品种群体上。

5. 四级种子生产程序　四级种子生产程序借鉴发达国家重复繁殖法的种子生产方法，并结合我国的种子生产实践，提出了“育种家种子→原原种→原种→大田用种”的四级种子生产程序。其技术操作规程见图 6-11。

（1）育种家种子　育种家种子是指品种通过审定时，由育种者直接生产和掌握的原始种

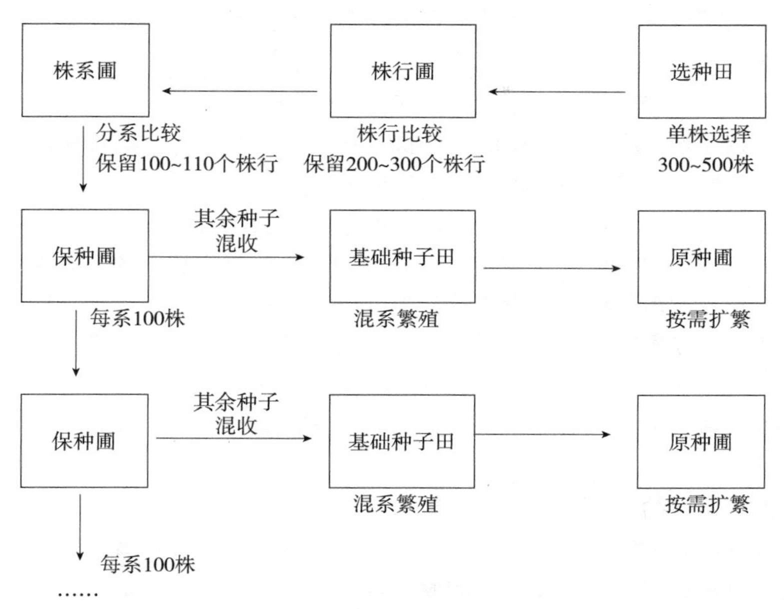

图 6-10　株系循环法生产小麦原种

（引自王建华和张春庆，2006）

子。该种子世代最低，遗传性稳定，纯度为 100%，主要性状符合确定推广时的原有水平。其种子生产由育种者通过育种家种子圃，采用单粒点播、分株鉴定、整株除杂、混合收获等规程生产而来。育种家种子圃周围应设 2～3 m 隔离区。点播，株距为 6～10 cm，行距为 20～30 cm。每隔 2～3 m 设走道，以便鉴定、除杂。

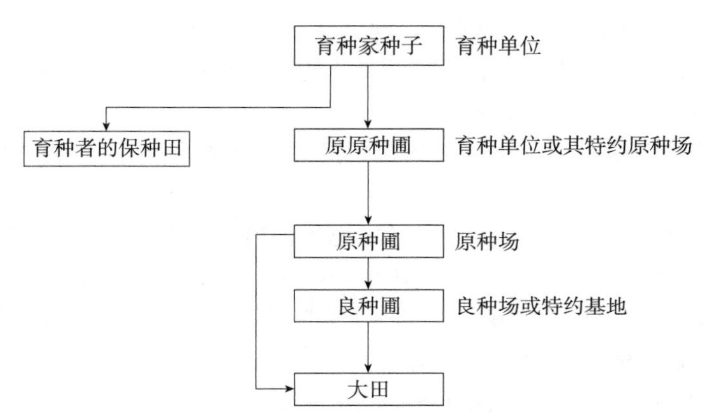

图 6-11　小麦常规品种的四级种子生产程序

（引自张万松等，1997）

种子利用方式分为一次足量繁殖、多年储存、分年利用，或将育种家种子的上一代种子储存，再分次繁殖利用等。

此外，要设保种区，对剩余的育种家种子进行高倍扩繁，或对原原种再进行单粒点播、分株鉴定、整株除杂、混合收获的高倍扩繁，其他环节与育种家种子圃相同。

（2）原原种　原原种由育种家种子或由育种者保种圃的种子繁殖而来，纯度为 100%，比育种家种子高 1 个世代，质量和纯度与育种家种子相同。其生产由育种者负责，在育种单位或特约原种场或原原种圃中，采用单粒点播或精量稀播种植、整株除杂、混合收获方法进行。点播时，株距为 6 cm，行距为 20～25 cm。若精量稀播，每公顷播种量为 22.5～45.0 kg，每隔 2～3 m 留出 50 cm 走道，周围设 2～3 m 隔离区。

（3）原种　原种是由原原种繁殖的第一代种子，遗传性状与原原种相同，质量和纯度仅次于原原种。在原种圃，采用精量稀播方式进行繁殖。

原种的种植由原种场负责，在原种圃精量稀播，每公顷播种量为 37.5～52.5 kg，行距为 20 cm 左右，四周设保护区和走道。在开花前的各阶段进行田间鉴定除杂。

（4）大田用种　大田用种原称为良种，是由原种繁殖的第一代种子，遗传性状与原种相同，种子质量和纯度仅次于原种。大田用种由基层种子单位负责，在良种场或特约基地进行生产。

大田用种采取精量稀播，每公顷播种量为 45～75 kg，要求一场一种或一村一种，严防混杂。

四级种子生产程序的优点：①由育种者亲自提供小麦种子，能从根本上防止种子混杂退化，有效地保持优良品种的种性和纯度，并且可以有效地保护育种者的知识产权；②能缩短原种生产年限，原种场利用育种者提供的原原种，1 年就可生产出原种，使原种生产时间缩短 2 年；③操作简便，经济省工，不需要每年选单株、种株行，繁育者只需按照原品种的典型性严格除杂保纯，省去了选择、考种等烦琐环节；④通过育种家种子低温低湿储藏与短周期的低世代繁殖相结合进行种子生产，能减少繁殖代数，能保证大田生产连续用低世代种子，有效地保持优良品种的高产稳产性能，相应地延长了品种使用年限；⑤有利于种子品种标准一致化，以育种家种子为起点，种源统一，减轻因选择标准不一致而可能出现的差异。

（二）小麦大田用种种子生产技术

小麦大田用种种子生产的原理和技术与原种生产相近，但其种子生产过程简单得多，可直接繁殖，提供大田生产用种。一般可根据需要建立一级种子田和二级种子田，扩大繁殖。种子田的大小根据所需种子的数量确定。

1. 一级种子田　一级种子田用原种场提供的原种种子繁殖，或用从外地引入经试验确定为推广品种的种子田种子繁殖。在建立原种圃的地区，可繁殖原种一代即大田用种，用于大田生产。在没有原种圃的地区，一级种子田也可种植从大田或丰产田中选出的优良单穗混合脱粒的种子，经严格除杂去劣，作为大田用种，用于二级种子田或生产用种。

2. 二级种子田　当一级种子田生产的种子数量不能满足全部大田用种时，可建立二级种子田。二级种子田的种子来源于一级种子田，其生产面积较大，有利于快速推广优良品种。生产过程中要注意除杂去劣，保证种子质量。

小麦大田用种的繁殖和生产任务不亚于大田生产，为了尽快地繁殖大量优良种子供大田生产使用，大田用种繁殖的栽培管理条件应优于一般大田，尽量增大繁殖系数，并保证种子的质量。适当早播、稀播，以提高种子田繁殖系数，一般实行稀条播，每公顷播种量为60～75 kg。在小麦的整个生长发育期中严格除杂去劣，以保证种子纯度。

（三）小麦种子生产中应注意的问题

1. 种子生产基地选择　新品种是在一定的生态条件下选育出来的，只有在适宜的生态条件下，才能使品种的优良特性得以充分体现。因此在小麦种子生产中，一定要考虑品种的生态类型和生产种子适宜的生态条件，在适宜的生态区域建立种子生产基地。种子生产的生态条件主要是指自然条件，包括土壤及肥力、有效积温、生育期的高温值、昼夜温差和无霜期、日照时间和光照度、年降水量和雨季分布等。一般来说，品种选育地的生态条件就是最适合的生态条件，因此可考虑在品种选育地建立繁育基地，或选择技术力量较强的原种、良种场或特约种子村作为繁育基地。

为了生产出纯度高、质量好的原种，繁育基地应选择地势平坦、土质良好、排灌方便、前茬一致及地力均匀的地块，并注意忌施麦秸肥，避免造成混杂。

2. 精细管理　优良品种的优良种性在一定的栽培条件下才能充分表现出来，因此原种、大田用种的生产必须采用良种良法相配套的方法。播种前对种子进行精选，必要时经过晒种、种子包衣或药剂拌种等处理。同时对种子生产田块进行深耕细耙，精细整地。生长期间要加强田间管理，及时中耕、施肥、浇水，促进苗齐、苗壮，促蘖增穗，提高成穗率，促大穗、长壮秆。密切注意种子生产田病虫害发生情况，并及早做好防治工作。

3. 严格除杂去劣　在苗期应对表现杂种优势的杂种苗予以拔除。小麦抽穗至成熟期间根据株高、抽穗迟早、颖壳颜色、芒的有无及长短，反复除杂。除杂时一定要保证整株拔除，带出田外。大田用种种子生产田最好每隔数行留一走道，以便于除杂去劣和病虫害防治。

4. 做好种子收获、保管工作，严防机械混杂　小麦种子生产中最主要的问题就是机械混杂，因此从播种至收获、脱粒、运输到储藏，任何一个环节都要采取措施，严防机械混杂。收获适时，注意及时清理场地和机械，入选的株（穗）行、株（穗）系圃和原种圃要做到单收、单运、单打、单晒、单储。发现来历不明的株、穗按杂株处理。

在入库前整理好风干（挂藏）室或仓库，备好种子架、布袋等用具。脱粒后将当选的种子分别装入种子袋。袋内外都要有标签。储藏期间保持室内干燥，种子水分不能超过13%，并防止虫蛀、霉变，以及鼠、雀等危害。

5. 做好种子检验　原种生产单位要做好种子检验工作，并由种子检验部门根据农作物种子检验规程进行复检。对合格种子签发合格证，对不合格种子提出处理意见。

三、小麦杂交种种子生产

1919 年 Freeman 首次报道了小麦杂种优势现象，1951 年 Kihara 获得了世界上第一个小麦雄性不育材料（具尾山羊草细胞质）。1962 年美国科学家 Wilson 和 Rose 等人育成了第一个 T 型不育系，实现了三系（不育系、保持系和恢复系）配套。

之后，小麦杂种优势的利用一直是许多小麦育种工作者研究的重要课题。1953 年 Hoagland 用马来酰肼处理小麦获得了雄性不育株，开始了化学杀雄法利用小麦杂种优势的研究。各国的研究者筛选出了多种化学杀雄剂。20 世纪 90 年代，何觉民等首先报道培育成功小麦光温敏两用核不育系，开始了两系法利用小麦杂种优势的研究。

近年来，我国在不育系、优势组合的筛选、种子生产等技术方面均取得了较大进展，小麦杂种优势利用研究居世界领先地位，国内通过审定的小麦杂交种有“津化 1 号”“西农 901”“西杂 1 号”“小山 2134”等品种，均有一定的推广面积。

目前杂交小麦种子生产的途径主要有 3 种：三系法（利用核不育或质核互作不育）、化学杀雄法（利用化学杀雄技术）和两系法（利用光温敏核不育）。

小麦是严格的自花授粉作物，且花器较小，一花一实，人工杂交困难，播种量大，繁殖系数较低，提高杂交种的种子产量是杂交小麦应用于生产的关键。

（一）两系法杂交小麦种子生产技术

何觉民等（1992）从“贵农14”中选育出光温敏雄性不育材料（“ES3”“ES4”“ES5”等），它的育性受核内隐性主基因控制，可以稳定遗传，同时不育基因的表达又受光照及温度的影响，在短日（10 h）低温条件下表现雄性不育，可用作母本进行杂交制种，在长日（14 h）适温条件下雄性可育，可自交结实，实现不育系的繁殖，属于短日（<12 h）低温（≤10℃）敏感性雄性不育小麦，育性转换的敏感时期为雌雄蕊原基分化期至四分体形成期。

1992年谭昌华等报道，从常规育种材料中选育出以“$C_{49}S$”“$C_{86}S$”为代表的光温敏雄性不育材料。不育性的敏感期在花粉母细胞减数分裂期至小孢子形成期。中国科学院成都生物研究所认为15～18 ℃为育性转换期，3 d以上平均温度低于15 ℃即可造成全不育。

因为不育系和保持系为同一材料，小麦杂交种生产时只有不育系（兼保持系）和恢复系，所以称为两系法。目前两系杂交小麦在重庆、云南、湖北等地正进行生产示范，该技术体系也成为目前进展最快、最有发展前途的小麦杂种优势利用途径之一。与三系法相比，两系法有其显著优点：①恢复源广泛，易筛选出强优势组合；②育种效率更高，杂交小麦从配组合到品种审定，3～4年时间即可完成；③种子生产程序简单，可采用异地播种等方法自交繁殖不育系，另外不需要通过异交繁殖不育系，克服了质核互作雄性不育利用中的诸多困难，种子生产成本低。

1. 不育系的繁殖　不育系自交繁殖无须隔离。在其繁殖过程中，应注意以下几点。

（1）选择适宜的种子生产基地　由于不育系的育性受温度和光照的影响，应根据不育系育性转换条件选择适宜的地区进行种子生产。可根据当地的历年气象资料，保证育性敏感期的温度和光照能够促进不育系育性恢复，自交结实。恢复程度越高，产量及纯度越容易得到保证。

（2）确定适宜的播种期　有研究表明，对于秋播小麦，不育系的播种期越晚，育性敏感期的温度越高，其育性恢复度越高，越有利于自交结实。但是如果播种太晚，灌浆期间的高温对种子的产量和质量有一定的负面影响，使种子皱缩。因此不育系的播种期要兼顾其育性及产量和质量，既要保证不育系育性恢复正常，又要稳产高产。

（3）严格去杂防杂　不育系种子的纯度对种子生产田杂交种种子的纯度起着关键的作用。在小麦的整个生长发育期，要随时注意拔除不育系以外的其他任何小麦株穗。由于播种期或气候的原因，会造成不育系育性恢复度不高。小麦拔节期和抽穗期则是除杂的关键时期，要根据植株外部形态、抽穗期、穗型、芒性等特征尽早去除杂株，以防造成生物学混杂。另外，还要注意防止在收获、储藏及运输过程中造成机械混杂。

2. 杂交种种子生产

（1）选择适宜的种子生产基地　两系法所采用的不育系其育性受光和温度的影响，在长日、高温条件下表现可育，用于繁育不育系种子。在短日低温条件下表现不育，与恢复系杂交产生两系杂交种。所以选择的种子生产基地必须符合短日、低温要求，以保证母本（不育系）高度不育。若条件不合适，则不育系部分育性恢复，产生一定数量的自交种，会降低杂交种的纯度。

（2）调节花期　杂交种种子生产过程中遇到的最大困难是花期不遇，即父本和母本开花期不一致，不能完成正常授粉受精，因此必须通过调节花期，使父本和母本花期相遇。一般要求父本始花期比母本迟 2～4 d，即“宁肯母等父，不可父等母”。调节播种期是常用的花期调节方法。一般花期较晚的亲本较早播种，或是父本分两次播种，以延长花期。

另外，还可根据父本和母本的叶龄和幼穗发育进程对花期能否相遇进行预测，一旦父本和母本花期不能很好相遇，就必须进行花期调节。常用的方法有以下几种。

①肥水管理：氮肥能促进营养生长，可延迟开花，磷、钾肥则促进生殖生长，可提早开花。如果母本偏早，可以施磷、钾肥促父本。如果父本偏早，可对母本增施磷、钾肥，同时对父本增施氮肥。

②镇压父本：拔节前如果预测到父本花期偏早，可以对父本进行镇压，增加分蘖数，延缓其发育进度。但要注意如果母本花期偏早，不能对母本进行镇压，否则分蘖增多会影响母本的不育度。

③使用植物生长调节剂：有研究表明，采用 15～90 g/hm^2 九二〇喷施母本，母本可提早开花 1～2 d，并增加结实率；喷施父本，可使植株高度增加，授粉能力增强，从而提高种子产量。

对花期较晚的亲本在播种时或越冬时进行地膜覆盖，也可将花期提前 2～3 d。由于两系杂交小麦要求母本要整齐一致，所以花期调节的措施主要针对父本。

（3）父本和母本行比　目前已有的研究认为，小麦杂交种种子生产田的父本和母本行比应控制 1∶1～5。Miller 等（1974）的结果表明，1∶2 的比例有利于提高单位面积的种子产量。刘宏伟等（2001）认为，基本播幅为 1.6 m 时，1∶2 的行比效果较好。张爱民等（1993）认为，杂交小麦种子生产在大田播幅为 1.2 m 时，以 1∶2 较为适宜。各地可根据当地的气候条件采用合适的父本和母本行比。如果父本分蘖穗多、花粉量多，可以适当增大行比，以提高单位面积种子产量。

父本和母本的种植行向要根据种子生产田的地理位置、形状特点及扬花期风向具体确定。一般在高纬度地区采用南北行向，低纬度地区采用东西行向，既能充分利用日光能，又能借助风力传粉。

（4）安全隔离　安全隔离是保证杂交种纯度的必备条件，可采用空间隔离和自然屏障隔离。小麦是严格的自花授粉作物，花粉量较少，种子生产田应选择无建筑、无树木的空旷地块，以利于异交结实。一般认为，0～70 m 为小麦的传粉区，80 m 为传粉的危险区，90 m 为小麦花粉传粉的安全隔离区。因此距种子生产区 90 m 以内不能种植父本以外的其他小麦品种。小麦种子生产时隔离区以 100 m 以上为宜。在实际生产上，多采用空间隔离，即在制种区周围 30～100 m 范围内种植父本品种，既作隔离区，又扩大了父本花粉来源。

（5）除杂　种子生产田的杂麦包括父本和母本以外的其他小麦株穗及母本群体中的可育小分蘖穗。在小麦的整个生长发育期间，都要注意随时去除。其原则是及时、干净、彻底。及时是指见杂就除，干净是指整株除杂，不能留下分蘖穗，彻底是指在开花前将所有杂株拔除掉。拔节期和抽穗期是除杂的关键时期，拔节期根据拔节迟早及植株外部形态特点识别杂株。抽穗期根据抽穗迟早和株高、穗形、芒的有无及长短等形态特征识别杂株，并重点拔除母本中的可育小分蘖穗。另外，在收获、储藏及运输过程中，均要严格防止机械混杂。

（6）人工辅助授粉　人工辅助授粉是提高母本异交结实率的重要措施之一，因为小麦是自花授粉作物，借用风力自然传粉的能力较低，必须进行人工辅助授粉，也称赶花粉，常用的工具有长竹竿和绳索两类。在小麦盛花期，在 9:00—11:00 和 15:00—17:00，用长竹竿或绳索将父本推向母本方向，使花粉均匀地散落到母本柱头，达到异交结实的目的。每天赶花粉 3～4 次，上午赶粉 2～3 次，下午赶粉 1～2 次。赶粉时用力要适当，要求传粉距离远且均匀，又要尽量避免对父本和母本的机械损伤。露水重的天气、早晨和雨后要用绳索赶雨水，以保证父本正常散粉。

（7）田间管理　两系杂交小麦种子生产，田间管理措施基本上与常规小麦相同。但是由于要求母本群体高度整齐，不育度高，母本氮肥要早施、少施，磷、钾肥适量。母本多采用点播，母本行距为 20 cm，株距为 10 cm。父本正常条播。有条件的单位可采用精量点播机播种。

（二）化学杀雄法种子生产技术

化学杀雄是用化学药剂喷洒母本穗部，造成杀雄而不伤害雌蕊的功能性雄性不育。其原理是雌雄配子对各种化学药剂有不同的反应，雌蕊比雄蕊有较强的抗药性，利用适当的药物浓度和药量可以杀伤雄蕊而对雌蕊无害。受到药物抑制的雄蕊，一般表现花药变小，不能开裂，花粉皱缩空秕，内部缺乏淀粉，没有精核，失去受精能力。能够使花粉失去受精能力的化学物质称为化学杀雄剂。

通过化学杀雄技术利用小麦杂种优势的优点在于：①种子生产程序简单，不需要培育不育系和恢复系，生产杂交种时只要将父本和母本材料相间种植，在生长发育的一定时期用化学杀雄剂处理母本植株，再进行授粉，就可以得到杂交种；②亲本选配自由，出强优组合快，常规育种中出现的强优组合可直接用来配制化学杀雄杂交种，迅速用于生产。但是由于小麦是分蘖力较强的作物，其用药时期的把握有一定难度，不同品种和用药时的环境条件对杀雄效果也有一定的影响。因此化学杀雄法种子生产的关键在于化学杀雄剂的筛选和使用。

一种理想的化学杀雄剂应具备以下特点：①对大多数的小麦能导致完全或近于完全的雄性不育；②在植株发育的较长时期范围内能导致小麦雄性不育，以便有足够的时间进行大面积的喷施和有时间避过不良的气候，施用效果稳定；③对植株无毒害；④对雌蕊育性无影响；⑤与环境及品种不发生剂量互作；⑥不污染环境并对人畜无毒害；⑦成本低而施用方便。

目前国内外研究的杀雄药剂很多，例如国外的小麦化学杀雄剂有 RH0007、WL84811、LY195259、SC2053、GENESIS、MON21200 和 HYBREX，我国的小麦化学杀雄剂有 BAU-1、BAU-2、EK、ES、XN8611 等。从应用效果来看，较好的小麦杀雄剂有 SC2053、GENESIS、BAU-2、WLS84811、MON21200 和 HYBREX。

采用化学杀雄剂生产杂交种，其关键技术是化学杀雄剂的使用，不仅要选择最佳喷药时期，而且要考虑药剂对不同品种的敏感性，以提高杂种纯度。以下分别介绍 GENESIS、SC2053 和 BAU-2 的使用。

1. GENESIS　GENESIS 是美国孟山都公司的新产品，其优点是喷药浓度弹性较大，不易造成药害且杀雄彻底。其缺点是喷药时期较晚（孕穗期），不便于机械作业。

2. SC2053　SC2053 是美国 Sogetal 公司和天津市农作物研究所合作筛选的一种新型化学杀雄剂，1994 年 1 月在我国农业部农药检定所获准登记，为我国第一个小麦化学杀雄剂，商品名称为津奥啉，登记号为 LS94001。天津市农作物研究所利用津奥啉，以“津麦 2 号”为母本，“北京 837”为父本配制出杂交小麦“津化 1 号”，1997 年通过天津市品种审定委员会审定，成为我国第一个通过审定的化学杀雄杂交小麦新品种。SC2053 的喷药时期为小麦雌雄蕊形成期至药隔期（此时期形态指标为主茎幼穗长 1 cm 左右），用量为 0.5～0.7 kg/hm^2，杀雄率可达到 100%，并且杀雄后母本异交特性改善，异交结实率可高达 80%以上。其缺点是喷药操作要求很严格，否则会引起药害。

3. BAU-2　BAU-2 由中国农业大学研制，适宜喷药期为雌雄蕊原基分化至花粉母细胞形成时期（此时期外部形态为基部第 2、3 节间伸长期），适宜的喷药剂量为 1～2 kg/hm^2。中国农业大学的研究结果表明，BAU-2 的杀雄率可达 95%～100%，最高自然授粉结实率可达 60%，最高人工授粉结实率可达 78.5%，并且可在植株体内各分蘖间进行运输。其缺点是对种子有一定影响，如果喷药处理不当，尤其是喷药量偏高时，会明显降低结实种子的千粒重和发芽率。BAU-2 的化学杀雄效果取决于品种、施药量和施药时期，且三者之间存在显著的互作效应。

（三）三系法杂种小麦简介

1965 年，北京农业大学的蔡旭从匈牙利引入了小麦 T 型三系材料，开始了我国小麦杂种优势的研究。到目前为止，国内外先后育成了 K 型、V 型、S 型、Q 型等多种细胞质雄性不育系，其中研究得较深入的是 T 型、K 型和 V 型。1979 年，日本学者 Mukai 最早将黏果山羊草与普通小麦杂交获得了 K 型雄性不育系。K 型雄性不育系的研究在我国始于 20 世纪 70 年代初，西北农业大学杨天章 1987 年成功地实现了配套，几乎同时，西北农业大学完成了 V 型不育系的选育及三系配套。

T 型不育系研究利用得最为广泛深入，其不育细胞质均来自小麦的亲缘物种，恢复源少，可供筛选的组合有限，强优势组合筛选难度较大，由于细胞质负效应的存在，造成 F_1 代种子皱瘪，发芽率低。经过多年研究，上述缺点已得到不同程度的克服。K 型、V 型不育系较 T 型不育系具有育性稳定、恢复源广、不育细胞质效应弱、易保持、易恢复、种子饱满、发芽率高等优点。但是 K 型、V 型不育系及其杂交种常常产生单倍体植株。虽然其恢复源较多，但一般恢复度较低，高恢复度的恢复系较少。由于三系的种子生产太费时间，在转育后影响配合力，种子生产成本高，而且杂交小麦新组合选择往往落后于常规育种，许多国家已经放弃了进行多年的三系杂交小麦的研究。

第四节　大麦种子生产技术

大麦（*Hordeum vulgare* L.）在世界上分布很广，北至北纬 70°的挪威，南至南纬 50°的阿根廷，垂直分布的高限可达海拔 4 750 m 的青藏高原，是世界粮食作物地理分布的最高限。大麦在世界谷物生产中占有重要的地位，播种面积和总产量仅次于小麦、水稻和玉米，居第 4 位。大麦主要分布在欧洲和亚洲，占 78%；其次是北美洲和非洲。种植面积最大的国家是俄罗斯，占世界大麦总播种面积的 1/3 以上；其次是加拿大、美国、西班牙、土耳其等。单产水平最高的是荷兰，平均每公顷 6 247 kg；比利时、津巴布韦和英国也在每公顷 5 000 kg 以上。

一、大麦的生物学特性

（一）大麦的分类

1. 大麦的植物学分类　栽培大麦属禾本科（Gramineae）大麦族（Hordeae）大麦属

（*Hordeum* Linn.）的普通大麦种。在普通大麦种内，根据穗轴的脆性、侧小穗育性等特性划分成以下 5 亚种。

（1）野生二棱大麦亚种　野生二棱大麦亚种成熟时穗轴易折断，每个穗轴节片上着生的 3 个小穗，仅中间小穗结实，侧小穗全部不育。

（2）野生六棱大麦亚种　野生六棱大麦亚种成熟时穗轴易折断，每个穗轴节片上着生的 3 个小穗均正常结实。

（3）多棱大麦亚种　多棱大麦亚种成熟时穗轴不折断，每个穗轴节上着生的 3 个小穗均能正常结实。按照侧小穗排列角度，又可分为六棱大麦和四棱大麦两个类型。六棱大麦每个节片上的 3 个小穗等距离着生，穗的横断面呈六角形，穗轴节间较短，着粒密，种子小而整齐。六棱裸大麦籽粒蛋白质含量高，适宜食用，也用作饲料。四棱大麦每个节片上的中间小穗贴近穗轴，上下两节的侧小穗彼此靠近，穗的横断面呈四角形，穗轴节间较长，小穗着生密度比六棱大麦稀疏，籽粒大小不均匀。四棱裸大麦供食用，四棱皮大麦多作饲料。

（4）中间型大麦亚种　中间型大麦亚种成熟时穗轴不易折断，每个穗轴节片的中间小穗正常结实，侧小穗有的结实，有的不结实。

（5）二棱大麦亚种　二棱大麦亚种的每个穗轴节片上仅中间小穗结实，侧小穗发育不完全而不结实，穗形扁平，籽粒大而整齐，稃壳薄，发芽整齐，淀粉含量高，蛋白质含量适中，适宜酿造啤酒。

大麦的染色体基数为 7，有二倍体、四倍体和六倍体，栽培大麦均为二倍体，染色体数为 $2n=14$。

2. 按籽粒是否带有稃壳分类　大麦按籽粒是否带稃壳，分为皮大麦和裸大麦两类。裸大麦又称为裸麦、元麦、米麦、青稞等。

3. 按专用性分类　按专用性将大麦分为啤酒大麦、饲料大麦、食疗保健大麦等。专用大麦在当今农业结构调整及未来农业中占有重要地位。

（1）啤酒大麦　大麦是啤酒酿造不可取代的原料，一般 1 kg 优质大麦可生产 5～6 kg 啤酒。当前我国啤酒年产量仅次于美国，但人均啤酒消费量却较低，且一半以上啤酒大麦依靠进口。因此发展啤酒大麦尚有很大潜力。啤酒大麦要求种子为带稃壳的皮大麦类型，因为种子皮壳可在现代啤酒生产工艺中作为滤层使用。我国优质啤酒大麦对品质的要求是千粒重 42 g 以上，发芽率 97%以上，浸出率 80%以上，蛋白质含量低于 12%。

（2）饲料大麦　大麦之所以成为重要的谷类饲料作物之一，同它自身具有较高的饲用价值分不开。大麦籽粒的热能略低于玉米，但蛋白质、氨基酸的含量却明显高于玉米，尤其重要的是必需氨基酸的含量均以大麦为优，赖氨酸和色氨酸含量均高于玉米 1 倍以上，因而蛋白质的可消化率高。大麦籽粒中微量元素和维生素的含量也高于玉米，特别是硒的含量为玉米的 3 倍以上，高的达 9 倍。硒是抗氧化剂的组成部分，参与能量的转换，维持细胞的正常生理机能，对动物生长有重要作用。用大麦喂猪可降低脂肪酸中不饱和脂肪酸的比例，降低碘价，提高熔点，使胴体脂肪硬度提高，肉质坚实，改进品质，延长保存时间。可见，大麦是营养全面而优良的饲料。

饲料大麦对种子外观、发芽率等品质指标要求不如啤酒大麦严格，皮大麦、裸大麦均可饲用。饲料大麦对蛋白质的要求与啤酒大麦相反，要求蛋白质含量高，蛋白质中作为必需氨基酸的赖氨酸等含量要高。

（3）食疗保健大麦　研究发现，大麦籽粒富含β-葡聚糖、生育三烯酚等，可降低人体血糖和血液中胆固醇、低密度脂蛋白，并使之易于排除，因而对人类心血管疾病和糖尿病有显著食疗保健功能。β-葡聚糖含量为5%～8%的裸大麦适宜生产大麦食疗保健品及添加食品和药品，但不适宜作为啤酒用大麦和饲料用大麦。

大麦种子中的β-葡聚糖含量大大高于水稻、玉米、小麦等谷物，又高于燕麦，近期开发的大麦保健食品麦片有取代燕麦片的趋势。美国科学家发现，大麦苗不仅含有大量可消化蛋白质和优质氨基酸，还含有大量人体需要的矿质元素、丰富的维生素及许多人体生命活动的酶，为此美国科学家认为大麦苗可能成为人类的未来食品。近年来，食用保健大麦（大麦片、大麦米）和利用大麦苗加工生产的麦绿素、麦绿汁、大麦茶等营养保健品已开始在欧洲美洲、日本、韩国等地，以及我国的香港和台湾地区流行。

（二）大麦穗的形态结构和幼穗分化过程

1. 大麦穗的形态结构　大麦穗为穗状花序，由穗轴和小穗组成。穗轴由15～30个节片相连而成。每个节片上着生3个小穗，称为三联小穗。大麦的小穗一般无柄，每个小穗都有1个小穗轴嵌于籽实的腹沟内，小穗轴已退化为刺状物，又称为基刺。基刺的长短和毛的多少、密疏为品种分类上的重要依据之一。大麦每个小穗仅含1朵花，护稃2枚细长如针。内稃和外稃内含有2枚浆片、3个雄蕊和1个雌蕊。外稃顶端伸长为具有锐齿或不具锐齿的芒，或成帽状的钩芒，也有不伸长而为无芒的。有芒品种的蒸腾量一般比无芒品种大，较早熟，籽粒内积累的淀粉及灰分较多，产量比无芒品种高。

2. 大麦幼穗分化过程　大麦幼穗是由茎顶端的生长锥分化而来的。在幼穗分化之前，顶端生长锥呈半圆形。生长锥开始伸长，幼穗即开始分化，其整个分化过程分为以下8个时期。

（1）伸长期　茎的生长锥伸长，长度大于宽度时为伸长期。一般春性品种在播种后10～15 d，叶龄为1.1～1.5叶时；半冬性品种在播种后16～18 d，叶龄2～2.2叶时，生长锥即伸长，比小麦早20～30 d。

（2）单棱期　单棱期，生长锥基部由下而上出现环状突起为苞原基。两苞原基间为穗轴节片原基。

（3）二棱期　二棱期，幼穗中部已分化的苞原基不再增大，在每个苞原基上方出现小穗原基。当生长锥中下部出现小穗原基时，上部仍在继续形成苞原基，顶部则是光滑的锥体。此时正处于分蘖期。

（4）三联小穗分化期　三联小穗分化期，小穗原基进一步发育，逐渐分化出现3个小峰状突起，呈三叉状，这是并列着生的3个小穗原基，稍后每个小穗原基的两侧分化出护稃原基。

（5）内外稃分化期　内外稃分化期也称为小花分化期，在小穗原基基部出现内稃和外稃的原基，护稃原基进一步分化。二棱大麦侧小穗的发育开始滞缓，并逐渐落后于中间小穗。

（6）雌雄蕊分化期　雌雄蕊分化期，在内稃和外稃之间出现3枚雄蕊原基，中间出现略呈扁圆形的雌蕊原基，内稃原基明显可见。此时茎秆基部第1节间开始伸长。至雌雄蕊分化盛期，二棱大麦侧小穗几乎停止发育，并趋向退化。

（7）药隔形成期　雄蕊原基由半球形长成方柱形，并出现纵沟，形成4室，成为4个花粉囊，为药隔形成期。同时，雌蕊柱头亦突起，芒开始伸长。此时大麦进入拔节期，二棱大麦侧小穗明显退化。

（8）四分体形成期　花粉囊形成后，孢原组织发育成花粉母细胞，经过减数分裂和有丝分裂，产生四分体，此时花药呈花绿色。同时，大孢子母细胞经减数分裂形成胚囊，雌蕊柱头伸长呈二叉状。接着四分体分散形成球状的初生花粉粒，经单核、二核花粉发育成为成熟的三核花粉，此时在形态上内稃和外稃均转绿，花丝迅速生长，花药呈淡黄色，至此幼穗分化完成。

影响大麦幼穗分化发育的主要因素是温度、日照、养分和水分。在幼穗发育过程中，偏低的温度、较短的日照、充足的氮肥和适当的水分能延长幼穗分化期，增加每穗小穗数。在大麦幼穗发育的四分体形成期，对环境条件反应敏感，遇到低温、日照不足、干旱及磷肥不足，会造成花粉败育、小穗退化和结实率降低，使每穗粒数减少。

（三）大麦的开花和授粉

不同区域的大麦开花期存在很大差异。长江流域冬大麦区一般在3月中旬到4月中旬抽穗，华南冬大麦区在2月中下旬抽穗。始穗到齐穗需3～7 d。大麦小花的雌蕊和雄蕊同时成熟。授粉时内稃和外稃是否张开因品种类型而异，一般四棱大麦和二棱弯穗型大麦，因浆片不发达，多为闭稃授粉。在不良气候条件下，各类大麦皆为闭稃授粉，天然异交率很低，大多在0.15%以下。一般抽穗后1～2 d开始授粉，如抽穗时遇低温阴雨，往往延迟至抽穗后3～4 d开始授粉，温度高时在抽穗前1～2 d就已授粉。大麦日夜都能开花，以6:00—8:00和15:00—17:00开花最多。每朵小花开放时间为0.5～2.0 h，未授粉的小穗可较长时间维持开稃状态。

大麦开花授粉的顺序是先主茎穗，分蘖穗则依照发生的顺序依次进行。同一大麦穗上以中部小穗先开花授粉，然后是上下部小穗，顶部小穗最迟。有些退化二棱大麦从穗的基部开始开花。多棱大麦同一穗节上的3个小穗，中间小穗较侧小穗先开花，全穗开花经历2～4 d，全株开花则需7～9 d。大麦授粉后15～30 min，花粉粒萌发出花粉管，伸入花柱，从授粉到受精需4～5 h。

（四）大麦的籽粒形成和灌浆成熟

受精后子房即迅速膨大，经10～15 d长度达最大，籽粒外形初步形成，这时含水量在70%左右。此后大量积累养分，进入灌浆成熟期。籽粒灌浆成熟过程分为乳熟、蜡熟和完熟3个时期。乳熟期是灌浆最旺盛时期，籽粒质量增长快，到乳期末期籽粒的体积和鲜物质量达最大值，含水量为50%左右，历时10～15 d。蜡熟期光合作用渐趋停止，但茎叶中营养物质继续向籽粒输送，到蜡熟末期籽粒质量达最大值，含水量下降到35%左右，一般历时5～10 d。完熟期籽粒质量不再增加，籽粒变硬，含水量下降到25%以下。灌浆成熟期长短因品种、地区和年份而有相当差异。一般冬大麦从抽穗到成熟的时间为30～45 d，二棱大麦成熟期比多棱大麦长，皮大麦比裸大麦长，千粒重亦高。

大麦籽粒灌浆时的气候条件对籽粒质量和产量的影响很大。麦粒灌浆的适宜日平均温度是16～20 ℃，日最高温度连续5 d超过25 ℃以上时，灌浆速度加快，芒、叶早衰，籽粒质量显著降低。光照不足时，影响光合作用，籽粒质量降低。齐穗至成熟阶段日照时数与千粒重、籽粒质量日增加值均呈显著正相关。籽粒灌浆期适宜的土壤水分为田间持水量的75%。南方大麦区在此期间雨水过多，排水不良，常引起根系早衰，籽粒质量降低。籽粒灌浆阶段仍吸收氮、磷等养分，适当供给氮肥可以防止早衰，增加籽粒质量和蛋白质含量。磷、钾可以促进糖分和含氮化合物的转移和转化，对灌浆成熟有利，但籽粒含氮量略有降低。

二、大麦种子生产

（一）大麦原种生产技术

大麦原种生产技术与小麦原种生产相似。

大麦原种生产有重复繁殖和株系选择法两种方法。

1. 重复繁殖　由育种者提供已批准推广品种的一定数量的单株或单穗。由株（穗）行、株系等繁殖3～4代成基础种子，由基础种子生产成合格种子用于大田生产。这种方法在品种布局区域化的条件下，由1个种子专业农场生产1个大麦品种种子，有严格的防杂保纯措施和种子检验制度，在种子生产过程中，由国家种子机构委派专人进行检验，不符合要求的种子田一律弃用。由于每轮原种的产生均由育种者提供的原始植株开始，经过4～5代繁殖进入大田生产，在这过程中尽可能地杜绝机械混杂和生物学混杂。即使有突变产生也不可能在群体中保留，且种子生产时间短，不易受自然选择的影响，除了必要的除杂去劣外，不进行有意识的人工选择。再者，由育种者提供一定数量的原始单株群体，而且大麦是典型的自花授粉作物，天然异交率大多在0.15%以下，所以也不易发生基因的随机漂移。因而采用这种方法，品种原有的优良性状和纯度可以得到保证。目前西方国家对大麦的种子生产普遍采用此法，只是繁殖世代的多少，略有些不同。我国目前有些地区也在开始利用这种方法进行原种生产。

2. 株系选择法　这种方法的特点是育种单位不保存原种，原种生产由各良种场独立进行，称为三年三圃制或二年二圃制。每轮原种生产都是从原品种群体或原种中选择一定数量单株，经过株行株系的比较，然后各株行或株系混合产生原种。再繁殖几个世代，待种子数量扩大后用于大田生产。我国目前主要采用这一方法。具体做法如下。

（1）采种圃　第一年设立采种圃或直接从纯度高的大田中选择单株。设立采种圃时，应选择肥力较高而均匀的田块，播种密度应保证每个单株有适当的营养面积，一般以150 cm^2为宜。给单株以较大的营养面积，不仅可使该品种的丰产性状得以充分表现，在选择单株时易于掌握选择标准，而且可使每个单株生产出较多种子，使株行圃内株行数虽不很多，但仍有一定的面积。据苏联的研究，每个单株主茎穗与7个以内的分蘖穗之间，当代产量虽有差异，但不影响后代的产量。但第8个分蘖穗的种子就会影响后继世代的产量，因而提出每个单株一般收获8个穗子。

在采种圃选择单株时，应按具体品种的特征特性进行选株。选择重点应放到遗传基础较为简单、遗传力较高且容易识别的性状上，例如株高、株型、穗型、粒形等。而对穗粒数、籽粒质量等易受环境条件影响的数量性状，选择不宜过严。具体执行时，可以按群体性状的平均值为中心，两边各留一定幅度范围内选留，以保证一定的选择压力。

对当选单株进行室内考种，除去不典型株和劣株后，分株脱粒作下年株行圃用种。

（2）株行圃　第二年建立株行圃，每个株行种2 m^2面积。每个株行圃面积在1 333 m^2左右。每隔19个株行设1个对照（原品种群体或原种）。在生长期间进行除杂去劣，以保证纯度，株行圃四周用原品种群体或原种作保护行。凡有异常可疑的株行应全部拔除。如果开花后发现可疑株行，为防止异花传粉，其两边株行亦应拔除。对黑穗病、条纹病等花期传播的病害，应在抽穗前拔除后运出田间，以免感染健康株行。

有的单位由于对每个株行进行计产，故保持同样的植株数，对缺苗株行按缺苗数进行校正。凡缺苗数在20%以上的株行汰除。同时淘汰低产株行。

(3) 株系圃　第三年建立株系圃。上年株行收的种子种成株系。株系圃的面积为1.33 hm^2左右。生长期间对各株系进行除杂去劣。四周用原品种群体或原种作保护行。株系圃所收种子全部混合成原种，再繁殖2次，以扩大原种数量。

（二）大麦种子田用种繁殖技术

原种经繁殖2代后可发放到种子生产单位作种子田用种。种子田在生长期间，特别是抽穗后应除杂去劣，以保证良种纯度，生产优质种子用于大田。种子田的种子可以来自原种，也可以用经除杂去劣保证高纯度的种子田所收种子继续繁殖。

（三）大麦原种繁殖技术

现有品种的提纯和新品种育成者所提供的原种数量都是较少的。为了从少量原种生产出大量大田用种，必须采取各种繁育技术，加大繁殖系数。

1. 精量稀播　根据大麦的生物学特性，个体分蘖的多少与种植密度有关。因此在高肥田块上，用稀播的办法可以增强其分蘖数，增加单株穗数，从而加大繁殖系数。例如在一般情况下，每公顷播112.5～150.0 kg，收4 500 kg，繁殖系数仅30～40倍。如果每公顷播37.5 kg，可生产种子4 500 kg，繁殖系数可达120。因而精量稀播比一般播种的繁殖效率提高3～4倍。

2. 育苗移栽　育苗移栽是提高繁殖系数的另一条有效途径。每公顷用种量可减少到15 kg，产量也可达4 500 kg，繁殖系数达300。搞好育苗移栽的关键是培育壮苗，故必须选择肥沃疏松的土壤，精耕细作，播种做到匀、稀、浅。对于秋播大麦，要适当提早播种，以便年前有一定的生长量。多次薄肥勤施，栽后加强管理，促进早发，以增加分蘖和有效穗。

3. 剥蘖繁殖　利用剥蘖提高繁殖系数时，可以比正常播种期提早20～30 d进行密播，待其单株长到2～3个分蘖后，进行剥蘖移栽。平均每公顷用种量可减少到3.75 kg，产量可达4 500 kg，繁殖系数高达1 200。

4. 异地繁殖　利用我国不同地区的生态条件，可以一年种植两代以加大繁殖系数。通常的做法是：秋播地区（例如长江流域、黄淮流域麦区）夏收后5月底到云南昆明或黑龙江进行夏繁，到昆明可迟至6月中旬播种仍能正常生长，于当年8—9月收获后回原地正常秋播。北方春麦区进行异地繁育，可在麦收后去云南昆明或福建冬播，在翌年3月收获后回北方正常春播。但应注意，异地繁殖，尤其是夏繁时因温度高、光照短，较适宜于春性长芒类型，对于冬性较强或短芒类型，在夏播时不能正常抽穗，因而夏播无效。

（四）大麦品种混杂退化的原因及其防止

1. 大麦品种混杂退化的原因　大麦品种的混杂与退化有不同的含义。混杂是指大麦某品种内混入异作物或异品种的种子，从而降低了品种的纯度，导致品种群体的混杂，例如植株高矮、成熟迟早、穗型、抗逆性、抗病虫性等不一致。当纯度低于国家规定的标准时，即不能再作为种子用。退化是指品种群体本身原有的生物学特性、经济性状等优良特性发生变异或丧失，例如抗性变弱、生育期参差不齐、产量降低、籽粒品质变劣，不符合人们对该品种原有的经济要求。

通常，大麦品种发生混杂退化的主要原因有以下几个方面。

(1) 机械混杂　在大麦种子生产过程中，由于种植、运输、保存等各个生产环节上混入另一些作物或大麦品种的种子。如种子专业户繁殖不同的大麦品种在同一场地上脱粒、晒种，很容易造成混杂。原有茬口上的自生苗、有机肥中偶有混入的种子也是造成混杂的原因。即使同为大麦，当原有品种的基因型为AABBCC，在混入另一品种AAbbcc基因型时，几个世代更迭后，原品种中的基因频率和基因型频率发生改变。这在遗传上称为基因的迁移，在大麦生产中应用品种数较多的地方，更易产生混杂。因此应针对造成混杂的原因，加以防止。

(2) 生物学混杂　生物学混杂是指不同大麦品种间发生了天然杂交。天然杂种后代产生各种性状分离，出现多种类型。当品种本身基因型为AABBCC时，由于基因的迁移，混入AAbbcc时，大麦虽系自花授粉作物，但也有0.15%的异交率。如发生天然杂交，通过多代自交分离，会形成AABBCC、AABBcc、AAbbCC、AAbbcc等纯合类型以及在B基因、C基因位点上杂合或B、C基因同时杂合的类型。原品种群体中混入的外来基因越多，则品种群体遗传组成的变化越大。所以在自花授粉的大麦中，机械混杂是造成生物学混杂的主要原因。

(3) 遗传上的异质性　大麦品种在遗传上属同型纯合群体，在不发生混杂变异的情况下，可以认为是一个纯系。即使如此，同一品种的株间仍可能存在微小的生理差异。Allard曾以30个大麦品种为材料，进行酯酶同工酶酶谱的检验。发现6个品种在3个基因位点上是同型的，7个品种在1个位点上是异型的，8个品种2个位点是异型的，9个品种在3个位点上都是异型的。这就是说，30个大麦品种中有24个品种，其控制酯酶同工酶的基因位点是不纯的。这种由遗传控制的生理上的不纯，在品种外观上是不易察觉的。

现在大麦品种一般是由品种间杂交育成的，多数由杂种第5代到第7代表现型纯合时，参加品种产量比较、省级区域试验后育成。这些高代品系，难免有少量的杂合性。尤其是产量构成性状为数量性状，由微效多基因控制，其杂交亲本间基因的差异很大，选育5～7代，外形看起来一致的品系，尽管株间性状差异不大，但内在基因型仍可能是杂合的。这种品种在生产上种植若干年后，随着自交代数的增加，基因的分离、纯合，就会出现类型的分离。例如AABbCc基因型会纯合成AABBCC、AAbbCC、AABBcc和AAbbcc 4种不同的纯合基因型。这时，品种的一致性就会受到影响。例如浙江农业大学从杂交育成的“浙农大3号”中经过株系选择，分离出分蘖性强弱不同的类型即为例证。

(4) 基因突变　大麦在生长发育过程中，由于DNA复制过程中的自发性差错，或者在宇宙射线、化学物质、以及高温、低温等异常的环境条件影响下，引起遗传结构的改变，从而形成基因突变。这些突变如果发生在性细胞中，或者发生在以后会转化成性细胞的体细胞中时，突变基因控制的性状就会得到表现并传给下一代，导致品种群体纯度下降。例如“早熟3号”从日本引进我国后，由于大面积推广，在福建、江苏等地均选到不少矮秆变异，有可能属于此类突变。

(5) 选择的作用　大麦优良品种在种子生产过程中，时时经受着自然选择和人工选择的作用。

①自然选择：就自然选择而言，一个优良品种都是在特定自然条件下形成的，适应于当地的生态条件。当被引种到另一种生态条件下，则自然选择对其适应性起着筛选作用。由于基因表达的作用，在新的条件下，基因的表达发生变化，大麦良种的性状表现与原产地有所不同。尤其在不良的栽培条件下，原有优良基因型可能由于不适应而使成苗率、生长势等受

到影响，繁殖能力降低，同时使群体中较为低劣的基因型频率增强，从而产生退化现象。我国地域辽阔，生态条件多样，在远距离大麦引种时，往往会出现性状变异。而在原有群体存在异质的情况下，则出现变异的可能性更大。

②人工选择：人工选择对大麦种子生产时品种群体的遗传组成也有一定的影响。当群体中个体间某些性状存在遗传变异时，对质量性状易于鉴别，而对数量性状则难于区别。人们在对此类性状选择时，由于对品种性状标准掌握上的偏差，或个人对某些性状的偏爱以及环境对表现型修饰性的影响，所选群体的遗传组成可能会发生改变。尤其在选择的个体偏少时，容易产生遗传漂移。这时，遗传力高的性状，群体遗传组成的改变大。所以在大麦种子生产过程中，选择的群体不能过小，选择压力不宜过大，以免群体遗传组成发生变化。再者，大麦群体性状之间有一定的相关性，对某些性状的选择，必然使另一些性状产生相应的变化。例如在一个有遗传变异的群体中，一般而言，单株穗数多的类型，穗型较小；千粒重高的籽粒蛋白质含量偏低等。因此人工选择方向上的偏差，会造成品种群体遗传组成发生改变，产生退化现象。

自然选择与人工选择方向上有时有矛盾。自然选择偏重于生物学性状，如分蘖性强而穗型不太大的，早熟而易落粒的；而人工选择则偏向于经济性状，例如大穗、大粒、品质优良等。

2. 防止大麦品种混杂退化的途径

（1）防止机械混杂　如前所述，机械混杂是大麦品种混杂退化的主要因素之一。因此防止机械混杂极为重要。这就需要建立健全严格的种子生产制度，从种子的播种、收获、晒种到入库储藏的各个种子生产环节都要严格实行不同品种的分收分藏；在接收和发放大麦品种时，包装上都应有标签；在安排种子生产田时应注意连片种植；对种子生产田应除杂去劣，混杂严重的种子田应成片淘汰。杜绝机械混杂的发生。

（2）防止生物学混杂　防止生物学混杂的主要措施是在种子生产时实行严格的隔离。在大麦种子生产时，尽量 1 个种子生产单位生产 1 个品种。如果要生产不同品种种子，应在不同品种间留有 5 m 间隔，或不同品种靠近种植时，应去除边行，以防天然杂交。国外在大麦种子生产时，对隔离有严格的规定。例如法国在原种繁殖时（育种家种子到基础种之间），不同品种间第一代、第二代相隔 30 m，第三代相隔 20 m，生产基础种子时相隔 10 m，生产合格种子时相隔 5 m。相同品种间第一代到第三代时相隔 10 m，生产合格种子时相隔 1 m。并对种子生产田块均用下一代种子作保护行。通过这样严格的隔离，很少发生天然杂交。

（3）进行正确的人工选择　在对大麦品种进行提纯时，选种工作人员应专业化，熟悉大麦品种的特征特性。据研究认为，大麦这样的自花授粉作物，选单株提纯时，每品种至少 200 株，在室内挑选 100 株，如果选择的群体过小，可能使上下代群体之间的基因频率发生随机波动，改变群体的遗传组成，造成基因的随机漂移。对株行圃、原种圃、种子田应进行严格的除杂去劣。

（4）建立种子生产田　用育种者提供的种子或经提纯生产的原种通过繁殖几代后由生产单位建立种子生产田，在种子生产田中除杂去劣以保证品种纯度和供应大田用种。

（5）建立合理的种子生产体系　由育种单位或良种场经提纯后提供原种；由种子专业农场或专业承包户生产良种；由种子部门进行良种生产安排、种子检验、收购，以保证合格种子的生产。

第五节　杂粮种子生产技术

一、高粱种子生产

（一）高粱的生物学特性

高粱［*Sorghum bicolor*（L.）Moench］是禾本科（Gramineae）高粱属（*Sorghum*）的一年生草本作物，也称为红粮。高粱起源于我国西南和非洲中部的干旱地区。高粱茎秆直立，近圆形，表面有白色的蜡粉。高粱品种一般地上部有 10～18 个节，在茎的地下部分密集 3～5 个节。每个茎节长 1 片叶，叶面光滑有蜡质，叶片在茎秆上顺序互生，由叶鞘、叶片和叶舌构成。穗形有伞形、纺锤形、筒形、卵圆形等。种子的外形有圆形、卵圆形、椭圆形等。种子的颜色通常有红色、黄色、白色、褐色、黑色等。高粱籽粒为颖果，其外包裹着两片坚硬光滑的护颖，由皮层、胚和胚乳组成。皮层包括果皮和种皮，果皮由外果皮、中果皮和内果皮构成，外果皮角质化而坚硬，对种子起到保护作用，有利于储藏。种皮和果皮粘连在一起，含有鞣质，具涩味，有防腐作用。皮层占籽粒的 12%，胚乳占 80%左右。高粱的胚乳依其组织不同可分为角质胚乳、蜡质胚乳、粉质胚乳、黄色胚乳等型。角质胚乳结构紧密，断面呈透明状，含蛋白质较多。蜡质胚乳呈糯性。粉质胚乳结构疏松，呈石膏状，含淀粉较多，含蛋白质较少。黄色胚乳含有丰富的胡萝卜素。可根据各种胚乳在高粱中所占的比例来评价该种高粱品质的优劣。

高粱的花序属于圆锥花序。着生于花序的小穗分为有柄小穗和无柄小穗。无柄小穗外有 2 枚颖片，内有 2 朵小花，其中一朵退化；另一朵为可育两性花，有 1 枚外稃和 1 枚内稃，稃内有 1 枚雌蕊，柱头分成两片羽毛状，3 枚雄蕊。有柄小穗位于无柄小穗一侧，比较狭长。有柄小穗也有 2 枚颖片，内有 2 朵小花，其中一朵退化，另一朵为有 3 枚雄蕊发育成的单性雄花。

高粱圆锥花序的开花顺序是自上而下，整个花序开花持续 7 d 左右，开花后 2～5 d 为盛花期。开花一般在午夜至清晨，开花的适宜温度为 20～22 ℃，适宜空气相对湿度为 70%～90%。开花速度很快，稃片张开后，先是羽毛状的柱头迅速突出露于稃外，随即花丝伸长将花药送出稃外，花药立即破裂，散出花粉。每个花药可产生 5 000 多个花粉粒。开花完毕，稃片闭合，柱头和雄蕊均留在稃外。一般品种每朵花开放时间为 20～60 min。由于高粱稃外授粉，雌蕊可接受本花的花粉，也可接受外来花粉，天然异交率在 5%～50%。从花药散出的成熟花粉粒，在田间 2 h 后萌发率明显下降，4 h 后就渐渐丧失生活力。

（二）高粱杂交种种子生产技术

杂交高粱制种是三系配套制种。高粱花粉量大，稃外授粉，雌蕊柱头生活力维持时间长，这些特点对杂交高粱种子生产是很有利的。为了确保高粱杂交种子的纯度，保持品种的优良种性，必须做好高粱种子生产过程中每一个环节的工作。

1. 选地隔离　为保证种子纯度，防止非父本的花粉进入隔离区，必须满足隔离条件。由于高粱植株较高，花粉量大，且飞扬距离较远，为了防止外来花粉授粉造成生物学混杂，雄性不育系繁殖田要求空间隔离 500 m 以上，杂交种子生产田要求隔离 300～400 m，如有障碍物可适当缩小 50 m。高粱种子生产田要选择地势平坦、土壤肥沃、保水保肥、肥力均匀、稳产保收、排灌方便、旱涝保收的高产田，以保证种子产量。

2. 使用高纯度的亲本种子 必须严格控制亲本来源。种子生产单位引进的亲本必须是遗传性稳定的高纯度的不育系。必须是由符合《种子法》要求的种子生产单位繁殖，并提供符合质量标准的高纯度亲本种子，严禁使用非法繁殖的伪劣亲本种子。

3. 合理密植，确定父本和母本行比 行距为 40 cm，株距为 20 cm，父本和母本总株数为 124 500 株/hm^2 左右。在恢复系株高超过不育系的情况下，父本和母本行比可采用 2∶8～10。高粱雄性不育系常有不同程度的小花败育问题，小花败育即雄性不育系不仅雄性器官失常不产生有活力花粉，而且雌性器官也失常，丧失接受花粉的受精能力。小花败育的机制尚不完全清楚，但雄性不育系处于被遮阳的条件下，会加重小花败育的发生。因此加大父本和母本的行比，可减少父本的遮阳行数，从而可减少小花败育发生，有利于提高产量。

4. 花期调节 种子生产时，以父本和母本的叶片数为基数，按“母等父”的原则进行比较，若母本比父本提前发育 1～2 片叶，则表明花期相遇良好。

（1）不育系繁殖田 在雄性不育系繁殖田里，为延长父本散粉期，父本宜采用分期播种。先播母本，待母本拱土时播第一期父本，母本出苗时播第二期父本。这样就可以使母本穗到达盛花期时，父本刚开花。这主要是因为雄性不育系是一种病态，比其保持系发育迟缓。

（2）种子生产田花期调节 在杂交种种子生产田里，调节好父本和母本播种期及做好花期预测是很有必要的。因为目前我国高粱杂交种组合，父本和母本常属不同生态类型，例如母本为外国高粱“3197A”“622A”“黑龙 A”等，父本恢复系为中国高粱类型或接近中国高粱；而母本为中国高粱类型如“矬巴子 A”“黑壳棒 A”“2731A”等，父本恢复系为外国高粱类型或接近外国高粱类型。由于杂交亲本基因型的差异较大，杂种优势较强。

高粱杂交种种子生产田父本和母本花期相遇好，种子产量就高，相遇不好或不相遇就会减产或生产不出种子。为了确保花期相遇良好，并使母本生长发育处于最佳状态，在调节亲本播种期时，要首先确定母本的最适播种期，并且一次播完，然后根据父本和母本播种后到达开花期的时间，来调节父本播种期，并且常将父本分为两期播种，当第一期父本开花达盛花期时，第二期父本刚开花，这样便延长了父本花期，以使母本充分授粉结实。

要根据种子生产的品种要求，做到分期播种，播种后要时刻注意当地的气候、土壤墒情、父本和母本苗期生长状况来调节花期。因为分期播种并不能完全保证父本和母本花期相遇。为了预测花期，需要在小苗长到 10 片叶左右时定点定株观察父本和母本生长发育情况。每处选有代表性的地段 1 个点，每点选相邻的父本和母本各 10 株进行定期观察。

因为干旱或其他原因，会使父母本不能按时出苗的，可采用留大小苗或促控的办法，调节花期。拔节后可采用解剖植株的方法，始终掌握母本比父本少 0.5～1.0 片叶或母本生长锥比父本大 1/3 的标准来预测花期。

（3）花期调节方法 发现花期相遇不好时，要及时采取早中耕、多中耕、偏水偏肥、根外追肥、喷洒植物生长调节剂等措施，促进生长发育；或采取深中耕断根、适当减少水肥等措施，控制其生长发育，从而达到母本开花后 1～2 d，第一期父本开花，第二期父本的盛花期与母本的末花期相遇。

①偏肥偏水管理：高粱拔节期是对肥水反应的最敏感时期，可偏施肥水促进发育，还可通过铲趟提高地温来促进偏晚亲本的生长。

②根外追肥：磷有促进高粱早熟的作用，常用的是过磷酸钙，经浸泡溶化搅拌后用双层布过滤，按 1 %～3 %浓度进行叶面喷雾。

③喷植物生长调节剂：偏水偏肥及根外追肥未能使花期相遇时，可以用九二〇或增产灵结晶1 g兑水50 kg，喷洒偏晚亲本上部叶片或灌心叶。

④根外追肥与植物生长调节剂配合：100 kg水加1.0～1.5 kg过磷酸钙搅拌过滤，再加尿素1 kg搅拌溶化，再加2 g九二〇或2～3 g增产灵，配好后进行叶面喷雾。同时，还可加入乐果乳油兼治蚜虫。

5. 加强田间管理　高粱种子生产的播种适期，以地表5 cm的温度连续5 d稳定通过12 ℃时为宜。要适期播种，若播种过早，地温低，易烂籽。播种过晚时，易遭受早霜冻害，难以成熟，产量和种子发芽率低，种子质量差。田间管理上突出一个“早”字，做到早播种、早间苗、早中耕、早追肥、早治虫。特别强调：①要早施提苗肥，定苗后施磷酸二铵和尿素各75 kg/ hm^2；重施小喇叭口肥，一般施尿素225 kg/ hm^2；②要防治父本和母本穗部蚜虫，使其散粉良好，授粉最佳；③要适时收获。

6. 除杂去劣　杂交高粱种子生产田要高度重视除杂去劣，要组织专门人员，分片包干，责任到人，明确奖惩制度，提高除杂质量。除杂去劣一定要做到及时、干净、到位、彻底，以保证种子质量达到国家标准。

除杂包括在雄性不育系繁殖田中除杂和在杂交种种子生产田中除杂。为了保证母本行中100%的植株为雄性不育株，一定要在开花前把雄性不育系繁殖田和杂交种种子生产田母本行中混入的保持系植株除尽。混入的保持系株，可根据保持系与不育系的区别进行鉴别和拔除，一般保持系穗子颜色常比不育系浓。开花时保持系花药鲜黄色，摇动穗子便有大量花粉散出，而不育系花药为白色，不散粉。保持系颖壳上黏带的花药残壳大而呈棕黄色，不育系残留花药呈白色，形似短针。

父本行和母本行都要严格除杂去劣，分3期进行。苗期结合间苗、定苗，根据幼苗叶鞘颜色、叶色、分蘖能力、生长势等主要特征，及时拔除田间父本行和母本行中的异株，除去病弱株、不一致的变异株，将不符合原亲本性状的植株全部拔掉。拔节后根据株高、叶形、叶色、叶脉颜色以及有无蜡质等主要性状，将杂株、劣株、病株和可疑株连根拔除，以防再生。开花前根据株型、叶脉颜色、穗型、颖色等主要性状除杂，除掉母本行里的保持系株、散粉株，父本行里的不育株及其他特殊型变异植株，特别要注意及时拔除混进不育系行里的矮杂株。对可疑株可采用挤出花药的方法，观察其颜色和饱满度加以判断。

7. 人工辅助授粉　充分授粉是提高结实率，增加种子产量的基础，人工辅助授粉是达到这个目的的有效措施。人工辅助授粉次数应根据花期相遇的程度决定，不得少于3次。花期相遇的情况愈差，人工辅助授粉的次数愈多。对花期不遇的种子生产田，可从其他同一父本田里采集花粉，随采随授，人工授粉应在上午露水刚干时立即进行，一般在上午8:00—10:00。

父本盛花期，每天上午待露水消退后，结合除杂用小木棍轻轻敲打父本茎秆或穗部，使花粉飞散落在母本穗上，同时掌握风向，最好在上风头操作，其效果更佳。这样可以提高母本结实率，确保产量。

8. 及时收获　高粱种子生产田和生产大田不同，收获期应提前。蜡熟末期要及时收割，即高粱种子的中部籽粒开始变硬，穗子下部籽粒用指甲能掐出水、并有少量浆时可以收获，必须在霜前2～3 d收割完毕。高粱杂交种成熟后，父本和母本的穗型、粒形、粒色很难辨认，因此收获时要特别注意分别收获父本和母本。父本和母本先后分收、分运、分晒、分打。原则上应先收父本，待运出地外，捡净留穗后再收母本。收母本前，应检查割掉的杂株和保持系分蘖形成的小穗，以保证种子纯度。

高粱杂交种子须经过初选、精选、分级、包衣、计量包装等加工处理，使其质量达到国家规定的要求，有利于促进高粱种子销售。

（三）高粱杂交亲本防杂保纯技术

1. 高粱杂交亲本混杂退化的原因 我国目前种植的高粱多是杂交高粱，杂交高粱是最先采用三系制种的作物之一。高粱杂交亲本在长期的繁殖过程中，由于隔离区不安全造成生物学混杂，或是由于种、收、脱、运、藏等工作不细致，造成机械混杂，或是由于生态条件和栽培方法的影响，造成种性的变异等，使杂交亲本逐年混杂退化，表现为穗头变小、籽粒变小、性状不一、生长不整齐等，从而严重影响杂交种种子质量，杂交种的增产效果显著下降。

2. 三系提纯技术 不育系、保持系和恢复系的种子纯度决定高粱杂交种能否获得显著增产效果。高粱三系提纯方法较多，一般常用的有测交法和穗行法，这里重点介绍穗行法提纯。

（1）不育系和保持系的提纯

第 1 年：抽穗时，在不育系繁殖田中选择具有典型性的不育系（A）和保持系（B）各 30 穗左右套袋，A 和 B 分别编号。开花时，按顺序将 A 和 B 配对授粉，即 A_1 和 B_1 配对，A_2 和 B_2 配对等。授粉后，再套上袋，并分别挂上标签，注明品系名和序号。成熟时，淘汰不典型的配对，入选优良的典型配对，单穗收获，脱粒装袋，编号。A 和 B 种子按编号配对方式保存。

第 2 年：上年配对的 A 和 B 种子在隔离区内，按序号相邻种成株行，抽穗开花和成熟前分 2 次除杂去劣。生长发育期间仔细观察，鉴定各对的典型性和整齐度。凡是达到原品系标准性状要求的各对 A 和 B，可按 A 和 A，B 和 B 混合收获，脱粒，所收种子即是不育系和保持系的原种，供进一步繁殖用。

（2）恢复系的提纯

第 1 年：在种子生产田中，抽穗时选择生长健壮、具有典型性状的单穗 20 穗，进行套袋自交，分单穗收获、脱粒及保存。

第 2 年：将上年入选的单穗在隔离区内分别种成穗行。在生长发育期间仔细观察、鉴定，选留具有原品系典型性而又生长整齐一致的穗行。收获时将入选穗行进行混合脱粒即成为恢复系原种种子，供下年繁殖用。

二、谷子种子生产

（一）谷子的生物学特性

谷子［*Setaria italica*（L.）Beauv.］是禾本科黍族狗尾草属一年生作物，又名粟，去皮后称为小米。它起源于中国黄河流域，是由野生狗尾草进化而来，有 7 000 年以上的栽培历史，是我国北方的主要杂粮作物之一。亚洲是世界谷子主要种植区域，播种面积和总产量都占全世界总量的 97%。我国是世界上谷子栽培面积最大的国家。

谷子果实是假颖果，壳由内稃及外稃构成，色泽有黄色、红色、褐色、白色等。外稃较大，内稃较小，无脉纹。谷子的营养价值很高，蛋白质含量在 8.4%～9.7%，构成蛋白质的氨基酸与人体需要的比例协调程度高，脂肪含量为 3.5%～4.3%，糖类含量为 72.8%～

74.6%，维生素含量丰富。

谷子的适应性很强，其叶片面积小，蒸腾系数小，抗旱、耐瘠薄、耐盐碱、耐酸，其耐旱性尤为突出。所以谷子适于在我国华北、东北及西南等干旱地区种植。江南部分省份的山区秋季常有干旱和土壤贫瘠的地方也有栽培。

谷子除其籽粒作为粮食以外，还能收获相当于籽粒产量或高出1倍的谷草。谷草是营养价值很高的饲料，其中含有0.7%～1.0%的可消化蛋白质及47%～51.1%的可消化的养分，粗蛋白和粗脂肪含量也比较高，且存放容易，是我国北方农村大家畜不可缺少的饲料。

谷子加工后剩余的糠粉也是家畜的良好饲料，可以替代精饲料，且米糠可以轧油。小米是不可多得的酿酒原料，所酿之酒气味芬芳浓郁，口感醇厚甜美。谷子还有一定的药用价值，味咸微寒养肾益气除胃热，治消渴、利小便。谷芽可作为良好的消导药，用于治疗消化不良。粳性小米还可用作主食，容易消化吸收，是老弱、病人及产妇、婴儿的理想食品。

谷子的花序为穗状圆锥花序，由穗轴和许多谷码组成。穗轴上有70～80个排列整齐的一级分枝，在一级分枝上生有二级分枝，在二级分枝上生有三级分枝。在三级分枝顶端簇生多个小穗，每个小穗的基部着生1～5根刚毛。三级分枝、刚毛和小穗花共同组成谷码。一个发育良好的谷穗有60～150个谷码。谷子的花为小穗花，呈圆形或椭圆形，每个谷穗有5 000～10 000枚小穗花，多者可以达到15 000以上。每个小穗花有护颖2枚，相对而生，第一护颖很小，长度为小穗花的1/3～1/2；第二护颖较长，其长度略小于小穗花，长度与结实花的内稃和外稃片相当。护颖膜质，卵形而先端尖。两枚护颖之间着生2朵小花，一朵为退化小花，位于下方，着生在第一护颖内，只有1片完整的外稃和1片退化的内稃，无雌蕊也无雄蕊；另一朵是完全花，位于上方，有内稃、外稃、3枚雄蕊、1枚雌蕊、2个浆片，能正常开花结实。

谷子抽穗后3～4 d开始开花。开花时，内稃和外稃张开，柱头和雄蕊伸出颖片。一般雄蕊伸出20 min后，花药便失水纵裂散出花粉。花粉借助花药纵裂的力量散落在伸出的雌蕊柱头上。柱头授粉后内稃和外稃闭合，但柱头和花药均留在稃外失水后枯萎变为灰褐色。谷子单穗开花顺序是，穗中上部的小穗先开，然后依次向上、向下开放，最后基部开放。穗子阳面小穗的开花时间稍早于阴面小穗。全穗花期可持续10～20 d，最长可达30 d以上。但开花后的第4天至第5天是盛花期，盛花期开花的数目占全穗总花数的65%～75%，尤以第4天开花最多。但花期也因温度、湿度和品种不同而有差别。一朵花开放时间为60～90 min，花粉生活力可维持2.5 h左右，但柱头在开花3～5 d内仍有授粉能力。谷子开花时间为每日傍晚到次日上午，其间有两个高峰期：凌晨至7:00和午夜22:00—24:00。开花最适宜温度为18～25 ℃，最适宜相对湿度为70%～90%。随着温度升高和湿度降低，开花逐渐减少。

（二）谷子常规品种种子生产技术

1. 防杂保纯　在谷子种子生产中，首先应该注意防杂保纯，然后才是提纯。如果等到发生严重混杂退化后再进行提纯，则会增加难度。因此在谷子种子生产中应坚持“防杂重于除杂，保纯重于提纯”的原则。

（1）防止生物学混杂　谷子虽然是自花授粉作物，但也有一定的天然异交率，所以如果隔离不严格，就难免发生异交，造成生物学混杂。因此不同品种的种子应隔离繁殖。品种之间空间隔离一般在100 m左右，也可以通过高秆作物隔离，还可以通过调整不同的播种期错开花期进行时间隔离。

（2）防止机械混杂　从谷子准备播种开始到种子收获、加工、储藏的每个环节，必须严格按照种子生产操作要求进行生产操作，从种子生产的各个环节严格控制，防止混杂的发生。种子生产一定要合理地进行轮作，不可以重茬。在种子收获、运输、脱粒、干燥及储藏过程中，一定要单收、单脱、单晒、单藏。同时防止弄错种子名称等。

2. 除杂去劣　在谷子品种安排上，一般“一地一种”繁殖。在谷子生长发育期间应该分期进行田间检查，发现杂株、劣株、病株应及时去除。一般在苗期、抽穗期和成熟期进行除杂去劣。除杂去劣时，苗期根据苗色和长相，抽穗期根据抽穗早晚、穗型、穗色、株高，成熟期根据谷穗颜色、成熟早晚等。

3. 加速种子生产　谷子的繁殖系数高，所以对于新品种，可以加快繁殖用于生产。谷子加快种子生产的方法主要有稀植法和南繁法。

（1）稀植法　稀植法也称为精量播种法，用少量的种子，达到合理的苗数，从而获得最高的产量。谷子的千粒重为 3.0～3.5 g，机械化精量播种时，播种量为每公顷 3.0～4.5 kg。可以在精细整地的基础上减少播种量。谷子生长发育期间要进行精细管理，注意防治病虫害，出苗后早锄、细锄，适时浇水。拔节后应该适当追施尿素 1～2 次，加强中后期田间管理，以收获尽量多的种子。

（2）南繁法　在海南加代繁殖是加速种子生产的有效方法。对种子量少，生产又迫切需要的种子，通过加代繁殖可以迅速增加种子量。谷子品种有广泛的适应性，为谷子的南繁加代提供了有利条件。南繁最好选择排灌方便的地块，在 10 月上旬播种。

（三）谷子杂交种种子生产技术

在我国，谷子杂交种主要指利用光温敏雄性不育系和恢复系杂交生产的谷子杂交种。其不育系是具有光温敏雄性不育特征且性状整齐一致的品系。在短日、高温条件下雄性可育，用于繁种；长日、低温条件雄性不育，用于杂交种种子生产。恢复系是指与不育系杂交后可使子代恢复雄性可育特征并具有较强优势的品系。

1. 谷子杂交种原种生产

（1）不育系和恢复系的原种生产　采用单株、穗行、穗系 3 年选择的方法进行不育系和恢复系的原种生产选择。不育系和恢复系原种选择的同时测交进行杂种优势鉴定。对选择合格的穗系按穗系混收，即为原种。一年选出的原种可供多年扩繁使用。

（2）亲本种子繁殖　将按上述方法生产的不育系原种和恢复系原种进行繁殖。不育系和恢复系繁殖田与相邻同作物不同系的花源距离不小于 500 m。不育系繁殖田行距为 20～33 cm，恢复系繁殖田行距为 27～33 cm。在苗期、拔节后和开花前分 3 期将杂株、病株、劣株和可疑株全部拔除。花期防止人为因素将异品种花粉带入隔离区内。收获前全田除杂，成熟后及时收获。

2. 谷子杂交种种子生产

（1）隔离　杂交种种子生产田与相邻同作物不同系的花源距离不小于 200 m。

（2）选地　选择地势平坦开阔、土质肥沃、排灌方便的砂壤土地块，忌重茬。

（3）播种

①播种期：根据所配组合调节播种期。春播区，在≥10 ℃积温为 3 000 ℃以上地区，于 5 月 25 日至 6 月 10 日播种；在≥10 ℃积温为 2 600～3 000 ℃地区，于 5 月 10 日至 5 月

25 日播种。夏播区在 6 月 20 至 6 月 30 日播种。根据父本和母本从种植到开花所需时间确定父本和母本应同期播种还是错期播种。父本和母本从种植到开花所需时间相差 1～3 d 时，应同期播种；父本和母本从种植到开花所需时间相差 3 d 以上时，应错期播种，先播从种植到开花所需时间长的亲本，间隔从种植到开花所需时间相差天数后再播另一个亲本。

②播种量：母本用种量为 3.0～7.5 kg/hm^2，父本用种量为 1.50～3.75 kg/hm^2。

③播种方法：采用平播、条播，播种深度为 2～3 cm，播种后及时镇压。

④行比：父本和母本种植行比可为 2∶6、2∶8、1∶3 或 1∶4。

（4）间苗和定苗　苗高 5～6 cm 时进行间苗和定苗。结合间苗、定苗拔除杂株。

（5）留苗密度　视土壤肥力决定留苗密度。父本行距为 33 cm，株距为 10～25 cm，每公顷留苗 3.6 万～9.0 万株。母本行距为 20 cm，株距为 7～10 cm，每公顷留苗 30 万～45 万株。

（6）水肥管理　足墒播种，在抽穗期和灌浆期各浇 1 次足水。播种前，结合整地施足基肥，每公顷施农家肥 45 000 kg，磷酸氢二铵 375 kg。当父本苗高 30 cm 时，每公顷追施尿素 150 kg；父本和母本抽穗前，每公顷结合浇水追施尿素 225 kg。

（7）除杂去劣　父本和母本都要严格除杂去劣，分 4 次进行。

①拔节期除杂去劣：拔节后根据株高、叶色及分蘖能力等主要性状，将杂株、劣株、病株和可疑株连根拔除。

②开花期除杂去劣：开花前根据株型、穗型、颖色等主要性状及时拔除父本行和母本行中的杂株。

③收获期除杂去劣：收获前拔除母本中的杂穗。

④收获去除杂去劣：收获时去除母本中的父本穗、结实较满的母本穗和其他杂穗。

（8）花期的预测和调节

①因为干旱或其他原因，使父本和母本不能正常出苗的，可采用大、小苗同留或促控的办法，调节花期。

②拔节后采用解剖植株的方法预测花期。

③当预测花期不遇时，采取早中耕、多中耕、偏水偏肥、根外追肥等措施，促进生长发育；或采取深中耕断根、适当减少水肥等措施，控制生长发育，达到母本比父本开花早 1～2 d。

（9）辅助授粉　父本开花后，每天早晨当母本旗叶无露水时，将父本穗向母本穗扑打，直到父本花粉散尽。授粉期一般为 10～15 d。

（10）病虫害防治　病虫害防治坚持以防为主，防治结合的原则。收获前 15 d 做好防鸟雀工作。

（11）收获和脱粒　适时收获，先割除父本，再收母本。母本单独运输、晾晒、脱粒、储存。

三、荞麦种子生产

（一）荞麦的生物学特性

荞麦是蓼科荞麦属一年生草本双子叶植物，起源于我国。栽培荞麦有 4 种：甜荞（*Fagopyrum esculentum*）、苦荞（*Fagopyrum tataricum*）、翅荞（*Fagopyrum emarginatum* ）和米荞（*Fagopyrum* sp.）。甜荞和苦荞是两种主要的栽培种，我国各地都有栽培，有时为野生，生于荒地或路旁，其种子含丰富的淀粉，供食用，又供药用，也是蜜源植物。

荞麦生育期短，抗逆性强，极耐寒瘠，当年可多次播种多次收获。茎直立，下部不分蘖，多分枝，光滑，淡绿色或红褐色，有时有稀疏的乳头状突起。叶呈心脏形三角状，顶端渐尖，基部心形或戟形，全缘。托叶呈鞘短筒状，顶端斜而截平，早落。花序为总状或圆锥状，顶生或腋生。春夏间开小花，花为白色；花梗细长。果实为干果，卵形，黄褐色，光滑。有多个栽培品种，尤以苦荞为最具营养保健价值，其茎紫红色，开白色小花，籽实黑色，磨成面粉供食用。

1. 荞麦的花和花序 荞麦的花由 5 片花瓣、8 枚雄蕊和 1 枚雌蕊组成。雄蕊不外伸或稍外露，成两轮，内轮 3 枚，外轮 5 枚。雌蕊 1 枚，三心皮联合，子房上位，1 室，具 3 个花柱，柱头头状。蜜腺常为 8 个，发达或退化。有雌雄蕊等长花型、长花柱短雄蕊和短花柱长雄蕊花型。

荞麦的花序为有限花序和无限花序的混生花序，顶生和腋生。簇状的螺状聚伞花序，呈总状、圆锥状或伞房状，着生于花序轴或分枝的花序轴上。植株的顶部形成伞房花序，个别的也能形成半伞形花序和伞形花序。每束花序上有 9 朵花，其中头 2 朵能很好结实，第三朵和第四朵花果实不饱满，第五朵和第六朵开花后很快就枯萎，不能形成果实，其余的花不发育。

2. 荞麦的开花习性 出苗后 18～30 d，茎基部花序先开花，然后逐渐向上。前后花序的开花期相隔 1 d，个别在 2 d。日出时花朵开始开放，而到上午 9:00 开花基本结束。开花能延续 1.5～2.5 h。开花的顺序是：从内圈开始，当外圈结束后，经过一段时间花药开始开裂。植株在花期的前半段时间比后半段形成的花多。所以花期的前半段时间称为盛花期或丰花期，而后半段时间（主要是籽粒形成和灌浆期），称为缓慢开花期。

3. 荞麦的授粉和受精 荞麦是异花授粉作物，由于花器构造上不同，所以授粉方式也不同。一般而言，长雄蕊的花粉落在长花柱的柱头上，短雄蕊的花粉落在短花柱的柱头上，称为同型授粉或正常授粉，受精率较高。而短雄蕊的花粉落在长花柱的柱头上，长雄蕊的花粉落在短花柱的柱头上，称为异型授粉或不正常授粉，受精率较低。

荞麦的果实为瘦果，大部分为三棱型，少有二棱型或多棱不规则型。果实形状有三角形、长卵圆形等，先端渐尖，基部有 5 裂宿存花被。果实的棱间纵沟有或无，果皮光滑或粗糙，颜色的变化、翅或刺的有无，是鉴别种和品种的主要特征。瘦果中有种子 1 枚，胚藏于胚乳内，具对生子叶。

荞麦要高产，不仅要有优良品种，而且要选用高质量成熟饱满的新种子。新种子的种皮一般为淡绿色，隔年陈种的种皮为棕黄色。种子存放时间越长，种皮颜色越暗，发芽率越低，甚至不发芽。

（二）荞麦原种种子生产技术

1. 荞麦品种混杂退化的原因 荞麦属于比较典型的异花授粉作物，天然异交率 99%以上，主要靠昆虫和风传播花粉。昆虫可以传粉到 4 500 m 以上，风力传粉可以达到 1 000 m 以上。由于天然异交造成品种混杂退化。

荞麦种子小，繁殖系数高，而且容易落粒，用种量少，在播种、运输、收获、脱粒和储藏过程中容易造成机械混杂。机械混杂不仅使品种的纯度下降，而且还会增加生物学混杂的机会，使品种失去典型性，种性发生变化。

2. 荞麦原种提纯生产技术

(1) 单株选择　在荞麦接近成熟时，按照品种的典型特征特性在原种繁殖田进行初选，选生长健壮、成熟一致、叶量大、结实率高、籽粒大、无病虫、茎秆坚韧的植株。然后进行室内复选，淘汰不符合要求的单株后脱粒，单株种子储藏，作为下年种植株行圃的种子。

(2) 株行圃　选择具有原品种特性的优良单株种植成株行圃。在苗期、成株期、始花期要严格除杂去劣，淘汰不符合典型性状、发育不良的植株，去除与原品种整齐一致性不符合的植株。

(3) 株系圃　株系圃是种子提纯的重要阶段，必须严格除杂，除杂一般进行 6 次，即苗期 1 次，成株期 2 次，开花期 3 次。确保种子纯度在 99%以上。

(4) 混合繁殖圃　把株系圃中选择的表现优良一致的株系混合收获脱粒、精选，播种到混合繁殖圃中。全生育期进行 4 次除杂去劣，保证种子纯度，满足荞麦种子大田种子生产对原种的要求。

(三) 荞麦大田用种种子生产技术

1. 建立大田用种生产基地　选择隔离条件好、土层深厚、土壤肥沃、集中连片的田块作为大田用种种子生产基地，要求地势平坦，排灌方便。荞麦忌连作，前茬最好是马铃薯或谷物。大田用种种子生产基地周围无异品种，防止造成生物学混杂。同时，1 个生产基地只能繁殖 1 个品种。

2. 安全隔离　可采用自然隔离，隔离空间距离 1 000 m 以上，在隔离区内不允许有荞麦的异品种种植。

3. 抓紧抢播　荞麦生长既喜温凉环境，又怕霜冻。播种太早时，生育前期易受到高温影响；播种过晚时，生长后期易遭霜害。农民多年栽培经验是：立秋早，白露迟，处暑播种正当时。

4. 增施肥料　荞麦耐瘠薄，但适当增施磷钾肥能显著提高产量。每公顷施过磷酸钙 300 kg和尿素 90 kg 作基肥，既经济，增产效果又显著。施用时要注意把化肥与种子分开，防止烧苗。

5. 合理密植　荞麦过稀过密都会影响产量。生产实践证明，播种量以 52.5～60.0 kg/hm^2 为宜，每公顷保苗 210 万～240 万株。播种深度为 3～4 cm，覆土厚度一般为 3 cm。播完种后如土干爽，可用木磙子压一遍；如土湿，可用马拉木杆拖一下即可。

6. 严格除杂去劣　苗期、开花前期是除杂去劣的关键期，应根据荞麦品种的发育时期的性状典型性进行除杂去劣。淘汰异类型株、异品种株以及不符合本品种特征特性的杂株和变异株，以防生物学混杂。花期也可以根据荞麦品种的生物学特性再次除杂去劣。

7. 花期管理　荞麦是异花授粉作物，又为两性花，结实率低，只有 10%～15%，是低产的主要因素，提高结实率的方法是创造授粉条件。荞麦是虫媒花作物，昆虫能提高授粉结实率。蜜蜂辅助授粉在荞麦盛花期进行，荞麦开花前 2～3 d 天，每公顷荞麦田安放蜜蜂 15～45 箱。

8. 适时收获储藏　霜降前，当全株有 70%的籽粒呈黑褐色时，应抓紧时间于早、晚收获，并扎捆或扎把，竖放在室内，让荞麦充分后熟。在收获、运输、脱粒、晾晒、储藏等环节一定要注意严防机械混杂，确保种子质量。

四、燕麦种子生产

（一）燕麦的生物学特性

燕麦（*Avena sativa*）为一年生植物，分裸燕麦（裸粒型）和皮燕麦（带稃型）两种。裸燕麦又名玉麦、攸麦，起源于我国，以食用为主。皮燕麦也称为雀麦、野麦子，不易脱皮，起源于中亚细亚的亚美尼亚地区，由野生乌麦进化而来，主要用作饲料。外国栽培的燕麦以带稃型为主，我国栽培的燕麦以裸粒型为主。燕麦是一种古老的栽培作物，由于它具备产量高、品质好、适应性强等优点，受到世界各国的普遍重视。据联合国统计，燕麦的插种面积和产量在全世界仅次于小麦、玉米、水稻和大麦而居第五位。我国年播种燕麦超过 4.0×10^5 hm^2，年收获燕麦超过 8.0×10^5 t，主产区为西北、华北、东北和云南、贵州、四川的高原山区。

燕麦是一种低糖、高营养、高能食品，性味甘平，能益脾养心、敛汗，有较高的营养价值，可用于体虚自汗、盗汗或肺结核病人。燕麦耐寒，抗旱，对土壤的适应性很强，能自播繁衍。燕麦富含膳食纤维，能促进肠胃蠕动，有利于排便；热量低，升糖指数低，降脂降糖，也是高档补品之一，在欠发达地区是不可缺少的干粮。

1. 裸燕麦的生物学特性　裸燕麦的花序为圆锥花序，小花由内稃、外稃、雌蕊和雄蕊组成。内稃和外稃为膜质，稃内有雄蕊 3 枚，雌蕊 1 枚。雌蕊为单子房，二裂柱头呈羽毛状，子房被茸毛包着，子房两侧有鳞片 2 枚。裸燕麦每个小穗着生 3～7 朵小花，有时更多，但通常结实小花只有 2～3 朵，多的可达 4～6 朵，取决于品种和栽培条件。同一小穗内籽粒大小不一，以基部籽粒最多，依次递减，其结实率以基部第二朵小花最高，通常顶端的小花退化不结实。

裸燕麦顶部小穗露出剑叶后 2～4 d，即全穗抽出 1/3～2/3 时开始开花，边抽穗边开花。开花顺序是先主茎，后分蘖，在一穗之中以顶端小穗最先开放，依次向下开放；在同一轮生的分枝上，一级分枝顶部小穗最先开放，依次向内开放；每小穗中小花开放的顺序，以基部小花最先开放，然后顺序向上。花序顶部和中上部的小穗每天开花 1～2 朵。整个花序从开第一朵花到最后一朵花开放，历时 8～13 d，大部分为 10 d。整个开花期间有 2 个开花盛期，一个在开花后 1～2 d，约占总开花数的 30%；另一个在终花前 1～2 d，占总开花数的 18%～25%。裸燕麦每天只开 1 次花，在 15:00—18:00，一般以 16:00 为开花盛期。每朵花自花粉开放到闭合，历时 90～135 min。从花药开放到花丝伸出需要 10～20 min，开花的最适宜温度为 22～27 ℃，最适宜相对湿度为 40%～55%。如遇高温干旱，则开花时间推迟。干燥炎热并带有干热风的天气，会破坏受精过程而不能结实。

裸燕麦自花传粉，异交率低。开花时位于子房两侧的鳞片吸水膨胀，迫使内稃和外稃张开，此时花丝伸长，花药破裂，花粉散落在羽毛状的柱头上进行受精过程。裸燕麦的特点是籽粒细长，有腹沟，表面有茸毛，籽粒无稃，形状有筒形、卵圆形等，颜色有黄白色、褐色等。千粒重为 20～40 g。

2. 皮燕麦的生物学特性　皮燕麦株高为 100～135 cm。根呈须状，较发达。茎直立，中空，具 4～7 节。叶片平展，长为 27～43 cm，宽为 0.6～1.6 cm，无叶耳；叶舌较大，顶端具稀疏裂齿。圆锥花序开散，顶生，长为 10～30 cm；穗轴多直立或下垂，每穗具 4～9

节，节部分枝，下部节和分枝都较多，向上逐渐减少。根据小穗在穗轴上的排列情况，有周散穗与侧散穗之分。小穗 30～50 个，每小穗含 1～2 朵小花。小穗轴不易脱节。颖较宽大，呈薄膜状。外稃具芒，芒出自背脊的中部，也有无芒者。内稃和外稃紧包种粒，不易分离。颖果呈纺锤形，狭长，具簇毛，有纵沟。种子千粒重为 25～40 g。皮燕麦颗粒细长呈筒形、纺锤形，顶端茸毛很多，颜色有白色、黄色、灰色、褐色和黑色。

（二）燕麦原种种子生产技术

燕麦原种指用育种家种子直接繁殖或按照原种生产技术生产的达到原种质量要求的种子。

生产原种采用单株（穗）选择、分系比较、混系繁殖的方法。原种繁殖方法有：三圃制（株行圃、株系圃和原种圃）、二圃制（株行圃和原种圃）和利用育种家种子直接生产原种。下面介绍燕麦原种繁殖的三圃制生产过程。

为了避免种子混杂，原种生产田周围 25 m 不得种植其他燕麦品种。

1. 单株（穗）选择　单株（穗）来源于本地或外地的原种圃、决选的株系圃、种子生产田，也可专门设置选择圃，进行条播种植，以供选择。

（1）选择时期　单株（穗）选择分两个时期进行，幼苗到抽穗阶段根据品种的生长特性进行初选，并进行标记；灌浆至成熟阶段对初选的单株进行复选。

（2）选择数量　根据株行圃的面积确定选择数量，一般每公顷 7 000 个株行或 16 000 个穗行。

（3）选择方法　根据品种的生物习性、特征特性，选择典型性强、生长健壮、丰产性好的单株。苗期根据幼苗的颜色、幼苗习性、叶片形状、叶片姿态以及抽穗期选择单株。成熟期根据株高、穗部性状、抗病性、抗逆性和成熟期在苗期入选的单株中选择。选择时要避开地头、地边和缺苗断垄处。

（4）室内考种与选择　对田间收获的材料进行考种选择，按照穗型、芒形、护颖、粒形、粒色、粒质等性状，符合原品种典型性性状的进行脱粒、考种。

2. 株行圃　将入选的单株种成株行。播种采用单粒条播，每隔 9 行种 1 行对照，四周设保护行和 25 m 的隔离区。对照和保护行播种同一品种的原种。整个生长发育期在苗期、成株期和成熟期分 3 期根据苗色、叶色、叶形、生长习性、株型、籽粒性状等特征特性进行除杂去劣。

3. 株系圃　将上年采收的株行种子，按株行分别种植，形成株系圃。按照产量等综合性状进行选择鉴定，将杂株率达到 0.1%的株系淘汰，对入选株系混收、脱粒、储藏，供原种圃播种。

4. 原种圃　将上年株系圃混收的种子播种到原种繁殖田中，成熟后及时收获、脱粒、储藏，供大田用种种子生产使用。

（三）燕麦大田用种种子生产技术

燕麦大田用种种子是指用常规品种原种繁殖的第一代至第三代和杂交种达到良种质量标准的种子。

1. 选地与隔离

（1）选地　选择背风向阳、地势平坦（坡度在 15°以下）、耕层深厚（40 cm 以上）、肥力中上、土壤理化性状良好（轮作地）、旱涝保收、不受遮阴和畜禽危害的地块。同一品种要实行集中连片种植，避免品种间混杂。大田用种种子生产田不可重茬连作，以防止上季残留的种子在下季出苗，造成混杂。

（2）隔离　燕麦是自花授粉作物，大田用种种子生产田要适当隔离，防止天然杂交。燕麦大田用种种子生产田隔离一般采取空间隔离，在大田用种种子生产田周围 50 m 以内不种其他品种的燕麦。也可以采取时间隔离，在开花时间上与其他品种错开，防止天然杂交。还可采取自然屏障隔离，利用山丘、树木、果园、村庄等进行隔离。采取高秆作物隔离时，选择高粱、玉米、向日葵等作为隔离作物，并要提前 10～15 d 播种，以保证在燕麦散粉前隔离作物的株高超过燕麦，起到隔离作用。

2. 播种前准备

（1）精细整地　进行秋翻或耙茬深松整地，耕翻深度为 18～20 cm，翻耙结合，播种前浅耕碎垡，做到地平土细，上实下虚。大田用种种子生产田耕地时，不能施入未腐熟的燕麦秸秆肥，以防止上季残留种子出土，造成混杂，并可有效避免或减轻一些土传病虫害的传播。

（2）种子处理　种子在播种前要进行精选，用燕麦选种机或人工选粒，剔除病斑粒、虫食粒及杂质。播种前 3～5 d 选无风晴天把种子摊开，厚度为 3～5 cm，在干燥向阳处晒 2～3 d，达到杀菌、提高发芽率的目的。微量元素肥料拌种可选用钼酸铵、硼钼微复肥、锌肥等进行拌种。

3. 规格播种　用播种机播种，装种前和换品种时，要对播种机的种子箱和排种装置进行彻底清扫。大田用种种子生产田中隔一定距离留 1 个走道，以便进行除杂去劣。播种时，不同品种的地块应相隔远一些，若不得不相邻种植，则两地块之间要有适当的隔离。

（1）播种时间　在土壤含水量达 10%以上，地温在 5 ℃以上时播种，播种期根据气候、地理条件及种植目的进行确定。以收获籽粒为种植目的时，在海拔 900～1 000 m 的平原地带，适宜播种期为 3 月下旬至 4 月中旬；在海拔大于 1 500 m 的地带，适宜播种期为 5 月中下旬。

（2）播种量　播种量为 150 kg/hm^2 左右（旱地播种量应在 120～150 kg/hm^2；有灌溉条件或较潮湿的地块，播种量应在 150～170 kg/hm^2），保苗 600 万株/hm^2左右。

（3）播种深度　使用种肥分层播种机播种，播种深度为 3～5 cm，土壤含水量在 16%以上时播种深度为 3 cm，土壤含水量在 10%～16%时播种深度为 5 cm。要求播种时下种均匀，不漏播，不断垄，深浅一致，播种后必须镇压以利于出苗。燕麦种植行距为 25 cm 左右。

4. 施肥

（1）种肥　播种时种肥的施用以有机肥结合化肥增产效果最好。有机肥可采用牛圈粪或羊粪，施入量为 15 000 kg/hm^2，有条件的在深耕前撒施有机肥耕翻入土。种肥采用化肥，通过播种机播种时分层施入，每公顷施用纯氮、纯磷和纯钾分别为 60 kg、22.5～45 kg 和 75～150 kg。

（2）追肥　采取的主要措施是早追肥，追肥在分蘖或拔节期施入，本着前促后控的原则，结合灌溉或降雨前追施纯氮 60 kg/hm^2左右。

5. 中耕除草　在燕麦 3～4 叶期进行中耕除草，其作用是清除杂草，提高地温，以利于燕麦生长。在燕麦孕穗期应人工拔除大草，以免杂草争水、争肥和影响收获。

在燕麦 3～4 叶期可以结合化学防除杂草，用 72% 2,4-滴丁酯乳油 600～750 g/hm^2，兑水 450～600 kg/hm^{2}喷洒 1 次，以杀灭阔叶杂草。发现田间残留多年生恶性杂草或禾本科杂草多时，应及时进行人工拔除。

6. 灌水　有灌溉条件的地区，根据土壤墒情，可在燕麦分蘖抽穗期和开花灌浆期灌水 2～3 次，具有明显的增产效果。

7. 病虫害防治

（1）虫害防治　燕麦常见虫害有黏虫、蛴螬、蓟马、蚜虫等。如发现黏虫危害，每公顷用 5%来福灵乳油 225～300 mL 兑水 900 kg 喷雾处理，其他病害用 5%溴氰菊酯、吡虫啉等防治。

（2）病害防治　燕麦常见的病害有红叶病、黑穗病和秆锈病，可用甲基托布津、多菌灵等 500 倍液喷雾防病。

8. 除杂去劣　种子生产田必须严格除杂去劣。除杂是要去掉异品种的植株，去劣是指除去感染病虫害、生长不良的植株和穗粒。

除杂去劣要在燕麦的不同生育时期分期进行。一般在苗期和成熟期根据本品种的特征特性进行除杂去劣。苗期根据生长习性、叶色、株型等除杂去劣，成熟期根据株高、株型、穗型、叶形、抗病性等除杂去劣。

整个生长发育时期若发现不符合品种典型性的植株都要整株拔除，携出田外处理。除杂工作要反复进行，直至未发现任何杂株、劣株为止，保证燕麦种子质量达到国家规定的良种标准。

9. 收获储藏

（1）适时收获　当燕麦穗由绿变黄，上中部籽粒变硬，表现出籽粒正常的大小和色泽，进入黄熟期时进行收获。收获时可用稻麦联合收割机直接脱粒，也可用小型割晒机收获。收获时间可根据不同的气候及地理条件进行确定，在海拔 900～1 000 m 的平原地带，一般在 7 月下旬至 8 月上旬收获；在海拔大于 1 500 m 的地带，一般在 9 月下旬收获。种子收获过程中，最容易发生机械混杂，要特别注意防杂保纯。种子生产田要单收、单运，收获完一个品种，要彻底清理后再收获另一个品种，严防机械混杂。

（2）储藏　收获后种子必须及时充分晾晒，达到安全水分（含水量要求低于 13%）后入库。晒种子时最好专场单晒，条件不具备时不同品种之间要有隔离设备，以防混杂。种子晒干入库时，种子袋内外都要挂标签，注明种子名称、种子生产年月及种子生产单位。

五、绿豆种子生产

（一）绿豆的生物学特性

绿豆（*Vigna radiata*）是豆科一年生草本作物。其籽粒是豆类粮食之一，又称为青小豆。绿豆原产于我国，主要产区在东北和黄淮平原，其次是河北和江苏。

绿豆茎直立或蔓生。果实为荚果，呈圆柱状，成熟时呈黑色，长为 6～10 cm，宽约 6.5 mm，被稀长硬毛。每个果荚内有 4～8 粒种子，种子为短矩形，长为 4～6 mm，外面呈蜡质，有光泽，大多呈翠绿色，也有黄绿色、蓝绿色及其他颜色。绿豆种子由种皮、胚和子叶 3 部分组成。种脐为白色，位于一侧上端，长约为种子的 1/3，呈白色，纵向线形。种皮薄而坚韧，剥离后露出淡黄绿色或黄白色的种仁。种皮对种子具有一定的保护作用。种皮下面有子叶 2 枚，子叶肥厚，质坚硬，是绿豆籽粒的重要组成部分，主要含有蛋白质、脂肪、糖类、维生素等营养物质。绿豆的子叶大多呈淡黄绿色或黄白色。绿豆千粒重为 30～40 g，每千克25 000～33 400 粒。

绿豆按其脐的长短可分为长脐绿豆和短脐绿豆两类；按其生长季节可分为春播绿豆和夏播绿豆；按其皮的色泽可分为明绿豆、灰绿豆和暗绿豆 3 类。

绿豆总状花序腋生；苞片卵形或卵状长椭圆形，有长硬毛。蝶形花，绿黄色；萼呈斜钟状，萼齿 4 个，最下面 1 齿最长；旗瓣呈肾形，翼瓣有渐狭的爪，龙骨瓣的爪为截形，其中 1 片龙骨瓣有角；雄蕊 10 枚，二体；子房无柄，密被长硬毛。三出复叶具小叶 3 片，小叶呈阔卵形至棱状卵形，侧生小叶偏斜，长为 4～10 cm，宽为 2.5～7.5 cm，先端渐尖，基部圆形、楔形或截形，两面疏被长硬毛；托叶阔卵形；小托叶线形。

（二）绿豆原种种子生产技术

绿豆原种种子生产可采用育种家种子直接繁殖也可采用三圃制或二圃制的方法生产。下面介绍用三圃法生产绿豆原种种子。

1. 选地隔离　选择地势平坦、肥力均匀、土质良好、排灌方便、不重茬的地块生产绿豆原种种子，原种种子生产田周围 25 m 内不得种植绿豆的其他品种。

2. 用三圃法生产原种种子

（1）单株选择　单株在株行圃、株系圃、原种圃、种子生产田等田块中选择，一般选择在开花期和成熟期进行。

①选择的标准和方法：要根据品种的特征特性选择典型性强、生长健壮、丰产性好的单株。花期根据叶形、叶色、开花习性、茸毛色和病害情况选择单株，并做好标记。成熟期根据株高、成熟度、茸毛色、结荚习性、株型、荚型、荚熟色，从花期入选的单株中选择，选择时要避开地头、地边等。

②选择数量：根据原种需要量确定选择数量，一般每个品种每公顷地株行圃需要 6 000～7 500 株。

③室内考种与复选：入选单株首先要根据植株的整株荚数、粒数选择典型性强且丰产性好的单株，单株脱粒，然后根据籽粒的大小、整齐度、光泽度、粒形粒色、脐色、百粒重等情况进行复选。复选的单株在剔除病虫危害粒后分别装袋编号保存，作为株行圃的种子。

（2）株行圃

①田间设计：各株行的行长应该一致，一般为 5～10 m，每隔 9 行设 1 个该品种的原种对照。

②播种：适时将上年入选的单株每株种子播种 1 行，密度应该比大田低，单粒点播。播种深度为 3～5 cm。

③田间鉴定：田间鉴定分 3 期进行，苗期根据幼苗长相和颜色鉴定；花期根据叶形、叶色、花色、开花习性、茸毛色等鉴定，成熟期根据株高、成熟度、株型、结荚习性、茸毛色、荚型、荚熟色等鉴定品种的典型性和株行的整齐度。通过鉴定，淘汰劣行并做标记、记载。对入选株行中的病株、劣株及时拔除。

④收获：田间 2/3 以上豆荚成熟时为适宜收获期。先收入选行，后收淘汰行。对入选行单收、单晾、单脱、单独装袋，袋内外放好拴好标签。

⑤决选：在室内根据各株行籽粒的颜色、脐色、粒形、籽粒大小、百粒重、整齐度、光

泽度等进行决选，淘汰籽粒性状不典型、不整齐、病虫重的株行，决选株行种子单独装袋，袋内外放好拴好标签。

（3）株系圃

①田间设计：株系圃面积依上年株行圃入选行种子量确定。各株系的行数和行长应该一致，每隔 9 区设 1 个该品种的原种对照。

②播种：适时将上年入选的单行播种 1 区，密度应该比大田低，单粒点播。播种深度为 3～5 cm。

③田间鉴定：田间鉴定同株行圃。通过鉴定，对于小区有劣株的全区淘汰。同时要注意小区之间的同一性。

④收获：田间 2/3 以上豆荚成熟时为适宜收获期。先收入选区，后收淘汰区。对入选区单收、单晾、单脱、单独装袋，袋内外放好拴好标签。

⑤决选：在室内根据各株系籽粒的颜色、脐色、粒形、籽粒大小、百粒重、整齐度、光泽度等进行决选，淘汰籽粒性状不典型、不整齐、病虫重的株系。入选株系的种子混合装袋，袋内外放好拴好标签。

（4）原种圃

①播种：将上年收获的株系圃决选的混合种子适当稀播于原种繁殖田，播种时严防机械混杂。

②除杂去劣：在苗期、花期、成熟期根据品种特征特性去除杂株、病株、劣株。

③收获：成熟时及时收获，做到单收、单运、单脱等，严防混杂。

（三）绿豆大田用种种子生产技术

绿豆良种国家标准规定，纯度不低于 99.0%，净度不低于 98.0%，发芽率不低于 85.0%，水分不高于 13.0%。为了满足绿豆良种的要求，在大田用种种子生产过程中，应该抓好以下工作。

1. 选择大田用种种子生产田　大田用种种子生产田选择生态环境良好、地势平坦、远离公路主干道、土壤肥力中等的地块。绿豆忌连作，也不宜以大白菜为前茬。

2. 精细整地　绿豆幼苗顶土力弱，在播种时必须精细整地。整地做到上虚下实，并结合耕地施有机肥。在播种前浅耕细耙，做到疏松适度，地面平整。

3. 适时播种，加强田间管理　绿豆生育期短，是短日照喜温作物，种子萌发的最低温度为 8 ℃，最适温度为 25 ℃。因此播种不宜过早，比大田生产略晚，一般 5 月中下旬播种为宜。绿豆播种方法有条播、穴播、撒播，以条播为多。最好用点播机进行精量播种。出苗后当第一片复叶展开后间苗，第二片复叶展开后定苗。在封垄前中耕除草 2～3 次。

为满足绿豆整个生长发育期间对养分的需求，除施足基肥外，还要及时追肥，以防落花落荚。对病虫害要及时防治。施肥应掌握以有机肥为主、化肥为辅的原则，一般施优质有机肥 2 000～3 000 kg/hm^2，复合肥 30～50 kg/hm^2。绿豆比较耐旱，但对水分反应敏感。现蕾期是需水临界期，花荚期是需水高峰期，在这两个时期如遇干旱应及时浇水。同时，绿豆又不耐涝，应注意防涝、排涝。绿豆生长发育时期的主要病害有根腐病、病毒病、叶斑病、白粉病等，主要害虫有地老虎、蚜虫、红蜘蛛等，应以农业防治和生物防治为主，药剂防治为辅，宜选择高效、低毒、低残留农药及生物农药，确保绿豆种子质量。

4. 除杂保纯　虽然绿豆是自花授粉作物，天然异交率低，但在天气干燥情况下，花冠可能在花粉和柱头成熟之前开放，从而增加其异花授粉率，因此应尽可能在开花之前把杂株去除干净。

选留种可采用以下方法。

（1）两次挂牌选留法　在田间，根据原品种的典型性状进行两次选择。第一次选择在绿豆开花结荚期进行，主要根据是性状，将生育健壮、株型好、结荚适中、抗倒伏、抗病虫害强的优良单株挂牌。第二次选择在绿豆成熟前 3～5 d 内进行，在第一次选择的基础上，进行成熟期、丰产性、抗倒伏性、抗逆性、抗裂荚性的选择，选出单株挂牌。当选的优株及时收获，运回置通风干燥处晾 2～3 d 后脱粒，除净杂质，装袋保存。

（2）一次选择法　在用种量不多的情况下，在绿豆成熟前 4～5 d 内，在丰产性状好的田间，选择植株健壮、分枝结荚适中、结实率高、成熟期相同、籽粒饱满、抗倒伏、抗裂荚、抗病虫害强，具有原品种特征特性的优良单株挂牌，收获后扎成捆放在通风干燥处晾 2～3 d，然后脱粒，除去杂质装袋单存单放，留作种用。此种方法较为省时、省力。

对于大面积生产的绿豆地块，人工采摘有困难，则应选用熟期一致，成熟时不裂荚的绿豆品种。因绿豆荚果成熟后易开裂，要及时收获，收获时要认真核对标牌，标牌不清楚、不全的不能混收，以保证纯度。种子保存期间，要注意防潮、防热、防虫害、防鼠害，经常检查，确保种子的质量。成熟后，在早晨或傍晚收获。运输设备必须安全、卫生、无污染。收获后的绿豆荚入场后应及时翻晒，干后及时脱粒，在无毒、无害、干净的场地进行晾晒，严禁在柏油路面和其他有污染的地方进行脱粒或晾晒。保持良好的商品色泽。防止雨浸湿发芽。

脱粒后进行机械或人工清选和分级，使籽粒均匀，色泽一致。按照标准规格，用无毒、无害、无污染的包装袋进行加工包装。

六、蚕豆种子生产

（一）蚕豆的生物学特性

蚕豆（*Vicia faba*）属于豆科（Leguminosae）蝶形花亚科蚕豆属，是一年生或越年生草本植物。根据蚕豆复叶上小叶的对数分成 2 个亚种，具 2～2.5 对小叶的为印度蚕豆亚种（*Vicia faba* subsp. *paucijuga*），具有 3～4 对小叶的为欧洲蚕豆亚种（*Vicia faba* subsp. *eu-faba*）。又根据种子大小分为 3 个变种：大粒变种（*Vicia faba* var. *major*）、中粒变种（*Vicia faba* var. *equina*）和小粒变种（*Vicia faba* var. *minor*）。我国通行的分类标准，百粒重在 120g 以上的为大粒变种，百粒重在 70～120 g 的为中粒变种，百粒重在 70 g 以下的为小粒变种。蚕豆是人类栽培最古老的食用豆类作物之一，相传张骞出使西域时将其引入我国，至今已有 2 000 多年的栽培历史。我国蚕豆品种已搜集种质资源 2 500 多份，有的蛋白质含量达 30％以上。

蚕豆主根较粗，并有多条侧根，形成庞大的圆锥根系。根瘤大，固氮力强。茎直立，属草质，无毛，方形，中空，表面有纵条纹，高为 30～180 cm，茎基部 1～3 节能产生一级分枝和二级分枝，后期分枝常不结荚。叶为偶数羽状复叶，互生，由 2～8 片小叶组成，小叶呈椭圆形或长椭圆形，长为 5～8 cm，宽为 2.5～4.0 cm，全缘，无毛，正面深绿色，背面略带灰白色。顶端卷须不发达而为针状。叶柄基部两侧具大而明显的半箭头状托叶，托叶先端尖，边缘白色膜质，具疏锯齿。荚果大而肥厚；种子卵圆形，略扁。

果实属荚果类，荚果为扁长形，略弯，呈筒状，外被茸毛，幼荚内有丝绒状的茸毛。荚未成熟时为绿色，成熟时变为褐色或黑色。荚长一般在 5～10 cm。每荚有种子 1～8 粒，大多数为2～3粒。种子呈扁平椭圆形至近圆形，基部有黑色或灰白色种脐。粒色有浅绿色、深绿色、乳白色、浅黄色、褐色、红色、紫色等。种子内有子叶两片，肥大，占种子质量的90%以上。

根据蚕豆豆粒平均长度分为以下3类：大粒蚕豆，豆粒平均长度在18.1 mm以上；中粒蚕豆，豆粒平均长度在15.6～18.0 mm；小粒蚕豆，豆粒平均长度在15.5 mm以下。

1. 蚕豆的花器结构　蚕豆的花为短总状花序，着生于叶腋间的花梗上。每簇花有5～6朵，多的达9朵，但落花很多，能结荚的只有1～2朵，每株一般结荚10～20个。

蚕豆花是蝶形花。旗瓣为白色，有淡紫色的脉纹，呈倒卵形，长约为3.5 cm，先端圆而有一短尖头，基部渐狭。翼瓣边缘白色，中央有紫色或黑色大斑，呈椭圆形，长约为1.8 cm，顶端圆形，基部为耳状三角形，一侧有爪。龙骨瓣呈白绿色，三角状半圆形而呈掌合状，长约为5 mm。花1至数朵，基部耳状，一侧亦有爪，腋生在极短的总花梗上；萼呈钟状，无毛，长约为1 cm，先端5裂，裂片呈狭披针形，上面2裂片稍短。雄蕊10枚，二体。雌蕊1枚，子房无毛、无柄，花柱细，顶端背部有一丛白色茸毛。

2. 蚕豆的开花习性　每株蚕豆的开花自上而下进行，每个花梗的下部花先开，后部的花后开。开花时间从13:00—14:00持续到17:00—18:00，日落后大部花朵闭合，每朵花开放持续时间1～2 d，全株开花期为20～30 d。

（二）蚕豆原种种子生产技术

蚕豆异交率很高，常达到20%～30%，容易造成生物学混杂。蚕豆原种种子生产一般采用株行圃、株系圃和原种圃的三圃制。

1. 单株选择　在原种生产田或纯度较高的种子田进行单株选择，在花期和成熟期进行。花期根据株高、花色、叶形选单株，做好标记。成熟期根据成熟度、结荚习性、株型、茸毛色、荚熟色进行复选。一般每公顷株行圃需决选单株7 500～15 000株。入选单株在室内首先要根据植株的全株荚数、粒数，选择丰产单株，然后根据籽粒大小、光泽度、粒形、粒色、脐色决选，淘汰不符合品种典型性的单株。分别装袋、编号、保存。

2. 株行圃　将入选的单株每株种1行，隔9行或19行种1行对照。在蚕豆生长的苗期、花期、成熟期进行选择鉴定，评价每一行与原品种的典型性和一致性。选择优良株行，作为株系圃的种子。

3. 株系圃　其种植和鉴定评价与株行圃相同。但对于小区杂株达到0.1%的株系应该淘汰。先将淘汰区清除，然后对入选的株系混收、脱粒、装袋、储藏，作为原种圃种子。

4. 原种圃　用株系圃混收的种子，适度稀植于原种种子生产田，一般采取单粒等距点播。注意除杂，杂株率必须在0.1%以下，成熟后收获，单运、单脱、单储藏，用于繁殖大田用种种子。

（三）蚕豆大田用种种子生产技术

蚕豆异交率高，品种混杂退化的速度较快，需要每年进行提纯复壮。

1. 大田用种种子生产基地选择

（1）选择隔离区　蚕豆大田用种种子生产要设置隔离区，一般每个品种之间空间隔离距离在300～500 m。

（2）选茬　大田用种种子生产基地选择小麦或马铃薯茬口为宜，忌用豆类作物和油菜作前茬。豆麦轮作田至少2～3年轮作1次。

（3）选地　选择地势平坦、肥力均匀、土质良好、排灌方便、前茬一致、种植水平较高、不易受不良环境或其他因素影响的地块。

2. 播种前准备

（1）秋耕　前茬收获后及时深翻，耕深为25 cm左右，要求耕深一致，不重不漏。

（2）播种前整地　早春土壤解冻20 cm时进行土地平整，做到上虚下实。

（3）施肥　每公顷施有机肥45 000～60 000 kg、纯氮45～60 kg、五氧化二磷60～90 kg。

3. 播种

（1）播种期　当气温稳定在0～5 ℃，土壤解冻12～15 cm时播种。

（2）播种方法　行距为35～40 cm，株距为14～16 cm，每公顷基本苗16.5万～19.5万株。最好用点播机播种。

（3）播种量及播种深度　每公顷播种量为300～330 kg，播种深度为6～8 cm。

4. 田间管理

（1）中耕除草　当苗高10 cm时进行第一次中耕除草，行间深锄8 cm，株间深锄5 cm。灌第一次水后土表泛白时，进行第二次中耕除草。结荚期至成熟期，视田间杂草情况除草。

（2）灌水　蚕豆生长喜湿润，忌干旱，怕渍水。蚕豆种皮较厚，种子发芽须吸收相当于种子自身质量的1～2倍的水分，故播种到出苗要保持土壤湿润，以利种子发芽出苗。出苗后，保持土壤湿润，有利于根系发育，生长健壮。蚕豆光合生产率的两个高峰期（开花结荚期和鼓粒灌浆期）需要水分较多，应保持土壤湿润。在南方水田种植蚕豆时，必须及时开沟做畦，并做好培土工作。

（3）摘心打顶　蚕豆田间管理还需要注意整枝摘心，剪除主茎和无效枝，整去衰老枝、瘦弱枝、矮小枝和无头分枝，并且摘去顶心。根据生长情况，一般主茎长到6～7片叶，基部有1～2个分枝芽时摘心打顶，摘除主茎顶端少量花荚，此时为盛花后期。初花期可将小分枝、细嫩枝剪掉。

（4）防治病虫害　蚕豆病害主要有根腐病、赤斑病、枯萎病、茎基腐病、褐斑病、锈病、病毒病等。防治办法除采用综合农业技术措施外，可用波尔多液、石灰硫黄合剂、托布津、代森锌等农药防治。蚕豆的虫害主要有地下害虫、蚕豆象甲、绿盲蝽、蜗牛、灯蛾、蚕豆根象、斜纹夜蛾、蚜虫等，可选用毒饵诱杀、乐果等农药喷洒防治。

5. 除杂去劣　一般在蚕豆苗期、开花前根据苗期和开花前的生物学特性，进行除杂去劣。也可在成熟期根据叶色、夹色、成熟期判定，除杂去劣。

6. 收获脱粒储藏　植株下部叶片脱落，主茎基部4～5层荚变黑，上部荚呈黄色时收获。收获后单独脱粒、运输、晾晒，收获、脱粒、清选、晾晒等环节一定注意防止机械混杂的发生。

第六节　马铃薯种薯生产技术

一、马铃薯的生物学特性

（一）马铃薯的起源和倍性

马铃薯（*Solanum tuberosum*）为茄科（Solanaceae）茄属（*Solanum*）马铃薯组

(Tuberarium) 基上节亚组 (Hyperbasarthrum) 植物，起源于南美洲秘鲁和玻利维亚交界处的的喀喀湖 (Lake Titicaca) 盆地。分布在秘鲁、玻利维亚的安第斯 (Andes) 山山区及其西部沿海岛屿的马铃薯，迄今已有 8 000 多年栽培历史。马铃薯属于多倍性作物，染色体基数为 $x=12$，有二倍体、三倍体、四倍体、五倍体、六倍体等。马铃薯既可利用浆果内的种子（实生种子）进行有性繁殖，也可利用块茎进行无性繁殖。

（二）马铃薯的花器结构和开花结实习性

马铃薯的花序为分枝型聚伞花序。每个花序一般有 2～5 个分枝，每个分枝上有 4～8 朵花。每朵花由花萼、花冠、雄蕊和雌蕊 4 部分组成。花萼基部联合为筒状，顶端五裂，绿色。花冠基部联合而呈漏斗状，顶端五裂。花冠的颜色有白色、浅红色、紫红色、蓝色等。雄蕊 5 枚，与合生的花瓣互生。雄蕊花药聚生，成熟时顶端裂开两个枯焦状小孔，花粉从中散出。雌蕊 1 枚，着生在花的中央，柱头二裂或三裂，成熟时有油状分泌物。花柱直立或弯曲。子房上位，中轴胎座，胚珠多枚。子房横剖面中心部的颜色与块茎的皮色、花冠基部的颜色相一致。

马铃薯从出苗至开花所需时间因品种而异，也受栽培条件影响。一般早熟品种从出苗至开花需要 30～40 d，中晚熟品种需要 40～50 d。马铃薯的花白天开放，夜间闭合。一般每天早晨 5:00 —7:00 开放，下午 16:00—18:00 闭合；阴雨天开放时间推迟，闭合时间提早。每朵花开放的时间为 3～5 d，一个花序开放的时间可持续 10～15 d，整个植株开花期可持续 40～50 d。开花的顺序是每一花序基部的花先开，然后由下向上依次开放。开花后雌蕊即成熟，雄蕊一般在开花后 1～2 d 成熟，也有少数品种的雄蕊开花时与柱头同时成熟或开花前就已成熟散粉。授粉后 5～7 d 子房开始膨大，经 30～40 d 浆果果皮由绿色逐渐变成黄白色，由硬变软，并散发出香味，即达到成熟。浆果呈圆形或椭圆形，每果实含种子 100～250 粒，多的可达 500 粒，少的只有 30～40 粒。刚采收的种子一般有 6 个月左右的休眠期，当年采收的种子发芽率一般仅为 50%～60%。

马铃薯是自花授粉作物，天然异交率一般不超过 1%。马铃薯的花蕾形成、开花与受精结实适宜的温度为 18～20 ℃，适宜空气相对湿度为 80%～90%。

（三）马铃薯的无性繁殖与病毒危害

生产上栽培的四倍体马铃薯 (*Solanum tuberosum*，$2n=4x=48$)，利用块茎作为播种材料。块茎繁殖的后代基因型与母体基因型理论上是完全一致的，可以从根本上保持母体的优良特性，但在种薯繁殖过程中容易感染病毒导致退化，退化植株生长矮小或畸形，叶面遍布病斑或皱缩，结薯数量减少，块茎变小，产量逐年下降，品质变劣，储藏期间因腐烂等损失增大，丧失种用价值。因此马铃薯种薯生产的关键技术是防治病毒病，内容包括利用茎尖分生组织培养生产脱毒试管苗或脱毒试管薯（“试管”是培养容器的统称），再用脱毒试管苗或脱毒试管薯在防虫温室或网室内生产脱毒微型薯 (microtuber)（脱毒微型薯是原原种，相当于育种家种子），再用脱毒微型薯在原种场生产原种，用原种在种薯生产基地生产大田用种，大田用种供应给食用商品薯生产单位或种植户生产商品薯。

马铃薯传入中国已有 400 多年。现在北起黑龙江，南抵海南岛，东至台湾省，西到青藏高原，一年四季都有马铃薯的种植。常年种植面积为 4.0×10^6 hm^2 左右，鲜薯总产为 5.6×10^7 t 左右。面积和总产均居世界马铃薯生产的第 2 位。

二、马铃薯脱毒微型薯（原原种）生产

（一）马铃薯病毒和脱毒原理

危害马铃薯的病毒主要有 7 种：马铃薯卷叶病毒（*Potato leafroll virus*，PLRV）、马铃薯 A 病毒（*Potato virus A*，PVA）、马铃薯 Y 病毒（*Potato virus Y*，PVY）、马铃薯 M 病毒（*Potato virus M*，PVM）、马铃薯 X 病毒（*Potato virus X*，PVX）、马铃薯 S 病毒（*Potato virus S*，PVS）和苜蓿花叶病毒（*Alfalfa mosaic virus*，AMV）；类病毒有马铃薯纺锤形块茎类病毒（*Potato spindle tuber viroid*，PSTVd）等。马铃薯 X 病毒、马铃薯 S 病毒和马铃薯纺锤形块茎类病毒可通过植株间枝叶接触互相摩擦而传给健株；咀嚼式口器的害虫在咬食病株后又咬食健株也可传毒。马铃薯 A 病毒、马铃薯 Y 病毒、马铃薯 M 病毒和马铃薯卷叶病毒可由蚜虫、粉虱等昆虫传毒，其中桃蚜，尤其是有翅桃蚜，是传播病毒的主要害虫。

茎尖分生组织培养（meristem culture）能够脱去马铃薯病毒，其原理是：病毒在植株体内分布不均匀，生长点幼嫩组织部分病毒含量低或不带病毒；茎尖分生组织没有维管系统，使得通过维管系统传染的病毒（马铃薯卷叶病毒、马铃薯 A 病毒、马铃薯 Y 病毒、马铃薯 M 病毒和苜蓿花叶病毒）不会感染到分生组织；植株的分生组织代谢活力最强，生长素的含量（或活性）远远高于其他组织，使得感染分生组织的马铃薯 X 病毒和马铃薯纺锤形块茎类病毒难以增殖；培养基成分和分生组织培养过程对脱去病毒也起着重要作用。

（二）利用茎尖分生组织培养法生产脱毒微型薯的技术

1. 待脱毒材料的选择 用来脱毒的品种，应当选择大面积应用的主栽品种或即将普及的审定品种。田间所选植株应当在花色、株型、茎秆颜色等农艺性状上与待脱毒品种一致，生长健壮，无明显的病虫害。用来发芽取茎尖的薯块应当确保是入选植株所结的薯块。

由于茎尖脱毒也不能脱去马铃薯纺锤形块茎类病毒，因此必须选择没有感染马铃薯纺锤形块茎类病毒的植株所结的块茎作为脱毒材料。鉴定植株是否带有马铃薯纺锤形块茎类病毒，比较可靠的方法是反向聚丙烯酰胺凝胶电泳（reverse polyacrylamide gel electrophoresis，R-PAGE）法。条件受限时，也可采用指示植物接种鉴定，例如在鲁特格尔斯番茄（*Lycopersicum esculentum* cv. Rutgers）幼苗叶片上用小型喷粉器轻轻喷洒一层金刚砂（过 400 目筛），然后用已消毒过的棉球沾上被鉴定的马铃薯叶汁或芽汁在此番茄叶片上轻轻摩擦，在 27～35 ℃和强光 16 h 以上条件下，如果马铃薯植株带有马铃薯纺锤形块茎类病毒，则接种 20 d 后上部叶片变窄小而扭曲，逐渐至全株。

2. 茎尖剥离和培养 刚收获的入选块茎，用 1%硫脲＋5 mg/L 赤霉素浸种 5 min 以打破休眠，在 37 ℃恒温培养箱中干热处理 30 d 后进行茎尖剥离。具体方法是：剪取经过热处理的发芽块茎的茎尖 1～2 cm，用自来水连续冲洗 1～2 h，剥去外面叶片，然后在超净工作台上用 5%次氯酸钠浸 5～10 min，或用 75%酒精浸泡迅速取出，再以 5%漂白粉溶液浸 5～7 min，取出后用无菌水冲洗 2～3 次。在解剖镜下（放大 8～40 倍）仔细剥离，直到显现出圆滑生长点时，用灭过菌的解剖针切取 0.1～0.3 mm 带 1～2 个叶原基的茎尖，接种到经消毒的试管固体 MS 培养基表面上。在温度 18～25 ℃，每天光照时间 10 h，光照度 2 000 lx 培养条件下培养。经 1.5～3.0 个月后出现试管小植株，当株高 7～10 cm 时，进行病毒检测

筛选无病毒苗。无病毒试管苗是脱毒薯生产的原始核心材料。

3. 脱毒试管苗扩繁和试管薯诱导

(1) 脱毒试管苗切段繁殖　在无菌条件下，把不带病毒的试管苗按节切段，每节带 1 个小叶，然后扦插到经消毒装有 MS 培养基的试管或三角瓶中。待新的小苗长至 10 cm 左右时（需 2～3 周），再用同样方法进行下一次扩繁。扩繁培养基可用固体培养基也可用液体培养基。培养室的温度控制在 20～25 ℃，光照度控制在 2 000～3 000 lx，每天光照 12 h。也可利用自然散射光作光源。用散射光培养的试管苗茎叶粗大，叶片肥厚、深绿，节间短，生长健壮，可降低生产成本和提高试管苗移栽的成活率。

脱毒试管苗移栽前的最后一次转接，可在培养基中加入生长延缓剂比久（B_9），浓度为 10～15 mg/L，可使试管苗生长粗壮，节间短，叶色深绿，大大提高移栽成活率。

为了进一步提高繁殖倍数，还可以诱导茎尖产生丛生芽，丛生芽分割成单芽，接种到生根培养基（例如 MS＋NAA 0.5 mg/L）中，让其快速成苗。诱导茎尖产生丛生芽可用茎尖培养基 MS＋6-BA 2 mg/L＋NAA 0.1 mg/L。

(2) 试管薯诱导　试管苗也可直接诱导形成试管薯。试管薯便于携带运输，发芽率及成活率高，可直接用于原种繁殖。试管薯诱导的培养基为含生根诱导剂和 2%蔗糖的 MS 培养基，培养条件为每天光照 8 h，光照度为 3 000 lx，温度为 17～20 ℃，培养 2 个月即可成薯。高糖浓度、短日照、低温有利于块茎的形成。

4. 脱毒微型薯（原原种）生产　由于试管苗或试管薯的快速繁殖需要较好的设备条件，技术较为复杂，生产成本较高，因此需要在防虫温室或网室中大量繁殖脱毒微型薯，其生产方式分为有基质栽培法和无基质栽培法。

(1) 有基质栽培法　有基质栽培法有土壤扦插繁殖和无土栽培繁殖两种。前者以土壤作为扦插基质，施以基肥扦插马铃薯试管苗。该法繁殖系数低，大小不均匀，效率低。后者用砂、珍珠岩、蛭石等代替土壤作基质，高密度扦插脱毒试管苗，人工控制马铃薯生长的各种营养成分，使其在短期内结薯，加快脱毒种薯的生产。该法因具有用工少、省水、省肥、成本低、可实现微型薯工厂化生产的特点，成为目前生产马铃薯脱毒微型薯的主要技术。

①防虫温室、网室的构建：以防止脱毒微型薯在生产过程中再感染病毒为原则，温室应具有隔离虫源、夏季可降温、冬季可升温的功能。网室应具有隔离虫源，可在春、夏、秋季工厂化生产脱毒微型薯的功能。

②温室、网室扦插基质：多用珍珠岩作扦插基质。扦插前必须用 1%～2%甲醛水溶液进行消毒处理。

③试管苗移栽：选无菌培养 1 个月左右、有 7～8 片叶的马铃薯脱毒试管苗，在扦插前 4～5 d 打开试管口炼苗，然后取出，洗净根部培养基。移栽时用镊子将基质压割成 1～2 cm 深的槽沟，将试管苗根部及茎基部 1～2 个节置于槽沟内，覆上基质，用水缓慢浇湿，以使根部与基质密接，易于成活。最后覆上遮阳网。扦插密度为 700～800 株/m^2。

④剪茎段扦插：定植的脱毒苗长至 8～12 cm 时，用经过 75%乙醇消毒过的剪刀剪取顶端 2～3 节，放在生根剂（30 mg/L NAA）中浸泡 15～20 min，按 450～550 株/m^2的扦插密度，将芽埋在基质中，叶片露出，浇透清水，盖上遮阳网。剪去顶端的腋芽很快长出，再剪侧枝顶端 2～3 节，按上述方法再行扦插。根据需要反复剪苗，短期内可大量繁殖脱毒苗。

⑤日常管理：扦插初期，一般不浇营养液，只需保温（15～27 ℃）、保湿（相对湿度为70%）、遮阳、通风。待生根成活时开始浇营养液，每 5～7 d 浇 1 次。每隔一定时间应喷洒 1 次防治蚜虫的药剂，例如大功臣、抗蚜威等。

⑥脱毒微型薯的收获：脱毒微型薯生长期为 45～60 d。当种苗变黄、块茎长到 2～5 g 时即可收获。新收获的脱毒微型薯含有较高水分，可放在盘子里晾干，不能在阳光下直晒。晾干的脱毒微型薯装入布袋、尼龙袋及其他透气容器中。

（2）无基质栽培法　无基质栽培法主要是雾培法（areoponics），即将马铃薯脱毒苗直接固定在空气中，定时、定量向其根部喷雾供给养分，人为调节和控制马铃薯生长发育，达到结薯目的。马铃薯无基质喷雾栽培不受土壤、气候等条件的限制，可人为地控制和调节马铃薯生产条件，实现工厂化生产、自动化管理，扩大种薯的繁殖倍数。

定时定量循环喷雾设计的原理是：利用电动潜水泵及回水落差，实现喷雾及营养液自动循环，利用时间继电器实现自动定时喷雾。具体做法是：在隔离温室内，设置栽培槽、定植板、储液池、输液喷雾系统。栽培槽为钢板焊接结构，长为 4 m，宽为 1 m，高为 0.20 m；四壁和底部铺设黑色避光的塑料材料，阻止槽内微生物的繁殖与污染。栽培槽顶部用于放置定植板。定植板采用泡沫板，长为 1 m，宽为 1 m，厚为 0.03 m，用黑色塑料薄膜包被。定植板上按种植密度开定植孔（孔径为 25 mm 左右）。用海绵将马铃薯脱毒苗定植在每个定植孔内。4 块定植板覆盖 1 个栽培槽。采用钢板焊接储液池。储液池的大小、深度应根据栽培槽的面积和用液量的多少来确定。储液池内置电动潜水泵、过滤器、输液管路和回液管路。它的功能是储备足量的营养液，供给栽培槽内雾化所需。输液喷雾系统，根据供液量多少设计主管道、支管道及阀门。输液管采用钢管，刷防锈漆、银粉，防止营养液腐蚀。每个栽培槽底部的两侧固定两根喷雾管（钢管），每 50 cm 焊接一个微型喷头，使喷出的营养液在栽培槽内高度雾化，达到适宜种苗生长所需的小气候。栽培槽底部设有回水管路，靠储液池端设 1 个回水口。营养液通过潜水泵经管道喷出雾化，雾化后剩余营养液通过回水管路回流到储液池。

脱毒试管苗定植前用生根营养液浸泡 15 min。幼苗期用生长营养液，块茎成长期应用结薯营养液。幼苗期喷雾间隔时间为 400 s，喷雾时间为 30 s；块茎成长期喷雾间隔时间为 200 s，喷雾时间为 30 s。保证试管苗根际黑暗。15 d 更换营养液 1 次，适时收获。

茎尖分生组织培养法生产脱毒种薯的技术程序如图 6-12 所示。

5. 马铃薯病毒检测技术　在茎尖分生组织培养脱毒过程中，每株试管苗均须进行病毒和类病毒的检测，确保用于扩繁的试管苗为无病毒苗。用于马铃薯病毒检测的方法主要有酶联免疫吸附测定法（enzyme linked immunosorbent assay，ELISA）、免疫吸附电子显微镜法（immunosorbent electron microscopy，ISEM）和指示植物接种鉴定法等。其中，酶联免疫吸附测定法检测病毒根据病毒颗粒能够与它们的特异性抗体在离体情况下相互反应，用酶检测放大这个反应，最后测得病毒的有无。酶联免疫吸附测定法是最常用的病毒检测方法，它可以在较短时间内对大批量样品同时进行定性测定和定量测定，需要的设备条件不高，费用较低。马铃薯类病毒的检测目前主要利用二维聚丙烯酰胺凝胶电泳法（two-dimensional polyacrylamide gel electrophoresis）和逆转录聚合酶链式反应（reverse transcription PCR，RT-PCR）方法。其中，二维聚丙烯酰胺凝胶电泳法简便易行，所需费用低廉。各类病毒检测技术详细程序请参考相关手册。

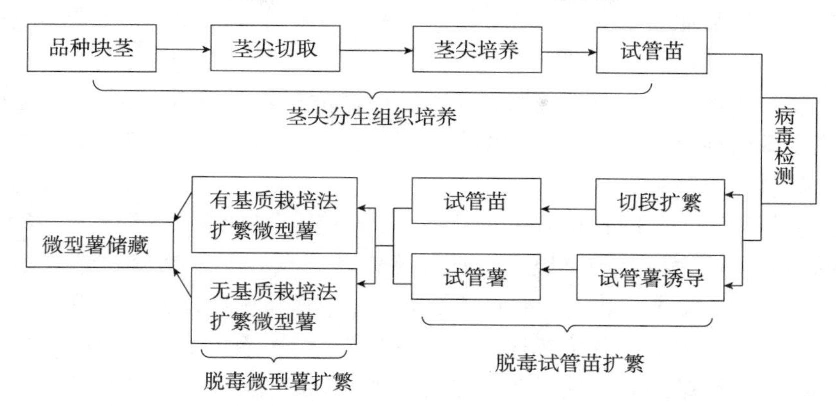

图 6-12　茎尖分生组织培养和脱毒苗扩繁及微型薯生产程序

（三）利用实生种子生产无病毒种薯的技术

1. 利用实生种子生产无病毒种薯的原理　除马铃薯纺锤形块茎类病毒（PSTVd）外，其他种类的病毒都不能侵染马铃薯种子，即在有性繁殖过程中，马铃薯能自动脱除毒源，使病毒不能通过新生种子侵染下一代。因此利用健康母株采收的实生种子，在温室栽培实生苗，通过单株块茎系选或集团选择方法，选择无病毒的优良无性系加以繁殖，就能获得无病毒种薯。

2. 利用实生种子生产无病毒种薯的技术

（1）从健康母株采收实生种子　首先利用聚丙烯酰胺凝胶电泳法检测筛选不带病的植株或块茎，在无病毒条件下繁殖，作为采种亲本，确保母株健康。因为马铃薯纺锤形块茎类病毒可借部分种子传毒，且利用茎尖组织培养方法又不能脱除。如利用品种间杂交种子生产无病毒种薯，则父本和母本均应是无马铃薯纺锤形块茎类病毒的。其次，无论是采收自交结实的种子还是人工配组的杂交种子，每品种或每组合所收的种子量要多，一般不应少于 5 000 粒。因为现有栽培的马铃薯品种都是杂合的无性系品种，实生种子长出的实生苗个体之间性状有分离。性状分离为优良单株的选择提供了条件。

（2）栽培实生苗　实生种子本身虽可除去某些病毒，但在生产条件下，实生苗在生长发育过程中仍会重新感染某些病毒。所以实生苗的种植应在防虫、无病毒传染的温室条件下进行。

在温室种植实生苗的品种类型或杂交组合种类要少（1～2 种），而每种数量应多些，在 3 000～5 000 株或以上。这是因为实生苗群体产生显著的性状分离，群体大才能选到优良实生薯。

（3）选择无病毒实生薯

第一年：秋季在温室选择优良实生苗块茎。假定选择了 1 000 个单株，每个单株有 2 个以上块茎。

第二年：春季从上季入选的每个单株中取出 1 个块茎（编号与单株号一致），整薯播种于田间（行距为 60 cm，株距为 40 cm），进行病毒病害的田间抗性鉴定。根据鉴定结果和其他经济性状（例如薯形、产量等）淘汰劣株。一般淘汰率为 90%，保留 100 个单株。田间入选单株的块茎全部收获，作为下一年继续田间鉴定用的种薯。根据田间入选单株的编号，相应保留温室内同号的无病单株，繁殖块茎并通过茎插枝技术扩大繁殖插枝苗。每个入选单株繁殖的块茎和插枝苗加起来不少于 200 株。由同一实生苗单株繁殖的块茎和插枝苗合在一起称为单株系。

第三年：春季将温室内繁殖的单株系块茎和插枝苗，除保留 50 株在温室内继续繁殖外，全部按单系顺序排列种植于田间，1 个单系种 1 个小区，每小区 150 株左右。根据桃蚜迁飞测报，早期割除茎叶留种。

同时，将上年种植于田间且被入选的优良单株块茎，按编号播短行（5 株），继续鉴定对病毒病害的田间抗性、块茎产量以及其他经济性状。秋收时根据鉴定结果，入选约 10% 的单株系（10 个）。按入选结果，将采取早收留种的单株系中相应系号的单株系块茎分别储藏保管，供下一年生产原种，其余单株系混合储存作为下一年生产田用种。

根据田间鉴定入选结果，于同年 7—8 月在温室内加速繁殖入选的 10 个优良单株系的无病毒种薯及茎插扦插苗，每个单株系可繁殖小整薯 1 000 个左右、扦插苗 2 000 株，供下年原种田用种。其余未入选的单株系（90 个）所繁殖的无病毒种薯作为下一年生产田用种。

第四年：工作同第二年。经过田间鉴定决选 1～2 个优良单株系，并利用温室周年集中加速繁殖无病毒种薯及扦插苗。

同年，利用上年入选的田间早收留种的 10 个优良单株系块茎作为原种田种薯，每单系约 3 333 m^2。将混收未入选的块茎作为生产田用种薯。

第五年：自本年起，生产田所需用的种薯逐年以单株块茎系良种代替混选种薯。根据种薯感染病毒病害的程度和退化速度，就地每隔 3 年即可更换 1 次种薯。即由温室生产无病毒种薯→原种→生产田用种→食用薯生产田。从种植实生苗开始到第四年，即可利用健康种薯作生产田用种。同时，每年陆续在温室内种植一定数量的实生苗，按上述程序进行选用。这样，便能不断供应生产需要的健康种薯。

三、马铃薯种薯原种生产

（一）马铃薯种薯原种生产基地的选择

马铃薯种薯原种生产基地应当选择气候凉爽、蚜虫活动困难、生长期内日照时间长、昼夜温差大的高海拔、高纬度地区，同时交通要便利。马铃薯种薯原种生产田四周 5～10 km 内不能种植异品种马铃薯、桃树、其他茄科植物，使蚜虫丧失可以生存的寄主。马铃薯种薯原种生产田土壤要选择土层深厚、土质疏松、富含有机质、不易积水的砂壤土。马铃薯种薯原种生产田茬口必须是 3 年以上没有种过茄科作物的轮作地块，前茬以禾本科或豆科作物为好。

（二）马铃薯种薯原种生产技术

1. 微型薯的催芽处理　对于刚收获或未出芽的微型薯，临近播种时需要进行催芽处理，以打破其休眠。催芽处理常用两种方法，一种是化学药剂催芽处理，另一种是物理方法催芽处理。

（1）化学药剂催芽处理　化学药剂一般采用 30 mg/L 赤霉素水溶液浸泡微型薯 15～20 min后捞出。也有采用 10 mg/L 赤霉素水溶液加多菌灵等杀菌剂进行喷雾后，放置于阴凉、通风、干燥处 1～3 d，除去多余水分，然后用半干河沙或半干珍珠岩粉覆盖，保持一定温度和湿度。1 周左右，微型薯开始出芽，10～15 d 芽基本出齐。待芽出齐后，把微型薯从覆盖的河沙或珍珠岩粉中清理出来，放在通风、干燥、有散射光照射的地方壮芽，待芽变绿后即可播种。

(2) 物理方法催芽处理　物理催芽方法是将微型薯与略湿润的沙子混合后装入塑料袋中，塑料袋适当穿几个孔，放在气温较高（25～30 ℃）并有散射光照射的地方，经过20 d左右即可发芽。

2. 微型薯的播种　播种要用出芽后的微型薯。播种密度根据微型薯的大小和品种特性来确定，一般要求行距为 30～50 cm，株距为 15～20 cm。为方便管理，最好实行宽窄行种植。播种后盖一层 3～5 cm 厚的细土，并适当浇水，保持一定温度和湿度。

3. 微型薯播种后的管理　微型薯播种后的管理主要是苗期、蕾期和盛花期的锄草、松土、追肥、培土、拔除病株和杂株、防治病虫害等。苗期追肥以氮磷肥为主，一般用 0.1% 磷肥水溶液浇施或叶面喷雾。蕾期追肥主要以钾肥为主，一般每公顷用 150～225 kg 硫酸钾追施。盛花期要适当进行高培土，并适当打顶尖、摘花蕾、去除脚部黄叶等，有利于结薯。各生育时期均要用抗蚜威、0.1%乐果等防治蚜虫。发现有地老虎、黄蚂蚁等地下害虫危害时，应及时用呋喃丹、功夫、蚂蚁净等对土壤喷雾杀灭害虫。

4. 露地茎段扦插扩繁原种　为了加快原种的繁殖速度，在种薯播种后的旺盛生长期，可切取上层茎段扦插育苗，待茎段生根成活后带土移栽到大田，一般能提高繁殖系数 10 倍以上。

5. 原种的收获　对于原种田，不要求薯块大，产量高，只要求种薯个数多。因此除了采用加大播种密度的方式外，还可适当提前早收，以提高土地利用率和防止病害传播侵染。马铃薯病毒的侵染一般是从茎叶开始（除种薯本身带毒外），并逐渐向下传播，最后通过匍匐茎到达新生块茎。提前收获，即在病毒未传输到块茎之前将种薯收获，可以切断病毒的传播途径，保证种薯健康无病。收获的原种一般先放置在通风、干燥的地方，以去除多余的水分。

四、马铃薯种薯大田用种生产

(一) 脱毒马铃薯大田用种生产技术

大田用种与原种相比，最大的不同在于种子质量标准要求较低，其生产条件与大田生产差距不是很大。一般应重点考虑大田用种生产基地的选择。大田用种生产田块可考虑与玉米、小麦等作物带状间套种植，既可减少蚜虫数量，减少病毒侵染的机会，又可调节茬口，避免重茬。只要能生产出符合大田用种种薯质量标准的合格种薯，可因地制宜地放宽技术操作规程标准。大田用种生产的任务之一是尽量增加种薯的数量，合理密植很有必要，因品种的不同有一定的密植幅度，一般控制在 60 000～75 000 株/hm^2。过大的种薯作种时，需切块消毒后播种。水肥管理、中耕除草、培土和病虫防治等项工作与大田生产基本一致。

(二) 防止病毒再侵染的措施

1. 及时拔除病株　拔除病株是消灭病毒侵染源、防止病毒扩大蔓延的主要措施。在苗齐后蚜虫发生时开始，每隔 7 d 进行 1 次。拔除应包括地上植株和地下母薯及新生块茎，要把拔除物小心装入密封袋中，防止蚜虫抖落或迁飞，将袋运出种薯田外深埋处理。

2. 割秧早收，减轻种薯带毒　病毒从侵染植株的地上部到侵染地下块茎要经过较长的时间。一般认为有翅蚜虫迁飞期过后 10～15 d 割秧（灭秧），能够有效地阻止蚜虫传播的病毒向块茎中转移，保证种薯健康。割秧时，以将茎秆全部割除最好。

3. 因地制宜，避蚜生产种薯 针对病毒传播的途径，特别是蚜虫传毒的特点，在马铃薯种薯生产上应采取避蚜措施。一是把种薯生产基地设在蚜虫少的高山或冷凉地区，或有翅蚜虫不易降落的海岛，或以森林为天然屏障的隔离地带等，有效防止蚜虫传毒。二是在一季作区采用夏播留种，把种薯的播种时间比一般生产田推迟 2 个月左右，从而避开蚜虫传毒高峰期。三是采用阳畦或塑料大棚种植，做到早播种早收获，避开蚜虫迁飞和传毒时间。播种时间，沿海地区为 2 月初，内陆地区为 1 月底。4 月底 5 月初收获。

4. 防蚜灭蚜 在蚜虫开始发生后，以药剂防治为主来防治蚜虫。方法是对全田喷洒乐果等杀蚜虫药剂，每 7～10 d 喷 1 次。

（三）马铃薯种薯生产体系

马铃薯大田用种量大，繁殖系数低。我国马铃薯种薯生产普遍采用四级生产体系，即在防虫温网室内扦插组培的无病毒试管苗生产微型薯作为原原种（一级），在防虫网室或隔离繁殖田用原原种作种源繁殖原种（二级），在隔离繁殖田用原种作种源繁殖一级大田用种（三级），在隔离繁殖田用一级大田用种作种源繁殖二级大田用种（四级）。二级大田用种作为商品薯生产用种投放市场。

在北方一季春作区，从原原种生产到繁殖出二级大田用种需要 4 年时间，称为四年四级制。在各级种薯繁殖过程中，都采用种薯催芽促早熟栽培，生长发育早期拔除病株，根据有翅蚜迁飞测报，在蚜虫迁飞盛期到来后的 7～10 d 将薯秧割掉，防止蚜虫传播的病毒侵染块茎。采用密植并早收的方法生产小种薯，进行整薯播种，防止切刀传染病毒或病菌。

在中原春秋二季作区，从原原种生产到繁殖出二级大田用种只需要 2 年时间，称为二年四级制（图 6-13）。春马铃薯生长发育季节气温较高，蚜虫活动频繁，植株易感染病毒，因此必须利用阳畦或日光温室早种早收，避开蚜虫迁飞期，防止病毒再侵染。秋繁则要适当推迟播种期，避免病毒再侵染。生产体系中以生产脱毒微型薯为主，采取多种措施防止病毒再侵染。

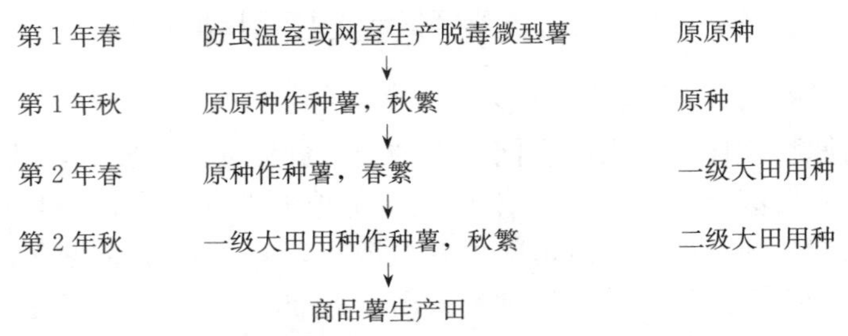

图 6-13 中原春秋二季作区脱毒马铃薯生产体系

南方马铃薯研究中心（湖北恩施）从缩短原原种到大田用种的时间考虑，提出了马铃薯脱毒种薯生产二级体系，就是由科研单位加繁种农户两个层次组成马铃薯脱毒种薯生产体系。科研单位负责马铃薯的引种、脱毒、检测、脱毒苗快繁及微型脱毒薯生产，向繁种农户提供原原种，并按合同全部回收繁种农户生产的原种，分级包装后直接售给农户大田种植。繁种农户的任务就是按照科研单位的技术要求进行繁种，并将产品全部售给科研单位。

第七节 甘薯种薯种苗生产技术

甘薯又名山芋、红薯、白薯、地瓜、番薯等，原产于美洲，明朝万历年间引入我国。我国甘薯栽培面积历史上最高曾达近 1.0×10^{7} hm^{2}，但产量高低不平衡，平均水平较低，具有较大的生产潜力。

甘薯是重要的粮食、饲料、工业原料及新型能源用块根作物。我国是世界上最大的甘薯生产国家，总产和单产均居世界最高水平，甘薯在我国粮食生产中的面积和产量均占第四位，仅次于玉米、水稻和小麦。每年种植面积约 6.0×10^{6} hm^{2}，约占世界甘薯种植面积的65.4%；年生产量约 1.2×10^{8} t，占世界甘薯总产量的 85.9%。联合国粮食及农业组织（FAO）认为，甘薯是21世纪解决粮食短缺和能源问题的重要农作物之一。

甘薯种薯生产对农业生产具有重要作用。由于甘薯用种的特殊性，例如比种子作物用种量大，薯种、薯苗储藏调运困难，甘薯良种退化较快，品种更换频繁等，诸多因素造成生产上甘薯品种多、乱、杂的现象比较普遍。因此种薯、种苗生产的主要任务是有计划、有系统地进行品种的防杂保纯，保持品种的遗传特性，延长良种在生产上的利用年限，同时也要在一定的农业技术条件下，加速繁育新良种的薯种、薯苗，及时宣传推广良种，发挥良种的作用。

一、甘薯的生物学特性

（一）甘薯的生物学特性

甘薯（*Ipomoea batatas*）属于旋花科甘薯属蔓生草本植物，在热带地区为多年生作物，在温带地区由于冬季霜冻，植株不能越冬，为一年生作物。

甘薯主要的无性繁殖器官为膨大的块根，富含淀粉和糖。甘薯的花序从叶腋抽出，每个花序大都由多个花集生在花轴上成为聚伞花序。花冠由 5 个花瓣联合成漏斗形，一般为淡红色，也有紫色和白色。花的基部有 5 枚花萼，花萼呈长圆形或椭圆形，不等长。甘薯雌雄同花。每个花有雌蕊 1 枚，包括柱头、花柱和子房。柱头呈球状二裂，上有许多乳状突起；花柱细长；子房上位，2～4 室。雄蕊 5 个，由花丝和花药组成。花丝长短不齐，围绕雌蕊着生于花冠基部；花药呈淡黄色，二分室，呈纵裂状。花粉粒呈球形，黄白色，直径为0.09～0.1 mm，表面有许多小凸起，带黏性。甘薯为异花授粉作物，虫媒花，一般自然异交率在90%以上，但某些品种有较高的自交结实率。

甘薯为短日照作物，绝大多数品种在北纬23°以北长日照自然条件下不能自然开花，偶尔在长期干旱等特殊条件下出现开花现象，但难以结实。在北纬23°以南，大多数品种能自然开花，但也有部分品种对日照反应较为敏感，难以开花。

（二）甘薯的繁殖特性

1. 再生性　甘薯的再生能力极强，除块根外，其他营养器官如茎蔓、叶、叶柄等均可作为繁殖材料，只要温度、湿度、空气条件适宜，都能生根发芽，生长发育成独立的植株。茎蔓的每个节都能长出腋芽，甚至单个叶片栽插也能结薯。

2. 多芽性　从甘薯块根生出的芽称为不定芽，分布于块根的周身，顶部多，中部次之，基部最少。很多不定芽原基呈潜伏状态，在温度和湿度适宜的条件下，萌发成芽进而长成秧苗。在常规育苗条件下，出芽数只占芽原基总数的 20%～30%，高温催芽时，萌芽数明显增多。

3. 无休眠性　甘薯的种子和薯块均无休眠现象，种子成熟后即可播种，块根不论生长期长短、体积大小，只要温度和湿度合适都能萌芽出苗。储藏期间，由于缺乏必要的生长条件，薯块强迫休眠，一旦萌发条件具备，即可恢复生长。靠近薯蒂的顶部萌芽快且多，存在明显的顶端优势。将一个薯块横切成2～3块，可增大切口处与空气的接触面，促进呼吸作用等，能打破顶端优势，增加中下部萌芽数。薯块的萌芽性还因品种间种性不同而存在明显的差异，有的品种萌芽快且多，有的品种萌芽慢且少。

4. 变异性 甘薯芽变体出现的频率颇高，产生与原品种在形态、生物学特性上不同的变异，表现在秧苗、叶脉色、蔓色、顶叶色、薯皮色、薯肉色等性状上，例如蔓变长、小薯增多等。

（三）甘薯品种混杂退化及其原因

甘薯品种混杂退化是指由于品种机械混杂、变异、病毒感染等引起的产量降低、品质变劣、适应性减弱等现象，在形态特征上表现为藤蔓变细，节间拖长，叶片有失绿条斑，薯块变形，变长，纤维增多，切干率降低，食味不佳，茎叶、薯块容易感染病害等。生产实践表明，引起甘薯品种混杂退化的原因主要有：病毒侵染、芽变和不当的繁殖方法等。

1. 病毒侵染 病毒在田间主要靠蚜虫、叶蝉、螨类、蓟马等传播，也可通过叶片接触传播，少数可借助土壤侵染薯块。在长期的无性繁殖过程中，由于病毒的侵染使块根内病毒量的积累不断增加而导致退化，表现为花叶、卷叶、结薯少甚至不结薯等症状，严重影响块根的产量和品质。

2. 芽变 甘薯在无性繁殖下所产生的变异是芽变的结果。甘薯芽变出现的频率很高（可达30%），均由体细胞基因突变所产生，且突变方向不确定，大部分芽变对其自身有利，但不符合人类生产的要求，芽变体被保存下来可引起品种退化。

3. 不当的繁殖和储运方法 按不当的方式选留种薯或种苗，极易使良种混杂退化，降低种薯的质量和产量。不恰当的储运方法易导致种薯或种苗腐烂，增加病毒感染的机会。在收获、运输、储藏、育苗和移栽过程中有时还会出现人为机械混杂，导致品种混杂退化。

（四）甘薯品种的防杂保纯措施

1. 提纯选优 为防止甘薯品种混杂、变异和感染病毒引起的退化，保持良种纯度和种性，在种苗繁殖过程中必须实施去劣、去杂、去病株及选优留种等技术措施。甘薯产区，特别是主产区品种较多，种薯种苗调运频繁，极易引起混杂，应根据品种特性，在育苗下种前剔除混杂薯块，在苗期和大田栽植时应剔除杂苗，并淘汰茎蔓变细、蔓尖伸长的退化苗和感染病毒的病苗。

提纯保优的具体方法：第一年，从原种供应单位选留种薯或从大田中选留种薯储藏。第二年，育苗前剔除杂、劣、病薯块，选用大小适中、薯形整齐的种薯育苗。种薯出苗后注意剔除变异的、混杂的及有病的薯苗和薯块，选取纯壮苗栽入采苗圃。秋薯栽插时从采苗圃剪苗栽入留种地。收获时选择优株的种薯混合留种，单独存放。第三年育苗后，在苗床中再进行种苗的去杂、去劣和去病株，随后剪苗栽入采苗圃培育壮苗。秋薯栽插时，剪纯而健壮的幼苗栽入留种地。每年采苗圃余下的苗栽入生产田（图6-14）。

2. 建立无病留种地 甘薯留种田既要繁殖良种的种薯、种苗，又要提高良种的种性，因此建立无病留种地是搞好甘薯种苗生产的根本措施。建立无病留种地需要注意的问题如下。

①选择地势高、土壤疏松肥沃、3年左右没种过甘薯的地块作为留种地。

②留种地实施适时早栽、合理密植、平衡施肥、防旱排涝等良种良法栽培技术，力争多

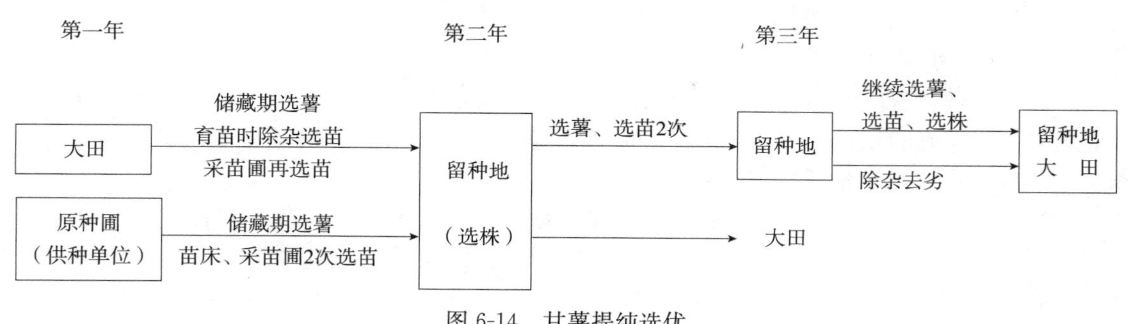

图 6-14　甘薯提纯选优

产种薯。

③留种地认真实行病虫害综合治理，预防为主，做到地净、水净和苗净，切断主要病害（薯瘟病、蔓割病、黑斑病、疮痂病等）的传染途径。一旦发现病害，及早喷药防治，并除去发病中心的病株。此外，需有效防治地下害虫。

④留种地的苗源，应来自原种供应单位选留种薯或大田中选留种薯的无病壮苗，严禁藤蔓苗，特别是老蔓苗。

⑤留种地在茎叶封垄前后和收获时，要严格进行去杂、去劣、去病，选择优株的薯块留种，单收单储。收获、储运时应尽量减少伤薯和破皮。储藏期间应加强管理，防止腐烂损失，以达安全储藏的目的。

3. 建立健全的甘薯种薯（苗）生产体系　建立健全的甘薯种薯（苗）生产体系是保持品种纯度及种性的保证，并可加速良种的推广和应用。从目前农村生产体制现状和甘薯种薯（苗）生产存在的问题看，急需建立健全的由省、地、市育种单位和省种子总站、县良种场和乡镇（村）联合的种薯（苗）生产体系。该体系各项工作任务的实施各负其责，可分工为育种单位和省种子总站协作示范鉴定新品种，并向县良种场推荐和提供通过审定的合格新品种种薯及种苗，即原原种，并协助县良种场做好种薯、种苗的繁殖工作。县良种场从育种单位取得的原原种，有计划地繁殖，向乡镇（村）提供种薯及种苗，以及原种。县良种场还可从纯度高的大田品种中，采用二年二圃制生产原种，向乡镇（村）提供种薯、种苗。乡镇（村）联合建立的种薯（苗）繁殖基地，对取得的原种进行提纯选优和加速繁殖，向大田生产者提供良种的优质种薯及种苗。

二、甘薯原种生产

甘薯是一种应用组织培养容易出苗的作物，在国际上已普遍应用此法。甘薯茎尖脱毒诱导成苗，不但可以脱除病毒，而且能提高繁殖系数，恢复原品种种性，解决退化问题。近年来，我国甘薯茎尖脱毒和无毒苗的大面积示范应用，取得了明显的增产效果，例如徐州甘薯研究中心试验，应用“徐薯 18”脱毒苗，比原种非脱毒苗增产 22.4%。甘薯原种的茎尖培养脱毒生产技术和马铃薯脱毒苗的生产类似。

甘薯的原种生产必须在脱毒的基础上，从原原种开始。其生产方法主要有两种，一种是原原种重复繁殖法，另一种是循环选择法。

（一）原原种重复繁殖法

1. 选择优良品种　甘薯品种较多，脱毒后能提高产量和品质，应根据生产和市场需要，选择适宜当地栽培的高产优质品种进行脱毒。

2. 茎尖组织培养

（1）外植体选择和培育　选择无病虫、品种特征特性纯正的薯块，在 30～34 ℃下催芽（或选取生长良好的植株），取茎顶端 3～5 cm，剪去叶片，用洗衣粉加适量清水洗涤 10～15 min，然后用自来水冲洗干净。

（2）茎尖剥离　将表面清洗过的材料在超净工作台内，用 75%酒精浸泡 30 s，再用 2.5%～5.0%次氯酸钠消毒处理 5～10 min，用无菌水清洗 3～6 遍后在 30～40 倍解剖镜下轻轻剥去叶片，切取附带 1～2 个叶原基（长度为 0.20～0.25 mm）的茎尖分生组织，接种到以 MS 为基础的茎尖培养基上。剥取茎尖的大小，与成苗率成正相关，与脱毒率成负相关。

（3）培养条件　甘薯茎尖培养所需的温度为 26～30 ℃，光照度为 2 000～3 000 lx，每日光照时间为 12～16 h，培养 15～20 d。芽变绿后再转到 1/2MS 培养基上生长，经过 60～90 d 的培养，可获得具有 2～3 片叶的幼株。

（4）建立株系档案　当苗长到 5～6 片叶时，将生长良好的试管苗进行切段，用 MS 培养基繁殖并建立株系档案，一部分保存，另一部分则用于病毒检测。

3. 病毒检测　每个茎尖试管苗株系都要经过病毒检测才能确定是否已脱除病毒。因此病毒检测是甘薯脱毒培育中必不可少的重要一环，常用的方法有指示植物法和血清学方法两种。指示植物法多采用嫁接接种法，大多数侵染甘薯的病毒，可使巴西牵牛（*Ipomoea setosa*）产生明显的系统性症状。该方法灵敏度高，可有效检测出甘薯羽状斑驳病毒（SPFMV）、甘薯潜隐病毒（SPLV）、甘薯褪绿矮化病毒（SPCSV）等病毒，无须抗血清及贵重设备和生物化学试剂，方法简便易行，成本低，但所需时间较长，难以区分病毒种类。血清学方法检测甘薯病毒最适宜的方法是硝酸纤维素膜酶联免疫吸附检测（NCM-ELISA）方法，该方法是利用硝酸纤维素膜作为载体的酶联免疫反应技术，具有特异性强、方法简便、快速等特点，便于大量样本检测。经检验不带病毒的组织培养苗可在实验室或防虫温室内大量扩繁。

4. 生产性能鉴定　经过病毒检测后得到的无病脱毒苗，还不能马上大量繁殖用于生产，因为经过茎尖组织培养有可能发生某些变异。因此要在防虫网室中进行生长状况和生产性能观察，选择最优株系在防虫网室中繁殖，该苗为高级脱毒苗（薯）。

5. 脱毒原原种薯（苗）的繁育　经过病毒检测和生产性能鉴定以后选出的脱毒苗株系数量较少，必须以各种方式快速繁殖，例如试管单茎节繁殖。单茎节切段用不加任何激素的 1/2 MS 培养基，在温度 25 ℃、每天光照 18 h 的培养条件下液体振荡培养或固体培养，得到的苗即为高级脱毒试管苗。用高级脱毒试管苗在防虫温室、网室内无病原土壤上生产的种薯即原原种。具体做法是：将 5～7 片叶的脱毒试管苗打开瓶口，室温下加光照炼苗 5～7 d。移栽的前一天下午在温室、网室内苗圃上，撒上用 100 g 40%乐果乳油加水 2.5～5.0 kg 稀释后与 15～25 kg 干饵料拌成的毒饵，用于消灭地下害虫。然后按 5 cm×5 cm 株行距栽种在防虫温室、网室，浇足水，把温度控制在 25 ℃左右。待苗长至 15～20 cm 时剪下蔓头继续栽种、快繁。采用这种方法繁殖系数可以达到 100 倍以上。

6. 脱毒原种薯（苗）繁殖　一般来讲，原原种的数量比较少，而且价格较高。繁育原种时最好尽早育苗，以苗繁苗，以扩大繁殖面积，降低生产成本。用原原种苗（即原原种种薯育出的薯苗）在非甘薯种植区或距薯地 500 m 以上、有高秆作物（玉米、高粱等）作屏障的田块种植繁育原种。在生长期间，注意拔除生长不正常的可疑带病毒薯苗。本方法可有效地避免蚜虫传毒，保证原种质量并大批量繁殖种薯，供应生产者使用。原种薯快速繁殖的方法有很多种，但以加温多级育苗法、采苗圃育苗法和单双叶节栽植法最为常用。

（二）循环选择法

1. 单株选择 收获前在纯度较高、生长良好的地块选择具有本品种典型性状的健株，淘汰退化株。顶部 3 叶齐平、茎粗节短者为健株。顶芽前伸呈鼠尾状、茎细节长、薯形细长者为退化株。选择单株的数量要依次年种子田面积大小确定。栽每公顷原种田要选 2 250 个单株。当选的单株每株留 150 g 以上的薯块 1 个作种，其余淘汰。育苗时每窝播 1 个种薯。齐苗期和剪苗栽插前选择两次，按照“三去一选”标准进行，即去杂株、去退化株、去病株，选健株。

2. 分系比较 从苗期当选的单株剪取插条，每株剪 30 个插条，要求尖节苗、中节苗、基节苗各占 1/3，栽入株系圃中。每个单株栽 1 行成为 1 个株行。按每公顷栽 45 000 株的密度设计小区，每个株行 6.67 m^2。每隔 9 个株行设 1 个对照，对照最好是该品种的原种。

3. 混系繁殖 株行圃收挖前，要在田间根据地上部的生长状况进行一次“三去一选”，将淘汰的株行提前收挖。留下的株行分行收挖计产，单产比相邻对照增产 10%以上的株行才能入选。将所有入选株行的小薯淘汰，100 g 以上的大中薯混合留种，即为原种。

三、甘薯大田用种生产

原种苗（即原种薯块育苗长出的芽苗）在普通大田生产的薯块称为大田用种，即直接供给薯农栽种的脱毒薯种。大田用种生产田的种植、栽培管理同普通甘薯一样，但所用田块应为无病留种田，管理上要防止旺长。具体防范措施有：在分枝期、封垄期和茎叶生长盛期各打顶 1 次；封垄后喷施多效唑（50～75 μg/g）1～2 次；发现旺长时立即提蔓 1～2 次，每次可以延缓生长 7 d 左右。

加速甘薯种苗生产可以采用下述方法。

1. 加温多级育苗 此法即薯块用温床覆盖薄膜育苗、高温催芽覆盖薄膜育苗等，多次剪苗栽入采苗圃薄膜覆盖育苗，并进行较大面积的加温塑料大棚育苗，繁殖系数可达 3 000倍。

2. 叶节育苗 此法是把采苗圃培育的壮苗，再剪短蔓节苗繁殖和单双叶节一级或多级育苗，繁殖系数可达 4 000 倍。

3. 蔓茎越冬育苗 此法即采用保温、加温措施，使之在较温暖地区能够安全越冬的育苗方法。本法优点突出，一可节约种薯，二是易于达到壮苗早栽，三可加快新品种（系）的繁殖，四是有利于防治病虫害。但是也有其局限性，例如遇到 10 ℃以下低温会成片死苗，而且成本高，费时费工。

4. 茎尖组织培养 茎尖组织培养不但可以脱除病毒，恢复原品种的种性，而且可明显提高繁殖系数，生产上已普遍使用。

5. 其他 甘薯营养器官的再生能力强，块根、茎（蔓）、叶节等，只要在适宜的环境条件下都能生根发芽，生长植株。充分利用这些无性器官，创造良好的温度和湿度环境，采用多种繁殖方法，就能加速种苗生产。

思考题

1. 简述水稻光温敏不育系的原种生产程序和技术要点。
2. 杂交水稻种子生产关键技术有哪些?
3. 玉米亲本的繁殖和保纯的具体措施有哪些?
4. 玉米种子生产过程中如何控制种子质量?
5. 简述小麦常规品种种子生产过程。
6. 简述大麦常规品种种子生产过程。
7. 茎尖组织培养脱除马铃薯病毒的主要技术环节有哪些?

第七章

经济作物种子生产

第一节　棉花种子生产技术

棉花是重要的经济作物。棉纤维是纺织工业的主要原料；棉籽含脂肪和蛋白质，是食品、饲料工业的原料。棉短绒也是化学工业和国防工业的重要物资。全世界自北纬47°至南纬32°的地区均有棉花种植。20世纪50年代以来，世界棉田总面积稳定在3.2×10^{7} hm^2左右，主要分布于暖温带、亚热带和热带。

我国的棉花种植大致分布在北纬18°～46°。根据气候、土壤和栽培等条件的不同，划分为黄河流域棉区、长江流域棉区、西北内陆棉区、北部特早熟棉区和华南棉区共5个棉区。目前，我国棉花生产区主要分布在黄河流域、长江流域和新疆。

一、棉花的生物学特性

（一）棉花生长发育的主要生育时期

棉花从种子发芽开始，经过一系列生长发育过程，直到形成新的种子，构成棉花的一生。人们依据棉花生长发育过程的特点，把棉花的一生划为若干个时期。从播种到收花结束的整个生长周期称为大田生长期，一般为200 d左右。从出苗到吐絮的时间称为生育期，一般为130 d左右。根据棉花器官的形成，棉花的一生可分为播种出苗期、苗期、蕾期、花铃期及吐絮期等若干个生育阶段。

1. 播种出苗期　棉花播种后到子叶出土平展，称为出苗。出苗数达50%时为出苗期。一般直播棉花播种出苗期需10～15 d，薄膜育苗移栽棉花需7 d左右。如果土壤温度偏低或播种质量差，则出苗时间延长，影响全苗、齐苗及壮苗。

2. 苗期　棉花从出苗到现蕾的一段时间称为苗期。一般直播棉4月中下旬播种，4月底至5月初出苗，6月上中旬现蕾，苗期一般为45～55 d。此期是以长根、长茎、长叶为主，即以营养生长为主的时期。苗期以根的生长最快，根是这个时期的生长中心。棉花苗期一般处于气温偏低时期，这是影响棉苗正常生长的主要因素。低温往往导致病苗、死苗或弱苗晚发。

3. 蕾期　棉花现蕾到开花的这段时期称为蕾期。蕾期长短随品种、气候条件和栽培管理的不同而有差异。中熟陆地棉品种蕾期为25～30 d。黄河流域棉区一般在6月上中旬现蕾，7月中旬开花。棉花现蕾以后，是营养生长转为营养生长与生殖生长并进的时期。此时正值梅雨季节，如管理不当，会出现疯长或迟发，导致早蕾脱落。

4. 花铃期　棉花从开花到吐絮所经历的这段时期称为花铃期，一般需 45～50 d。花铃期又可分为初花期和盛花期。初花期约需 15 d，在这段时间内，棉花营养生长与生殖生长同时并进，是棉花一生中生长最快的时期。花铃期棉株对温、光、水、气的要求均比较严格。

5. 吐絮期　棉花从吐絮到收花结束称为吐絮期，历时为 70～75 d。本阶段要求有充足日照，20～30 ℃气温有利于棉纤维的沉积，温度愈高棉铃成熟开裂愈快。

（二）棉花的生长发育

1. 棉花根的生长　棉花是深根作物。主根上粗下细，垂直向下，入土深度可达 2 m 以上。在主根向下伸长到 10 cm 左右时，侧根在离地面 3～4 cm 处开始发生。侧根在主根上排成 4 行，起初呈水平方向发展，以后逐渐纵向伸长，侧根向四周伸展可超过 70 cm。根系主要分布 10～50 cm 土层中，以耕作层中最发达。

2. 棉花茎和枝的生长　棉花种子萌发出土，顶芽生长形成主茎。主茎呈圆形直立，嫩枝横断面呈五边形。主茎有节和节间，幼茎呈绿色，经阳光照射后形成花青素，故主茎生长中多表现为下红上绿，老熟后变为棕色。棉花分枝可分为叶枝和果枝两种。叶枝为单轴分枝。果枝为合轴分枝，又称为假轴分枝，着生于主茎第五至第七节或以上。

3. 棉花叶的生长　棉叶有子叶和真叶 2 种。真叶又可分为主茎叶、叶枝叶和果枝叶。子叶两片，对生，一大一小，呈肾形，基点呈红色，有主脉 3 条，通常含蜜腺，出土平展后变成绿色，是 3 叶前主要的光合器官。经历 30～60 d 子叶便自行枯落，留下一对痕迹，称为子叶节。此处是测量株高基点。真叶包括托叶、叶柄和叶片 3 部分。有的品种在真叶上有茸毛，正面多于背面。真叶从分化到平展要经历 20～30 d，从平展到脱落一般为 70～90 d。一般出苗后 10～12 d 才长出第一真叶，2～3 叶出生各需 7～8 d 时间，第四叶以后，一般 3～5 d 就能长出 1 片真叶。陆地棉叶序，一般为 3/8 的排列，即 8 片叶片围绕主茎 3 周，到第九叶刚好在第一叶的正上面。果枝叶的叶片交互排列成两行。先出叶是不完全叶，大多无叶柄，没有托叶，多为披针形或椭圆形。

4. 棉花蕾和花的生长　棉株第一果枝第一果节上出现 3 mm 大小的三角苞时称为现蕾。陆地棉早熟、中熟品种的棉苗早在 2～3 叶平展时，主茎上已分化出 8～10 个叶原基。此时，在第五至第七叶腋已分化第一个花芽。至现蕾期，全株已形成 9～10 个果枝原基和 20 个左右的花原基。从现蕾到开花一般需 25～30 d，开花前 1 d 花冠急剧伸长，一般上午 8:00—10:00 开放，15:00—16:00 逐渐萎缩。

5. 棉花花铃的生长　棉花开花受精后，子房逐渐膨大为棉铃。棉铃的发育大体可划分为体积增大、棉铃充实和脱水成熟 3 个阶段。

（1）体积增大期　体积增大期是棉铃发育的前期，其变化主要表现为体积的增大，时间占整个铃期的 40%。此期铃色一直保持鲜绿，习惯上称为青铃。这个时期铃壳脆嫩，棉铃富含蛋白质、果胶及可溶性糖，易遭受棉铃虫等蛀食性害虫危害。

（2）棉铃充实期　棉铃充实期历时约占整个铃期的 50%。继体积增大以后，棉铃转向内部充实，籽棉干物质增长最快，所以这个时期手感棉铃发硬，常称为硬桃或老桃。此期棉铃含水量逐渐下降，铃色由嫩绿逐渐变为黄绿，裂铃前呈黄褐色。由于籽棉的纤维素大量积累，铃壳中的粗纤维含量也急剧增加。

（3）脱水成熟期　棉铃成熟时，乙烯释放达高峰，促使棉铃脱水开裂。吐絮的棉铃如不及时采摘，籽棉受雨淋后，易发霉变质。

6. 棉花纤维的生长　棉纤维是由种子的表皮细胞发育而成的，每粒棉籽有 1.0 万～1.5 万根纤维。每根纤维是 1 个单细胞。棉纤维的发育可以分为 3 个时期，第一期是纤维伸长期，主要是纤维细胞壁和空腔伸长；第二期是纤维加厚期，纤维积累于细胞壁，使纤维细胞加厚；第三期是纤维捻曲期。

（三）棉花花器结构和开花习性

棉株上的幼小花芽称为蕾。其外被 3 片苞叶，呈三角锥形。苞叶对花朵具有保护作用，并能进行光合作用，制造养料，供应花铃发育的部分需要。随着幼蕾长大，花器各部分发育逐渐完成。在每片苞叶外侧的基部有 1 个蜜腺，能引诱昆虫。棉花的花为两性花。花瓣 5 片，陆地棉花瓣一般为乳白色，海岛棉花瓣为黄色，花瓣基部有紫斑。围绕花冠基部有波浪形的花萼，其基部也有蜜腺。雄蕊数目很多（60～100 个），花丝基部联合成管状，包被花柱和子房，称为雄蕊管（图 7-1）。每个花药含有很多花粉。花粉粒为球状，多刺状突起，易为昆虫传带而黏附到柱头上。棉花是常异花授粉作物，其天然杂交率一般为 3%～20%。雌蕊由柱头、花柱和子房 3 部分组成。柱头的分叉数与其子房的心皮数一致。子房含有 3～5 个心皮，形成 3～5 室；每室着生 7～11 个胚珠，每个胚珠受精后，将发育为 1 粒棉籽。

棉花现蕾开花具有一定的顺序性。以第一果枝基部为中心，从第一果节开始呈螺旋曲线由内围向外围出现。相邻果枝上相同节位的现蕾或开花间隔时间为 2～4 d；同一果枝上相邻节位的现蕾或开花间隔时间为 4～6 d。

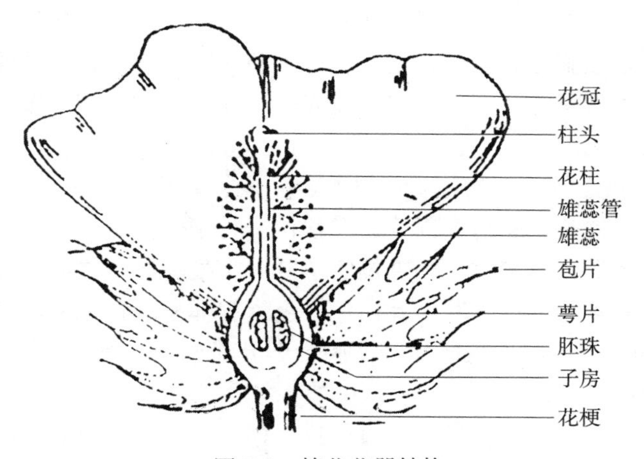

图 7-1　棉花花器结构

（四）棉籽的形态结构

棉籽是由受精后的胚珠发育而成的。棉花的种子通常呈圆锥形或卵圆形，一端较钝，一端较尖，较钝的一端称为合点端，较尖的一端称为珠孔端。珠孔端上有 1 个小尖突起，这是遗留的珠柄。珠柄旁边有 1 个小孔，称为珠孔。采收的籽棉在轧去棉纤维以后，棉籽外有一层浓密的短绒，有的棉籽种壳表面无短绒，称为光籽；有的棉籽一端或两端有短绒，这种棉籽称为端毛籽。短绒颜色和着生情况因种和品种而异。棉籽为规则的梨形。成熟棉籽的种皮为黑色或棕黑色，壳硬；未成熟的棉籽种皮呈红棕色、黄色乃至白色，壳软。棉籽长为 8～12 mm，宽为 5～7 mm。棉籽大小常以正常成熟的百粒棉籽质量（g）表示，称为籽指。陆地棉的籽指一般为 9～12 g，同一品种的棉籽大小亦因其发育成熟或因营养和温度条件不同而有较大的差异。成熟饱满的种子，出苗力强，且幼苗生长健壮。

在干燥的自然状态下储存的棉籽，其生活力可保持3～4年。但在生产上当作种子使用时，有应用价值的年限只1～2年，其后因发芽率过低而不宜作种用。影响种子生活力的因素，主要是种子水分和储藏温度。留种棉籽须晒干后储藏，一般要求其水分不超过12%。若种子水分过高，会加速种胚中所含的脂肪、蛋白质、糖类的分解，从而促进呼吸作用。在呼吸过程中所释放的热量，反过来又能促进各种酶的活动以及种子的呼吸。由于二氧化碳的大量增加，氧气补偿不足，种子往往进行缺氧呼吸，使其在代谢过程中积累酮类和酸类物质，对种子产生毒害，结果种子变质，丧失生活力，甚至发生霉烂。储藏温度较高时，还会加速这个过程。

棉花种子可分为种皮、胚及胚乳遗迹3部分。

1. 种皮　种皮分为外种皮和内种皮。

(1) 外种皮　外种皮又分为表皮层、外色素层和无色素细胞层3部分。表皮层只有1层细胞，细胞壁较厚，其中一部分细胞分化形成纤维和短绒。在这部分纤维细胞周围的细胞群排列成莲座状，在表皮层还分布有稀疏的气孔。外色素层在表皮细胞之内，由2～3层薄壁细胞组成，内含有色素。最内为1层细胞壁较厚的无色细胞层。

(2) 内种皮　内种皮又分为栅状细胞层和内色素层。栅状细胞层在无色素细胞内，为1层细长形的厚壁细胞，排列密集整齐，这层细胞的厚度约占整个种子壳的1/2。内色素层由多层海绵状细胞组成，含有色素。种子成熟时，内色素层受内外挤压而变薄。合点端和发芽孔周围的种皮不具栅状细胞层和无色素层。在种子萌发时，合点端缝隙张开，成为吸水和通气的重要通道，胚根则由发芽孔穿出。棉籽剥壳时，在合点端的壳内留有1个帽状小盖，它是由许多疏松的细胞组成的。

2. 胚　胚是原始状态的新植物体，由子叶、胚根、胚芽和胚轴4部分组成。子叶一般2片，在种皮内折叠着，占整个胚的大部分。胚根位于种子的尖端，将发育成主根。胚芽位于子叶着生处的上端，将发育成主茎。胚轴位于子叶着生处与胚根之间，将来发育为幼茎，即子叶下的一段主茎。新鲜棉籽的子叶为乳白色，色素腺体呈红色或紫红色。

3. 胚乳遗迹　种壳内1层白色纸状的薄膜为胚乳遗迹。

(五) 棉花的植物学分类

棉花属于双子叶植物（dicotyledon）锦葵科（Malvaceae）棉属（*Gossypium*）。现已发现的棉种有51种，其中5种是异源四倍体种，染色体组均为AADD，其余棉种为二倍体棉种，其染色体组分属于A、B、C、D、E、F、G和K等8个组。棉属中有4栽培种：陆地棉（*Gossypium hirsutum*）、海岛棉（*Gossypium barbadense*）、亚洲棉（*Gossypium arboreum*）和草棉（*Gossypium herbaceum*）。

1. 陆地棉　陆地棉原产于中美洲墨西哥南部和加勒比地区及一些太平洋岛屿上。欧洲人移民到美洲后，这个棉种在人类栽培过程中形成了一年生习性，其对光周期反应不敏感的早熟、合轴生长类型，适合于亚热带和暖温带地区栽培，是目前世界上栽培最广泛的棉种。在墨西哥南部、尤卡坦半岛和巴拿马地峡一带，通过多次考察和搜集，已发现陆地棉的7个野生种系，保留着短日照的光周期反应和多年生习性。它们有丰富的变异类型，是当前棉花育种上很宝贵的种质资源。目前，世界各植棉国广为栽培的陆地棉类型，几乎都是在美洲殖民地时代从危地马拉和墨西哥引入美国本土的。现在栽培的陆地棉品种已经驯化成典型的一年生植物，中性光周期反应。植株下部叶枝较少或没有。多数类型的嫩枝和嫩叶有茸毛，茸毛密度不等，也有无茸毛的。叶大，呈掌状，具3～5裂，裂片呈宽三角形、锐尖，基部不收缩，裂口处稍有折叠，裂口1/2或更浅，也有裂口很深呈鸡脚状的，甚至全缘呈柳叶形。苞叶长大于宽，呈心脏形，通常具有7～12个长而锐尖的齿，齿长超过宽的3倍。花大，花冠开展度也大，花瓣呈乳白色，一般基部无红斑。花药排列较稀，上部花丝常比下部花丝长。铃大，呈卵圆形或圆形，表面光滑，有黑色色素腺体，少数类型无色素腺体，4～5室，少有3室。每室有种子8～10粒，种子上被有细长的纤维和短绒，少数无短绒。短绒的颜色以灰白色居多，也有绿色的和棕色的。种子呈梨形。陆地棉植株健壮，生长期中长，适应性广，结铃性强，铃大，衣分高，皮棉产量高。纤维品质好，商业上称为细绒棉，适合于当前纺织业的需要。但各品种间的农艺性状和纤维品质的变化较大。

2. 海岛棉　海岛棉原产于南美洲、中美洲和加勒比地区，在欧洲人移居美洲之前，已在南美洲的智利到厄瓜多尔地区广泛栽培；之后，又传到大西洋沿岸和西印度群岛栽培。海岛棉栽培类型大约在18世纪中叶随着移民从西印度群岛传入美国东南棉区的南部及其沿海岛屿。海岛棉虽然纤维品质很好，但产量低，并且适应的地区小，所以现在已经很少栽培。海岛棉的埃及型于19世纪初发生于埃及，最初具有多年生习性，后来成为越年生或三年生的栽培作物。这种棉花树与海岛型海岛棉混种并发生杂交，大概在1860年左右，从杂合型群体中选出了“阿许莫尼”（Ashmounii）品种。这就是最早的埃及型海岛棉。埃及型海岛棉与海岛型海岛棉基本相似，20世纪初引入美国试种，表现更适宜在美国西部的旱地灌溉棉区栽培。我国现今栽培的海岛棉也是以埃及型海岛棉为主，主要集中于新疆棉区。栽培的一年生海岛棉植株下部有少数或较多的叶枝，嫩枝和嫩叶光滑，但也有具茸毛的。叶片3～5裂，裂片长，渐尖，基部稍有收缩，裂口处通常相互折叠，裂口明显比陆地棉深，长度约占2/3。苞叶长宽近乎相等，呈心脏形，边缘有10～15个锐尖长齿，齿的长度超过宽的3倍以上。花比陆地棉大，呈深黄色，花瓣基部有红斑，花冠开展度不大。花药排列较密，花丝长度上下相等，柱头较长。铃较小，通常3室，也有4室，基部宽而顶部尖。铃面粗糙，有明显的凹点，内藏色素腺体。每室有种子5～8粒。纤维细长，有丝光。种子多为光籽或端毛籽（一端或两端有毛）。海岛棉植株比陆地棉高大、健壮，透光性好，铃期长，较晚熟。由于铃小、衣分低，故皮棉产量明显低于陆地棉。海岛棉的纤维品质优良，商业上称为长绒棉，最适合纺织高档棉织品。

3. 亚洲棉　亚洲棉是人类栽培和传播较早的棉种，早在史前时期，在印度西南部已有栽培。之后，传播于全印度，再东传到我国、菲律宾、朝鲜以及日本南部岛屿，并在这些地区逐步形成了当地的生态地理类型。栽培的亚洲棉为一年生类型。茎秆细软，下部叶枝较少或没有叶枝，嫩枝及嫩叶上被有茸毛。叶片5～7裂，裂片呈矛头形，鸡脚叶品种的裂片呈柳叶形且尖，基部稍收缩，裂口长度为1/2～4/5，裂口处常附生小裂片。苞叶呈三角形，长大于宽，全缘或在近顶部有3～4个粗齿。亚洲棉的花比陆地棉小，呈黄色，也有少数为白色、红色或紫色，基部有红斑或白斑。铃圆呈锥形，下垂，铃面有明显凹点，内藏色素腺体，通常3室，极少4室。棉铃成熟时吐絮畅。每室有种子6～13粒，种子外被有纤维和短绒，也有无短绒的。亚洲棉在我国栽培的历史长，分布广，变异类型也多，故又称为中棉。亚洲棉早熟，产量虽不高，但因抗旱、抗病、抗虫的能力较强，在多雨地区烂铃少，所以产量比较稳定。亚洲棉纤维粗而短，商业上称粗绒棉，弹性足，是拉绒织品（例如绒布、绒衣）以及棉毛混纺、絮棉的较好原料。亚洲棉的纤维品质不适宜用于中支纱以上的机纺，而且产量又低，所以目前我国几乎已没有栽培，国外只有印度等少数几个国家尚有部分种植。

4. 草棉 草棉原产于非洲南部，其栽培类型首先在非洲传播，再经中亚细亚东传到我国西北部新疆和甘肃的河西走廊，西传到地中海沿岸国家。草棉和亚洲棉一样，经过人类的长期栽培过程，形成了极其多样的生态型和地理类型。其中热带类型在非洲和南亚国家变异最多，亚热带类型变异最多的是在伊朗、中亚细亚、小亚细亚和近东。草棉的栽培类型多数是一年生，原始的野生棉祖先仍是多年生。草棉植株矮小，下部有少数叶枝或没有叶枝。分枝及叶被有稀毛，光滑无毛的很少。叶片通常宽大于长，有3～7个裂片，裂片呈卵形、微圆至圆形，仅在基部稍有收缩，裂口长不到1/2，裂口处没有附生裂片。苞叶呈心脏形或宽三角形，宽大于长，边缘有6～8个宽三角形的锯齿，在蕾、铃的基部向外翻卷，也有不翻卷的。花小，呈黄色，基部有红斑。铃极小，呈圆形，有明显的铃肩。铃面光滑或有极浅的凹点，3～4室，成熟时开裂很小。每室有种子不到10粒，种子上着生纤维及短绒，极少不生短绒的。纤维细短。草棉的产量不高，纤维品质也不好，目前只有印度仍有少量种植。

（六）棉花的品种类型

目前，世界上栽培最广泛的是陆地棉，其产量占世界棉花总产量的90%以上。我国于1865年开始从美国引种陆地棉，首先在上海试种。1914年以后，从美国大量引进脱字棉（Trice）、爱字棉（Acala）、金字棉（King）等陆地棉品种，在全国主要产棉区试种推广。1933—1936年又从美国引入“德字棉531”“斯字棉4号”“珂字棉100”等品种进行试种。其中金字棉在东北辽河流域棉区、斯字棉在黄河流域棉区、德字棉在长江流域棉区表现良好，增产显著。1950年开始有计划地大量引进“岱字棉15”，并在长江流域棉区大面积推广。自1958年以后，陆地棉品种基本上取代了原先广泛栽培的亚洲棉。进入20世纪70年代，我国的陆地棉育种工作取得了重大进展，自育的棉花品种逐渐替代引进品种。20世纪80年代以来，我国棉花科技工作者培育了一批适宜于我国不同棉区、不同生态条件和不同耕作制度的棉花新品种，并根据棉花生产实际情况，培育了低酚棉、彩色棉、杂交棉、短季棉、抗虫棉等特殊类型的棉花新品种。

1. 低酚棉 低酚棉是一种无色素腺体的棉花类型，其种仁中的棉酚（gossypol）含量低于世界卫生组织（WHO）和联合国粮食及农业组织（FAO）规定的标准（0.04 %）和我国的国家标准（0.02 %）。因棉花种仁中的棉酚含量与其色素腺体密度和大小成直线相关，因此低酚棉实际上是无色素腺体棉。棉酚及其衍生物对人和非反刍动物有毒害作用，常称为棉毒素。低酚棉种仁中含酚量极低而对人体和非反刍动物无害，故又称为无毒棉。低酚棉籽可直接食用或饲用，棉油无须精炼，有利于棉籽综合利用。

低酚棉育种始于20世纪60年代。1965年，美国和埃及育种家曾分别育成了世界上第一个低酚陆地棉品种“23B”和第一个低酚海岛棉品种“亚历山大4号”，但因虫害和鼠害问题，推广面积有限。此后，法国、印度、巴基斯坦等国也先后开展了低酚棉育种研究工作。我国于1972年由辽宁棉麻研究所引进低酚棉种质资源，并先后在河南、湖南、湖北、江苏、辽宁、浙江、新疆等地开展了低酚棉育种工作。我国育成的低酚棉品种主要有“中棉所 13”“湘无 1 号”“豫棉 2 号”“冀棉 19”“湘棉 11”“鲁棉 12”“新陆中 1 号”等，以及转基因抗虫低酚棉品种“邯无 19”“农大棉 12”等，实现了不同生育类型和生态类型的品种配套，低酚棉品种的产量水平、纤维品质和抗逆性与常规棉相近。此外，通过种间杂交和回交转育方法，我国已将海岛棉显性无色素腺体性状转育到陆地棉，育成了“中棉所 12”“中棉所 16”“中棉所 17”等品种的显性无色素腺体近等基因系。

低酚棉因种仁含酚量极低，可直接应用于食品、饲料、制药等行业，具有较高的利用价值和推广前景。然而，低酚棉的全株无色素腺体性状会降低棉株对某些病虫害和鼠兔的抵御能力，不宜在病虫害和鼠兔重发地区推广。

2. 彩色棉　彩色棉是一种纤维具有天然色泽的棉花类型。到目前为止，可利用的彩色棉仅有棕色和绿色两种色泽。按纤维色泽深浅程度不同，还可分为深色、中色、浅色 3 种类型。其中棕色纤维是由单基因控制的，表现为不完全显性或显性。绿色纤维是由 1 个隐性基因控制的。彩色棉的纤维色素化学成分至今还未完全清楚，但资料显示，棕色纤维的色素可能为类黄酮物质，绿色纤维细胞腔中可能为咖啡酸、甘油酯等物质。彩色棉纤维在纺织和加工过程中不需染色，可避免染料对环境的污染，也可防止染料中的有害物质对人体的伤害，对于发展生态农业，保护环境，促进健康具有重要意义。

原始的棉花纤维色泽本为有色类型。在野生棉和半野生棉中仍存着彩色棉种质资源。棕色的亚洲棉曾一度在我国长江中下游广泛种植，并用于手工纺织，制作成紫花布，远销国外。但随着白色陆地棉的引进和发展，彩色亚洲棉逐渐消失。近年来，随着世界生态农业的发展，人们生活水平的提高，要求有助于保健的绿色消费，彩色棉的研究和利用逐渐成为一种时尚。20 世纪 80 年代开始，我国一些单位开始进行彩色陆地棉的育种研究，利用远缘杂交、系谱选择等方法，已培育出一系列适应不同棉区的彩色棉新品种，并有一定规模的种植利用和服装生产。但目前生产上应用的彩色棉品种，其产量和品质仍有待于提高。

彩色棉的种植技术与白色棉相似，应根据彩色棉品种的生长发育特性确定其栽培技术。彩色棉与白色棉之间的天然杂交，除产生品种退化外，其白色纤维和彩色纤维均会产生色泽变异，影响其利用价值。因此彩色棉必须与白色棉隔离种植，严防生物学混杂和机械混杂。

3. 杂交棉　杂交棉是通过两个不同亲本间杂交（包括品种间及棉种间），获得的种子所长成的 F_1 代或 F_2 代棉花植株，利用其纤维产量和品质的杂种优势。棉花种间和品种间杂交均有明显的杂种优势。

（1）杂交棉种子生产方式　杂交棉种子生产方式主要有以下几种。

①人工去雄：这种方式以人工去雄授粉为手段利用 F_1 代杂种优势，也可利用其 F_2 代剩余优势。目前，中国、印度等的杂交棉产生均以这种方式为主，但由于劳动力价格上升，这种制种方式生产出来的种子价格较高，种子数量和质量受到一定的限制，影响了杂交棉的大面积推广应用。

②核雄性不育系的利用（两系法）：核雄性不育系较易找到恢复系，因此较易得到高优势的杂交组合，但不育系繁殖较困难，利用受到限制。

③细胞质雄性不育系利用（三系法）：细胞质雄性不育系和恢复系主要是由棉属中哈克尼西棉中得到的，普通陆地棉均为雄性不育系的保持系。该制种体系中，不育系的繁殖相对容易，但恢复系资源狭窄，较难获得高优势的杂交组合，且不育系的不育度和恢复系的恢复

力仍需进一步改进。

（2）杂交棉的种植技术　杂交棉的种植技术与普通棉有所不同。

①降低播种密度。由于杂交棉营养生长有杂种优势，棉株较大，加上种子价格较贵，一般杂交棉播种密度大大低于普通棉品种，并尽可能采用营养钵育苗移栽技术，以进一步减少用种量，降低杂交棉生产成本。

②人工去雄方法生产的杂交棉可以利用 F_2 代，但其亲本的农艺性状和纤维品质性状之间应相对一致，以保证 F_2 代的相对整齐性。利用雄性不育系产生的杂交棉不可利用 F_2 代。陆地棉和海岛棉之间的杂交棉一般不利用 F_2 代。

③杂交棉的栽培管理技术应针对杂交棉品种的特性，前期促早发早结铃，以防后期徒长；重施花铃肥，确保棉花开花结铃的营养供应；加强后期肥水管理，防止后期脱肥早衰，充分发挥其个体优势。

4. 短季棉　短季棉是生育期较短的棉花类型。它是在特定的生态环境和农业耕作条件下逐步形成和发展起来的。世界上一些高纬度、热量欠缺的地区（例如希腊、乌兹别克斯坦等）必须种植短季棉，而美国一些棉花种植区利用短季棉主要在于躲避病虫害，以减少治虫和管理的投入。我国的短季棉品种大体可分 3 种类型：①长江流域生态型，是 20 世纪 70 年代逐步发展形成的，主要包括麦（油）后移栽和麦（油）后直播两种，例如“浙 506”等；②黄河流域生态型，是 20 世纪 80 年代在黄淮棉区发展起来的新类型，主要用于麦棉两熟，一般 5 月 25 日至 6 月初套种，也称为夏棉，例如“中棉所 10 号”“中棉所 16”等；③北部特早熟生态型，其种植历史悠久，主要在北部生育期短的棉区作一熟春棉种植，例如“运城 87-509”等。

短季棉品种的主要特点：①生育期短（全生育期 120 d 以内，所需≥10 ℃积温在 3 500 ℃左右），生长发育进程较快，早熟；②株型较矮，紧凑，第一果枝节位低；③开花结铃集中，下部结铃较多，铃期短。根据短季棉的特点，其栽培管理上应突出一个“早”字。播种不宜过晚；充分发挥群体优势，实施“密、矮、早”种植技术；各种农事操作均要尽早抢快，做到早管早促争早发早熟。

短季棉的种植，使棉田复种指数提高，单位面积总收益明显增加。此外，短季棉可免受前期逆境危害，降低生产成本。随着我国人口的增加、耕地面积的缩小，粮棉争地矛盾更加尖锐，短季棉将进一步发展。但目前的短季棉品种存在着产量欠稳定、成熟偏晚等缺陷，有待通过育种和栽培技术加以克服。

5. 抗虫棉　抗虫棉是指由棉花利用自身的防御机制，减轻、避开害虫的危害，甚至杀死害虫的一种棉花类型。由于棉花生育期长，虫害种类多且危害重，棉花虫害是制约棉花生产的一个十分重要的因素。大量施用化学农药，不仅增加植棉成本，造成严重的环境污染，而且增强了害虫的抗药性，使农药失去防治效果。因此培育抗虫棉品种对于控制棉花虫害具有十分重要的意义。

目前，抗虫棉的抗虫性状主要有以下几种。

（1）形态抗虫　形态抗虫包括无蜜腺、光叶、多茸毛、鸡脚叶、窄卷苞叶、红叶等性状，这些性状可一定程度地减轻虫口密度，从而降低害虫的危害。

（2）生化抗虫性状　例如高棉酚、高类黄酮类化合物、高渗透压、高无机盐浓度等都可在一定范围内抑制害虫的取食，从而减轻其危害。

(3) 外源抗虫性状　通过基因工程手段，将一些生物农药的毒素基因导入棉花，使棉花产生杀死害虫的毒素物质。目前，在棉花上应用的包括苏云金芽孢杆菌的杀虫晶体蛋白(Bt)和蛋白酶抑制剂(PI)两类。其中最广泛应用的是Bt棉，它能杀死鳞翅目昆虫，可有效地防治棉铃虫、红铃虫等棉花害虫。20世纪90年代中叶，转基因抗虫棉在各产棉国商业化种植，并得了巨大的经济效益和生态效益。

二、棉花常规品种种子生产

(一) 棉花原种生产技术体系

1. 三圃制原种生产程序　1982年，国家标准局颁布了《棉花原种生产技术操作规程》(GB/T 3242)，2012年进行了修订。这个原种生产技术规程是以单株选择、多系比较、混系繁殖为基础内容的三圃制原种生产方法，是我国棉花种子生产的常用方法，其基本技术和程序如下。

(1) 单株选择　选单株是原种生产的基础，也是棉花原种生产的技术关键。故务必做到精益求精，多看多选，从严要求。对已建立三圃制的单位，可从株行圃、株系圃、原种圃或纯度较高的种子生产田中选择优良的单株。对刚建立三圃的单位，可从纯度高、生长整齐一致、无枯萎病、黄萎病的棉田中进行单株选择。

①单株选择的要求和方法：

A. 典型性：首先从品种的典型性入手，选择株型、叶型、铃型等主要特征特性符合原品种的单株。

B. 丰产性和品质：在典型性的基础上考察丰产性。感官鉴定结铃和吐絮、绒长、色泽等性状，注意纤维强度。

C. 病虫害：有检疫性病虫害的单株不得当选。棉花主要病害指枯萎病和黄萎病。转基因抗虫棉品种在进行单株选择的同时进行抗虫基因的鉴定。

单株选择一般进行两次，第一次单株选择在结铃盛期进行，着重观察叶型、株型、铃型，其次是观察茎色、茸毛等形态特征并用布条或扎绳做好标记；第二次单株选择在吐絮收花前进行，着重观察结铃性和三桃分布是否均匀，其次是观察早熟性和吐絮是否舒畅。当选单株按田间种植行间顺序在主茎上部挂牌编号。在结铃盛期初选，吐絮期复选，分株采摘。选种人员要相对固定，以保持统一标准。

单株选择的数量应根据下一年株行圃面积确定，每公顷株行圃需1 200～1 500个单株，单株的淘汰率一般为50%。因此田间选择时，每公顷株行一般要选3 000个单株以上，以备考种淘汰。

收花时，在当选单株中下部摘取正常吐絮铃1个，对其衣分和绒长进行握测和目测，淘汰衣分和绒长太差的单株。当选单株，每株统一收中部正常吐絮铃5个(海岛棉8个)以上，每株1袋，并在种子袋上挂上标牌，晒干储存供室内考种。

②室内考种的内容和决选标准：

A. 考种项目：考种项目包括绒长、异籽差、衣分、籽指、异色异型籽。

B. 考种方法：单株材料的考种，应按顺序考察4个项目：纤维长度及异籽差、衣分、籽指、异色异型籽率。在考种过程中，前一项不合格者即行淘汰，以后各项不再进行考种。转基因抗虫棉品种还需做外源抗虫基因的PCR检测和Bt毒蛋白含量的检测。

C. 决选标准：单株考种结果的异籽差应在4mm以内，异色异型籽率不能超过2%。

D. 考种注意事项：a. 取样必须有代表性，样点分布要均匀；b. 纤维长度测定时，纤维分梳前必须先沿棉种腹沟分开理直；c. 每个样品的衣分、籽指要做到随称随轧，以免吸湿增加重量（质量），影响正确性；d. 固定专人和统一标准考种。

（2）株行圃　株行比较的目的，是在相对一致的自然条件和栽培管理条件下，鉴定上年所选单株遗传性的优劣，从中选出优良的株行。故株行圃应选用土质较好、地势平坦、肥力均匀、排灌条件良好的田块，而且各株行的栽培管理要求精细一致，以减少环境变异对选择的影响。株行圃采用一定的田间试验设计方法，将上年当选的单株种子分行种植于株行圃，每个单株种1行，顺序排列，每隔9个株行设1个对照行（本品种的原种），一般不设重复。株行圃田间观察鉴定内容和方法如下。

①记载本：必须准备田间观察记载本，分成正本和副本，正本留在室内，每次进行田间观察时带副本，观察后及时抄入正本。

②观察记载的时间和内容：在棉花整个生长发育期间，田间观察记载的时期重点抓3个时期：苗期、花铃期和吐絮期。苗期观察整齐度、生长势、抗病性等。花铃期着重观察各株行的典型性和一致性。吐絮期根据结铃性（包括铃的多少、大小、三桃的分布）、生长势、吐絮的集中程度及是否舒畅等，着重鉴定其丰产性、早熟性等，并对株型、铃型、叶型进行鉴定。在棉株的不同发育时期，结合病虫害的观察，重点检查有无枯萎病、黄萎病及棉株的感染程度。在花铃期进行田间纯度鉴定。

③田间选择和淘汰标准：根据田间观察和纯度鉴定结果，进行淘汰。田间株行的淘汰率一般在20%左右。田间淘汰的株行可混行收花，不再测产和考种。当选的株行分行收花，并与对照进行产量比较，作为决选的参考。单行产量明显低于对照行的要淘汰。

④株行圃的考种和决选：田间当选株行及对照行，每株行采收20个铃作为考种样品。考种项目包括单铃质量、纤维长度、纤维整齐度、衣分、籽指、异色异型籽率。株行考种决选标准为单铃质量、纤维长度、衣分和籽指与原品种标准相同，纤维整齐度在90%以上，异型籽率不超过3%。转基因棉品种在田间决选时应增加抗虫株率，抗虫株率不到99%者应淘汰。

⑤收花测产：对当选行必须做到分收、分晒、分轧、分存，以保证种子质量。淘汰行混合收花。当选行与对照行要进行产量比较，一般用当选行的产量除以对照行的产量，再乘以100%，所得结果又称为相对生产力。根据田间观察初选和室内考种进行决选。株行的决选率一般为60%。

（3）株系圃　株系圃包括株系繁殖圃和鉴定圃，用于鉴定比较上年决选株行遗传的优劣，从中选出优良株系，以供繁殖和生产原种。株系圃的田间试验设计方法是将上年当选株行的种子分系种植于株系圃。每系行数视种子量而定。每系抽出部分种子另设株系鉴定圃。常采用间比法试验设计，2～4行区，行长为10 m，每隔4个或9个株系设1个对照（本品种的原种），同时设置重复（2～4次）。株行圃田间观察、取样、测产及考种的项目和方法与株行圃相同。每个株系和对照各采收中部50个吐絮铃作考察样品。除考察纤维长度为50粒种子外，其余考察项目和方法均与株行圃相同。根据观察记载、测产和考种资料进行综合评定，当株系中杂株率达0.5%时，则该株系全部淘汰；如杂株率在0.5%以内，其他性状符合要求，则拔除杂株后可以入选。株系圃决选率一般为80%。

（4）原种圃　根据上年株系鉴定结果，把当选株系种子分系或混系播种于同一田块，即为原种圃，生产出的种子为原种。

①原种圃的种植方法：原种圃的种植方法有分系繁殖法和混系繁殖法两种。

A. 分系繁殖法：将上年当选的株系分系播种，每个株系 1 个小区，在花铃期和吐絮期继续进行田间观察鉴定和室内考种比较。田间观察和室内考种项目和方法与株系圃相同。最后综合评定，选优良株系的种子混合即为原种。

B. 混系繁殖法：将上年当选株系的种子混合播种于原种圃。

②栽培管理：栽培管理是原种生产的重要环节。只有良种、良田、良法三配套，才能充分发挥人工选择的作用，保证原种的质量和数量。因此生产原种的三圃地要求轮作换茬，地力均匀，精细整地，合理施肥，及时灌排，加强田间管理，做好病虫防治工作，使棉株稳健生长。株行圃和株系圃的各项田间管理措施要一致，以提高田间选择的效果。原种生产过程中所用的种子，要全部进行精选，并做好晒种、药剂拌种、包衣等种子处理工作。播种期可稍迟于大田。

③原种收花加工：原种收花工加要点如下。

A. 准备：准备好厂房、用具及布袋等。单株、株行、株系的收花袋都要根据田间号码编号。收花袋要分圃按编号挂藏。三圃中的霜后花均不作种用，但株行圃和株系圃中的霜后花需分收计产。

B. 收花：株行圃、株系圃应先收当选株行、株系，后收淘汰株行、株系。收、晒、储等操作过程中要严格防止混杂、错乱。

C. 加工：株行、株系的籽棉，必须严格进行分轧。轧花前后，应彻底清理轧花机、车间和机具。单株、株行圃及株系圃的考种样品要用专用小型轧花机分轧。每轧完一个样品应清理一次，不留任何籽棉。株系圃的当选系，原种圃收的原种籽棉，可在原种场的加工厂或种子部门指定的棉花保种轧花厂加工。加工质量要求，单株和株行的破籽率不超过 1%，株系和原种的破籽率不超过 2%，原种可轻剥短绒二遍。

2. 两圃制原种生产程序　三圃制原种生产由于初选单株较多、需测定两年后代，工作量大。为早日生产出低世代的良种，可以采用两圃制原种生产程序，只经株行圃，将混杂、生长劣的株行淘汰后，优良株行混合种于原种圃，进行原种繁殖。具体程序如下。

（1）单株选择　单株选择来源比三圃制少 1 个从株系圃中选优良单株渠道，其余同三圃制原种生产程序中的单株选择的内容。

（2）株行圃　其工作同三圃制原种生产程序中的株行圃。

（3）原种圃　原种圃分原种一圃和原种二圃。

①原种一圃生产程序：A. 将上年当选行不少于 250 行混合的种子种于本圃，采用地膜覆盖等育苗新技术以扩大繁殖系数。B. 花铃期及吐絮期，进行 2 次田间纯度调查和除杂去劣。C. 收花时扦取 10 个籽棉样，进行考种和纤维品质测定。

②原种二圃生产程序：将原种一圃的种子种于原种二圃，采用地膜覆盖等育苗新技术以扩大繁殖系数，花铃期田间除杂去劣，以霜前籽棉留种即为原种，并取样进行考种和纤维品质测定。

（4）原种圃考种　收取中部棉铃，每点取 50 铃，分 5 点取样，分别考种，每样绒长测 50 粒。每次取霜前花籽棉 2 kg 轧衣分并进行纤维品质测定。

3. 自交混繁原种生产程序 棉花品种的混杂退化的一个主要原因是品种保留有较多的剩余变异，再加上天然杂交，造成后代群体中不断发生遗传分离和基因的重组。通过多代自交和选择，可以提高品种的纯合度，减少植株间的遗传差异。自交混繁法就是根据上述原理提出的一种棉花原种生产体系。

（1）保种圃

①建立单株选择圃：用育种单位提供的新品种原种建立单株选择圃，作为生产原种的基础材料。从单株选择圃中选择优良单株并做记号，每个入选单株上自交15～20朵花。吐絮后，田间选择优良的自交单株400株左右，每株保证有5个以上正常吐絮的自交铃。然后，分株采收自交铃，分株装袋，注明株号及收获铃数。经室内考种后决选200株左右。

②进行株行鉴定：将上年入选的自交种子，按顺序分别种成株行圃（至少150个株行），每个株行不少于25株。在生长发育期间继续按品种的典型性、丰产性、纤维品质和抗病虫性进行鉴定，转基因品种需进行外源基因检测，同时除杂去劣。开花期间，在生长正常、整齐一致的材料中，继续选优良单株自交，每株自交1～2朵花，每个株行应自交30朵花以上。吐絮后，分株行采收正常吐絮的自交铃，并注明株号及收获铃数。然后，经室内考种决选100个左右的优良株行。

③建立保种圃：将上年入选的优良株行的自交种子，按编号分别种成株系，建立保种圃。在生长发育期间，继续除杂去劣，并在每一代选一定数目的单株进行自交，自交种子供下一年种植保种圃使用。吐絮后，先收各系内的自交铃，分别装袋、注明系号，轧花后的种子作为下一年的保种圃种子。然后，分系混收自然授粉的正常吐絮铃，经室内考种，将当选株系混合轧花留种，即为核心种，供下一年基础种子田用种。保种圃建立后，可连年供应核心种。

（2）基础种子田 保种圃中，除了人工自交种子和淘汰的植株以外，其余混合收下的种子，包括各行的考种样品，称为核心种。基础种子田应选择生产条件好的地块，集中建立种子田，其周围应为该品种的保种圃或原种田。用上年入选优系自然授粉棉铃的混合种子播种。在蕾期和开花期除杂去劣，吐絮后混收轧花保种即为基础种，作为下一年原种生产用种。

（3）原种生产田 选择有种子生产技术而且生产条件好的农户、专业户的连片棉田建立原种生产田，要求在隔离条件下集中种植。用上年基础种子田生产的种子播种，继续扩大繁殖和除杂去劣，并采用高产栽培技术措施，提高单产。收获后轧花保种即为原种。下年继续扩大繁殖后作大田用种。

（二）棉花常规品种种子生产技术

1. 良种选用 种子是农业生产中最基本的生产资料，在棉花生产过程中采用并推广良种，投资少，见效快、收益大，是提高棉花产量和品质的一项措施。生产上对棉花良种的要求，一是高产，二是稳产，三是优质，四是早熟，五是抗病虫。

2. 种子处理

（1）选种 棉花种子从萌动到出苗所需要的养分全部由种子储藏的物质提供，出苗时消耗子叶储藏物质的40%左右。因此应选择籽粒饱满、生活力强的纯净棉花种子播种，这是确保全苗、壮苗的重要措施。一般采用干籽粒选，不能完全剔除未成熟的种子。因此在粒选时可先把种子放在温水中浸几分钟，使种壳显露便于辨别。充分成熟的种子种皮呈黑色，未成熟的种子呈红色、黄色、白色。水选后的种子如暂时不播种，应及时晾干待播。经过粒选后的棉籽，要求纯度在95%以上，发芽率在85%以上。

（2）晒种　棉花种子发育过程中，温度由高向低变化，使棉籽的成熟度较差。通过晒种，可促进种子后熟，增大种皮和种胚的空隙，增强胚的气体交换，提高种子的生活力；破坏合点端薄壁细胞，使合点端的缝隙张开，有利于棉籽萌发时吸水通气。晒种还可以明显提高发芽率和发芽势，对成熟度差的棉籽效果尤为明显。晒种还可以利用太阳的紫外线照射，杀死附在种皮上的炭疽病病菌和角斑病病菌。在棉种收获后，储藏前一定要晒干。注意不要直接放在水泥地或石板上晒种，以免形成硬实。

（3）硫酸脱绒　用硫酸脱绒处理棉种，有助于种子发芽和出苗，并能杀死病菌、减轻苗期病害，尤其能杀死棉花种皮外面的枯萎病病菌和黄萎病病菌，是目前防止棉花种子带菌的有效方法。同时，脱绒后的种子外表光滑，既便于机器播种，又能节省用种量。硫酸脱绒不仅能去除种子上的短绒，还可溶解破坏表皮细胞外色素层，加快种子的吸水速度，从而促使棉籽发芽。硫酸脱绒的棉籽一般比未经硫酸脱绒的棉籽早出苗3 d左右。生产上一般用泡沫酸脱绒法脱绒。

3. 棉田准备　做好棉田播种前准备，使棉籽发芽、出苗有一个适宜的土壤环境条件，是棉花高产栽培的重要环节。田间准备主要是耕翻整地和施足基肥。

（1）耕翻整地　耕翻整地的方法、时间、深度等根据各地的种植制度、土壤、气候特点、种植方式等具体情况确定。以土质而言，黏土宜耕期短，壤土宜耕期长，砂土可随时进行；盐碱地冬耕宜早，春耕宜迟，耕而不翻。田间持水量为50%～60%时宜耕性最好。棉花高产栽培的耕地深度以20 cm左右为宜。

（2）施足基肥　基肥能缓慢释放养分，满足棉株整个生长发育期间对养分的需要。基肥主要是厩肥、堆肥、马牛粪等，还可施用饼肥。缺钾、缺磷地区要配合基肥施用磷钾肥。每公顷750～1 500 kg皮棉产量水平下，基肥用量按纯氮计算要占总施肥量的60%～80%。

4. 育苗技术　育苗移栽是我国棉花生产不断改进发展起来的一项技术，对于推动我国棉花的生产、提高单位面积产量具有显著作用。它可节省用种量，提高繁殖系数。因此在种子生产中常用育苗移栽。目前生产中常用的育苗技术如下。

（1）棚架薄膜覆盖营养钵育苗技术

①建立苗床：要选择背风向阳、水源方便、离移栽田较近的地块建立苗床。苗床宜选择土壤较肥沃、无盐碱、无病害的地块。苗床宽为1.3 m或以农膜宽为度，长为15～20 m，四周开好排水沟。苗床面积一般为大田面积的8%～10%。

②钵土配制：钵土选无病的表土，加腐熟晒干过筛的堆肥或厩肥20%～30%，另加1%过磷酸钙，如没有有机肥可加入适量复合肥料，一般为0.2%～0.3%。在盐碱地区配制钵土时，如含盐量超过0.2%，会影响出苗。

③营养钵的制作：一般采用手工操作制营养钵。制钵前1 d浇水，水量以手捏成团、齐胸落地即散为宜。营养钵径应本着既有利于培育壮苗，又节约苗床用地为原则，早茬苗钵直径以6 cm为宜，中晚茬钵直径以7～8 cm为宜。

④排钵：排钵前，在苗床底洒农药防治地下害虫和蚯蚓。排钵时要交错紧靠排列，钵面要平，钵间用细土填满，减少水分蒸发，有利于出苗整齐。

⑤播种：套种棉一般在3月下旬至4月上旬播种，麦后移栽可在4月上旬播种。播种前，苗床一定要浇足透水，以利棉籽发芽出苗。每钵播2粒。

⑥盖土：播种后盖细土 0.5～1.0 cm，厚薄一致均匀地盖在种子上。

⑦喷洒除草剂：每公顷用 25%敌草隆 1 500～2 250 g 加 25%除草醚 1 500～3 000 g，或每公顷用 25%除草醚 90 kg，兑水 6 750～9 000 kg，或拌细土 22 500 kg，均匀喷洒或撒于床土面，以消灭苗床杂草。

⑧增温设施：增温塑膜棚架有两种方式，一种是弓形棚，棚顶高度相当于苗床宽度的 1/3；另一种是船底形棚。两种棚架塑膜周围均需用土压好，防止冷空气进入或被风吹走。也有的播种后先将塑膜平盖在苗床上面，齐苗后搭棚。

⑨苗床管理：加强苗床管理，是培育壮苗的关键。播种到出苗，严封薄膜，增温保温促全苗。床温保持在 30～35 ℃，不超过 40 ℃。齐苗到 2 叶期，采用控温降温促出叶。真叶长出前后，床内高温是棉苗生病的主要原因，土壤湿度过高时，可进行通风降温，必要时选择无风晴天揭膜晒床，以减轻病害。从 2 叶期到移栽，前期通风调温，床温可控制在 20～25 ℃。后期揭膜炼苗，促进棉苗老健，移栽前大炼，日揭夜露，但要防止雨淋。适时定苗，喷药防病，每钵留 1 苗。搬钵蹲苗，防止高脚苗。在移栽前 15～20 d，3 叶期以后，选择晴天搬钵。搬钵时用刀切断营养钵苗的入土主根，另换位置排放，此即搬钵蹲苗。搬钵后，及时补肥、补水、补土，密封增温，床温控制在 25 ℃。也可在 3 叶期喷 100～150 mg/L 缩节胺，防止旺长，促壮苗。

（2）地膜覆盖育苗技术　棉花地膜覆盖育苗，是近年来发展起来的一项栽培新技术。各地试验结果证明，棉花地膜覆盖育苗，无论是一熟棉田还是二熟棉田，无论南方棉区还是北方棉区对棉花增产都起了重要作用。

①播种前准备：整好地，施足基肥，灌水增墒，并选适宜品种。

②播种与盖膜：首先，决定密度，一般较同类型的露地棉少 4 500～7 500 株/hm^2。第二，抓播种时间。由于地膜覆盖可提高地温 2 ℃以上，可利用其优势，一般比露地棉提前 1 周播种。第三，抓播种与覆盖。一般在墒情适宜，可适期播种的地块或盐碱地、黏土地均要先播种后盖膜。常采用点播方式，以利于破膜放苗。

（3）通气网膜育苗技术　通气网膜育苗有利于苗床内外温度自动平衡、空气对流，是一种比较理想的育苗方式。所谓通气网膜，就是在薄膜中间镶嵌一条 10～12 cm 宽的尼龙帐纱，采用缝纫机缝合或热压加工而成的一种网、膜相结合的新型薄膜。有时为了避免前期温度偏低的缺陷，在网与膜两交接口处，加一大（7～8 cm 宽）、一小（4～5 cm 宽）的两尼龙膜，覆盖于网的上部。这两尼龙膜可根据棉花对温度的需求，实行开启或关闭。这种膜称为启闭式通气网膜。

通气网膜育苗技术与塑料膜的育苗技术方法大体相似。主要做好通气网膜关闭工作。第一真叶期，只需打开小启闭膜，2 叶期“关小开大”；2 叶以后，气温稳定在 15 ℃左右，把“大小全开”，充分发挥“网”的调温增湿作用。20℃时“大小全开”，同时把两头薄膜打开，加快通风，以防止棉苗徒长。

（4）双膜覆盖棚架营养钵育苗技术　双膜覆盖棚架营养钵育苗简称双膜育苗。这种覆盖方式是将常规棚架薄膜覆盖营养钵育苗与地膜覆盖相结合，在地膜覆盖操作完毕后，再搭上支架，上面再覆盖一层农膜，见苗后与地膜覆盖育苗一样，要及时破膜放苗。齐苗后的管理同常规棚架薄膜覆盖营养钵育苗方法。双膜育苗的保温增温和保湿效果更优于前述育苗方式，特别适用于早茬套种棉田。

（5）基质育苗技术　基质育苗技术是近年发展的棉花生产新技术，可以降低育苗劳动强度，提高棉苗质量。基质为市售有机质基质，透气性好，并带有杀虫剂和杀菌剂，能有效防治棉花病虫害。也可因地制宜配制基质。基质育苗一般有无土无盘育苗、穴盘育苗、水浮育苗等不同类型。采用穴盘育苗时，由于穴盘为塑料制品，且基质量较少，因此要注意温度，防止高温烧苗。

5. 棉田管理技术

（1）苗期管理技术　苗期管理的主攻目标是根据高产棉田合理生长发育进程的要求，在实现一播全苗的基础上，达到"壮苗早发"。根据各地经验，壮苗早发的长势长相是：地下根系健壮，白根多，扎根深，分布均匀，地上部主茎出叶速度快，3 叶期花芽开始分化，主茎日增长 0.3～0.5 cm，茎色上红下绿，红茎各半。现蕾始节低，株高 15～20 cm，真叶 7～8 叶，叶片含氮量为 4.5%～5.0%，糖类含量为 10%。其主要栽培措施有以下几个。

①间苗、定苗、补苗：直播棉和地膜棉播种量较多，播种出苗后易形成苗挤苗，必须及时间苗。间苗要分次进行，第一次在全苗后进行，以叶不搭叶为好。第二次在 1～2 叶期，按计划的 1/2 株距留苗。在 2～3 叶期定苗，即在一定距离内选留规定的苗数。

②中耕、松土、除草：中耕松土要"早、勤、细"，深度掌握先浅后深，株旁浅、行间深的原则。一般中耕深度以 2.0～5.0 cm 为宜。化学除草，每公顷可用 25%除草醚 4 500～6 000 g 或 50%敌草隆 3 000～6 000 g 或 25%敌草隆 1 500～2 250 g 加除草醚 3 750 g。上述每种药剂每公顷兑水 450～600 kg，进行喷洒。

③排涝防渍、保墒抗旱：长江中下游地区棉期雨水多，土壤湿度大，地下水位高的棉田积水明涝暗渍严重，根系活力弱，茎秆较细，叶黄而薄，这种苗称为水涝苗。因此必须做好排水工作。如遇到干旱应及时做好抗旱工作，恢复棉苗正常生长发育。

④早施、轻施苗肥：棉花苗期虽吸肥量不大，但正处在需肥临界期。因此必须早施、轻施苗肥，以利于培育壮苗。苗肥占总追肥量的 10%～15%。每公顷追施复合肥 105～150 kg 或尿素 45～60 kg。施肥宜在定苗前后进行。

⑤破膜放苗：地膜棉幼苗 60%～70%出土，子叶展平，叶色转绿时，可进行破膜放苗。放苗时间，阴天可以全天放苗，晴天宜上午放苗。放苗时用刀在苗顶划十字形口，每穴放出 2～3 株苗即可，切忌放苗口过大，放苗后用细土封口护苗。

⑥病虫害防治：苗期病害主要有立枯病、炭疽病、红腐病、斑病等，65%代森锌 800 倍液、50%多菌灵 1 000 倍液、50%托布津 1 000 倍液均有良好防治效果。虫害主要有地老虎、蚜虫、蓟马等，防治地老虎可用 2.5%敌百虫，每千克农药拌鲜草 100 kg，每公顷用药草 225～300 kg；防治蚜虫可用吡虫啉喷施棉茎叶。

（2）蕾期管理技术　蕾期管理要在壮苗早发的基础上，以发为主，发中求稳，实现发棵稳长。其主要栽培措施有以下几个。

①及时整枝：做到"去早、去小、去了"，以枝不过寸（3.3 cm），芽不发叶为适时。整枝时，要把主茎叶腋里的"芽眼"全部去掉。徒长的田块和棉株，可酌情将果枝始节下部分主茎叶片去除，俗称"脱裤腿"，以控徒长。

②加强中耕培土：蕾期中耕应根据苗情、气候、土质等灵活掌握。长势正常田块，深度以 3.3 cm 左右为宜。对于旺长棉，应采取深中耕，即离棉株 10 cm 左右，在深度 10～30 cm

切断老根，抑制地上部生长。

③施蕾肥：施蕾肥必须掌握稳施、巧施的原则，控制氮肥施用，增施有机肥和磷钾肥，培育壮株足蕾，以利于棉花高产。

④控制疯长：生产上常用药剂有矮壮素和缩节胺两种，两种药剂的使用浓度分别是100～200 mg/L和100～150 mg/L。

⑤病虫防治：蕾期虫害有棉铃虫、盲蝽、玉米螟、金刚钻、红蜘蛛等，病害有枯萎病。红蜘蛛用40%三氯杀螨醇乳油或久效磷防治，用菊酯类乳油防治第一代棉铃虫。

（3）花铃期管理技术　花铃期管理的主攻目标应在前期早发、稳长的基础上，实现早坐桃，多结桃，结大桃，后期早熟不早衰或不贪青晚熟。主要栽培措施有以下几个。

①重施花铃肥：一般每公顷产皮棉1 125～1 500 kg需施复合肥600 kg，占总追肥量的1/2～2/3。一般分两次施，第一次在初花期，每公顷施饼肥375 kg，三元复合肥37.5～75.0 kg；第二次在盛花期，每公顷施三元复合肥225～255 kg，沟施或穴施，干旱结合灌水，以充分发挥肥效。

②整枝和化学调控：整枝包括打边心、打顶心、摘无效蕾、剪空枝和打老叶等项目。化学调控以每公顷施用缩节胺30～45 g兑水600～750 kg，在下午对顶部和果枝尖端喷雾。

③抗伏旱排涝渍：花铃期是棉花一生中需水最多的时期，占总需水量的45%～65%。长江中下游地区7—8月常遇高温伏旱，应及时做好防旱工作。如遇暴雨，必须及时做好清沟排涝工作。

④防病虫：花铃期是病虫盛发时期，主要有棉铃虫、红铃虫、金刚钻、玉米螟、红蜘蛛等。其中，红铃虫和红蜘蛛是主要害虫。可用敌菌丹、福美双500倍液喷施。

（4）吐絮期管理技术　吐絮期的主攻目标是早熟不早衰，不贪青，达到早熟高产的目的。主要栽培措施有以下几个。

①防涝抗旱：后期要认真做好防涝抗旱，调节土壤温度，以利于养根保叶防早衰，保产保质。

②根外追肥：用1%尿素进行2～3次叶面喷施。

③喷洒催熟剂：对麦（油）后棉必须及时使用催熟剂，喷洒后可加速棉铃脱水开裂吐絮，促进成熟。一般在霜来临之前15～20 d，气温在20 ℃以上时，每公顷喷洒乙烯利800～1 000 mg/L（40%乙烯利1 500～2 250 mL，兑水750kg）药液750 kg，有明显催熟作用。

④及时收花：棉铃吐絮后必须适时采收，一般棉铃开裂后5～7 d采收最好。收花时要精收细摘，做好“分收、分晒、分藏、分轧和分售”五分工作，遇雨天，对僵烂棉应及时剥晒籽棉。

三、棉花杂交种种子生产

我国是第一个利用人工制种、利用杂种二代优势和核不育系配制杂交种的产棉大国。自20世纪70年代至今我国陆地棉品种间杂种优势研究的实践表明，棉花杂交种具有“苗早苗壮长势旺，早熟抗逆后劲足，铃多铃大吐絮畅”的特点。杂交种种子的产量、质量与抗性明显超过常规品种，但制种技术是制约杂交棉生产的关键。棉花杂交种种子生产技术主要有人工去雄授粉杂交种种子生产、核雄性不育两系法杂交种种子生产和细胞质不育三系法杂交种种子生产等。

（一）人工去雄授粉杂交种种子生产

棉花花器大，用手工去除母本花朵中的雄蕊，然后授以父本花粉，每人每天约可产生1 kg种子。人工去雄不存在不育基因的限制，可以自由选配组合，且杂种 F_2代不产生不育个体，可利用其剩余优势。

1. 亲本繁殖　杂交棉种子的优劣与亲本纯度密切相关。因此首先要保证亲本的质量。

采用自交方法生产亲本原种，选择隔离条件及土壤条件符合要求的地段作为亲本繁育基地。根据国家标准《棉花原种生产技术操作规程》制定亲本繁育技术规程和实施方案，并对亲本繁育农户进行技术培训。生产过程的重点是清除杂株。

依据“分摘、分晒、分轧、分储”的原则，严格管理亲本种子，避免人为因素或机械混杂造成亲本纯度降低。收种前进行检测，杜绝不合格种子入库。加工后的成品亲本种子贴上标签，注明亲本类型、产地、生产日期、质量指标等，置于干燥的常温种子库，以供来年种子生产之用。

杂交棉亲本生产技术详见本节棉花常规品种种子生产。

2. 种子生产田的选择种安排

①选择的田地要求是相对集中的生茬地，地势平坦，土壤肥力较好，排灌方便，交通便利，便于管理并有充足的种子生产工人。

②种子生产负责人与田块负责人要有很强的责任心和组织协调能力，并制定一套切实可行的杂交种种子生产监管程序，保质保量地完成杂交种种子生产工作。

③落实的种子生产田块要现场勘察丈量，并做出种植规划图。

3. 种子生产田除杂去劣　在蕾期和杂交授粉前分两次严格拔除杂株、劣株、异型株和重病株，以保障所生产种子的质量。

4. 种子生产田去雄授粉

（1）去雄前准备　去雄授粉期一般在 7 月 5 日至 8 月 15 日，全程为 35～40 d。授粉过早时，烂铃率增加；授粉期过晚时，会使霜后花增多，10 月底以前棉铃不能正常吐絮，种子成熟度差，健籽率低，影响杂交种种子的质量。授粉前对种子生产人员进行培训，使他们能熟悉并掌握种子生产程序和要求，提高他们的质量意识，严格按照操作规程工作。每公顷种子生产田保证有 45～60 名能熟练操作的种子生产人员。开始去雄的当天上午，对母本田逐棵检查，彻底清除母本植株上所有开放的花及幼铃，以保证种子纯度。

（2）人工去雄　将次日要开放的蕾，即当天下午顶尖（花瓣）露出苞叶的蕾剥去花瓣和雄蕊，并做标记。开始去雄时间在 14:00 以后，终止时间在次日清晨 6:00 以前。清晨6:00时，所有种子生产人员必须撤离制种田，以便于种子生产管理员检查并去除未去雄和去雄不彻底的花蕾。

（3）人工授粉　授粉工作一般为 8:00—12:00。授粉前，从亲本田收取当日开放的花粉。采用剥花取粉或直接摘花取粉两种方法，其中剥花取粉与去雄方法相似，采当天开放的花朵将花瓣连同雄蕊一起剥取，再将雄蕊与花瓣分开后，筛取花粉。这种方法不仅能取到同量同质的花粉，且取花粉后亲本仍可结铃。而摘花取粉的方法相对简单，但亲本因不能结铃而易疯长，影响产量。将收集的亲本花粉装在小瓶中（医用青霉素注射液瓶），瓶口用塑料膜封住，中间用牙签开个小孔。授粉时，将昨日下午去雄的花朵的柱头从塑料膜小孔插入装有花粉的小瓶中，转动小瓶一圈，拔出柱头，完成授粉。

5. 杂交种种子生产的质量控制 棉花杂交种种子生产是一项繁杂的工作，每个环节都影响种子的质量，关键是要抓好以下环节。

（1）核实杂交种种子生产面积 依照制种合同提供的移栽信息表，逐户逐地块对移栽后的杂交种种子生产田进行面积核实，并在每块杂交种种子生产田插上标识牌。杜绝一户二种、虚报空户等弄虚作假行为。杂交种种子生产商的移栽表信息须填写完整准确。加大对杂交种种子生产田的巡查力度，比对排查问题田块，尤其是父本和母本长势长相与品种特征特性明显不同的地块。

（2）去雄授粉前的质量控制

①彻底拔除制种田的杂株或病株。一是在杂交种种子生产去雄前，指导农户根据父本和母本蕾期的综合性状进行除杂；二是去除不符合双亲典型性状的植株及变异株、病株。先由制种农户自行清理，然后由技术人员对每块杂交种种子生产田彻底清理，最后检查验收，合格后方可制种。

②杂交种种子生产开始前，进行清场，彻底清除自交铃。

（3）去雄授粉阶段的质量控制 通过技术培训让杂交种种子生产农户掌握去雄授粉技术要领，并在实际操作中规范指导，确保无超时去雄、无假去雄、去雄彻底及时、授粉充分完全。主要有以下措施。

①严禁超时去雄及剥大花：一是通过宣传教育，使种子生产户认识到此举的危害性；二是严禁早晨 6:00 以后去雄；三是督促种子生产户增加劳力；四是有计划地去雄，每天开花峰期每株最多保留 3 朵花；五是加强巡查，严肃处理，对剥大花者予以警告，摘除当天授粉的棉铃，屡教不改的取消种子生产资格。

②检查去雄质量：一是去雄必须彻底；二是将翌日要开花的花蕾全部去掉；三是在上午授粉及下午去雄前先清花。督促种子生产户经常检查并摘除自交铃。

③提高授粉质量：一是要求技术人员向农户认真传授授粉方法及注意事项；二是加强田间检查力度。若父本花粉不够且不能调剂，宁可不授粉，也不能采用其他品种父本的花粉。否则，一经发现即取消种子生产资格。

（4）授粉后的质量控制 种子生产结束后开展后清场，摘除无效花蕾，再次清除自交铃。种子生产户一般须在规定时间结束去雄授粉工作，并对母本株进行修剪，剪去授粉果节以外的果节、无效花蕾及空果枝，相邻末端第一果节的叶片保留，蕾去掉。要求剪枝必须彻底（残枝率在 2%以下），自交铃控制在 0.5%以内，以确保杂交种的纯度。

（5）收花时的质量控制 一是集中采摘，统一储放。种子生产公司安排专门场地晾晒，籽棉晒干后，单独储放，避免人为混杂。二是单机单轧，种子生产公司要配备专门轧花机，一机一品种，集中时间，统一轧花。

（6）控制加工环节，提高种子质量 按照《杂交棉种子加工包装技术规程》《主要农作物包衣种子技术条件》《硫酸脱绒与包衣棉花种子》等标准加工、包装杂交种种子，以保证其质量。同时，运用数码技术，在每件产品包装上均印有防伪查询码和商品物流码，并建立编码数据库。在产品装箱时，扫描商品物流码，同时确定箱码与商品物流码的对应关系，加入编码数据库。发货时，扫描箱码，记录购货商信息，录入数据库。这种技术的运用，不仅为农民提供了防伪查询方法，还由于公司实行批次加工，从而为缺陷产品实施召回提供了可能。

（二）核雄性不育二系法杂交种种子生产

以隐性核雄性不育系育成杂交种种子的优点为：①可充分利用新育成的常规品种（陆地棉或海岛棉）作恢复系，组配新的杂交种，在短期内将高产、优质、早熟、抗性等性状综合为一体；②核雄性不育系种子生产成本较低，杂种纯度高，有利于推广，例如“川优 1 号”“川 HB3”等。

核雄性不育系的恢复系广泛存在，配制杂交组合较灵活，也能筛选到强优势的杂交组合，但不育系繁种较为困难。

1. 雄性不育系的繁种技术　以 1 对隐性基因控制的核雄性不育系为例，要繁殖核雄性不育系，先要育成一系二用的核雄性不育系。其方法如下：不育系与高配合率的亲本进行杂交后，选择不育系株与轮回亲本进行回交 6～7 代，其后代除育性以外，其他性状与轮回亲本相同。用轮回亲本与后代中的不育株进行再次回交，后代即为可育的一系二用材料。一系二用自交即可产生不育株和可育株，但植株其他性状完全相同。一系二用自交后代中的可育材料与其自交产生的不育株进行杂交，后代即可产生 50%的不育株，可用于杂交棉种子生产或繁种，则为一系二用系。

不育系繁种即为一系二用繁种，将从不育系（株）上收获的一系二用种子种于繁种田，开花期进行鉴定，标记出可育株和不育株，并按 5∶1（不育∶可育）留苗。田间进行人工授粉，将可育株的花粉授予不育株，或在严格隔离条件下，放蜜蜂辅助授粉。授粉结束前，将可育株拔除，收获不育株的种子为一系二用种子。

注意，一系二用群体中可育的和不育的各占一半。因此群体育性鉴定是关键，除繁种前对群体进行不育株与可育株鉴定外，整个生长发育期间凡发现标记不育株有可育花粉出现，应立即拔除。

2. 雄性不育杂交棉种子生产技术　种子生产时，根据 5∶1 的比例，播种一系二用种子（母本）和恢复系（父本），定苗时，母本密度为正常密度的 2 倍。开花时，根据花粉育性，在母本田中，拔除占 50%的可育株，留下的 50%为不育株，或通过人工授粉的方法或通过蜜蜂辅助授粉的方法，将恢复系中的花粉授予不育系。授粉完成后，拔除恢复系植株。收获不育系植株上的种子即为两系杂交棉种子，供生产应用。

注意，一系二用群体中可育的和不育的各占一半。因此鉴定群体育性是关键，除首次对群体进行不育株与可育株鉴定外，整个生长发育期间凡发现可育株均应立即拔除。

种子生产前一系二用群体中的可育株可能参与不育系授粉。因此在育性鉴定后种子生产开始前，一定要摘除不育系植株上已结的棉铃。

（三）细胞质不育三系法杂交种种子生产

我国杂交棉种子生产一直沿袭以人工去雄授粉杂交为主。但随着经济形势改变和劳动力价格的提高，种子生产农户和种子生产单位的生产成本逐年增加，使人工去雄授粉杂交种子生产的路子越走越窄。而利用细胞质不育三系杂交法生产棉花种子，程序规范，操作简便，可以降低种子生产成本，提高种子纯度，使棉花杂交种种子生产标准化、规模化、产业化，是替代人工去雄生产杂交棉种的有效途径。

1. 严格隔离，确保亲本纯度　棉花不育系杂交制种对制种材料的要求高，胞质不育系和恢复系必须保证高纯度，纯度的简单序列重复（SSR）鉴定结果要在 99%以上。保证纯度措施有严格隔离区繁种、田间严格除杂、严格防止加工机械混杂。细胞质不育三系杂交棉种子生产基地必须经过严格筛选，与其他商品棉的间隔距离应在 1 000 m 以上，并远离蜂巢，保证基本不受昆虫与风力传粉的影响。要求土壤质地优良，土层深厚，最好是二合土；肥力均匀，地势平坦，排灌条件优越。

2. 细胞质不育三系杂交棉种子生产方法

（1）用种量与种子生产田面积　采用育苗移栽或大田直播两种模式。一般育苗移栽每公顷需不育系（母本，下同）种子 7 500g 左右、恢复系（父本，下同）种子 1 125 g 左右；大田直播需不育系种子 15 000 g 左右、恢复系种子 1 500g 左右。

（2）播种与育苗　实行育苗移栽的，连续 5 d 日平均气温 16 ℃以上才可以开播。以黄淮海棉区为例，一般在 4 月上旬冷尾暖头抢晴天播种，播种前一定要把父本和母本种子摊薄于阳光下曝晒 3～5 d，以提高发芽率和发芽势。由于恢复系比不育系生育期长，晚开花 5～7 d，所以恢复系应比不育系提前 4～5 d 播种。恢复系和不育系分开育苗，以防混杂。苗床管理参照棉花常规品种种子生产技术。为使不育系与恢复系花期相遇，应对恢复系实施地膜覆盖，以促进早现蕾早开花。

（3）父本和母本田间布局　田间父本和母本比例以 1.5∶8.5 为宜，可根据比例间隔种植或集中种植。间隔种植的，杂交结束后应立即拔除父本。

（4）人员培训　要求种子生产开始前要对种子生产者进行培训，使每个种子生产人员都熟悉种子生产程序，树立质量意识，严格按照操作规程操作；使其了解不育系种子生产与人工去雄授粉种子生产的严格区别之处，熟悉、掌握杂交种种子生产方法以及注意事项。每公顷保证有 15 名熟练操作人员。

（5）人工授粉　由于不育系当日开花较晚，授粉应采取 2 个措施：①早摘父本花，促其散粉，对未开放的不育系撕开花苞提前授粉。用这种方法授粉，一般情况下 15 人操作 1 公顷上午 10:00 前即可轻松完成授粉任务。根据调查，这种方法的成铃率也最高。②早晨及早采摘未开放的父本花放置阴凉处保存，避免过早过快开花后长时间等待母本开花而降低花粉活力，待不育系花朵开放后再行授粉。用这种方法授粉，授粉结束时间虽不算早，但成铃率却不算低。待父本和母本花在棉株上自然开放后再去授粉，不但授粉时间结束晚，成铃率也最低。第 1 遍授粉结束后，应抓紧时间再详细进行 1 遍复查，把漏花降至最低。

（6）隔离条件下的蜜蜂辅助授粉　由于棉花为虫媒花，可以通过蜜蜂等昆虫进行辅助授粉，以提高其种子生产效率。然而，由于蜜蜂飞行距离长，只有充分隔离的条件下才能应用此方法，否则种子质量不易保证。一般采用无棉花生产地区进行单一品种种子生产时才能采用蜜蜂辅助授粉，或在大棚网室内才能应用。种子产量与放蜂量有较大关系，一般以每公顷放 30～45 箱蜜蜂为宜，个头大的蜜蜂授粉效果更好。

要保证有足够的恢复系花粉，千万不能因父本不够用其他花粉替代。

杂交制种结束时间以 8 月 10—15 日为宜，结束过早时影响产量，结束过晚时影响种子质量。制种结束后，及时剪掉果枝上部的无效花蕾。

3. 细胞质不育三系杂交棉繁种方法

（1）恢复系繁种　恢复系繁种方法如同一般常规棉花品种。由于恢复系对于恢复不育系的育性具有重要作用和影响，恢复系的恢复率必须达到 100%，否则难于在生产上应用。恢复系的恢复率需将其与不育系杂交，根据杂种 F_1代的育性表现才能确定。另外，由于恢复率与其纯度有关，恢复系的繁殖更加要注意隔离，严防生物学混杂和机械混杂。

（2）不育系繁种　不育系繁种需与保持系进行杂交，才能繁殖不育系。

除父本为保持系外，不育系的繁种方法与细胞质不育三系杂交棉种子生产方法基本相似。具体方法参照细胞质不育三系杂交种种子生产技术。

第二节　油菜种子生产技术

油菜是十字花科（Cruciferae）芸薹属（*Brassica*）中一些油用植物的总称。世界各地广泛栽培的油菜品种，按分类学特点和农艺性状可以概括为白菜型油菜（*Brassica campestris*）、芥菜型油菜（*Brassica juncea*）和甘蓝型油菜（*Brassica napus*）3 大类型。全世界油菜生产主要集中 4 大产区。第一大产区在东亚，我国是主产国，包括日本、朝鲜、韩国等国。第二大产区在南亚，印度是主产国，包括巴基斯坦、孟加拉国、阿富汗、伊朗等国。第三大产区在欧洲，法国、英国和德国是主产国，波兰、乌克兰、瑞典、丹麦、捷克、意大利等国均有分布。第四大产区在加拿大。此外，美国、澳大利亚、智利、秘鲁、巴西、阿根廷等国也有零星分布。油菜有两个起源中心，白菜型油菜和芥菜型油菜的起源中心在中国和印度，甘蓝型油菜的起源中心在欧洲。目前我国生产上栽培的油菜品种绝大部分为甘蓝型油菜。据国家统计局数据，2019 年全国油菜总面积为$6.581\ 73\times10^6\ hm^2$（$9.872\ 59\times10^7$亩）左右，是我国第五大农作物，占世界油菜面积的 1/3；菜籽总产量为$1.348\ 47\times10^7$ t，占世界菜籽总产量的 1/4；单产超过2 048.4 kg/hm^2，接近世界平均水平。根据气候、生态条件的不同，我国油菜生产区分冬油菜区和春油菜区，其中冬油菜区主要集中在长江流域以及黄淮流域，种植面积和产量均占全国的 90%以上；春油菜区分为 3 个亚区：青藏高原区、蒙新内陆区和东北平原区，种植面积和产量不足全国的 10%。

一、油菜的生物学特性

（一）3 种类型油菜的生物学特性及亲缘关系

1. 白菜型油菜

（1）白菜型油菜的生物学特性　白菜型油菜植株较矮，株高一般为 50～100 cm。叶片薄，绿色；叶脉呈淡绿色，中脉明显；绝大多数没有蜡粉。叶片较大，呈卵圆形、长披针形或匙形，通常不分裂，全缘或呈波状或锯齿状，或缺刻。上部薹茎叶狭长，无叶柄，叶片基部耳状明显，全抱茎。花较大，呈淡黄色或深黄色，开花时花瓣两侧互相重叠。花序中间花蕾位置多半低于周围新开花朵。自然异交率高，自交率很低，属典型异花授粉作物。角果较肥大，果喙显著。种子大小不一。种皮颜色有褐色、黄色、黄褐色。种子含油量为 35%～45%，千粒重为 3 g 左右。生育期较短，为 150～200 d，适宜在生长季节短、肥力水平低的条件下栽培。白菜型油菜属于早中熟类型，适合一年三熟地区栽培。产量较低，易感染病毒病和霜霉病。菜薹可供食用。

白菜型油菜有春油菜和冬油菜之分。

（2）春油菜　典型的白菜型春油菜品种是“青海小油菜”（通称小油菜），其株型矮小，分枝数少，结角也少，生育期短，4—5 月播种，全生育期只有 90～110 d，且随着海拔增高而缩短，并与青稞（裸大麦）并存，凡是能种青稞的地方，就一定有小油菜分布。这是世界上特有的一种油菜，适合在高海拔的高寒山区发展。

（3）冬油菜　白菜型冬油菜有南北两种不同的生态型。

①北方小油菜　北方小油菜（*Brassica campestris*）株型矮小，分枝较少，茎秆较纤细。基叶不甚发达，匍匐生长。叶片呈椭圆形，有明显琴状缺刻，且多刺毛。越冬时生长锥下陷，主根发达（膨大），具有较强的抗寒力。

②南方油白菜　南方油白菜（*Brassica chinensis* var. *oleifera*）外形似普通小白菜，其株型较高大；叶片呈椭圆形或卵形，较宽大，中脉宽，叶柄两旁有附叶（裙边），叶全缘或呈波状，一般不具琴状缺刻。长江中下游和黄淮平原冬性品种叶色浓绿，叶片肥厚，叶面密被蜡粉。南方各地广泛分布的白菜型冬油菜，大多数是半冬性品种，叶色多为浅绿。

2. 芥菜型油菜　芥菜型油菜俗称大油菜、高油菜、苦油菜或辣油菜等，是芥菜的油用变种，主要有大叶芥油菜和细叶芥油菜两个种。

（1）大叶芥油菜　大叶芥油菜（*Brassica juncea*）植株高大，主根发达，分枝位较高，二次分枝多。基叶宽大，叶色浓绿。主花序明显，花色为淡黄色至深黄色。着果较密，种子较圆。

（2）细叶芥油菜　细叶芥油菜（*Brassica juncea* var. *gracilis*）植株较矮，分枝位较低，大分枝常与主茎高度相等，上部分枝纤细。基叶狭小，叶色发绿或紫色。花淡黄色。着果较稀，种子较扁。花色为淡黄色或白黄色，花瓣小，开花时四瓣分离。细叶芥油菜具有自交亲和性，自交结实率一般高达80%以上，属常异花授粉作物。角果细而短，种子小，千粒重为1～2 g。种子的辛辣味较重，含油量为30%～50%，种皮有黄色、红色、褐色等。生育期中等，为160～210 d。产量不高，但耐瘠，抗旱，抗寒，适于山区、寒冷地带及土壤瘠薄地区种植，主要分布在我国西北和西南。

3. 甘蓝型油菜　甘蓝型油菜俗称洋油菜、番油菜、日本油菜、欧洲油菜等，20世纪30年代引入我国，20世纪70年代后成为油菜主要栽培品种类型。目前我国推广的优良品种大部分属于这个类型。植株中等或高大，一般为1.0～1.7 m。叶厚，有蜡粉，呈蓝绿色、灰绿色或浓绿色，薹茎叶无柄，半抱茎。基部叶有琴状裂片或花叶。花瓣大，呈黄色，开花时花瓣两侧重叠。自交结实率一般为60%以上，属常异花授粉作物。生育期为170～230 d，为中晚熟。角果较长，种子较大，千粒重为3～4 g。种子呈圆形，种皮为黑色或略带褐色。种子含油量为35%～45%。甘蓝型油菜增产潜力大，抗霜霉病、病毒病能力强，耐寒、耐肥、适应性广；但耐旱性较弱，需肥较多；适宜水源方便、土质较肥沃的地区种植，产量较高。

除以上3大类型外，我国还有其他一些十字花科的油用作物，例如芜菁、黑芥、埃塞俄比亚芥、油用萝卜、白芥、芝麻菜等，其中前3种属于芸薹属。

4. 3种类型油菜的亲缘关系　常见的芸薹属植物有6类染色体数目不同的种：黑芥（*Brassica nigra*，$2n=16$，染色体组为BB）、甘蓝（*Brassica oleracea*，$2n=18$，染色体组为CC）、白菜型油菜（$2n=20$，染色体组为AA）、埃塞俄比亚芥菜（*Brassica carinata*，$2n=34$，染色体组为BBCC）、芥菜型油菜（$2n=36$，染色体组为AABB）、甘蓝型油菜（$2n=38$，染色体组为AACC）。前3种为基本种，后3种为复合种，即后3种是前3种杂交演变而来的。例如白菜型油菜与黑芥杂交可得芥菜型油菜，黑芥与甘蓝杂交可得埃塞俄比亚芥菜，白菜型油菜与甘蓝杂交可得甘蓝型油菜（图 7-2）。

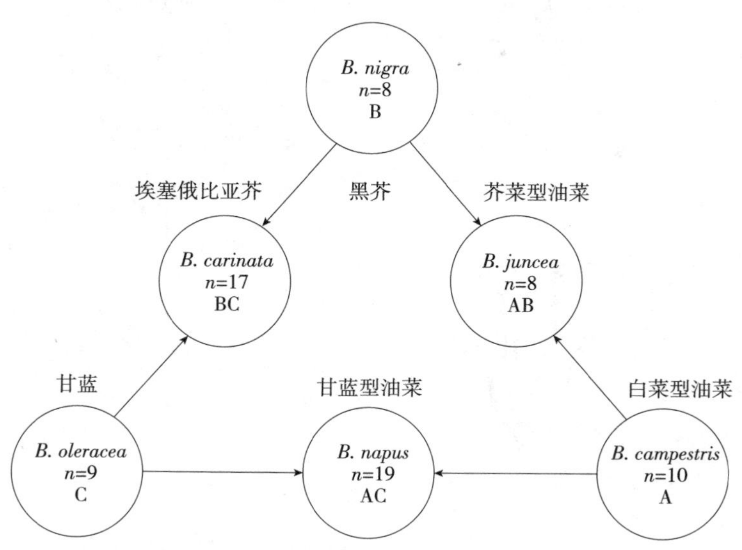

图 7-2　3 种类型油菜与芸薹属植物几个种的亲缘关系

（引自胡晋，2014）

（二）油菜的花器结构及开花受精与结实特性

1. 油菜的花器结构　油菜的花序为总状无限花序，由主茎或分枝顶端的分生细胞分化而成。着生于主茎顶端的为主花序，着生于主茎的分枝为一次分枝，着生于一次分枝上的分枝为二次分枝，着生于二次分枝上的分枝为三次分枝，以此类推。分枝上形成花序，每个花序轴上着生许多单花。

油菜的花由花柄（花谢后成为果柄）、花萼、花冠、雄蕊、雌蕊、蜜腺等部分组成。花萼 4 片，着生在花的外围。花冠由 4 片花瓣组成，一般为黄色，开放时呈十字形。雌蕊 1 枚，位于中央，由子房、花柱和柱头 3 部分组成，形似小瓶，柱头上有许多乳状小突起（称为乳突细胞），花粉粒即在此发芽。雌蕊在开花前 3～5 d 已先成熟，可以接受花粉。受精之后，胚珠发育成种子，子房膨大为角果，花柱发育成果端的喙突。雄蕊 6 枚，4 长 2短，称为四强雄蕊，每枚雄蕊由花药与花丝 2 部分组成，成熟的花药为黄色，内含大量花粉。蜜腺位于花瓣基部雄蕊与子房之间，共 4 个，呈绿色。位于两个短雄蕊下面的蜜腺，蜜汁丰富；而位于两对长雄蕊下面的蜜腺，不分泌蜜汁。油菜的花器构造见图 7-3。

2. 油菜的开花受精特性

（1）开花习性　油菜现蕾抽薹以后，就进入开花期，我国长江流域各地在 2 月中下旬到 3 月上中旬开始开花。由始花到开花完毕（终花）称为花期，多数在 30 d 左右。一般而言，早熟品种开花早，由于温度较低，开花不集中，花期较长；而晚熟品种则因开花时温度较高，花期短而开花较集中。一般甘蓝型品种花期为 25～40 d。白菜型品种开花时间早，但开花缓慢，花期可达 40～50 d。

油菜植株的开花顺序是：先主花序，然后第 1 分枝、第 2 分枝的花序依次由上而下开花。同一花序的花朵，则是基部的先开，上部的后开，从下而上依次进行开放。一朵花从萼

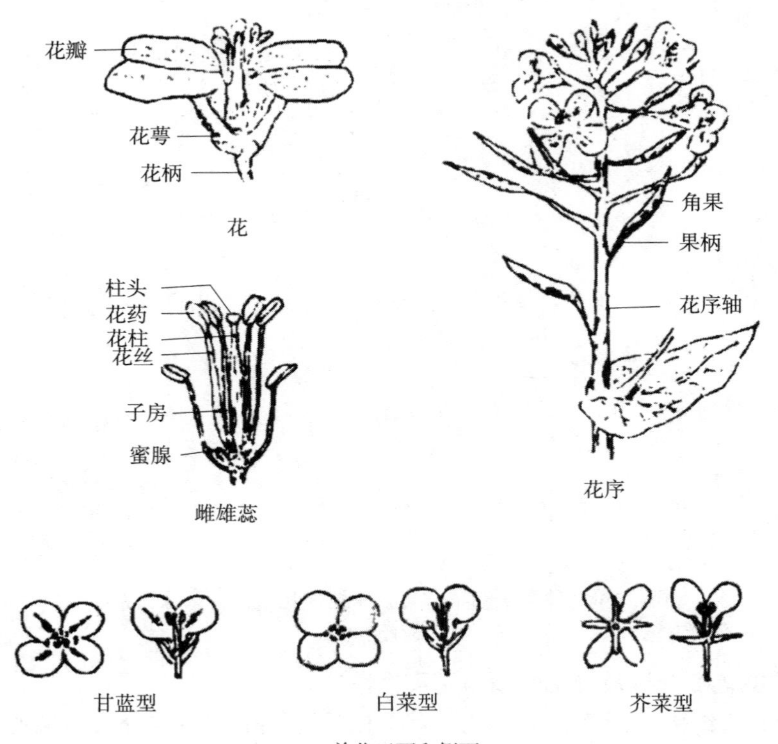

单花正面和侧面

图 7-3　油菜的花器结构

片开裂至花瓣平展呈十字形，需要的时间因气候不同而异，一般需 24～30 h。

一般在开花前一天下午 16：00 左右，花瓣和雄蕊的花丝开始伸长，花萼逐渐裂开，从裂缝能看到淡黄色的花瓣，到傍晚 4 个萼片顶部合拢处裂开，花瓣开始显露，但仍未张开。直至开花当天的早晨，花朵开成喇叭形，上午 8：00—10：00 花瓣平展成十字形，此时花药开裂，散出花粉。花朵开放后，大约经过 24 h，又逐渐闭合呈半开放状态。一朵花从开放到花瓣、雄蕊凋落，一般需 3～5 d。气温高、风大时，凋落加快；气温低、湿度大（特别是阴雨天）时，花朵开放和凋落的时间延长，可延至 10 d 左右才凋落。

油菜开花需要一定的温度和湿度条件。温度以 14～18 ℃最为适宜。开花的适宜温度范围因类型和品种而有一定变化，白菜型品种偏低，甘蓝型品种偏高；早熟品种偏低，晚熟品种偏高。

湿度对开花也有较大的影响。油菜开花散粉以相对湿度 70%～80%为宜，相对湿度低于 60%或高于 94%时，均不利于开花散粉，特别是低温天气，开花数会大幅减少；遇连续阴雨天气，花粉管吸水过多而膨胀开裂，影响昆虫传粉等，造成受精结实不正常。在正常气候条件下，每天开花时间一般在 7：00—12：00，以 9：00—11：00 开花最多，且此时最有利于散粉。

（2）授粉和受精　油菜开花后，花粉由昆虫或风传播到柱头，经 30～60 min 花粉开始发芽。花粉发芽后，花粉管伸入花柱，向子房延伸，18～24 h 后即能完成受精过程，形成合子。

油菜花的雌蕊比雄蕊先熟，且生活力较强，开花前后 7 d 内柱头均具有受精能力，但以开花后 1～3 d 受精结实率最高。开花 3 d 后柱头受精能力逐渐下降，主要是柱头上的乳突细胞逐渐解体造成的。

油菜花期比较长，雌蕊生活力维持的时间也比较长，这些特性，对于开展油菜育种和杂种优势利用，进行测配组合和种子生产，都是十分有利的。

3. 油菜的果实和种子　油菜的果实是圆筒形长角果，由果柄、果身和果喙组成。果身包括两片壳状果瓣和假隔膜，种子着生于假隔膜两侧的胎座上。当油菜开花受精后，花柱成果喙，子房形成果身，花柄发育成果柄。角果果壳由 4 心皮组成。角果皮是油菜后期的主要光合器官，其光合产物占籽粒灌浆物质来源的 2/3。角果结籽率一般是 60%～70%，主花序结籽率高于一次分枝，一次分枝高于二次分枝。角果发育成熟一般需 30 d 左右。果实及种子形成的适宜温度为 20 ℃，低温则成熟慢，日均温 15 ℃以下则中晚熟品种不能正常成熟；温度过高易造成逼熟现象，种子质量下降。一个角果最终发育形成 10～30 粒种子。种子一般呈球形或近球形，长度为 2 mm 左右。适宜的收获时期在油菜终花后 25～30 d。

二、油菜常规品种种子生产

我国油菜生产总面积中，常规品种种植面积占 70%左右。一个优良品种在不断繁殖和大面积生产过程中，常常由于机械混杂、生物学混杂、品种本身的遗传变异和不正确的选择等原因，导致原品种的种性发生退化，表现为个体间生长发育不一致、群体整齐度变差、综合抗性减弱、产量与品质下降等。因此有必要进行原种生产，用原种繁殖的良种种子作为大田生产用种，以保持优良品种原有的特性，防止混杂退化。

（一）油菜常规品种原种生产技术

1. 三圃法生产甘蓝型油菜和芥菜型油菜常规品种原种　三圃法生产原种的程序是单株选择、株行鉴定、株系比较、混系繁殖。将根据表现型选取的典型单株的种子，第二年种于株行圃鉴定其基因型。第三年当选株行种于株系圃，在较大面积上进行株系比较；第四年当选株系种子混合种于原种圃进行混系繁殖，所收种子即为原种。三圃法生产原种 1 个周期内使用了 1 次选择和 2 次鉴定，适用于混杂退化程度较严重、在生产上还有利用前景的品种。在各圃进行试验的同时，建立相应的隔离繁殖圃，承担种子保纯和供种任务（图 7-4）。

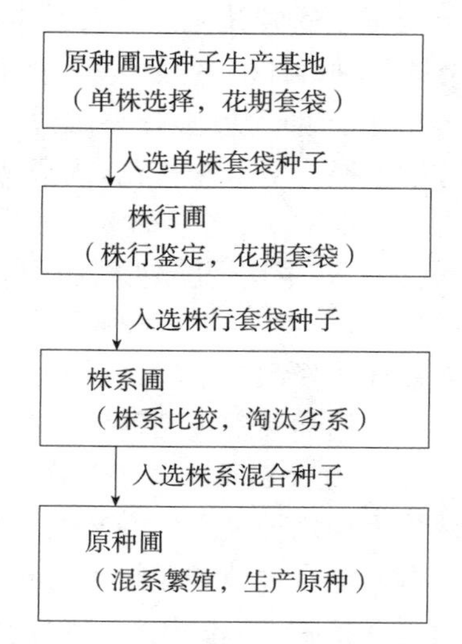

图 7-4　甘蓝型油菜和芥菜型油菜的原种生产程序

（1）单株选择　在原种圃或纯度较好的种子田中，选择具有本品种典型性状的优良单株。选取单株的数量，一般初选为 400～500 株，通过室内考种，最后决选 200 株左右。选择单株的方法是在苗期、蕾薹期、初花期选择具有原品种典型性状的优良单株，并在主花序上套袋自交兼做标记。收获时，凡符合原品种特征特性，单株产量超过各单株平均产量者即可入选。当选单株分别收获，分株脱粒，编号装袋，密封储藏或低温储藏。

（2）株行圃　入选的每个单株自交种子种植 1 个小

区（即1个株行），小区面积为6.7～13.4 m²，不设重复，每间隔10个小区设1个现用原种（纯度符合国家标准）对照区。在各生育时期按标准进行观察鉴定，初花期入选株行根据原种需要量套袋若干植株的主花序进行自交。收获时对不符合原品种特征特性或产量表现较差的株行予以淘汰，产量达到或超过对照的株行即可入选。入选株行内各单株自交种子混合。

（3）株系圃　将上年入选株行的自交种子种于株系圃，进一步鉴定当选株行的典型性、一致性和稳定性。株系圃的田间排列采用对比法，不设重复，小区面积为13.4～26.8m²。以同一品种的现用原种作对照。根据鉴定结果，凡符合原品种典型性状，表现整齐一致，产量达到或超过对照者均可入选。入选株系种子可混合脱粒保存。

（4）原种圃　将上年入选株系的种子混合种植于原种圃。进行单株稀植，加强栽培管理，扩大繁殖系数，以获得大量的优质种子，尽快地应用于原种田生产。

株行提纯法生产的原种，除供应种子生产田用种外，还可分出部分种子储存于中长期种质库中，隔2～3年取出少量种子进行繁殖，以减少繁殖世代，防止混杂，保持种性。

2. 二圃法生产甘蓝型油菜和芥菜型油菜常规品种原种　二圃法原种生产的具体做法是：在油菜种子生产基地内选择生长发育正常，具有品种典型性状，整齐一致的田块，根据原品种的特征特性，分期选择具有典型性状的优良单株。苗期和蕾薹期进行初选，中选单株挂牌标记，初花期和成熟期进行田间复选，除去异株和劣株，入选单株数量一般为300株左右，并可视下一季和下下季的繁殖面积而定。收获时对入选单株逐一鉴定，将符合要求的优良单株分别脱粒，下一季按上述株行圃的方法进行种植和鉴定。入选株行合并脱粒，安全储藏，用作下一季原种圃的种子。此方法适合一些混杂退化程度较轻的品种。

二圃法比三圃法少1个株系比较环节，节省1年时间，比较简便，耗费少，易推广。但必须在掌握原品种特征特性的基础上选择典型单株，并适当加大选择单株的数量，提高入选株的代表性，防止破坏原品种群体的遗传组成。

3. 混合选择法生产白菜型油菜常规品种原种　白菜型油菜常规品种原种生产的核心是保持原品种群体的基因频率不变，防止重要基因的丢失和外源不利基因的迁入。其具体做法是：在种子生产基地内选择肥力均匀一致、植株生长发育正常的田块，根据原品种的特征特性分期选择典型单株。苗期和蕾期初选，花期和成熟期复选，收获时对入选单株逐株鉴定，将符合要求的单株合并脱粒即为原种。

（二）油菜常规品种大田用种种子生产技术要点

目前，生产上大面积使用的油菜常规品种主要是甘蓝型。大田用种种子生产中，在种子生产基地选择和安全隔离等方面与其原种生产有相似之处，但要求的严格程度有所不同。下面简要介绍油菜常规品种大田用种种子生产的技术要点。

1. 建立大田用种种子生产基地　选择隔离条件好、土层深厚、土壤肥沃、集中连片的田块作大田用种种子生产基地。要求地势平坦，背风向阳，排灌方便。大田用种种子生产基地周围不能有种植的或野生的异品种、异类型油菜，也不能有能与油菜发生自然杂交的十字花科近缘植物，以防飞花串粉，造成生物学混杂。同时，1个大田用种种子生产基地内只能繁殖1个品种。

2. 安全隔离　大田用种种子生产一般面积较大，主要采用自然隔离。自然隔离主要采用空间隔离。繁殖甘蓝型油菜品种时，与异品种、异类型的空间隔离距离应在 600 m 以上。油菜花期长，通过调节播种期进行时间隔离有一定困难。冬油菜区也可以利用高寒地区（例如青海省海东市乐都区等地）进行春夏季节大田用种种子生产。

3. 严格除杂去劣　油菜常规品种大田用种种子生产，要培育壮苗，适时移栽，单株稀植，加强肥水管理和病虫害防治。在苗期、蕾薹期、开花期和黄熟期，分别根据本品种在相应生长发育时期的典型性状进行除杂去劣，淘汰异类型株、异品种株以及不符合本品种特征特性的杂株和变异株，以防生物学混杂。在收获、脱粒、种子加工、储藏、运输和销售各环节中，要严防混杂，确保种子质量。

三、油菜杂交种种子生产

我国油菜生产总面积中，一代杂交种种植面积占 30%左右。油菜杂交种主要是甘蓝型。油菜一代杂交种种子生产有 4 条途径：一是利用质核互作雄性不育系，实行三系配套杂交种种子生产；二是利用核不育两用系生产杂交种种子；三是利用自交不亲和系，实行两系杂交种种子生产；四是利用化学杀雄进行杂交种种子生产。

（一）利用质核互作雄性不育系的三系配套杂交种种子生产技术

1. 对油菜质核互作雄性不育的三系性状的要求　杂种油菜的三系指油菜雄性不育系、雄性不育保持系和雄性不育恢复系。

（1）油菜雄性不育系　在开花前雄性不育植株与普通油菜没有多大区别。开花后，雄性不育株表现为花瓣小，雄蕊短（高度只有雌蕊的一半左右），花药干瘪无花粉，套袋自交不结实。生产上应用的雄性不育系要求雄性败育彻底，可恢复性好，对环境特别是温光条件反应钝感。

（2）油菜雄性不育保持系　雄性不育保持系和雄性不育系是同型的，它们之间有许多性状相似，所不同的是雄性不育保持系的雄蕊发育正常，能自交结实。要求雄性不育保持系花药发达，花粉量多，散粉较好，以利于给雄性不育系授粉，提高繁殖雄性不育系的种子产量。

（3）油菜雄性不育恢复系　一个优良的雄性不育恢复系，要有较强的恢复力和配合力，花药发达，花粉量多，吐粉畅，生育时期尤其是花期要与不育系相近，以利于提高杂交种的种种产量。

2. 对油菜杂交种及其三系亲本纯度的要求

（1）杂交种和亲本的纯度要求　国家标准《经济作物种子　第 2 部分：油菜类》（GB 4407.2—2008）对油菜三系亲本和杂交种的种子纯度做了规定（参见表 5-3）。杂种油菜 F_1 代种子的纯度受其亲本种子纯度的直接影响。三系亲本混杂退化，必然导致杂种性状变异，花器变态，出现不育或半不育株，结实率下降，使雄性不育系繁殖和杂交种种子生产的产量和质量严重下降，F_1 代农艺性状变劣，抗性减退，影响油菜杂种优势的发挥和杂交种在生产上的推广。

（2）三系及杂交种混杂退化的原因　油菜三系及其杂交种混杂退化的原因主要有以下几个。

①机械混杂：雄性不育三系中，质核互作不育系的繁殖和杂交种种子生产，都是两个品种（系）的共生栽培，在播种、移栽、收割、脱粒、翻晒、储藏和运输的各个环节上，稍有

不慎，都有可能造成机械混杂，尤其是雄性不育系和雄性不育保持系的核遗传组成相同，较难从植株形态和熟期等性状上加以区别，因而人工除杂往往不彻底。机械混杂是三系混杂和杂交种混杂的最主要原因之一。

②生物学混杂：甘蓝型杂交油菜亲本属常异交作物，是典型的虫媒花，亲本繁殖和杂种种种子生产，容易引起外来油菜品种花粉和十字花科作物花粉的飞花串粉，造成生物学混杂。同时，机械混杂的植株在亲本繁殖和杂交制种中可散布大量花粉，从而造成繁殖制种田的生物学混杂。

③雄性不育系对温度敏感：据研究，“陕 2A”花药发育早期遇到低温时，会出现微量或少量可育花粉，导致“秦油 2 号”杂交种杂交率只有 70%左右。三系是一个互相联系、互相依存的整体，其中的任何一系发生变异，必然引起下一代发生相应变异，从而影响杂交种的产量和质量。因此对于已经发生混杂退化的三系亲本，应严格按照甘蓝型油菜或芥菜型油菜的原种生产程序进行提纯。对于杂交种种子生产，应严格按照杂交油菜制种操作规程进行。

(3) 对雄性不育系微量花粉问题的应对措施　对于正季（秋季）播种条件下，质核互作雄性不育系花药发育早期遇到低温会出现微量花粉的问题，可以通过异地异季即高海拔春播进行种子生产，以降低所生产种子中的自交种子比例。余华胜等自 1997 年春季在青海省乐都县园艺场（东经 102°23′，北纬 36°26′，海拔 2 000 m 左右）连续进行了 3 年三系杂交油菜“皖油 9 号”种子生产试验，3 年平均种子产量为 1 897.5 kg/hm^2，种子杂交率经秋播鉴定为 95%～98%，种子产量和杂交率均高于秋播制种（产量为 1 332 kg/hm^2，纯度为 85%左右）。也可通过提高父母本授粉位差、缩小父本与母本行距、增加父本花粉量、重复授粉等措施，控制雄性不育微量花粉给油菜杂交制种造成的不良影响，提高种子纯度。

(4) 杂交种大田用种生产中降低不育株率的措施　应用于大田生产的一代杂交种，由于上述各种原因，总会有一定的不育株和混杂变异株存在，可在大田生产过程中采取以下措施降低不育株率，提高恢复率。

①苗床去劣：杂种油菜种子发芽势比一般油菜品种（系）强，出土早，而且出苗后生长旺盛，在苗床期一般要比不育株或其他混杂苗多长 1 片左右的叶子。当油菜苗长到 1～3 片真叶时，结合间苗，严格去除小苗、弱苗、病苗以及畸形苗。

②苗期除杂去劣：越冬前结合田间管理，根据杂交组合的典型特征，从株型、匍匐程度、茎秆颜色、叶片形状、叶片蜡粉多少、叶片是否起皱、叶缘缺刻深浅等方面综合检查，发现不符合本品种典型性状的苗，立即拔掉。

③初花期摘除主花序：当主花序和上部 1～2 个分枝花序明显抽出，并便于摘除时摘除主花序。

④利用蜜蜂传粉：蜂群数量可按每公顷配置 3～4 箱，于盛花期安排到位。为了引导蜜蜂采粉，可于初花期在杂交油菜田中采摘 100～200 个油菜花朵，捣碎后，放在糖浆（即白糖 1 kg 溶于 1 kg 水中充分溶解或煮沸）中浸泡，并充分混合，密闭 1～2 h，于早晨工蜂出巢采蜜之前，给每群蜂饲喂 100～150 g，这种浸制的花香糖浆连续喂 2～3 次，就能达到引导蜜蜂定向采粉的目的，从而提高给不育株传粉的效果。

3. 杂种油菜三系亲本的繁殖技术　杂种油菜三系亲本繁殖，是指雄性不育系、雄性不育保持系和雄性不育恢复系的繁殖。一般设立两个繁殖区。一个繁殖区是雄性不育系和雄性不育保持系繁殖区，一般在自然隔离区或隔离网室中进行。1个隔离区只能繁殖1个雄性不育系及其保持系，雄性不育系与雄性不育保持系行比为1∶1或2∶1，在母本行两头播小麦或蚕豆作标记，以防错收。在雄性不育系行内收获的种子下年仍然是雄性不育系，雄性不育保持系行内收获的种子下年仍然是雄性不育保持系，但最好单独隔离繁殖雄性不育保持系种子。另一个繁殖区是雄性不育恢复系繁殖区，一般宜在隔离区内进行。

4. 三系杂种油菜的种子生产技术　三系杂种油菜种子生产，是指以雄性不育系为母本、雄性不育恢复系为父本，按照一定的比例相间种植，使雄性不育系接受雄性不育恢复系的花粉，受精结实，生产出杂种 F_1 代种子。油菜的杂交种种子生产技术受组合特性、气候因素、栽培条件等的影响，不同组合、不同地区的种子生产技术也不尽相同。现以华中农业大学育成的“华杂4号”（母本为“1141A”，父本为“恢5900”）为例，介绍其在湖北省利川市的杂交油菜高产种子生产技术。

（1）选地隔离，除杂去劣，确保种子纯度

①选地隔离：选择符合隔离条件，土壤肥沃疏松，地势平坦，肥力均匀，水源条件较好的田块作为种子生产田。

②除杂去劣：除杂去劣贯穿于油菜种子生产的全过程，有利于确保种子纯度。油菜生长的全生长发育时期共除杂5次，主要去除徒长株、优势株、劣势株、异品种株和变异株。一是苗床除杂。二是苗期除杂2次，移栽后20 d左右（10月下旬）除杂1次，除杂后应及时补苗，以保全苗；翌年2月下旬再除杂1次。三是花期除杂，在田间逐行逐株观察除杂，力求完全彻底。四是成熟期除杂，5月上中旬剔除母本行内萝卜角、白菜、紫荚角，拔掉翻花植株。

③隔离区周围除杂：主要是在开花前将隔离区周围1 000 m左右的萝卜、白菜、甘蓝、自生油菜等十字花科作物全部清除干净，避免因异花授粉导致生物学混杂。

（2）适期播种，壮株稀植，提高种子产量　及时开沟排水、防除渍害、减轻病虫害是提高油菜种子产量的外在条件；早播培育矮壮苗，稀植培育壮株是实现种子高产的关键。壮株稀植栽培的核心是在苗期创造一个有利于个体发育的环境条件，增加前期积累，为后期稀植壮株打好基础。

①苗床耕整和施肥：播种前1周选择通风向阳的肥沃壤土耕整2～3次，要求土壤细碎疏松，表土平整，无残茬、石块、草皮，干湿适度，并结合整地施好苗床肥，每公顷施磷肥120 kg、钾肥30 kg，稀水粪适量。

②早播、稀播，培育矮壮苗：种子生产基地点于9月上旬播种育苗，苗床面积按苗床与大田面积按1∶5设置，一般父本和母本同期播种。播种量以每公顷大田定植90 000株计。在3叶期，每公顷大田苗床用多效唑150 g，兑水150 kg喷洒，培育矮壮苗。

③早栽、稀植，促进个体健壮生长：早栽、稀植，有利于培育冬前壮苗，加大油菜的营养体，越冬苗绿叶数13～15片，促进低位分枝，提高有效分枝数和角果数，增加千粒重；促进花芽分化，达到个体生长健壮、高产的目的。要求移栽时，先栽完一个亲本，再栽另一个亲本，同时去除杂株。父本和母本按先栽大苗后栽小苗的原则分批对应，分级移栽，移栽30 d龄苗，在10月上旬移栽完毕。一般每公顷母本植苗67 500株，单株移栽；父本植苗22 500株，双株移栽，父本与母本比例以1∶3为宜。早栽壮苗，容易返青成活，可确保一

次全苗。同时，可在父本行头种植标志作物。

④施足基肥，早施苗肥，必施硼肥：在施足基肥（农家肥、氮肥、磷肥和硼肥）的基础上，增施、早施苗肥，于10月中旬每公顷用22 500 kg水粪加碳酸氢铵225 kg追施，以充分利用10月中旬的较高气温，促进快长快发；年前施腊肥（每公顷施碳酸氢铵150 kg）。同时要注意父本的生长状况，若偏弱，则应偏施氮肥，促进父本生长。甘蓝型双低油菜对硼特别敏感，缺硼往往会造成“花而不实”而减产，因此在基肥施硼肥基础上，在抽薹期，当薹高30 cm左右时，每公顷喷施0.2%的硼砂溶液750 kg。

⑤调节花期：确保种子生产田父本和母本花期相遇是提高油菜种子产量和保证种子质量的关键。杂种油菜“华杂4号”组合，父本和母本花期相近，可不分期播种。但生产上往往父本开花较早（一般比母本早3～6 d），谢花也较早，为保证后期能满足母本对花粉的要求，可隔株或隔行摘除父本上部花蕾，以拉开父本开花时间，保证母本的花粉供应。

⑥辅助授粉，增加结实：当完成除杂工作后，盛花期可采取人工辅助授粉的方法，以提高授粉效果，增加种子产量。人工辅助授粉，可在晴天10:00—14:00进行，用竹竿平行于行向在田间来回缓慢拨动，达到赶粉、授粉的目的。

⑦病虫害防治：油菜的产量与品质、品质与抗逆性均存在着相互制约的矛盾，一般双低油菜抗性较差，因此应加强病虫害的综合治理。种子生产田苗期应注意防治蚜虫、跳甲、菜青虫，蕾薹期应注意防治霜霉病，开花期应注意防治蚜虫、菌核病等。

（3）及时收割，分级细打，提高种子质量

①砍除父本：当父本完成授粉而进入终花期后，要及时砍除父本。砍除父本，可改善母本的通风透光和水肥供应条件。这样，既可增加母本千粒重和产量，又可防止收获时的机械混杂，从而保证种子质量。

②及时收获：当油菜70%～80%角果变黄，主花序中下部角果种子转色时，即可收获，以防止倒伏后枝上发芽。分级细打后及时晒干，与壳混装，可有效躲避梅雨季节，防止霉变，从而提高发芽率，保证种子质量。母本割后可就地摊晒或搬至另一地点摊晒，或放置于本田晾晒后熟，4～5 d后选晴天就地脱粒，脱粒后及时放在油布或竹垫上晒干，注意不能直接放在水泥地上暴晒，以免灼伤种胚。参与种子生产的农户应分户单独收晒，种子晒干后经精选分别挂牌装袋储藏备用。在以上操作中注意避免将其他杂籽带入造成混杂。

5. 亲本繁殖田、F_1代种子生产田和生产大田的面积比例 以种植面积计算，雄性不育系繁殖田、F_1代种子生产田、生产大田的面积比例为1∶400∶250 000。计算依据是：雄性不育系与雄性不育保持系的行比为2∶1时，每公顷雄性不育系繁殖田可收获雄性不育系种子450 kg。这450 kg雄性不育系种子用作种子生产田的母本，在雄性不育系与雄性不育恢复系的行比为2∶1时，可种植种子生产田400 hm^2（种子生产田雄性不育系用种量为1.125 kg/hm^2）。400 hm^2制种田可收获F_1代种子375 000 kg（种子生产田单产为937 kg/hm^2），375 000 kg F_1代种子可种植250 000 hm^2生产大田（大田用种量为1.5 kg/hm^2）。雄性不育系繁殖、雄性不育恢复系繁殖和F_1代种子生产需要在3个隔离区内进行。雄性不育恢复系繁殖田面积可根据需种量按单产1 200 kg/hm^2确定。

6. 高海拔春播种子生产技术 以青海为例说明高海拔春播种子生产技术。

（1）种子生产区及田块选择 春播种子生产对种子生产区的要求与长江中下游地区及江

淮之间秋播种子生产相同，对种子生产田块的要求则严于后者。春播种子生产采用直条播，种子生产田块不但要求平坦，土地肥沃，土壤耕性好，还要求必须是近 2～3 年内未种过油菜和其他十字花科作物，并进行水旱轮作的田块。

（2）确定适宜行比　父本和母本行比的确定主要是根据父本和母本的株高差及父本的花粉量。一般父本和母本植株高接近时，父本和母本行比为 2∶6；父本植株高超过母本 20 cm 且父本花粉充足时，行比可为 2∶9～10；父本植株高低于母本时，行比可定为 2∶4～6。

（3）秋翻、施肥、保墒　秋季前茬收获后田块进行深翻，翻耕深度为 20 cm 并施有机肥 30 000 kg/hm^2，秋雨后耱地收墒，打土保墒。

（4）适期早播，合理密植　春播种子生产时，土壤解冻 15 cm 左右为适期早播标准。一般情况下海拔 2 000 m 左右 3 月下旬播种，随海拔高度的升高播种期可相应推迟，但不能迟于 4 月 20 日。过早播种时，地表温度过低，种子不能及时发芽而土壤墒情被破坏，影响齐苗、全苗；播种期过迟时，花期气温过高影响结实，还有可能遇到早霜冻而无法成熟，二者均会造成减产。若播种前土壤墒情差，应提前 10 d 灌水造墒，确保播种后齐苗、全苗，播种量为 5.25～6.00 kg/hm^2，采用条播，行距为 26 cm，株距为 13～15 cm，每公顷留苗 24 万～30 万株。

（5）科学施肥　春播种子生产，肥料运筹宜足施基肥、轻施苗肥，每公顷施纯氮总量不少于 150 kg，氮、磷、钾肥应合理配比。一般基肥每公顷施磷酸氢二铵 225 kg、尿素 150 kg、氯化钾 75 kg、硼肥 7.5 kg。追肥宜在 5 叶期前后，施尿素 75.0～112.5 kg/hm^2。

（6）加强田间管理，提高种子产量

①及时间苗，培育壮苗：油菜齐苗后要及时松土间苗，一般需间苗 2 次。间苗时要除去高脚苗、病苗、杂苗等，留下健壮苗，于 3 叶期定苗。苗期及薹花期如遇干旱应及时灌水抗旱保苗。

②防治病虫草害：春播油菜主要虫害为蚜虫及油菜茎龟象，主要病害病毒病也是由蚜虫传播的，因此防治病虫害主要是防治虫害。在出苗前后，有翅蚜迁飞前，可用 40%乐果 50 mL 兑水 60 kg 喷雾，重点在叶背面和薹茎；也可用 50%抗蚜威可湿性粉剂 15～20 g，兑水 45 kg 喷雾。对于草害的防治则是播种前 3～5 d 选用灭生性除草剂参照产品使用说明进行化学除草。

③其他措施：为了确保种子质量，提高种子产量，春播种子生产必须和长江中下游地区及江淮之间秋播种子生产一样加强田间除杂、进行花期调节及人工辅助授粉等措施，收割、晾晒要严格防止混杂。

（二）利用核不育两用系的杂交种种子生产技术

1. 核不育两用系的繁殖　由于细胞核雄性不育系经兄妹交后，每代分离出的不育株和可育株的比例为 1∶1，因此繁殖这种不育系时，不必另设保持系。繁殖区用上代不育株上收获的种子即为两用系种子，种在隔离区或隔离网室内，由同一群体中的可育株与不育株自由授粉。开花后用布条等在不育株上做标记，开花前后，不育株和可育株有明显区别。收获不育株上的种子留种，其中大部分作下年生产杂交种的母本用种，小部分作继续繁殖两用系用种。除杂去劣应及时，开花前，拔除早薹、早花、畸形、矮小和死蕾较多的单株。开花期做好辅助授粉工作，在晴天上午 10:00—12:00 利用拉绳或竹竿赶粉，增加传粉机会，提高结实率。利用网室繁殖时，可放养蜜蜂帮助授粉。

2. 利用核不育两用系的杂交种种子生产技术 将两用系和恢复系按行比4∶1或6∶1种植在隔离繁殖区中，并在两用系行头种植小麦或蚕豆作标记作物，防止误收。在蕾薹期至开花期及时彻底拔除两用系行内的可育株。可育株花蕾大，饱满硬实，用手捏无软感，花药内有大量花粉，可据此进行识别。在彻底拔除可育株后，可安放蜂群进行人工辅助授粉。

在种子生产区母本行收获杂交种，作为下年大田生产用种。在恢复系行收获种子，作为下年种子生产区恢复系用种。最好是单独设立隔离区，专繁恢复系种子。

贵州省农业科学院油料研究所自2000年开始在遵义市一直生产两用系杂种油菜“黔油14”的F_1代种子，获得了大面积平均单产785.52 kg/hm²、不育株率控制在5%以下的种子生产效果。他们的种子生产技术要点如下：①种子生产地必须与同类型非本品种、白菜型油菜和白菜类蔬菜等十字花科作物隔离1 000 m以上，并严禁在选定的隔离区内放养蜂群。若在隔离区内有白菜、油菜等易串花近缘作物，必须在开花前彻底及时拔除。②苗床要求向阳、平坦，土壤疏松、肥沃，排灌方便，未种植过油菜及其他十字花科作物的地块；整地要求表土平整细碎，厢宽为150 cm，沟深为15～20 cm，厢沟宽为20～30 cm。③母本于9月15—20日播种，育苗移栽，父本较母本早播7 d左右。每公顷苗床用腐熟圈肥15 000 kg，加适量灰肥作基肥，均匀播种7.5～9.0 kg种子。播种后用清粪水或清水浇透，盖上秸秆。种子发芽后立即揭开覆盖物（一般播种后1～2 d即发芽，过晚揭覆盖物容易产生高脚苗），经常浇水，保持苗床湿润。第一次间苗在第一片真叶时进行，约3.4 cm留1株苗。第二次间苗在3片真叶时进行，约8.3 cm留1株苗。1～2片真叶时施尿素112.5 kg/hm²，在移栽前1周施用1次“送嫁肥”，用清粪水或尿素（52.5～60.0 kg/hm²）加水浇淋。④大田整地要求土壤平整细碎无大块，便于操作和油菜生长（如果是稻田，必须在水稻勾头后立即开沟排水）。基肥每公顷施腐熟圈肥15 000～22 500 kg、灰肥22 500 kg、氮磷钾复合肥300～450 kg、磷肥375 kg、硼肥7.5～9.0 kg。注意不能施用混有油菜、白菜等十字花科作物的灰肥或未腐熟有机肥。⑤苗龄30～35 d时移栽。移栽前1 d将苗床浇透水，以便拔苗不伤根。移栽时应选用健壮苗，去掉弱苗。栽苗以不露根颈，不盖心叶为原则。移栽过程中，父本和母本不能同时移栽，以免栽混。移栽后应浇清粪水或清水作定根水，如遇干旱，应经常浇水以利成活。⑥父本和母本行比为1∶6，采用宽窄行，宽行行距为60 cm，窄行行距为40 cm。父本株距为30 cm，母本行距为15 cm，均栽单株。行向与花期风向垂直。⑦移栽成活后，每公顷窝施人畜粪15 000～22 500 kg或尿素75～105 kg作苗肥。越冬前（12月上中旬）再追1次壮苗肥，每公顷用人畜粪22 500 kg或尿素150 kg。注意，追施时必须配施硼肥，用量为7.5～9.0 kg/hm²。苗期及时将田间芥菜型油菜、白菜型油菜以及与父本和母本典型性状不同的植株拔除。⑧抽薹初期植株生长较差的田块，施尿素52.5～97.5 kg/hm²作为薹肥。结合施肥进行中耕，培土壅脚，防止倒伏。⑨母本行中的可育株在花蕾能够挤压出黄色的粉浆时开始拔除。每天到田间观察，通过挤浆法将母本行中的可育株在开花前拔除，然后每隔1 d到田间去检查一遍，在初花前后组织清查2～4次。拔除的可育株应及时运离种子生产区，或在附近空地挖坑掩埋，并用土或玉米稻秆等掩盖严实。⑩盛花期于晴天或多云无风天的10:00—14:00，用绳拉、竿拨的方法人工辅助授粉，每2～3 d进行1次。⑪有2/3以上的油菜植株角果变黄，主花序上籽粒呈现黑褐色，分枝上籽粒变为褐色时，即可进行收割。收割后的油菜要放在离地面稍高的地方（例如油菜秆上）以免发芽，植株干后要抢晴天及时脱粒。应按地块单收、单打、单晒、单藏。注意将所有工具及场地打扫干净，避免混杂。脱粒后的种子要及时晒干，使水分在9%或以下。交售种子时，也应按地块或户头分装，以便检查、鉴定其纯度、净度和其他各项指标。

（三）利用自交不亲和系的杂交种种子生产技术

1. 自交不亲和系杂交种种子生产亲本的繁殖

（1）自交不亲和系繁殖　一般在玻璃温室、网室或隔离区中进行自交不亲和系繁殖。自交不亲和系母本繁殖的方法主要有以下两种。

①剥蕾自交法：此法把尚未开花的花蕾，用镊子挑开，使柱头外露，不去雄。花蕾剥开后，摘取本株自交袋子中当天开放的花朵，对剥开的花蕾逐个授粉自交，要做到边剥蕾边授粉，花粉必须授在柱头上。剥蕾时从下往上选择适龄花蕾（以开花前1～2 d的花蕾为好）进行，1个花序1次可剥10～20个花蕾，每隔2～3 d往上剥1次，1个花序可连续剥蕾2～3次。田间剥蕾授粉自交后，必须立即套袋，以防昆虫传粉，并在该花序上挂牌标记。当剥蕾授粉花的花瓣脱落后，要及时取下纸袋，让角果在阳光下正常生长发育。成熟后收获的种子，即为自交不亲和系种子。这些种子大部分作为下年种子生产田的母本，小部分作为下年繁殖母本用的种子。此法较可靠，但工作量大。

②喷食盐水法：即用5%～10%的食盐水，在开花期每隔5 d左右喷1次，并进行人工辅助授粉，繁殖效果较好，方法简便易行，省工省时，繁种量大，但其可靠性不如剥蕾自交方法。

（2）父本隔离繁殖　在隔离区中，种植高纯度的父本，于苗期、花期和成熟期分别严格除杂去劣，防治病虫害。并在隔离繁殖区中，继续选择具有本品种典型性状的优良单株，套袋自交或兄妹交，收单株种子混合，作为下年父本隔离区用种，剩余部分经除杂去劣后混收，作为下年种子生产区的父本种子。

2. 自交不亲和系杂交种种子生产　以自交不亲和系作母本，恢复系作父本。父本和母本行比按1∶1或1∶2种植，并在母本行头种上标记作物。栽培管理与大田基本相同，但要求精耕细作。如果父本和母本的花期不能相遇，要进行花期调节，可采取调整父本和母本播种期或摘薹等措施。对于父本和母本花期相同的组合，可同时播种。成熟时，在母本行收获的种子即为杂交种子。

（四）化学杀雄杂交种种子生产技术

化学杀雄杂交种种子生产，是通过在母本行蕾期喷洒某些化学药剂，杀死或杀伤雄蕊，使雄蕊不能散粉，但不损伤雌蕊，让雌蕊有机会接受其他品种的花粉，受精结实，产生第一代杂种。

湖南农学院1979年报道了杀雄剂一号在甘蓝型油菜上的杀雄效果，之后该校及国内一些研究单位对杀雄药物、杀雄机制等方面进行了大量研究，建立了油菜化学杀雄杂交利用杂种优势技术体系，成功将油菜化学杀雄技术应用于杂交种种子生产。利用该技术，湖南农业大学、西南农业大学等育成并推广了湘杂油、渝杂、蜀杂等几个系列化学杀雄杂交油菜品种。1994年湖南农业大学利用这项技术成功地育成了大面积推广的强优势杂种“湘杂油1号”，在湖南，其最高产量达4 021.5 kg/hm^2。之后利用该技术又育成了“湘杂油6号”，国家区域试验中比对照增产21%，累计推广超过2.6×10^6 hm^2（4.0×10^7亩）。利用该技术育成的杂交油菜品种已有 12 个，种子生产的杂种率可达 95%以上；通常情况下，种子纯度可达85%～90%。

1. 杀雄时期 在油菜花芽分化开始至始花期喷药都有杀雄效果，但花粉粒发育单核期喷药效果最好。从植株群体来看，当群体达到现蕾期时喷药效果最好。从某个单株看，当花蕾大小达到 2～3 mm 时喷药效果最好。杀雄剂的使用浓度应严格按照使用说明书。

2. 喷药方法 根据不同的油菜杀雄剂选择适合对应品种的使用浓度。油菜群体的杀雄效果与喷药方法有密切关系，最重要的是每个单株都应接受一定药量。如果接受的药量太少，则达不到杀雄效果；如果接受的药量太多，又会产生药害，闭蕾株（花蕾不开放的植株）、死株率增加。喷药采用机动喷雾器，喷头加装喷雾罩，防止化学杀雄剂喷到父本，对母本均匀施药，每株药量为 15～20 mL，每公顷为 1 125 kg 左右。植株大时用药量可酌情增加，植株小时用药量可酌情减少。在喷药时还应做到雾点细而均匀，药量足，以将整株叶面喷湿为度。在大田喷药时，一般采用分畦称药喷药的办法可适当克服喷药不均匀影响杀雄效果或产生药害的问题。此外，喷药量与喷药时的气温和天气状况也有关，气温高、天气晴朗时药量可适当减少。

3. 喷药次数 油菜为无限花序作物，由于花芽分化先后不同，药剂类型和喷药次数均会影响杀雄效果。官春云等以 0.02%有效浓度的杀雄剂 1 号喷雾，结果表明，喷药 1 次即可收到良好效果，全不育株率为 42%，并且不育株在整个花期都不会嵌合出现可育枝或可育花。喷药 2 次和 3 次的由于浓度有累加作用，药害较重，闭蕾株和死株率增加（表 7-1）。喷药 1 次所以能起到良好的杀雄效果，这与杀雄剂 1 号对油菜花芽分化每一个时期都有杀雄效果有关。

4. 父本和母本行比 母本宜适当密植，促使开花集中，并抑制后期再发的可育分枝。一般父本和母本行比以 2∶3 为宜。父本和母本株行距，不同组合稍有差异，一般父本株行距为 33 cm×33 cm，母本株行距为 16 cm × 33 cm，父本和母本间行距为 40 cm。

表 7-1 杀雄剂 1 号 0.02%浓度不同喷药次数对油菜育性的影响

次数（月/日）	全不育株率（%）	半不育株率（%）	闭蕾株和死株率（%）
1 次（1/5）	42.0	38.0	20.0
2 次（1/5，1/10）	50.0	0	50.0
3 次（1/5，1/10，1/15）	30.8	0	69.4

注：品种为“湘油 5 号”，喷药 1 次仅出现 42%全不育株，与喷药时期稍早和浓度较低有关。

（五）杂交种油菜种子生产质量的保障措施

1. 杂交种纯度对油菜生产的影响 杂交种纯度对油菜生产的影响主要表现在以下几个方面。

（1）影响杂交种群体的整齐度 油菜是群体生长性较明显的作物，群体内单株间的生长竞争激烈，尤其是在生长前期，长势旺的单株将越长越旺，而长势弱的单株则生长艰难，如果杂交种纯度低，群体内单株差异大，很难取得高产。

（2）影响杂种优势的发挥 在利用雄性不育系进行杂交种生产时，如果不育系植株的微量花粉较多导致自交结实，收获的种子中有较大数量的不育系自交种子，用这样的种子作生产用种，后代群体中势必有大量的不育株。与杂种株比较，不育株的生长势和抗逆性均较弱，如果群体中不育株数量过多则使杂种优势难以发挥，导致产量下降。

（3）影响商品菜籽的品质　因外来非父本花粉大多具有高芥酸、高硫苷的遗传基因，受这些花粉串粉结实的种子也具有高芥酸、高硫苷的特性，可直接导致商品菜籽品质下降。因此提高种子纯度是种子生产的一项关键技术。

2. 影响杂交种纯度的主要因素　对于杂交油菜而言，影响其杂交种纯度的主要有 3 方面因素：①在杂交种中混入了杂籽，即在收、脱、晒、藏、运的过程中出现的机械混杂；②母本植株未达到彻底不育的要求，本身有花粉而自交结实；③由于非目标父本花粉的污染引起的生物学混杂。非目标父本花粉又有 3 个来源：①亲本纯度不够，本身带有杂株；②种子生产田内由上季度十字花科作物落下的种子生出的自生苗；③安全隔离区内生长的其他十字花科作物杂株，例如白菜、芥菜、红菜薹、白菜型油菜、其他甘蓝型油菜品种等。针对这些引起杂交种纯度下降的因素，可以有针对性地采取技术措施消除或降低其影响。

3. 提高杂交种油菜种子生产的产量和质量的措施

（1）隔离区检查　为了防止种子生产的隔离区内的空隙地出现自生油菜和十字花科蔬菜，导致天然串粉，在种子生产的亲本开花以前，要对隔离区进行一次全面细致的检查和清除。

（2）除杂去劣　在苗期、蕾薹期、初花期要认真做好除杂去劣工作，清除父本和母本中的杂株、劣株和变异株。母本如为不育系，尤其要彻底清除可育株。

（3）提高母本的结实率

①父本和母本行向：通常父本和母本行向应与风向垂直，如果当地油菜花期多为南风，宜采用东西行向种植。种子生产田最好是长方形，以利于适应各种风向。

②调节父本和母本花期：为了保证父本和母本花期相遇，有时需要对某个亲本进行花期调节。如果某个亲本发育过早，应在抽薹期适当摘薹加以抑制。父本往往开花较早，谢花也较早。为保证后期满足母本对花粉的要求，除调节密度、水肥管理及摘薹外，还可将父本的角果剪去一小部分，同时偏管父本，使后期花蕾有足够的养分，能正常开放，增加花粉量。

③加强辅助授粉：当完成除杂去劣工作后，盛花期可采取人工辅助授粉和蜜蜂传粉等方法，以提高授粉效果，增加种子产量。

4. 父本的栽培和清除　加强父本的栽培管理主要是为了增强父本的长势，以增加其花粉供应量和延长花粉供应时间。在具体措施上，对于父本行，一是适当稀植；二是补施肥料，尤其是在打薹后应及时补肥。为了防止混杂和为母本行提供更有利的生长发育空间，终花后要及时清除父本，特别是在胞质不育系的繁殖时这一点尤为重要，如果在不育系中混有保持系的种子，因苗期不育系与保持系的植株特性相近，不易辨别难以除净，保持系植株具有就近传粉的优势，将严重影响杂交种纯度。因父本行有一定的产量，铲除时种子生产户有一定的阻力，在具体操作中，一是要先做好种子生产户的思想工作，二是要及时督促检查，做到彻底干净不遗漏。

5. 加强角果成熟期的管理

（1）防夜蛾类幼虫的危害　西北地区进行杂交种种子生产时，在油菜角果发育前期，常有一个夜蛾类幼虫的危害高峰期，其幼虫啃食角内籽粒，造成空角，且难以发现，对产量影响很大，应在终花后及时施药防止成虫产卵于角果内。

（2）防鸟雀危害　在南方油菜角果成熟期，鸟雀寻食活动较频繁，尤其是麻雀和野鸽子喜食油菜籽，数量多时对种子产量有一定影响，应注意驱赶。

（3）去除病杂株　经苗期和花蕾期除杂后，角果成熟时杂株数量很少，但要特别注意去除带病单株，在收割之前必须仔细检查，凡发现带病的植株都要淘汰。

（4）适时收获　油菜种子收获一般是在全田角果有80%转色变黄时进行收割。但在北方干旱地区，由于阳光充足，角果成熟快，空气干燥并时常伴有大风，如收割太迟可造成大量角果开裂落籽，影响种子产量，因此要适当早收，可在70%角果转色时即割倒，后熟4～5 d后选晴天就地脱粒，晒干后经精选分别挂牌装袋储藏备用。

第三节　大豆种子生产技术

大豆（soybean），学名为*Glycine max*，原产于中国，已有5 000多年的种植历史。大豆在公元前传播至邻国及部分东亚国家，18世纪由欧洲传教士引入欧洲。1765年Samuel Bowen首次将中国大豆引入美国，以后又扩展到中美洲和拉丁美洲。20世纪80年代大豆才在非洲种植。目前，全世界种植大豆的国家和地区有90多个。据统计，2014年全球大豆收获总面积为1.24×10^8 hm^2，总产量为3.19×10^8 t。其中，美国、巴西、阿根廷、中国和印度5个国家为大豆主产国，面积分别占世界的26.9%、24.3%、15.5%、5.5%和8.8%，总产分别占世界的33.5%、27.2%、16.8%、3.8%和3.3%，单产依次是3.20 t/hm^2、2.87 t/hm^2、2.77 t/hm^2、1.79 t/hm^2、0.97 t/hm^2。此外，生产大豆较多的其他国家和地区有巴拉圭、加拿大、俄罗斯、乌克兰、乌拉圭、玻利维亚等20多个，其2014年总计大豆收获面积占世界总面积的12.8%。

一、大豆的生物学特性

（一）大豆的生物学基本特点和栽培品种分类

1. 大豆的生物学基本特点　大豆为豆科（Leguminosae）蝶形花亚科（Papilionoideae）大豆属（*Glycine*）。该属植物又分为*Glycine*亚属和*Soja*亚属。目前农业生产中应用的主要是*Soja*亚属，二倍体物种，染色体$2n=40$，为自花授粉作物，通常其自然异交率低于1%。

大豆是喜温作物，种子发芽的最低温度为6～8 ℃，但10～12 ℃或以上才能正常发芽，发芽最适温度为25～30 ℃。大豆生长发育期间适宜的温度为15～25 ℃，最适温度为24～26 ℃。低于14 ℃时生长停滞，发育受阻，受精结实受影响；高于40 ℃时坐荚率降低。后期温度降低到10～12℃时营养物质积累将受影响。全生育期要求有效积温为1 700～2 900℃。

大豆是喜光的短日作物，花芽分化要求较长的黑暗和较短的光照时间，在夜长昼短的条件下能提早开花，否则生育期变长。大豆对长黑暗、短日照条件的要求只在生长发育的一定时期表现，通常是大豆的第一个三出复叶片出现时就开始光周期特性反应，至花萼原基分化后光周期反应结束，此后即使在长光照条件下也能开花结实。大豆的光周期反应特性，在大豆引种时应特别注意。因为生产于不同纬度的品种，对日照长度的反应不同。原产于高纬度地区的品种，生长在日照较长的环境下，对日照反应不太敏感，属中晚熟品种。北种南引时会加速成熟，半蔓型的会变成直立型，植株变矮，提早进入生殖生长，结实减少。相反，原产于低纬度地区的品种生长在日照较短的环境下，南种北引时，会延长生育期，植株变得高大。所以南北引种时纬度不宜相差太大。

大豆的生长发育需水较多，每形成 1 g 干物质，需耗水 600～1 000 g，不同生育时期对水分的要求不同。种子萌发期要求土壤水分充足，以满足种子吸胀和萌芽之需，此时吸收的水分相当种子风干质量的 120%～140%。适宜的土壤最大持水量为 50%～60%，若低于土壤最大持水量的 45%，种子能发芽，但出苗很困难。大豆幼苗期地上部生长缓慢，而根系生长较快，若土壤水分偏多则根系入土浅，根量也少，不利于形成强大的根系。提高土壤温度，改善通气性则有利于根系生长。初花期到盛花期，大豆植株生长最快，需水量较大，要求保持土壤足够湿润，但又不能积水。若土壤干旱则营养体生长受阻，开花结荚数减少，落花落荚数增多；雨水过多则茎叶生长过旺。结荚期到鼓粒期需水分仍较多，要求土壤水分充足，以保证籽粒发育，干旱易造成幼荚脱落或秕粒秕荚。大豆成熟前需水量减少。

大豆对土壤要求不严格，但以土层深厚、保水性强、排水良好、富含有机质的壤土最为适宜。大豆生长适宜的土壤酸碱度范围在 pH 6.0～7.5。大豆是需要矿质营养数量多、种类全的作物，每生产 100 kg 籽粒需吸收氮素约 7.2 kg、磷 1.2～1.5 kg、氧化钾约 2.5 kg。此外，还需要适量的钙、镁、硫等大量元素和钼、硼、锌、锰、铁、铜等微量元素。大豆不同生长发育阶段吸收矿质营养的速度和数量不同。从幼苗期至初花期吸收氮、磷、钾的量只占总量的 1/4～1/3。开花期至结荚期是吸收氮、磷、钾的高峰期，到鼓粒期吸收的氮素可占全生育时期吸收氮素总量的 95%，吸收的磷也达全生育时期吸收磷总量的 2/3，此期营养物质的积累速度最快，干物质积累量占全量的 2/3～3/4。

大豆的生长发育可以分为 3 个阶段，从种子萌发至花芽分化之前为营养生长阶段，花芽分化至终花为营养生长与生殖生长并进阶段，终花至成熟为生殖生长阶段。根据不同时期的生长发育特点，可将大豆的生长发育过程分为 6 个时期：萌发出苗期、幼苗期、花芽分化期、开花结荚期、鼓粒期和成熟期。根据大豆种子发育成熟的阶段又可分为 5 个时期：绿熟期、黄熟前期、黄熟后期、完熟期和枯熟期。

2. 大豆栽培品种分类 目前，生产上应用的大豆品种类型主要有地方品种或农家品种、家系品种（纯系品种）和杂交种。根据结荚习性可将大豆品种分为有限结荚习性、无限结荚习性和亚有限结荚习性 3 种类型。根据播种季节又可将大豆品种分为春大豆、夏大豆、秋大豆和冬大豆 4 类，但以春大豆居多。

（二）大豆的花器结构和开花习性

1. 大豆的花器结构 大豆的花序为总状花序，着生在叶腋处或茎顶端。花序上的花朵通常簇生形成花簇，花序大小因品种而异，一般可分为长轴型、中长轴型和短轴型 3 种类型。

大豆花较小，长为 3～8 mm，花冠颜色有紫色和白色两种。大豆花为典型的蝶形花，由苞片、花萼、花冠、雄蕊和雌蕊 5 个部分组成。每朵花含 2 个苞片，位于花的外层。花萼位于苞片的上部，有萼片 5 个，其下部联合成管状。花冠位于花萼内，呈蝶形，有 5 枚花瓣，其中外面最大的一枚称为旗瓣，开花前包裹其余 4 枚花瓣。旗瓣两侧对称的 2 枚大小和形状相同的是翼瓣，另外 2 枚称为龙骨瓣，其下侧方连在一起，位于花冠的最里面。

花冠内有雄蕊 10 枚、雌蕊 1 枚。大豆的雄蕊为二体雄蕊，其中 9 枚花丝连在一起成管状，包围雌蕊于雄蕊中央，另 1 枚雄蕊单生。花丝顶端着生花药，花药 4 室，一朵花约有5 000个花粉粒。雌蕊由柱头、花柱和子房 3 部分组成。柱头呈球形，花柱较长且弯曲；子房 1 室，内含胚珠 1～4 个，但以 2～3 个居多（图 7-5）。子房膨大，着生茸毛。

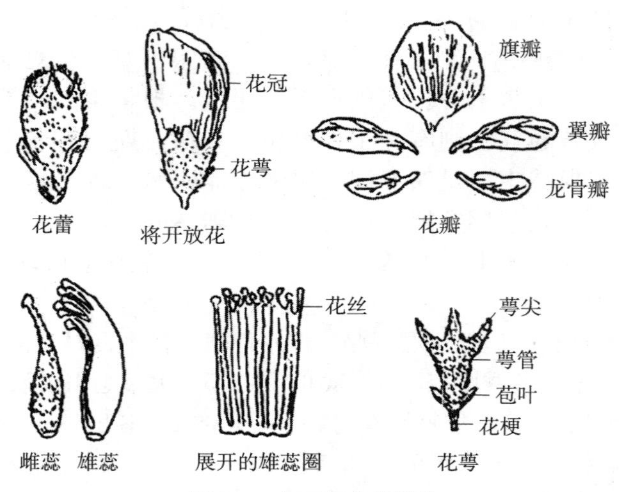

图 7-5 大豆的花器结构

2. 大豆开花结实习性及授粉受精过程 大豆开花的适宜温度为 20～26 ℃，适宜的相对湿度为 80%左右。大豆开花多在上午，在正常气候条件下，一般在 6:00—11:00 开花，盛花时间是 8:00 左右。从花蕾膨大到花朵开放需 3～4 d，每朵花开放的时间约 2 h。正常条件下，大豆花粉的生活力可保持 24 h，雌蕊的生活力可维持 2～3 d。大豆的柱头在开花前 24 h 就具有接受花粉的能力，因此在自然条件下常行闭花授粉，在开花前几分钟就完成了授粉过程。所以大豆的自然异交率很低，一般为 0.5%～1.0%，为典型的自交作物。因此大豆的杂种优势利用十分困难。大豆授粉后，8～10 h 完成受精。受精后子房膨大形成幼荚。

大豆从开花到种子成熟需 40～80 d。果实为荚果。种子为椭圆形，种皮有黄色、黑色、青色等色泽，百粒重为 11～25 g。

大豆的开花习性与结荚习性密切相关。大豆的结荚习性主要有无限结荚习性、有限结荚习性和亚有限结荚习性 3 种类型（图 7-6）。

（1）无限结荚习性　此类型品种花序轴很短，其主茎和分枝的顶端均无明显的花序，顶端生长点无限生长。若条件适宜，茎可生长很高，结荚分散，但多数在植株中下部，顶端只有 1～2 个小荚，甚至无荚。开花顺序是由下向上、由内向外随主茎的生长而不断开花，始花期早，花期也较长，通常为 30～40 d，不同年份间产量较稳定。植株高，主茎上部较下部纤细，分枝细长而坚韧，节间长，易倒伏。此类型品种耐旱耐瘠，适于气候冷凉、生育季节短的地区种植。

（2）有限结荚习性　此类型品种的花序轴长。茎顶花序形成后即停止生长，开始开花。开花顺序一般是主茎中上部先开花，然后向上、下两个方向由内向外呈螺旋式开放，花期集

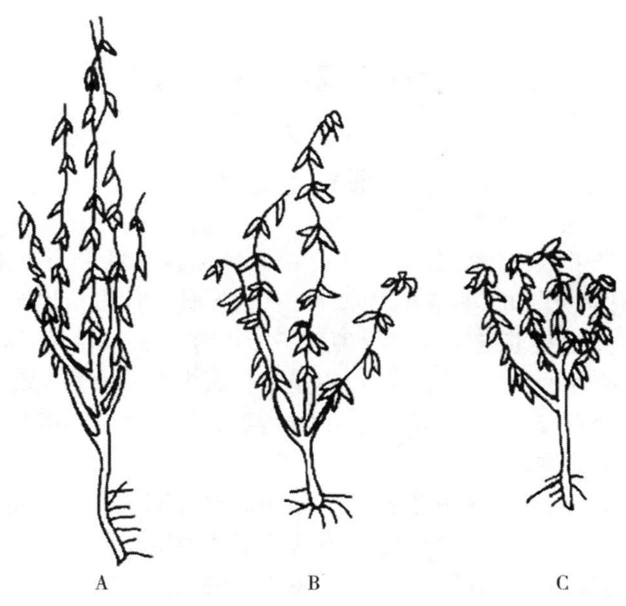

图 7-6　大豆结荚习性

A. 无限结荚习性　B. 亚有限结荚习性　C. 有限结荚习性

中而且较短，通常为 10～15 d，豆荚多集中在植株中上部。不同年份间产量变化大，稳产性较差。植株较矮，主茎粗壮，节间短，叶柄长，叶片肥大，耐湿耐肥。在水肥充足的条件下，这类品种生长旺盛，不易倒伏，适于在生育季节较长的地区种植。

（3）亚有限结荚习性　这个类型介于有限结荚习性和无限结荚习性之间而偏于无限结荚习性。植株较高大，分枝性稍差。开花顺序由下而上，主茎结荚较多。这类品种要求的水肥条件较无限结荚习性品种高。

3. 大豆的花荚脱落和裂荚特点

（1）花荚脱落　大豆的现蕾、开花和结荚是一个连续的生长发育过程。一般而言，花荚脱落或落花落荚是指落蕾、落花和落荚的总称。落蕾是指自花蕾形成至开花之前的脱落。落花是指自花朵开放至花冠萎缩但子房尚未膨大之前的脱落。落荚则是指自子房膨大至豆荚成熟之前的脱落。

在大豆生长发育过程中，通常落蕾较少，落花、落荚较多。据调查，大豆的花荚脱落率可达 30%～80%，其中落花率最高，约占 40%；落荚率次之，约占 35%；落蕾率最低，为 1%～3%。大豆花荚脱落的顺序与开花顺序一致。花荚脱落的多少与品种特性有关，还受栽培条件和开花结荚期气候影响。落花多发生在开花后 3～5 d，落荚多在开花后 15～25 d 发生，落蕾多发生在开花末期或花轴末端。花荚脱落的部位与结荚习性有关，一般有限结荚习性品种植株下部花荚脱落较多，中部次之，上部较少；无限结荚习性品种则植株上部花荚脱落较多。分枝的花荚脱落比主茎多，分枝上部的花荚脱落比下部多，长花轴的花荚脱落比短花轴的多，晚形成的花荚比早形成的花荚脱落多。

（2）裂荚　绝大多数大豆品种在成熟时豆荚不开裂，但有个别品种在成熟期如遇干旱即裂荚（又称为炸荚）。裂荚的原因是在干旱条件下，荚果失水，荚的内生厚壁组织细胞的张力不同，使荚线上的薄壁组织出现裂缝，种子从荚果中脱落。因此生产上应选用不裂荚的大豆品种。

二、大豆常规品种种子生产

大豆常规品种是纯系品种，是目前大豆生产上使用最多的品种类型。大豆常规品种种子生产技术包括原种种子生产技术和大田用种种子生产技术。

（一）大豆原种种子生产技术

大豆原种种子生产可以采用育种家种子直接繁殖法，也可采用三年三圃制或二年二圃制。大豆原种包括原种一代和原种二代。原种二代由原种一代直接生产。

1. 利用育种家种子直接繁殖法生产原种种子 由育种家提供种子，进行扩大繁殖，收获的种子即为原种。原种种子生产的种源可以是育种家事先繁殖并储藏于低温库中的育种家种子，或是每年由育种家按照育种家种子标准进行扩大繁殖的育种家种子。

2. 三年三圃制生产原种种子

（1）单株选择 单株选择可在株行圃、株系圃、原种圃或纯度较高的种子田中进行。根据品种的特征特性和典型性在该品种典型性状表现最明显的生育时期进行选择单株。一般分为 3 步，即开花期初选，成熟期复选，收获后室内考种决选。在开花期根据花色、叶形、叶色、茸毛色和病害情况进行初选，并做好标记。成熟期根据株高、株型、结荚习性、成熟度、茸毛色、荚形和荚色从开花期初选的植株中进一步选择。选择时应避开田边地头和缺苗断垄处。入选单株收获后，先根据单株结荚数、荚粒数选择典型性强的丰产单株，分别脱粒，再根据籽粒大小、粒形、粒色、脐色、光泽度、整齐度、百粒重和感病情况进行决选。决选后保留的单株种子在剔除个别病粒、虫粒后分别装袋，编号保存。选株的数量应根据原种需要量确定，一般每个品种每公顷株行圃需决选单株 6 000～7 500 株。

（2）株行圃 将上年当选的单株种子分别种成株行，种植密度应比大田生产稍低，单粒点播，或 2～3 粒穴播留苗 1 株。行长为 5～10 m，每隔 19 行或 49 行设 1 行对照，对照种子用同品种原种。分 3 期进行田间鉴定。苗期根据幼苗长势长相、幼茎颜色等性状进行鉴定。开花期根据叶形、叶色、花色、茸毛色和感病性性状进行鉴定。成熟期根据株高、株型、结荚习性、茸毛色、成熟度、荚形和荚色性状，进行品种典型性和株行整齐度的鉴定。对不具备原品种典型性、有杂株、丰产性低及病虫害重的株行做出明显的标记和记载，并及时拔除入选株行中的个别病株和劣株。收获前先清除淘汰株行。对入选株行按行单收、单晒、单脱、单独装袋，袋内外均需放置标签。然后在室内对各株行种子根据籽粒颜色、籽粒大小、粒形、种脐色、整齐度、光泽度和病虫轻重等性状进行决选，淘汰籽粒性状不典型、不整齐和病虫重的株行，选留符合原品种典型性状的株行，按株行单独装袋，放置标签，妥善保存。

（3）株系圃 将上年当选的株行各种成 1 个小区，即为株系。种植密度应比大田生产稍低，单粒点播，或 2～3 粒穴播留苗 1 株，每小区 2～3 行，行长为 5～10 m，每个小区种植面积依上年入选株行的种子量确定，但各株系的行数和行长应一致。每隔 9 个小区设 1 个对照区，对照种子用同品种原种。在生长期间进一步鉴定各株系的典型性、丰产性、适应性和抗病性。还应特别注意鉴定各株系间的一致性，如果某个小区出现杂株，则该小区全部淘汰。入选的各株系去除劣株和病株，成熟时分别收获脱粒测产，最后根据生育期、产量表现和种子性状等综合评定决选，淘汰产量显著低于对照的株系，入选株系的种子混合装袋，袋内外放置标签，妥善保存。

(4) 原种圃　将上年收获的混系种子稀播繁殖，即为原种圃。行距为 50 cm，株距为 10～15 cm，单粒等距点播，加强田间管理，提高原种产量。在其生长发育期中进一步除杂去劣，成熟时及时收获，单收、单运、单脱，严防机械混杂。收获的种子即为原种。

3. 二年二圃制生产原种　三年三圃制生产原种的周期长，生产成本高，技术要求严格，且有时生产原种的速度赶不上品种更换的速度，因而可采用二年二圃制生产原种。该方法的程序是单株选择、株行比较、混系繁殖，即将三圃制中的株系圃省掉，直接将株行圃中当选的株行种子混合，进入原种圃生产原种。该方法简单易行，节省时间，只要掌握好单株选择环节，即可生产出高质量的原种。对于种源纯度较高的品种可以采取这种方法生产原种，但因其减少了一次繁殖，与三年三圃制比较而言，在生产同样数量原种的情况下，应增加选择单株的数量和株行圃的面积。

(二) 大豆大田用种种子生产技术

育种单位（或原种场）提供的原种，一般种子数量较少，而大田用种需求量大，需由种子生产单位（良种场）有计划地扩大繁殖原种各代种子，以迅速生产出大量大田用种。大豆的繁殖系数低（20～40 倍），大田用种种子的生产应建立相应的种子生产田，采用指定来源的种子，限定生产大田用种种源的繁殖世代数，并根据实际情况采用不同的防杂保纯方法。

1. 大豆大田用种种子的生产程序

(1) 一级种子田　第一年以原种作为种源种在一级种子田内，在大豆成熟时先选择一定数量的典型单株混合脱粒，作为第二年一级种子田的种子。其余经严格除杂去劣后混合收获脱粒，即为大田用种。第二年重复第一年的过程。第三年以后若生产上仍继续使用该品种，则再用育种单位提供的原种作为种源进行更新即可。

(2) 二级种子田　第一年以原种作为种源种在一级种子田内，在其中进行单株混合选择，入选单株混合脱粒作为下一年一级种子田用种，其余经严格除杂去劣后混合收获脱粒，作为下一年二级种子田用种。第二年在一级种子田中继续单株混合选择，重复上年过程，二级种子田经严格除杂去劣后混合收获，即为大田用种。

2. 种子生产田选优提纯的方法

(1) 株选法　在大豆成熟时在田间选择植株健壮、结荚多、无病虫并具有本品种典型性状的优良单株混合脱粒，留作下一年种子生产田用种。选株的数量依据下一年种子生产田的需种量确定。

(2) 片选法　确定选种地块后，在大豆开花期和成熟期进行两次除杂去劣，然后混合收获，作为下一年种子生产田用种。

3. 种子生产田的管理

(1) 选择种子生产田　应选择地势平坦、土壤肥沃、肥力均匀、排灌方便、耕作细致的地块作为种子生产田，忌选择重茬和向日葵茬地块，防止病害加重。

(2) 适时足墒播种　当日平均地温稳定通过 8～10 ℃时，根据土壤墒情适时早播。播种前应对大豆种子进行精选，剔除病粒、虫蚀粒、破碎粒和杂粒，并采用种衣剂进行种子包衣。整地保墒，精量点播，播种密度宜适当偏稀，保证一次出苗。

(3) 适当隔离　虽然大豆为典型的自花授粉作物，但也有一定的天然异交率，一般为 0.5%～1.0%，若不进行适当隔离就可能发生天然杂交而引起生物学混杂。因此应采用空间隔离设置防混杂带。一般原种生产田隔离距离为10～20 m，大田用种生产田隔离距离为5～10 m。

(4) 加强田间管理　播种前施足基肥，一般在翻地前每公顷施优质农家肥15 000～22 500 kg作基肥。始花期酌情追肥，每公顷施氮肥225 kg、磷酸氢二铵75 kg、硫酸钾75 kg。花荚期每公顷用磷酸二氢钾2 250 g、钼酸铵300～375 g、尿素1 500 g，兑水450 kg均匀喷施于叶面上，可保荚、增粒、增重。开花期、鼓粒期若遇干旱，应适当灌水。及时中耕除草，通过中耕除草或施用除草剂将杂草消灭在幼小阶段。在结荚期须彻底清除大草，以降低种子含草籽率。大豆生长发育期间，主要病害有灰斑病、紫斑病、霜霉病、炭疽病、荚枯病、黑点病和花病毒病等，主要害虫有大豆蚜、豆天蛾、豆荚螟、大豆食心虫等，都应及时防治。

(5) 严格除杂去劣　应在不同生育时期对大豆种子田进行除杂去劣。在苗期可结合间苗进行除杂去劣，根据幼茎颜色及第一对真叶形状拔除杂株。开花期可根据花色、茸毛色、叶色、叶形、叶片大小等拔除杂株和病劣株。成熟期根据结荚习性、株高、株型、荚色、茸毛色、熟期、倒伏等性状严格除杂去劣。

(6) 适时收获　当大豆大部分叶子变黄脱落，进入完熟期，种子水分降至14%～15%时收获。在收获、脱粒、晾晒和储藏等过程中，要防止机械混杂。

三、大豆杂交种种子生产

杂种优势利用是提高作物产量、改良品质和增强适应性的重要途径。1924年，Weniz和Stewart首次报道大豆杂种F_1代在产量和株高方面具有超亲优势。随后，国内外开展的多项研究也证实大豆普遍存在杂种优势，杂种F_1代产量超高亲达13%～20%。但是大豆是严格的自花授粉作物，花器小，繁殖系数低，在花蕾开放前已完成授粉，利用人工去雄进行杂交种种子生产不可行。利用化学杀雄技术进行杂交种种子生产已在小麦上获得成功，但大豆上，由于现有化学杀雄剂的药效持续时间较短，而大豆的开花期长，需要多次喷药，可能会对大豆产生药害，应用不当会造成皱叶及植株矮化，也不可行。而利用雄性不育系配制杂交种是作物利用杂种优势最有效的途径之一。1928年，Owen报道了第一个大豆雄性不育系st1，但后来证实该不育系是由染色体联会不正常引起的雌雄均不育。1971年，Brim和Young报道了第一个隐性单基因控制的核不育系ms，随后，研究人员又发现了9个这类不育系（ms1～ms9）。若利用两系法生产大豆杂交种，核不育系母本行只有50%的不育株，还有50%的可育株必须在开花前拔除，尚无有效的方法在开花前准确识别不育株与可育株。因此核不育系尚未用于大豆杂交种生产，主要应用于大豆的遗传研究和轮回选择育种程序。1985年，Davis在1项美国专利中描述获得了大豆细胞质雄性不育系、保持系和恢复系，不育细胞质来源于大豆品种“Elf”，核不育保持基因为*r1r1*、*r2r2*，分别来自品种“Bedford”和“Braxfon”，恢复基因为*R1*或*R2*，但至今未见利用的报道。1985年，孙寰等用不同类型栽培大豆与野生大豆广泛杂交，发现地方品种“汝南天鹅蛋”与野生大豆“5090035”杂交F_1代高度不育，通过正反交证实“汝南天鹅蛋”含有不育细胞质，经过连续回交，于1993年育成世界上第一个大豆细胞质雄性不育系OA和同型保持系OB，1995年又育成栽培大豆不育系YA和YB，并找到恢复系，实现了三系配套。2002年育成并审定了世界上第一个杂交大豆新品种“杂交豆1号”。迄今，吉林省农业科学院已育成高不育率、高异交率、高配合力的不育系和保持系28对，高恢复力、高异交率、高配合力的恢复系32个，并审定了一系列杂交大豆新品种。安徽省农业科学院育成了不育系W931A和一系列恢复系，并于2004年育成了世界上第一个杂交夏大豆新品种"杂优豆1号"。安徽省阜阳农业科学研究所育成了阜CMS1A至阜CMS10A细胞质雄性不育系和恢复系，并于2010年育成了"阜杂交豆1号"。

鉴于目前主要采用三系法进行大豆杂交种种子生产，以下主要介绍这项生产技术。三系法杂交大豆种子生产包括三系亲本种子繁殖和杂交种种子生产，因此需要设置3个隔离区，1个用于繁殖不育系，1个用于繁殖恢复系，1个用于杂交种种子生产。

（一）三系亲本繁殖

三系亲本种子繁殖的程序可采用四级种子生产程序，即育种家种子、原原种、原种和大田用种（制种亲本）繁殖。

1. 育种家种子的繁殖　大豆细胞质雄性不育系、保持系育种家种子的繁殖在隔离网室中进行，由育种者对不育系逐株进行育性镜检，选择具有不育系典型性状且不育率达99%以上的不育系单株与保持系优良单株成对人工杂交，种子成熟后成对的不育系和保持系的种子单独收获，单株脱粒，单独保存，即为不育系和保持系一级育种家种子。

恢复系育种家种子的繁殖需在另一个隔离网室中进行，在成熟期选择具有恢复系典型特征特性的优良单株，单株脱粒，单独保存，获得恢复系一级育种家种子。

将上年收获的成对的不育系和保持系一级育种家种子种植成株行，每对不育系和保持系单株的种子种于同一个隔离网室内，建立株行圃。生长发育期间对不育系进行育性镜检，观察记载不育率和不育株率，淘汰不具原不育系典型性状的株行，保留具有不育系典型特征特性的株行，去除杂株和病劣株。同时对保持系的株行也要进行鉴定，保留具原保持系典型性状的株行，去除杂株、病劣株。然后，借助苜蓿切叶蜂或蜜蜂完成传粉，成熟后分别收获不育系和保持系，分别脱粒即为二级育种家种子。

上年单株收获的恢复系一级育种家种子，可以在另一个隔离网室内或隔离区的开放大田种植成株行，生长发育期间鉴定是否符合恢复系典型的特征特性，及时拔除杂株和病劣株，淘汰非典型的株行，成熟后混合收获脱粒，即为恢复系二级育种家种子。

二级育种家种子可作为三系原原种的种源。对不育系、保持系和恢复系育种家种子的质量要求是种子纯度100%，种子净度达到100%，无任何病虫粒，发芽率不低于85%。

2. 原原种的繁殖　不育系和保持系原原种的繁殖是在隔离网室中借助传粉昆虫进行的。将上年在株行圃收获保留的典型不育系和保持系转入更大的隔离网室中种植，进行扩繁，开花期间逐株对不育系植株进行育性镜检．拔除育性不稳定的植株，并通过观察不育系和保持系的典型性状，在苗期、花期和收获期严格去除杂株、病劣株和非典型株。如果采用苜蓿切叶蜂传粉，一般是在有1/3的大豆开始开花时放蜂，放蜂的数量为每10 m^2 3～4头。如果采用蜜蜂传粉，则应根据网室大小确定蜂群大小，在大豆开花前14 d，利用蜂引诱剂对蜂群进行训练，在大豆开花前2 d将蜂箱移入网室内进行传粉，可以得到与苜蓿切叶蜂相近的传粉效果。成熟后不育系和保持系分别收获，分别脱粒。

恢复系原原种的繁殖也需在隔离条件下单独繁殖。将上年收获的恢复系株行圃种子种植在隔离网室或隔离区内，利用自交结实即可，不需要借助昆虫传粉。在苗期、开花期和成熟期严格除杂去劣，成熟后混合收获脱粒。

三系原原种种子作为原种繁殖的种源，其种子纯度应达到100%，种子净度达到100%，发芽率保持在85%以上。

3. 原种的繁殖　三系原种的繁殖在严格设置空间隔离的大田中进行。蜜蜂传粉条件下，不育系繁殖田与相邻大豆生产田空间隔离距离在3 000 m以上；天然昆虫传粉条件下，不育系繁殖田与大豆生产田空间隔离距离在1 000 m以上。选择大豆开花期雨水少、有灌溉条件、日照充足、土壤肥力中上等的地区进行三系原种繁殖。不育系与保持系相间种植，种植比例以2～3∶1为宜。根据不育系和保持系的典型性状（例如下胚轴颜色、花色、茸毛色、叶形等），分别在出苗期、苗期、开花期和收获前严格除杂去劣。开花期间人工释放苜蓿切叶蜂或蜜蜂进行传粉。为避免混杂，在开花授粉后割除保持系。保持系和恢复系的原种繁殖要在严格隔离条件下进行，单独繁殖。三系原种的种子纯度应达到99.8%，种子净度达到99.5%，发芽率保持在85%以上。

4. 大田用种（制种亲本）的繁殖　以三系原种为种源，在严格隔离条件下，选择适宜三系亲本繁殖的地区，进一步扩大繁殖，繁殖方法同原种。三系大田用种（制种亲本）的种子纯度不低于99.5%，种子净度不低于99.0%，发芽率不低于85%。

（二）杂交种种子生产

1. 选择适宜的种子生产基地　由于大豆是典型的自花授粉作物，天然异交率低，需要借助昆虫传粉来实现异交结实。因此应根据大豆开花的生物学特性、大豆泌蜜与气候和环境的关系，以及传粉昆虫活动、繁殖和传粉习性与气候的关系等选择杂交大豆种子生产基地。一般要求种子生产基地必须满足以下条件：①气候干燥、气温较高、晴朗少雨、有灌溉条件，要求大豆开花期间温度在23～30 ℃，相对湿度在70%～80%，降水量少于100 mm；②天然传粉昆虫群体种类多、数量大；③种植大豆比较少，以便于设置隔离区。在这种环境下，大豆花完全开放，散粉好，分泌的蜜汁多，传粉昆虫活跃，有利于大豆授粉，可以有效提高不育系异交结实率和种子产量。

2. 严格隔离，防止生物学混杂　由于大豆花期较长，通常不能采用时间隔离，一般都采用空间隔离的方法。若利用苜蓿切叶蜂传粉，则杂交大豆种子生产田与相邻大豆生产田的隔离距离400 m以上。若利用自然界野生昆虫传粉，则杂交大豆种子生产田与相邻大豆生产田的隔离距离为1 000 m以上。若利用驯养蜜蜂传粉，则杂交大豆种子生产田与相邻大豆生产田的隔离距离为3000 m以上。

3. 合理安排播种期，确保花期相遇　根据杂交大豆不育系和恢复系的熟期类型合理安排播种期，确保花期相遇。例如吉林省农业科学院选育的“杂交豆2号”（“JLCMS47A”×“JLR2”），其父本生长发育时期较晚，要提早播，在内蒙古中部一般4月底播种。母本为中早熟不育系，一般比父本晚播1周，可在5月5—7日播种；“吉育606”（“JLMSA47”×“JLR100”）的父本和母本均为中早熟类型品系，可同期播种，一般在吉林白城地区于5月8—10日播种，不宜早播，以防早衰。为了保证父本和母本花期相遇良好，父本可分两期播种，以延长父本花期，提高母本结实率，增加种子产量。

4. 确定合理的行比和密度　大豆是典型的蝶形花，柱头不外露，花粉数量少且较黏，不易传播。因此父本和母本种植行比不宜大，应根据杂交组合中不育系和恢复系的开花生物学特性确定合理的父本和母本行比，以确保有足够的花粉量，一般父母本行比为1∶2～4。由于要借助昆虫传粉，行间距过小和密度过大都会影响昆虫的进入和活动，从而降低传粉效果。因此适宜的密度是提高种子产量的关键。据吉林省农业科学院、山西省农业科学院等研究报道，主茎型亲本每公顷保苗16万～18万株，分枝型亲本每公顷保苗14万～16万株较为适宜，行距以50 cm为宜。

5. 及时放蜂，提高母本结实率　大豆杂交种种子生产需要借助昆虫进行传粉，传粉效果比较好的蜂种为苜蓿切叶蜂和蜜蜂。苜蓿切叶蜂一般在大豆开花初期进行放蜂，一般放蜂量为每公顷3万头，采用分期加温、分期羽化、一次投放蜂茧的办法。第一期羽化20%，第二期羽化60%，第三期羽化20%，两期之间间隔3 d。应根据田块形状和放蜂量确定蜂巢和蜂棚的数量，以及田间的布局，一般两个蜂棚之间相距100 m左右。蜜蜂一般在大豆开花前4～5 d进行放蜂，蜂箱放置在种子生产田的中心位置，一群蜂可以覆盖半径2 500 m范围内的种子生产田。放蜂初期需利用蜂引诱剂对蜜蜂进行驯化引导，使之专为大豆传粉。

由于放蜂期间不能喷洒农药，因此在放蜂前1周，应针对大豆种子生产田内出现的病虫害进行1次农药防治。放蜂结束后，立即防治病虫害1次，以防病虫害危害造成减产。周边隔离作物也要控制农药的施用，尽量避免在大豆父本和母本开花期间施用药，以防伤害传粉昆虫。

6. 严格除杂，确保种子质量　首先，在播种前要对亲本种子进行人工挑选，去除杂粒、虫蚀粒和霉烂粒，播种完一个亲本后要彻底清理播种机，严防机械混杂。大豆生长发育期间根据父本和母本的典型特征特性除杂，在苗期根据父本和母本下胚轴颜色和叶形进行除杂，在开花前和开花初期根据茸毛色和花色进行多次除杂，在成熟收获前彻底拔除母本行中的自交结实株。收获时先收父本，后收母本，单收、单运、单打、单晒、单独保存，防止机械混杂。收获后再根据种子脐色、粒形去除杂粒，确保杂交种子纯度。

第四节　花生种子生产技术

花生（peanut，groundnut），学名为*Arachis hypogaea* L.，又名长生果，也称为落花生，原产于南美洲。花生主要分布在南纬40°至北纬40°之间的广大地区，主要集中在南亚和非洲的半干旱热带地区及东亚和南美洲的温带半湿润季风带地区。全世界约有90个国家种植花生，中国、印度、尼日利亚、印度尼西亚和美国是世界花生的主产国。

花生1492年传入我国，逐渐成为我国重要的油料作物和经济作物。目前，我国花生种植面积稳定在4.5×10^6 hm^2以上，居世界第二位；单产约为3 700 kg/hm^2，年产量约为1.7×10^7 t，居世界第一。河南、山东是我国花生油生产的最大省份，近年来花生种植面积分别为1.2×10^6 hm^2和7.0×10^5 hm^2。

一、花生的生物学特性

（一）花生的生物学基本特征

花生属于豆科蝶形花亚科花生属（*Arachis*）。花生属中栽培种只有花生1个种。花生属染色体基数为10，大多数野生种为二倍体（$2n=2x=20$），栽培种及少数野生种为双二倍体（$2n=4x=40$）。花生为自花授粉作物，授粉过程一般在开花前已完成，自然异交率很低。

花生原产于热带，属于喜温作物，对热量条件要求较高。发芽的最低温度在12～15 ℃，

25～37 ℃时萌发最快。营养生长期白天温度以 25～35 ℃、夜间温度以 20～30 ℃最为适宜，低于15 ℃时几乎停止生长。花生开花的适宜温度为日平均温度 23～28 ℃，若日平均温度低于 19 ℃或高于 30 ℃时，开花量减少，受精结实受影响。花生荚果发育的最适宜温度为25～33 ℃，最低温度为 15～17 ℃，最高温度为 37～39 ℃。

花生是喜光的短日照作物，但对光照长短的要求并不太严格，长日照有利于营养生长，短日照则可使盛花期提前。花生整个生长发育期间均要求较强的光照，若光照不足，易引起地上部徒长，干物质积累减少，产量降低。一般由北向南引种，表现为提早成熟，株、果、粒变小；而由南向北引种，表现为延期成熟，株、果、粒增大。不同类型的花生品种对日照的敏感性有一定的差异，北方花生品种对日照的反应不太敏感。因此在不同产区引种时，要充分考虑这种特征，在气候条件大致相同的产区间引种，并选择适当的品种类型，引种的成功率就会提高。

（二）花生的花器结构及其发育过程

1. 花生的花器结构 花序是一个着生花的变态枝。花生的花序为总状花序，根据花序轴的长短分为长花序和短花序，短花序着生 1～3 朵花，长花序可着生 3～7 朵花，有的可达 10 朵以上。根据花序在侧枝上的分布情况，花生可分为交替开花型和连续开花型。花生的不同开花类型是区别花生品种类型的主要特征之一。

花生的花为两性完全花，由苞叶、花萼、花冠、雄蕊和雌蕊组成。花冠为蝶形，一般为橙黄色，也有深黄色或浅黄色品种。每朵花有雄蕊 10 枚，一般有 2 枚退化而剩下 8 枚，也有少数品种只有 1 枚退化或不退化而具有 9 枚或 10 枚雄蕊。雄蕊花丝的中下部愈合形成雄蕊管，前端离生，通常 4 长 4 短相间而生。4 个花丝长的雄蕊，花药较大，呈长椭圆形，4 室，成熟较早，先散粉；而 4 个花丝短的雄蕊，花药呈圆形，2 室，发育较慢，散粉晚。雌蕊位于花的中心，分为柱头、花柱和子房 3 部分。细长的花柱自花萼管至雄蕊管内伸出，柱头密生茸毛，顶端略膨大成小球形。子房位于花萼管及雄蕊管基部，子房上位，1 室，内有 1 至数个胚珠。子房基部有子房柄，在开花受精后，其分生延长区的细胞迅速分裂使子房柄延长，把子房推入土中。

2. 花生的开花与授粉、受精 花生的开花顺序大致是由下到上、由内到外依次开放。花生开花的前 1 d 下午，花蕾即明显增大，傍晚花瓣开始膨大，次日清晨开放。一般花的开放时间多在早晨的 5：00—7：00。开花受精后，当天下午花瓣萎蔫，花萼管亦逐渐干枯。花期因品种的差异而有所不同，一般可达到 50～90 d。在一般栽培条件下，连续开花型品种花期较短，交替开花型品种花期较长。

花瓣开放前，长花药即已开裂散粉，圆花药散粉较晚。有的花被埋入土内，花冠虽不能正常开放，但亦能完成授粉和受精。授粉后，花粉粒即在柱头上发芽，经 5～9 h，花粉管可达到花柱基部，靠近卵细胞，释放精子，分别与卵细胞和极核结合，形成受精卵和初生胚乳细胞，完成受精过程，这个过程也称为双受精。但有时也会发生单受精现象，即只有卵受精而极核未受精或极核受精而卵未受精，因而使胚珠不能发育成种子。

一般栽培条件下，花生单株的开花数在 40～200 朵。交替开花型品种开花量显著多于连续开花型品种，晚熟品种多于早熟品种。初花期干旱、低温，亦能使开花量减少，盛花期推迟。花生开花的适宜温度为 23～28 ℃，气温高于 30 ℃或低于 21 ℃时，开花量减少。花生开花适宜的土壤水分为田间持水量的 60%～70%，降至 30%～40%时开花就会中断，但土壤水分过多时开花量也会减少。光照对开花量也有一定的影响，弱光使开花量减少；长日照或短日照处理，开花量均会减少。

大气的温度和湿度对授粉受精也有一定的影响，开花前 2 d 的气温低于 23 ℃或遭遇干旱，易形成短花柱，影响授粉而形成无效花。花粉在柱头上发芽的最适温度为 22～30 ℃，低于 18 ℃或高于 35 ℃时，均不能受精。花期清晨若 3:00—8:00 连续降雨，当日所开花大部分会成为无效花。

3. 花生的果针入土和荚果发育　花生的胚珠受精后，初生胚乳细胞立即分裂形成多核胚乳，而受精卵则在受精后有 24 h 的休止期，然后细胞分裂形成球形原胚。此时位于子房基部的子房柄居间分生组织开始细胞分裂，新生细胞不断伸长，开花后 3～6 d，即可形成肉眼可见的子房柄。子房柄连同其先端的子房合称为果针，果针入土后可吸收水分和养分。

花生果针具有与根相似的向地生长习性。子房柄生长最初略呈水平，不久即弯曲向地生长，入土。在子房柄迅速伸长期间和入土初期，原胚（胚细胞和胚乳核）暂时停止分裂，果针入土达到一定深度后，子房柄停止伸长，原胚恢复分裂，子房开始膨大，并以腹缝向上横卧发育成荚果。

从果针入土到荚果成熟需要 50～70 d，一般早熟小粒品种需要 50～60 d，大粒品种需要 60～70 d。整个过程可分为两个时期，前一时期称为荚果膨大形成期，需要 30 d 左右，主要表现为荚果体积迅速膨大，此期结束时荚果体积已达到最大；后一时期称为荚果充实期或饱果期，需要 30 d 左右，主要表现是荚果干物质量迅速增加，种仁充实，荚果体积不再增大，此时期果壳的干物质量、含水量、可溶性糖含量逐渐下降，种子中油脂含量、蛋白质含量及油脂中的油酸含量、油酸与亚油酸比值逐渐提高。

花生一生中开花很多，但有相当一部分不能形成果针，一般情况下成针率只有 30%～70%，早熟品种成针率略高，晚熟品种成针率稍低。影响果针形成的因素主要有以下几个方面：①由于花器发育不良，不能正常授粉受精；②开花时气温过高或过低，导致花粉粒不能正常发育，影响受精；③开花时空气湿度过低，特别是开花期夜间空气湿度对果针的影响很大，相对湿度低于 50%时，成针率极低。

花生荚果发育需要一定条件，黑暗是荚果发育的必要条件，只要子房处于黑暗条件下，不管其他条件满足与否，都能膨大发育，而在光照条件下，即使其他条件好，子房也不能发育。此外，温度、水分、氧气、结果层的营养、机械刺激等都会对荚果的发育产生影响。

（三）花生栽培品种类型

我国花生栽培种可以划分为交替开花类群和连续开花类群两大类群，分成 4 个类型。交替开花类群（即国际上的密枝亚种，*Arachis hypogaea* subsp. *hypogaea*），包括普通型（即国际上的弗吉尼亚型，Virginia type）和龙生型（即国际上的秘鲁型，Peruvian type）两个类型。连续开花类群（即国际上的疏枝亚种，*Arachis hypogaea* subsp. *fastigiata*）包括多粒型（即国际上的瓦棱西亚型，Valencia type）和珍珠豆型（即国际上的西班牙型，Spanish type）两个类型。

1. 普通型　普通型花生主茎不开花，枝上花序与分枝交替着生，侧枝多，能生三次分枝，茎枝上花青素较少。荚果多为普通型，果嘴一般不明显，种仁多为椭圆形，种皮多为粉红色。生长习性有直立、半匍匐和匍匐 3 种。该类品种生育期较长，种子发芽对温度的要求较高，18 ℃通常是这类品种的发芽适温。该类品种的休眠期较长；耐肥性较强，适宜在水肥充足、肥沃的土壤栽培；对钙的需求量较高，不适合酸性土壤栽培。这类品种是我国目前花生栽培的主要类型。

2. 龙生型 龙生型花生主茎不开花，侧枝上花序与分枝交替着生，分枝性强，侧枝很多，常出现四次分枝，茎基部多有花青素。荚果多为曲棍形，有明显的龙骨和果嘴，种仁多呈椭圆形，种皮多为淡黄色或浅褐色，植株多为匍匐型。该类品种生育期较长，种子发芽对温度的要求较高，其休眠期较长。目前，我国花生生产中已不再应用此类品种，但该类品种对病、虫、干旱、渍水的抗性和适应性较强，所以在育种等研究工作中仍有广泛应用。

3. 珍珠豆型 珍珠豆型花生主茎开花，侧枝上各节连续着生花序，或有分枝，但二次分枝上各节连续着生花序，茎枝粗壮，分枝性弱于普通型花生。茎枝有花青素，但不甚明显，株型均为直立型。荚果多为蚕茧形或葫芦形，种仁呈圆形或桃形，种皮光滑，多为淡红色。该类品种生育期较短，种子发芽对温度的要求较低，发芽适温为12～15 ℃，但种子的休眠期较短，所以成熟期高温、多湿时，易造成田间发芽。该类品种耐旱性较强，但对叶部病害的抗性一般较差。这类品种也是我国目前花生栽培的主要类型。

4. 多粒型 多粒型花生主茎上除基部的营养枝外，各节均有花枝，节间较短，故生育后期可见主茎上布满果针。该类品种分枝少，茎枝粗壮，花青素显著，株型均为直立型，荚果串珠形，种仁圆柱形、圆锥形或三角形，种皮多为深红或紫红色。该类品种生育期较短，种子发芽对温度的要求最低，发芽适温为12 ℃左右，种子的休眠期较短，但是比珍珠豆型品种稍长。由于这类花生生育期短、发芽所需温度低，目前在我国部分地区仍有栽培。

二、花生原种种子生产

（一）二年二圃制

花生种子一般是按照原原种、原种和大田用种三级程序进行的。二年二圃制繁育花生原种是花生大田用种生产最基本、最常用的方法。

1. 单株选择 为了方便选株、有利于植株充分生长发育，种植密度不宜过大，而且必须是单粒播种。花生收获时在田间进行单株选择，选择具有原品种的特征特性，且丰产性好的优良单株。为保证质量，已经生产原种的，应在原种圃内选择。选择单株的数量应根据原种圃的面积确定。当选单株要及时挂牌编号，充分晒干，分株挂藏或分袋保存。播种前再根据荚果饱满度、结果多少、种子形状、种皮颜色等典型性状进行一次复选。

2. 株行圃选择 选用地势平坦、地力均匀、旱涝保收、无线虫病、不重茬的地块作为株行圃。

将上年当选的优良单株，分株剥壳装袋，以单株为单位播种，每个单株种1行，每9行或19行种1行原品种为对照。以单株编号顺序排列。

生长发育期间要做好观察、鉴定和记载。苗期主要观察记载出苗期和出苗整齐度；花针期主要记载株型、叶形、叶色、开花类型、分枝习性、抗旱性等；成熟期主要观察记载成熟早晚、抗病性、植株高矮及是否表现一致等；收获期要记载收获时间。收获时要根据田间表现，淘汰劣行，并对淘汰行和对照行先行收获；然后收初选行，同时观察记载其丰产性、典型性和一致性，以及荚果形状、大小及整齐度等。性状一致的株行可混合摘果，性状特别优异的株行可单独摘果装袋。收获后抓紧时间晒干，做好种子储藏工作。

3. 原种圃 选择中等肥力以上的砂壤土地块，施足基肥后作为原种圃。将上年度株行圃混收的种子，单粒播种，密度不宜过大，要按照高产高倍方法繁殖原种。秋季适时收获，搞好储藏，此种即为原种，可供翌年生产大田用种。通过原种的再繁殖，供应大田生产。

（二）四级种子生产技术

花生四级种子生产技术是在总结以往种子生产的基础上，借鉴国外种子生产经验，提出的全新种子生产模式。基础是育种家种子，育种家种子和原原种均由育种者直接掌握并负责生产，并通过育种家种子、原原种、原种和大田用种逐级扩繁而应用于生产。该技术最大的特点：①在技术上解决了传统种子生产体系中存在的“选择＋繁育”的问题，由育种者直接提供育种家种子和原原种，最大限度地维持了品种的优良种性，延长品种的使用寿命；②在体制上克服了“种出多门”的弊端，有效地保护了育种者的权益，有利于实现种子生产的产业化和标准化。

1. 育种家种子　育种家种子是由育种者直接生产和掌握的原始种子，世代最低，具有该品种的典型性和遗传稳定性，纯度达100%，产量及其他主要性状符合确定推广时的原有水平。

育种家种子的繁殖、储藏由育种者负责，通过育种家种子圃，对经过区域试验程序而即将审定的优系种子足量繁殖，再低温干燥储藏，分年利用。当储藏的育种家种子即将用尽时，通过保种圃对剩余的育种家种子按严格的程序再足量繁殖，储藏利用。

当低温干燥储藏条件不具备时，可由育种者从优系种子开始建立保种圃，以株行循环法形式生产育种家种子。育种家种子经过一次繁育，可生产原原种。

2. 原原种　原原种由育种家种子直接繁育而来，纯度达100%，比育种家种子多1个世代，产量及其他性状与育种家种子基本相同。原原种的生产和储藏由育种者负责，在育种单位农场或特约原种场进行。在原原种圃将育种家种子单粒稀植，分株鉴定、除杂，混合收获生产原原种。原原种可经过1次繁殖生产原种。

3. 原种　原种是由原原种繁殖的第一代种子，遗传性状与原原种相同，产量及其他性状指标仅次于原原种。原种生产由原种场负责。鉴于花生繁殖系数低，在原种圃仍将原原种单粒稀播生产原种，原种经过1次繁殖可生产大田用种，也可直接供应大田生产。

4. 大田用种　大田用种是由原种繁殖的第一代种子，遗传性状与原种相同，产量及其他性状指标仅次于原种。大田用种生产由基层种子生产单位负责，在良种场或特约种子生产基地进行。所生产的大田用种直接供应大田生产，其收获的种子不再作种用。

三、花生大田用种种子生产

（一）单粒稀播、高产高倍繁殖技术

单粒稀播、高产高倍繁殖技术就是以最小的播种量，采用集约栽培，达到最合理的群体结构，获得最高的繁殖系数和最佳的经济效益。

选择土层深厚、结果层疏松的砂壤土或壤土的田块作为大田种子生产田。增施基肥，多施有机肥，适当施用速效肥。采用起垄种植，根据土壤肥力和品种特性，确定适宜的密度，一般种植12万穴/hm^2左右，单粒播种。播种时底墒要足，以保证一播全苗。加强田间管理，旱浇涝排，及时防治病虫害。

（二）秋植留种技术

我国南方花生可以春秋两季栽培，但由于春花生收获后正值高温、高湿季节，种仁脂肪

含量高，易酸败变质，不耐储藏，留种、保种困难，致使春播种子生活力和发芽率都不理想，如下年用春播花生种子作种，往往缺苗多、病苗多，长势差，影响产量。而秋花生是在干燥、温度较低、昼夜温差较大的条件下成熟，储藏期间低温、干燥，储藏期短，种子生活力强，带菌率低，同时由于种子含油量较低，播种后吸水快，出苗快而整齐，长势均匀、生长健壮，增产显著，成为解决南方花生产区春播花生严重缺苗的有效途径。

选择有一定肥力的轻砂壤地块作为繁殖田，忌连作。用成熟饱满的春播花生作种子，播种前剥壳并进行粒选，用0.5%多菌灵拌种。秋播花生播种期不宜太早，一般以8月10日左右为宜，以避开7月的酷暑期。播种密度因花生品种和土壤肥力水平而定，一般播种密度掌握在15万穴/hm^2左右，每穴2粒。生长发育期间应加强田间管理，防旱排涝，及时追肥防早衰，注意病虫害防治，适时收获，及时晾晒。

第五节　麻类作物种子生产技术

麻类作物是一大类特色韧皮纤维作物，种类较多。其种子种苗的生产繁殖方式多样。本节仅介绍在我国栽培面积较大的几种韧皮纤维作物，即苎麻、亚麻、黄麻和红麻的种子种苗生产技术。

一、苎麻种子种苗生产

苎麻（ramie），学名为 *Boehmeria nivea*，为荨麻科苎麻属多年生宿根性草本，目前具有栽培价值的有白叶种苎麻（普通苎麻）和绿叶种苎麻。苎麻是异花授粉作物，雌雄同株异位，有无性繁殖和种子繁殖两种繁殖方式。

（一）苎麻无性繁殖种苗生产技术

苎麻在生产上一般采用无性繁殖，用于无性繁殖种苗生产的材料可以包括原种嫩梢（枝）和原种种蔸（龙头根、扁担根、跑马根）。苎麻无性繁殖种苗原种是指用育种家种源（为单株系统无性繁育系），经无性繁殖后确认不带病的，植株生长均匀、整齐，外观形态一致的原始植株群体。

1. 建立母本园

（1）无性繁殖苎麻品种取梢（枝）圃　选择土壤肥沃，排灌良好的地块建立无性繁殖苎麻品种取梢（枝）圃。母本苗由原种保存圃提供，或用无性繁殖的原种。明确记载品种，引进品种外文名称、品系、引进单位、来源、时间等。栽植行距为0.7 m，株距为0.3～0.4 m。同时加强肥水管理，保证植株生长旺盛，不断产生新的分枝。尤其是在取梢（枝）后及时追施氮肥。搞好冬培，施足磷钾肥和有机肥，保护好地下部分。第一次取苗，一般苎麻茎秆顶梢15 cm没有空心就可以取苗，最佳的取苗时间为株高0.5～1.2 m时。

（2）无性繁殖苎麻品种取蔸圃　选择土壤肥沃、疏松、土层深厚、排灌良好的地块建立无性繁殖苎麻品种取蔸圃。取蔸圃种源由原种无性繁殖而来。栽培行距为0.5 m，株距为0.35～0.40 m。加强田间管理，多施有机肥，注意防治地下害虫和防止渍水，保证地下部分发达。

2. 种苗繁育

（1）嫩梢（枝）扦插繁育法

①建立苗圃：选择土质疏松，秸秆及杂草少，水源方便，2 年以上没有种植过苎麻的地块建苗圃。选晴天翻耕土地，晒土后施杀菌剂和杀虫剂进行土壤消毒。平整做厢，厢宽为 1.2～1.4 m，长度不限，厢间距离 0.5 m。厢面上横开浅插苗条沟，条沟距 15 cm 左右，条沟内放适量细砂，以便插苗。

②选择繁育时间：长江以南 4—10 月均可进行种苗繁育，以 4—6 月为最佳时期，35 ℃以上高温天气成活率较低。

③选择取苗时间及方法：选择晴天上午 9:00 以后开始取苗。用单面刀片割下茎梢和分枝，于阴凉处将茎梢或分枝的下部削去，削取长度为 8～15 cm 的插枝。插枝保留茎尖的3～5 片小叶，下部 1 cm 左右处保证有 1 个节。尽量减少插枝伤口。将削好的插枝在消毒液（0.8%的高锰酸钾或托布津、多菌灵等杀菌剂的 500～1 000 倍液）中浸 1～3 min 后放在阴凉处备用。苗圃插前，用无污染（生物或化学污染）的清水或加适量杀菌剂的清水浇湿苗床。

④插苗与苗床覆盖：将经消毒处理的插枝密集地（一般株距为 10 cm）插在放有细砂的条沟上，插入深度为 1～3 cm。插苗后及时用洒水壶浇上清水，湿透苗床为止。在苗床上插上密度适当（一般间隔 0.6～1.0 m）的竹弓，盖好薄膜，薄膜用泥土压实四周，防止水分散失。覆盖高度以薄膜不接触麻苗为准。晴天用草帘或双层遮阴网盖在薄膜上，防止阳光直射烧苗。

⑤苗圃管理：控制苗床的光、温、水状态。首先避免强光直晒苗床，晴天 7:30 用草帘或遮阳网盖在薄膜上，17:30 以后去掉遮阳网。阴雨天不要遮阴。其次，薄膜覆盖的苗床内温度应控制在 18～34 ℃，温度过高可直接在遮阳网上喷水或揭开两端薄膜降温，最适温度为 25～30 ℃。同时，保持苗床湿润，薄膜上有密集水珠，如见苗床开始发白，应立即浇水。

⑥炼苗及移栽：至麻苗长出 3～5 cm 的白根后，先揭开两端薄膜炼苗，并逐步减少覆盖物。2～3 d 后可全部揭去覆盖物，但应保持湿润。当部分白根开始膨大后即可取苗移栽。如果就地移栽，随取随栽；若远距离异地栽种，取苗带土，喷适量水后用薄膜密封包装，防止运输途中麻苗失水，造成移栽成活率低。

（2）细切种蔸繁育（又称切芽繁殖）法

①建立苗圃：选择背风向阳，排水良好，土质疏松、肥沃，少杂草的地块建苗圃。翻耕土地，施杀虫剂和杀菌剂进行土壤消毒，清除杂草，平整做厢，厢宽为 1.2～1.4 m，长度不限，厢间距为 0.3～0.5 m。厢面横开浅排植沟（条），沟（条）距为 15～20 cm。

②取蔸与布种：

A. 取蔸：在秋末冬初或早春季节进行取蔸育苗。将 3 龄以上母本麻蔸整蔸挖出，或每蔸保留少量待 1～2 年后再取蔸。去掉麻蔸上过多的泥土，以便切块。

B. 细切种蔸：在背风阴凉处切蔸，将种蔸放在厚实的木板上，用薄口利刀，一刀切断，切口小而平滑。切跑马根时用单面刀片。切根大小，跑马根为 1～5 g，龙头根为 5～25 g，扁担根为 20～40 g。切根时去掉死种根、病虫种根，并将龙头根、扁担根、跑马根分开放置。

C. 苗床布种：将切好的种根密集排在苗床植沟（条）内，距离为 2～3 cm。跑马根、龙头根、扁担根的切块分开排布在不同的厢段，以利以后生长和管理。

D. 覆盖：及时将排布在沟（条）内的种根盖上一层细土，盖土厚度约为 3 cm，然后用适量水浇湿苗床，盖好地膜，四周用泥土压实。

③加强苗床管理：待麻苗长到 3 cm 左右，且日平均温度在 10 ℃以上时，揭去地膜，及时除草，追肥。当麻苗长到 12～15 cm 时，应及时移栽。

（二）苎麻种子生产技术

苎麻生产上也可采用种子繁殖，但种子只能由原种苎麻或由繁殖用种苗在隔离条件下生产。其中苎麻原种是指由育种者提供的品种无性繁殖材料，繁殖用种苗是指原种经无性繁殖，质量符合要求的种苗。

1. 用于种子生产的种苗的质量要求 经法定种子管理部门登记认可的优良品种和杂交组合，其纯度较高的种子才能用于种子生产。通常用所选品种在隔离条件下生产的实生苗植株形态指标（即株高整齐度和工艺成熟期）中上部叶片的叶形整齐度的平均值作为纯度指标，以判定能否进行种子繁育。

株高整齐度＝（有效麻株平均高度±10％以内的株数/调查总有效株数）×100％

叶形整齐度＝（群体中主流叶形的株数/群体总株数）×100％

结合生产实践，规定常规种和杂交种各级苎麻种子纯度的最低要求，常规种纯度≥85％，杂交种一级良种≥88％，二级良种≥80％。

2. 大田用种的生产

（1）选择种子生产基地 种子生产基地要求土壤肥沃，排灌良好，背风向阳，周围 1 km 以内没有其他苎麻品种花粉，或者有天然、人工屏障的隔离区。

（2）确定适宜的栽培密度 行距为 0.5～0.7 m，株距为 0.3～0.5 m；杂交组合制种父本和母本比例 1∶4～8。

（3）田间管理 加强肥水管理，保证植株生长健壮。注意适当增施磷钾肥，提高结实率和种子饱满度。及时防治病虫害，加强留种麻园冬季麻蔸培土和施肥管理。新栽麻留种，当年不收二麻，以利壮蔸壮籽。老麻园留种应适当提早二麻的收获期，一般比生产纤维的麻园提早 10 d 收获，以保证繁种圃三麻有较长的生长期，提高种子产量和质量。

（4）适期收获 根据各地情况确定种子收获期，见霜后 1～2 个晴天或者 2/3 果穗变褐即可收种。收种应在麻株上露水基本干后进行。种子收获后要及时摊开晾晒干燥，当含水量降到 12％左右时及时脱粒，脱粒后经过筛选和风选除去空瘪种子和果壳等杂质。经精选的种子应及时封装，保存在阴凉、干燥处。

大田用种经育苗后得到的种苗，可供生产应用，移栽到大田。

二、纤维用亚麻种子生产

亚麻（flax），学名为 *Linum usitatissimum*，属亚麻科亚麻属一年生草本，有纤维用亚麻和油用亚麻（胡麻）之分，采用种子繁殖。亚麻是极易混杂的作物，其品种混杂退化速度明显大于其他自花授粉作物；同时纤维用亚麻的栽培播种量大，种子繁殖倍数低（生产田为 3 倍左右），品种从推广到普及所需时间长，加大了良种化的难度。由于使用良种三代以后的普通亚麻种子会影响产量和质量，我国亚麻生产一般采用五年更新制，即原原种繁殖 2 代在生产上用 3 年后，原则上不再作生产用种。因此亚麻种子生产的任务大，技术性强。

1. 亚麻原原种生产技术 采用四圃法提纯复壮生产原原种是保证亚麻原原种纯度的有效措施。第一年选择单株，选择具有某品种典型性状的单株 400～500 株，室内复选保留 200 株，单株脱粒保存。第二年将入选单株种成株行，等距离点播，田间入选整齐一致，典型性状株行 100 行，每行分别用网袋套袋收获、运输和晾晒。室内测出麻率后，保留 80 个株行。第三年将入选株行种成株系，行长为 4～5 m，每行播种 600～800 粒，每个株系种植行数视种子量而定（每株行种子应全部播种），田间按品系特征特性和整齐度选择株系，淘汰过劣株系，室内测定出麻率、株高和蒴果数后复选，入选最优株系 15 个。第四年将入选的 15 个株系种成小区进入家系鉴定（剩余种子种入繁殖区），小区按 1 500 粒/m^2 有效播种粒计算播种量，小区面积为 15 m^2，随机区组设计，重复 4 次（不设对照），进行农艺性状及产量和质量的全面鉴定后，保留性状一致的若干个最好家系用于繁殖原原种一代。原原种一代再繁殖一代为原原种二代，为了保证数量足、质量好的原原种投入原种生产，应采取稀播高倍繁殖和异地繁殖、一年多代的方法加速原原种繁殖速度。以上各代的数量可以根据种子需求量适当增减。

2. 亚麻原种生产技术 亚麻原种生产可以采用原原种直接生产，或种子生产部门根据生产需要采用三圃法或二圃法生产。

（1）三圃法原种生产技术

①单株选择圃：从原种田中选择单株，按品种特性根据生育期、株高、花序、蒴果、抗倒伏和抗病性状，入选 1.5 万～3.0 万株，室内考种复选保留 70%，单株脱粒、单装保存。

②株行鉴定圃：将上年入选单株每株种成 1 行，顺序排列，行长为 1 m，行距为 15～20 cm，均匀条播。花期拔出异花株行。工艺成熟期按品种特征特性严格选择，一般淘汰 30%株行，做好标记。晚期收获，收获时先将淘汰的株行拔出运走，然后将入选株行混收，混脱保管。

③混系繁殖圃：将株行圃混合收获的种子，在优良栽培条件下以 30 kg/hm^2 播种量高倍繁殖，隔离种植，花期和收获前再严格除杂去劣。完熟期开始收获，收获后种子仍为原种级别，种子来年种入原种田。

（2）二圃提纯复壮法原种生产技术 二圃提纯复壮法与三圃法不同的是省去了株行鉴定圃，所选单株不是单株脱粒，而是集中一起脱粒，留作第二年高倍繁殖，即只有单株培育选择圃和高倍繁殖圃两个圃。在高倍繁殖过程中加强田间除杂去劣工作，种子成熟期收获。收获前继续选择典型株，每 100 株捆一把风干，脱粒前在室内复选一次，然后将典型单株集中一起混合脱粒，留作下年种子高倍繁殖用。其余混收作下年大田用种。一般 1 hm^2 种子田选择 15 万株混合脱粒可获得 35～40 kg 种子。

3. 亚麻种子生产基本技术

（1）选地选茬 亚麻种子生产田应选择地势平坦、土壤肥沃、疏松、保水保肥良好的平川地或排水良好的地块，不可选用跑风地、岗地、山坡地、低洼内涝地、瘠薄地。茬口应选择上年施有机肥多、杂草少的玉米、高粱、谷子、小麦、大豆等，不应选用消耗水肥多、杂草多的甜菜、白菜、香瓜、向日葵、马铃薯等，更不能重茬、迎茬（即隔一茬再种相同的作物），应轮作 5～6 年或以上，这样可以防止菟丝子、公亚麻等杂草及立枯病、炭疽病的危害。

（2）整地保墒 亚麻是平播密植作物，根系吸收能力较强，需水多，每形成 1 份干物质需要 430 份水，所以整好地保住墒是一播全苗的关键。玉米、高粱、谷子等前作地应秋翻秋耙，然后耢平。南方和北方的亚麻播种期不同，以北方亚麻种子生产田土壤耕整为例，春天化冻 4～5 cm 深时用枝柴耢子横顺耢一次，使土壤达到播种状态。早春耙茬整地保墒，在土壤返浆期前破垄，然后把茬子检净，用一耙压半耙的耙地方法将地耙细、耢平、镇压连续作业，或者采用对角线耙地方法，耙、耢、压连续作业，使地平整细碎，达到播种状态。

（3）合理施肥　亚麻生育期短，需肥高峰期仅有半个月左右。为了增加种子产量，增加千粒重，提高发芽率，必须供给亚麻以充足的营养，特别是能促使亚麻早熟、壮秆、提高千粒重的磷钾肥及微量元素锌、硼等。一般有机肥要求发好熟透捣细，每公顷施 40 000～80 000 kg 作基肥，在秋翻前或春耙前均匀施入，然后耙地。化肥主要用作基肥，在播种前深施 8～10 cm。青熟期可用 0.2%～0.3%磷酸二氢钾水溶液喷施。

（4）适期适法播种　南方亚麻种子生产田适宜播种期是 10 月 15 日至 11 月 5 日，北方亚麻种子生产田的适宜播种期是 4 月 25 日至 5 月 5 日。播种前用锌肥和 0.3%炭疽福美药剂拌种，以防治立枯病及炭疽病。种子必须经精选加工，去净菟丝子、公亚麻、亚麻毒麦等杂草种子。各级种子田的适宜播种量不同，原原种高倍繁殖，播种量为 30～40 kg/hm^2；原种一代加速繁殖，播种量为 40～50 kg/hm^2；原种二代扩大繁殖，播种量为 60～70 kg/hm^2；大田用种按生产用种播种量。

原原种高倍繁殖，采用行距为 45 cm 的双行条播；原种一代采用行距为 30～45 cm 的双行条播；原种二代采用行距为 15 cm 加宽播幅条播；大田用种采用 15 cm 行距播种。播种深度一般为 2～3 cm，土壤墒情良好时适宜浅播，可以在播种前和播种后各镇压 1 次，这样可使出苗快、整齐、苗壮病害轻。

（5）除草松土　为了给亚麻生长发育创造一个良好的环境，必须彻底及时拔除与亚麻争水争肥争光的各种杂草。人工除草应在亚麻苗高 10～20 cm 时进行 1 次。高倍繁殖田用锄头松土和手拔草相结合，一般繁殖田用小扒锄松土手拔草。要拔净菟丝子集中深埋或烧毁，不能随地乱扔。同时要拔净公亚麻、亚麻毒麦。化学除草应选用拿扑净，在亚麻苗高 5～10 cm，禾本科杂草 3 叶期及时进行。对双子叶杂草（例如苍耳、苋菜、刺菜、灰菜等），可用 2 甲 4 氯，用药量为 1.2～1.5 kg/hm^2，配成 0.2%～0.3%的水溶液喷施，但应注意，当亚麻苗高于 10 cm 时，浓度太高或用药过量均可造成药害。

（6）灌水防旱　在北方，亚麻枞形期和快速生长期遇旱时其正常的生长发育会受到影响，必须灌水防旱。灌水方法可以用漫灌或沟灌，也可喷灌，但每次灌水必须灌透、灌匀，防止涝渍和上湿下干。灌后 1～2 d 还要及时松土破除板结层。

（7）除杂去劣　为了确保亚麻种子纯度，提高种子质量，必须在开花期进行严格的除杂去劣工作，一般在早上 7:00—10:00 进行，拔除杂花杂株、早花多果矮株、晚花多分枝的大头株及各种可疑单株。除杂去劣应在开花期每天进行 1 次，直至开花结束前看不见杂株为止。

（8）适期收获　亚麻种子生产田的收获适期是种子成熟期，又称为黄熟期。过早过晚收获都影响种子产质量。2/3 蒴果变黄褐色，2/3 叶片脱落，茎秆变黄为种子最佳收获期。应抢晴天，集中劳动力在短期内突击收完。收获时要求做到“三净一齐”，即拔净麻、挑净草、摔净土、蹲齐根，用短麻或毛麻捆扎，在茎基 1/3 处捆成拳头粗的小把，然后在梢部打开呈扇面状平铺地上晾晒。晾晒 1～2 d 后翻晒 1 次，达六成干时垛小圆垛，每垛不宜超过 200 把。田间防雨的麻垛还可以堆成人字形。田间晾好的麻，应及时拉回场院堆成南北大垛，垛底用木头垫底，根向里、梢向外堆垛，上面用塑料布盖上防雨。

（9）脱粒入库　亚麻晾干后应抢晴天集中劳动力脱粒，及时扬出种子，经筛选、风选或选种机选，除去果皮泥土，晒干至安全水分（含水量9%以下），然后按品种和级别装袋分别入库保存。

三、黄麻种子生产

黄麻（jute）属椴树科黄麻属一年生草本韧皮纤维作物，有圆果种（*Corchorus capsularis*）和长果种（*Corchorus olitorius*）之分，采用种子繁殖。一般圆果种品种多在南方麻区繁育，长果种品种则在长江流域和华南麻区繁育。与其他作物相比，黄麻种子生产具有以下特点。

（1）繁殖系数较高　黄麻繁殖系数一般为50～100，长果种繁殖系数高于圆果种。正常情况下1株黄麻种子经过3年扩大繁殖可供3.3～6.7 hm^2（50～100亩）用种。

（2）种内天然杂交率较高　黄麻属于常异花授粉作物，种内天然杂交率较高，圆果种天然杂交率为3%左右，长果种天然杂交率为10%左右，给品种保纯增加困难。

（3）优良种子与优质纤维二者难以兼顾　黄麻纤维收获适期一般在上花下果也就是半花半果时期，这时种子尚未成熟，如延至种子成熟时收获，纤维硬脆，品质不佳。所以除原株留种之外，各地还采用了其他留种方法。

（4）种子生产方法较多　黄麻种子生产，既可以原株留种，也可插梢留种、夏播留种，有些地区为了解决种子急需还需要进行短光照种子生产。

（一）黄麻原种生产

黄麻原种生产要求在县级以上良种（原种）场或研究所（企业）进行，实行三年三圃制的原种生产方法。第一年，选择与原品种特征特性相同的单株，分单株收种。第二年，将单株分系种植，分阶段观察株系特征特性，选留与原品种一致的株系，混合收种。第三年，将混系种子播于原种生产田扩大生产原种。

（二）黄麻大田用种种子生产

我国黄麻主产区分布在不同生态区域，且各自栽培的品种不同，大田用种种子生产方法可根据各自的耕作制度选择。

1. 原株留种　原株留种在黄麻正常的播种期和收种期进行繁殖，种子和纤维可以兼收，尽管纤维质量较差，但仍然能收获一定的纤维，可以适当提高当季效益。由于黄麻生长发育时期过长，影响地力的使用效益。原株留种由于整个生长周期均可以得到监测，有利于品种提纯、除杂工作。

原株留种是麻区最普遍的留种方法，在长江流域麻区和南方部分麻区多采用这种留种方法。长江流域麻区一般在4月下旬至5月上旬播种，南方麻区（例如广西等地）则在3月下旬即可播种。黄麻种子正常收获期在10中下旬至11月上旬。原株留种除杂去劣可分别在黄麻生长发育的3个阶段进行，苗期是黄麻茎色表现最易分辨阶段，可结合第一次间苗，除去茎色不一致的杂苗和劣苗；在麻株生长前期，根据叶形结合定苗除掉不一致的杂株和劣株；在现蕾期则根据生育期的表现除掉不一致的杂株。

2. 插梢留种　插梢留种是华南麻区利用麻茎在高温高湿条件下能长不定根的特性进行留种的一种方式。插梢留种技术含量较高，不仅能保持良种种性和纯度，也能提高种子产量。同时取梢后原植株高度降低，抗倒抗风能力增强。取梢后原株仍然能及时收剥沤洗，纤维质量较好。其缺点是用工较多，技术要求高。插梢留种的基本做法是选择优良单株，用利刀斜劈梢部，取下的梢部直接插在土质疏松湿润的留种田里，或先假植在水田里，待成活后，再移栽到留种田进行留种。插梢留种应注意以下几点。

（1）选取壮株和取梢　梢苗是否健壮关系到插梢成活率高低，故梢苗选株，应选高大、分枝位高、茎秆粗壮坚硬、上下粗细均匀、梢部茎秆壮大的植株。切梢长度，无腋芽品种为20～25 cm，有腋芽品种为50～60 cm。取下的梢部再切成2～3段，每段16 cm左右，去掉部分叶片以减少水分蒸发。有腋芽品种由于尾段幼嫩插梢成活率低，应将尾段生长点以下2～3 cm去掉，以提高成活率。

（2）适时插梢　7月至9月上旬均可进行插梢。华南麻区以处暑前后（即现蕾期）插梢为最适期，此时黄麻由营养生长转入生殖生长，麻株已经积储起来的养分，而且麻梢嫩叶继续制造有机养分，由于顶端优势作用，正在大量运转集中到麻梢及其分枝，供生长和开花结果之用，故插梢后成活率高。同时由于梢苗内大量积存的有机物质，只能集中供给着蕾、开花、结果之需，因而种子发育良好，整齐饱满，质量、数量都胜于原株留种。长江流域麻区以在7月中下旬插梢的种子产量高，且插梢时恰与早熟早稻搭配，可以合理利用土地。

（3）精细插梢　黄麻插梢有假植后移栽和直接插梢两种。假植后移栽是将麻梢插在水稻田四周或水稻行间，插深为5～6 cm，田面保持薄水层，每隔1～2 d换水1次，或保持土壤干干湿湿，待15～20 d长出新根后即可移栽。此法麻梢受遮蔽而生长细弱，移栽后生长会停顿数天，影响早分枝多结果。直接插梢是利用可以灌水的空地插梢，留种地应开沟整畦，畦宽为1 m，沟宽为30～40 cm，畦面要平，土块细碎，但不施基肥。插梢时劈面朝下，切莫倒插，插深为6～7 cm，采用半斜插，增加梢部与土壤接触面，利于成活。行距以30～40 cm为宜，株距以15 cm为宜。

（4）加强插梢后水肥管理　插梢后水肥管理与麻株成活率直接相关。一般来讲，直接插梢田水插水管（灌水插梢，插后排水，天天灌水，水满畦面，灌后排水）的成活率低于水插旱管（灌水插梢，插后排水，早晚灌水，保持畦面湿润）。

3. 夏播留种（晚麻留种）　黄麻具有短日、高温的生长发育特性，推迟播种并不影响黄麻开花结实，同样能获得较高种子产量，因此华南麻区常在收获早稻后播种黄麻进行夏播留种。夏播留种，一是可多种1季早稻，冬季还可种大麦、蚕豆或小麦，提高土地利用率，增加经济效益；二是黄麻夏播，由于气温高，生长快，管理方便；三是可以避免台风危害；四是不仅能收到种子，还能收到一定数量的麻纤维，比插梢留种优越。

夏播留种的关键是要做到及时播种，加强水肥管理，促进麻株早生快发。一是要及时播种，莆田以7月13日以前播种，福建南部、广东、广西南部可推迟到7月底播种。根据前作情况，提早播种可以增加种子和麻纤维产量。二是夏播麻出苗后气温高，有利于苗期早生快发。麻苗生长速度与一般春播麻旺长期相似，因此要施足基肥，早施追肥。三是要选择水源方便的土壤，能适时灌水，保证满足黄麻生长的水分需求。四是夏播麻生长正值高温干旱季节，容易遭红蜘蛛（螨类）、叶蝉等危害，要注意防治。

4. 短光照种子生产　短光照种子生产是长江流域麻区在为了解决从低纬度区引进的优良圆果种品种在当地只能收麻不能收种的矛盾而探索的一种新的繁育种子方法。黄麻是短日照植物，在适宜的温度条件下进行短光照处理，可以促使麻株提早现蕾开花，收到成熟种子。其缺点是种子生产成本高，大面积推广较困难。

长江流域麻区短光照种子生产，必须在 6 月底前播种，否则不能现蕾或种子不能成熟。每天光照时间在 10 h 以内，处理 25 d 左右即可现蕾开花。一般为了防止“逆转”，提早开花期，应适当延长处理时间。

（三）黄麻种子生产技术要点

1. 选地　种子生产田（包括插梢田）均应选择交通便利、土壤平整、阳光充足、灌溉方便、有利于水旱轮作、富含有机质与钾素的田块。

2. 隔离　最好一地一种，如需要在一地繁殖两个以上品种时，品种之间需保持一定的空间距离，水平距离在 250 m 以上。

3. 整地与播种　黄麻种子较小，顶土力较弱，整地要精细，播种沟深为 1～2 cm，播种后覆细土盖种，抢晴尾雨前播种，保证一播全苗。行距根据当地栽培习惯与土壤肥力确定，一般行距在 35～40 cm。

4. 除杂去劣　除杂去劣是防止黄麻品种退化的重要技术措施，一般分 3 次进行。第一次除杂去劣在苗高 10～15 cm 时进行，结合间苗除去劣株和茎色不一致的杂株。第二次除杂去劣在苗高 30～40 cm 时进行，结合定苗根据叶型及植株形态除去杂株。第三次除杂去劣在现蕾开花时进行，除掉早蕾、早花株。

5. 加强水肥管理　留种田的营养元素对黄麻种子产量和质量均具有影响。基本要求是施足基肥，前期注重氮肥，后期多施磷钾肥。在黄麻开花结果期田间不能缺水，否则影响果枝的生长与种子的成熟。

6. 适时收种　黄麻的花集中在麻株梢部和侧枝上，为聚伞形花序，从第一朵花开放到最后一朵花开完约需 25 d，从开花到种子成熟需 45～60 d，种子成熟期不一致。黄麻种子发育可分为乳熟、黄熟、完熟和枯熟 4 个时期，完熟期为最适采种期。收获太早时，茎上部的种子不饱满，成熟度与生活力较差，发芽力低；收种太迟时，老熟果壳开裂，种子散落而严重降低种子产量，甚至遇长时间阴雨造成种子在蒴果上发芽。一般当中上部蒴果种子变成棕色（圆果种）或墨绿色（长果种）即可收获。黄麻长果种蒴果易裂开，有条件的地方可分 2～3 次收获。为了防止果壳开裂种子散落，应选在上午收获。圆果种在田间直接割下梢部，可带果或连同果枝后熟 1～2 周后再脱粒；长果种则可在田间直接脱粒。脱粒后的种子应立即晒干，并储藏在干燥的地方。

四、红麻种子生产

（一）红麻的良种繁育体系

红麻（kenaf），学名为 *Hibiscus cannabinus*，属锦葵科木槿属一年生草本韧皮纤维作物，采用种子繁殖。红麻南种北植的特性决定了我国南方的广东、广西、福建等地成为红麻种子生产基地，而长江流域以北地区则成为红麻主要种植区。因此种子生产基地生产的种子数量和质量，直接影响全国红麻的生产，建立和健全红麻种子生产体系是非常有必要的。中国农业科学院麻类研究所起草制定的农业行业标准《红麻种子繁育技术规程》，一是要求建立良种基地，严格执行一地一种的良种区域化种子生产，截断引起红麻品种混杂的源头；二是实施原种统一供应，根据供需双方需求，按计划订单生产种子，保证种子统一收购，统一销售；三是建立严格的红麻种子生产制度，原种必须由育种者或品种权拥有者统一提供。

（二）红麻原种生产方法

1. 重复繁殖法 当红麻新品种（组合）审定通过后，为了保护知识产权，尽量保持原品种的遗传平衡状态，保持优良的遗传性状和纯度，把引起品种混杂退化因素的影响降低到最低限度，加快新品种的推广。宜采用四级种子生产程序，即由育种家种子→原原种→原种→良种的重复繁殖法。

2. 三圃制提纯法 红麻是常异花授粉作物，常由于生物学混杂等原因引起种性退化。三圃制法是从混杂退化的红麻良种中选择具原品种典型性状的单株，恢复和提高其纯度和种性，使之达到原种标准的措施。其程序是：单株选择→株行圃→株系圃→原种圃。其中单株选择一般可在生长盛期初选，中后期复选，开花结实期决选，选株数量一般不少于 150 株。三圃制提纯法必须由省级专门的科研机构或专门建立的原种场及相关的专业机构负责。

（三）红麻常规品种种子生产技术

广东、广西、福建等地红麻留种一般采用直播、幼苗移栽、插梢或插植等方法。

1. 直播留种 在广东、广西和福建南繁基地最初采用的方法是春播收皮、种，目前广泛发展为以种子为主的夏播留种。在广东、广西和福建，春播留种一般在 5—6 月播种，夏播留种在 7 月下旬至 8 月上旬播种，但纬度较高的地区播种期适当提早。夏播留种红麻与春播的相比：①开花结果明显推迟 20 d 左右，但夏播的种子产量则高于春播；②夏播留种红麻比春播的营养生长期明显缩短，生长速度明显加快；③夏播留种红麻比春播红麻在生长期间病害死亡率明显降低；④夏播红麻留种植株比春播红麻矮，根系发达，台风造成的危害较轻，使红麻倒伏明显减轻。另外，夏播留种可提高土地复种指数。直播留种定苗一般为 15 万～22.5 万株/hm^2。

2. 育苗移栽留种 育苗移栽留种是先育苗，再移栽到本田，既可缩短本田生长期，增加土地复种指数，又能提高种子产量和质量，增加经济效益，是较先进的留种方法。幼苗移栽一般在 7 月下旬至 8 月上旬（苗龄 40～50 d），移栽定苗 18 万株/hm^2。采用前控、攻中和后补的施肥原则。

3. 插梢和插植留种 插梢和插植留种不仅具有高产、优质、有利于提纯复壮的优点，而且还可以加快繁殖速度，提高繁殖系数，减少用种量，降低生产成本。一般在 8 月上旬取梢或植株截段扦插，以每公顷插 120 000～135 000 株为宜。种子产量一般为 1 200 kg/hm^2 左右。该项方法可扩大繁殖系数 2～6 倍。

（四）红麻杂交种种子生产技术

红麻杂交种种子生产的途径可采用人工去雄、化学杀雄、利用优异性状长柱头品种进行不去雄人工授粉杂交、利用雄性不育材料、结合短光照的高温杀雄等。

红麻杂交种种子生产比常规品种种子生产复杂得多。其主要的技术环节有以下几个。

1. 选好种子生产区 红麻亲本繁殖区和种子生产区除需选择土壤肥沃、地势平坦、地力均匀、排灌方便、旱涝保收的地块以外，必须保证有安全隔离的条件，严防昆虫带来外来花粉的干扰。

2. 规格播种 杂交种种子生产时，父本和母本的花期能否相遇，是制种成败的关键。应根据红麻亲本生育期和开花习性安排父本和母本的播种期，使之花期相遇。另外，应有合理的父本和母本行比。红麻的化学杀雄人工授粉杂交种种子生产，一般父本和母本行比为 1∶8。父本和母本应分区播种，使母本化学杀雄不影响父本雄花正常发育。

3. 精细管理　种子生产区应保证肥水供应，及时防治病虫害，以促进父本和母本健壮地生长发育，提高种子产量。红麻母本在生长前期，可适施矮壮素，培养矮壮苗，便于人工授粉。同时，应根据父本和母本的生长发育特点及进程，进行栽培管理或调控，保证花期相遇。

4. 除杂去劣　在亲本繁殖区和种子生产区，对亲本要认真地分期地进行除杂去劣，以保证亲本和杂交种子的纯度。

5. 及时化学杀雄人工授粉　红麻杂交种种子生产时，要根据母本生长发育情况，在现蕾期严格按照红麻化学杀雄技术要求及时杀雄，开花时要及时授粉，达到提高种子产量和质量的目的。

6. 分收分藏，成熟要及时收获　父本和母本必须分收、分晒、分藏，严防混杂，一般先收母本，后收父本。

（五）红麻短光照种子生产技术

红麻属短日性植物，在自然条件下，只能在海南、广东、广西、福建、江西等低纬度地区留种，在高纬度的北方地区营养生长期延长而表现出增产效应。要想在高纬度地区留种，可采用短光照处理进行种子生产，其技术如下。

1. 选地建苗床　选土壤肥沃、灌排方便的地块建苗床。苗床宽度视遮光覆盖物宽度而定。长度取决于地块长短。苗床呈南北向。苗床内施足基肥，以有机肥为主，配合施氮磷钾肥。

2. 搭架　用紫穗槐条、竹片或钢条搭成 70～80 cm 高的拱形架，架距为 80 cm 左右，每 6～8 m 竖 1 根桩，以支撑加固棚架。

3. 严格做好遮光处理　做好短光照处理是种子生产的关键。遮光选用的覆盖物一定要对农作物无毒、不透明的黑塑料薄膜。春播麻每天 17:00 开始至次日 7:00 覆盖，每天给予光照时间为 10 h。夏播麻正处于高温季节，为避免损坏麻苗，下午覆盖时间要根据各地气候条件适当后延。春播麻最少处理 40 d，夏播麻最少处理 30 d。遮光操作要由专人认真负责，严密遮光，准时揭盖，风雨无阻，连续处理不间断，不到揭床标准不结束处理。否则就会降低种子产量，或者收不到种子。“半夏播”多用较大的苗龄遮光，处理前已有一个较好的营养体基础，遮光时间要延长至 45～50 d，以促进花芽充分分化，提高结实率。

第六节　甘蔗种苗生产技术

甘蔗（sugarcane），学名为 *Saccharum officinarum*，是禾本科（Gramineae）甘蔗属（*Saccharum*）植物，原产于热带、亚热带地区。甘蔗是高光效的 C_4 植物，光饱和点高，CO_2补偿点低，光呼吸率低，光合强度大，生物学产量高。甘蔗是我国制糖的主要原料，在世界食糖总产量中，蔗糖约占 65%，我国则占 80%以上。同时，甘蔗也是轻工、化工和能源的重要原料。

一、甘蔗的生物学特性

（一）甘蔗的植物学特性

甘蔗在植物学分类上属禾本科甘蔗属，其形态特征同水稻等禾本科植物相似，由根、茎、叶、花和果实（种子）构成。

在生产上，甘蔗以种茎作种，从下种至收获可以分为萌芽期、幼苗期、分蘖期、伸长期和成熟期5个时期。

1. 萌芽期 自甘蔗下种后至萌发出土的芽数占总芽数的80%时，称为萌芽期。萌发出土的芽数占总芽数的10%以上时为萌芽初期。萌芽出土的芽数占总芽数的50%以上时为萌芽盛期。萌芽出土的芽数占总芽数的80%以上时为萌芽后期。生产上要求萌芽迅速、整齐，萌芽率高。

2. 幼苗期 蔗芽萌发出土后，从有10%的蔗苗长出第一片真叶起至有50%以上的蔗苗长出5片真叶时止，称为幼苗期。生长上要求苗全、苗齐、苗匀、苗壮。甘蔗幼苗期的生长包括根生长和地上部分生长。

3. 分蘖期 自有分蘖的幼苗占10%起至全部幼苗已开始拔节前，称为分蘖期。有分蘖的幼苗占10%以上时为分蘖初期。有分蘖的幼苗占30%以上时为分蘖盛期。有分蘖的幼苗占50%以上时为分蘖后期。生产上要求分蘖早生快发，抑制迟生的无效分蘖，提高分蘖的成茎率，以增加单位面积的有效茎数。

4. 伸长期 蔗株自开始拔节且蔗茎平均伸长速度达每旬3 cm以上起至伸长基本停止，属伸长期。蔗株平均伸长速度达每旬3 cm以上时，称为伸长初期。蔗株平均伸长速度达每旬10 cm以上时，称为伸长盛期；蔗株平均伸长速度降低为每旬10 cm以下时，称为伸长后期。

5. 成熟期 甘蔗成熟分为工艺成熟和生理成熟。工艺成熟是指蔗茎中蔗糖糖分积累到最高水平，而生理成熟是指开花结实。在生产上的成熟期一般指工艺成熟期，而杂交育种亲本则需要生理成熟。

（二）甘蔗的开花结实习性

甘蔗的花序为复总状花序，由主轴、支轴、小穗梗和小穗组成，分枝多而密。花序有圆锥形、箭镞形、扫帚形等，花序的形状决定于支轴、小穗梗的长短及其散开的程度。一般把小穗看作花的基本单位，小穗成对着生于支轴的小穗梗上，上部1个小穗有柄，下部1个小穗较大而无柄。每个小穗有内颖和外颖各1片、内稃和外稃各1片。外颖位于小穗的最外部，内颖位于外颖的相对面。内稃的对面有2枚鳞被（又称为浆片）。雄蕊3枚，花丝短而白，花药2室长椭圆形，发育正常的花粉为球形、黄色。雌蕊1枚，花柱短。柱头呈羽状二裂，多为深紫色。子房为1室，含胚珠1枚。

甘蔗花序抽出后3～7 d开花，开花顺序由花穗上部至下部，由外围至内部；有柄的小穗花先开，无柄的小穗花后开。每天开花时间为上午7:00—11:00。花粉落在柱头上经2～3 h受精，受精后胚珠逐步发育成种子。甘蔗种子在发育过程中，子房壁发育成果皮，果皮与种皮愈合而形成颖果。颖果长卵圆形，长约为1.5 mm，宽约为0.5 mm，成熟时呈棕色。

（三）甘蔗的品种混杂及防杂保纯措施

一个甘蔗良种如果混杂了其他品种，就会降低良种的纯度从而降低其增产潜力，而且也降低其经济效益。通常在混杂了其他品种的甘蔗良种群体内，其个体矛盾增大，生长不整齐，成熟先后不一致，使原有良种的产量和品质都有所降低，同时还会增加蔗田管理的困难。所以在甘蔗生产中一定要防止品种混杂。

生产上造成甘蔗品种混杂的原因是多方面的，但最主要的是新植蔗补苗或宿根蔗补苗时没有准备足够的补植种苗而补上其他品种苗而造成的混杂。另外，在选留种苗时如果不严格执行除杂留纯，这样年复一年，便大大降低良种的纯度，使得良种不断退化。

为了防止甘蔗生产中品种的混杂，在选留种苗时一定要严格进行除杂留纯。为了保证良种纯度，最好设置良种种苗基地，专为生产提供高纯度的良种种苗。此外，在甘蔗下种时应留足够的补植蔗苗，补植时一定要补种相同品种。

二、甘蔗脱毒种苗生产

甘蔗长期以营养体种茎进行无性繁殖，带花叶病毒以及细菌性宿根矮化病和黑穗病等的病原体的种苗不断积累，导致种性退化。目前通常采用热水脱毒技术和组织培养脱毒技术生产种苗。热水脱毒技术设备简单，成本低，但只对细菌性宿根矮化病有较好效果，对其他病害效果不佳。甘蔗组织培养快速繁殖脱毒技术是利用甘蔗茎、芽等部位作为外植体，经诱导形成腋芽组织，然后再诱导腋芽生根形成幼苗，经过炼苗阶段，获得可以在自然条件下栽种的种苗。

（一）甘蔗组织培养脱毒种苗生产的主要方法

组织培养加速繁殖的方法有愈伤组织培植法和腋芽培植法。

1. 愈伤组织培植法　甘蔗的幼嫩心叶及茎顶端嫩茎都可以诱导愈伤组织，但以嫩叶最常用。在无菌条件下把材料切成小段，接种在含有2,4-滴的MS或N_6培养基上，在27～30 ℃下暗培养，诱导愈伤组织，再通过继代、诱导分化成再生苗。再生苗经过炼苗，最后移植到田间种植。这种方法繁殖的苗称为亚无性系。采用组织培养法扩繁每年能扩大繁殖成千上万倍。但是由于培养基中的激素作用，或非整倍性在细胞分裂中染色体不均匀分配，可能导致后代产生一定变异。该繁殖方法必须严格控制愈伤组织的继代次数。该方法结合采用春植秋采苗、秋植春采苗的常规繁殖方法进行，在当年越过无性一代，转入无性二代繁殖，不但克服了组培苗在形态上的变异，而且可扩大组织培养苗的利用。

2. 腋芽培植法　腋芽培植法常使用添加3%蔗糖的MS作培养基，外植体采用茎顶端的腋芽。通过培养诱导腋芽产生丛生芽，丛生芽经多次继代培养产生大量无性种苗。

（二）甘蔗组织培养脱毒种苗生产的关键技术

1. 控制污染率

①在采甘蔗外植体时，尽量选在连续3 d以上的晴天上午10:00以后进行。这时候雾水少，可以大大减少由外植体产生的污染。

②培养基或者接种工具可能产生污染，故应该将培养基彻底消毒，严格按照灭菌操作规程操作，不能为了节约时间而使其提前出锅。在接种时，要彻底消毒接种工具，避免在接种操作过程中产生污染。

③要对接种环境定期熏蒸消毒和紫外灯照射，或用臭氧灭菌机消毒。

④培训好接种人员，并严格遵守无菌操作规程。

⑤定期清洗或更换超净台初过滤器；接种前15～20 min打开风机和紫外灯，并对台面用75%酒精消毒。

2. 控制变异率　在甘蔗组培工厂大量生产组织培养苗的过程中，会出现变异苗，特别是心叶诱导愈伤组织再分化出苗时，变异率会增加。工厂化生产组织培养苗需要做到以下两点。

（1）减少继代次数，缩短继代时间　一般来说，在大量生产甘蔗组织培养苗时，增殖继代 5 代就可以进行生根处理。代数太低时，苗太弱，生根率不高，即使生根了，假植苗圃阶段成活率也比较低；继代培养代数太高时，则瓶苗不容易生根。

（2）定期检查，剔除形态异常和生理异常苗　大量生产甘蔗组织培养苗会产生白化苗、玻璃化苗等，这就需要定期检查，把不正常苗剔除，以便接种。

3. 防止褐变　在甘蔗心叶外植体接种时，要迅速把切好的心叶组织放入诱导培养基内，并拧紧瓶盖，防止心叶组织与空气过度接触导致外植体褐化。选择适宜的无机盐成分、蔗糖浓度、激素水平、温度，以及及时转接培养液可显著减少材料的褐变。就甘蔗组织培养而言，选择改良 MS 培养基不但有助于甘蔗外植体的生长，而且可以减少褐变。一般来说，激素水平越高则褐化越严重，所以在大规模生产甘蔗组织培养苗时要做好各种试验，探索出适合各甘蔗品种（系）的培养基激素水平。继代培养 15 d 可转接。还可以放入活性炭，减少酚污染，防止褐化。

4. 防止玻璃化　在甘蔗组织培养工厂化生产过程中，或多或少会出现玻璃化的现象。为防止玻璃化的产生，可以通过以下方法处理：①增加蔗糖含量，降低培养基水势，减少水分吸收；②改善培养容器内通风条件，降低乙烯含量，可采用透气瓶盖；③增强光照，适当降低培养室内温度。

5. 病原的检测　生产出甘蔗组织培养苗后，可采用能同时检测甘蔗花叶病和宿根矮化病的多重 PCR 检测方法检测试管苗是否带宿根矮化病病原、花叶病毒病，如果符合生产则可进行大量生产。

6. 甘蔗健康种苗田间繁育技术

（1）出圃前处理　出圃前处理主要包括袋栽苗和裸根苗 2 种处理方式。不同的处理方式对后期管理要求不同。袋栽苗是指直接将苗从生根培养基移栽到营养钵中或育苗袋中。由于此种方式苗的根系保持较为完整，且生长较快，活性较强，不仅有利于长途运输，还能够长期放置，苗的成活率也比较高，但其缺点在于成本较高。裸根苗是指将苗从生根培养基移栽到假植苗床中。该方法虽然在苗床期间生长速度较快，但出圃后根系不发达，成活率较低，之后生长较为缓慢，管理起来也比较困难，但其优点在于成本很低。目前，主要以袋栽苗种植方法为主，并在出圃前补水，确保苗床土壤湿润，并除去断根、部分叶片，防止水分过多、过快流失。为了提高成活率，繁殖过程需要经过炼苗。如选用裸根苗种植方法，应当着重保护苗木根系，确保根系水分供应充足，以便提高成活率。

（2）扩繁苗圃种植与管理　甘蔗脱毒健康种苗田间繁育包括一级扩繁和二级扩繁 2 个阶段，应当选择地势平坦、土壤肥沃、土质疏松的地块作扩繁苗圃，并进行合理整地，整地要求做到深、松、碎、平，按 1.0～1.2 m 的行距开好种植沟。种植前先进行深耕整地，深翻后进行暴晒，晒后再进行耙平、开沟，沟深以 40 cm 为宜。定植苗的密度控制在 2.25 万～3.00 万株/hm^2，株间距控制在 35 cm 左右，栽种时根部要带土，栽植后应及时浇水定根。在施肥管理方面，一是施足基肥，尿素、氯化钾和钙镁磷肥分别施 225 kg/hm^2、150 kg/hm^2 和 1 500 kg/hm^2；二是分蘖期施肥，用量为尿素 300 kg/hm^2、氯化钾 150 kg/hm^2；三是拔节期施肥，以促进拔节伸长，用量为尿素 450 kg/hm^2、氯化钾 225 kg/hm^2。

三、甘蔗种苗加速繁殖技术

甘蔗是无性繁殖作物，用种量大。必须在短时间内生产大量种苗，才能发挥其经济效益。甘蔗种苗加速繁殖的方法很多，应根据不同的繁殖时期、种苗数量及当地栽培条件和技术水平来选择，可采用下列加速繁殖的方法。

1. 一年二采法　一年二采法即春（冬）植秋采苗、秋植春采苗法，是目前加速甘蔗种苗繁殖最常用的方法，1 年繁殖系数可在 40 倍以上。春（冬）植秋采苗法是在 2 月中旬前育苗移栽或催芽下种，于 8 月上旬前采苗，采苗后随即进行秋植。有条件的地区也可在 12 月初下种进行冬植，第二年秋季采苗进行秋植。秋植春采苗法是在 8 月上旬下种，至次年春 3 月中旬前采苗春植。若秋植期迟至 8 月中旬以后，则来年春难以采苗。所以此法主要在冬季降温比较慢、霜期比较短和霜冻比较轻的地方应用。这两种方法可以连续进行。采用这种方法，一方面春植的要早种，以增加上半年的繁殖系数；另一方面，秋植的要安全过冬，以保证下半年的繁殖系数。

2. 二年三采法　二年三采法即春植秋采苗、秋植夏采苗、夏植春采苗的方法。此法适合于冬季温度较低的蔗区。一般 2 年可繁殖 200 倍以上。

3. 多次采苗法　多次采苗法又称为单芽繁殖法。这种方法不限定时间，随采随种，蔗苗有 4～5 节后即可截成单芽进行催芽育苗，然后进行移植。或先把蔗的梢部去掉，待蔗茎上部的侧芽萌动时，就把侧芽取下，单芽种植。多次采苗可以较大幅度提高繁殖系数，1 年内可达 100 倍以上，在种苗很少时可采用此法。

4. 离蘖繁殖法　离蘖繁殖法即连续不断地把分蘖分离出来另行栽植的繁殖方法。此法常与全茎作种结合采用，其方法是采用稀植，促其分蘖。在分蘖长根后，把分蘖附近的土扒开，用锋利的小刀把已长根的分蘖，在分蘖与主茎的连接处切开，把分蘖分离出来。分离的分蘖最好先集中用营养钵假植，以后再分植于其他田块。切离分蘖，可分期分批，不断切离和移栽。栽植后的新植株也可能再生分蘖，可按上法同时进行离蘖，直至气候对返青有困难时为止。这样一年可繁殖数百倍。但这种方法很费工，技术要求很严格，除非是很宝贵的品种，一般不采用此法。

5. 蔗头分植法　及时挖出埋在土里的老蔗头，选择无病虫危害的，切去一些老根，然后把蔗头分开进行催芽，发芽后移植。移植前剪去部分叶片，移植后淋足水。这样每公顷的蔗头一般可种 3～5 hm^2 蔗地。在种苗较少和缺苗的情况下，蔗头分植法是可行的加速繁殖方法。

四、甘蔗大田用种种苗生产

甘蔗是利用蔗茎（地上茎）作为播种材料进行无性繁殖，用种量大，每公顷用种量达 7 500～9 000 kg，繁殖系数低，仅 4～6 倍。因此选定一个优良品种后，必须建立大田用种种苗生产地，采用高效的种苗生产技术，用最快的速度加速繁殖，使优良品种在生产上发挥作用。

（一）下种地的准备

下种地的准备主要包括深耕、开植蔗沟、起畦和施基肥。

1. 深耕　深耕的程度因田地条件而异。土层深厚、土壤肥沃和有机肥数量多的，可深些；土层浅薄、田地瘦瘠的，要逐步加深。对于底土渗漏性大的田地，不宜过深；地下水位高的低洼地，应排水，降低地下水位，适度深耕。

2. 开植蔗沟　在易旱地区经深耕、耙平、碎土后，按种植的行距开植蔗沟，便于施有机肥和以后培土等作业。沟的深度依蔗田情况而定，一般为 10～25 cm。旱地、砂质地和土层深厚的可深些，雨水较多、土层薄的可浅些。植蔗沟宽度视播幅宽窄和土壤情况而定。砂质土因沟壁浅易崩塌，可宽些。

3. 起畦 对地势低洼、地下水位高和土质黏重的蔗田，应开沟（排水沟）起畦，以利排水和土壤通气。开沟起畦工作宜在冬耕晒白后，于土壤宜耕度高时进行。畦的宽窄深浅要根据田地情况和种植行距等确定。土质黏重、排水较差和地下水位高的蔗田，畦要高些；反之，则宽些。

4. 施基肥 基肥可结合整地全面施用，或留一部分集中施于植蔗沟。有机肥在施用前，宜与磷肥结合堆积一段时间。施于植蔗沟中或种植床下的基肥最好结合部分速效氮肥。钾肥在肥量多时用50%作基肥，肥量少时可在苗期、分蘖期分别施用，以免流失。

（二）蔗种的准备

1. 选择 在土壤肥沃的蔗田，选择长势好、品种特征明显、密度适当、病虫害少、没有倒伏的甘蔗进行留种。田块选定后，设立标志，加强后期水肥管理，增强长势，促使尾粗、芽壮，留叶护芽，做好防治病虫及防霜冻工作。进行收获株选择，即砍收时结合采种，剔除细小、病虫危害和混杂蔗茎。

2. 收种 选定作种的蔗茎，根据去留部位的不同可分为蔗梢种（梢部种）和蔗茎种（全茎种）。前者为蔗茎去掉叶片，留下叶鞘护芽，从生长点处劈去尾梢，再砍下梢部80 cm左右作种；后者为梢部种以下的整条蔗茎用来作种。生产上一般多采用蔗梢种，其含蔗糖少，比较经济，尤其是出苗迅速、整齐。蔗茎作种时，每段只含1个芽的称为单芽种，含2个芽的称为双芽种，3个芽以上的统称为多芽种。我国蔗区大面积甘蔗生产上多采用双芽种。不管是单芽种、双芽种还是多芽种，蔗茎作种时，下芽后面所带节间应留长些，上芽的前端节间可留短些。

3. 蔗种处理 在蔗种选择的基础上进行晒种、浸种、消毒、催芽等处理。

（1）晒种 晒种在斩茎前进行，主要用于含水量较高或者砍下后很快就要下种的。晒种时先把较老的叶鞘剥去，保留嫩的叶鞘，晒1～2 d，以叶鞘略呈皱缩为度。

（2）浸种 浸种在斩茎后下种前进行。目前主要采用清水浸种和石灰水浸种。清水浸种以流动清水为好，在常温下浸2～3 d。石灰水浸种一般采用2%左右的饱和石灰水浸12～48 h，越老的蔗茎，浸种的时间越长。

（3）消毒 蔗种的药剂消毒主要是为了防治甘蔗凤梨病等。目前采用的药剂主要有多菌灵、苯来特、托布津等，其浓度和浸种时间都是50%可湿性粉剂1 000倍液浸种10 min。

（4）催芽 生产上主要采用堆肥催芽、塑料薄膜覆盖催芽和蒸汽催芽3种。堆肥催芽是选择背风向阳近水源的地方，先垫上一层10～15 cm厚的半腐熟堆肥，然后把蔗种与堆肥隔层堆积，总共4～5层，最后覆盖稻草或薄膜。塑料薄膜覆盖催芽是把蔗种堆积在露天空地上，堆宽和高各66 cm左右，长度视种量和场地而定，上盖塑料薄膜，堆下部的温度不易升高，下垫稻草等物。蒸汽催芽是把蔗种装入箩筐分层排放，并注意上下左右调整。室内先加温至30～40 ℃，保持12 h左右，一般根和芽即已萌动。温度宜保持在30 ℃左右，湿度接近饱和。堆肥的水分以用手握刚成团为度，但采用薄膜覆盖的，常易干燥，应注意淋水保湿和通气。催芽程度应掌握的标准为“芽萌动鼓起，根点突起”。

（三）下种

1. 下种期 春植蔗的下种期，主要由发芽出苗期、伸长期和成熟期所处的温度、降水量和光照以及耕作制度等条件来决定。根据甘蔗的特性，一般当土表 10 cm 内土层温度稳定在 10 ℃以上时，便可下种。尽量提早下种，延长生长期，以提高产量。

2. 下种密度　下种密度包括下种量、行距和下种方式。气温高，雨水多，发芽出苗率高，生长期长时，生长量大，下种量可少些，反之下种量要多些。一般认为，每公顷下种量为 37 500～52 500 段双芽种较为适宜。一般生长期短、干旱贫瘠的地区，中细茎和窄叶、竖叶品种，行距应窄些，一般采用 90～100 cm；生长期长，水肥条件好的地区和大茎、宽叶品种，行距应大些，一般采用 100～150 cm。下种方式有单行条植、三角条植、双行条植、两行半条植、三行条植等。我国主要蔗区多采用三角条植。

3. 下种质量　下种时种苗要平放，芽向两侧，紧密与土壤接触。下种后盖土要厚薄一致，其厚度一般为 3～6 cm。一般在下种盖薄土或施土杂肥后，把农药施于其上，然后再行覆土，可有效减少虫害。

（四）田间管理

甘蔗下种后发芽出苗期一般要维持土壤湿度在 70%左右。特别对下种后不盖土的，湿度可适当大些。有些由于深沟下种，种后遇雨，造成沟壁土崩塌，致使蔗种上盖土过厚，需把土拨开。在土质黏重的蔗田，雨后表土板结时，需及时破碎土表。通过松土晾行，土温容易提高，土壤通气良好，覆土厚薄适当，为蔗芽顺利出土创造良好的条件。下种后做好病虫害防治工作，也是蔗芽顺利出土的重要保证。

第七节　甜菜种子生产技术

一、甜菜的生物学特性

（一）甜菜种子生产特点

甜菜（*Beta vulgaris*）隶属于藜科（Chenopodiaceae）甜菜属（*Beta*），为二年生异花授粉作物，从种子萌发到新种子形成，需要 2 年的时间。第一年主要进行营养生长。通常将甜菜的营养生长分为块根分化形成期、叶丛快速生长期、块根及糖分增长期、糖分积累期 4 个时期。第二年以生殖生长为主，必须经春化、光照阶段，才能现蕾开花，经异花授粉形成种子。通常将甜菜的生殖生长分为叶丛期、抽薹期、开花期和种子形成期 4 个时期。

一般把繁殖种子的甜菜植株称为种株。甜菜抽薹和开花要求一定的低温春化和光周期条件。甜菜的春化作用可在种子的萌动状态、幼苗期和成龄期通过，在北方冬季寒冷地区，也可以在冬季窖藏以母根状态通过。甜菜种子在萌动状态下通过春化的适宜温度为 0～5 ℃，约 60 d；幼苗期 2～3 片叶片时，通过春化的适宜温度为 3～5 ℃，需 20～30 d；窖藏种根通过春化的适宜温度为 4～6 ℃，需 30～60 d。通过春化的植株只有在日照长度达 13～14 h 或以上的长日照条件下才能开花。低温春化和光周期两个条件可以互相弥补。延长日照时数，可使甜菜在较高温度下通过春化而开花；相反，若在较低温度下通过春化，也可以在一定程度上降低开花对日照长度的要求。

国际上目前采用库恩斯（Coons，1975）分类法，把甜菜分为 4 组 14 种，有野生种和栽培种。我国甜菜有栽培种和野生种，栽培种又分为 4 个变种，即叶用甜菜（*Beta vulgaris* var. *cicla* 厚皮菜）、根用甜菜（*Beta vulgaris* var. *cruenta*，食用甜菜或红甜菜）、饲用甜菜（*Beta vulgaris* var. *lutea*）、糖用甜菜（*Beta vulgaris* var. *saccharifera*）。其中，经济价值最高的是糖用甜菜，简称甜菜。

生产上栽培的甜菜类型主要是二倍体（$2x=18$）和四倍体（$4x=36$）。普通甜菜种质一般都是二倍体。四倍体的甜菜种质，叶片保卫细胞的叶绿体多，叶片肥厚，叶色深绿，叶片短而宽，叶基部钝圆，叶柄短粗，总叶片数比二倍体甜菜少。

（二）甜菜的花器结构和开花习性

甜菜种株的花着生在花枝上部的叶腋内，主要着生于一次分枝和二次分枝上。甜菜花多为聚生花，一般由 3～4 朵花聚生在一起，个别的有 5～6 朵聚生的。因此每个种球中有 3～4 个种仁，多者达 6 个种仁。单芽（胚）型甜菜花单独着生在花枝叶腋内，因而成熟的种球只含有 1 粒种仁。每朵聚生花的下端着生苞叶，花即处于苞叶叶腋处。甜菜花是两性花，由花被、雄蕊和雌蕊组成。花被由 5 个绿色萼状小片构成，着生于子房基部。雄蕊 5 枚，与花被对生。雌蕊无花柱，由具有三裂柱头的子房构成。子房 1 室。在子房基部有蜜腺环围绕，在开花期蜜腺环分泌出具有甜味的花蜜，并散放芳香，以引诱昆虫传播花粉。

甜菜属于复穗状花序，具有无限开花的习性。种株开花的顺序是先从主枝上部 2/3 处开始，其次是从上部分枝的基部逐渐向顶端开放，然后是下部分枝，也是由基部逐渐向顶端开放；每簇花中，中央花开得最早，接着上侧和下侧开花。1 株采种株的开花总数为 10 000～18 000 朵，一般平均结实率为 30%左右。甜菜萼片张开标志着开花，开花后，经过 30 min 左右，花药纵向开裂，散出大量花粉，花药经 1 h 变空。每个聚生花开花的时间为 5～6 h。在开花的同时，蜜腺环分泌出大量芳香的花蜜，泌蜜时间为 3～5 h。

甜菜种株具有雄蕊先熟的特性，花开放 1 昼夜，雌蕊柱头三裂张开，开始接受花粉，接受花粉的能力持续 6～8 d，在开花后第二天接受花粉能力最强。甜菜日开花的进程因各地区的自然条件不同而存在一定差异，一般全天都可以开花，而且以上午 6:00—10:00 为开花的高峰期。甜菜种株开花期为 30～40 d。甜菜种株整个开花期的开花状况因种株类型不同有很大差异，单茎型种株多在始花后的 5～8 d 出现 1 次开花盛期，多茎型种株会出现 2 次开花盛期，混合型种株可以出现 5 次以上开花盛期。甜菜开花的适宜温度为 17～23 ℃。

甜菜种株上的种子质量和数量，因种球着生花枝部位、形成时间、气象条件、栽培技术以及种子成熟期的不同而有差别。在主枝和侧枝第一分枝中部和下部上着生的种球先成熟，种球重量最大，而各类分枝顶端种子成熟晚，种球重量也小。子房腔完全空秕或是部分干秕的甜菜种子，称为发育不全的种子。一般单芽胚品种出现无仁种子的比例为 2%～3.5%。在甜菜花枝上各部位都有发育不全的种子，越是向花枝的顶端，发育不全的种子比例越高。

甜菜种株的无限开花习性导致甜菜种子成熟期不一致。往往着生于花枝下部和中部的种球成熟时，花枝顶端还继续开花。如果收获期不当，常常因雨水的影响造成中下部种球脱落，造成严重减产。因而适时收获也是保证甜菜种子产量和质量的重要措施。

甜菜种株主要靠风和昆虫传播花粉。一般在有风的情况下，花粉可传播 5～6 km，甚至 10 km 以上。甜菜具有无限开花习性，为了打破种株花枝尖端优势，减少种株养分消耗，提高种球产量和质量，一般提倡人工辅助授粉和人工摘顶尖或化学摘心。

二、甜菜常规品种种子生产

（一）设置隔离区，整地施肥

甜菜是异花授粉作物，为了防止不同品种之间串粉混杂，一般隔离距离在 1 000 m 以上。

甜菜适于轮作，不能重茬和迎茬。采种甜菜地以表土松软、肥沃、保水力强、有良好的灌排水条件的砂性黏土为宜。要精细整地，基肥施有机肥 40～50 t/hm^2，于秋耕前翻入土中。

（二）种根适时栽植

栽植时穴施甜菜专用肥 350～400 kg/hm^2、磷酸二铵 125～175 kg/hm^{2}作种肥。栽植可用堆栽法。具体做法：先挖好穴，放入种肥和农药，肥料和农药必须和土搅拌后再栽入母根，母根栽入穴内比地面高出 2 cm，覆土、踩实、埋堆，顶芽上覆 2～3 cm 的土，栽植的株行距一般为 60 cm×60 cm 左右。

（三）强化田间管理措施

一般在整个生长发育期中耕 3 次，第一次是在全苗时，第二次在抽薹前，第三次在浇水后、表土略干时。追肥时施磷酸二铵 225 kg/hm^2。追肥方法是将肥料施在距种株 4 cm 左右的地方，结合浇水进行。采种田浇水，第一次浇水不能早，应适时晚浇，浇水过早会影响蹲苗，不利于种株的根系发育，从而影响甜菜种子的产量和质量。在整个生长发育期一般浇水 3～4 次，在种子成熟前 15 d 内不要浇水，防止母根返青和块根腐烂，保证种株花枝不缺水，为高产打下良好基础。

打主薹能促进侧枝的生长发育，减少单枝型种株，防止种株徒长。由于种株抽薹不一致，所以打主薹也不能一次完成，以株高 10 cm 左右打主薹为好，把主薹顶尖打掉，以后每过 5 d 左右，把上次还没打的单株主薹打掉，这样共打 3～4 次。应使多枝型的种株率达到 90%以上，达到增产的目的。

（四）种子收获

一般情况下，当全田有 2/3 种株达到成熟时，即为收获适期。收获过早时，种子大部分还没有成熟，会造成种子减产和发芽率低；收获过晚时，下部种子会脱落，造成损失。一般可在 8 月上旬收获。

收获方法是用镰刀割下枝条。刚割下的枝条，种子很难用人工脱下的，应该“头对头”堆成长 3～4 m、高 1.5 m 左右的堆。经 2～3 d 后，抽出堆中间靠下的枝条，抽出来的枝条如果有一半或一半以上的种子脱落，就要集中力量马上脱粒；如果抽出来的枝条上种子没有脱落或很少脱落，可再等 1 d。总之要每天看，不能有误，稍有疏忽，就会影响种子的发芽率，甚至造成整堆种子报废。脱下的种子，应马上晾晒，晾晒时种子不能摊得过厚，要经常翻动。晒干的种子，先过筛，再用清选机清选。

三、甜菜杂交种种子生产

（一）种根培育

甜菜种根的质量，影响当年块根耐储性和来年种子产量及质量。根据对甜菜种根培育方法的不同，又分为春播种根和夏播种根两种。

1. 春播种根培育　春播种根培育与原料甜菜栽培技术基本相同，选择土壤肥沃、灌溉方便的砂壤土作母根田，避免甜菜采种母根的重茬及迎茬。以 5 年未种过甜菜的地块，小麦、玉米茬为宜。播种前精细整地，要求耕深 15～20 cm。培育种根的地块应与采种地相隔一定距离，一般在 1 km 以上，以防病虫害传播。春播种根的行距应在 40～50 cm，株距可采用 15～20 cm，留苗株数应在 120 000 株/hm^{2}左右。

2. 夏播种根培育 应尽早播种，在选择前茬时应尽可能考虑那些早熟早收的夏收作物作为种根的前茬，小麦、大麦、豌豆等是夏播种根的适宜前作。夏播母根生育期短，个体发育小，单株所需的营养面积小，因此可适当加大留苗密度，行距为 45 cm，株距为 10 cm，播种深度为 3～4 cm。留苗密度为 150 000/hm^2 左右。

（二）种根越冬

种根收获在霜冻前结束，收获后要对种根进行修削，修削标准为不伤顶芽、侧芽，不见白皮，留叶柄 1～2 cm，切除 0.5 cm 以下的根尾。做到随削随精选，并临时储藏。储藏种根挑选根重 100 g 以上，根色正常，主根直，无大分叉，根头小，无多头，不空心，无病虫害和无机械损伤的新鲜种根储藏。越冬方式有窖藏越冬和露地越冬两种。

1. 窖藏越冬 种根收获后窖藏，温度控制在－2～－3 ℃，相对湿度为 85%～95%，以利于母根顺利通过春化阶段，正常抽薹。母根入窖前和春季出窖后，严防失水萎蔫。春天土壤解冻后应尽早栽植母根，以利于母根通过春化阶段，提高抽薹结实率。

窖址选择在背阴处，以东西向为好，这样窖内温度变化小，窖温平稳，有利于种根正常休眠，安全越冬。窖的规格为深 50 cm、宽 50 cm，长度依母根量而定。起获后经修削的母根，在地上阴凉处堆放 15 d 后入窖。一般在 12 月上旬将母根移入窖内，堆放 30 cm 厚，每隔 1 m 放一通气把，在母根上面盖土 2～3 cm。以后随气温下降适当加厚盖土，原则上冻多深盖多厚，到来年 2 月气温回升时适当减少盖土，以防生根发芽，影响窖藏质量。

2. 露地越冬 如果气候条件许可，在不低于霜冻温度或者有覆雪，能保证母根安全时，可以露地越冬。在南方夏播、秋季播种培育种根时，当年不收获，原地越冬或冬栽露地越冬，翌年采种，这种方法称为露地越冬采种法。我国北纬 32°～38°，东经 106°～122°，≥10 ℃的活动积温在 4 000～4 700 ℃，无霜期为 175～220 d，年平均气温为 11～15 ℃的广大地区，都可进行甜菜的露地越冬采种。露地越冬采种具有成本低、种子繁殖系数高、种子产量和质量高、便于机械化栽培等优点。露地越冬种子生产技术包括种根培育、种根移栽、露地越冬和返青管理。

（三）选择种子生产田，设置隔离区

甜菜种根具有喜肥、不耐涝渍的特性，宜选择地势平坦、灌溉方便、土壤肥力中上等的地块栽植，前茬以小麦、玉米、马铃薯等作物最好。严禁重茬、迎茬繁殖甜菜杂交种子。

在有风的情况下，花粉传播可达 5～10 km 或以上。因此在种子生产基地周围 10 km 以内，不容许繁殖甜菜属的其他变种。在生产原原种和原种时，普通二倍体品种之间空间隔离距离不小于 1 km，不同类型（例如雄性不育系、四倍体品系和单粒型品系）之间要有 5 km 以上的空间隔离。在生产大田用种时，普通二倍体品种之间的空间隔离距离不小于 0.5 km，不同类型品种之间隔离距离不小于 2 km。

（四）种根移栽

在繁殖生产用杂交种时，将种根按四倍体亲本和二倍体亲本 3∶1 或 4∶1 的比例栽植，以使生产用种的三倍体率达到 60%以上。采种时一般是双亲混合收获，若单收四倍体植株上的种子，可以提高三倍体种子的比例。生产双亲原原种和原种时，应分别设置隔离区，一般四倍体亲本面积为二倍体亲本面积的 3～5 倍，以保证杂交种种子生产时双亲的适宜比例。

一般当叶龄 8～10 片，苗龄 30～40 d 时是种根移栽的最适时期。种根移栽的合理密度因气候、土壤、生产水平及品种特性的不同而有所差异，但露地越冬采种的母根栽植以

37 000～45 000 株/ hm^2 为宜。

移栽前精选母根，剔除幼株和病株，淘汰腐烂、萎蔫的母根，选择鲜健母根栽植。栽前用杀菌剂浸根，以免带菌。要求栽直、栽正、不窝根，深度以根头顶部略低于地面或与地面平为宜，栽后踩实种根周围土壤。每带幅栽植完毕后，将余土覆盖于根头表面，厚度以 2～3 cm 为宜，并打碎土块，捡去杂物，需要覆膜的繁种区域要及时覆好地膜，提高覆膜栽植质量。母根栽植后要及时检查，将根头露出地面等栽植不合格的母根及时覆土或重载。出苗后，应对栽植过深或覆土过厚的母根及时扒土，以利出苗。对栽后不出苗的根及时挖出。

（五）保证花期相遇

一般父本开花比母本早，为使父本和母本花期相遇，在第一批父本开花后，对其进行割薹，延长其花期。株高 70～80 cm 最适合打顶，以促进分杈，缩短花期相遇时间，提高种子产量。母本早打顶早开花又可延长花期。父本可打 1 行留 1 行，为使大苗和小苗生长整齐，生长快的早打，生长慢的少打或不打。

①母本打顶：当母本株高 40 cm 时，打顶 5～6 cm，促进分枝。发育不充分的植株，留作二次打顶处理。

②父本打顶：父本打顶时间取决于父本和母本开花期。如果父本花期较早，为保证最迟开花母本的授粉，要打顶 2～3 次。如果父本花期较迟，则打顶 1 次。为保证充足的花粉量，要在现蕾期，将两个父本行中选 1 行砍至原来高度的 1/4～1/3。

（六）人工辅助授粉

在种株盛花期由两人拉一条绳横向在田间来回走动，使绳子拨动种株花枝，促使大量花粉飞扬，提高授粉率。一般在上午 10:00 以后田间露水干后进行，每隔 2～5 d 人工辅助授粉 1 次，共进行 2～3 次。在父本结束授粉 2 周以后，将父本行全部砍掉，以提高通风、透光性。

（七）田间管理

1. 苗期管理　母根栽后要防治地下害虫和象甲虫，可用毒饵和喷施有机磷农药。覆膜栽植的种根应及时查苗放苗，以防止烫伤幼苗。放苗应在 10:00 前或 16:00 后进行。对因栽植过深而迟迟不出苗的母根，宜先将地膜撕一小口，用手铲轻轻扒去表土，使其露出顶芽，然后再盖一层湿土，压实膜口。对根头已腐烂的母根，应挖出重新补栽。

2. 打主薹和摘花尖　种根出苗 30 d 后左右开始抽薹，当主薹高达 5～6 cm 时即可进行打薹，主薹切除长度以 2～3 cm 为宜。一般要打薹 2～3 次。打薹应在上午进行，将主薹从 5 cm 处掐掉，隔 3 d 打 1 次，连打 3 次。严禁打侧薹，打主薹应把握见薹就打、打主留侧、勿漏勿重的原则。

甜菜属无限花序作物，适时摘去花枝顶尖，可防止徒长，减少营养消耗和无效结实，使种球饱满一致，增加粒重。一般以在盛花后期打尖较为适宜，每株人工摘除 10 个以上嫩枝花尖头，摘除长度在 1～2 cm。但由于采用人工摘尖工作量大，不便操作，因此在采种田面积大时，也可用矮壮素喷洒种株，抑制花枝伸长。

3. 肥水管理　采种甜菜在叶丛期灌溉，有利于大量侧枝的形成和生长，同时结合浇水进行追肥，每公顷追尿素 375 kg。种株需水量最大的时期是从抽薹到开花时，约占全生育期的 60%。因此植株抽薹后要及时浇水，每隔 15 d 浇 1 次，尤其是盛花水，盛花水是关键水。

当种株进入开花期和乳熟期时用硼酸和磷酸二氢钾叶面喷施，对提高种子千粒重和改善品质具有良好的效果。其喷施标准以叶面落满露珠而不滴落为宜，喷施后 12 h 内遇雨时应重喷。

4. 加强病虫害防治 对病虫害，坚持以防为主防治结合，在甜菜种株盛花期，及时防治。甜菜种株盛花期，常发生甘蓝夜蛾危害，咬食幼叶和花蕾，造成减产。为了减少损失，把害虫消灭在 3 龄之前，一般采用敌杀死配成 2 000 倍液进行喷雾即可。防治甜菜象鼻虫危害，选用毒死蜱杀虫剂。防治褐斑病及白粉病，选用甲基硫菌灵杀菌剂。田间若发现黄化病毒植株，应立即拔除带出田外掩埋。

（八）种子收获

甜菜是无限花序，成熟期不好掌握，即使同一采种田，各株成熟期差异也很大。但甜菜种子有后熟作用，适当提早收获是完全可以的。当种株有 1/3 以上种球呈现黄色、剖开种子的剖面呈粉状时即为成熟，一块采种田有 2/3 种株达到成熟，即为收获适期。

目前多采用手工收获，即用镰刀收割结果枝，3～5 株捆成一捆。轻拿轻放，防止落粒损失。运输车辆应铺上苫布，及时运到晒场晾晒。采用人工摔打或用水稻脱粒机，第一次脱下绝大部分种球，再经晾晒后，进行第二次脱粒。刚脱下的种子含水量仍然较高，还需要进一步晾晒，以达到入库水分标准 13%。通常是先采用风选，除去种子中夹杂的花枝碎屑以及沙土等杂物，然后摊成 4～ 6 cm 厚的薄层进行晾晒，并经常翻动。待干燥后，再用风车或筛子清选后装袋，置于通风干燥处保管，并用标签注明品种名称、采种年份、产地等，分别挂于种子袋内外。

第八节　烟草种子生产技术

烟草（*Nicotiana* spp.）属茄科烟草属植物，原产于美洲中南部，是一种重要的经济作物，世界各国普遍栽培。生产上的栽培种为普通烟草（*Nicotiana tabacum*）和黄花烟草（*Nicotiana rustica*），普通烟草又名红花烟草，是世界上的主要栽培种。

一、烟草的生物学特性

（一）烟草花的形态结构

烟草的花为两性完全花，花萼和花瓣联合成钟状花冠，其内含雄蕊 5 枚、雌蕊 1 枚。

烟草花萼由 5 枚萼片愈合组成，呈钟状，包于花冠基部，5 条基脉明显，花萼宿存。早期（花期）花萼为绿色，后期（果期）为黄褐色。花萼上下表皮都有浓密的表皮毛。花冠由 5 枚花瓣构成管状，开花时先端展开成喇叭状。花瓣在未开花时为黄绿色，随着花的生长，普通烟草花瓣先端的颜色逐渐变成淡红色，盛开时颜色转为深粉红色。花瓣的颜色和大小是区别烟草种的一个特征。普通烟草的管状花冠细而长，一般开红花；黄花烟草的管状花冠粗而短，开黄花。花冠的下表皮具有浓密的表皮毛。雄蕊 5 枚，花丝 4 长 1 短；花药短而粗，呈肾形，由 4 个花粉囊构成，成熟时通连形成 2 室。雌蕊由柱头、花柱和子房 3 部分构成。子房由 2 个心皮组成，子房上位，中轴胎座，2 房 2 室，每室生有众多胚珠。

（二）烟草开花习性

烟草花期可分成现蕾、含蕾、花始开、花盛开和凋谢 5 个时期。普通烟草品种自现蕾期起至含蕾期（花冠充分生长到最大限期，但前端尚密闭）约需 10 d，从含蕾期至花始开期

（花冠前端开裂）约需 2 d，花始开期至花盛开期（花冠的喇叭口开放成平面）约需 1 d，自凋谢至果实形成需 26 d 左右，一朵花自现蕾到果实形成总计需要约 39 d。整个花序自第一朵花开放起至最后一朵花开放，共需约 34 d。

一株烟草开花最多的日期为盛花期，盛花期一般在第一朵花开放后的 15～20 d。一般是主茎顶端的第一朵花最先开放，2～3 d 后花枝上的花陆续开放。整个花序的开花顺序是先上后下，先中心后边缘。

烟草开花主要在白天，夜间很少开花。一天中开花的数量，因品种而有所不同，同时随环境条件的差异而有变化。高温低湿时开花较多，低温高湿时开花较少；晴天开花多，阴天、雨天或灌水后开花较少。

烟草是自花授粉作物，天然异交率只有 1%～3%，在花冠开放前其顶端呈红色时，花药已裂开，柱头已经授粉。

（三）烟草果实和种子

烟草的果实为蒴果，在开花 25～30 d 以后，果实逐渐成熟。蒴果上端稍尖，略近圆锥形，成熟时，沿愈合线及腹缝线开裂。子房 2 室，内含 2 000～4 000 粒种子。果皮薄，为革质，分内外两部分。外部包括外果皮和中果皮，由 4～5 层圆形薄壁细胞构成。果实成熟时，果皮外部干枯成膜质。果皮内部（内果皮）由 3～4 层扁长方形细胞组成，细胞壁木质化加厚，使成熟的果实相当坚韧。

烟草种子一般为黄褐色，形态不一，有椭圆形、卵圆形、近圆形、肾形等，表面具有不规则的凹凸不平的波状花纹。烟草种子很小，其中普通烟草种子尤其小，千粒重一般为 0.06～0.10 g；黄花烟草的种子稍大，种子颜色为深褐色，千粒重为 0.20～0.25g。由于烟草 1 g 种子可达 1 万多粒，繁殖系数高，单株能生产很多种子，给种子生产带来了很多方便。

二、烟草常规品种种子生产

我国烟草种子目前实行原种→大田用种两级繁殖制度，种子生产程序如图 7-7 所示。

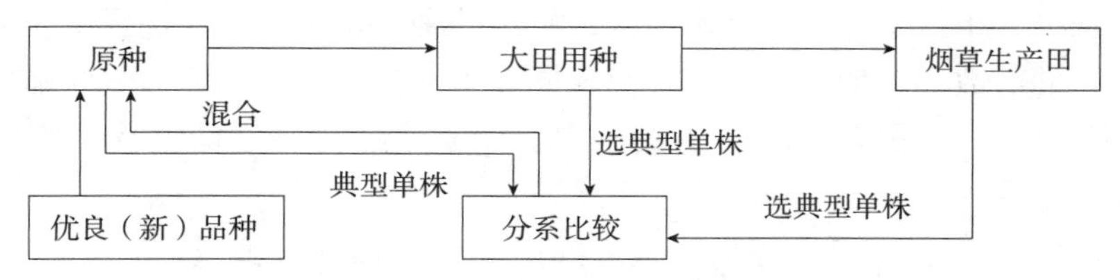

图 7-7　烟草常规品种种子生产程序

烟草品种的原种原则上由品种选育或引进单位负责繁育与供应，也可由全国烟草品种审定委员会指定有关科研单位负责繁育与供应，由国家烟草专卖局核发《烟草原种繁殖生产经营许可证》。

大田用种的繁育必须用原种，不得用大田用种再繁殖大田用种。任何单位和个人不得自行繁殖、调拨和销售烟草种子。种子生产一般由国家烟草总公司认可的种子繁育基地或种子公司负责进行，统一供应。国家烟草专卖局在主要产烟省（区）建立了种子繁殖基地，具有高标准的繁种田、晾晒和加工场地、种子库、种子质量检验实验室、包衣加工厂等。国家烟草专卖局 1996 年发布了行业标准《烟草原种、良种生产技术规程》（YC/T 43—1996），用于指导和规范烟草种子生产技术。

（一）烟草原种生产技术

原种是种子生产的基础材料。新品种的原种生产可以一次繁殖分年使用，即于大田第一花期依照品种典型性状严格除杂去劣后，采收的种子在低温、干燥条件下保存（10 ℃以下，种子含水量 7%以下），每年取出少量种子用于繁殖大田用种。原种繁殖田必须严格隔离，四周 500 m 内不能有烟田，所用地块应 3 年内未种过茄科作物。混杂退化的品种可以采用三圃制提纯生产原种。

目前烟草原种生产通常采用混合选择和分系选择两种方法。混杂退化不严重的品种和技术条件较差的单位，常采用混合选择法；混杂退化较严重的品种或繁育条件较好的单位，最好采用分系选择法提纯生产原种。

1. 混合选择法 混合选择法是指在严格控制自交的烟株上进行混合选择的方法。其要点是在某品种纯度较高的种子田内选择具有该品种典型性的健壮烟株。入选植株严格套袋自交。选择一般要进行 3 次：第一次在现蕾前进行初选，入选株挂牌；第二次在开花始期复选，套袋自交；第三次在开花盛期进行决选，对入选株要进行疏花、疏果。蒴果成熟后混合脱粒，下一年边鉴定边供应种子生产田使用。混合选择法繁殖原种与种子田繁殖大田用种的区别在于：前者是在群体内选择少数无病、优良的典型烟株套袋自交，群体内的大多数植株落选，而后者落选淘汰的是少数杂株、劣株和病株，群体内的大多数植株入选而混合收种，种株不套袋。因此种子田里既可生产大田用种，也可繁殖原种。混合选择法简单易行，适用于新品种推广初期，在品种纯度比较高的情况下效果更好。但用这种方法生产原种也有其局限性，因为它是根据当年田间生长表现选择单株，对各单株后代的表现缺乏比较鉴定，不能根据遗传性的优劣来选择，难以排除环境条件对性状影响，因此对提高种子纯度和复壮种性的效果较差。

2. 分系选择法 分系选择法也称为改良混合选择法，是单株选择、分系比较、混系繁殖法的简称。即第一年广泛选择单株，第二年进行株系间的比较鉴定，并把各个入选株系的种子混合起来成为原种。

（1）单株选择　单株选择在原种圃或纯度较高的种子田中进行。选择单株以本品种典型性为标准。选择的次数和时期与混合选择法相同，选株的数量根据原种需要确定，一般不少于 60 株。每个入选单株保留 50 个左右的蒴果。蒴果成熟时分单株收获，按单株晾晒、脱粒、装袋，系好标签。

（2）分系比较　分系比较是各个株系之间的比较。在株行圃里，将上年入选单株的种子，分别种植 1 行成为株系。每行不少于 30 株，每 10 行设 1 行对照（原品种的原种）。株行圃的选择和淘汰都以株系为单位。当选的株系必须符合 3 个条件，一是小区的全部植株整齐一致，二是完全符合该品种的典型性，三是性状优于或相当于对照小区。在当选的株行内选留典型单株 4～6 株，入选单株要套袋修花疏果。按株系采收、晾晒、脱粒、装袋，袋内外标明品种名称、行号、年份等。一般当选株系种子可混合直接作原种使用。

（二）烟草常规品种大田用种种子生产技术

1. 确定种子生产田的规模 烟草是繁殖系数大、用种量小的作物，一般每公顷种子田可生产种子 150～225 kg。而生产上 100 hm^2 烟田只需要高质量的种子 7.5 kg 左右，因此一般每 3 000 hm^2 烟田设 1 hm^2 种子田。

2. 选择种子生产田　烟草应严格实行合理轮作。种子生产田要选择土壤肥沃、地势平坦、肥力均匀、阳光充足、排灌方便、便于田间管理、3 年内未种过烟草和其他茄科作物的地块。烟草有一定的天然杂交率，为了防止生物学混杂，不同品种的种子田之间要保持 500 m 以上的空间隔离。1 个村或 1 个良种场或专业户只宜负责繁殖 1 个品种。而且周围最好只种植与种子田相同的品种，并一律及早打顶，杜绝天然杂交。

3. 适法栽培　根据烟草种子成熟的需要，确定适当的播种期和移栽期。南方烟区应避免过早播种，否则遇低温易出现早花现象。无霜期短的北方烟区，应适时早育苗、早移栽，以利种子及时成熟，避免霜冻，影响种子质量。种子生产田尽量做到一次移栽保全苗，因此需要加强移栽后的保苗措施。如需补苗时只能补栽本品种的烟苗，避免混杂。为了使烟株充分发育，并且便于田间操作，种子生产田的行株距应比一般烟叶生产田适当放宽，至少要保持 1.0 m×0.5 m 的营养面积。种子生产田的施肥水平要高于烟叶生产田，三要素比例以氮肥为主，增施长效肥。种子生产田的烟叶采收，中下部叶可照常采烤，上二棚叶和顶叶应视蒴果成熟情况而定。蒴果尚未充分成熟时，不宜采收，以满足种子对营养的需要，保证种子的产量和质量。

4. 选择种株　烟草种子生产田应严格除杂、去劣、去病株。对杂株、变异株、劣株，一律尽早打顶，避免其花粉传播，保证种子纯度。对病株要尽早拔除，以防病害传染。选留种株以具备本品种典型性为先决条件，并要求生长发育健壮、无病虫害。一般在现蕾前进行一次除杂去劣，现蕾时进行第二次除杂去劣，以后再发现杂株、劣株应随时打顶。一般纯度较高和病害较轻的种子生产田可保留 70%～80%的种株。

5. 疏花疏果　适当控制种株的花果数目，可使蒴果成熟一致，提高种子质量。据报道，中心花开放后 3～6 d 内开的花所结的种子质量最好；12 d 以后开的花，其种子质量逐渐降低，主要表现为粒重减轻、色泽发暗、发芽率降低等。因此通过疏花疏果，保留最初 2 周内开花的果实，可获得质量较好的种子。但是不同的品种花果数目悬殊，而且花序大小也不一样，因此种株保留花果的数量，还应根据不同品种和营养状况而灵活掌握。一般由最顶端的三杈花枝向下数至第五花枝以及每个花枝的第五分杈点以内，是保留花果的适宜部位，其余的花枝和保留花枝的末梢都可剪掉。每株留蒴果数不超过 80 个。

6. 采收种子　一般在开花后 25～32 d 采收种子，质量较好。但种子的成熟常因品种、温度、单株留果数和地力的不同而异。一般情况下，烟草种子的采收，以果穗上 70%～80%的蒴果呈褐色，其余蒴果也开始转褐色为适期。采收的果穗经晾晒至全部干燥，便可脱粒。脱粒后精选种子，去除杂质和秕粒。

三、烟草杂交种种子生产

美国、巴西、津巴布韦、日本等国家的烟草生产上已大面积推广应用杂交种。我国烟草杂交种在 20 世纪 50—60 年代曾有较大面积的推广应用，目前我国主要推广应用雄性不育系制种。

（一）烟草杂交种种子生产的有利条件

与其他植物相比，烟草在杂交种种子生产方面有许多有利的条件，主要表现在以下几个方面。

1. 烟草繁殖系数高　繁殖系数是籽粒产量相当于播种量的倍数。烟草杂交 1 朵花能生产 2 000 粒左右的种子，每株可采蒴果 100 个左右。而每公顷用种量却很少，例如 1 hm^2 烤烟只栽 15 000～20 000 株。

2. 烟草花器大，构造简单，容易进行人工授粉杂交 杂交种种子生产是自花传粉植物能否利用杂种优势的主要限制因素。烟草杂交种种子生产易于人工进行，若采用雄性不育系作母本进行人工制种则更为方便。据研究，在 1 株雄性不育系烤烟植株上选 80～100 朵花进行人工授粉，若结实率为 90%，每株可收 7～8 g 种子，包衣后可供 2～3 hm^2 烟田使用。

3. 烟草花期长 从始花期到终花期长达 30 d 左右，甚至 50 d，不仅两亲本花期容易相遇，而且有充足的时间进行人工杂交。

4. 烟草的花粉耐储藏 在常温常湿条件下花粉的生活力可维持 5～7 d；在常温的干燥器中，烟草花粉生活力可维持 1 个月以上；在 0 ℃的干燥器中，烟草花粉生活力可维持 12 个月以上。烟草的花粉耐储特性便于调剂杂交制种组合和远距离采粉异地授粉。

人工去雄杂交种种子生产的过程需要首先去除母本植株的雄蕊，去雄必须干净，而且要整理花序，把已经开了的和不做杂交的花朵剪掉；然后采集父本植株上的花粉，用采集的父本花粉给已经去雄的母本花朵授粉。同时杂交种种子生产田必须实行隔离，严防非父本花粉传入，以免造成混杂。隔离方法主要采用空间隔离，一般要求种子生产田周围 500 m 内不种非父本品种。

（二）利用烟草雄性不育系的杂交种种子生产技术

利用烟草雄性不育系生产杂交种种子，可以免除人工去雄的麻烦，有利于获得大量纯度高的杂交种种子。同时利用雄性不育系配制烟草杂交种可以不要恢复系，不需三系配套，还可直接种植利用不育系，有利于控制自由繁种。

利用雄性不育系生产杂交种种子的程序和方法如下。

1. 选择种子生产田 种子生产田应选择在肥力均匀、地势平坦、具有灌溉排水设施的地块，以利于父本和母本的正常生长发育，使种子生产旱涝保收。若种子生产田选择不当，容易造成父本和母本生长不一致，影响花期相遇，导致减产甚至颗粒无收。

2. 设置隔离区 雄性不育系因不能自花授粉，故柱头生长往往超过花冠，以便接受外来花粉。因此雄性不育系的自然异交率比正常品种高 2～3 倍，有人测得雄性不育系的自然异交率为 7.0%～17.4%。种子生产田要与烟叶生产田适当隔离（一般隔离距离应在500 m 以上），以防止计划外授粉，影响杂交种种子纯度。

利用雄性不育系进行杂交种种子生产需设两个隔离区，一个是不育系繁殖区，另一个是杂交种种子生产区。不育系繁殖区种植不育系和同型保持系，不育系接受保持系的花粉而生产出不育系的种子，保持系自交可获得保持系种子。不育系繁殖区隔离的目的就是保证不育系和保持系的纯度。杂交种种子生产区种植不育系和父本，二者杂交生产杂交种种子，杂交种种子生产区隔离目的是保证杂交种种子的纯度。

3. 调节父本和母本花期 烟草和水稻、玉米等其他作物相比，杂交种种子生产中因雌雄配子生活力保持时间、杂交授粉途径和方式的差异，花期调节也不相同。烟草花期长，花朵数也多，花粉耐保存，且采用人工授粉，因此烟草杂交种种子生产中，父本的花期宜早，母本花期宜晚。

父本和母本的花期通过影响父本单株可利用花朵数和父本和母本行比而影响种子的产量，父本花期较母本早，人工授粉时就有充足的时间采集父本所有有活力的花粉，父本单株可利用的花朵数多，进而增大母本的种植比例，提高种子产量。但要注意，不能盲目提早父本播种期和推迟母本移栽期，必须以保证父本正常生长和种子正常成熟为先决条件。因此在种植亲本时，要适当提早父本的播种期和推迟母本的移栽期。经试验，父本的开花期以比母本早 10～15 d 为宜。

4. 确定适宜的种植规格　作物杂交种种子生产中，父本和母本的种植比例直接影响种子产量，比例过大或过小都会降低单位面积上种子的产量。父本比例过大，因单位面积上母本植株少而种子产量低；父本比例过低，尽管单位面积上母本植株多，但因父本花粉量不够，导致部分母本植株因得不到花粉而不能受精结实，实际上可采收种子的母本植株也少，种子产量也低。因此适宜的父本和母本比例是提高杂交种种子产量的关键。

烟草杂交种种子生产主要采用人工授粉，为方便采粉、授粉，可采用父本和母本分别集中种植的方式。父本和母本的比例因父本可利用花朵数、每朵花的有效花粉量而有一定的差异。理论上，每朵雄花的花粉可以为 15～25 朵雌花授粉，例如父本单株可利用花朵数按 100 朵计算，母本单株留果数为 100 果，则 1 株父本的花粉可供 15～25 株母本杂交授粉，即父本和母本的种植比例为 1∶20。所以在烟草杂交种种子生产中，父本和母本的种植比例达 1∶10 时，尚能保证父本有足够的花粉，也能保证有较多的母本植株。但生产上在杂交种种子生产区内，不育系与父本品种可采用间行种植方式或 2∶1 或 4∶1 的种植规格，以提高种子产量，便于人工授粉。在不育系繁殖区内，不育系与保持系最好间行种植。

5. 除杂去劣，提高杂交种纯度　在不育系繁殖区内，不育系与保持系间行种植，在开花前要同时对不育系及其保持系进行除杂，以保持其纯度。在杂交种种子生产区内要认真做好除杂去劣工作，特别是父本的除杂去劣，一定要非常严格。田间的除杂去劣要进行多次，凡是在不育系行内发现的可育株以及父本行内发现的杂株劣株要及时拔除或在现蕾期打顶。

6. 人工辅助授粉　水稻、玉米等作物的杂交种种子生产中，父本和母本之间的杂交主要利用风媒、虫媒自然授粉。为保证母本接受父本花粉而受精结实，通常采用父本和母本按一定的行比间作种植，行比大小因作物的种类、亲本的不同而异。父本花粉量大、母本容易接受外来花粉的，父本的比例可以小一些；相反，父本花粉量少、母本不容易接受外来花粉的，父本的比例要大，才能保证母本得到花粉正常结实。烟草是非常严格的自花传粉作物，其杂交不是通过风而是昆虫特别是蜜蜂采粉，一般自然异交率在 1%～3%。当母本为雄性不育且与父本采用间株种植模式时，其异交结实率也仅为 10%左右。尽管不育系异交率较正常可育系有较大幅度的提高，但对杂交种种子生产来讲是远远不够的。因此烟草杂交种种子生产不能依赖风媒、虫媒自然传粉，在做好父本和母本花期调节，盛花期相遇的前提下，还必须进行人工授粉杂交，即人工辅助授粉。人工辅助授粉可采用先集中采粉，然后再统一授粉的方式。

采粉和授粉方法直接影响种子质量和种子生产效率。烟草杂交种种子生产中，采用集中取粉、毛笔涂抹柱头法授粉质量最好，效率最高。采粉方法是：在父本植株花开后，每天早晨 10:00（花药还未开裂）以前取下所有父本植株上当天要开放的花（花粉已经成熟但花药没有开裂），在室内集中取出花药，置于培养皿中，然后放在通风干燥的地方使花药自然裂开后，再放在干燥器中储藏备用。近年来，玉溪中烟种子有限责任公司采用烟草花粉囊和柱头粉末作为介质与烟草花粉混合制成介质花粉，进行人工授粉，既节约了花粉用量又起到促进花粉萌发和花粉管生长的作用，提高了种子产量和质量。

7. 父本和母本种子分收分藏 在杂交种种子生产的各个环节中，要严防机械混杂，要做到不育系、保持系、父本及杂交种种子单收、单打、单运、单晒，分别储藏。入库时要用标签注明种子名称、数量及检验的质量等级，严加保管，防止霉烂，以保证下年种子生产和大田生产需要。

第九节 其他经济作物种子生产技术

一、向日葵种子生产

向日葵（sunflower）原产于美洲，目前世界上有40多个国家种植，是世界主要油料作物。向日葵（*Helianthus annuus*）为菊科（Compositae）向日葵属（*Helianthus*）。2016年全世界种植面积约2.6×10^{7} hm^{2}，总产为4.5×10^{7} t，播种面积较大的国家是俄罗斯、乌克兰、阿根廷等。我国向日葵种植面积约为1.1×10^{6} hm^{2}，总产为2.5×10^{6} t，种植面积较大的省份是内蒙古、新疆、吉林等。

（一）向日葵的生物学特性

1. 向日葵的类型 向日葵为一年生草本植物，有60种。栽培种分为食用型、油用型和中间型。

（1）食用型 食用型向日葵籽实大，长为15～25 mm，果壳厚而有棱，皮壳率为40%～50%，种仁含油率为30%～50%。植株高大，高为2.5～3.0 m，不分枝，多为单头，生育期长。主要品种有“星火”“长岭大嗑”“三道眉”“大牙”等。

（2）油用型 油用型向日葵籽实小，长为8～15 mm，果壳较薄，皮壳率为20%～30%，种仁含油率为50%以上。植株较矮小，高为1.5～2.0 m，有的只有70～80 cm，生育期较短，籽实适于榨油。主要品种有“新葵杂5号”“辽葵1号”“沈葵杂1号”等。

（3）中间型 中间型向日葵的性状介于上述二者之间，其籽实接近于油用型，而株型又与食用型相似。栽培品种主要有“匈牙利4号”“白葵3号”“北葵15”等。

2. 向日葵的形态 向日葵的根系属直根系，主根入土一般为1～2 m，有的达3 m。侧根斜向生长，大部分根系在0～40 cm土层内。茎呈直立圆形，多棱角，表面粗糙，被有稀短刚毛，由表皮、木质部和海绵状髓构成。茎幼时呈绿色、淡紫色或紫色，成熟时多为黄色、黄褐色等。茎具有分枝和不分枝两种类型。因品种和栽培管理条件不同，茎秆高度多在150～300 cm，一般油用型品种茎秆较矮，较细；食用型品种较高大，粗壮。叶片多为心脏形，也有卵圆形和披针形。叶端尖，叶缘缺刻或呈锯齿形，叶面密生刺毛，叶柄长。叶面和叶柄覆有极薄的蜡质层。油用型品种一般有30叶左右，食用型品种有40叶以上。一般基部叶对生，中部常3叶轮生，上部叶互生。叶片有强烈的向阳习性，随阳光照射的方向而转动。

向日葵花序为顶生头状花序，习惯称为花盘。花盘直径大小不一，一般为20～30 cm。边缘1～3层为舌状花，无雄蕊，雌蕊柱头退化，属无性花，呈黄色或橙黄色，花瓣大。向内是管状两性花。每个花盘有700～2 000朵小花。每小花有5裂齿状花冠，雄蕊5枚，雌蕊1枚，多为黄色或褐色（图7-8）。向日葵果实为瘦果，呈倒卵形，表面光滑有棱线，由果皮、种皮、子叶和胚组成。同一花盘上的种子，外围的较大，中心的较小。向日葵不能自交结实，属典型的异花授粉作物。

3. 向日葵的一生 向日葵的生育期，一般极早熟品种为85 d，早熟品种在86～100 d，中早熟品种在101～105 d，中熟品种在106～115 d，中晚熟品种在116～125 d，晚熟品种在126 d以上。向日葵的一生要经历出苗期、现蕾期、开花期和成熟期等4个时期。播种后，当地温达到8～10 ℃时即可正常发芽出苗。首先长出胚根，然后子叶伸出地面。适宜的条件下，从播种至出苗，春播需12～16 d，夏播仅需3～5 d。植株出现1 cm左右的花蕾时，为现蕾期。从出苗至现蕾，春播需35～50 d，夏播需28～35 d。从现蕾至开花，春播需25～40 d，夏播需18～24 d。从舌状花冠展开（始花）到花盘中心管状花开花授粉结束（终花），单株历时8～12 d，群体花期延续15～20 d。从开花至成熟，春播品种需35～55 d，夏播品种需25～40 d。

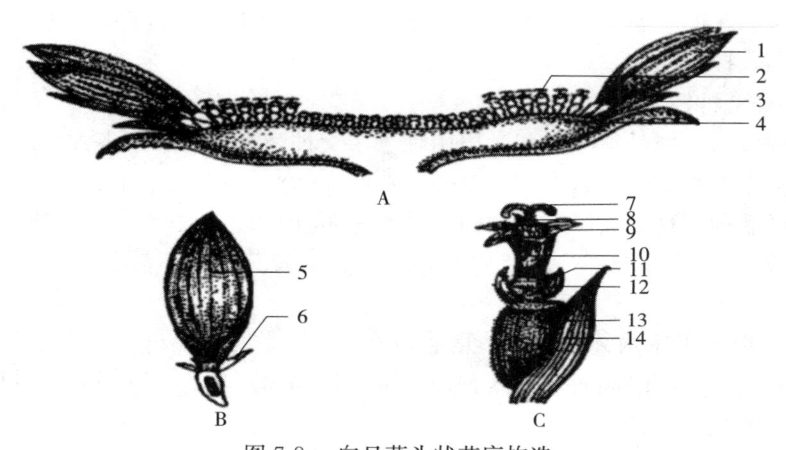

图7-8 向日葵头状花序构造

A. 花盘 B. 舌状花 C. 管状花

1. 舌状花 2. 管状花 3、14. 苞叶 4. 花托 5、10. 花冠 6. 冠毛

7. 柱头 8. 花柱 9. 雄蕊 11. 蜜腺 12. 萼片 13. 子房

（引自王树安，1995）

4. 向日葵的生长习性 向日葵是喜温耐寒作物，种子在4 ℃以下即能发芽，幼苗可耐−7.5 ℃的低温。随温度升高，生长发育加快。对≥5 ℃积温的要求，早熟品种为2 000～2 200 ℃，中熟品种为2 200～2 400 ℃，中晚熟品种为2 400～2 600℃，晚熟品种为2 600℃以上。向日葵属于短日照作物，但一般品种特别是早熟品种对日长反应不敏感。向日葵喜光，在一定的光照范围内，随光照度的增加，光合作用增强。向日葵的幼苗、叶片、花盘都有强烈的向光性，头部向着太阳旋转，直到管状花开始授粉，花盘渐重，向日性减弱乃至停止。向日葵是抗旱力较强的作物，种子发芽约需吸收种子本身重量56%的水分。从出苗至现蕾前是抗旱能力最强的阶段，干旱有利于蹲苗壮秆，促进根系发育。现蕾至开花需水量最大，占总需水量的60%左右；开花结束至成熟需水量占总需水量的20%左右。向日葵对土壤要求不严格，除了低洼地或积水地不宜种植外，一般土壤均可种植，甚至在含盐0.3%的土壤上也能生长结实，但以土层深厚、结构良好、肥力较高的壤土为佳。

5. 向日葵的开花习性 向日葵开花顺序是由外缘向盘心逐渐开放，整个花盘开花时间多为8～12 d。

雄花一般在上午8:00以后开始散粉，可一直延续至13:00—14:00，但以上午9:00—11:00散粉量最多。向日葵舌状花冠吐露展开的当天，花盘边沿只有少数管状花开放，以后有规律地由外及里每日开放2～4圈（螺旋形圈），始花后第3～6天的开花量最大，占管状花总数的60%～80%。以后每天开花量渐减，直到中心部分基本开完。

一般在雄蕊管伸出花冠9～12 h后，才有一部分柱头慢慢伸出，至第2天多数花柱伸长2倍，柱头完全伸长到花冠外面，以接受花粉。柱头寿命一般可维持6～8 d，但第2～4天的生活力较强，受精结实率可达85%以上。

新鲜柱头颜色依品种特征呈鲜黄色或绛紫色，受精后柱头向内卷曲，2～3 d即发褐（或黑紫色）凋萎。

向日葵花粉粒较重，主要为虫媒传粉，蜜蜂等昆虫是向日葵在自然状态下传粉的主要媒介。蜜蜂在花盘上往返采蜜传粉的次数，取决于管状花分泌花蜜的多寡，花蜜量又与植株生长发育状况有关。花期土壤水肥适量，植株生长健壮时分泌的蜜量多，招引来的蜜蜂亦多，蜜蜂活动次数多，授粉结实率就高。

（二）向日葵繁种技术

向日葵繁种包括常规品种原种和大田用种、杂交种亲本原种和亲本大田用种生产。根据国家标准《经济作物种子　油料类》（GB 4407.2—2008）的规定，种子生产单位生产的种子，向日葵常规品种原种和大田用种的纯度分别不低于99%和96%，亲本原种和大田用种的纯度分别不低于99%和98%，净度均不低于98%，发芽率均不低于90%，种子水分均不高于9%。

1. 隔离　一般可采用两种办法，一是空间隔离，二是时间隔离。

（1）空间隔离　空间隔离时，以繁种田为圆心，隔离距离为5～8 km。隔离距离为半径的圆内，不得种植其他品种向日葵。

（2）时间隔离　时间隔离时，繁种田与其他向日葵田块的花期相隔时间要在30 d以上。同时应注意天气变化、多花序类型品种花期较长等影响因素，在采用时间隔离时，要延长隔离时间以保证安全授粉。

2. 选地　种子生产田应选用地形开阔、土质肥沃、地力均匀、灌排方便的中性或轻碱性壤土或砂壤土，注意避免重茬，以减轻病害发生。繁种田要求地势平坦，肥力均匀，以免造成花期参差不齐，相遇不好，成熟不一致而导致减产。

3. 播种

（1）播种量　穴播用种量为7.5～12 kg/hm^2，每穴播3粒。播种深度视土壤墒情而定，一般覆土4～5 cm。

（2）播种期　播种期依品种的生育期和本地区的气候特点（无霜期、热量和降水量分布）而定。生育期在130 d左右的晚熟品种应实行春播一季繁种；生育期在100 d以内的早熟种，以夏播繁种为好。例如繁殖早熟类型时，在无霜期为160 d以上的地区可在7月中下旬播种，在无霜期为150 d左右的地区可在6月下旬至7月上旬播种。安排播种期除保证成熟外，还要考虑灌浆成熟阶段避开阴雨季节以获得生活力和活力高的种子。

（3）密度　栽植密度应根据所繁品种或亲本的特性、土质和肥力条件确定。在中等肥水条件下，株高1 m左右的品种（亲本系），每公顷保苗应在52 500株以上；株高1.5 m左右的品种（亲本系），每公顷保苗45 000株以上；株高2 m左右的品种（亲本系），每公顷保苗应在37 500株左右。

4. 田间管理和除杂

（1）田间管理　向日葵从出苗到开花一般只有50～60 d，夏播则更短。必须早间苗

（1～2 对真叶时开始间苗和查田补苗）、早定苗（2～3 对真叶时定苗），及时中耕、追肥、培土和灌水。向日葵主要靠蜜蜂传粉，在蜂源缺乏地区，需人工辅助授粉，一般在上午 9:00—11:00 进行。

（2）除杂　除杂时可分期进行。

①苗期除杂：当幼苗长出 1～2 对真叶时，观察下胚轴色，并结合间苗拔除杂色幼苗。

②蕾期除杂：4 对真叶至开花前期，因营养生长阶段差异较大，容易鉴别杂株，是向日葵田间除杂的关键时期，可根据品种的株型、叶部性状（形状、色泽、皱褶、叶缘缺刻以及叶柄长短、角度等）及生长发育速度进行判断，使田间品种纯度基本达到规定标准。

③花期除杂：在蕾期没有除尽的杂株，此时在株高、花盘性状（总苞叶大小和形状，舌状花冠大小、形状和颜色等）及花盘倾斜度等方面会有不同表现，务必在舌状花刚开、管状花尚未开放之时把杂株花盘掰掉，并带出繁种田集中处理，以免造成花粉污染。

④收获除杂：收获前进行 1 次田间鉴定，去除病劣株。脱粒前进行 1 次盘选，按品种性状，除去病盘、劣盘和杂盘。在运输、晾晒、脱粒、清选、装袋等过程中，应严防机械混杂，不能混入异品种籽粒。

5. 收获与储藏　花盘背面变黄，边缘 2 cm 变为褐色，中上部叶片黄化脱落，种子皮壳变硬并呈现出本品种固有色泽时为收获适期。

种子包装内外应附有标签，注明品种名称、产地等。入库时种子水分应降至 9%以下。储藏库要保持干燥低温。

（三）向日葵杂交种种子生产技术

根据国家标准《经济作物种子　油料类》（GB 4407.2—2008）的规定，种子生产单位生产的向日葵杂交种种子，其纯度不低于 96%，净度不低于 98%，发芽率不低于 90%，种子水分不高于 9%。

1. 隔离　杂交种种子生产田的空间隔离距离应在 3 km 以上。

2. 亲本行比配置　父本和母本行比根据父本的花期长短和花粉量多少、母本结实性能、传粉昆虫的数量以及气候条件确定。通常父本和母本行比以 2∶4 和 2∶6 较为适宜。

3. 播种期调整　父本和母本花期能否相遇是杂交种种子生产成败的关键。根据母本和父本出苗至开花所需日数来调节播种期，一般以母本的花期比父本早 2～3 d，父本的终花期比母本晚 2～3 d 较为理想。由于恢复系花期短而集中（分枝型例外），容易造成花粉供应不足，应分期播种以延长授粉期。此外，还需考虑土壤和气候条件对品种生育期的影响。

4. 花期预测和调节　杂交种种子生产时要经常掌握双亲的生长发育动态，在花期到来之前必须进行花期预测，一旦出现不协调时要及时进行调整。

（1）根据叶片推算花期　向日葵不同品种叶片数不同，但受栽培、温度等条件影响而有所变化。一般来说，品种之间的叶数区别主要在现蕾前 7 d。在植株营养生长期通过观察叶片数的方法来预测父本和母本的花期是有效的。

（2）根据蕾期推算花期　向日葵从出苗到现蕾时间长短与品种及环境条件密切相关，一般为 35～45 d；现蕾至开花为 20 d 左右。所以根据蕾期推算花期也是有效的方法。

（3）调节花期的措施　根据花期预测，如发现花期可能不相遇时，应对偏晚亲本采取增肥、增水、根外喷磷等促进其生长发育；对偏早亲本采取控制生长发育（不施肥或少施肥、不灌水等）措施，促使花期相遇。

5. 除杂 要固定专人负责，按繁育技术要求进行除杂，做到及时、干净、彻底。父本行和母本行中的杂株一定要在开花前拔除干净。父本在完成授粉以后可以割除。当成熟时，于收获和脱粒之前要进行 1 次盘选，剔除杂劣果盘。

6. 授粉 一般采用人工放养的蜜蜂授粉最为适宜。蜂箱的多少要根据开花期和开花率确定，一般放养蜜蜂 1.5～7.5 箱/hm^2，各蜂箱要相距 200 m。开花期遇到高温和低温时，都会影响蜜蜂活动和授粉结实。放养蜜蜂期间不可喷药，以防杀死蜜蜂。

向日葵雄性不育系单花盘在 7 d 内可完成开花授粉，分枝性恢复系的单花盘在同样条件下 5 d 内可完成开花授粉，但由于是多个花盘，使单株的散粉时间可延长 20～30 d。未授粉的雄性不育株，在最适宜的生长条件下，其柱头可保持接受花粉能力 3～5 d。实行人工辅助授粉时一般从盛花期开始进行 2～3 次，要特别注意开花初期和末期的辅助授粉工作。

7. 收获 母本种子收获后，经过盘选可以混合脱粒，充分干燥、精选分级，然后入库储藏。如果父本在授粉完成后没有割掉，收获时应先收父本，再收母本。

二、芝麻种子生产

芝麻（sesame）是人类栽培最古老的油料作物之一，起源于非洲或亚洲热带地区。芝麻属胡麻科（Pedaliaceae）芝麻属（*Sesamum*），学名为 *Sesamum indicum*。2016 年世界芝麻的播种面积约为 8.3×10^6 hm^2，总产为 4.5×10^6 t，播种面积较大的国家是印度、苏丹、缅甸等；我国播种面积约为 4.4×10^5 hm^2，总产为 6.0×10^5 t，种植面积较大的省份是河南、湖北、安徽等。

（一）芝麻的生物学特性

1. 芝麻的类型 栽培芝麻种为一年生草本植物。芝麻常以某些性状为依据分为若干类型。例如按分枝习性分为单秆型和分枝型；分枝型又可分为少枝型（2～3 个分枝）、普通分枝型（4～6 个分枝）和多枝型（7～10 个分枝）。按叶腋着生花数分为单花型、三花型和多花型。按蒴果棱数分为四棱型、六棱型、八棱型和多棱型。按蒴果长度分为短蒴型（3 cm 以下）、中蒴型（3.1～4.0 cm）和长蒴型（4.1 cm 以上）。按种皮色泽分为白色、黄色、褐色、黑色等。按生育期长短分为早熟型、中熟型和晚熟型。

2. 芝麻的形态特征 芝麻的根系为直根系，由主根、侧根和细根组成，横向分布 50 cm 左右，主根入土较深，但根量的 90%分布在 10～17 cm 的土层，仍属浅根性作物。茎直立，主茎基部和顶部略呈圆形，中上部和分枝则为方形。茎秆一般呈绿色，少数呈紫色或紫斑。茎表被长短稀密不等的白色茸毛。主茎高为 0.5～1.5 m，由 20～40 节组成。节间长度，主茎比分枝短，上部比下部短。茎的分枝习性因品种而不同，但栽培条件对分枝多少和分枝部位高低也有较大影响。子叶很小，呈扁卵圆形，出苗时子叶出土。真叶下部对生，上部互生，无托叶，有柄。多数品种单叶；少数品种单叶和复叶混生，一般下部和上部为单叶，中部为复叶。叶片形状有卵圆形、披针形、掌状叶裂等，又可分全缘、锯齿状缺刻等。在判别不同品种的叶型和测量叶片大小时，一般以芝麻开花期主茎的最大叶片为标准。

花着生在茎节的叶腋内，通常每个叶腋开 1 朵花，但也有 3 朵乃至 5～8 朵，因品种而异。花具短柄；苞叶小，披针形；花萼联合成筒状，在其先端分为 5 裂，下裂较大，具单唇或双唇。花冠有白色、浅紫色、深紫色。雄蕊 4 枚或 6 枚，着生于花筒内壁。雌蕊 1 枚，子房上位，具2～4个心皮，形成2～4室，每室有1个假隔膜分为2个假室，每假室有1列胚珠，着生在子房中轴胎座上（图7-9）。芝麻果实为蒴果，基部钝圆，顶端有尖，多呈短棒状，蒴果上有4、6、8棱，棱数与种子列数相等，每蒴有种子40～130粒。同一植株上蒴果成熟先后和成熟度相差很大。多数品种的蒴果成熟后即开裂，亦有少数品种成熟后不开裂。种子呈扁椭圆形，也有卵圆形；一端圆，一端尖。种子千粒重为1.1～4.0 g，多数为2～3 g。种皮薄，其颜色有白色、黄色、褐色、黑色等。芝麻种子由种皮、胚乳和胚3部分构成。

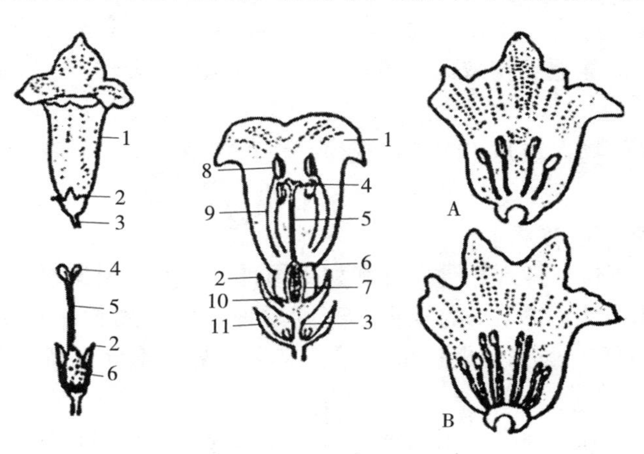

图7-9 芝麻花的构造

A. 单唇花冠 B. 双唇花冠

1. 花冠 2. 花萼 3. 花柄 4. 柱头 5. 花柱 6. 子房 7. 胚珠 8. 花药 9. 花丝 10. 蜜腺 11. 苞叶

（引自杨文钰和屠乃美，2003）

3. 芝麻的一生 芝麻生育期长短因品种、播种期和温度等条件不同而异，一般夏芝麻为80～105 d，秋芝麻为70～80 d。芝麻一生可分为出苗期、苗期、蕾期、花期、蒴果和种子发育成熟期5个阶段。从播种至子叶出土平展为出苗期。夏芝麻出苗期一般为4～7 d，或更长，取决于温度和土壤水分。萌发适宜温度约为24 ℃，适宜土壤含水量为17%～23%。从出苗至现蕾为苗期，夏芝麻在出苗后25～35 d，有6～8对真叶时现蕾，苗期茎叶和根部生长缓慢，干物质积累量少。出苗后不久花芽分化即开始。从现蕾至始花为蕾期，一般为7～15 d，此期营养生长和生殖生长都开始加快，干物质积累速率和吸收的肥料量显著高于苗期。始花至终花为花期，历时为40～60 d。花期是芝麻一生中营养生长和生殖生长最旺盛的时期。从终花至成熟，一般为15～20 d，此期营养生长已经停止，主要是蒴果和种子发育成熟。授粉后6～14 h完成受精过程，受精后24～30 h开始形成胚，同时子房开始膨大而形成蒴壳。

4. 芝麻的生长习性 芝麻属喜温作物。全生育期所需活动积温，夏播为2 500～3 000 ℃，秋播为2 200 ℃。种子萌发的最低温度为12 ℃，但16 ℃以上才能正常出苗，萌发最适温度24～30 ℃，高于40 ℃不能萌发。生长适宜温度为20～24 ℃。芝麻花期需水量较大，要求土壤含水量不低于田间持水量的50%，否则易受旱害。耐渍性差是芝麻的突出特点，当土壤含水量超过田间持水量的90%时，容易造成烂根，导致茎叶萎蔫、死苗。芝麻为短日性植物，北方品种向南引种，发育加快，生育期缩短，植株矮小，蒴果小，产量低；南种北引，生长旺盛，花芽分化晚，生育期延长。芝麻适宜在疏松通气、排水良好、透水性强的砂壤土和轻壤土上生长。芝麻不耐盐、碱、酸，当0～5 cm表土含盐0.351%时即不能出苗，适宜的土壤pH为6～8。

5. 芝麻的开花习性 芝麻属无限开花习性。花序为复二歧聚伞花序，着生在茎节的叶腋内，每个叶腋内的花属于1个花序。随着茎节的分化和生长，花的开放顺序是同一植株由下而上逐节进行，分枝型品种则主茎先于分枝，同一叶腋的中位花先于侧位花。每天以上午6:00—8:00开花最盛，占开花总数的90%左右，10:00以后开花逐渐减少。

芝麻一朵花开放的过程大体分为现蕾、露冠、初放、全放和萎冠5个阶段。夏播芝麻从现蕾至露冠约需90 h，露冠至初放约需50 h，初放至全放需3 h左右，全放至萎冠约8 h，总计约160 h。

芝麻属自花授粉作物，在开花前自行授粉。在正常情况下，异花授粉率很低，一般异交率在5%以下。

（二）芝麻种子生产技术

芝麻种子生产主要包括常规品种原种和大田用种的生产。根据国家标准《经济作物种子 油料类》（GB 4407.2—2008）的规定，芝麻原种和大田用种的种子纯度分别不得低于99%和97%，净度不低于97%，发芽率不低于85%，种子水分不高于9%。

1. 隔离

（1）空间隔离 芝麻原种生产田周围1 000 m以内、大田用种生产田周围500 m以内，不能种有同期开花的其他芝麻品种。

（2）时间隔离 由于芝麻为无限花序，全田开花期较长，一般要求不同品种花期相隔时间在50 d以上。

（3）障碍隔离 可利用地形、地物（例如建筑物、山坡、树林等）自然障碍进行隔离。障碍物高度应比芝麻植株高1.5 m以上，距离不小于30 m。

2. 选地和整地 芝麻种子生产田应选择地势高燥、排水良好、土壤质地疏松、保水保肥力强、透水性好、pH在6.0～7.5之间的田块。芝麻选地还应重视轮作换茬。芝麻重茬容易引起病虫害发生，一般要求间隔2～3年。

芝麻种子细小，不能深播，故要求表土层保墒良好，平整细碎。适当深耕可以促进根系生长，有利于土壤养分转化，减轻病害。开沟做畦有利于排水，是减轻渍害的有效措施，畦宽一般为2～3 m，也要开好畦沟、腰沟及围沟。

3. 播种 芝麻产量由单位面积的有效蒴果数、每蒴粒数和粒重3因素构成，其中以单位面积有效蒴果数对产量影响最大。

（1）播种 夏播芝麻适宜播种期在5月下旬至6月上旬，秋播芝麻宜在7月上中旬播种。芝麻种子小，顶土力弱，播种深度以2 cm左右为宜。播种方式有条播、穴播和撒播3种。条播时，单秆型品种行距为0.3～0.4 m，分枝型品种行距为0.4～0.5 m；穴播每穴播5～7粒种子，穴距按所需密度确定。条播用种量约为6.5 kg/hm^2，穴播用种量约为3.5 kg/hm^2，撒播用种量约为5.0 kg/hm^2。

（2）种植密度 芝麻的适宜密度取决于品种的分枝型、熟期、播种早晚、土壤肥力、雨水多少。适宜密度，夏播芝麻单秆型品种为1.2×10^5～1.5×10^5株/hm^2，分枝型品种为9×10^4～1.2×10^5株/hm^2；秋播芝麻单秆型品种为1.50×10^5～2.25×10^5株/hm^2，分枝型品种为1.2×10^5～1.5×10^5株/hm^2。

4. 田间管理和除杂

（1）田间管理　芝麻苗期生长缓慢，根系吸收能力差，幼苗抗逆能力弱，不耐水渍和干旱，又易引起草荒。因此必须抓好全苗匀苗，促进壮苗早发。芝麻出苗后需及时间苗、定苗，在幼苗1对真叶时进行间苗，到3～4对真叶时，按所需株数定苗。在间苗、定苗的同时，进行1～2次中耕，定苗后至初花前再中耕1～2次。中耕深度要浅，避免伤苗伤根，最后一次中耕可结合培土，以利于排水防渍。

芝麻草荒是影响植株生长发育的障碍因素之一，应及时中耕除草。也可利用化学除草剂进行除草，例如在芝麻播种后至出苗前每公顷用2.5～3.0 kg甲草胺兑水1 200～1 500 kg，均匀地洒在厢面上即可达到除草的效果。

芝麻属无限花序，同一植株上的蒴果成熟极不一致。早熟者易于裂蒴，造成田间损失。芝麻采取打顶、适时收获措施，可有效地降低种子产量的损失。芝麻打顶就是人为摘除不能正常结实的茎秆顶部，减少营养消耗，从而提高中下部蒴果种子粒数和种子饱满度。

（2）除杂　除杂时，应熟悉所生产种子的品种的特征特性，分别在苗期、蕾期、花期和蒴果成熟期进行除杂。一般在开花散粉前尽可能地将杂株拔除干净。收割之前还要逐行逐株检查，把不符合本品种特征特性的植株割除干净。一旦在开花后发现1株杂株，必须将杂株连同周围10 m^2左右的植株全部割除，以确保种子纯度。

5. 收获与储藏　当植株变成黄色或黄绿色，植株叶片脱落2/3以上，下部蒴果的种子已充分成熟，种子呈固有色泽时，即可收获。

芝麻收获宜在早晚或阴天进行，可用塑料布或较大簸箕等用具，先将割下的芝麻放在中间敲打几下，让裂蒴种子脱下，减少捆扎及运输时的损失，每30株左右扎成小捆，3～5捆一起在干净的水泥场上或铺着塑料薄膜的地面上晾晒，经2～3次脱粒即可脱尽。种子晒干后，风扬除杂，筛去碎屑、泥土和秕粒即可储藏。在运输、晾晒、脱粒、清选、装袋等过程中，应严防机械混杂。包装物内外应附有标签。入库时种子水分应在9%以下，储藏库应保持干燥低温。

思考题

1. 棉花常规品种种子生产有哪些技术要点？
2. 三系法杂交种油菜种子生产的技术要点有哪些？
3. 比较油菜杂种优势利用4种途径的优缺点。
4. 如何采用三年三圃法生产大豆原种？
5. 花生四级种子生产技术的特点是什么？
6. 黄麻、红麻、苎麻、亚麻种子生产方法有哪些？
7. 如何进行甘蔗种苗加速繁殖？
8. 甜菜杂交种种子生产要掌握哪些要点？
9. 如何进行烟草杂交种种子生产？
10. 向日葵、芝麻如何进行种子生产？

第八章

蔬菜作物种子生产

第一节　根菜类种子生产技术

根菜类蔬菜是指以肥大的肉质根为产品的一类蔬菜作物，主要包括十字花科的萝卜、根用芥菜（大头菜）、芜菁和芜菁甘蓝，伞形花科的胡萝卜、美国防风和根芹菜，菊科的牛蒡和婆罗门参，藜科的根甜菜等。我国栽培面积最大的是萝卜和胡萝卜，其次为根用芥菜，芜菁和芜菁甘蓝仅少量栽培，根甜菜多作为糖的加工原料和饲料作物栽培。因此本节介绍萝卜和胡萝卜的种子生产技术。

一、萝卜种子生产

萝卜（radish），学名为*Raphanus sativus*，为十字花科萝卜属二年生草本植物，世界各地广泛栽培。萝卜营养丰富，特别是淀粉酶和芥子油的含量很高，有帮助消化、增进食欲之功效，还有祛痰、利尿、止泻之药效。萝卜生食、熟食、腌渍加工和晒干均可，还具有栽培易、产量高、适应性强等特点，因而深受消费者喜爱。

目前我国栽培的萝卜有两大类（变种），最常见的是大型萝卜，称为中国萝卜（*Raphanus sativus* var. *longinnatus*），起源于我国；另一类是小型萝卜，称为四季萝卜（*Raphanus sativus* var. *radiculus*），主要分布在欧洲，我国只有少量栽培，常作为稀特蔬菜。

中国萝卜的品种资源非常丰富，生长发育特性差异也较大。依种植分布地理和气候条件（主要影响冬性强弱），可分为华南萝卜生态型、华中萝卜生态型、北方萝卜生态型和西部高原萝卜生态型4种生态类型。

华南萝卜生态型分布在我国南方热带和亚热带。该地区温度高，昼夜温差小，冬季温暖。肉质根细长，皮、肉均白色，少数品种根头略带绿色，产品含水量较多。该生态型萝卜可在较高的温度下通过春化，但较低的温度下通过较快。

华中萝卜生态型分布在长江流域。该地区无霜期长，萝卜可在露地越冬。肉质根形态与华南萝卜生态型相似。通过春化的温度比华南萝卜生态型稍低。

北方萝卜生态型分布在黄淮流域以北的华北、西北和东北的广大地区。该地区冬季寒冷，秋季温差大，降水量较少。肉质根粗大，含水量较少，以青皮品种为多，耐寒和耐旱性较强，但耐热性较差。通过春化要求的温度低，所需时间较长。

西部高原萝卜生态型分布在西藏、青海和甘肃、内蒙古部分高原地区。该地区海拔高，平均气温低，昼夜温差大，降水量少，无霜期短。该生态型萝卜肉质根特大，耐寒、耐旱，通过春化要求的温度更低，而且时间长，抽薹迟。了解萝卜不同生态型特征特性，不仅为便于生产中引种，而且为优种优繁、提高种子质量提供了指南。

中国萝卜依露地栽培季节大致可分为秋冬萝卜、冬春萝卜、春夏萝卜和夏秋萝卜 4 种茬口。

秋冬萝卜在全国普遍栽培，夏末秋初播种，秋末冬初收获，生长期为 60～120 d，产量高品质好，耐储运，栽培面积最大，也是冬、春主要蔬菜之一。

冬春萝卜主要在长江流域等冬季不太寒冷的地区种植，晚秋至初冬播种，露地越冬，翌年春季收获。

春夏萝卜在 3—4 月播种，5—6 月收获，生育期为 45～70 d；较耐寒，冬性较强，生长期较短，多为红皮品种；若播种期或栽培管理不当易先期抽薹。此外，近几年我国北方地区，利用国外引进的细长、白皮型品种栽培面积逐年增加，也丰富了该茬口的品种类型，有人称之为反季节栽培。

夏秋萝卜在夏季播种，秋季收获，可作秋淡季蔬菜供应，产值高，但正逢炎夏高温期，栽培不易。

至于四季萝卜类型，其叶片小，叶柄细，茸毛多，肉质根很小而生长期很短，适于生食和腌渍。因其耐寒性、耐热性较强，占地时间短暂，故各地除严寒、酷暑季节外，随时可以播种。

（一）萝卜的生物学特性

1. 萝卜的特征特性　萝卜的根系为直根系，膨大的肉质直根非常发达，储藏营养而成为产品器官，但具吸收功能的细毛根却并不发达，大多分布于 20～40 cm 的耕作层内，根系生长受土壤深耕程度影响很大。肉质直根的形状有圆球形、圆柱形、圆锥形等。直根的颜色有乳白色、青绿色、紫红色、粉红色、橘红色、黄色色等。肉质根露出地面部分和入土部分的比例因品种、类型而异。萝卜的茎，在营养生长期为短缩茎，进入生殖生长期后抽生花茎，花茎上可发生多级分枝。萝卜的叶为根出叶，按其形态可分为板叶和花叶两类，叶色有深绿色、浅绿色等。叶片着生的方向可分为直立、平展、下垂等，据此可确定适宜的种植密度，直立性越强，越有利于密植。

萝卜属低温敏感型作物，在种子萌动期、幼苗期、营养生长期及肉质根储藏期都可感应低温通过春化，是种子春化型作物。低温范围因品种而异，一般认为可在 0～15 ℃的范围内通过春化。不同品种对春化反应有一定差异，大多数品种在 2～4 ℃下处理 30～40 d 即可通过春化阶段。据报道，萝卜低温春化最敏感时期为播种后 14 d 前后，最敏感低温为5～7 ℃。

萝卜为长日照作物，在通过春化阶段后，需在 12 h 以上的长日照及较高的温度条件下通过光照阶段，进行花芽分化、抽生花枝。

萝卜春播时早春温度较低，后期又能满足长日照条件，很容易完成阶段发育，以及在春末夏初满足抽薹开花所要求的较高温度条件，所以在春季生产萝卜商品菜时，若播种期过早很容易出现“未熟抽薹”现象，这是萝卜生产中不希望出现的。但在种子生产中则可利用这个生长发育特点进行小株采种。

2. 萝卜的开花结实习性　萝卜花为雌雄同花的完全花。花萼 4 枚，呈绿色，包被在花的最外部。花冠呈白色或淡紫色，由 4 片离生的花瓣组成，呈十字形，与花萼相间排列。雄蕊 6 枚，4 长 2 短，通称四强雄蕊。雌蕊着生于花的中央，由子房、柱头和花柱组成。柱头和花粉的生活力一般以开花当天最强，但萝卜具有雌蕊早熟的特性，柱头在开花前 4 d 至开花后 2～3 d 都有接受花粉进行受精的能力，进行人工蕾期授粉时以开花前 1～3 d 的花蕾授粉结实率最高。萝卜为异花授粉作物，花粉主要靠昆虫传播。授粉后 40 d 左右种子发育成熟。子房壁在种子发育的同时逐渐膨大，形成果皮，果皮和种子共同构成果实（角果），每个果荚有 3～8 粒种子，果荚成熟不易开裂，故种荚脱粒较为困难，需晒干后敲击、碾压或机械脱粒。种子为不规则的圆球形，种皮呈浅黄色至暗褐色，千粒重为 7～15 g。

（二）萝卜常规品种种子生产

萝卜是异花授粉作物，杂交频率极高，在制种时，应采取严格的隔离措施，一般须有宽 1 500～2 000 m 的隔离带。萝卜的采种方式有成株采种法、半成株采种法和小株采种法。生产上一般采用成株采种法繁殖原种，用半成株采种法和小株采种法繁殖大田用种，三者有机结合，既能保持和提高商品的种性，又能降低种子的生产成本。

1. 萝卜原种种子生产　采用成株采种法进行萝卜原种种子生产。成株采种也称为母株采种、大株采种或老株采种，种子与商品菜萝卜同期播种或延后 3～5 d 播种，在肉质根收获季节，选留具有本品种典型性状的种根，根据当地气候条件窖藏或阳畦假植或定植后直接越冬，翌春定植于露地，抽薹开花采种。大株采种法是在种株充分生长，品种性状得到充分表现的基础上进行人工选择的，对防止品种退化有利；但由于播种期早，种株占地时间长，苗期高温多雨，病虫害重，越冬困难，种子产量低，生产成本高。

（1）母株培育　首先应根据品种的生育期，选择适宜的播种期，收获时肉质根达到采收标准。萝卜是需肥水较多的作物，整个生长期要加强管理。在肉质根收获季节，根据选种目标，选择具有该品种典型性状、叶簇小、肉质根大、形状正、皮色鲜、根头小、须根少、根尾细、肉质致密、侧芽未萌动和耐糠心的优良单株，有的还需对根肉色泽（例如“心里美”品种）的甜、辣等进行选择，严格淘汰糠心、黑心、腐烂及易抽薹的种根。

（2）种株越冬　在我国南方温暖地区，种根收获后，剪留 5 cm 左右长的叶柄集中定植到采种田，露地直接越冬。在北方较寒冷地区，种株无法露地越冬，需将种根埋藏或窖藏，翌年春天定植于露地，抽薹开花结实，进行采种。

（3）种根定植及定植后管理　储藏越冬的种根在春后及时定植到采种田，华北地区一般在 3 月中下旬定植，东北地区在 3 月底到 4 月初定植。采种田要有良好的隔离条件，以防生物学混杂，一般的隔离距离在 1 000 m 以上。定植株行距依品种类型不同而异，早熟种每公顷 60 000～75 000 株，中晚熟品种每公顷 37 500～45 000 株。定植时将种根全部埋入土中，根头部入土 2 cm，防止早春受冻。定植时要将种根周围的土压紧，以免浇水时土壤下陷，种根外露，引起冻害，或田块积水引起种根腐烂。

定植后根据土壤墒情确定浇水量，切忌大水漫灌，影响地温回升，不利种株发根。抽薹开花前适当控制灌水，促进抽薹。抽薹开花期加强肥水，末花期后应控制浇水，防止贪青恋长。为防止种株倒伏，在种株抽薹后设立支柱，可每株插一根竹竿，也可支成三脚架或搭成网状篱架等。中后期注意防治蚜虫等病虫害。

2. 萝卜大田用种种子生产

（1）半成株采种法　半成株采种法比成株采种晚播种 15～30 d，避开前期高温多雨天气，种株生长期间生活力较强，病虫害较轻，种株定苗密度可适当加大，种子产量明显提高，生产成本亦较成株采种降低。但缺点是由于种株肉质根生长期较短，到收获时尚未充分膨大，品种性状未得到充分表现，选择效果不如成株采种法。半成株采种法的栽培环节与成株采种法基本一致，除播种期比成株采种法晚外，其他的种根培育、越冬和田间管理技术基本与成株采种法相似。若种根较小，采种田可适当增加定植密度。

（2）小株采种法　小株采种法在早春播种于阳畦或风障前解冻的露地，利用早春的低温能使萌动的种子及幼苗通过春化的特性，使种株通过春化阶段，在春季长日照下通过光照阶段，随气温升高而抽薹开花结实的特性进行采种。小株采种法的优点是生育期短，省工、省地、适于密植，种子产量高，成本低。但因夏萝卜、秋冬萝卜品种的产品器官未充分生长，不能进行性状选择，如果连续使用此法易导致种性下降，故此法只适合于生产大田用种种子。另外，这种方法适合四季萝卜的原种生产，因为四季萝卜商品菜的播种期在早春，用这种方法可以充分选择，淘汰早抽薹等不合格的肉直根等。

小株采种的关键是根据品种的冬性强弱、特征特性确定合适的播种期。播种期不同，实质上就是将种株的生长发育置于不同的环境条件之下。冬性较强的大根型品种类型早春尽量早播，冬性较弱的小根型品种类型可适当迟播。但早春露地直播，播种过早时，气温太低，会出现种子发芽困难或幼苗易受冻害，最终导致种子生产失败；播种过晚时，低温时间较短，温度很快升高，春化不彻底，会导致种株不完全春化，出现种株枝叶生长过旺、花枝发生较少、抽薹开花期延迟、畸形花增多等问题，若种株开花期延迟，会恰逢高温、多雨季节，造成花而不实，影响种子产量和质量。

华北地区露地直播小株采种一般在2月下旬至3月上旬就可顶凌播种，但由于前期温度低，种株生长慢，营养面积小，后期高温，开花结荚期短，所以提倡早春育苗移栽小株采种。

早春育苗可在阳（冷）畦、日光温室或塑料拱棚内进行。华北地区阳畦育苗苗龄为50～60 d，可在1月播种，采用营养钵等护根育苗。杂交种种子生产的父本和母本要分床播种。

（三）萝卜杂交种种子生产

萝卜一代杂种优势极为明显，在生产上已普遍应用。理论上，萝卜一代杂种可通过自交不亲和系与自交系（或自交不亲和系）、雄性不育系与自交系间杂交获得。但是实践中由于萝卜单荚结籽粒少（3～8粒），远不如大白菜和结球甘蓝单荚结籽粒（20粒以上）多，蕾期自交保存亲本成本高，因此目前利用自交不亲和系生产一代杂种在萝卜上应用越来越少。利用雄性不育系生产萝卜一代杂种较为普遍，具有遗传性稳定、杂交率高（100%）、保存亲本及生产一代杂种成本低、操作简便等优点。

1. 亲本的繁殖　一般均需采用成株采种法来繁育亲本系原原种和原种。

萝卜利用雄性不育系配制一代杂种的亲本有雄性不育系、保持系及父本系，这些材料的繁殖通常第一年秋季将三系亲本分别播种、分别收获保存，来年春天将不育系和保持系定植于同一隔离区内。不育系和保持系按3～4∶1（根据保持系的有效花粉量确定）的比例定植，花期严格检查是否有栽错行现象，并除杂去劣，这样从不育系种株上收获的种子仍为不育系，从保持系上收获的种子仍为保持系。父本系则另设一个隔离区自交，并注意父本区与不育系采种区之间的严格隔离，距离2 000 m以上，从父本系隔离区收获到纯正的父本系种子。

自交不亲和系的亲本繁殖，秋季种株培育与一般品种相同，春季种株定植通常独立设一个隔离区，采取蕾期自交授粉即可。花期注意除杂去劣，授粉前将手和器具用75%酒精严格消毒，注意防止其他品种的花粉污染。

若双亲花期不一致，还需调节播种期。1月至2月上中旬，外界气温很低，要注意防冻保温。2月中旬后，气温渐渐升高，需注意通风。定植前1周，需加强通风进行炼苗。3月下旬至4月上旬定植，父本和母本的比例为1∶3～4，开沟定植，株行距视品种而定，定苗时注意保护土坨，以免伤害根系，覆土以不埋心叶为宜。采用地膜覆盖可增温、保墒、促进根系发育，提早抽薹开花，延长结荚期，有利于提高种子产量和质量。

2. 一代杂种种子生产　萝卜利用雄性不育系与父本系生产一代杂种，①要保证父本和母本的纯度，只有亲本纯度高，才有可能生产出整齐优质的一代杂种；②要保证父本和母本的比例，自交系和自交不亲和系种子生产双亲的比例一般为1∶1，每公顷60 000株左右；利用雄性不育系和自交系制种；不育系与自交系比例通常以4～5∶1为宜，父本系缩小株距，增加栽植株数，盛花期后，将父本行除去，防止父本系种子混入一代杂种内；③要保证隔离，严防与其他品种串粉混杂；④要设法使双亲的盛花期相遇，可采取调节双亲的播种期、定植期、人工春化处理以及摘除主枝花序等措施实现，此外，还可在采种区放养一定数量的蜜蜂，以辅助传粉，提高结实率。

二、胡萝卜种子生产

胡萝卜（carrot），学名为*Daucus carota*，为伞形花科胡萝卜属二年生作物，起源于亚洲西部阿富汗一带，13世纪末引入我国。胡萝卜营养丰富，胡萝卜素的含量比萝卜及其他各种蔬菜高30～40倍，其中β胡萝卜素经人体吸收后便水解成维生素A，维生素A对人体生长发育、维持正常视觉、防止呼吸道疾病、防癌抗癌、降低血糖和滋润皮肤等都具有作用。

胡萝卜种质资源丰富而复杂，分类方法有多种。我国一般根据肉质根的根形、根色或生育期进行分类。按根形分为长、中、短3类，有的分为圆柱形和圆锥形两类；按根色分为红色和黄色两大类，也有的细分为紫红色、红色、橙（橘）红色、黄色、淡黄色等几类；按生育期长短可分为早熟型、中熟型和晚熟型等；生育期为70～190 d。

（一）胡萝卜的生物学特性

1. 胡萝卜的特征特性　胡萝卜根系比较发达，属直根系，肉质直根为产品器官，直根上着生4列侧根，大多数分布于20～40 cm的耕作层内。有文献记载，胡萝卜根系分布深度可达2.0～2.5 m，宽度可达1.0～1.5 m，故有较强耐旱能力，可在丘陵、山区等干旱地区种植。胡萝卜肉质根的次生韧皮部特别发达，为主要食用部分。胡萝卜茎短缩，通过阶段发育后抽生花茎，主花茎可达1.5 m以上。花茎分枝能力很强，主茎各节和基部抽生的侧花茎都可再发生侧枝，侧枝上还可再发生侧枝。胡萝卜叶为根出叶，叶柄较长，叶色浓绿，为三回羽状复叶，叶面积小而密生茸毛。叶片着生的直立或平展程度因品种而异，直立性强的品种适宜密植栽培。

胡萝卜为绿体春化低温感应型植物，冬春感应低温后，经过高温长日而抽薹。一定大小的植株经过4.5～15 ℃的低温，感应20～60 d，花芽开始分化，在气候温暖、长日条件下促进抽薹。然而，也有人认为，像日本“金时”品种那样，是种子感应型；也有的认为，种子和一定大小植株都可感应春化。

关于花芽形成，感应低温阶段的苗龄，因品种而异。像“金时”品种，根重为 5 g，总（分化）叶数为 12～13 枚，外叶 6～7 枚；黑田系列，根重 10 g，总叶数为 16～18 枚；“Chantnay”根重为 15 g，总叶数为 20～21 枚；“中村五寸”根重为 40 g，总叶数为 22～23 枚。

感应光周期阶段，在 10～25 ℃下，经过 18 h 的长日照，可促进薹的发育。花芽分化之后 30 d 左右开花。

2. 胡萝卜的开花结实习性

（1）胡萝卜的花器结构　胡萝卜的花序为复伞形花序，花多为白色，着生于花枝顶端。每个复伞形花序由许多小伞状花序组成，形成盘状，每个小伞状花序中有小花 80～160 朵，由锯齿状裂片组成的小总苞抱着（图 8-1）。

A

B

图 8-1　胡萝卜复伞形花序（A）和小花（B）

胡萝卜正常的花为两性完全花，雌雄同花，异花授粉。单花有 5 枚花萼、5 枚花瓣、5 枚雄蕊、2 枚雌蕊、1 枚子房。子房下位，有 2 室，各室有 1 个胚珠。在 2 个雌蕊花柱的下方着生 2 个（联合）膨大而有发达蜜腺的花柱基。果皮和种皮相结合形成双悬果，双悬果表面附着毛刺（图 8-2）。种子千粒重为 1.5～2.3 g。

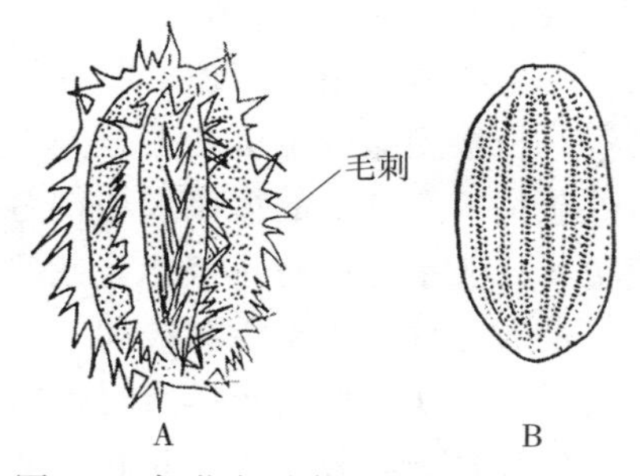

图 8-2　胡萝卜果实（A）和种子（B）

（2）胡萝卜的开花习性　胡萝卜复伞形花序（俗称大伞）一般是外围小伞状的花先开，然后陆续向中间开放。每个小伞状花序（俗称小伞）的开花顺序与大伞相似，也是外围的小花先开，陆续向中央开放。每天上午 8:00—10:00 花盛开，中午气温高时很少开花，下午 16:00—18:00 又有部分内伞的小花开放。每朵小花的开放顺序是花瓣先开，然后雄蕊中的 3 个花丝先伸长，另 2 个花丝然后才伸长，花丝与花药呈丁字形，花药开裂后花粉大量外散；2～4 d 后，雌蕊才成熟，这时 2 枚柱头分开，具有接受花粉的能力，可维持 1 周左右，这是雄蕊先熟植物的典型表现，这种开花习性是异花授粉的特点。每个小伞的花期为 5～7 d，每个复伞形花序的花期为 8～15 d。每株胡萝卜开花顺序是先主花枝，后侧枝，花期可持续 40～50 d。

（3）胡萝卜雄性不育花的特点　胡萝卜雄性不育花主要有褐药型和瓣化型两类。褐药型雄性不育花的花药瘦小干秕呈褐色，花药内无花粉或有败育花粉，或者花粉量很少，花丝不伸长，但雌蕊发育正常。瓣化型雄性不育花的雄蕊的花丝、花药变态成花瓣，与真正的花瓣交错、重叠，呈现重瓣状。瓣化型花的雌蕊不但发育正常，而且花柱基十分发达，开花时每天分泌大量花蜜。近年来，我国新培育的胡萝卜雄性不育系多为瓣化型雄性不育花。

瓣化型雄性不育花，其开花习性是真正的花瓣先向外伸展张开，2～3 d后由雄蕊变态成的花瓣才向外伸开，呈现出一个重瓣开放的小花状，再过4～5 d后雌蕊的2枚柱头才分开，这时才有接受花粉的能力，授粉期长达10 d左右，比正常花要长4～5 d。花开放的同时，花柱基分泌大量花蜜。受精后子房逐渐膨大，花柱萎蔫而慢慢落下，但是花柱基仍在，可在种子上存留1个月左右。

（二）胡萝卜常规品种种子生产

胡萝卜是异花授粉作物，它和野生胡萝卜及品种间可以互相杂交。在留种时，除品种间需隔离1 000 m以上外，还要清除留种田周围的野生胡萝卜。胡萝卜的采种方式同样可分为成株采种法、半成株采种法和小株采种法，原种生产采用成株采种法，大田用种生产多采用半成株采种法但其栽培技术与萝卜有一定的差异。

1. 胡萝卜原种种子生产

（1）种株培育　华北地区在7月上中旬播种，长江流域可在7月下旬至8月上旬播种，保证母根在越冬前充分膨大，表现出品种的典型性状，进而选择留种。播种地要整细耙平，土壤要湿润，砂壤土最好，播种方法最好用条播。幼苗期要及时除草、间苗和中耕，保持土壤湿润，其他田间管理与商品胡萝卜生产基本相似。

（2）种株越冬　华北地区应在10月底（冻害前）收获种株，收获时先切去叶片，只留3～5 cm长的叶柄，选留叶片少、根头小、根表光滑、色泽鲜艳、不裂根、不分叉、无明显绿肩、具有该品种特征的肉质根。

采用沟藏或窖藏，储藏温度以0～5 ℃为宜，保证既不受冻，也不腐烂。

（3）种株定植及管理　翌春种株定植前再次选择，除去受冻或过热引起腐烂和感病的肉质根。长根型品种也可切去根尖1/3，选留木质部小和韧皮部颜色相一致的种根，然后在切口处蘸稀释500倍的多菌灵粉剂等药剂或草木灰以防腐、防病。采用40 cm×35 cm行株距定植，一般定植后暂不浇水，约1周后长出新叶、发出新根后再浇水。抽薹开花后整枝打杈，一般每株留1个主花枝和4～6个一级侧枝，以保证种子成熟度基本一致。注意在种株开花后和结实期保持土壤有足够的水分和肥力。

（4）种子采收　当伞状花序变黄、花梗向内卷曲、花茎变黄时剪收，摊晒后脱粒、去种毛，净选后储藏。因胡萝卜种子成熟期不一致，应分期采收。

2. 胡萝卜大田用种种子生产　半成株采种法是目前我国胡萝卜大田用种种子生产最普遍的方法。秋季比成株采种法晚播20～30 d，定苗密度可适当加大，越冬前肉质根单根重达50～80 g即可。冬季寒冷地方窖藏越冬，温暖（最低气温0 ℃以上）地方可露地越冬。翌春定植时可对种根进行选择，定植后管理同成株采种法。

此法的栽植密度大于成株采种法，种子产量较高。注意肉质根在越冬前未充分发育，但直径不应小于1.5 cm，储藏越冬。翌春定植田间需加大种植密度，一般行距为35～45 cm，株距为15～20 cm。生产中可酌情整枝打杈，留1个主枝和3～4个一级侧枝。后期注意防种株倒伏，及时防治病虫害。最好放蜜蜂进行辅助授粉。

此外，印度等国采用小株采种法进行大田用种种子生产。在秋末冬初播种，露地越冬期间通过春化，翌春肉质根膨大的同时抽薹开花结籽。定苗株行距约为 30 cm×10 cm，高密度结合整枝使种株只是主薹开花结籽，这样主薹花发育好，种子大而壮，种子收获期集中，种子产量高、质量好。

（三）胡萝卜杂交种种子生产

胡萝卜花器很小，用人工去雄生产杂交种难操作，成本又高，因此胡萝卜只能利用雄性不育系生产一代杂种。胡萝卜杂交种种子生产过程包括雄性不育系、保持系和父本系的繁殖，以及利用雄性不育系作母本、以父本系作父本的一代杂交种的生产。

繁殖雄性不育系、保持系和父本系时，可将雄性不育系的种株与保持系的种株以 1∶2～1 的比例定植，在严格的隔离条件下自然授粉，种子成熟后从不育系种株上采收的为不育系，从保持系种株上采收的为保持系。由于雄性不育系群体中有时会出现少数可育株或嵌合不育株，为保证雄性不育系的纯度，应及时检查并淘汰可育株。保持系也以单独繁殖为宜，以免因雄性不育系中的可育株传粉影响其质量。父本系单独安排繁殖即可。

在杂交种种子生产区内，种植雄性不育系和父本系，二者种植行数、间隔距离因品种生长势强弱而异，一般每种 2～3 行雄性不育系，种 1 行父本系。对父本系的植株不整枝打杈，顺其自然生长，花枝越多越好，以长时间供应充足的花粉。由于雄性不育系植株开花时间长，花柱基分泌大量花蜜，花冠较大且鲜艳，加上父本株有丰富的花枝，所以在开花期招来大量蜜蜂、苍蝇和其他昆虫传粉，也可人为放蜂辅助授粉。授粉完毕后及时去掉父本株。

用雄性不育系生产杂交种种子，无论是繁殖雄性不育系还是繁殖一代杂种，都应注意雌株与雄株开花期相一致或相差不多，并严格淘汰杂株和劣株。

第二节 叶菜类种子生产技术

叶菜类蔬菜通常按食用器官区分，包括两大类，一类是以硕大的叶球或花球为产品的大白菜、甘蓝、花椰菜等，另一类是以幼嫩的植株或嫩梢、嫩薹为产品的白菜、乌塌菜、菜薹等。从作物的生长发育（主要是指低温春化）类型区分，可分为种子春化型（例如大白菜、白菜、乌塌菜、菜薹等）和幼苗春化型（例如结球甘蓝、花椰菜等）。而从种子生产周期和方式区分，可分为二年生的老株采种和一年生的小株采种。

大白菜（*Brassica pekinensis*）、小白菜（*Brassica chinensis*）、乌塌菜（*Brassica narinosa*）、菜薹（*Brassica parachinensis*）、油菜（*Brassica campestris*）及芜菁（*Brassica rapa*）这几种蔬菜，过去植物学分类上是分为 5 个独立的种。但现代遗传学研究表明，它们的染色体数都是 $2n=2x=20$，并且具有同一个染色体组（AA），它们彼此之间可以自然杂交，且杂交结实率达 100%。因此近年来植物学和园艺学上把它们归并为 1 个种，即芸薹属芸薹种（*Brassica campestris*），下分为 3 个亚种：大白菜亚种（*Brassica campestris* subsp. *pekinensis*）、白菜亚种（*Brassica campestris* subsp. *chinensis*）和芜菁亚种（*Brassica campestris* subsp. *rapifera*）。该分类法，对种子生产具有很重要的指导意义。

大白菜和白菜等既是我国原产，也是我国特产，主要在我国及日本、东南亚各国栽培，欧美国家仅零星种植。这些蔬菜在我国种类繁多、分布广泛，种植面积和产量均居蔬菜之首。大白菜是我国北方秋冬最主要蔬菜。小白菜是南方的主要蔬菜，北方种植面积也在逐年扩大。乌塌菜在长江以南冬季栽培。菜薹主要分布在长江流域，湖北武汉和四川成都栽培较多。菜薹主要在山东、淮河流域等地进行栽培。本节介绍大白菜和普通白菜的种子生产技术。

一、大白菜种子生产

大白菜（Chinese cabbage-pe-tsai）学名为 *Brassica campestris* subsp. *pekinensis*，别名为结球白菜、黄芽菜等。山东、河北是其主产区，也是其原产地，其种质资源也非常丰富。河南、山西、辽宁南部、陕西南部和京津地区也是主要产区。其种植面积大、产量高、耐储运，对漫长冬季的北方蔬菜供应有重要的意义。

大白菜亚种株型高大，叶片宽阔，具有叶翼而叶柄不明显。大白菜又可分为散叶变种（*Brassica campestris* subsp. *pekinensis* var. *dissolute*）、半结球变种（*Brassica campestris* subsp. *pekinensis* var. *infacta*）、花心变种（*Brassica campestris* subsp. *pekinensis* var. *laxa*）和结球变种（*Brassica campestris* subsp. *pekinensis* var. *cephalata*）4 个变种。其中散叶变种和半结球变种因进化程度低，现已很少栽培。花心变种和结球变种为栽培的主要类型，习惯上简称其为大白菜。

大白菜结球变种按其结球形状分为卵圆型、平头型和直筒型 3 个基本生态型，生产中三者之间以及和花心变种相互杂交又产生了一些新的类型，例如平头直筒型、平头卵圆型、圆筒型、花心直筒型、花心卵圆形等。生产上通常依播种到叶球成熟的生长期将大白菜分为极早熟（60 d 以下）、早熟（60～75 d）、中熟（80～90 d）和晚熟（95～120 d）品种。

20 世纪 70 年代以后，大白菜利用自交系、自交不亲和系培育的杂种一代逐渐取代了传统的品种，目前除原产地或育种单位还少量种植一些代表性的常规品种外，生产中几乎都采用一代杂种（F_1代）品种。

（一）大白菜的生物学特性

1. 大白菜的特征特性 大白菜的根系为直根系，侧根发生较多，主要根群分布在近地 20～30 cm 范围内，断根后恢复生长的能力较差，故宜直接播种，不宜育苗移栽。秋收老株经冬储翌春定植后发根能力很差，死株现象严重。大白菜短缩茎为肉质，叶片环生密集，抽薹后花茎抽长变细，花茎主枝长达 60～100 cm，可分枝 1～3 级，开花后株形呈圆锥状。大白菜叶依生育期和形态特征可称为子叶、基生叶、幼苗叶、莲座叶、球叶和茎生叶。除 2 枚子叶和 1 对基生叶外，幼苗叶、莲座叶和结球叶形态相近，环状互生。结球叶 30～60 枚，其多少决定于花芽分化开始的早晚。当年早春播种采种栽培的，叶不结球，可直接抽薹开花。（花）茎生叶与前几种叶片形态差异较大。

大白菜从播种到收获种子完成 1 个世代周期，可划分为营养生长阶段和生殖生长阶段两个阶段。完整的营养生长阶段，需要经历发芽期、幼苗期、莲座期、结球期和休眠期。生殖生长阶段包括花芽分化期、抽薹期、开花期和结果期。而由营养生长向生殖生长转变过程中需要通过低温春化阶段，即必须感应一定的低温后，方可进行花芽分化。抽薹、开花和结果的生殖生长阶段需要在温暖和长日照条件下完成。

大白菜生育期，也因生产目的和栽培方式而异。育种选择或繁殖原种时，为保持品种的优良特性，多采用大株采种方式，该方式经历完整的营养生长阶段和生殖生长阶段，为典型的二年生作物。但是，如果繁殖大田用种（F_1代），为降低成本和提高种子产量，多采用小株采种方式。小株采种方式使生育期大大缩短，在南方秋季延迟播种，幼苗越冬，不经过结球期，来春也可正常生殖生长；而在北方则可缩短为当年早春播种，不结球，直接进入抽薹开花阶段，夏季收获种子，使二年生变为一年生。

大白菜为耐寒性作物，喜欢温和而不耐炎热。大白菜对温度条件要求较为严格，营养生长期适应温度为 5～25 ℃，适宜温度为 10～22 ℃，10 ℃以下时生长缓慢，5℃以下时生长量极小，能忍耐 0～－2 ℃的低温，在－2～－3 ℃下受冻后可恢复生长，－5 ℃时受冻害，高于 22 ℃时呼吸作用随温度的升高而增强，养分积累减少，在 26℃以上高温下苗株生长衰弱，容易发生病害。

大白菜属于种子春化型，即在种子萌动以后的各个时期都可通过低温春化阶段。种子萌动后若遇 0～10 ℃的低温经过 10～30 d（因品种而异）即可通过春化，开始花芽分化，以后在长日照和温暖条件下抽薹开花。

秋播大白菜，正常年份的 9—10 月，夜间温度较低，经过一段时间后即已经通过春化，生长点可分化出花序原基和花原基，只因这时温度日趋降低，日照愈来愈短，花器发育缓慢并被叶球包裹，花茎不能伸出，待翌春 3 月定植后在较高的温度和较长的日照下即可抽薹开花。但如果 10 月遇到天气回暖的反常年份，也有花薹伸出叶球而发生先期抽薹的现象。

由于大白菜冬性弱，很容易通过春化阶段，所以可利用这个特性，早春播种进行小株采种。小株采种不仅采种成本低，而且种株长势旺，采种量高。

2. 大白菜的开花结实习性　大白菜通过春化后，花茎伸长（即抽薹）成为主花枝（花薹），主花枝的各叶腋处发生一级侧枝，一级侧枝上再发生二级侧枝，生长势旺盛时，还可发生三级侧枝、四级侧枝。主枝上出现侧枝的顺序是先上位叶腋后下位叶腋。开花、结实的顺序为先主枝后侧枝。各花枝上开花、结实的顺序是由下而上。

大白菜花序为总状花序，花为完全花。花萼和花瓣各 4 枚，花瓣呈淡黄色。雄蕊共 6 枚，4 长 2 短，故称为四强雄蕊。花药 2 室，成熟时纵裂释放花粉。雌蕊 1 枚，子房上位，2 心室，花柱短，柱头为头状。大白菜果实为长角果，呈圆筒形，有柄，授粉受精后 30～40 d 种子成熟，成熟后容易开裂，纵裂为 2 瓣。种子着生于两侧膜胎座上。果实先端陡缩为果喙而无籽。种子球形而微扁，有纵凹纹，红褐色至深褐色；无胚乳，千粒重为 2.5～4.0 g。

（二）大白菜常规品种种子生产技术

大白菜原种繁殖以秋播母株采种为宜，大田用种种子生产以春播小株采种为主。为降低制种成本，种子生产基本上为露地栽培，不同地区、不同品种的栽培时期有一定的差异。

1. 大白菜原种种子生产技术　大白菜原种种子生产采用母株采种法。母株采种法也称为老株采种法或大株采种法，即夏末或秋季播种，越冬时形成商品成熟的叶球，冬季寒冷期菜窖储藏（北方）越冬或田间露地（南方）越冬，翌春土壤温度回升后定植（北方）或返青（南方）后继续生长，抽薹、开花、结籽。

大白菜母株采种法的栽培可分为明显的两个阶段，一是当年秋季培育母株，二是翌年春夏生产种子。秋季培育母株的栽培环节和技术与秋冬茬商品菜栽培基本相似。不同之处是比商品菜晚播 7～10 d，播种期依品种和种子生产田而定，多直播。冬前收获时进行选择，选留符合本品种特征和无病虫害的植株，储藏于菜窖，定期翻菜检查，清除黄化脱落叶和腐烂叶，防冻防烂。

翌年春季最低气温稳定在 0 ℃以上时定植母株。定植时切除叶球顶部（约占叶球的

1/3），定植后浇小水，注意防冻。株行距因品种而异，早熟种为 40 cm×50 cm，中晚熟品种为 45～50 cm×50 cm。母株定植灌水后易倒伏，需每株插一根竹竿支撑，而且此时生长势较弱，应加强管理。母株抽薹开花期、种子采收期均比小株采种法提前。种子产量较少，为每公顷 450～750 kg。母株采种栽培管理可参照下文的小株采种法。

2. 大白菜大田用种种子生产技术 大白菜大田用种生产采用小株采种法。大白菜大田用种种子生产小株采种法是指当年早春播种，苗期经历低温通过春化后，不经过结球期和休眠期而直接进入抽薹开花期的种子生产方法。小株采种法是生产大白菜大田用种种子的主要方法。在北方，因冬季寒冷、土壤冻结，故多进行早春直播或育苗，春末夏初抽薹开花，收获小麦前后时收获种子。若露地直播生产大田用种种子，各地适宜的播种期为当地土壤刚刚完全解冻后 1 周左右。若播种较迟，会因春化不足而使花枝数减少，产量降低；若播种过迟，不能满足春化条件，就有可能不抽薹开花，导致种子生产失败。

如果采取育苗方式生产大白菜大田用种种子，育苗设施最好采用阳畦（冷床）或小拱棚电热温床，不宜在温室或大棚内育苗，因温室或大棚温度偏高，特别是后期的高温，既不利于秧苗彻底通过春化，也不利于定植后快速还苗、保证成活。因大白菜幼苗茎部短缩，且根系断根后恢复生长的能力差，所以秧苗不宜过大，以具 5～6 枚叶、苗龄 50～60 d 为宜。定植期在土壤完全解冻后 1 个月左右为宜。

在江南一带，采用大白菜小株采种法时露地直播一般于 9 月下旬至 10 月上旬播种，以幼苗露地越冬。也可以育苗移栽，育苗移栽可比直播方式提早 1 周左右播种，20 d 左右苗龄定植。

大白菜对轮作倒茬要求不严，但忌与白菜、甘蓝、萝卜等十字花科作物间作套种，不宜连作，以防病虫害传染。大白菜喜肥喜水，要尽可能安排在土壤肥沃、质地疏松和灌溉便利的田块。种子生产田应与其他品种和芸薹属中染色体基数 $x=10$ 的栽培种（白菜、芜菁、油菜等）相隔 1 000 m 以上。小株采种法的栽培可包括以下环节。

（1）播种或育苗　直播利用冬闲地，于播种前 1 周整地、施肥、做畦及地膜覆盖等。作为基肥，需要部分氮肥、钾肥和全部磷肥，并与有机肥综合考虑，若有机肥不足，可适当多用化肥，一般每公顷施碳酸氢铵 375～750 kg、过磷酸钙 450～750 kg、氯化钾 150～300 kg 等。或者用磷酸铵、磷酸二铵等复合肥 225～375 kg 代替氮肥和磷肥。施肥应在平整土地后，翻耕耙磨前进行。雨水较少的地区多平畦栽培，或地膜覆盖半高垄栽培，即采用 80～100 cm 幅宽的地膜，做成 60～70 cm 宽的拱弧形垄，垄中心高 10 cm，每垄种植 2 行。也有地膜覆盖平畦栽培。平畦宜小不宜大。多雨地区常起垄栽培，每垄种 1 行，垄高为 10～13 cm，垄形为平台梯形，上窄下宽，上宽为 20～25 cm。地膜覆盖可起到节水保墒和高产稳产的作用，在高温干旱或土壤瘠薄地块的效果尤其明显。

春季直播，每穴播 2～3 粒种子，覆土宜浅，为 1.0～1.5 cm。秋季虫害多的地方，直播适当增加播种量，并要用辛硫磷等杀虫剂随水灌溉。

育苗既可节省种子，也可保证田间全苗。春季苗龄为 50～60 d，用阳畦（冷床）或拱棚温度较低的设施，管理同一般蔬菜育苗，尽量避免中午高温脱春化。采用营养钵护根育苗效果更好。秋季苗龄宜短，20 d 左右即可，采用防虫网或寒冷纱覆盖效果很好。

（2）苗期管理　大白菜耐旱力较差，高温干旱易得病毒病，故苗期应注意保持土壤湿润，育苗床要灌足底水。春播苗期酌情浇水 1～2 次，早春浇水不利于地温回升，因此应把浇水和提高地温结合考虑。幼苗生长较快，应及时间苗、定苗。定苗前间苗 2 次，第一次间苗在两片基生叶展开与子叶成十字状态时进行，拔除过分拥挤或双株密切的苗；第二次间苗于4～5叶期进行，拔除劣苗小苗，保留壮苗大苗。江南秋播者还要注意及时防治虫害。

定苗一般在播种后25～30 d、幼苗长到7～10片叶时进行，且在晴天的中午和午后操作，拔除弱苗、病苗及萎蔫苗。

(3) 定苗（定植）　穴播者每穴定1苗。定苗标志着苗期结束。从苗期转入莲座期的临界特征称为团棵期，即幼苗长成第一个叶环，早熟品种具5～7片叶，中晚熟品种具8～10片叶，形态上呈现开盘状或莲座状。

定苗密度根据品种生长期和土壤肥水条件确定。通常行株距，中晚熟品种为45～50 cm×35～40 cm，早熟品种为40 cm×35 cm，同一品种在高水肥地上可适当稀植，土壤瘠薄或水肥较差时可适当密植。

育苗定植，春季宜选择晴天的上午进行，秋季最好选在下午进行，定植后及时浇定植水、缓苗水。密度同上。

(4) 定苗（或定植）后管理　春播栽培定苗（或定植）后，要轻浇水、多中耕，保持地面见干见湿，促进根系下扎和发棵。秧苗发棵后可追施1次氮肥，每公顷施硫酸铵等150～225 kg，并浇水1次，以后约20 d左右控水、蹲苗直至抽薹期。待70%以上植株抽薹开花后，即进入开花结实期，此后1个多月，植株不断发生花枝、开花、结实，是旺盛生长期，所以管理上应浇大水、施重肥，一般而言，1周左右浇1水，2周左右追1次肥，追肥后浇水或随水施肥，共追2～3次肥，浇4～6次水。前期以粪肥、复合肥或氮肥为主，氮肥每次每公顷追施硫酸铵、硝酸铵类375～450 kg，中后期以氯化钾等钾肥为主，每公顷施300～375 kg。

进入开花结实期，温度明显升高，这时多种害虫开始发生、危害，特别是蚜虫、菜青虫、小菜蛾等，需及时喷药防治。当植株封垄打药操作不便时，也可趁晴天中午高温时段撒施辛硫磷等拌成的细砂土，熏杀蚜虫，效果较好。

秋播栽培者，定苗（或定植）后的管理可分为越冬前管理、越冬期管理和翌春恢复生长后管理几个阶段。越冬前管理重点是促进根系发达、植株发棵，不宜浇水过多，临近越冬时普遍喷施1次杀虫剂，防止蚜虫等寄生、危害，并浇1次越冬水，若随水追施粪肥效果更好。越冬期间处于半休眠状态，基本不管理，有条件者冬季严寒期也可用不织布（无纺布）或有孔薄膜小拱棚覆盖，效果更好。翌春恢复生长后，逐步拆除覆盖物，开始追肥浇水促进生长，但早春温度较低，灌水量宜少不宜多，到气温明显回升后，加大追肥灌水量，促进抽薹开花结实，具体方法参照上文。

无论春播还是秋播，植株长势茂密和风大的地区，需简单扎架，以防止倒伏减产。可用竹竿等扎三脚架、直立架，也可用竹木铁丝结合等做成篱笆架。

此外，为提高种子纯度，抽薹开花期有必要进行1次全面检查，根据茎生叶和花蕾花朵长相判断，拔除杂株和变异株。

(5) 种子收获　通常大白菜种子收获期正逢雨季到来，所以应适时、及时收获。收获的适期是极少数基部的种荚开始黄化开裂，多数中上部种荚由绿变白，种荚顶尖开始变黄。若收获过早，种子不饱满，造成减产；收获过迟则易造成种荚开裂、种子散落。最好在清晨有露水时割收，当日出强光照射后，很易荚开籽落。收获后及时晾晒、脱粒，大白菜种子极易发芽、霉烂，切不可堆集。脱粒的种子应及时晾晒，不可在水泥地上直接暴晒，否则降低发芽率。每公顷种子产量为1 125～1 500 kg，高产可达2 250 kg。

（三）大白菜杂交种种子生产技术

目前大白菜品种基本上为一代杂交种（F_1代），多数是利用自交不亲和系配制而成，也有少数是利用雄性不育系配制而成。

利用自交不亲和系生产一代杂交种时，应注意以下几点：①保证双亲比例，通常双亲比例以 1∶1 最好。如果其中一个亲本生长势强壮，花量较多，另一个长势较弱、花量较少，双亲可以 1∶2 比例种植，但最多不宜超过 1∶3。②防止花期不遇，利用自交不亲和系要掌控好双亲的开花习性，对于开花期有差异的双亲，要设法调整花期，确保二者花期一致，否则会增加假杂种比例，严重影响种子产量和质量。③利用蜜蜂授粉，可使种子产量明显上升，每公顷可放置 30～45 箱蜂，普通意大利蜂即可。放置蜜蜂时注意开花授粉期禁止喷洒农药，特别是杀虫剂。

利用雄性不育系生产一代杂交种时，除注意以上几点外，还应注意父本（花粉系）与母本（雄性不育系）的比例可放宽到 1∶3～4，且要把父本做好标记，花期结束后及时拔除，以防收获时父本种子（假杂种）混入。

二、普通白菜种子生产

普通白菜（Chinese cabbage-pak-choi）简称白菜，学名为 *Brassica campestris* subsp. *chinensis* var. *communis*。普通白菜和乌塌菜（*Brassica campestris* subsp. *chinensis* var. *rosularis*）、菜薹（*Brassica campestris* subsp. *chinensis* var. *utilis*）和薹菜（*Brassica campestris* subsp. *chinensis* var. *tai-tsai*）等几个变种在分类上均属于白菜亚种（*Brassica campestris* subsp. *chinensis*），与大白菜亚种的区别在于株型矮小，叶片开张不结球，叶面光滑，叶柄明显而无叶翼。

普通白菜别名小白菜、青菜、菘菜、油菜等，以其肥厚的叶柄和嫩叶为产品。乌塌菜别名塌棵菜、塌菜，叶片塌地生长，浓绿至墨绿色，耐寒力很强，地上部可耐－10 ℃低温，叶片供食。菜薹主要采食其花薹，花薹发生快而肥嫩，有绿菜薹和紫菜薹两种。薹菜是以嫩叶、叶柄、未开花的嫩薹及其肉质根为产品。乌塌菜、菜薹和薹菜的生长发育特性和采种技术与普通白菜基本相同，故这里只介绍普通白菜种子生产技术。

（一）普通白菜的生物学特性

普通白菜的根、茎、叶、花、果实、种子与大白菜相似，其区别在于，普通白菜叶片散生不包球；叶柄肥厚，无叶翼，白色至淡绿色；叶片厚，绿色至深绿色；叶面多不皱缩，光滑无毛。普通白菜生育时期中，营养生长阶段包括发芽期、幼苗期、莲座期（也是产品形成期）。普通白菜性喜凉爽气候，生长适宜平均气温为 18～20 ℃，阳光充足条件下生长良好；－2～－3 ℃温度下能安全越冬，28 ℃以上的高温下生长衰弱，易感病毒病。普通白菜的阶段发育和开花授粉习性与大白菜基本相同。普通白菜萌动的种子和绿体植株在 15 ℃以下，经历一定的时间完成春化，苗端开始花芽分化，而叶芽分化停止，在长日照及较高的温度条件下抽薹开花。不同品种对长日照的要求有明显的差异。

（二）普通白菜常规品种种子生产技术

普通白菜种子生产田应与白菜类的其他亚种、变种和品种严格隔离，也要与芸薹属中染色体基数 $x=10$ 的其他栽培作物隔离。原种生产田空间隔离距离应在 2 000 m 以上，大田用种种子生产田隔离距离不得小于 1 000 m。

普通白菜类型、品种繁多，适应性较广。普通白菜作为商品菜生产，在北方冬季严寒地区，除冬季不能露地生产外，春、夏、秋3季可多茬栽培；在长江、淮河流域，除冬季和早春需简易覆盖外，可多茬露地栽培；在华南地区可周年生产。普通白菜作为种子生产栽培，主要采种方法有成株采种法、半成株采种法和小株采种法。

普通白菜成株采种法的栽培，秋季适期播种，收获前选择生长健壮、具本品种特征的优良植株作种株，按45 cm左右的株行距定植。长江、淮河流域需注意采取适当覆盖措施越冬，耐寒性弱的长梗白菜，可切去叶子上部，仅留叶柄和心叶定植，再适当用秸秆、无纺布等覆盖防寒，翌春除去覆盖物，进行中耕、除草、施肥，花前注意防治蚜虫等，一般于5月至6月陆续收获采种。华北等地普通白菜采种栽培，一般在晚冬或早春尽早直播或育苗，育苗比直播可提早1个月左右，到商品菜成熟时，进行株选，选择性状优良的作留种株，把性状不良的植株淘汰作商品菜出售，留种株原地继续生长或集中定植、管理，直至种子收获，其栽培过程与大白菜小株采种法基本相似，具体技术参照上述大白菜部分。

半成株采种法的栽培，长江、淮河流域多于10月上中旬播种育苗，冬前定植。翌春选留健壮者采种。半成株采种法生产的种子产量较高，成本较低，但质量不及成株采种法。

（三）普通白菜杂交种种子生产技术

普通白菜杂种一代种子生产多用小株采种法，其栽培周期短，生产成本低，种子产量高；多为春季大田生产，既可直播，也可育苗。各地因气候条件所限，播种期不一，但均为早春2—3月播种或育苗，当年5月下旬至6月上中旬收获种子。长江、淮河流域气温回升早，可于2月上旬直接播种；北方中北部早春寒冷地区，宜于2月上中旬阳畦（冷畦）播种育苗。按苗距20 cm留苗或定植。定苗或定植后去劣除杂1～2次，莲座期到抽薹前适当控水蹲苗，抽薹期开始追肥灌水，开花结实期合理追肥、浇水，注意防虫、防风，有条件者，最好放蜜蜂辅助授粉，适时、及时收获。具体栽培技术参见大白菜杂交种种子生产技术。

第三节　茄果类种子生产技术

茄果类蔬菜是指茄科植物中以浆果为食用器官的蔬菜，主要包括番茄、茄子、辣椒等，是我国夏、秋季节的主要蔬菜。特别是在北方夏季不太炎热的地方，6—8月，茄果类占蔬菜上市总量的50%以上。茄果类起源于热带地区，属于喜温性蔬菜，要求温暖的气候和较强的光照，不耐霜冻。茄果类蔬菜在我国南方多数进行露地栽培，北方地区的露地栽培多利用保护地育苗。种子生产以春季育苗、春夏季采种为主。茄果类蔬菜多数为自花授粉作物，品种间的自然异交率较低，因此容易保持品种特性。但辣椒为常异花授粉作物，自然杂交率较高。

一、番茄种子生产

番茄（tomato），学名为*Lycopersicon esculentum*，别名有西红柿、洋柿子、番柿、柿子等，属茄科番茄属草本植物，原产于南美洲的安第斯山脉一带。番茄是全世界栽培最为普遍的茄果类蔬菜之一。番茄自20世纪初在我国开始栽培食用，目前全国各地露地和保护地普遍栽培。

（一）番茄品种的分类

1. 按植物学分类 按照植物学分类方法，可把生产上使用的普通番茄分为以下5个变种（类型）。

（1）栽培番茄 栽培番茄植株茁壮，分枝多，匍匐性，果大叶多，果形扁圆，果色可分大红色、粉红色、橙红色、黄色等。目前生产中绝大多数品种属于这个变种。

（2）直立番茄 直立番茄茎短而粗壮，分枝节短；产量较低，栽培较少，适于机械化作业采收。

（3）大叶番茄 大叶番茄叶片大而无缺刻或浅裂，似马铃薯叶，故也称为薯叶番茄，果实与普通番茄相同。

（4）樱桃番茄 樱桃番茄果实小，果径为2 cm，呈圆球形或椭圆形；每果穗挂果20多个，有的多达60个；果色为红色、橙色或黄色，形如樱桃或葡萄。植株强壮，茎细长，叶片较瘦小，叶色淡绿。

（5）梨形番茄 梨形番茄果实较小，果形特殊，柄部细小顶部粗大，形似梨。

2. 按植株分枝习性分类 按照植株分枝习性，可把栽培番茄品种分为有限生长型（自封顶）和无限生长型（非自封顶）两大类。

（1）有限生长型 有限生长型植株长到一定节位，通常3～5穗果后，以花序封顶，故称为自封顶。此类品种植株较矮，结果期比较集中，生长期较短，适于早熟栽培。但其适应性、抗逆性较差，产量也较低。

（2）无限生长型 无限生长型番茄主茎顶端不断开花结果，只要环境适宜，可无限生长下去，不封顶。此类品种生育期长，植株高大，果型也大，多为中晚熟品种。其适应不良环境的能力较强，抗病性好，产量也高。

3. 按栽培用途分类 按照栽培用途，可把栽培番茄分为以下3个类型。

（1）普通鲜食类 此类番茄包括普遍栽培的大果型品种和中果型品种。此类品种果型大，产量高，品质好，销量大，抗性强，丰产性好，露地栽培和保护地栽培均适宜。

（2）加工番茄类 此类番茄多为有限生长型品种，生育期短，成熟快，多为矮架或无支架栽培，适宜1～2次集中收获，或机械化种植和采收。此类番茄多作加工基地集中种植，适宜露地种植。

（3）樱桃番茄类 此类番茄果形小，极早熟；果实可作为水果销售，市场价格较高，抗性也较强，但市场销售量有限。

（二）番茄的生物学特性

1. 番茄的特征特性 番茄根分布广而深，根系发达，主要根系分布在30 cm左右的表土层中，最长主根深达1 m以上，主根断损后很容易发生侧根，故适于育苗移栽。茎为半直立或半蔓性。茎的分枝习性为假轴分枝或合轴分枝，分枝力强。主茎着生3～4个花序后，顶端变成花序，主茎不再伸长的称为有限生长型；主茎顶端继续向上生长，不断出现花序的称为无限生长型。番茄茎在花序出现后每片叶腋间易出现腋芽而发育成侧枝，生产上应注意及时整枝打杈（植株调整）。番茄叶为单叶，叶轴上生有裂片，呈羽状深裂或全裂。按叶片的形状和缺刻的不同，可分为花叶型、薯叶型和皱缩叶型。

2. 番茄的开花结实习性 番茄从播种到果实采收结束需要经历发芽期、幼苗期、开花坐果期、果实膨大期和果实成熟期。番茄2～3片真叶之前为营养生长阶段，当幼苗长到2～

3片真叶时花芽开始分化，随后茎叶生长与花芽分化、果实发育同时并进。有限生长型早熟品种，第一花序出现之前，着生6～8枚叶片，出现花序之后，每隔1～2片叶出现1个花序。有限生长型植株较矮，开花、结果集中，表现早熟。无限生长型晚熟品种，第一花序出现花序之前，着生7～9枚叶片，出现花序之后，则每隔3片叶出现1个花序。无限生长型植株较高，开花、结果期长，表现中熟或晚熟。

番茄花序为聚伞花序或总状花序，花为完全花，呈黄色。大果型番茄一般每个花序由6～8朵花组成，小果型番茄每个花序有花20～30朵甚至更多。花药5～9枚，连接成筒状，包围柱头。花药成熟后向内纵裂，散出花粉，自花授粉。有些品种雌蕊柱头伸出花药筒，常发生异花授粉，天然杂交率为4%～10%。

花（果）柄上易形成离层（图8-3），造成落花落果。番茄果实为浆果，中果皮多浆、肉质，为主要食用部分。果实的形状、颜色、大小、心室数因品种而异。种子四周为胶状物质。番茄种子呈扁圆形，呈灰黄色，表面有银灰色茸毛，千粒重为3.0～3.5 g。

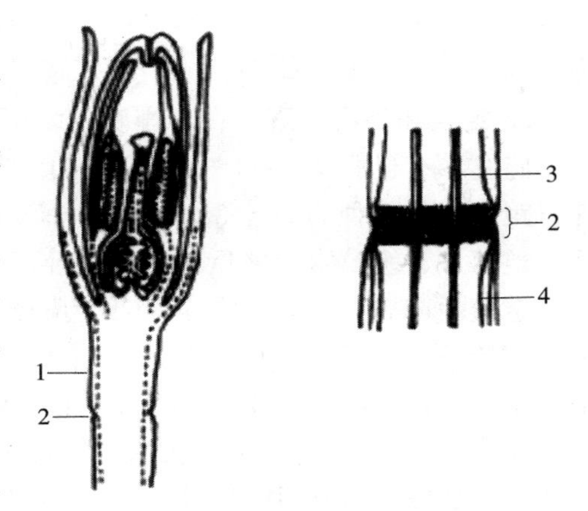

图8-3　番茄离层的形成

1. 花梗　2. 离层　3. 维管束　4. 形成层

（引自山东农业大学，2002）

（三）番茄常规品种种子生产技术

番茄种子生产栽培以春夏季育苗后定植栽培为主，秋季栽培为辅。原种生产安排在特定的季节或环境中栽培，对品种特征进行严格选择，以保持品种的优良种性。

番茄种子生产常依品种的适应性在露地春季或秋季或温室、大棚等设施中进行。露地春夏茬是番茄种子生产最常见且成本低廉的栽培方式。番茄露地春夏茬栽培，多在温室、温床或阳畦等设施内育苗，晚霜结束后在露地定植栽培。番茄露地春夏茬种子生产主要技术如下。

1. 种子生产田选择　番茄种子生产田要选择土壤肥沃、排灌良好的地块。种子生产田与商品番茄生产田隔离距离为300～500 m，与茄果类蔬菜至少有3年以上的轮作。

2. 培育壮苗

（1）播种前准备　种子可采取药液浸泡法或粉剂拌种法于播种前处理预防苗期病害。然后浸种催芽，促进种子快速出苗。

（2）播种　在育苗营养土中播种方法分为育苗钵点播和苗床直接撒播两种。点播时每个营养钵播1～2粒。撒播时，将处理后的种子稍晾干后，在播种苗床浇足底水，等水下渗后撒一层细干土，将种子均匀地撒在床面上。也可将种子掺入干净的细沙后撒种，撒种后上面覆盖无菌、无肥、过筛的细土1 cm厚。苗床在温室内的，近地面盖一层不织布（无纺布）或薄膜，上面再搭盖小拱棚。温室外阳畦育苗的，畦面覆盖塑料薄膜，四周用泥土密封，上面覆盖草帘（草席），白天揭开夜晚盖严。播种量因品种（种子大小）不同和是否分苗而异，每公顷定植田需种量300～450 g。

（3）苗期管理　发芽出苗期温度要求较高，以25～30 ℃为宜。故播种后要设法防寒保温，提高温度，以促进发芽。当70%左右幼苗出土后，温室内小苗期应及时降温、通风，防止幼苗胚轴过度伸长而形成高脚苗，使白天气温保持 22～25 ℃、夜间气温保持 13～14 ℃。幼苗 2～3 片真叶时分苗。从播种至分苗，一般不浇水。

分苗（移苗）即把小苗（2～3 片真叶）从播种床移栽到分苗床，分苗床也用营养土，行株距为 8～10 cm。要注意起苗、运苗、栽苗和浇水几个环节之间尽量缩短时间，特别注意浇水要及时，做到随栽苗随浇水。分苗缓苗期应提高气温和地温 2～3 ℃，保持气温白天 24～26 ℃、夜间气温 16～17 ℃，2～3 d 后秧苗生出新根并长出新叶标志着缓苗结束。大苗期白天主要是通过调节通风口大小来调控苗床温度，控制幼苗的生长速度。起苗定植前10～15 d 一般不再灌水，否则很容易徒长。定植前 7～10 d 要进行耐旱和耐寒性锻炼，每日逐渐降低温度，直至定植前 1～2 d，苗床覆盖物完全撤除，温度与露地接近。

3. 定植和田间管理 在春季晚霜结束后 10 cm 地温稳定在 8 ℃以上时定植。定植田每公顷施腐熟有机肥 75 000～105 000 kg、磷肥 750～900 kg。露地最好采用地膜覆盖栽培。株行距，早熟品种为 30～35 cm×45～50 cm，中晚熟品种为 35～40 cm×50～60 cm。栽苗后浇定植水、缓苗水，之后进行查苗补苗。

定植缓苗后，当心叶发出时可酌情浇 1 次小水，结合浇水施催苗肥，促进茎叶生长，每公顷施硫铵等氮肥 150 kg，然后中耕蹲苗。当第一果穗最大果长到 3 cm 时开始追催果肥、浇催果水，每公顷施尿素 225kg，追肥后浇水，以后 1 周左右浇 1 次水，2 周左右追 1 次肥，进入盛果期后可 4～5 d 浇 1 次水，保持土壤见干见湿。第一果穗和第二果穗收获后，再追施 1～2 次钾肥。也可用 0.3%磷酸二氢钾进行叶面追肥，促进果实和种子发育。

当植株高约 30 cm 时插竹竿等支架，早熟品种可用 80 cm 长的竹竿，每株插一竿，插成三角形或四角形的小架；中晚熟栽培的，应用 150～200 cm 的长竹竿，插人字形架。架竿要插在离植株根部 10 cm 以外，以防伤根。大型果品种多行单干整枝，第三果穗和第四果穗形成后留 2 片叶摘心。中小型果采种时用双干整枝，每枝留 2 穗果后摘心。小型果采种有时也用多干整枝。

4. 果实采收和种子收获 番茄从开花到种子成熟需 40～60 d。果实要在完熟期采收，留第二果穗和第三果穗中无病虫疤痕、无裂纹、色泽好的作种果。果实采收后，对着色良好、开始变软的果实用刀横切开，选择果肉丰满的果实，用手将果瓤（胶体物质及种子）一并挤入非金属容器中发酵。种子在 25～35 ℃下发酵 2～3 d 后，当发酵物表面形成白色菌膜时，搅动发酵容器，发酵后的种子与杂物分离下沉于底部，倒去上面液体杂物等，用清水冲洗种子数次。将洗净的种子放入纱布内甩去水分，摊在凉席上晾干。采种量一般为果实重量的 0.2%～0.4%。

（四）番茄杂交种种子生产技术

1. 育苗 番茄杂交种种子生产的育苗方法与常规品种种子生产相同。育苗时父本和母本要分床，以免混杂。为使双亲花期相遇，要了解双亲的开花期，通过分期播种调节花期。

2. 定植 番茄一代杂种种子生产一般在大棚或露地进行。露地定植一般于当地晚霜结束后进行，大棚定植可比露地提前 25 d 左右，父本和母本定植比例为 1∶4～5。父本畦宽为 1 m，每畦种 2 行，株距为 40 cm。母本畦宽为 1.2～1.3 m，行间较大，便于杂交授粉操作。

3. 去雄授粉 番茄杂交授粉包括父本花粉采集、母本去雄和人工授粉环节。采集花粉时，每日上午从父本株上的盛开花朵内用镊子取出新鲜花药收集于一个纸袋中，放在盘状容器内干燥，过一夜后将干裂的花药轻轻敲打翻动、抖落花粉，收集花粉置于瓶状容器内，作当日授粉之用。少量杂交时也可用镊子取新鲜花粉直接授予母本花去雄后的柱头。

母本去雄时，要选开花前 1～2 d 花冠刚露、花瓣淡黄色、花药呈绿黄色尚未开花的花朵，用镊子剥去雄蕊。去雄宜在下午进行，操作时谨防碰伤子房、花柱，要彻底清除雄蕊，不能留有残余，以防自花授粉产生假杂种。已经开放的花朵要摘除。一般每穗只选用 4～5 朵健壮的花杂交，其余的花摘除。

杂交授粉需待花朵完全开放后进行，即雌花去雄后 1～2 d 授粉。授粉操作最好在晴天上午进行，授粉期适宜温度为 15～25 ℃。授粉时可用铅笔的橡皮头蘸取花粉，轻抹柱头，也可用无名指蘸花粉后轻抹柱头。

4. 田间管理　授粉后子房很快开始膨大，植株吸收能力和光合作用明显增强，因此结果期要加强肥水管理。第一果穗（大果型品种最大果直径 3 cm 左右）坐住时，开始追肥、浇水，追肥以氮肥为主，并配施磷钾肥。结果期可 7 d 左右浇 1 次水，保持土壤见干见湿。若植株长势较弱，也可在盛果期喷施叶面肥，例如喷施 0.2%～0.5%磷酸二氢钾，或 0.2%～0.3%尿素，或 2%过磷酸钙水溶液。

父本不整枝或多干整枝。母本一般采用单干或双干整枝，有限生长型品种选留 2～3 个果穗，无限生长型品种选留 4～5 个果穗杂交后摘心。

5. 收种　果实成熟后要认准做标记（如摘除部分萼片）的杂交果采收，剔除无标记的自交果，以及畸形果、病虫害果等，确保杂交种子的质量。

二、茄子种子生产

茄子（eggplant），学名为 *Solanum melongena*，为茄科茄属植物，起源于亚洲东南热带地区，传入我国已有 1 000 多年的历史。茄子产量高，适应性强，供应期长，营养丰富，是夏秋季节市场供应的主要蔬菜之一。

（一）茄子品种的分类

根据茄子果形，将茄子栽培种分为圆茄、长茄和卵茄 3 个变种，每个变种又有许多品种。圆茄植株高大，茎秆粗壮直立，叶宽而厚，果实呈圆球形、扁圆球形和椭圆球形，果肉细胞排列紧密，间隙小，果肉致密，果实含水量较少，果色有黑紫色、紫红色、绿色和绿白色等。长茄株幅较小，茎秆细弱，叶薄而狭长，果实呈细长棒状，长达 20～30 cm。长茄类品种果肉疏松似海绵状，果色有紫色、青绿色和白色等。卵茄也称为矮茄，植株低矮，茎叶细小，分支开张，果实多呈卵圆形、灯泡形等，皮厚籽多，果色有紫色、绿色和白色等，产量较低，但抗性较强。

（二）茄子的生物学特性

1. 茄子的特征特性　茄子根系发达，主根粗而入土深，根系深度为 25～30 cm，根幅较窄，根系吸收能力强，不易发生不定根，因此育苗移栽时应注意保护根系。

茄子茎木质化程度高，直立性强，一般不需支架。茎分枝习性为假二杈分枝。当主茎长到一定节位时，顶芽变为花芽，花芽下面的两个侧芽抽生为两个侧枝，侧枝上生 2～3 片叶后，顶端又形成花芽，花芽下面的两个侧芽又以同样的方式形成两个侧枝。如此下去形成 Y 状分枝株形。根据分枝结果的先后顺序，果实分别称为门茄、对茄、四门斗、八面风、满天星等（图 8-4）。

图 8-4　茄子的分枝结实习性

1. 门茄　2. 对茄　3. 四门斗　4. 八面风

（引自山东农业大学，2002）

茄子叶为单叶、互生。叶片的形状与品种有关。叶脉的颜色与果色有一定的相关性。叶的正面有粗茸毛，大果类型的叶片背面有锐刺。

茄子幼苗期于秧苗于 3～4 片真叶时开始花芽分化，花芽分化之前，幼苗以营养生长为主，理论上从花芽分化开始进入营养生长与生殖生长并进期，但实践中茄子开花坐果之前也易出现茎叶狂长而影响开花结果，故生产中应注意适时调控植株的营养生长与生殖生长。

2. 茄子的开花结实习性　茄子花为完全花，呈紫色或淡紫色，多数品种单生，少数簇生。依花柱的长短可分为长柱花、中柱花和短柱花（图 8-5）。其中长柱花的柱头长出花药外，中柱花的柱头等长于花药，这两种花能正常授粉结果。短柱花的花柱短于花药或退化，不利于授粉受精，容易自然落花。茄子果实为浆果。果实形状和颜色因品种类型而异。茄子果实发育较早，种子发育较晚，因此采种用的果实必须等到果实完全成熟（变黄）时才能采收。种子千粒重为 3.16～5.30 g，每个果实内含有 500～1 000 粒种子。

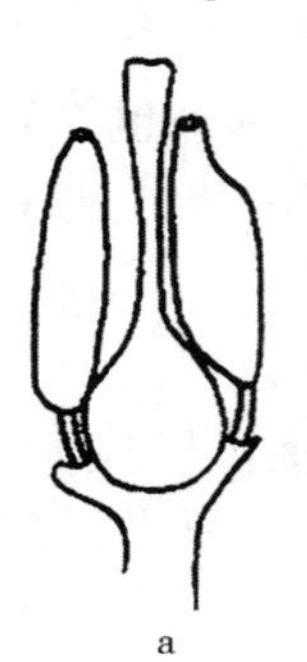

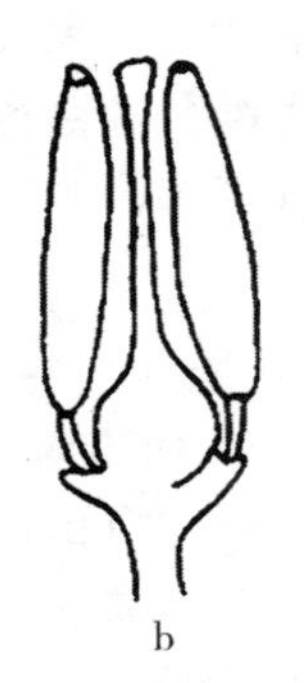

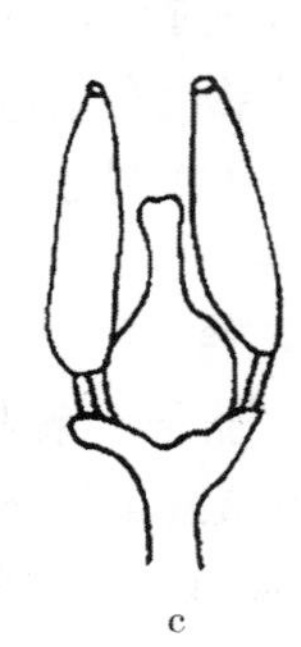

图 8-5　茄子的花型

a. 长柱花　b. 中柱花　c. 短柱花

（引自山东农业大学，2002）

（三）茄子常规品种种子生产技术

茄子常规品种种子生产多在春季露地或大棚进行，其栽培方式、技术与番茄大致相同。

1. 育苗 茄子育苗季节、环节及其苗期管理与番茄基本相似。但应注意以下几点。

①茄子苗期生长缓慢，所以苗龄应适当加长，春季温室苗龄以 70～80 d 为宜，阳畦可加长至 80～90 d。有条件的最好采用电热温床育苗。

②茄子种皮厚，革质化程度高，吸水发芽困难，因此最好进行播种前浸种、催芽，采用每天 16 h/30 ℃和 8 h/20 ℃变温催芽，使发芽整齐。

③茄子在早春育苗易患猝倒病或立枯病，为此，苗床播种前、播种后可分别铺垫、覆盖药土防病。药土，每平方米用70％五氯硝基苯和50％福美双各 5 g 与 15 kg 干细土充分混匀配成。

④茄苗虽前期生长缓慢，但到后期苗床温度升高后也易徒长，因此提倡 2～3 片真叶时采用分苗技术（具体操作参见番茄常规品种种子生产技术的苗期管理），而且后期要注意控水降温，以防秧苗徒长。

2. 定植 茄子育苗前期应注意防寒保温。苗床温度以白天不低于 25 ℃、夜间不低于 15 ℃为宜。定植前 7～10 d 可放全风进行低温炼苗。茄苗达到 8～9 片叶，苗高 20 cm 左右，大部分植株现蕾时定植。定植地每公顷施腐熟的有机肥 75 000～90 000 kg、磷肥 600～750 kg、钾肥 150 kg，深翻整平做畦，提前开沟或挖穴，栽苗后浇水。定植行株距，早熟品种为 45 cm×40 cm，中晚熟品种为 65 cm×45 cm。地膜覆盖栽培可做成 65～85 cm 宽、10 cm高的半高垄，每垄栽 2 行。

3. 定植后管理 春季定植初期地温较低，要注意防寒提温。缓苗后如果土壤干旱，可浇 1 次小水。待土表稍干时进行 1～2 次中耕、培土，适当蹲苗 15～20 d。茄子较耐肥，门茄坐住后，开始适量追肥。可结合浇水每公顷施粪尿 15 000 kg 或硫酸铵 225～300 kg。在对茄和四门斗开花时，再分别追肥 1 次，追肥后浇水。进入雨季后应注意排水，防止缺氧沤根。

4. 果实成熟和采种 茄子从开花到果实达到生理成熟需 50～60 d。果实充分老熟后，果皮变成黄褐色，适于采收。门茄果实小，种子少，故采种一般不用，可作商品果采摘或尽早摘除。采种常用对茄和四门斗茄。四门斗茄以上的雌花或果实也要尽早摘除。留种的果实采摘后还需后熟 10 d 后再掏种。由于茄子种子和果肉粘连，一般将果实捣碎放在非金属器皿中，在 20～30 ℃下发酵 1～2 d，当上层有白色霉状物出现时，尽快用清水淘洗种子，晾干后储藏。少量采种时，也可将老熟的茄子挂到荫凉通风处，使其自然干缩后直接剖取种子。

（四）茄子杂交种种子生产技术

茄子一代杂交种种子生产的栽培技术与常规品种种子生产相同，杂交方法与番茄类似，目前还都是品种间或自交系间人工去雄生产单交种。

1. 育苗 茄子在生产一代杂种时，若父本和母本花期相同就可以同时播种，但最好把父本较母本早播 10～15 d。

2. 定植 茄子一代杂种种子生产一般在大棚或露地进行。父本和母本种植比为 1∶4 或 1∶5。为了防止采收时发生错乱，父本和母本应分区定植。采用大垄双行栽培，垄宽为 1.1～1.2 m，垄上行距为 50 cm。杂交种种子生产前，应对亲本纯度进行严格检查，拔除不符合亲本性状的植株。

3. 去雄杂交 茄子杂交最适宜时期一般为日平均温度上升到 20～25 ℃时，北方地区一般在 5 月下旬以后。

茄子花粉宜在中午前后采集，可人工采集，也可用花粉采集器采集。若采用人工采集，则采粉的时间应为上午 9:00—11:00。茄子的花粉在开花当天授粉受精能力最强。而母本选择开花前 2～3 d 花蕾去雄是保证杂交种种子纯度的关键。一般选健壮植株上第 2～3 节位的花，去雄后在花蕾下面的叶片上做标记。

当雌花完全开放，柱头上有发亮的分泌物时，即可进行人工授粉。一般在每天上午 9:00—11:00 授粉，授粉后再次做标记。如果能重复授粉 1 次，可以提高坐果率和种子产量，但比较费工。授粉后若遇雨淋，应重新授粉。授粉结束后，应摘除所有未去雄的花和蕾，并除去多余枝杈。在最上一个种果上部留 2 片叶摘心。

4. 田间管理 茄子杂交种种子生产的田间管理方法与常规品种种子生产基本相同，但对母本应在杂交前严格检查、清理，摘除已开放的花朵，合理整枝。杂交工作结束后，应及时整枝、摘心，以集中养分供应果实和种子的发育。当植株达到预期的种果数量后，根据植株的生长情况可适当追肥，尤其是磷钾肥，以提高种子的千粒重。

5. 种子采收 杂交种采收方法与常规品种相同，只是应再次对杂交种种子生产质量进行检查，淘汰未做杂交标记的果实。种子产量一般为 600～750 kg/hm^2。

三、辣（甜）椒种子生产

辣椒（capsicum），学名为 *Capsicum annuum* 或 *Capsicum frutescens*，是茄科辣椒属能结辣味或甜味浆果的一年生或多年生草本植物。辣椒别名有番椒、海椒、秦椒、辣茄等，原产于中南美洲。辣椒营养丰富，其中维生素 C 含量在蔬菜中居首位。辣椒既可干制成调味品，也可鲜果食用，或加工成酱制品、腌制品等食用。

（一）辣椒的分类

辣椒在世界范围内品种资源非常丰富，分类方法也复杂不一。1923 年 Bailey 主要依据果实形状把辣椒分为 5 个变种：①樱桃椒，其果小，有樱桃形、圆形、扁圆形，辣味很强，制干或观赏；②圆锥椒，其果呈圆锥形、圆筒形，多朝上生长，辣味强；③簇生椒，其果簇生，朝上，极辣，油分高，耐热，抗病毒力强；④长辣椒，其果下垂，呈羊角形，形态多，辣味中等；⑤灯笼椒，其果大，呈圆形、圆筒形、扁圆形等，无辣味或微辣。

我国生产中习惯按其辛辣程度大致分为甜椒类和辛辣类两大类型。甜椒（sweet pepper）类无辣味或微辣，果型大而较圆或较方，多作菜用，各地多称之为菜辣椒、大辣椒、柿子椒、青椒等。辛辣类辣味浓，果型小而顶端尖，多数成熟后晒干制成调味品用，也可青果炒食，各地称之为辣椒、尖椒、线椒、羊角椒、朝天椒等。

（二）辣（甜）椒的生物学特性

1. 辣（甜）椒的特征特性 辣（甜）椒根系浅弱，主要分布于 10～15 cm 的耕土层内。根的再生能力弱，不易发生不定根。辣（甜）椒茎直立性较强，木质化程度较高。一般当主茎上叶片达到 12～13 片后，顶芽分化为花芽（单花或簇生），其下 2～3 个腋芽萌发抽生侧枝，即以二杈分枝或三杈分枝继续生长，以后每隔 1～2 片叶又进行分枝，各侧枝依次分枝、着花、结果。但是辣（甜）椒分枝结果习性因品种类型而异。

辣（甜）椒叶片为单叶，互生、卵圆形、先端渐尖。大果型品种叶片较宽阔，小果型品种叶片较狭窄。叶面光滑，微具光泽，少数品种叶面密生茸毛。

2. 辣（甜）椒的开花结实习性　辣（甜）椒花为完全花，单生、丛生、簇生都有。辛辣类花小，甜椒类花大。花颜色有白色、绿白色和紫白色。花瓣6片，基部合生，有蜜腺。花型有长柱花、中柱花和短柱花。辣（甜）椒果实形状、大小因品种而异，有扁圆形、圆球形、方形、多棱形、羊角形、线条形、圆锥形、樱桃形等。果实为壳式空腔浆果，嫩熟时为青绿色，老熟后为深红色、黄色等。辣（甜）椒种子呈短肾形，扁平微皱，浅黄色，略具光泽，种皮较厚，发芽吸水困难。种子千粒重为4.5～8.0 g。

（三）辣（甜）椒常规品种种子生产技术

辣（甜）椒常规品种种子生产栽培多在春季露地或大棚进行，其栽培方式、技术与番茄、茄子大致相同，可参照上述番茄、茄子部分，这里仅介绍其不同点。

1. 甜椒类采种栽培

（1）种子处理　甜椒类种子以干籽播种时，发芽、出苗很不整齐，因此播种前应浸种、催芽。一般用20～30 ℃温水浸种12～24 h，之后再在30 ℃左右恒温下催芽4～5 h，种子出芽后即可播种。为防止病害，可在浸种前用药剂处理种子，如用1%硫酸铜浸种5 min，再用20%石灰水中和，可防止炭疽病和细菌性斑点病。用10%磷酸三钠或0.05%～0.10%高锰酸钾浸种15～20 min，可防止病毒病。也可先用55 ℃温水浸种10 min（不断搅拌）也有一定的灭菌作用。但药剂处理后须用清水冲洗种子后再行浸种、催芽。

（2）育苗管理　播种期根据定植期和苗龄确定，早春阳畦育苗苗龄为80～90 d，温室育苗苗龄为70～80 d。每公顷种子生产田育苗用种量为1 500～2 250 g。幼苗3～4叶时进行分苗。其他苗期管理请参照番茄和茄子。

（3）适期定植　定植期一般在当地晚霜结束后10 cm的地温稳定在12 ℃以上时进行，为提早定植，宜采用地膜覆盖栽培，这样可提高地温，促进发根发秧，从而减轻病毒病的发生。

甜椒类宜密植栽培，行穴距为40 cm×40 cm，每穴双株，每公顷栽120 000株左右。或采用34 cm×33 cm的行穴距，每穴单株，每公顷栽90 000株左右。

（4）田间管理　浇定植水和缓苗水后，应中耕松土2～3次，蹲苗10～15 d，以提高地温，促进发根。平畦、无地膜覆盖者，在植株封垄前，可结合中耕进行根际培土10～13 cm，培土既可促进发根防止后期倒伏，也有利于后期雨季防涝。采用地膜覆盖的，可视情况不浇缓苗水，只中耕垄沟。若定植时秧苗较大（快现蕾或已现蕾），要蹲苗到开花坐果（门椒拇指大）后方可开始追肥、浇水，促果实膨大。若定植时秧苗较小，缓苗后到坐果前这段时期较长，可中间浇1次小水，分两次进行控水蹲苗，不可一次长时间控水蹲苗或在刚开花尚未坐果时浇水，否则前者会抑制发根、壮秧，削弱茎叶长势，最终导致植株早衰；后者则会导致落花落果；二者均会影响甜椒类的正常生长发育。

因甜椒类根系浅弱，追肥、浇水不宜1次过多，宜少量多次。前中期以氮肥为主，配以磷肥，后期适当增施钾肥。一般坐果后每次每公顷施尿素或磷酸二铵150 kg左右，追肥后马上灌水。有条件者最好把腐熟的家畜粪肥或沼液等有机肥随水浇施，效果更好。当茎叶长势较弱时，可叶面喷施0.2%磷酸二氢钾等。一般进入6月植株已具有4～6个分杈，对椒和四门斗椒迅速生长，进入结果盛期，宜5～7天灌1次小水，要保持土壤湿润，防止干旱或渍涝，特别是高温干旱或多雨季节。

（5）整枝选果　采种甜椒类一般第1个（层）花果摘除，只留2～3层果，每株选留4～6个形态、大小、色泽相近的无病虫害果实作种果。其余侧枝也打掉。

（6）果实采种　甜椒类从开花到果实生理成熟需55～60 d。果皮全红时采收，采收后熟3～5 d后，剖果取籽，在草席、帆布或尼龙纱上晾干，不必水洗，不宜暴晒。

2. 辛椒类采种栽培　用作干制的辛椒类，其生物学特性和甜椒类基本相似，且比甜椒类耐旱、耐瘠薄，故栽培比较容易。辛椒类多在粮区种植。播种育苗可比甜椒类晚一些，北方一般在土壤完全解冻后利用阳畦育苗，苗龄为60～70 d。苗期可不分苗，晚霜结束后定植。定植密度比甜椒类小，每公顷栽60 000～75 000株。浇定植水、缓苗水后中耕蹲苗，坐果后追肥浇水，以后10～15 d浇1次水。结果期追肥2～3次，除施用氮肥外，应重视磷钾肥施用。植株长势弱时可叶面喷施0.2%～0.3%磷酸二氢钾。雨季注意防涝。果实转红后减少浇水，停止施肥，促进果实红熟。果实可分次采收，也可于早霜前一次采收，整株拔收，将植株晒干后摘收果实。

（四）辣（甜）椒杂交种子生产技术

辣（甜）椒花粉成熟后花药散生在雌蕊周围而不形成药筒，柱头容易外露，而且雌蕊常常先熟，自然杂交率为10%～20%，为常异交作物，所以杂交种种子生产时不同品种需隔离500 m以上。

1. 亲本栽植　杂交种种子生产最好采用大棚或中棚栽培。父本和母本的种植比例根据父本花粉的多少确定，父本花粉较少时，父本和母本以1∶2～3定植；父本花粉较多时，父本和母本以1∶4～5定植。为保证花期相遇，父本可早播10～15 d。平畦或高垄栽培，垄宽为50～60 cm，栽植双行，穴距为35～40 cm，垄沟深为40 cm左右。父本前期可支小拱棚保护，以便提早供应花粉。父本双株栽，母本单株栽。

2. 去雄和采粉　母本植株进入开花期后，于开花前一天选择即将开放的花蕾去雄。用镊子轻轻拨开花蕾，将花药去净。去雄时动作要敏捷准确，不要碰伤花柱及子房，也不要揉伤花蕾和折落花柄。

父本采粉一般是集中采集花药尚未开裂的最大花蕾的花粉，若发现花药已散粉时，应摘除。花药干燥后压碎，用250目筛子过筛。

3. 杂交授粉　将母本去雄后的花朵，于第二天的上午8:00—11:00授粉，效果较好。因此时露水已干，柱头分泌物增多，有利于授粉。授粉可用专门的授粉器械，该器械可以自制，即用10 cm长、5～10 mm粗的玻璃管（类似试验室的试管），在其基部开一个2～3 mm直径的孔，授粉时，将雌蕊柱头轻轻地从孔洞处插入装有花粉的玻璃管内，花粉即可沾到柱头上。也可用橡皮头取花粉，轻轻涂抹雌蕊柱头。注意花粉要均匀布满柱头。

不同的杂交组合授粉，变换组合前须用75%酒精消毒手和授粉工具。授粉后将花朵做好明显的标记。一般大果型的甜椒类每株杂交15～20朵花，保证结果4～10个。小果型的辛椒类每株杂交25～40朵花，保证结果15～25个。授粉结束后，进行植株整理和疏果，尤其应注意检查、摘除未杂交的花蕾、花朵和果实。对易倒伏的植株，应人工支架绑蔓。

4. 收获　授粉后50～60 d种子成熟，采收杂交果，经后熟，剖果取子，晾干、收藏。

第四节　豆类种子生产技术

豆类蔬菜是以嫩豆荚、未成熟种子或幼嫩顶梢作为鲜菜用的一类豆科作物，包括菜豆、豇豆、扁豆、刀豆、豌豆、蚕豆、毛豆等，最常见的是菜豆、豇豆和豌豆。菜豆、豇豆、扁豆、刀豆等均起源于热带，为喜温性蔬菜，不耐低温和霜冻，宜在温暖季节栽培。豌豆和蚕豆起源于温带，为半耐寒性蔬菜。豆类蔬菜营养价值高，主要含蛋白质、脂肪、糖类、钙、磷和多种维生素，是人们较为喜爱的一类蔬菜。豆类蔬菜可鲜食，也可加工罐藏或制作脱水菜，成熟种子还可加工，用途甚广。

豆类蔬菜根系较发达，分布较深，但木栓化程度高，所以吸收水肥能力强，比较耐旱而不耐涝，且再生能力弱，因此豆类多直播栽培或护根育苗。豆类的根与根瘤菌共生，能固定空气中的游离氮，供应植物营养。不同种类所带根瘤菌的多少有差别，例如菜豆、豇豆等根瘤菌较少，蚕豆、毛豆根瘤菌较多。

一、菜豆种子生产

（一）菜豆的起源和类型

菜豆（kidney bean），学名为 *Phaseolus vulgaris*，又称为芸豆和四季豆，染色体 $2n=22$，原产于中南美洲，为豆科一年生蔬菜作物，在我国各地均有广泛栽培。根据豆荚的特性可将菜豆分为软荚种和硬荚种两类。软荚种的豆荚厚，纤维少，豆荚充分长大后仍柔软可食，是主要的栽培类型。硬荚种的豆荚薄，纤维多，只能在豆荚很小时采食嫩荚，稍长大的豆荚即变得粗硬。根据植株的生长习性可将菜豆分为矮生菜豆和蔓生菜豆两种类型。

1. 矮生菜豆　矮生菜豆植株有限生长，株高为 40～50 cm，茎直立。一般主茎发生 6～8 节后茎生长点分化成为花芽，不再继续伸长生长。从各叶腋发生的侧枝生长数节后也都在顶部开花，因此形成低矮的株丛，生育期短，播种后 50～60 d 即可采收嫩荚，90 d 后种子完全成熟。

2. 蔓生菜豆　蔓生菜豆植株无限生长，蔓长达 2.0～3.0 m，有的品种甚至长于 3.5 m；具逆时针方向缠绕生长习性，需要立支架栽植。早熟品种从具 2～3 片真叶开始，中晚熟品种从具 5～6 片真叶开始，随蔓茎的伸长可从各叶腋开花和抽生侧蔓，故生长期较长，产量和品质均高于矮生菜豆。播种后 50～60 d 开始采收嫩荚，120 d 左右种子完全成熟。

（二）菜豆的生物学特性

1. 菜豆的特征特性　菜豆为喜温性蔬菜，不耐霜冻。生长发育的温度范围为 10～25 ℃，最适温度为 20 ℃左右。较高的温度可以促进发育，花芽分化数和开花数增加，并能提早开花。但 30 ℃以上的高温会使不育花粉增加，花粉萌发力降低，花粉管伸长受阻，极易造成落花落荚。而且高温导致豆荚变短，每荚粒数和千粒重都会降低。当昼温为 18 ℃、夜温为 13 ℃时，开花与种子成熟均延迟；当昼温为 13 ℃、夜温为 8 ℃时，几乎不能生长。

矮生菜豆软荚种的果肉厚、含水量高，种子发育迟缓但较集中，所以种子成熟时如遇梅雨季节，豆荚易腐烂，豆荚中的种子易发生胎萌。

菜豆的光周期反应因品种类型不同而异，多数品种为中间类型，对日照长度要求不严格；少数品种对短日照要求严格。短日照型品种在短日照条件下花芽分化早，而在长日照条件下茎叶生长旺盛，花芽变少，开花延迟，结荚率降低。根据菜豆对温度和光照的反应，菜豆的种子生产应避开霜期和炎热的夏季开花结荚，可以在春、秋两季进行。

菜豆的整个生长期可分为发芽期、幼苗期、抽蔓期和开花结荚期。播种后20～30 d，幼苗开始花芽分化，花芽分化期将近1个月。从花芽分化到各花器官大致完成前，花芽伸长缓慢；从各花器官形成到开花前，花芽发育迅速。

2. 菜豆的开花授粉和结荚习性

（1）菜豆的开花习性　菜豆的花着生在叶腋和顶芽，花序为总状花序，花序大小因品种而异，每个花序着生2～8朵花。菜豆的花为蝶形花，花冠颜色有白色、黄色、紫色、玫瑰色等。龙骨瓣呈螺旋状卷曲，将雄蕊和雌蕊包在其中。雄蕊10枚，其中9枚联合成管状，1枚分离。雌蕊由柱头、花柱和子房组成，柱头为刷状，子房1室，内含胚珠4～15个。

菜豆通过春化阶段所要求的温度范围很广，一般在15～25 ℃条件下，经过7～15 d即可通过春化。通常从播种到开花的时间，矮生种为35～40 d，所需积温为700～800 ℃；蔓生种为45～55 d，所需积温为860～1 150 ℃。

矮生菜豆和蔓生菜豆的花芽分化顺序不同。矮生菜豆花芽分化较早，播种后20～25 d基生叶充分展开，第一复叶出现时开始分化花芽，甚至第一对真叶的叶腋间就开始分化花芽，以后每节都分化花芽。蔓生菜豆播种后30～40 d，即复叶展开1～2片后才开始分化花芽，分化顺序由下至上。当用肉眼能看到花蕾后5～6 d开始开花，每朵花的花期为2～4 d。一天中菜豆开花的时间是从凌晨2:00—3:00开始开放，到上午10:00左右结束，早晨5:00—7:00开花数最多。菜豆开花的顺序因品种类型而异。蔓生菜豆的主枝和侧枝都由下向上陆续开花；而矮生菜豆的开花顺序不规则，有的品种主枝和侧枝由下向上开放，但也有的品种是上部侧枝先开花，然后再从最下部位的侧枝再向上开放，花期集中。

（2）菜豆的授粉习性　菜豆为典型的自花授粉作物，雌蕊在开花前3 d已有受精能力，但以开花前1 d和开花当日授粉受精结荚率最高。雄蕊花粉在开花前1 d就能萌发，但以花药开裂前10 h至开裂当时萌发率最高。但由于开花后柱头仍有受精能力，且当蜂类昆虫落在花冠上产生压力时，雌蕊和雄蕊会自动伸出龙骨瓣外，况且在自然状况下，菜豆开花当日早晨有8%左右的花朵雌雄蕊会露出龙骨瓣外，都有可能接受外来花粉，因此有0.2%～10.0%的天然异交率。

（3）菜豆的结荚习性　蔓生菜豆的结荚分别在主枝和侧枝上，尤其是营养占优势、花芽分化早的12～15节，有效花数多，基本上都能结荚。从主枝下部叶腋位抽出而长势良好的侧枝也有同样倾向。矮生菜豆的结荚无规律性，每个花序的结荚数一般在2～5个，因品种而异。开花后5～15 d豆荚迅速伸长，20 d后豆荚重开始降低。在开花后10 d内种子发育缓慢，随后迅速发育，开花后25～30 d种子成熟。菜豆果实为荚果，呈圆棍形或扁条形，长为15～25 cm，嫩荚颜色有鲜绿色、淡绿色、紫红色、黄色、乳白色等。外果皮与中果皮连生，内果皮较肥厚，为主要的食用部分。菜豆种子呈肾形或卵形，有黑色、白色、褐色、红色、花皮等颜色。种子寿命一般为2～3年。

（三）菜豆常规品种种子生产技术

1. 菜豆原种种子生产　菜豆原种种子生产可采用育种家种子直接繁殖，也可采用三圃法或二圃法进行提纯复壮生产原种。

（1）用育种家种子繁殖原种

①选地及隔离：选择前作未种植过豆科作物、土层深厚、土质疏松、肥力均匀、排灌良好、土壤 pH 为 5.5～7.0、含盐量在 0.15%以下的肥沃壤土或砂壤土。

菜豆虽为典型的自花授粉作物，但有 0.2%～10.0%天然杂交率，所以为了保持优良品种的种性，原种生产的空间隔离距离应在 200 m 以上。

②播种时期及方式：菜豆春、秋两季均可采种，但秋季采收的种子充实饱满，活力和发芽率高。种植方式以露地直播为主，开沟穴播或条播。播种前选用籽粒饱满、大小整齐、颜色一致而有光泽的种子，精选后的种子最好置于阳光下晒种消毒。炭疽病等严重的地区可以用福尔马林 200 倍液浸种消除种子表面病菌。播种规格，矮生菜豆行距为 33～40 cm，穴距为20～25 cm；蔓生菜豆行距为 50～60 cm，穴距为 20～25 cm。每穴播 4～6 粒，留苗 3～4 株。条播时株距为 4～5 cm，播种深度为 3～4 cm，覆土 2～3 cm。

③田间管理：精细整地，基肥施足腐熟有机肥。要求足墒播种，如果墒情不足，可提前沟灌、畦灌后再播种，不可播种后浇水。出苗后至幼荚 3～4 cm 前，应适当控水蹲苗，多中耕以提高地温。进入结荚期，要保证水肥充足供应，注意追施钾肥，后期适当减少灌水。对于蔓生菜豆，在开始甩蔓时应及时搭架引蔓，注意防治病虫害。

④除杂去劣：在菜豆生长发育期间应根据品种的特征特性严格除杂去劣。除杂去劣通常在苗期、成株期和种荚老熟期进行。苗期主要根据下胚轴颜色、初生叶的形状、叶色等特征拔除杂株和病劣株。成株期主要根据生长习性、分枝习性、茎色、叶形、叶色、叶量、花序、花色、荚果形状和颜色、荚皮特征、结荚率等进行除杂去劣。种荚老熟期主要根据植株的抗病性、抗逆性，去除抗性差的植株。

⑤适时采收：当种荚色泽转黄干缩、种子充分成熟时，应及时分批采收、晾晒、脱粒，即为原种。矮生菜豆选择中部豆荚留种，蔓生菜豆选择第 2～5 花序上的豆荚留种。菜豆干燥种子易受潮、吸湿，使种子活力迅速下降，因此须在低温干燥条件下储藏，这样可保持种子发芽力 2～3 年。

（2）用三圃法生产原种种子

①单株选择：应根据品种的特征特性，在纯度较高、生长良好的原种圃或种子生产田中选择符合本品种典型性的优良单株。选择的株数由下年株行圃的面积确定。单株选择一般分 3 次进行。第一次单株选择在苗期进行，根据植株长势、叶色、叶型、下胚轴颜色等进行初选。第二次单株选择在开花结荚期进行，根据分枝数、初花节位、花色、花序数、坐果期、坐荚率、采收初期、嫩荚的颜色和形状等复选。第三次单株选择在种荚成熟后进行，先根据综合抗性和生育期进行初步决选。单株收获，单株脱粒，再根据本品种的籽粒性状最后决选。入选单株单独保存，留作下年株行圃用种。

②株行圃：将上年当选的单株分别种植成株行，每隔 9 行设置 1 个对照行，用本品种的原种作对照。分别在苗期、开花结荚期和种荚成熟期对各株行进行观察和比较鉴定，鉴定的方法同单株选择，淘汰不符合本品种典型性状、抗病性弱的株行，对入选的优良株行去除杂株和病劣株后，分株行收获，分别脱粒，分别保存，留作下年株系圃用种。

③株系圃：将上年当选的株行种子分别种植成小区，每隔 9 个小区设 1 个对照小区，以本品种的原种作对照，生长发育期间对各株系进行比较鉴定，选择符合本品种特征特性的优良株系，严格拔除入选株系中的杂株、病株和劣株后，分小区收获，混合脱粒，下年进入原

种圃混系繁殖。

④原种圃：将株系圃中得到的混合种子（原原种）进行种植，种植方式和田间管理与大田基本相同，注意适当稀植，加强肥水管理，合理施用氮磷钾肥，轻施苗肥，开花结荚期重施追肥。生长发育期间，根据本品种的典型性状、整齐度、荚形、荚色、品质、耐储性、抗病性、抗逆性等，严格除杂去劣，种荚老熟后及时采摘、晾晒、脱粒、储藏，即为原种。

2. 菜豆大田用种种子生产

（1）选地与隔离　菜豆大田用种种子生产田应选择地势平坦、土质肥沃、疏松、土层深厚、排灌良好、通风向阳、易隔离的连片田块。空间隔离为 20～30 m，严防机械混杂。

（2）整地与播种　根据当地的气候特点，适时播种，一般北方春季露地直播，南方可春、秋两季播种。穴播时，矮生菜豆行距为 33～40 cm，株距为 20～25cm；蔓生菜豆行距为50～60 cm，株距为 20～25cm；每穴播种 4～5 粒。定植密度，矮生菜豆为 45 万株/hm^2，蔓生菜豆为 30 万株/hm^2。

（3）田间管理　精细整地，施足基肥，一般用有机肥 11 250～15 000 kg/hm^2，加过磷酸钙 300～450 kg/hm^2 和适量氮肥。进入开花结荚期后，注意保证水肥充足供应，追施磷钾肥。种子成熟后期适当减少灌水。蔓生菜豆，在开始甩蔓时应及时搭架引蔓。在苗期、开花结荚期和种荚老熟期根据本品种的特征特性严格除杂去劣，及时防治病虫害。

（4）适时收获　当菜豆种荚变黄、种子充分成熟时，及时分批采收、后熟、晾晒、脱粒、干燥。应注意在晾晒、脱粒、清选、运输、储藏等过程中，严防机械混杂。

二、豇豆种子生产

（一）豇豆的起源和类型

豇豆（cowpea），分为长豇豆［*Vigna unguiculata* subsp. *sesquipedalis*］和矮豇豆［*Vigna unguiculata* subsp. *unguiculata*］2 个亚种，染色体 2 *n*＝22。长豇豆又称为豆角，长豆角，带豆等，为一年生植物，原产于亚洲东南部热带地区。豇豆在我国栽培历史悠久，适应性强，分布范围广，除青海和西藏外，全国各地均有种植。长豇豆营养丰富，蛋白质含量高，富含粗纤维、糖类、维生素和钙、铁、磷等矿质元素。豇豆除可鲜食外，还可制作脱水菜、速冻菜和腌渍等。此处主要介绍长豇豆种子生产技术。

（二）豇豆的生物学特性

1. 豇豆的特征特性　豇豆为一年生缠绕、草质藤本或近直立草本，有时顶端呈缠绕状。根系发达，根上生有粉红色根瘤。依据茎的生长习性可将长豇豆分为蔓生、半蔓生和矮生 3 种类型。蔓生豇豆的主蔓侧蔓均为无限生长，主蔓高达 3～4 m，叶腋间可抽生侧枝和花序，陆续开花结荚，栽培时需搭支架，生长期长，产量高，为主要栽培类型。矮生豇豆的茎矮小，株高为 30～50 cm，直立，长至 4～8 节后，顶端形成花芽并发生侧枝，分枝较多而成丛生状，栽培时无须搭支架，生长期短，成熟早，收获期短而集中，产量较低。半蔓生豇豆的生长习性近似蔓生豇豆，但茎蔓较短，须及时摘心。

根据蔓生豇豆果荚的颜色可分为青（绿）荚豇豆、白荚豇豆和红荚豇豆 3 种类型。

（1）青荚豇豆　青荚豇豆的茎蔓较细，叶片较小而厚，色微绿。嫩荚细长，浓绿色，肉质，脆嫩。青荚豇豆较能忍受低温而不耐热，一般在春、秋两季栽培。

（2）白荚豇豆　白荚豇豆的茎蔓较粗，叶片较大而薄，浅绿色。嫩荚肥大，绿白色。白荚豇豆对低温较敏感，耐热，一般多在夏秋季栽培。

（3）红荚豇豆　红荚豇豆的茎蔓较粗，茎蔓和叶柄带有紫红色，嫩荚紫红色。红荚豇豆耐热，多在夏季栽培。

豇豆整个生长发育期中，大部分时期营养生长与生殖生长同时进行，各生育阶段的日数因栽培季节和环境条件而异，全生育期，矮生种为 90～100 d，蔓生种为 105～140 d。

豇豆喜温，耐热性强，生长适宜温度为 20～25 ℃，35 ℃的高温下仍能生长和结荚。但豇豆不耐霜冻，15 ℃左右生长缓慢，在 10 ℃以下低温较长时间则生长受抑制，接近 0 ℃时植株冻死。

豇豆为短日照作物，但多数品种对日照长短要求不严格。少数品种对短日照要求严格，适合秋季种植。

2. 豇豆的开花授粉和结荚习性

（1）豇豆的开花习性　豇豆的花序为总状花序，腋生，具长梗，花梗间常有肉质蜜腺；花 2～6 朵聚生于花序的顶端，为蝶形花；花萼浅绿色，萼片钟状，长 0.6～1 cm；花冠淡紫色或黄绿色，长 2～3 cm；旗瓣扁圆形，宽约 2 cm，翼瓣略呈三角形，龙骨瓣包着雄蕊；雄蕊 10 枚，9 枚合生，1 枚分离；雌蕊 1 个，前端钩状，一侧有须毛。子房线形，被毛。

（2）豇豆的授粉习性　豇豆为自花授粉作物，开花前 1 d 花冠仍闭合，其花药已露出龙骨瓣，花药大，黄色，未开裂，此时雌蕊稍长于雄蕊，在开花前 1 d 晚上 21:00 左右花药开始开裂散粉，但此时柱头黏液尚不多。次日开花时（早上 8:00 左右），旗瓣和翼瓣皆裂开，雄蕊下部呈筒状，紧包雌蕊，上部分开，花粉充分成熟并开裂散粉，柱头露出龙骨瓣，随温度增高，柱头黏液增多，完成授粉。豇豆花粉萌发速度快，在花药散粉后 12 h 左右，花粉管已伸长，因此在上午 11:00 削掉柱头后，果荚和种子均能正常发育。

豇豆虽为严格的自花授粉作物，但由于花冠大，花色鲜艳，开花时常有土蜂、蜜蜂等扑花，且由于在花未开放时，有少数花的雌蕊、雄蕊已露出龙骨瓣，故有 0.8%～1.2%的天然异交率。

（3）豇豆的结荚习性　一般每个花序只结 2 个荚，荚果细长，因品种而异，长为 30～90 cm，荚果颜色有深绿色、淡绿色、红紫色、赤斑等。每荚有种子 10～25 粒，种子肾形，籽粒颜色有红色、黑色、红褐色、红白色、黑白双色等。

（三）豇豆常规品种种子生产技术

1. 豇豆原种的保纯及繁殖　豇豆原种保纯繁殖的隔离和选择方法与菜豆基本相同。应选择土壤质地疏松肥沃、土层深厚、光照充足的砂壤土田块，避免重茬和盐碱地、土质黏重的地块。设置 200 m 隔离带，隔离区内禁止种植其他长豇豆品种或与长豇豆可交配结实的植物。多采用春播夏收、露地直播的方式。应根据当地的气象资料确定播种时间，一般当 10 cm 地温稳定在 10 ℃以上时即可播种。播种前要施足基肥，穴播，幼苗长至 2～3 片真叶时及时查苗、补苗，每穴留苗 2 株，淘汰病弱小苗和杂苗。豇豆原种繁殖，矮生豇豆可采用单株选择法和混合选择法，蔓生豇豆可采用成对荚选法和混合法。采用成对荚选法时，在荚果达商品成熟期时，根据本品种的主要特征特性，选择具有本品种典型性状、荚长、结实率高的若干优良成对荚挂牌标记。种荚老熟后进行复选，当选的各成对种荚分别采摘编号、脱粒、晾晒、保存。第二年将入选成对荚分别种植成株行，分别在苗期、花期、商品成熟期逐株进行比较鉴定，从中选出优良的株行挂牌标记，豆荚老熟后复选 1 次，淘汰结荚率低和感病的株行和单株，当选株行分别采收、脱粒、晒干、储藏。第三年建立株系圃，通过田间鉴定选出典型性强、综合性状优良的优良株系，种荚老熟后混合采种即为原种。采用成对荚选法时，一定要注意品种的典型性，最好选茎蔓中下部的果荚作种荚。

2. 豇豆大田用种种子的生产

（1）种子生产田的选择和隔离　应选择土壤质地疏松、肥沃、土层深厚、光照充足的砂壤土区域建立种子生产田。避免重茬和盐碱地、土质黏重的地块。采用空间隔离法，设置 50 m 隔离带，隔离区内禁止种植可与长豇豆交配结实的植物。

（2）整地和播种　播种前需深翻晒地、耙细整平、做畦。施入 30 000～45 000 kg/hm^2 腐熟农家肥、450～600 kg/hm^2 过磷酸钙，随整地翻入 20～25 cm 的土层中作基肥。可采用春播、露地直播的方式，在 10 cm 地温稳定在 10 ℃以上时播种。也可提早在 3 月中下旬采用拱棚育苗移栽的方式，以提早结荚，避开盛夏高温天气，延长结荚时间，提高种子质量。播种前要选择具本品种典型性状、籽粒饱满、大小整齐、有光泽的种子，剔除混杂种子、病粒和虫蚀粒。播种方式可采用穴播，行距为 60～75 cm，株距为 25～30 cm，穴深为 4～5 cm，每穴点播 3～5 粒，45 000～67 500 穴/hm^2，矮生豇豆可适当加大密度。

（3）田间管理　幼苗长至 2～3 片真叶时及时间苗和定苗，淘汰病弱小苗和非典型苗，整穴缺苗要补苗，保证每穴留苗 2 株。田间水肥管理原则为先抑后促，坐果前以蹲苗中耕为主，控制水肥，防止徒长，提早开花结荚。结荚后要加强水肥管理，经常保持土壤湿润，每隔 7～10 d 结合浇水追肥 1 次，注意氮磷钾肥配合施用，提高籽粒饱满度和产量。蔓生豇豆开始抽蔓时须及时搭架引蔓，多采用人字形架。为减少营养消耗，有利于通风透光，还需整枝打杈，一是打底芽，即将第一花序以下的侧芽全部去除；二是打群尖，即去除中上部各叶腋与花芽混生的叶芽，保留 1～2 叶即摘心；三是打顶尖，即在主蔓长至 1.5～2.0 m 后摘心，以促进侧枝花芽生长，所有侧枝也应及早摘心，仅留 1～3 个节形成花序。当种荚充分长成之后，又要控制浇水，以利种荚迅速成熟。

（4）除杂去劣　种子生产田除杂去劣是保持种子纯度的关键环节，应在种荚商品成熟期和采种前根据本品种的特征特性进行鉴定，将不具备本品种典型性状的杂株及病株拔除干净。

（5）种子采收　一般在开花后 35～40 d 豆荚变黄，荚壁松软、干缩，手按种子能滑动时，种子已达成熟期，即可采收。矮生豇豆可集中一次性采收，而蔓生豇豆应分期分批收获。收获的种荚应及时在通风处后熟，晾干再脱粒。种子脱粒清选后选晴天再晾晒，待种子水分达到标准（12%以下）后装袋，置于低温干燥处储藏，注意防潮、防虫、防鼠害。

三、豌豆种子生产

豌豆（pea），学名为 *Pisum sativum*，别名有荷兰豆、麦豆、寒豆、回回豆等，属于豆科（Leguminosae）豌豆属（*Pisum*）栽培种，染色体 $2n=14$。豌豆起源于亚洲西部、地中海地区、埃塞俄比亚和中亚。我国栽培豌豆已有 2 000 多年的历史，南方地区豌豆的种植很普遍，主要以嫩梢、嫩荚和嫩籽作蔬菜用。除作蔬菜鲜食外，豌豆嫩籽粒还可加工成罐头和速冻蔬菜。豌豆营养丰富，籽粒中含胆碱、甲硫氨酸和铜、铬等微量元素。豌豆嫩籽粒中所含的维生素 C，在所有鲜豆中名列榜首。在豌豆荚和豌豆苗中富含维生素 C 和较为丰富的膳食纤维。

栽培豌豆分为粮用豌豆和菜用豌豆两大类。粮用豌豆的花多为紫红色，茎秆和叶柄也带紫红色，茎细，叶小，抗逆性强，产量较高。菜用豌豆以白花为主，偶有紫花，茎粗，叶大，食用嫩荚，抗逆性稍弱，产量较低。

（一）豌豆的生物学特性

豌豆为一年生攀缘草本，全株光滑无毛，被粉霜。豌豆根系为直根系，主根较发达，侧根少。豌豆的茎中空，按茎的生长习性可分为矮生豌豆、半蔓生豌豆和蔓生豌豆 3 类。矮生豌豆的节间短，高为 20～30 cm，分枝性弱。半蔓生豌豆的蔓长为 70～100 cm。蔓生豌豆的蔓长为 1.0～2.0 m，节间长，半直立或具盘绕性，分枝多，结荚多，豆荚大，豆粒大，多为食荚晚熟种。豌豆的叶互生，淡绿色至浓绿色，或兼有紫色斑纹，具蜡质或斑纹。主茎基部 1～3 节的真叶为单生叶，第四节以上的叶为羽状复叶，由 4～6 片小叶组成，小叶卵圆形，顶端小叶变成卷须，攀附。复叶叶柄与茎连接处有一对大的耳状托叶包围茎部。

豌豆属半耐寒性作物，喜温和湿润的气候。种子发芽起始温度低，一般 3～5 ℃即可发芽，但发芽适宜温度为 16～18 ℃。幼苗耐寒力较强，可耐－4～－5 ℃的低温。茎叶生长的适宜温度为 12～16℃，开花结荚期的最适温度为 15～20 ℃，26 ℃以上高温干旱、干热易造成落花落荚或荚果过早逼熟，种子产量和品质下降。豌豆开花期的适宜空气相对湿度为 70％～90％，低于 60％则会导致开花减少。

豌豆大多为长日照作物，尤其欧美的一些品种对长日照要求较严。延长日照时间能提早开花，缩短日照时间则延迟开花。豌豆结荚期要求有较强的光照和较长的日照，但忌高温。南方的栽培品种多数对日照长短要求不严格，但长日低温可促进花芽分化，导致提前开花，故南种北引能提早开花结荚。埃塞俄比亚的一些品种为短日型。豌豆的生长发育周期与菜豆、豇豆相似，但由于豌豆发芽时子叶不出土，因此播种深度应比菜豆和豌豆深些。

豌豆的花序为总状花序，着生于叶腋，花单生或 2～6 朵排列。豌豆花为蝶形花，花萼钟状，5 个萼片深裂，裂片披针形；花冠颜色多样，因品种而异，多为白色和紫色。二体雄蕊，9 枚联合，1 枚分离。雌蕊 1 枚，子房 1 室，柱头下端有毛，花柱与子房垂直。豌豆的果实为荚果，浓绿色或淡绿色。豌豆荚扁平或近圆筒形，一般长为 5.0～10 cm，宽为 2.0～3.0 cm。根据果荚果皮的发育及能否食用可将豌豆分为软荚豌豆和硬荚豌豆两种类型。软荚豌豆的中果皮由许多排列疏松的薄壁细胞组成，内果皮的纤维组织发育迟缓，荚果肉质，幼嫩时豆荚和豆粒都可食用，故软荚豌豆又称为食荚豌豆。软荚豌豆的种子成熟后果皮干缩紧包种子而不开裂。硬荚豌豆的内果皮在种子膨大前已革质硬化，荚皮不能食用，只采食鲜豆粒，故又称为粒用豌豆。豌豆每荚有种子 2～10 粒，以 4～5 粒居多。豌豆种子的形状有圆形、球形、桶形，表面光滑或皱缩，种皮颜色有黄色、白色、绿色、青灰色、粉红色。

豌豆为自花授粉作物，开花前 1 d 就已经完成授粉受精过程。但在炎热干燥条件下，雌蕊、雄蕊也可能露出龙骨瓣，接受外来花粉传粉，天然异交率为 10％左右。

（二）豌豆常规品种种子生产技术

豌豆原种提纯及繁殖可以采用育种家种子重复繁殖法或二圃法，大田用种种子生产可采用混合选择法。

1. 种子生产基地选择　豌豆原种和大田用种种子生产应选择向阳、地势平坦、肥力均匀、土质疏松、富含有机质、排灌方便的砂壤土或壤土田块。前茬以麦类作物或马铃薯为宜，忌选豆类作物或油菜作前茬。种子生产田采用空间隔离，要求隔离距离在 200 m 以上。

2. 整地和播种

（1）整地与施基肥　豌豆播种前要精细整地，施足基肥。耕深为15～20 cm，一般采用平畦栽培，低洼易积水处可采用高畦栽培。一般施腐熟有机肥37 500～45 000kg/hm^2、过磷酸钙300～375 kg/hm^2、氯化钾225～300 kg/hm^2。

（2）播种　豌豆的播种期因栽培地区而异，春季、秋季和冬季均可播种，北方通常春季播种，一般在气温稳定通过3～5 ℃，土壤解冻12～15 cm时播种。南方则为秋、冬季播种，通常秋播在8—9月播种，冬播在10—12月播种。播种前应先进行种子的机械筛选或人工筛选，选择籽粒饱满、均匀、无病虫、无霉烂的种子。播种前晒种1～2 d，进行种子处理。可用杀菌剂和根瘤菌拌种，以防止苗期病害并促进形成根瘤。也可对种子进行0～5 ℃低温春化处理，以促进花芽分化，提早开花结荚。播种的方式以直播为主，穴播和条播均可。穴播的行距为40～50 cm，穴距为15 cm，每穴播种3～5粒，播种后覆土5～6 cm。种植密度因品种类型而异，一般粒用豌豆为750 000～900 000株/hm^2，食荚豌豆450 000～600 000株/hm^2。

3. 田间管理　出苗后及时查苗、补苗，保证苗全苗齐。中耕除草2～3次，一般在苗高5～7 cm时进行第一次中耕除草，苗高10～15 cm时进行第二次中耕结合培土，根据豌豆生长和杂草情况灵活掌握第三次中耕除草。结合中耕追施苗肥，一般追施复合肥75～112.5 kg/hm^{2}或尿素75 kg/hm^{2}或腐熟有机肥15 000 kg/hm^2，加速植株生长，促进分枝。开花结荚期结合浇水酌情追施花荚肥，每隔7～10 d浇水1次，浇水时加入尿素30～45 kg/hm^2、硫酸钾75 kg/hm^2，或复合肥150～225 kg/hm^2。鼓粒期每公顷用磷酸二氢钾22.5 kg兑水450 kg喷施1～2次。生长后期适当控制浇水，以防止贪青晚熟。

蔓生型品种幼苗高度达到20～30 cm时应及时搭架引蔓，将豌豆苗牵引上架攀缘，架高为1.5～2.0 m，以改善通风透光条件。半蔓生型品种也可在始花期搭简易支架，以防止倒伏。

4. 除杂去劣　粒用豌豆分别在苗期、开花结荚期和收获前进行田间鉴定，食荚豌豆应在种荚商品成熟期和采种前进行田间鉴定，根据本品种典型的特征特性，拔除典型性差的杂株、病株和弱株。

5. 种子采收　当豌豆植株下部叶片脱落、主茎基部70%～80%和豆荚呈黄色时连株收割，挂在通风处后熟10～15 d后采集植株基部和中部的豆荚作种用，脱粒，晒干，待籽粒水分下降到13%以下时，包装，储藏。

第五节　瓜类种子生产技术

瓜类蔬菜是指葫芦科中以果实供食用的栽培植物的总称。瓜类作物在植物学分类上主要有南瓜属、丝瓜属、冬瓜属、葫芦属、西瓜属、甜瓜属、佛手瓜属、栝楼属和苦瓜属9个属。瓜类作物大多为一年生草本蔓性植物，起源于亚洲、非洲、拉丁美洲的热带或亚热带地区，性喜温暖，不耐寒冷，生长适宜温度一般在20～30 ℃，15 ℃以下生长不良，10 ℃以下生长停止，5 ℃以下开始受冷害。瓜类作物是雌雄同株异花的植物，一般雄花数目较多，出现较早，花梗细长；雌花的数目较少，一般单生，也有双生或簇生，花柄粗短，在开花前子房就已经相当发达。雌花和雄花均有蜜腺，属虫媒花，是天然异花授粉作物，品种间易发生杂交。瓜类作物的花冠为钟状，多为黄色，在上午开放；葫芦花为白色，晚上开放。在开花时，若天气多雨，温度低，昆虫活动受到限制时，需要进行人工授粉，才能保证结果。

瓜类作物按结果习性的不同，一般可分 3 类，第一类以主蔓结果为主，例如早熟黄瓜、西葫芦等，它们主蔓发生雌花早，果实大多结在主蔓上，侧蔓结果较少；第二类以侧蔓结果为主，例如甜瓜、瓠瓜等侧蔓发生雌花较早，主蔓发生雌花较迟，一般利用侧蔓结果；第三类是主蔓和侧蔓都能结果，例如西瓜、冬瓜、南瓜。以上 3 类都能连续开花结果，这是瓜类作物共有的特性。

瓜类作物包含的种类和品种繁多，为广大人民所喜爱。限于篇幅，这里介绍黄瓜、西瓜、丝瓜、南瓜、冬瓜和甜瓜，其他瓜类作物的种子生产技术可借鉴这几种作物。

一、黄瓜种子生产

黄瓜（cucumber），学名为 *Cucumis sativus*，又名胡瓜，染色体 $2n=14$，为葫芦科甜瓜属的一年生蔬菜作物，是南北方常见的主要瓜类蔬菜，栽培范围广、面积大，因而在瓜类作物中占有极为重要的位置。黄瓜生熟食用均可，还可用于腌渍加工和提取美容用品等。目前生产上栽培的品种主要是杂交种，常规品种在发达地区已经很少栽培了。

（一）黄瓜的开花结实习性

黄瓜一般为雌雄同株异花作物。雌花花冠 5 裂合瓣，柱头为肉质瓣状三裂，花柱短，子房长，子房 3～5 室。每个子房里有 20～30 行胚珠，胚珠数可达 100～500 个。雄花有雄蕊 5 个，其中 1 个单生，另 4 个两两结合在一起。黄瓜花一般为单性花，个别品种也有两性花。

黄瓜花开放的时间一般始于清晨 1:00—2:00，上午 6:00—8:00 开放最多。雄花刚开放时颜色呈亮黄色，此时的花粉在 4～5 h 内活力最强，第 2 天颜色转白并逐渐凋萎。雌花受精后第 2 天花瓣闭合，如未经受精能保持开放 2～4 d。每天上午雌花初开时受精率最高，下午受精率显著下降。雌花往往在开花前 1 d 就有受精能力。花粉寿命一般只有 1～2 d，保存花粉的适宜温度为 20～25 ℃。

（二）黄瓜常规品种种子生产技术

黄瓜常规品种种子生产与商品黄瓜生产基本相同，但黄瓜的自然异交率极高，为了保证种子纯度，需设置专门的留种田进行严格隔离。如果采用空间隔离任其自由授粉，两品种之间应相距 1 000 m 以上。与其他瓜类也应隔离 200 m 以上。

留种田的植株需进行整枝摘心等管理。早熟品种一般选留第 2～4 朵雌花所结之瓜作种。中晚熟品种选腰瓜作种，每个种株留 1～4 条种瓜。腰瓜的种子数和重量均大于根瓜。黄瓜留种的果实应达到生理成熟期，通常在花谢后 40～45 d，比菜用黄瓜要长 30～40 d。生理成熟时白刺种果皮呈黄白色，无网纹；黑刺种果皮呈褐色或黄褐色，有明显的网纹。这些是从果实外部形态和颜色判定，最直接的判定还是要剖开果实观察里面的种子成熟情况。

黄瓜种子外围附有胶冻状物质，不易洗掉。一般可采用下述方法除去。

1. 发酵法　将种瓜纵剖，把种子连同瓜瓤汁液一同挖出，放在非金属容器内使其发酵，发酵时间随温度而异，15～20 ℃时需 3～6 天，25～30 ℃时需 1～2 d。发酵过程中要用木棒搅拌几次，待种子和黏质物质分离下沉，就应停止发酵，立即进行清洗。

2. 机械法　用黄瓜脱粒机将果实压碎后，将种子取出放在固定的纱网上揉搓，使种子与胶冻状物质分离，然后用清水洗净。

3. 化学处理法　在 1 000 mL 果浆中加入 35%盐酸 5 mL，30 min 后用水冲洗干净。或加入25%氨水12 mL，搅拌15～20 min后加水，种子即分离沉入水底，此时再加入少量盐酸使种子恢复原有色泽，然后取出用水冲洗干净。

以上清洗干净的种子，要及时进行干燥。主要方法是摊在苇席上晾晒或自然风干。干燥种子的水分应低于9%，外观洁白。

（三）黄瓜杂交种种子生产技术

黄瓜杂交优势很强，一代杂种在生产上已得到广泛应用。目前黄瓜杂种一代种子生产主要有以下3种方式。

1. 人工杂交生产种子 黄瓜为雌雄同株异花授粉作物，人工杂交制种无须剥蕾去雄，花朵大而显目，易于操作，且每株只要求结瓜2～3条，因此人工杂交是经济可行的。

人工杂交进行种子生产有两种方法，一是将母本株上的雄花于开放前摘除，利用昆虫自然授粉；另一种是将父本的雄花和母本的雌花在开花前1 d下午用线扎住花冠或用细铁丝或薄铝片卡住花冠，次日上午进行人工授粉。一般情况下多采用后一种方法。

为了保证种子的质量和产量，在进行人工杂交种子生产时应注意以下几个问题。

（1）保证父本和母本花期相遇　要根据父本和母本花期调整播种期，对于花期相同的父本和母本，父本一般要比母本早播5～7 d，父本和母本种植比例一般为1∶4～6。母本种植密度可比商品黄瓜生产田增加0.5～1.0倍，父本的种植密度可比商品黄瓜生产田增加1倍以上。

（2）除杂去劣　双亲在开花授粉前，应依其品种的特征特性，进行除杂去劣。在母本行上要摘除已经开过的雌花和非正常结的幼果。

（3）授粉方法　授粉时，可于当日早晨取父本雄花直接给母本雌花授粉，或于前1 d傍晚摘取已经现黄的父本雄花，放在塑料袋密封储存，温度以18～20 ℃为宜；次日早晨使花粉散出，然后用毛笔将混合花粉给母本雌花授粉，花粉涂抹要均匀、充足。授粉要一节只授1朵花，每株可授4～6朵花，最后选留2～3条种瓜。

2. 化学杀雄自然杂交生产种子 化学杀雄是指利用黄瓜花芽分化初期性型未定的原理，利用某些化学药剂抑制或杀死母本上的雄花，以减少人工摘除雄花的麻烦，从而提高工作效率，降低种子生产成本。目前采用化学去雄的药剂主要是乙烯利。具体的使用方法是：当母本苗的第一片真叶达到2.5～3.0 cm大小时，喷洒浓度为250～300 mg/L的乙烯利；3～4片真叶时喷第二次，浓度为150 mg/L；再过4～5 d喷第三次，浓度为100 mg/L。喷药时间宜在早晨或傍晚。母本植株经3次处理后，20节以下的花基本上都是雌花，任其与父本自然授粉杂交，在母本株上所收获的即为杂交种。

应用化学去雄自然杂交进行种子生产时，为提高杂交率和种子产量需注意做好以下几点。

（1）隔离和父本和母本的配比　种子生产田周围1 000 m以内不得种植其他品种的黄瓜，父本和母本按1∶2～4的比例隔行栽植，每公顷种植75 000株左右。

（2）确保父本和母本花期相遇　通过栽培手段的调节，应使父本雄花先于母本雌花开放。

（3）人工辅助去雄和授粉　进入现蕾阶段后要经常检查并摘除母本株上出现的少量雄花。授粉适期如遇阴雨天气，要进行人工辅助授粉。

3. 利用雌性系生产一代杂种 黄瓜的雌性系是指所开花朵全部或绝大多数都是雌花的株系。利用雌性系作母本进行杂交种种子生产，可以不用人工去雄和化学杀雄，有利于降低种子生产成本。

利用雌性系进行种子生产，父本和母本的定植比例为1∶3左右，一般分行定植。在开花前，应认真检查和拔除雌性系中有雄花的杂株，以免产生假杂种。如遇连日阴雨，要进行人工辅助授粉，以提高种子质量。

雌性系种子的繁殖和保纯一般是用人工诱导雌性系产生雄花，通过自交所产生的种子，仍然可保持雌性系的特点。常用的方法是化学诱雄法。化学诱雄剂常用硝酸银和赤霉素。

硝酸银诱雄法的具体做法是：在雌性系群体中有1/3植株长出4～5片真叶，能够辨清株型时，将出现雄花的植株拔除。对纯雌性株的叶面和生长点喷施200～400 mg/L硝酸银药液，隔5 d再喷1次。喷药后植株中部会出现雄花，任其自由授粉。

赤霉素诱雄法的具体做法是：在苗期2～4片真叶时，用1 000～2 000 mg/L赤霉素溶液喷射生长点及叶面1～2次，两次间隔5 d。定植时，一行喷，三行不喷。为保证花期相遇，喷赤霉素的植株，需要提前10～15 d播种。开花后应尽可能进行人工辅助授粉。每株以留2条种瓜为宜，其余的幼瓜予以摘除。

二、西瓜种子生产

西瓜（watermelon），学名为*Citrullus lanatus*，染色体$2n=22$，是人们最喜爱的生食瓜类之一。在20世纪80年代，我国栽培面积和总产量均已达到世界前列。近20年来，由于采用了多项先进的种子生产技术，使我国大部分地区生产的西瓜在产量和品质上有了显著的提高。在我国的种子市场上，西瓜的杂交种子是最先采用现代包装，农民最先认可按市场商品价格高价购买的种子，因为采用高科技生产的杂交种种子在生产上确实产生了巨大的效益。

（一）西瓜的开花结实习性

西瓜一般为雌雄同株异花作物。也有部分为两性花，这种两性花的雌蕊和雄蕊都有正常生殖能力，在杂交制种时必须去雄，以防自交。西瓜花冠黄色，上分5裂，合于同一花筒上；花萼5片，绿色；雌蕊位于花冠基部，柱头宽度为4～5 mm，上有许多细毛，柱头先端为3裂，与子房内心皮数相同。子房下位，雌花出现时即可见花冠下有与将来成熟果实同形的子房。其性状和花纹与其后形成的果实相关。形状不正和较小的子房坐果率低且发育不良，在授粉杂交时应当舍弃不用。雌花和雄花都有蜜腺，是虫媒花。

西瓜属于异花授粉作物，在自然情况下一般由蜜蜂传粉，蓟马、蚂蚁等昆虫也可以传粉。一般栽培品种极易因自然杂交而发生品种混杂退化。

西瓜柱头在开花前1～2 d和开花后1～2 d都具有受精能力，但以开花当天授粉结果率最高。花粉在开花前1 d或后1 d均有发芽能力，但以开花当天的花粉发芽率最高。

（二）西瓜常规品种种子生产技术

西瓜种子生产技术比较复杂，加之其天然异交率较高，极易引起品种混杂退化，在种子生产中要掌握以下几点。

1. 采用原种、大田用种的分级生产制度　原种生产一般应采用株系选择提纯法，即单株选择、分系比较、混系繁殖的方法。在品种纯度较高的种子生产田中也可采用单株选择、混合繁殖的方法来生产原种。

大田用种的生产可采用原种在隔离的情况下，在大田用种生产田中加代繁殖。在繁殖过程中，要坚持除杂去劣，保证种子质量。

西瓜的种子生产田最好选择隔离条件较好的砂质壤土。空间隔离距离应在 300 m 以上。为减轻病害，最好不连作。

西瓜一般是低节位的果实种子量少，中后期的果实种子数量较多。一般认为主蔓第 2～3 朵雌花所结的瓜，种子质量最好。

在瓜熟后采收期，依照本品种特征特性进行除杂去劣。采收后后熟几天，还要进行一次鉴定，主要是根据本品种果实解剖形态特征及果肉品质，淘汰不符合本品种典型性状的劣瓜。

2. 采用人工辅助授粉 人工辅助授粉能有效地提高坐果率和种子产量。授粉的最佳时间是开花当天上午 5:00—8:00，雌花和雄花都刚刚开放，此时雄花的花粉最多。授粉时，将刚开放的雄花摘下，将雄蕊花药与雌蕊柱头接触，使花粉涂抹在柱头上即可。

西瓜采种的方法有多种，可以将瓜分给职工，吃后将种子收回。也可与加工部门合作，做西瓜汁、西瓜酱、糖水西瓜等，此法既可增加收益，降低成本，又可使种子不易混杂。若种瓜既不食用又不加工，采种时则可直接将种瓜剖开取出种子，装在非金属容器中发酵 1 昼夜后，用清水洗去种皮外层黏液，漂去废物和瘪籽，将种子摊在席上晾晒。待种子充分干燥后进行包装、储藏。

（三）二倍体西瓜杂交种种子生产技术

二倍体西瓜杂交种种子生产，要注意以下技术环节。

1. 亲本自交系纯度必须达到国家规定的原种标准 亲本自交系的纯度是保证杂交种种子纯度的前提。用于种子生产的亲本自交系，纯度必须符合国家规定的原种标准，即 99.7%以上。要定期进行人工自交提纯自交系。在自交系繁殖田中要坚持除杂去劣。

2. 严格隔离 杂交种种子生产田与其他西瓜品种的种子生产田或商品西瓜生产田的隔离距离要在 300 m 以上。

3. 控制授粉 若种子生产田不能满足其隔离条件，可用控制授粉的方式加以解决。具体做法是：在西瓜开花期间，每天下午选择将于第二天开放的父本雄花和母本的雌花（花冠顶端稍见松裂，花瓣呈浅黄绿色），用纸袋将所选花套住。或用长约 4 cm、宽约 2 cm 的金属薄片，在花冠上部 1/3 处把花冠夹住，夹花时注意不要夹得太重，以免夹破花瓣；也不可太轻，以免第二天早晨花冠开张时，金属片脱落，昆虫能够进入。次日早晨，先把雄花摘下，除去纸袋或金属片，剥掉花冠，然后取下雌花的纸袋或金属片，将雄花的花药在已经露出的雌花柱头上涂抹几下，使花粉散落在柱头上。授粉后仍用纸袋套好或用金属片夹好雌花，以防非目的花粉进入造成杂交混杂。

4. 人工去雄杂交进行杂交种种子生产 将父本和母本按 1∶12 的比例分别集中种植在隔离区内，在开花期间，每天下午除去母本株上的全部雄花，让其雌花接受父本花粉的自然传粉，获得杂交种瓜。或在母本株上将雄花全部摘下后，在留瓜节位上把第二天开放的雌花套上纸袋。第二天早晨 5:00—8:00，用父本株上的雄花进行人工授粉，提高坐果率和种子质量。

人工辅助授粉是西瓜杂交种种子生产最为关键的技术环节，正确的授粉方法不仅能提高种子产量，而且能确保种子的纯度。其关键技术环节有以下几个。

（1）早播父本 父本要比母本早播种 15～20 d，必要时父本可加拱棚保护；并增施肥水，促其生长，以便在授粉前可准确看清果型和颜色，以利于除杂去劣，并有充足的雄花供授粉。

（2）严格除杂　授粉前要逐株对亲本进行认真考察，观察其叶型、叶色、瓜蔓、茸毛、幼果形状及颜色是否符合本品种的标准，及时连根拔除杂株、劣株。尤其是对父本株更要仔细，须反复观察后方可采花使用，并且摘除将要膨大的果实，以利父本生长旺盛，多生蔓，多开雄花。

（3）母本去雄　授粉前要严格摘除母本株所有雄花和雄花花蕾。除平时结合整枝打杈去雄外，授粉前 2 d 必须逐株、逐蔓、逐叶腋检查雄花花蕾是否除净，确认除净后再进行授粉。授粉时还要复查，杜绝漏套隔离帽的雌花和雄花存在，并且要将去除的雄花埋入地下，严防串粉引起混杂。在母本株上发现雌花柱头周围长有雄蕊的两性花时要随手摘除，不可再授粉留种。

（4）母本雌花戴帽　授粉期间，于每天下午在母本田间仔细检查，将欲于次日开放的雌花戴上圆筒形的纸质隔离帽，在无雨天可用普通纸做帽，在雨天应采用硫酸纸或其他不透水的纸做袋，也可采用塑料专用隔离帽，帽子大小要适宜，防止过大易掉或过小损伤花器，并在旁边插上草棒、树枝等比较显眼的标志，以便于第二天授粉。第二天授粉时摘下帽子，授粉后立即戴好，拔除旁边的标志。

（5）采集雄花　授粉用的父本雄花应当天早晨开放前采摘，采下后放到上口较大的容器内，盖上遮盖物，待自然开放后给母本雌花授粉。如果固定父本授粉，就必须给雄花套袋，每天下午在父本田中选择将于次日开放的雄花套袋，次日花开放后再给母本雌花授粉。选花时不可选已开放的雄花，也不可选病株上的雄花或发育异常的雄花。

（6）适时授粉　在晴天条件下，通常在清晨 5:00—6:00 花瓣开始松动，6:00—7:00花药开始裂开，散出花粉，花冠全部展开。刚开放的雌花受精力最强，2 h 后变弱，温度越高变弱越快，10:00 以后或母本柱头上出现油渍状黏液时受精力极差，所以要在此前结束授粉，切忌在母本柱头上出现油渍状黏液时授粉。

（7）足量授粉　授粉时轻轻托起雌花花柄，使其露出柱头，然后将选好的雄花花瓣外翻，露出雄蕊，将花药直接在雌花柱头上轻轻摩擦。西瓜雌花柱头都裂为 3 瓣，授粉时要在每瓣上完全均匀地授上花粉，否则易出现畸形果和种子产量下降。并且要用足够的花粉给一朵雌花重复授粉，以增加受精胚珠的数量。

（8）授粉标记　在刚授过粉的坐果节位插上大头针（铁丝）或果柄上套上塑料环作授粉标记。标记的颜色或形状每 5 d 换 1 次，塑料环的大小要适宜，防止磨损子房或脱落。

（9）检查授粉效果　授粉后次日下午，如果雌花果柄弯曲下垂生长，子房前端开始触地，表明授粉成功。如果雌花果柄仍然向上或向前伸直，一般地说是授粉失败的表现。此时注意清理该株上的标记，重新选择雌花，重新进行授粉。

（四）三倍体无籽西瓜的种子生产技术

三倍体无籽西瓜是多倍性水平上的杂种一代，因此它具有双重的优势，一是多倍性带来的多倍体优势，二是在组合选配适当的情况下所产生的杂种优势。三倍体西瓜含糖量高，甜而无籽，且抗病性强，产量高，比较受消费者的欢迎，也给生产者带来效益。三倍体无籽西瓜是四倍体西瓜与二倍体西瓜的杂种一代。因为西瓜的普通栽培品种是二倍体，所以还要诱发成为四倍体，才能获得四倍体的杂交亲本。

1. 四倍体西瓜的人工诱变技术　四倍体的获得通常是用人工的方法把二倍体西瓜的染色体加倍来实现的。最常用的方法是用秋水仙碱处理西瓜的种子或刚出土不久的幼苗，其中以处理幼苗效果最佳。使用浓度一般为0.2 %～0.4%，在幼苗出土不久，两片子叶的开张度为30°角时开始用药液点滴生长点。为防止药液很快蒸发，可在两片子叶间夹一小块脱脂棉。每天点滴1～2次，连续点滴4 d。植物的生长点有3层分裂旺盛的细胞，它们将分化成不同的组织和器官。处理的目的是得到完全多倍性，即全部组织的细胞染色体均被加倍。

2. 选用四倍体作母本 无籽西瓜的种子产量低，只有准备足够数量的父本和母本纯种，才能保证得到足够数量的无籽西瓜种子。在高配合力的杂交组合中，只能用四倍体作母本，反交不能结出饱满有生活力的种子。对于四倍体亲本在品质好、坐果率高、种子小、单瓜种子含量多的基础上，尽可能选用具有某种可作为标记性状的隐性遗传性状的亲本，例如浅绿色果皮、黄叶脉、全缘叶（板叶）、主蔓不分枝（无杈）等。

3. 选择合适的父本和母本种植比例 进行无籽西瓜的种子生产时，若主要是依靠昆虫传粉、人工辅助的方式，在田间父本与母本的比例应为1∶3～4较好，并在边行种植二倍体父本品种，以利授粉。若生产中主要运用人工授粉的方式进行种子生产，父本与母本的比例可达1∶10，父本可集中种植在母本田的一侧，便于集中采集花粉。

4. 无籽西瓜的采种 无籽西瓜的种子发芽率低于普通二倍体西瓜种子，故在采种技术上应注意提高其发芽率。首先种瓜必须充分成熟才能采摘，三倍体种瓜一般需35 d左右才能充分成熟，积温约为900 ℃。另外，采种时对无籽西瓜种子不进行发酵处理，进行发酵处理会降低发芽率。

5. 三倍体西瓜的鉴别 生产上所优选出的四倍体和二倍体的组合，其二倍体一般是具有和四倍体母本相对应的显性标记性状，例如花皮或深绿色果皮、绿叶脉、深裂叶、分杈型等，这使自然授粉法生产三倍体种子时，能够分辨出三倍体和四倍体植株或果实。也就是说，具有了父本显性性状的果实里的种子才是三倍体杂交种子。

三、丝瓜种子生产

丝瓜（sponge gourd），是葫芦科丝瓜属一年生蔬菜作物，嫩果营养丰富，是南方主要蔬菜种类之一。成熟果实纤维发达，可入药，称为丝瓜络，有调节月经、去湿治痢等功效，还可用来洗碗。栽培丝瓜有2种：普通丝瓜（*Luffa cylindrica*）和有棱丝瓜（*Luffa acutangula*），染色体均为$2n=26$。两种丝瓜能够相互授粉，产生正常可育后代。丝瓜起源于亚热带亚洲，多分布于热带和亚热带地区，最早栽培于印度，6世纪初传入我国。到19世纪有棱丝瓜传入我国。丝瓜为喜温耐热性蔬菜，也是瓜类蔬菜中最耐潮湿的作物。丝瓜属短日照作物，在短日照下，可诱导较早出现雌花和雄花，而长日照则使开花延迟，所以在引种和选择留种时均要注意这点。

（一）丝瓜的开花结实习性

丝瓜一般是雌雄同株异花作物，为虫媒花蔬菜。雄花序为总状花序，花轴长为20 cm左右，每花序有10多朵花，多者可达30朵。雌花花柄稍短，下位子房。丝瓜雌花和雄花寿命均短，普通丝瓜早晨5:00开花，雄花上午6:00—7:00散粉，第二天早晨花冠完全萎蔫。有棱丝瓜在16:00左右开花，第二天早晨花冠完全萎蔫，雄花脱落。丝瓜授粉后，果实发育迅速，6～8 d即可采食，40 d左右果实达生理成熟。

（二）丝瓜常规品种种子生产技术

丝瓜常规品种的种子生产栽培与商品瓜栽培基本相同。在华南地区，可进行春、秋两季栽培采种。但因丝瓜为异花授粉作物，普通丝瓜和有棱丝瓜也可以相互杂交结籽，所以留种田必须具有良好的隔离条件，至少在其周围 1 000 m 范围内不能种植有不同的丝瓜种类和品种。

丝瓜以主蔓结瓜为主。在留种时，一般每株选第 1～3 朵雌花所结的瓜留种。在开花授粉适期，如遇阴雨天气，应进行人工辅助授粉。具体方法是：普通丝瓜在早晨 6：00—10：00，有棱丝瓜从 16：00 左右开始，当雌花和雄花开放时，将雄花摘下，剥去花瓣，将花药上附着的花粉直接涂抹在雌花柱头上即可。待种瓜留定后，摘除发育不良的幼瓜和植株上部的雌花。

种瓜老熟后，即果实表皮变成橘黄色时即可采收。采收的种瓜悬挂于防雨通风处，让其后熟及自然干燥。在秋天少雨季节，也可让种瓜在植株上自然干燥后再采收。完全干燥后的种瓜摇动时会有响声，此时在种瓜顶端切一开口，用力拍打抖动，即可倒出种子。种子经晾晒后储藏。

（三）丝瓜杂交种种子生产技术

丝瓜一代杂种种子生产主要采用人工杂交授粉的方法。父本和母本的定植比例为 1∶4～5，可分行定植，也可分田定植。为使花期相遇，父本和母本花期相近时父本要早播 7～10 d。丝瓜的人工杂交授粉通常从第一朵雌花开始，一般在开花前 1 d 下午对将于第二天开放的雌花和雄花进行束花隔离，然后在第二天早晨 6：00—10：00，摘下隔离的雄花，剥去花瓣，将花粉直接涂抹在隔离的雌花柱头上。授粉后的雌花仍用铁丝等进行束花保持隔离，并在花柄上扎线或挂牌标记。一般每株人工授粉 3～5 朵雌花，选留 1～3 条种瓜。种瓜的采收、后熟及种子脱粒与常规品种种子生产相同。

四、南瓜种子生产

南瓜（squash），学名为 *Cucurbita moschata* ，染色体 $2n=24$，是葫芦科南瓜属一年生蔬菜作物，亦称为中国南瓜。我国栽培的南瓜主要有 3 种：中国南瓜、印度南瓜（笋瓜）和美洲南瓜（西葫芦）。这 3 种南瓜在植物学上属于不同的种，在亲缘关系上存在一定的距离，但中国南瓜和印度南瓜间能杂交结籽，因此在杂交种种子生产时要引起注意。

（一）南瓜的开花结实习性

南瓜为雌雄同株异花作物，为虫媒花蔬菜。花单生于叶腋间，雌花和雄花花冠均较大，呈钟状或筒状。雄蕊常为 5 枚，由于两两结合，另 1 枚分离，外形上看似乎为 3 枚雄蕊，花粉粒大且较重。雌蕊花梗粗壮，子房下位，子房的形状与成熟果实相类似。南瓜花的寿命较短，通常在夜间开始开放，早晨 5：00—6：00 盛开，雄花花冠中午开始闭合，傍晚开始萎缩，雌花可维持稍长一段时间，因此南瓜人工杂交授粉以开花当天上午 5：00—10：00 为宜。南瓜授粉后 50～60 d 种瓜达到生理成熟，种瓜采后经过 10～20 d 的后熟能明显提高种子发芽率。

（二）南瓜常规品种种子生产技术

南瓜常规品种种子生产的栽培技术与商品瓜栽培技术基本相同。在生产上，可采用育苗移栽或大田直播 2 种方式。种植密度比商品瓜栽培提高 20%～30%。留种田要注意南瓜种间以及种内品种间的隔离。南瓜品种间极易杂交，至少在其周围 1 000～1 500 m 范围内不能种植有同种的不同南瓜品种。中国南瓜与印度南瓜有一定的杂交率，因此也至少应有 1 000 m以上的隔离距离。而中国南瓜和印度南瓜一般不会与美洲南瓜杂交，可以不隔离。

南瓜种瓜的选留一般从主蔓的第二朵雌花开始，早熟小果型品种每株留 3～4 个种瓜，中晚熟中大果型品种每株留 1～3 个种瓜，多余的嫩瓜、过多的侧蔓和后期的生长点均要及时摘除，以保证种瓜的生长发育。

在南瓜开花期，最好能组织放蜂，促进授粉，或每天早晨进行人工辅助授粉，即在早晨将盛开的雄花摘下，剥去花瓣，再将散落于花药上的花粉轻轻涂抹在雌花柱头上即可。通过这些措施可提高坐果率和单瓜种子产量。

充分成熟的南瓜采收后，应经过 2～3 周的后熟。然后剖瓜取种，洗净晾晒，干燥后储藏。

（三）南瓜杂交种种子生产技术

在生产上，主要是美洲南瓜应用较多的杂交种，而中国南瓜和印度南瓜仍以常规品种为主。杂交种的种子生产方式主要有 3 种：人工授粉进行杂交种种子生产、人工去雄自然杂交进行杂交种种子生产和化学去雄自然杂交进行杂交种种子生产。具体做法可参考其他瓜类蔬菜相同的种子生产方法。化学去雄自然杂交进行杂交种种子生产主要应用于矮生美洲南瓜，一般在母本植株达 4～5 叶时，喷施 400 mg/L 乙烯利，7～10 d 后再喷 1 次，这样母本植株上发生的基本是雌花。

另外，南瓜因雄花花粉量大，雌花数量相对少，所以矮生美洲南瓜的父本和母本种植比例通常为 1∶4～5，中国南瓜与印度南瓜采用人工辅助授粉时父本和母本种植比例甚至可达 1∶7～8。种瓜及种子处理与常规品种种子生产相同。

五、冬瓜种子生产

冬瓜（white gourd），学名为 *Benincasa hispida*，染色体 $2n=24$，属葫芦科冬瓜属，为一年生喜温耐热蔬菜作物，在全国各地均有栽培，是盛夏季节的重要蔬菜之一。冬瓜按果实老熟后外果皮颜色及表面是否有蜡粉，可分为青皮冬瓜、黑皮冬瓜和粉皮冬瓜，按果实大小则可分为小型冬瓜和大型冬瓜。

（一）冬瓜的开花结实习性

冬瓜为雌雄同株异花作物，为虫媒花蔬菜。花芽分化时，主蔓上通常先发生雄花，然后再发生雌花。冬瓜的雄花有较长的花梗，花冠阔大，黄色，雄蕊 3 枚，分生。雌花的花梗较短，花柱肥大宽厚，柱头 3 裂，有明显的下位子房。子房表面密生茸毛，随着果实的成熟，冬瓜果皮茸毛逐渐减少。子房的形状与成瓜的形状极为相似。

冬瓜花一般于晚上 22:00 左右开始开放，次日早晨 6:00—8:00 盛开，24 h 后花冠开始凋谢，柱头变褐，授粉能力下降。花药在雄花开放前 1 d 就有授粉能力，但生活力以当天开放的花朵最高。冬瓜早熟品种一般在授粉后 35～40 d 达到生理成熟，中晚熟品种则需 50 d 左右。

（二）冬瓜常规品种种子生产技术

冬瓜种子生产栽培与菜用栽培基本相同。在生产上，根据品种类型不同，可采用露地支架栽培或爬地栽培。冬瓜耐肥耐热喜光，但不耐涝，种子生产田应选择地势较高、排灌方便、肥力好的田块，一般采用育苗移栽。种子生产田要有严格的隔离条件，至少在其周围 1 000 m 范围内不能种植其他冬瓜和节瓜品种，因为冬瓜与节瓜也极易杂交。

支架栽培的可采用平畦或高畦栽培，早熟品种的栽植密度为每公顷约 40 500 株，中晚熟品种约 19 500 株。爬地栽培的，将定植地分为两种畦，一种为定植畦，另一种为爬蔓畦，幼苗定植在定植畦上，待植株长大后，爬行到爬蔓畦，每公顷种植一般在 4 500～6 000 株。

小果型早熟冬瓜品种一般从第一朵雌花开始留种瓜，每株留 2～4 个，中晚熟大果型品种从第二朵雌花开始留种瓜，每株留 1～2 个。种瓜不能留得太多，种瓜留定后，及时摘除其他雌花和幼瓜。

花期如果进行人工辅助授粉，授粉时间以开花当天上午 6:00—8:00 效果最好，授粉方法是将开放的雄花摘下，剥去花瓣，用花药直接摩擦雌花柱头，使花粉涂抹到柱头上。待果实充分成熟后，带柄摘下，并放置在通风、阴凉、防雨处储藏 20 d 以上，使种子充分后熟后，剖开种瓜，掏出种子直接放在清水中漂洗，除去种皮上的黏质物，然后将种子置于通风处晾晒，干燥后储藏。

（三）冬瓜杂交种种子生产技术

冬瓜杂种一代有较强的优势，同时其花器大，易于人工杂交操作，且冬瓜单瓜产籽多，单位面积菜瓜生产用种量较小，因此推广冬瓜杂交一代种子是非常有利的。

冬瓜杂交种种子生产通常采用人工隔离授粉，小果型早熟冬瓜品种父本和母本的定植比例一般为 1∶4～6，中晚熟大果型品种可按 1∶10 定植。为使花期相遇，熟期相近的父本和母本中，父本往往要提前 7～10 d 播种。

冬瓜开花期间，在花朵开放前 1 d 将母本雌花与父本雄花套袋隔离，开花当日上午 6:00—8:00 将隔离的雄花摘下，剥去花瓣，将花药直接在雌花柱头上轻轻摩擦，授粉后的雌花仍用纸袋套住保持隔离，并在花柄上挂牌或扎线标记。种瓜采收及种子处理与常规品种种子生产相同。

六、甜瓜种子生产

甜瓜（muskmelon），学名为 *Cucumis melo*，染色体 $2n=24$，因其独特的风味及较高的营养价值和药用价值而深受人们的喜爱。甜瓜有薄皮甜瓜与厚皮甜瓜之分，我国是世界上甜瓜种植面积最大的国家，薄皮甜瓜在全国各地均有栽培，厚皮甜瓜近几年发展很快，种植区域也由西部发展到东部大部分地区，并逐渐成为一种高档水果。

（一）甜瓜的开花结实习性

甜瓜品种多是雄性花和两性花同株的类型，少数母本为全雌性花株，为虫媒花。花冠黄色，多为 5 瓣，腋生。雄花单性，簇生，同一叶腋的雄花常分期分次开花。雌花多为两性花，柱头 3 裂，子房下位，有 3 组雄蕊围在柱头周围。

甜瓜花一般于清晨 6:00 左右开放，午后萎蔫，温度低时，适当延迟。开花后 4 h 内为最佳授粉期，午后的花粉几乎无授精能力。雌花的柱头以开花当天授粉、受精能力最强，结实率最高。

（二）甜瓜常规品种种子生产技术

甜瓜常规品种种子生产采用原种、良种的分级生产制度。原种繁育的地块应该严格隔离，品种间以及与越瓜、菜瓜田应有 2 000 m 以上的隔离距离。

甜瓜花期授粉一般采用自交授粉，即同一株的雄花给雌花或两性花授粉。在开花前 1 d 套袋，次日开花后摘取雄花，将花粉直接涂抹于雌花柱头上。厚皮甜瓜一般每株授粉 4 朵，薄皮甜瓜每株授粉 10 朵以上，每株有适量果实后，停止授粉。授粉前后往往根据品种的典型性状分别进行一次株选，剔除杂株劣株。采种时再结合考种进行果选，一般从单株中选2%～5%最优良单株混采留作原种。

甜瓜常规品种种子生产采用原种繁育，品种间以及与越瓜、菜瓜田应有 1 000 m 以上的隔离距离。在昆虫多、平原地区的隔离距离应在 1 500～2 000 m。留种瓜应进行一次株选，淘汰杂株劣株。甜瓜花期可利用蜜蜂或人工辅助授粉来提高坐果率和结实率。

（三）甜瓜杂交种种子生产技术

甜瓜杂交种种子生产通常采用人工隔离授粉，薄皮甜瓜品种父本和母本的定植比例一般为 1∶6，厚皮甜瓜品种可按 1∶10 定植。为方便授粉，定植时可采用间隔种植。

甜瓜开花期间，在开花前 1 d 将母本雌花与父本雄花套袋隔离，对于两性花母本应先去雄后再套袋隔离，开花当日上午将隔离的雄花摘下，剥去花瓣，将花药直接在雌花柱头上轻轻摩擦，授粉后的雌花仍用纸袋套住保持隔离，并在花柄上挂牌或扎线标记。甜瓜坐果后，应根据每株瓜数进行选瓜或疏瓜，以保证种子数量和质量。采种方法与常规品种种子生产相同。

第六节　葱蒜类种子生产技术

葱蒜类蔬菜是百合科葱属中以嫩叶、假茎、鳞茎或花薹为食用器官的二年生或多年生草本植物，主要包括韭菜、大葱、洋葱、大蒜等，其中前 3 种利用种子繁殖，大蒜为无性繁殖。这类蔬菜含有丰富的糖类、蛋白质、矿物质及多种维生素，具有辛辣味，有杀菌消炎、增进食欲、调味去腥等功效。

葱蒜类蔬菜原产于大陆性气候区，在系统发育过程中，逐渐形成了适应环境的特殊的形态特征，例如喜湿的根系、耐旱的叶型、储藏养分的鳞茎、假茎及其短缩的茎盘，以及适应气候的发育特性。

葱蒜类蔬菜生育时期可分为营养生长和生殖生长两个阶段。发育上都属于绿体春化型作物，在低温下通过春化阶段，在长日照和较高温度下抽薹、开花、结籽。产品为叶或叶的变态器官，叶由叶身和叶鞘组成，居间分生组织位于叶鞘基部，先端收割后可继续生长。鳞茎和假茎的形成取决于叶的长势，叶的长势强弱影响产量和品质。这类蔬菜没有主根，从短缩茎的基部和边缘陆续发生须根，构成浅弱的须根系。种子的寿命较短，发芽年限为1～2 年，生产上须采用新种子。葱蒜类蔬菜植株低矮，叶丛直立，叶面积小，适于密植。

一、韭菜种子生产

韭菜（leek），学名为 *Allium tuberosum*，原产于我国，也是我国的特产。韭菜、韭黄、韭花都含有丰富的营养，可作馅、作汤和炒食，还可腌渍加工。

（一）韭菜的生物学特性

1. 韭菜的特征特性　韭菜根系为弦线状须根，没有主根侧根之分，也很少有根毛。须根主要分布在 20 cm 土层内，吸收水分和养分的能力较差。随着地上部分蘖，新蘖株基部不断发生新根取代老根，新老根系更替。新根位置上移，老根逐步衰亡，称为跳根。

韭菜茎有茎盘、假茎和根状茎之分。茎盘是真正的植物学上的茎，短缩成扁平状。茎盘下部着生须根，上部着生由叶鞘抱合而成的假茎。假茎基部形成 1～2 cm 长的葫芦状小鳞茎。小鳞茎由多层叶鞘形成，冬眠时储藏养分。随着韭菜植株的逐年分蘖，分蘖株基部发生新的茎盘，连年分蘖的小鳞茎和茎盘连接形成叉状分枝，称为根状茎或根茎（图 8-6）。

韭菜叶可分为叶片和叶鞘。叶片狭长而扁平，柔软、肥厚、绿色，叶鞘闭合成圆筒状，称为假茎。叶鞘基部有分生机能，能使叶鞘和叶片向上伸长。叶鞘基部膨大成葫芦状小鳞茎。按叶片宽度可分为宽叶韭和窄叶韭品种。

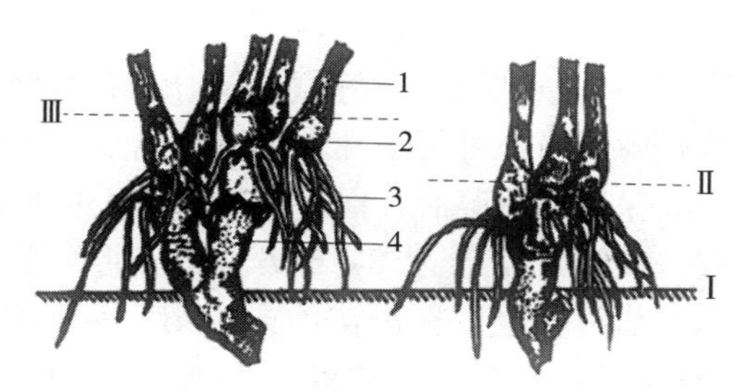

图 8-6　韭菜的分蘖、跳根与覆土的关系

Ⅰ. 地平面（定植时的土层）　Ⅱ. 第二年的覆土层　Ⅲ. 第三年的覆土层

1. 叶鞘　2. 小鳞茎　3. 须根　4. 根状茎

韭菜为多年生宿根作物，属幼苗春化型，在高温和长日照条件下抽薹开花，延长光照可促进抽薹。当年播种（或分蘖）的植株，因未通过春化阶段，当年不能抽薹开花，须经过冬、春季节完成春化阶段，来年才能抽薹开花结籽。完成了开花结籽的植株（或分蘖株）逐渐死亡，新生的分蘖株将取而代之，继续生长，形成产量，下一年开花结籽。生长多年的老韭菜田，通常看到有的植株抽薹，有的未抽薹，实质是不同年份的分蘖植株之故。

此外，抽薹开花还与植株本身营养状况有关。即需要一定的物质积累（植株长到一定大小，）才能感应低温通过阶段发育。植株营养条件好时，不但花薹粗壮，而且抽薹数增多。所以欲留种的韭菜田须在前一年加强肥水管理，促进分蘖增多和植株健壮，来年才有可能提高抽薹率和种子产量。

2. 韭菜的开花结实习性　韭菜小花为两性花，雄蕊 6 枚 2 轮，基部合生与花瓣贴生，花丝等长，花药近圆形，向内开裂，发育比雌蕊早。雌蕊 1 枚，子房上位，分为 3 室，每室有种子 2 粒。花茎顶端总苞有小花 20～40 朵，花柄等长，呈放射状排列形成伞形花序。花可开放 20 d 左右。一般播种当年不能抽薹开花，必须长到一定大小，经过低温春化后才可抽薹开花。异花授粉，留种时要严防天然异交。

韭菜果实为蒴果，每果实有种子 3～5 粒。蒴果成熟后开裂，散出种子。种子黑色，半圆球形，种表细纹致密，种皮坚硬，发芽缓慢。千粒重为 4.15 g。

（二）韭菜常规品种种子生产技术

目前韭菜都为常规品种，其原种生产和大田用种生产环节基本相同，不同之处是原种生产要对留种株进行性状确认和选择，选留符合品种特征的优秀植株，淘汰不符合品种特征的劣株、弱株。大田用种则可相对放宽标准。

韭菜种子生产的栽培既可育苗移栽，也可分株繁殖，但前者植株健壮、产量较高，故生产中多行育苗移栽制种，后者可作为辅助方式利用。

1. 育苗采种栽培

（1）播种　韭菜既可春播，也可秋播，种子生产的栽培以春播为宜，春播可在秋季发生较多的分蘖。韭菜发芽起始温度低，各地土壤解冻后到5月均可播种，以4月播种为宜。春播育苗多采用起土大种法，即做好畦后隔畦起土，浇足底水，待水渗下后撒籽，播种后覆土1.5～2.0 cm。与普通阳畦育苗播种法类似。韭菜一般不间苗，所以播种量要掌握好，每公顷苗床播种90～120 kg种子。

直播者多用条播，早春条播者，要注意播种前浇地造墒，播种后不浇或少浇，以提高地温。

（2）苗期管理　春播需10～20 d出苗，春播愈早，出苗时间愈长。注意在种子弓形出土时，要保持地面湿润。若底墒较好，可待子叶直钩后才浇水，否则可轻轻浇点水。

春播苗不需蹲苗，苗期应保持地面湿润，促进生长。进入炎夏前，可结合浇水追肥2～3次，每次每公顷施尿素120～150 kg，浇水3～6次。幼苗期须注意防除杂草，进入夏天雨水多，韭菜苗长势弱，易形成草荒。也可在出苗前或出苗后用除草剂，每公顷用50%扑草净1 500 g掺细土225 kg，混匀后撒于畦面。或将上述除草剂兑水1 125～1 500 kg/hm^{2}喷洒地面。

此外，苗期还要注意防虫。春夏之交最易受韭蛆（种蝇幼虫）侵害，严重者会成片死亡，须足够重视，可结合浇水每公顷顺水灌施15.0～22.5 kg敌百虫或辛硫磷等。

（3）定植及定植后管理　韭菜苗高18～20 cm时为定植的适宜苗龄。北方多在6月下旬到8月上旬定植。起苗时可抖掉泥土，大苗与小苗分级分别栽，淘汰弱苗、病虫苗。栽植密度因品种（分蘖能力）而异，栽植方式有平畦栽和沟栽两种。平畦栽时，一般行距为15～20 cm，穴距为10～15 cm，每穴栽6～8株。沟栽时，一般行距为30～40 cm，穴距为15～20 cm，每穴栽20～30株，沟栽大行距，有利于培土和田间管理。

韭菜适当深栽，有利于逐年跳根和延长种植年限。例如沟栽时，可开10～15 cm深的沟，栽苗时先埋土，深度以叶鞘露出土面2～3 cm为宜。以后随着韭菜逐年跳根上移，再行培土。

定植后的管理一般是浇定植水、缓苗水后进行浅中耕，促发根壮秧，春夏之交要注意防治韭蛆，炎夏应注意防涝、防旱、防草荒、防疫病，保证安全度夏。秋后加强肥水，秋季凉爽的地区原则上10月以后不再追肥、浇水，保持不旱即可，也不收割商品韭菜。秋季温暖期长的地区可酌情在8—9月收割1次商品韭菜，但收割以后要加强肥水，以利叶片养分回流转移到根部。入冻前应浇足越冬水。

（4）第二年及以后的管理　春季萌芽前覆盖砂土或粪土1～2 cm，以满足跳根需要。覆土前耙平，清洁畦面。新叶萌发后随水追1次粪肥，3～4 d后中耕，苗高15 cm时再浇1次水。当韭菜4叶1心时即可收割商品菜。收割宜在上午进行。收割后2～3 d追施速效氮肥或粪肥。种子生产田在春季应少收割1次，秋季不宜收割，而且收割时下刀宜浅不宜深，否则会影响植株长势，对开花结籽不利。夏、秋管理与定植当年基本相同。

韭菜一般在第二年开始开花，但开花率不高，种子生产田最好选用三年生或四年生的地块。定植后第三年和第四年的管理与第二年基本相同，但需注意避免生长过旺，否则易导致倒伏或疫病发生。

韭菜抽薹开花较迟，一般7月上旬至下旬抽薹，7月下旬至8月下旬开花。种子生产田花期应减少浇水，并注意雨季排涝，花谢后种子灌浆时，要保持土壤湿润，并及时追肥，可追肥1～2次，浇水3～4次，一般7～10 d浇1次水，15～20 d追1次肥。种子生产田开花时应及早摘除细弱花薹、晚抽花薹和畸形花薹。韭菜开花后 30 d 左右种子成熟。

韭菜为异花授粉作物，不同类型和品种的种子生产田隔离距离 1 000～2 000 m。

韭菜每年春、秋两季均可发生新的分蘖，已抽薹开花的植株是前一年形成的分蘖株，当年发生的新分蘖株需来年才可抽薹开花结籽。因此只要不放松田间管理，来年还可再收获种子或再收获商品韭菜。不过，种子生产田植株消耗养分多，连年采种会使产量降低，生产上最好种子生产田与商品菜生产田轮换。非种子生产田则应尽早摘除韭薹或韭花出售。

（5）种子收获　韭菜抽薹开花期不整齐，故应分期、分批采收。当花薹变黄、种壳变黑、种粒变硬时，即可剪收。传统的收种法是连花茎剪下后扎成小把，挂在通风处晾干，待种子干燥时脱粒、晾晒、收储。大量采种可只剪收花球（果穗），集中晾晒，干后脱粒、收储。韭菜每公顷种子产量为 900～1 500 kg。

2. 分株采种栽培　韭菜具有逐年分蘖的特性，因此可以利用韭菜老株上分蘖出来的植株定植、栽培，进行采种。此法优点是节省种子和育苗占地时间，缺点是植株生活力较弱、种子产量较低。分株采种做法是，将老韭菜田的植株全部挖出，逐株整理，剥去已死亡的老株残根，剔除弱小分蘖株，选留茎叶健壮、整齐一致的当年新分蘖株，重新定植到新田块。一般行距为 25～30 cm，穴距为 10～15 cm，每穴栽 6～8 株。多在秋季 8—9 月定植，经过冬季低温通过春化阶段，来年抽薹开花结实。田间管理参照以上内容。

二、大葱种子生产

大葱（green Chinese onion），学名为 *Allium fistulosum* ，原产于亚洲西部和我国西北高原，既抗寒又耐热，适应性强，栽培面积广，产量高且极耐储藏，通过露地分期播种可周年供应市场。生产成本低，经济效益好。

（一）大葱的生物学特性

1. 大葱的特征特性　大葱根为弦线状须根。大葱发根能力较强，分布范围小而浅，根分支性弱，根毛少，但再生能力强，一旦条件适宜，就可长出新根。大葱茎有短缩的茎盘和假茎之分。茎盘是植物学上真正的茎，下部生根，上部生叶。叶上部绿色部分称为叶身，下部白色部分称为叶鞘，叶鞘呈筒状着生形成假茎，习惯上称为葱白。有些品种内层叶鞘基部萌生 1～2 个侧芽，可发育成分蘖株。葱白长短因品种而异，可分为长葱白和短葱白品种，近年来，生产中多栽培长葱白品种。大葱叶片（实质为叶身部分）绿色、中空、管状，表面有蜡粉。叶鞘形成的假茎白色，中间为生长锥。叶鞘既是营养储藏器官，也是主要产品器官。

大葱为二年生或三年生，通常第一年秋播育苗，第二年春夏定植，形成商品菜大葱，第三年春季抽薹开花结籽。但近几年，生产上多简缩为二年生，当年早春播种育苗，春末或夏季定植，秋冬收获商品菜大葱，翌年春季开花采种。

大葱也是绿体春化型，秧苗达到 4～6 片叶，苗高为 15～18 cm，茎粗为 0.5 cm 以上时，在低温 2～5 ℃下，经过 60～70 d，感受低温通过春化后，方可进行花芽分化，在春季长日照下抽薹开花结籽。在进行种子生产时应注意掌握这些条件。

2. 大葱的开花结实习性　大葱茎盘上生长锥（顶芽）在完成阶段发育后，进行花芽分化。在春夏之交高温、长日环境条件下抽薹开花。花薹中空、圆柱形，先端着生头状伞形花序，每个花序有 500 朵左右小花，花白色或紫红色。花序有种苞包被，开花时种苞破裂。花为两性花，异花授粉。大葱果实为蒴果，成熟后开裂，每果内含有6粒种子。种子黑色，盾形，有棱角，稍扁平，种皮较厚。种子千粒重为3.5 g左右。

（二）大葱常规品种种子生产技术

目前我国大葱种子都为常规品种，作为原种生产宜采用三年生的成株采种方式，大田用种生产则可采用二年生的半成株采种方式。前者生产周期长、采种成本高，但种子质量好；后者则周期短、成本低，但种子质量较差。

1. 成株采种栽培

（1）播种育苗　播种以秋播为宜，按冬前苗龄60 d安排播种期。撒播，一般是先播种再浇水，每公顷播种量为45～60 kg，育苗面积与定植田比例为1∶8～10。

播种后到越冬前这段时期，应促进幼苗生长，一般播种后连续浇2～3次水，土壤封冻前浇好越冬水，最好随水灌施腐熟粪肥，严寒地区过冬宜稍加覆盖。

来年返青后，不可马上浇水，早春要注意提高地温。一般到秧苗2～3 cm高时浇水，之后间苗、拔草，返青到定植前一段时期可浇2～3次水，追1次肥，要注意培育壮苗。定植时秧苗标准：苗高为30～40 cm，径粗为1 cm左右，具4～6片绿叶。

（2）定植　宜在5月中旬至6月上中旬定植，也有的延迟至6月下旬至7月上旬定植。定植田选土层深厚的壤土，施足基肥，深耕细耙，南北向开沟，行距为40 cm，沟深为20～25 cm。定植方法有摆葱和插葱两种方法。短葱白品种多用摆葱法，即沿着沟壁陡的一侧，按株距5～6 cm摆好葱，将葱秧基部稍按入沟底松土内，再用小锄从沟的另一侧埋土，埋至苗株外围叶片分杈处，用脚踏实，顺沟灌水。或者先引水灌沟，待水下渗后摆秧盖土。长葱白品种多用插葱法，即一手拿葱秧，另一手拿葱杈子或木棍，将葱秧插入沟中，株距为6～8 cm，可以先插葱秧后浇水（俗称干插法），也可先浇水后插葱秧（俗称水插法）。插葱秧的深度以苗株外围叶片分杈处与沟底面相平为宜，且葱叶着生方向应与行向垂直，这样利于密植和田间管理。每公顷栽苗225 000～300 000株。

（3）田间管理　定植后大葱需发生新根，故管理上应以促根、缓苗为目的，做好松土、除草、保土湿润等工作。炎夏雨季应注意防涝或防旱。炎夏过后气候转凉，大葱逐渐进入快速生长期，要做好追肥、浇水、培土3项工作，8月上旬可重施1次有机肥，配合速效肥，同时浇水，以后隔10～15 d浇水1次，9月中旬再重追1次速效肥并浇水，之后7～10 d浇水1次，直到收获前1周停水。大葱培土非常重要，如果培土工作滞后，即使肥水充足，葱白也伸长缓慢。原则上每次追肥、浇水之后紧跟着培土1～2次。培土高度取决于大葱的生长速度，每次3～5 cm，以不埋住葱株分杈口为宜。培土也不可太厚，以不塌落为宜，同时要注意土壤墒情，太湿或太旱均不宜培土。

（4）种株收储　大葱种株收获时期因各地气候而异，须在当地最低气温下降到0 ℃之前收获。过早收获时，葱白未充实，易空心，不耐存放；过晚收获时，葱白易失水松软或受冻。

收获时挑选生长健壮、叶身直立、葱白粗长、紧实无分株、无病虫的植株留作种株。冬季寒冷的地区，收获后晾干、束捆，储藏于通风、冷凉处，待翌春栽植。晾干的大葱耐寒力较强，一般在0 ℃左右处存放即可，温度过高易萌发新叶或腐烂，温度过低易受冻害。冬季不太寒冷的地区，种株既可冬前栽植也可翌春栽植。冬栽根系发育好，采种量较高。春栽生育期短，种子产量偏低。

冬栽者，应尽量早栽，使其有一段发根还棵期，越冬前浇好越冬水，最好将腐熟的粪肥随水灌施。越冬期间基本不需管理，翌春返青后的管理参照下文“种株春栽管理”。

（5）种株春栽管理　大葱种株春栽，栽植期为当地土壤完全解冻、地温稳定在 3～5 ℃时。栽植前种株稍加晾晒、挑选，剔除腐烂或受冻的植株，除去干枯叶。在耕耙好的露地预先开沟，晴天定植、浇水，早春浇水量宜小不宜大。新根、新叶萌发后，浅中耕、稍培土，抽薹开花后追肥、浇水，注意防治病虫害。

大葱为异花授粉作物，不同品种应隔离 1 000 m 以上。

（6）种子收获　因各地气候不同，大葱种子 6 月上中旬陆续成熟。当上部种子变黑时，将整个花球（果穗）剪收，成熟一批剪收一批。晾干后脱粒、除杂、晾晒、收存。冬栽每公顷种子产量为 1 125～1 500 kg，春栽每公顷种子产量为 750～1 125 kg。

2. 半成株采种栽培　大葱夏播育苗方式，在北方冬季不太寒冷的地方和南方地区多用，可在 9 月中旬到 10 中旬定植。定植时施足基肥，进行株选，淘汰劣株、弱株和病虫株，浅沟栽，行株距为 35～40 cm×5 cm，每公顷栽苗 52.5 万株左右，其他栽培管理可参照成株采种栽培。每公顷种子产量 750 kg 以上。半成株采种栽培比成株采种栽培生产周期缩短 1 年，省工、成本低，但种子种性较差，不适用于原种繁殖。

三、洋葱种子生产

洋葱（onion），学名为 *Allium cepa* ，别名为圆葱、葱头，为百合科葱属中以肉质鳞片和鳞芽构成鳞茎的二年生至三年生作物。洋葱以肥大的肉质鳞茎为产品，其辣味小，不同于大葱、大蒜作调味品，而主要炒食菜用，故消费量很大。而且，洋葱具有适应性广、产量高、耐储运和供应期长的特点，对缓解蔬菜供应淡季有一定意义。

植物学上把洋葱分为普通洋葱、分蘖洋葱和顶球洋葱 3 个变种（类型）。普通洋葱是我国普遍栽培、食用的类型，分蘖力弱。每株通常只生 1 个鳞茎，鳞茎较大，品质较好，有性繁殖，耐寒力较差。分蘖洋葱植株基部分蘖，形成数个小鳞茎簇生在一起，通常不见结籽，以小鳞茎为繁殖材料，耐寒性极强，适于严寒地区栽培。顶球洋葱鳞茎与普通洋葱鳞茎相似，其特点是采种母球（鳞茎）的花薹上形成多个气生鳞茎，用气生鳞茎繁殖，耐干旱寒冷，适于严寒地区栽培。

普通洋葱（简称洋葱）按鳞茎皮色分为红皮洋葱、黄皮洋葱和白皮洋葱 3 类。红皮洋葱也叫为紫皮洋葱，其鳞茎外皮紫红色，肉质微红，含水量多，辣味浓，产量高，不耐储藏，品质一般，多为中晚熟种。黄皮洋葱的外皮为铜黄色或淡黄色，肉质微黄，质地细嫩味甜，品质好，含水量少，耐储藏，但产量偏低，多为中晚熟种。白皮洋葱的外皮白色，品质特好，宜作脱水蔬菜，但鳞茎较小，产量低，不耐储藏，多为早熟种。

（一）洋葱的生物学特性

1. 洋葱的特征特性　洋葱根为弦线状须根，着生于短缩茎盘基部，根系不发达，主要根系分布在 10～15 cm 耕作层，因此吸收肥水能力弱，耐旱性差。洋葱真正（植物学上）的茎为短缩茎盘，上生叶和芽，下生须根。

鳞茎（俗称葱头）为产品器官，由地上部可见叶片的叶鞘基部（开放性鳞片）、未抽生出的叶片（闭合性鳞片）、叶原基（鳞芽或幼芽）、短缩茎盘、须根等构成（图 8-7）。开放性鳞片依其质地可称为膜质鳞片和肉质鳞片，前者位居外层，具有保护功能，后者位居内层，是食用部分。

鳞茎内的叶原基（鳞芽或幼芽），多数品种有 3～7 个，少数晚熟种有 8～9 个。叶原基有主侧之分，生长发育顺序也有先后之别，越冬期间感应低温或通过春化情况也不同。主（顶）芽发育较早，容易通过春化；侧芽则发育较迟，有的感应低温充足可通过春化，也有的发育太晚，未能通过春化。凡通过春化的，再通过长日照后可分化花芽，翌春可抽生 1 个花薹，开花结实。因此冬前培育较大的鳞茎，使之充分发育，对提高种子产量有利。

洋葱鳞茎形状有扁圆形和近圆形。一般近圆形或高圆形的品种，鳞茎产量高。

洋葱叶由叶身和叶鞘组成。叶身浓绿色，表面有蜡粉，管状中空，基部腹面凹陷，区别于大葱。叶鞘呈紫色、白色、浅黄色等，肉质化，多个叶鞘形成圆柱形的假茎。生长发育初期，叶鞘基部不膨大，假茎粗细上下基本相同，到中后期，叶鞘基部膨大成为肥厚的鳞片（开放性鳞片），构成鳞茎，鳞茎成熟后最外面的 1～3 层鳞片干枯成膜质鳞片。

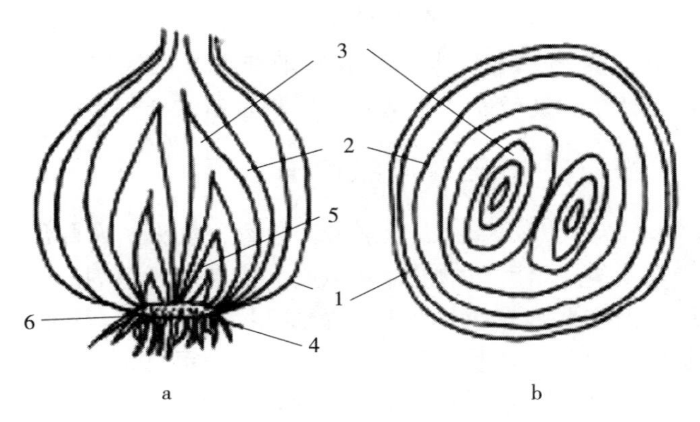

图 8-7　洋葱鳞茎的解剖结构

a. 纵切面　b. 横切面

1. 膜质鳞片　2. 开放性肉质鳞片　3. 闭合性肉质鳞片

4. 茎盘　5. 叶原基　6. 不定根

洋葱鳞茎的形成，对日照长短要求较为严格。据此，可分为长日型和短日型两个生态型。在鳞茎形成期，长日型品种每日需 14 h 以上的长日照，短日型品种则需 11.5～13.0 h 的短日照。早熟品种多属短日型，晚熟品种多为长日型。长日型品种如果在短日照地区或季节栽培，鳞茎迟迟不能膨大，不能形成正常的产品。同理，短日型品种若在长日照地区或季节栽培，则在植株体尚小时鳞茎就过早地开始膨大，也不能正常形成产品。因此洋葱品种区域性较强，远距离引种时，必须进行试验后方可推广。

洋葱为幼苗春化型，对低温春化要求严格。越是高纬度地区的品种，对春化条件的要求越高。一般认为，幼苗 4～6 叶，茎粗 4.5～10.0 mm（因品种而异）以上才能感应低温，在 2～10 ℃低温下需 60～130 d 通过春化。洋葱叶数越多、叶片越大，越容易感应低温通过春化。而且鳞茎越大，经过的低温期越长，单株抽薹开花数越多。

2. 洋葱的开花结实习性　洋葱花序为顶生球状花序，着生 200～300 朵花，花被和雄蕊各 6 枚，雌蕊受精后结实，子房 3 室。果实为蒴果，成熟后自然开裂。种子黑色，近三角形或盾形，外皮坚硬多皱，千粒重为 3～4 g。洋葱种子粒小、寿命短，宜使用当年产的最新种子，两年以上种子发芽率显著降低，甚至不发芽，这一点与韭菜、大葱等相似。

（二）洋葱常规品种种子生产技术

洋葱采种栽培周期与方式与大葱类似，有成株采种法，也有半成株采种法和小株采种法。成株采种法可使洋葱鳞茎充分发育，进行种株筛选，多用于原种生产。半成株采种法和小株采种法则生产周期短，成本低，多用于大田用种生产。

1. 成株采种栽培　成株采种法，即第一年秋季播种育苗，第二年春季定植、培育种株（母球），第三年春季抽薹开花，获得种子。

（1）播种育苗　秋季播种期，南北差别较大，一般可掌握冬前生长发育期50～60 d，即到越冬时把秧苗大小控制到感应低温春化的标准以下，以防第二年洋葱鳞茎不能正常膨大而发生未熟抽薹现象。播种、育苗管理可参照大葱。高纬度严寒地区，冬前把秧苗起出、束捆，根部埋土保湿储藏到0～2 ℃的环境中越冬。冬季不太寒冷或温暖的地区，可将苗床简易覆盖或露地越冬，注意浇好越冬水，翌春起苗、定植。

（2）秧苗定植及管理　选择保水、保肥力强的田块，定植前每公顷施腐熟的有机肥30 000～45 000 kg、过磷酸钙375～525 kg，深翻细耙，使土壤和肥料充分混合，做成小平畦。

秧苗定植多采用穴栽。栽苗前严格选苗、分级，淘汰弱苗、病苗和有抽薹危险的苗，大苗和小苗分畦定植、分别管理。栽苗深度为渠灌浇水漂不起苗的前提下尽量浅栽，一般为2 cm左右，栽苗过深时，不利于鳞茎膨大。行距为15～20 cm，株距为15 cm左右。栽苗后浇定植水，5～7 d后浇缓苗水。以后多中耕除草蹲苗，少浇水。洋葱中耕时，注意尽量不要伤损叶片，否则伤损1片叶就等于剥除鳞茎1层鳞片。当鳞茎开始膨大时进行追肥、浇水，促进鳞茎快速膨大。鳞茎收获前1周停止浇水。

（3）鳞茎收获和储藏　鳞茎收获前，应在田间选择生长势强，假茎细而紧实，鳞茎中等大小，形状色泽符合品种特征，表面光滑不裂皮，无鳞芽萌发者留作种株。鳞茎成熟的标志为叶身颈部倒伏，此时应适期收获。收获后，就地晾晒2～3 d，只晒叶不晒头，切忌雨淋，晒到葱头外皮发干为止。储藏时装筐或码垛上架，保持通风干燥。

葱头收获后，有1～2个月的生理（自然）休眠期，储藏期间生理休眠期过后鳞芽易萌发，从而引起鳞茎萎缩或腐烂。若在收获前14 d（叶片未干枯时）叶面喷洒0.25%青鲜素（MH），或储藏期间降低氧气含量，可避免储藏期间的萌芽。

冬季严寒地区，需将种株鳞茎储藏于0～5 ℃的低温场所越冬，完成春化，翌春土壤解冻后定植。冬季不太寒冷地区（华北平原以南），均在秋季或近冬将种株定植于种子生产田越冬。

经过储藏的鳞茎，定植前还需要再次选择，剔除腐烂变质和发芽过早的种球。

（4）种球定植及管理　洋葱为异花授粉作物，种子生产田应与其他品种隔离1 000～2 000 m。洋葱种子生产用母球有春栽和秋栽两种方式。秋栽比春栽种子产量高。春栽适期为土壤完全解冻后地温回升到2～4 ℃或以上，尽量早栽。雨水多的地方也可提早20～30 d定植于塑料大棚内，大棚栽培可使花期提前，防止遇雨影响产量。秋栽适期为冬前生长发育期为50～60 d，促冬前发根，冬前基本上不管理，要浇好越冬水，翌春除浇好返青水外，管理与春栽基本上相同。

无论是春栽还是秋栽，到开花前都应少追肥浇水，促根系下扎，促多抽花薹。开花之后开始追肥、浇水，结籽期间追肥 1～2 次，浇水 3～4 次。在风大的地方可简单支架或拉绳，防花薹倒伏。开花期当花球有 60%以上开放时，可放蜂或人工辅助授粉，提高种子产量。

此外，洋葱单个鳞茎中的多个鳞芽不一定都通过春化，通常较大的 2～4 个鳞芽可抽薹开花结籽，较小的鳞芽则萌发叶片又形成小株，该小株感受当年高温、长日后，地下部又形成小鳞茎（再生鳞茎），这些小鳞茎既可采球供食，也可留种保存，待来年采种。

（5）种子采收　洋葱盛花后 30 d 左右，种子陆续成熟，当花球变黄时陆续采收，也可于盛花后 40 d 左右全田有八成变黄时一次性采收。采收时割收老熟花（种）球，置于通风干燥处摊开晾晒数日，当种子干燥开始落粒时进行脱粒、清理，将去除杂质的种子继续摊开晾晒，充分干燥后收存。洋葱种子产量因品种类型、种子生产区域和采种方法而异，一般为 750 kg/hm^2，高者可达 1 500 kg/hm^2。

2. 半成株采种栽培　半成株采种法，即当年春季播种育苗，定植后培育种株，翌年春季抽薹开花结籽。此法一般用于高纬度地区种子生产。春季播种育苗，春末夏初定植，当年采收小鳞茎。严寒地区冬季储藏小鳞茎，第二年春季定植于种子生产田。无冻害地区也可越冬前定植小鳞茎，露地越冬。株行距为 10～15 cm×20～30 cm。其他栽培管理可参照成株采种栽培。夏季采收种子。半成株采种生产周期短，成本低，但种子种性较差，不宜连年使用，也只能用于生产大田用种。

3. 小株采种栽培　洋葱小株采种，也称为小株不结球采种。由于洋葱是绿体春化型作物，种株春化须经过一个冬春，所以也是 2 年 1 代。此法多在冬季无冻害的地区采用。一般夏秋播种育苗，晚秋定植，露地越冬。但应使秧苗在越冬前假茎直径达 1 cm 以上。父本和母本按 1∶2 或 1∶4 的行比定植，保证周围的隔离条件，株行距以 15 cm×25 cm 为宜，每公顷株数为 270 000 株左右。由于小株采种的鳞茎较小，本身营养不充分，要加强肥水管理和中耕除草措施，冬前适当培土防寒，浇好越冬水。翌春抽薹后要进行田间检查，拔除不抽薹株、杂株、病株。开花后进一步检查并除去杂株、异常株，自然授粉或放蜂辅助授粉。其他技术参照成株采种栽培。

冬季寒冷的地区，利用小株采种时，越冬前需将洋葱秧苗挖起，假植储藏于阳畦或储藏沟越冬，翌春定植于种子生产田。

应该指出，采用小株采种法进行种子生产，其亲本原种的纯度和质量必须绝对保证，且仅可用于大田用种生产，不可用于原种繁殖。

（三）洋葱杂种一代种子生产技术

洋葱由于花器小，单果种子少，生产上杂交种种子生产利用雄性不育系进行。洋葱杂种优势明显，是世界上最早育成并在生产上应用一代杂种的蔬菜之一。洋葱的雄性不育为质核互作型雄性不育，在杂交种种子生产中必须实行雄性不育系（A 系）、保持系（B 系）和父本系（C 系）的三系配套。

1. 雄性不育系繁殖　洋葱雄性不育系的繁殖宜采用三年一代采种法。将经过严格除杂的雄性不育系和保持系种株按 2～4∶1 的行比定植，具体行比应通过试验确定，因为各地气候条件、栽培方法和亲本的花粉量，以及昆虫的活动情况对结实有很大的影响。株行距参照常规品种种子。种子生产田自然隔离应有 1 000 m 以上的距离。花期放蜜蜂授粉，当蜂源不足时，人工辅助授粉。种子采收时严格区分雄性不育系和保持系，切不可机械混杂，这样从雄性不育系种株上采收的种子即为雄性不育系种子，可用于繁殖一代杂种或继续繁殖雄性不育系；从保持系上收获的种子仍为保持系。另外，还要注意，在种株开花初期及时检查和清除雄性不育系群体内可能出现的可育株，以防影响雄性不育系和保持系种子的质量。

2. 父本系繁殖　洋葱父本系（C系）为自交系，其繁殖采种与常规品种种子生产相同，用老株采种。需要注意的是，把父本系种球定植到隔离条件良好的区域内，使其自然授粉或人工辅助授粉。

3. 杂种一代种子生产　杂种一代种子为大田生产用种，可采用半成株采种或小株采种法。其亲本须是经多代选择和种性可靠的株系。种子生产的栽培中应注意几点：①通过试验，采用父本和母本合适的行比；②调节父本和母本花期；③花期田间检查，一方面清除雄性不育系内出现的可育株，另一方面将雄性不育系与父本系花期不一致的花球摘除，可减少种株养分消耗，促进有效花球种子发育；④放蜂或人工辅助授粉，提高杂交结实率；⑤收获种子时严格区分母本株和父本株，母本（不育）株上采收的种子是杂交种，父本株上收获的种子仍为自交种（假杂种）。

思考题

1. 试比较萝卜和胡萝卜大田用种种子生产的异同点。
2. 茄子、辣椒常规品种种子生产与杂交种种子生产主要有哪些技术要点？
3. 以黄瓜为例，说明瓜类蔬菜常规品种种子生产技术和杂种一代种子生产技术。
4. 以洋葱为例，阐述葱蒜类蔬菜常规品种种子生产技术和杂种一代种子生产技术。
5. 试述大白菜大田用种生产环节和技术要点。
6. 试比较菜豆、豇豆和豌豆常规品种种子生产技术的异同点。

第九章

牧草和草坪草种子生产

第一节　牧草种子生产技术

一、牧草种子及其类型

（一）牧草类型

牧草是指可供家畜采食的各种栽培和野生的一年生和多年生草类，其中以禾本科牧草和豆科牧草最多，也最重要，此外还有藜科、菊科及其他科的一些植物。广义上的牧草，在上述的基础上，还包括可供家畜采食的小半灌木和灌木。

牧草可分为野生和栽培两类。在我国辽阔的草原和荒原、荒漠和条件恶劣的高原，生长有丰富的野生牧草种类，它们具有顽强的生命力和适应性，具有良好的饲用价值，千百万年来养育着野生动物和家畜，是生产无污染、高品质家畜必不可少的饲料，更是牧草育种的重要基因资源。采集天然草场上的优良野生牧草的种子，对野生牧草进行人工栽培，在我国东北、西北大面积改良草场或建立人工饲草饲料基地发挥了重要作用，例如禾本科野生牧草有羊草［*Elymus chinense*］、老芒麦［*Elymus sibiricus*］、披碱草（*Elymus dahuricus*）、无芒雀麦（*Bromus inermis*）、鸭茅（*Dactylis glomerata*）、冰草（*Agropyron cristatum*）、羊茅（*Festuca ovina*）；豆科野生牧草有黄花苜蓿（*Medicago falcata*）、花苜蓿（*Trigonella ruthenica*）、蒙古岩黄芪、柠条锦鸡儿、草木樨状黄芪、托叶鸡眼草、胡枝子等。

栽培牧草主要是指经过人工育种选育出的，以人工播种方式播种在人工草场上，在人工参与栽培管理的条件下生产的牧草性饲料。目前主要有豆科栽培牧草和禾本科栽培牧草。豆科栽培牧草有苜蓿、草木樨、红豆草、三叶草、沙打旺、胡枝子、野豌豆、小巢菜等；禾本科栽培牧草有无芒雀麦、披碱草、羊草、冰草、苏丹草、黑麦草、狗牙根、羊茅、早熟禾、燕麦等。禾本科的这些著名优良栽培草基本上是国外选育的，在我国草原地区适应性很差，越冬不良。我国在引种和改良方面做了很多工作，也从本地野生种中选育了一部分适应我国栽培的菊科牧草，例如蒙古鸦葱、苦苣菜、蒲公英、紫菀、蓍草等。

（二）牧草种子产量形成的特点

与农作物相比，牧草与草坪草的种子产量很低，原因之一是牧草的育种和利用目标是营养体而非种子的产量，同时多年生牧草具有营养繁殖的优势，削弱了有性繁殖和种子结实。多数牧草或多或少保留有野生的特性，例如落粒性强、成熟不一致等，也限制了产量的提高。

牧草种子产量是指单位面积上形成的种子重量，产量构成因素有：单位面积上的生殖枝数目、平均每个生殖枝上的花序数（或小穗数）、平均每个花序（或小穗）上的小花数、每个小花中的胚珠数、结实率和平均种子重量。实际收获产量还要减去因落粒和收获过程中损失的种子重量。

潜在种子产量＝单位面积上的花序数（或小穗数）×每花序（或每小穗）的花（或小花）数×每花（或小花）中的胚珠数×单粒种子重量

表现种子产量＝单位面积上的花序数（或小穗数）×每花序（或小穗）的花（或小花）数×每花（或小花）中的胚珠数×结实率×种子重量

实际收获种子产量＝表现种子产量－（落粒种子重量＋收获过程中损失的种子重量）

其中单位面积上的小穗数取决于单位面积上的生殖枝数目和平均每个生殖枝上的小穗数。

牧草种子实际产量与潜在产量差异甚大，实际种子产量常常是潜在种子产量的10%～20%或更低。主要原因是传粉受精率低，受精合子败育率高，种子结实率低，落粒性强，种子持留性差，以及收获过程中的损失等。

（三）牧草种子生产的基本技术

1. 种子生产基地和种子田（地）的选择　牧草种子生产应采用专门的种子田进行，这样有利于生产出品种纯度高、产量高、品质优良的种子，而且又能更好地发挥适于生产种子地区的生产潜力，加速牧草种子的繁殖。种子生产基地和种子田（地）的选择应充分考虑当地的自然条件。

（1）气候　气候是决定种子产量和质量的先决条件，草种有多年生与一年生、长日照和短日照、冷季性和暖季性等生态类型，不同的生态类型对气候的要求各不相同。总的来说，牧草种子生产对气候至少有3个方面的要求：营养生长期要有充足的太阳辐射、温度和降水量，诱导开花要有适宜的光照周期及温度，成熟期需要持续稳定的干燥适温的天气。

（2）土壤类型、结构及肥力　种子生产田要求土壤肥力适中，肥力过高或过低均可导致牧草营养枝生长过旺或不足，影响生殖生长，不利于结实和种子生产。同时，土壤除含有生长所必需的氮、磷、钾等大量元素外，还需要含有于牧草种子生殖生长有关的微量元素硼、钼、铜、锌等。

禾本科牧草根系为须根系，在土层中分布较浅，对土壤要求比豆科牧草严格。大部分禾本科牧草（例如无芒雀麦、老芒麦等）喜中性土壤，苇状羊茅和杂交狼尾草则在土层深厚、保水良好的黏性土壤上生长最好，羊草、碱茅等适于轻度盐碱土壤，盖氏须芒草、弯叶画眉草等热带牧草适于酸性土壤。

大部分豆科牧草喜中性土壤。紫花苜蓿、黄花苜蓿、白花草木樨、红豆草、沙打旺、小冠花、白三叶草、红三叶草和截叶胡枝子等豆科牧草适于中性或弱碱性钙土，柱花草则以排水良好的微酸性土壤为最好。用于牧草种子生产的土壤最好为壤土，壤土和砂壤土持水力较强，有利于牧草根系的生长和吸收足够的水分和营养物质，同时还有利于耕作。

（3）地形　用于生产牧草种子的田块，应该开阔、通风、光照充足、土层深厚、排水良好、肥力适中、杂草较少。在山区生产牧草种子最好选择在阳坡或半阳坡上，坡度应小于10°。对于豆科牧草还应该注意布置在防护林带、灌丛及水库近旁，以利于昆虫传粉。

2. 隔离区的确定　设置隔离区是保证种子纯度的关键措施之一。种子生产中可采用空间隔离、自然屏障隔离等方法防止生物学混杂。空间隔离的距离远近因草种种类、授粉习性而异。豆科牧草（例如紫花苜蓿、草木樨、红豆草、三叶草等）多为异花授粉或常异花授粉植物，隔离距离要大，一般为 1 000～1 200 m；自花授粉牧草的隔离距离可保持在 50 m 以上；风媒花的无芒雀麦、黑麦草、羊草、披碱草、老芒麦等牧草品种，隔离距离应在 400～500 m。

3. 种子生产田的播种

（1）种子处理　牧草种子往往具有后熟期，有的休眠期很长。因此在播种前应进行打破休眠的处理，例如晒种、加热处理、变温处理、沙藏处理等。很多豆科牧草的种子硬实率很高，通常用机械方法擦破种皮以提高发芽率，即用碾子压碾至种皮已起毛但不破碎，草木樨种子的发芽率可由 40%～50%提高到 80%～90%，紫云英可由 47%提高到 95%。

（2）覆盖播种与无覆盖播种　覆盖播种是把种子播种在其他作物下面，有利于种子出苗。因当年生牧草多不能采种，可多收一季覆盖作物产量。覆盖作物多采用早熟、矮秆和不倒伏的品种。为了加速牧草种子繁殖，对在播种当年即能收获种子的地区，多不采用覆盖播种。短寿命的多年生牧草由于在第二年种子产量较高，而在覆盖播种下能显著影响其种子产量，因而也多采用无覆盖方式播种。

（3）播种方式和规格　可以采用宽窄行条播。窄行条播一般行距为 15 cm，宽行条播要看草种类、栽培条件的不同，有 30 cm、45 cm、60 cm、90 cm 等，甚至有 120 cm 的。由于土壤肥沃时宽行能够促使形成大量的生殖枝，增大繁殖系数，延长牧草利用年限，因此目前的趋势是宽行较多。当要加速繁殖有价值的上繁禾草（植株高度在 40 cm 以上）及豆科牧草时应采用宽行。繁殖下繁禾草时也应采用宽行，因这类牧草在窄行播种条件下，促进形成大量的营养枝，而生殖枝少，种子产量很低。

（4）种子生产田的播种量　用于种子生产的播种量比用于牧草和草坪草生产的播种量少，窄行播种只是生产播种量的 1/2 或更少，在宽行播种时播种量比窄行播种还可减少 1/2～1/3（表 9-1），而且采用宽行低播种量对种子生产量没有不良的影响。

牧草种子以浅播为宜，一般在砂质土壤播种深度以 2 cm 为宜，大粒种播种深度以 3～4 cm 为宜，黏壤土播种深度为 1.5～2.0 cm。

（5）播种适期　豆科牧草种子生产田可春播、秋播，少夏播。春播一般在 5 cm 土壤温度稳定在 12 ℃以上时进行。秋播时雨水适宜，土壤墒情好，田间杂草处于衰败期，有利于苗全、苗壮。秋播可适时早播，给牧草一个较大的幼苗生长时期，以利安全越冬。

表 9-1　牧草种子生产田的播种量（kg/hm^2）

（引自内蒙古农牧学院，1987；希斯等，1992；贾慎修，1995）

牧草	窄行条播	宽行条播	牧草	窄行条播	宽行条播
紫花苜蓿	7.5	6.0	百脉根	5.0	3.0
白花草木樨	7.5	6.0	猫尾草	6.0	4.5
黄花草木樨	7.5	6.0	紫羊茅	12.0	7.5
白三叶草	4.5	3.0	高燕麦草	15.0	9.75
红三叶草	4.5	3.0	鸭茅	12.0	9.0
老芒麦	18.75	10.5	多花黑麦草	12.0	9.0

（续）

牧草	窄行条播	宽行条播	牧草	窄行条播	宽行条播
披碱草	18.75	10.5	多年生黑麦草	12.0	9.0
羊草	22.5	11.25	冰草	15.0	9.0
无芒雀麦	15.0	10.5	草地早熟禾	9.0	7.5

4. 田间杂草防除与病虫防治　牧草的早期生长极为缓慢，容易受杂草危害。杂草同种子生产田中收获种子的牧草竞争可降低牧草种子产量，污染种子，降低种子的质量，同时给清选带来困难，因此在种子生产过程中应进行严格的杂草防除。杂草防除的方法有人工除草、机械除草、化学除草和生态防治等，也可利用积极的田间管理措施造成有利于牧草的竞争环境抑制杂草的生长和发育，例如施肥使牧草尽早形成茂密的草层结构、草田轮作、调整刈割高度等。当前使用最广泛的是化学除草剂。

与大田农作物相比，牧草具有较强的抗病能力。但种子生产田与放牧场相比，大量多汁的植株在田间生长很长时间，为病虫提供了更为有利的生长环境，因而防治种子田的病虫危害显得尤为重要。直接危害禾本科草种种子的病害有麦角病（病原为 *Claviceps paspali*、*Claviceps purpurea*）、黑穗病（病原为 *Ustilago bullata*）等。豆科牧草的病害大多由真菌引起，例如颈腐病、根腐病、炭疽病、锈病、白粉病、叶斑病等。害虫主要有蚜虫、蓟马、盲蝽、籽象甲、螟虫等。病虫防治的措施主要有选用抗病品种、种子检疫与消毒、化学药剂防治、轮作和消灭残茬等。

5. 施肥和灌溉　施肥和灌溉是提高种子产量和品质的重要措施。牧草种子产量的高低，取决于单位面积上生殖枝的数目、穗和花序的长度、小穗及小花数、结实率和种子的千粒重。这些因素的好坏与肥、水的充足适时供应有密切的关系。

禾本科牧草是喜氮的植物，对于磷钾也有一定的要求。追肥和灌溉通常结合进行，可在分蘖、拔节、抽穗及开花期进行。多年生禾本科牧草在夏季、秋季及春季进行分蘖，应适当增加磷肥的比例，促进生殖枝的生长和花芽的分化。对于冬性禾草而言，由于在春季前一年越冬的枝条较快地进入拔节、抽穗时期，除施用氮肥外，磷肥应适当增加，以促进穗器官的分化。夏秋季追肥的量可以适当地多一些，以氮肥为主，同时追施磷肥和钾肥。氮肥的量不宜太多，以免影响其越冬。春季追肥，既有促进春性禾草分蘖的作用，也有助于两个时期分蘖枝条的生长。而对于春性禾本科牧草而言，春施氮肥的量应高于对冬性禾本科牧草施用的量。禾本科牧草进入拔节、抽穗时期，对水肥的需要最为迫切，而且是整个生长期内需要量最大的时期，应施用含氮、磷、钾的完全肥料。在肥料充足时，可在拔节及剑叶出现期两次施用，但应本着前重后轻的原则。当肥料不充裕时，可在拔节时一次施用，并结合进行灌溉。开花灌浆期，为了满足粒大而饱满的要求，应施用适量磷肥和钾肥，并保证有充足的水分；也可追施少量氮肥，但不宜过多，否则延误成熟，造成减产。

豆科牧草对氮肥的需要较少，而对磷肥和钾肥的需要要高于禾本科牧草，因此豆科牧草的追肥应以磷肥和钾肥为主，氮肥用在生长早期，磷肥和钾肥施用时间与禾本科牧草基本相似。苜蓿需要在蕾期根外追施氮肥，以提高种子产量。根外追施磷肥和钾肥，最好是在花期进行，特别是在大量花期进行，可收到极好的效果。

微量元素特别是硼，对豆科牧草种子生产具有重要意义。硼能影响叶绿素的形成，加强种子的代谢，对子房的形成、花的发育和花蜜的数量都有重要的作用。缺硼时子房形成数量少，且形成的子房和花发育不正常或脱落。硼可作为根外追肥施用。

6. 人工辅助授粉 栽培牧草的授粉情况，对于种子的产量和品质关系极大，在生产实践中常采用辅助授粉技术。

（1）禾本科牧草的人工辅助授粉 禾本科牧草和草坪草为风媒花植物，借助风力传播花粉，在自然授粉的情况下的结实率多在30％～70％。实行人工辅助授粉，可以显著地提高其种子产量。人工辅助授粉要根据牧草的开花习性，选择盛花期及一天的盛花时进行，最好进行两次，对圆锥花序类牧草应于上部花和下部花大量开放时各进行1次；对于穗状花序的，可于大量开花时进行1～2次，两次间隔的时间一般为3～4 d。某些禾本科牧草（例如猫尾草、苏丹草），其辅助授粉的时间，应在一昼夜中温度较低和空气湿度最高时（早晨3：00—7：00）进行，因为这些牧草只在这个时候才开花。对于另一些禾本科牧草（例如鹅观草、无芒雀麦等），辅助授粉应在一昼夜中温度较高和空气湿度最低时（17：00—19：00）进行。

禾本科牧草人工辅助授粉的方法，可用人工或机具于田地的两侧，拉一绳索或线网，在盛花期的盛开时间，从草丛上部掠过即可。一方面植株晃动可促使花粉的传播，另一方面落于绳索或线网上的花粉，在移动时可带至其他花序上，从而使其得到充分的授粉。此外，采用施农药的喷粉器，以吹出的风促使植株摇动，也可起到辅助授粉的功效。

（2）豆科牧草的辅助授粉 多数豆科牧草是自交不结实的，所以种子生产需要的异花授粉要借助于昆虫。常异花授粉的豆科牧草（例如紫花苜蓿、红三叶草、红豆草、黄花草木樨等），也要凭借昆虫进行授粉。另一些豆科牧草虽为自花授粉植物，但异交率很高，昆虫授粉可提高其种子产量。野蜂、胡蜂、茧蜂及蜜蜂等是豆科牧草的主要授粉者，为了促进豆科牧草的授粉，提高种子产量，在豆科牧草地上常配置一定数量的蜂巢。切叶蜂或茧蜂对紫花苜蓿花的打开和传粉起着非常重要的作用。蜜蜂对百脉根，胡蜂对红三叶草的授粉有特别效果，每公顷配放3～10箱蜂，可促进授粉，提高种子产量2～10倍。

一般认为，蜜蜂的飞行距离不超过3 km，在豆科种子田，一般每公顷地可配置1～4箱。天气影响蜜蜂的活动，气温24～38 ℃最适于蜜蜂的活动，雨天蜜蜂基本不采蜜。风速太大时蜜蜂即停止飞行。因此豆科牧草种子生产田，特别是蜜蜂授粉作用较差的种类和品种，应尽可能设置在邻近于林带、灌木丛及水库近旁，以便吸引野蜂等进行授粉。

7. 除杂去劣 虽然牧草种子生产对于纯度要求不如大田作物严格，而且部分牧草甚至是遗传复杂的群体，除杂去劣不易做到。因此牧草种子生产的防杂保纯主要依靠有效的隔离措施和使用纯度高的原种。但是在种子生产的过程中，为了生产纯度较高的种子，在性状表现典型的时期人工拔除杂株是必要的而且是可以做到的。

8. 适时适法收获种子

（1）及时适法收获 牧草种类不同，收获方式会不同，适宜收获时期也不一致。用联合收割机收获应在完熟期进行，而用人工和马拉机具收获时，可在蜡熟期收刈。多数牧草成熟时容易脱粒，收获不及时或收获方法不当会造成很大损失。种子含水量可作收获的指标。一般当种子含水量降低到45％时，即可收获。在禾本科牧草中，羊草、无芒雀麦和草地早熟禾及时收获则落粒不多，而披碱草、老芒麦、冰草、草地羊茅、苏丹草、扁穗雀麦、多年生黑麦草等的种子极易脱落或强烈脱落。豆科的草木樨、箭筈豌豆、白花山黧豆的种子脱落性强，及时收获和使用大型机械联合收获是减少损失的主要办法。为了不错过种子的成熟期，不延误种子的收获，在牧草开花结束后（豆科牧草当下部花序开花结束时）的12～15 d，应每日检查种子生产田。牧草由于开花时间较长且不一致，种子成熟期不一致，而且很多牧草在种子成熟时很容易落粒，如收获不及时或收获方法不当会造成很大的损失。因此为了减少落粒损失，必须分批及时进行收获。很多豆科牧草，当种子成熟时，植株还没有停止生长，茎叶长久地处于绿色状态，给种子收获带来一定困难。因此在种子收获之前，常进行干燥处理（去叶处理），经处理后，可直接用联合收割机进行收获。

用马拉收割机收割时，最好在清晨有雾时进行，以减少落粒损失。但如果种子生产田面积较大，种子仅在清晨有雾时进行收获时必延长种子的收获期，往往也会造成较大的损失。用马拉收获机具收获种子时，应立即搂集并捆成草束，尽快地从田间运出，不应在种子田晒草和堆垛，以免造成损失或影响牧草生长。用联合收割机收获种子时，应在无雾及无露水的晴朗天气进行，脱出的草糠及秸秆应及时运走，以作为家畜的饲料。

（2）刈青刈种的确定　牧草种子生产田有的第一次刈割时收获种子，而以其再生草刈青、干草或放牧，也有时第一次刈割青草、干草，而以其再生草采收种子。到底以哪一次收刈作为采种为好，这取决于牧草的种类和生长季节的长短。一般多年生禾本科牧草的种子，特别是一些冬性或长寿命的下繁禾本科牧草，应该以第一次收刈时采收种子效果最好，以免导致第二次刈割时生殖枝数减少，从而降低种子产量。豆科牧草（例如紫花苜蓿和红三叶草），在国内外均有在第二次刈割时采收种子的，因为第二次即再生的牧草不徒长，发育正常，使开花结实处于夏秋季，天气条件较好，日照较短，有利于结实，而且也不容易受虫害的威胁，从而获得较高的产量。适于第二次刈割采收种子的地区，其生育期应不少于180 d。第二次刈割与第一次刈割的间隔时间不短于90～120 d。

（四）牧草原种生产

牧草可用提纯复壮的方法生产原种。一是采取改良混合选择法，选择典型优良单株，建立株行圃，选择优良典型的株行，混合脱粒即为原种。二是在选择典型单株和株行比较的基础上，建立株系进行株系比较，将入选株系混合收获而得到原种，生产上可选择三圃制或二圃制。

二、主要豆科牧草种子生产

豆科牧草是指豆科具有复叶、蝶形花和荚果特征，具有较强的抗逆性、独特适应性和饲料价值的一年生或多年生草本或灌木。豆科牧草种子包括作为播种材料的种子和成熟时荚壳不易脱落的荚果（如草木樨、红豆草、天蓝苜蓿等的荚果）。多数种子小而不规则，带有附属物，播种时会影响种子的流动性。

豆科牧草种类繁多，全世界有500属12 000多种；我国有130属10 000种以上，其中可作优良栽培牧草的有20属40多个种。我国重要的豆科牧草有以下几属。

1. 苜蓿属　苜蓿属（*Medicago*）为一年生或多年生草本，我国有12种、3变种、6变型，分布在西北、华北、东北和西南等地。生产中栽培利用的苜蓿属牧草主要有紫花苜蓿、黄花苜蓿、杂花苜蓿、金花菜、天蓝苜蓿等。其中紫花苜蓿是栽培面积最大、经济价值最高的一种。

2. 三叶草属　三叶草属（*Trifolium*）为一年生、短寿或长寿多年生草本，全世界共有

360 多种，主要分布于温带和亚热带地区；我国有 8 种，栽培利用较多的有白三叶草、红三叶草、杂三叶草、绛三叶草等。白三叶草作为放牧草地利用、城市绿化与水土保持的优良草种，在我国大部分省份均有分布，长江流域有较大面积栽培。

3. 草木樨属 草木樨属（*Melilotus*）为一年生或二年生草本，有 20 多种；我国有 9 种，生产上利用的有白花草木樨、黄花草木樨和细刺草木樨，是饲料、水土保持、绿肥和蜜源植物，也是改良盐碱地和瘠薄地的先锋植物。

4. 黄芪属 黄芪属（*Astragalus*）又称为紫云英属，为一年生或多年生草本或矮灌木，是饲料、改造荒山荒坡及盐碱地、防风固沙、治理水土流失的主要草种，全世界约有 1 600 种；我国约有 130 种，栽培面积较大的有沙打旺和紫云英。

5. 小冠花属 小冠花（*Coronilla*）又名多变小冠花，为多年生草本；我国 20 世纪 60 年代引进，是饲料、绿肥、蜜源、水土保持和美化庭院的优良草种。

6. 野豌豆属 野豌豆属（*Vicia*）又名蚕豆属、巢菜属，有 200 多种，是广泛分布于温带地区的牧草和绿肥作物；我国有 25 种，主要有毛苕子、箭筈豌豆、蚕豆、光叶苕子、红花苕子、广布野豌豆等。

7. 柱花草属 柱花草属（*Stylosanthes*）是我国广东、广西、福建、海南等地重要的饲料草种和南方良好的水土保持和改土植物。柱花草为一年生或多年生草本植物，约 50 种，我国利用的有多年生圭亚那柱花草和一年生有钩柱花草。

（一）紫花苜蓿种子生产技术

紫花苜蓿（*Medicago sativa*）别名紫苜蓿、苜蓿，原产于伊朗、小亚细亚、外高加索和土库曼斯坦一带，其中以伊朗为中心。野生紫花苜蓿类型丰富，适应性强。紫花苜蓿分布广泛，北部可达北纬 69°的斯堪的纳维亚半岛，南部可达南纬 55°的阿根廷和智利。紫花苜蓿于公元前 126 年引入我国，现在主要生产区在陕西、甘肃、山西、宁夏和新疆，其中甘肃是我国种植紫花苜蓿面积最大的地区。我国紫花苜蓿的种植区域逐渐扩大，向北推进到北纬 34°～36°，并延及北纬 50°；向南已到江苏、湖北、湖南和云南高山地区。

1. 紫花苜蓿的植物学特征 紫花苜蓿为豆科苜蓿属多年生草本植物，根系发达，具有根瘤，圆锥形主根深入土中，生长多年的老根有时可达数十米之深。侧根主要分布在 20～30 cm 的土壤表层。紫花苜蓿具有粗大的根茎，每个根茎着生有许多茎芽。茎秆直立，深绿色，高为 60～110 cm，具棱角，略成方形，中空。羽状复叶具大的托叶。小叶倒卵形，长为 7～30 mm，宽为 3.5～15.0 mm。花呈簇状，排列成短的总状花序。花冠蝶形，花瓣 5 片，雄蕊 9 合 1 离，雌蕊 1 枚。荚果螺旋形，通常 2～4 圈，褐色，密生伏毛，每荚含有种子 2～9 枚。种子肾形，黄褐色，千粒重为 1.4～2.4 g。

2. 紫花苜蓿的生物学特性 紫花苜蓿种子在 5～6 ℃的温度下就可以发芽，但最适发芽温度为 25～30 ℃，当温度超过 37 ℃时发芽就会停止。植株生长最适温度为日平均温度15～21 ℃，气温达到 35 ℃以上生长停止。紫花苜蓿喜温而又极耐寒，4～6 ℃开始返青，从返青到开花的活动积温为 700～900 ℃，到种子成熟需要 1 200～2 215 ℃的积温。紫花苜蓿耐旱，地下水位一般不应高于 1.0～1.5 m；喜中性或碱性土壤，不宜强酸或强碱土壤。

3. 紫花苜蓿的种子生产技术

（1）种子生产田的选择　紫花苜蓿适应性广，最适宜的是土质松软的砂壤土，pH 以 6～8 为好，年降水量在 300～800 mm 的地区栽植最好。苜蓿最忌水渍，连续淹水 24 h 即大量死亡，所以不能选择低洼地及易积水的地块。由于紫花苜蓿属于长日照植物，适于在高纬度的温带地区生产种子，花芽分化开花需要一定时期的长日照，需要大约 14 h 日照时间。它在进入秋季短日照条件下失去花芽分化能力，所以种子生产田应选在开阔、通风，光照充足，土层肥厚，排水良好，肥力适中，杂草较少，生长季节长，温度适宜的地区。附近最好有防护林带或灌木丛，以利于昆虫授粉。种过不同品种苜蓿的种子生产田，须隔几年后才能使用，不同品种的种子田要隔一定距离。同时向种子生产田施厩肥 15 000 kg/hm^2、过磷酸钙 375 kg/hm^2、草木灰 225 kg/hm^2，对提高种子产量很有帮助。

（2）播种

①种子处理：选用种子比一般苜蓿生产要严格，要对种子的纯净度、发芽率等进行严格鉴定，并要接种根瘤菌。1 kg 种子接种 5 g 根瘤菌剂。接种后的种子不能接受直射阳光，不能与农药同时拌种，不能与生石灰及大量化学肥料接触。

②播种方法：紫花苜蓿种子小，苗期生长特别慢，容易受杂草危害，所以种植紫花苜蓿的田块一定要进行犁地、耙地和耢地，使土壤细碎平整。播种前要施入足量的有机肥作基肥，每公顷施有机肥 20 t 左右。在有机肥不足的情况下，也可施一定数量的氮磷混合肥，施肥量为每公顷 150～225 kg，其氮磷比为 1∶1 或磷肥比例稍多一些。春季和秋季均可播种。播种前可将紫花苜蓿种子浸泡在 50～60 ℃热水中，浸泡半小时后放置阳光下曝晒，夜间移到凉处，并经常洒一些水，使种子保持湿润，经 2～3 d 后可趁墒播种。采用宽幅条播，行距为 60 cm，通风透光性好，营养生长量大，有利于扩大繁殖枝数，可得到较高产量和较好质量。

③播种量：播种量一般与牧草播种量相同或更少，一般为 7.5～15.0 kg/hm^2。播种深度为 2 cm 左右，播种后稍覆土，后镇压。

（3）田间管理

①间苗：生产种子，只控制其播种量还不够，还必须进行间苗。间苗应在出苗后 30 d 左右进行，株距保持在 10～20 cm，每公顷株数控制在 22 500～30 000 株即可。

②防除杂草和病虫害：紫花苜蓿种子在条件适宜的情况下，播种后 5～6 d 即可出苗，15 d 左右齐苗。幼苗期最容易受到杂草的危害。所以要提早下锄，第一遍一定要浅锄，除草要细。待苜蓿长到 20 cm 左右，就可进行第二遍除草，此时要深锄。此外，还可喷施药物进行化学除草。菟丝子属世界性苜蓿草地的恶性杂草，我国大部分紫花苜蓿种植地区，菟丝子危害非常严重。在菟丝子发生轻微的种子田时，可用人工拔除。或用五氯酚钠 15 kg/hm^2，播种前均匀地施入土壤或随肥料播入土壤；或用 25%敌草隆可湿性粉剂 3.75～6.00 kg/hm^2，兑水 900 kg/hm^2，出苗前均匀喷于土壤表面，可以触杀菟丝子的幼芽；或 40%地乐胺乳油 2 250 g/hm^2，兑水 300 kg/hm^2，播种前喷洒；或 50%乙草胺乳油 1 500～2 000 mL/hm^2，兑水 450 kg/hm^2，均匀地喷于土壤表面。紫花苜蓿的病害主要有褐斑病、霜霉病和白粉病，常见的为褐斑病和白粉病，可用杀菌剂 75%百菌清 500～600 倍液或 50%多菌灵可湿性粉剂 500～1 000 倍液定期喷洒防治。紫花苜蓿的虫害主要是蚜虫类，蚜虫聚集在苜蓿的茎、叶、幼芽和花的各部位上，吸取液汁，使被害植株叶片卷缩，花蕾变黄脱落，影响牧草产量和种子产量，可用 40%乐果乳剂 1 000～2 000 倍稀释液喷洒，也可以用 0.5%～0.8%敌百虫稀释液早晚喷洒。

③追肥和灌溉：研究表明，苜蓿无须施用氮肥，或苗期根瘤形成前施少量的氮肥即可，

而对磷钾肥的需要较高，所以对紫花苜蓿种子田应以追施磷钾肥或其复合肥为主，例如磷酸二氢钾。在播种当年，对于播种前没有接种根瘤菌或接种失败的种子生产田，应根据土壤氮肥水平或有机质含量适当施氮肥，供种子萌发及根瘤形成用，即所谓的启动氮。追肥最好在花期进行，由于现蕾期根瘤菌活力降低，此时根外追施一定量的氮肥，可使种子产量提高20%～30%。微量元素对紫花苜蓿种子生产具有重要意义。紫花苜蓿缺硼时，其子房数量减少，且形成的子房和花发育不正常或脱落。根外追施硼，每公顷用量为 3.75～4.50 kg 即可。苜蓿生长主要利用 1.2 m 以上土层中的水分，对种子产量起决定作用的是表层 60 cm 土壤中的水分。苜蓿种子生产田的干湿交替有利于种子生产，通过调节灌水的数量、频率和时间，使其能在营养期较慢地连续生长，可促进花芽分化，开花和结荚期合理灌水可以使种子产量提高。种子成熟后期则应及时停止灌溉，以利于种子收获。

（4）辅助授粉　紫花苜蓿是一种较严格的异花授粉植物，其自交结果率一般不超过2.6%，主要借助昆虫传粉。尤其苜蓿切叶蜂对苜蓿花授粉有特殊功效。在加拿大和美国的紫花苜蓿种子生产田中放养 5 万只/hm^2 切叶蜂，可使紫花苜蓿种子产量从 200～400 kg/hm^2 提高到 665～920 kg/hm^2。此外，也可进行人工授粉，即在紫花苜蓿盛花期每日 8:00—12:00，用扫帚在苜蓿植株顶部轻轻扫动或用长绳两人各执一端在苜蓿梢部拉过，使花朵破裂，花粉弹出而授粉。每日进行 1～2 次，连续 3～5 d，也可达到辅助授粉的目的。

（5）种子收获　紫花苜蓿为无限开花习性，一般开花延续 40～60 d，种子成熟极不一致，容易因拖延收获而使早熟的荚果脱落，或因推迟收获而遭遇连阴雨天气造成严重损失。一般根据荚果的颜色和种子含水量确定收获时间，大面积种子生产田的收获方法有两种：①刈割后草条晾晒干燥，然后脱粒；②用联合收割机直接收获。前者适于杂草较多、种子成熟晚或叶面露水多的种子生产田，当目测田间有 2/3～3/4 的荚果变为褐色时进行刈割，晾晒到叶片水分含量降低到 12%～18%时进行脱粒。联合收割机直接收获前 3～10 d 需要用接触性除草剂（例如敌草快、草胺磷和敌草隆）等进行处理，荚果的含水量降低到 10%～20%时收获。直接收获的优点是可以等到几乎所有荚果都成熟再收获，但收获太晚种子的落粒损失相应增加。此外，完熟期降雨对紫花苜蓿种子产量的影响很大，因此收获必须选择在没有降雨的时期收获。应注意，适宜地区的紫花苜蓿再生的生育期不少于 180 d。紫花苜蓿一年中第一茬花最多，故应头茬收种。紫花苜蓿种子当年生长发育较慢，不结实或结实很少，收种后再生草留茬过冬，不宜再刈割或放牧。2 龄以上种子生产田，可在头茬收种，第二茬放牧，每年春季返青前进行火烧，再耙地灭茬，可减少病虫害及杂草。种子必须进行干燥处理，再用种子清选机清选，清除杂质和尘土，使种子达到国家牧草种子质量标准，并依照国家标准对种子进行包装、储藏和运输。

（二）白花草木樨种子生产技术

白花草木樨（*Melilotus albus*）别名白香草木樨、金花草、白甜车轴草，原产于亚洲西部，现在广泛分布于欧洲、亚洲、美洲和大洋洲；我国西北、东北、华北地区有悠久的栽培历史、近年来种植面积较大的地区主要在甘肃、陕西、山西、山东和东北三省。

白花草木樨不仅是重要的饲料作物，而且也是很好的绿肥作物，具有保持水土、防风固沙的作用，还是很好的蜜源植物。白花草木樨产量较高，营养价值丰富，干草中富含钙、磷及各种维生素，不论是青饲、放牧还是调制干草，均为各种家畜所喜食，故称为宝贝草。

1. 白花草木樨的植物学特征　白花草木樨为豆科二年生草本植物。主根深，可达 2 m

以上，具根瘤。茎直立，圆形，中空，高为1～4 m。叶为三出羽状复叶，小叶细长，有椭圆形、矩形、扁卵形等。托叶小，为锥形、条状披针形。花序为总状或蝶形花序，白色，旗瓣较长。荚果无毛，内有种子2～3棵。种子坚硬，呈黄褐色。植株和种子具有草香气味。

2. 白花草木樨的生物学特性　白花草木樨的适应性较好，在年降水量为400～500 mm的湿润和半干旱地区生长良好。白花草木樨具有较强的耐寒能力，植株在日平均地温为3.2～6.7 ℃下就可以萌发，播种后5～7 d就可以发芽。根据白花草木樨生长期的长短可分为3个类型：早熟型、中熟型和晚熟型。它们的生育期，早熟型为80～100 d，中熟型为100～120 d，晚熟型为120～135 d。白花草木樨为长日照植物，连续光照下播种当年就可以开花结实。从孕蕾到开花需3～7 d；属于自花授粉植物，自花授粉率平均为86.7%。

3. 白花草木樨的种子生产技术

（1）种子生产田的选择　白花草木樨种子细小，而且种皮较厚，需要精心整地，深翻施肥，清除杂草，及时耙耱。白花草木樨对土壤要求不严格，耐瘠薄、抗旱、抗碱能力较强，草田轮作地和撂荒地等均可种植。

（2）播种

①种子处理：白花草木樨种子的硬实率很高，可高达40%～60%。因此播种前要擦破种皮或冷冻低温处理。生产中多用碾子或碾米机磨伤种子。用1%氯化钠溶液浸种2 h，也可以提高发芽率。同时播种前有必要用根瘤菌剂拌种，将10 g根瘤菌剂用水调和与1 000 g白花草木樨种子均匀混合，可提高种子产量。

②播种方法：条播、撒播、点播均可。宽行条播时，行距为30～60 cm，覆土深度为2～3 cm。播种后要进行镇压，以保苗全、苗壮、苗齐。播种量为9 kg/hm^2。

③播种时间：北方地区适宜春播或夏播。北方早春解冻后趁墒下种，易于出苗。春播宜早，土壤解冻8～10 cm后即可播种，这样可免受早春干旱的影响和杂草的危害，且根系发育好，有利于安全越冬。南方一般在秋季播种，但最晚不可晚于10月中旬。

（3）田间管理

①施肥与浇水：白花草木樨苗期生长缓慢，应及时进行灌溉，保证充足的水分供应。一般豆科牧草前期应适当施氮肥，以壮苗。到花蕾期应多施磷钾肥，以保证植株养分向种子运送和积累，增加种子的产量。

②防除杂草和病虫害：在幼苗期应及时除草并除去过密幼苗。白花草木樨常见的病虫害主要有：锈病、白粉病、霜霉病，常见的虫害主要有：蚜虫和芫菁。对病害的防治，每公顷用25%可湿性多菌灵粉剂4 500 g兑水1 350 kg喷施1次即可。对蚜虫、盲蝽、潜叶蝇等虫害可用5%马拉硫磷粉剂或25%敌百虫粉剂，每公顷用量为22.5～30.0 kg。

（4）辅助授粉　条件优越的地区要用蜜蜂传粉，每公顷用3群或4群蜜蜂，种子产量可达565～785 kg/hm^2。

（5）种子收获　春播白花草木樨第二年收种。白花草木樨花期长，种子成熟不一致，易脱落。当植株上有2/3荚果变成黑色或黄色，下部种子变硬时即可收种。

（三）白三叶草种子生产技术

白三叶草（*Trifolium repens*）别名白车轴草、荷兰三叶草、荷兰翘摇等。白三叶草是世界上分布最广的一种豆科牧草，最早于16世纪在荷兰栽培，后传入英国、美国、新西兰等国。我国于20世纪20年代引种，现已遍布全国各地，尤以长江以南地区大面积种植，是南方广为栽培的豆科牧草。

1. 白三叶草的植物学特征 白三叶草为豆科三叶草属多年生草本植物，寿命较长，一般生存7～8年，长的可在10年以上。主根较短，侧根发达，须根多而密，主要分布在10～20 cm土层中，是豆科牧草中根系分布最浅的植物。茎可以分为匍匐型和花茎型两个类型。节生有不定根。叶为掌状三出复叶，互生。小叶倒卵形或倒心形，长为0.9～1.3 cm，叶面有明显的V形白斑，叶缘细锯齿形。花序为头形总状花序，花冠白色，不脱落。荚果呈卵形，每个荚果中含有3～5粒种子；种子黄褐色，千粒重为0.6～0.9 g。

2. 白三叶草的生物学特性 白三叶草喜温暖、湿润气候，生长适宜温度为16～26 ℃，既耐寒又耐热，在−20～35 ℃条件下仍能存活，在黑龙江中部或东部厚雪覆盖的地区也能安全越冬。在35 ℃左右的高温条件下不会萎蔫。平均气温10 ℃时即可发芽生长，一年内生长期长达9个月左右。白三叶草适宜于年降水量不少于700 mm的湿润环境，耐湿性强，可耐受积水的时间达40 d以上；在连续接近零度的寒霜下，叶片也不萎蔫。白三叶草耐阴，耐酸性土壤，在土壤pH为4～5的地区亦能适应；但不耐盐碱，不耐干旱，干旱易发病。苗期生长缓慢。白三叶草在无遮阴条件下，生长快，竞争力强；反之，在遮阴条件下，生长缓慢，叶小花少，尤其对种子生产极为不利。

3. 白三叶草的种子生产技术

（1）种子生产田的选择　选择地势平坦、土层深厚、有灌溉条件的壤土地或砂壤地，进行精细整地。白三叶草种子细小，整地务必精细，深耕细耙，清除杂草。结合整地，施入适量的有机肥和磷肥作基肥，施优质农家肥30 000～37 500 kg/hm²、磷酸氢二铵150～200 kg/hm²。在酸性土壤上宜施用适量石灰。

（2）播种

①种子处理：白三叶草种子小，且硬实率高，播种前需要进行硬实处理。采用0.02%硼酸溶液浸种。同时，播种前应用根瘤菌剂拌种。

②播种方法：采用条播，行距为45～60 cm，播种深度为1.0～1.5 cm。

③播种量与播种时间：每公顷播种2.25～5.25 kg。北方以春播或夏播为宜，南方以秋播为宜，但最晚不能晚于10月中旬。

（3）田间管理

①施肥与浇水：白三叶草苗期生长慢，其田间管理应注意水分供应。在干旱季节、秋后燥热少雨时，应注意灌溉，以防干死和病虫害发生。研究结果表明，中等水分亏缺条件时白三叶草种子产量最高，但严重水分胁迫时白三叶草会提前开花，种子产量低。幼苗期多施氮肥。待草层建植后，因白三叶草竞争力强，一般可不用多施氮肥。后期多施磷钾肥。

②防除杂草和病虫害：白三叶草幼苗细小，生长缓慢，不耐杂草，应在苗齐后进行中耕除草。白三叶草的常见病害有单孢锈病、白粉病、褐纹斑病，可用70%甲基托布津600～800倍液，每公顷500 L药液量进行喷雾。主要虫害为蚜虫、黏虫和菜叶螟，其防治可用5%马拉硫磷粉剂或25%敌百虫粉剂，每公顷用量为22.5～30.0 kg，也可选用50%辛硫磷乳油5 000～7 000倍液、50%乙基稻丰散乳油2 000倍液、90%敌百虫1 000～1 500倍液，每公顷药液用量为900 kg。

（4）辅助授粉　开花期每日8:00—12:00，用扫帚在植株顶部轻轻扫动或用长绳两人各执一端在梢部拉过，使花粉弹出而授粉。每日进行1～2次，连续3～5 d。在条件优越的地区进行花期放蜂，能显著提高白三叶草种子产量，一般可增产15%～20%。

(5) 种子收获　白三叶草花期长，成熟不一致，最好分期分批采种。一次集中采收以干枯、荚果无青皮时进行为宜。种子成熟与收获期干燥无风，才能最大限度提高种子产量。牧草开花到种子成熟期如遇阴雨天气，将使种子产量显著下降。头年秋播的白三叶草，来年一般在4月中旬集中刈割1次，这样有利于下次集中采种。

(四) 红三叶草种子生产技术

红三叶草（*Trifolium pratense*）别名红车轴草、红荷兰翘摇和红菽草。红三叶草原产于小亚细亚及欧洲西南部，是欧洲、美国东部、新西兰等海洋性气候地区最重要的豆科牧草之一。我国新疆、湖北及西南大部分地区有野生种，栽培种在20世纪20年代引入，现已在西南、华中、华北南部、东北南部、新疆及内蒙古都有栽培。红三叶草适宜在我国亚热带高山低温多雨地区种植，北京、河南、河北等水肥条件好的地区也可种植。

1. 红三叶草的植物学特征　红三叶草为短期豆科多年生下繁草，平均寿命为3～5年。主根入土较深，在60～90 cm。侧根发达，60%～70%的根分布于0～30 cm土层中。茎直立或斜生，株高为50～140 cm，茎叶有茸毛；茎圆形，中空。叶为三出复叶，小叶卵形或圆形，长为3～4 cm，宽为2.0～2.5 cm。叶表面有V形白色斑纹。托叶大，先端尖锐，膜质，有紫色脉纹。花序为头形总状花序，生于茎顶或叶腋，每个花序有小花50～100朵，花红色。果实为荚果，每荚有种子1粒。种子肾形或椭圆形，棕黄色或紫色，千粒重约为1.5 g。

2. 红三叶草的生物学特性　红三叶草性喜温暖湿润气候，夏季不太热、冬天又不太冷的地区最适宜种植。最适生长温度为15～25 ℃，适宜生长在年降水量为600～800 mm的地区。红三叶草既不耐热又不耐寒，夏季气温超过35 ℃就会影响正常生长发育，长时间的高温，若昼夜温差小，会造成大面积死亡。红三叶草在南方亚热带地区难于越夏，冬季低于－15 ℃就难于越冬。红三叶草耐湿性好，在年降水量1 000～2 000 mm地区生长良好；耐旱性较差。红三叶草喜中性或微酸性土壤，适宜的土壤pH为6～7，土壤pH低于6时需要施用石灰调节土壤的酸度。

3. 红三叶草的种子生产技术

(1) 种子生产田的选择　红三叶草根浅种子小，应精细整地。在播种的前一年秋季进行深翻地，每公顷施有机肥15～23 t、钙镁磷混合肥380 kg。以土质肥沃富含钙质的土壤最为适宜，粉砂壤土、黏壤土亦可，而在轻砂土和砾质土上因保水保肥力差而生长不良，也不宜选红壤和盐碱土。播种前耙细耙平表土层4～6 cm，使表土面既平又细。按1.2 m进行分厢，四周开沟，以利于排水和田间管理。

(2) 种子处理　播种前应进行硬实处理和根瘤接种。用根瘤菌剂10 g，加少量的水调和，与1 000 g红三叶草种子拌匀后播种。如无根瘤菌剂，可取红三叶草的鲜根30株（保留根瘤越多越好），阴干粉碎，用于拌种即可起到接种根瘤菌的作用。红三叶草的种子具有硬实特性，一般硬实率为20%～30%。播种前应该进行种子处理，以破坏其不透水的种皮，使之容易吸水发芽，其方法是用采用0.03%硼酸溶液浸种，阴干后播种。另一种办法是用粗沙混种摩擦擦破种皮。

(3) 播种方法与播种时间　北方墒情好的地区多为春播，干旱地区多为夏播，最晚不迟于7月中旬。南方多为秋播，9月中旬至10月上旬进行。采用条播，行距为30～80 cm，播种深度为1～2 cm，播种量为4.5～8.0 kg/hm²。

（4）田间管理

①施肥与灌溉：出苗后，在2片真叶和4片真叶时每公顷施尿素75 kg，并经常保持土壤湿润。如遇干旱要及时浇水。在生长发育过程中还应追施过磷酸钙。在酸性土壤上，可施一定量的石灰，调节pH至适当水平。盛花期进行根外追肥，可提高种子产量。红三叶草不耐高温，7—8月高温时可进行灌溉，以降低土壤温度，以利于越夏。

②防除杂草和病虫害：红三叶草幼苗生长缓慢，除草宜早不宜迟。潮湿地区易发菌核病，主要侵染根颈及根系，使根变为褐色，呈水渍状而腐烂死亡。防治办法是：播种时用盐水选种，除去种子内混杂的菌核，或每公顷用25%可湿性多菌灵粉剂4 500 g兑水1 350 kg喷施1次即可。红三叶草锈病危害亦较普遍，可喷施波尔多液、石硫合剂。红三叶草常见的虫害有蚜虫、地老虎、盲蝽等，受害的叶片卷缩，花蕾凋萎干枯。芫菁主要嚼食花和叶，使结实率降低，造成种子减产。害虫的防治，可用5%马拉硫磷粉剂或25%敌百虫粉剂，每公顷用量为1.5～2.0 kg；还可选用50%辛硫磷乳油5 000～7 000倍液、50%乙基稻丰散乳油2 000倍液、90%敌百虫1 000～1 500倍液，每公顷药液用量为900 kg，均匀喷洒即可。

（5）辅助授粉　一般豆科牧草属异花授粉，所以很有必要进行人工辅助授粉。研究表明，通过人工辅助授粉，种子产量可以提高15%～20%。其方法基本和白三叶草相同。花期每日8:00—12:00，用扫帚在植株顶部轻轻扫动或用长绳两人各执一端在梢部拉过，使花粉弹出而授粉。每日进行1～2次，连续3～5 d。在条件优越的地区进行花期放蜂，不但能显著提高白三叶草种子产量，同时也增加了蜂蜜来源。

（6）种子收获　红三叶草花期较长，种子成熟不一致，宜在70%～80%的花序干枯变黄，种子变硬，果梗枯干时收种，每公顷可收种子300～450 kg，最高的可达1 050 kg。雨水过多年份，可提前刈割一茬再收获种子。

（五）柱花草种子生产技术

柱花草（*Stylosanthes gracilis*）别名巴西苜蓿、热带苜蓿，原产于南美洲，以巴西北部最多，因在形状上与苜蓿相似而有巴西苜蓿之称。柱花草于1962年引入我国，在海南等热带地区种植表现良好；我国1964年以后又引种到广西、海南、云南、福建、台湾等地栽培，表现良好，是一种很有发展前途的热带和亚热带牧草。

1. 柱花草的植物学特征　柱花草是豆科柱花草属多年生草本植物，全株被茸毛。主根明显，侧根发达，入土深可达2 m。茎细嫩多分枝，直立或斜上，高为100～150 cm。叶为三出羽状复叶；小叶披针形，中间叶大，两侧叶偏小，长为4.0～4.6 cm，宽为1.1～1.3 cm，顶端锐尖。托叶合生为鞘状，被短茸毛。数花组成穗状花序或聚集成腋生复穗状花序。花萼管狭长，上部4裂片合生，下部1片狭长。花小，花冠黄色或橙色。雄蕊10枚，单体。荚果小，有1～2节，每荚含1粒种子；种子肾形，淡黄色至黄褐色，千粒重为2.5 g。

2. 柱花草的生物学特性　柱花草性喜高温、多雨、潮湿气候，宜在北回归线以南，年降水量1 000 mm以上的地区种植。柱花草怕霜冻，耐寒性能差，一般在15 ℃时能继续生长，0 ℃时叶片脱落，当气温在－2.5 ℃时部分植株会死亡，7～8 ℃的低温和低湿条件也会使大部分植株地上部枯萎；可抗夏季高温干旱；可忍耐短时间水淹，但不能在低洼积水地生长；对土壤选择不严，耐贫瘠，在热带红壤和砂质灰化土上都可生长；耐盐性差，但能忍受强酸性土壤。幼苗生长缓慢，一旦植株封垄，则生长迅速。柱花草在海南12月至翌年1月开花，2—3月种子可正常成熟。在广州、南宁则往往因低温多雨而结实不良。

3. 柱花草的种子生产技术

（1）种子生产田的选择　尽管柱花草对土壤要求不严，但选用土层深厚、土质较好、有灌溉条件的种子生产田是很重要的。在年平均温度高于21 ℃、年降水量超过1 000 mm的地区生长良好。柱花草的种子生产田，应进行秋深耕或早春耕翻、耙地、整平，结合耕翻整地，施有机肥30 000～40 000 kg/hm^2 和适量过磷酸钙作基肥。如果土壤缺乏铜、硼、锌等微量元素，也需适量施用。

（2）播种及管理　柱花草种子硬实率较高，可达70%左右，因而发芽率低，所以播种前用浓硫酸浸种15 min或用55 ℃温水浸种25 min或85 ℃温水浸种2 min，或用种子擦皮机、碾米机磨破种皮，以提高发芽率。南方在9月下旬到11月上旬播种，采用条播，行距为30～60 cm，播种量为23～40 kg/hm^2。播种后镇压。出苗后要及时进行中耕除草。苗期追施氮肥1～2次，施尿素60～75 kg/hm^2。

（3）种子收获　柱花草种子成熟期在12月至翌年1月，种子成熟不一致且边熟边脱落，给收种工作带来一定困难。生产上尚无收种机械。目前最好方法是目测种子有80%成熟时，采取人工收获。具体有以下4个步骤。

①割草：将植株地上部分割下，堆集成行，晒1～2 d。

②打种：在地上铺塑料垫或布垫，把草堆移至垫布上，用木棒敲打至种子脱落，移去草秆。

③筛种：用不同网目筛子逐步筛去随种子一同落下的茎、叶、花蕾、泥沙等杂物，即可得到种子粗样，进行晒干。

④清选：将晒干的种子精心筛去杂物，风选除去秕粒，即可得到干净种子。专业生产种子用机械进行清选。

（六）沙打旺种子生产技术

沙打旺（*Astragalus adsurgens*）别名直立黄芪、麻豆秧、地丁等。沙打旺栽培种原产于我国的黄河故道地区，即江苏北部和山东、河南、河北的部分地区，其野生种斜茎黄芪在我国的东北、华北、西北和西南地区均有分布。近年来，随着畜牧业和治沙改土事业的发展，沙打旺的种植范围不断扩大，然而在北方地区由于存在种子产量低，甚至不能结实的严重问题，致使种子奇缺，直接影响扩大种植面积。

1. 沙打旺的植物学特征　沙打旺为短寿命多年生草本植物，主根粗壮，入土1～2 m；侧根发达，根幅为1.5～2.0 m；根系主要分布在15～30 cm土层中；根上长有大量根瘤。植株体上密生丁字毛。沙打旺茎直立或接近直立，绿色，主茎不明显，分枝多。叶为奇数羽状复叶，有小叶7～27片，小叶长椭圆形。花序为总状花序，花蓝紫色。荚果矩形，每荚有种子10多粒；种子黑褐色，千粒重为1.5～2.4 g。

2. 沙打旺的生物学特性　沙打旺抗逆性强，表现在耐寒、耐旱、耐瘠、耐盐碱和抗风沙等方面。种子萌发最低温度为3～5 ℃，植株最适生长温度为20～32 ℃，在我国越冬性能好，可忍受−30 ℃低温。完成生殖生长需有效积温不低于3 600 ℃，因此种子生产基地必须建立在年平均温度在8～15 ℃的地区。所以沙打旺在北方主要表现为只开花不结果实。沙打旺喜栗钙土、砂壤土；不耐潮湿或水淹，黏土、盐碱地积水3 d则引起死亡。

3. 沙打旺的种子生产技术

(1) 种子生产田的选择　沙打旺对土壤要求不严格，在风沙土和黄土丘陵地区均可种植，但在水不畅，易淹水的涝洼地出苗不良，长势较差，根腐病严重；质地过分黏重的土壤出苗困难；酸性土壤往往生长不好，最好选择中性至微碱性的壤质或砂质土种植。由于沙打旺种子细小、根系发达，必须对土壤进行深耕细耙，使土壤细碎疏松，以利于播种和保苗。

(2) 播种

①种子处理：沙打旺种子硬实率较低，一般为3%～5%，高的不超于10%，因而播种前一般不必进行打破硬籽种皮的处理作业。但为提高种子的纯净度，保证播种质量，播种前应做好除杂工作，例如对混入的菟丝子种子一定要彻底清除，以防蔓延危害。同时应进行种子发芽试验，以确定适宜播种量。

②播种期：适时播种对出苗和保苗至关重要，无论何时播种，关键在土壤含水量不得低于11%。在春旱较为严重的地区，应在早春顶凌播种，此时土壤水分足，容易全苗。在春天风大、土壤干燥的地区，可在春季和夏季降雨后播种。东北和华北北部可在春末夏初，下过透雨并除过草后播种，或在初冬地面开始结冻时进行寄籽播种，争取翌春出苗。沙打旺喜温暖的气候条件，种子在10～20 ℃时经8～10 d出苗，在15～20 ℃时经5～6 d发芽出苗。

③播种方法：通常为条播，行距为30～45 cm。在河滩或沙丘上种植也可采取撒播方式，在零星小块地上种植可采取点播方式，也可用飞机大面积播种。播种后镇压，效果好。

④播种量：条播时播种量为1 kg/hm^2左右，撒播时播种量为30～45 kg/hm^2，点播时每穴播10粒左右。播种深度视土壤墒情而定，干土宜深，湿土宜浅，一般以1.5～2.0 cm为宜。

(3) 田间管理

①施肥与灌溉：瘠薄的土地，每公顷施堆肥、厩肥18.7～22.5 t，翻入底层。沙打旺抗旱力极强，在整个生长发育过程中，根的生长量一直大于地上部，能从深层土壤中吸收养分和水分。由于生长快，茎叶繁茂，需水较多，干旱期要及时灌溉，以提高产量和品质。沙打旺不耐涝，土壤水分过多时，容易造成幼苗的死亡，因此要及时排水防涝。

②防除杂草和病虫害：沙打旺极易患病虫害，例如茎炭疽病、叶炭疽病、黑斑病、根腐病等。菟丝子的寄生对沙打旺的危害也十分严重，为此对病株应及时拔除。如遇蚜虫、盲蝽、潜叶蝇等害虫，可用乐果、敌百虫等药进行防治。如有白粉病，可用波尔多液、石灰硫黄合剂、多菌灵、托布津等进行防治。

(4) 种子收获　沙打旺花期长，种子成熟不一，同时种子成熟荚果易裂，故应及时收种，当茎下部呈深褐色时即可收获。

(七) 毛苕子种子生产技术

毛苕子(*Vicia villosa*)又名冬箭筈豌豆、长柔毛野豌豆、冬巢菜。毛苕子原产于欧洲北部，主要分布在北半球温带地区。毛苕子在我国栽培历史悠久，分布广泛，以安徽、河南、四川、陕西、甘肃、内蒙古等地栽培较多，华北、东北也有种植。毛苕子是世界上栽培最早、在温带国家种植最广的牧草和绿肥作物。

1. 毛苕子的植物学特征　毛苕子为一年或二年生草本植物，全株密被长毛。主根长为0.5～1.2 m，侧根多。茎细长，达2～3 m，攀缘，草丛高约40 cm。分枝较多，20～30个。叶为偶数羽状复叶，叶轴顶部分枝有卷须。小叶呈长圆形或披针形，长为10～30 mm，宽为3～6 mm。花序为总状花序，腋生。花冠紫色；花萼钟状，有毛。荚果矩圆状，长为15～30 mm，内含种子 2～8 粒；种子黑色，千粒重为 25～30 g。

2. 毛苕子的生物学特性　毛苕子性喜温暖湿润的气候，不耐高温，植株生长的最适温度约为 20 ℃；耐寒、耐旱性较强；不耐水淹。种子发芽需要较多的水分，土壤含水量在17%以上时大部分种子可以发芽。在北方一般 4 月上旬播种，5 月上旬分枝，6 月下旬现蕾，7 月开花，8 月上旬荚果成熟。从播种到成熟约需要 140 d。南方秋播正常的生育期在 280～300 d。毛苕子喜欢生长在砂质土壤当中，耐盐碱土，在土壤 pH 为 6.9～8.9 时生长良好。

3. 毛苕子的种子生产技术

（1）种子生产田的选择　毛苕子种子生产田应选择地势较高、排灌方便、通风透光和土壤肥沃的土地，这样可以减轻病虫危害，提高种子产量。毛苕子根系入土较深，播种之前必须深翻土地。同时要进行施基肥，可施农家肥 45～60 t/hm^2、过磷酸钙 675～750 kg/hm^2。

（2）播种　毛苕子种子硬实率比较高，出苗率仅为 50%左右，特别是新收种子的硬实率更高。因此播种前应对种子进行处理，可用机械划破种皮或用温水浸泡 24 h 后再播种，以提高出苗率，保证全苗、壮苗。

种子生产田可在早春或冬季来临前播种，播种量为 30.0～37.5 kg/hm^2。采取条播，一般行距为 30～80 cm，播种深度为 2～3 cm。

（3）田间管理　毛苕子幼苗生长较为缓慢，易受杂草危害。应加强中耕除草和护青管理工作，确保毛苕子健壮生长。毛苕子虽然抗干旱、耐瘠性强，但为获丰产，也应加强以水肥为重点的田间管理工作，做到适时适量灌水、科学追肥。在分枝期和盛花期灌水 1～2 次，以满足毛苕子对水分的需求。追肥可施硝酸铵 150 kg/hm^2 左右。春季多雨的地区要进行适当排水，以免茎叶腐烂和落花落果。

（4）种子收获　毛苕子花序为无限花序，种子成熟很不一致。当茎秆由绿色变黄色，中下部叶片枯萎，全株或全田有 70%的荚果变成暗褐色时应及时收获。种子产量一般为 450～900 kg/hm^2。

（八）箭筈豌豆种子生产技术

箭筈豌豆（*Vicia sativa*）别名大巢菜、野豌豆、春箭筈豌豆等。箭筈豌豆原产于亚洲西部和欧洲南部；在我国分布较为广泛，主要集中在西北和西南等地区，在西北地区栽培发现有很高的产量和很好的品质，是一种优良的草料兼用作物。

1. 箭筈豌豆的植物学特征　箭筈豌豆为野豌豆属一年生或二年生草本植物。主根肥大，入土不深。根瘤多，呈粉红色。茎细软有条棱，偃卧，长为 80～120 cm；分枝 3～5 个。叶为偶数羽状复叶，具小叶 4～10 对，呈长圆形；叶轴顶端具卷须。花梗短，花冠紫红色，花萼蝶形。荚果狭长，为 4～6 cm，含种子 7～12 粒。种子较大，呈圆形或扁圆形，色泽因品种不同而呈粉红色、灰色、黑色等，千粒重为 50～60 g。

2. 箭筈豌豆的生物学特性　箭筈豌豆喜凉爽干燥气候，抗寒性强，适应性广，但不耐炎热。箭筈豌豆对温度要求不严格，种子在 1～2 ℃时即可发芽，但发芽的最适温度为 26～28 ℃，生长发育的最低温度为 3～5 ℃，种子成熟要求积温 1 700～2 000 ℃。从播种到出苗需 22 d，生育期因品种不同而异，为 90～134 d。箭筈豌豆较耐旱，但对水分比较敏感，多雨年份产量提高 0.5～1.0 倍；对土壤要求不严，喜砂壤及排水较好的土壤；不耐盐碱，适宜 pH 为 6.0～6.5。

3. 箭筈豌豆的种子生产技术

（1）整地　播种前需精细整地，并施基肥，一般每公顷施优质农家肥 30 t、过磷酸钙 300～375 kg。

（2）播种　箭筈豌豆种子进行春化处理能提高种子产量。春化方法：每 50 kg 种子加水 38 kg，15 h 内分 4 次加入。然后放在谷壳中保持 10～15 ℃的温度，种子萌发后移到 0～2 ℃室内放置 35 d 即可播种。我国北方地区春播和夏播均可，东北地区以春播为主；中西部以夏播为主。南方一年四季都可以播种，但是最晚不能迟于 10 月。播种越早越好，特别是气温比较低的地区。播种采用宽行条播，行距为 30～60 cm，播种量为 45～60 kg/hm^2。箭筈豌豆为子叶留土植物，播种深度一般为 3～4 cm。如果墒情不好，可播得深一些。播种后进行耙耱和镇压。

（3）田间管理　箭筈豌豆在苗期应进行中耕除草。在灌溉区要高度重视植株体分枝期和结荚期的灌水，对种子产量影响极大。南方应注意及时排水。旱地播种箭筈豌豆，播种季节易受干旱威胁，要抓紧时间整地，抢墒播种，出苗后 5～7 d 内若遇干旱，要及时灌水，以利幼苗扎根，保证全苗。生长中期视需水情况，灌水 2～3 次，灌水量不宜过大，应速灌速排。

（4）种子收获　箭筈豌豆花期短，籽粒灌浆快，花荚不易脱落。种子成熟一致，豆荚 80%以上黄熟即可采收。晒干后脱粒。每公顷种子产量为 1 800 kg 左右，最高可达 3 000 kg。

（九）小冠花种子生产技术

小冠花（*Coronilla varia*）别名多变小冠花、绣球小冠花，原产于地中海地区，在欧洲中部和东南部都有分布。我国于 1948 年从美国引进小冠花，1964 年江苏植物研究所从欧洲引入试种，70 年代后期较大量引种，逐渐发展起来，现在在江苏、山西、陕西、北京、甘肃等地大面积栽培，有较高的利用价值。

1. 小冠花的植物学特征　小冠花是豆科小冠花属多年生草本植物。根系发达，主要分布在 15～50 cm 深的土层中，具形状不一的根瘤。茎中空，有棱，直立，草层高度为 60～70 cm。叶为奇数羽状复叶，小叶长为 0.5～2.0 cm，宽为 0.3～1.5 cm，全缘，光滑无毛。花序为伞形花序，花梗长为 15 cm，由 14～22 朵小花组成，花的颜色先为粉红色后变为紫红色，故又称为多变小冠花。荚果细长，圆柱状，长为 2～8 cm，宽为 0.2 cm，内含种子 3～13 粒。种子肾形，红褐色，千粒重为 4.1 g 左右。

2. 小冠花的生物学特性　小冠花为宿根性植物，根系较长，当年生苗在坡地上主根深达 60 cm 左右，平肥地上当年生根深可达 1 m 以上。实践证明，在辽宁地区虽然主根有烂根现象，但侧根仍可以安全越冬。春播后当年即可开花结实，生育期为 120～150 d，来年 3 月返青，7 月种子就可以成熟。小冠花耐寒、耐旱性较强，生长的最适温度为 20～30 ℃。小冠花对土壤要求不严格，在平地、荒山、荒坡和林间均可种植，并能很好地生长。

3. 小冠花的种子生产技术

（1）种子生产田的选择　小冠花种子小，播种前要把种床整细整平，无大土块，以利种子和土壤紧密接触并吸水发芽。结合整地施用有机肥和磷肥作基肥，必要时灌一次底墒水，以利出苗。

（2）种子处理　小冠花种子的硬实率高达 20%～80%，播种之前要进行硬实处理，可用机械擦破种皮或用硫酸处理。

（3）播种　采用条播，行距为 30～60 cm，播种量为 3～5 kg/hm^2。种子覆土深度为 1～2 cm。

（4）田间管理　小冠花幼苗时期生长比较缓慢，在苗期要注意及时除草。从种子出苗到孕蕾期如遇严重干旱要及时灌溉，一般进行 1～2 次。在花期要施磷钾肥，可喷洒叶面肥，以提高种子产量。

（5）种子收获　由于花期长，从开花到种子成熟达 60～70 d，种子成熟很不一致，故应边成熟边收获，以减少荚果成熟后断裂。荚果一次性收获时，应在植株上的荚果 60%～70%变黄褐色时连同茎叶一起割下，运到晒场晒干脱粒。

（十）扁蓿豆种子生产技术

扁蓿豆（*Melilotoides ruthenicus* L.）别名花苜蓿、野苜蓿、镰荚苜蓿等，主要分布于中国、朝鲜、蒙古、俄罗斯等国，我国以东北、内蒙古、宁夏、甘肃等地多见，主要生长在草原、沙地以及固定沙丘上，也常见于疏林、灌丛和向阳坡上。扁蓿豆具有抗旱、耐寒、耐瘠薄、耐践踏等特点，有较多的生态型，是一种营养价值和产量较高的优良牧草。与苜蓿相比，它在适应性、抗旱性和耐寒等方面都优于紫花苜蓿，可与黄花苜蓿相媲美，在改良草地、建立人工草地、防治水土流失等方面具有重要意义，尤其是寒冷半干旱、土壤贫瘠区引种具有特殊意义。

1. 扁蓿豆的植物学特征　扁蓿豆为豆科多年生草本植物，植株高为 70～80 cm。根系发达，主根粗大，入土较深，一般都超过 1 m。根系上的根瘤较多，活跃。茎直立或斜上，分枝较多。叶为三出羽状复叶，小叶长为 8～25 mm，宽为 1.5～7.0 mm，呈倒披针形、矩形、矩圆状楔形等。花序为总状花序，花梗长为 8～20 mm，有小花 5～10 朵，花冠黄色。荚果矩形，网脉明显，内含种子 2～4 粒；种子矩圆形，黄色，千粒重为 3.0～3.5 g。

2. 扁蓿豆的生物学特性　扁蓿豆在北方地区生长发育良好，播种当年即能开花结实，第二年 4 月底返青，9 月上中旬种子成熟，生育期为 130 d 左右。扁蓿豆喜温抗寒，但不耐夏季炎热。扁蓿豆种子在 5～6 ℃下即可发芽，新生幼苗可耐－3～－4 ℃的低温。植株生长的最适温度为 25～27 ℃，气温超过 34 ℃时植株停止生长，并同时出现高温危害现象。扁蓿豆对水分要求并不严格，一般在年降水量为 300～600 mm 的地区就可生长发育；对土壤要求也不严格，在 pH 为 8.5～9.0 的重碱性土壤也能正常生长，但对酸性土壤稍敏感，酸性土壤不宜作为种子生产田。

3. 扁蓿豆的种子生产技术

（1）种子生产田的选择　扁蓿豆种子生产田应为微碱性土壤，以土层深厚的黑土最为适宜，应平坦，以便灌溉和种子收获。整地应深耕细耙，并施厩肥 15 000 kg/hm^2、过磷酸钙 375 kg/hm^2、草木灰 225 kg/hm^2 作基肥。

（2）播种

①种子处理：扁蓿豆的硬实率很高，在播种前有必要进行硬实处理，可用碾米机擦破种皮或采用 0.02%硼酸溶液浸种，也可用 1%氯化钠溶液浸种 2 h，以提高发芽率。播种前每千克扁蓿豆种子加 1 g 大豆根瘤菌剂拌种，可提高种子产量。

②播种方法：采用条播，行距以 30～80 cm 为宜。播种量为 15～20 kg/hm^2，覆土厚度为 1.0～1.5 cm。播种后要镇压，以利于种子萌发。

③播种时间：一般采取春播，如果种植地区干旱以夏播为宜。

（3）田间管理

①施肥与浇水：扁蓿豆植株对磷钾肥的需求较高。在花期或花期之前的1周要追施磷钾肥。在孕蕾期到种子成熟期，由于根系老化，根瘤菌不活跃而往往有氮的需求，所以在此期间适当增施氮肥，以提高种子产量。秋季灌溉1次，生长期灌溉3次，孕蕾期、开花期和结实期各灌1次水，维持在田间持水量的65%左右。收种时要求湿度大、露水多，减少种子炸裂的损失。种子收获后和二茬草收割后各灌1次水。11月上旬进行冬灌，有利于扁蓿豆越冬与来年丰产。

②防除杂草和病虫害：扁蓿豆易发病害主要是白粉病和锈病，危害严重的害虫主要是蓟马和蚜虫。对于病害，可用75%百菌清500～600倍液或50%多菌灵可湿剂500～1 000倍液定期喷洒防治；对于虫害，可用40%乐果乳剂1 000～2 000倍液喷洒。

（4）种子收获　种子播下当年一般为营养生长，第二年即可开花结实，花期一般较长，所以种子成熟不一致，易脱落，应尽早收获。当荚果的2/3变褐色，种子含水量在35%～45%时即可收获。或在种子快要成熟时喷洒干燥剂敌快特1～2 kg/hm^2，喷洒后3～7 d即可大面积进行机械收获。

（十一）百脉根种子生产技术

百脉根（*Lotus corniculatus*）别名五叶草、牛角花、鸟趾草。其野生种在我国华南、西南、西北、华北等地均有分布。百脉根在保持水土、改良人工草场、防止土地荒漠化方面都有独特作用。百脉根适应范围广，可有效地提高草场的利用价值。百脉根在国外广泛应用，美国在东北部和北部潮湿地带已种植近1.0×10^6 hm^2。作为干草和青贮牧草，加拿大用百脉根建立混播放牧草地。20世纪80年代，新疆草原研究所从加拿太引进15 g“里奥”百脉根种子，在准噶尔盆地北缘平原灌溉区试种，效果良好。我国引种试验证明，百脉根是我国温带湿润地区极有希望的豆科牧草。

1. 百脉根的植物学特征　百脉根为多年生豆科百脉根属草本植物，利用年限为8～10年。主根粗壮，侧根发达，分布于0～20 cm土层内；根冠粗大，直径达8～15 cm，根系中根瘤密布。茎丛生，无明显主茎，株高为60～90 cm，斜生或直立，呈匍匐至半匍匐状态，枝条粗为2.5～4.0 cm，分枝多。一年生植株有分枝5～10个，每个分枝有侧枝数个到10多个。三年生植株有分枝100个左右。叶为掌状三出复叶，小叶卵形或倒卵形，长为1～2 cm，宽为0.7～1.2 cm，叶片全缘，叶面平滑，叶背有短白毛，叶色嫩绿。花序为伞状花序，花量大，单株有40～500束，每束通常由5朵花组成。自开花到种荚成熟需30 d以上。种荚长而圆，角状，呈放射形张开，状似鸟趾。每荚有种子1列，共10～15粒。种子黑棕色，呈球形，较饱满，千粒重为1.0～1.2 g。

2. 百脉根的生物学特性　百脉根性喜温暖湿润气候，抗旱性较强，最适年降水量为550～900 mm。百脉根从温带到热带均能正常生长，在气温7.5 ℃、地温7 ℃以上即可萌发，适宜的年平均温度为5.7～23.7 ℃。冬天耐低温品种“里奥”在－20 ℃，绝对低温－40 ℃能越冬，在气温21.6～23.4 ℃时生长发育最快，在高达36.6 ℃的气温持续19 d的情况下，仍表现叶茂花繁。只要百脉根开花结荚期有充足日照，5—7月的月平均温度在20 ℃以上就能顺利开花收籽。百脉根对土壤要求不严，在弱酸性和弱碱性、砂性或黏性、肥沃或瘠薄的地上均能生长；适宜的pH为4.5～8.2，耐水淹。

3. 百脉根的种子生产技术

（1）种子生产田的选择　百脉根种子细小，幼苗活力不如紫花苜蓿，苗期生长缓慢，草群建植较为困难，因此对播床质量要求比较严格。种子生产田应选择土壤肥力中等以上，土层厚度在 40 cm 以上的田块。播种前耙耱平整土地，做到土壤细碎、地面平整，墒情良好。新垦荒地或前作茬地作种子生产田，要进行伏耕或秋耕，耕深 30 cm 以上，晒垡，消灭杂草，并进行冬灌，蓄水保墒。

（2）播种

①种子处理：百脉根种子的硬实率可以达到 20%以上，所以有必要进行硬实处理，可用 0.01%钼酸溶液浸种或用碾子拌粗沙进行划破种皮作业。接种根瘤菌对提高植株生长性能和种子产量有较大益处。

②播种方法：采用宽行条播，行距为 30～80 cm，播种量为 4.5～6.0 kg/hm^2，播种深度为 1～2 cm。

③播种时间：北方主要以春播为主，春播在大田作物播种前，气温在 10 ℃时可播种；夏播在 7 月中旬前进行。南方生长期长，墒情好，根据土地利用情况，播种期可灵活选择，但由于百脉根种子小，有蹲苗期，播种应避开多雨季节。

（3）田间管理

①施肥与浇水：秋耕或春耕时，有条件的可施有机肥 30 t/hm^2、过磷酸钙 150 kg/hm^2。新垦荒地收种两年后施过磷酸钙 150 kg/hm^2。百脉根固氮能力强，苗期施少量氮肥对生长发育有利，结合灌水施尿素 30 kg/hm^2，播种前施过磷酸钙 225 kg/hm^2 者，3 年内可不施肥。孕蕾到开花期喷施硼酸等微量元素以及叶面喷施叶面宝、增产灵等，能明显提高种子产量。在百脉根出苗、返青、孕蕾、开花、结实期各灌 1 次水。收种时湿度大、露水多时，可减少种子炸裂的损失。种子收获后和二茬草收割后各灌 1 次水。11 月上旬进行冬灌，以利于百脉根越冬与来年丰产。

②防除杂草和病虫害：播种前用灭生性除草剂全面、彻底去除杂草。出苗期杂草多时，禾本科杂草用除草剂喷杀，双子叶杂草用人工除去，除草要及时、彻底。百脉根常见病害主要是茎腐病，多发生在荚果上，可用 75%百菌清 500～600 倍液或 50%多菌灵可湿剂 500～1 000倍液定期喷洒防治。

（4）种子收获　百脉根花期长，种子成熟不一致，又易裂荚脱落，有条件的地方要进行分批采收，然后再进行刈割收种。或在多数荚果变成黑色时一次性收割。百脉根种子的产量因气候、管理水平和收获技术的不同而有很大的差别，一般在 55～220 kg/hm^2，高者可以达到 520 kg/hm^2。

三、主要禾本科牧草种子生产

禾本科牧草简称禾草，指禾本科具有长披针形叶、圆锥花序或穗状花序和狭长颖果特征，具有一定适应性、抗逆性和抗病虫特性，同时具有较高饲用价值的一年生或多年生草本植物。禾本科牧草种子一般指作为播种材料的植物学上的颖果。种子多呈披针形，小而轻，带有不易分开的内稃、外稃、芒等附属物，播种时会影响种子的流动性。禾本科牧草有一年生、越年生和多年生，是陆地上草地植被的主要建群种或优势种，具有良好的营养价值和安全性；全世界有 6 000 种以上，我国有 1 200 多种。优良禾本科牧草属种主要有以下几个。

1. 黑麦草属 黑麦草属（*Lolium*）为一年生或多年生草本植物，约有10种，主要分布在温带湿润地区。多年生黑麦草和多花黑麦草为世界性栽培牧草，在我国华北、西南以及长江中下游地区均有栽培。

2. 雀麦属 雀麦属（*Bromus*）的代表草种为无芒雀麦，为根茎型多年生草本，是禾本科牧草中抗旱性最强的一种，已成为欧洲和亚洲干旱、寒冷地区的重要栽培牧草。

3. 赖草属 赖草属（*Leymus*）的代表草种为羊草，是喜温耐寒的寒地型多年生植物，同时耐旱、耐沙，还有一定耐盐碱特性，是盐化草甸的建群种。

4. 披碱草属 披碱草属（*Elymus*）全世界有20多种，我国有10种，广泛分布于草原及高山草原地带。栽培草有老芒麦、披碱草、垂穗披碱草等。

5. 冰草属 冰草属（*Agropyron*）牧草全世界约有15种，广泛分布于欧亚大陆温带草原及荒漠草原地区。我国栽培面积较大的有扁穗冰草、蒙古冰草、沙生冰草及引种的西伯利亚冰草。

6. 羊茅属 羊茅属（*Festuca*）多为多年生，稀一年生，有矮小禾草，也有高大禾草；全世界约有100种，广布于温寒带地区；我国有20多种，其中人工栽培的有苇状羊茅和草地羊茅。羊茅属耐寒、耐旱，又耐热、耐湿，还有一定耐盐能力，适应性较广。

7. 高粱属 高粱属（*Sorghum*）为一年生或多年生高大草本，有30多种，分布于全球热带或亚热带。代表饲草种为苏丹草，为耐干旱、耐盐碱、喜温不耐寒的一年生禾草。

8. 狼尾草属 狼尾草属（*Pennisetum*）为一年生或多年生禾草，分布于热带和亚热带地区。狼尾草属全世界约有80种，我国有4种，人工栽培利用的主要有象草、美洲狼尾草及二者的杂交种杂交狼尾草。杂交狼尾草在长江流域以南各地，特别是华南地区种植面积较大。

多年生禾本科牧草的草丛是由各级分蘖组成的。多年生禾本科牧草的分蘖有夏秋分蘖和春季分蘖，因此禾本科牧草有春性与冬性之分，它们所需的外界环境条件也不同。春性禾本科牧草要求较高的温度而在早春播种，播种当年春季及以后年份春季所形成的分蘖都能形成生殖枝。早期生长的分蘖拔节、抽穗和开花需要大量的营养物质，较后期形成的分蘖营养不足而成为短营养枝。因此在成年的春性禾本科牧草丛中，长生殖枝及短营养枝均占有相当的比重，这些枝条被刈割以后，处于短枝状况，而在刈割时生长点未损伤的枝条，由于营养条件的改善，可以再次形成营养枝及生殖枝。因此春性禾本科牧草每年中可以刈割2至数次，夏秋分蘖的枝条则在冬季死亡。

冬性禾本科牧草要求有一个较长的低温时期，这个温度只有在冬季条件下才具备。因此冬性禾本科牧草春季分蘖所形成的枝条不能形成生殖枝，并在越冬时死亡；夏秋分蘖的枝条可越冬，至生活的第3年形成生殖枝。因此在成年的冬性禾本科牧草丛中，生殖枝及长营养枝均占有相当的比例。草丛中生殖枝的数目取决于夏秋分蘖的数量及其生长状况，夏秋分蘖的枝条多，生长良好时，翌年产生的生殖枝条数就多。

多年生禾本科牧草的拔节、抽穗时期是生长最旺盛、最迅速的时期，也是穗分化和花器发育的时期，外界环境条件与生殖枝、穗、小穗以及小花的发育有着密切的关系。

禾本科牧草开花的顺序可分为两大类。圆锥花序的牧草，其顶小穗首先开放，然后向下延伸，基部小穗后开放。穗状花序的牧草，花序上部1/3处首先开放，然后逐渐向上向下延伸。苏丹草的开花顺序同一般圆锥花序牧草，但两性花先开放，经4～5 h后，雄性花才开放，然后两类花同时结束。

禾本科牧草开花的时间与外界环境条件有着密切的关系，需要一定的气温和一定的相对湿度。一般而言，开花时的气温应在 10 ℃以上，低于 10 ℃即停止开放。对猫尾草等 8 种禾本科牧草的研究发现，开始开花的相对湿度为 80%～90%，结束时为 50%～80%。一些干旱地区生长的牧草，开花时对湿度的要求较低，羊草、冰草等开花时的相对湿度为 50%～70%。各种牧草在雨天及阴天，花均不开放。

（一）多年生黑麦草种子生产技术

多年生黑麦草（*Lolium perenne*）别名宿根黑麦草、黑麦草、英国黑麦草等，原产于欧洲南部、非洲北部以及亚洲的西南地区。英国首先把其作为牧草在 1677 年试验栽培，现在已经分布到全球各地。多年生黑麦草在我国于 1949 年以后开始试验栽培，直到 20 世纪 70 年代以后进行大面积栽培应用，目前已经是南方、西南和华北地区重要的栽培牧草，同时作为优质草坪草种已广泛应用于全国各地。

1. 多年生黑麦草的植物学特征　多年生黑麦草为禾本科黑麦草属多年生丛生植物。根系发达，但分布比较浅，主要分布在 15 cm 土层中，有细而短的横走根茎。茎秆细，稍扁平，直立，具有 2～4 个节间，株高为 80～100 cm。叶片狭长，叶鞘与节间等长或稍短。花序为穗状花序，长为 20～30 cm，每穗有小花 5～11 朵。外稃顶端呈膜质，无芒，披针形。颖果扁平棱形，千粒重为 1.5～2.0 g。

2. 多年生黑麦草的生物学特性　多年生黑麦草性喜温凉湿润气候，不耐寒、干旱、贫瘠以及酸碱，在冬无寒冷、夏无酷暑的地区生长良好，要求夏季气温不高于 35 ℃、冬季气温不低于－15 ℃，因此在我国东北及内蒙古冬季不能自然越冬，在南方夏季高温地区不能越夏。多年生黑麦草在北方南部长江沿线地区生长良好，生长快，成熟早。在湖北和湖南 9 月下旬播种，翌年 4 月下旬至 5 月上旬开花，6 月上旬种子成熟。

3. 多年生黑麦草的种子生产技术

（1）种子生产田的准备　多年生黑麦草种床要平整细碎和水肥充足。先让禾本科杂草自然发芽，然后用除草剂除去。或播种前先进行犁耕一次，休闲一段时间，以消灭杂草。结合耕翻施足基肥，同时伴随施磷钾肥。

（2）播种　湖北、湖南及四川地区一般进行秋播，翌年收获种子。播种时间为 9 月 15—25 日。采用宽行条播，行距为 30～50 cm，播种量为 4.5～7.5 kg/hm^2，覆土深度为 2 cm。

（3）田间管理　根据土壤肥力状况，一般秋季要施氮磷钾复合肥 750～1 500 kg/hm^2。种子收获以后要及时除掉田间的残茬和杂草，为来年种子收获打好基础。多年生黑麦草收了一季种子后，再生草最后一次在晚秋季节刈割，其余时间不能刈割，以保证植株充分发育。在生长过程中发现病虫要及时采取措施防治，保证种子生产顺利进行。

（4）种子收获　多年生黑麦草种子成熟过程中容易脱落，所以在种子达到 50%～70% 成熟时，即可采收。判断方法是：将穗夹在两手指间，轻轻拉动，多数穗上有 1～2 个小穗被拉掉时即可收获。过早采收会影响种子质量和产量。收种刈割后要及时进行晒种，防止发霉变质。

（二）苏丹草种子生产技术

苏丹草（*Sorghum sudanense*）别名野高粱，原产于北非苏丹高原地区，在非洲东北、尼罗河流域上游、埃及境内都有野生种的分布，现在欧洲、北美洲和欧亚大陆均有栽培。苏丹草在我国有几十年的栽培历史，表现出高度的适应性，从海南至东北地区均栽培成功；抗旱能力特别强，在夏季炎热地区，一般牧草枯萎，苏丹草却能旺盛生长。苏丹草的茎叶柔软，适口性好；再生能力强，可青刈、晒干、青贮，是马、牛、羊的良好放牧草，也是淡水养鱼的青饲料。

1. 苏丹草的植物学特征 苏丹草是禾本科高粱属一年生草本植物，根系较为发达，入土深可以达 2 m 以上，水平分布 75 cm，近地面茎节常产生具有吸收能力的不定根。茎高为 2～3 m，分蘖多达 20～100 个。叶条形，膜质，长为 40～60 cm，宽为 4.0～4.5 cm，每个茎上有 7～8 片叶，叶片表面光滑，边缘粗糙，上面白色，背面绿色。花序为圆锥花序，长为 15～80 cm。颖果呈倒圆形，长为 3.5～4.5 mm。种子淡褐色至红褐色，千粒重为 10～15 g。

2. 苏丹草的生物学特性 苏丹草喜温，不耐寒。种子在 10 ℃以上开始发芽，生长最适温度为 20～30 ℃。从播种到出苗需 5～7 d，生育期为 100～120 d。苗期对低温敏感，成株后抗寒能力强，华北地区 10 月下旬早霜时，苏丹草茎叶仍然青绿，保持一定生长势。

苏丹草抗旱、耐瘠薄、耐盐碱，可在轻度到中度盐碱地上种植。幼苗期生长缓慢，此时主要生长根系。当株高达 18～25 cm、出现 5 片叶时开始分蘖，此时生长加快。孕穗至抽穗期生长最快，每天可生长 6～10 cm。苏丹草为短日照异花授粉作物，开花时圆锥花序顶端 2～3 朵花先开放，然后依次逐渐向下开放。花期为 7～8 d。

苏丹草种子成熟不一致。气温对其结实有很大影响，当气温在 0 ℃以下时，未授粉的小花被冻死，而处于乳熟期的种子发芽率会降低。

3. 苏丹草的种子生产技术

（1）种子生产田的选择 由于苏丹草是异花授粉，与高粱的亲缘关系较近，为防止杂交和保证品种纯度，种子生产田和高粱田至少应隔开 400 m。苏丹草喜肥喜水，种植苏丹草的土地应行秋深翻。整地时施厩肥 15.0～22.5 t/hm²，或过磷酸钙 375～600 kg/hm²，或复合肥 450～600 kg/hm²。将地整平、整细，以便于灌排水及田间管理。

（2）播种 南方在 3 月中下旬到 4 月初，北方在 4 月底到 5 月初，当地温度稳定在 14 ℃时即可播种。采用宽行条播，行距为 30～80 cm，播种量为 15.0～22.5 kg/hm²。播种前晒种或温水浸种 6～12 h，以提高发芽及出苗率。

（3）田间管理 苏丹草苗期气温低、生长慢，容易受到杂草的危害，必须及时除草，以后生长加快，封垄后不怕杂草抑制。同时要及时耙松土壤，消除土壤板结，以保蓄土壤水分。苏丹草根系发达，喜肥水，在分蘖、拔节期，应及时浇水追肥。

（4）种子收获 苏丹草开花结实期不一致，当主茎圆锥花序变黄，种子成熟时即可采种。割下的茎秆经一段时间的后熟晾晒后脱粒，收种 1 500 kg/hm² 左右。

（三）羊草种子生产技术

羊草（*Leymus chinensis*）别名碱草。羊草是我国北方草原分布很广的一种优良牧草，在东北、内蒙古高原东部地区和黄土高原的一些地方，羊草多为群落的优势种或建群种，出现大片优质羊草草地。近年来，随着畜牧事业的发展，羊草经人工驯化栽培与选育已成为优良的栽培草种。

羊草为广域性禾草，主要分布在欧亚大陆草原东部，其中我国就占一半以上，在我国主要集中在东北平原和内蒙古东部。羊草在我国栽培年限不长，20 世纪 50 年代开始在东北大面积试种，是我国东北地区作为商品并出口的禾草，有着很高的经济价值、生态价值和科研价值。

1. 羊草的植物学特征　羊草为赖草属根茎型多年生禾本科牧草，具发达的地下横走长根茎，其长达 100～150 cm，其节间长为 8～10 cm，在 5～10 cm 的土层中纵横交错，组成根茎层。茎秆直立，高为 60～90 cm，单生或疏丛，营养枝具 3～4 节，生殖枝具 3～7 节。叶片质厚而硬，绿色或带蓝绿色，常具白粉，扁平或干后内卷。叶片有叶耳，叶舌呈纸质截平状。花序为穗状花序，直立，长为 12～18 cm，两端为单生小穗，中部为对生小穗，每小穗含 5～10 朵小花。颖呈锥状，外稃披针形，顶端渐尖或成芒状尖头，内稃与外稃近等长，先端微裂。颖果细小，呈长椭圆形，深褐色，千粒重为 2.0 g 左右。

2. 羊草的生物学特性　羊草耐旱，宜生长在年降水量为 500～600 mm 的地区，在降水量为 300 mm 左右的地方也能良好生长；但不耐涝，长期水淹会引起烂根；能忍耐 －42 ℃低温。从返青到种子成熟所需积温为 1 200～1 400 ℃。生长期为 100～110 d。羊草播种后 10～15 d 才萌发出土，苗期生长缓慢，当年仅有个别枝条抽穗开花。翌年早春（4 月初）即可返青，6 月部分枝条抽穗开花，至 7 月底种子成熟。结果后的营养期长，10 月末才变枯，整个利用期长达 200 d。羊草对土壤条件要求不严格，除低洼内涝地外，各种土壤都能种植，在土层深厚、排水良好、富含有机质的土壤能良好生长。羊草还具有极强的抗碱性。有性繁殖的种子产量很低，一般每公顷平均只有 150 kg 左右。

3. 羊草的种子生产技术

（1）种床准备　羊草苗期生长缓慢，要求土壤深厚细碎，墒情适宜。因此在播种的前一年秋季深翻、耙耱和镇压。同时施厩肥 37 500～45 000 kg/hm^2，第二年春播种前再耙耱一次。

（2）播种技术　羊草主要适合北方地区种植，而北方多数年份春旱严重，土壤墒情差，不利保苗。种植羊草多在春末夏初，在东北基本把握在 5 月末到 7 月中下旬，在华北不应晚于 8 月中旬，过晚种植对当年生羊草越冬不利。此时正值雨季来临，易于播种出苗、保苗。播种方式采用宽行条播，行距为 30～80 cm，播种量为 30.0～37.5 kg/hm^2，覆土深度为 1～2 cm。播种后要镇压，以利于种子发芽。

（3）田间管理　羊草苗期易受到杂草危害。除播种前注重灭除杂草外，特别注意苗期杂草的防除，当具有 2～3 片叶子时，要进行中耕除草。此时也可用 2,4-滴等进行化学除草。追肥是提高羊草产量和质量的重要措施。在返青后到快速生长时追肥，追肥后随即灌水 1 次效果更佳。在雨水较多的季节，草地如果出现积水现象，要及时疏导排水，防止长时间雨水浸泡造成羊草大量死亡。

（4）种子收获　当年种植羊草很少开花结实，所以种子收获一般要在翌年进行。羊草种子收获量低，究其原因，一是羊草株丛中生殖枝条少，仅占总枝条数的 20%左右；二是结实率低，只有 12%～42%；三是采种困难，由于花期长达 50～60 d，造成种子成熟不一致，并且种子落粒性很强。为此，采种应及时，可在穗头变黄，籽实变硬时分期分批采收，也可在 50%～60%穗变黄时集中采收。

（四）老芒麦种子生产技术

老芒麦（*Elymus sibiricus*）别名西伯利亚披碱草、垂穗大麦草等，是北半球寒温带分布较广的一种牧草。老芒麦常见于欧洲、西伯利亚、远东以及蒙古、日本等；在我国主要分布在东北、华北、西北和西藏高原地区。目前，老芒麦在世界上栽培面积不大，但在我国已成为北方地区一种重要的栽培牧草，已选育出来的品种有“农牧老芒麦”“山丹老芒麦”“吉林老芒麦”“黑龙江老芒麦”等。

1. 老芒麦的植物学特征 老芒麦是禾本科披碱草属多年生疏丛型禾草。须根密集发达，入土较深。茎秆直立或基部稍倾斜，粉绿色，通常具 3～5 节，下部粗糙或下部平滑。叶片粗糙，扁平，狭长条形，无叶耳，叶舌短而膜质，上部叶鞘长于节间。花序为穗状花序，较疏松，略微弯曲或向外曲展，长为 15～20 cm，通常每节具 2 枚小穗，有时基部和上部的各节仅有 1 枚小穗。颖果狭长披针形，粗糙，外稃顶端具长芒，千粒重为 3.5～4.9 g。

2. 老芒麦的生物学特性 老芒麦抗寒力强，在－30～－40 ℃的低温和海拔 4 000 m 左右的高原能安全越冬。从返青至种子成熟，需≥10 ℃积温 700～800 ℃。春播当年即可开花结实。翌年返青较早，从返青到种子成熟需 120～140 d。老芒麦对土壤的适应性较广，适于弱酸性或微碱性腐殖质丰富的土壤生长。

3. 老芒麦的种子生产技术

（1）选地和整地　种植老芒麦的地块应该土壤肥沃，土层深厚。要在头年秋季深翻地，并施用基肥，施 22.5 t/hm^2 厩肥和碳酸氢铵 225 kg/hm^2。播种前再行耙耱，使土表平整，土壤细碎。有灌溉条件的地方应在播种前灌水，以保土壤墒情良好。

（2）播种　老芒麦在春、夏、秋 3 个季节都可播种，在灌溉条件良好的地区可以春季播种，在春季干旱少雨的地区可以夏季或秋季播种。老芒麦有较长的芒，在播种前应去芒。采用宽行条播，行距为 30～50 cm，播种量为 15.0～22.5 kg/hm^2。播种后覆土镇压，以利于种子的发芽。

（3）田间管理　在拔节和每次刈割之后要及时进行灌溉。有关研究表明，钾肥能显著提高老芒麦种子产量，主要是通过提高单位面积的生殖枝数和提高千粒重来提高种子产量。配施钾肥 75 kg/hm^2 是老芒麦种子生产的最佳施肥量。磷肥也能显著提高老芒麦种子产量，最佳磷肥使用量为 187.5 kg/hm^2。

（4）种子收获　老芒麦在盛花期后 26～27 d、种子含水量为 39.0%～45.6%时，及时收获可以获得较高产量。

（五）披碱草种子生产技术

披碱草（*Elymus dahuricus*）别名直穗大麦草、青穗大麦草等。披碱草野生种主要分布于北寒温带，在我国最适宜于哈尔滨、沈阳、北京、太原、成都一线以西的广大地区种植。披碱草常作为伴生种分布于草甸草原、典型草原和高山草原地带，春季返青早、生长快，可在短时间内为家畜提供较多的青绿饲草。披碱草在东北、华北、西北地区已广泛栽培。

1. 披碱草的植物学特征 披碱草是禾本科披碱草属多年生草本植物。须根入土深达 100 cm，80%以上的根集中在 0～20 cm 土层中。茎秆直立，疏丛型，株高为 70～160 cm，具 3～6 节。叶片狭长披针形，叶鞘仅下部封闭，叶舌截平。花序为穗状花序，直立，较紧密，长为 15～20 cm，通常每穗节有 2 枚小穗，而接近先端各节仅具 1 枚小穗，每小穗含 3～6 朵小花。颖果长椭圆形，褐色，千粒重为 2.8～4.5 g。

2. 披碱草的生物学特性 披碱草适应性很强，抗旱、耐寒、耐盐碱、抗风沙的能力都较强，在年降水量为 250～300 mm 无灌溉条件的地方生长良好，成株后可在土壤含水量为

5%的情况下正常生长。但苗期抗旱能力较差。披碱草对土壤要求不严，在土壤 pH 为7.6～8.7 的范围内生长良好；能耐冬季－40 ℃低温，只要有 2～3 片叶就可以越冬。苗期生长缓慢，播种当年一般只能抽穗开花，结实成熟的很少，第二年才能发育完全。披碱草种子后熟期为 40～60 d，春播 7～8 d 发芽。一般 4 月下旬播种，8 月上旬抽穗，8 月下旬开花。第二年 4 月下旬返青，7 月上旬抽穗，7 月中旬开花，8 月中旬种子成熟。整个生育期为 120 d 左右。

3. 披碱草的种子生产技术

（1）种子生产田准备　在播种的前一年秋季进行深耕土地，同时结合施有机肥 45 000～75 000 kg/hm^2，耕后要耙平镇压。种子生产田要选择在土地平坦，背风向阳的地方。

（2）播种　在春、夏、秋 3 季都可播种，来年收获种子。采用宽行条播，行距为 30～80 cm，播种量为 15.0～22.5 kg/hm^2，播种之后覆土镇压。

（3）田间管理　披碱草苗期生长比较缓慢，到出齐苗后要及时进行中耕除草。同时结合灌溉追施速效氮肥 120～150 kg/hm^2。并注意病虫害的发生，一旦发生要及时进行防治。

（4）种子收获　披碱草的种子产量比较高，但是也易脱落。所以要及时进行采种，当田间植株有一半变黄时即可以收割采种，收割后要及时晾晒以免种子变质。

（六）冰草种子生产技术

冰草（*Agropyron cristatum*）别名扁穗冰草、麦穗草、羽状小麦草、野麦草、山麦草，是世界温带地区最重要的牧草之一，广泛分布于西伯利亚、蒙古及亚洲中部寒冷、干旱地区；在我国主要分布在东北、内蒙古、河北、山西、陕西、甘肃、青海、宁夏和新疆的干旱草原地带，是高寒、干旱、半干旱地区的优良牧草。

1. 冰草的植物学特征　冰草为多年生草本，根系发达，密生。茎秆直立，疏丛型，基部膝状弯曲，上被短柔毛，株高为 50～90 cm，水肥条件好时可达 1 m 以上，茎分 2～3 节。叶披针形，长为 7～15 cm，宽为 0.4～0.7 cm，边缘内卷。叶背较光滑，叶面密生茸毛，叶鞘短于节间且紧包茎，叶舌不明显。花序为穗状花序，长为 5～7 cm，小穗无柄，紧密排列于穗轴两侧。外稃顶端具短芒，种子黄褐色或红褐色，千粒重为 2.0 g 左右。

2. 冰草的生物学特性　冰草具有高度的抗寒抗旱能力，在我国寒温带种植可以安全越冬；在年降水量为 230～380 mm、积温为 2 500～3 500 ℃的地区生长良好，是目前我国栽培上最耐干旱的禾本科牧草之一。种子在 2～3 ℃下就可以发芽，发芽的最适温度为 15～25 ℃。播种后 5～7 d 便可发芽，1 个月苗齐。播种当年很少抽穗结实，处于营养生长阶段，第 2 年生长发育整齐，结实正常。冰草返青较早，一般 4 月开始返青拔节，6 月抽穗，7—8 月结实。种子成熟后易脱落。冰草对土壤要求不严，耐瘠薄、盐碱，但是不可忍受盐渍化的沼泽化土壤，也不耐酸性土壤。

3. 冰草的种子生产技术

（1）整地　土地耕好后，要反复耕耱，充分粉碎土块，平田整地，施有机肥料作基肥。整地要求达到地平土碎、内暄外实，为种子萌发出苗创造良好的苗床条件。

（2）播种　冰草可在春、夏、秋 3 季播种，在寒冷地区可春播或夏播，冬季气候较温和的地区以秋播为好。采用宽行条播，行距为 30～80 cm，播种量为 10.5～15.0 kg/hm^2，覆土 1～2 cm。播种后镇压。

（3）田间管理　冰草虽然抗旱耐贫瘠性能好，但在干旱地区和干旱年份，要注意适时追肥和灌溉。追施氮肥 100 kg/hm^2、磷肥 120 kg/hm^2，可在春、秋两季分次进行追施。冰草出苗比较容易，但幼苗生长较为缓慢，所以在苗期要及时进行中耕除草作业，提高种子的产量。除草可以使用化学除草剂 2,4-滴，用量为 750～1 125 g/hm^2。

（4）辅助授粉　冰草为异花授粉植物，靠风力传粉，自花授粉大都不孕，所以在花期及时采取人工辅助授粉，可有效地提高种子的产量。方法简单，即两人分别在种子生产田的两旁各持绳子一头拉紧绳索在植株上部扫过，重复作业 2～3 d 即可。

（5）种子收获　冰草和其他禾本科牧草一样，花期较长，开花成熟不一致，易脱落。一般认为应在蜡熟末期或完熟期进行刈割收获，以免影响种子产量。

（七）高丹草种子生产技术

高丹草（*Sorghum hybrid*）是澳大利亚太平洋种子公司利用高粱与苏丹草杂交后选育而成的饲用高粱新品种。该草种结合了二者的优点，产量高于苏丹草，再生和分蘖能力强，分枝多，可多次利用，适口性好，消化率高，饲用价值高，具有明显的杂种优势。高丹草在我国试种多年，表现出较强的抗逆性、易于种植、适用性好、产量高、供草期长、生产成本低等优点，是我国种植业结构调整、发展畜牧业，特别是农区养牛、养羊最佳的优质高产饲料作物。

1. 高丹草的植物学特征　高丹草系禾本科一年生草本植物，株高为 183～366 cm。叶片宽长而丰富，色泽深绿，表面光滑。植株分蘖力强，每株有 1～6 个分蘖枝。须根发达。种子扁卵形，颜色依品种不同而有所不同，有黄色、棕褐色、黑色之分，千粒重为 9～31 g。

2. 高丹草的生物学特性　高丹草属于喜温植物，不抗寒，怕霜冻。种子发芽最低土壤温度为 16 ℃，最适生长温度为 24～33 ℃，当土壤表层 10 cm 处温度达 12～16 ℃时开始播种。幼苗期对低温较敏感，已长成的植株具有一定抗寒能力。高丹草生长速度快，再生能力强，整个生长期（不刈割）株高可达 4.0～4.5 m，营养生长期刈割 2～4 次，中等水肥条件下，每公顷产鲜草 150～225 t。高丹草适应性强，抗倒伏、耐旱、抗寒、抗病虫害，并具有一定抗盐碱能力，易于管理，在我国各地均可种植。高丹草是光周期敏感型植物，表现出很好的晚熟特性，营养生长期比一般品种长，它的生长期在南方可达 180 d，在北方为 165 d。

3. 高丹草的种子生产技术

（1）地块选择　高丹草最好的前作是多年生豆科牧草或多年生混播牧草，玉米和大豆也是高丹草的良好前作。高丹草适应性强，对土壤要求不太严格，除盐碱地、涝洼地的土壤不宜种植外，一般耕地均可种植，而以排水良好的黑钙土和肥沃的栗钙土为好，砂壤土或黏壤土为最好。高丹草种子较小，根系发达，故要求整地精致，做到土地平整、土壤细碎，最好能进行秋耕除茬或春翻，翻后耙耱平整。

（2）播种　一般以春播为宜，4 月中旬左右播种。采用宽行条播，行距为 50～80 cm，播种量为 1～2 kg/hm^2。播种前须进行晒种，以打破休眠，提高发芽率。

（3）田间管理　高丹草苗期生长慢，此时杂草危害较为严重，因此出苗后必须及时进行中耕除草。也可用 0.5% 2,4-滴类除草剂喷雾除草 2～3 次，以消灭阔叶类杂草。

高丹草需肥量大，为了充分发挥其高产性能，应结合翻耕施足基肥，一般施农家肥30～45 t/hm^2，或播种时施氮磷复合肥 450～600 kg/hm^2。有灌溉条件时，应结合灌溉进行追肥。高丹草耐旱、耐涝，适于低洼地、内涝低产地种植，具有气生支持根，能耐较长时间涝渍，但仍应保持土壤的透气性，防止发生烂根等病害。如遇长期干旱，若能适当补水，则增产显著。

（4）种子收获　高丹草开花结实期不一致，当主茎圆锥花序变黄，种子成熟时即可采种。割下的茎秆经一段时间的后熟晾晒后脱粒。

（八）杂交狼尾草种子生产技术

杂交狼尾草（*Pennisetum americanum*×*Pennisetum purpureum*）别名为皇草、皇竹草等，是以二倍体美洲狼尾草（*Pennisetum americanum*）和四倍体象草（*Pennisetum purpureum*）杂交产生的三倍体杂交种。它较好地综合了父本象草高产、多年生和母本美洲狼尾草品质好的特点。其后代不结实，生产上通常用杂交一代种子繁殖或无性繁殖。该品种是一种热带型牧草，在长江中下游种植，一般产鲜草 150 t/hm²，且鲜草粗蛋白含量高，氨基酸含量比较平衡，是喂养禽畜和鱼类的优质饲料，近年来种植面积发展很快。

1. 杂交狼尾草的植物学特征　杂交狼尾草根深密集，须根发达，主要分布在 0～20 cm 土层内。植株高大，一般株高为 3.5 m 左右，最高可达 4 m 以上。茎秆圆形，丛生，粗硬，直立，一般每株分蘖 20 个左右。多次刈割后，分蘖可成倍增加。叶长条形，互生，叶片长为 60～80 cm，宽为 2.5 cm 左右。叶缘密生刚毛，叶面有稀毛，中肋明显。花序为圆锥花序，呈柱状，黄褐色，长为 20～30 cm，径为 2～3 cm。小穗披针形，近于无柄，2～3 枚簇生成一束，每簇下围以刚毛组成总苞。由于花药不能形成花粉，或者柱头发育不良，所以没有特殊的辅助育种手段一般难以结籽。

2. 杂交狼尾草的生物学特性　杂交狼尾草的亲本原产于热带、亚热带地区，所以温暖湿润的气候最适合其生长。一般而言，日平均气温达到 15 ℃时开始生长，25～30 ℃时生长最快，气温低于 10 ℃时生长明显受抑，气温低于 0 ℃时会被冻死；在我国北纬 28°以南的地区种植，可自然越冬。杂交狼尾草抗逆性强，在绝大多数土壤上均可生长，肥沃湿润的土壤有利于牧草的高产。它抗倒伏、抗旱、耐湿、耐盐碱，在南京种植多年，未发现明显的病虫危害。杂交狼尾草具有一定的耐盐性。试验表明，在土壤氯化钠含量为 0.3%时生长良好，在含氯化钠 0.5%的土壤上仍立苗不死，但长势差，土壤氯化钠含量高达 0.55%以上时则不能立苗。杂交狼尾草对锌元素特别敏感，在缺锌的土壤上种植，常常会出现叶片发白，生长不良。鲜草产量一般为 150 t/hm²，高产田可达 225 t/hm²。

3. 杂交狼尾草的种子生产技术

（1）种子生产田选择　选择排灌方便、土层深厚、疏松肥沃的土地作种子生产田。播种前施有机肥 22 500～37 500 kg/hm²，红壤地施磷肥 450～750 kg/hm²。

（2）父本与母本的选择　父本选用多年生象草，母本选用美洲狼尾草雄性不育系。

（3）母本种植　日平均气温稳定在 20 ℃以上时即可播种母本，行距为 40 cm，株距为 25 cm，播种量为 15.0～22.0 kg/hm²。从播种到出苗约 3 d。苗期生长较缓慢，且对土壤的湿度要求较高，过干易引起死苗，但也忌大雨冲刷。主茎 7 片叶时产生第 1 个分蘖，以后每长 1～2 片叶便有 1 个分蘖发生。单株分蘖平均为 5.5 个。有研究表明，随播种期的推迟，母本雄性不育系全生育期有缩短的趋势，不同播种期从其播种至柱头伸出的时间不同。在江苏南京地区，如果在 5 月中旬播种，8 月下旬柱头显露；5 月下旬播种时，9 月上旬柱头显露。

（4）父本种植及处理　父本象草于 5 月 10 日从越冬保种的塑料大棚中一次性移栽入大田中。父本移栽，株距为 40 cm，行距为 50 cm。象草光敏性较强，其在南京地区自然条件下不能自然开花散粉，而只有在人工控制的短日照条件下才进行穗分化等生殖生长。利用黑塑料薄膜遮光，每日 9 h 光照、15 h 黑暗处理，连续处理 20 d 可以非常有效地进行开花诱导，且诱导的开花穗其花粉量不仅多，而且花粉活力强。如果植株体在 7 月中旬至 8 月上旬进行人工遮光处理，则主穗以及分枝散粉则会集中出现在 8 月下旬。此时父本和母本可花期相遇，有利于授粉。

(5) 种植方式及管理　父本与母本之间间距为 60 cm，每 6 行母本旁移栽 2 行父本。母本的适宜授粉期同温度和湿度有关，高温干旱柱头的可受粉时间缩短。在父本与母本开花期如遇干旱应及时灌溉，以延长柱头的可受粉时间，以提高种子产量。

(6) 种子收获　从母本收获的种子为杂种 F_1 代。种子成熟后易脱落且易遭鸟害，所以要注意保护和适时收获。

四、其他牧草种子生产

(一) 串叶松香草的种子生产技术

串叶松香草（cup plant），学名为 *Silphium perfoliatum*，别名松香草、菊花草、杯草、串叶菊花草、法国香槟草等，原产于北美洲中部温暖潮湿的高原地带，主要分布在美国东部、中部和南部山区。1979 年我国从朝鲜引入，目前在各省份都有栽培。

1. 串叶松香草植物学特征　串叶松香草为菊科松香草属多年生草本植物。株高为 2～3 m，根系发达，由根茎和营养根组成。根粗壮，主要分布在 10～30 cm 的土层中。茎直立，四棱，幼嫩时有白色毛。叶片长椭圆形，长为 40 cm，宽为 28 cm，叶面皱缩，叶缘有缺刻，叶缘及叶面有稀疏毛，基生叶有柄，茎生叶无柄。花序为头状花序，生于二杈分枝顶端，花杂性，外缘 2～3 层为雌花和雄花，花盘中央为两性花果。果实扁，呈心脏形，褐色，外缘有齿。成熟的种子在花柄上呈水平方向展开后即随风掉落。

2. 串叶松香草生物学特性　串叶松香草是一种长寿的多年生牧草，喜温耐寒，也耐热，在−38 ℃可越冬，39 ℃时可正常生长，适应性广，全国各地都可种植。串叶松香草抗病能力强，稍耐旱，也稍耐湿，在年降水量为 450～1 000 mm 的微酸性至中性（pH 6.5～7.5）砂壤土和壤土上生长良好，抗盐性和耐瘠性较差；喜水肥，要获高产，必须水肥充足。

在西北地区，4 月中旬播种后 12 d 出苗，第二年开花结实，从返青到现蕾大约需要 60 d。9 月下旬种子成熟，生长期为 130 d。二年生植株于 7 月初刈割后可从基部长出新生枝条，8 月底第二次开花结实。

3. 串叶松香草的种子生产技术

(1) 播种　春播，在北方于 3 月下旬至 5 月中旬进行，在南方于 3 月上旬至 4 月中旬进行；秋播于 8 月下旬至 10 月进行。选择水肥条件好、土壤肥沃的地块作种子生产田，结合翻耕整地施足基肥，以氮肥为主(每公顷施尿素 450 kg 或碳酸氢铵 1 500 kg 或磷酸氢二铵 600 kg)，配合施磷肥，每公顷施过磷酸钙 750 kg。采用穴播，行距为 100～120 cm，株距为 60～80 cm，播种量为 7.5～11.5 kg/hm^2。

(2) 田间管理　无论是春播还是秋播，串叶松香草当年只形成莲座状叶簇，经过冬季才抽茎开花结实。生长初期要进行中耕除草。串叶松香草耐肥性强，在施入农家肥作基肥的基础上，每刈割 1 次，可追施标准氮肥 150 kg/hm^2。串叶松香草病虫害较少，花蕾期有玉米螟危害，可用敌百虫驱杀。7—8 月高温高湿时易发根腐病，可拔除病株烧毁，病株处撒上石灰。干旱季节还应及时灌水抗旱。

(3) 种子收获　串叶松香草种子成熟极不一致，成熟后易脱落，所以要成熟一批采一批。采收种子时，由于茎枝比较脆，应轻放，以免折断茎枝，降低种子产量。在我国南方采种时易受到雨水影响，所以在来年返青头茬要进行刈割 1 次，再生草进行采收种子。

(二) 聚合草的种子生产技术

聚合草 (common comfrey)，学名为 *Symphytum pezegrinum*，别名爱国草、友谊草、紫草、紫草根。聚合草原产于北高加索和西伯利亚等地，1964 年从日本引入我国，分别在东北、华北、西北各地进行大面积试验，从 1977 年起进行了大面积推广，现栽培面积较大的地区主要集中在长江中下游以及西南各地。

1. 聚合草的植物学特征　聚合草为紫草科聚合草属多年生草本植物，丛生。根粗壮发达，肉质；主根直径为 3 cm 左右，长为 80 cm；侧根发达；根系主要集中在 30～40 cm 土层中。株高为 80～150 cm，全株密被短刚毛，茎圆形，直立。叶卵形、长椭圆形或阔披针形，叶面粗糙，叶有两种：根簇叶和茎生叶。根簇叶有长柄，茎生叶短柄或无柄。花序为聚伞无限花序，花簇生，花冠筒状，紫色至白色。有性繁殖能力较差，种子发芽率极低。种子为小坚果，深褐色或黑色，长为 0.4～0.5 cm，种子易脱落，千粒重约为 9.2 g。

2. 聚合草的生物学特性　聚合草耐寒而又喜温暖湿润的气候；抗寒能力强，可忍受 −40 ℃的低温，但在东北北部寒冷地区，在冬春干旱和无雪覆盖的情况下，越冬困难。在北京 3 月下旬，平均气温达 7～10 ℃时聚合草返青，5 月上中旬现蕾开花，7—8 月平均气温达 23～25 ℃时生长最快；虽经初冬霜冻，茎叶依然保持青绿，直到 11 月下旬严寒降临，茎叶才逐渐干枯。聚合草在土壤水分达最大持水量的 70%～80%时生长最好，由于有强大的根系而抗旱力较强；在地下水位低，排水好，能灌溉，肥沃土壤中生长良好；在地下水位过高或低洼易涝的地方，容易烂根。由于种子产量低，再加上种子发芽率极低，一般都采取营养繁殖的方法进行繁殖。

3. 聚合草的种子生产技术

(1) 地块选择　聚合草种植宜选地势平坦，土层深厚、有机质多，排水良好，并有灌溉条件的地块。聚合草利用年限长，栽种前要深耕深翻地。

(2) 繁殖　聚合草虽然也能开花结果，但是结实率很低，由于其根系比较发达，故通常都进行营养体繁殖。常用的营养体繁殖方法主要有：分株繁殖、切根繁殖、根出幼苗扦插、茎秆扦插繁殖和育苗繁殖。其中育苗繁殖效果较好，具体方法是：在苗床上按 10 cm 行距开 3 cm 左右宽的沟，将切好的根一个个放于其中，然后覆土，浇水保持土壤湿润。待幼苗出现 5～6 片叶时，即可移栽到大田。

(3) 移栽　多施猪粪、鸡粪肥等有机肥作基肥，深翻、耙平，按 1.8 m 宽做畦，每畦可栽植 3 行，行株距均为 60 cm，每公顷栽苗 27 000 株。栽后浇水。过几天再浇 1 次缓苗水，即可成活。每年从早春大地解冻后一直到 9 月中旬都可定植。

(4) 田间管理

①中耕除草：根除杂草。中耕和松土可以提高地温，改善土壤透气性，促进其生长。每次刈割后要施肥和灌水。聚合草不喜水，土壤含水量大易造成生长不良甚至烂根死亡。

②冬季培土：聚合草在每年最后一次收割后应培土覆盖，或利用碎草、草木灰等覆盖保温防寒，提高其越冬成活率，为下年生长打好基础。

③病害防治：危害聚合草的病害主要是根腐病和立枯病，用50%多菌灵500倍液加70%代森锰锌600倍液进行防治。

（5）种子收获　一般，聚合草种子收获应在种植的第二年进行。来年返青后要进行第一次刈割，留茬高度不得低于5 cm。聚合草结实率极低，同时种子易脱落，所以给收获带来很大困难。一般采取分批收获，即随成熟随收获。

第二节　草坪草种子生产技术

一、草坪草类型

草坪（lawn）是指近地表、叶细密、植株低矮、经常修剪或滚压成平整致密如地毯的草地。草坪是草地的一类。草坪草是指能形成草坪，耐修剪，呈根茎型和匍匐型的多年生草本植物。通常草坪栽种禾本科与莎草科植物。广义的草地，是以多年生禾本科植物为主的，经得起游人践踏、不加以修剪和滚压，任其自然生长的低矮禾草。实际上，草坪是由人工建植或人工养护管理，起绿化美化作用的草地。

草坪草是以生长茎叶为主要目的栽培花草，因此草坪草种子的概念是广义的。它主要包括通过有性方式繁殖的真实种子，也包括可作为栽植材料的根茎、匍匐茎等无性繁殖器官，它们常以草皮、草苗的形式出现，可加快草坪的建设。由于大部分禾本科、莎草科、豆科的草坪草种都可用种子繁殖，同时无性材料的最初来源也是要通过播种种子得到的，因此本书的草坪草种子主要是指在种子生产田中人工栽培繁殖的真实种子。

按生态适应性分类，草坪草分为冷季型草坪草和暖季型草坪草。冷季型草坪草的最适生长温度为15～25 ℃，耐寒冷但不耐炎热。冷季型草主要分布在北半球的温带一直到亚寒带地区，在欧洲、北美洲的北纬37°以北、日本的北海道，以及我国的东北、华北和西北地区均有自然分布和栽培，在亚热带的高海拔地区也有分布。我国的主要冷季型草坪草有早熟禾属（*Poa*）、剪股颖属（*Agrostis*）、羊茅属（*Festuca*）、黑麦草属（*Lolium*）等，此外尚有冰草属（*Agropyron*）、雀麦草属（*Bromus*）和莎草科的薹草属（*Carex*）等。

暖季型草坪草最适生长温度为25～30 ℃，能适应高温但不耐寒冷。暖季型草坪草原产于热带，多为C_4植物，其光合作用效率高，生长速度快，而且能够适应高温，但不耐寒，在我国多分布在黄河流域以南地区（北纬35°以南）。暖季型草坪草有结缕草属（*Zoysia*）、雀稗属（*Paspalum*）、野牛草属（*Buchloe*）、狗牙根属（*Cynodon*）、蜈蚣草属（*Eremochloa*）、弓果黍属（*Cyrtococcum*）、竹节草属（*Chrysopogon*）、龙爪茅属（*Dactyloctenium*）等。

按植物学科属分类，草坪草分为禾本科草坪草和非禾本科草坪草，其中90%以上草坪草是禾本科，分属于早熟禾亚科、黍亚科、画眉草亚科等，以下是主要的属种。

1. 剪股颖属　剪股颖属（*Agrostis*）的代表草种有细弱剪股颖、匍匐剪股颖、绒毛剪股颖、小糠草等，适用于建植精细的观赏草坪和高尔夫球、曲棍球等的运动场草坪。

2. 羊茅属　羊茅属（*Festuca*）也称为狐茅属，全球有百余种，广布于寒温带。我国有20多种，用于草坪建植的羊茅属草可分为细叶和宽叶两种类型，宽叶型有苇状羊茅和草地羊茅，细叶型有紫羊茅和羊茅。

3. 早熟禾属　早熟禾属（*Poa*）全世界有数百种，多分布于温带和寒带地区，我国主要有 78 种 8 变种。现在人工建植草坪中使用较多的早熟禾属为草地早熟禾、普通早熟禾、扁秆早熟禾、加拿大早熟禾等，是北方建植各类绿地和运动场草坪的主要草种。

4. 黑麦草属　黑麦草属（*Lolium*）的代表草种有多年生黑麦草、洋狗尾草等，主要用作运动场草坪和各类绿地草坪的混播种。

5. 结缕草属　结缕草属（*Zoysia*）的代表草种有结缕草、中华结缕草、细叶结缕草、大穗结缕草和马尼拉结缕草，适宜用于铺建庭院和建植各类运动场草坪。

6. 狗牙根属　狗牙根属（*Cynodon*）的代表草种有狗牙根、非洲狗牙根、布得里狗牙根、杂交狗牙根等，可用于建植绿地草坪、固土护坡草坪，也可与其他草种混合铺设运动场草坪。

草坪草种子生产基地是草坪种子来源的保证。自然草坪草质量差，管理费用高，因此不宜利用自然草坪草生产种子，而要建立人工草坪草种子生产基地。除了前述种子生产基地的条件外，生产冷季型草坪草种子，种子生产基地可选在 7 月少雨、8—9 月多雨的北方；而生产暖季型草坪草种子，应在冬季可以生长的南方建立种子生产基地。种子生产基地应该地面平坦，土壤层深厚，土地肥沃，有灌溉条件。

二、禾本科草坪草种子生产

（一）结缕草种子生产技术

结缕草（Japanese lawngrass），学名为 *Zoysia japonica*，又名虎皮草、梓根草、爬根草等，原产于亚洲东南部，主要分布于日本、朝鲜半岛、中国和东南亚地区。我国北起辽东半岛、南至海南岛、西至陕西关中等地区均发现有野生结缕草自然群落。结缕草现已广泛栽培于热带、亚热带及温带等地区，成为暖季型草坪草的主要草种。

1. 结缕草的植物学特征　结缕草为禾本科结缕草属多年生草本植物。根系较深，集中分布在 40～50 cm 的土层中，根茎发达。茎直立，高为 12～15 cm，多节，每节生有不定根 3～7 条。每个侧枝都可以发育成为匍匐茎，同样多节。叶片革质，条状披针形，长为 3 cm，宽为 2～3 mm，叶色较浓绿，叶多密生，平铺在地表。花序为总状花序，小穗卵圆形，紫褐色，两侧扁，内含小花 1 枚。种子千粒重为 0.32～0.70 g。

2. 结缕草的生物学特性　结缕草性喜温暖气候和充沛阳光，喜欢生长在土层深厚、肥沃、排水良好的壤土或砂壤土上。有关研究表明，结缕草抽穗期前 15～40 d 的低温和长光照时间十分有利于结缕草小穗的分化和形成，结缕草的结实率、种子数与抽穗前 5 d 至抽穗后 15 d 的积温、光照时数均成正相关。播种建植结缕草的种子生产田第三年才能形成较高的种子产量，种子产量可达 844 kg/hm^2 以上。

3. 结缕草的种子生产技术

（1）地块选择和整地　结缕草最适合在我国长江以南的热带、亚热带地区生长，在北方越冬有困难。纬度越低，种子生产能力越强。种子生产田要求砂质土壤，土壤肥力适中，pH 为 7～8，排水良好。播种前要灭除杂草，翻耕土壤并耙耱。

（2）播种　有性繁殖采用条播，行距为 50～60 cm，播种量为 450～750 g/hm^2。由于结缕草种子表面有蜡质的保护物质，播种前需进行化学处理，用 0.8%氢氧化钠水溶液浸种 16 h，然后用清水冲洗，再用清水浸泡 8 h 即可。播种后及时镇压浇水。

（3）田间管理　应及时防除杂草，在建植前，可用芽前除草剂控制一年生杂草。建植后，选用2,4-滴控制阔叶杂草。年施氮量100～150 kg/hm²，一般要分3次施入，返青期、孕穗期各施1次，收种后在秋季再施1次。在干旱季节要及时进行灌溉，种子成熟期控制水分有利于提高种子成熟度和品质。有研究表明，在返青时用火烧前茬可以提高种子产量。

（4）适时收获 播种当年种子产量很低，一般在播种第三年进行种子收获。当90%的种子颜色变为蜡黄色时即可收获，收获穗部后摊晒2～3 d，再用小棒敲打进行脱粒。

（二）高羊茅种子生产技术

高羊茅（tall fescue），学名为*Festuca arundinacea*，又名苇状羊茅、苇状狐茅、高牛尾草等，原产于欧洲的西部，乌克兰、伏尔加河流域、北高加索、西伯利亚和我国新疆地区有其野生种分布，目前是欧洲和美洲重要的栽培牧草之一，也是建立人工牧草地和草坪建植的重要草种。

1. 高羊茅的植物学特征 高羊茅为禾本科羊茅属多年生疏丛型禾草。须根系发达，入土较深。茎直立而粗硬，分4～5节，株高达80～150 cm。叶带状，长为30～50 cm，宽为0.6～1.0 cm，叶背光滑，叶表粗糙。基生叶密集丛生，叶量丰富。花序为圆锥花序，开展，松散多枝，每小穗有小花4～7朵，常呈淡紫色。颖果倒卵形，黄褐色，千粒重为2.5 g左右。

2. 高羊茅的生物学特性 高羊茅具有广泛的生态适应性，能适应我国北方暖温带的大部分地区及南方亚热带地区，但最适宜于在年降水量为450～1 000 mm、海拔在1 300 m以下、年平均温度为9～15 ℃温暖湿润的气候条件下生长。高羊茅在冬季－15 ℃条件下可安全越冬，夏季可耐38 ℃的高温，在湖北、江西和江苏可越夏。高羊茅对土壤要求不严，pH为4.7～9.5的酸性或碱性土壤中生长都较繁茂。

高羊茅春化需要经历一段时间的低温期（5 ℃左右），经春化作用后才能开花，其分蘖枝条要经过早春、晚秋甚至冬季的低温之后才能发育为生殖枝。高羊茅为长日照植物，只有通过一定时期长日照（>14 h）才能进行花芽分化，否则就处于营养生长状态。

高羊茅在北方一般在3—4月返青，6月上旬抽穗开花，6月下旬至7月上旬种子成熟，生育期为90～100 d。种子成熟后植株体不枯黄，绿期长达270～280 d。

3. 高羊茅的种子生产技术

（1）选地与整地 高羊茅在温暖、潮湿、肥沃的黏重土壤上生长良好。高羊茅为根深牧草，要求土壤深厚、基肥充足。播种前，要求深耕细耙，翻耕深度为30～50 cm，翻耕后再细耙1～2次。结合整地施足基肥，施有机肥22 500 kg/hm²、过磷酸钙300～375 kg/hm²、尿素22.5～37.5 kg/hm²。

（2）播种 根据各地的实际情况，春、夏、秋播均可播种，但最晚播种要保证幼苗越冬时长到分蘖期。采用宽行条播，获得高产种子的行距为45 cm，播种量为5.7～9.0 kg/hm²。

（3）田间管理 高羊茅苗期生长慢，应注意中耕除草。在生长季节如遇干旱，有条件的地方可适当进行灌溉。进行种子生产时，应根据土壤肥力和植株不同生长发育阶段对养分的需求确定施肥种类、施肥量和施肥时间。通常需要春季和秋季施肥。研究报道，根据土壤含水量、禾本科草坪草种类及其生长期，一次性或分期施氮肥80～160 kg/hm²、磷肥180 kg/hm²。

（4）种子收获 为获得高产，收获种子既要考虑到种子的成熟期，又要尽可能减少落粒损失，应适时收获。当成熟期种子含水量降至45%时即可收获。

（三）草地早熟禾种子生产技术

草地早熟禾（Kentucky bluegrass），学名 *Poa pratensis*，又名六月禾、蓝草等，原产于欧洲、亚洲北部和非洲北部，广泛分布于全球温带地区，是北温带广泛利用的优质冷季型草坪草。我国东北、华北、西北和黄河流域等均有草地早熟禾野生种群分布。草地早熟禾因其特有的扩展性、良好的抗逆性及耐践踏和耐刈割优势，成为我国北方地区草坪建植的主要草种之一。

1. 草地早熟禾的植物学特征　草地早熟禾为禾本科早熟禾属多年生根茎型草类。草地早熟禾有横走的地下茎。秆直立，高为 40～60 cm。叶片线形、扁平、内卷，叶鞘光滑或粗糙，叶尖呈船形。花序为圆锥花序，呈卵圆形开展，长为 10～20 cm；小穗密生于顶端，长为 3～6 mm，卵圆形。颖果纺锤形，具 3 棱，千粒重为 0.37 g 左右。

2. 草地早熟禾的生物学特性　草地早熟禾的耐寒性很强，在冬季少雪－40 ℃的酷寒中能安全越冬；耐旱性较差，根系大多分布在 8～10 cm 的土层中，生长期需要充足的水分。种子的发芽要求较高的温度，最适宜的发芽温度为 25 ℃。在北方地区 4 月上旬播种，播种后 10～20 d 发芽出苗，30 d 即可成草坪。播种当年生长较为缓慢，仅有个别枝条抽穗开花，而且结实率很低。第二年生长加快，开花结实率高，有利于种子的收获。种子产量为 300～600 kg/hm^2。

3. 草地早熟禾的种子生产技术

（1）选地与整地　建立种子生产田的目的是培育壮苗，提高繁殖系数。种子生产田要求土壤肥沃，pH 为 6～7，排水良好，无杂草。由于种子较小，苗期生长缓慢，整地要精细，并结合翻耕施有机肥作基肥，施厩肥 30～45 t/hm^2。

（2）播种　草地早熟禾的播种期因地而异，在当土壤化冻 15 cm 即可播种。采用宽行条播，行距一般在 30～80 cm，播种量为 2.25～4.55 kg/hm^2。播种后覆土 1～2 cm，镇压。有灌溉条件的地区要保持土层湿润。

（3）田间管理　出苗后及时拔除阔叶杂草和禾本科杂草。干旱时有条件的地区要多次进行灌溉，并结合施肥以刺激其生长。草地早熟禾易遭黏虫、草地螟等的危害，可喷洒辛硫磷等进行防治。在花期为提高结实率，可进行人工辅助授粉。

（4）种子收获　一般播种后第三年为采种年，春季返青后要及时施返青肥，并配合灌溉。可施氮磷钾混合肥，氮、磷和钾的施用量分别为 60 kg/hm^2、40 kg/hm^2 和 40 kg/hm^2。返青后喷施一定的植物生长调节剂，对促进生长、提高种子产量有较好的效果。

草地早熟禾种子成熟后容易脱落，应当在穗由绿变黄、穗轴已见黄枯时刈割收获，此时种子含水量为 28%～30%。

（四）狗牙根种子生产技术

狗牙根（Bermuda grass），学名为 *Cynodon dactylon*，又名百慕大拌根草、爬根草、铺地草等，原产于非洲，现广泛分布于热带、亚热带，温带地区亦有生长；在我国分布于黄河以南各地。该草植株低矮，繁殖力强，抗旱、耐践踏，质地较细、厚密，色泽较好，现已成为运动场草坪、游憩草坪和生态护坡草地的优良草种之一。

1. 狗牙根的植物学特征　狗牙根为禾本科狗牙根属多年生草本植物，具根状茎及匍匐茎，节间长短不等。每茎节着地生根，可繁殖成新株。叶舌短，具小纤毛；叶片条形，长为

2～10 cm，宽为 1～3 mm。花序为穗状花序，长为 2～5 cm，3～6 枚指状排列于茎顶；小穗排列于穗轴一侧，长为 2～2.5 mm，含 1 朵小花。颖果椭圆形，长约为 1 mm，千粒重为 0.23～0.28 g。

2. 狗牙根的生物学特性 狗牙根为春性禾草，喜光耐热，可耐受 43 ℃高温，在日平均气温 24 ℃以上时生长最好，当日平均气温下降至 6～9 ℃时生长缓慢且开始变黄，当日平均气温为 2～3 ℃时茎叶死亡；以根状茎和匍匐茎越冬；生育期为 250～280 d。狗牙根能抗较长时期的干旱，但干旱时产量低。狗牙根在 pH 为 6.0～7.0、排水良好、肥沃的土壤中生长正常，在黏土上的生长状况比在轻砂壤土上要好，在轻盐碱地上生长也较快。

3. 狗牙根的种子生产技术

(1) 选地与整地 狗牙根种子生产田应选择在土层深厚肥沃的地块，深翻后施有机肥 30.0～37.5 t/hm^2、过磷酸钙 75～150 kg/hm^2 作基肥，以 2 m 宽做畦。

(2) 播种 用种子进行繁殖时，当日平均气温达 18 ℃时即可播种，采用条播，行距为 50～ 80 cm，播种量为 3.5～8.5 kg/hm^2。播种后覆土镇压，及时浇水。用枝条繁殖时，以行距为 0.6～ 1.0 m 开沟，将切碎的枝条放入沟中，枝稍露出土面，覆土踩实即可。并及时灌溉。

(3) 田间管理 苗期注意中耕除草。干旱季节要及时进行灌溉，在花期前和种子成熟时适当控制水分。每年施氮肥不得少于 100 kg/hm^2，施磷肥 150 kg/hm^2，分 3 次施入，分别在返青期、孕穗期和花期。研究表明，狗牙根在分蘖至拔节期喷施 50 mg/kg 2,4-滴与 200 mg/kg 赤霉素，可提高种子产量。

(4) 适时收获 种子在播种后第三年开始收获。当有 80%的种子变黄时即可收割。用镰刀把穗部割下晾晒 2～4 d 后，脱粒并风选。种子产量可达 320～450 kg/hm^2。

（五）紫羊茅种子生产技术

紫羊茅（red fescue），学名为 *Festuca rubra*，别名红狐茅、红牛尾草，原产于欧洲、亚洲以及非洲北部，广泛分布在北半球寒温带地区；在我国的东北、华北、华中、西南等地区都有其野生种的分布。

1. 紫羊茅的植物学特征 紫羊茅为禾本科羊茅属根茎疏丛型多年生草本植物。须根细，入土较深。茎直立，高为 30～60 cm。叶片线形，细长，对折或内卷，光滑油绿色，叶鞘基部呈紫色。花序为圆锥花序，每小穗含小花 3～6 朵。颖果小，千粒重为 0.7～1.4 g。

2. 紫羊茅的生物学特性 紫羊茅耐旱、耐寒性较强，性喜凉爽湿润气候，但不耐热，当气温达到 30 ℃时就会表现萎蔫。播种后出苗较快，水分充足的地方播种后 7～10 d 即可齐苗。紫羊茅为长日照植物，在播种当年不能抽穗开花结实，来年才可采种。紫羊茅对土壤要求不严，但在肥沃的砂质土壤、湿润微酸性土壤上生长良好。

3. 紫羊茅的种子生产技术

(1) 选地与整地 紫羊茅的种子生产基地要设在日照比较长的地区。由于紫羊茅种子细小，出土较为困难，种床要细碎平整紧实。整地结合施有机肥 7 500 kg/hm^2。

(2) 播种 春、夏、秋三季均可播种，因地而异。采用宽行条播，行距为 30～60 cm，播种量为 3.0～4.5 kg/hm^2。播种后覆土镇压，保持土壤表层湿润。

(3) 田间管理 苗期要进行中耕除草。为保证种子的高产，施氮肥不少于 100 kg/hm^2，施磷肥不少于 150 kg/hm^2，可按 1∶2 的比例分春、秋两次施入，春季在返青时施。灌溉要促控结合，在营养生长后期或开花初期适当控制水分，在开花期要保证灌溉。同时，为提高结实率，可采用人工辅助授粉。为保证种子的质量，种子生产田要注意常年除杂去劣。

（4）种子收获　播种后的第二年开始收种。紫羊茅种子的脱落性较差，所以待穗部完全变黄后才可收获。在完熟后用割草机或人工收获，收获后的种子要及时进行晾晒、脱粒、风选。

思考题

1. 试述紫花苜蓿的生物学特性与种子生产技术要点。
2. 试述红三叶草种子生产技术要点。
3. 如何进行多年生黑麦草种子生产？
4. 如何进行高羊茅种子生产？
5. 如何进行草地早熟禾种子生产？

第十章

其他植物种子生产

第一节　绿肥种子生产技术

一、绿肥种子类型

利用栽培或野生的绿色植物体直接或间接作为肥料，这种植物体称为绿肥。

用作绿肥的植物种类，按来源区分，有栽培的和野生的两种；按栽培的生长季节区分，有冬季绿肥、夏季绿肥、春季绿肥、秋季绿肥和多年生绿肥；按绿肥的用途区分，有肥用和兼用两种。肥用绿肥可根据所施对象又可分稻田绿肥、棉田绿肥、麦田绿肥，以及果园绿肥、茶园绿肥、桑园绿肥和热带经济林木绿肥等。兼用绿肥可根据所兼用途，分为覆盖绿肥、改土绿肥、防风固沙绿肥、遮阴绿肥、绿化净化环境绿肥等，此外还有肥饲兼用绿肥、肥粮兼用绿肥、肥副兼用绿肥等。兼用绿肥比单纯的肥用绿肥往往可以取得更大的经济效益。

按植物学科区分，习惯上将绿肥分为豆科绿肥与非豆科绿肥两类。豆科绿肥按植物学性状有草本和木本两亚类。草本绿肥又分为直立性、匍匐性和攀缘性 3 种。直立性绿肥有丛生的（例如蚕豆、绛三叶草、沙打旺等）也有单干的（例如草木樨、田菁、柽麻等）。匍匐性绿肥又有半匍匐的（例如紫云英、金花菜等）和匍匐的（例如圆苜蓿、铺地木蓝等）。攀缘性绿肥又分叶卷须的（例如苕子、山黧豆等）和茎卷须的（例如竹豆、蝴蝶豆等）。木本绿肥又分灌木的（例如紫穗槐、柠条等）和乔木的（例如新银合欢、刺槐等）。

非豆科绿肥包括的科属很多，最常见的有禾本科（例如黑麦草）、十字花科（例如肥田萝卜）、菊科（例如肿柄菊、小葵子）、满江红科（例如满江红）、雨久花科（例如水葫芦）、苋科（例如水花生等）。

绿肥一向以豆科植物为主，因其可以给土壤增加丰富的氮素。我国已栽培利用和可以利用的绿肥植物约有 99 种，其中属于豆科的有 73 种，占 74%。

绿肥种子有 3 大类型：①真种子，即由胚珠发育而来的植物学意义上的种子，例如紫云英、田菁等豆科绿肥的种子；②类似种子的果实，即植物学上的果实，子房壁发育为果皮，内含 1 粒或多粒种子，例如禾本科的黑麦草种子是颖果；③营养器官，例如满江红科满江红属的红萍主要是通过萍体的侧枝断离和次生侧芽进行无性繁殖的，雨久花科凤眼莲属的水葫芦主要通过叶腋长出匍枝进行分枝繁殖，苋科莲子草属的水花生一般用茎蔓进行无性繁殖。

二、绿肥种子生产

（一）紫云英种子生产技术

1. 紫云英的起源和分布　紫云英（*Astragalus sinicus*）又名红花草、红花草子、花草、草子、燕子花、红花菜、荷花郎、莲花草、翘摇，是我国稻田最主要的冬季绿肥作物。

紫云英原产于我国，在我国的栽培历史悠久，在明清时代，长江中下游已有大面积种植。1949年以前，北至北纬32°左右的江苏扬州南部、安徽滁州、河南信阳，南至北纬24°左右的广东韶关、广西桂林，西至四川的川西平原，均有紫云英种植，当时全国种植面积超过7.0×10^5 hm^2，主要分布在长江中下游的浙江、江苏、上海、安徽、江西、湖南、湖北等地的沿江、沿海平原的稻田。20世纪60年代向南推广至广东、广西和福建，并被引种到越南。20世纪70年代以后已北进至陇海沿线，在江苏北部、河南中部及陕西的关中地区试种成功，并证明其壮苗可忍受短时间的−17～−19 ℃的低温。在原来种紫云英的地区，从20世纪60年代起，也由平原和河谷的中高产田向丘陵、山区的低产田、棉田以及红黄壤旱地发展，到20世纪70年代中期，全国播种面积达到7.0×10^6 hm^2左右。20世纪80年代以后，在一些复种指数高的地区，由于扩种了油菜和大麦、小麦，加上农村改革和农业劳动力的转移，面积趋于下降。进入21世纪后，由于化肥价格逐年上涨，加上市民对有机农产品的需求增加，紫云英重新得到重视。紫云英除了用作稻田绿肥外，还可用作饲料、蜜源和美化田园的观赏植物，并已传入日本和美国。

2. 紫云英的花器结构和开花结荚特性　紫云英是豆科黄芪属越年生草本植物。染色体的数目$2n=16$。自然异交率高达65%～81%。紫云英的花序为伞形花序，一般都是腋生，也有顶生的；每花序有小花3～14朵，通常为8～10朵，顶生的花序最多可达30朵，小花簇生在花梗上，排列成轮状。总花梗长为5～15 cm，最长可达25 cm。小花柄短。花萼5片，上呈三角形，下部联合成倒钟形，外被长硬毛，绿色或绿中带紫。花冠蝶形，花色随着开花时间的延长由淡紫红色转到紫红色，偶然也有白花植株出现。旗瓣倒心脏形，未开放前包裹着翼瓣和龙骨瓣，开放时两侧外卷，中部有条纹；翼瓣2片，较小，斜截形，色淡；龙骨瓣2片，联为一体，较翼瓣阔而长，里面包裹着雄蕊和雌蕊。雄蕊10枚，9枚下部联合成管状，1枚单独分开。雌蕊在雄蕊中央，花柱和龙骨瓣一样向内弯曲；柱头球形，表面有毛，子房2室。在子房基部有蜜腺（图10-1和图10-2）。

开花顺序是主茎基部第1对大分枝的花先开，以后按分枝出现的先后，顺序开放。无论是主茎还是分枝，都是由下向上各花序依次开放。每个花序上小花的开放顺序是外围的花先开，再逐渐向中央开放，从第1朵花到该花序最后1朵花开放，一般需4～5 d，但以头2～3 d居多。

花的开放均在白天，晴天于上午8:00左右开始，以后开花数逐渐增多，14:00—15:00时达到最高峰，然后逐渐减少，到18:00左右停止开花。阴雨天开花数比晴天大大减少，而且开始开花的时间比晴天迟些，结束时间又比晴天早。一天中如果由晴转阴，或由阴转雨，开花数也随之减少。故阳光、温度和湿度是影响紫云英开花的重要条件。

花药于开花前就开裂，开裂后花粉即有受精能力。花粉的生活力以新鲜的最高，随着保存时间的延长，生活力逐步丧失。带花冠的小花在室内阴凉处保存8～9 d，仍有少数花粉具有受精结实的能力。雌蕊比雄蕊后熟，一般在开花前没有受精结实能力。柱头的生活力以开

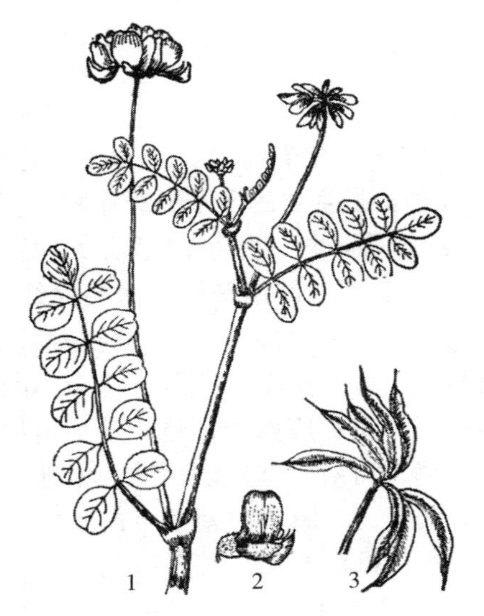

图 10-1　紫云英
1. 枝茎梢部　2. 小花　3. 荚果

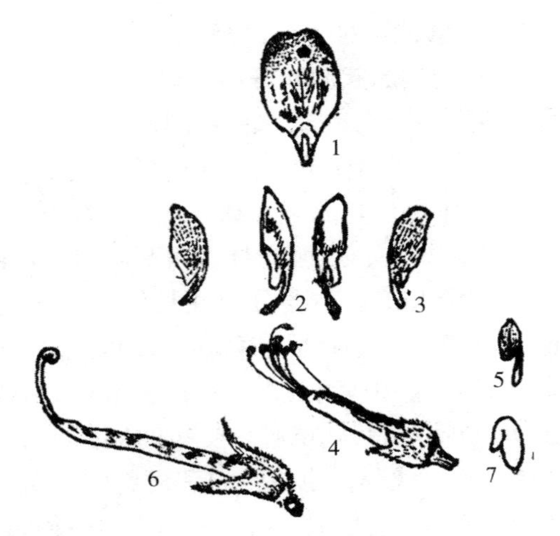

图 10-2　紫云英小花的结构
1. 旗瓣　2. 翼瓣　3. 龙骨瓣　4. 带萼雌雄蕊
5. 花药　6. 嫩荚果　7. 幼嫩种子

花之日最高，以后逐步降低，到开花后 5～7 d 基本上丧失生活力。

紫云英从开花到果荚变黑，一般早开的花要 30 d 以上，迟开的花只要 20 d 左右。子房在受精后即迅速增长，到开花后半个月左右，果荚的长度已达到完熟时的长度，以后虽略有增加，但再后由于水分减少，又略有收缩。种子的干物质积累，开始很慢，到果荚接近完熟期后则大大加快。

荚果呈线状长圆形，稍弯，无毛，顶端有喙，基部有短柄。果瓣有隆起的网状脉，成熟时黑色，长为 1～3 cm，宽为 0.4 cm 左右。每荚有种子 4～10 粒。种子肾状，种皮光滑，正常的新种子一般以黄绿色为主。千粒重一般为 3.0～3.5 g，重者达 4 g 左右。

种子储存后从初收时的黄绿色转为棕褐色。黄熟后期至完熟期开始产生硬实，至收后半个月硬实率达到高峰。高峰持续 2 个月后，硬实率开始回落，至播种前 1 个月（9 月上旬）迅速回落，其后又保持慢速解除的状态。

3. 紫云英的种子生产技术

（1）种子生产田的选择　种子生产田应选择排灌方便、土壤略带砂性、肥力中等、杂草较少、非连作的田块。水田最好选择种植晚稻的田块，以减少收种与早稻插秧的季节矛盾。种子生产田须连片，以避免在春耕以后陷入早稻田水的包围之中。旱地作种子生产田，以选择疏松、肥沃、向阳而含水量较高的地块为好。

（2）种子播种前处理　种子播种前处理，不仅可提高种子发芽率，还可促进幼苗整齐粗壮，为高产打下基础。

①晒种：选择晴天中午，将种子摊晒 4～5 h。

②擦种：擦破种皮，加速发芽。具体做法：将种子和细沙按 2∶1 的比例拌匀，放在石臼中捣 10～15 min；或用布袋装种子混细沙揉搓 20 min；或将种子与稻壳按 1∶3～4 的比例混匀，在碾米机中碾一遍，将种皮上的蜡质擦掉。

③盐水选种：用 5%盐水选种，去除杂质、瘦瘪种子、菌核等。选好后立即用清水洗净

盐水。

④浸种：将选出的种子放入 0.1%～0.2%钼酸铵溶液（钼酸铵先以适量 40 ℃左右热水溶化，再加凉水至要求浓度），或放入 0.3%磷酸二氢钾溶液或 30%人尿中浸 10～12 h。浸后捞出稍晾干后即可拌种。

⑤拌种：用紫云英根瘤菌剂和钙镁磷肥拌种即可，一般每公顷拌根瘤菌剂 3 000～3 750 g（在暗处拌）、钙镁磷肥 75 kg 左右。

对于酸性土壤，种子上的根瘤菌直接与土壤接触，易受土壤不利环境的影响，降低接种效果，可使用球化种子。球化种子的制备方法：将 14 g 化学浆料（羧基甲基纤维素，CMC）溶于 280 mL 毫升热水中，充分搅拌，冷却后加入紫云英根瘤菌剂 0.2～0.3 kg，充分调匀即成含菌浆糊。再加入紫云英种子 7 kg，充分拌匀，使每粒种子都粘有浆糊。然后加入钙镁磷肥 10～15 kg，用手迅速搅拌，并不断滚动，使每粒种子都裹上磷肥，呈球状即为球化种子。球化接种宜随拌随播。要配合施钼肥时，可在球化材料（钙镁磷肥）中加入钼酸铵（每公顷用 300～450 g）。碳酸钙球化种子还可减轻干旱和滨海盐土（全盐量 2.5%）中盐分对根瘤菌的危害。

对于冬春出现低温时间短的地区（例如广东潮州），对紫云英种子进行低温春化处理，可提早开花结荚，不误农时。处理方法是：将种子浸入水中，吸饱水分后，捞起沥干。待种子萌动、胚突破种皮露白约 30%时，装入比较牢固耐压的竹筐。装入种子之前，竹筐内的周围和底部垫一层纸，放入种子时，不断摇动，使种子紧实。每筐装满 30 kg 后，上面再盖一层纸，用木板封口。放入温度为 2.5 ℃左右的冷库储存 15～20 d，即可取出播种。

（3）适时稀播　紫云英一般在 9 月中旬至 10 月初播种，播种过早时，稻肥共生期过长，幼苗瘦弱；播种过迟时，易受到冻害，致使越冬苗数不足。一般与水稻共生期掌握在 25～30 d。若在生长旺盛的杂交稻田播种，应在收割前 20～25 d 播种，这样既有利于水稻成熟，又有利于紫云英出苗和生长。一般每公顷播种量应控制在 15.00～18.75 kg（比以压青为利用目的的播种量略少）。稀播有利于分枝粗壮，重叠枝少，提高种子产量。播种时一定要按畦定量，先少后补，密度均匀。

（4）田间管理

①水分管理：紫云英怕渍水，特别是苗期和花期，苗期渍水影响全苗，花期渍水造成落花落荚。因此播种前要开好稻田四周的围沟和田中间的十字沟或井字沟，做到沟沟相通、排灌自如。一般沟深为 15～20 cm，沟宽为 35 cm。播种后若遇到干旱天气，要灌 1 次跑马水保持田间湿润。晚稻收割后，及时清沟，保证排灌方便。同时，晚稻收割后应及时把残留物均匀摊开并覆盖在紫云英苗上面，既可起到抗旱防冻作用，又可减少残留物压苗的损失，并把多余的稻草晒干后及时清理出田外。采用机械收割晚稻时，以保留稻桩 4～6 cm 为宜。旱地播种后用草耙轻耙土面消灭露种，同时盖一层稻草屑或细杂草，以遮阴和减少水分蒸发。

②增施磷钾和微量元素肥料：磷钾肥能促进分枝，增加抗寒能力，减轻冻害。一般在稻草晒干清理后，12 月上中旬每公顷施过磷酸钙 300～450 kg、氯化钾 75 kg 或草木灰300 kg。种子生产田不宜施氮肥，在开春后每公顷增施 150 kg 过磷酸钙、45 kg 氯化钾，可提高种子产量和质量，在苗期和初花期各喷施 0.2%硼砂溶液可起到保花、保荚、防止早衰和提高结实率的作用。

③利用蜜蜂传粉提高结实率：花期放养蜜蜂可提高紫云英异花结实率。根据生产经验，

适宜放蜂的密度为7.5～15.0箱/hm^2。

④防治病虫草害：紫云英种子生产期间，主要有“三虫”（潜叶蝇、蓟马和蚜虫）、“两病”（菌核病和白粉病）。潜叶蝇主要危害紫云英叶片；菌核病可造成紫云英大量烂秆死苗。在开花结荚期，无论是蚜虫、潜叶蝇、蓟马等害虫，还是白粉病和菌核病等病害，危害都很严重，应根据病虫发生情况，认真进行综合防治。尤其在前期开花的20 d时间里，如发生蚜虫、潜叶蝇和白粉病等危害，不但已形成的花荚会停止发育，而且由于生长点受到损害，未开放的花序也不会开放，因此对种子的产量和质量影响很大。防治蚜虫、蓟马可用10%吡虫啉可湿性粉剂3 000倍液喷雾；防治潜叶蝇可用1.8%阿维菌素乳油60～80 mL兑水50 kg喷雾；防治白粉病和菌核病可用甲基托布津75～100 g兑水50 kg喷雾。杂草以看麦娘、早熟禾等禾本科杂草为主，可用15%精稳杀得乳油50～70 mL或5%精禾草克乳油50～80 mL兑水40 kg喷雾防除。

以上病虫草害用药剂防治时，必须在15:00后进行，一是避开花时，二是避免蜜蜂中毒。

（5）收种　由于紫云英荚果的成熟不一致，一般以种荚80%变黑时收获最好。紫云英荚果脱落率和收种的时间密切相关，一般应选择在晴天上午7:00之前收种，因为此时露水多，果荚的含水量高，不易脱落；已脱落的荚，多数也黏附在草秆上，此时采用卷收法可使大部分落荚回收。卷收法就是用六齿手耙或八齿手耙，像卷席一样连茎带荚滚包起来。植株收后运至晒场，边晒边用连枷或竹棍敲打脱荚；或用稻麦全喂式脱粒机脱荚。无晒场时，在种子生产田中卷成小堆，晒至能脱荚时，在晴天中午，在田中铺上塑料布即可进行敲打脱荚。种荚晒干后可用碾米机脱粒或通过其他方法脱粒。用饲料粉碎机脱荚脱粒可一次完成，能有效减轻劳动强度，提高工作效率。脱粒后将种子扬净即可入库。

（二）田菁种子生产技术

1. 田菁的起源和分布　田菁又名咸青、磅豆，原产于印度，为一年生或多年生，多为草本、灌木，少为小乔木。田菁性喜高温高湿，多在低洼潮湿地区生长。全世界田菁属植物约有50种，其中主要的种类有20多种，广泛分布在东半球热带和亚热带地区的印度北部、巴基斯坦、中国、斯里兰卡和热带非洲。目前我国引种栽培的田菁共有8种：普通田菁（*Sesbania cannabina*）、多刺田菁（*Sesbania aculeata*）、埃及田菁（*Sesbania aegyptiaca*）、沼生田菁（*Sesbania javanica*）、大花田菁（*Sesbania grandiflora*）、美丽田菁（*Sesbania speciosa*）、印度田菁（*Sesbania sesban*）和毛萼田菁（又名具喙田菁、茎瘤田菁）（*Sesbania rostrata*），主要分布在广东、福建、台湾、浙江、江苏等地，其中普通田菁在我国分布最广，除新疆、青海、西藏外的各省份均有普通田菁种植。田菁耐盐、耐涝、耐瘠、耐黏重土壤，抗砂、抗杂草。田菁作为绿肥的种植利用方式有：麦后复种田菁，玉米田菁间作套种，棉田套种田菁，早稻田套种、复种田菁，晚稻秧田套种田菁。田菁除了用作绿肥外，还可用作饲料、蜜源、观赏植物（行道树）和工业原料（田菁胶）。

2. 田菁的花器结构和开花结荚特性　普通田菁（*Sesbania cannabina*）是豆科蝶形花亚科田菁属小灌木状草本植物（图10-3），对光照长度较敏感，短日照可缩短营养生长期，提早开花。

普通田菁的花序为总状花序，蝶形花冠，自花授粉。在江苏沿海地区春播（4月下旬到5月上旬），一般从出苗到现蕾需60～65 d，到始花需70～80 d，到盛花期需90 d，生育期为140～150 d。夏播（6月中旬）一般播种后50 d左右进入生殖生长盛期，生育期为125～130 d。普通田菁的花序属无限花序类型。开花顺序是由内向外，由中部分枝向下部和上部分枝发展。主茎和一次分枝先现蕾开花，接着二次分枝现蕾开花。蕾花发育较快，从现蕾到开花只需8～11 d。一个花序亦从中部小花先开，基部和顶部小花后开，从开始开花到开花结束历时1～2 d。同一分枝第一节与第二节花序开花间隔为2～3 d。在一天中，约在12:00开始开花，15:00左右为开花高峰。但开花高峰时间，不同地区有一定差异，例如在山东省德州观察，晴天以13:00—14:00为开花高峰期，阴天开花时间有所延迟。从开花到成荚为4～6 d。荚的发育较为缓慢，从幼荚形成到成熟，需35 d左右。由于荚果是不断形成，不断成熟，而成熟后的荚果易自行开裂，造成种子散落，因此采种时要注意这个特性，及时收摘。

图10-3　田　菁

1. 有花之枝　2. 花　3. 萼　4. 旗瓣　5. 翼瓣　6. 龙骨瓣　7. 雄蕊　8. 花药的正反面　9. 雌蕊　10. 果序　11. 种子的侧面和由脐处看的正面　12. 小叶的上下面　13. 小叶上的毛

3. 田菁的种子生产技术

(1) 种子处理　田菁种皮厚，表面有蜡质，吸水比较困难，其硬实率达30%左右，高的可达50%以上。硬实率高低与种子收获早晚有很大关系。收获越晚，硬实率越高。研究表明，当田菁荚果开始变成褐色，种子呈绿褐色时，发芽率最高；而当植株枯黄，种子呈褐色时，硬实率提高，发芽率降低。

田菁种子发芽时破除硬实的效果与温度有关，温度越高，破除硬实的效果越好，发芽率越高。因此一般春播田菁播种前都应进行种子处理，播种前进行温水浸种（60 ℃水中搅拌2～3 min），使种皮变软，以提高其出苗率和提早出苗。在南方和北方夏播时，由于夏季高温高湿条件，对破除硬实的作用较好，一般情况下，可不必进行种子处理。根瘤菌自然附在种子上，不需要拌种。

(2) 播种　田菁种子生产一般宜春播。春播应掌握平均地温在15 ℃左右时进行。播种可采取条播、撒播或点播。以宽窄行条播最好，宽行行距为100 cm，窄行行距为30 cm。播种后覆土不宜过深，以不超过2 cm为好。播得过深时，子叶顶土困难，影响全苗。每公顷播种量为15.0～22.5 kg，在中等肥力地块上每公顷留苗45 000～60 000株，在瘠薄地上每公顷留苗75 000～90 000株。

在麦茬与田菁种子生产争季节的地方，田菁也可育苗带水移栽。苗床田菁播种期与春季直播田菁相同，只是稍加大用种量，一般掌握在22.5～30.0 kg/hm^2。移栽时按规定密度在苗田间苗，间下的苗移栽至大田，苗龄为1个月，苗高为20～30 cm，每株有根瘤30个左右。移栽前5～8 d喷施磷酸二氢钾溶液，确保壮苗、健苗移栽。大田移栽时务必保持田面有5～10 cm水层，以确保移栽成活率，待活棵后再适当排水。栽插密度，上等肥力田为37 500株/hm^2，中下等肥力田为45 000株/hm^2，株距和行距均为50 cm，每穴

1～2 株。

（3）施肥　在缺磷的地区（P_2O_5 含量在 70 μmol/L 以下），耙地前每公顷施过磷酸钙 150～225 kg。滨海盐土 pH 较高，磷素在土壤中极易被固定，不可将磷肥施得过深。如果是条播，最好将磷肥施在播种沟内。

（4）打顶和摘边心　打顶（摘掉顶芽）和摘边心是为了使花期相对集中，使种子成熟比较一致，提高种子产量。在田菁抽薹 10～12 个时打顶，消除顶端优势，能使每薹果节、每节荚数及每荚粒数明显增加。打顶一般在 8 月上中旬进行。人工打顶摘边心比较费工，大面积种子生产有困难时，可适当加大密度，靠主茎结荚，以达到既控制植株扩杈徒长，又提高田菁种子产量的目的。有试验表明，中上等土壤肥力水平条件下，每公顷 11 000 株（行株距为 60 cm×15 cm）的种子产量比 5 500 株（行株距为 60 cm×30 cm）和 28 000 株（行株距为 60cm×60 cm）的都高。

（5）病虫害防治　田菁的虫害主要有蚜虫、斜纹夜蛾、豆芫青、地老虎、卷叶虫、金龟子等。

蚜虫对田菁的危害较大，一年可发生数代，一般在田菁生长初期危害最重，多发生在干旱的气候条件下，轻则抑制田菁生长，重则使整株萎缩甚至凋萎而死亡。可用 40%乐果乳油1 000～2 000 倍液喷洒防治。

斜纹夜蛾是南方一种很重要的害虫，在田菁生长期中，可发生 2～3 代，取食田菁茎叶。在广东发生盛期，如不及早防治，几天内可把枝叶吃光，因此应抓紧幼龄虫的杀治。可用 90%敌百虫 200～400 倍液喷洒防治。

卷叶虫也是危害田菁的一种主要害虫，多在田菁苗后期或花期危害，取食叶片组织，受害时叶片卷缩成管状，严重时有半数以上叶片卷缩，抑制田菁的正常生长，可用敌百虫乳剂喷杀。由于到 8 月中旬田菁株高已达 1.5～2.0 m，较难下田喷药，因此务必在 8 月 10 日之前把卷叶虫控制住。

田菁菟丝子寄生危害严重时整株被缠绕而影响生长。发现时应及时将被害株连同菟丝子一并除去，以防扩大。

田菁病害主要有疮痂病，南方多于 7 月底 8 月初始发。病菌以孢子传播，由寄主伤口或表皮侵入。此病对田菁茎、叶、花、荚均能危害。茎秆受害时，扭曲不振，复叶畸形卷缩，花荚萎缩脱落。可用波尔多液进行叶面喷洒防治。

（6）水的管理　田菁是水旱皆宜作物，而适当的土面水层更能增加田菁的固氮效率。田间条件下，干旱灌水的田菁种子产量比干旱不灌水的一般高 20%～30%，因此遇干旱时应及时灌水。海边滩涂一般没有灌溉条件，可采取四周筑小埂积蓄雨水的措施。

（7）收获　田菁的结荚率以主茎最高，一次分枝次之，二次分枝最低。不同分枝上的荚果成熟参差不齐。据观察，如果要等一株田菁上的最后一荚成熟，则同株上成熟较早的荚果已有 30%～40%开裂而掉到地上。因此种子生产上宜掌握在田间有 70%的荚果成熟发黄时收割。收割后堆放 10～15 d 后敲打收籽。

（8）高产结构　据报道，田菁种子生产中，每公顷 37 500～45 000 株，每株有 5～15 个分枝，每分枝有 4～5 个果节，每果节有 4～5 个荚，每荚有 25～30 粒种子，种子千粒重为 17～18 g 时，种子产量可超过 2 250 kg。

第二节　药用植物种子生产技术

药用植物（medicinal plant）种类繁多。我国是药用植物资源最丰富的国家之一，有着悠久的药用植物发现、使用和栽培历史。据20世纪80年代的调查统计，我国药用植物资源共有383科2 309属11 146种，其中400多种以人工栽培为主，例如人参、枸杞、红花、当归、白芷、丹参、天麻、柴胡、甘草、桔梗、绞股蓝、金银花、菊花、附子、杜仲、黄柏、石斛等，其中人参、杜仲、银杏等为我国特有的药用植物。

一、药用植物种子种苗类型

药用植物的种子种苗类型包括真种子、果实、营养器官和孢子4大类。

（一）真种子

真种子是由受精胚珠发育而成的繁殖器官。用真种子播种的药用植物有多科，例如葫芦科的丝瓜、栝楼，豆科的黄芪、决明子、甘草、芦巴子、补骨脂、望江南等，十字花科的菘蓝，苋科的牛膝，茄科的枸杞，百合科的贝母等。

（二）果实

果实是由子房发育而成的。药用植物中用作播种材料的果实有多种，包括颖果、坚果、瘦果、悬果、聚合果等。颖果有薏苡，坚果有益母草、紫苏、板栗、莲等，瘦果有红花、牛蒡等，悬果有当归、白芷、防风、柴胡等，聚合果有厚朴、芍药、八角茴香等。

（三）营养器官

用营养器官作为播种材料的药用植物种类很多，例如用叶繁殖的有落地生根、吐根等，用茎繁殖的有菊花、忍冬、连翘、薄荷等，用块茎繁殖的有天麻、地黄、半夏等，用球茎繁殖的有荸荠、慈姑、番红花等，用鳞茎繁殖的有百合、贝母、山丹等，用根茎繁殖的有玉竹、姜、藕等，用块根繁殖的有山药、牡丹、芍药、川乌、玄参等。

（四）孢子

孢子繁殖是藻类、菌类、地衣、苔藓、蕨类等植物的主要繁殖方式。目前蕨类植物中的贯众、紫萁、木贼、海金沙、金毛狗脊等采用孢子繁殖的方式进行人工栽培。菌类中的灵芝、银耳、木耳、茯苓、冬虫夏草等用孢子繁殖进行人工栽培，也可用菌丝体繁殖。

二、药用植物种子生产

用种子进行繁殖时，其繁殖系数高，繁殖技术简便，由种子萌发长出的实生苗适应性强，易驯化，有利于引种栽培，且种子采收方便，易储藏，易运输，便于推广。因此药用植物的大面积生产通常以种子繁殖较多。但种子繁殖存在栽培年限长、异花授粉的药用植物易产生变异等缺点。

（一）药用植物种子的采收

药用植物的优质种子要求品种优良、纯度高、籽粒饱满而新鲜，因此做好种子的采收工作是获得优质种子的前提。

1. 采收优良品种的优质种子　首先，采种人员必须掌握品种的特征特性，准确鉴别优劣。其次，采收的种子应是适合当地生态和生产条件的种子。若需从外地引种，应从生态类型相同的地区引种。从长期发展的角度考虑，最好能在当地建立专供采种用的种子园。种子园的建立应根据药用植物的授粉方式严格隔离，防止天然杂交而失去品种原有的优良性状，保证种子纯度和质量。另外，气候型、生态型不同的药用植物，其适宜的气候、土壤范围也不同，须选择适宜的生态环境，在最适生长条件下进行栽培，才能获得优质的种子。例如喜阴植物人参、黄连等在生长期间需要一定的遮阴条件，喜光植物地黄、洋地黄、柴胡等须种植在向阳的环境下，喜湿润的薏苡、款冬等在生长期间要保证有灌溉条件，耐旱不耐涝的甘草、黄芪等如遇雨水过多则生长不良且易遭受病害。

2. 选择株型良好、生活力强、健壮的母株采种 对多年生药用植物采种时，应选择健壮、籽粒饱满的母株采种，不宜在生长不良、株型不佳、过分徒长、感染病虫植株和老龄植株上采种。

3. 掌握采种季节，采收充分成熟的种子 不同种类、不同生长环境的药用植物，其种子的成熟期不同，采种前应注意观察其开花结实的时期和特性，掌握适宜的采种时间。

药用植物种类繁多，种子成熟的季节亦不相同。大部分药用植物种子在秋季成熟，例如杜仲、五味子、牛蒡、桔梗、薏苡、乌药等；山杏、皱叶酸模、牡丹、太子参、蒲公英等种子在夏季成熟；土麦冬、虎刺、古羊藤等在冬季成熟；秋牡丹、枇杷等在春季成熟。不同地区同一药用植物种子的成熟时间也不同，一般随纬度和海拔升高而开花期延迟，采种期也相应延迟。药用植物种子的成熟期受气候变化的影响较大，通常在干旱少雨的年份，种子提早成熟，而在阴雨天多的年份，则种子延迟成熟，采种期应随之而变化。

通常根据药用植物果实和种子的颜色来鉴别种子的成熟度，当果实和种子的颜色变深，质地变硬、籽粒饱满时即已成熟，可采收。常见药用植物果实成熟时的形态特征如下。

①核果、浆果类的果实成熟时，果皮软化、变色。例如杏、木瓜、南酸枣等的果皮由绿色变为黄色，山楂、枸杞、山茱萸、毛冬青等的果皮由绿色变为红色，樟树、女贞、土麦冬、龙葵等的果皮变为黑色。

②蒴果、荚果、翅果、坚果等干果类的果实成熟时，果皮由绿色变为褐色，由软变硬。其中荚果和蒴果的果皮自然开裂，例如甘草、黄芪、浙贝母、泡桐等。

③球果类的果实成熟时，果皮一般都由青绿色变成黄褐色，大多数的球果鳞片微微开裂，例如油松、侧柏、马尾松等成熟时球果变为黄褐色。

种子的成熟度影响种子发芽率、耐储性和幼苗长势，因此应采收充分成熟的种子。例如穿心莲棕色种皮的老熟种子发芽率为99%，褐色种皮的中等成熟种子的发芽率为62%，而黄褐色嫩种子的发芽率只有5%。但是天麻、龙胆等蜡熟期采收的种子发芽率高于完熟期，故这类药用植物种子宜在蜡熟期采收；当归、白芷等用老熟种子播种后容易提早抽薹，故应采收适度成熟的种子作种用；黄芪、油橄榄等种子老熟后会增加硬实或加深休眠，如果采种后即播种，则应采收适度成熟的种子作种用。

4. 种子和果实的采收方法 药用植物果实和种子的大小因物种不同而差异较大，成熟后的散布习性也不相同。有的种子成熟后即脱落，随风飞散，或散落在母株周围；有的种子成熟期不一致，陆续成熟陆续脱落；有的种子和果实成熟后，要经过一段时间才脱落，有的甚至到翌年春天才脱落。药用植物种子和果实的脱落方式不同，采种的方式亦不同。对于成熟时自然开裂、落地或者因成熟而开裂散播的种子，例如荚果、蒴果、长角果、蓇葖果、球果等，宜在种子掉落前直接从植株上采集；对于不容易掌握成熟度的黄芩、车前等，可以将塑料薄膜等铺设在地面上收集成熟散落的种子；对那些果实较大的，可直接从地面捡拾。对于种子成熟时果实不开裂的植物（例如薏苡、朱砂根等），可待全株种子完全成熟时一次性采收，或者在大部分种子成熟后收割，经后熟后脱粒，例如穿心莲、白芷、北沙参、补骨脂等。

（二）药用植物种子的调制

采收药用植物种子时，通常是先采集果实，然后再将种子从果实中取出来，这个过程称为种子的调制。有的药用植物种子适宜带果皮储藏，至翌年播种前再脱粒，例如丝瓜、栝楼、枸杞、巴豆等的种子，通常用果实保存较用种子保存的时间更长；但大多数药用植物还是以种子保存。种子调制的目的是保证种子质量，便于播种和储藏。调制的过程包括清除杂质和种子处理，根据不同的果实类型，采取相适应的种子调制方法。

1. 干果类种子的调制　干果类种子包括裂果和闭果，其种子含水量差异较大，应采用不同的干燥方法，对含水量低的种子可直接晒干，而含水量高的种子宜采用阴干或直接放入湿沙中储藏，以免因失水过快而致种子生活力下降。

（1）蒴果类种子的调制　浙贝母、细辛、四叶参、柽柳、乌桕、泡桐等的蒴果类种子，采收后可放在阳光下晒干，油茶、茶等的蒴果采收后在通风处阴干，待蒴果自然开裂脱粒从中取出种子储藏备用。

（2）荚果类种子的调制　甘草、黄芪、合欢、相思子、大巢菜、国槐、小巢菜等的荚果类种子含水量较低，种皮保护能力强，采收后可用晒干的方法干燥果荚，然后用棍棒敲打果荚，使种子从开裂的荚果中脱粒，除去果荚壳等杂质后，清选、储藏备用。

（3）翅果类种子的调制　枫杨、臭椿、白蜡、菘蓝等的翅果类种子，可直接在阳光下晒干，不必脱去果翅，即可储藏。但杜仲种子不宜直接置于阳光下暴晒，以免种子生活力下降，宜采用阴干法干燥。

（4）坚果类种子的调制　筋骨草、梧桐等的坚果类种子，经日晒后可使果柄、苞片等与果实分离，或经搓揉脱粒，清选，去除杂质后，即可储藏备用。

2. 肉质果实种子的调制　肉质果实包括浆果、核果、梨果、聚花果、聚合果等。肉质果实果皮柔软，含水量高，且含有较多糖类和果胶，易受微生物侵染而引起霉烂，从而影响种子质量。肉质果实种子的调制包括软化果肉、清水淘洗种子、干燥和清选种子等过程。对于人参、女贞、山豆根、肉桂、天门冬、绞股蓝、麦冬等肉质果实，采收后先在水中浸泡数小时，然后直接在水中搓去并漂浮掉果皮、果肉等杂质，捞出种子用清水洗净后，再在阳光下晒干或置阴凉通风处阴干，储藏备用。一些果皮较厚的肉质果实（例如核桃、银杏等），用水浸泡难以软化果皮使其与种子分离，则可采用堆沤的方法。通常是将采收的果实堆积起来，保持堆内湿度一定时间，待果皮软腐再取出种子，淘洗干净后晾干。但应注意堆积的时间不宜过长，并注意经常翻动，避免因堆内温度过高而影响种子质量。苦楝、川楝等肉质果实可直接带果肉晾干后即播种或储藏，不必脱皮。

3. 球果类种子的调制　三尖杉、粗榧、侧柏等针叶树的果实为球果，通常在未开裂时采收，用自然干燥或人工干燥的方法使球果干燥，当球果的鳞片张开时，用木棒敲打，种子即可脱出，然后用水淘洗并晾干。

（三）药用植物种子的干燥

种子干燥的基本方法常用的有自然干燥法、机械通风干燥法和加热干燥法。自然干燥法是利用阳光曝晒、通风和摊晾等方法来达到降低种子水分的目的。自然干燥方法简单易行，成本低，经济安全，一般情况下种子不易失去生活力。但须备有晒场，且易受气候条件的限制。机械通风干燥法是利用鼓风机或排气设备，将种子扩散在空气中的水分及时地用风带走而降低种子水分。加热干燥法是利用热空气作为干燥介质，流过种子表面来降低种子水分。加热干燥法不受自然条件限制，干燥速度快，干燥效果好，工作效率高，但必须有相应的配套设备，并要求严格掌握干燥温度和种子水分。

药用植物种子干燥最常用的方法是自然干燥法。大多数喜阳、生长在开阔地带的药用植物种子都可采用晒干法进行种子干燥，例如甘草、黄芪、党参、合欢、国槐、白蜡、柽柳、乌柏、泡桐、菘蓝、筋骨草、鸡冠花、夏枯草、千日红等的种子。而部分来源于高海拔地区的或喜阴的药用植物，或种子脂肪或芳香油含量较高的药用植物，其种子适宜阴干，例如当归、白芷、大黄、黄柏、黄芩、羌活、知母、龙胆、秦艽、枸杞等的种子。

另外，还有一些原产于热带或亚热带的药用植物种子不耐脱水干燥，一旦种子含水量降低到一定程度即丧失发芽力。这类药用植物种子宜随采收随播种，或采收后清洗出种子即用湿沙储藏，例如牡丹、芍药、重楼、枳壳、七叶树、细辛、罗汉松等。

三、药用植物营养体繁殖和种苗生产

药用植物种苗生产中，用种子和果实作为播种材料长成的实生苗，开花结实较迟，且易产生变异，尤其是木本药用植物，由实生苗长成的植株生长慢，开花结实晚，成熟年限较长。因此有相当多的药用植物采用营养体繁殖进行种苗生产。营养体繁殖的繁殖体来自母体的体细胞分裂，没有经过两性受精过程，其遗传性能够保持其母体的优良性状，不易发生性状变异。由营养体繁殖得到的新植株，其个体发育阶段是在母体基础上的继续发育，因而有利于提早开花结实。例如玉兰、酸橙、山茱萸等木本药用植物采用扦插和嫁接繁殖获得的种苗可提早 3～4 年开花结实。对于有性生殖退化而无种子的、或有种子但种子发芽困难的以及实生苗生长年限长、产量低的药用植物，利用营养体繁殖进行种苗生产就十分必要。

（一）分株繁殖

分株繁殖又称为分离繁殖或分割繁殖。可利用根上的不定芽产生根蘖，待其生根后成为一个新个体，然后切离母体即可栽植。也可由地下茎或匍匐茎节上的芽，或茎基部的芽萌发新梢，待其生根后成为一个新个体，切离母体后栽植。还可利用块根、块茎、鳞茎、球茎、珠芽等作为繁殖材料进行栽植，培育成一个独立的新植株。例如牡丹、芍药、砂仁、射干、半夏、番红花、百合、贝母、地黄、何首乌、白及、薄荷等，均可采用分株繁殖。

分株繁殖通常在春、秋两季进行。一般夏季或秋季开花的药用植物宜在春季休眠芽萌动前进行分株，春天开花的药用植物则宜在秋季落叶后进行分株，以保证分株后根系愈合并长出新根，有利于生长而不影响开花。块根、块茎、鳞茎、球茎、珠芽等变态器官的繁殖，在南方春季和秋季均可进行，在北方则宜在春季进行。

在分株繁殖过程中，应注意繁殖材料的品质。分割的苗株应具有较完整的根系；对球茎、鳞茎、块茎、根茎等应选择饱满、无病虫害的材料；对块根、块茎等栽种材料分割后应先摊晾 1～2 d，使切口稍干，或拌草木灰促进创口愈合，以减少烂种。球茎和鳞茎类材料栽种时，应注意芽头要朝上；分株和根茎类栽种时，应保持根系舒展，覆土厚度应适宜。

（二）扦插繁殖

扦插繁殖是指直接从母株上割取根、茎、叶等营养器官，在适宜条件下插入土壤、沙或其他基质中，生根萌芽形成独立的新植株的繁殖方式。扦插繁殖是药用植物种苗生产常用的繁殖方法。根据扦插材料不同可分为叶插法、根插法、枝插法等。

1. 叶插法　叶插法是指利用植物叶片的再生机能使其长成独立的新个体。例如落地生根、秋海棠等可用叶插法繁殖。

2. 根插法　根插法是指切取植物的根插入土中，使之成为新个体的繁殖方法。凡是根上能形成不定芽的药用植物，例如杜仲、厚朴、山楂、大枣、吴茱萸、使君子等树种的根具有萌发不定芽的特点，都可以进行根插法繁殖。

3. 枝插法　枝插法是指将药用植物母株上的枝条剪成小段，插入土壤中，待其形成不定根后，枝条上的芽长出成为一个新植株。例如菊花、薄荷、丹参、茉莉、忍冬、枸杞、萝芙木、肉桂等常用枝插法进行种苗生产。根据枝条的成熟度又可将枝插法分为硬枝扦插法和软枝扦插（或绿枝扦插）法 2 种方法。

（1）硬枝扦插法　用已经木质化的 1～3 年生枝条进行扦插的方法称为硬枝扦插法。木本药用植物的扦插繁殖多采用硬枝扦插法。根据扦插的时期可分为休眠期扦插和生长期扦插 2 种方式。落叶树种大多数采用休眠期扦插，个别树种也可在生长期间扦插。采集插穗的时间一般是秋季落叶后至翌年休眠芽萌动前，应选择中下部生长健壮且无病虫害的枝条，若冬季采穗翌年春季扦插，则可将插穗打好捆，沙藏过冬。常绿树种多采用生长期扦插，宜选用已充分木质化的、带饱满顶芽的梢作插穗。

（2）软枝扦插法　用尚未木质化或半木质化的木本植物新梢或草本植物幼茎作为插穗进行扦插的方法称为软枝扦插法。插穗最好选择生长健壮的幼年母树，并以开始木质化的嫩枝为佳，不宜采用过嫩或已经完全木质化的枝条作插穗。草本或木本药用植物的当年生幼茎或芽均可用作插穗，在 5—7 月扦插。为了提高扦插成活率，应及时将采集的嫩枝用湿布包好，置于阴凉处保鲜，而不宜放入水中保鲜。

扦插时，先将采集的插穗剪成 10～20 cm 的小段，硬枝扦插法的插穗每段带 3～5 个芽，插穗上端剪口截面与枝条垂直，距芽 1～2 cm；插穗下端距芽 3～5 cm 处斜向剪切，剪口为斜面，形似马耳状。软枝扦插的插穗每段带 3～4 个芽，剪口应在节下，保留 1～2 片叶，较大的叶片可剪去一半以减少蒸腾。剪好的插穗插在苗床上或田间，行距为 15～20 cm，先开一条浅沟，然后将插穗摆插于沟内，覆土稍压紧，使插穗与土壤密接，插穗上端露出地面或床面 2～4 cm。插后浇水，并搭小塑料棚覆盖，保温保湿，促进插穗早日生根成活。软枝扦插还应遮阴，在未生根之前，若地上部已展叶，则应摘除部分叶片。当新植株长到 15 cm 以上后，应选择保留一个直立健壮的芽，其余的芽均摘除。插穗生根展叶后，还应拆除塑料棚，以使新植株适应环境。

（三）压条繁殖

压条繁殖是指将母株上的一部分枝条压入土中或包埋于其他湿润材料中，使其被压部分生根，然后与母株分离形成一个独立的新植株的繁殖方式。压条繁殖比扦插繁殖和嫁接繁殖易生根，当枝条柔软扦插困难或扦插生根困难时，可采用压条繁殖的方式进行种苗生产。

根据压条的时期可分为休眠期压条和生长期压条 2 种方式。休眠期压条通常是在秋季落叶后或早春萌芽前，选择药用植物母株上 1～2 年生的成熟枝条进行压条。生长期压条则是在药用植物的生长期间，选择母株上当年生的枝条进行压条。

根据埋条的状态、位置及操作方法不同又可将压条繁殖分为普通压条、堆土压条和空中压条 3 种方法。普通压条适用于植株低矮、枝条柔软且易弯曲的药用植物，例如忍冬、连翘、蔓荆子、南蛇藤、杜仲等。通常是在生长旺盛季节，选择母株上近地面的 1～3 年生枝条向下压弯，埋入土中 2～4 cm，也可呈波状连续弯曲埋入土中，保持土壤湿润，促其生根，待地表露出的部分长芽后即形成一个独立的新植株，剪离母株，即可移栽。

堆土压条适用于母株具有丛生多干性能，但枝条较硬脆，不易弯曲，扦插生根困难的药用植物，例如栀子、贴梗木瓜、丁香、郁李、玉兰等。通常是在植物进入旺盛生长期之前，将枝条基部皮层环割，然后堆土将环割部分埋入土中，促其生根，生根后与母体分离栽植。

高空压条适用于树冠高大、枝条短而硬或不易弯曲触地、扦插生根困难或不易发生根蘖的药用植物，例如枳壳、肉桂、含笑、酸橙、佛手等。通常是在母株上选取 1～2 年生枝条进行环割，然后用松软的细土和苔藓混合后包裹，再用塑料薄膜包裹，将其下端扎紧上端松扎。也可用对开的竹筒套住环割处，其内填充细土。随后对压条处浇水保持湿润，促其生根，待长根而成新株后，便可与母株分离栽植。

（四）嫁接繁殖

嫁接繁殖是指将一种植物的枝条或芽接到另一种植物的茎或根上，使其愈合生长成一个独立的新个体的繁殖方式。嫁接用的枝条或芽称为接穗，承接接穗的植株称为砧木。药用植物中采用嫁接繁殖方法生产种苗的有山楂、木瓜、诃子、金鸡纳、长籽马钱、芍药、牡丹等。

采用嫁接繁殖，其接穗采自遗传性状较稳定的母树，嫁接后长成的新植株变异小，能够保持母本的优良特性。与实生苗相比，嫁接可促进苗木生长发育、提早开花结果和进入盛果期。例如山茱萸实生苗生长发育到开花结果需 8～10 年时间，进入盛果期需 20 年。如果用嫁接苗则只需 2～3 年即可结果，10 年后即进入盛果期。通过嫁接，还可利用砧木对接穗的生理影响，提高药用植物的抗寒、抗旱、耐涝、耐盐碱及抗病虫的能力。因此嫁接繁殖在以花果类入药的木本药用植物种苗生产中应用较多。常用的嫁接繁殖方法有枝接法和芽接法。

1. 枝接法 枝接法是采用一定长度的 1 年生枝条作接穗，插嵌在砧木断面上，使接穗与砧木的形成层紧接为一体的嫁接方法。枝接法又分为切接、劈接、舌接、靠接等，在生产上广泛应用的是切接和劈接。切接大多在早春树木开始萌动而尚未发芽前进行。砧木宜选直径为 2～3 cm 的幼苗，在离地面 5 cm 左右处截断，削平切面后，选皮厚纹理顺的部位垂直劈下，劈深 2～3 cm。再取带 2～3 个芽、长度 5～10 cm 的接穗，剪去顶端梢部，然后将与顶端芽同侧的接穗下部削成长 2～3 cm 的斜面，与此斜面的对侧则削成长 1 cm 的短斜面。再将削好的接穗直插入砧木切口中，使其形成层相互密接。接好后，用塑料条或麻皮等捆扎物绑紧，必要时可在接口处涂上石蜡或用疏松湿润的土壤覆盖，以减少水分蒸发，促进成活。劈接适用于较粗大的砧木，先从离地面 5 cm 左右处削去砧木上部，将切口削成平滑面后，用劈接刀在砧木断面中心垂直劈开，劈深约 5 cm。然后选取带 3～4 个芽、长约 10 cm 的接穗，在其与顶芽相对的基部两侧削成 2 个向内的楔形切面，使有顶芽的一侧稍厚。接合时，粗的砧木可接 2～4 个接穗。接合后，仍需用捆扎物绑扎，并用黄泥浆封好接口，最后培土，防止干燥。一般在嫁接后 20～30 d 便可进行成活率检查，通常成活接穗上的芽新鲜、饱满，或已经萌动，接口处形成愈伤组织。对已成活的接穗应将绑扎物解除或放松，待接穗自行长出地面时，结合中耕除草，去掉覆土。

2. 芽接法　芽接法是从接穗的枝条上切取 1 个芽（接芽）嫁接在砧木上，成活后萌发形成一个新植株的嫁接方法。芽接法包括 T 形芽接法和嵌芽接法，生产上应用最多的是 T 形芽接法。T 形芽接法，一般选用 1～2 年生、茎粗 0.5 cm 的实生苗作砧木。接芽的芽片长为 1.5～2.5 cm，宽为 0.6 cm 左右，不带木质部，保留芽片内侧的维管束。砧木在离地面 3～5 cm 处开一个 T 形切口，长宽稍大于芽片，剥开切口插入接芽，使芽片上端与砧木横切口紧密相接，然后用塑料条或麻皮等捆扎物加以绑缚。一般芽接后 7～10 d 进行成活率检查，通常成活的芽下的叶柄一触即掉，芽片皮色鲜绿。接芽成活后应解除绑扎物。接芽抽枝后，可在接芽的上方剪除砧木的枝条，以促进接芽的生长。

（五）离体组织培养繁殖

离体组织培养繁殖是随着植物组织培养技术发展起来的无性繁殖新技术。它利用植物组织培养的方法，将药用植物的器官、组织、细胞等外植体置于适宜的人工培养基和培养条件下，离体快速繁殖形成种苗，故此法又称为离体快繁或微繁殖。其特点是种苗生产不受自然条件限制，繁殖速度快，繁殖系数大。离体组织培养繁殖多用于自然条件下难以繁殖或繁殖速度缓慢的药用植物的种苗生产，也可用于脱毒种苗和无毒苗的大量快速繁殖，还可用于新育成、新引进、新发现的珍稀良种和自然界濒危植物的快速繁殖。目前通过离体组织培养繁殖获得试管苗的药用植物多达上百种。

药用植物离体组织培养繁殖常用的外植体是幼嫩小枝条的中上部位，或易增殖不定芽的部位，外植体经常规消毒后，在无菌条件下进行分离，接种在相应的培养基上诱导其不定芽增殖，或者促进其侧芽增殖，得到的不定芽经多次试管转接继代，再转到生根培养基上诱导生根，繁育出大量试管苗，试管苗经驯化培养成壮苗后即可定植。

第三节　林木种子生产技术

我国树种资源极为丰富，有 8 000 多种，其中乔木树种 2 000 多种，灌木树种 6 000 多种。采用优良树种造林，不仅有利于树木成活、成林，而且可以促进林木速生、优质、丰产。

林木种子是承载林木遗传基因、促进森林世代繁衍的载体，其数量的多少、质量的优劣直接关系到森林质量的高低和林业建设的成效。种子生产是林业生产的基础。

一、林木种子类型

林木种子是林业生产中播种材料的总称。目前林业生产所利用的播种材料各种各样，归纳起来大致可以分为以下 5 种。

1. 真正的种子　这种类型是植物学上所称的种子，由母株花器官中的胚珠发育而来。林业生产中这类种子是从易开裂的球果或干果中取出的。这类树种包括大部分针叶树（例如冷杉属、铁杉属、松属的种子）以及一些荚果（例如刺槐、合欢的种子）、蒴果（例如垂柳、响叶杨的种子）等。

2. 果实　这种类型的种子内部包含一粒或几粒种子，而外部则有由子房壁发育而成的果皮包围。这类种子包括翅果（例如臭椿、白榆、槭类的种子）、坚果（例如栎树属、椴树属的种子）、颖果（例如竹类的种子）、核果（例如核桃、山杏的种子）等。它们的种子包在果皮内，不易分离，故直接将果实用于播种育苗或造林。

3. 种子的一部分 这种类型的种子包括银杏、紫玉兰等。例如银杏种子外面肉质部分是种皮，不是果皮，属于裸子植物。

4. 无融合生殖形成的种子 这种类型的种子有柑橘类等的种子。

5. 营养器官 这种类型的种子是指可用来繁殖后代的根、茎、叶、芽等无性繁殖器官。例如榕树、柳树、杨树的插条，以及泡桐的根等可以用作繁殖材料。

二、林木种子生产

（一）林木种子结实规律

1. 林木的结实年龄 一般实生林木从种子发芽到整个植株死亡，要经历幼年期、青年期、成年期和老年期几个性质不同的发育过程。林木在幼年期以营养生长为主，地上部的茎叶和地下下部的根系生长快，尚未结实，是树木自身建造的重要时期。当林木营养物质积累到一定程度时，开始由营养生长转入生殖生长，其显著变化是开花，标志着幼年期的结束和青年期的到来，此时期一般为 3～5 年。青年期结实量小，种子质量也较差，但可塑性大，适应性强，所结的种子适宜作引种用。进入成年期，结实量逐渐增加，最终达到结实盛期，此时种子质量最好，是采种的适宜时期。进入老年期后，林木开始衰老，可塑性逐渐消失，生理机能衰退，枝梢逐渐枯死，病虫害增多，结实少，质量差，失去繁殖价值，不宜采种。

2. 林木结实间隔期 多数林木每年结实的数量不稳定，有的年份多，称为大年（或丰年）；有的年份少，甚至不结实，称为小年（或歉年）。林木表现的这种每隔一定年份产生一次大年或小年的现象称为林木结实周期性。相邻两个大年间相隔的年限为林木结实间隔期。

林木结实间隔期受树种本身的生物学特性和环境条件的综合影响，并没有严格的规律。有些树种（例如杨、柳、榆、桉），其种子形成时间短，种粒小，营养物质消耗少，所以每年种子产量比较稳定，大小年现象不太明显；生长在高寒地区的树种，例如红松、落叶松、云杉、冷杉等，由于温度低，生长期短，营养物质积累少，消耗多，种子产量极不稳定，歉收年份出现相当频繁。而灌木树种一般没有结实间隔期。影响林木结实间隔期的环境条件主要是气候、土壤和生物，这些因素不合适时可造成林木营养缺乏，花芽分化不良，落花落果严重。所有林木，在结实大年不仅种子产量多，而且种子质量好；在小年种子产量低，质量也差。

3. 促进林木结实的途径和措施 林木结实不仅与树木本身的特性有关，更重要的是受外界环境条件的制约。所以通过控制和改善外界环境，可以有效地提高种子产量和质量。主要可以通过以下措施促进林木结实。

（1）改善光照条件 光照显著地影响林木结实。在光照充足的条件下，林木结实多，种子质量好。因此通过适当疏植、疏伐、修枝、整形等措施可以改善林木的光照条件。

（2）加强土壤管理 土壤水肥条件好，有利于开花结实；土壤水肥不足，会造成大量落花落果。因此要对采种母株加强松土、除草、灌溉、施肥等土壤管理，特别要注意合理追肥。

（3）创造授粉条件　雌雄异株的树种，应搭配一定比例的授粉树；对雌雄异花、雌雄异熟等自由授粉不良的树种，应辅之以人工授粉。

（4）采用营养繁殖　选用种实高产、优质的单株枝条进行营养繁殖，采用无性苗建立采种林分，能明显提高种子产量和质量，并能有效保持原树种的特征特性。

（5）保护采种母株　除搞好林内卫生，防治病虫、鼠类等有害生物外，严禁在母株林内放牧、采樵，避免不合理的采种、采脂，并防止山火发生。

（二）林木种子生产技术

1. 种子生产基地的建立

（1）母树林　母树林是在优良天然林或确知种源的优良人工林的基础上，按照母树林的营建标准，经过留优去劣，疏伐改造，为生产具有优良遗传特性的林木种子而建立的采种林分。由于母树林营建技术简单、成本低、投产快，种子产量和质量比一般林分高，因此是我国当前林业种子生产的主要形式之一，也是保存遗传资源的有效形式之一。

母树林应建在气候、土壤等生态条件与造林地相似的地方，处于交通便利、地形平缓、光照充足、背风向阳、土层深厚、土壤肥沃的地段，便于林木结实和经营管理。母树林的面积不得少于 3 hm^2，最好在 6 hm^2 以上。在母树林周围不能有同树种的劣质林分。

（2）种子园　种子园（seed orchard）指用优树无性系或家系按设计要求营建，实行集约经营，以生产优良遗传品质和播种质量种子为目的的特种人工林。经大量研究和生产实践证明，采用种子园生产的种子造林能较大幅度地提高林木生长量的遗传增益，一般可达15％～40％。因此种子园是当前世界林业先进国家良种生产的重要途径。

根据母树的繁殖方法，可将种子园分为无性系种子园和实生苗种子园。无性系种子园是以优树或优良无性系个体为材料，用扦插、嫁接等无性繁殖方法建立起来的种子园，它具有保持优树原有的优良品质、无性系来源清楚、开花结实早、树形相对矮化、便于集约化经营管理等优点。实生苗种子园是用优树或优良无性系上采集的自由授粉种子，或控制授粉种子培育出的苗木建立起来的种子园。其特点是容易繁殖，投资少，适用于无性繁殖较为困难的树种。其缺点是开花结实晚，优树性状不稳定，容易发生变异。

种子园一般位于亲本或原株的旁边不远处，或海拔稍低处，使管理方便，不受环境污染。土壤肥力应为中等以上，并要做好隔离。

（3）采穗圃　采穗圃（cutting orchard）是以优树或优良无性系作材料，生产遗传品质优良的枝条、接穗和根段的良种基地。采穗圃的作用主要有两个，一是直接为造林提供种条或种根；二是为进一步扩大繁殖提供无性繁殖材料，用于建立种子园、繁殖圃，或培育无性系苗木。

采穗圃分初级采穗圃和高级采穗圃两种。初级采穗圃是从未经测定的优树上采集下来的材料建立起来的，其任务只是为建立一代无性系种子园、无性系测定和资源保存提供所需要的枝条、接穗和根段。高级采穗圃是用经过测定的优良无性系、人工杂交选育定型树或优良品种上采集的营养繁殖材料建立起来的，其目的是为建立一代改良无性系种子园或优良无性系、品种的推广提供枝条、接穗和根段。

采穗圃一般设置在苗圃里，在配置方式上，以提供接穗为目的的采穗圃，通常采用乔林式，株行距各为 4～6 m；以提供枝条和根段为目的的采穗圃，通常采用灌丛式，株行距各为 0.5～1.5 m。更新周期一般为 3～5 年。

2. 种子采收 种子采收是种子经营工作的中心环节，直接关系到能否按质按量地完成种子生产任务。所以在种子成熟前后，要做好调查，选择采种母树，适时采种，搞好种子加工精选等。

（1）确定采种时期 为了获得优质、高产的种子，必须适时采种。采集过早时，种子没有完全成熟，种子或果实青瘪、质量低劣、不耐储藏。采集过晚时，种子脱落飞散，或遭鸟兽危害，采不到种子，丰产不丰收。

大多数林木种子成熟后，球果或果实皮色由绿色变为黄褐色、褐色、暗褐色、黄色、紫黑色、紫红色等。但是对于某些树种，仅根据球果或果实的外部特征判断种子成熟度，并不完全可靠。对此可考虑根据球果和种子在成熟过程中水分逸散、干物质积累、球果相对密度下降的规律，通过测定球果相对密度来确定种子成熟度。例如种子成熟时，油松球果的相对密度约为 0.94，湿地松的球果相对密度约为 0.9，火炬松的球果相对密度约为 0.88，侧柏的球果相对密度约为 0.78。可用已知相对密度的各种液体配制成所需要的浮测液，例如煤油相对密度为 0.8，亚麻油相对密度为 0.93，水为 1.0。测定时在野外进行，将摘下的球果立即投入已知特定相对密度的浮测液中，如球果上浮则表明成熟。

有些树种的种子，达到完全形态成熟随即脱落。有些树种的种子，虽然达到完全形态成熟，但仍宿存树上，长期不落。因此确定适宜的采种时期，还应考虑种子成熟后的脱落方式。

①小粒种子的采种时期：成熟后立即脱落随风飞散的小粒种子，例如杨、柳、榆、桦、泡桐、杉木、落叶松等的种子，应在形态成熟后开始脱落前采种，要求做到成熟一片采一片，否则稍有拖延便可能采不到种子。

②大粒种子的采种时期：成熟后立即脱落的大粒种子，例如核桃、板栗、油桐、楮栲等的种子，可待自行脱落或经击打、振荡落于地面后，再进行收集。需要指出的是，栎类种子应在成熟后脱落前采集，因为自行脱落的种子，绝大部分遭受虫蛀，不宜作种用。

③肉质果的采种时期：肉质果的果实，例如樟、楠、女贞、乌桕、杜松等树种的果实，由于成熟的果实色泽鲜艳，易被鸟类啄食，也容易腐烂，需在成熟后于树上采集。

④长期不脱落种子的采种时期：成熟后长期不脱落的种子，例如油松、侧柏、国槐、紫穗槐、白蜡、苦楝等树种的种子，可以适当延长其采种期，但不宜拖延太久，以免降低种子质量。

⑤硬枝和种根的采种时期：用于进行无性繁殖的硬枝和种根，以秋季树木停止生长至春季树液流动以前采集最为适宜。过早采集时，营养物质积累不多，木质化程度不好，难以储藏，扦插后成活率低。过晚采集时，树液开始流动，芽已膨大，甚至萌发，消耗大量养分和水分，影响不定根的生长，扦插难以成活。如果进行嫩枝扦插，要在树木生长期间采集当年生的半木质化的健壮枝条，过嫩或过分木质化的枝条均不利于生根成活。

（2）采种准备工作 采种准备工作的内容包括种子产量调查，确定采种地点、林分和采种数量，劳动力组织和训练，准备采种工具以及晾棚、晒场等。

根据采种任务，对采种人员进行短期训练，组织学习有关采种知识，根据造林目的，学会选择具有优良林分的母树。采种时保护好母树，不能砍树、截枝、撸叶等。

准备好采种工具，例如剪枝剪、高枝剪、采摘刀、钩镰、梯子、升降机、采种网兜等。

（3）采种 到达采种适期后，采种人员应选择晴朗天气，带好工具，开始采种。阴雨天气，树干湿滑，采种不便，同时种子含水分较多，容易发热霉烂。采回的种子应及时晾晒，注意通风，防止种子质量下降。

（4）种子登记　为了合理地使用种子，采种时必须做好种子登记工作，登记的内容和格式见表 10-1。

表 10-1　种子采收登记

<table>
<tr><td colspan="2">树种名称</td><td></td><td>采种方式</td><td>自采　　收购</td></tr>
<tr><td colspan="2">采种地点</td><td colspan="3"></td></tr>
<tr><td colspan="2">采种时间</td><td></td><td>本批种子质量</td><td>kg</td></tr>
<tr><td rowspan="3">采种林地情况</td><td>林地类别</td><td colspan="3">一般林分{天然林
人工林　　　　优良林分{天然林
人工林
散生林　　　　母树林　　　　种子园</td></tr>
<tr><td>林龄</td><td></td><td>坡向</td><td></td></tr>
<tr><td>海拔</td><td>m</td><td>坡度</td><td></td></tr>
</table>

登记人：　　　　　　　　　　　　采种单位：　　　　　　　　　　　　年　月　日

3. 种子加工　种子加工（seed processing）是采种后对果实或种子进行的脱粒、干燥、清选、种粒分级等技术措施的总称。种子加工的目的是获得纯净而适宜储藏运输和播种的优质种子。

（1）脱粒　脱粒是将种子从果实中取出的过程。由于各种林木的种类很多，种子脱粒方法必须根据果实及种子的结构和特点确定。果实种类不同，脱粒方法各异，一般原则是：对含水量高的种子，采用阴干法干燥，即置于通风阴凉处干燥加工；对含水量低的种子，采用阳干法干燥，即置于阳光下晒干加工。具体加工方法根据种子特点确定。

①干果类种子的脱粒方法：荚果、蒴果、翅果、坚果等的干果类种子，脱粒时需使果实干燥。含水量较低的荚果（例如相思、刺槐、合欢、皂荚等的果实）、蒴果（例如按树、木荷、香椿、乌桕等的果实）、翅果（例如枫杨、槭树、臭椿等的果实）以及个别坚果类（例如桦木、赤杨、梧桐等的果实）的种子，可以暴晒干燥。含水量较高的蒴果（例如油茶、油桐等的果实）、翅果（例如杜仲、白榆等的果实）只可用阴干法干燥，不宜暴晒。大多数荚果、蒴果干燥后，果皮开裂，剥壳或用木棒敲打、石碾滚轧果实，即可取出种子。果实干燥后不开裂的荚果（例如降香黄檀、金合欢、紫穗槐、胡枝子等的果实）及部分翅果，不必脱粒。栎类、槠栲类、板栗等大粒坚果，干燥后除去总苞，挑出种子。

②球果类种子的脱粒方法：从球果中取出种子，关键是使球果干燥。树脂含量低的球果，例如油松、落叶松、侧柏等的球果，采集后可摊放在通风向阳干燥处晾晒，经过 5～10 d待球果鳞片开裂后，再敲打，使种子脱出。树脂含量较高的球果，例如马尾松、南亚松等的球果，用 2%～3%石灰水堆沤至球果变黑褐色后暴晒，使球果开裂，脱出种子；也可摊放在通风背阴处阴干脱粒，但需时较长。开裂困难的球果，例如华山松、红松等的球果，在晒干后置于木槽中敲打，筛选取种。有条件的地区可将球果放置于室内进行人工加热干燥。

③肉质果类种子的脱粒方法：肉质果包括核果、浆果、聚合果等，果皮含有较多的果胶、糖类及大量水分，容易发酵腐烂，采集后必须及时处理。可先堆沤或浸泡果实，使果皮

软化，然后捣烂或揉搓果肉，漂洗去皮，取出种子阴干。一般果皮较厚的大粒肉质果，例如核桃、银杏、人面子等的果实，采用堆沤法使果皮软化；果皮较薄的中小粒肉质果，例如楠木、檫木、圆柏、山杏、黄波罗、女贞、重阳木等的果实，采用浸泡法使果皮软化。果皮较难除净的肉质果，例如苦楝的果实，用石灰水堆沤或浸泡。另外，核果、浆果还可用取核机、擦果器捣烂果皮；桧柏、国槐等可用木棒或石磙捣烂果皮，然后用水淘洗取出种子。肉质果类种子脱出后，有些树种往往在种皮上还附一层油脂，使种子互相黏着，容易霉烂，需用碱水或洗衣粉浸渍 0.5 h 后用草木灰脱脂，再用清水冲洗干净后阴干。

（2）干燥　经过采收、脱粒的种子，含水量较高，呼吸作用旺盛，不易储藏，容易降低种子生活力。所以要及时做好种子的干燥工作，使其含水量降到安全水分以下，才能安全储藏和运输。安全水分也称为安全含水量，主要林木种子的安全水分见表 10-2。

表 10-2　主要林木种子的安全水分

（引自黄云鹏，2002）

树种	种子安全水分（%）	树种	种子安全水分（%）
杉木	8～10	大叶桉	7～8
马尾松	9～10	木荷	8～9
侧柏	8～11	臭椿	9
柏木	11～12	白蜡树	9～13
皂荚	5～6	杜仲	13～14
刺槐	7～8	樟树	16～18
白榆	7～8	油茶	24～26
杨树	6	麻栎	30～40

（3）清选　清选就是清除种子中的各种夹杂物，例如种翅、鳞片、果皮、果柄、种皮、枝叶碎片、破碎粒、空秕粒、石块、土块、虫尸、异类种子等。这些夹杂物带病虫较多，又易吸湿，如不及时清选，极易恶化储藏条件，降低种子的储藏性能和播种质量。清选方法一般根据种子、夹杂物的大小和比例不同，采用风选、水选、筛选、粒选等。

4. 种子储藏

（1）干藏　干藏（dry storage）是将充分干燥的种子，置于干燥环境中储藏。干藏要求一定低温和适当的干燥条件，适合于安全水分低的种子，例如大部分针叶树和杨、柳、榆、桑、刺槐、白蜡、皂英等的种子。干藏又根据储藏时间和储藏方式，分为普通干藏和密封干藏。

（2）湿藏　湿藏（wet storage）是将种子置于湿润、适度低温、通气的条件下储藏。湿藏适用于安全水分较高的种子，例如壳斗科、七叶树、山核桃、油茶、檫树等树种的种子。一般情况下，湿藏还可以逐渐解除种子休眠，为萌发创造条件。所以一些深度休眠的种子，例如红松、桧柏、椴树、山楂、槭树等的种子，也多采用湿藏。湿藏的具体方法很多，主要有坑藏、堆藏、流水储藏等。

不管采用哪种湿藏法，储藏期间要求具备以下几个基本条件：经常保持湿润，以防种子失水干燥；温度以 0～5 ℃为宜；通气良好。

不同树种种子的储藏方式及条件如表 10-3 所示。

表 10-3　部分树种储藏方式及条件

（引自高荣岐和张春庆，1995）

种属	储藏方式	水分（%）	温度（℃）	备　注
冷杉属	不密封	9～12	−18	可储存 5 年，普通条件下 1 年
金合欢	不密封	9～12	室温	—
槭属	密封	10～15	1.7～5.0	1～2 年
七叶树属	湿藏	38～56	−0.5～5.0	120 d
紫穗槐	不密封	38～56	室温	3～5 年
南洋杉	密封	湿润	3	4～6 年
山核桃	密封	湿润	4	90%相对湿度下 3～5 年
栗属	湿藏	40～45	−1～2	4～5 个月
木麻黄	不密封	6～16	−7～2	2 年
雪松属	密封	＜10	−3～3	3～6 年
扁柏属	密封	＜10	＜0	5～7 年
桉属	密封	4～6	0～5	10 年
卫矛属	密封	湿润	3	7 年
胡桃属	湿藏	湿润	1～3	80%～90%相对湿度下 1～2 年
落叶松属	密封	6～8	−18～10	3 年
木兰属	密封	6～8	0～5	干燥储藏
水杉	密封	密封	1～4	干燥储藏
桑属	干燥储藏	风干	−18～ −12	—
云杉	密封	4～8	0.6～3.0	5～17 年
松属	密封	5～10	−18～ −15	5～10 年
悬铃木属	密封	10～15	−7～3	1 年以上
杨属	密封	6	5	2～3 年
李属	密封	5	0.6～5.0	3 年
刺槐	密封	7～8	0～4	10 年以上
榆属	密封	气干	−4～4	2 年以上

三、林木种苗生产

（一）林木育苗技术

苗木是用于造林绿化的树木幼苗。苗木质量对造林成败有重要的影响，为保证生产上用苗的质量和数量，一般在苗圃培育苗木。同一树种经不同育苗方式培育出的苗木从形态到生理都有很大差异，各自的适应能力差别也较大。目前常用的育苗方式主要可分为播种育苗、营养繁殖育苗和设施育苗 3 类。

1. 播种育苗　播种育苗是把林木种子播种到苗圃土壤中，通过育苗技术措施为种子提供有利于萌发、生长的条件，培育成苗木的方法，即有性繁殖的方法。

（1）种子精选　种子经过储藏，可能发生虫蛀、霉烂等现象。为了获得净度高、质量好的种子，并确定合理的播种量，播种前必须进行精选。精选方法与种子调制过程中的清选方法相同，种子在储藏前如果还未进行分级的，结合精选进行分级，以便不同级别种子分别播种，以提高发芽整齐度，便于管理。

（2）种子消毒　为了预防苗木发生病虫害，一般应在播种前或催芽前对种子进行消毒。种子消毒常用方法有以下几种。

①甲醛消毒：在播种前 1～2 d，用 0.15％甲醛溶液浸种 30 min，取出后密封 2 h，再用清水冲洗去除残留的甲醛后阴干，即可播种或催芽。

②硫酸铜或高锰酸钾消毒：用 0.3％～1％硫酸铜溶液浸种 4～6 h，或用 0.5％高锰酸钾溶液浸种 2 h，捞出后密封 30 min，再用清水冲洗后催芽或阴干播种。对胚根已突破种皮的种子，不能用高锰酸钾溶液消毒，否则会产生药害。

③石灰水消毒：可用 0.1％～1％生石灰水浸种 24～36 h。

④硫酸亚铁消毒：可用 0.5％～1％硫酸亚铁溶液浸种 2 h，捞出用清水冲洗后催芽或阴干播种。

⑤退菌特消毒：可用 80％退菌特 800 倍液浸种 15 min。

用以上方法对种子消毒时均用干种子，吸胀后的种子应缩短处理时间，若消毒后即催芽，须先用清水将药液冲洗干净。

（3）种子催芽　种子催芽是通过浸种、酸蚀、机械损伤、层积处理（stratification）或用其他物理方法、化学方法来解除种子休眠，促进种子萌发的措施。通过催芽，种子发芽出土快、出苗齐、幼苗健壮，是壮苗丰产的重要技术之一。

①浸种催芽：浸种催芽是将精选的种子在水中浸泡一定时间，待种子吸胀后，捞出置于温暖条件下催芽的方法。浸种催芽适用于休眠较浅的林木种子。

②酸蚀催芽：用浓硫酸腐蚀透性差的种皮，是克服硬实的有效措施，常用的树种有金合欢、紫荆、槐树、沙枣、皂荚、漆树、无患子、椴树等。不同树种酸蚀的时间不同，时间过长时会使种皮布满凹坑疤痕，甚至露出胚乳；时间不足时，大部分种皮仍有光泽。处理得当的种子，种皮暗淡无光，但又没有出现很深的凹坑。因此应通过试验确定合理的处理时间。大部分树种的种子需浸泡 15～60 min，有一些树种浸种时间更长，例如美国皂荚的种子需要处理 2 h，漆树属有些种子可能需要长达 6 h 的处理。种子处理后在凉水中彻底冲洗 5～10 min，至石蕊试纸测试不变色。

③机械损伤：这是克服种子硬实的又一措施，其缺点是种子很容易因处理过度而受伤。大批量处理时需要专用种子擦伤机。

④层积处理：层积是将种子与湿润物（湿沙、泥炭等）混合或分层放置，用于解除种子休眠，促进种子萌发。层积催芽是目前较好的催芽方法，适用于绝大多数树种，在生产上得到广泛应用。目前，在生产上应用较多的层积催芽方法有低温层积、高温层积和变温层积 3 种。

A. 低温层积：将种子与基质按 1∶3 体积比混合，也可一层湿沙一层种子地分层铺放，种子预浸 1 昼夜，基质的含水量一般为饱和含水量的 60％左右。根据当地条件，堆积或放入坑内。当地气温很低时，应挖深 60～80 cm、宽 1 m 的沟，将种子与基质混合物放至沟内；如当地气温不很低，可将混合物堆积在背风向阳处。沟或堆每隔 1 m 设置 1 个通气孔，用草把通气。层积的时间可参考表 10-4。

表 10-4　主要林木种子层积催芽的时间

（引自高荣岐和张春庆，1995）

树种	层积时间（d）	树种	层积时间（d）
红松	180～300	杜仲	40～60
白皮松	120～130	女贞	60
落叶松	50～90	枫杨	60～70
樟子松	40～60	车梁木	100～120
油松	30～40	紫穗槐	30～40
杜松	120～150	沙棘	30～60
桧柏	150～250	文冠果	120～150
侧柏	15～30	沙枣	90
椴树	120～150	核桃	60～70
黄波罗	50～60	花椒	60～90
水曲柳	150～180	山楂	240
白蜡树	80	山定子	60～90
复叶槭	80	海棠	60～90
元宝枫	20～30	山桃	80
朴树	180～120	山杏	80
栾树	100～120	杜梨	40～60
黄栌	60～120	池杉	60～90

B. 高温层积：将浸水吸胀的种子放在较高温度（20～30 ℃）条件下，保持适宜的水分和通气条件经过一定时间。高温层积适用于被迫休眠的种子。

C. 变温层积：有些树种的种子在低温层积之前先进行高温层积，效果更好，例如白蜡树、野黑樱以及许多灌木的种子。红松种子低温层积约需 200 d，而变温层积只需 90～120 d，即以 15 ℃处理 1～2 个月，再以 0～5 ℃处理 2～3 个月。紫椴树种子高温（25～26 ℃）层积 30 d，再转入低温（0～4 ℃）层积 120 d。

（4）播种

①播种时期：适时播种是培育壮苗的重要措施之一。适时播种不仅可以提高发芽率，提高出苗整齐度，而且直接关系到苗木生长期的长短、出圃期限、苗木抵抗恶劣环境的能力，以及苗木的产量和质量等。因此在育苗过程中，必须根据树种的生物学特性和当地的气候、土壤条件，选择适宜的播种时间。

A. 春播：春季是林木生产中重要的播种季节。春季播种的特点是种子在土壤中存留时间短，可以减少鸟、兽、病、虫等危害，播种地表层不易板结。春播具体时间应根据各林木种子发芽过程中所需的温度条件来确定，即在幼苗不致遭受晚霜的前提下，越早越好。

B. 秋播：秋季也是很重要的播种季节，适用于大粒或具有坚硬种皮、需要经过长期催芽或储藏困难的种子。秋播的优点是种子在土壤中完成催芽过程，减免了种子的储藏和催芽工作；翌春育苗出土早而整齐，生长期长，苗木生长健壮，而且发芽早，扎根深，抗旱力强。但由于种子在土壤中存留时间长，易遭鸟、兽、病、虫等危害。含水量高的种子（例如板栗等），在冬季严寒、降雪少且晚的地区易受冻害，在冬季大风地区，播种地易出现沙压、风蚀现象，秋季育苗地来年春季土壤表层易板结，妨碍苗木出土。

C. 夏播：夏播适用于春、夏季成熟，且又不易久藏的种子，例如杨、柳、榆、桑等的种子，当种子成熟后，立即采种，进行播种。在夏末秋初将生理成熟而形态尚未成熟的枫杨、刺槐等种子随采随播，可缩短休眠期，2 个月即可出圃造林。夏播可以省去种子储藏工序，提高出苗率，缩短育苗期，但适用的树种有限，而且由于生产期短，当年不能培育出较大苗木。应注意的是，夏播必须保证土壤湿润和防止高温对幼苗造成的损伤。

D. 冬播：南方温暖地区，有些树种适宜冬季播种。以 1—2 月播种较好，最晚不能迟于 3 月上旬。冬播实际上是春播和秋播的延续，兼有秋播和春播的优点。实践证明，有些针叶树种（例如杉木），冬季播种时，幼苗抗逆性强，苗木生长快，质量好。

②播种方法：

A. 撒播：撒播（broadcast sowing）是把种子均匀地撒在苗床上。其优点是覆土均匀，苗木容易出土，出苗整齐，产苗量高。其缺点是抚育管理不便，苗木密集，通风透光差，生长不良，用种量也较大，一般较少使用。

B. 条播：条播（drill sowing）是按一定距离，开沟播种，把种子均匀撒在沟内。条播克服了撒播的缺点，便于机械化作业，节约用种，苗木通风透光，生长健壮，在生产上应用最广。但单位面积的产苗量比撒播低。播种沟的方向主要依育苗地所处的纬度确定，一般高纬度地区多采用南北向，低纬度地区可采用东西向，其基本原则是充分利用太阳辐射，通风透光，便于管理。

C. 点播：点播（point sowing）是在苗床或大田上按一定株行距挖小穴进行播种。点播只适于大粒种子，例如核桃、板栗、桃、杏等的种子。

为了提高播种质量，要做到播种行通直，开沟深浅一致，撒种均匀，覆土厚度适宜。覆土厚度是整个播种中最关键的环节，直接影响出苗率和幼苗整齐健壮程度。播种时，对小粒种子，一般预先备好疏松的覆土材料，例如河沙、泥炭土、苗圃菌根土、新鲜锯末等，过筛后备用。播种后立即覆土，主要是保证种子发芽所需的温度和水分，避免鸟兽危害，使种子安全发芽。覆土要适宜，覆土过厚时，种子发芽顶土困难，幼芽易被闷死；覆土过薄时，土壤易干燥或种子暴露于土壤外面影响发芽。

（5）播种地管理　播种后为了给种子发芽和幼苗出土创造良好条件，提高发芽率，要做好播种地的管理工作。为了防止土壤板结，保持土壤水分，防止喷灌冲刷种子，对一些小粒种子或在风沙危害地区，播种后要覆盖。覆盖材料可用苇帘、稻草、苔藓、松枝、树叶等。幼苗大量出土后，应及时撤除覆盖物，一般以 16:00 撤除为佳，这样，可使幼苗得到逐渐锻炼，以适应外界环境。播种地也可用地膜覆盖，但当芽萌发或幼芽出土时必须立即破膜，否则会发生日灼害。

播种地的灌溉对种子发芽影响很大。对大中粒种子，因覆土厚，只要在播种前灌足底水，采用经过催芽的种子播种，一般原有的土壤水分，就可满足其发芽出土。如果此时浇水（俗称蒙头水）反而会使土壤板结，地温下降，不利于发芽出土。但对一些小粒种子，由于覆土过薄，播种后几小时种子就处在干燥的表土中，不但不能迅速发芽，还会因土壤干燥而丧失活力。对这类树种的种子，就需要根据实际情况进行灌溉，使种子处在比较湿润的土壤中即可。幼苗出土前后，还要注意松土、除草和防止鸟兽危害。

2. 营养繁殖育苗　营养繁殖又称为无性繁殖，是利用植物的营养器官（例如根、茎、叶、芽等）繁殖苗木的方法。通过营养繁殖培育的苗木称为营养繁殖苗。它能保持母本的优良特性，并能使植株提前结实。因此营养繁殖育苗目前广泛应用于建立无性系种子园、果木林、特用经济林及花卉的苗木繁殖。

营养繁殖育苗主要有扦插、嫁接、压条、埋条、根蘖和组织培养等方法，具体方法参见本章第二节的“药用植物营养体繁殖和种苗生产”。

3. 设施育苗

（1）容器育苗　容器育苗是在装有营养土的容器里培育苗木的方法，所培育的苗木称为容器苗。容器育苗具有育苗时间短、单位面积产苗量高、延长造林季节、提高造林成活率等优点。用于容器育苗的容器分两大类：①可以连同苗木一起栽植的容器，例如营养砖、泥容器、稻草泥杯、纸容器、竹篮等；②栽植前要去掉的容器，例如塑料袋、塑料筒、硬塑料杯、陶土容器等。目前应用较多的是塑料袋、硬塑料杯、泥容器和纸容器。

（2）温室育苗　温室育苗是利用温室、塑料大棚、拱罩等设施进行育苗的方法。温室育苗可采用容器育苗，也可采用低床播种育苗。播种后要保持适宜的土壤湿度（以70%左右为宜），棚内保持一定的温度（一般白天25～30 ℃，夜间15 ℃左右）和光照，并有通风设施。棚内温度超过30 ℃时应及时通风，低于15 ℃时应关闭并以草帘等遮盖。

（3）无土栽培　无土栽培即水培，不用土壤，直接用营养液来栽培植物的方法。为了固定植物，增加空气含量，水培大多采用砾、沙、泥炭、坚石、珍珠岩、浮石、玻璃纤维、锯末、岩棉等作固体基质。

无土栽培可以有效地控制植物生长过程所需要的水分、养分、空气、光照、温度等条件，使植物生长迅速而良好，并且无杂草，无病虫，卫生清洁，还可省去土壤耕作、灌溉、施肥等环节，但对营养液的配制、消毒要求非常严格，而且投资较大。

（二）苗木出圃

所培育的各类苗木质量达到造林绿化要求的标准后，即可出圃。

1. 出圃准备　苗木出圃是林木育苗的最后一个环节，出圃前应做好各项准备工作。首先，要对待出圃苗木进行清查，核对出圃苗木的种类、品种和数量。其次，要根据调查做出出圃计划，制定出圃技术操作规程，包括起苗技术要求、分级标准、包装质量等。

2. 起苗时期　根据定植时期确定起苗时间。一般可于秋季落叶后至土壤封冻前或春季土壤解冻后至萌芽前进行。起苗前若土壤干燥应提前灌水，否则挖苗易伤根。

3. 苗木分级　挖出的苗木要尽量减少风吹日晒，并及时根据苗木的大小、质量进行分级，这与定植后的成活率和果树的生长结果都有密切的关系。根据不同树种的规定标准进行分级，不合格者不应出圃，继续留在苗圃内培养。

4. 苗木的检疫和消毒　苗木检疫是防止病虫传播的有效措施，苗木外运之前必须经过检疫。我国列入检疫对象的北方落叶果树主要病虫害种类有：苹果小吉丁虫、苹果绵蚜、苹果黑星病、苹果锈果病、苹果蝇、苹果蠹蛾、葡萄根瘤蚜、梨圆蚧、美国白蛾、核桃枯萎病等。即使是非检疫对象的病虫也应严格控制其传播。因此出圃前要对苗木进行消毒，最好喷洒3～5波美度石硫合剂；也可在100倍波尔多液或3～5波美度石硫合剂中浸10～20 min，然后用清水冲洗根部。

5. 苗木假植、包装和运输　不管是外销还是内销，苗木出圃后，如果不能及时定植、分级，消毒后需对苗木进行假植储藏。短期假植可挖浅沟，将根部埋在地面以下即可，土壤干燥时可灌水。如为越冬假植，则应选地势平坦、避风、不易积水处挖沟假植，沟深为0.5～1.0 m，宽为1 m，长度视苗木数量而定，最好开南北向沟，将苗木倾斜分层放于沟内，填土培严，以防漏风、冻根。培土厚度应为苗木高度的一半以上（速生苗最好全埋），严寒地区应增加培土高度，或用秫秸覆盖。假植时，若假植沟干旱宜适当灌水。若树种、品种较多，应注意挂牌标记，以免混杂。

苗木若长途运输，必须妥善包装，尤其要保护好根系。提倡根部蘸泥浆，然后用稻草包、蒲等包裹；或者根部用塑料布包裹，外加草蒲包，之前应将包装材料充分浸水保持湿度。包好后按一定数量（每捆50～100株）捆包好后，标明种名和砧木名称，以防混杂。

第四节　花卉种子种苗生产

花是植物的繁殖器官，卉是草的总称。花卉有狭义和广义之分，狭义的花卉仅指有观赏价值的草本植物，例如菊花、凤仙花、香石竹、芍药等；广义的花卉是指具有观赏价值的植物，凡按一定的技艺进行栽培、管理和养护的植物，都称为花卉。

一、花卉种子种苗类型

花卉的分类方法很多，除进行系统分类之外，根据生产栽培、观赏应用等方面的需要，又有若干其他分类方法。

（一）按生物学特性分类

1. 草本花卉　草本花卉指从外形上看没有主茎或者虽有主茎但主茎没有木质化或仅有基部木质化的花卉。这类花卉按其生命周期的长短又分为多年生草本花卉和一二年生草本花卉两类。

2. 木本花卉　植株茎木质化程度相当高的花卉称为木本花卉。根据其茎干形态及生态习性分为乔木、灌木和竹类。

（1）乔木　乔木的植株有高大的主干，例如香樟、桂花、云南山茶、海棠、梅花、紫薇等。

（2）灌木　灌木的植株没有明显主干，分枝能力较强，且植株生长较为低矮，例如杜鹃、含笑、山茶、栀子花等为常绿灌木，月季、牡丹、连翘等为落叶灌木。

（3）竹类　竹类指不同种类、不同形态的竹子，例如佛肚竹、金丝竹、黄金间碧玉竹、碧玉间黄金竹、斑竹等。

（二）按生活史分类

1. 一年生花卉　在1个生长季内完成生活史的花卉称为一年生花卉。一年生花卉一般在春季播种，夏秋开花结实，然后枯死。故一年生花卉又称为春播花卉，例如凤仙花、鸡冠花、波斯菊、百日草、千日红、万寿菊、半枝莲、雁来红、地肤、茑萝、牵牛等。

2. 二年生花卉　在2个生长季内完成生活史的花卉称为二年生花卉。二年生花卉在播种当年只生长营养器官，越年后开花、结实、死亡，例如紫罗兰、桂竹香、羽衣甘蓝、金鱼草、虞美人、高雪轮、福禄考、古代稀、蓝亚麻等。

3. 多年生花卉　多年生花卉的植株个体寿命超过2年，可多次开花。

(1) 宿根花卉 宿根花卉耐寒性强，冬季在露地可安全越冬，例如菊花、非洲菊、芍药、萱草、一枝黄花、美国薄荷、石碱花、假龙头、钓钟柳、蜀葵、金鸡菊、黑心菊、金光菊、松果菊、蓍草等。

(2) 球根花卉 球根花卉地下部分肥大，包括球茎类、鳞茎类、块茎类、块根类及根茎类等。

①球茎类：球茎类花卉的地下茎缩短而呈球形或扁球形，内部全为实心，其外仅有数层膜质外皮，球茎下部形成环状痕迹，在球茎顶端着生主芽和侧芽，例如唐菖蒲、小苍兰、仙客来、番红花等。

②鳞茎类：鳞茎类花卉的地下茎缩短成扁平的鳞茎盘，肉质肥厚的鳞叶着生于鳞茎盘上并抱合成球形，称为鳞茎。有些鳞片成层状，鳞茎外层有膜质鳞片包被，呈褐色，并将整个球包被，称为有皮鳞茎，例如水仙、风信子、郁金香等。而有些鳞片分离，鳞茎外层无膜质鳞片包被，称为无皮鳞茎，例如百合等。

③块茎类：块茎类花卉的地下茎呈不规则的块状，外形不整齐，块茎顶端通常有几个发芽点，例如球根秋海棠、马蹄莲、海芋、白头翁、花叶芋、大岩桐、白及等。

④块根类：块根类花卉的地下主根膨大为纺锤形块状，其中积蓄大量养分，块根顶端有发芽点，由此萌发新芽，根系从块根的末端生出，例如大丽花、花毛茛等。大丽花新芽的发生仅限于块根顶端根颈部分，因此大丽花分球时，务必使每块根的上端附有根颈部分，方可抽发新芽。

⑤根茎类：根茎类花卉的地下茎肥大，变态为根状，在土中横向生长，有明显的节，形成分枝，每个分枝的顶端为生长点，须根自节部簇生，例如美人蕉、鸢尾、睡莲、玉簪、荷花等。

球根花卉还可根据生物学特性分为落叶球根类（例如唐菖蒲、水仙、美人蕉、大丽花、郁金香等）和常绿球根类（例如仙客来、马蹄莲、海芋等），也可根据生态习性分为春植球根类（例如唐菖蒲、美人蕉、大丽花等）和秋植球根类（例如郁金香、水仙、风信子、石蒜等）。

(3) 多年生常绿草本花卉 多年生常绿草本花卉无明显休眠期，地下为须根，例如文竹、吊兰、万年青、君子兰、麦冬等。

(4) 多肉多浆植物 多肉多浆植物指茎叶具有发达的储水组织，呈肥厚多汁变态状的植物，包括仙人掌科、番杏科、景天科、大戟科、萝藦科、凤梨科、龙舌兰科等，其中仙人掌科有 150 属 2 000 多种，常用于观赏栽培的有仙人掌属、昙花属、蟹爪属、令箭荷花属等。

(5) 蕨类植物 蕨类植物多数体态潇洒，叶形优美，是近年发展较快的室内观叶植物。蕨类植物多为常绿植物，不开花，不结种子，依靠孢子繁殖。蕨类植物分属于很多科，例如铁线蕨科有铁成蕨，铁角蕨科有乌巢蕨，水龙骨科有鹿角蕨，骨碎补科有蜈蚣草等。

二、花卉种子生产

(一) 花卉的原种生产技术

原种是进行花卉种子生产的基础材料，对其纯度、典型性、生活力、品质等方面的要求特别严格。一年生或者二年生的草本花卉和部分球根花卉、宿根花卉及木本观赏植物主要利用有性繁殖方式生产种子，这类花卉种子的生产常常需要采用一些保持纯系的方法。

在生产中普遍采用的是株行（系）选优提纯法，此法简单易行，效果好。其一般程序是：选择优良单株，进行株行比较鉴定；选择优良株行，进行株系比较试验；将合乎原品种典型性状的入选株系混合在原种圃生产原种。这种生产方式也称为三级提纯法。常异花授粉的花卉植物（例如翠菊等）多用此法。自花授粉花卉可以不经过株系圃，采用二级提纯法（即一年选株，一年株行比较鉴定）生产原种。花卉原种生产的关键措施主要有以下几个。

1. 采种母株选择 为了确保种子质量，花卉种子必须在种用花圃内采集。留种母株必须选择生长健壮、能充分表现花卉优良特征特性，且无病虫害的植株。为避免品种混杂退化，种植时在不同品种或变种的植物之间要进行必要的隔离，并经常进行严格的检查、鉴定，淘汰劣变植株，尤其是对异花授粉或常异花授粉的花卉，更应加强隔离。

用株行选优提纯法生产异花授粉花卉的自交系原种时，在选种圃中选得的典型优株要套袋自交。在株行圃中，还要从入选的典型优良株行中选典型优株自交，收获后再经株选，混合脱粒，加代繁殖，生产自交系原种。

2. 种子采收 种子采收最重要的是掌握种子的成熟度，采收过早时，种子未发育成熟，影响发芽率；采收过晚时，种子会脱落散失或被鸟兽、害虫危害而采不到种子。具体采收时间应根据果实的开裂方式、种子的着生部位以及种子的成熟度来确定。果实成熟后不开裂的种类，应在种子充分成熟后一次性采收完毕，例如浆果、核果、仁果等。果实成熟后易开裂的种类，宜提早采收，最好在近熟期及时、分批采收，且在开裂前于清晨空气湿度较大时采收，例如荚果、长角果、蓇葖果、球果、瘦果等。种子陆续成熟的花卉种类，宜分批采收。种子不易散落的草本花卉种类，可以在整个植株的种子全部成熟后，全株拔起晾干脱粒，脱粒后经干燥处理，使其含水量下降到一定标准后储藏。

3. 种子处理 种子采收后整株或连壳曝晒，或上面加以覆盖物后曝晒，或在通风处阴干（不能直接曝晒种子），再除杂、去壳，清除各种附着物，然后妥善储藏于密闭的容器中并存放在低温条件下，这样可以抑制其呼吸作用，降低能量消耗，保持种子活力。

4. 种子储藏 种子采收到播种还需经过一段时间的储藏。种子储藏的环境条件，对种子生命活动及播种质量起着决定性的作用。根据各种花卉种子的特征特性，可采取干藏、湿藏等相适应的储藏方法。

（二）花卉种子生产中的隔离措施

异花授粉的花卉进行繁殖时，为了防止与其他群体发生天然杂交，必须进行严格隔离。常异花授粉和自花授粉花卉也要适当隔离。隔离是防止生物学混杂的最主要的方法。隔离方法可用空间隔离和时间隔离两种方法。

1. 空间隔离 生物学混杂的媒介主要是昆虫和风力传粉，因此隔离的方法和距离随风力大小、风向情况、花粉数量、花粉易飞散程度、重瓣程度以及播种面积的不同而不同。一般花粉量大的风媒花花卉比花粉量小的花卉隔离距离要大，重瓣程度小的花卉比重瓣程度大的隔离距离要大。面积小时，可以利用纱布、铜纱、尼龙纱等制成的网罩将单株或单株的单枝花序罩住以防昆虫传粉。天然杂交率较高的花卉种类，应有较大隔离距离。隔离的距离依不同种及不同的授粉习性而不同，最小隔离距离为 30～400 m 不等（表 10-5）。

表 10-5　部分花卉种子生产的最小隔离距离

最小隔离距离（m）	代表花卉
400	波斯菊、金盏花、金莲花、万寿菊等
350	蜀葵、桂竹香、石竹属等
200	矮牵牛、金鱼草、百日草等
50	一串红、古代稀、半枝莲、翠菊、香豌豆等
30	三色堇、飞燕草等

2. 时间隔离　时间隔离是防止生物学混杂的极为有效的方法。时间隔离可分为跨年度隔离与不跨年度隔离两种。跨年度的时间隔离方法把全部品种分成 2 组或 3 组，每组内各品种间杂交率不高，每年只播种 1 组，将所生产的种子妥为储存，供 2～3 年之用，这种方法适用于种子有效储存期长的花卉。不跨年度的时间隔离方法在同一年内进行分期播种、分期定植，把开花期错开。这种方法适用于某些对光周期不敏感的花卉，例如翠菊品种可以秋播春季开花，也可以春播秋季开花。

三、花卉种苗生产

花卉的繁殖是保存和丰富花卉种质资源的主要手段，通过适宜的繁殖方法，可不断提高繁殖系数，获取健壮的花卉幼苗群体。花卉繁殖方法主要有 4 种：播种繁殖、营养繁殖、组织培养和孢子繁殖。

（一）播种繁殖

播种繁殖是花卉最直接的繁殖方法。用种子播种进行花卉繁殖的过程就是播种繁殖。由播种繁殖获得的幼苗称为实生苗。近年来，也有将受精后所得到的胚取出，进行培养以形成新株，称为胚培养方法。

1. 种子发芽所需的环境条件

（1）水分　种子萌发时，需要有充足的水分，种皮吸水后开始软化，种子吸胀，胚乳储藏的有机物开始加速转化为合成代谢的原料和能量，胚吸收这些物质合成新的细胞生长所需的物质，促使细胞分裂和生长。

（2）温度　每种花卉都有自己的最适发芽温度，温度过低时不能发芽，温度过高时还会引起腐烂。一般花卉种子萌发时，需要 16～22 ℃的基质温度，最好保持相对稳定，变幅不要超过 3～5 ℃。温度的控制可以根据已有条件（例如覆盖塑料膜、加热等）来处理。

（3）空气　种子遇水后，呼吸作用加强，需要充足的氧气供应和良好的二氧化碳排放条件。要使种子的水分和通气条件控制得好，就需要根据不同的种子特性来安排。

（4）光线　种子萌发本身一般不需要光，但在庇荫处进行春播或晚秋播种时，温度往往过低，增加光照有利于提高温度。有些种子属于需光种子，只有经光照射后才能萌发。变温处理、低温沙藏有时能改变种子的需光性。因此在生产上应该严格掌握各种花卉种子的萌发条件。

2. 种子播种前处理　播种前对一些不易发芽的种子需要进行特殊处理，例如对种皮坚硬不易吸水萌发的种子，可采用刻伤种皮和强酸腐蚀等方法；对具有休眠的种子，可用低温或变温处理的方法，也可利用激素（例如赤霉素等）处理打破休眠等。一般的种子，若播种前以温水（40～50 ℃）浸种，多可取得出苗快、发芽整齐的效果。

种子常被病毒和细菌感染，要防止苗期病害，在播种前，需用消毒剂和保护剂处理种子，以清除种子携带的微生物和保护种子不受土壤真菌和细菌的侵染。常用药剂有次氯酸钙（漂白粉）、甲醛、克菌丹等。

3. 播种时间 木本花卉、宿根花卉、春植球根花卉、一年生花卉多为春播；二年生花卉、秋植球根花卉多为秋播。但如果有温室等保护地栽培条件，可进行周年生产、周年供应或多季供应，还可满足节日及其他特殊需要。

4. 播种方法

（1）床播 为了减少利用温室面积，有些温室花卉可在露地播种，应选用地势高燥、土壤肥沃且排灌方便的地块进行播种。施基肥，翻松、镇压、耙平，充分灌水，待水渗下后播种。按种粒大小进行撒播或条播，大中粒种子应在播种后灌水，覆土厚度为种子直径的 2～3 倍；小粒种子可不覆土，或覆土以不见种子为度。然后镇压床面，使种子与土壤密接。

播种后至出苗前最好不再浇水，必要时，可用喷灌的方式浇水。幼苗出土后，逐步撤去覆盖物。

（2）盆播 种子数量少，或较难得的珍贵种子多用盆播。先用直径约 30 cm、高约 7 cm 的浅盆，填入疏松肥沃、富含腐殖质的土壤，通常可用腐叶土、河沙和菜园土以 5∶3∶2 的比例配制，混匀过筛。将种子均匀地撒布在盆土表面，覆土宜薄，小粒种子以不见种子为度。待种子发芽后，适当增加光照。约 2 枚真叶时进行分苗，幼苗再长大，即可上盆，通常栽到直径为 7 cm 的盆中。

（3）培养皿或试管播种 有的花卉种子极细小，例如兰花的种子粉末状，常规播种难以成苗，可用培养皿或试管以组织培养的方式育苗。

5. 胚培养 从种子内将胚取出，移到特定培养基上进行无菌培养获得植物幼苗的方法称为胚培养。花卉中运用胚培养及胚珠培养（培养完整的胚珠）得到成功的有凤仙花、罂粟、矮牵牛、葱兰等。胚培养也可作为解决种间、属间远缘杂交中杂种胚停止发育问题的一种手段。

（二）营养繁殖

营养繁殖是利用植物营养器官（例如根、茎、叶等）的再生功能进行的繁殖。常用分株、压条、扦插、嫁接等方法，使其生长发育成独立的新株。营养繁殖的优点是：能保持原品种的优良特征特性；受阶段发育的影响，比播种繁殖开花结实早；尤其适用于不能结实的园艺品种的繁殖。不足之处是：苗木根系较浅，而且没有主根；长期营养繁殖常使生活力下降；营养繁殖苗寿命较短等。

1. 分株 可利用植物丛生或产生根蘖、匍匐茎、根状茎等特点，将一株分割为数株。分生的新株，因都具有自己的根、茎、叶，分栽后极易成活。其缺点是繁殖系数低，不能一次获得大量幼苗。

2. 分球 分球是球根花卉的主要繁殖方法，利用球根花卉分生鳞茎、球茎、块茎、根茎等的特性分离栽植，即成新株。

3. 压条 压条是将母株枝条压埋于土壤中或用其他介质包埋于竹筒、花盆、塑料袋内，待压埋处长根后，使其与母株分离成为一个独立的植株。生根迅速者也可在生长季前半期进行，将埋压处刻伤、扭伤、环割，有利于加速生根。当母株枝条较长时，可采用压条法；母株枝条距盆面（或地面）较高时，可采用高压法。

4. 扦插 扦插是花卉繁殖的主要方法之一。植物体内每个具有生活能力的细胞，经过脱分化以后，均可恢复分生能力，从而生长发育成一个独立完整的植株，这就是植物细胞的全能性。根据扦插的器官扦插可分为枝插（硬枝扦插和嫩枝扦插）、根插和叶插。影响插穗生根成活的内在因子有种性差异、采穗母株的年龄、插穗的营养状况等，而环境因子主要有湿度、温度、氧气、光和扦插基质。

5. 嫁接 嫁接是把一种植物的枝或芽接到另一种植物的茎或根上，使两者生长结合在一起，共同形成一个新的植株。嫁接所繁殖的苗木称为嫁接苗。嫁接的主要作用在于保持接穗品种的优良特征特性，对那些既不结种子，扦插又不易成活者尤为重要；可以提早开花、结实；利用砧木可提高对不良环境的适应能力，从而可以扩大栽培地域。

（三）组织培养

一个具有特定结构和功能的细胞，经过脱分化的过程，使其恢复到无特定结构和功能的原初细胞状态（例如愈伤组织的状态即可认为是其表现形式之一），由之便可再分化形成胚状体，具有新的生长点，进而形成新的植株。当前的组织培养育苗，更多的是采用茎尖或茎段培养，它们已具备生长点——芽，人为地满足其对各类营养物质的需要，提供各类外源激素，从而可以更顺利地生成新的植株。严格的茎尖培养，外植体长仅为 0.1～0.5 mm，除可获健康的无病毒植株外，还能保持遗传的稳定性，后代变异较少。因此组织培养在当前工厂化花卉生产上应用较为普遍，成为一些受病毒危害的优良品种进行脱毒处理的主要方法。

1. 所需仪器设备及条件 为了顺利地开展组织培养育苗工作，要建立准备室、接种室、培养室等设施。

（1）准备室 准备室的主要功能是存放配制培养基所必需的化学试剂及仪器设备，例如冰箱、烘箱、天平、显微镜、酸度计、高压灭菌锅、玻璃器皿及洗涤设施等，并为培养基的配制、分装、灭菌等操作提供便利的条件。

（2）接种室 接种室主要供接种、转移和继代培养用。要求室内光洁，具备无菌操作条件。一般是购置超净工作台，配备用于对外植体进行分割、消毒和接种的工具和器皿等。

（3）培养室 培养室主要为试管培养苗的生长发育提供适宜的环境条件。要求有控制温度和照明的设备、放置试管等物的架子、消毒用紫外灯等。

2. 培养基的组成与配制 培养基是用于组织培养的物质。它包括植物的细胞、组织或器官再生所必需的大量元素、微量元素、蔗糖、维生素、氨基酸、植物激素等。用于繁殖花卉植物常用的培养基有 MS、H、N_6、Nitsh、White、Miller 等。

3. 组织分化的控制 利用植物体的一小块组织培育出完整的植株，需要经过细胞的分裂、生长和分化，这一系列变化都是在植物激素的调控下进行的。生长素与细胞分裂素两类激素的比例控制着细胞和组织的分化方向，生长素类（例如吲哚丁酸、萘乙酸、吲哚乙酸等）调控组织培养的材料向根的方向分化，而细胞分裂素类［例如 6-苄基腺嘌呤（6-BA）、玉米素等］调控组织培养的材料向茎、芽的方向分化。在组织培养中，常用 6-苄基腺嘌呤 1～2 mg/L 诱导形成芽，而用萘乙酸 0.5～1.0 mg/L 和 6-苄基腺嘌呤 0.05～0.20 mg/L 诱导形成根。

4. 接种和培养

（1）接种 整个接种工作应在无菌条件下进行，目前多采用超净工作台。将外植体剪截成适当大小，先用70%酒精漂洗一下，再在流动水中冲洗10～30 min，然后消毒。常用的消毒剂有漂白粉、次氯酸钠、过氧化氢等。消毒后，再用无菌水冲洗2～3次。以茎尖培养为例，切取茎尖是一项比较细致的工作，切取的植物茎尖分生组织仅限于顶端圆锥区，其长度不超过0.1 mm。切取茎尖组培，可起到脱毒的作用，常以此培养无菌苗。一般是取带1～2个叶原基的生长锥进行培养。将已灭菌的材料放入装有滤纸的培养皿中，可在解剖镜下剥离、切取，然后，使切口向下，接种在培养基上。百合茎尖较大，容易分离；香石竹、菊花等茎尖较小，较难分离，需细心操作。将茎尖接种到三角瓶（或试管）的培养基上后，除受到本身遗传性的控制影响外，细胞分裂素常可促进芽的分化（芽的诱导），并进而形成丛生小苗。

（2）继代培养　将由茎尖诱导产生的新梢切成小段，可继续培养丛生苗，周而复始便可获得大量丛生苗。与此同时，也可切取新梢的小段，转入附加有生长素（吲哚乙酸、吲哚丁酸、萘乙酸等）的生根培养基上，诱导生根，形成完整的幼苗。

5. 小苗移栽　将已生根的幼苗，通过打开瓶口，移出瓶外植于培养室和浇稀薄的培养液等步骤，逐步移入温室或露地，使其慢慢适应环境，生长发育成健壮的植株。

另一条途径是由外植体诱导产生愈伤组织，再由愈伤组织分化形成不定芽或胚状体。但此途径容易产生染色体变异，例如出现多倍体、非整倍体等，进而影响品系的纯度。

（四）孢子繁殖

蕨类植物中有不少种类为重要的观叶植物，多采用分株繁殖。但这些植物也可采用孢子繁殖法。

思考题

1. 紫云英和田菁种子生产过程中，播种前种子处理的主要技术有哪些不同？
2. 试述紫云英种子生产过程中的技术环节。
3. 简述药用植物繁殖的类型和方式。
4. 花卉种子生产应注意哪些关键措施？

专业词汇中英（拉）对照

埃及田菁	*Sesbania aegyptiaca* Pers.
巴西牵牛	*Ipomoea setosa*
白菜型油菜	*Brassica campestris* L.
白花草木樨	*Melilotus albus* Desr.
白三叶草	*Trifolium repens* L.
百脉根	*Lotus corniculatus* L.
保持系	maintenance line
扁蓿豆	*Melilotoides ruthenicus* L.
标准种子	standard seed
冰草	*Agropyron cristatum*（L.）Gaertn.
冰草属	*Agropyron* Gaertn.
病毒	virus
不定胚	adventitious embryo
采穗圃	cutting orchard
菜豆	*Phaseolus vulgaris* L.
菜薹	*Brassic campestris* L. subsp. *chinensis* Makino var. *utilis* Tsen et Lee
蚕豆	*Vicia faba* Linn.
草地早熟禾	*Poa pratensis* L.
草棉	*Gossypium herbaceum* Linn.
草木樨属	*Melilotus* Adans
层积	stratification
长药野生稻	*Oryza longistaminata*
常规品种	conventional cultivar
常异花授粉	often cross-pollination

超显性假说	superdominance hypothesis
翅荞	*Fagopyrum emarginatum* Mtissner
串叶松香草	*Silphium perfoliatum* L.
纯系品种	pure line cultivar
纯系学说	pure line theory
大白菜	*Brassica campestris* L. subsp. *pekinensis* (Lour.) Olsson
大葱	*Allium fistulosum* L.
大豆	*Glycine max* (L.) Merrill
大豆属	*Glycine* Willd.
大花田菁	*Sesbania grandiflora* (L.) Pers.
大麦	*Hordeum vulgare* L.
大麦属	*Hordeum* Linn.
大麦族	Hordeae
大田用种	qualified seed
稻属	*Oryza* Linnaeus
登记种子	registered seed
冬瓜	*Benincasa hispida* Cogn
豆科	Leguminosae
堆藏法	pile storage
多刺田菁	*Sesbania aculeata* Pers.
多年生黑麦草	*Lolium perenne* L.
多系品种	multi-line cultivar
二倍配子体无融合生殖	diploid gametophyte apomixis
二维聚丙烯酰胺凝胶电泳法	two-dimensional polyacrylamide gel electrophoresis
发芽率	germination percentage
番茄	*Lycopersicon esculentum* Mill.
反向聚丙烯酰胺凝胶电泳法	reverse polyacrylamide gel electrophoresis，R-PAGE
反转录聚合酶链式反应	reverse transcription PCR，RT-PCR
非洲栽培稻	*Oryza glaberrima* Steud.
分生组织培养	meristem culture
干藏	dry storage
甘蓝型油菜	*Brassica napus* L.
甘薯	*Ipomoea batatas* Lam.

甘薯黄矮病毒	*Sweet potato yellow dwarf virus*，SPYDV
甘薯潜隐病毒	*Sweet potato latent virus*，SPLV
甘薯羽状斑驳病毒	*Sweet potato feathery mottle virus*，SPFMV
甘蔗	*Saccharum officinarum* L.
甘蔗属	*Saccharum* L.
高丹草	*Sorghum hybrid*
高粱属	*Sorghum* Moench
高羊茅	*Festuca arundinacea* Schreb.
根用甜菜	*Beta vulgaris* var. *cruenta*
弓果黍属	*Cyrtococcum* Stapf
狗牙根	*Cynodon dactylon*（L.）Pers.
狗牙根属	*Gynodon* Rich.
谷子	*Setaria italica*（L.）Beaur
官方种子认证机构协会	Association of Official Seed Certifying Agencies，AOSCA
光敏感核不育水稻	photoperiod sensitive genic male sterile rice
海岛棉	*Gossypium barbadense* Linn.
禾本科	Poaceae（Gramineae）
禾草	grass
禾亚科	Agrostidoideae
合成品种	synthetic variety
黑麦草属	*Lolium* Linn.
黑穗病	*Ustilago bullata*
红麻	*Hibiscus cannabinus* L.
红三叶草	*Trifolium pratense* L.
胡萝卜	*Daucus carota* L.
胡麻科	Pedaliaceae
胡麻属	*Sesamum* L.
花苜蓿	*Trigonella ruthenica* L.
花生	*Arachis hypogaea* L.
花生属	*Arachis* Linn.
黄瓜	*Cucumis sativus* L.
黄花苜蓿	*Medicago falcate* L.
黄花烟草	*Nicotiana rustica* L.

黄芪属	*Astragalus* L.
恢复系	restoring line
基础种子	foundation seed，basic seed
基因频率	gene frequency
基因型	genotype
基因型频率	genotype frequency
假俭草属	*Eremochloa* Buese
剪股颖属	*Agrostis* Linnaeus
箭筈豌豆	*Vicia sativa* L.
豇豆	*Vigna unquiculata* W. subsp. *sesquipedalis* Verd
豇豆属	*Vigna* Savi
结缕草	*Zoysia japonica* Steud.
结缕草属	*Zoysia* Willd.
芥菜型油菜	*Brassica juncea* Coss.
锦葵科	Malvaceae
经济合作与发展组织	Organization for Economic Cooperation and Development，OECD
精选种子	selected seed
剪股颖属	*Agrostis* Linn.
净度	purity
韭菜	*Allium tuberosum* Rottl. ex Spreng.
菊科	Compositae
聚合草	*Symphytum pezegrinum* L.
开放授粉群体品种	open pollinated population cultivar
坑藏法	pit storage
苦荞	*Fagopyrum tataricum*（L.）Gaertn.
辣椒	*Capsicum annuum L.*（*Capsicum frutescens* L.）
赖草属	*Leymus* Hochst.
狼尾草属	*Pennisetum* Rich.
老芒麦	*Clineymus sibiricus*（L.）Nevski
类病毒	viroid

藜科	Chenopodiaceae
龙爪茅属	*Dactyloctenium* Willd.
鲁特格尔斯番茄	*Lycopersicum esculentum* cv. Puthers
陆地棉	*Gossypium hirsutum* Linn.
绿豆	*Phaseolus radiatus* Linn.
萝卜	*Raphanus sativus* L.
马铃薯	*Solanum tuberosum* L.
马铃薯 A 病毒	*Potato virus A*，PVA
马铃薯 M 病毒	*Potato virus M*，PVM
马铃薯 S 病毒	*Potato virus S*，PVS
马铃薯 X 病毒	*Potato virus X*，PVX
马铃薯 Y 病毒	*Potato virus Y*，PVY
马铃薯纺锤形块茎类病毒	*Potato spindle tuber viroid*，PSTVd
马铃薯卷叶病毒	*Potato leafroll virus*，PLRV
麦角病	*Claviceps purpurea*（Fr.）Tul.
毛萼田菁	*Sesbania rostrata*
毛苕子	*Vicia villosa* Roth.
酶联免疫吸附测定	enzyme linked immunosorbent assay，ELISA
美丽田菁	*Sesbania speciosa*
美洲狼尾草	*Pennisetum americanum* L.
密封干藏	sealed dry storage
密穗小麦	*Triticum compaecum* Host.
棉酚	gossypol
棉属	*Gossypium* Linn.
免疫吸附电子显微镜法	immunosorbent electron microscopy，ISEM
苜蓿花叶病毒	*Alfalfa mosaic virus*，AMV
苜蓿属	*Medicago* L.
南瓜	*Cucurbita moschata* Duch.

披碱草	*Elymus dahuricus* Turcz. [*Clinelymus dahuricus* (Turcz.) Nevski]
披碱草属	*Elymus* L.
品种	cultivar
品种纯度	varietal purity
品种混杂	cultivar complex
品种退化	cultivar degeneration
品种真实性	cultivar genuineness
普通白菜（小白菜）	*Brassica campestris* L. subsp. *chinensis* Makino var. *communis* Tsen et Lee
普通干藏	conventional dry storage
普通田菁	*Sesbania cannabina* (Retz.) Poir.
普通小麦	*Triticum aestivum* L.
普通烟草	*Nicotiana tabacum* L.
普通野生稻	*Oryza rufipogon*
荞麦属	*Fagopyrum* Mill.
茄科	Solanaceae
茄属	*Solanum* L.
茄子	*Solanum melongena* L.
雀稗属	*Paspalum* L.
雀麦草属	*Bromus* Linn.
群体品种	population cultivar
认证二代种子	certified seed of the second generation
人工合成群体品种	artificial composite population cultivar
认证一代种子	certified seed of the first generation
认证种子	certified seed
撒播	broadcast sowing
三叶草属	*Trifolium* L.
杀雄剂	gametocide
沙打旺	*Astragalus adsurgens* Pall.

商业种子	commercial seed
生理成熟	physiological maturity
生物型	biotype
湿藏	wet storage
十字花科	Cruciferae
双子叶植物	dicotyledon
水分	moisture content
丝瓜	*Luffa cylindrica* Roem.
斯卑尔脱小麦	*Triticum spelta* L.
四季萝卜	*Raphanus sativus* L. var. *radiculus* Pers.
饲用甜菜	*Beta vulgaris* var. *lutea* DC.
苏丹草	*Sorghum sudanense* (Piper) Stapf.
薹草属	*Carex* L.
薹菜	*Brassica campestris* L. subsp. *chinensis* Makino var. *tai-tsai* Hort.
糖用甜菜	*Beta vulgaris* var. *saccharifera* Alef.
特异性	distinctness
田间检验	field inspection
甜菜	*Beta vulgaris* L.
甜菜属	*Beta* Linn.
甜瓜	*Cucumis melo* L.
甜椒	sweet pepper
甜荞	*Fagopyrum esculentum* Moench
条播	drill sowing
豌豆	*Pisum sativum* L.
微型薯	microtuber
稳定性	stability
乌塌菜	*Brassica campestris* L. subsp. *chinensis* Makino var. *rosularis* Tsen et Lee
无芒雀麦	*Bromus inermis* Leyss

无融合生殖	apomixis
无性繁殖	asexual reproduction
无性系	clone
无性系品种	clonal cultivar
西瓜	*Citrullus lanatus* (Thunb) Mansf.
细胞核雄性不育	nucleic male sterility
细胞质雄性不育	cytoplasmic male sterility
瞎籽病	*Gloeotinia temlenta*
显性假说	dominance hypothesis
向日葵	*Helianthus annuus* L.
向日葵属	*Helianthus* L.
象草	*Pennisetum purpureum* Schumach
小冠花	*Coronilla varia* L.
小冠花属	*Coronilla* L.
小麦亚族	Triticinae
小麦属	*Triticum* Linn.
小麦族	Triticeae
形态成熟	morphological maturity
雄性不育系	male sterile line
雄性不育性	male-sterility
鸭茅	*Dactylis glomerata* L.
亚麻	*Linum usitatissimum* L.
亚洲棉	*Gossypium arboretum* Linn.
亚洲栽培稻	*Oryza sativa* L.
燕麦	*Avena sativa* L.
羊草	*Leymus chinensis* (Trin.) Tzvel. [*Aneurolepidium chinense* (Trin.) Kitag]
羊茅	*Festuca ovina* L.
羊茅属	*Festuca* L.

洋葱	*Allium cepa* L.
药用植物	medicinal plant
野牛草属	*Buchloe* Engelm
野豌豆属	*Vicia* L.
叶用甜菜（厚皮菜）	*Beta vulgaris* Linn. var. *cicla* L.
一致性	uniformity
遗传平衡定律	law of genetic equilibrium
异花授粉	cross-pollination
异质纯合群体	homozygous heterogeneity population
印度田菁	*Sesbania sesban*（Linn.）Merr.
硬粒小麦	*Triticum durum* Desf.
油菜	rapeseed
有性繁殖	sexual reproduction
玉米	*Zea mays* L.
玉米属	*Zea* Linn.
育种家种子	breeder seed
预基础种子	pre-basic seed
原种	basic seed
圆锥小麦	*Triticum turgidum*
芸薹属	*Brassica* L.
杂交狼尾草	*Pennisetum americanum* × *P. purpureum*
杂交种品种	hybrid cultivar
杂种优势	heterosis
栽培和利用价值	value for cultivation and use，VCU
早熟禾系	Poatae
早熟禾属	*Poa* Linn.
沼生田菁	*Sesbania javanica* Miq.
芝麻	*Sesamum indicum* L.
植物育种者权利	plant breeders' right

植原体	phytoplasma
中国萝卜	*Raphanus sativus* L. var. *longinnatus* Bailey
种子标准化	seed standardization
种子处理	seed treatment
种子方案	seed scheme
种子活力	seed vigour
种子加工	seed processing
种子检验	seed testing
种子认证	seed certification
种子认证机构	agency for seed certification
种子生产	seed production
种子园	seed orchard
种子质量	seed quality
竹节草属	*Chrysopogon* Trin.
苎麻	*Boehmeria nivea*（L.）Gaud
柱花草	*Stylosanthes gracilis* H. B. K.
柱花草属	*Stylosanthes* Sw.
紫花苜蓿	*Medicago sativa* L.
紫羊茅	*Festuca rubra* L.
紫云英	*Astragalus sinicus* L.
自花授粉	self-pollination
自交不亲和性	self-incompatibility
综合品种	synthetic cultivar

主要参考文献

安颖蔚，孟令文，张辉，2006. 马铃薯脱毒及微型薯繁育技术体系的研究与应用［J］. 杂粮作物，26（3）：197-199.

蔡中雨，2014. 菜豆种子生产技术［J］. 种子世界，（3）：48-49.

陈德星，周立友，陈其军，等，2004. 油菜种子丸粒化包衣技术研究［J］. 种子，23（7）：85-86.

陈洪波，王朝友，2000. 优质油菜华杂 4 号高产制种技术［J］. 农业科技通讯（12）：9.

陈日远，2001. 蔬菜良种繁育与杂交制种技术［M］. 广州：广东科学技术出版社.

陈卫国，刘克禄，田斌，等，2015. 不同育苗方式对辣椒杂交制种产量及质量的影响［J］. 长江蔬菜（12）：20-22.

陈皙，1986. 我国三圃制的良种繁育［J］. 种子（3）：5-7.

董海洲，于长伟，宁东红，等，1997. 种子贮藏与加工［M］. 北京：中国农业出版社.

杜鸣銮，1993. 种子生产原理和方法［M］. 北京：农业出版社.

范双喜，2004. 现代蔬菜生产技术全书［M］. 北京：中国农业出版社.

盖钧镒，2010. 作物育种学各论（第二版）［M］. 北京：中国农业出版社.

高荣岐，张春庆，1997. 作物种子学［M］. 北京：中国农业科学技术出版社.

谷茂，肖君泽，孙秀梅，等，2002. 作物种子生产与管理［M］. 北京：中国农业出版社.

郭杰，黄志仁，徐大勇，等，1998. 中国种子市场学［M］. 北京：中国农业大学出版社.

关亚静，胡晋，2020. 种子学：精编版［M］. 北京：中国农业出版社.

郭巧生，赵敏，2008. 药用植物繁育学［M］. 北京：中国林业出版社.

国际种子检验协会，1999. 1996 国际种子检验规程［M］. 农业部全国农作物种子质量监督检测中心，浙江大学种子科学中心，译. 北京：中国农业出版社.

韩建国，1997. 实用牧草种子学［M］. 北京：中国农业出版社.

郝建平，时侠清，2004. 种子生产与经营管理［M］. 北京：中国农业出版社.

洪德林，2014. 种子生产学实验技术［M］. 北京：科学出版社.

胡晋，2004. 农作物种子繁育员［M］. 北京：中国农业出版社.

胡晋，谷铁城，2001. 种子贮藏原理与技术［M］. 北京：中国农业大学出版社.

胡晋，李永平，颜启传，等，2008. 种子水分测定的原理和方法［M］. 北京：中国农业出版社.

胡晋，王世恒，谷铁城，2004. 现代种子经营和管理［M］. 北京：中国农业出版社.

胡晋，2006. 种子生物学［M］. 北京：高等教育出版社.

胡晋，2009. 种子生产学［M］. 北京：中国农业出版社.

胡晋，2010. 种子贮藏加工学［M］. 2 版. 北京：中国农业大学出版社.

胡晋，2014. 种子学［M］. 2 版. 北京：中国农业出版社.

胡晋，2015. 种子检验学［M］. 北京：科学出版社.

胡伟民，童海军，马华升，2003. 杂交水稻种子工程学［M］. 北京：中国农业出版社.

黄麦玲，2005. 关中地区日光温室脱毒马铃薯组培苗移栽及管理技术［J］. 中国马铃薯，19（1）：39-41.

黄云鹏，2002. 森林培育［M］. 北京：高等教育出版社.

焦彬，顾荣申，张学上，等，1986. 中国绿肥［M］. 北京：农业出版社.

金文林，2003. 种子产业化教程［M］. 北京：中国农业出版社.
雷伟侠，2003. 夏繁大豆种子保纯丰产技术［J］. 大豆通报（3）：18.
李波，2014. 我国制种基地建设探析［J］. 中国种业（12）：9-12.
李殿荣，张文学，2005. 提高甘蓝型油菜细胞质雄性不育杂交制种纯度的技术研究［J］. 种子，24（5）：114-115.
李光晨，2000. 园艺通论［M］. 北京：中国农业大学出版社.
李奇伟，2000. 现代甘蔗改良技术［M］. 广州：华南理工大学出版社.
李稳香，田全国，2005. 种子生产原理与技术［M］. 北京：中国农业出版社.
梁家作，黄熊娟，陈小凤，等，2015.《豇豆种子生产技术规程》的制定［J］. 种子，24（6）：129-131.
廖琴，韩清瑞，邓建平，等，2000. 美国的种子管理与生产概况（续）［J］. 中国种业（2）：43-45.
林丛发，魏泽平，罗仰奋，等，2000. 马铃薯脱毒试管苗繁育及脱毒种薯生产技术［J］. 中国马铃薯，14（4）：225-226.
刘宏涛，张立新，傅强，等，2005. 园林花卉繁育技术［M］. 沈阳：辽宁科学技术出版社.
刘后利，2000. 油菜遗传育种学［M］. 北京：中国农业大学出版社.
刘纪麟，1991. 玉米育种学［M］. 北京：农业出版.
刘仁祥，丁伟，2000. 烤烟雄性不育杂交种制种技术研究［J］. 中国烟草科学（4）：6-10.
刘洋，林希昊，2017. 甘蔗脱毒健康种苗培育与田间繁育技术［J］. 现代农业科技（1）：68-73.
卢兴桂，顾铭洪，李成荃，等，2001. 两系杂交水稻理论与技术［M］. 北京：科学出版社.
陆作楣，郭先桂，承泓良，等，1993. 棉花“自交混繁法”原种生产技术的理论和实践［J］. 种子（5）：28-30.
陆作楣，1986. 籼型杂交水稻“三系七圃法”原种生产技术的研究和应用［J］. 杂交水稻（3）：28-30.
罗强，2005. 花卉生产技术［M］. 北京：高等教育出版社.
马铁山，郝改莲，张建军，2006. 马铃薯脱毒微型种薯工厂化繁育技术［J］. 湖北农业科学，45（1）：54-56.
农业部全国农作物种子质量监督检验测试中心，2006. 农作物种子检验员考核学习读本［M］. 北京：中国工商业版社.
潘家驹，1998. 棉花育种学［M］. 北京：中国农业出版社.
全国农业技术推广服务中心，2001. 中华人民共和国种子法//种子法规选编［M］. 北京：中国农业科学技术出版社.
日本种苗协会，1990. 种苗基础知识与实用技术［M］. 顾克礼，译. 北京：中国食品出版社.
山东农业大学，1999. 蔬菜栽培学各论［M］. 北京：中国农业出版社.
邵岩，2017. 烟草种子生产加工［M］. 北京：科学出版社.
沈国舫，2001. 森林培育学［M］. 北京：中国林业出版社.
石建尧，胡伟民，2006. 鲜食玉米规范化生产和管理［M］. 北京：中国农业出版社.
宋文坚，胡晋，邱军，等，2002. 种子包衣技术在直播稻上的应用研究［C］//孙宝启，国际种子科技与产业发展论坛论文集. 中国农业科学技术出版社，130-133.
孙大容，于善新，甘信民，等，1998. 花生育种学［M］. 北京：中国农业出版社.
孙慧生，2003. 马铃薯育种学［M］. 北京：中国农业出版社.
孙世贤，2003. 中国农作物品种管理与推广［M］. 北京：中国农业科学出版社.
孙新政，2006. 园艺植物种子生产［M］. 北京：中国农业出版社.
万书波，张吉民，张新友，等，2003. 中国花生栽培学［M］. 上海：上海科学技术出版社.
王海英，2012. 玉米制种基地建设经验谈［J］. 中国种业（3）：34-35.
王建华，张春庆，2006. 种子生产学［M］. 北京：高等教育出版社.

王小佳，2000. 蔬菜育种学：各论［M］. 北京：中国农业出版社.
王仲青，姚俊卿，1989. 甜荞套罩隔离繁殖保种技术讨论［J］. 内蒙古农业科技（1）：13-15.
吴彩云，2006. 秋花生高产栽培技术［J］. 福建农业（9）：8.
吴金良，张国平，2001. 农作物种子生产和质量控制［M］. 杭州：浙江大学出版社.
吴俊江，刘凤平，2005. 大豆种子繁殖田应注意的几个问题［J］. 大豆通报（2）：18.
吴志华，2003. 花卉生产技术［M］. 北京：中国林业出版社.
谢凤勋，2000. 中草药栽培实用技术［M］. 北京：中国农业出版社.
谢光新，周恒，2005. 马铃薯茎尖脱毒及微型薯生产技术研究［J］. 安徽农业科学，33（6）：965-966.
徐良，2006. 中药栽培学［M］. 北京：科学出版社.
许瑞祥，陈文辉，陈庚，2003. 克新1号马铃薯茎尖脱毒快繁和留种技术［J］. 福建农业科技（4）：18-19.
薛中强，宣裕吉，1997. 关于紫云英种子硬实发生规律和影响因素初研［J］. 种子（4）：68-70.
颜启传，成灿土，2001. 种子加工原理和技术［M］. 杭州：浙江大学出版社.
颜启传，2001. 种子检验原理和技术［M］. 杭州：浙江大学出版社.
颜启传，2001. 种子学［M］. 北京：中国农业出版.
杨光圣，瞿波，李海渤，等，2000. 甘蓝型油菜RGCMS雄性不育系的花器形态及花药发育的解剖学研究［J］. 华中农业大学学报，19（6）：528-532.
杨洪强，2003. 绿色无公害果品生产全编［M］. 北京：中国农业出版社.
杨琼芬，隋启君，李世峰，等，2006. 马铃薯新品种云薯201脱毒种苗生产中的影响因素研究［J］. 西南农业学报，19（4）：679-682.
杨铁钊，2003. 烟草育种学［M］. 北京：中国农业出版社.
杨文钰，屠乃美，2003. 作物栽培学各论［M］. 北京：中国农业出版社.
杨先芬，2002. 工厂化花卉生产［M］. 北京：中国农业大学出版社.
杨煊，和平根，和国钧，2004. 马铃薯脱毒原种生产方法及主要技术要点［J］. 中国马铃薯，18（4）：232-233.
肖层林，张海清，麻浩，2015. 植物杂种优势原理与利用［M］. 北京：高等教育出版社.
尹淑霞，2002. 砂磨对紫云英种子发芽率的作用［J］. 安徽农学通报，8（3）：43-43，61.
于振文，赵明，王伯伦，2003. 作物栽培学各论［M］. 北京：中国农业出版社.
余华胜，陶侠林，黄明永，等，2000. 甘蓝型油菜雄性不育三系青海春播制种技术［J］. 安徽科技（5）：34-35.
袁隆平，1988. 杂交水稻育种栽培学［M］. 长沙：湖南科学技术出版社.
袁隆平，1994. 水稻光、温敏不育系的提纯和原种生产［J］. 杂交水稻（6）：1-6.
翟志席，詹英贤，1997. 杂交芝麻［M］. 北京：中国农业大学出版社.
张光星，2003. 番茄无公害生产技术［M］. 北京：中国农业出版社.
张国平，周伟军，2001. 作物栽培学［M］. 杭州：浙江大学出版社.
张华，2006. “双高”甘蔗生产技术［M］. 北京：中国农业出版社.
张金发，1990. 我国良种繁育方法研究进展［J］. 种子（2）：24-26.
张丽萍，2004. 181种药用植物繁殖技术［M］. 北京：中国农业出版社.
张彭达，周亚娣，何国平，等，2006. 紫云英奉化大桥的特征特性及留种技术［J］. 浙江农业科学（2）：162-163.
张春庆，2015. 玉米水稻杂交种子生产技术［M］. 济南：山东科学技术出版社.
张天真，2003. 作物育种学总论［M］. 北京：中国农业出版社.
张万松，陈翠云，王春平，等，2001. 农作物种子生产程序和种子类别探讨［J］. 河南农业科学（7）：10-13.

张万松，陈翠云，王淑俭，等，1997. 农作物四级种子生产程序及其应用模式［J］. 中国农业科学，30（2）：27-33.

张新友，汤其林，张万松，等，2002. 花生四级种子生产技术操作规程（DB 41/T293. 13—2002）［M］. 郑州：河南省质量技术监督局.

张雪芹，李洁，王志文，2001. 如何搞好大麦良种繁育［J］. 农业科技通讯（4）：6.

张伟龙，张伟，张井勇，等，2013. 父母本行比、行距配置对洮南地区杂交大豆制种产量的影响［J］. 大豆科学，32（2）：182-184.

张振乾，王国槐，官春云，等，2011. 油菜化学杀雄剂研究进展［J］. 湖南农业科学（2）：19-22.

赵安泽，彭锁堂，1998. 作物种子生产技术与管理［M］. 北京：中国农业科学技术出版社.

赵庚义，2000. 花卉育苗技术手册［M］. 北京：中国农业大学出版社.

赵兰勇，孟繁胜，2000. 花卉繁殖与栽培技术［M］. 北京：中国林业出版社.

赵丽梅，彭宝，张伟龙，等，2010. 杂交大豆制种技术体系的建立［J］. 大豆科学，29（4）：707-711.

郑高飞，马跃，郑亚琪，等，2000. 论农作物品种知识产权的保护［J］. 中国种业（5）：15-17.

支巨振，2002. 农作物种子认证手册［M］. 北京：中国农业科学技术出版社.

钟乃，1991. 芝麻高产栽培［M］. 北京：金盾出版社.

周伯瑜，杨海月，2002. 紫云英全苗壮苗种子处理法［J］. 农村经济与科技，13（10）：36.

周春江，宋慧欣，张加勇，2006. 现代杂交玉米种子生产［M］. 北京：中国农业科学技术出版社.

朱富林，2005. 马铃薯脱毒种薯工厂化快繁技术［J］. 中国马铃薯，19（1）：37-39.

BASRA A S，1995. Seed quality：Basic mechanisms and agricultural implications［M］. New York：Food Products Press.

BASRA A S，2006. Handbook of seed science and technology［M］. New York：Food Products Press.

BEWLEY J D，BLACK M，1994. Seed：physiology of development and germination［M］. New York：Plenum Press.

COPELAND L O，MCDONALD M B，1995. Seed production：principles and practices［M］. New York：Chapman and Hall.

GEORGE R A T，1999. Vegetable seed production［M］. 2nd ed. New York：CABI Publishing.

ISTA，2014. International rules for seed testing［M］. Zurich：The International Seed Testing Association.

LIN CHENG，PAN SHANSHAN，HU WEIMIN，et al. 2021. Effects of Fe-Zn-Na chelates priming on the vigour of aged hybrid rice seeds and the maintenance of priming benefits at different storage temperatures［J］. Seed science and technology，49（1）：33-44.

RONNIE D，2003. ISTA handbook on seedling evaluation［M］. Zurich：The International Seed Testing Association.

TALUKDER S K，SAHA M C，2017. Toward genomics-based breeding in C_3 cool-season perennial grasses［J］. Frontier plant science（8）：1317.

J DEREK BEWLEY，KENT J BRADFORD，HENK W M HILHORST，et al，2013. Seeds：Physiology of development，germination and dormancy［M］. 3rd ed. Berlin：Springer.

图书在版编目（CIP）数据

种子生产学/胡晋主编．—2版．—北京：中国农业出版社，2021.8

普通高等教育农业农村部“十三五”规划教材　全国高等农林院校“十三五”规划教材

ISBN 978-7-109-28462-3

Ⅰ．①种…　Ⅱ．①胡…　Ⅲ．①作物育种－高等学校－教材　Ⅳ．①S33

中国版本图书馆CIP数据核字（2021）第131712号

中国农业出版社出版

地址：北京市朝阳区麦子店街18号楼

邮编：100125

责任编辑：李国忠

版式设计：王　晨　　责任校对：吴丽婷

印刷：三河市国英印务有限公司

版次：2009年8月第1版　2021年8月第2版

印次：2021年8月第2版河北第1次印刷

发行：新华书店北京发行所

开本：787mm×1092mm　1/16

印张：27

字数：688千字

定价：61.50元
